· *Principles of Geology* ·

读完本书的每一个字，我心中充满了钦佩之感⋯⋯《地质学原理》的伟大功绩完全改变了我的精神状态，结果使我感到，即使我看到莱伊尔没有看到的事实，也总是部分地通过莱伊尔的眼睛看到的。

——［英］达尔文（Charles Robert Darwin，1809—1882）

莱伊尔是一个主要的行动者，为别人和我自己铺平了达尔文主义的道路。

——［英］赫胥黎（Thomas Henry Huxley，1825—1895）

《地质学原理》与《物种起源》被后世并称为进化论思想的两座高峰。

——《科学时报》

北京大学通识教育经典名著阅读计划

The Series of the Great Classics in Science

主　　编　任定成

执行主编　周雁翎

策　　划　周雁翎

丛书主持　陈　静

科学元典是科学史和人类文明史上划时代的丰碑，是人类文化的优秀遗产，是历经时间考验的不朽之作。它们不仅是伟大的科学创造的结晶，而且是科学精神、科学思想和科学方法的载体，具有永恒的意义和价值。

科学元典丛书

地质学原理

Principles of Geology

[英] 莱伊尔 著　徐韦曼 译

北京大学出版社
PEKING UNIVERSITY PRESS

图书在版编目(CIP)数据

地质学原理/（英）莱伊尔著；徐韦曼译.—北京：北京大学出版社，2008.7
（科学元典丛书）
ISBN 978-7-301-13989-9

Ⅰ.地…　Ⅱ.①莱…②徐…　Ⅲ.科学普及－地质学　Ⅳ.P5

中国版本图书馆 CIP 数据核字（2008）第 092681 号

PRINCIPLES OF GEOLOGY

OR THE MODERN CHANGES OF THE EARTH AND ITS INHABITANTS CONSIDERED

AS ILLUSTRATIVE OF GEOLOGY, 11ᵗʰ ed.

By Sir Charles Lyell

New York: D. Appleton and Company, 1873

书　　　名	地质学原理
	DIZHIXUE YUANLI
著作责任者	［英］莱伊尔　著　徐韦曼　译
丛书策划	周雁翎
丛书主持	陈　静
责任编辑	李淑方
标准书号	ISBN 978-7-301-13989-9
出版发行	北京大学出版社
地　　　址	北京市海淀区成府路 205 号　100871
网　　　址	http://www.pup.cn　新浪微博：@北京大学出版社
微信公众号	科学元典（微信号：kexueyuandian）
电子信箱	zyl@pup.pku.edu.cn
电　　　话	邮购部 010-62752015　发行部 010-62750672　编辑部 010-62767346
印刷者	北京中科印刷有限公司
经销者	新华书店
	787 毫米×1092 毫米　16 开本　43.5 印张　16 插页　750 千字
	2008 年 7 月第 1 版　2022 年 12 月第 8 次印刷
定　　　价	119.00 元

弁　言

这套丛书中收入的著作，是自古希腊以来，主要是自文艺复兴时期现代科学诞生以来，经过足够长的历史检验的科学经典。为了区别于时下被广泛使用的"经典"一词，我们称之为"科学元典"。

我们这里所说的"经典"，不同于歌迷们所说的"经典"，也不同于表演艺术家们朗诵的"科学经典名篇"。受歌迷欢迎的流行歌曲属于"当代经典"，实际上是时尚的东西，其含义与我们所说的代表传统的经典恰恰相反。表演艺术家们朗诵的"科学经典名篇"多是表现科学家们的情感和生活态度的散文，甚至反映科学家生活的话剧台词，它们可能脍炙人口，是否属于人文领域里的经典姑且不论，但基本上没有科学内容。并非著名科学大师的一切言论或者是广为流传的作品都是科学经典。

这里所谓的科学元典，是指科学经典中最基本、最重要的著作，是在人类智识史和人类文明史上划时代的丰碑，是理性精神的载体，具有永恒的价值。

一

科学元典或者是一场深刻的科学革命的丰碑,或者是一个严密的科学体系的构架,或者是一个生机勃勃的科学领域的基石,或者是一座传播科学文明的灯塔。它们既是昔日科学成就的创造性总结,又是未来科学探索的理性依托。

哥白尼的《天体运行论》是人类历史上最具革命性的震撼心灵的著作,它向统治西方思想千余年的地心说发出了挑战,动摇了"正统宗教"学说的天文学基础。伽利略《关于托勒密和哥白尼两大世界体系的对话》以确凿的证据进一步论证了哥白尼学说,更直接地动摇了教会所庇护的托勒密学说。哈维的《心血运动论》以对人类躯体和心灵的双重关怀,满怀真挚的宗教情感,阐述了血液循环理论,推翻了同样统治西方思想千余年、被"正统宗教"所庇护的盖伦学说。笛卡儿的《几何》不仅创立了为后来诞生的微积分提供了工具的解析几何,而且折射出影响万世的思想方法论。牛顿的《自然哲学之数学原理》标志着17世纪科学革命的顶点,为后来的工业革命奠定了科学基础。分别以惠更斯的《光论》与牛顿的《光学》为代表的波动说与微粒说之间展开了长达200余年的论战。拉瓦锡在《化学基础论》中详尽论述了氧化理论,推翻了统治化学百余年之久的燃素理论,这一智识壮举被公认为历史上最自觉的科学革命。道尔顿的《化学哲学新体系》奠定了物质结构理论的基础,开创了科学中的新时代,使19世纪的化学家们有计划地向未知领域前进。傅立叶的《热的解析理论》以其对热传导问题的精湛处理,突破了牛顿《原理》所规定的理论力学范围,开创了数学物理学的崭新领域。达尔文《物种起源》中的进化论思想不仅在生物学发展到分子水平的今天仍然是科学家们阐释的对象,而且100多年来几乎在科学、社会和人文的所有领域都在施展它有形和无形的影响。摩尔根的《基因论》揭示了孟德尔式遗传性状传递机理的物质基础,把生命科学推进到基因水平。爱因斯坦的《狭义与广义相对论浅说》和薛定谔的《关于波动力学的四次演讲》分别阐述了物质世界在高速和微观领域的运动规律,完全改变了自牛顿以来的世界观。魏格纳的《海陆的起源》提出了大陆漂移的猜想,为当代地球科学提供了新的发展基点。维纳的《控制论》揭示了控制系统的反馈过程,普里戈金的《从存在到演化》发现了系统可能从原来无序向新的有序态转化的机制,二者的思想在今天的影响已经远远超越了自然科学领域,影响到经济学、社会学、政治学等领域。

科学元典的永恒魅力令后人特别是后来的思想家为之倾倒。欧几里得的《几何原本》以手抄本形式流传了1800余年,又以印刷本用各种文字出了1000版以上。阿基米德写了大量的科学著作,达·芬奇把他当作偶像崇拜,热切搜求他的手稿。伽利略以他的继承人自居。莱布尼兹则说，了解他的人对后代杰出人物的成就就不会那么赞赏了。为捍卫《天体运行论》中的学说，布鲁诺被教会处以火刑。伽利略因为其《关于托勒密和哥白尼两大世界体系的对话》一书，遭教会的终身监禁，备受折磨。伽利略说吉尔伯特的《论磁》一书伟大得令人嫉妒。拉普拉斯说，牛顿的《自然哲学之数学原理》揭示了宇宙的最伟大定律，它将永远成为深邃智慧的纪念碑。拉瓦锡在他的《化学基础论》出版后5年被法国革命法庭处死，传说拉格朗日悲愤地说，砍掉这颗头颅只要一瞬间，再长出这样的头颅一百年也不够。《化学哲学新体系》的作者道尔顿应邀访法，当他走进法国科学院会议厅时，院长和全体院士起立致敬，得到拿破仑未曾享有的殊荣。傅立叶在《热的解析理论》中阐述的强有力的数学工具深深影响了整个现代物理学，推动数学分析的发展达一个多世纪，麦克斯韦称赞该书是"一首美妙的诗"。当人们咒骂《物种起源》是"魔鬼的经典""禽兽的哲学"的时候，赫胥黎甘做"达尔文的斗犬"，挺身捍卫进化论，撰写了《进化论与伦理学》和《人类在自然界的位置》，阐发达尔文的学说。经过严复的译述，赫胥黎的著作成为维新领袖、辛亥精英、"五四"斗士改造中国的思想武器。爱因斯坦说法拉第在《电学实验研究》中论证的磁场和电场的思想是自牛顿以来物理学基础所经历的最深刻变化。

在科学元典里，有讲述不完的传奇故事，有颠覆思想的心智波涛，有激动人心的理性思考，有万世不竭的精神甘泉。

二

按照科学计量学先驱普赖斯等人的研究，现代科学文献在多数时间里呈指数增长趋势。现代科学界，相当多的科学文献发表之后，并没有任何人引用。就是一时被引用过的科学文献，很多没过多久就被新的文献所淹没了。科学注重的是创造出新的实在知识。从这个意义上说，科学是向前看的。但是，我们也可以看到，这么多文献被淹没，也表明划时代的科学文献数量是很少的。大多数科学元典不被现代科学文献所引用，那是因为其中的知识早已成为科学中无须证明的常识了。即使这样，科学经典也会因为其中思想的恒久意义，而像人文领域里的经典一样，具有永恒的阅读价值。于是，科学经典就被一编再编、一印再印。

早期诺贝尔奖得主奥斯特瓦尔德编的物理学和化学经典丛书"精密自然科学经典"从1889年开始出版，后来以"奥斯特瓦尔德经典著作"为名一直在编辑出版，有资料说目前已经出版了250余卷。祖德霍夫编辑的"医学经典"丛书从1910年就开始陆续出版了。也是这一年，蒸馏器俱乐部编辑出版了20卷"蒸馏器俱乐部再版本"丛书，丛书中全是化学经典，这个版本甚至被化学家在20世纪的科学刊物上发表的论文所引用。一般把 1789 年拉瓦锡的化学革命当作现代化学诞生的标志,把 1914 年爆发的第一次世界大战称为化学家之战。奈特把反映这个时期化学的重大进展的文章编成一卷,把这个时期的其他 9 部总结性化学著作各编为一卷,辑为 10 卷"1789—1914 年的化学发展"丛书,于 1998 年出版。像这样的某一科学领域的经典丛书还有很多很多。

科学领域里的经典,与人文领域里的经典一样,是经得起反复咀嚼的。两个领域里的经典一起,就可以勾勒出人类智识的发展轨迹。正因为如此,在发达国家出版的很多经典丛书中,就包含了这两个领域的重要著作。1924 年起,沃尔科特开始主编一套包括人文与科学两个领域的原始文献丛书。这个计划先后得到了美国哲学协会、美国科学促进会、美国科学史学会、美国人类学协会、美国数学协会、美国数学学会以及美国天文学学会的支持。1925 年,这套丛书中的《天文学原始文献》和《数学原始文献》出版,这两本书出版后的 25 年内市场情况一直很好。1950 年,他把这套丛书中的科学经典部分发展成为"科学史原始文献"丛书出版。其中有《希腊科学原始文献》《中世纪科学原始文献》和《20 世纪(1900—1950 年)科学原始文献》,文艺复兴至 19 世纪则按科学学科(天文学、数学、物理学、地质学、动物生物学以及化学诸卷)编辑出版。约翰逊、米利肯和威瑟斯庞三人主编的"大师杰作丛书"中,包括了小尼德勒编的 3 卷"科学大师杰作",后者于 1947 年初版,后来多次重印。

在综合性的经典丛书中,影响最为广泛的当推哈钦斯和艾德勒 1943 年开始主持编译的"西方世界伟大著作丛书"。这套书耗资 200 万美元,于 1952 年完成。丛书根据独创性、文献价值、历史地位和现存意义等标准,选择出 74 位西方历史文化巨人的 443 部作品,加上丛书导言和综合索引,辑为 54 卷,篇幅 2 500 万单词,共 32 000 页。丛书中收入不少科学著作。购买丛书的不仅有"大款"和学者,而且还有屠夫、面包师和烛台匠。迄 1965 年,丛书已重印 30 次左右,此后还多次重印,任何国家稍微像样的大学图书馆都将其列入必藏图书之列。这套丛书是 20 世纪上半叶在美国大学兴起而后扩展到全社会的经典著作研读运动的产物。这个时期,美国一些大学的寓所、校园和酒吧里都能听到学生讨论古典佳作的声音。有的大学要求学生必须深研 100 多部名著,甚至在教学中不得使用最新的实验设备而是借助历史上的科学大师所使用的方法和仪器复制品去再现划时代的著名实验。至 20 世纪 40 年代末,美国举办古典名著学习班的城市达 300 个,学员约 50 000 余众。

相比之下,国人眼中的经典,往往多指人文而少有科学。一部公元前 300 年左右古希腊人写就的《几何原本》,从 1592 年到 1605 年的 13 年间先后 3 次汉译而未果,经 17 世纪初和 19 世纪 50 年代的两次努力才分别译刊出全书来。近几百年来移译的西学典籍中,成系统者甚多,但皆系人文领域。汉译科学著作,多为应景之需,所见典籍寥若晨星。借 20 世纪 70 年代末举国欢庆"科学春天"到来之良机,有好尚者发出组译出版"自然科

学世界名著丛书"的呼声,但最终结果却是好尚者抱憾而终。20 世纪 90 年代初出版的
"科学名著文库",虽使科学元典的汉译初见系统,但以 10 卷之小的容量投放于偌大的中
国读书界,与具有悠久文化传统的泱泱大国实不相称。

我们不得不问:一个民族只重视人文经典而忽视科学经典,何以自立于当代世界民
族之林呢?

三

科学元典是科学进一步发展的灯塔和坐标。它们标识的重大突破,往往导致的是常
规科学的快速发展。在常规科学时期,人们发现的多数现象和提出的多数理论,都要用
科学元典中的思想来解释。而在常规科学中发现的旧范型中看似不能得到解释的现象,
其重要性往往也要通过与科学元典中的思想的比较显示出来。

在常规科学时期,不仅有专注于狭窄领域常规研究的科学家,也有一些从事着常规
研究但又关注着科学基础、科学思想以及科学划时代变化的科学家。随着科学发展中发
现的新现象,这些科学家的头脑里自然而然地就会浮现历史上相应的划时代成就。他们
会对科学元典中的相应思想,重新加以诠释,以期从中得出对新现象的说明,并有可能产
生新的理念。百余年来,达尔文在《物种起源》中提出的思想,被不同的人解读出不同的
信息。古脊椎动物学、古人类学、进化生物学、遗传学、动物行为学、社会生物学等领域的
几乎所有重大发现,都要拿出来与《物种起源》中的思想进行比较和说明。玻尔在揭示氢
原子光谱的结构时,提出的原子结构就类似于哥白尼等人的太阳系模型。现代量子力学
揭示的微观物质的波粒二象性,就是对光的波粒二象性的拓展,而爱因斯坦揭示的光的
波粒二象性就是在光的波动说和粒子说的基础上,针对光电效应,提出的全新理论。而
正是与光的波动说和粒子说二者的困难的比较,我们才可以看出光的波粒二象性说的意
义。可以说,科学元典是时读时新的。

除了具体的科学思想之外,科学元典还以其方法学上的创造性而彪炳史册。这些方
法学思想,永远值得后人学习和研究。当代研究人的创造性的诸多前沿领域,如认知心
理学、科学哲学、人工智能、认知科学等,都涉及对科学大师的研究方法的研究。一些科
学史学家以科学元典为基点,把触角延伸到科学家的信件、实验室记录、所属机构的档案
等原始材料中去,揭示出许多新的历史现象。近二十多年兴起的机器发现,首先就是对
科学史学家提供的材料,编制程序,在机器中重新做出历史上的伟大发现。借助于人工
智能手段,人们已经在机器上重新发现了波义耳定律、开普勒行星运动第三定律,提出了
燃素理论。萨伽德甚至用机器研究科学理论的竞争与接受,系统研究了拉瓦锡氧化理

论、达尔文进化学说、魏格纳大陆漂移说、哥白尼日心说、牛顿力学、爱因斯坦相对论、量子论以及心理学中的行为主义和认知主义形成的革命过程和接受过程。

除了这些对于科学元典标识的重大科学成就中的创造力的研究之外，人们还曾经大规模地把这些成就的创造过程运用于基础教育之中。美国兴起的发现法教学，就是几十年前在这方面的尝试。近二十多年来，兴起了基础教育改革的全球浪潮，其目标就是提高学生的科学素养，改变片面灌输科学知识的状况。其中的一个重要举措，就是在教学中加强科学探究过程的理解和训练。因为，单就科学本身而言，它不仅外化为工艺、流程、技术及其产物等器物形态、直接表现为概念、定律和理论等知识形态，更深蕴于其特有的思想、观念和方法等精神形态之中。没有人怀疑，我们通过阅读今天的教科书就可以方便地学到科学元典著作中的科学知识，而且由于科学的进步，我们从现代教科书上所学的知识甚至比经典著作中的更完善。但是，教科书所提供的只是结晶状态的凝固知识，而科学本是历史的、创造的、流动的，在这历史、创造和流动过程之中，一些东西蒸发了，另一些东西积淀了，只有科学思想、科学观念和科学方法保持着永恒的活力。

然而，遗憾的是，我们的基础教育课本和不少科普读物中讲的许多科学史故事都是误讹相传的东西。比如，把血液循环的发现归于哈维，指责道尔顿提出二元化合物的元素原子数最简比是当时的错误，讲伽利略在比萨斜塔上做过落体实验，宣称牛顿提出了牛顿定律的诸数学表达式，等等。好像科学史就像网络上传播的八卦那样简单和耸人听闻。为避免这样的误讹，我们不妨读一读科学元典，看看历史上的伟人当时到底是如何思考的。

现在，我们的大学正处在席卷全球的通识教育浪潮之中。就我的理解，通识教育固然要对理工农医专业的学生开设一些人文社会科学的导论性课程，要对人文社会科学专业的学生开设一些理工农医的导论性课程，但是，我们也可以考虑适当跳出专与博、文与理的关系的思考路数，对所有专业的学生开设一些真正通而识之的综合性课程，或者倡导这样的阅读活动、讨论活动、交流活动甚至跨学科的研究活动，发掘文化遗产、分享古典智慧、继承高雅传统，把经典与前沿、传统与现代、创造与继承、现实与永恒等事关全民素质、民族命运和世界使命的问题联合起来进行思索。

我们面对不朽的理性群碑，也就是面对永恒的科学灵魂。在这些灵魂面前，我们不是要顶礼膜拜，而是要认真研习解读，读出历史的价值，读出时代的精神，把握科学的灵魂。我们要不断吸取深蕴其中的科学精神、科学思想和科学方法，并使之成为推动我们前进的伟大精神力量。

任定成

2005 年 8 月 6 日

北京大学承泽园迪吉轩

莱伊尔（Charles Lyell，1797—1875）

莱伊尔的父亲老莱伊尔是英国苏格兰法佛夏地区金诺第村的富豪，毕业于剑桥大学，喜爱文学和自然科学，曾研究过植物学和昆虫学，喜爱去野外旅行。家里的私人图书室里，藏有大量图书和动植物标本。母亲玛丽十分贤惠，意志坚强，热心于教养子女。

◀ 1797年11月14日，莱伊尔生于金诺第村，图为莱伊尔出生的小楼。莱伊尔是长兄，有两个弟弟，七个妹妹。莱伊尔聪明好学，记忆力很强。8岁开始学习作文，10岁学习拉丁文，13岁学习法文。受父亲影响，莱伊尔从小喜欢捕捉昆虫，采集植物标本。

1814年，莱伊尔进入牛津大学，学习古典文学和数学，并选修了当时著名科学家格尔登讲授的昆虫学课程。

▶ 1816年，莱伊尔秉承父命，在牛津大学埃克塞特学院学法律。期间，他在父亲的私人图书室里读到了当时著名地质学家贝克威尔（Robert Bakewell，1725—1795）著的《地质学引论》，这是他首次系统学习地质学知识。这本书成为莱伊尔走向地质事业的向导。

牛津的埃克塞特学院，右边是学院的礼拜堂

◀ 威廉·巴克兰（Buckland，William，1784—1856），著名地质学家，把莱伊尔引进地质学大门的导师。在大学期间，莱伊尔选修了他讲授的地质课程，参加了地质学小组的课外考察。通过这些活动，莱伊尔受到了地质学的基本训练，为他以后专门从事地质事业奠定了实践基础。图为巴克兰在教室讲课。

▶ 爱许莫林博物馆（Ashmolean Museum），英国最古老的博物馆，位于牛津大学内。馆内陈列着丰富的岩矿及化石标本。当时开展地质学讲座的教室，就设在此博物馆的地下室，虽然条件较差，光线暗淡，但是英国许多著名地质学家都是在这里培养出来的，莱伊尔就是其中之一。

▼ 1818年，莱伊尔随父母去法国、瑞士、意大利旅行，穿越了阿尔卑斯山。沿途，他详细观察各种地质现象。到巴黎时，他还特意参观了法国科学家居维叶的化石标本陈列室，这次旅行为他决心从事地质事业奠定了牢固的思想基础。图为阿尔卑斯山。

▲ 1819年，莱伊尔大学毕业，取得法学学士学位。同年被吸收为伦敦地质学会会员和林耐学会会员，这表明他已具备了进入地质学家行列的基本条件。图为伦敦地质学会会标。该会成立于1807年，1825年获英国皇家批准，是世界上最古老的地质学会，享有很高的声望。

▶ 1821年，应父亲之命，莱伊尔进林肯法学院，专攻法律。但他自己还是喜欢地质。他毅然去爱丁堡听地质权威詹姆逊（Robert Jameson, 1774—1854）讲地质学课，这对莱伊尔地质思想的形成与发展影响很大。图为詹姆逊。

1823年，莱伊尔在伦敦地质学会上宣读第一篇论文——《佛法尔郡的河流地质》，受到与会者的称赞。这篇论文表明他当时基本上是一个水成论者。

1823—1824年参加巴克兰领导的地质考察，丰富了莱伊尔的地质知识。图为苏格兰湖区，莱伊尔当时考察地区之一。

1825年，莱伊尔发表了关于岩脉侵入沉积岩的论文。从这篇论文可以看出，他开始对水成论产生疑问。同年，莱伊尔再次（第一次是1822年）当选为伦敦地质学会秘书。

▶ 莱伊尔所画的花岗岩（图右侧）和石灰岩（图左侧）之间的分界线的横断面。

1827年春，莱伊尔读到了拉马克的名著《动物哲学》。这本书引起了莱伊尔的深思，动摇了他对水成论的崇拜，提出了与赫顿学说相似的论点——火成论。

▼ 西西里埃特纳火山附近的博沃峡谷，莱伊尔进行地质研究的地区之一。

随着广泛而实际的考察、对地质学的深入研究以及同著名科学家的广泛接触，莱伊尔的学术思想有了很大的变化。逐步认识到水成论、火成论以及后来的灾变论，都与上帝的创世论一脉相承。他先后接受了赫顿和洪堡等人的进步思想，开始建立自己的地质学理论。

1829—1833年出版著名的《地质学原理》3卷本，以后他又对其进行了反复修订，在发行第十版时，许多章节几乎进行了重写。

玛丽·霍纳（Mary Horner，1808—1873）

◀ 1832年7月12日，莱伊尔同霍纳结婚。趁蜜月旅行之际对欧洲又进行了一番地质考察。他们通过波恩，沿莱茵河向上，穿越瑞士的阿尔卑斯山，到意大利北部，取得了大量资料，丰富了《地质学原理》二、三册的内容。

莱茵河风景

▼ 图为伦敦国王学院，1831—1833年，莱伊尔在此教授地质学课程。1834年伦敦皇家学会授予莱伊尔皇家奖章。

1841—1842年，莱伊尔到北美考察，由美国著名地质学家、古生物学家霍尔（James Hall，1811—1898）陪同并作向导。在这次考察中，莱伊尔研究了尼亚加拉瀑布，认为这个瀑布是说明坚硬岩石能被流水逐渐掘蚀成一个大深谷的例证。

尼亚加拉瀑布

1845年，莱伊尔再赴北美，考察了密西西比河两岸地质、三角洲、冲积平原的成因，重新审核了密西西比河排入墨西哥湾的水量，取得了沉积物质的重量和堆积的数据等。同年，莱伊尔出版《第一次北美旅行记》，生动描述了北美地质考察的过程，成为研究北美地质的重要文献。

密西西比河航拍图

1846年回国后，莱伊尔在英国科学协会做了第二次北美考察的专题报告，受到热烈称赞。
1848年，维多利亚女王授予他爵士学位。

▶ 1849年，莱伊尔出版《第二次北美旅行记》。同年当选地质学会主席。

科普利奖章正面　　　　　　　科普利奖章反面

1853年被聘为牛津大学的名誉博士。1858年获得伦敦皇家学会的最高荣誉奖章——科普利奖章（1731年由英国皇家学会设立。授予在自然科学研究领域有杰出论著的作者）。

英国博物馆

由于莱伊尔在地质科学发展中的突出贡献，因此在国内外享有颇高的声誉。1861年再次当选为英国皇家学会主席，同年被政府任命为英国博物馆馆长，并当选为法国科学院通讯院士，荣获普鲁士科学奖。

莱伊尔对地质学的研究孜孜不倦、永无止境，到1873年，《地质学原理》共出了11版，他把几十年的实地考察成果，不断充实到《地质学原理》之中，确保了这部论著的生命力。

1874年，莱伊尔被聘为剑桥大学名誉博士。

剑桥大学的圣约翰学院

莱伊尔对待事业是坚持不懈的，1875年开始修订《地质学原理》第十二版。当年2月22日，莱伊尔在英国伦敦去世，终年78岁。他的遗体安葬在伦敦威斯敏斯特大教堂墓地。

目 录

导　读

吴凤鸣

（中国地质大学　教授）

· Introduction to Chinese Version ·

　　莱伊尔的均变论，同当时盛行的居维叶的灾变论针锋相对，从而掀起了地质学发展史上的又一场大论战——灾变论与均变论的论战。

一　跨进地质学的大门

1797 年 11 月 14 日，莱伊尔生于英国苏格兰法佛夏地区的金诺第（Kinnordy）村，他的父亲是当地的富豪。老莱伊尔早年毕业于剑桥大学，喜爱文学和自然科学，曾从事过植物学和昆虫学的研究工作。他还研究过但丁的古诗，喜欢去野外旅行，家里的私人图书室里，藏有大量图书和动植物标本。

母亲玛丽十分贤惠，意志坚强，热心于教养子女。莱伊尔有两个弟弟，七个妹妹，彼此都很相敬相爱，莱伊尔是深受尊敬的兄长。莱伊尔就是在这样优越的家庭环境熏陶下成长的。

莱伊尔自幼就对博物学发生浓厚的兴趣。由于受父亲爱好的影响，他喜欢捕捉蝴蝶和昆虫，常常把采集的植物标本收藏起来。

莱伊尔从小还喜欢到野外游玩，常和小伙伴们到家乡附近的山坡断层旁去拣取水晶、玉髓、奇特的怪石，等等。五光十色、形状万千的山石，经常引起莱伊尔对自然界的奥秘的沉思与憧憬，并在那幼小的心灵上，刻下了若干难解的疑团。

小莱伊尔聪明好学，记忆力很强。8 岁开始学习作文，10 岁时学习拉丁文，13 岁学习法文。1814 年，刚刚满 17 岁的莱伊尔就进入牛津大学，开始学习古典文学和数学，并选修了当时著名科学家格尔登讲授的昆虫学课程。

两年大学生活大大开阔了莱伊尔的眼界，他接触了许多新的知识领域，知识兴趣也随之广泛起来。1816 年，他将满 19 岁时，秉承父命，在牛津大学改学法律。莱伊尔的父亲希望他将来成为一名在社会上有地位的律师，以继承家业。为此，1821 年，他再次进入林肯法学院，专门攻读法律。但莱伊尔本人却早已被大自然的奥秘所吸引，向往通过探索，解开那埋在心坎上多年的疑团。

在牛津大学学习时期，有一次，莱伊尔在他父亲的私人图书室里发现了当时著名地质学家贝克威尔（Robert Bakewell，1725—1795）著的《地质学引论》，便如饥似渴地读了起来，这是他第一次接触到系统的地质学知识，它引起了莱伊尔的浓厚兴趣。书中描述的那些奇特的岩石，各种不同结构的矿物，变化多端的海陆沧桑……正是他幼年时埋藏在内心里的未解之谜。书中对岩石、矿物的成因、演化以及成分等做了较详细的解答，因而他手不释卷，读了多遍。这本书成为莱伊尔走向地质事业的向导。

在大学里，莱伊尔还选修了当时著名地质学家巴克兰（Buckland William，1784—1856）讲授的地质课程，参加了牛津大学地质学小组的课外考察和采集化石标本等活动。通过这些活动，他认识了许多岩石和矿物，识别了一些化石种属，受到了地质学的基本训练，为他以后专门从事地质事业奠定了实践基础。

牛津大学内设有爱许莫林博物馆（Ashmolean museum），陈列着大量丰富的岩矿及化

◀ 作者莱伊尔的画像

石标本,以供研究。地质学讲座的教室,就设在这个博物馆的地下室内,虽然条件较差,光线暗淡,但是英国许多著名地质学家都是在这里培养出来的,莱伊尔就是其中之一。

当时,莱伊尔非常喜欢读英国自然科学家普雷菲尔(John Playfair,1748—1819)写的《关于"赫顿地球论"的说明》一书,这本书对莱伊尔地质思想的形成与发展影响很深。普雷菲尔是赫顿①的挚友,著名的数学家,在当时浓厚的学术气氛影响下,他基于对赫顿理论的了解,通达赫顿理论观点,在赫顿死后5年写成此书,全书论述简明,文字优美,是一本轰动一时的优秀作品。

1818年,莱伊尔随父母去法国、瑞士、意大利旅行,有机会穿越了阿尔卑斯山。沿途,他细致观察了地层、峡谷、瀑布、石流、冰川以及岩层褶曲等地质现象,并做了详细记录,采集了一些标本和化石。到巴黎时,他还特意参观了当时法国大自然科学家居维叶(Georges Cuvier,1769—1832)的化石标本陈列室,那里有各地区的、各类型的生物和化石标本,这大大开阔了莱伊尔的眼界,增长了地质古生物知识,为他决心从事地质事业奠定了牢固的思想基础。

1819年,莱伊尔在牛津大学毕业,取得法学学士学位,并被吸收为伦敦地质学会会员和林耐学会会员。伦敦地质学会于1807年成立,是由当时化学家、矿物学家联合自然哲学家及地质学家组成的,是世界各国地质学会中最早的一个,享有很高的声望。会章中规定:"本会设立的目的,是为联络地质学家之感情,鼓励他们研究之热忱,采用统一之学术名词,推广新发现,促进地质之进步,尤其为不列颠矿物知识之普及。"莱伊尔成为地质学会会员,表明他已具备了进入地质学家行列的基本条件。

19世纪初,资本主义经济制度已十分巩固,由于日益扩大的工业生产的需要,地质科学也在飞速地发展。地质科学的各种理论、学说像雨后春笋般涌现出来;各种学说之间的争论更是十分活跃。当时,地质学已成为一门颇具魅力的学科,吸引着越来越多的自然科学家。刚刚走出校门的莱伊尔,就是在这样的科学发展背景下,跨进了地质学的大门。

二 一场别开生面的学术论战

地球科学是研究地球的形状、组成、构造、历史和运动规律的科学。人类对地球的认识,经过长期而曲折的历史过程。

18世纪以前的地质学,有人称之为稗史时代。因为那时的地质学多是地质现象的记载和描述,对一些地质现象的观察和解释往往是一种假定,由于资料占有和时代背景的局限,即使具有朴素的唯物主义思想,也难保科学结论的正确性。

18世纪末到19世纪初,地质学已成为一门独立的学科挺立于自然科学之林。这个时代涌现出了一批卓越的地质学家,其中比较著名的有维尔纳、赫顿以及居维叶等。他们致力于地质学各领域的深入研究,提出了不同的理论和假说,并进行着激烈的辩论。

就在年轻的莱伊尔刚刚跨进地质学大门的时候,地质学史上掀起了一场轰动科学界

---

① 关于赫顿其人,第二节将详细介绍。

的大论战——水成论和火成论两大学派的论战。这场论战对地质学的发展起了推动作用,成为地质学发展史上的重要篇章,对莱伊尔地质思想的形成影响极大。

水成论和火成论之争,是地质学发展的必然趋势,它代表了地质科学发展的一个历史阶段。早在 17 世纪,英国学者伍德沃德(J. Woodward,1665—1728)就已形成了类似水成论的理论(洪积说)。伍德沃德收集了大量地质资料和化石标本,实地考察了不列颠许多地区的地层结构,发现这些结构都与水的沉积作用有关。于是他便得出结论,认为现今地球表层的地质结构,是在洪水中形成的。当洪水发生时,整个地球都被破碎而溶解了,地层就从这种混沌溶液里堆积而成。至于不同地层中所含的生物化石不同,他认为是重者下沉、轻者上浮的结果。由于伍德沃德搜集的资料丰富,论述系统,影响颇深。从地质学史的评价来说,伍德沃德可算是水成论(洪积说)的开山鼻祖。

17 世纪末期,正当伍德沃德等的洪积说盛传之际,意大利威尼斯修道院院长、天主教神甫莫罗(A. L. Moro,1687—1764)考察了埃特纳火山,从火山爆发形成熔岩流这一自然现象得到启发,经过一段时间的总结与酝酿,于 18 世纪初提出了与水成论完全对立的火成论。莫罗认为,地层的形成纯粹是由地球内部的热力所造成的,并用他所掌握的阿尔卑斯山脉断层和地层位移的资料来论证他的观点。

莫罗把对地中海区火山现象的观察作为自己理论观点的基础。他观察了 1707 年出现的桑托林岛,去看过在那不勒斯附近形成的蒙·努奥伏火山锥,并目睹了维苏威、埃特纳两大火山的喷发。他认为:地球最初被一整片水层所覆盖,未露出起伏不平的地形,后来地下热力(火)创造了岛屿、大陆和山脉,再经过一段地质年代的演变才出现了生物。在山脉中形成了裂缝,大量的土壤、砂、黏土、金属、硫黄和各种矿物沿裂缝喷出来,沉积成层并形成次生山脉和平原。

莫罗所提出的造山作用与火山作用有关的思想,有力地驳斥了水成论(洪积说),并为火成论的诞生与发展奠定了理论基础。这就是早期的水成论和火成论之争。

在地质学发展的过程中,这种论争此起彼伏,争论不休。

刚进入 19 世纪时,水成论极为盛行,在自然科学领域内占有统治地位,德国地质学家维尔纳(A. G. Werner,1750—1817)成为公认的领袖。

维尔纳是德国的矿物学家,原为撒克逊人,1775 年任弗赖堡矿业学院教授,任职达四五十年。他开了一门新课——地球构造学,这个名词就是当时地球科学的总称,讲述的内容是研究地壳的构造与成分。他的课深受各界欢迎,因此,门徒众多。其理论盛行一时,影响颇深,成为当时地质学界的权威,学术思想逐渐形成一派,继 1695 年伍德沃德之后把水成论推到登峰造极地步。

维尔纳本人没有什么大型著作,1787 年发表的关于地壳构造及岩层层序的论文——《岩层的简明分类及阐述》篇幅仅 28 页。从内容上看多为实际资料,但精确有序,而在理论方面的概括较少。他在地质科学上的贡献,多体现在他的学生们的著述中。他们的观点是,一切组成地壳的岩石都是由水溶液形成的。水是地表改造的最主要的因素,而岩石都是在不同时期的最初淹覆全球的洋水中沉积而成的。这种思想也源于 17 世纪英国化学家波义耳发现盐是从溶液中沉淀和结晶而成。

维尔纳水成论思想的形成与他家乡的特殊地质情况有关。他通过对家乡矿石中所含矿物的细致研究,发现萨克森地区的岩层都是由沉积作用形成的,从而武断地认为整个地球表面最初都是一片汪洋,其深度也像山岳的高度。被溶解在海洋里的各种矿物质,最先沉积为结晶岩石:片麻岩、花岗岩、含云母片岩、蛇纹岩、石英斑岩、正长岩,这些岩石都是通过纯化学方式沉积而成的,是深海沉积物。维尔纳将它称之为"原生岩层类"。杂砂岩、黏板岩、页岩和石灰岩等为浅海沉积物,称之为过渡岩类。维尔纳认为,这些岩石也多半是以化学方式形成的,但一部分是由岩石堆积时存在的陆地碎片组成的。第三类是层状岩层,包括砂岩、层状黏土、凝灰岩、石膏、岩盐、煤、玄武岩、黑曜石等,这部分主要是碎屑岩,其中也有化学成因的。最后一类为最新冲积层或淤积沉积物,呈水平层包括亚黏土砂、砾石、火山渣和泥炭。

维尔纳的学说,具有原始地层学的意义,并对沉积成因的岩石划分作出重要而正确的结论。但他认为成层的岩石都是在世界洪水期堆积成的,而后便是一切地质作用停止的稳定期,这就导致了后来水成论的理论错误。他认为地球自从形成后就未曾有过变化,否定内部在地球发展中的作用,他把火山活动说成是地下硫黄和煤层燃烧的结果,甚至认为标准的火山岩,如玄武岩等亦是水成的,完全否认火山的作用。

水成论者不承认地壳运动,他们认为,岩层的倾斜和弯曲是岩层塌陷的结果;在矿脉成因上,他们认为,在上覆沉积物的不均匀的压力作用下,使岩石产生裂缝,裂缝中就沉淀着金属和地球溶液。这种用充填方法来解释矿脉的成因,其结果是承认矿体向下尖灭的理论,对矿产的深入勘探与开采极为有害。

应该肯定,维尔纳学派曾根据矿物外形形态特征,对矿物做过详细分类,在矿物学发展上具有重要贡献;对沉积作用以及沉积成因的岩石研究也是卓有成效的。但是,由于水成论同《圣经》上所说的洪水论十分吻合,因而,得到神学家们的支持,使维尔纳的水成论成为18世纪末叶到19世纪初期风靡一时的学说和学派。

在其鼎盛时期,他的得意门生、著名英国地质学家R.詹姆逊在爱丁堡成立"维尔纳学说自然历史协会"专事拥戴维尔纳及其弗莱堡学派。由于火成论的挑战,众门先通过自己的地质实践对老师的理论重新认识,并发现水成论的弱点,纷纷"倒戈"起义,"如洪堡的觉醒,布赫的反戈一击,詹姆逊们最后起义",水成论及其弗莱堡学派,以失败而告终。

正当维尔纳学派到处宣扬水成论之际,著名的火成论者赫顿(J. Hutton,1726—1797)则在苏格兰从事地质研究,为建立近代地质学的基本原理而努力。

赫顿从事地质工作30余年,他既不擅长于文字写作,又无众门徒的拥戴与宣传。他唯一的一篇论文《地球论》是1785年在爱丁堡皇家学会宣读的,它不但没有引起地质界的重视,5年之后反而遭到皇家学会外籍会员狄·拉克和矿物学家兼化学家柯温(爱尔兰皇家学会主席)等人的攻击。后来,促使赫顿长期在阿尔卑斯和苏格兰等地,进行了地质调查工作,在有大量资料的基础上,对自己的论文重新做了整理、修改和充实,于1795年在皇家学会再度发表。

赫顿在论文中写道:"地球就像是一台特殊结构的机器——它是根据化学和力学原理构成的。""在地球上起作用的主要的力,有重力、燃烧和冷却、太阳光、电和磁力,这些力不仅引起现代的地质现象,并在过去的时期里也发生相同的作用。"在地表上,一方面可以观察到陆地上的冲蚀和破坏作用;另一方面,也可看到堆积物沉积在海底上、升出海面而形成的新大陆。赫顿把"地球的地下(内部)火"看成是堆积物升出海面的原因和动力。并把从地下火源中升起的大股熔岩流喷出的火山,也归之于这种"地下火"的威力。赫顿更明确地指出:花岗岩、玄武岩和其他类似的岩石都是"火成的",是由地球内部的熔融体结晶而成。赫顿的论点,比较确切地提出了岩浆岩、沉积岩和变质岩的成因。因此,火成论的理论,为地质科学的发展和完善谱写了新的篇章。

掀开地质科学的发展历史,对自然现象的两种不同的论点在形成、发展中,早就相峙着、对立着、争论着。实际上,无论是水成论,还是火成论,作为一种学说都有它独立的理论体系,都在地质思想发展中起过进步作用,但也各有其片面、孤立的一面。他们都只抓住一点观察到的地质现象和事实,过分强调和夸大,甚至当成地球发展与变化的全貌。譬如,水成论者断言:地球上万物变化的基础是地球外力(风、雨、冰、海……)的活动结果,在当时宗教盛行的背景下,这种论点受到宗教的利用并与《圣经》联系在一起,其结论自然会导致外力的原动力就是上帝。水成论的立论认为所有的岩石(花岗岩和片麻岩)都是由原始的海水结晶而成,或者作为世界洪水时的机械沉积物(成层岩)形成后,地壳就再没有发生变化了。

火成论者则相反,他们把地壳变化以及矿产的形成完全归于火山、地震的作用,过分地强调了"地下火"的动力。他们认为地球的历史是一个无穷无尽的发展过程,在这一过程中,地面的起伏与破坏,新大陆和地表新形态的形成,总是周期性地重复发生。并且提出地表的起伏所以会被破坏,是由于风化作用的关系,而新大陆和地表的新形态所以会形成,则是由于洋底在地球内部的地下火作用下而上升的结果。他们把花岗岩的形成解释为由于地球内部熔融体结晶的结果,在此基础上,提出了岩浆岩、沉积岩和变质岩的不同类别;在地球历史上的认识具有一定进化论的思想。尽管赫顿及其火成论也存在某些片面性和局限性,但他们的理论在当时代表了地质学中的进化论学派。他们论述了地球不断发展的原理,由地下构造力引起地壳运动的原理,海陆有系统地更替的原理,由深处侵入的岩浆凝固而生成的脉岩充填裂缝的原理,矿藏生成于岩浆岩和沉积岩接触带的原理等。这些理论都为人类生活与生产实践所证实。这些理论的确立,大大推动了地质科学的进步,因而火成论获得越来越多的拥护者,并且在这次论战中取得了胜利。

赫顿死后,他的挚友普雷菲尔于1802年撰写了《关于"赫顿地球论"的说明》一书,比较系统地介绍了赫顿的观点。由于普雷菲尔对赫顿理论了解深刻,文章写得生动、流畅,引人入胜,有力地宣传了赫顿的理论,从而使其闻名于世。

一个学说的形成与发展,都有其历史因素,并为时代背景所制约。水成论和火成论的论战,主要是在18世纪末到19世纪初开展的,它必然受到当时对自然现象认识的局限,因此,两种理论各有其片面性,甚至把臆测和推论当成唯一的真理,各执一端,相互指责、谩骂,一时闹得水火不相容。据有关资料记载,有一次两派学者相约在英国爱丁堡附近的小山丘下集会,因为对这里地层结构的成因,各有不同的看法,展开了一次现场学术大辩论,从争论,发展到相互指责、对骂,最后竟然拳打脚踢,演出了近代科学史上别开生面的一场闹剧。

但是,从地质科学的历史来看,18世纪末19世纪初的这次水成论与火成论的大论战,在推动地质科学理论的完善、系统及迅速发展方面,还是具有重大意义的。这次论战,显示了地质学中进化论思潮的生命力和地位,对自然界不变论以及被奉若神明的创世论、洪水论、上帝和神学各种概念给予了批驳。

莱伊尔对水成论和火成论的论战很感兴趣,他详细阅读有关文章,积累了有关理论、学说以及各自论点的资料,后来他在撰写《地质学原理》时,充分阐述了这次学术论战的情况。

三　地球及其生物界是渐进还是突变?

自然界的突变与渐进的关系是一个古老的哲学课题。在地质科学发展史上,这两种观点一直在论争着。一些人认为:突变是一种自然现象,是由渐变长期积累而突然爆发造成的。持这种主张的早期代表人物是法国著名学者布丰(Buffon,1707—1788)。他认为:地球早期的地质作用比晚期更激烈,虽然古今地质作用不同,但其原因是类似的。他指出,地质作用有两种:一般原因,如火、空气、水的作用是连续而缓慢的;而特殊的原因,如地壳的抬升、淹没和下陷是突变的。布丰的灾变论是强调地球起源和地壳运动的突然性,古今地质作用的一致性。这种观点在理论上反对神学概念的禁锢,在方法论上是现实主义的,在历史上起过进步作用。恩格斯对布丰有高度评价说"自然历史也被布丰和林耐提高到科学水平,甚至地质学也开始从过去所陷入的荒诞假说的深渊中逐渐挣脱出来。"到19世纪初,以法国自然科学家居维叶为领袖的非现实主义灾变论占据了统治地位。居维叶毕业于斯图加特的加罗林研究院。1792年他写成第一部著作《帽贝属软体动物解剖学》,得到当时著名科学家圣·希雷尔的高度评价,并邀请他去巴黎。1795年,他在皇家植物园任比较解剖学教授,在法兰西学院任博物学教授,同年当选为法国科学院院士。后来,他还当过路易十八的内务大臣,巴黎大学校长,国家科学院常任秘书,拿破仑时代以及复辟时代的国会议员、贵族院成员等要职,是一个身居爵位的科学家。

居维叶的研究范围,主要是比较解剖学、古生物学以及生物器官相关律动物分类等,并成为这些学科的创始人,为地史学以及古脊椎动物学的建立,作出了卓越的贡献。

居维叶同布朗尼亚尔(Alexandre Brongniart,1770—1847)合作,对巴黎盆地第三纪沉积岩层(主要是覆盖在白垩系之上的一套岩系)进行了长期详细的研究。他们取得的成就早已闻名于世。1808年,他们发表了《巴黎盆地附近地质》一文,1811年,居维叶又和布朗尼亚尔合写了《巴黎附近矿物志》以及《化石骨骼论》(1812年),都是深受赞扬的优秀作品。

他们在长期的地质研究中,发现了在不同的地层中,含有不同的动植物化石,并认为地层越深、越古老,所含动植物化石就越和现在生活着的动植物不同,有些显然是属于灭绝的种属。这证明生物界是变化着、发展着的,而绝迹了的动物就是现代动物的祖先。这本来是19世纪上半纪的重大科学论断,对当时盛行的上帝创世论和物种不变论是个有力的批判。但是,居维叶臆造了一个全球灾变理论。他说,不同的地层结构是由于发生过多次洪水灾变,不同地层中的不同生物化石则是在每一次灾变后的重新创造。他甚至断言:《圣经》中的摩西洪水,就发生在五六千年之前。居维叶的这个论点,维护了物种不变论。居维叶的灾变论,在他 1825 年发表的《论地球表面的变动》一书中有系统的阐述。

居维叶指出:干燥陆地的出现并不是由于水面或多或少引起逐渐的和广泛的下降,而是存在着多次地面突然上升和接连多次水的退却。这种水的反复进退不是缓慢的和渐进的,恰恰相反,大多数是突然激变,先是淹没,然后退却,最后才出现现今的大陆基本轮廓。居维叶还举例说,在辨别化石中发现的新种属,和现有的种属之间存在着重大差异,这是灾变的结果。最近的一次灾变,海水曾淹没了现今的各大洲,后来又退去了,在北方各国留下了大四足动物的尸体(冻土中的猛犸象等)。这些动物连皮、毛、肉都保留到现在,这说明:(1)当时的普通气候状态,不是常年冰冻的,这些动物不可能在如此低温下生存;(2)这些动物的死亡,是由于当地的气候在瞬间发生了翻天覆地的变化。当那可怕的洪水席卷地球时,那些习惯于干燥陆地生活的生物被大洪水卷走;而当海底突变为干燥陆地时,另外一些水生生物也被枯死;整个物种灭绝了。书中的内容,比较确切地反映了居维叶灾变论的观点和论证。但,由于他夸大了研究对象的范围,错误地做出了全球性的灾变结论,某些论点就和结论同"摩西洪水"结上了亲缘。

以居维叶为首的灾变论者在实际论证方面,修补了水成论学派的一些破绽,使之更加迎合神学家们的口味。在宗教势力的大肆吹捧下,灾变论曾风行一时。

百年来,对居维叶科学成就的评价,批判者多,而对他在科学上的贡献多有忽略。近年来,国外出版了一批介绍居维叶科学成就以及生平传记的论著,使我们对居维叶学术思想和成就有了较多的了解和认识。最近一些文献也提出了关于地球表面的多次激变的论证,这是值得重视的动向。

正当灾变论思潮风靡地质界的时候,一种生物缓慢进化思想在法国形成,其代表人物是拉马克。

拉马克(J. B. Lemark,1744—1829)是法国著名的生物学家,公认的物种变异论的创始人。他早年从事过医学、植物学、物理学、地质学研究。1778 年,拉马克著有《法国植物》三大卷,在书中运用了自己独创的植物分类法,颇受重视,不久,政府给予出版。从此,拉马克成为有名的生物学家之一,1793 年任科学院动物学教授。拉马克对于巴黎盆地第三纪介壳类化石与近代介壳类的对比研究,为古生物学的发展作出了重大的贡献,因而拉马克被誉为无脊椎动物学者的先驱,后来著有《动物哲学》及《无脊椎动物》,这两本书早已成为世界名著。

拉马克生活的年代,正巧是灾变论产生与繁荣时期,拉马克对各类化石颇感兴趣,长期进行研究,从而得出种与种之间有过渡关系的结论。他认为一些种属是由另外一些种属逐渐发展而来的,而低级种属向高级种属的变化,则需要一段漫长的地质时期。由此,拉马克得出地球已经存在十分久远的结论:"一旦人类清楚地了解生物的起源——人类心目中的地球的这一久远历史,一定还得拉长……"这种进化的思想,受到当时权势的压制,在拉马克生前没有得到鉴识和发扬。

与此同时,地球缓慢进化的思想在莱伊尔的学术思想中也逐渐孕育成长。莱伊尔的成长,正反映出地质渐进论的形成。

19 世纪 20 年代,莱伊尔满怀对地质科学的深厚感情离开了牛津大学,但在父亲的压力下,他不得不到伦敦从事法律研究工作。

1821 年,莱伊尔得知当时地质权威詹姆逊教授要在爱丁堡讲授地质学课程的消息,为了进一步掌握地质理论,他毅然决定去爱丁堡听课。

詹姆逊(Robert Jameson,1774—1854)是维尔纳的得意门徒,1804 年在苏格兰大学担任自然历史教授,1808 年在爱丁堡创立了维尔纳自然历史学会,公推维尔纳为名誉会长。该学会的目的,就是宣扬水成论学派的理论。在赫顿的火成论取得公认后,维尔纳的门徒逐渐发现自己的理论破绽百出,于是纷纷拥戴赫顿学派。这就是地质学发展史上的火成论兴起和水成论衰落时期。

詹姆逊讲的地质课,内容十分丰富,在理论上概括了 19 世纪以前各家的观点,这对莱伊尔地质思想的形成与发展影响很大。

1823 年,莱伊尔根据自己收集的资料,特别是对自己家乡地质情况的了解,撰写了第一篇论文——《佛法尔郡的河流地质》,在伦敦地质学会上宣读,受到了与会者的称赞。这篇论文是莱伊尔早期对地质考察的总结,也充分表明了他当时基本上是一个水成论者。论文发表后,有许多评论称赞他观察地质现象的细致和深入,并显示了他在地质研究中的才干。

为了占有各类地质资料,掌握野外考察的基本知识,莱伊尔于 1822 年特地到家乡文其尔海地区考察海退现象,验证这个地区的海陆变迁、地层变化。1823 年,莱伊尔参加了将他引进地质学大门的导师巴克兰教授领导的地质小组,到英格兰南部萨塞克斯郡和怀特岛进行地质考察,研究那里的下白垩统地质界限与相互之间的关系。1824 年,又随同巴克兰到苏格兰湖区进行专题考察,对湖的形成以及该区地层、地质演变做了详细的记载。这些活动大大丰富了莱伊尔的地质知识。

同年,莱伊尔专程陪同法国地质学创始人普利沃斯特到英格兰和苏格兰进行地质考察,对那里的地层、岩石、矿物及构造等,进行了详细的研究。在野外的共同生活中,莱伊尔从普利沃斯特那里学习他的专长和工作方法;在共同探讨中,莱伊尔受到极大的启发和教育。

1825 年,莱伊尔发表了关于岩脉侵入沉积岩的论文。从这篇论文可以看出,随着对地质现象的广泛观察和深入分析,莱伊尔逐步发现有许多地质现象不能用水成论的观点来解释,开始对老师的水成论产生疑问。

1827 年春,莱伊尔有机会读到拉马克的名著《动物哲学》。这本书引起了他的深思,尽管一时他还不能完全接受拉马克的理论,但这物种可变的真理,不能不动摇他对水成论的崇拜。

同年,莱伊尔在评论施克罗柏写的《法国中部地质》一书时,提出了与赫顿学说相似的论点,把许多地质现象都归因于一般自然进程中水与火的作用。这种论点基本上排除了宗教迷信的愚昧和旧观念,可见莱伊尔通过地质考察和同著名科学家的广泛接触,学术思想有了较大的变化。

1828—1829 年间,莱伊尔的学术思想非常活跃,他认为赫顿的火成论对解释许多地质现象,特别是火山活动、火山作用以及火成岩的生成问题是比较正确的;同时又受到拉马克思思想的影响和启发,在他思想上孕育着地球历史是渐进的概念。在这时,他与苏格兰地质学家默奇森(R. I. Murchison,1792—1871)合作发表了一篇《以法国中部火山岩说明河谷的冲蚀现象》的论文,文中的论点是水成作用与火成作用相结合,并明确提出了自然变化的渐进作用。文章发表后,遭到他的老师——水成论的维护者巴克兰教授以及许多权威地质学家的反对和攻击,这对刚刚形成独立论点的莱伊尔来说,确实承受了沉重的压力。但他的地质渐进观点已初步形成,他尊重科学事实,敢于坚持真理的精神,博得了当时许多进步学者的同情与支持。

1824 年以后,莱伊尔曾多次去巴黎,在那里结识了许多著名的自然科学家,除居维叶、拉马克外,还有巴黎自然历史博物院矿物学教授布朗尼亚尔,法国地质学创始人普利沃斯特,德国自然地理学奠基人洪堡(Alexander von Humboldt,1769—1854)等。同他们交往、合作,共同探讨地质理论问题,对善于吸取他人长处、概括能力很强的莱伊尔来说,真是受益匪浅,可以说,这对他的进化论地质思想的形成与发展是密切相关的。比如,原先莱伊尔是反对拉马克物种可变理论的,他认为地球上的生物没有什么重要的变化,这一点在最初几版的《地质学原理》有关章节中,有明显的反映。1827 年,莱伊尔读了拉马克的《动物哲学》一书后,思想上开始发生变化,后来接受了达尔文的自然选择学说和物种起源理论,纠正了自己的错误观点。

洪堡也是水成论领袖维尔纳的学生,但他也是给水成论以致命打击的人。他对世界各地的矿物、山脉的形成和变质现象,对火山作用以及自然历史有着极深的造诣。他指出:火山作用不仅在地球的古代地质史中起了巨大作用,并且在现代地质史上也起着巨大的作用。他发现,生成于山脉中或形成火山岛的火山是成线状分布的,他还提出了火山与深入地球内部的地壳断裂有关的思想。

1822 年,洪堡发表了《东西两半球之岩层论》很受称赞,《宇宙》一书的出版,更使他名震天下。洪堡的这些论点,特别是关于火山现象的理论,对莱伊尔影响很深。在《地质学原理》一书中,有大量关于火山问题的论述,比较充分地反映了洪堡的理论观点。

莱伊尔虽然在跨进地质学大门的初期,受了老师巴克兰的影响,但随着广泛而实际的考察和对地质学史的深入研究,使他逐步清醒,并发现水成论、火成论以及新兴起的灾变论,都与上帝的创世论一脉相承。他先后接受了赫顿和洪堡等人的进步思想,开始建立自己的地质学理论。

莱伊尔在长期野外考察掌握了大量资料的基础上,明确提出:说明过去的地质现象应在现在的自然现象中寻找;并建立了过去和现在的地质作用的同一性的概念,从而奠定了莱伊尔渐进论思想的基本论点。

同时,莱伊尔还进一步提出了地质的外力因素:风、雨、河流、海浪、潮汐、冰川、火山和地震等,经过漫长的地质历史,不断侵蚀、搬运以及沉积作用,改变着地表结构和地壳构造,从而论证了这种地质作用是缓慢的。他根据遍布欧洲的第三系与现代沉积相对比,提出:古今的这种"微弱"的地质作用是均一的,因而推断出过去的地质过程同样也是缓慢的。

莱伊尔的这种论点,同当时盛行的居维叶的灾变论针锋相对,从而揭开了地质学发展史上的又一场大论战——灾变论与渐进论的论战。

论战的焦点主要集中在:地壳及其生命的成因起源与变化是突然瞬间发生的,还是逐渐、连续、缓慢地发生的。莱伊尔在论战中充分地论述了自己的渐进观点,指出灾变论由于过低估计了过去时间的长度,结果把毫无关系的事件扯到一起,好像它们是同时存在似的。他说,居维叶把几百万年,误认为几千年,导致了对地球的年龄和历史做出荒唐的结论。同时指出灾变论者过于夸大了各种作用的力量及其猛烈程度,因而在追溯原因时,就虚构出"超自然力"的存在。

论战中,莱伊尔广泛而系统地论证了渐进论的核心——"将今论古"的现实主义理论和方法,并概括成为一句名言:"现在是了解过去的一把钥匙。"

莱伊尔以渐进论驳斥了居维叶关于地球历史多次灾变的理论。地质学经过对灾变论的批判,抹去了居维叶给地球发展史涂上的神秘色彩,把地质学引向了进化、科学的发展道路,正像恩格斯在《自然辩证法》一书中指出的:"只是莱伊尔才第一次把理性带进地质学中,因为他以地球的缓慢的变化这样一种渐进作用,代替了由于造物主的一时兴发所引起的突然革命"。[①] "莱伊尔的理论比他以前的一场理论更加和有机物种不变这个假设不能相容。地球表面和一切生活条件的渐次改变,直接导致有机体的改变和它们对变化着的环境的适应,导致物和变移性。"

四 《地质学原理》及其影响

莱伊尔经历了 10 年的艰苦努力,足迹遍及欧洲各地,掌握了大量而丰富的第一手地质资料,在综合、汲取 19 世纪以前不同时期各自然科学家之所长的基础上,形成了一个严整的、新的地质学理论——渐进论。为了总结自己学习、工作经验,并有理有据地驳斥灾变论者的各种虚构和推测,他产生了编写《地质学原理》的愿望,并立即动手工作。

1828—1829 年间,莱伊尔制订了编写《地质学原理》的计划。为了充实写作计划,他又到法国的奥沃尼,意大利的罗马、西西里一带进行地质考察,取得大量资料。这些资料使莱伊尔认识到自然作用是地表变化的主要原因。他认为现在活动的一些地质营力:风力、河流、海流、潮汐、火山、地震等等,加上地球内部的运动,都是改变地球外貌和促使地质作用发展的动力。这就是莱伊尔进化论思想的基础,也是他提出现实主义原则的基础。

1829 年,莱伊尔完成了《地质学原理》第一卷的编写工作,1830 年付印出版。第一卷共分两篇:第一篇有十四章,主要论述地质学研究的内容、地质学发展简史、地质现象的自然法则等。其中关于地质学发展史就占三章篇幅,在这一部分,莱伊尔比较详细地、系统地阐述了古代地质知识的积累、发展和地质进化论思想的形成与发展。

第二篇共分十一章,主要是论述无机界中现时正在进行的各种变化。莱伊尔把地质现象归因于一般自然过程中水和火的作用,认为地球表面是屡经变化的,这种变化一直在缓慢而不停息地进行着。书中对岩石的剥蚀、搬运、堆积等作用都作了比较系统的阐述,并特别精辟地分析了欧洲和北美洲北部的许多与当地地质结构完全不同的大量巨型

① 《自然辩证法》,人民出版社 1971 年版,第 13 页。

漂砾,其成因与地理分布是水成论和火成论都无法解释的课题。只能把各种现存作用力综合起来加以考虑,才能比较确切地解释这个地质现象。同时,他还指出,与漂砾相联系的泥沙沉积层的层理形状和特点,也是综合各种作用力、主要是"沉积作用和剥蚀作用"的结果。这样,不仅比较容易理解沧桑变化的地质事实,同时也有力地驳斥了不同地层都是由于突然的灾变所形成的谬论。

1832—1833 年,莱伊尔的《地质学原理》第二卷和第三卷相继问世。其主要内容是论述了无机界和有机界正在进行着的各种地质变化。

第二卷分为两篇:第二篇(续)共包括八章,主要论述了火山和地震的成因及其影响。第三篇共十六章,内容是关于有机界现时正在进行的变迁。其中有拉马克的物种变异论、物种性质及达尔文的自然选择说,有物种的地理分布与移徙、人类的起源与地理的分布,特别是论述了关于珊瑚的形成理论,这些丰富的内容反映了 19 世纪进化论地质学派的先进思潮。

这里必须说明一下:《地质学原理》在最初(第五版之前)分为四篇,1838 年,莱伊尔将第四篇扩充成为独立专册,命名为《地质学纲要》;到 1851 年,他又将这部分重新编写、充实、修订,定名为《普通地质学教程》;1865 年再次改名为《地质学纲要》,先后共出了六版,影响深远。莱伊尔在这本书中建立了地层系统,论述了岩层分类、分布、形状和结构,其中对火山岩、深成岩、变质岩的特征也做了精辟的阐述。就内容来看,它同《地质学原理》是各有千秋。到 1873 年,《地质学原理》共出版十一版,各国都有译本。我国于清代同治十二年(1873)由华蘅芳翻译出版,译名为《地学浅释》。1959 年,徐韦曼先生将《地质学原理》英文第十一版再次译成中文[①]分两册出版。

莱伊尔在《地质学原理》一书中,列举了大量事实,分析了大量的资料,用当时所观察到的自然界的各种地质营力(如风、雨、河流、火山、地震……)来阐明古今地壳的变迁,为动力地质学的建立提供了理论前提;用历史比较的观点,说明地球的面貌是缓慢改变着的,从而为以后历史地质学的建立奠定了理论基础。

莱伊尔对沉积岩经过高温、高压作用,使之发生结晶,再结晶的岩石,称为变质岩,这样,他就比较确切地建立了岩石学的分类系统。

莱伊尔在书中还揭示了不同岩层中不同地质时代的生物化石同现代生物之间的关系,指出,地层年代愈新,生物的类型与现时生存的物种愈相似。莱伊尔通过对地层变化历史的研究,解释了生物进化史,从而为生物地层学的建立奠定了理论基础。

莱伊尔的《地质学原理》的问世,促进了矿物学、岩石学、地层学、古生物学、生物地层学、矿床学、构造地质学向纵深发展,推动了地质学新学科的建立。它不仅完善了地质科学的理论基础,同时也为生物进化论开辟了道路。

据记载,进化论的奠基人达尔文乘"贝格尔号"巡洋舰做环球旅行时,就随身携带着莱伊尔的《地质学原理》第一册,他说:"莱伊尔在他那本可钦佩的书中发表了他的观点,现在我已变成了这个观点的热心信徒。南美洲的地质调查,引导着我把这些观点的某些部分,引申到更深入的程度……"著名的生物学家赫胥黎也指出:"莱伊尔是一个主要的

---

① 各版章节、体例及内容均有差别,上述内容以第十一版为准。

行动者,为别人和我自己铺平了达尔文主义的道路。"

莱伊尔的《地质学原理》是一部代表 19 世纪进化论地质学的总结性的作品,它反映了到 19 世纪中叶为止地质科学的先进思潮,因此,被誉为自然科学史上划时代的名著。

莱伊尔的这部著作,构成了莱伊尔进化论的地质思想,莱伊尔在《地质学原理》第十版序言中指出:"这些事实和论证,可以使我相信,现在在地球表面上或地面以下活动的作用力的种类和程度,可能与远古时期造成地质变化的作用力完全相同。"

但是,在《地质学原理》刚刚问世时,并未赢得一片赞扬声,而是在英国学界引起过影响深远的、关于地质学理论和方法论的大讨论,有一部分英法地质学家,对莱伊尔的理论与方法提出激烈的批评,像英国地质学家德拉贝奇(H. T. Dela Beche, 1796—1855)是其中代表之一,在他的动力地质学著作《怎样对察》中,激烈地反对莱伊尔们。"以现代速度活动的稳定状态"的地球概念,他认为:地质活动的速度和强度不是古今均一,在《理论地质学》中,引用实验地质学家霍尔(J. Hall, 1761—1832)的侧应力引起岩层扭曲的实验说明扭曲断层都受过强力拉压来否认莱伊尔对山脉结构的解释,绝非微小缓慢上升的积累而成。法国著名地质学家波蒙(L. J. B. A. L. E. De Beaumont, 1798—1878)对莱伊尔的"造山运动"提出质疑;英国地质学会主席塞治威克(A. Sedgwich, 1785—1873)也勇提出过。进入 20 世纪 60 年代,地球活动论的复兴,新兴科学的涌现,古地学深海地质学的论断,板块构造地质学理论的形成等使莱伊尔的现实主义原则受到严峻的质疑和挑战!

从地质学史观点来说莱伊尔提出的"将今论古"的现实主义原则,作为研究过去地质作用的方法,在一般条件下至今仍有其现实意义。

五 在不断的地质实践中前进

《地质学原理》第一册的出版,标志着莱伊尔在学术上进入了成熟阶段;他书中渐进论的思想,引起了科学界的激烈争论;莱伊尔也随着这部巨著的广泛流传而扬名于世。

《地质学原理》出版后,莱伊尔把全部精力都集中在野外地质考察和研究工作上,通过地质实践,不断地验证自己提出的理论和观点;充实和完善《地质学原理》的内容。从 1830 年到 1873 年的 43 年间,《地质学原理》共出了 11 版,每一版的修改与补充,都是他艰苦野外地质考察的最好纪录,是他的心血的结晶。

《地质学原理》出版这一年,莱伊尔已满 33 岁,但由于他的全部精力都集中在地质考察与研究工作上,个人的生活问题从未列入日程,特别是 1830 年以后,他的精力更是集中于地质考察和《地质学原理》各版的修订工作上。直到 1832 年 7 月 12 日,莱伊尔才同玛丽·霍纳(Mary Horner, 1808—1873)结了婚,这时莱伊尔已满 35 周岁,霍纳只有 23 岁。当时莱伊尔正在撰写《地质学原理》第二、三册,同时又忙于第一册第二版的出版,时间很宝贵。在取得了夫人的同意后,莱伊尔决定趁蜜月旅行之际再进行一番地质考察。他们通过波恩,沿莱茵河向上,穿越瑞士的阿尔卑斯山,到意大利北部,沿途还做了专题考察,取得了大量资料,丰富了《地质学原理》二、三册的内容。

1833 年,莱伊尔再次从巴黎到波恩,沿莱茵河到法兰克福、曼海姆,直至比利时的东部和法国的北部滨海一带进行地质考察，对那里的海陆变迁、海岸结构做了详细的研究。

1834 年，莱伊尔到斯堪的纳维亚半岛进行地质考察，特别是对瑞典海岸上升现象颇感兴趣。在这次野外考察中，他研究了冰川现象和冰川活动，这次考察所取得的成果都补充在《地质学原理》一书第三版中。

1835 年，莱伊尔应邀参加了在波恩召开的德国科学协会会议，会上受到与会者的尊敬，被选为地质学组的领导人之一，同德国著名地质学家冯·布赫、法国著名地质学家埃里·德·鲍曼轮流主持地质组的工作。在会议期间，莱伊尔多次同他们进行讨论与交谈，获得颇大的启发。

1836 年，莱伊尔以伦敦地质学会地质年会主席的身份主持了年会，会上，他高度评价了剑桥大学地质系教授塞治维克关于层理、节理、劈理的论述；并赞扬了默奇森关于志留纪地层系统的理论，受到与会者的重视。

1837 年，莱伊尔经丹麦到挪威进行地质考察，对那里的各种地质作用做了考察与研究。这一年《地质学原理》第五版出版。

1838—1840 年，莱伊尔集中精力从事冰川的考察与研究，1839 年提出了冰河期的概念，从而建立起第四纪地层的完整系统。

1840 年，莱伊尔听取了阿卡则（Agassiz Louis，1807—1873）在伦敦地质学会上宣读的有关冰河期的报告和论证，使莱伊尔深受启发。于是，莱伊尔根据新的资料重新拟定了划分第四纪地层系统的科学根据，并纠正了过去把某些苏格兰冰川地形当做古海海面侵蚀遗迹的片面看法。阿卡则是瑞士的著名自然科学家，1846 年移居北美，曾担任波士顿大学、加尔瓦尔特大学等大学的地质学教授，他对阿尔卑斯山冰川做过长期的考察与研究，提出了古代大陆冰川作用的理论。

莱伊尔对于冰川的认识，在《地质学原理》第一册第十六章中有所论述。这一年《地质学原理》第六版出版。

1841—1842 年，莱伊尔到北美旅行并进行地质考察。这次旅行由美国著名地质学家霍尔陪同并作向导。霍尔从 1836 年就是纽约州地质调查所的研究员，并担任奥尔朋城自然史博物馆馆长，对北美许多地区的地质做过研究，对地槽学说的发展作出了一定贡献。

在这次考察中，莱伊尔研究了魁北克地区下古生界与古老结晶岩系的不整合接触；研究了尼亚加拉瀑布，认为这个瀑布是说明河流在坚硬岩石中能逐渐掘蚀一个大深谷的例证。尼亚加拉河是在一个台地上流过的河流，原台地上的一块洼地，形成现在的伊利湖。这些资料在《地质学原理》第十一版第二篇第十五章（水成作用）中都有充分的阐述。莱伊尔在考察中检查了煤层植物化石——痕木的原生产状，并把加拿大地质调查所所长罗干（William Logan，1798—1875）关于原生煤层的理论引申到美国宾夕法尼亚煤田。考察期间，他对北美东部中生代、新生代地层以及那里的冰川现象进行了研究。这次考察，他采集了大量标本，搜集了大量珍贵资料，取得了丰硕的成果。

在考察期间，莱伊尔应邀出席在波士顿召开的美国地质工作者协会大会，会上做了专题学术报告，受到热烈的欢迎。回国后，他集中精力编写和整理北美考察资料和进行标本鉴定。

1845 年,莱伊尔的《北美旅行记》分两卷册出版。这本书生动地描述了北美地质考察的过程和内容,成为研究北美地质的重要文献。

这一年,莱伊尔又带着新的课题第二次去美国考察。他首先观察研究了宾夕法尼亚煤田地层,然后沿密西西比河考察了两岸地质,对三角洲、冲积平原的成因、发展做了详细观察与研究,重新审核了密西西比河排入墨西哥湾的水量,提出了沉积物质的重量和堆积的数据等。

1846 年回国后,莱伊尔在英国科学协会做了这次考察的专题报告,受到热烈的称赞。

1848 年莱伊尔开始整理第二次去美考察资料,并着手编写第二次访问美国的游记。第二年,《美国第二次访问记》出版。

1850 年,莱伊尔再次去比利时和德国考察,核实和论证过去已取得的资料,记述了典型的地层露头,在火山喷发的资料方面又获得了新的论证。在这次旅行期间,莱伊尔会见了许多地质学家,探讨了关于欧洲地质的一些重大课题。在波茨坦,莱伊尔会见了洪堡,这两位著名的科学家畅谈了许多地质理论问题,其中有关火山现象的探讨尤为精辟。洪堡提出了火山作用不仅在地球的古代地质史中起了巨大的作用,在现代地壳活动中也有着重要作用。他认为生成于山脉中或形成火山岛的火山是成线状分布的,提出了火山与深入地球内部的地壳断裂有着密切关系的新见解。这些进步的地质思想,对莱伊尔影响很大,对他充实和修订《地质学原理》有关篇章起了指导作用。

1852 年,莱伊尔应邀到波士顿罗维尔研究所讲学。在讲学中,他宣传自己的渐进论观点,以在北美两次考察所获得的资料为例证,并概括了欧洲各地的地质资料,讲授得生动有趣,内容丰富,深受听众欢迎。

此后,莱伊尔又到欧洲许多国家旅行、考察,先后到过西班牙、瑞士、奥地利、捷克等地。莱伊尔在捷克旅行期间,同波希米亚地质学家巴兰台(Joachim Barrande,1799—1883)共同探讨了波希米亚地区地层划分、对比及所含动植物群等问题,巴兰台的见解对莱伊尔启发颇大。同时与德国著名的侏罗纪学者交谈了欧洲侏罗纪地层的分布、划分问题。

旅行期间,莱伊尔专门去考察了瑞士的冰川活动,他认为苏格兰高原冰川可能属于阿尔卑斯冰期的一部分,而英美分布的冰川则属海洋性质的。他还在瑞士著名地质学家斯图德尔和埃希尔的陪同下,广泛地考察了瑞士境内的地质特征。对瑞士地质的概貌有了比较详细的了解。

1859 年,莱伊尔去荷兰和法国巴黎考察。在荷兰,他研究了荷兰的海水内侵问题,观察了被海侵淹没了的村庄。他还参观了抽干哈勒姆湖的工程。同年,莱伊尔参加了英国科学协会地质学组会议。会上,他对达尔文已脱稿的巨著《物种起源》,给予高度评价和热情的宣传,指出:"在我看来,根据他的研究和推理,对于同生物的亲缘关系、地理分布和地质连续有关的多种现象已经提供了清楚的解释,没有其他假说能够加以解释,或曾试图加以解释。"莱伊尔以自己在学术界的声誉和地位,为达尔文《物种起源》一书的出版消除了某些障碍和阻力。

次年,莱伊尔去牛津参加了英国科学协会会议。同年再去德国考察。开始搜集和整理有关人类的起源与演化的资料,并致力于这个问题的研究。

莱伊尔对地质学的研究是孜孜不倦、永无止境的,他把几十年的考察成果,不断地充实到《地质学原理》各版之中,不断地完善自己的论点,确保了这些论著的生命力。1872年,他虽然已是 75 岁的高龄,还专程到法国考察洞穴堆积,获得了许多珍贵资料,为撰写《人类演化的地质证据》一书,创造了条件。

由于莱伊尔在地质科学发展中的突出贡献,因此在国内享有颇高的声誉。他曾被牛津大学(1853 年)和剑桥大学(1874 年)聘为名誉博士;两次当选为伦敦地质学会秘书(1822 年,1825 年),1849 年当选为伦敦地质学会主席,1861 年当选为英国皇家学会主席;1861 年政府任命他为英国博物馆馆长。在世界学术界,莱伊尔的声望也很高,曾被选为法国科学院通信院士,荣获普鲁士科学奖状(1861 年),应邀参加过多次国际学术会议。1848 年英国政府封他为爵士(准男爵)称号,并于 1861 年代表伦敦大学出席了国会。

六　与达尔文的友谊

莱伊尔在一生中结识了许多知名的大科学家,在 19 世纪 20 年代初期有居维叶、洪堡、拉马克等,这些人对他渐进论思想的形成起了重要作用。40 年代,特别是 1831—1837 年间,莱伊尔与达尔文交往密切,他们之间的友谊促进了各自理论的发展,对地质学进化论思想和进化论生物学的发展起着相辅相成的作用。因此,介绍莱伊尔的科学成就,自然也应包括达尔文的学术思想在内,况且这两位伟大科学家之间的友谊,堪称是相互学习、取长补短、共同前进的典范。这种友谊是在共同探求真理,尊重科学的道路上凝结而成的,并为发展科学作出了贡献。

达尔文(Charles Darwin, 1809—1882)是 19 世纪杰出的英国自然科学家,生物进化论的奠基人,达尔文主义的创始人,世界名著《物种起源》的作者。

1831 年,达尔文大学毕业,取得学士学位。这时,莱伊尔已成为赫赫有名的科学家了。达尔文大学毕业后,由于他的老师汉斯罗的推荐,于 1831 年以博物学家的身份,登上了英国政府派出的"贝格尔"号巡洋舰去作环球旅行。临行时,汉斯罗让他携带了莱伊尔的《地质学原理》第一册,并告诫他不要接受莱伊尔地质渐进论的观点。在实地考察期间,达尔文把这本书当做地质考察的向导、地质工作的指南。达尔文从亲身的实践中体会到,莱伊尔关于地质作用的观点远远胜过他所知道的其他任何著作,认为莱伊尔的书是一本"可钦佩的书"。达尔文很快成为莱伊尔理论的热心拥护者。

在 5 年的考察旅行中,达尔文游历了南美洲、澳大利亚和南太平洋各岛屿,获得了大量珍贵资料。在地层构造观察中,达尔文把所发现的生物化石同现在陆地生存的动植物加以对比,他发现,保存在地层中的化石与该地现存生物种属既有相似性又有差别,这样便使他开始对物种不变理论产生了怀疑,打破了在他头脑中长期存在的关于上帝创世论和物种不变的旧观念。

1836 年,达尔文带着大量珍贵的考察资料返回英国。5 年的考察生活,大大开阔了他的眼界,丰富了他的知识领域。他这次考察的收获是:(1)认识到动植物的种类是变化的、变异的;(2)发现南美大陆在近代地质时期中存在着缓慢而逐渐上升的现象;(3)重新核定了关于珊瑚礁形成的理论。

在莱伊尔的大力协助和鼓励下，达尔文用较短的时间整理了考察资料，并发表了一系列论文。1837年，他发表的《贝格尔号环球旅行所经各国的自然史和地质研究日记》一文，受到当时学术界的热烈称赞。大量著作的发表，使达尔文的声望逐渐高起来。

在莱伊尔的具体帮助下，达尔文于1845年完成了《一个博物学家在贝格尔号的航行日记》一书的创作。在该书出第二版时，达尔文特设专页写上对莱伊尔的献词："谨以感谢和愉快的心情，将本书的第二版献给皇家学会会员查理斯·莱伊尔爵士。这本日记以及作者的其他著述如有任何学术价值，那么，这主要归功于那本著名的、可钦佩的《地质学原理》，特此致谢。"可见，达尔文对莱伊尔是十分尊敬的，以上的简短文字，足以表达他对莱伊尔的感激之情及他们之间的诚挚友谊。达尔文在书札中写道："我经常想，我的著作有不少的东西是从莱伊尔的头脑里得来的，但实际上我对那些东西却并不十分清楚。《地质学原理》的伟大功绩完全改变了我的精神状态，结果使我感到，即使我看到莱伊尔没有看到的事实，也总是部分地通过莱伊尔的眼睛看到的。"

自然选择理论和生物变异学说是达尔文进化论的核心，也是他对科学的主要贡献，而这些理论的形成和发展，严格地说，也是导源于莱伊尔的"将今论古"的现实主义原则。莱伊尔的渐进的地质思想，使达尔文深刻地认识到现时生存的物种是由先存物种变异和遗传而来的，而先存物种，又起源了更古的、更原始的物种。达尔文这种生物进化论的思想，反过来又促进和影响了莱伊尔地质思想和方法论上的改变和进步。达尔文的《物种起源》一书，是1859年12月24日在伦敦出版的，它的出版震动了整个学术界。在该书出版前三年，达尔文就把自己关于物种起源的思想、观点以及新的理论，毫无保留地告诉了莱伊尔，在有机界的进化以及物种变异上，莱伊尔有不同的看法，直到达尔文的《物种起源》一书出版时，这两位伟大的科学家之间，在重大理论问题上还存在着原则分歧，有一些观点，甚至是针锋相对的。但是，莱伊尔不但真诚地鼓励和支持达尔文努力完成巨著的创作，同时还以自己在学术界的声望和影响宣传达尔文的理论、推荐达尔文的著作，因而使达尔文的理论和著作得以广泛流传并为科学界所赞许。达尔文在《物种起源》出版半年后给英国自然科学家胡克的信中说："有一点是看得很清楚的，没有莱伊尔、你、赫胥黎等的帮助，我那本书早已失败了。"1873年马克思把德文版的《资本论》寄赠给达尔文，在扉页上亲笔书写了："查理斯·达尔文惠存。诚挚的敬仰者卡尔·马克思。1873年6月16日。"表达了马克思对达尔文的崇敬。

莱伊尔是坚持物种不变论的，他认为生物进化是超自然的智慧的结果，在关于自然选择学说和人类起源问题上，他曾与达尔文发生过多次激烈争论。然而，达尔文据理力争，并以许多实际资料和实验结果来论证，最终，莱伊尔接受了达尔文的自然选择学说和物种变异理论。这使达尔文感到由衷的喜悦，达尔文说："鉴于他的年龄，他以前的观点以及在社会上的地位，我认为他对这一理论的行动是英雄的。"当然，对于莱伊尔来说，这个转变确实是经过了痛苦的思想斗争。他尊重科学、坚持真理，勇于改正错误的精神，得到了科学界的称赞。

莱伊尔曾多次公开表示他接受自然选择学说和物种变异理论，并在《地质学原理》第十版中，就这方面做了一些阐明和更正。

同时,为了表达他接受了达尔文物种变异的理论,莱伊尔撰写了论述人类起源的著作——《人类演化的地质证据》。莱伊尔在书中以全新的观点,论证了人类起源的重大课题。

达尔文的《物种起源》和莱伊尔的《地质学原理》是代表 19 世纪进化论思潮的姊妹篇。两位伟大科学家在探求真理的科学道路上互相学习、相互影响,彼此尊重,共同提高的诚挚友谊,是值得后人追忆和学习的。

值得提及的是达尔文的《物种起源》,莱伊尔的《地质学原理》,拉马克的《动物哲学》以及赫顿的《地球理论》构成了近代进化论地质学,占有一个世纪多的统治地位。

七 结 语

莱伊尔对待事业是坚持不懈的,他的地质实践和创作一直坚持到他生命的最后一刻。1875 年 2 月 22 日,这位享有盛名的英国自然科学家与世长辞了,终年 78 岁。人们怀着崇敬的心情,把他安葬在伦敦威斯敏斯特大教堂的墓地。

莱伊尔一生的卓越贡献,特别是关于进化论的地质思想以及他不断完善的巨著《地质学原理》,早已成为珍贵的科学文献和认识自然界的基础理论,而流传于后世,他的现实主义理论与方法深刻影响了一代又一代的地质学家,有力地推动着地质科学的发展。

地 质 学 原 理

或

可以作为地质学例证

的

地球与它的生物的近代变化

准男爵、硕士、皇家学会会员　查尔斯·莱伊尔爵士　著

"要认识真理,先要认识真理的条件"——培根。

"坚硬的岩石不是原始的而是时间的女儿"——林耐(见《自然体系》第五版,219 页,
1748 年,斯德哥尔摩)。

"在地球的一切变革过程中,自然法则是始终一致的;她的各种规律是唯一有制约一
般运动能力的东西。河流和岩石,海洋和大陆,都经过各种变化,但是指导那些变化的规
律以及它们所服从的法则始终是相同的"——普莱费尔(见《赫顿学说的解释》,374 节)。

PRINCIPLES OF GEOLOGY

OR THE
MODERN CHANGES OF THE EARTH AND ITS INHABITANTS CONSIDERED
AS ILLUSTRATIVE OF GEOLOGY

BY SIR CHARLES LYELL, BART. M. A. F. R. S.

"Vere scire est per causas scire"——Bacon.

"The stony rocks are not primeval, but the daughters of Time"——Linnaeus, *Syst. Nat.* ed. 5, *Stockholm*, 1748, p. 219.

"Amid all the revolutions of the globe the economy of Nature has been uniform, and her laws are the only things that have resisted the general movement. The rivers and the rocks, the seas and the continents, have been changed in all their parts; but the laws which direct those changes, and the rules to which they are subject, have remained invariably the same"——Playfair, *Illustrations of the Huttonian Theory*, § 374.

Eleventh and Entirely revised Edition
In two Volumes—Vol. I.

Illustrated with Maps, Plates, and Woodcuts

New york: D. Appleton and Company, 549 **& 551 Broadway**

1873

第 一 册

Volume I

意大利塞拉比寺庙 1836 年时的图景

第十一版序言 *

《地质学原理》第一册的上一版和本版之间，已经相隔五年了。在此期间，气象学和气候的重要理论问题，引起了不少辩论，而深海网捞，也提供了不少关于海底温度、形状和生物的新资料。

为了容纳这些新获得的知识，我觉得第十、十一、十二和十三章有改写的必要，这几章的内容，是讨论过去气候变化的证据，以及说明陆地的分布和高度对于影响过去温度变化的极端重要性。我同时也设法使周期影响气候的某些天文变迁易于理解，虽然它们的影响可能不如一般所想象的那样大。

在第二十章中，我简单介绍了最近知道的有关洋流的事实，特别关于直布罗陀海峡的洋流，并且讨论了最近提出来解释大洋深渊寒冷现象的某些海洋循环学说。除了这些修正外，本书内容主要与 1867 年版相同，不过略有增减而已。

第十版中的变动非常多，而且很重要，我认为最好还是把它的序言全部印出，如此可以让读者知道从 1853 年发行第九版以后地质学上的进步。该版序言中所列的增补和修正表上所注的页数，与本版相差不远，只要前后翻阅几页，就可以找到表上所指的行节。

查尔斯·莱伊尔
哈雷街 73 号
1872 年 1 月 15 日

---

* 编者注，原书共再版十二次，本书系按其第十一版本翻译，原书分一、二两册，这是作者为其原版书上册写的序言。

第十版序言 *

自从《地质学原理》的上一版或第九版问世以来，已经十三年半了；在科学进步史中，这是一段相当长的时期。在此期间，世界文明各国的许多干练的学者和思想家，都勤奋地忙于作出他们的贡献。重编这部书的时候，我觉得前一版之中有几章必须全部重写，有几章必须修订，而一部分章节也要略加增损。为了便于已经看过本书的读者参考起见，我在下面附一张第一次编制的增补和修正表，并在其中指出第九版中相同内容所载的页数。

《地质学原理》第十版第一册主要增补和修正表

第九版页数	第十版页数	增 补 和 修 正
	'14	安纳希门德所主张的"鱼是人类祖先"的意见，是否可以作为近代的发展学说的先驱。
	139	为参考方便见，这里加入了一张原来刊印在"纲要"中的含化石地层层序简明表。
130—153	136—173	第九章，讨论有机生命的前进发展，已经全部重写。
73—91	174—211	第十章（相当于前一版第六章的一部分）也经过重写。这一章是用第三纪和后第三纪地层中有机物和无机物的证据为依据来讨论气候变化。
92—113	212—232	第十一章是新的，根据第二纪和第一纪含化石地层的研究，讨论过去时期气候变化的证据。
113—130	233—267	第十二章，讨论地理变迁对过去气候变化的作用，经过重写。并用三幅新地图来说明。
100 和 126	268—304	第十三章的内容，只有极少的一部分与前一版相同。我在本章考虑了天文的变迁，如地球轨道偏心率、黄道斜度和各相岁差位置的变迁等，究竟对于过去气候变化有多大影响。克罗尔关于大偏心率的结果可能造成冰川时期的建议，也充分加以讨论，并且也讨论到是否可以引用天文和地理的联合作用来确定地质年代。
204	335	这里加入了提罗尔区域波普地方和其他地区的泥柱或泥锥来说明雨水和流水力量的区别，附有侯歇尔所画的图。并且也指出，构成泥柱的地层是起源于冰川。
223	372	对丁达尔和法拉第用复冰说来解释冰川移动的评议。
	376	用两张简图说明称为"马吉伦海"的阿尔卑斯冰川湖，同时也说明它和格伦罗埃峡谷中平行大道成因的关系。
	393	从撒哈拉自流井中流出的活鱼。
237	398	关于矿质水和热水成因的各种事实和巴斯的各温泉。
	420	普莱费尔论日内瓦湖盆地的成因。
	434	霍纳论尼罗河泥土层年龄的计算方法；沙普、罗博克爵士和华莱士对本问题的意见。
	447	解释密西西比河口"泥堆"成因的新假说，并用一幅地图和两张风景画说明。
271	457	根据衡夫雷和阿博特1861年的测量和1854年在新奥尔良开凿的600英尺自流井中所发现的新事实，估计密西西比河三角洲和冲积平原的年龄。
279	461	裴兹和阿格西斯论亚马孙河的三角洲。
		对阿格西斯所假定的、亚马孙盆地的淡水沉积物表示这里有一个被冰川终碛所拦截的古湖的意见，也作了评论。

---

* 编者注，作者为其原版书第十版上册写的序。

续表

第九版页数	第十版页数	增 补 和 修 正
		恒河三角洲——福格森对"无底深沟"的成因和河流高岸的形成方式的意见。
279	475	洋流各种成因的讨论，比前一版详细。
291	495	用爱克尔斯教堂废墟在1839和1862年的情况来说明诺福克的海岸侵蚀。加了一
306	514	幅金牧师所画的教堂在1862年的情况图。
323	539	康沃耳的圣·密契尔山——山的三种景象。这座山就是提倭多乐斯所叙述的依斯斯——从福尔穆斯港网捞起来的锡块图。
334	563	地中海各部分或各盆地的温度和大西洋温度的比较——地中海的盐度，和表示史普拉特船长测量结果的简图。
340	568	德国海中的浅洲和深谷——银坑和多觉沙洲——这些浅洲的近代沉积物与诺福克和苏福克沙层的比较。
		奴奥伏山喷口内的岩屑堆积，含有海栖介壳和碎陶片；附本山的剖面图。
	616	绳状熔岩和这种构造的成因。
	625	上升喷口的假说，不适用于索马山和维苏威山——索马北面的细谷，以及1857年
	633	和1858年作者在这些细谷中看到的构造——索马山古代凝灰岩中有陆生植物，但是没有同时生存的海生介壳。

读者也许愿意知道本书各版以及我所著的其他两种与本书有关的著作的出版日期。

各版"原理"，"纲要"和"往古的人类"的出版日期表

原理，第一册，八开本，出版于 ⋯⋯⋯⋯⋯⋯⋯⋯⋯⋯⋯⋯⋯⋯ 1830 年 1 月

原理，第二册，八开本 ⋯⋯⋯⋯⋯⋯⋯⋯⋯⋯⋯⋯⋯⋯⋯⋯⋯⋯ 1832 年 1 月

原理，第一册，第二版，八开本 ⋯⋯⋯⋯⋯⋯⋯⋯⋯⋯⋯⋯⋯⋯⋯ 1832 年

原理，第二册，第二版，八开本 ⋯⋯⋯⋯⋯⋯⋯⋯⋯⋯⋯⋯⋯⋯⋯ 1833 年 1 月

原理，第三册，第一版，八开本 ⋯⋯⋯⋯⋯⋯⋯⋯⋯⋯⋯⋯⋯⋯⋯ 1833 年 5 月

原理，新版（又称第三版），全书分四册，十二开本 ⋯⋯⋯⋯⋯⋯⋯ 1834 年 5 月

原理，第四版，四册，十二开本 ⋯⋯⋯⋯⋯⋯⋯⋯⋯⋯⋯⋯⋯⋯⋯ 1835 年 6 月

原理，第五版，四册，十二开本 ⋯⋯⋯⋯⋯⋯⋯⋯⋯⋯⋯⋯⋯⋯⋯ 1837 年 3 月

纲要，第一版，一册 ⋯⋯⋯⋯⋯⋯⋯⋯⋯⋯⋯⋯⋯⋯⋯⋯⋯⋯⋯ 1838 年 7 月

原理，第六版，三册，十二开本 ⋯⋯⋯⋯⋯⋯⋯⋯⋯⋯⋯⋯⋯⋯⋯ 1840 年 6 月

纲要，第二版，两册，十二开本 ⋯⋯⋯⋯⋯⋯⋯⋯⋯⋯⋯⋯⋯⋯⋯ 1841 年 7 月

原理，第七版，一册，八开本，出版于 ⋯⋯⋯⋯⋯⋯⋯⋯⋯⋯⋯⋯ 1847 年 2 月

原理，第八版，一册，八开本 ⋯⋯⋯⋯⋯⋯⋯⋯⋯⋯⋯⋯⋯⋯⋯⋯ 1850 年 5 月

纲要，第三版（或普通地质学教科书），一册，八开本 ⋯⋯⋯⋯⋯⋯ 1851 年 1 月

纲要，第四版（或教科书），一册，八开本 ⋯⋯⋯⋯⋯⋯⋯⋯⋯⋯⋯ 1852 年 1 月

原理，第九版，一册，八开本 ⋯⋯⋯⋯⋯⋯⋯⋯⋯⋯⋯⋯⋯⋯⋯⋯ 1853 年 6 月

纲要，第五版，一册 ⋯⋯⋯⋯⋯⋯⋯⋯⋯⋯⋯⋯⋯⋯⋯⋯⋯⋯⋯ 1855 年

往古的人类，第一、第二、第三版 ⋯⋯⋯⋯⋯⋯⋯⋯⋯⋯ 1863 年 2 月到 11 月

纲要，第六版，一册，八开本 ⋯⋯⋯⋯⋯⋯⋯⋯⋯⋯⋯⋯⋯⋯⋯⋯ 1865 年 1 月

原理，第十版，两册，八开本，第一册现在印行 ⋯⋯⋯⋯⋯⋯⋯⋯⋯ 1866 年 11 月

1871 年 12 月注——从上表编好之后，1868 年出版了《原理》第二册，1871 年 1 月出版了学生适用的《地质学纲要》。

《地质学原理》以下简称《原理》的最初五版，非但包括地球和它的生物的现代变化的见解，而且也包括地质学家所必须阐明的那些有机界和无机界的遗迹和古代的同类变化的讨论。后一部分，或者地质学本身，原来列在第四篇，现在删掉了，并且扩充成独立的一种书，称为《地质学纲要》(*Elements of Geology*)以下简称《纲要》，第一版在 1838 年以十二开本刊行，后来在 1842 年扩充成 12mo. 本两册，1851 年又经过重编，定名为《普通地质学教科书》(*Manual of Elementary Geology*)，改为一册八开本，最后，在 1865 年又改为《地质学纲要》，仍旧保留八开本一册。

这样分开之后，除了即将提到的相同点之外，《原理》和《纲要》的内容基本上是很不相同的。《原理》中所讨论的是可以用来说明地质现象的那一部分自然法则，包括生物界和非生物界，以便研究现时正在活动的各种原因所造成的，并且可以把地球和它的生物的现状流传到后世的各种永久结果。这样的结果，是地球上不断变迁的地文情况的永久遗迹，是局部破坏和再造的持久标志，也是生物界中无穷变幻的纪念物。简言之，我们可以认为它们是一种记录地球自传的象征文字。

在另一方面，我在《纲要》内简单论述了地壳的组成物质，它们的排列次序和相对位置，以及它们所含的生物；这些事实，如果用上述研究近代变化的钥匙的帮助来解释，可以告诉我们过去连续发生的重大事变——几乎完全在人类诞生以前，地球外壳和它的生物所经历的一系列变革。

这两种书虽然如此划分，但是我仍然在《原理》中（第一篇）保留着某些可以认为与两种书有共同关系的内容；例如，地质学的早年发展简史，以及许多说明古今自然作用力完全相同的事实和论证的初步论文，也就是说，这些事实和论证，可以使我相信，现在在地球表面上或地面以下活动的作用力的种类和程度，可能与远古时期造成地质变化的作用力完全相同。

如果有人问我，他应当先读《原理》还是先读《纲要》，我觉得答复这个问题，与答复应当先读化学还是应当先读自然历史一样困难，因为这两种课程的差别虽大，关系却非常密切。总的来说，在现在的形式下，我虽然设法把它们分成两种独立的书，同时我拟介绍读者先研究本书所讨论的地球和它的生物的近代变化，然后再研究较古时期事迹的分类和解释。

在以上所列的各书出版日期表中可以看到，我在 1863 年发表了一部《往古的人类》(*Antiquity of Man*)，说得详细些，全名应当是《往古人类的地质证据和物种起源于变异的学说的评论》(*On the Geological Evidences of the Antiquity of Man, with Remarks on Theories of the Origin of Species by Variation*)。

此书的内容，与《原理》和《纲要》的一部分所讨论的相同，就是说，人类和它的作品的化石遗迹；但在《原理》和《纲要》中，这些问题只占几页，而在《往古的人类》中却占全书的一半。在后者之中，冰川时期的记载，以及冰川与欧洲和北美洲人类最早遗迹的关系的讨论，也比《原理》和《纲要》所讨论的内容丰富得多，并且所用的观点也不相同。在《往古的人类》中，对物种来源的讨论方式，在许多方面也与本书最后关于本问题的讨论有所不同。

查尔斯·莱伊尔

哈雷街 73 号

1866 年 11 月 6 日

图 版 说 明

第一篇

· *Book* I ·

　　莱伊尔在《地质学原理》一书中,列举了大量事实,分析了大量的资料,用当时所观察到的自然界的各种地质营力(如风、雨、河流、火山、地震⋯⋯)来阐明古今地壳的变迁,为动力地质学的建立提供了理论前提;用历史比较的观点,说明地球的面貌是缓慢改变着的,从而为以后历史地质学的建立奠定了理论基础。

第一章　绪　论

地质学的定义——与历史学的比较——与其他自然科学的关系——不可与创世论相混淆

地质学是研究自然界中有机物和无机物所发生的连续变化的科学；同时也探讨这些变化的原因，以及这些变化在改变地球表面和外部构造所产生的影响。

研究了地球和寄居在它上面的生物在过去时期中经过的情况，我们才可以对它的现状求得更充分的知识，而对现在制约有机物和无机物发展的规律，也可以得到更广泛的概念。研究历史学的时候，我们用古今社会情况的比较方法，来较深入的了解人类本质。我们必须追溯逐渐造成目前形势的一系列事迹；用联系一切因果的方法，我们才能在思想中分析和记忆无数事件的复杂关系——民族性格的特点，道德和智力的修养，以及许多其他情况——如果没有历史的结合，一切都要变成索然无味，或者不能得到充分的理解。各民族的现状，是许多以前变迁的结果，有些是远古的，有些是现代的，有些是渐进的，有些则是突变而剧烈；自然界的状态也是一个长期一连串前后相继事变的结果；如果我们要增长对现代自然法则的知识，我们必须探讨它在过去时期中所造成的各种结果。

回忆各民族的历史，我们往往惊异地发觉，某一次战争的胜负，怎样影响了现在的千百万人民的命运，而这一次的战争，早被大多数人遗忘了。我们还可以发现，一个大国的疆界，它的居民所用的语言，他们的特殊风俗、法律和宗教信仰，都与这次遥远事变有不可分离的关系。如果我们追溯自然界的历史，我们所发现的关系，更可使人惊奇，竟至出人意料。海岸的形态、内陆的地形以及湖泊、河谷和山岳的存在与分布，往往可以追溯到以前盛行的地震和火山，而这些地方早已没有这一类的活动了。某些区域土壤的肥沃、另一区域土壤的贫瘠、陆地的升出海面、气候以及其他特征，都可以显明地归因于这些远古的激变。在另一方面，地面上的特殊地貌，往往可能起源于远古时代的缓慢而宁静的作用——湖泊或大洋中沉积物的逐渐堆积，或介壳和珊瑚的繁殖。

现在再选择一个例子：我们在某些地方看到含有植物物质的地下煤层；这些植物，以往像泥炭一样生长在沼泽里面，或被漂到湖海之中。这些湖海后来被填满了，生长森林的陆地，也沉没到水底而被新地层掩盖了，漂流植物的河流和潮水，也早已找不到了，而许多植物也是属于在我们的地球表面上早已绝迹的物种。然而商业的繁荣和一国的强盛，主要有赖于古代情况所决定的燃料的局部分布。

◀ 由 George Richmond R. A 画的莱伊尔的蜡笔画像

　　地质学几乎和所有自然科学都有密切关系，正如历史学之于各种精神科学。如果可能的话，历史学家应当深切了解伦理学、政治学、法学、军事学；总之，他应当掌握一切可以用来洞察人事或人类道德和智力方面的知识。地质学家也同样必须精通化学、物理学、矿物学、动物学、比较解剖学、植物学；简言之，他必须精通任何有关有机物和无机物的科学。有了这些成就，历史学家和地质学家，应当不至于不能从古代流传下来的各种遗迹中得出正确而合于哲理的结论。他们可能会晓得，哪几种类似的结果起源于哪几种原因的配合；用推论的方法，他们往往可以提供许多为残缺的档案中所没有记载的资料，但是如此广博的学识，决不是一个人的能力所能全面掌握，所以凡是毕生致力于各个学科的学者，应当通力合作；历史学家应当接受考古学家的帮助，也要接受在伦理学和政治学方面有修养的学者的帮助；地质学家应当接受许多自然科学家的帮助，特别是那些专门研究已经绝种的动植物化石的专家。

　　然而地质学所根据的和历史学所利用的遗物的相似性，不外乎是一种可以说是真实地纪念过去事迹的历史遗物。埋在地下的货币，决定某一个罗马皇帝的统治时代；古代的军营，表示这里曾经一度被侵略者所占领，也可以表示过去建筑防御工事的方法；埃及的木乃伊，说明以香料保存尸体的艺术、墓葬仪式，或者古代埃及人种的平均身材。在我们的泥炭沼和三角港沉积物中所找到的独木舟和石斧 ——所谓塞尔特斧—— 告诉我们还不晓得利用金属的史前人类的粗糙艺术和生活习惯，而更粗糙的燧石工具，指示更早的时代，其时与欧洲的人类同时生存的还有许多早已绝种的四足兽。这一类的遗物是再可靠不过的了，但是只占历史学家所信赖的资料的一小部分，然而在地质学方面，这一类的遗物，却成为我们所能取得的唯一证据。因此我们绝不能希望在史前的时期内寻求任何一套连续不断的完整记录。地质遗迹的证据，纵然常有残缺，但是至少也有优越的方面，因为其中绝不会有故意掺杂的虚构事实。我们可能被我们所作的推论迷惑，如同我们对自然界日常现象的性质和意义作了错误的解释一样，但是我们的错误范围，仅仅限于解释，如果解释正确，我们所得的知识是肯定的。

　　经过了许多时候，地质学的明确性质和正当的目的才被完全承认；也像在人类文明初期的历史学、诗学和神话没有一定的界限一样，地质学最初与许多其他学科的研究之间，也没有明晰的界限。就是在维尔纳时代，或在 18 世纪末期，地质学似乎还被认为是矿物学的一个附属部门；而德斯马列士特却把它包括在地文学里面。但是最普通和最严重的混乱现象，是起源于另一种概念；有人认为，地质学的任务，是发现创造地球的方式，或者，照许多人想象，是研究圣经创世论中所规定的原因所造成的结果，就是说，造物如何使地球从原始混沌状态转变为比较完整而适于居住的情况。赫顿是企图为科学和创世论之间划一条严格界线的第一个人，他曾宣布过，地质学和"宇宙万物的起源问题"毫不相关。

　　在本书的以后各章中，我们将说明地质学和创世论的区别之大，不下于人类起源问题的推测和历史学研究之间的区别。但在详细讨论这种可争辩的问题之前，我们必须先追溯从最早时期到本世纪（19 世纪，编辑注）初期，各方对于本问题的意见的发展。

第二章　地质学发展史

东方的创世论——吠陀经的圣诗——孟奴的教律——世界连续毁灭和复兴的教义——教义的起源——流行于埃及——为希腊人所采用——安纳希门德论人类起源于鱼类——裴塔哥拉体系——亚里士多德学说——关于种和属的消灭和再生的学说——史脱拉波的地震使陆地上升说——普林内——古代人民知识的结论

　　东方的创世论　印度和埃及哲学学派的最早教义，都是把世界的创造，归功于万能的上帝。他们也都主张，这种不生不灭的上帝，曾经屡次毁灭了和再造了世界以及居住在世界上的一切生物。记载印度宗教和民事义务制度的印度圣经孟奴教律（Ordinances of Menù）中，就有一篇论创造问题的绪言，其中的创世论，据说起源于早期的著作和传说；主要是从非常古老的圣诗叫做吠陀经（Vedas）中收集来的。根据柯尔布洛克①的意见，这些圣诗最初大约是在耶稣纪元前 13 世纪编成的，但从它的内容看，似乎是过去不同时期的作品。著名的梵文学者威尔逊教授的研究告诉我们说，其中可以看出有两个很不相同的哲学体系。一个体系主张，宇宙万物的创造，直接出于唯一的造物主的愿望；另一个体系则主张有两种要素，一种是物质的但是没有外形，一种是精神的，能于逼迫"惰性物质发展它的感觉性能"。这种使物质转变为"个体和可见的存在"的过程，就叫做创造；这种过程的执行，是委托给它的一个代理人，或者体现上帝的创造才能的婆罗吸摩（或称梵天）。

　　在孟奴教律的第一章中，我们看到以下几段关于过去世界毁灭和复兴的章节——

　　"无上权力的上帝创造了我（孟奴）和这个宇宙之后，它的圣灵又入定了，从精力充沛的时期转入冥想时期。"

　　"当上帝清醒的时候，世界极端繁荣；但当它的精神疲倦而进入静养的时期，宇宙万物都渐归消灭……因为在它安息的时候，寄托在它身上而赋有动作能力的心灵，仿佛停止了各种动作，而思想本身也变成迟钝。"

　　后来又叙述了上帝如何吸收宇宙万物；据说神圣的灵魂安息了相当时期，并且陷于"第一观念，或黑暗"之中。后来又继续说（第五十七首诗），"永不变更的清醒和安息能力，就是这样不断地交替进行，因此使整个能行动的和不能行动的万物，永久继续地复兴和毁灭。"

　　该书于是又宣布，以往曾经有过许多前后相继的曼旺塔拉（Manwantaras），或世代，每一个世代都要占好几千年，并且——

　　"世界创造和毁灭的次数，已经不可胜计了：至高无上的上帝做这些事似乎和游戏一

---

①　*Essay on the Philosophy of the Hindoos.*

样容易,它反复地做,无非为了赐予幸福"①。

地质学家对东方创世论最感兴趣的部分,是它常常提到的、陆地屡被普遍大洋淹没的学说。据说,在万物肇生的时候,唯一的上帝,"略加思索,创造了水",然后把代表创造者婆罗吸摩,移居水上;由于它的权力,干燥的陆地升出了水面,并在地球上繁殖了植物、动物、天堂的神和人类。后来,在每一个曼旺塔拉结束时,地面上发生了普遍的灾难,消灭了一切有形的和存在的事物;当婆罗吸摩从睡眠中醒转来的时候,只看见整个世界都变成了不成样子的大洋,其次数等于普遍灾难的次数。因此,在吠陀经以后名为普拉纳斯的神话诗中说,最初三个神的化身,或者降临人间的神,以从水中恢复陆地为目的。为了完成这种任务,于是使毗湿奴依次地变成鱼、龟和雄猪的形状。

这些假托启示的幻想和故事,一部分虽然似乎荒诞无稽,我们决不可以把它们看做完全出于纯粹的虚构,也不可信为它们是完全不顾到对自然界的观察所建立的意见和学说而编成的。例如,在天文学方面,这本书曾经提到北极的一年分成长昼和长夜,长昼是太阳的北方行程,长夜是太阳的南方行程;它又说,月亮中居民的一天,等于人间的一月②。如果这种天文记载不是出于纯粹的臆测,那么地球和它的生物,以前曾经经过连续不断的变革,每隔一段平静时期之后一定发生一次水灾的流行观念,也应当不是完全出于偶然。

这种学说可能有两种起源。地球表面受过震动的遗迹,各处都很明显。埋藏在坚实地层中的海生生物遗体既然如此之多,不能不引起在思想方面略有进步的人们的注意;尤其当时有一类人物,例如古代印度和埃及的僧侣,完全摆脱一切而专心致力于研究和宗教的默想。如果一旦发现了这些现象,他们的思想中自然而然地不仅会形成过去时期中有伟大变化的概念,而且也会构成宁静和紊乱时期互相交替的概念——现在已经变成了化石的动物的生存、生长和繁殖时期,是代表宁静时期,埋藏化石的地层被移到大陆内地和升成一部分山脉的时期,是代表紊乱时期。有意轻视东方各国过去有进步知识和文明的现代作者,如果不从科学进步的观点出发,应当可能同意,我们现在所讨论的离奇学说,是有一些观察事实根据的;如果以科学的见解为依据,许多意见当然是不足取的,尤其是婆罗门教徒对世界普遍灾害和生物消灭的解释。

我们知道,埃及僧侣已经晓得,不但尼罗河平原的土壤下面有海生介壳,而且围绕大河谷的小山里面,也有海生介壳;希罗多德斯根据这些事实作了推断,他认为,整个埃及的北部,甚至于孟菲斯周围的高地,曾经一度被海水淹没③。因为当时已经调查过的亚洲各部分,不论在大陆内地或在海岸附近,都有相同的化石遗体,对自然现象的哲学推理能力不下于希腊史学家的东方贤哲,决不至于忽视这种事实。

我们也知道,亚洲的统治者,很早就从事于巨大的国家开发工程,例如需要大规模开掘的贮水池和运河。在 14 世纪(1360),为了这种事业而必须移去的泥土中,揭露了许多地质事实,因此吸引了比许多古代东方国家文化低的人民的注意。历史学家费理许塔

---

① Institutes of Hindoo Law, or the Ordinances of Menù, from the Sancrist, trànslated by Sir William Jones, 1796.

② Menù, Inst. c. i. 66 and 67.

③ Herodot. Euterpe, 12.

说，为了沟通塞利马河和萨特累季河，当时用了 5 万工人凿穿一个山冈，在这个山冈里面，找到了许多象和人的骨骼，有些已经石化，有些还保存骨骼的原状。作为人骨看待的庞大骨骼，是属于某种较大的厚皮目动物[①]。

婆罗门教徒也像埃及僧侣一样，虽然深知地层中有化石的遗迹，但是他们可能仅仅用这种事实作为证实世界连续毁灭和复兴教义的证据；因为这种教义，如同大部分民族的宗教传说一样，可能起源于更原始的社会。这种教义的起源，至少有一部分是由于过分夸大了自然现象的特殊配合所引起的可怕灾害。代表水火的水灾和火山喷发，是蹂躏地球的主要工具。我们以后还要详细叙述现代的自然常轨中间歇发生的许多灾害的强烈程度；我们现在只要能了解，这种灾害所引起的恐怖是如此难忘，而无数人民所受的损失又如此巨大，所以勿需原始和半开化民族爱好怪异的情感，更不需要东方作家的丰富幻想力，就可以把它们扩大成普遍的洪水和火灾。

中国人的洪水传说，可以追溯到唐尧时代，大约在公元纪元前 2 000 年；有人说，这里的洪水是相当于《旧约全书》中所说的普遍大洪水；但是根据两次参加我国出使中国并且详细研究过他们文献的戴维斯的见解，中国文献中的洪水记载，只说到危害了农业，而没有牵涉到人类的普遍毁灭。大禹之所以受人崇拜，是由于他能"决九川"，把"荡荡怀山襄陵"[②]的水"导注于海"。戴维斯认为，黄河是世界最大河流之一，它现在的泛滥，还可以重复酿成唐尧时代的水害，使中国土地最肥沃和人口最稠密的平原，沉沦于河水下面。一部分黄河，现在还常常冲破人造河堤，发生最可怕的惨剧，引起政府无穷的忧虑。所以，很容易想象，如果这条河流以前曾经受过强烈的地震震动，其泛滥程度，一定要比一般的决口大许多倍[③]。

洪博尔特曾经提起一桩有趣的事实，他说，1766 年的地震，毁灭了丘马那的大部分居民之后，由于与地震同时落了一场大雨，因而得到了一季大丰收。他说："印第安人按照古代迷信的观念，用祭祀和舞蹈的仪式，来庆祝世界的毁灭和复兴时代的降临。"[④]

南美洲落后民族中这种仪式的存在，是非常重要的，我们可以从这种仪式中看出，相隔许久才发生一次的局部灾害，可以在纯朴的落后民族的思想中引起怎样的影响。我以后还要说明，阿罗堪印第安人的洪水传说，如何可以用从 1590 年起就有记录的、屡次席卷一部分智利的大地震所引起的波浪来解释。古代的秘鲁人，对英加王朝以前许多年的一次泛滥的传说——其时只有六个木筏上的人遇救——也可以和一个从皮沙罗王时代起屡次被海水侵犯而沉没的区域相联系的。如果要证明现代的灾害也很容易在落后民族中造成广阔无边的洪水传说，我拟介绍读者参看我所写的、关于晚在 1819 年克切地方一大块地面被沉没的记载，其时那里只有一个新得里堡垒的高楼露出水面。没有文字记载的民族，对过去事变的知识，完全依靠口头传说，他们有把各时代所发生的一连串灾害

---

① 印度东公司图书馆所存的历史学家费理许塔叙述印度伊斯兰教帝国兴起和发展的波斯文原稿，是由布理格上校于 1799 年从提普苏丹图书馆找到的；波克兰博士对于这篇文稿作过相当长的评论（Geol. Trans. 2nd. Series vol. ii, part iii, p. 389）。

② 书经，意思是洪水包围山的四周，和淹盖在丘陵上面。

③ 见 *Davis on "The Chinese"*, published by the Society for the Diffus, of Use. Know. vol., i, pp. 137, 147。

④ Humbolt et Bonpland Voy. Relat. Hist. vol. i, p. 30.

混合在一起编成一个故事的习惯；我们切不可忘记，落后部落的各种迷信，可以在社会发展的各阶段中流传，以至在哲学家的思想中起了有力的影响。他不难在地球表面过去变迁的遗迹中，找出显明的证据来证明从狩猎时代流传下来的学说；狩猎民族的恐怖幻想，往往把可怕的洪水和地震灾难，构成了虚伪的景象，从而相信他所知道的整个世界，已经同时归于乌有。

埃及的创世论　我们所掌握的、关于埃及僧侣的创世论的知识，许多是从希腊教的著作中收集来的；希腊教的教义，几乎全部来自埃及，包括世界过去的连续毁灭和复兴的学说[①]。我们从普鲁塔希的著作中读到，这种学说是希腊神话时代非常受人赞美的奥非厄斯圣诗的记事之一。他从尼罗河的沿岸传入这种学说；在他的诗句中，我们还可以找到与印度教教义相同的说法，就是说，每一个前后相继的世界，都占有一定的时期[②]。大灾难的来复，以大年（Annus Magnus）计算——每一个大年，代表一个由太阳、月亮和各行星的运行所组成的轮回，照他们的假定，这些天体在某一个遥远时期，同时由同一地点出发，等到它们同时又都回到原来的出发点的时候，轮回即告终止。根据奥非厄斯估计，一个轮回等于 120 000 年；有些人说是 300 000 年，而照卡商得的估计，则为 360 000 年[③]。

我们特别在柏拉图的《提密厄斯》（*Timaeus*）一书中学到，埃及人曾经相信世界时时要受到火灾和水患，因为上帝用这种方法来阻止人类的邪恶作风，清除地面上的一切罪恶。在每一次复兴之后，人类都赋有优美的品德和愉快的性情，经过一个时期，他们又逐渐腐化堕落了。这位诗人所说的从黄金时代衰落到黑铁时代的神话，就是从埃及人的这种学说中得来的。史多亚主义者［克欲主义学派（Sect of Stoics）］也充分利用了每隔一定时期世界注定要被毁灭的学说。他们传授两种学说——一种是水灾，用水来扫荡人类，消灭自然界中一切动物和植物的生命；第二种是火灾，用火来消灭地球本身。他们所主张的、一个人的品德从纯洁逐渐变为卑劣的教义，也是从埃及传来的。在每一个世代将要结束的时候，上帝再不能容忍人类的罪孽，它们使元行（地、水、风、火四行——译者）震动，或者来一次巨大的灾难，把他们毁灭；在灾难之后，阿斯脱里亚神又降临人间，重新恢复世界的黄金时代[④]。

连续灾难的教义与人类道德品质的反复堕落的关系，比我们最初所想象的要密切得多，自然得多。因为在社会的未开化时期，所有大灾难都被认做上帝对人类罪恶的惩罚。所以，智利僧侣现时还在说服大部分的智利人民（他们自己或者也很相信），说是 1822 年的大地震，是苍天对南美洲当时正在结束的政治大革命的震怒的表示。埃及僧侣曾经把阿特兰提斯岛在一次地震的屡次震动之后沉没于海底的事件向梭龙报告，这一份报告里也说到，这次的灾难，正是在久必塔神看到了人类道德败落的时候发生的[⑤]。这种观念一旦流行之后，不论是否出于以上所说的、地球曾经被几个普遍的灾害所毁坏的原因，其次

---

① Prichard's Egypt. Mythol. p. 177.
② Plut. de Defectu Oraculorum, cap. 12. Censorinus de Die Natali. 也见 Prichard's Egypt. Mythol. p. 182.
③ Prichard's Egypt. Mythol. p. 182.
④ Ibid., p. 193.
⑤ Plato's Timaeus.

的推论，一定是人类也常被毁灭和再生。每一次的毁灭，既然都被假定为惩罚，为了表示上帝的公正起见，于是只得用每一次新创造的人类一定是纯洁天真的假设，以自圆其说。

留下这种传说的亚洲最早民族所聚居的地方，绝大部分常常发生大地震。地震的范围和结果，我将在本书适当的章节中再行讨论。埃及的大部分，没有这种天灾，所以他们的大灾难学说，一部分可能起源于早期的地质观察，一部分可能来自东方民族的传说。

在埃及的和东方的创世论里以及希腊的创世论经文中，对"世界的毁灭"一语，一般没有肯定的意义；因为有时似乎暗示整个太阳系的消灭，有时仅仅指地球表面上的灾变。

埃及的神话中还有一段叙述雌雄雄神参加创造地球的稀奇故事；据说，这个天神用类似孵化的方法，把混沌的物体发展成世界的胚胎。自由自在不生不灭的神，造成了原始混沌物体之后，还需要这位隶属于上帝的神，运用他的玄妙法力来产生出一个世界蛋，由此再发展成整个有组织的世界。

为了讽刺奥非厄斯灌输到希腊神话中的这一段埃及故事，亚力士托芬在他编的喜剧、高唱庄严圣诗的"鸟"中，谱了一节合唱曲；其中的大意说，"黑貂色羽毛的黄昏鸟，怎样孕育在依力卜斯神的无穷的怀抱里，后来生了一个蛋，经过了时代的轮回，突然孵化成一个羽翼灿烂的爱鸟。爱鸟和黑翼鸿荒神交配，于是产生了鸟类的始祖。"①

如果我们假定裴塔哥拉——他的意见我们以后就要讨论——不仅在东方找到了普遍而猛烈的灾害和宁静时期连续交替发生的体系，同时也找到了平常的作用所累积的周期变革的体系，我们不能说这与印度神话有什么抵触。因为印度三位一体的神婆罗吸摩、毗湿奴和湿婆（第一、第二和第三人格），分别代表神的创造力、护持力和破坏力。这三个神的同时存在，同时动作，可能恰好和永恒而局部的变化最后可以累积成彻底改造的概念完全相符。但是孟奴教律中关于婆罗吸摩的清醒和沉眠时期所造成无穷变化的故事，似乎只与普遍大灾难之后有新创造和宁静时期的体系相呼应。

希腊人的意见——安纳希门德（纪元前 610 年）　在普鲁塔希的《酒后余谈》(Symposiacon)第八卷中，曾经提出了何以裴塔哥拉学派的信徒忌讳吃鱼的问题，并且也讨论到，这种偏见是否起源于埃及，或者起源于叙利亚还是起源于古代的希腊。其中一部分人提到了安纳希门德的教义，他们说，根据他的教义："最初的人类，起源于鱼，由鱼抚养到能自由行动之后，即被抛弃，于是开始登陆。"因此他联想到，鱼既然是人类的祖先，安纳希门德可能反对用它做食物。我们当然不能根据这种古代教义来假定安纳希门德的确为了这种动机而教导他的信徒不吃鱼，但是很奇怪，这种教义却证明了米里特斯的哲学家，的确相信人类原先起源于鱼。不幸得很，泰勒斯的门人安纳希门德的著作，大部分都散失了。他生于纪元前 610 年，据说他是留下哲学论文手稿的第一个人。他的意见只散见于后人著作的简单引文中。尤西比厄斯从普鲁塔希的已经失传的文籍叫做"缀锦集(∑τρωματετs or patchwork)中，摘录了以下一段文句："按照安纳希门德的见解，人类一定是由和他不同种类的动物衍生出来的；因为其他的动物，都可以自己觅食，唯有人类需要抚养；没有一种像他初生时那样的生物，可以生存。"②

---

①　Aristophanes' Birds, p. 694.

②　Euseb. Εὺαγγελιϰῆs προπαρ. 1 − 8.

在普鲁塔希的另一本书中，我们看到以下一段文章："安纳希门德教导说，最初的动物，是在水里繁殖的，并且身上盖有一层针刺皮膜，但是等到它们略为长大，它们就脱去皮膜到干燥的陆地上来生活。"[1]沈索里纳斯在他所著的《从诞生的一天起》(*De Die Natali*)里说，根据安纳希门德的见解，鱼或者像鱼的动物是起源于热的水和土，而人胎就生长在这些动物里面一直到成熟，当动物破裂的时候，终于产生能于自寻营养的男人和女人[2]。从流传下来的著作中撷拾一鳞半爪，我们对这位作者的意见不易作出公正的判断，但是他的各种著作中都一致提到了人类婴儿特别脆弱无能的概念，于是天然引起了最初人类的胚胎必定与比他们先存在的动物有一定关系的假定。安纳希门德显然承认，初创造的人类的形态，当然不是一个成人，也不是一个发育完全的人；他的这种想法，似乎在25个世纪以前，已经向现代的进化论略为走近了一步。但从上面所引的文句中看，我们绝不能说，这位希腊哲学家已经预料到拉马克的前进发展学说。然而李透在他1819年所写的著作中[3]却说他曾经讲过一种学说，说是最初的不完全而生命短促的生物，在泥土中长成之后，就从低级的形态，发展成高级的形态，最后变成了人；平常非常仔细的居维叶，对于本问题似乎也没有参考过原书，他比李透更往前走了一步，并且说："据安纳希门德的推测，人类最先是鱼，后来是爬行动物，再后来是哺乳动物，最后变成他现在的形状。"他又说："在很近于我们的时代，甚至在于19世纪中，有些人还模仿了这个学说。"[4]

裴塔哥拉的学说 裴塔哥拉(纪元前580年?)在埃及寄居了二十余年，照西塞罗的说法，他访问过东方，并且和波斯的哲学家谈过话；他回来的时候，把人类从优美和幸福的品质逐渐堕落的教义带回本国；但是，如果我们根据沃维德的记载来判断，我们必须承认，他所主张的地球的毁灭和复兴的学说，比任何著名的东方或埃及的创世论更近于哲学。

这位诗人虽然说，裴塔哥拉曾经亲自宣传他的学说，但在他所举的自然现象实例之中，有些是发生于这位哲学家逝世之后。年代的次序虽然有些错误，我们还是可以把这种记载认做奥格斯特王时代裴塔哥拉学派教义的真相；其中一部分，虽然可能经过局部的修改，但是一定还保持着原有的精神。照这样考虑，他的学说是非常新颖而有意义的；因为其中对地球上现时正在活动的一切大变迁的原因，几乎都做了广泛的总结，并且用这些总结来证明地球本身所固有的一种永不中断和逐渐变革的原理。这种学说诚然没有直接用来解释地质现象，换句话说，没有企图估计这种永不停息的变迁，在过去已经产生的结果和今后可能产生的总结果是怎样。如果他果真做了这样的推测，那么我们对这种独特的预见，应当表示十分钦佩，而研究这种预见的意义，可能不下于天文学家要设法说明萨摩亚岛的哲学家何以会预知哥白尼的学说。

让我们检查一下我们所要提的名句[5]——

---

[1] De Placidis Philosophorum, book v. chap. 19.

[2] Censorinus, de Die Natali IV.

[3] Ersch and Gruber's Encyclopedia, Article *Anaximander*.

[4] Cuvier, Hist. des Sciences naturelles, tome i, p. 91, published in 1841. 这里所说的，显然是拉马克和圣希雷：他们用地质学的资料，建立了前进发展说，拉马克的意见，发表于1801年，圣希雷的学说，发表于1828年。

[5] Ovid's Metamor. lib. 15.

"在这个世界上,没有一样东西会消灭的;但是万物仅仅改换和变更它们的形状。所谓出生,不过表示事物开始形成和它以前的原形有些不同的事物;所谓死亡,不过意味着一种事物终止其为原物。虽然没有一种事物能于长久保持原状,但是一切事物的全部总和是不变的。"他于是再用许多实例来证实这些总纲,除了第一条讨论黄金时代递变为黑铁时代外,所有的实例,都是引用自然现象。现在逐一列举如下。

1. 坚实的陆地变成了海。

2. 海曾经变成陆地。离海很远的陆地上,有海生介壳,小山顶上曾经找到船锚。

3. 流水掘出了河谷,河水把小山冲到海里①。

4. 泥沼变成了干燥的陆地。

5. 干燥的陆地变成了停滞的水潭。

6. 在地震期间,有些泉水封闭了,新的泉水忽然出现了。河流放弃了它们的河床,而在旁的地方再生一条河流;例如,希腊的依拉新纳斯河和亚洲的麦失斯河。

7. 有些河水以前是甜的,现在变苦了,例如希腊的安尼格里斯河等等的河水②。

8. 由于三角洲和新沉积物的扩大,岛屿和陆地连接起来了;例如安提沙岛和雷斯波相连,法罗斯岛和埃及相连,等等。

9. 半岛脱离大陆而成岛屿,如留卡地亚岛;根据传说,西西里岛也是如此,其间的地峡已被海水冲去。

10. 地震使陆地沉到海底;例如在海水下面可以看见希腊城市海里斯和波里斯,它们的墙是倾斜的。

11. 幽闭在地下的空气,因为寻找出口而使平原隆起,形成山丘,例如彼罗潘尼失斯的特里森山。

12. 有些泉水的温度各时不同。有些泉水可以燃烧③。有些河水使毛发变成琥珀和黄金色,有些则影响人的精神和身体,有些有刺激作用,有些则有催眠作用。

13. 某些河流有石化的能力,可以使和它相接触的物质变成大理石。

14. 许多湖水和泉水有特殊医疗和毒害的效能④。

15. 某些岩石和岛屿,经过漂流和遭受剧烈运动之后,最后会固定下来,像第罗斯和赛安尼群岛⑤。

16. 火山喷口的位置,也会移动;有一个时期,埃特纳火山不是一个燃烧的山,将来会有一个时期,它会停止发火。这种变化,不是由于地动使某些洞穴封闭和另一些洞穴裂开,就是由于最后的燃料已经烧完,等等。

列举了非生物界变化的各种原因之后,他于是又提出了生物界变化的各种原因。他

---

① Eluvie mons est deductus in aequor, v. 267. 后一段的意义,不甚明确,照上下文的文气看,可以假定它是指洪水,急流和河水的冲蚀力。

② 这里所说的,可能指火山区域的地震使新矿泉浸染了河水。

③ 这可能指可燃气体的喷洩,如里海西面的巴库;多斯加尼亚平宁山的皮特拉马拉和其他各处。

④ 他所叙述的许多湖水和泉水之中,有些似乎是异想天开的故事,现在还有人认为某些矿泉有神秘的性能。

⑤ 莱斯普在渊博精湛的论文中说(De Novis Insulis, cap. 19),地中海的某些岛屿常常移动位置最后又变成固定的传说,非常可能是起源于地震和海底喷发期间这些岛屿的形状所起的变化;在有史期间,也有新岛屿升出海面的实例。经过几次震动之后,据说它们变成固定。

提到了昆虫和蛙的变态，以及生物界其他变化的通俗概念，例如，长生鸟是从它们父母的灰烬中再生出来的神话；但是这些事实和神话，在地质学上都没有任何意义，除非我们把它所主张的蜜蜂和黄蜂发生于死牛死马的腐烂尸体，蛇起源于坟墓中人类的脊髓的说法，认为含有偶然发生（equivocal generation）的意义，据说奴马·彭不里厄斯曾经有灵魂转附到动物身体中的说法。但是没有一种证据可以证明希腊和罗马人对地球过去历史中的物种的一般变化，有什么一定的成见，更谈不到低级生物发展成高级生物的概念。生于纪元前535年的科罗丰人沈诺芬尼曾经提到干枯在泥土中的介壳、鱼类和海豹，也说起在内地和最高的山顶上都可以找到这类生物的遗迹。亚里士多德所著的《论呼吸》的论文中，也显明地提到了鱼化石；而他的门徒提奥夫拉斯特，在提到朋特斯区的赫拉克里亚附近和巴夫拉刚尼亚两个地方所找到的鱼化石时说，它们可能是遗留在泥土中的鱼子所孵化，也可能是为了寻找食物，从河流或海洋误入地球的洞穴之中，因此石化了。照他的推测，象牙和骨化石，是地球中所固有的某种塑造力的产物。

亚里士多德的意见 从亚里士多德现存的著作以及上面所说的裴塔哥拉体系的内容来看，我们可以断定，这两位哲学家都承认现时促成自然变化的各种作用，经过若干世代之后，可以使地面完全改观；史塔吉拉的学者（指亚里士多德——译者）甚至于说过，经过很长时期才发生一次的偶然灾害，是有规律的、普通自然常规的一部分。他说，杜卡里温的洪水，只影响了希腊，主要影响了海拉斯；他并且说：这是由多雨冬季的河水大泛滥所造成。他说，这样的反常冬季，经过相当时期之后，虽然会再发生，但不一定重临原地。[①]

沈索里纳斯引证了一段文章，据他说这是亚里士多德的意见。这一段文章里说，地球过去曾经发生过许多次普遍的洪水，两次洪水之间，夹着一次大火灾；水灾是大年或者天文轮回的冬天，而大火灾或者火的毁灭，是夏天或者最热的时期。[②] 如果这一段文字是沈索里纳斯对《气象论》（*The Meteorics*）内容的发挥（像李普修斯所假定），那就大大地误解了史塔吉拉人的学说了，因为他在这部著作中的推论方向，正好和这种见解相反。亚里士多德举出了许多实例来证明现在经常在进行的各种变化，并且坚决主张，这些变化经久之后必定会产生很大的结果。他特别举出了湖水干涸枯竭和沙漠最后被河水浸润而变成肥沃土地的实例来证明他的学说。他指出了尼罗狄克三角洲从荷马时代起的扩展，也指出了，帕乐斯·米奥提斯在他的时代的60年中的浅落情况；在同一章中，他虽然没有说起海陆相对水位的变迁，但在该书讨论地震的部分，却提到了这种变化。[③] 例如，他提到了依奥林各岛之一在火山喷发前的上升。他说"与我们的寿命相比，地球的变迁是如此之慢，以致被人忽视；而在大灾害之后的移民和居民的通常迁移，使大家忘记了这些变迁"[④]。

以亚里士多德在他的各种著作中对自然界的破坏力和恢复力所表示的见解而论，《气象论》第十二章的引言和结论中所陈述的意见，的确可以令人钦佩。他第一句就说，

---

① Meteor. lib. i. cap. 12.

② De Die Nat.

③ Lib. ii. cap. 14，15&16.

④ Ibid.

"一个区域的海陆的分布,不是永久不变的,原来的陆地,可以变成海洋,原来有海的地方,又可以变成陆地。我们应当可以这样想,这些变迁是按照一定规律在一定时期内发生的"。他在结论中说:"因为时间是无穷的,而宇宙是不灭的,唐纳斯河和尼罗河却不能永远川流不息。它们现在所占的位置,以前是干涸的;它们的作用,有时或尽,但是时间却没有限度。所有其他河流也都是如此;它们发生,它们灭亡;海水也继续放弃某一部分陆地,而向另一个地方侵犯。所以,地球上的海洋,不会永久是海洋,大陆也不是永久是大陆,一切事物都随着时间发生变化。"

照这样看,希腊人的无机界周期变革的学说,一部分固然是得之于古代民族的传说,但是其中的一小部分,是从他们自己的观察推演出来的;但是我们没有根据可以想象他们曾经考虑到动植物过去的变化。有些人虽然看到了埋藏在岩石中的海生生物的事实,甚至于把它们当做地质学研究的根据,可是这种事实从来没有能激起这些自然科学家的兴趣,也没有能指导他们的思考。偶然发生说可能是使他们对本问题冷淡的原因,而生物起源于泥土或腐烂物质的生物自生说的信念,可能使他们觉得有机界的变化太大,不易捉摸,以致足以表示过去变化的现象,也不能十分激动他们的好奇心。埃及人固然说过而克欲主义者也复述过,地球曾经产生过许多奇形怪状的大动物,不过现在已经不存在了;但是当时最占势力的意见似乎是,每一次大灾难之后新创造的动物物种,都与以前的相同。沈内加的著作中,也作同样的主张;在讨论将来的洪水时,他说,"上帝将在世界上重新创造每一种动物,并且给予世界以没有罪恶的人。"[1]

爱契伦失斯[2]所翻译的一种古代阿拉伯经文,对地球发生连续变革的学说,似乎是常规的特殊例外,因为我们在这本书里找到了创造新种属的观念。在耶稣纪元以前若干世纪,有一个盛极一时的天文学学派叫做戈本学派;他们传授了以下的学说:"……每经36 420 年之后,造物对每一种动物只创造一对,一雌一雄,住在下界的动物,就是它们繁殖出来的。但是天体完成了一个轮回之后,就是说,经过了 36 420 年之后,第一次的秩序被破坏了,而新繁殖出来的动物,却属于不同的种和属。植物和其他事物,也是如此,一切就是照这样永远不断地向前发展。"[3]

史脱拉波学说　　如同我们从希腊人的著作中学到了许多埃及和东方学派的学说一样,我们从奥格斯特王时代和以后的著作中,学到不少希腊早期学者的研究。特别是史脱拉波,在他所著的地理学第二卷中,他就讨论了埃拉托色尼和其他希腊人对地质学上最困难的问题之一的意见,就是说,在很高的山上和离海很远的地方,何以有如此之多的海生生物埋在泥土内的问题。

在许多意见之中,他注意到李底亚人孙特斯的解释;孙特斯说,以往的海洋比现在

①　Quaest. Nat. iii. c. 29.

②　这位作者是巴黎的叙利亚文和阿拉伯文的皇家教授,1685 年,他在巴黎出版了讨论哲学各部门的阿拉伯文稿的拉丁文译本。这部著作曾被认为有很高的权威。

③　Histor. Orient. Suppl. per Abrahamum Ecchellensem, Syrum Maronitam, cap. 7 et 8, ad calcem Chronici Orientali. Parisiis, e Typ Regia, 1685, fol. 我是照巴黎版的标点译的,此本在 quinque 一字的后面没有逗点;故在本书第一、二版中作每次每种同时创造 25 对译,但照许里格尔的建议,我把数字 25 归入年份。

福提斯认为,照文气来看,每次创造 25 新种是不可能的。Mém. sur l'Hist. nat. de l'Italie, vol. i. p. 202。

大,后来部分地干涸了,在他的时代,就有许多湖、河和井水在干燥季节变成枯竭。史脱拉波对这种臆测不甚满意,于是他又去研究自然哲学家史特拉托的假说;照史特拉托的观察,各条河流搬运到攸克辛海(黑海——译者注)的泥沙量非常大,所以这里的海底一定在逐渐上升,但是流入的水量始终没有减少。所以他认为,当攸克辛海还是一个内海的时候,由于这种原因,它的水位升得如此之高,使它在拜占庭(现在的君士坦丁堡所在地——译者)附近,冲破堤岸而与普罗朋提斯海(即马尔马拉海——译者)相连接;照他的假定,这种局部排水,已经使左边变成了沼泽地带,照这样继续进行,全部的内海最后都要被泥沙所淤塞。根据同样的理由,有人主张,地中海也曾经在所谓赫求勒斯石柱附近,开了一条水道以与大西洋相通;非洲久必塔-阿蒙庙附近的丰富海生介壳,可能也是后来冲开一条水道而宣泄了的古代内海的沉积物。

但是史脱拉波否定了这个学说,认为它不足以解释一切的现象,于是他自己建立了一个学说,其意义的深远,现代的地质学家才开始体会。他说"水的上升或降落,或者水从一个地方撤退而向另一个地方泛滥,不是因为海水下面陆地的高度现在与以前不同。他的理由是:同一个陆地,有时隆起有时沉陷,海水也同时随着涨落,因此有时发生泛滥,有时又回到原位。所以我们应当把这种现象归因于地面,不是归因于海底的地面,就是归因于被海水所泛滥的陆地,但是以归因于海底下的地面为合理,因为后者比较易于移动,并且由于比较湿润,变动也比较快"①。他又继续说,"正当的方法,应当从明显的实例和多少是日常发生的实例中,寻求我们的解释,例如洪水、地震和火山喷发,②以及海底陆地的骤然隆起;因为后者也使海水上升;当这一块陆地又沉陷时,它也使海水下降。不但小岛是如此,大岛也是如此,不但岛屿是如此,大陆也是如此,它们都可以和海水一同上升;不论大小的区域,都可以沉陷,因为像步亚、比松那和其他地方的房屋和城市,曾因地震而被陷入海里去了。"

在另一部分,这位博学的地理学家提到了西西里岛因震动而与意大利脱离的传说;他说,近海的那一部分陆地,现在难得受到地震的震动,因为那里已经有了敞开的出口,火和燃烧物质以及水,都有了发泄的出路;但在过去,埃特纳山、利帕里岛、伊斯基亚岛等处的火山是封闭的,幽闭在里面的火和风,可能发生过猛烈得多的震动③。所以,火山是安全栓,以及地下震动以在火山活动初向新地点迁移时为最剧烈的见解,不是一种新的学说。

我们从史脱拉波的著作中看到④,宇宙是不灭的、但是注定要遭受到水灾和火灾的说法,也是高尔人的督伊德教的教义之一。这个教义和其他许多学问,无疑都是从东方传来的。我们记得,恺撒曾经说过,他们常用希腊字母来作数学的计算⑤。

普林内(公元 23 年)　这位哲学家,对于地球的变迁并没有提出个人的理论意见;他

---

① Strabo, Geog. Edit. Almelov. Amst. 1707, lib. i.

② 火山喷发 Volcanic eruptions,在拉丁译本中作 eruptiones flatuum,希腊原本作 ἀναφυσήματα,意义是气体喷发 gaseous eruptions? 或陆地的膨胀 inflations of land? Strabo, Geog. p. 93.

③ Strabo. lib. vi. p. 396.

④ Book iv.

⑤ L. vi. ch. xiii.

在这一部门和在其他部门一样,只限于编纂工作,而对所叙述的事实,没有加以推论,也没有设法加以分类。但是他所罗列的地中海和其他震动所形成的新岛屿的目录,足以表示古人并不是不注意人类记忆中所发生的变化的观察者。

耶稣纪元前,关于地球过去变革的意见,似乎就是如此,他们虽然没有为了解释古代变迁的遗迹而进行特殊的研究,但是这些遗迹非常明显,决不至完全不引起他们的注意;而现时自然常规的观察所提供的,可以证明地面上不断变化的证据又如此之多,所以决不允许古代哲学家们存有地球是静止的,或者地面过去一向没有变化、今后还是继续不变的观念。但是他们从来没有详细比较过古今破坏和再造作用的结果,也从来没有想到去推测人类或现时生存的动植物物种和生存于过去环境中的生物的比较古远问题。他们虽然勤勉地研究了各种天体的位置和它们的运行情况,而且在动物、植物和矿物界的考察方面也有一些进步;但地球的远古史,对他们来说,还是一本密封的书,其内容虽然写得明显而动人,他们甚至还不知道有这本书的存在。

第三章　地质学发展史(续)

第 10 世纪的阿拉伯作者——阿维森纳——奥玛——古兰经的创世论——卡斯威尼——意大利的早期作者——芬奇——佛拉卡斯多罗——化石真相的争辩——归因于摩西的洪水——柏里西——史登诺——西拉——奎里尼——波义耳——李斯德——莱布尼兹——胡克主张的地震造成隆起的学说——他对已经绝种的动物的学说——雷依——物理神学作者——伍德沃德的洪水论——波纳特——惠斯顿——瓦利斯内里——拉沙罗——莫罗——吉纳勒里——柏芳——苏邦学派认为他的学说违背了正宗教义因而予以非难——他的宣言——塔奇奥尼——阿杜诺——密契尔——克特可特——莱斯普——福许赛尔——福提斯——特斯塔——怀特侯斯特——帕拉斯——沙修亚

阿拉伯的作者　罗马帝国衰落之后,大约在第 8 世纪中叶,萨拉森人首先相当成功地恢复了自然科学的研究。他们付出了很高的代价,从基督教徒那里收购各种最著名经典作家的著作,并且把它们译成阿拉伯文;著名的国王哈伦·阿尔·拉细德的儿子阿尔·玛农——与查理曼王同时——以隆重的礼节,在巴格达宫廷里接待各国天文学家和其他学者。这位国王和他的几个后嗣,遇到了研究穆罕默德法律的学者们的严厉反对和嫉视;这些学者们担心自然科学研究风气的传播会引起恶劣的后果,希望伊斯兰教徒都专心研究古兰经[①]。

阿维森纳　所有早期的阿拉伯著作,几乎都散佚了。第 10 世纪的著作,还存有一些断编残简,其中有一篇很有价值的短文,叫做《矿物的形成和分类》(*On the Formation and Classification of Minerals*)是由一位医师阿维森纳写著的。第二章"论山岳成因"(On the Cause of Mountains)非常值得注意;他说,有些山岳是由主要的原因造成的,有些是由偶然的原因造成的。为了说明主要原因,他举了"剧烈的地震"为例,"由于地震,陆地上升,变成山岳";偶然的原因,他说,主要是水的侵蚀,因此造成深谷,致使原来互相连接的陆地,变成许多耸立的高地[②]。

奥玛——古兰经的创世论　在同一世纪,奥玛,绰号"学者",写了一本著作,叫做《海的退却》(*The Retreat of the Sea*)。把当时的地图和两千年前印度和波斯天文学家所测的地图作了比较之后,他似乎满意地承认:从有史以来,亚洲海岸的形状,曾经经过重要的变迁,而过去海洋的范围,有时比现在大。他用亚洲内地的许多盐泉和沼泽来证明他的意见;在较近的时代,帕拉斯对这种现象也作出了同样的推论。

---

① 　Mod. Univ. Hist. vol. ii. chap. iv. section iii.
② 　De Congelatione Lapidum, ed. Gedani, 1682.

冯·霍夫说过,里海水位的变迁(我们有理由相信,有些变迁是在有史时期发生的),以及这个区域内表示海水退却的地质现象,可能是引起奥玛达成海水普遍降落学说的原因。不论他的证明是根据什么,他的学说被宣布为违反了古兰经的某些教条,于是要他公开认错;为了避免迫害,他不得不从沙马康得投奔国外①。

古兰经中表示创世论意见的地方非常少,仅仅偶尔提及;地球过去变迁的自由讨论,何以会受到如此严厉的干涉,颇不易了解。先知者宣布说,上帝在两天内造成了地球,后来又把山岳放在上面;在此期间和后来的两天内,他又创造了居住在地球上的生物;再有两天,造成了七层天②。这里面没有提到一切情况的细节;虽然也提到了洪水,但是非常简略。所有的水,是从炉灶里倒出来的;据说这种奇怪的寓言,是从古代波斯僧侣那里传来的;照波斯僧侣的说法,水是从一个老年妇人的炉灶里流出来的③。除了诺亚和他的家属外,一切人类都被淹死了;于是上帝说,"啊,地呀,咽了你的水;啊,天呀,止住你的雨";所有的水立刻都减退了④。

我们可以推想得到,奥玛所主张的海水放弃陆地的过程,是渐进的,因此他的臆说所需要的时间,比伊斯兰教正统派所规定的长;因为从古兰经推知,人和地球是同时创造的;穆罕默德虽然没有明确规定人类已经生存了多久,但照他对希伯来教长所表示的尊崇,可见他默认了摩西的年历⑤。

巴黎皇家图书馆保存有一本阿拉伯作家穆罕默德·卡斯威尼所写的手稿,名为"自然界的奇观"(Wonders of Nature)。他是伊斯兰教纪元第 7 世纪或耶稣纪元 13 世纪末叶的著名人物⑥。除了几篇关于陨石、地震以及历来海陆变迁的离奇评论外,我们看到下面一段出于一个寓言人物季德滋口吻的美丽故事:"有一天,我经过一个人口稠密的古老城市,我问一个居民,这个城市已经建立了多久。'这真是一个伟大的城市',他回答说,'我们不知道它已经存在了多久了,我们的祖先也和我们一样不知道。'五个世纪之后,我又经过这里,可是城市的遗迹一点也都看不见了,在原来城市的位置上,有一个农人在割草,我于是向他追究这个城市已经毁了多久。'这个问题真正奇怪!'他回答说,'你现在看见的这一块地方,一向就和你现在看见的没有什么不同'。我说'以前这里不是有过一座壮丽的城市么?''从来没有过',他答复说,'至少我们没有看见,我们的祖先从来没有说起这里有过这样一个城市。'五百年后,我又回到了那里,我看见那个地方是一片汪洋,

---

① Von Hoff, Geschichte der Veränderungen der Erdoberfläche, vol. i. p. 406,他引 Delisle, bey Hismann, Welt—und Völkergeschichte. Alte Geschichte,1ter Theil, S. 234——阿拉伯对异教教义的迫害,往往很残酷。在研究学问非常受人尊重的时期,伊斯兰教徒的信仰分成两派;一派主张,古兰经是自然存在的,存在于永存上帝的概念之中;另外一派叫做穆塔沙来特教派(Motazalites),他们承认古兰经是由上帝制定的,但在启示给麦加的先知时(指穆罕默德——译者)才编写出来;前者谴责他们的反对派信仰两个永存的上帝。历代国王的主张,也各不相同;两派信徒,有时宁愿接受斩刑,或鞭挞至死,不肯放弃他们的信仰。——Mod. Univ. Hist. vol. ii. ch. iv.

② Koran, chap. xli.

③ Sale's Koran, chap. xi. 见注解。

④ Ibid.

⑤ 阿尔·玛默特王委任的教长柯萨是"The History of the Patriarchs and Prophets, from the Creation of the World"的著作人。——Mod. Univ. Hist. vol. ii. chap. iv.

⑥ 薛赛和狄沙赛翻译过,波蒙引证过这本书,Ann. des Sci. nat. 1832。

岸上有一群渔人；我就问他们，这里几时被水淹没了？'这个问题'，他们说，'是像你这样
一个人问的么？这个地点一向就和现在一样'。五百年后我又回来了，海水不见了；那里
独自站着一个人，我问他这个变迁发生了多久，他给我的答复，和以前所听到的一样。
最后，经过同样一段时期，我又回到那里，我又看见一座繁荣的城市，人口比我第一次看
见的城市还要稠密，建筑比以前更为壮观，当我很乐于知道这个城市的起源时，居民们答
复我说，这个城市的起源，早被忘记了：'我们不知道它已经存在了多久，我们的祖先也和
我们同样不知道'。"

　　早年的意大利作家　　直到 16 世纪早期，地质现象才开始引起各基督教国家的注意。
在此期间，为了讨论这个半岛的地层中盛产的海生介壳和其他生物化石的实质问题和来
源问题，意大利的学者们掀起了热烈的争辩。青年时代在意大利北部主持某些通航运河
设计和施工的著名画家达·芬奇，是首先对这些问题作了正确推论的一个人。他说，当
介壳化石还在海岸附近的海底生活的时候，河里的泥土把它们掩盖了，并且渗入它们的
内部。"有人告诉我说，山里的介壳是受了星的影响而形成的；但是我要问，在那些山里，
现在的星还在制造时代不同和种属不同的介壳吗？我们怎样可以用星来解释产于不同
高度上而含有似乎被流水搬运过的砾石层的成因呢？又怎样可以用这种原因来说明产
在同一地点的各种树叶、海草和海生蟹类的石化作用呢？"[1]

　　1517 年修建味罗那城时曾进行过开掘工程，发现了无数稀奇的化石，供给了许多学
者以研究的资料，特别是佛拉卡斯多罗[2]，他宣布说，所有在这里找到的介壳化石，都是属
于现时生存的动物，现在找到它们蜕壳的地方，也就是它们以往生活和繁殖的场所。他
揭发了依靠提奥夫拉斯特所主张的、能把石块塑成有机物形状的"塑造力"学说（见原文
20 页）的荒谬；他用同样有力的论证，说明一部分人所坚持的、介壳化石现在所处的地位
是由摩西洪水所造成的说法的不合理。他说，泛滥时期过于短促，而且主要是河水的作
用；如果洪水能把介壳向很远的地方搬运的话，那么一定把它们散布在地面上，而不能把
它们埋在高山的很深部分。如果人类性情不是好辩的话，这种简单明了的解释，应当可
以永远终止这个问题的讨论；即使在某些人的思想中暂时还有一些怀疑，不久以后所发
现的、关于化石和它们现存同类的构造的新资料，应当可以迅速地消除了他们的疑惑。

　　但是佛拉卡斯多罗的清晰而明哲的见解，被人忽视了，而在此后的三个世纪中，学者
的天才和精力，完全浪费在辩论两个简单的初步问题：第一，化石原来是否属于活的动
物；第二，如果承认这种观点，所有的现象是否可以用诺亚洪水来解释。直到我们现在所
讨论的时期为止，基督教世界最普遍的信仰是：地球的年龄不过数千年；自从开天辟地以
来，诺亚洪水是使地面改观的唯一大灾难。此外，我们的世界不久就要被消灭的说法，也
是很流行的信仰。我们希望的一千太平年（Millenium），的确已经过去了；在不幸的日子
之后五百年，当大家在等待地球毁灭的时候，僧侣们依然平静地坐享虔诚信徒所捐献的
肥饶土地；而捐献者在地契绪言第一句中所写的"世界的末日快到了"——"世界末日的

---

　　① 参看文都里写的芬奇手稿摘要，这个手稿现藏法兰西学院图书馆。布罗奇没有提到这类手稿，哈兰是提醒
我注意这篇文件的第一个人。芬奇死于 1519 年。

　　② 卡尔西奥尔博物馆——见布罗奇写的 Discourse on the Progress of the Study of Fossil Conchology in Italy，
其中对意大利作者的介绍，更为详尽。

大审判就要举行了"("Appropinquante mundi termino"——"Appropinquante magno judicii die")两句话，却留下了这种民间迷信的永久遗迹①。

但在 16 世纪中，虽然有必要用比较开明的见解来解释关于一千太平年的某些预言，延长世界未来火灾的期限到较远的将来，但在早年地质学家的思想中，仍然不断憧憬着即将降临的灾难；而对地球过去年龄的观念，丝毫没有改变黑暗时代的见解。用自然现象的证据来推翻如此普遍接受的信条的企图，最初虽然引起了相当大的恐慌；但是意大利的教士们，却表现了宽容和公正的精神，允许人们对本问题作相当自由的讨论。他们甚至亲自参加争辩，常常赞成对本问题的不同观点；为这些没有意义的论点作辩护所损失的时间和精力，虽可惋惜，但是必须承认，他们的宗教争论，远不如两世纪半以后"阿尔卑斯山另一边"的某些作者那样惨烈。

关于生物化石真相的争辩

马提奥里—法罗披奥（1500—1523） 中古时期各大学里所提倡的烦琐哲学体系的争辩，不幸训练了一批习惯于做不着边际的辩论的人；他们喜欢提出荒唐无稽的命题，因为这种命题需要较大的伎俩才能维持不败；这些智力斗争的最终目的，是为了胜利而不是为了真理。任何学说，只要符合于一般的观念，不论如何牵强附会，狂妄奇幻，都可以吸引许多信徒；因为创世论者提出他的学说时，完全不受已知自然作用的限制，所以，佛拉卡斯多罗的反对者，也用虚构的意想理由来做迎战的工具，这些理由的实质，并没有什么区别，不过名称不同而已。例如第奥斯柯里第斯著作的说明者和著名植物学家马提奥里，便采纳了德国一个有经验的采矿技师阿格里可拉的见解，说是某种"脂肪物质"(materia pinguis or fatty matter)受热发酵之后，可以产生有机物形状的化石。然而他又从自己的观察，达成了另一种结论；他说，多孔的物体，例如骨骼和介壳可以变成石头，因为它们可以被他所谓的"石化浆"(lapidifying juice)所渗透。帕杜亚人法罗披奥，也有同样的见解；他说，石化的介壳，是在它们产生地方的发酵作用形成的，或者它们的形状有时是"地气蒸发的骚动"所造成。他虽是一位受人崇拜的解剖学教授，可是他却告诉人说，当时在阿浦里亚掘出的某些象牙，不过是泥土质的结核；有了这种成见，他甚至更进一步把罗马特斯退西奥山的花瓶（vases of Monte Testaceo），也认做仅仅是印在泥土里的印迹②。1574 年，莫卡第出版了一种著作，忠实地叙述梵蒂冈博物院中薛克斯特斯第五教皇所保存的介壳化石；他用同样的精神来表示他的意见，他说，这些化石不过是一种受了天体影响而获得特殊外形的石块；而描写过味罗那博物院所藏的丰富化石的克里蒙拿人奥里维，却满意地表示，它们不过是"造物的戏谑"(sport of nature)而已。

当时有些异想天开的观念，不被认为是不合理，因为它们与当时学校中所传授的亚

---

① 在西西里，许多献给寺院的贵重土地的契约上就有这样的绪言，这大约是在罗泽王驱逐了萨拉森人离开西西里时的遗嘱人所写的。

② De Fossilib. pp. 109 & 176.

里士多德的生物自生说有一些相似①。这种学说主张，大部分的动植物，是由原子偶然结合而成的，或由腐烂的有机物质所产生的；因此，凡在青年时代受过这种学说影响的人们，很容易相信那些常常保存在岩石内部具有不完整有机物形状的物体，其成因也同样是神秘莫测。

卡丹诺(1552)　但在这一个世纪的发展中，也有比较合理而切于实际的意见。1552年，卡丹诺发表了他的《精确论》(De Subtilitate)(相当于我们现时所谓超越哲学)；从这本书的名称来看，我们或许会预料到，在论矿物的一章中有许多当时所特有的牵强附会的理论；但在讨论石化的介壳时，他却肯定地说，它们是海水过去曾经在山上停留的明显迹象②。

塞萨尔宾诺—马焦里(1597)　照著名的植物学家塞萨尔宾诺的推想，化石介壳是由海洋后退时遗留在陆地上的动物，当泥土固结时，它们凝成了石块③；其后一年(1597)，马焦里④更向前走了一步；他赞同塞萨尔宾诺的大部分意见，并且建议说，味罗那和其他区域的介壳和海底物质，可能是由火山喷发抛到陆地上来的，1538年浦祖奥利附近的奴奥伏山，曾经发生过这种情形。这种暗示，似乎是把化石的地位和火山作用联系起来的初步尝试；这种学说，后来由胡克、拉沙罗、莫罗、赫顿等辈的推动，有更大的发展。

两年以后，英浦拉提也同意了介壳化石的生物起源说，然而他又承认，石头可能由"一种内部因素"(an internal principle)的力量发育而成；他举出了鱼齿和棘皮动物的化石作为例证⑤。

柏里西(1580)　柏里西是法国编著"雨水是泉水的来源"(The Origin of Springs from Rain-water)和其他科学著作的作者；1580年，他对当时许多意大利学者所坚持的、石化介壳是由普遍洪水所沉积的观念，做了斗争。大约在一个半世纪以后，冯登尼尔在法国学院称颂他说，"他是第一个人敢于在巴黎说，介壳和鱼的化石，原来是海生的动物"。

柯隆那(1592)　把17世纪早期曾经发表过各种同样幻想臆说的意大利作者依次罗列，未免过于冗长而且乏味；但是柯隆那应当特别予以表扬；他虽然屈服于诺亚洪水造成化石的教义，但是他否定了史脱吕提所主张的、木化石和菊石化石，不过是硫质水和地下热把泥土变成这种形状的荒谬学说；他并且指出，埋在地层中的介壳，可以分成三种形态，第一种仅仅是外模或印迹；第二种是内模或核胚；第三种是介壳本身的遗体。他也是指出有些化石是属于海生、有些是属于陆生介壳的第一人⑥。

史登诺(1669)　这个时代最突出的论文，是史登诺出版的著作；他是丹麦人，曾经担任过帕杜亚大学的解剖学教授，后来在多斯加尼大公的宫廷里住了多年。他的论文的名称很怪，叫做《天然含在坚硬物质中的坚硬物质》(De Solido intra Solidum naturaliter

---

① Aristotle, On Animals, chapters 1&15.

② Brocchi, Con. Fos. Subap. Disc. sui Progressi, vol. i. p.57.

③ De Metallicis.

④ Dies Caniculares.

⑤ Storia Naturale.

⑥ Osserv. sugli Animali aquat. e terrest. 1626.

contento）（1669），作者的意思是指"坚硬岩石中所含的宝石、结晶和有机化石"。这本著作，证明了意大利学校在地质学研究方面取得了优先地位；同时也说明了当时反对接受进步科学意见的阻力的强大。介壳和海生生物的化石不是起源于动物的见解，当时还是一般所拥护的教条；许多人坚持这种意见，他们极端不愿接受地球在现在的山脉形成之前已经有了生物的见解。为了证明他的学说，史登诺解剖了一个新从地中海采集来的鲨鱼，证明了它的牙齿和骨骼与多斯加尼所找到的许多化石完全相同。他也把意大利地层中所发现的介壳与现时生存的物种作了比较，指出了它们的类似点，并且追溯了化石的石化过程，从仅仅失去动物胶质的介壳到完全为石质所替代的化石之间的各个过渡阶段。在它的岩层分类中，他坚持说，含有动物遗迹的和含有较老岩石碎块的沉积物都是次生的产物。他区分了海相建造和河相建造，后者之中含有芦苇、杂草和树木的枝干。他极力主张，沉积地层的位置原来是水平的；它们的倾斜和垂直位置，是由于地下蒸汽宣泄时地壳向上隆起所致，或者由于地下空洞上面的岩块向下陷落所致。

他宣布说，他已经获得了证据，可以证明多斯加尼前后有六种不同的地形，两次被水淹没，两次是平旷的陆地，两次有崎岖不平的表面。因为他很希望不要使他的新意见与圣经相抵触，因此特别指定某些岩石是在动植物存在以前形成的；不幸得很，他所选择的实例，是他所寄居的国家的某些石灰岩和砂岩，现在知道，其中所含的化石虽然很少，但是的确含有动植物的遗迹——这类地层，甚至不能列在我们的第二纪岩系的最老部分。

西拉（1670）　1670年西西里画家西拉，用拉丁文发表了一篇关于卡拉布里亚的化石的论文，其中附有精美的雕版图画。这一本著作证明了宗教的势力已经常被反驳；因为我们看到，作者的智慧和雄辩，主要集中于攻击那些怀疑化石起源于有机物的顽固自然科学家。他引了西塞罗所说的、关于栖奥斯的一个石块剖开之后现出潘尼斯克斯头部浮雕的故事作为例证——西塞罗说："我相信，容貌的轮廓有一些像潘尼斯克斯，但其相似程度，决不至使你误认它是史可巴斯的雕塑；因为偶然的事件，绝不可能完整地模仿实物。"如同当时的自然科学家一样，西拉似乎仍旧屈服于一般的信仰，他不能不承认所有介壳化石都是摩西洪水的结果和明证。

洪水学说　在这一时期，意大利、德国、法国和英国参加辩论的神学家，为数非常多；从此以后，凡是否认有机遗体是摩西洪水的证据的人们，都有受到怀疑全部圣经的惩罚的危险。从佛拉卡斯多罗时代起，近于健全的学说，几乎一点都没有进展，一百多年的时间，都耗费在记载有机化石仅仅是造物的戏谑的教条。再后来的一个半世纪，则消耗在驳斥所有化石都是由诺亚洪水埋藏在坚固地层中的臆说。在任何科学部门，从来没有一种虚伪的理论，对事实的准确观察和系统分类，发生过如此严重的影响。近来的迅速进步，主要应归功于利用岩石中所含的生物遗迹和有规则的层次来详细确定岩层的前后次序。但是老的洪积说者受了他们体系的诱导，却把所有的地层系统混杂在一起，认为它们都是由一种原因在一段简短的时期内所造成，而不把它们当做多种原因的长期连续活动的结果。他们只看到现象，因为急于了解它们，有时误解了事实，有时从正确的论据中作出虚伪的推论。简言之，从17世纪末期到18世纪终了，地质学发展的内容，是新见解和宗教教义的经常剧烈斗争史，而这种教义，久为众人所默认，而且在一般的信念中，都以为是以圣经权威为基础的。

奎里尼（1676）　奎里尼在 1676 年[1]批判西拉的见解说,洪水不能把重的物体搬运到山顶上去,因为正如波义耳所证明,海水的激动,不能达到很深的深度;介壳动物更不能像有些人所假想的那样生存于这种洪水之中;因为"洪水的时期非常短促,况且大雨也一定破坏了海水的咸度"! 奎里尼所引证的波义耳的意见,是几年以前在一篇短文《论海底》(*On the Bottom of the Sea*)中发表的。波义耳的推论,是根据从珍珠采集者那里搜集来的观察,他说,当水面以上的波浪的高度超过六七英尺时,15 英寸的深度处的海水,没有受到激动的迹象;甚至于在猛烈的强风时期,在 12 或 15 英尺深处的海水的运动,已经减弱不少。他的报告者又告诉他说,在不同的深度,有向相反方向流动的海流[2]。他是敢于主张不应坚持摩西洪水的普遍性的第一个作者。关于石化介壳的性质问题,他认为,软体动物的外壳,是由泥质颗粒在海里结合而成的,同样的结晶过程,也可以在陆地上进行;在后者情况下,动物的胚种,可能浸散在岩石的物质里面,后来由于湿度的作用而得到发展。这个学说,虽然过于空幻,可是吸收了许多信徒,甚至意大利和德国比较清醒的理想家也拥护他的学说;因为他承认,化石的性质不能用洪水说来说明。

普罗特—李斯德（1678）　介壳化石决非属于真正的动物的学说,同时在英国还占有势力;在这里,本问题的辩论,开始得比较晚。在他所著的《牛津郡的自然历史》(1677)(*Natural History of Oxfordshire*)中,普罗特博士把介壳和鱼化石的起源,归因于"地球中所固有的塑造力";李斯德在他 1678 年所著的不列颠介壳类动物的准确记录中,加上了几种介壳化石,并且把它们称为陀螺形石和双具形石。他说,"这些都是陆生的动物,如果不是的话,那么它们所准确模拟的动物已经绝种了。"这位作者,似乎是注意到不列颠岩系的主要地层群有广大分布面积的第一人,他并建议测制正式的地质图[3]。

莱布尼兹（1680）　大数学家莱布尼兹,在 1680 年发表了他的《原始地球》(*Protcg-cea*)。照他的想象,地球原来是一个燃烧的发光体,从创造时起,立即开始冷却。当外壳冷却到足以使蒸汽凝聚的时候,降落的水,形成一个淹没了最高的高山和包围了整个地球的普遍海洋。从熔融状态凝固成的地壳,具有气泡和洞穴的构造;因为在有些地方有裂缝,于是地面的水流入地下洞穴,使原始大洋的水平降低。巨大洞穴的破裂,也是发生"史登诺所说的"地层变位和紊乱的原因,而这种骚动,也使覆盖在上面的水发生剧烈运动,于是造成洪水。经过这样的激动之后,水在静止期间沉积了许多沉积物质,因而形成了许多泥质的和石质的地层。莱布尼兹说,"所以原始的岩体,有两种起源,一种是由火成熔融体凝冷而成,另一种是由液体溶液中的物质固结而成。"这些作用的反复出现(地壳的破裂和后来的洪水),产生新地层的交互现象,直到最后,这些作用达到了平静的平衡,建立了比较稳定的情况[4]。

胡克（1668）　在 1705 年出版的大数学家和自然学家《胡克医生的遗著》中,载有一篇《地震论》(*Discourse of Earthquakes*),据编者说,这篇文章是在 1688 年写的,不过后

---

①　De Testaceis fossilibus. Mus. Septaliani.

②　Boyle's Works, vol. iii, p.110, London, 1744.

③　见 Conybeare and Phillips,"Outlines of the Geology of England and Wales",p.12.

④　莱布尼兹所著的 Protogoea 的意见的分析,见 Conybeare's Report to the British Assco. on the Progress of Geological Science,1832.

来经过几次修订。胡克常常引用在他以前的最著名意大利和英国地质学家的言论；但在他的著作中，对于某些层系的地理范围，却找不到一句话可以表示他与史登诺和李斯德，或者和他同时代的伍德沃德有相同的见解。然而关于自然界中有机物和无机物过去变迁的原因，他的论文是当时最合于哲学推理的著作。

他说："在有些人看来，腐坏的介壳可能是无关轻重的东西，然而用来证明时代的古远，这种自然界的遗物，比古币或纪念章更为可靠，因为，许多学者现在都深知道，凡是可以伪造的，或者可以用艺术和意匠制造的最好的古币，如同图书、手稿和碑刻等等一样，事实上一向有人在那里做"，等等；"然而我们必须承认自然界的记录是很难阅读的，同时也很难应用它们来定出一个年代表，说明如此如此的灾害和变化发生于哪一段时期，然而却不是不可能。"①

关于物种灭亡的问题，胡克深知道，在英国找到菊石、鹦鹉螺化石以及许多介壳和骨化石，与当时已经知道的物种有所不同；但是鉴于当时自然科学家对所有海生物种的知识，特别对于深海生物的知识，还不够完善，他对这些物种是否已经灭亡，颇为怀疑。然而在他的著作的某些部分，他却赞同物种灭亡的意见；在考虑这种问题时，他甚至说，某些动植物的灭亡，可能与过去的地震所产生的变化有一定的关系。他贤明地说，有些物种，是"某些地方所特有而为其他地方所找不到的。因此，如果这样的地方被陷落了，那些生物很可能都同时被毁灭；生长于空气中和水中的动物，都可能是如此：因为那些天然以空气为营养和饲料的生物，不论植物或动物，都会被水所毁灭"，等等②。他又说，在波特兰所找到龟类和巨大的菊石，似乎是热带的产物，因此我们必须假定，英国曾经处于炎热地带的海洋下面！为了解释这种和相似的现象，他对地球自转轴位置的变迁，作了各式各样的推测，例如"类似于磁极旋转的地球重心的移位"，等等。然而他不用武断的方式来提出这些推论，但是希望能促进新的研究和实验。

与当时的偏见相反，他极力驳斥造物之所以制造化石"除了在矿物界中作模仿的游戏外没有其他目的"的观念——并且坚持说，有花纹的石头，"实在都各自代表本身的实物，或者是石化了的模型"，而"不是如同有些人想象的那样，造物无目的地制造出来的无用东西——造物的戏谑"③。他清晰地解释了有机物的各种石化方法；在其他证据之中，他提到了由非洲运来的某些硅化棕榈树；因为海亚在法国皇家学院宣读（1692 年 6 月）的棕榈化石专论中指出，化石里面，不但有贯穿整个树干的束管，而且树端有根。胡克说，海亚也叙述过石化在"流经阿瓦王国巴干地方的河流中的某些树木，在十里格④的里程内，这种树木有木化石的性质"。依拉瓦底河的硅化木，在将近二百年前已经引起人们的注意，确是一种有趣味的事实。克劳福特和瓦

---

① Posth. Works，Lecture，Feb. 29，1688.
② Posth. Works，p. 327.
③ Posth. Works，Lecture，Feb. 15. 1688.
④ 里格（league）为长度名，在英美为三英里。——译者注

里奇①后来（1827）又在那里发现许多动植物化石。

反对胡克的人说，他的物种毁灭论，诽谤了万能造物的智慧和权力；但他答复说，各种个体死亡时，便可能有一种物种终止其生存；他又宣布说，他的意见并未违背圣经：因为照《圣经》的指示，我们的世界是在逐渐衰落，并且走向最后的灭亡；"最后的时期降临时，一切物种既然都归消灭，那么何以我们不能说，有些物种在一个时期内消灭，而另一些物种在另一个时期内灭亡呢？"②

但是他的主要目的，是要说明介壳运到"阿尔卑斯山、亚平宁山和比利牛斯山的较高部分，以及大陆内地"去的方法。他说，这些和其他现象，可能是由于地震，"地震使平原变为山脉，山脉变为平原，海洋变成陆地，陆地变成海洋，在没有河流的地方造成河流，而使以前存在的河流干涸，等等；自从天地开辟以来，地震是使地球表面发生许多变化的原因，也是把介壳、骨骼、植物、鱼类等安置于我们现在很惊奇地找到它们的地方的媒介。"③史脱拉波诚然也提出了几乎同样清晰的学说来解释大陆内地介壳化石的生成，胡克也常常提到这位地理学家和其他古代作者；但是这种学说的复活和发展，是现代科学进步的一个重要步骤。

胡克列举了所有他所知道的地下震动的实例，从"苏东姆和戈莫拉的悲惨灾害"起，一直到1646年的智利地震。他说，海底的隆起，陆地的陷落，和地球表面上大部分的崎岖地形，都可以用地下作用的活动来解释。他又说，奴奥伏山喷发时，那不勒斯曾被隆起；而1591年的喷发，也使圣·密契尔岛的陆地上升；他说，地球的海底部分的地震次数，不下于陆地部分，这种推测；虽难证明，但他绝不怀疑；为了证明这一点，他提到了某些火山附近的海底，往往深不可测。他并举出1690年西印度群岛的地震为例来证明同时发生的地下运动的范围，他肯定地说，在那里，震动所隆起或"冲击起来"的地面，其长度超过阿尔卑斯山和比利牛斯山。

胡克的洪水说　胡克既然宣布了当时所公认的"海生化石是诺亚洪水所造成"的臆说为完全不足取，他似乎感觉到不得不提出一个他自己的洪水说来作替代，因此他不可避免地卷入了无数困难和矛盾之中。他说，"在大灾难期间，陆地的干燥部分，可能因陷落而变成海洋，原来的海洋，可能因隆起而变成陆地，海生生物，可能就在创造和洪水时期之间的一段时期中，埋在海底的沉积物里面。"④后来他又继续研究《圣经》的创世论中所提到的陆地从水中分出的教义；在进行这种过程时，地壳的某些部分被迫上升，而其他部分则被压迫而向下或向内陷落，等等。他的洪水臆说与史登诺所主张的很相似，但和他用来解释地球过去变迁的、比其他学说较为自然的基本原理，则完全背道而驰，不论他所宣布的意见是怎样，当他仍然需要一个过去的"宇宙危机"（crisis of nature），以及传授地震已经变成衰弱，与阿尔卑斯山、安第斯山和其他山脉是在几个月内升起等等的见解时，他不得不假定各种变化都有很大的

①　见 Geol. Trans. vol. ii. part. iii. p. 377, second series. De la Hire 在"Observations made in the Indies by the Jesuits 第二卷中，引述了德差兹神父的意见。

②　Posth. Works, Lecture, May 29, 1689.

③　Posth. Works, p. 312.

④　Ibid., p. 410.

速度,以致使他的学说与最异想天开的前辈一样荒谬。可能由于这种原因,他的整个地震学说受到了不应得的忽视。

雷依(1692) 和胡克同时代的著名自然科学家雷依,也想根据比一般所用为具体的理由来解释地质现象[①]。在他所著的论文"混沌和创造"(Chaos and Creation)中,他建议了一种学说,其大纲和某些细节,颇与胡克的学说相近;但他在自然历史方面的知识比较渊博,使他能于应用各种新的观察来阐明这个问题。他表示说,地震可能是创世时划分水陆和使水集中于一处的第二种原因。他也与胡克一样,提到了 1646 年猛烈地震动了安第斯山的地震,范围长达几百里格,并在其中造成了许多变化。他把普遍洪水的成因,归因于地球重心的变化,而否认为地震的结果。他说,某些未知的原因,可能迫使地下的水向外流出,如同"深部喷泉的喷发"所表现的情况。

雷依是详细叙述流水对地面的影响,和海水对海岸侵袭等现象的最初作者之一。他非常重视这些因素的作用,并且感到地球有趋于最后消灭的迹象;他觉得诧异,何以河流所搬运的物质以及海岸悬崖下面被暗掘的物质如此之多,而地球普遍沉沦于海底的速度,没有进行得更快一些。我们可以从他的著作中清楚地看到,地球的逐渐衰落和将来被火消灭,在正统派的信条中和地球起源于近代的说法一样重要。作为牛顿时代的哲学家在说明物理学和神学问题的密切联系方面,他的推论与胡克相同,都是非常有趣的。雷依的心是非常虔诚的,他宁可牺牲教会中的高位,而不愿宣誓反对他的良心不能妥协的誓约者。拿他在科学界中的崇高声望来说,他没有必要提倡当时所风行的物理神学来博取大众的拥护。所以,在他的自然科学方面的著作中,他引证了如此之多的基督教神父和先知者的说话,的确可以使人诧异——在前一页,他用严格的归纳规律来说明地球过去的变化,而在第二页,却又严肃地考虑到太阳和星辰以及整个天体,是否会在大火灾期间和地球同归于尽的问题。

伍德沃德(1695) 与胡克和雷依同时代的人物之中,以医学教授伍德沃德所得的地质构造资料为最多。他精细地观察了不列颠地层的许多部分;并且用有系统的方法采集了许多标本,从这一点来看,我们可以知道他对地层次序的鉴定已经进步到何等程度;这一套标本,他赠送给剑桥大学,至今还是照他所排列的次序陈列。照他所收集的许多事实来看,我们想起来他的理论意见一定要比当时其他作者正确而详细得多;但是他急于使一切观察现象与圣经中所记载的创造说和洪水说相协调,于是造成了非常错误的结果。照他的想象,"洪水发生的时候,整个地球都被破碎而溶解了,而地层像泥浆水沉积的泥土那样,从这种混杂溶液里堆积下来。"[②]为了确证他的意见,他坚持了一种事实,说是"海生物体是按照比重堆积在地层里的,较重的介壳堆在岩石里面,较轻的堆在白垩里面,其他物体依次类推"[③]。雷依立刻揭发了这种结论的错误,并且说,"轻重的化石,常常混合在同一个地层之中";他甚至不顾一切地说,伍德沃德"一定捏造了这种现象,为了要

---

① 雷依著的 Physico—theological Discourses,略晚于胡克的地震巨著。他说,以他的"学问和对自然界神秘的见解来说,胡克是应当受人尊敬的人。"——On the Deluge, chap. iv。

② Essay towards a Natural History of the Earth,1695. 绪言。

③ Ibid.

证明他的大胆而不可思议的臆说"①。

波纳特(1680—1690)　在这一个时期,波纳特发表了他的"地球说"(Theory of the Earth)②。这是当时最风行的标题——"地球的神圣学说(The Sacred Theory of the Earth);其中包括地球的起源,以及一切已经经过和将要经过一直到万物全部毁灭为止的普遍变化的记载"。就是密尔顿也不敢在他所写的诗里面如此肆无忌惮地用这种幻想来描写创造和洪水、天堂和混沌的背景。他说明了,何以原始地球在洪水以前会享受永久的春天! 指出了地壳如何被"太阳的射线"所坼裂,因此发生爆炸,于是洪水就从理想的中央深渊中流散出来。他不以这些论点为满足,于是又引证了许多受过灵感的作家或异教权威的书中所记载的、关于地球未来变革的先知见解,叙述了普遍火灾降临时的极端恐怖情况,并且证明了,新天地将从第二个混沌状况(second chaos)中产生出来——在此之后,将有愉快的一千至福年。

读者应当知道,按照当时的严谨作者的意见,上帝赐给我们始祖的乐土,不是在地球上,而是在地球和月亮之间的云端,他们认为这种假定是有圣经根据的。波纳特讨论如此重要问题时,采取了适当严肃的态度。他愿意承认,天堂的地理位置不在美索不达米亚,然而他坚持说,这个地点是在地球上,大约是在南半球的昼夜等分线附近。柏特勒选择了这种想象,作为一首讽刺诗的题目,在许第布拉斯诗集(Hudibras)的许多名句中,他说:

> 他知道天堂在哪里,
> 可以说出它在哪一个纬度上;
> 如果他愿意的话,可以证明:
> 在月亮下面,或在它的上面有天堂。

据说有一位如果没有柏特勒诗集在他的枕头下面就睡不着觉的国王,同时也是波纳特著作的崇拜者和奖励者,他命令把这种著作从拉丁文译成英文。《神圣学说》的体裁是生动的,而且表现了惊人的发明能力。柏芳后来说,这本著作事实上是一本很好的传奇故事;但在当时,却把它当做一本深奥的科学看待,爱迪生曾经在拉丁诗(Latin ode)中称颂了它,而史帝尔在《旁观者》(Spectator)中也赞美了它。

惠斯顿(1696)　同一学派并且同样表现当时思想的另一本著作,是惠斯顿所著的《地球新说》(A New Theory of the Earth);他在其中认为,圣经所规定的六天造成世界,普遍洪水,以及普遍火灾等等的教义,是完全符合于推理和哲学的。他最初是波纳特拥护者,但是他的信仰,被牛顿宣布的意见所摇动,因为牛顿说,从天文学的各方面来推断,地轴的斜度,在过去不可能发生过变化。用地轴斜度的变迁来解释现在的陆地以前曾被海水所淹没的推断,虽然不是波纳特所发明,而是由意大利人阿勒桑得里在 15 世纪初期所提出,但是这种观点却成为他的学说中的主要教条。拉普拉斯后来也反对以往有这种

---

① 　Consequences of the Deluge, p.165.
② 　在 1680 年到 1690 年中间,最初以拉丁文发表。

变迁的可能,以加强牛顿的论证。

当惠斯顿开始研究创世论时,1680 年的巨大彗星,在每个人的记忆中还很新鲜;而他的主要理论之所以显得新奇,是由于他把洪水的成因归因于这些不依常轨行动的星体之一的行近于地球,以及彗星尾部蒸汽的凝聚成水。确定了水量增加的来源之后,他采用了伍德沃德的学说,假定了所有成层的沉积物,都是"洪水的混乱沉积"的结果。惠斯顿是敢于建议改变圣经创世纪解释的第一人;他说圣经创世纪的内容,应当用与一般不同的见解来解释,如此则地球在人类出现以前早已存在的学说,可以不再被认为违背教义。他的巧辩艺术,可以把他的学说中最不易使人信服的部分,说得似乎确有其事,他的姿态似乎非常沉着,并且用数学的说明来证实他的建议。洛克对他的学说发表了一篇颂词,称颂他解释了如此之多以前无法说明的奇特事物。凯尔却批判了他和波纳特的著作①。

赫清孙(1724) 赫清孙原来是伍德沃德雇用的化石采集人,他后来在 1724 年出版了一篇《摩西的原理》(*Moses's Principia*)的第一部分,其中他嘲笑了伍德沃德的臆说。他和他的许多拥护者,惯常大声疾呼地反对人类的学问;他们并且坚持说,如果解释得准确的话,希伯来圣经中已经包含有完整的自然哲学体系;因为这种理由,他们反对了牛顿的引力说。

西尔塞斯 瑞典天文学家西尔塞斯,大约在这个时候发表了他所著的、关于波罗的海海水逐渐减少和下降的记述;以后(第三十一章)我将再有机会特别讨论这个问题。

萧许佐(1708) 同时在德国,萧许佐发表了《鱼类的控诉和申辩》(*Piscium Querelae et Vindiciae*),这是一部有动物学价值的著作,其中有许多优美的图版和鱼化石的描述。在其他的结论之中,他极力设法证明地球曾经在洪水时期经过改塑。1732 年浦乐契也作了同样的主张,而霍尔巴赫在考虑了把一切古代地层都归因于诺亚洪水的各种尝试之后,在 1732 年揭发了这种成因的缺点。

意大利的地质学家——瓦利斯内里(1721) 我以愉快的情绪重新再来讨论意大利的地质学家;以前已经说过,他们对地球过去历史的研究,比其他各国的自然科学家早,他们到现在还保持着优越的地位。他们驳斥了并且讥笑了波纳特、惠斯顿和伍德沃德的物理-神学体系;而且在批评伍德沃德的学说时,瓦利斯内里说②,由于圣经教义和自然科学问题常被不断地混淆在一起,宗教和健全哲学的利益,不知遭受多少损失。这位作者的著作,富有原始的观察。他首先试作了意大利海相沉积物的叙述,它们的地理范围和最具特征的生物遗迹。在他著作的《泉水的成因》(*On the Origin of Spings*)论文中,他说明了泉水的流动是依靠地层的次序,而且往往依靠地层的错断;他并用哲学的推理来反对地球的紊乱情况是象征上帝对人类罪恶的愤怒的见解。在该书的第一章中,他自己觉得,除了几个神学教授外,他有必要批判圣·乔罗姆和其他四个主要的圣经解释者的主张,他说"泉水不是海水通过地下虹吸和洞穴向上流动而在其行程中失去了它的盐度的",因为他们故意把这种学说,说成是有正确圣经教义的根据的。

瓦利斯内里虽然不愿意把他在旅行中所累积的丰富资料加以综合,但是比较近代的

---

① An Examination of Dr, Burnet's Theory, etc., 2nd ed, 1734.

② Dei Corpi Marini. Lettere critiche, etc., 1721.

海相地层从意大利的一端到另一端的清晰连续性,给了他如此深刻的印象,使他作出了一种结论,说是过去的海洋是遍及全球的,它们在地面上停留了相当时期之后,又逐渐降落。他的意见虽不足取,却比伍德沃德的洪水说进步很多。瓦利斯内里和后来的多斯加尼的地质学家,都一致反对伍德沃德的学说,但是波罗格那学院①的会员,却热烈地拥护它。

当时有一位格里山那的教士史巴达,在 1737 年写了一篇论文,证明味罗那城附近的石化海生物体,不是属于洪积的类型②。马太尼研究了伏尔特拉和其他地方的介壳之后,也得到相同的结论:但在另一方面,康斯坦提尼则为洪水说作辩护,并且也设法证明意大利曾经是雅弗(Japhet)子孙繁衍的场所③,虽然他在布仑塔流域和其他区域的观察未始无价值。

莫罗(1740) 拉沙罗·莫罗在他所著的《论在山中找到的海生物体》(*On the Marine Bodies which are found in the Mountains*)④著作中(1740 年出版),企图把地震的学说和他所熟悉的史脱拉波、普林内以及古代作者所建议的地壳水平的变迁,应用于瓦利斯内里⑤。所描述的地质现象。当时所发生的非常现象,使他注意到地下运动力有隆起地壳的能力。瓦利斯内里的信札里也提到这种现象。1707 年,在地中海散托临湾地震的连续震动期间,一个新岛从深水中升出水面;它的幅员增加得很快,不到一个月的时间,周围已经达到 1.5 英里,而其高度,则高出高水位约 25 英尺⑥。这一个岛后来被火山喷发物所覆盖,但在最初考察时,它是由白色岩石所组成,表面上还有现时生存的牡蛎和甲壳类动物。为了讥讽当时流行的各种学说,莫罗作了一个巧妙的比喻;他假设有一队不知这个新岛最近成因的自然科学家到那里去考察。一个人立刻指出,海生介壳是普遍洪水的证据;另一个人争辩说,它们是以前的海水曾经在山上停留过的遗迹;第三个人则认为,他们不过是"造物的戏谑";而第四个人肯定地说,他们是在古代岩洞中生长的,而岩洞中的水,是由地下的热力作用把海水变成蒸汽体凝聚而成。

莫罗以极果断的见解,用阿尔卑斯山等山脉断层和瓦利斯内里所说的地层移位,来证明他所主张的大陆曾受地下运动的影响而隆起的学说。他用有力的证据,反对波纳特和伍德沃德的臆说;但是他竟至不顾瓦利斯内里的抗议,而使他的全部学说适合于摩西的创世说。他说,在第三天,地球上都盖满了同样深度的淡水;等到上帝愿意使陆地出现的时候,火山喷发了,破坏了原始岩石所组成的平坦而整齐的地面。它们升出海面,形成山脉,并且使金属和盐类从裂隙中上升。海水逐渐从火山喷气中获得其盐分,而且当山的面积扩大时,海的深度也在增加。火山喷出的沙和灰,经常散布在海底,形成了次生的地层,这些地层后来也被地震升起。我们不必随着这位作者去追究其他几天内动植物创

---

① Brocchi，p. 28.

② Ibid.，p. 33.

③ Ibid.

④ Sui Crostacei ed altri Corpi Marini che si trovano sui Monti.

⑤ 莫罗没有引证胡克和雷侬的著作;他的见解虽然有许多和他们相同,可能他不知道这些著作,因为他们没有翻译成拉丁文。因为他常提及波纳特的拉丁版,伍德沃德的法文版,我们想来他不能阅读英文。

⑥ 1866 年散托临湾有相同的喷发,其情形见地质学原理第二卷,69 页 10 版,1868 年。

造的发展；但是总的来说，我们可以说，没有一种古代的创世论，比这种学说更接近于已知的类似现象。

吉纳勒里对莫罗学说的说明（1749）　　莫罗著作的体裁，非常累赘，因此也像后来提出许多相同意见的赫顿一样，需要一个解释者。普莱费尔拥护苏格兰地质学家的结果，比吉纳勒里拥护莫罗的结果好不了多少；吉纳勒里在莫罗学说发表之后九年，在克里蒙拿科学院院士的会议上，对于这个学说发表了一次生动的解释。这位卡末尔派的修道士，不以原观察者的身份出现，但是他已经作了充分的研究，因此可以引出其他作者的论证来证明莫罗的意见；他对当时已经成立的学说的选择是如此之严谨，所以关于上世纪（18 世纪）中叶以前说明欧洲地质情况的学说，特别在意大利的情况，只要有简单的摘要，即足以使人接受。

他说，地球内部谨慎地保存有记载过去事迹的遗物，山中常见的海生生物，便是这种事实的明证。照莫罗意思，我们可以深信，这是过去地震的结果，地震曾经使很大面积的海洋变成了坚固的陆地，也曾经使陆地沉入海底。在这一门科学中，观察和实验比物理科学的其他部门更不可缺少，我们必须专心一致地考察事实。在任何地方进行开掘，我们都可以发现陆地是由地层和泥土所组成，彼此互相堆叠，有时是沙，有时是岩石，有时是白垩，有时是泥灰岩、煤、浮石、石膏、石灰等。这些组分，有时是纯粹的，有时是紊乱混杂的。岩石之中，往往埋藏着像木乃伊那样的海生鱼类，而介壳、甲壳类动物、珊瑚、植物等则更为常见，不但意大利是如此，法国、德国、英国、非洲、亚洲和美洲也是如此；有时在地球的最低地层中，有时在最高的地层中，有的在山上，有的在深矿里，有的靠近海岸，有的离海几百英里。照伍德沃德的推测，到处都可以找到这些海生物体；但在许多岩石里面，的确没有它们的存在，瓦利斯内里和马西里已经充分证明这一点。动物化石的遗体，主要是它们的坚硬部分；在这些遗体被埋藏的时候，大部分的岩层一定是柔软的。找到的植物的成熟程度也不相同，这便说明，它们是在不同的季节埋进地层里去的。在英格兰和其他地方，在从来没有被海水淹没过的表面地层中，曾经发现过象、欧洲麋以及其他陆生四足兽。海相地层很少与含有泥沼和陆相生物的地层形成交互层，然而也不是绝对没有这种实例。海生生物在地下地层中的排列，次序井然，分成显明的生物群，一个地方有牡蛎，另一地方则有角贝类或珊瑚，据马西里[①]说，它们很像亚得里亚海现在的情况。我们必须放弃一度盛行的、否认有机化石起源于生物的学说，我们不能用史脱拉波的学说，也不能用莱布尼兹的学说，更不能用伍德沃德等辈所主张的普遍洪水来说明它们的现在情况："我们也不能任意请求上帝走上舞台，使他演出奇迹来证实我们预定的臆说。"——"诸位最博学的院士们！我痛恨以空中楼阁为根据而不能不用奇迹为支柱的体系；我现在要用莫罗学说的协助来向诸位说明这些海生动物如何可以由自然界的作用搬运到山里去。"[②]

随后他将莫罗的学说作了简单扼要的说明；用这种学说，吉纳勒里说，我们可以解释一切现象，正像瓦利斯内里所急切要求的，"不用强词夺理的理由，不用杜撰虚构的幻想，

---

①　Saggio fisico intorno alla Storia del Mare, part i. p. 24.

②　De' Crostacei e di altre Produz. del Mare, & c. 1749.

不用臆说，不用奇迹。"这位卡末尔派学者，于是继续努力为莫罗学说中的一个显明缺点作辩护；认为它是用来解释地球变革的自然方法。如果地震在过去有如此巨大的变迁力量，何以有史以来的效果却如此微小呢？我们知道，在半世纪以前胡克也遇到了同样的困难，因此不得不使他诉之于过去的"宇宙危机"；但是为了替他自己的立场作辩护，吉纳勒里指出：喷发和地震，新岛的形成，陆地的升降等的记载，已经如此之多，过去六千年中未经证实和记录的事变，一定还要多得多。他也提出瓦利斯内里作为权威来证明含介壳的岩石的总量不过占不含生物遗迹的岩石的小部分；据渊博的修道士说，这些不含化石的岩石可能就是最初创造的岩石。

吉纳勒里后来又描写河流和溪涧不断耗损山岳和大陆的情形，并用以下一段动人而新颖的结论来结束他的辩论："是否可能，这种耗损作用已经继续了六千年之久，或者可能更长的期间呢？如果没有补偿，山脉是否还能维持这样巨大的体积呢？有什么证据可以说，造物用来制造世界的规律，是使陆地永远缩小而最后完全沉没到水下面去呢？是否可以相信，造物创造的万物之中，只有山脉应当逐渐减少它们数量和大小，而其损失得不到补偿呢？这便违背了统治万物的上帝的意旨。因此我认为，最正当的结论应当是：最初造成山脉的作用，一直到现在还在产生其他山脉，如此才能时时恢复所有在各处因下沉、崩溃或其他方法崩解的损失。如果承认这一点，我们就不难了解，何以现在在许多山上可以找到如此之多的甲壳类动物和其他海生动物。"

在上面的摘要中，除了一切后来证明为错误的见解外我不仅详述了近代观察所证实的意见和事实，而且把整篇论文作了忠实的提要，其中只删去吉纳勒里不论好坏都一律采用的莫罗的臆说。所以，读者或许会说，这一篇卓越的论文虽然包含如此之多地质研究的主要问题，可是没有提到某些种类动物的灭亡问题；这个问题的意见，当时在意大利显然还没有稳固的基础。李斯德和其他英国自然科学家虽然早已赞成物种灭亡的学说，而西拉和大部分他的国人还在踌躇；这种情况是很自然的，因为意大利博物院中所陈列的介壳化石，大部分是现时生存于地中海的物种；而英国采集者没有能够在当时已经考察的英国地层中，获得现代的种属。

莫罗体系中的最大弱点，是在于把所有的成层岩石，都归因于火山喷发；这种荒谬见解，是他的反对者攻击的重点，尤其是阿米西①。为了存着急于说明次生岩石是在非常短促时期内形成的愿望，同时又想利用已知的自然作用作为根据，似乎是导致莫罗达成这样误解的原因。在思想中想象过去的溪涧、河流、海流、局部洪水以及一切流水的作用所使用的力量，比现在大几千倍，似乎是一种不合理而不可思议的事，而且需要用许多异乎通常的臆说来说明；但是我们对于地下变动的原因原来就不明了，所以在理论上，我们可以把它们过去活动的剧烈程度，无限度地扩大，即使推论中有明显的矛盾和荒谬之处，人们也无法予以证明。可能因为这种理由，莫罗宁愿以火山的喷发物作为地层物质的来源，而不求之于流水的搬运。

马西里　吉纳勒里曾经提到马西里的著作。因为他发现在帕尔玛区域岩石中的（和史巴达在西西里的味罗那和夏伏所观察的相同）介壳化石不是随便散布的，而是按照一

---

① Sui Testacei della Sicilia.

定的种和属顺着有规律的次序分布的，因此鼓励他着手研究亚得里亚海的地层。

多纳提（1750）　为了要对这些问题多些证明，1750年，多纳提在亚得里亚海进行了规模更大的考察；根据许多次的锤测，他发现了这里正在堆积的沙、泥灰和凝灰岩层，性质与下亚平宁山中所见的完全相同。他确定了一部分海底完全没有介壳，但在另一些地区，它们则聚族而生，特别是蛤属、海扇属、帘蛤属、骨螺属等介壳动物。他也说，在潜水者探测的地方，他找到了一个由各种珊瑚、介壳和甲壳类与泥、沙和小砾混杂组成的沉积层。沉积层面以下一英尺或者一英尺以上的地方，有机物质完全石化，并且变成大理石；不到一英尺的地方，则接近于天然状态；而在表面上，它们是活的，如果已经死亡，也保存得很好。

巴尔达沙里　同时代的自然科学家巴尔达沙里指出，栖恩那区域第三纪泥灰岩中的生物化石，也是聚族而居，其情况与多纳提所说的相同。

柏芳（1749）　柏芳最初在1749年出版的《自然历史》（*Natural History*）中，发表了他关于地球过去变迁的理论意见。他采用了原始火山核的学说和莱布尼兹的普遍海洋。最高的山，曾经一度被这种水圈所淹没。海浪作用后来强烈地冲刷了某些部分的固体物质，把它们沉积在另一部分，形成水平的地层；他们也掘出许多海底的河谷。后来因为一部分的海水流入地下洞穴，于是海水水位低落了，使一部分陆地露出海面。柏芳似乎不像莱布尼兹和莫罗那样从史登诺的观察中得到什么益处，否则他不至于想象到地层一般是水平的，也不至于想象到含有有机遗体的地层，自从形成之后从来没有受过扰动。他深知道，河流和洋流每年向较低水平的地方搬运泥沙物质的强大力量，并且甚至于对这种作用毁灭全部现在大陆的时期作了预测。在地质学方面，他虽然不是一个创作的观察家，可是他的天才，使他能于把他的臆说描写得非常动听；由于文章体裁的华丽和推断的果敢，他唤起了他的国人的好奇心，并且刺激了他们的研究精神。

他所著的《自然历史》中包括了他的"地球学说"。在这部书出版之后不久，他接到索邦大学或者是巴黎的神学会的一封正式信（1751年1月），信里告诉他说，他的著作中有14条建议"应受谴责，并且违背了宗教的信条"。现在把应受处罚的议论的第一条，也是唯一有关地质学的部分，摘录如下："海里的水造成了陆地的山和谷——天上的水把一切都夷成平地之后又把整个陆地交给海洋，连续普遍淹没陆地的海，后来又放弃如同我们现在所住的新大陆。"索邦大学用谦恭的语气，请柏芳提出解释，甚至可以说请他提出他的非正宗意见的悔过书。他果然提出了；神学会召集了一次大会，批准他的"宣言"，并且规定他要在第二本著作中发表出来。宣言的开始几句话是："我宣布，我没有违背圣经的意思，我以最坚定的决心，信仰其中所说的一切有关创造问题的教义，不论在时间次序方面和内容方面；我放弃我的著作中所说的一切有关地球形成的学说，以及一般可能违背摩西教义的言论。"[1]

柏芳所必须放弃的最重大原理，不过是如此："地球上现在的山川，都是次生作用造成的，这些作用，终于会毁灭所有的大陆、山脉和河谷，并且再产生和它们相同的其他大陆、山脉和河谷。"他的许多意见，不论怎样有缺点，但是现在大陆的次生成因，已经成为

---

[1]　Hist. Nat. tom. v. éd. de l'Imp. Royale. Paris，1769.

无可争辩的观念。这个学说的基础，与地球绕轴旋转的见解同样巩固；而现在海面以上的大陆，不能永久维持不变的意见，随我们对现时正在进行的变化的知识的逐渐扩大而日见稳固。

塔奇奥尼（1751）　在《1751 和 1754 年多斯加尼旅行记》（*Travels in Tuscany*，1751 *and* 1754）中，塔奇奥尼努力补充 60 年前史登诺在多斯加尼所没有完成的地质记录。这篇论文虽然缺少系统性和简约性，但是包含有丰富的忠实观察。他并不满足于许多一般的意见，对于河谷的起源，他却反对柏芳所主张的、主要起源于海底洋流的学说。这位多斯加尼的自然科学家极力设法表示，亚平宁的大小河谷，都是由河流和洪水掘成的，而这种洪水是在海水退却之后，湖堤溃决所致。他也坚决主张，在意大利的湖沉积和冲积层中所常见的象和其他四足兽，是原来居住在半岛上的动物；不是像有些人所想象，由汉尼波尔或罗马人运到这里来的，也不是由于所谓"一次的自然灾害"而造成的。

勒门（1756）　德国矿物学家普鲁士矿业局局长勒门的著作，是在 1756 年出版的；他把山脉分成三类：第一类是与世界同时形成的山脉，时期在动物出现之前，并且不含其他岩石的碎块；第二类是原生岩石受了普遍变革的局部破坏的结果；第三类是局部变革的结果，其中一部分是由于诺亚洪水。

这部书的法文译本是在 1759 年出版的，在序言中，译者对地震作用和水成作用[1]，表示了很开明的意见。

格斯纳（1758）　在这一年，苏黎世的植物学家格斯纳出版了一篇讨论化石以及用化石来证明地球变迁的卓越论文[2]。详细叙述了动植物界各类化石和说明了化石的各种石化情况之后，他于是继续讨论与它们有关的地质现象；他说，有些化石，例如在依宁根所找到的那些种属，很像邻近区域所产的介壳、鱼和植物[3]；而其余的部分，例如菊石、笔石、箭石和其他介壳，不是属于未知的物种，就是只产于印度洋和其他较远海洋的种类。为了说明地球的构造，他引用了维仑尼斯、柏芳和其他作者从开凿水井所得到的剖面；他分别出水平和倾斜的地层，而在推测这些现象的原因时，提到多纳提对亚德里亚海地层的考察；他也提到了沉积物填充湖泊和海洋的情况，现时正在进行的介壳埋藏过程，以及地震的许多已知结果，例如地区的陷落、新岛的形成和使含化石地层露出水面的海底隆起。他说，在许多地方，海洋放弃海岸，例如在波罗的海的沿岸；但是在过去 2 000 年中，海水退却的速度非常缓慢，所以使山顶充满海生介壳的亚平宁山升到现在的高度，大约需要 80 000 年，——这种时间 10 倍于或 10 倍以上于宇宙的年龄。所以我们必须把这种现象归因于上帝的支配，如同摩西所说，"水应当集中于一处，然后陆地露出水面。"格斯纳采用了莱布尼兹的意见来说明原始海洋的退却。他的论文非常渊博，并且用公正而有区别的见解，评论了意大利、德国和英国作者的论著。

阿杜诺（1759）　其后一年，阿杜诺[4]在他所著的帕杜亚、维森沙和味罗那诸山的专刊中，根据原始观察，将岩石归纳成第一纪、第二纪和第三纪三类，并且指出，在那些区域

---

[1]　Essai d'une Hist. nat. des Couches de la Terre．1759.

[2]　John Gesner published at Leyden，in Latin.

[3]　Part ii. chap. 9.

[4]　Giornale de' Criselini. 1759.

内,曾经屡次发生海底火山喷发。

密契尔(1760) 下一年(1760),剑桥大学伍德沃德讲座的矿物学教授密契尔牧师,在哲学汇报中发表了一篇讨论地震成因和现象的论文[1]。1755 年里斯本的大地震,引起他对本题的注意。他对地下运动的传播以及可以发泄蒸汽的洞穴和裂隙,提出了许多创造性的哲学意见。为了使他的学说能与地球的构造相适应,他叙述了地层的排列和扰乱的情况,它们在较低地方的水平位置,以及在山脉附近的扭曲破裂。他也非常准确地解释了中央山脊的较古岩石与平行于山脊的狭长条的泥土、岩石和矿物地层的关系。他的概括,大部分是得之于他个人在约克郡地质构造的观察,其中他预见了后来的自然科学家们发挥得较为彻底的意见。密契尔的某些观察和 40 年后所建立的学说非常相近,所以如果他的研究没有中断,他的著作可能在这一门科学中开辟一个纪元。然而他只担任了 8 年教授,他的研究生涯,因被调任为牧师而骤然中断。从那时候起,他的全部精力似乎都集中于神学事业,而放弃了他的科学研究[2]。

克特可特(1761) 密契尔的论文,完全没有牵涉物理-神学的议论,但当时还有许多人仍旧热心替伍德沃德的臆说作辩护,或者加以驳斥。克特可特的论文提起了许多这一类的著作,他是一个赫清孙学派的信徒,并在 1761 年发表了一篇《洪水论》(*Treatise on the Deluge*)。他极力批驳他的同时代者克雷顿主教对摩西著作的解释。这位主教曾经宣布,"除了在洪水以前诺亚居住那一部分外,洪水不是像字面上所说的那样真确。"克特可特则坚持洪水的普遍性,并且提出古代东印度、中国、南美洲和其他国家作者和旅行家所提到的泛滥传说作为例证。他的这一部分著作是有价值的,虽然我们不易了解这些传说对主教的见解有什么意义(即使承认这些传说都是真实可靠),因为这些证据,都不能证明一切的灾害是同时发生的,而古代作者所记述的某些灾害,反而明显地说明它们是依次相继发生的。

福提斯—奥多阿提(1761) 前面所说的阿杜诺学说,由福提斯和德斯马列斯特在同一个区域旅行时予以证实;他们和巴尔达沙里,曾经设法完成下亚平宁地层的历史。在奥多阿提的著作中[3],也提出了明显的理由来证明较老的亚平宁地层和较新的下亚平宁建造可以划分成两部。他指出了,这两组地层是不整合的,而且一定是不同的海洋在不同时期的沉积物。

莱斯普(1763) 汉诺佛人莱斯普在 1763 年出版了一篇用拉丁文著的《新岛的历史》[4]。他把所有使地壳发生永久变迁的地震的可靠记载,都收集在这一部著作中而加以公正的批判。他对古今学者所建议的、有关地球远古史的各种最好的学说,都加以检查;而对胡克、雷依、莫罗、柏芳等前辈的学说的优缺点,也作了公正的评价。他十分钦佩胡

① 见 A Sketch of the History of English Geology, by Dr. Fitton, in Edinb. Rev. Feb. 1818, re-edited Lond. and Edinb. Phil. Mag. vol. i and ii, 1832—1833。

② 密契尔科学生活的中断,证明上世纪牛津和剑桥大学严格施行的工作制度是有缺点的,当时的数学、自然哲学、化学、植物学、天文学、地质学、矿物学及其他科学的讲座,常由牧师担任,如果他们尽心于新的任务,他们的酬报是取消他们继续进行科学工作的资格,而且往往在他们的工作正要获得最丰富的结果的时候。

③ Sui Corpi Marini del Feltrino, 1761.

④ De Novis e Mari Natis Insulis, 莱斯普是 Philosophical Works of Leibnitz, Amst. et Leipzig, 1765 的编辑人;也是"Tassie's Gems"和"Baron Munchausen's Travels"的著作者。

克的臆说,认为他的地层成因的解释,比莫罗更为正确,而他们的地震影响的学说则完全相同。莱斯普没有看到密契尔的专刊,他对地球的地质构造问题的见解,可能不如密契尔那样深入;然而他提出了许多补充理由来支持胡克的学说,据他说,如果胡克生得较晚的话,也会照这样写的。他说,他不愿意对使各部分大陆和岛屿上升的一切地震的发生时期,作肯定的规定,更不愿意拥护胡克所建议的、一切震动都发生于诺亚洪水时期的意见。他提到了欧洲以往有明显热带气候的迹象,也说到,动植物物种的变化,是地质学中最不易了解和最困难的问题。关于有史以来和传说时期中从海里上升的岛屿,他说,有些地层是由含有有机遗迹的地层组成的,而不是如柏芳所说,仅仅由火山物质所组成。在他的著作的结论中,他雄辩地鼓励自然科学家去考察 1707 年希腊群岛中和 1720 年亚速尔群岛中上升的岛屿,请他们不要失去如此难得的机会去研究自然界"分娩时的情况"。莱斯普觉得非常奇怪,胡克的著作会被埋没了半个世纪之久;但是,更可使惊异的是,他自己对胡克学说的光辉灿烂的解释,经过了半个世纪以上,也没有引起人们多大的注意。

福许赛尔(1762,1773) 1762 年德国医师福许赛尔出版了一篇《吐林格瓦尔与哈兹之间的地质记述》和一篇《路多斯塔脱附近的地质专论》[①];后来在 1773 年又出版了一篇关于地球和人类远古史的理论著作[②]。他的见解,显然远超过他的前人勒门,并且深知道,与现在的地质学家在德国各部分所看到的第二纪相当的各期地层的位置和所含的化石,都有显著的区别。他认为,在德国的"壳灰岩统"(Muschelkalk)的海相地层形成以前,欧洲大陆一直淹没在水里,同时欧洲许多沉积物中的陆相植物,证明了在古代的海边有干燥的陆地存在;所以当时的陆地,一定占据了现代海洋的位置。这种先存的大陆,逐渐被海吞没,各部分相继地陷落到地下洞穴之中。所有的沉积岩层,原来都是水平的,现在的紊乱情况,必须归因于地壳后来的颤动。

由于远古各时代中有植物和动物,所以当时一定有人类,但是他们不是一对祖先的后裔,而是在地面的不同地点创造的;创造地点的数目,与各民族原始语言的数目相同。

在福许赛尔的著作中,我们发觉他有坚强的愿望,想尽可能应用已知作用的营力来解释地质现象;他的推测有时虽然过于幻想,但是他的意见反而比后来的维尔纳和他的信徒所宣布的理论更接近于现时普遍采纳的学说。

白兰多(1766) 白兰多在 1766 年发表了他的《汉东宁化石》(Fossilia Hantoniensia),其中附有罕普郡比较近代(或者始新世)的介壳化石的精美图板。他在序言中说,"关于这些物体的沉积时间或方式,各人的意见很不相同。据一部分学者的推测,这是海的逐渐变迁和移动的结果,经过的时期也很长"等等。但是最普通的见解,是归因于"洪水"。他说,这种推测是一种纯粹的臆测,即使对洪水的普遍性不加以非议。照他的意见,动物和介壳化石,大部分是未知的物种;其中的已知部分,则属于现时生存于南纬度的同类。

梭尔丹尼(1780) 梭尔丹尼成功地应用他的动物学知识来说明成层岩体的历史。

---

① Acta Academiae Electoralis Maguntinae, vol. ii. Erfurt.
② 福许赛尔的这篇记载,乃摘自克弗斯台因对他的专刊的卓越分析。Journ. de Géologie, tom. ii. Oct. 1830.

他解释说,微观的介壳类动物和植虫类生物,是地中海深水部分的产物;所以在含有这一类生物的化石物种的细粒而不含砾石的沉积物都是在深海或远离海岸的地方堆积的。这位作者首先注意到巴黎盆地中海相地层和淡水地层的交互现象①。

福提斯—特斯塔(1793) 1793 年,福提斯和另外一位意大利的自然科学家特斯塔,对波尔加山的鱼化石,进行了热烈的论战。他们之间往来的信札非常生动而简洁②。照信的内容来看,他们深知道大部分的下亚平宁的介壳是与现时生存的物种相似,还有一部分,是与现在的热带种类相同。福提斯提出了一种相当空幻的推测;他说,当维生丁火山还在燃烧的时候,亚德里亚海海水的温度比较高;因此,他说,较热地带的介壳,曾经一度在他们自己的海里繁殖。但是特斯塔却有不同的想法,他认为,这些介壳物种,在它们自己的和赤道的海里还是很普通;他说,因为以前认为局限于较热区域的许多种属,后来在地中海里也有发现。

柯特西—史巴兰山尼—瓦乐利斯—怀特侯斯特(1775—1798) 正当这些意大利自然科学家,以及柯特西和史巴兰山尼,忙于设法指出古今海洋沉积物的类似现象,以及其中所产的生物的习性和分布情况,并且对意大利火山岩的研究也有了相当进步的时候,英国和德国最有创作才能的观察者之中,如怀特侯斯特③和瓦乐利斯等辈,还在浪费他们的精力,为伍德沃德的老臆说中所说的、所有地层都是诺亚洪水所造成的意见作辩护。但是怀特侯斯特对德彼郡岩石的描述,是非常忠实的;他提供了反驳虚伪见解的资料,来赎他在理论上所犯的罪过。

帕拉斯—沙修亚(1793—1799) 将近 18 世纪末期,把地球上的岩石分成组别和研究它们的互相之间关系的观念,已经非常普遍。帕拉斯和沙修亚在这一方面的贡献,最受人赞扬。在详细考察了西伯利亚两个大山脉之后,帕拉斯发表了他的结果说,在山脉的中部是花岗岩,两旁是片状岩石,再外面是石灰岩;照他的想象,这种现象可能是形成主要为原始岩石所组成的山脉的一般规律④。

在他所著的 1793 年和 1794 年的《俄罗斯旅行记》(*Travels in Russia*)中,他在伏尔加和里海附近对近代地层作了许多地质观察,并且提出了证据,证明在地球历史的不久以前,里海的幅员比现在大。他所著的西伯利亚兽骨化石专刊,引起一部分人注意到地质学中最可令人惊奇的现象。他说,他曾在冻泥中找到一个皮骨俱全的完整犀牛;后来在北海海岸的冰块中发现的一只象,总算澄清了对如此新奇发现的怀疑⑤。

帕拉斯对自然科学问题的兴趣非常广泛,他决不能把大部分精力用于地质学。沙修亚则相反,他的大部分时间,则用在研究阿尔卑斯山和侏拉山的构造,并为后人提供了不少有价值的资料。他并没有企图应用他的许多观察来构成任何普遍的体系,他所透露出来的少数理论意见,也和帕拉斯一样,似乎主要是根据以前作者的创世论的推测。

---

① Saggio orittografico, etc. 1780,及其他著作。
② Lett. sui Pesci Fossili di Bolca. Milan, 1793.
③ Inquiry into the Original State and Formation of the Earth. 1778.
④ Observ. on the Formation of Mountains. Act. Pétrop. ann. 1778, part i.
⑤ Nov. comm. Pétr. xvii. Cuvier, Éloge de Pallas.

第四章　地质学发展史(续)

维尔纳把地质学应用于采矿技术——他的演讲的散漫性——他的门徒的热情——他的威望——他的理论错误——德斯马列士特的地图和奥佛尼的叙述——火成论派和水成论派之争——敌对学派的激辩——赫顿的地球说——他对花岗岩脉的发现——他的意见的创造性——何以被反对——普莱费尔的说明——伏尔特亚的著作对地质学的影响——威廉斯、寇万和第·乐克对赫顿学说的责难——史密斯的英国地图——伦敦地质学会——法国地质学的进步——有机遗体的研究渐成重要

维尔纳　法国、德国和匈牙利等国的采矿学院,早已设有采矿技术一科,而矿物学总是其中的主要课程之一。

1775 年,维尔纳被聘为撒克逊尼的弗莱堡"矿业学院"矿物学教授。他不仅注意到各种矿物的成分和外部特性,而且也注意到他所谓的"记载地质学"(Geognosy),或者各种岩石中矿物的自然状态,以及岩石分类、它们的地理分布和各种关系。从地球构造中观察到的现象,以往不过用做哲学讨论的有趣资料;自从维尔纳说明了它们在采矿方面的实际应用意义之后,大部分的人们才把这种研究当做他们的专门教育的主要部门,于是才在欧洲获得比较迅速而有系统的发展。维尔纳的思想,富于创造性,同时对于各种学识都非常丰富。他把一切的事物和他所爱好的科学结合在一起;他可以在他的散漫性的演讲中,指出矿物的各种经济用途,和在医药上的应用:岩石的矿物成分对土壤的影响,以及土壤对资源、财富和人类文明的影响。他会这样说,鞑靼①和非洲的广大沙质平原,使那里的居民保持着游牧生活;花岗岩山脉以及石灰质和冲积土的平原,产生各种形式和程度的财富和智慧。甚至于语言的历史和部落的迁移,也决定于个别地层的方向。用于建筑的某种岩石特性,可以引起他滔滔不绝地谈论各时代和各民族的建筑学;而一个地方的地形,常引起他讨论战术问题。动人的风度和雄辩的口才,在他的门徒的思想中,燃起了无限的热情;许多原来只打算略为学习一点矿物学知识的人,一旦听了他的演讲,竟至把矿物学作为他们的终身事业。以前在欧洲不享盛名的小矿业学校,在几年之内,竟变成了一个大规模的大学;而在科学界已经有了声望的人物,也学习了德文,从很远的地方来听地质学大师的演讲②。

维尔纳厌恶机械性的写作,除了一篇讨论金属矿脉的重要论文外,他只写了很少几篇短文和表示他的一般见解的论文。他的本性虽然过分谦虚,甚至近于胆怯,但是他的概括却非常勇敢而且包罗万象,他用最坚定的信心来鼓舞他的门徒相信他的学说。他们

---

①　鞑靼指现在的蒙古高原。——译者注
②　Cuvier, Eloge de Werner.

对他的天才的崇拜,对他的爱戴和友谊,不是过分的;但是他在同时代学者的意见中所获得的无上权威,终于损害了地质科学的进步;同时也抵消了他的努力所获得的成就。如果演说的态度的确是一个有声望演说家的第一、第二、第三必要条件的话,那么,旅行也同样是愿于为地球构造作出正确而广泛见解的人们的第一、第二、第三重要条件。然而维尔纳从来没有做过长途旅行;他不过查勘了德国的一小部分,然而他自己却深信,并且要说服别人相信,地球的整个表面,世界上所有的山脉,都是拿他所住的省份为典型的。于是证明他们导师的概括,在地球的最远部分发现他所提出的"普遍建造"(universal formations)成为他的门徒思想中的主要目标。照他的假定,这些建造,是由共同的溶媒或"混沌水"(chaotic fluid),在整个地球表面上同时依次沉积而成。现在看来,这位撒克逊教授误解了许多最重要的现象,甚至于在弗莱堡附近也是如此。例如,他把离开他的学校一天路程的区域内的斑岩称为原始岩石,其实这种斑岩不但贯穿煤系地层,形成岩脉,而且以层状的形式,覆盖在煤系上面。在另一方面,他把哈兹山的花岗岩假定为山脉的核心,但是现在大家都知道,这种花岗岩曾经侵入其他岩层,如在哥斯罗附近;离开弗莱堡更近,爱尔兹山的云母板岩并非如他所假定那样覆盖在花岗岩外面,但与花岗岩成陡峭的接触。谢肯多夫并在哈兹山找到捕获在花岗岩中、含有有机遗迹的杂砂板岩碎块[①]。

维尔纳体系的主要价值,是在于他不断地指导他的学生注意某些岩石的经常重叠关系,但是,我们在前一章中已经提到过,这一条规律的发现,意大利和其他国家的几位地质学家已经着了先鞭;而对第二纪地层的划分,已经同时独立地由我们的国人威廉·史密斯用做不列颠地层次序的基础;史密斯的著作,以后再讨论。

火成论派和水成论派之争 关于玄武岩和其他火成岩,维尔纳的学说是有创造性的,但也是极端错误的。他的观察,主要集中于撒克逊尼和赫斯的玄武岩;这是盖着山顶的柱状岩体,它们和现代河谷的水平没有关系,所以与奥佛尼和维瓦雷斯玄武岩的情况不同。照他的见解,这些玄武岩和其他地方的同类岩石,是水里的化学沉淀物。他否认这些岩石是海底火山的产物;并且说,在原始时期,世界上没有火山。他的理论,双重地违背了相同的自然作用永恒不变说;因为他不仅毫无迟疑地提出了许多臆想的作用,假定它们曾经一度造成地球上的大变革,但是后来停止了;而且又虚构了许多新的作用,认为它们在近代才开始活动,其中最重要的是那些引起变化最猛烈的作用——地下热的作用。

在维尔纳开始研究矿物学之前,莱斯普早已在 1768 年正确地断定赫斯玄武岩的火成成因。前面曾经提过,阿杜诺的意见:他曾经指出,维生丁的各种暗色岩,是与火山产物类似的,并且可以显明地归于古代的海底喷发。正如上面所说,德斯马列士特和福提斯,曾于 1766 年一同考察过维生丁,并且证明了阿杜诺的意见。1772 年,邦克斯、苏兰德和特罗依尔,把赫克拉和希布来德的柱状玄武岩作了比较。柯林尼在 1774 年认识了莱茵河沿岸安德那赫和波恩之间的各种火成岩的真正性质。1775 年,戈他德访问了维瓦雷斯,建立了玄武岩流和熔岩的关系。最后,1779 年,福加斯发表了他所著的维瓦雷斯和维

---

① 我很感谢薛格惠克和莫契孙供给我一部分资料,他们考察过这个区域,我也要感谢把这部著作译成德文的哈特门博士,他也供给我一部分资料。

雷火山的叙述，并且指出这些玄武岩流如何从至今还很完整的火山喷口中流出[1]。

德斯马列士特　关于古代暗色岩真相的正确见解，已经在欧洲盛行了20年，但是维尔纳却用简单的宣言来使这种见解退步，他不但推翻了正确的理论，而且代以一种最不合于哲理的学说。他对本问题的学说能于继续不断地占着优势，实在足以使人惊异，因为日积月累的许多新颖而明显的事实，都是有利于以前所说的正确意见。在详细研究了奥佛尼之后，德斯马列士特首先指出，从完整无缺的最新火山喷口流出的熔岩流，是顺着现代河床的水平堆积的。他于是又说，此外还有中间时代的火山，它们的喷口几乎已经消灭，而它们熔岩和现代河谷的关系不如新火山那样密切；最后还有更古的火山岩，它们的喷口和火山渣已经看不清楚，它们的性质与欧洲其他各部分的同类岩石非常相似，但是弗莱堡学派却否认它们的火成成因[2]。

德斯马列士特所测制的奥佛尼地图，是非常宝贵的工作。他首先进行了一次整个区域的三角测量，用异常精细和使人钦佩的画图技术描画了当地的地形。他同时设法不用颜色的帮助来表现许多地质的细节，包括火山岩的各种时代，有时还表现出它们的构造，使它们和淡水沉积物和花岗岩易于划分。凡是单独详细研究过奥佛尼地区，并且从喷口到终点追索过各种熔岩流的流动情况——各个孤立的玄武岩盖——某些熔岩和现代河谷的关系——以及没有这种关系的熔岩流——的人们，都会感觉到这种精致地图的非常正确性。在欧洲，恐怕没有一个面积与此相等的区域，有如此优美和如此变化多端的现象；幸运得很，德斯马列士特同时具有制图所必要数学知识、矿物学的技能和创作的概括能力。

陶乐美—孟特罗西（1784—1788）　陶乐美也是与维尔纳同时代的人，他在埃特纳山的古代熔岩中，找到了柱状玄武岩；1784年，他在西西里的诺陀谷中，看到了海底熔岩和钙质岩层的交互层[3]。1790年，他在维生丁和提罗尔也发现了同样的现象[4]。1788年孟特罗西结合当地的详细观察和广博的见解出版了一篇关于奥佛尼火山的理论论文。虽然有了这许多证据，维尔纳的门人，仍然尽力支持他的意见；他们充满了信心，甚至于固执地说，黑曜石也是水里的沉淀物。因为盲目尊崇他们的师长，他们愤恨人家的反对，于是不久就染上了党争的精神；他们的反对派——火成论者——后来也染上了同样的放纵习惯。两个敌对的宗派，用讥笑怒骂为武器的次数反而多于普通的辩论，这种争论，后来发展到自然科学问题中空前未有的酷烈程度。许久以前，德斯马列士特虽然提供了大量的资料来反驳这样的学说，但是他却立于超然的地位；如果热心的水成论者愿于要求这位老年学者参加辩论，他只回答说，请他们自己"去看看"[5]。

赫顿（1788）　如果大陆上有如此剧烈战争，而我们岛上的人民竟置身事外，那就会违反一切重大事件的常规。英国人虽然没有受到维尔纳个人的影响，替他的弱点作辩护，可是都很热烈地设法搜寻充分的理由，来驳斥维尔纳的错误。为了说明吸引许多人参加这次论战的特殊动机，甚至于达到党争的情感，我们有必要将这位撒克逊地质学家

---

[1]　Cuvier, Éloge de Desmarest.
[2]　Journ. de Phys. vol. xiii. p. 115；和 Mém. de I'Inst., Sciences mathémat. et phys. vol. vi. p. 219.
[3]　Journ. de Phys. xxv. p. 191.
[4]　Ibid. tom xxxvii. part ii. p. 200.
[5]　Cuvier, Éloge de Desmarest.

的同时人物赫顿所发表的意见向读者作一简单介绍。赫顿早年受过医学教育,但是不愿行医,从青年时代起,他就宁愿守着他的父亲留下的小遗产而专心于科学事业。因为住在爱丁堡,他有机会结交许多造诣很深的学者做朋友,他的朴质态度和诚恳天性,也受到他们的欢迎。他有不屈不挠的求知精神;并且常在英格兰和苏格兰各部分旅行,因此获得了许多矿物学家的技能;在地质学方面,他常常达成伟大而彻底的见解。他像那些意识到爱好真理是努力的唯一动机的人们一样,毫无保留地并以无畏的精神报道他的观察结果。到了最后,当他的意见成熟了的时候,他在 1788 年发表了一篇《地球的学说》(*Theory of the Earth*)[①],到了 1795 年,他又加以扩充,发展成一本独立的著作。这是宣布地质学与"万物的起源问题"完全无关的第一篇论文;也是完全放弃臆测的原因而绝对改用自然作用来解释地壳过去变迁的第一篇著作。赫顿也想像牛顿成功地为天文学确定原理那样,努力为地质学定出原理;但是地质学的进步过少,还不能提出必要的资料以供任何哲学家来实现如此伟大的计划,不论他具有多大的天才。

赫顿学说　赫顿说过,"在地球现在的构造中可以看到旧世界的废墟;现时组成我们大陆的地层,原先是在海水下面,而且是由先存大陆的残屑所构成。同样的力量,现时还在用化学分解或机械破坏的方法,毁坏最硬的岩石,还在把物质向海里搬运,它们在那里散布开来,形成与较古地层相同的地层。它们虽然疏松地铺在海底,但是将来会受火山热的影响而发生变化和固结,最后则被隆起、破裂和扭曲。"

赫顿虽然没有考察过任何活动火山区域,但是他深信玄武岩和许多其他较老的暗色岩,都是属于火成成因,而其中的一部分,是以熔融状态灌注在较古地层的裂隙之中的。这些岩石的致密性,以及它们的外表和普通熔岩的差别,他认为是由于在海水压力下冷却所致;为了扫除对这种理论的异议,他的朋友霍尔爵士做了一系列非常精细而有启发性的化学实验,说明了在高压下冷却的熔化物质所产生的结晶排列和结构。

花岗岩中没有层次,以及其中的矿物性质与他认为是火成成因的岩石中的矿物的类似性,使赫顿断定花岗岩一定也是熔融物质所形成;他觉得这种推论不能完全证明,除非他在花岗岩和其他地层的接触带,也发现暗色岩经常表现的现象。决心用这种证据来证明他的理论,他特地到格兰边去调查花岗岩和上覆岩层的接触带,到了 1785 年,他在格命·提尔特找到了最清楚而无可争辩的证据来支持他的意见。那里的红色花岗岩脉,从一个主体向外分支,并且贯穿着黑色云母片岩和第一纪的石灰岩。被交错的成层岩,颜色和外表都是如此之分明,致使在当地成为一个明显的实例,而石灰岩接触处的蚀变,也和暗色岩脉对钙质地层所产生的变化很相似。这样的证据,使他兴奋极了;为他作传的人说,他所表现的愉快和狂欢情绪,使得和他做伴的向导以为他一定发现了黄金或白银的矿脉[②]。他深知道,第一纪的片岩的成因——他废除了原始(primitive)这一名词,而代以第一纪(primary)——不能用同样的理论来解释;他认为它们是受过热力变化的沉积岩,是由先存岩石的残屑所形成的,形状与变质后有些不同。

由于花岗岩脉的重大发现——一组独立事实的正确归纳所导致的发现——赫顿为

---

① Ed. Phil. Trans. 1788.

② Playfair's Works, vol. iv. p. 75.

前人的各种体系开辟了一条最重要的革新道路。瓦利斯内里曾经指出一种一般的事实，他说，地球上有一种不含有机遗迹的基础岩石，照他的推测，这些岩石是在万物出现以前形成的。莫罗·吉纳勒里和其他意大利作家，也拥护同样的学说；而勒门也把他所谓的原始山脉，认做地球的原始核心。同样的教义，也是弗莱堡学派的信条：如果任何人敢于怀疑我们有追溯到现时的万物秩序的起源的可能，我们就会洋洋自得地指着花岗岩要他看。在那上面似乎简单明了地刻着一段纪念辞——

除了永存的事物，

在我以前，万物还没有创造出来[①]；

当赫顿似乎要用亵渎神圣的手来擦去已经被许多人认为神圣的辞句的时候，的确引起了相当严重的紧张局面。这位苏格兰的地质学家说，"在世界的法则中，我找不到开始的痕迹，也没有结束的瞻望"；加上他所主张的、地球上过去的一切变化都是由现存作用的缓慢活动所形成的学说，使他的宣言，更加令人骇异。企图想象如此不易觉察的过程消灭整个大陆所需要的无限时间，最初的确使思想发生疲劳和纷乱；而在这种漫长的时间内，不论一个人的思想想到怎样远，也无法找到一个止境。最古的岩石被当做次生性质看待，它们是前一个时代的最后产物，也可能是许多先存时代之一的产物。这种漫长的过去时期的见解，如同牛顿哲学对于空间的观念一样，实在过于渺茫，很难唤醒那些观念中不相信我们还无力想象如此无限规模计划的人们的理解。在许多世界之外还有许多世界，彼此之间的距离深广莫测，而在所有这些世界之外，在可见宇宙的范围内，还可以隐约地看到无数其他的世界。

正如以前所指出，赫顿学说的特点，在于排斥一切认为不属于现代自然秩序的作用。关于现时支配地下运动的规律，如果予以充分时间，如何可以造成地质变迁的见解，赫顿的意见不比胡克、莫罗和莱斯普高明。恰恰相反，有些意见似乎还远不及他们，尤其他拒绝接受地壳外貌的任何部分是由沉陷作用所造成的说法。照他的想象，大陆最初逐渐被水的陵削所毁坏；当它们的残屑变成了新大陆的物质之后，它们又受强烈的震动而隆起。所以它需要交替发生的普遍震动时期和宁静时期：他认为自然秩序过去是如此，以后永久还是如此。

在说明莫罗体系的时候，吉纳勒里对地质现象的见解，更接近于我们所知道的自然情况；因为，在一方面，他同意赫顿的学说，认为岩石的毁坏和再造是以最一致的方式经常在进行的，而在另一方面，这位渊博的卡末尔派学者却建议说，山脉的损失，是由经常而同时动作的由下向上的隆起作用来补偿。如果分开考虑，这两种学说都不能满足排斥创世论原因的地质学家所必须解决的大问题的一切条件；但是两者的结合，可能是完整规律的萌芽。在地球的每一部分，骚动时期和平静时期的依次交替发生，是无可置疑的现象。但以整个地球来说，地下运动的能力是始终一致的观念，也是同样正确的。地震的力量，也像现在的情形一样，往往局限于几个一定的大区域内，但是经过了许多年的一个周期之后，它们可能移位，因此久已平静的区域，可能转变为它们活动的舞台。

---

① Dante's Inferno，Canto iii.，卡雷译本。

浦雷弗尔对赫顿学说的说明(1797)　在赫顿和他的学说的说明者浦雷弗尔所提议的解释中,关于河谷成因问题,他们都很重视现时在其中流动的河流的作用。他们把一般河谷的形成,归于一种成因,似乎未免过分。然而浦雷弗尔在讨论罗讷河上游的河谷时(见第十八章),他没有完全忽视陆地最初升出时的地下运动和海浪的影响。

赫顿的矿物学和化学的知识虽极丰富,但对有机遗体的知识却很薄弱;像维尔纳一样,他只利用它们作为某些地层的标志,和证明某些地层的海相成因。生物的过去演化的学说,当时还没有完全发现;如果不用这一类的证据来支持地球年代的古远,赫顿臆说中所要求的无限时间,在许多人看来,是一种幻想;而某些认为这种学说是与上帝所启示的真理不相容的人们,竟至无情地怀疑作者的动机。他们谴责他有意阴谋使异教所主张的永相连续(eternal succession)的教义复活,有意否认这个世界曾经有一个开始。在他的朋友的传记中,浦雷弗尔对这一部分学说,作了如下的注解:"在可以用几何学窥测的范围内的行星运动中,不论对过去和将来,我们看不到现在秩序的开始或终了的痕迹。如果假定任何地方有这种痕迹存在,的确是很不合理的。不像人类的制度,造物并未为宇宙定下含有毁灭自己的因素的法律。他不容许他所制造的行星有幼年和老年的朕兆,也没有规定出可以使我们估计它们的将来和过去时期久暂的暗示。在某一个指定的时期内,他可以结束这个世界,他无疑也可以赐给它一个开始;但是我们可以肯定地说,这种大灾难的形成,决不是由于现时存在的规律,也不是由于任何我们现在所看见的作用。"[1]

反对赫顿学说所激起的党争情感,以及公开忽视在争辩中应有的公正坦率和平心静气的态度,实为读者所意想不到,除非他回想到当时英国人民思想中的激昂情况。法国的一班学者,辛勤地努力了好多年,他们用颠覆基督教信仰基础的方法,来削弱教职人员的势力;他们的成就和后来的大革命,震动了最有果断思想的人,而比较胆怯的人,对革新运动的恐惧心,不下于害怕恶梦中的妖魔。

伏尔特亚(1730—1760)　伏尔特亚的大部分文学事业,虽然对宗教的偏执作了积极斗争,并且替主张自由研究而受到迫害的人们作辩护,然而对一般的地质工作者,却无友好情感。他认为,最流行的地质学理论,已经很明晰地包括在讨论万物创造和洪水的创世纪之中,他并且说,地质学一向是教职人员已经研究有素的问题的一部分。

当他讥笑波纳特、伍德沃德和其他物理神学家的学说时,他曾经说过,他们很像乐于看见经常更换舞台布景的戏剧的观众,喜欢看到地球表面的景象也时刻发生变化。他们"正如德斯马列士特所说:每一个人,都用自己的方法来毁灭和再造地球,因为哲学家们,不经任何仪式,自居于上帝的地位,想用一句话来创造一个宇宙"[2]。急于摇动普遍洪水的通俗信念,他极力设法使人怀疑介壳化石的真正性质,并且想挽救已被粉碎的 16 世纪的教义——即化石是造物的戏谑——的耻辱。然在后来讨论图林所产的介壳化石的著作中,他却承认它们是有机物的遗体,而在另一部著作中,他似乎又认识到从阿尔卑斯山和其他地方采集来的化石的真正性质,因为他把这些化石归之于东方的种属,认为它们是从到这里来参圣

---

① Playfair's Works, vol. iv. p. 55.

② Dissertation envoyée à l' Académie de Boulogne, sur les Changemens arrivés dans notre Globe.

的叙利亚人的帽子上落下来的。

考波—威廉斯(1785—1789)　我们只要看一看诗人考波对他们所持的态度,就可以看出当时地质学家们遭受诽谤的情形。在他的诗《劳作》(*The Task*)里面,他说:

> 有些人在钻凿地球的硬壳,
>
> 他们在那里的地层里,取得了记录,
>
> 从这些记录看,我们才知道:
>
> 创造地球、把创造时期启示给摩西的上帝,
>
> 反而把它的年龄弄错①。

这里所说的地球创造时期,或者也可以说整个宇宙的创造时期,是在耶稣降生前4004年;这个数字,在考波出版《劳作》之前80年,已经印在教会审定的圣经创世纪第一章的页边上,而几百万人把它和圣经本身的内容一样重视。考波可能和现在的大部分读者同样不知道,这个年代是阿玛的大主教厄瑟的推测,在任何未知的作者或希伯来创世论作者的著作中,都找不到这种记载②。

除了许多神学家的著作外,我们可以说,当时著名的反对异说者之中,还有几个有相当科学声望的普通人。爱丁堡的地质调查员威廉斯就是其中之一,他在1789年出版了《矿物界的自然历史》(*Natural History of the Mineral Kingdom*),这是当时一本很有价值而实用的书籍,因为其中载有煤层的记述。在序言中,他攻击了赫顿,说他"歪曲了一切事实来支持他的永存世界"③。他详细叙述了这种怀疑观念的害处,因为这种观念可以引起不敬宗教和无神论的后果,"并且无异于罢免了万能宇宙创造者的职务。"④

第·乐克—寇万(1798)　在他所著的《论地质学》⑤(*Treatise of Geology*)的绪论中,第·乐克说,"攻击天主教的武器变了样了;现在用地质学来攻击了,这一门科学的知识,变成了神职人员必要的学问。"他说,以前的地质学之所以失败,应归咎于反摩西观点。从这些和其他的罪状来看,我们可以推想得到,当时的地质学家是有争辩和采取攻势的精神的,但在另一方面,那些十分幸运地"发现了万物的真理"的作者,应当接受诗人的另一部分颂词"他们都被恐怖气氛所笼罩"(Atque metus omnes subjecit pedibus)。从早期到我们现在所讨论的时期为止,许多意大利和其他各国著名作者的谨慎态度和怯懦保守精神,是显而易见的;无可置疑,他们之所以承认某些教义,特别是第一洪水说,是出于顺从一般的偏见,而不是出于个人的信仰。他们所犯的虚伪罪行,我们觉得非常惋惜,但是不能责备他们缺少道德上的勇气,而应当谴责当时的迫害风气,这种风气强迫了伽利略悔过,并使两个耶稣教徒放弃他们的牛顿学说。

---

① The Task, book iii,"The Garden".

② 地球在纪元前4004年产生的记载,是印在1701年(见 Horner, Presidential Address, Quart. Geo. Journ. 1861, p. lxix)版的《圣经》上,现藏于大不列颠博物院,并且一直到现在(1871),牛津的克拉伦登书店(Clarendon Press),每年还在大量发行。

③ Natural History of the Mineral Kingdom. p. 577.

④ Ibid. p. 59.

⑤ 伦敦,1809。

照第·乐克的意见,地面所表现的现象非常繁复,最重要的工作,是应当确定哪一部分现象是现时还在活动的作用的结果,哪一部分是现时已经停止活动的作用所产生。他说,各大陆的形状和组成,以及它们之所以能存在于海平面以上,必须归因于现在已经不再活动的作用。这些大陆的上升,是不久以前海水流到地下洞穴骤然退却的结果。组成地球的岩石,以从原始溶液中沉淀花岗岩开始,后来才沉积其他包含有机遗体的地层,到了最后,残余的原始液体形成了现在的海洋,其中不再继续沉淀矿质的地层[①]。

寇万是都柏林皇家学院的院长,也是有相当成就的化学家和矿物学家,但是照才能来说,他不应当在科学界享有如此崇高的声望。在"1799 年地质论文"(Geological Essays)的引言中,他说,"健全的地质学,逐渐过渡到宗教,我们必须使它摆脱近来染上的某些无神论和不敬宗教的学说"。[②] 他是主张一切岩石都是水成的学说的忠诚辩护者,他对应用摩西的著作来证明他的意见的愿望,也不下于波纳特和惠斯顿。

过分的侮辱,激动了赫顿用极端激昂愤慨的态度答复寇万的攻击。浦雷弗尔说,"他对世界组织中所表现的慈爱意旨,极端钦佩;但对他的学说中最足以增加究极原因的知识的部分,也寄以愉快的期望。"我们可以同样正确地说,没有一部用我们的文字写出的科学著作中用来描写创造说各部分的适当配合、和谐和伟大的辞句,能比浦雷弗尔所用的更为动人的了。这些著作,显然是坦率思想的表现,想要靠着自然界的研究来提高我们对神德的观念。在任何时代,浦雷弗尔作品的纯洁风格和说服力量,一定可以保证赫顿学说的威望;但是由于意外的巧合,水成学派和正统派此时结成了一个统一阵线,信奉了同样的教义;偏见的潮流达到了如此剧烈的程度,以致大部分的人又被重新远远地卷入很久以前维尔纳所发明的混沌水和其他创世学说中,这些虚构的故事,是由这位撒克逊教授从前人那里借来的,既没有加以修正,也没有予以改进。在圣经中和在常识方面,都找不到它们的根据,其所以能得到许多人的采纳,可能是由于它们是一种空无所有的幻想,不容易和任何成见发生严重冲突。

威廉·史密斯(1790)　弗莱堡和爱丁堡敌对学派的信徒,正在进行热烈争辩的时候,一个没有财产和社会地位支持的人的工作,几乎没有受到人们的注意。英国的测量员威廉·史密斯,在 1790 年出版了他所著的《不列颠地层的图解》(*Tabular View of the British Strata*),他在这部著作里提出了英格兰西部第二纪地层的分类法。他虽然没有和维尔纳通过信,在他的著作中似乎可以看出,他对成层岩叠置规律的见解和维尔纳的意见不谋而合;他深知道,各组岩层的层次,从来不会倒置;就是在很远的地方,也可以用生物化石鉴定出来。

"图解"发表之后,这位作者乃致力于测制英国全部的地质图;而且毫无私心地把考察所得的结果送给所有需要这一项资料的人;他的创作意见就是这样宣传开了,使他的同时代者几乎以竞赛的方式与他比胜。他的地质图是在 1815 年完成的,成为创作天才和坚忍不拔的精神的永久纪念碑;因为他步行了全国,没有以前观察者的指导,也没有共同工作者的帮助,竟然完成了不列颠全部岩石的天然分类。维尔纳的著名门人达步松,对他的卓越成就表示了无限的钦佩,他说,"许多著名的矿物学家半世纪来在德国只能完

---

① Elementary Treatise on Geology, London, 1809, De la Fite 的译本。
② Introd. p. 2.

成一小部分的工作,在英国却由一个人全部完成了。"①

维尔纳发明了新的名词来表明他的岩石分类,这些术语,例如硬砂岩、片麻岩之类,一部分已在欧洲各国通用。史密斯则采用英国的地方各词,例如高尔脱(gault),康布拉希(cornbrash),克仑契黏土(clunch clay)等常带有粗野声调的名词,作为不列颠岩系分部的名称。在我们的科学分类中,许多这些名词仍旧保持着它们的地位,并且证明它的优先地位。

地质学的近代发展

火成论者和水成论者的敌对争辩,达到了如此的高峰,致使这两个名词变成了骂人的术语;双方用于寻求真理的精力,反而少于寻找可以加强他们自己的理由或者可以损害敌人的议论。最后终于产生了一个新学派,自以为绝对中立,对维尔纳和赫顿的学说都持冷淡的态度,并且决心辛勤地致力于观察。毫无节制的党派争辩所激起反应,现在产生了极端谨慎的倾向。玄想的意见,受到抑制;恐怕犯偏于一党的嫌疑,有些地质学家竟至对任何现象的原因都不愿发表意见,甚至于对从观察事实推得的无可置疑的结论,也宁可持怀疑态度。

伦敦地质学会(1807) 不愿意作理论推想的风气,虽然超过了限度,但是这种方法对于停止形成所谓"地球论"的企图,是非常有效的。我们需要大量的新资料;1807 年成立的伦敦地质学会,为这种目标尽了很大力量。增加观察和记录观察,忍耐地等待将来的结果,是他们提出的目标;他们最得意的格言说,为地质学作出普遍原理,为时尚早,为将来的概括建立基础,在许多年内大家必须以专心从事于供给资料为满足。由于坚持这种原则,他们在几年之内解除了一切偏见的武装,挽救了地质学被称为危险的研究,或被称为充其量不过是玄虚的科学。

一位近代著名的作者说得很正确,从 18 世纪起,地质研究三个主要部门的进步,是由欧洲三个国家促成的——德国、英国和法国②。我们已经知道,所谓矿物地质的系统研究,起源于德国,并且是他们的主要活动目标,维尔纳首先在那里准确地叙述了岩石中的矿物。第二纪地层的分类,每层都用化石为标志,是英国人的劳绩,前面提到的史密斯和伦敦地质学会会员的工作,都指向这个目标。第三类也就是第三纪地层的基础,是居维叶和勃朗尼亚特在法国建立的,他们在 1808 年发表了《巴黎附近的矿物地理和生物遗迹》(*On the Mineral Geography and Organic Remains of the Neighbourhood of Paris*)。

我们还可以在科学的辞汇中和现时的地层分类方法中,找到推进地质学每一部门的国家。许多简单矿物和岩石的名称,至今还是用德文;欧洲第二纪地层的名称,大部分用英文,而且过分偏重于英国的类型。最后,最初在巴黎盆地内确定的分层,一直被用做整个欧洲其他第三纪沉积物的比较标准,甚至于在完全不能应用这种标准的地方,也在应用。

没有一个时期比本世纪(19 世纪)初期在巴黎近郊发现大量保存完整的化石更为幸运的了;因为在法国首都,研究自然历史的热情过去从来没有这样高。居维叶对比较骨

---

① 见以前提到的 Dr. Fitton's Memoir, p. 60。

② Whewell, British Critic, No, xvii. p. 187. 1831.

学和拉马克对近代和化石介壳的努力,把这一部门的研究,提高到以前梦想不到的地位。他们的研究,在破除久已流行的、关于地球现在和过去的情况并不相同的幻想,起了强有力的作用。现代介壳和化石介壳的详细比较研究,以及从它们的习性中获得的推论,转变了地质学家的想象,使他们认识到地球向来就是各种动植物的居住场所,有些是陆生的,有些是水生的,有些适宜于海居,有些则适宜居住在湖里和河里。由于考虑这些问题,思想缓慢地、不知不觉地脱离了萦绕早年创世论者思想中的灾难和混沌纷乱的幻想景象。无数证据的发现,都证明沉积物质的沉积是在平静状态下进行的,生物发展的速度,是异常缓慢的。许多作者,包括居维叶本人在内,虽然坚持说,"归纳的线路被割断了,"[1]然而从他们对研究现代到化石的种属所用的归纳法严格规律来看,他们大部分都已放弃了他们在表面上信仰的教条。用相同的属名,有时甚至用相同的种名来称呼动物化石和它们生存同类,是一个很重要的步骤;用这种方法,可使人们的思想习惯于地球上古今情况一致性的概念。大家似乎都承认,至少有一部分的古代遗物,是用现代文字写出来的。因此我们可以说,有机遗体的自然历史的日趋重要,是本世纪(19 世纪)科学进步的特征。这一部分的知识,已经成为地质学的分类中最有实用价值的工具,而且每天还在为地球过去变迁的重大问题提出新的资料。

如果把本世纪(19 世纪)的观察结果和过去的三个世纪的成就相比较,我们可以预料得到地质学的发展,即使仅仅靠这一代工作者的努力,是有无限前途而且可以乐观的。除天文学外,可能没有一种科学,在相等的简短时期内,发现如此之多新颖而出乎意料的真理,推翻了如此之多的存见。很久以来,一般的见解都认为地球是静止的,一直等到天文学家告诉了我们,我们才知道它是以难于想象的速度在空间运动着。地球的表面,也同样被认为自从创造以来一直没有发生过变化,一直等地质学家的证明,我们才知道这是屡经变化的舞台,而且至今还是一个缓慢的、但是永不停息的变动物体。无限空间中其他天体的发现,是天文学的胜利;追索一个天体的各种变化——观察各个时期中点缀在它上面的不同山、谷、湖、海,以及寄居的新生物,是地质学研究的愉快酬报。几何学家测算空间的区域,以及各个天体间的相对距离;——地质学家则推算不可以数记的时代,他不是用算学来计算,而是用一系列的自然现象——生物界和非生物界中连续发生的现象——这种标志,在我们的思想中所灌输的无限时间的概念,比数字所能表现的为准确。

地球历史和构造的研究,对人类实际利益最后是否能像遥远的天体一样大,必须等待后一代的人去决定。一直等到许多世纪的观测丰富了天文学的内容,并且推翻了通俗的偏见而建立一个正确的学说之后,天文学在有用科学方面的应用,才显现出来。地质学研究开始较晚;到现在为止,每向正确理论原理前进一步,都要和强有力的先入偏见作斗争。从这里面得到的实际收获,已经不能算少;但是我们的概括,还不够完善,希望继承我们事业的人,可以从我们的努力中,取得最有价值的成果。第一次发现的乐趣,是属于自己的;当我们在这样美好园地中进行研究时,现代大历史学家的格言,会不断地在我们的思想中出现;这位大历史学家说:

"使已死的东西复活,其愉快不下于创造。"[2]

---

[1] Discours sur les Révolutions de la Terre.

[2] Niebuhr's Hist. of Rome, vol. i. p. 5. Hare 和 Thirlwall 的译本。

第五章　阻碍地质学进步的各种偏见

关于过去时间长短的存见——由于我们陆居的特殊地位所引起的偏见——由于我们看不见现时正在进行的地下变迁而引起的偏见——这些原因的结合，使过去的自然常轨似乎与现在的有所不同——造成地球表面过去变化的作用，其种类和力量与现时正在活动的作用完全相同的学说，何以被反对

如果我们回想一下以上各章所说的地质学发展史，我们可以看到，以往对于造成地球表面过去一切变迁的原因的意见，有很大的出入。照最初观察者的想象，地质学家所拟设法解释的遗迹，是与地球的原始状态有关，或与一个特殊的时期有关，其时自然作用的种类和程度，与现在的自然法则绝不相同。这些见解，随着观察事实的增加，和对过去变迁遗迹的妥善解释，逐渐起了变化，其中一部分则被完全放弃。久被认为表示神秘和非常作用的许多现象，后来知道也是现在控制物质世界的规律的必然结果；这种意外的一致性的发现，终于导致一部分哲学家认识到，在地质学应当研究的时期内，同样的变化规律的活动，始终没有中断。他们认为，许多普通作用的不同配合，可能足以产生无穷种类的结果，并且把它们所造成的遗迹，保存在地壳里面；照这种原理推测，同样的变迁，将来还可以重复出现。

不论我们是否同意这种学说，我们必须承认，关于从远古以来各种现象有连续性的观念，似乎很奇妙地随着人类对他们自己时代的自然法则知识的增长而逐渐进步。在大部分自然现象还无法理解的早期时代，日食、地震、洪水、或者彗星的出现，以及许多其他后来知道是属于常轨的事件，都被认做灾异。在他们幻想之中，许多精神现象，也是受妖魔、鬼怪、恶巫，以及其他无形和超自然神道的支配。许多精神世界和物质世界的隐谜，后来都逐渐得到了解释，并且知道这些现象都决定于固定不变的规律，不必归咎于偶然的外来原因。哲学家最后也信服了次生作用的一致性；根据他对这种原理的信心的指导，他可以判断过去流传下来的事变记载是否可靠，而拒绝接受与比较开明时代的经验不能相容的古老无稽传说。

关于过去时间长短的存见　因为古代改变地壳外貌的作用与现代的作用不相一致的信念，曾经长期普遍流行，而且在相信过去几千年中自然秩序是始终一致的人们之中，也存有这种观念，所以凡是可以影响他们的思想和使他们的意见产生不恰当的偏见的情况，都值得特别注意。读者可以想象得到，从最早时期起，自然秩序即使没有发生过偏差，但是只要初期地质学家的思想中，对世界的年龄和有机物最早出现时期，还存在着错误观念，他们绝没有达成这样结论的可能。16 世纪的某些学说，现在看来虽然近于幻想——虽然与具有天才和正确判断力的人们不相称——我们可以保证，如果现时对于人事遗迹的误解，不即予以纠正，也会产生同样一套荒谬见解。例如，假定从事考察埃及古

迹的桑波伦与法国和多斯加尼的学者到埃及去观察的时候，已经预存了尼罗河沿岸在 19
世纪以前没有人类的坚决信念；而他们对这种存见的信心，也像我们的前辈所深信的、在
现时的大陆和现时生存的物种出现以前地球上没有生物存在的意见，同样不易摇动。我
们就不难想象，在这种玄想的影响之下，他们对在埃及发现的占迹，可以构成怎样狂妄的
学说。金字塔、方尖碑、巨大的人像以及庙宇的废墟的景象，将使他们的思想中充满了惊
讶，使他们成为似乎被神怪所迷惑的人，使他们失去冷静的理智，无法进行合理的推理。
他们最初可能会把这些巨大的建筑物归功于原始世界的超人力量。他们可能发明一种
如同曼尼陀所严肃主张的学说，说是一个神道的朝代最初统治了埃及，在这些神道之中，
第一个帝王伏尔堪统治了 9 000 年；在他之后，来了赫求勒斯和其他半神半人的人物，最
后才由人王承继。

这一类的幻想在他们的思想中盘旋了一个时期之后，他们忽然发现了无数木乃伊墓
地，于是立刻消除了那些有机会亲身参加考察的考古学家的疑惑；但在远方没有亲眼目
睹全部现象者的偏见，却没有如此容易地被摇动。许多旅行家的不断报道，使他们不得
不把老学说加以修正来适应新事实，但在修正的时候，他们必须应用许多机智和技巧来
替他们的老学说作辩护。每一个新的发明，都会和更多的已知类似发生矛盾；因为如果
一种学说里面包含某些虚伪的原理，它的虚幻程度将因事实的增加而愈见明显，正像我
们硬要天文学家根据地球为静止物体的假定而建立一种天文学说那样。

关于埃及历史的许多异想天开的臆测之中，我们可以假定一部分是这样开始的。
"由于尼罗河两岸殖民的开始非常晚，所以古怪的木乃伊决不是真正的人类遗体。它们
可能是地球内部原有的塑造力所造成，或者可能是造物开始创造万物时的流产。因为，
在宇宙系统已经充分发展的今天，既然有时还产生畸形的生物，那么在它的胚胎时期，可
能产生更多'没有成熟或仅仅一半成形'的生物。但是，如果这些观念似乎有损于上帝的
至善圣德，如果这些木乃伊的各部分都很像人体，那么我们是否可以把它们归之于将来
而不归之于过去呢？我们所考察的部分是不是造物的生殖器官而不是她的坟墓呢？这
些形体是否与佛吉尔乐园中没有产生出来的形体——还没有造成的人类原型——的影
子相似呢？"

这些理论，如果有雄辩家替它们鼓吹，一定可以吸引许多热心的信徒，因为它们可以
解除他们放弃先入成见的痛苦。这样的怀疑论，虽然似乎不足信，但在十六七世纪还有
许多学说可以和这种理论相匹敌，博学的法罗披奥就是其中之一；我们在本书已经看到，
他把象的大牙化石当做泥土结核，又把罗马附近特斯退西奥山的陶器或花瓶残片当做造
物的作品而不是工艺产品。但是一代人过去了之后，继续上来的另外一代不与古老教条
的拥护者相妥协的人们，会采取比较公正的立场来评判木乃伊所提供的证据，而对 19 世
纪以前埃及已经有了人类的基本问题，才不再发生争执：到了这个时候，哲学家们的精力
和才能，最后才有可能集中于解释历史上的真正重要问题，可是其间的一百年光阴，可能
已经浪费掉了。

但是，以上的论证，仅仅说明早年地质学家所必须斗争的偏见之一。他们纵然承认，
地球上有生物的时期比最初所假定的早得多，他们决想不到，过去时期的时间量和有史
以来时间的比例，有我们现在一般所想象的那样大。为过去事件提出一个合理的意见，

时间长短概念的错误可能引起怎样的严重后果,可以用一种假定来帮助我们想象——假定在细读一个民族的民事或军事历史的时候,我们的印象中把 2000 年的经过,缩为 200 年。这样的一部历史,立刻会变成一本传奇小说;其中的一切事件似乎都不足信,而且与现时的人事经过也很矛盾。许多意外的事件,会紧密地互相连接在一起。陆军和海军似乎为了被歼灭而集合,城市也仅仅为了毁坏而建筑。对外战争或内战与太平年代之间的过渡,似乎都很突然,而混乱与和平时期所成就的事业,似乎都是由超人的力量所造成。

研究自然界遗迹的人,如果受了这种错误观念的影响,也必定会对各种作用的力量和猛烈程度,作出同样过于夸大的描写,而对过去和现在自然情况的调协也必定会遇到难以克服的困难。如果我们一眼望去就看到过去 5000 年中火山在冰岛、意大利、西西里、与欧洲其他部分所积成的火山锥,以及在同一时期内流出的熔岩;也看到所有地震期间所产生的变位、沉陷和隆起;一切三角洲中长出来的或被海水所吞没的陆地,以及历次洪水蹂躏的结果,并且想象这些意外事件都是在一年之内发生的,我们一定会对各种作用力的活动和变革的突然性,构成过分的观念。所以,如果地质学家误解了连续发生的事件的遗迹,把 1000 年作为 100 年看待,或者把造物的语言中所表示几百万年,误认为几千年,并且根据这些虚伪前提来作逻辑的推论,那么除了承认自然界曾经经过一次彻底大革命之外,不可能达成其他的结论。

如果我们深信大金字塔是在一天之内造成的,那么我们才可以说,它是出于超人的力量;如果我们用同样的理由作为推想的根据,承认一个大陆或者一个山脉上升所需要的时间,等于实际上隆起时间的极小部分,我们才有理由可以说,过去的地下运动比现在为强烈。我们知道,智利有一次地震,使 100 英里长的海岸平均升高 3 英尺。如果同样强烈的地震重复 2000 次,那就可能造成一座长 100 英里、高 6000 英尺的高山。如果这种地震每世纪只震动一两次,那么一切事态的秩序,将与智利人从古以来所经验的没有什么区别;但是如果所有的震动都集中在今后的 100 年内,那么整个区域的人口一定都要被歼灭,动植物几乎都不能生存,而地面上只剩下一堆杂乱的荒凉废墟。

过分低估过去时间长度的后果之一,是使毫无关系的事件,似乎同时存在,或者在任何条件下没有机会同时发生的稀有事件,似乎会同时发生。如果在现时的自然秩序中看到这样稀有现象的意外结合,那么在那些对次生作用一致性的信念还没有坚定的人们的思想中,一定引起不可思议的猜疑:例如,在他们所关切的某人死亡的时候,刚好有光耀的流星,或者一个彗星,或者一次地震的震动出现。只要无限度地倍增这些偶合事件的次数,每一个哲学家的思想也会感觉不安。伍德沃德的臆说就包含有许多非常稀有而且彼此之间毫无关系的自然现象,并且认为它们是在几个月内发生的;一般流行的地质学说里面,也可以找到许多实例,要求我们在想象中把长期相继发生的事件,当做简短而几乎在一刹那间完成的现象看待。

时代相隔很远的地质遗迹,往往互相接触,这也很容易使我们犯与前一种很相似的错误。一眼望过去,我们往往可以同时看见各种作用在相隔很远的时期内所造成的各种结果,但在自然年鉴的记录中,可能没有足以表示它们之间间断的显著痕迹。其实在我们进行比较的各种结果之间,已经经过了很长的时期,在此期间,地球的自然情况,可能由于缓慢而不易感觉的变化已经经过了彻底的改造;一种或几种生物可能已经绝灭,而且在我们考察的区域内,没有留下它们存在的痕迹。

不留意这种过渡现象的人们,觉得从一种事态转变为另一种事态,是一种非常剧烈的过程,于是不可避免会提出宇宙革命的观念。这种错觉在思想中所引起的混乱,不下于看到天空中很远的两点忽然互相靠拢。假设有一个在北冰洋荒野中睡着的哲学家,被一种像我们在神话里所读到的魔力搬到热带山谷之中,当他醒转来的时候,他可能在他的周围看到许多羽毛华丽的鸟类,以及造物在这种地方创造的许多动植物。如果魔术家的技术,能够把他放在这样的环境之中,他一定以为在做梦;如果一个地质学家在相同的幻觉下构成他的学说,我们不能希望他作出比普通梦想里的许多观念更为合理的推论。

如果读者回想一下七个睡眠者的故事,他可能对这里所坚持的原理,获得更为生动的说明。这个寓言所规定的时期,是在第昔斯王统治时代和小提奥多昔斯王逝世之间的两个世纪。在此期间(公元 249 到 450 年)罗马帝国的联盟解体了,最繁荣省份之中的一部分,被北方野蛮民族所摧残。政府所在地,从罗马迁至君士坦丁堡,王位则由异教的暴君转移到基督教和正教国王手里。帝国内的人才都被鄙视;第安那和赫求勒斯的神坛,立刻都要变成天主教圣徒和殉道者的寺院。故事里说,“当第昔斯还在迫害基督教徒的时候,七个依非色斯的优秀青年,躲避在附近山区一个宽阔的山洞里面,暴君判了他们死罪,并且发出一道命令,用巨大石块把洞口严密地封闭起来。他们立刻睡着了,而且睡得很熟,如此神奇地睡了 187 年,但是没有丧失他们的生活力。在这个时期终了,继承这座山为遗产的阿多里厄斯(Adolius)的奴隶,搬去那些石块去做建筑某些村庄庐舍的材料;光线突然射进了山洞,七个睡眠者于是醒转来。照他们自己想,小睡了几小时之后,他们觉得饥饿了,于是决定应当由一位名叫姜白里恪斯(Jamblichus)的同伴,秘密回到城里去买些面包。这个青年对以前很熟悉的家乡完全认不得了,胜利地耸立在依非色斯主要城门口的大十字架,尤其使他惊讶。他的古怪服装和古老不能通用的语言,使得面包商人惊惶,他还给了面包商一个作为帝国流通货币的第昔斯的古代奖章;犯了隐藏秘密宝藏的嫌疑,姜白里恪斯被扭到审判官那里去了。他们之间的互相问答,发现了使人惊愕的故事,他们才知道,自从姜白里恪斯和他的朋友躲避异教暴君的迫害到现在,几乎已经经过了两世纪。”

在 16 世纪以前,基督教世界认为这个故事是十分可靠的,后来伊斯兰教徒又把它编入可兰经,作为神圣的启示,并且从那时候起,从孟加拉至非洲,凡是信仰伊斯兰教的国家,都采纳了这个故事而且加以润饰。甚至于在斯堪的纳维亚,现在还可以找到这个传说的痕迹。著作《衰落与灭亡》(*Decline and Fall*)的哲学历史学家说,“这一篇如此深刻表达人类意识的故事之所以能得到普遍的信仰,可能是由于神话本身原有的特点。我们从青年活到老年,总是不自觉地在注意人事方面的逐渐而不断的变迁;就是对历史大事,也是习惯于用一系列永无停息的因果来把相隔最远的革命结合起来。但是,如果能把两个可资纪念的时代之间的年代予以抹杀;如果使安眠了 200 年而思想中对古老的往事还保留有活泼新鲜印象的人看到新的世界,他的惊讶和回忆,可以供给一篇哲学小说的有趣题材。”[1]

---

[1] Gibbon, Decline and Fall, chap. xxxiii.

由于我们陆居的特殊地位所引起的偏见　以上所说的偏见，大部分可以视为科学幼稚时代所特有，此外还有其他的偏见，则为初期的地质学家和我们所共有，而且特别会使我们对古今自然现象绝不相同的观念，产生同样的错觉，并且加强我们对这种观念的信仰。如果我不假定某些事件已经证实，这些情况颇不易彻底了解；这些事件的证明，我将在其他著作中讨论①，但是我不妨在这里先作简略的说明。

当我们设法估计现时正在进行的变迁的性质和规模时，最先的和最大的困难，是在于我们习惯上不觉得自己所处的地位十分不利于观察。因为不注意这个问题，于是在比较地球上的古今情况时，我们很容易犯严重的错误。我们是陆居的人，居住的面积大约只占地球总面积的 1/4；地球的这一部分，几乎完全是破坏腐烂的舞台，而不是再生的场所。我们的确知道，海洋和湖沼中每年都在堆积新的沉积物，而在地球的内部，每年都在产生新的火成岩，但是我们却看不到这些作用的进行状况；因为只能借助于思考，才能使这些现象呈现于我们的思想之中，所以必须有推理和想象的能力，才能正确地体会到它们的重要性。由于这种原因，我们对不能目睹的作用无法作出尽善尽美的推断，是不足为奇的；而在考察过去时期的类似结果时，也不能立即发觉它们的类似性。看到由采石场采下石块并且看见这些石块向远处港口运输的人，要设法想象这些材料是用来建筑何种式样的房屋，其处境的困难，和一个在陆地范围内看到岩石的崩解、并且看到河流把崩解的物质向海洋搬运的地质学家，要设法推测大自然在水底所造成新地层的情况所遇到的困难，没有什么两样。

由于我们看不见地下的变迁所引起的偏见　当我们看见一个火山喷发而设法想象以下的情况时——上升的岩浆柱对它所通过的地层发生什么变化；或者熔融物质在深部冷却时所形成的形状；或者在地面以下很深的部分，液态物质的地下河流和贮库有多大的范围——我们的处境也同样不利。所以我们应当记住，那些研究地球历史的人们，对于所担任的工作必须异乎通常的慎重；因为我们无法将古今事态的相当部分逐一进行对比。如果我们住在另一个介体里面——如果大海是我们的领域，而不住在狭小的陆地上，我们的困难可能减少许多；在另一方面，如果有一个赋有我们的理智的两栖人物——读者可能要笑我作这种空洞的建议——毫无疑问，他应当更容易达成比较切于实际的地质理论意见；因为他一方面可能看到空气中岩石的分解，或者河流中物质的搬运；在另一方面可以考察沉积物在海中的沉积情况，和动植物遗体在新地层中的埋藏过程。他可以靠直接观察来确定溪涧和海流的作用；可以比较倾泻在陆地上和抛积在海底上的火山产物的性质；一方面他可以记载陆地上森林的生长情况，另一方面又可以记载珊瑚礁的发育情形。纵然有了这些便利，如果他企图推想地下岩石的成因，他还可能得出重大错误。在他的观察范围内，他找不到和它们直接类似的形成过程，因此在它们露出地面的地方，有把它们归之于"宇宙原始状态"的危险。

如果允许我们把我们的幻想扩展到极端而假定一种完全居住于地下的人类——某些"忧郁悲惨的鬼怪"像翁伯里尔；这个鬼怪可以"靠着它的污黑的羽翼向地球中心飞翔"，但是永远不许"弄脏亮光的美貌"，也不许出现于水和空气的区域；如果这样一种人

---

① Elements of Geology，6th edit.，1865；和 Student's Elements. 2nd edit.，1874.

物,会勤恳地考察地球的构造,他所构成的理论,可能与人类哲学家一般所采取的完全相同。他可能做这样的推测,说是含有介壳和其他生物遗迹的成层岩,是属于地球原始时期的古老的创造物。他可能说,不论它们是由疏松而不黏结的沙、柔软的泥、或者是由坚硬的岩石所组成,这些物质都不是近代的产物。这些物质之中,每年总有一部分被地震所震碎,或被火山的火所熔化;当它们从熔融状态逐渐冷却的时候,它们变成了结晶较多的新岩石,不再表现它们原先所具有成层的排列,也没有那些古怪的印迹和稀奇的形体。这种过程的发展,不会永无止境,否则所有的成层岩石,都早已熔化而结晶了。所以很可能在火山的火还没有开始活动以前,整个地球本来就布满了这些神秘而奇妙的成层岩石。从那时候起,热量似乎日有增加;我们可以预料得到,热量一定会继续增加,一直到整个地球变成液态物体为止,或者一直到没有被熔化的部分都变成了火山岩和结晶岩为止。

当莱布尼兹的门徒正在根据地球外表的观察传授相反的逐渐冷却说的时候,并且断定地球的历史以光耀炽热的彗星开始,今后可能变成冰冷块体的时候,地神可能提出上节所说的一种学说。阴间和阳间学派的教义是彼此直接相反的;由于双方都只注意一类现象,没有顾到另一类事实,所以不可避免地各人主张各人的偏见。人类看到结晶岩和火成岩每年的分解,有时可能看见它们变成成层的沉积物;可是他无法目睹地下热力把沉积岩再变成结晶岩。他的思想已经习惯于把所有的沉积岩认做比非成层岩新的岩石,我们也可以想象得到,由于同样的理由,他也会陷入相反的错误,如果他只看到火成岩类的成因。

下亚平宁山的介壳地层,已经为早期意大利地质学家提供了两世纪以上的研究资料,可是他们之中竟没有人想到,在附近海中就有同样沉积物正在沉积。有些人想,如此富含生物遗迹的地层,是遵照上帝的命令在万物创始时形成的,而不是次生成因的产物。另一部分的人,我们以前已经提到,却把埋在地层中的化石归因于早期世界的泥土中所固有的塑造力。这些教义最后如何会爆炸的呢?化石遗迹和生存的同类的详细比较研究,最后驱散了它们是否生物的疑团。关于包含化石的泥、沙和石灰岩的性质,也研究清楚了;海底上现时每年正在掩埋介壳的新沉积物,也经过了考察。多纳提探测了亚得里亚海的海底,发现了现在正在那里堆积的地层和组成意大利半岛各部分一千多英尺高山上的地层十分相似。用网捞的方法,他知道了在那里生长的介壳完全像内地地层中同类介壳的化石那样聚族而居;他又看到一部分现代介壳已经凝固在钙质岩石里面;另一部分还是新近掩埋在泥土之中,其产状与下亚平宁山中的化石介壳完全相同。

研究维生丁火山岩的情况,与此相同;在上世纪 18 世纪初期,已经有人研究了这个区域,但在阿杜诺以前,没有一个地质学家曾经想到,这种岩石是古代海底的熔岩。许多年的争辩,一般的意见都倾向于把玄武岩和同类的岩石,认做一种混沌液的沉淀物,或者是屡次淹没大陆、饱含岩石组成元素的海水的沉淀物。现在不会有人反对我们,如果我们说,这样的见解未免脱离事实太远了;如果我们记得,这种学说之所以成为可能,一部分是由于当时认为远古时期的地质作用与现时正在进行的作用之间并无类似之处,认识了这种理由,那么这种见解何以会吸引如此之多信徒,就不会觉得诧异了。由于哪一些考察,地质学家才最后肯放弃这些意见而同意暗色岩体是属于火成成因的呢?这是考察现在的活火山，与比较了现代熔岩和古代暗色岩的构造和成分的结果。

许多类似点的不断建立，最后勉强取得了地质学家的同意，承认地球上古今的情况和调节表面变化的规律，比他们最初所想象的一致得多。在科学现状下，如果他们还觉得不是每一种地质现象都能与常见的普通现象相符合，因而表示失望，那么我们敢说，概率的天平，现在至少已经向古今作用密切类似的方向倾斜。把地质遗迹当做属于特殊事态推测的尝试虽然屡经失败，但是新的学派仍然继续坚持他们前辈所主张的原理。当新问题出现时，不论属于生物界或非生物界，他们还是假定这些现象是起源于原始的、与现时不同的自然秩序；等到后来，他们的观念接近于相反的意见或向相反方面转变的时候，他们常表现一种情绪，以为他们是对自始至终认为不可能的现象作了让步。总而言之，如果有人告诉一个不肯轻信自然秩序有任何非常偏差的自然哲学家说，在他们的时代发生了这一类的偏差，他一定也像地质学家一样，希望在过去的每一时代中，也能找到这些偏差的证据。

在以下各章中，我拟列举造成地壳和生物连续变化的作用的性质和力量一致性学说在目前所遇到的许多主要困难。讨论如此重大问题的时机，现在可能还不够成熟；然而为了评论科学的过去历史，这是必然发生的问题。深入探讨这一类问题，当然不可能不偶然牵涉到初学的人认为比较深奥的现象，并且不能不提到某些他所不熟悉的事实和结论，除非他研究过地质学的纲要，但是为了使他注意某些争辩的主要问题，引起他对这一类著作发生兴趣，从而进行研究，这种方法可能是很有益处的①。

---

① 本书的前几版，原分四部；第四部的内容是地质学专论或系统地质学，其中包括由于研究地壳而发现的生物和非生物界过去变化的记载。后来我把它扩充成一本专书出版(1838)，名为地质学纲要或教科书，第六版，已于1865年1月出版，其中的大部分，见于1871年出版的学生地质学大纲。

第六章　远古时期的水成力量比现在强大的假定

水成作用的强度————用化石来证明地层的缓慢堆积————剥蚀作用的速度只能与沉积作用的速度相等————漂砾和冰的作用————大洪水和它们的起因————古代沉积物比现在要普遍的假定

　　水成作用的强度　上一章最后一段所提出的大问题是：地质学研究所揭露的地球的过去变化，其性质和程度是否和现时每天正在进行的变化相同。这个问题，可以从各种不同的观点来推想；我们现在应当先探讨许多人所坚持的信念，即远古时期的水成和火成力量远超过我们现时所目睹的现象的信念，是否有任何根据。

　　第一，关于水成作用的问题：在我们的科学史中已经说过，伍德沃德在 1659 年毫无迟疑地说，地壳中所有的含化石地层，都是在几个月内沉积成的；由于它们的机械的和次生的成因已被承认，所以岩石块体的碾成泥、沙和石砾，这些物质的向远处搬运。其次它们在其他场所堆积成有次序的地层等等过程的进行速度，都被假定为不是现时的速度所能比拟。这种学说，随着各类生物遗迹，如介壳、珊瑚和植物化石等的详细研究的进展而逐渐改观。类比法引导了所有的自然科学家作出一种推断，认为动物界或植物界中的每一个成年个体，都需要几天、几个月或几年才能长成，而物种的延续，是由于生殖；这种推断是建立共同时间标准的概念的第一步，没有这种概念，我们就无法计算两个不同时期内连续发生的事件的比较速度。这种标准是以动物界和植物界中同属或同科各个个体生命的平均持续时间来计算；而散布在前后相继的地层中的无数同类化石，意味着同一物种曾经继续了好几代。因为看到不同时代的地层含有不同的化石，终于引起了物种本身寿命限度的观念。最后，一个动物群或植物群经过相当时期之后会依次消灭而代以新生的种类的意见，才被普遍接受。

　　剥蚀作用　除了从有机遗体得到的证据外，层理的形状，经过详细研究之后，也引起了沉积岩的堆积是一种缓慢过程的概念；但是还有人这样想，过去的剥蚀作用的力量，也就是说，流水、波浪和洋流剥去上层地层使下面地层露出之力量，远非现时的剥蚀力量所能比拟。这些意见，不但不合于逻辑，而且自相矛盾，因为沉积作用和剥蚀作用，是不能分割的两种过程，如果一种过程的速度是准确的话，第二种过程的速度也一定是准确的，其间的差别非常小，况且固体物质向特殊地点的搬运，只能与另一地点的固体物质的耗损同时并进，因此地壳中沉积地层的总量，绝不会超过被碾碎和被河流、波浪、洋流等所冲掉的固体物质的总体积。由此可见，由于物质耗损而遗留下来的空间有多么大呀！不论现在已经证明由水力侵蚀所切出的全部河谷有多少，削平的洼地面积有多大，它们在过去所清除的范围，比可以证明的还要超过多少呢！剥蚀作用的证据是有缺点的，因为每一种破坏作用，都有消灭大部分自己造成的遗迹的趋势。以沉积地层形式再造出来的量,只能用作测定地面所经过的最小限度的剥蚀作用的尺度,因为在无数的条件下,同一物质,都经过反复破坏和再沉积,所以我们现在所看到的沉积物,仅仅是许多剥蚀形式中最后一种形式的结果。

漂砾和冰的作用　拥护过去时期的流水力量比现在大的学者们,还根据另一种现象来支持他们的见解,这就是散布在欧洲北部和美洲的巨大石块,又叫做漂砾(erratic)。这种石块,大部分无疑是从它们的原产地经过长距离的行程运来的,因为在它们和母岩之间,往往有深海和巨谷,有时有 1000 英尺以上的高山。为了解释这种移动过的碎块,有些人想到从北向南流动的泥浆洪流,其中携带着沙、砾和有时重达到几百吨的石块。当这种洪流经过大陆时,把巨砾任意散布在山上、谷中或平原上面;或者逼迫他们在坚硬岩石的表面上滑动,因此把地面磨平并且留下凹凸不平的平行擦痕和小槽——这样的痕迹,现在在斯堪的纳维亚、苏格兰、加拿大和许多其他国家和地区还可以看到。

无可置疑,以上所说的无数多角形和圆形石块,决不是通常河流或者洋流的力量所能搬运;它们的体积和重量都非常大,而在有些地方,并且清楚地表示它们连续沉积所需要的时间,因为其中一部分埋在泥沙里面,而另一部分则分布在不同深度的整齐层次的砂砾之中。地震在海里所引起的波浪,或临时为山崩或雪崩所壅塞的湖水的溃决,都不足以解释这种观察所得的事实;但是我想在下面设法说明[1],各种现存作用的联合活动,可能曾经把漂砾运送到它们现在的位置上。

我们所要说的作用,第一是冰的搬运力与流水的配合;第二是使海底逐渐变成陆地的上升运动。现在暂不讨论这些作用的细节,但是我们可以说,冰运石块的现象,现在同时还在各地进行,不仅在北极和南极,而且在南北半球温带的一部分,都有这种现象,例如加拿大和圣·劳伦斯的海岸,以及智利、巴塔哥尼亚和南乔其亚岛。在那些区域,崎岖的海底上面,散布有冰所沉积的碎块,它们或者搁浅在浅滩上,或者由溶化的冰山抛落在深海的海底。浮冰所挟带的巨砾,在北美洲每年也有发现;这些坚固地冻结在冰里的石块,一年又一年地从拉布拉多半岛漂流到圣·劳伦斯湾,它们在西半球所达到的地点,比英国任何部分的纬度向南。

亚洲、非洲和美洲赤道区域的较暖部分一般缺少漂砾,也证明这种见解。至于坚硬岩石的磨光和擦痕,已被证明为冰川向前推动沙、砾和巨大石块时摩擦底部的结果。无可置疑,当冰川搁浅在海底时,一定也可以留下相类似的痕迹。

所以,我们不必依靠洪水或者海洋的大波浪就可以解释漂砾的远距离搬运。

至于过去时期中潮汐的变化,也不足以给予洋流或冲击海岸波浪以超过通常的力量。当地球轨道的偏心率达到或近于最大时——这种现象我们将在第十三章中讨论——太阳潮的上涨,可以达到 2.5 英尺而不是 2 英尺;但是地质学家对于太阳引力所引起的额外力量,可以不加考虑,因为现在的陆地地形,已经可以使潮汐的高度相差 50 英尺以上,而不像上面所说的、因地球行近太阳时所增加的几英寸。我们以后就要讨论过去某些时期的冰的局部发展;它们有时在东半球,有时在西半球所产生的伟大力量,远超过现时在同一个区域内所常见的转运能力。但是这种每隔相当时期发生一次、每次的

---

① 也请参看 Elements of Geology, ch. 11, 12,和 Student's Elements, p. 143;和下面的一节。

时间都很有限的冰川作用,决不能用来证明那些人所主张的、把激发性的力量归因于地球原始状态时期的作用的学说。我们必须记得,冰在地面上的作用是替代流水的。前者变成搬运巨大漂砾和刻画、剥蚀、碾磨岩石的伟大力量时,后者就停止活动。例如,当古代的罗讷河冰川把冰碛从日内瓦湖上端运到下端时,那里就没有像现在那样在湖的上端形成宽达几英里、深达几百英尺的三角洲的大河流。

大洪水　因为我们常提到洪水(从本书第一章起),我们不妨谈一谈引起水的这种大规模运动的假定成因。

许多地质学家相信,山脉是在许多相继的时代中突然隆起的;照他们的想象,这些骚动可能使海水上升,于是在陆地上引起可怕的波浪,冲刷整个大陆,开掘许多河谷,并把沙、砾和漂砾向远处搬运。据他们说,阿尔卑斯山和安第斯山突然上升时所发生的洪水,可能延续到地球上已经有人类居住的时期。但是似乎很奇怪,沉迷于这种想象的作者之中,竟没有一个人把洪水的形成,归因于海洋深不可测的部分忽然上升变成浅洲,而不把它们归因于山脉的隆起。在后一种情况下,山脉本身充其量只能排掉一部分空气,但是在短期内形成一个浅洲,可以排掉大量的水,使它上涨,泛滥大陆,使大部分的陆地永远沉沦于海底。

如果我们的讨论,只以现时已知原因的联合作用为限,那么大洪水的主要原因似乎有两种:第一,水平高于海面的湖水的溃决;第二,海水向高度比平均海面低的洼地流注。

我们可以引苏必利尔湖作为第一种原因的例证。苏必利尔湖的长度在 400 海里以上,宽约 150 海里,平均深度从 500 到 900 英尺。这个辽阔淡水湖的表面,高出海平面约 600 英尺;在湖的西南,分隔苏必利尔湖和流入密西西比河河源的小河的分水岭,大约高 600 英尺。所以,如果有一系列的沉陷,使分水岭的任何部分下降,即使每次只下降几码,或者,如果地震使它破裂,这样形成的裂口,可能使大量的洪水,向一个广大的水系盆地奔腾。如果这种事件发生于干燥季节,其时密西西比河的通常河道和支流大半无水,泛滥的程度可能不大;如果在洪水季节,那么养活几百万人口的区域,可能忽然都被淹没。但是这种意外事件,还不足以产生强烈的急流和发生通常所谓大洪水;因为苏必利尔湖和墨西哥湾之间的水位差,只有 600 英尺,如果把这个数字分配在 1 800 英里的距离上,平均坡度每英里不过 4 英寸。

以上所说的第二种情况,是指高度比海洋平均水平低的广阔陆地。经过多次的争论之后,最后似乎已经确定,里海的水平的确低于黑海 83 英尺 6 英寸。因为里海的面积大致与西班牙相等,况且海岸一般都很低平,所以一定有几千方英里的地面,其高度高出这个内海的水平不到 83 英尺,因此低于黑海和地中海。人口稠密的阿斯特拉罕市和其他城镇,就在这个区域之内。如果黑海(或者准确一点说,亚速海)和里海之间的陆地向下沉陷,海洋的水就会流入这个区域。但是这种意外事件纵然发生,整个区域很可能不至于同时被淹没,不过形成一系列的小洪水而已,因为分水岭的沉陷是渐进的①。近来一队

---

① 从 18 世纪中叶起,人们就怀疑里海低于大洋;并且知道在阿斯特拉罕市的气压表中的水银柱,一般在 30 英寸以上。1836 年,俄罗斯政府指示圣彼得堡科学院派遣考察队,用三角测量法来确定里海和黑海的相对水平。测量的结果,证明里海低于黑海 101 俄尺,或 108 英尺(见 Journ. Roy. Geograph. Soc. vol. viii. p. 135)。1845 年,慕契孙爵士研究许多俄国权威著作之后所得的结论,知道里海的低落,不过 83 英尺 6 英寸。

我们的皇家工程师,在死海海岸进行了测量,确定了它的水平低于地中海的 1 300 英尺,或者平均 1 300 英尺缺 4 英尺[①]。在这种情况下,如果分水岭的高度所发生的变化可以使地中海和约旦河相交通,建筑在 1 300 英尺高山上的城市,可能都被淹没。

古代沉积物的假定普遍性 均质性沉积物的分布面积毫无边际的假定,也是使古代水力作用的规模与现在不同而且比现在大的学说能于继续存在的谬见之一。据他们说,矿物成分相同和所含化石相同的近代沉积层中,没有一个层系可以从地球的一部分连续分布到另一部分。但是最初宣传这种意见的人们不太知道,古代岩层的矿物成分并不完全一致,他们也不知道,现在的河流和洋流在几世纪中所实际分布的性质相似的沉积物,面积也很广阔。他们过分夸大了古代岩系性质的一致性,并且毫无根据地假定了较新地层性质的易变性。在讨论河流三角洲和洋流对沉积物的扩散的一章中,以及叙述现时正在生长、面积长达几百英里的珊瑚礁时,我将有机会向读者说明对这个问题作轻率概括的危险。我们可以在这里指出一种事实,就是说,从欧洲东部到西部以及从北部的丹麦到南部的克里米亚的广大区域内所找到的白垩的面积,在某些地质学家看来,是一种现时正在进行的作用所不能望其项背的现象。但是为了装置海底电缆在大西洋中所作的深水测量却告诉我们说,海底上现时正在堆积一种白泥,其中所含的有机体的性质与古代白垩中的生物颇为相似,而其面积则比古代白垩层更为广大[②]。

但是古代特种岩石普遍性的假定,一旦成立之后,几乎一定会继续流传下去;因为同样的岩石,偶尔可以在不同时期的地层内重复出现:如果仅仅以矿物性质的异同作为鉴别时代的根据,那么在没有提出其他反证之前,甚至于可以把在地球两个对极所找到的相同岩石,列于同一时代。

对这些地层的次序和其中所含的有机遗体一天没有研究清楚之前,我们就不可能用地质学的证据来与这种推想进行斗争。例如,他们曾经把英国里阿斯统和煤系中间的含石盐和石膏的红色泥灰岩和红色砂岩,所有产在欧洲各部分和北美洲、秘鲁、印度的一部分含有石盐一部分含有石膏的红色泥灰岩和砂岩,亚洲和非洲的盐质沙漠——简言之,地球各部分的同类沉积物——都列入同一个时期。坚持所有这许多岩层都属于同一时期的人们,以为证明这种现象的责任不在他们——矿物成分的一致性,已经足够证明这些岩层是属于同一时期。这种臆说意味着,在这个时期,地球上的全部流水相同时含有红色沉积物,即使我们认为这种现象没有可能而极力说服他们,他们也不会相信的。

所有以上所说的红色砂岩和泥灰岩都是属于一个时期的臆说的轻率性,最后由于发现了它们是属于几个绝对不同世代而充分暴露了出来。第·佛纽尔在西班牙的考察,证明了卡太隆尼亚含有卡东那石盐层的红色砂岩和红色泥灰岩,是属于中始新世或货币虫时期。矿物成分很不容易与英国地质学家所谓新红色砂岩相区别的奥佛尼的某种红色泥灰岩和杂色砂岩,现在也知道是属于同一个较老的第三纪。最后,普罗温斯地区的亚斯含石膏红色泥灰岩,以前认为是属于第二纪的海相沉积,现在知道是第三纪的淡水岩层。在新斯科夏,石炭纪的岩系中有一个含有红色泥灰岩、砂岩和石膏的沉积层系,其矿

[①] 此次的测量,由詹姆士爵士计划,魏尔生上校执行的。詹姆士告诉我说,在 1865 年 3 月 12 日,两海的水位差是 1 292 英尺。在干燥季节,最大的差额是 1 298 英尺,用漂流到海洋上的海藻来判断,最小的差额是 1 289.5 英尺。

[②] Elements of Geol. , 6th edit. p. 318;和 Student's Elements,p. 261.

物性质与英格兰的新红色砂岩完全相同,而在美国的尼亚加拉瀑布附近的同样岩层,则属于上志留纪的一个分期①。

地质学上一般所用的名词,对普遍岩层的错误学说,也不无影响。例如,白垩、绿砂岩、鲕状岩、红色泥灰岩、煤系等一类的名称,曾经用来称呼某些主要的含化石岩系,因为在最先研究的地方,这些岩石恰好有这一类矿物特性。用化石和岩层次序的帮助,地质学家后来虽然知道,颜色、结构和成分完全不同的地层,可以属于同一时代,但为方便起见,他们仍然主张保留旧有名称。他们深知这种方法是不适当的;但是他们教导学生说,这些名称只含有地质年代的意义;所以,白垩纪可能是毫无钙质的灰色石英砂岩,如在德雷斯顿附近,可能是坚硬致密有时呈薄层状的石灰岩,如在阿尔卑斯山的一部分,可能是一种棕色砂岩或绿色泥灰岩,如在美国的纽·泽西。绿砂岩的情形也是一样,它们常常以完全没有绿色颗粒的石灰岩和其他岩石为代表。我们知道,在一般鲕状时期的岩石中,鲕状结构实在是例外,在较新或较老时期的地层中,都可以找到这样的结构;我们必须常常肯定地说,在很多真正煤系的地方,竟找不到一点炭质。不管我们怎样留心,这种语言的习惯应用,总是没有办法不把某些时代的白垩、煤、石盐、红色泥灰岩和鲕状结构比其他时代特别多的观念灌输到学生的思想中去,但在事实上却不是如此。

还有一种原因蒙蔽了我们,使我们认为新的沉积岩层的范围不如老岩层广大,这是因为较新的地层,一般都淹没在湖水和海水下面,而较老的地层,却大部分露在水面以上。例如,现时在欧洲各部分所看到的、延伸几千英里的白垩之所以能露出地面,是许多次而不是一次的地下运动的结果。要使这许多地方的白垩纪地层升出波浪以上,它们需要时间,而且需要几个地质世纪的时间;如果在第三纪中期和上期形成了一层面积和它相等、矿物成分完全一致的钙质岩石,而要使它露出地面供人观察,它所需要的震动次数,或许与从白垩纪以后所发生地壳运动的次数相等。因此近代形成的岩石的范围,从表面上看似乎可能比古代岩层的范围小,其原因不是由于原来的沉积范围比较狭窄,而是由于自从它们开始沉积时起,还没有足够的时间来发展一系列上升运动。

但是关于沉积岩的最重要特性之一,就是说它们所含的有机遗体,许多自然科学界的最高权威曾经主张,在古代岩层中同种化石的分布范围,比近代的物种为广,而近代生物中非常显著地分成所谓动物区和植物区,在古代还没有成立。因此,照他们想象,石炭纪的植物;志留纪岩石中的介壳类动物和三叶虫,以及鲕状岩系的菊石的地理分布范围,都比现代的植物、甲壳动物和软体动物的分布范围为广。在某些情况下,这种意见似乎是正确的,特别关于石炭纪的植物,一方面因为当时的气候相当均匀,另一方面,如希亚教授所提出,是因为当时所有的植物——甚至于包括大树在内——都是隐花植物,所以它们的细微胞子,如同现时的蕨类、苔类和苔藓类植物的胞子一样,可以被风吹到无限远的地方。但是近年来对北美洲岩石中的化石和欧洲相当时期的化石的比较研究,证明了石炭纪的陆生植物是常规的例外,而各地质时代的动物群和植物群,从最老的志留纪起到最新的第三纪止,与现在的一样繁复。地球上以前可能也曾经分成与现在生物的地理分布一样的动物区的一种事实,可以用介壳、珊瑚和其他有机遗体来证明。

---

① 见 Lyell's Travels in N. America, ch. 2 and 25。

第七章　古代的火成力量比现在强大的假定

各地质时期的火山作用——各时期的深成岩——地下运动的逐渐发展——断层——平行山脉突然上升的学说——对平行山脉突然上升和同时性的证据的异议——活火山带的排列不是平行的——因为大面积陆地的隆起和沉陷非常缓慢，所以陆地的狭窄地带可以逐渐升成高山——侧压力使地层弯曲——火成力量已经足够造成这种情况，不需要暴发性的变革

当推断过去时期火山作用和流水力量的强度时，地质学家动辄以为大自然以往过于浪费它的威力而吝惜它的时间。火成岩的相对时期，虽然不如含化石地层那样容易确定，可是不容否认，每一个地质时代，都产生过火成岩，或者可以说，它们的喷发次数，与可以用特殊动植物遗迹为标志的沉积物层系的数目一样多。例如，我们知道，不但古生代、中生代和新生代以及每一代的各纪中都有暗色岩，而且火山的产物，可以更严格地局限于更细的分期，例如下石炭纪和上石炭纪，下始新世和上始新世。此外，如果加以详细研究，我们就会知道，每一个火成岩层，都是由许多次连续喷发或流溢的火山物质所组成[1]。所以，对地下热力所形成的古代岩石的知识愈扩大，我们愈不得不承认它们是无数喷发的总结果，而每次喷发的强烈程度，可能与现时在火山区域所经验的相仿佛。

的确可以说，我们至今还没有任何根据可以估计某两个时期熔融物质的相对体积，也就像我们还没有资料可以比较史塔法及其四周的柱状玄武岩和 1783 年在冰岛流出的熔岩的体积。就是为了这种原因，如果我们贸然作出一种假定，说是古代某一个特殊时期所喷溢的熔融物质比近代喷出的多，那就未免过于轻率而成为不合于哲理的推论[2]。如果无条件地说，更深的地下热力的影响也是古甚于今，那就更为武断了。某些斑岩和花岗岩，以及一切普通称为深成的岩石，现在一般都被假定为在高压下熔化和固结的物质缓慢冷却的结果；现在的火山下面，无疑也有许多充满熔融岩石的巨大储库，其中的熔融岩石，一定维持了好几个世纪的炽热状态，后来才逐渐冷却，变成坚硬而结晶。智利的安第斯山下面有连续几百英里的许多熔岩湖的假定，经过 1835 年的观察，似乎已经确定[3]。

这样储库中的熔液，不论在什么地方陆续从火山喷口向空中喷出或在海底喷出时，喷出物质的排列情况，可以供给我们一种证据，证明它们是不同时期的产物；但在热力泄尽之后，如果地下的残余物质变成了结晶岩或深成岩，那么所固结成的整个块体，看起来很像是一次形成的，虽然它的熔融和后来的冷却，需要不可以数计的时期。由于地壳中

---

① 见 Elements of Geology, 6th ed.；和 Student's Elements, 1871. Index，"Volcanic"。

② 见卷二，冰岛的火山喷发。

③ 见卷二，智利的地震。

的全部花岗岩都是在地球的原始时期同时形成的观念现在已被普遍放弃,所以上面所提出的见解,可以防止我们不假思索地接受所有的巨大花岗块都是在短时期内形成的意见。拿花岗岩的情况来说,现代的权威作者都逐渐同意,从液态或胶态过渡到结晶状态,一定是一种极其缓慢的过程。

至于以前的学者所坚持的、地球初期盛产的结晶岩石,如花岗岩、片麻岩、云母片岩、石英岩之类,现在已经完全停止产生的见解,我们将在下一章中予以批判。

地下运动的渐进发展　远古时期地下力作用极端强烈的推论,往往是以老岩石的破裂和变位程度比新岩石为深的事实为根据的。如果在相等的时期内总是有相等的运动量,那么我们所预期的结果应当是怎样的呢? 在这种情况下,地层的错乱一定随着时间的久远而增加。我们在自然界中却常常看到许多这种规律的例外,也就是说,初看起来是与一致性臆说相矛盾的事例。因为在许多地方,较古的岩层依然保持水平的位置,而在其他地方,新得多的地层,反被弯曲或变成垂直。我们将在下一章看到,这种表面的异常现象,是由于各期火山和地下作用的不规则发展,它们对地球各部分有不同的影响,常常在一定的区域内反复活动,而在另一区域,却始终平静无事。

过去火山喷发的渐进和间歇发展一旦确定之后,地下力所造成的印象更深的结果,如山脉的隆起之类,可能是由于多次强度不大的震动而不是由于少数几个暴发性的运动所造成的观念,似乎更为可能,因为地质学家已经不再怀疑地震和火山喷发之间的密切关系。

断层　这样的推论,也可以应用于大断层,或者那些巨大岩块上投或下投的显著实例;有些人以为这是不属于普通自然现象的猛烈变异。在英格兰,我们有许多断层,其垂直移距有时达几百英尺,有时达几千英尺,而裂隙的水平长度,从几百码乃至 30 英里。它们的宽度从 1 英寸以下到 50 英尺,两壁之间的空隙,现在已经充满了从两边落下的破碎物质和沿着裂隙结晶的各种矿物。但是如果我们要探求这些大裂隙一边的石块和另一边原来和它连接的岩石突然上升或下降了几百乃至几千英尺的证据,我们知道这种证据是不完全的。有些人说,受过摩擦的和磨光的岩壁上的凹槽和擦痕常有共同方向的现象,是有利于这种运动是由一次的突然滑动所完成的学说,而不是一系列间歇运动结果。但是,所有的擦纹事实上并非完全平行,它们是不规则的,况且断层或裂隙中间的石块和泥土,常被不同方向的摩擦力所磨光或擦成擦纹,这就说明,在破碎物质填入之后,已经有了滑动。我们切不可忘记,最后一次的运动,会抹杀以前碎末的痕迹,所以我们不能根据最后产生的平行擦痕,去断定滑动的突然性和滑动方向的一致性。

岩石一旦裂开,使脱离母岩的一部分岩石可以自由运动的时候,如果上升或下降的过程屡次重复发生,它们天然会继续向一个方向移动。搁在母体上面的块体,常常沿着最小阻力的方向滑动,所以通常总是在以前破裂的地方。断层中反复运动的结果,不论向上或向下,可能不易与一次突然的上升运动所造成的结果相区别,大陆块体的升降,情形也是一样,例如,瑞典和格陵兰,我们知道,这种运动也是缓慢而不易觉察的。

平行山脉突然上升的学说　有些人以为,著名地质学家波蒙在 1833 年所提出的关于山脉成因的理论,可以加强过去形成地球上地文现象的许多变革是突然发生的学说的证据。讨论本问题的最后一篇论著,是在 1852 年出版的,他在其中设法建立两个要点;

第一，各式各样的独立山脉，是在特殊时期内突然上升的；第二，同时上升的山脉，彼此保持平行的位置。

这些意见以及由此推演出来的见解，与我在本书内用来解释地质变迁史的方法，有很大的出入，所以我愿意把我所持的异议的根据加以说明；由于这位作者对于地质观察的经验，深湛的数学造诣和高超的写作技能，以上所说的概括，已经很风行，所以我更觉得有采取这种方针的必要。我现在开始把他的著作中所提出的主要建议，摘录如下[①]。

第一，照波蒙的假定，在地球的历史中，有几个相当长的比较平静的时期，在这个时期内，沉积物质连续作有规则的堆积；其间也有短期的暴发性突变，在突变期间，堆积物的连续性发生间断。

第二，在第一个突变式的'革命运动'时期，地面上突然形成了许多山脉。

第三，某一个特殊革命运动所隆起的许多山脉，有一致的方向，互相平行，就是相隔很远，相差也不过几度；在不同时期隆起的山脉，其方向大部分是不相同的。

第四，第一个'革命运动'或'大变动'，恰好是另一个地质时期的开始；就是说，'从一个独立的沉积岩系过渡到另一个独立岩系'，两种岩系中所含的'生物类型'的特性，相差很远。

第五，从最古的地质时期起，这一类的暴发性运动，曾经屡次出现；它们今后还要发生，而我们现时所处的平静时期，今后可能由于另一系列平行山脉的突然隆起而中断。

第六，这些山脉的起源，不是决定于局部的火山作用，也不决定于普通地震的反复出现，而是决定于整个地球的长期冷却。因为除了一层很薄的地壳外——其厚度的比例，比蛋壳还要薄——整个地球是一个熔融块体，由热量维持它的液态，但是经常在冷却和收缩。外壳并不是逐渐坍塌的，也并不适应核心的经常些微收缩因而失去它的支承物而随着陷落，而是在整个地质时期中临空悬挂着，以致与核心形成半脱离的状态，等到最后忽然崩溃时，它才沿着一定的破裂线开裂而陷落。在这种紧急关头，岩石受着很大的侧压力，坚硬的部分压碎了，柔软的地层弯曲了，并被压缩在较小的空间之内，这种空间已经没有原来的那样宽，不足以使地层作水平的铺展。同时，大部分的岩块则被向上挤出，因为只有向上的方向，外壳的多余部分——与缩小了的核心相比较——才能找出出路。这种多余的部分，在地壳中形成一个或几个褶皱或皱纹，就是我们所谓山脉。

最后，有些山脉是比较新的，如阿尔卑斯山，它是在第三纪中期局部隆起的。安第斯山的隆起时期比较晚，并且随伴有第一次同时爆发的 270 个主要火山，这些火山现在还在活动[②]。这种骚动所引起的海水激荡，可能造成许多民族的传说中所提起的暂时而普遍的洪水。[③]

以上的总结中所列举的几个问题，例如沉积岩系间断的原因，拟留待第十四章再行讨论，我现在先讨论那些我认为证据不够充分的部分，也就是说，关于用以证明平行山脉

---

① Ann. des Sci. nat., sept., nov., et déc. 1829. Revue française, No. 15，May 1830. Bulletin dc la Société Géol. de France, p. 864，May 1847. 波蒙学说的最后一版，见 Dictionnaire universelle d'Hist. nat. 1852（共十二卷），art. "Systèmes de Montagnes"；及同文的单行本。

② Systèmes de Montagnes, p. 762.

③ Ibid., pp. 761,773.

隆起的突然性和形成时期的同时性的证据。我同时也要声明，波蒙所收集的许多事实，对我们知识的增长是最有价值的，这些事实可以用来证明不同的山脉是依次形成的学说，也可以用来证明维尔纳首先指出的、不同地区的地层各有一定方向或走向的学说。

以下各节所叙述的内容，可以作为上述学说所根据的证据的分析。波蒙说，"当我们详细考察几乎所有的山脉时，我们可以看到，最新的岩石，总是水平地一直伸展到这些山脉的山麓；如果这些沉积物是在湖海里面沉积的，而这些山脉的一部分是沉积场所的边岸的话，照我们想，它们的情况应当是如此；其他的沉积层，则在山边上形成倾斜状态，并且多少都受过拐曲，它们所处的高度各不相同，有时达到最高的山峰。"[①]所以在一个山脉中，或其附近，有两类沉积岩，古代的或倾斜地层，和近代的或水平的地层。显然，山脉初次出现的时期，"是在现在已经上升的地层沉积之后，和山麓的水平地层产生之前。"

因此，山脉 A 达到现在地位的时期，是在经过大运动的 b 组地层沉积之后，而在没有受过扰乱的 c 组地层沉积之前。

如果我们又发现另外一个山脉 B，其中不但 b 组岩层受到变动变成倾斜，而且 c 组岩石也被扰乱，于是我们可以推想得到，后一山脉的形成时期是晚于 A 山脉；因为山脉 B 的隆起，一定是在 c 组岩层沉积之后，和 d 组沉积之前；而山脉 A 则形成于 c 组岩层沉积之前。

所以，要确定其他的山脉是否与 A 和 B 同时，或者还是应当列入完全不同的时代，我们只要研究每一个山脉的各组已经倾斜和未经变动的地层，是否与 A 和 B 典型山脉相符合。

所有这些推论是完全准确的，只要我们不把 b 组和 c 组地层各自所需要的沉积时间的长短，与动植物化石在 b 和 c 中繁殖的持续时间混为一谈；因为某些物种群生存的持续时间，可能大大地超过、也可能的确超过某些局部沉积物（如图 1 和 2 的 b 和 c）的堆积所需要的时间。此外，要使这样的推论正确，对于"同时"（contemporaneous）这个名词的范围，必须予以规定，因为这个名词不应当了解为时间的瞬间，必须了解为两种事件之间所经过的时间间距（interval of time），不论其长短如何，换句话说，在倾斜地层的堆积和水平地层的堆积之间的整个时间间距。

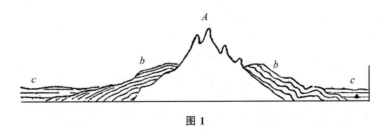

图 1

但是，在我们现在评论的论文中，可惜没有能避免这种明显的混乱原因，因此每一个建议中的这一类名词，都变成模糊了；并且一部分时代的时间间距是如此之长，所以要肯定说所有在这一个时间间距内隆起的山脉都是同时的这句话，是有语病的。

---

① Phil. Mag. and Annals, No. 58. New Series, p. 242.

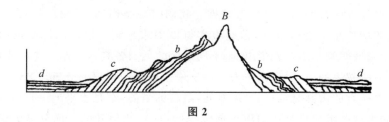

图 2

为了说明这种论证，我拟选择比利牛斯山为例。波蒙原来说，这座山脉是突然隆起的(à un seul jet)，但是后来他又承认，这座山脉的构造虽甚一致而且简单，我们可以在其中找出 6 个甚至于 7 个不同时期的断错系统[1]。但在讨论到最后一次或者最重要的一次的骚动时，他说这个山脉上升到现在高度的时期，是在白垩或者大约相当于这个时代的岩石的沉积时期，和"与塑性黏土一样老"的某些第三纪岩层的沉积时期之间；因为在山边所看到的白垩层，如同图 1 的 *b* 组地层一样，已经变成垂直、弯曲而扭折，而第三纪地层，则与图 1 的 *c* 组地层一样，水平地铺在它们上面。

他认为介于白垩的沉积和某些第三纪地层开始堆积之间的第一段时间是短促的，因此可以作为这一次骚动的极端突然性的证据[2]。时间间距即使可以简缩在他所规定的限度之内，但是其间所包括的时期还是很长。要作严格的推论，作者不能不把白垩纪或第三纪计算在发生隆起的可能时期之内，因为，第一，我们不能假定，这一次的隆起运动是发生于白垩纪结束之后；我们只能说，这次的运动是发生于白垩纪的某一部分地层沉积之后；第二，山脉隆起的发生，事实上虽然是在现时在比利牛斯山山麓看到的整个第三纪地层沉积之前，但我们没有理由可以说，它们是发生于全部的第三纪之前。

对地层的时代，不论垂直的和水平的层系，波蒙可能已经作了准确的鉴定，可是比利牛斯山上升的发展，可能在白垩纪的动物，例如在英国已经成为化石的动物，完全绝种之前，也可能在梅斯脱里许特层正在进行沉积的时候，也可能在梅斯脱里许特动物灭亡之后和始新世族类开始出现的一段无限时间之内，也可能就在始新世；或者，这种上升运动，可能在其中的一个时期、或者在其中的几个时期、或者在所有这些时期内连续进行的。

如果假定，比利牛斯山两旁的倾斜白垩纪地层(图 1，*b*)，是白垩纪的最后沉积物，或者假定，在山脉隆起时，全部或者几乎全部现时已在其中成为化石的动植物物种，立刻都被突然消灭，那就完全不合理了。然而，除非能够证明这一点，我们决不能说，比利牛斯山不是在白垩纪期间隆起的。因此，另外一个在它的山麓有水平白垩纪地层的山脉，可能是在这个大时期的某一部分中上升的，如图 1 的 *A* 山脉。

西西里有许多两三千英尺高的高山，它们的山顶，是由石灰岩所组成，石灰岩中所含的介壳化石，大部分与现时在地中海生活的种类完全相同。这里与其他地方一样，现时正在海中进行堆积的沉积物中所含的介壳和其他化石，一定与组成邻近陆地的岩石中所

①　Systèmes de Montagnes，1852，p. 429.

②　Phil. Mag. and Annals，No. 58. New Series，p. 243.

含的完全相同。例如，太平洋中有许多岛屿，其中露出海面的死珊瑚块体，虽然已经达到相当的高度，但是块体的其余部分仍然留在海底，并且由于活珊瑚虫和介壳类的繁殖，还在扩大。所以，比利牛斯山的白垩，可能在远古时期中已经上升了几千英尺，而附近海洋的动物群中还继续有白垩纪化石物种的代表。简言之，我们不能假定，新山脉的形成，会使白垩纪终止，并且造成生物新秩序的序幕。

为了说明本章中所讨论的学说的严重错误，让我们提出一种假定来作比喻。在某一个国家中，前后有三种风格的建筑，每种风格的流行时期定为 1000 年：第一为希腊式，后来为罗马式，再后来是哥特式。又假定，在这三个时期之中的一个时期，发生了一次大地震——震动程度非常激烈，以致当时地面上的所有房屋都被夷成平地。如果有一个考古学家，因为要查明这次灾难的发生时期，初次到这个城市来调查；他看见几个希腊庙宇已经成了废墟，一半陷入泥土，而许多哥特式的大厦却依然耸立无恙，试问他是否可以根据这样的资料来确定地震发生的时期呢？他是否可以除去任何一个时期，而决定这次的地震是发生于其他两个时期之中的一个时期呢？当然不能。他只能证明，这是发生于采用希腊式建筑之后，但在哥特式建筑废止之前。如果他自以为能对这一次的震动作更准确的估计，而确定这是发生于希腊式时代之后和哥特式时代之前，就是说在采用罗马式建筑的时代，那么他的推想的错误就过于显著，立刻会被人发觉。

这就是我现在正要讨论的错误归纳法的性质。因为，照上面所举的例子，建筑个别大厦所占的时间，绝不是与某一种与之相当的建筑风格所占的时代一样长，所以白垩的沉积，或者任何一组地层的沉积，可能是在表示这种地层特性的化石物种所属的那一个地质时代的小部分时期内完成的。也就是说，白垩纪和白垩纪沉积的地层的时间不等。

进一步分析平行学说，几乎没有必要，因为整个辩论的重点，是决定于是否有准确的证据可以用来说明两个独立山脉的隆起是同时还是不同时。在每一种情况下，波蒙所提出的证据，是模棱两可的，因为他在扰乱过的地层和水平地层的沉积时期之间的可能时间间距内，没有包括各系的分层可以归入的时代分期。所以，即使作者所引证的一切地质事实都很可靠，但是某些山脉是同时上升或不是同时上升的结论，绝不是一个正当的推断。

在 1833 年 4 月出版的地质学原理第一版第三卷中，我反对了当时恰好发表的波蒙的意见，其理由与现在所说的相同。当时我认为，比利牛斯山中受过震动的最新岩层的时代，已经正确鉴定过了。然而，现在才知道，受过震动的地层中的一部分最新地层，是属于货币虫建造，这个建造，大部分地质学家现在都同意是属于始新世，或下第三纪。

当我们把目前所讨论的学说，应用于欧洲最熟悉的地区的时候，我们所遇到的困难，可以用波蒙的"朗敏兹山系"（The System of Longmynds）的实例来作明显的说明。这一个小山脉，位于许洛浦郡，方向为北 25°东，这是我们用做其他有同样走向和构造的山脉比较研究的第三个标准山系，它的隆起时期，被指定为在"不含化石的硬砂岩或寒武纪地层之后，但在志留纪之前"。但慕契孙爵士在他 1838 年所著的《志留系》（*Silurian System*）中，以及不列颠政府的调查员从那时候起所作的剖面（大约 1845 年），都把朗敏兹山和北威尔士有同样组成的其他山脉的隆起时期，定为"后-志留纪"（post-Silurian）。在所有这些山脉里，下志留纪的含化石岩层，或兰台罗薄砂岩，都有很大的倾角，有时垂直。

标准山脉的时代，既然已经发现了如此严重的错误，所以我们不禁要问：当时用什么方法使法国、德国和瑞士的其他 9 个假定为"前-志留纪"（ante-Silurian）的平行山脉的隆起时期，恰好与朗敏兹山相一致呢？如果它们的确是老于志留纪地层，那么决不能与朗敏兹山同时；仅仅这一点就足以证明，把山脉的平行性作为同时隆起的证据，是怎样的不可靠。由于上述的理由，我们事实上也无法证明这 9 个山脉中彼此间的隆起时期是否相同。

在本书的第二册中[①]，我们将要看到各家对于地球硬壳的可能最小厚度所持的意见。按照某些计算，它不可能少于 800 或 1 000 英里，可能更厚。坚硬部分即使只有 100 英里，也会与波蒙的臆说相矛盾，因为波蒙的臆说所需要的硬壳厚度，不能超过 30 英里，甚至更少。但是坚决主张地球有很厚坚硬外壳的作者也不否认，整个外壳虽然坚硬，其中可能含有很大的熔岩湖或熔岩海。果然是如此的话，岩石的逐渐熔化，热力在长期间内所发挥的膨胀力量，以及后来因缓慢冷却而发生的收缩，可能与山脉的上升和下沉运动有很大的关系。正如陶乐美所说，因为这些运动，"远不如一个蛋壳表面上的凹凸那样显著，而在肉眼看来蛋壳的表面是很平滑的。"当冷却的时候，影响整个地球的"向心力"作用，似乎比产生如此微不足道的皱纹所需要的力量大。

在进行研究的时候，波蒙最近大大地增加了连续突然隆起时期的数目，同时并且承认，新山脉的隆起，偶尔也追随老山脉的方向[②]。承认了这几点，使他的意见更与本书所主张的原理相一致，但是这种意见损害了平行学说作为鉴定年代根据的实际应用；因为他没有拟定一个规律来限制不同时期上升的两个平行山脉之间的时间或空间间距[③]。在后来的研究中，他又达成一种结论说，如果把主要的山脉延长，它们会交切成某一种角度，于是产生一个整齐的几何排列，他叫这种排列为"五角网"（pentagonal network）。霍浦金对这个学说，作了详尽的讨论和批判[④]。

在以上所说的各种建议之中我们可以看到，安第斯山的突然上升，被认为是现代的事，但达尔文在他所著的《南美洲的地质》（*Geology of South America*）中，却搜集了充分的资料，证明这里的火山活动持续了几个地质时期，从智利的鲕状岩系和白垩岩系沉积以前的时期起，一直继续到有史时期。看起来，组成科迪勒拉山脉的各平行山脊之中，有一部分不属于同一时代，而是在很不相同的各时期中相继缓慢隆起的。整个山系，在两次下沉约几千英尺之后，在第三纪的始新世，全部又被一个缓慢的运动逐渐升起，在此之后，全部又下沉了几百英尺，其后又被一个缓慢而常常间断的运动升到现在的高度[⑤]。在后一时期的一部分，沉积了"彭帕斯泥"（Pampean mud），其中埋有大懒兽、磨齿兽和其他已经绝迹的四足兽。这一层的泥土，也含有近代介壳，其中一部分属于盐水的种属，达尔文认为，它们是三角港或三角洲的沉积物。

在研究许多山脉时我们发觉，地层的走向，也就是一组地层露头的连续线，和山脉的

---

① 见索引，"地壳"。
② Art. Systèmes de Montagnes，p. 775.
③ Comptes Rendus，Sept. 1850，及 Systèmes de Montagnes.
④ Anniversary Address as President of the Geol. Soc.，Feb. 1853.
⑤ Darwin's Geology of South America，p. 248. London，1846.

一般方向，并不完全在一条直线上。偏离正常方向的角度，可能达到 20°到 30°，亚利干尼山脉，就是其中实例之一①。活火山和现代的地震带的方向，往往是直线的，它们虽然都属于我们的时代，它们却不是平行的，有的甚至于互成直角。

缓慢的隆起和沉陷　最近的考察，揭露了一种令人惊奇的事实，就是说，不但南美洲的西岸，而且周围有时达几千英里的其他广大区域，例如斯堪的纳维亚和太平洋中的某些群岛，都正在作缓慢而不易觉察的上升；而另一部分地区，如格陵兰以及太平洋和印度洋中有很多珊瑚礁或圆形珊瑚岛的部分，都在作缓慢的沉陷。所有现在的大陆和海底深渊都是由这一类运动在无限长的时期内继续造成的意见，已经无可否认，因为在几乎所有高出海面的岩石里面，都可以找到海生生物的遗迹，而干燥陆地所遭受的剥蚀作用，也有利于地壳的运动在无限长的时期中把陆地从深部升起的观念。雨和河流，由于有时缓慢有时急促而猛烈的运动的帮助，无疑地开掘了许多主要的河谷；但是有些受过剥蚀的辽阔地区的形状，只能用波浪和洋流对逐渐从深部升出水面的陆地的活动来解释。

我们或者可以说，广阔平原或台地的缓慢隆起，和全部具有倾斜地层的山脉的形成方式之间，没有相似之处。安第斯山每一个世纪的上升速度似乎是几英尺；在同一时期内，东面的彭帕斯不过升起了几英寸。达尔文曾从大西洋通过门多沙一线，旅行到太平洋；他先走过一个 800 英里宽的平原，它的东部新近才从海底升出来。从大西洋起，最初的坡度很平，后来较大，一直等到旅行者走到门多沙的时候，几乎在不知不觉之中爬上了 4 000 英尺的高度。从此之后，突然进入了山区，从门多沙至太平洋的宽度是 120 英里，主要山脉的平均高度在 15 000 到 16 000 英尺之间，不包括高插云霄的主峰在内。要解释这里所说的主要地面的不平原因，我们首先必须想象门多沙以西有一个比较猛烈的运动带，其次我们必须假定在它的东面有一个逐渐向大西洋方面消灭的隆起力量。简单点说，我们必须推想，在安第斯山上升 4 英尺的时期内，门多沙附近的彭帕斯只上升 1 英尺，而靠近大西洋的平原，只上升 1 英寸。在欧洲方面，据说北角的陆地每世纪大约上升 5 英尺；再向南，如在格弗尔，在同一时期内只上升二三英尺，而在斯德哥尔摩则不超过三四英寸，再向南就没有任何运动了。

但是有人要问，我们怎样解释不但施之于安第斯山、阿尔卑斯山以及其他山脉，而且也施之于许多低地和近于平坦的区域的侧压力呢？地层的褶皱和破裂，所谓背斜和向斜的山脊和槽谷，以及垂直的甚至于倒转的地层，岂非都表示以前的骚动力量的突然性和强烈程度与现时普通地震期间破坏岩石的力量和种类完全不同么？我将在第二卷中详细讨论地下的向上或向下运动和强大侧压力的可能原因，但在这里可以顺便简略地说，在我们的时代，例如 1822 年的智利火山喷发，火山的力量曾经战胜了阻力，把一个广大区域永久地向上升起，可见安第斯山的重量和体积比较起来是渺小的，即使我们对火山中心以上的地壳厚度作最稳健的推测。

如果这种力量的方向不是垂直而是倾斜或水平的，而我们还是假定现时已知的任何一组由非常致密而坚强物质组成的地层，能于抵抗如此强大的力量，那就未免过于轻率

---

① 见 Student's Elements, p. 70。

了。但是,如果它们能够屈伏于侧向的挤压,不论屈伏程度怎样小,只要侧压力的重复活动有足够的次数,它们一定可以被挤成任何程度的褶皱。我们不用怀疑,在 1822 年和 1835 年,这种力量曾在智利抬起厚达几英里的岩体,而在陆地逐渐上升的区域,如斯堪的纳维亚,被抬起的固体物质的体积,一定还要厚许多,在这个区域,热力的发展可能离开地面更深。如果受过震动和破裂的大陆,如南美洲的西部,或者缓慢隆起的区域,像挪威和瑞典,不是在几天或几小时内增加几千英尺高度的话,那么地下的动源,不是没有一种机械力量,可以产生这一类的现象。这种现象一定不过是以前已经近于平衡或相当平衡的两种相反力量所产生的结果,换句话说,以前近于平衡的膨胀力和抵抗力所产生的结果。覆盖在地球上面的外壳的强度和密度,不至于达到一种程度,使火山的力量累积并形成能产生非常宏大规模的爆发的爆炸力。恰恰相反,即使在最活动的时期,地下力量的强度,仅仅是间歇的与缓和的,从来不会让大陆炸成齑粉。因此,许多熔岩都是沿着同一个裂口或者一系列的裂口喷发,而同样的地震,几千年来都是在某一个区域或某一个地带反复活动。在古代的地质时期中,许多熔融物质不断侵入和喷出的遗迹,不同时期所形成的裂隙,以及裂隙在各时期中的加宽和填充,也都是如此。

产生侧压力的各种原因中,夹在膨胀程度不同或温度并未增高的岩石之间的大块坚实岩石的热膨胀,可能起着重要作用。也可能是由于溶解有各种不同矿物物质的热蒸汽或热溶液渗透岩石的时候,使岩石产生新的化学化合物和变质构造,从而增加岩石的体积所致。在我们讨论各地质时期的浅水沉积的厚度时,我们将要看到,在有些区域,这种沉积层怎样沉陷到它们原来水平以下几百乃至几千英尺;我们大概不至于怀疑,在发生这样的沉陷的时候,许多柔软的地层一定会变成弯曲,并且挤在较小的空间之内。支持物的崩溃,不论是由于多孔岩石的熔化,其时液态物质在极大压力之下所占据的地位可能比原来小,或者是由于被熔化的多孔岩石从胶质状态过渡到结晶状态时的收缩,如花岗岩的情况,或者由于熔岩流到其他地方的火山口而减少其体积,或者由于岩石块体冷却时的收缩,或者由于气体的凝缩,以及由于其他可能想象的原因,我们都没有理由可以形成一种概念,说是由于这些原因而发生地质变化是如此突然,以致使很大部分的大陆立刻沉陷到深不可测的地下深渊。地下果真形成洞穴的话,它们的扩大是渐进的,填充也是缓慢的。我们诚然读到过陷落的城市和小面积的区域一次下沉了许多英码的记载,但是我们至今还没有看到叙述山岳突然失踪或者大型岛屿突然沉没或升出海面的可靠的记载。在另一方面,煤矿的坍塌[①],也说明,在很深的地方,一旦移去了少量的物质,重力作用立刻就开始活动。当矿洞顶板下陷和底板隆起时,被弯曲的地层所形成的褶曲和挤碎的形状,与我们在山脉里面所看见的较大规模的变形,颇为相似。极古的地层中缺少凌乱的破裂和整齐的褶皱,虽然常被用来证明破坏力量的一致性和瞬间性,但是用这种现象作为解释某些不可抵抗的可是迂缓的力量连续使用的证据,可能更为适宜。

作为结论,我可以说,全部争论重点的关键,是在于确定机械力在一定的一段时期内所做的相对工作量,不论在过去和在现在。在确定所用的力量的相对强度之先,我们必须有某些固定的标准来衡量两个不同的时期的力量所耗费的时间。结果的大小,不论它

---

　　①　见 Lyell's Elements of Geology, p. 50;和 Student's Elements, p. 56。

们的规模怎样庞大,一些也不能告诉我们这种作用是突然的还是渐进的,是不易感觉的还是暴发的。除非我们能够证明,缓慢的过程,决不能在任何一系列的时期中产生同样的结果。

主张暴发能力的人,可能为过去和现在生物界的变化,也就是为物种的灭亡和新生假定一个一致而固定的速度,然后设法证明,非生物界变化的进展,并不和它成比例。但是采用这样的比较标准所导成的学说,我恐怕不见得会有利于远古时期自然现象比现在更为激烈的观念。生物界现状的不稳定,可以相当正确地从过去 3 个世纪所发生的事实推断出来,我们知道,在过去的 3 个世纪中,有几种物种已经灭亡,而很多消灭生物的作用,经常还在陆上和水中活动。即使我们无条件承认,动物界和植物界中的永恒变化的确是在进行,而其速度不是为自然科学家所不能觉察,但是它的结果无论如何总不如非生物界中经常进行的变革那样明显。的确,几条最重要的河流每年从陆上向下游输送的沉积物量,已经测量到一种程度,可以使物理学家用简单的算术约略算出这样过程所产生的最小变化,在多少年内可以掘出所有最深的河谷,以及改变大陆的高度和体积。或者,如果我们转到火成力量,我们知道每年都有几次火山喷发,而对各火山口中喷溢的熔岩和火山渣的立方英尺数,也可以粗略地估计出来。三角洲中泥沙的沉积量,新陆地向海洋的伸展,被剥蚀的海岸悬崖每年的退缩,等等的变化,也是可以约略估计的。升出海面或沉入海底的陆地范围,也可以加以计算,而这样的运动在 1 世纪中所发生的变迁,也可以加以推测。假定斯堪的纳维亚某些部分的陆地每 100 年的上升速度是 2.5 英尺,那么在 1.4 万年内,现在的海岸可能升高 350 英尺;但是根据现有的动物学资料,我们没有任何证据可以预料北部海洋中的软体动物群在同样长时期内会发生任何可以觉察的变异。我们在挪威发现 700 英尺高的海滩,其中所含的介壳,与现时生存的种类完全一样,虽然它们的地理分布有了一些变化,它们现在已经成为向北几度的海中的动物群。斯堪的纳维亚陆地的上升,当地居民虽不感觉,但是它的速度显然比德国海中的介壳动物群在同期内所发生的变异快得多。所以,如果我们要等待软体动物发生与从劳伦纪到上新世的 12 个时代(见表 1 所列的含化石地层的简明总表)地质年代表之中的任何两个时代之间、或者甚至在这些时代之中的任何几个分期之间所已经发生的同样程度的变化,在地文上不知已经起了多少惊人的变革了,而猛烈程度并不太大的震动和人类感觉不到的运动的反复出现,不知已经产生了多少山脉了!

如果我们不谈软体动物而讨论植物界的情况,而请教一位植物学家,问他要经过几次地震和火山喷发,海陆相对水平要经过多少变迁,或者主要的三角洲向海洋伸展的距离要多少远,或者现在海岸退缩幅度要多大,欧洲森林树木的物种才会完全消灭;他的答复可能是:根据现有的资料,非生物界的这种变迁要增加无数倍,他才有理由可以预计现在生存于森林中的树木物种的消灭而让位于其他植物群。总之,无机界的运动是显而易见的,可以比之于时钟之分针,它的移动不但可以看得出,而且可以听得见,但是生物的变化,几乎是看不见的,很像时钟时针的移动。我们只要很注意地看一些时候,而在相隔相当长时间之后再比较它的位置,我们可以证明它的确是在移动[1]。

---

[1]　见作者的年会演说辞,Quart. Journ. Geol. Soc. 1850, vol. vi. p. 46. 以上一节是该文的摘要。

表 1　含化石地层的简明总表

（表明它们的年代系统和沉积次序）①

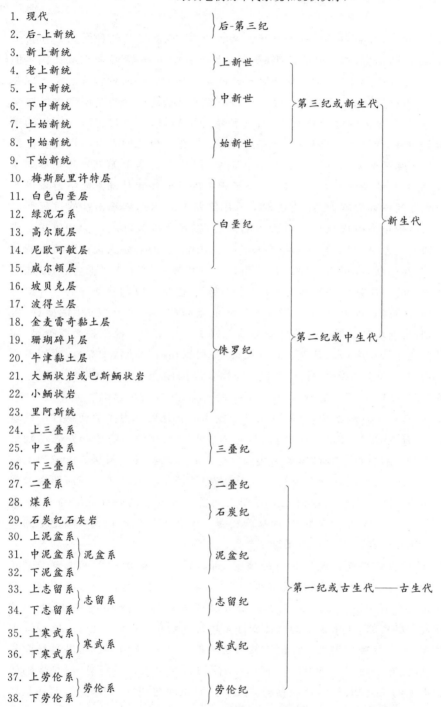

1. 现代
2. 后-上新统
　　　　　　　　　　　　后-第三纪
3. 新上新统
4. 老上新统　　　　　　　上新世
5. 上中新统
6. 下中新统　　　　　　　中新世
7. 上始新统　　　　　　　　　　　　第三纪或新生代
8. 中始新统
9. 下始新统　　　　　　　始新世
10. 梅斯脱里许特层
11. 白色白垩层
12. 绿泥石系
13. 高尔脱层　　　　　　　白垩纪　　　　　　　　新生代
14. 尼欧可敏层
15. 威尔顿层
16. 坡贝克层
17. 波得兰层
18. 金麦雷奇黏土层
19. 珊瑚碎片层
20. 牛津黏土层　　　　　　侏罗纪　　　　　　第二纪或中生代
21. 大鲕状岩或巴斯鲕状岩
22. 小鲕状岩
23. 里阿斯统
24. 上三叠系
25. 中三叠系　　　　　　　三叠纪
26. 下三叠系
27. 二叠系　　　　　　　　二叠纪
28. 煤系
29. 石炭纪石灰岩　　　　　石炭纪
30. 上泥盆系
31. 中泥盆系　泥盆系　　　泥盆纪
32. 下泥盆系
33. 上志留系　　　　　　　　　　　　第一纪或古生代——古生代
34. 下志留系　志留系　　　志留纪
35. 上寒武系
36. 下寒武系　寒武系　　　寒武纪
37. 上劳伦系
38. 下劳伦系　劳伦系　　　劳伦纪

---

　①　更详细的年代表，见 Elements of Geology, 6th edit. p. 102；和 Student's Elements，p. 109。

第八章 新旧岩石结构的区别

含化石地层的固结——某些沉积物原来是坚实的——过渡结构和板岩状结构——深成岩和变质岩的结晶特性——关于它们成因的学说——主要产于地下——没有证据可以证明古代所产的深成岩和变质岩比后来多

地层的固结 较古岩石的性质不但比新岩石致密坚固而且有结晶结构,也是许多地质学家用来支持古今自然现象完全不一致的观点的另一种论证。

这个问题可以分开来考虑,第一,关于含化石的地层,第二,关于不含生物遗迹的层状结晶岩,如片麻岩和云母片岩等。毫无疑问,第一类地层,亦即含化石的地层,一般愈古愈致密也愈坚固。大部分含化石岩石的性质,原来无疑是柔软疏松的,后来才逐渐固结。所以我们可以偶尔看到被铁质或硅质胶结物固结在一起的扁砾和沙,或者看到炭酸钙溶液渗入地层,使原来疏松的物质互相胶结。有机遗体有时也受到特殊变化,例如,介壳、珊瑚和植物等硅化之后,它们的钙质或木质物质,几乎全部被纯粹的二氧化硅所交代。有些地层的组分,可能在升出水面以后才开始凝结和固化。

但在另一方面,一部分现时正在形成的岩石,原来就很坚实,珊瑚礁以及钙质和硅质矿泉的沉积物就是如此。这种现象可以用来解释偶然遇见的一般规律的例外情况,也就是说,用来说明坚固地层覆盖在其他柔软而疏松的地层上面的原因,例如在巴黎附近,含有致密石灰岩和硅质粗砂岩的第三纪岩层,往往比下面的同系地层更为坚固。

不难了解,各种固结作用,包括以上所说的几种原因与上复岩石的压力和地下热的影响,都必须有充分时间才能发挥充分力量。经过相当时期之后,如果这些作用改变了成层沉积物的外貌和内部构造,它们就会造成古今岩层的性质断然不同的结果。

过渡结构 在维尔纳的原来分类中,把高度结晶的岩石,如不含有机遗体的花岗岩和片麻岩等,称为原生岩(primary),把含化石的地层称为次生岩(secondary),又把介于原生和次生岩石之间的一类岩石,称为过渡岩(transition)。它们之所以被称为过渡,是因为它们的矿物成分与结晶岩颇为相似,如片麻岩和云母片岩,同时又偶尔含有有机遗体,并且也表现有明显机械成因的标志。照最初的想象,具有中间类型结构的岩石的沉积时期,是在原生岩形成之后和在全部比较泥质和含化石地层沉积之前。但对这些过渡岩石的比较位置和有机遗体有了更深切的了解之后,我们才发觉它们并不属于同一个时代。正好相反,在很不相同时期的地层中,都曾找到具有这种矿物特性的岩石,阿尔卑斯山中有一部分岩石,经维尔纳的几个最能干门徒的鉴定,是属于过渡类型,后来根据化石和地层位置的研究,确定它们是属于白垩纪,其中一部分,甚至于属于货币虫期或老第三纪。这些地层所表现的过渡结构,事实上是在它们沉积之后,受了改变它们内部排列的各种作用的影响的结果。

深成岩和变质岩的结构和成因　岩石所受的最特殊变化之中,我们必须包括板岩状结构,这种岩石的节理,有时与真正的层面相交切,有时甚至于明显地把其中所含的化石劈开。如果一度认为是地球历史的某一时代所特有的结晶状、板岩状以及其他结构,的确是由不同时代的含化石地层,在不同的时期内变成的话,那么我们也应当研究,结晶程度最深的岩石,如片麻岩、云母片岩和雕像大理石之类,是否也是由这一类岩石所变成。结晶岩石的特殊特征,的确是由各种不同的变化作用造成的结果,现在已被普遍接受,而地质学家现时还存在的分歧意见,主要是关于产生这种变态的方式。按照水成说者原来的见解,所有结晶岩石都是一种普遍溶媒或混沌液的沉淀物,其沉淀时期在动植物肇生之前;无层理的花岗岩,首先沉淀,成为片麻岩和其他成层岩沉积的基础。后来,在花岗岩的火成成因不再发生争执之后,许多人认为,当最先形成的花岗岩壳正在冷却但是还有大量余热的时候,地球的外面有一个热海洋(thermal ocean)。这个海洋的热水,溶解有片麻岩、云母片岩、角闪片岩、泥质板岩和大理岩的组分,它们以结晶的形式,依次沉淀。这些岩石中不能含有化石,因为液体的高温和溶液中矿物物质的含量,都不适宜于生物的生存。

在这里详细讨论我在其他书中所说的变质学说(metamorphic theory)[1],未免与本书的宗旨不甚符合;但是我可以说,现时已经在许多地方找到了可以证明含化石的地层,曾经变成了片麻岩、黑云母片岩和雕像大理岩的证据;这些含化石的岩石,一部分老于寒武纪,一部分属于志留纪,如挪威的奥斯陆附近,有些属于鲕状岩期,如在意大利的克拉拉周围,还有一些甚至于属于第三纪,如瑞士阿尔卑斯山。这种变化,是岩石受了在高压下活动的地下热的影响所造成,同时,渗透多孔岩石中的热水或蒸汽和其他气体,也促使岩石内部发生各式各样的化学分解和新配合;所有这些作用,总称为"深成作用"(plutonic),就是说,用一个字来表示一切在深处活动但在地面上找不到同样实例的变质作用[2]。花岗岩本身的熔融,以及沉积层中变质构造的发展,都可以归因于这种深成作用;照这种见解,每一种变质岩的形成,可以分成两个时期,因为我们首先必须考虑以泥、沙、泥灰、石灰岩形式来表现的水成沉积物的形成时期;其次必须考虑到获得结晶构造的时期。所以,照这种见解,同一层地层,以沉积时期而论,可能很古,至于取得变质性质的时期,可能比较晚。

没有证据可以证明远古时期所产生的结晶岩比后来多　有几位现代的学者,虽然不反对深成或变质学说的真理,然而他们还是争辩说,结晶和不含化石的岩石,不论成层还是不成层,如片麻岩和花岗岩,主要是属于较古时代的一类岩石。他们说,这一类岩石,以在地球原始状态时期所产生的为最多,从那个时候起,产量经常逐渐减少,鲕状岩期和白垩纪的产量,已经微不足道,而在第三纪开始以前,几乎近于绝迹。

这些见解是否正确,关键几乎完全在于花岗岩、片麻岩以及其他同类的岩石,原来是否产生于地球表面,还是按照以上所采取的意见形成于地下深部,因此可以称为深成岩。如果它们是在地球表面上形成现在的状态,而现代的产量与比较古代的产量同样丰富的

---

[1]　见 Lyell's Elements, ch. xxxv；和 Student's Elements, p. 560。

[2]　见 Student's Elements：Remarks on hydrothermal action, p. 568。

话,那么地球表面上的第三纪和第二纪的花岗岩和片麻岩,应当比第一纪多,如果我们采纳地下成因的学说,那么在我们考察较新时期的岩层时,地壳的可见岩石中这一类岩石体积的迅速比例减少,是很容易理解的。假定有一个熔融物体,现时正在活火山口下面几英里深的地方作很缓慢的冷却,那么要它露出地面,一定要经过几个地壳大运动。如果有一部分成层岩石,现时正在地下深处受热液作用,或者受极热的蒸汽和其他气体的影响而变成半熔融状态并且进行改组,它们也可能需要经过几个世纪的时间,才会被挤到地面,受剥蚀作用的摧残。要达到这个目的,可能需要一个很大的地下运动,其规模应当不下于把含有海栖介壳和货币虫的地层升高到 8 000、14 000 和 16 000 英尺造成阿尔卑斯山、安第斯山和喜马拉雅山的运动。因此,除在少数几个孤立地点外,我们决不能希望看到任何第三纪的深成岩,因为我们知道,这种岩石必须在它们形成很久之后,才会升出地面;况且隆起作用必须与广泛的剥蚀作用相配合,然后才能使它们在地面上露出广大的面积,所以,等到这一类的岩石成为一般可见的岩体时,它们一定已经经过如此长的时期,使它们变成比较古老的岩石了。

凡是考虑过现时正在进行的地下运动和活火山喷发的地质学家们都深信,在地壳内部我们看不到的地方,大的变化现时还在继续进行。所以他们一定意识到,由于无法接近现时发生这些变化的区域,他们对大部分现时正在进行的自然现象所做工作,一无所知,因此关于火山热力和蒸汽以及各种气体在高压下产生的结果的性质,也只能作模糊的猜测。

所以,当他们在很古的山脉中找到原来属于地壳内部、后来由机械性的运动向上挤出、或由剥蚀作用暴露出来的岩体的时候,他们所看见的只有在地下形成的古代岩石,而看不到它们的现代代表。他们可以预料得到,这一类岩石的性质,是与在地面上沉积的含化石地层以及现代火山在露天喷出的熔岩和火山渣完全不同。他们认识到,花岗岩、片麻岩、云母片岩、角闪片岩以及其他结晶岩石的性质和外观,与他们能够看见它们形成过程的岩石完全不同,所以很快地把它们归入在高压下的地下热力和气体作用的产物。

这一类岩石与地面形成的岩石在性质上的区别,是从前把这一类岩石列入地质学家没有机会看到的作用的理由。不正常的外貌,不是以往存在而现在已经不存在的自然现象所造成的结果,而是我们天然不可能看到的一组条件所造成的结果。它们不是上面刻着已被废弃的文字的原始时期纪念碑;但是它们教导我们认识自然界的另一部分现行文字,而这种文字是我们在地球表面上日常接触的现象中学不到的。

第九章　生物在地质各时期中的前进发展说

生物前进发展说——用植物化石作为支持这种学说的证据——动物化石——软体动物——从最早的岩石形成之后,它们是否按照等级进展——头足类历史的古远——鱼化石所提供的前进迹象非常少——两栖类动物的化石——真爬行类动物——爬行动物和鸟类间的过渡环节——古代的陆栖动物何以稀少——鸟类化石——哺乳类动物——史东非尔的有袋目动物——第二纪地层中没有鲸类——高级哺乳亚纲的种,按照地质年代次序相继出现——人类起源很晚——人类诞生后,地球发生了多少变化

以上三章中,我们讨论了以下两个问题:远古时期的水成力量和火成力量比近代强烈的观点,事实上是否有任何根据;以及许多较古岩石的特殊结晶结构,是否可以证明地壳过去的变迁是由超出普通作用以外的力量所造成的意见。我们现在可以继续讨论另一个问题,就是说,用生物的论证来证明自然界的古今事态之间既无类似性又无连续性的观念。1830年,台维爵士首先正式对本问题提出了反对的意见。他肯定地说,有人主张,现在的万物秩序,不过是古代的不变自然秩序受了现存规律的影响而发生了变迁而已;但是我们决不能替这种主张作辩护:要最深的地层中,也就是说,我们必须假定它是最早沉积的地层中,连植物都不大见;在其次的一个阶段,我们可以找到介壳和植物化石;再次才有鱼骨和卵生爬行动物的存在;再上一层,有鸟类和上述各种种属的遗迹;在更新的部分,才有绝种的四足兽;只有在疏松和略为固结的沙砾地层中,就是我们所谓的洪积层中,才有现时生存在地球上的动物的遗体,其中也夹有已灭亡的物种。但在所有这些岩层里,不论它是第一纪、第二纪、第三纪、还是洪积层,我们都没有发现人类或他们的遗物;任何研究本问题的人一定会相信,现在的万物秩序,以及主宰地球的人类的出现比较晚,其可靠程度,实不下于过去的不同秩序的毁灭,和一部分现时生存生物的灭亡。在最老的第二纪地层中,没有现时生存在地面上的动物的遗体;在我们认为沉积较晚的岩石里,这些遗体也很少,但是已经灭亡的物种却很多;照这种情况看,万物似乎都是逐渐向现在的秩序进展的,而一系列的毁灭和创造,是为人类的诞生准备条件①。

在以上一段文章中,作者不过重复了30年前拉马克在他的《动物学的哲学》(*Philosophy of Zoology*)中所提议的前进论(theory of progression)。自从台维发表了他的著作之后,又有40多年了;在这一段时期,古生物学研究进展很快,然而所发现的新事实一些也没有推翻上面所说的主要建议,虽然其中有几点需要加以重大的修正。在台维爵士所说的洪积层中,的确找到了人类化石和简陋艺术作品,可是也常有猛犸和其他已经灭

---

① Sir H. Davy, Consolations in Travel: Dialogue III. "The Unknown".

亡的四足兽。这一类的发现,虽然使我们将人类的纪念物向更古的时期推进一步,但是依然没有动摇我们对人类时代开始很晚的信仰,换句话说,人类诞生的时期,与在他以前的、各以不同的动植物物种为特征的一系列时代相比较,确是极其晚近的事①。某些纲、目、属的连续出现时期——较高等的生物总是表征层系中的较新岩石——常被弄错②,而地质年代断定的错误,往往使人对前进学说的正确性发生怀疑。在本书的前几版中,我对这个问题也发生过同样的怀疑。但是把地球上最早出现生命遗迹的时期,以及各种较高等的动植物的最初肇生时期加以多次更正之后,原来的学说,只要略加修改,就可以应用。

植物化石　现在先讨论植物。最近的考察,使我们愈看愈清楚,已知的老植物群,以隐花植物为最占优势。北美泥盆纪的植物群,以石松科的各属为最多,例如鳞木之类,而与之共生的植物,如封印木、蕨类植物、松杉科植物等,在种的方面,虽然和覆盖在它上面的石炭纪地层所产的并不相同,但在属的方面一般没有区别。在真正的煤系中,没有现在占地球上植物种类 3/4 的较高等显花植物(勃龙尼亚特的双子叶被子植物);有人说,这种现象可以用这样的假定来解释,就是说,煤系中的石化物种,只能代表那些生长在特殊地点的植物,如海边的沼泽地带;如果我们对当时的较高地区和山岳地带的植物群已经有了认识,较高等的种属应当早已发现了。我们现在虽然已经普遍承认,形成大部分煤层的植物,原来就生长在我们现在找到这种燃料的地方,但是遗留在与煤共生的砂岩中的许多植物遗体,应当是从很远的地方漂来的,或者是从高原地带冲到海边的。我们决不能说,任何长满蕨类植物以及其他隐花植物和松杉类的现代河流三角洲的沼泽中绝对没有较为高等的植物。

煤系中的某些果实和树叶,过去认为属于棕榈类,现在一般已经断定为构造比较简单的植物,植物学家已经把它们分别归入苏铁、松杉,或石松等科。陶孙博士说,我们似乎有根据可以推想,北美泥盆纪植物群的性质,比石炭纪植物群近于高原性,并且仅仅根据我们在欧洲和美洲找到的几百种古代植物(泥盆纪和石炭纪),已经足够使我们对这些古生代的高原和低地植物的主要情况获得正确的概念,因为所采集的面积已经很大,而包括的时期也已经很长,在这个植物群中——到现在为止,这是地质学方面提供给我们的第一个植物群——几乎完全没有构造最复杂的植物,的确很可以令人注意,因为我们在第一纪的任何岩层中,至今还不能证明有双子叶被子植物的存在,况且其中只有一种可疑的单子叶植物③,虽然在现时生存的植物群中,这两大类的植物,一共要占到 4/5。

所有的植物学家都同意,在第二纪或中生代期间,棕榈和一部分其他单子叶植物业已存在,但在三叠纪,鲕状岩或下白垩纪(尼欧可敏层),是否已经找到双子叶被子植物的痕迹,似乎还是可疑。松杉类、苏铁类和蕨类植物,已经很繁盛,但是组成现在植物群的大部分植物,以及除了铁杉而外的一切英国所产的树木,似乎还没有存在,至少在上白垩纪以前一定非常稀少。在爱斯·拉·沙伯的上白垩纪地层中,我们终于遇到了含有现代

---

① 在我 1863 年所著的 Antiquity of Man 中,我已经在原 295 页(原版书)上简明地叙述了薛格惠克、密勒、阿格西斯、奥文和白朗和勃龙尼亚特诸位教授所建议的前进学说对动物植物的应用,所以本章不再复述。

② 见 Elements of Geology, p. 853。

③ Pothocites Grantonii, Paterson, 产于爱丁堡附近格兰顿煤页岩中。Edin. Bot. Soc. Trans. vol. i. plate 3. 1844. 这种植物,被列入 Aroideae 科,其穗状花序,保存完好。

植物的纲和目的全部代表的植物化石群。当时的植物群所达到的多样性和完备程度,在整个第三纪的漫长时期中,愈变愈显著;在此期间,植物形态不断发生变化,在属和种方面越来越接近于现时生存的植物。所以,总的来说,植物化石群似乎是随着时代向前进步的,虽然第一纪的某些隐花植物,比现时生存的同类较为完备或者较为高等。裸子植物(苏铁类和松杉类植物),在第二纪中愈来愈多,单子叶植物也是如此,到了第三纪,所有现时生存于地球上最复杂的主要双子叶植物,似乎已很繁盛。

动物化石　其次我们可以看一看动物界的情况,并且考虑应用脊椎动物和无脊椎动物化石的资料来证明前进学说的论证。即使这些论证是以否定的证据为依据,我们在推理上也不应当过于审慎,我们必须经常记住,大自然显然没有准备把动物界过去历史的整个或有系统的记录留给我们。我们可能在页岩或砂岩中,甚至在康尼提克特流域有很多两足兽和四足兽足迹的地层中,找不到一个海生或淡水介壳,也找不到一个珊瑚和骨骼;但是这种的失败,可能不是由于当时海陆生物的稀少,而一般是因为古代动植物遗迹在沉积岩中的保存,是一般规律的例外。只有在全部由动植物遗体所形成的岩石中,例如煤层、白垩或珊瑚石灰岩等,我们才能在地层中找到组成地层主要部分的动植物的某些种类的代表。地质学家所默想的时间非常长,因此例外的事件也随着累积,到了后来,似乎成了规律,于是会在我们的思想中造成一种虚伪的印象,认为没有留下生物遗体的地方,就是没有生物存在的证据。福勒斯曾经说过:很少地质学家知道,所有已知的化石物种之中,有很大部分是以一个标本为依据的,而更多的物种,是以在一个地点所发现的少数个体为依据的。不仅在陆上、湖中、河内生活的动植物是如此,甚至于很大部分的海栖软体动物、有铰类动物和放射动物也是如此。所以我们对过去任何一个时期的生物的知识,大部分可以说是依靠普通所谓的机会;某些富于特种化石地层的新地点的偶然发现,可能改变甚至推翻一切以前的概括。

软体动物　软体动物是地质学上最重要的无脊椎动物,由于它们有坚硬外壳,因此在每一个时期的地层中所保存的数目,一般比任何其他生物更多。它们也特别适合于说明一般所争辩的问题,即经过相当时期之后,生物的构造是否会由比较低级而简单的形态,逐渐进步到比较高级和复杂的种类。较高和较复杂构造的意义,是指具有较多专司特殊机能的器官。所以最低级的部门,如苔藓动物和腕足动物,都没有专司呼吸、视觉和行动的器官;瓣鳃纲的双壳类动物,虽然没有头部,却有心脏、鳃、足和为上述几种生物所缺少的其他几种器官。腹足类动物有头部、口、舌齿、一个特殊的呼吸器官和它们所共有视觉器官;在更高的一级,如头足类,我们可以找到许多各有专司的器官;它们有与脑相似的集中神经系统,有很敏锐的感觉,特别是视觉和触觉,并有很大的行动能力,因此我们不得不把它们列为软体动物最高的一类;它们器官的发育程度,甚至于比有几种脊椎动物还要高一些,虽然在总的分类表中,后者的地位比头足类高得多。

我们现在的问题是要研究以上所说的各类软体动物,即苔藓动物类、腕足类、瓣鳃类、腹足类和头足类动物的化石代表,在古代海洋中出现时期的次序,是否与它们在动物分类表中所占的上升次序相同。在设法答复这种问题的时候,我们最好不谈最低地层中的化石,即老于下志留纪地层中的化石,因为我们对这些化石的情况还不够熟悉,仅仅依据否定的证据来作任何结论是危险的。逐年所增加的知识,可能改变这个巴朗德所谓的原始动物群的面貌。由于在这里面发现了一个直角石和一个丰富的三叶虫群以及其他生物,生物遗体异常稀少和它们的构造比较低级的观念,在某些程度上,已经必须予以放弃。

从下志留纪开始,所有以上所说的种类的代表,都已出现,仅仅头足纲部分,已经供给了贝壳学家几百个种和一个很长的属表。许多这些有室壳的介壳动物,特别是直角石,身体都很大;因为当时没有鱼类和它们竞争,它们可能大量地群集在古代的海底。拥护"前进演化说"的学者曾经说过,这个时代的全部头足类动物,都是属于四鳃目,或者具有四个鳃的种类,这一类动物的结构,不如二鳃目(有两个鳃)那样高等;里亚斯统,鲕状岩和白垩纪中所盛产的箭石,和现时生存的乌贼,都是属于二鳃目。无可置疑,志留纪、泥盆纪和石炭纪地层中缺少这种最高级的属,似乎意味着,较老岩石中的介壳类动物群,还没有发育到它们后来所达到的高级程度。但是这种推理的力量,被另一种事实略为削弱,即现时生存于海中的八腕亚目之中,有几个属却没有像乌贼那样的内骨,也没有像鹦鹉螺那样的外壳。所以当时如果有这一类软体头足类动物,决不会留下它们存在的永久遗迹。只有假定在古生代的海洋中没有这样的属,我们才能有信心地推测说,早期的软体动物,都是属于较低级的一类。关于第一纪地层的介壳类动物,也有人说过,瓣鳃纲双壳类的数目虽然比较少,而各式各样的腕足类动物却非常繁盛。我们不能否认,腕足类动物的繁多,似乎表示较早的动物群是比较低级的。但是,我们不应当过分重视这个论证,因为软体动物中有几个目的比例数字,恰好与此相反,因而相当冲淡了它的力量。腕足类的种的数目,固然超过了瓣鳃类,但在另一方面,头足类的数目却超过了腹足类,特别是超过了腹足类最高的部门,就是说,那些有管的和食肉的海栖动物,似乎被直角石、鹦鹉螺和与它们的相类似的动物所替代。在这种情况下,最后几种比较高等的软体动物,当时执行了较低级的腹足类现时所执行的大部分任务。总的来说,我们可以说,在过去的时期中,大部分有化石代表的软体动物向较高级和较复杂的构造方向的连续发展,并不太显著。现时介壳类动物的类型,可能比过去时期的为复杂,但是机能进步的速度,却非常慢,因为从志留纪到现在,头足类的变化,仅仅走了一步,从四鳃变成二鳃。照这样的速度计算,在志留纪以前,可能需要与从志留纪到现在一样的时间,才能使苔藓类动物逐渐演化成直角石。

鱼化石　古生物学家在莫契孙的勒德罗建造(志留纪的最上分层之一)以前的岩石中,没有找到任何水栖脊椎动物骨骼的一种事实,对于前进发展学说的证明有相当大的力量,虽然在这一层中找到的最老的鱼(盾鳍鱼 *Pteraspis*),绝不是最低级的种类,因此我们还可以希望向更古老的地层中追溯到鱼类的遗迹。但是当我们考虑到全世界各部分的志留纪岩石中几乎都含有如此丰富的软体动物群——不必旁及甲壳动物、海胆、海百合和珊瑚——何以我们至今还找不到任何与之共生的鱼类,似乎难以解释,除非我们假定当时它们还没有存在,或者它们只占据有限的区域。要证明任何新型生物的初次出现时期,可能比我们所设想的要困难,因为这种类型的第一种代表,可能只起源于一个地点,然后再从这里慢慢地散布于全球。

志留纪之后是红色砂岩,或者泥盆纪的层系;这里面所含的鱼类化石已经非常繁盛,仅以阿格西斯在 1844 年所描述的不列颠鱼化石而论,已经有 65 个种,从那时候起,总数已经增加到 100 以上。所有这些鱼类,几乎都是属于阿格西斯所定的硬鳞目(*Ganoids*),

很少数属于盾鳞目（*Placoids*）；可以令人注意的是，在后来的石炭纪和鲕状岩的各岩层中，绝大多数的鱼化石都是属于硬鳞目，这一类的鱼，在古代虽然有很多属，但到现在已经非常少；现在的产地，只限于北美洲和非洲赤道线以北的各河流中。在白垩纪，鱼的种和属非常繁多，但是大部分属于真骨鱼总目，因为它们的骨骼已经完全骨化；这种性质，为较古岩石中的硬鳞目所缺少；到了第三纪，这种情况更为显著。总的来说，软骨质的连续脊柱，或者不分成个别脊柱的脊索，以及白垩纪以前岩石中的鱼类身上很普遍的歪尾鳍，都是低级的标志。所有现在生存的鱼类，几乎都有正尾鳍；奥文把歪尾鳍或不等尾鳍的鱼类，视为留存的胚胎特性，或者停留发展的实例。但是古代硬鳞鱼和盾鳞鱼的心脏、脑、生殖器官和许多其他性质，与现时生存的鲨鱼以及非洲多鳍鱼和多骨梭鱼（*bony pike*）或美洲雀鳝（*Lepidosteus*）等很相似，因此解剖学家不把它们归入低级鱼类之列。简言之，在地质时期中，鱼类历史的回顾，正如奥文教授所说，"给予我们以一种突变的观念，而不是前进的观念。"[①]

爬行动物　在泥盆纪岩石中，至今还没有找到可靠的爬行纲动物化石[②]，就是在后来的石炭纪地层中，一直等到 1844 年才在沙白鲁克的煤系里发现这类动物最低一级的两栖类；一部分自然科学家，把两栖动物认做爬行动物和鱼类的中间类型。1852 年，陶孙博士和我在新斯科夏的石炭纪地层中找到了一个爬行动物骨骼的遗体，而陶孙博士在同一地区的同样地层中，又找到了三个属，都是呼吸空气者，并在他所著的《煤系中的空气呼吸者》（*Air-breathers of the Coal*）中作了描述。此后，在北美洲和不列颠的石炭系，又找到了几个属于迷齿龙科的属，其中有几个属中有大型的种。1865 年，赫胥黎教授在爱尔兰的铁波拉雷煤系采集来的标本中，又鉴定了四五个新属，它们也都隶属于迷齿龙科。它们虽然与蛙和水蜥同属一个亚纲，就是说在它们生活史的某一阶段具有鳃以及鱼类的其他特征，但是其中有一部分，骨骼的骨化程度已经相当深。在较晚的岩石中，从三叠纪起到白垩纪终了为止，爬行纲动物极端繁盛；对于这种情况，在第十一章讨论气候变化时，我将再有机会谈到。赫胥黎教授特别指出，恐龙目和细颚龙目之所以被称为鸟蜥蜴（*Ornithoscelida*），因为它们构造的某些主要部分，恰好是爬行动物和鸟类之间的过渡环节，这种特征，以从侏罗纪的梭仑霍芬页岩中采集来的（*Compsognathus longipes*）为最明显。这些鸟蜥蜴的后肢，像鸟类的成分反而比像爬行类的成分多；这些鸟一爬行类或爬行一鸟类动物，多少已经是两足动物[③]。在第二纪或中生代地层中，没有一种爬行动物比有翼的类型更引人注意的了；这种动物称为翼手龙（*Pterodactyls*），它的体格有时很大，在肯梯虚白垩层中找到的一个，两翼张开时的翼端距离在 16 英尺以上，在美洲同一时代地层中的另一个化石，身体骨骼还要大。它们蝙蝠形的翼，不是像鸟类那样由羽毛组成，但似乎是一层伸展在四个非常长的手指上面的膜，其形状与蝙蝠的翼很相似。它们的许多骨骼特性，则与鸟类很相似，最显著的是骨骼中的气孔，宽阔胸骨上突起的中骨梁，并且常常有角鞘的嘴。赫胥黎教授说，它们是一种爬行类的蝙蝠，而不是爬行动物和鸟类

---

① Owens' Palaeontology, 2nd ed. p. 175.

② 见 Elements of Geology, 6th ed. p. 526 note。

③ Huxley, Pres. Add. Geol. Quart. Journ. 1870, vol. xxvi.

之间的过渡类型。

第一纪岩石中空气呼吸者异常稀少　所有关于最老岩石中的化石资料,尤其是老红色砂岩或泥盆纪以前的资料,几乎完全得之于海相的地层。如果海洋也像现在一样总是占据着地球总面积 5/7 的话,这种情况是很自然的。经过多次地理变迁,以及古代大陆的沉没和较新大陆的上升之后,现时古代地层的位置,一般应当相当于古代海底,而不是当时陆地所占据的面积。所以我们找到陆生植物和空气呼吸动物的机会是非常稀少的,因为我们必须在志留纪和寒武纪的古生代陆地恰好与现在的部分陆地和岛屿相重合的小范围内,才能找到它们。即使从最早时期起,这些地方始终没有沉到海平面以下,它们一定也会受雨水和河流的剥蚀作用,使原来的地面以及湖沼和河流的沉积物无法保存。所以最有机会找到这些没有被毁坏的早期遗体的地点,是在那些曾经沉没但在它的上面或者邻近的海滨沉积物上,堆积有海成沉积物的地方。纵然如此,我们也只能在上覆地层已被局部剥蚀使下伏地层露出的地点,接触到被埋藏的淡水或陆成地层。所以寒武纪、志留纪和泥盆纪岩石中一般缺少一切陆栖动物的遗体,实不足为奇,我们决不能仅仅依据这一点就断定古生代没有空气呼吸者和最高等生物的存在。

一直到 1865 年为止,甚至于植物繁盛的石炭纪地层中,只找到几个昆虫,但在泥盆纪的岩石中还没有任何发现。哈特近来在美洲白朗斯韦克的圣·约翰附近泥盆纪地层里面,发现了几个昆虫,照美国波士顿的史克得的鉴定,它们主要属于脉翅目。我们没有理由说,将来的调查不能在单子叶显花植物以及松树、树状的蕨类植物、封印木和鳞木、或者巨型的石松科植物都很茂盛的泥盆纪森林中,发现比昆虫高级得多的空气呼吸者。第一个陆栖的有肺软体动物,名为 *Pupa Vetusta*,直到 1852 年才在新斯科夏发现,而现在已经找到了几百个。

鸟类　在各时期的沉积中,一般都缺少鸟类的遗体,甚至于在我们已经知道盛产鸟类和其他四足兽的第三纪,也是如此,其理由拟留待第二册再为说明。但在 1862 年,在上鲕状岩层的一个分期即梭仑霍芬石印岩中,发现了一架近于完整的鸟骨,骨骼上面还保存着一些羽毛;照奥文教授的鉴定,它是属于鸟纲。它和现时生存的鸟类的区别,在于前肢的构造,而其尾部则更不同,其中至少有 20 个脊椎,每一个脊椎生长一对羽毛。现在鸟类尾部的终脊椎,经常是合生的或互相胶着的,只有在胚胎时期,它们才彼此分离。所以,正如奥文教授所指出,始祖鸟的尾部,表示永久保存于成年个体中的较早或较近于胚胎的形态。在鲕状岩层以前的岩石里面,虽然没有找到羽毛类的骨骼,但在北美较老的岩石中[①],曾经看到各种式样和各种大小的足迹,一部分大于鸵鸟,一部分小于雎鸠。这些两足动物,在康尼提克特流域的三叠纪地层中留下了足迹;这些足迹是很有用的警告,要我们对这一个纲的古今代表的比较等级,不要任意猜测,因为它们的数目虽然多,我们对它们的构造却一无所知。到现在为止,在三叠纪以前的地层中,甚至于连鸟类的足迹都还没有找到,所以我们现在可以说,鱼类、爬行类和鸟类初次出现的年代,是和它们在自然科学家所规定的动物分类表中所占的上升次序相符合的:以下就要看到,一直追溯到鸟类足迹的时期,我们还没有找到最低级哺乳动物的遗体。

---

① 见 Hitchcock's Report on Geol. of Massachussets,和 Lyell's Travels in North America,chap. 12。

哺乳类动物　晚到 19 世纪的初期，地质学家一般都认为，在第三纪以前，哺乳类动物还没有诞生；史东非尔的下鲕状岩中一个有袋类小动物颚骨——照居维叶 1818 年的

原尺寸

图 3　Thylacotherium Prevostii（Valenciennes）.

Amphitherium（Owen）.

下颚骨，采自牛津附近的史东非尔板岩[①]

鉴定——的第一次发现，引起了很大的震动，其惊异程度，就好像我们现在在第二纪岩层之中找到了一根四手目动物的骨骼。许多自然科学家不愿让他们所信仰的前进发展说受到无情的摇动，因此始终抱着一种愿望，希望不列颠地质学家对于埋有这个宝贵遗迹的沉积物的时代，作了错误的鉴定；其他的解剖学家，包括白仑维尔在内，则对这种遗物是否属于哺乳类，还发生了怀疑。但是后来在史东非尔的同一层板岩内，至少又找到了 9 个哺乳四足兽的颚骨；包括第一次发现的（图 3）在内，下鲕状岩的这一层中，一共有隶于 3 个属的 4 个种。

自从居维叶把第一次发现的标本列入有袋类之后，奥文教授指出，这个已经灭绝的属，与大洋洲的一个哺乳有袋类，即沃特毫斯的 *Myrmecobius* 非常相似，后者的下颚上也有 9 个臼齿（图 4）。

图 4　Myrmecobius fasciatus（Waterhouse）.

现代，产于史汪河原尺寸的下颚[②]

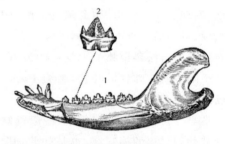

原尺寸

图 5　Phascolotherium Bucklandi（Owen）.

（同名，Didelphis Bucklandi, Brod.）

采自史东非尔的下颚[③] 1. 颚骨，长度放大两倍。

2. 第二臼齿，放大六倍。

① 此图（图 3）是 1825 年普里伏斯脱教授在 Ann. des Sci. nat. avril 上发表的画图。这是一个下颚化石，内侧贴在它所陷入的一块鲕状岩上面。与哺乳类相同的颚骨的凸面状后骨节看得很清楚，标本上虽然没有这一部分的骨骼，但在岩石上面留下很清楚的印迹。颚的前部，已经局部破碎，所以装在牙床上的臼齿的双支根非常明显，双支根的形状，也有哺乳动物的特征，颚上共有 10 个臼齿，第十一个似乎也看得出来。有些臼齿的珐琅质，没有受到破坏。

② 这个小四足兽彩色图，载于 Trans. Zool. Soc. vol. ii. pl. 28. 这是在大洋洲史汪河口东南 90 英里蚁塚很多的地方一棵空树中采得的一个食虫兽，——这是现在知道的第一个下颚上有 9 个臼齿的现存有袋类物种，其中有几个牙齿彼此分得很开，这也是史东非尔的 *Thylacotherium* 的特性之一。白仑维尔就根据这种特性，把 *Thylacotherium* 列入爬行纲。

③ 此图是按照原标本画的，以前是白罗得里普的收藏，现在保存在不列颠博物院。这是一个下颚的右边一半，我们只看见内侧。颚骨上有七个臼齿，一个犬齿，和三个门牙；但是颚骨的末端破裂了，而第四个门牙的齿槽痕迹，还可以看得出来。加上这个门牙，它的牙齿数目，恰好与鼹类相同。这个化石在一块鲕状结构的岩石中保存得很好，其中还含有三角蛤和其他海生化石。见 Broderip, Zool. Journ. vol. iii. p. 408. Owen, Proceedings Geol. Soc., Nov. 1838.

在这一种板岩中,还找到另一个同纲的代表,它立刻被断定为鼩(*Opossum*)的一种,它的骨骼特性和鼩很近似,而牙齿的数目则完全相同(见图5)。在史东非尔所采集的哺乳类动物之中,1854年发表的 *Stereognathus*[①] 最令人注意。找到的化石,是下颚的一部分,上面有三个双支根的牙齿;这是一个小型的动物,但是已经大于这类岩石中已经发现的任何其他四足兽(见图6)。牙齿的构造虽与已知的现代或化石动物不同,但是解剖学家承认,它和哺乳纲的较高级或有胎盘动物的血统关系,比任何以前在史东非尔找到的种属、或到现在为止在任何第三纪以前岩石中找到的物种更为接近。根据奥文教授的推想,这可能是一个小的有蹄类草食性动物,至少是杂食类动物,但是他仍然认为这种结论是可疑的;Stereognathus 的确与任何现时生存的和已经灭亡的类型还有很大的区别。

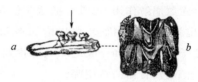

图6　Stereognathus 的颚骨,采自史东非尔

a. 颚骨的一部分,上有三个臼齿,采自史东非尔鲕状岩,原形。

(Owen's Palaeontology, p. 345)

b. 颚骨 *a* 的三个臼齿的中间一个(Owen,同书,p. 346)。

继续了将近30年之久,史东非尔的鲕状岩一直是世界上出产第三纪以前哺乳类化石的唯一岩层,到了1847年,才在史脱特加特的上三叠纪地层中,找到了一个有袋类的哺乳动物,定名为 *Microlestes*[②]。在这一年和1863年之间,这个岩石和索美塞得郡的上三叠纪地层,又出产了同属的三个种,而北卡罗来纳州的大约同一时期的地层,又供给了3个食虫类小哺乳动物的颚骨,可能也是有袋类,艾孟斯教授称它为 Dromatherium sylvestre。在1854年和1871年之间,世界其他部分始新世以前的地层中,只有在多昔特郡的鲕状岩最上一层或坡贝克层发现有其他哺乳动物;它们一共大约有25个种,隶于11个属,所有这些动物都很小,大部分确定是属于有袋目,其余的部分,如果不属于有袋目,就是属于较低的食虫目。[③]

可以无疑地说,在第二纪以前,已知的纯粹淡水地层是很少的,因此我们应当可以预料得到,第一纪或古生代海成地层中陆栖动物的遗迹,应当也是非常难得。在印度洋和太平洋中,现在有几个面积不下于欧洲和美洲的区域,我们可以在它们的海底上进行网捞工作而采得无数介壳和珊瑚,可是得不到一个陆栖四足兽的骨骼。假定海员报告我们说,在他们的吊钩上吊着一个似人猿、象、或豹的一部分,我们是否会对他们的报告的准确性发生怀疑呢? 如果我们对他们的报告毫不怀疑,我们是否会想到,他们或许不是熟练的自然科学家呢? 或者,如果这种事实确无可疑,我们是否会怀疑,某些船只曾经在那里遇了难呢?

---

① 这个属名是由查利沃斯在1854年所定的,这个标本已经由邓尼斯牧师保存了20多年。

② Elements, pp. 430－440.

③ 在1856年以前,我们只知道坡贝克层有两种哺乳动物,它们是白罗第发现的,奥文教授把它们列入 *Spalacotherium* 属;在那一年,勃克尔又送我一组化石,我就交给福尔康纳博士。这些化石,主要是下颚;由于他的解释,我才能在1857年出版的 *Manual or Elements of Geology* 中说:在总共500方码范围内,几寸厚的中坡贝克一层地层,出产了14种以上隶属于八九个属的哺乳动物。这个数字,现已增加到25种以上,隶于11个属。所有这些化石,都经过奥文教授描述、绘成精美的图,载在 A Monograph of the Palaeontographical Society, 1871。参看 Elements, 6th ed. p. 379; 和 Student's Elements, 1871, p. 303。

陆栖四足兽被河水远远地冲入大洋的机会,一定非常少,而这种漂浮物体不被鲨鱼或者其他捕食动物为生的鱼类(如我们在某些石炭纪地层中找到它们牙齿的鱼类)吞没的机会,可能更少;即使这些尸体幸免鱼类的摧残,恰好沉落在沉积物正在堆积的地方,而后来的无数崩解作用,也没有把这些包含在不可以数计的时代的岩石中的动物完全消灭,我们也只有绝少的机会,可以恰好遇到埋有这种宝贵遗迹的古代海底的地点。如果我们在几千块碎珊瑚和介壳之中只能找到几根水栖脊椎动物的骨骼,我们是否还会有遇到一根陆栖动物骨骼的希望呢?

> 克拉仑斯做梦的时候,在"很深的黏土海底"看见了,
>
> ——千数可怕的破碎沉舟;
>
> 千数的人,鱼在那里咬;
>
> 成块的金,巨大的锚,成堆的珠宝。

如果他在"散布海底的死骨之中"看到狮、鹿和生活在森林中和平原上的动物的尸体,那么这个故事就与莎士比亚的天才不相称了。这位诗人所描写的,虽然是梦幻者恐怖想象中的一幅不调和景象,但是如果他大胆忽视概率和违背类似现象,他也要受到不可宽恕的谴责的。

第二纪岩石中缺少鲸类 但是有一种比什么都重要的否定事实,似乎可以证明,在第一纪、或在第二纪较老的地层中,我们完全没有可能找到最高级的空气呼吸者。这种事实是:到现在为止,埋在始新世以前地层的脊椎动物化石之中,还没有找到鲸类的骨骼。在欧洲的下第三纪地层里,难得看到鲸骨,大不列颠的唯一例子,是伦敦黏土层中的一角鲸(Monodon),就是如此,这个标本的地位还有一些可疑。但在美洲的中始新世地层中,如在佐治亚和阿拉巴马,现已确定为真正有胎盘哺乳动物的巨型械齿鲸(Zeuglodon),不是不常见的动物[①]。鲸类的体骼一般是如此之大,如果它们曾被埋在有显著的巨型爬行动物的三叠纪,里阿斯统,或其他第二纪岩层的沙泥中,决不会不引起采集者的注意。鱼龙和其他食肉蜥蜴目,以前似乎在自然法则中替代了鲸类的作用;如果这种假定是正确的话,似乎很可能,有胎盘哺乳动物当时即使已经存在,为数一定也很稀少。

哺乳类的各亚纲是按照地质年代的次序由低级到高级依次出现的 在根据脑部构造变化分类的哺乳纲中,奥文教授把松脑亚纲(Lyencephala)列为最低一级,其中又分两个目,一为有袋目,一为一穴目。后者包括大洋洲的针鼹(Echidna)(或鸭嘴獭)和鸭嘴兽(Ornithorhynchus)。到现在为止,我们还没有发现这一类最低级的哺乳动物的化石;假定脊椎动物化石出现时期的全部知识,的确能证明从最简单到最复杂类型的前进发展学说、而第一纪岩石中的确有高于爬行纲的空气呼吸者的话,我们必须在石炭纪和其他第一纪岩石中去找它们的遗迹。因此,第一纪岩石中应当有一穴目,第二纪应当有有袋目,第三纪应当有有胎盘类,暂时假定 Stereognathus 所属的一纲,还没有确定。

---

① 我以前所引证的白垩纪岩石中的假定鲸类,是根据李台博士的记载。李台博士近来又确定它是属于中新世——Leidy, Reptiles of the Chalk。

我们可以说,在第三纪和后-第三纪的历史中,哺乳动物的构造从不太完全进步到较为完全的演化更为显著。因为在已知的有胎盘亚纲中,最古的代表原始蒙熊(Arctocy-onprimoevus)不是属于四手目;这是在法国的塑性黏土或伍尔维去层以前的始新世地层中发现的。后来吕提麦耶在瑞士侏罗山①的中始新世一部分地层中,发现了一个猴类的颚骨,其形态的一部分,与美洲的吼猴(Mycetes or howling monkey)很相似,另一部分则与狐猴(Lemurs)相近。如果能发现更多的骨骼,而鉴定的结果也证明无误,那么似狐新猴(Coenopithecus lemuroides),将成为四手目动物的最古代表②。其次的一级,是在欧洲的上中新世或法龙沉积层中发现的几个猴类,其中的一部分是似人猿。在法国南部发现的一个猿化石,名为森林古猿(Dryopithecus),其形态很像长臂猿,它的身长与人类相仿。在上新世地层中之所以没有找到四手目,可能是由于气温的降低,其时的气候开始与现在欧洲南部相仿,而与上中新世的亚热带气候不同。要获得猴、猿和猩猩,以及人类初次出现的逐渐发展的证据,前进论者天然应当在没有受到冰川时期严寒气候影响的地方去搜寻,而我们的最详细的考察,不论在新旧世界,一向都局限于北半球的温带。所以,这种重大的综合所依据的事实虽然如此之少,同时我们虽然不敢过于信赖我们的推论,然而我们还是可以说,事实所指方向,的确有利于前进学说。我们也可以无疑地说,即使包括离开史土特加特三四千英里产生 Dromatherium 的北卡罗来纳州在内,发现 33 种第二纪或中生代哺乳类化石的面积,仅仅占地球总面积的极小部分。但在另一方面,我们必须想到,这种动物群在时代上的分布已经非常长,从瑞替克期或上三叠纪起,一直绵延到坡贝克期或鲕状岩的末期。现时大洋洲所产的 200 余种哺乳动物之中,3/4 是有袋类,其余的物种则限于蝙蝠和啮齿目;后两者的体格都很小,如以脑部发育为分类的根据,它们都是属于光脑亚纲(Lissencephala),或者有胎盘动物的最低亚纲。照我们已知的情况而论,中生代古地层中所产的哺乳动物,也是以真正的有袋类最占优势,和它们共生的物种之中,可能有有胎盘动物,果然是如此的话,它们体格可能都很小,并且是属于本纲较低的各目。在这种哺乳动物群生存的长时期内,陆栖和海栖的爬行动物也很繁盛,而脊椎动物和无脊椎动物的种,也常常发生变化,所以在这个时候找不到任何鲸类或旋脑亚纲(Gyrencephala)各目的代表,不是完全偶然的,也不能归咎于我们对这些时期空气呼吸动物知识的浅薄。我们至少可以肯定说,以我们目前的知识水平而论,如果把这个动物群与地质年代中更新的第三纪的动物群相比较,它们所指的方向,是有利于从简单进步到复杂的前进发展规律。

古生物学的研究,正确地引导我们达成一种结论,即无脊椎动物的肇生,早于脊椎动物,而脊椎动物中的鱼类、爬行类、鸟类和哺乳类出现的年代次序,是与按照它们构造的完善程度排列的动物分类表的上升次序相符合的。至于哺乳纲本身,以前已经提过,奥文教授曾经依照脑部的发育程度分成四个亚纲。有袋类和食虫类属于最低的两个亚纲,

---

① 侏罗山即 1958 年出版的世界地图集中的"汝拉山",由于我国地质界已习惯于本译名,故未与地图集中名称统一,请读者注意。——译者注

② 我们以前所引证的猴类化石,是奥文教授在苏福克的依普伟枢附近凯生地方伦敦黏土下面地层中发现的一种,1840 年他把这个猴类化石定名为始新弥猴(Macacus Eocenus),后来他又得到了更多的资料并且作了更准确的鉴定,于是在 1862 年又宣布这是一个厚皮目的动物。

即松脑亚纲和光脑亚纲,我们在第二纪岩石中已经发现了它们的化石。再上一级是旋脑亚纲,鲸目、长鼻目、反刍目、食肉目、四手目属之,第三纪的地层中有它们的化石。在这些动物之中,以四手目所占的地位为最高,而似人猿科(Anthropomorphous family)的构造和本能,又为他科之冠,出现也最晚。在所有这些亚纲之上是第四个亚纲,名为始脑亚纲(Archencephala),人类是它的唯一代表,在后-第三纪以前的沉积中,还没有找到它们的化石遗迹。

在进行考察之前,我们可以作一种合理的预测,认为人类的遗迹一直可以追溯到上新世——其时现在的全部介壳物种和一些哺乳动物都已存在——因为在一切哺乳动物之中,人类的分布最广,而且适应地球上气候和地文变化的能力也最大。

不论在野蛮或文明时代,人类所受的水的危险比任何一种陆栖动物更多;所以,他的骨骼也比任何一种动物易于陷落在湖沼和海底沉积物之中,我们也不能说,他的遗体比其他动物易于腐坏;因为照居维叶的观察,在同一个古战场的墓葬中,人骨和马骨的腐坏程度,事实上没有什么差别。即使人类骨骼的比较坚实的部分都已消失,他们还可能像植物的最嫩树叶和许多动物的柔软皮膜那样在岩石中留下他们形状的印迹。然而最不易毁坏的物质所制成的艺术作品,一定比沉积岩石中的一切有机物耐久。有史以来,大厦,甚至于整个城市,曾被掩埋在火山喷发物下面,或被掩埋在海底,或被地震所倾陷;如果这种灾害在无限长的时期中屡次发生,那么刻在地壳上的人类远古史的字迹,一定比曾经一度布满北部海洋各岛的古代植物的形状、或者后来群居于北半球的河流和海洋中的巨大爬行动物的形状更为清晰。

人类肇生之后地球上究竟发生了多大的变迁　自从拉马克时代起,古生物学家始终辛勤地在研究的一个耐人寻味的理论问题,我拟留待第二册再行讨论;就是说,我们的记录既然如此残缺,以致属与属之间和种与种之间的过渡环节,都没有留下它们过去存在的遗迹,那么地质学家所发现的动物群和植物群化石,可能曾经通过遗传或生殖过程而与前一期的化石相连接的说法是否合理。为了支持这种意见,有人曾经争辩说,人类的最早遗迹,暗示他们只有粗糙的艺术而且完全不知道利用金属。在另一方面,我们对于表示脑部发育较差的人类——与猛犸象生于同一时代制造最早石器工具的人——化石遗迹的发现,进步却很少,甚至于没有进步。我们可以明显地说,人类的优越性,不是决定于人类与低级动物所共有的能力和特性,而决定于人类之所以异于禽兽的理性。如果我们说人类比任何以前存在的动物为高贵,我们是指他的智慧和道德品质,而不是指他的体力;如果没有理性,而仅仅赋有其他动物所有的那些本能,那么人类的能力是否优于一切动物,还是一个问题。我们不去讨论这些以及与之同类的问题,现在只要设法答复反对过去自然现象一致性学说的人们的意见。

有人问,人类的干涉,不是已经使以前的自然现象脱离常轨,而这种事实的知识,不是有破坏我们对古今自然现象一致性信心的趋势么?如果地球完全由较低级动物居住了几千世代之后,还能够发生这样的革新现象,那么何以过去不能时时发生与此相同的而空前未有的其他变化呢?如果与过去各种作用的种类和力量不同的新作用可以中途参加,何以其他各时期中不能产生同样的情形呢?或者我们有什么保证使它们今后不再发生呢?如果情况果然是如此的话,不论我们对一个时期的作用所造成的一切结果如何熟悉,我们又怎样可以拿这个时期的经验来作其余时期自然现象的标准呢?

如果我们拿这些反对意见来责难一个主张前后相继的世界大事是始终绝对一致的人——例如,他是一个沉迷于埃及和希腊教派幻想的人,并且主张一切精神和物质的变化,经过相当长的时期之后会重演一次,而新轮回的地点与时间,与旧轮回完全相同——他就没有办法答复。

因为他们把地球上的一切事物的常轨与天体的轮回作对比;不仅认为世界大事是受天体的影响,而且也主张地面上的一切现象的变迁,也与天上一样,是周而复始永无停息的。同一个人物,注定要复生,而他的行动与前世毫无差别,同样的艺术作品将再被发明,同样的城市将再被建造和毁灭,阿戈远征队(Argonautic expedition)将再出航,参加的英雄,将与以前参加的完全相同;而阿契尔斯将再率领他的勇士,鏖战于脱罗埃城下。

> 另一个提非斯①将来还要驾驶着阿戈②,
>
> 运送上帝所亲爱的希腊英雄;将来还要有同样的战争,
>
> 伟大英勇的阿契勒斯又要被派遣到脱罗埃③。

然而地质学家不必走向相反的极端,否认从古以来自然秩序的一致性,是与我们现在所信仰的一致性的意义完全相同,并且希望它将来还是如此,就可以断定这种教义的荒谬。我们没有理由假定:当人类最初成为地球一小部分的主人时,地球上的自然情况所发生的变化,会比向无人迹而现在陆续被新移民所占领的区域大。当强大的欧洲移民初到大洋洲海岸的时候,他们立刻输入那些需要几个世纪才能达到完善程度的艺术,运来无数原来产于地球对极的植物和大动物,并且开始迅速扑灭许多土产物种;这样一来,在短期内所造成的变迁,可以比野蛮民族初来时大得多,而其成就,也不是住在那里几世纪的野蛮民族所能想象。如果认为,某些区域虽然受到如此空前未有的变迁,而整个自然体系还是维持着它的一致性的一种假定不是不恰当的话,那么我们将更有信心地把这种原则应用于人类的原始时代,其时人类的数目与能力,或者他们的文明进步的速度,一定远逊于现在。假使要推想人类诞生以前地球上的情况,我们必须以我们人类在亚洲肇生时起——照现在假定,亚洲是人类的摇篮——到第一个探险家到达新大陆的一段时间内的美洲情况所用的归纳法为指导。照我们的想象,在这一段时期内,万物情况的发展,与现时尚未被人占据的区域相仿佛。就是到现在,生命充斥的湖、海和大洋的水,也可以说与人类没有直接的关系——这是地球上向来没有被人占领而且永不能被人类占领的部分——所以地面上大部分有生物繁殖的地方,对人类存在的麻木,几乎和还没有被人类占领的岛屿和大陆相等。

如果悉德尼四周的贫瘠土地,由于第一批移民的登陆而立即变成沃土;或者,如果诗人以灿烂笔墨形容的快乐岛中的那些沙地,能于自发地每年生产谷物,我们才可以相信,

---

① Tiphys(名舵手——译者)

② Argo(船名——译者)

③ Virgil, Eclog. iv. 要知道这个学说的记载,参看 Dugald Stewart's Elements of the Philosophy of the Human Mind, vol. ii. chap. ii. sect. 4;和 Prichard's Egypt. Mythol. p. 177.

自然法则的确因人类的诞生而引起了更为显著的变化。或者,如果伊斯基亚火山岛由于冒险而辛勤的希腊移民第一次在那里经营耕种而停止其内部火的活动,同时地震也减轻它的破坏强度,我们才有一些根据可以说,地球一旦受了人类的控制之后,地下的能力会全部削弱。但在长期的静止之后,火山又恢复它的力量,重新爆发,毁灭了一半居民,迫使其余半数向他处迁移。自然常轨显然毫无变化;因此我们也可以假定,除了人类的存在外,人类诞生的前后,地球的一般情况是完全相同的。

人类对改造地球体系使它越出常轨的作用,恐怕不如普通所想象的那样大;例如,我们常常夸大了我们消灭某些低级动物和繁殖其他动物的能力;这种能力是有一定限度的,况且不是完全由于人类的努力[①]。如人口的增加,不得不使其他动物的数量减少,或使它们完全消灭。大猛兽当然先被驱除;但是较小四足兽以及与我们利害相冲突的无数鸟类、昆虫和植物,反而因为我们的存在而增多,有的损害我们的食物,有的损害我们的衣服和身体,有的妨害我们的农业和园艺作物。我们亲眼看到辛勤劳动所得的成果被无数昆虫所毁坏,而对它们的摧残,也正像对地震的震动和熔岩流的流动一样,束手无策。

一个大哲学家曾经说过,我们只有服从自然规律,才能加以支配;甚至于用驯化和培植的方法来使动植物发生惊人的变化,也不能脱离这种原理。我将在第二册中说明,我们只有帮助某些本能的发展,或者顺从生物机能的神秘定律,才能完成如此意想不到的变异,而使个别的特性遗传到后代[②]。

从这些和其他的考虑来看,我们对自然体系的知识愈丰富愈会相信,人类的干涉所造成的那些变迁与其他动物所造成的变化的差别,远不如通常所想象的那样大[③]。不过在我们作这一类的对比时,我们常被动物的本能和人类的推理能力之间有很大区别的见解所迷惑;因此易于不假思索地即作出一种推论说,仅仅作为自然营力而论,有理性物种和无理性物种所造成的结果,其差别是与用以指挥他们动作的天赋能力成正比例。

然而我们并不是想用以上所说的一番议论来灌输一种概念,说是自从人类诞生以来,我们找不到自然现象越出以前常轨的迹象。如果在过去的任何时期中,兽类适应意外环境的能力是如此之大,以致本能的作用与人类的理性同样繁复,我们或者可以说,人类的作用,并不是使万物秩序越出常轨的主要因素。于是我们或许才可以说,人类的诞生是精神世界的一个新纪元,而不是物质世界的新纪元——我们对地球以及支配生物的规律的研究和推测,不应当再从自然体系的扰乱或越轨现象的观点出发,也就像我们不应当把木星周围各卫星的发现,认做对天体的情况有影响的自然事件看待一样。这种发现,在促进人类科学的进步与在航海和商业的帮助方面固有影响,但人类思想对这些遥远行星的自然法则,并未起任何相互的作用;所以,我们可以这样想,在一定时期内,地球已经成了改进人类的德育和智育的场所,但在生物界和非生物界中,以前存在的变化方式,丝毫没有变动。

---

① 见第四十二章。
② 见第三十六章。
③ 见第三十八,三十九,四十,四十二各章。

　　仅仅把他作为物质世界的有力作用而论,人类的确与其他的动物有所不同;因为我们和现代动植物之间的关系,与各种无理性动物相互间的关系,有很大的区别。我们变更它们的本能、比较数目,以及它们的地理分布的能力,远超过任何物种对其他类,而在某些方面,方式也不相同。此外,历代的进步,使得两个相隔相当久远的人类在能力和知识方面所发生的差别,远非任何一种高等动物相互间的差别所能比拟。在生物界和非生物界其他部分存在了很久之后,地球上忽然出现了如此特殊而前所未有的营力,的确可以使人感觉到,哲学家或许不能有信心引用地球在几千世代中所经过的一切事件,来作预测将来可能发生的偶然事件的根据。但是只要他不否认,至少在生物方面,演化和前进规律的可能性,他对自然规律不变的信心,或者他对从现在推究过去的方法来考虑地球变化的信心,是毋庸动摇的。

第十章　续论古今变化原因的一致性

——气候的变化

　　由于过去气候的不同所推得的论证——泛论过去这种差别的事实——青铜和石器时代的气候——冰碛中的四足兽和介壳化石——猛犸象和其他已灭亡的四足兽遗体所表示的气候——保存在西伯利亚冻土中的象和犀牛尸体——这些化石遗体的情况对于气候说的重要意义——后－冰川时期气候的变化——用有机物和无机物的证据来证明冰川时期的严寒情况——杜恩登和克罗默尔的间冰期——不列颠的上新世地层表示从热气候到冷气候的过渡——意大利上新世地层所提供的温暖气候的证据——上中新世期中欧的温暖气候——爬行类和四手类——西瓦里克山的化石——西印度群岛的上中新世地层——下中新世的动植物群表示温暖气候——在北极高纬度上的中新世森林——始新世期间的高温——上中新世和中始新世砾岩中的漂砾表示当时可能有冰的作用

北半球过去的气候与现时不同　另一种反对用现在正在进行的作用来解释一切地质变迁的意见,是以过去流行的气候比现在同一纬度上的气候为温暖的现象为根据的。我们已经知道,大约在 1688 年,胡克根据波特兰鲕状岩所产的龟类和菊石化石,深信古代海水的温度事实上比现在高。后来,又有人用第二纪或中生代前后的地层中所发现的介壳和珊瑚,作为证明这种意见的证据,而植物学家也主张,古老石炭纪植物群的性质,也是有利于这种的学说,在较老岩石中找到的一切高温标志之所以易于被人接受,是因为它们似乎可以用来支持地球原来是熔融体的臆说,这种臆说主张,当热量扩散到大气和海洋里去的时候,地球愈变愈冷,而它的外壳也愈变愈厚。

　　自从我在 1830 年最初企图引用地球上的地文变迁[①]来解释气候变化之后,我们对本问题的知识已经增加了不少,而需要解决的问题,也略向新的方向转变。更广泛的观察告诉我们说,在过去时期中,热带以外的区域,不一定始终比现在热,但是恰好相反,至少有一个时期,在地质学上说是一个很新的期,这些区域的气温比现在低得多。所以,在讨论从最早的含化石地层形成时期所经过的气温变化的原因之前,我们必须向读者简单说明这类变迁所依据的事实。

　　初看起来,处理这个问题的最简单方法,似乎应当先从叙述由最古时期的生物遗迹所推得的证据开始,然后再依次探讨后来各时期中动物群和植物群所显示的各种气候变化。但是这种方法是不适用的,因为不但所有最老岩石中的动植物化石已经与现时生存的完全不同,而且大部分的属,以及许多它们所属的科,久已不存在了。因此,如果为了

---

　　①　见 Principles of Geology,第 1 版,1830。

确定两个相隔很久的时代的气候差别而作这种比较,我们觉得几乎不可能把研究现代动物界的情况所得的规律,应用于情况与现在相差如此之大的时代。归纳的线索似乎中断了;我们认为,为了使所引用的根据更为可靠,并且使从已知推断未知的推理更有把握,我们必须首先确定现时生存的生物与紧接着的前一个时期的生物的关系——其间的软体动物或我们讨论得最多的那些化石种属,几乎完全相同——然后再向较古时期的岩石逐步推究。采用这种方法,我们首先有把习性和生理特性已经明了的现代物种与埋在第三纪岩层中的动植物遗体作比较研究的便利;正如上一章所说,第三纪动植物各纲代表的比例,已经与现时生存的很相似。这样我们可以避免一种错误,就是说,我们不至于把某些属或科的繁盛,归功于气候的变化,因为这种优势事实上可能不是决定于气温,而是由于没有较高级动物的竞争,因为按照前进发展的规律,后者还没有在地球上出现。

青铜时代和石器时代的气候　依照这种方法进行研究,我们首先应当考虑直接有史以前的欧洲气候,当时万物的情况,与现在没有什么显著的区别,不论在青铜时代或在青铜时代以前的新石器时代[①]的遗迹所表示的情况都是如此,所谓新石器时代,就是丹麦的贝冢(kitchen-middens)和许多瑞士湖滨居民所属的时代。

当时和人类共生的动植物,除了少数在有史期间在局部地区被消灭外,显然与同一地区的现在物种完全相同。

再向前的一个时期,就是拉提特所谓"驯鹿"时期(Reindeer period),我们对这个时期也已经获得了相当的资料;其时驯鹿以及几种适合于冷气候的动物的生活范围,一直扩充到比利牛斯山麓。在这个动物群中,也有为再前一个时期较为普通的四足兽,如猛犸象和穴狮等,但是为数很少,此外还有一个已经绝种的四足兽,叫做爱尔兰麋或巨鹿[②]。当时人类所用的工具,非常简陋,而且完全不知道利用金属。经过这个界限还没有十分确定的过渡时期,我们到了"旧石器时代",包括法国的阿缅和阿白维尔的古代河砾,和英国的沙斯白里和白德福河砾,以及欧洲许多部分的表面沉积。在历史的回顾中,我们在这里第一次在现时生存的动物和人类的遗迹之中,遇到无数已经灭亡的象、犀、熊、虎和鬣狗等种属的骨骼。在欧洲西北部,人类的遗物之中几乎完全没有磨光的燧石工具,其形状也与后来在新石器时代所发现的不同,它们表示较低的文明程度。在含有这类艺术作品和已经灭亡动物的沙砾的时期,地文情况与现时欧洲同一部分的特征略有不同,在较新的时代或新石器时代,却没有这样的区别。在旧石器时代,河谷的宽度、深度和轮廓,还没有达到现有的程度。在山洞中找到的人骨和粗糙艺术作品之中,也有与上述的旧石器时代相同的哺乳动物遗体。老河流的河道中所堆积的巨量冲积物质,冲积层中某些部分的扭曲层理,以及其中所含的许多巨大被搬运过的石块,都意味着当时的冬天有大量的冰雪,而常年平均气温,也比现时欧洲同一部分低[③]。掩埋在同一类沉积物中的介壳,也是属于现时生存的物种,除了以后即将提到的少数例外外,几乎都是中欧和北欧的代表物种。普遍缺少爬行动物的骨骼,甚至于连小型的种类都没有,是值得注意的事实,

---

① 罗博克爵士在《史前时期》(*Prehistoric Times*)一书的第三页上,建议用"新石器时代"代表石器时代较新的一期,而称人类与许多已绝迹的哺乳动物共生的较老的石器时代,为"旧石器时代"。

② 见 Mr. Boyd Dawkins' list of mammalia of the Dordogne Caves, Quart. Journ. of Sci. , July 1866, p. 343。

③ 要了解冰碛层的扭曲情况,可参见作者所著的 Antiquity of Man, p. 138。

这种事实表示当时的空气和水的情况，都不适宜于这一类脊椎动物的生存。

猛犸象与其共生动物的气候　当地质学家开始考察冰碛层中的化石的时候，他们的思想中存有充分的信心，认为地球上古代的气候比现在温暖。这种意见，是他们在研究第三纪和第二纪岩石时推演出来的；当他们从上述的古代河砾中和同时代的黏土层及洞穴角砾中找到许多掩埋在里面的无数象、犀、河马、狮、虎、鬣狗等的骨骼时，他们一定毫不迟疑地达成一种结论，说是以上所说的各属，都是现时较热纬度上的代表，因此它们的存在，与公认的学说完全相符。但是，和这些化石共生的许多陆栖和淡水介壳，几乎绝无例外，都是与现时在同一地区繁殖的种类完全相同；这一种事实，无疑对古代气候较热的信念提出了警告。但在他们的思想中，许多著名的大型哺乳动物所造成的印象，比微小的软体动物所造成的印象深得多，况且他们对于后者也不熟悉。在第三纪和有史时期之间介有一个冰川时期的概念还没有肯定以前，佛雷明博士在 1829 年对象和犀以及其他伴生的厚皮动物和食肉兽的骨骼是暗示热带气候的意见，已经发生了怀疑。他说，以现时的情况而论，形态和骨骼构造相似的哺乳动物群，并不一定有相同的地理分布；所以我们不应当仅仅依靠解剖学上的构造类似性来肯定现时已经不存在的物种的习性和生理特点。他说，"斑马喜欢在热带平原上漫游；而普通的马却能在冰岛过冬。水牛也像斑马一样，选择高温的地方，并且甚至于不能在普通黄牛繁殖的地方生存。但在另一方面，几乎与水牛相似的麝牛，却爱好北极区域的稀疏牧草，而且能于用周期移栖的方法，度过北方的冬季。胡狼（Canis aureus）住在非洲和亚洲较暖的部分和希腊，而北极狐（Canis lagopus）却住在北极区域。非洲野兔和北极野兔，各有其不同的地理分布"[1]；而热带、温带和北极区域，各有不同种的熊。

其他作者不久也提出了同样的论证，霍格生就是其中之一；在他所著的尼泊尔哺乳动物的记述中，他说，喜马拉雅山雪线的边缘，有时可以找到老虎[2]。潘能特曾经说过，在亚美尼亚的阿拉拉特山的雪里，曾经看到一只老虎；有些权威后来也承认，在北纬 45°的苏刹克附近阿拉尔湖周围，也常见与孟加拉虎同种的老虎。

洪博尔特说，亚洲南部现时有印度虎种的区域与喜马拉雅山之间，隔有两道终年积雪的山脉——北纬 35°的昆仑山脉和北纬 42°的天山山脉——所以这些动物不可能仅仅从印度向北旅行而在夏天深入到北纬 48°和 53°。它们一定在天山北面过冬。1829 年在勒拿河上打死的最后一只老虎，是在北纬 52°15′，其气候比圣彼得堡和斯德哥尔摩还要冷[3]。

在西伯利亚曾经发现过一种披有长毛的豹（Felis irbis），它显然和老虎一样居住在北纬 42°的天山以北[4]。

关天现代象的气候，埃弗列斯特教士说，野生象居住的最高地方，是在喜马拉雅山西北面北纬 31°，大约高出海平面 4 000 英尺的那块地方，那里的常年平均温度约为 64°F，冬

---

[1]　Fleming, Ed. New Phil. Journ., No. xii, p. 282, 1829.

[2]　Journ. of Asiat. Soc., vol. i. p. 240.

[3]　Humboldt, Fragmens de Géologie, &c., tome ii. p. 388. Ehrenberg Ann. des Sci. nat., tome xxi. pp. 387, 390.

[4]　Ehrenberg, Ann. des Sci. nat., tome xxi. pp. 387, 390.

夏温度相差也很大,大约等于 36°F,1 月份平均是 45°F,最热的 6 月份是 91°F①。

1858 年冯·许仑克在他的著作中宣布说,亚洲东北部近来归并于俄罗斯帝国的阿穆尔地区(黑龙江流域),现在有 58 种四足兽,其中的一部分是北极种,一部分是热带种;为了说明这一点,他说,分布范围有时远达北纬 42°的孟加拉虎,主要靠驯鹿为生,在另一方面,小的无尾兔(pika),有时从它们的北极巢穴漫游到北纬 48°的阿穆尔地区②。在美洲,美洲虎(jaguar)可以从墨西哥向北流浪到北纬 37°的肯塔基州③,向南可以到南美洲南纬 42°的地方——这是等于比利牛斯山在北半球的纬度④。美洲狮(puma)的分布范围更大,它可以从赤道游荡到麦哲伦海峡,因为南纬 53°38′处的法明港,也有它的踪迹。当好望角首次被殖民的时候,南纬 34°29′处还找到了非洲的双角犀,此外还有象、河马和鬣狗。所有这些物种的迁移,在这里被海洋阻挡住了;如果非洲大陆更向南延伸而地形不太高的话,那么它们的分布范围很可能离开赤道还要远。

如果现在的印度虎能够流浪到西伯利亚的南部边缘,或者生存于喜马拉雅山雪线附近,如果美洲狮能够走到南美洲的南纬 53°处,那么欧洲北部曾经一度有与它们同属的大种,就不难理解了。英国所产的猛犸象(E. primigenius)化石,当然与现时生存的两种象绝不相同;其中的一种,局限于亚洲,住在北纬 31°以南;其他一种则产于非洲,其生活范围直达好望角。化石种的骨骼,在欧洲和北美洲的分布都很广;但是还不如西伯利亚那样繁盛,特别在冰冻海洋的边岸。

但是如果根据这种现象来推断,认为这种动物喜欢北方的气候,那么有人自然要问,它们以往究竟依靠什么食物来维持生活呢？何以北极圈附近现时没有它们的遗类呢⑤？帕拉斯和其他作者,曾对全部西伯利亚低地保存得很新鲜的猛犸象骨骼作了描写;它的东西分布范围,从欧洲边界起直到最近于美洲的尖端,南北范围,则从北纬 60°和从亚洲中部的山麓起,直到北极海边岸(见图 7),整个面积不下于整个欧洲。在此范围内,额尔齐斯河,鄂毕河,叶尼塞河,勒拿河以及其他河流的河岸,到处都可采集到象牙化石。象的遗体不产在沼泽之中而产在河岸形成的沙泥悬崖里面;根据这种情况,帕拉斯作了很合理的推断,他说,如果我们能在各大河流之间的地区作成剖面,我们很可能在所有的高地内找到同样的骨骼。在帕拉斯以前,史脱拉伦堡也曾经说过,任何被大河流泛滥和被洪水切成新沟壑的地方,总是露出许多猛犸象的化石。

根据帕拉斯的调查,在有些地方,这类骨骼是与海栖生物共生,而在另外一些地方,则仅与木化石或褐煤埋在一起,他说,这些木化石,与炭化的泥炭沼中所产的相仿。在克拉斯诺亚尔斯克城下游的叶尼塞河岸,约在北纬 56°处,他在与粗砂砾成互层的黄色和红色土壤中也看见象的骨骼和臼齿,其中也有许多石化的柳树和其他树木。在这里以及邻

---

① Everest on Climate of Foss. Elephant, Journ. of Asiatic Soc., No. 25, p. 21.

② Nat. Hist. Review, vol. i. p. 12, 1861. Antiquity of Man, p. 158.

③ Rafinesque, Atlantic Journ., p. 18.

④ Darwin's Journal of Travels in South America, etc., 1832 到 1836, in Voyage of H. M. S·Beagle, p. 159.

⑤ 由此引起的对西伯利亚古代地文以及古代西伯利亚适合于猛犸象居住的研究,最初是在 1835 年 6 月出版的本书第四版中发表的。1845 年莫契孙爵士与弗纽尔和凯塞林,在他们所著的俄国的地质巨著中(vol. i. p. 497)引用本章时,曾经说,他们的研究,使他们得到相同的结论。

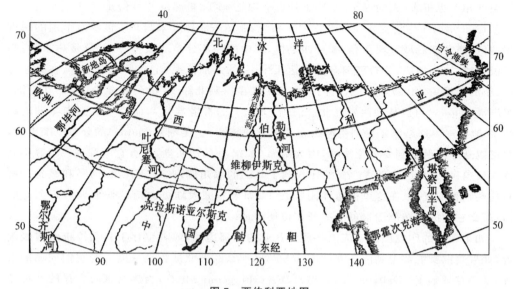

图 7　西伯利亚地图

表示西伯利亚从南向北和从温带向北极区域流动的各大河流,在这地方,盛产猛犸象的骨化石

(中国鞑靼,指现在的蒙古高原——译者注)

近的地方,并没有海栖介壳,只有几层黑煤[1]。但在这条河流的下游,在北纬 70°靠近海洋的地方,曾经采集到与海栖生物埋在一起的猛犸象臼齿[2]。帕拉斯也提到了许多其他地方,那里的海栖介壳和鱼齿,与猛犸象、犀和西伯利亚水牛或骏犇(Bos priscus)伴生。

　　保存在冻泥中的象和犀牛的尸体　但是保存得非常完整的化石的第一次发现不是在鄂毕河,也不是在叶尼塞河,而是在更东的勒拿河,这里的气候比其他相同纬度上的气候寒冷得多。1772 年,帕拉斯在北纬 64°,位于勒拿河支流威尔居依河沿岸的威尔居依斯科依地方的冻沙中,得到了一个披毛犀(R. tichorhinus)的尸体;这个尸体一定已经在那里面冻凝了不少时候,因为在地面以下不太深的地方,土壤已经是永久冰冻的了。这个尸体可以比之于天然的木乃伊,发出像腐败肉类的臭气,部分的皮肤上,还披着短而卷曲的绒毛和黑色和灰色的皮毛。看见了运到圣彼得堡的头部和脚部都有很厚的皮毛,帕拉斯问道,这个动物是否居住于亚洲中部的寒冷地带,因为它的衣着,比非洲犀温暖得多[3]。

　　在一封寄给洪博尔特男爵的信中,圣彼得堡的白兰特教授对于这个化石遗体,补充了下述的一段细节:"幸运得很,我在威尔居依犀牛臼齿的孔隙中,取出了小量经过半咀嚼的食物,其中的松叶破片、半个蓼科植物的种子,和几块极细而具有多孔细胞的植物(或者松类植物的碎块),都还可以辨别得出来。头部的详细研究,也发现堪以引人注意的现象,在肉块内部所发现的血管,甚至毛细血管,都充满一种褐色的物质(凝结的血),这些物质,在许多地方显出血的红色。"[4]

---

①　Pallas, Reise im Russ. Reiche, pp. 409, 410.

②　Nov. Com. Pétrop., vol. xvii. p. 584.

③　Ibid., p. 591.

④　Quart. Journ. Geol. Soc. London, vol. iv. p. 10, Memoirs.

在帕拉斯发现犀牛之后 30 年，即 1803 年，亚达姆斯在更北的地方发现了一个完整的猛犸象尸体。这是在勒拿河岸北纬 70°处落下来的冰块中找到的；尸体的柔软部分保存得如此完整，以致狼和熊就在当地把它的肉当做食物。这副骨骼现时还保存在圣彼得堡博物院中，其头部还保留有皮肤和许多完整的韧带。动物的裘计分三层，最上面的是一层比马鬃还要粗的黑色鬃毛，长约 12 到 16 英寸；第二层是红褐色的皮毛，长约 4 英寸；第三层是一层与皮毛同色的绒毛，长约 1 英寸。在潮湿的沙岸上，还收集到重达 30 磅以上的裘。动物的体格，高 9 英尺，长 16 英尺，大而弯曲的大牙还没有计算在内，现时生存的最大雄象都没有它那样大①。

显然，猛犸象不是像现时的非洲象和印度象那样是裸体的，而是盖有一层厚而蓬松的裘，其性质可能与麝牛的一样，既能防雨又可御寒②。照居维叶说③，这个动物，可以抵抗北方气候的变化；毋庸置疑，自从上述的犀牛和象的尸体埋在西伯利亚的北纬 64°和 70°时起，那些地方的土壤，一定一直维持着冰冻状态，而气候也一定与现时同样寒冷。一位俄国著名自然科学家米登多夫 1843 年的发现，对于从已经灭亡的四足兽被掩埋时起的西伯利亚低地气候，提供了更准确的资料。他在 1846 年 9 月把这次的发现告诉了我。他在北极附近，鄂毕河和叶尼塞河之间，约居北纬 66°30′的塔斯地方，找到了一个象，肉体的一部分，保存得非常完好，所以它的眼球至今还保存在莫斯科博物院中。同一年，1843 年，他又在北纬 75°15′，泰穆尔河附近找到了另一个尸体与一个同种的幼象，肉体已经腐烂。这个动物是埋在含有漂砾的泥砂地层中，高出海平面大约 15 英尺。在同一地层中，米登多夫看到了一根落叶松（Pinus larix）的树干，其种类与现在由泰穆尔河大量向下游搬运到北极海的相同。沙泥层中还有现时生存于北方的海栖介壳种，这些物种，也是苏格兰和欧洲其他部分冰碛或冰川沉积物中的特征生物。其中最显著的是湾锦蚌属的 *Nucula pygmoea*，樱蛤属的 *Tellina calcarea*，海螂属的 *Mya truncata* 和穿石蜊 *Saxicava rugosa*。

据提雷雪斯说，整个俄国北部所产的象牙都很新鲜，过去已经采集了好几千根，并且用于制造；此外还搜集了许多出售。他深信，留在俄国北部的骨骼的数目，一定远远超过所有现时生存在地球上的象。

白令海峡东面俄属美洲④北纬 66°处的爱斯索尔治湾的冻泥和冰块悬崖中，也曾经采集到猛犸象的化石。因为冰的解冻，悬崖不时崩溃，于是象牙和骨骼随着落下来，而且泥土中还发出腐烂动物物质的强烈臭味⑤。

1866 年，在北纬 70°—75°之间，叶尼塞河河口附近的平原上，又发现了许多保留有皮肤和裘毛的猛犸象骨骼。据说，大部分象头都朝向南方。最近，1867—1870 年，冯·梅得尔，在圣彼得堡科学院指导之下，组织一个探险队到英笛其斯加河去考察，据说曾经在那

---

① Journal du Nord, St. Petersburg, 1807.

② Fleming, Ed. New Phil. Journ., No. xii. p. 285, 1829.

③ Ossements fossils, 4th ed., 1836.

④ 俄属美洲，指现在的阿拉斯加。1867 年，美国向帝俄购得阿拉斯加，成为美国的领地。——译者注

⑤ 见 Dr. Buckland's 对这些骨骼的叙述，Appen. to Beechy's Voyage.

里发现化石。我们从白兰特的著作中读到[1]，旅行者在这条河的两点，找到了猛犸象的皮、毛和骨骼；这两点的距离约 30 英里，离北极海约 66 英里。在一个地点，掘到一具完整的头骨。这些和以前所说的其他个体保存在冻土和冰块中的事实，对北极区域气候的一切探讨，都有极重大的意义，不论是在这些动物生存的时期，以及在它们以后所经过的整个时期。从那个时期起，当地的气温，可能由于地球的地理变化，或者一部分由于各相岁差的不同，或者由于地球轨道偏心率的变迁而有升降；但是一种事实是肯定的，就是说，包裹这些四足兽的冰块和冻土，从它们死亡时起，从来没有解冻到一种程度，可以使冰水在泥质中渗漏，否则动物的柔软部分不会不被分解。

照现在所知，罗马是猛犸象骨化石在欧洲最南面的界限。有些化石是 1858 年在罗马周围的沙克罗山找到的，这是由拉提特在朋兹教授从火山砾中找到的哺乳动物化石中鉴别出来的。弗纽尔告诉我说，另一部分标本是在台白河岸朋特·莫勒地方的古代冲积层中找到的，其中还有同时代的燧石工具。

福尔康纳说，这些古象的分布范围虽然很广，在欧洲，从台白河扩展到勒拿河，在美洲从爱斯索尔治湾到墨西哥湾，然而我们却没有必要假定它们在每一个纬度上都披有厚裘。"产在高出海面 16 000 英尺而有严寒气候的西藏高原上的山羊，有美丽的丝光羊毛，但是到了克什米尔，这种山羊的细毛，就完全消失了。"[2]

在白兰特发现西伯利亚犀牛臼齿中的松叶化石之前很久，佛雷明博士已经暗示说，"我们不能用现代象所爱好的食物种类，来决定已经绝种的象的食物，甚至于不能用来作推测的根据。"他说，"任何深知我们的麇鹿、赤鹿或麇所吃的禾本科植物性质的人，决不会指定藓苔植物作为驯鹿的食物。"

旅行家说，就是在现在，亚洲东部的气候，虽然比西部同纬度上的气候冷得多，但在勒拿河岸，北达北纬 69°5′处，不但有铁杉而且有桦木、白杨和赤杨[3]。

奥文教授说，猛犸象的牙齿与亚洲和非洲象的牙齿都不同，它们的致密釉质比较厚；这种特性可能是它们能够依靠灌木的木质纤维为生的原因。简言之，他认为，牙齿的构造，以及皮和毛的性质，可能是使它成为"驯鹿的适当伴侣"的原因。

有人建议说，在我们的时代，北方的动物时常随着气候移栖，所以，西伯利亚的象和犀牛也可能在夏季向北迁移。麝牛每年放弃它们在南方的冬季住所，在冰上渡过海洋，到北纬 75°处梅耳维耳岛上的丰富牧草区域去吃 4 个月的草——5 月到 9 月。猛犸象也可能在北方温暖的夏季，从亚洲的中部或温带到北纬 75°处作同样的旅行，即使连续的陆地可能没有延伸到这样远。

如果情况果然是如此，那么它们骨骼的保存，甚至于整个尸体偶然在冰块或冻土中的保存，不必诉之于地球上过去情况和气候的突变，就可以得到解释。我们似乎有理由可以假定，在绝种的象和犀生存的时代，西伯利亚北面的范围，远不如现在遥远；因为我们已经知道，埋有骨化石的西伯利亚低地的地层，原来是在海底沉积的；并且从 1821 年，

---

① Bull. de l'Acad. Imp. des Sciences St. Petersburg, vol. xv. p. 347.

② Falconer, American Fossil Elephant, Nat. Hist. Rev., vol. iii, 1863.

③ History of British Fossil Mammalia, 1844, p. 261 et. seq.

1822 年,1823 年伦格尔航海队所揭露的事实来看,冰海沿岸的陆地,现在经常有缓慢的隆起,其情况与瑞典很相似。波的尼亚湾海岸的面积,既然可以由于河流运来的沉积物和由于隆起和后来海底的干涸而增加,这些原因的配合,应当同样可以在近代使西伯利亚含有现时生存的北极介壳和骨化石的低地,扩大它的范围。莫契孙爵士和其他旅行家的观察,事实上已经告诉我们那里的面积的确在扩大。这个区域的地文变化,就是说,北极陆面积的经常扩大,按照第十二章中所说的原理,会增加冬季的严寒,并且由于食物的供应受到限制,最后使猛犸象和它的共生生物完全消灭。

参看所附的地图(图 7),读者就可以了解,所有西伯利亚的河流,现在都是从南向北或者从温带向北极区域流动,由于向这个方向流动,它们都像北美的马更些河一样,很容易发生大水灾。因为靠近河口的几百英里内,每年之中有 6 个月冰冻时期,所以在下游还没有解冻的时候,上游或南部已经充满了流水。向下流动的水,找不到河床,于是在冰上奔腾,常常变更方向,摧毁森林,冲刷巨量与冰相混合的泥土和沙砾。西伯利亚的各河流,都是世界最大的河流之一,叶尼塞河长达 2500 英里,勒拿河 2000 英里;所以我们可以想象得到,跌落在河水中的动物,可被向遥远的河口搬运,而在到达河口之前,可能被搁浅,而且常常冻在厚冰之中。后来冰块略为解冻,它们再被向前推动,一直漂流到大洋,最后就埋在河口附近的河流沉积和海底沉积之中。

洪博尔特说,在勒拿河口附近,离地面几尺之下,有很厚的终年冰冻泥土;所以,在这种气候情况下,如果尸体一旦被埋在泥土和冰块中,可以永远不至腐烂[1]。根据圣彼得堡的冯·贝亚教授的报告,在勒拿河西岸,离北极海 600 英里,位于北纬 62°的雅库次克镇,永久冰冻泥土的深度达 400 英尺。赫登斯东告诉我们说,西伯利亚有很大部分,湖和河的边岸悬崖,是由水平层理的泥质和冰的互层所组成[2];1846 年米登多夫告诉我说,3 年前他在西伯利亚旅行时,他在那里打了一个 70 英尺的钻孔,在穿过很多和冰混杂在一起的冻泥之后,遇到了坚实纯粹透明的冰块,虽然又钻了两三尺,没有能确定它的厚度。

李觉生爵士告诉我说,在美洲北部,包括现在许多食草四足兽居住的地方,飘积的雪,常常变成永久的冰块。飞雪常被吹过陡峻悬崖的边缘,在悬崖下面积成几百英尺高的斜面岩堆;当冰开始解冻的时候,陆地上湍急的流水,向下狂奔,于是把悬崖顶上的冲积土和砾石向下冲刷。这种新的土壤,不久又生长了植物,保护着下面的积雪,使它不至于受到日光的照射。水偶尔渗入积雪的罅隙和小孔;但是水的冻结更可帮助积雪结成坚实的冰块。在悬崖下面河边觅食的牲畜,有时被飘雪掩埋,后来冻结在冰块之中,最后向北极区域搬运。或者当一群从北方夏季草原回来的猛犸象经过河流的时候,它们可能被突然冻结的水所袭击。赫克教士在他所著的《西藏旅行记》中说,在他的考察队中许多人冻死了之后,残存者在木鲁乌苏河边[它的下游就是著名的所谓蓝河(Blue River)]支起篷帐;从这个驻地,他们看见"许多黑色的无定形物体,排队渡河。当它们走近的时候,形状还是看不清楚;等到它们走得很近,才知道是一队野牛,藏族人民叫它们为犛牛[3]。全

---

①　Humboldt, Fragmens asiatiques, tom. ii. p. 393.

②　Reboul, Géol. de la Période quaternaire, who cites Observ. sur la Sibérie, Bibl. Univ, juillet 1832.

③　想来是 Bos grunniens 的野生种。

队约 50 余头，都包裹在冰里面。无疑，它们是在渡河时被冻结在冰里而无法摆脱。它们美丽的头部和头上的大角，还露在水上面，但是它们的身体却固结在冰里；冰质非常透明，所以鲁莽巨兽的位置，看得很清楚；它们似乎还在游泳，但是鹰和乌鸦已经啄去了它们的眼珠[1]。

从以上所罗列的事实来看，我们似乎可以作这样的推想，在亚洲中部的广大区域内，可能包括西伯利亚南半部在内，在地史时期不久以前，气候相当温暖，所以可以供给成群结队的象和犀的食粮，这些象和犀的种，当然与现时生存的不同。一般的见解都以为，巨大的食草动物，要繁茂的草木才能维持生命；但是根据达尔文的意见，这种见解是完全错误的：他说，"因为我们对印度和印度洋各岛屿的情形过于熟悉因此见了成群的象，思想中就会联想到稠密的森林和无从插足的丛莽。但是非洲南部，从南回归线到好望角，虽然是不毛的沙漠，却有许多巨大的土生四足兽。我们在那里看到 1 种象，5 种犀牛，1 种河马，1 种长颈鹿，克罪牛（Bos Caffer），角麋（elan），2 种斑马，泥珺（quagga），2 种角马（gnus）和几种羚羊。我们不能以为它们的种类虽多，每种的数目却很少。在南纬 24° 旅行时，A. 史密斯博士在一天的行程中，看到大约 150 个犀牛和几群长颈鹿，而他的探险队，在前一天晚上，打死了 8 只河马，况且他们所旅行的范围越出正线的距离并不大。但是它们所居住的地带，草木非常稀少，灌木的高度大约 4 英尺，而含羞草树还要少，因此旅行家的车辆，几乎可以毫无阻碍地沿着直线前进[2]。

为了要解释何以如此之多的动物能在这种区域维持生活，有人建议说，供给它们主要食物的矮树，体积虽小，但是可能有大量的营养，并且这类草木生长得很快；因为，A. 史密斯说，一部分被消费之后，新的枝叶立刻就生长出来。我们即使全部承认这种连续生长和消费说法，但是从以上所述的事实来看，较大食草兽所需要的食物，显然比我们通常所想象的要少得多。达尔文认为，在任何一段时期内，大不列颠所生长的草木量，可能超过非洲南部内地同样面积上所生长的 10 倍。作为说明食物的丰富和土生哺乳动物的大小之间没有多大的关系，一种情况是值得注意的，就是说，非洲的沙漠部分有如此之多的大动物，而树木非常繁茂的巴西，却没有一个大型的野生四足兽。

猛犸象和犀牛群，现时无疑已经不可能整年在冬季多雪的西伯利亚南部生存；但是，在北纬 40° 到 56° 之间，以前曾经有过足以供养这些大四足兽的植物，是不难想象的事。

欧洲冰碛和洞穴沉积的气候　我们现在可以问，含有如此新鲜猛犸象遗体的西伯利亚冻土，在地质上相当于欧洲的那一层沉积呢？从它们的表面分布和所含哺乳类的物种，以及米登多夫等在其中所找到的介壳都是属于现时生存物种的事实来看，它的时期似乎应当与含有燧石工具的英、法、意大利旧石器时代的冰碛相当。照普利斯威枢的研究，在这个时期，泰晤士河、索美河和塞纳河流域的流行气温，比现在约低 20°F，或者相当于现时向北 10° 到 15° 地区的温度[3]。这种估计，是以旧石器时代的冲积层中、与猛犸象和

---

①　Recollections of a Journey through Tartary, Tibet, and China（ch. xv. p. 234），by M. Huc. Longman，1852.

②　Darwin. Journ. of Travels in S. America, etc. , 1832—1836, in Voyage of H. M. S. Beagle, p. 98. 2nd ed. , London，1845，p. 86.

③　Prestwich, Phil. Trans. , 1864, part 2, p. 89.

其他生物伴生的陆栖和淡水介壳的详细分析为根据的。仅以与猛犸象和披毛犀同埋在砂砾中的陆栖介壳而论，我们在泰晤士河流域及其附近，已经找到了48种之多。除了两种而外，其余都还继续在不列颠生存；这两种介壳，即人形螺（Helix incarnata）和碎石螺（Helix ruderata），还在欧洲大陆上生存，它们的南北分布范围也很广。伴生的淡水介壳，也有20种以上是不列颠的物种；但是除了两三种外，它们的居住范围远达芬兰，它们的存在，与冷气候的臆说并无矛盾，特别像椎实螺（Limnoeoe）这种介壳，虽经冰冻，还能在河冰解冻后复活。沙斯白里附近的费晓顿地方，在含有猛犸象和披毛犀的冰碛层中，找到了一个最早石器时代的粗糙燧石工具，并且除为虎、鬣狗、马和其他绝种和现存的物种外，还有格陵兰旅鼠（lemming）和与土拨鼠相似的北方啮齿动物嗜粉鼠（Spermophilus）；这样的动物群，可以证明旧石器时代的人所必须抵抗的气候，比现在欧洲同一部分寒冷[1]。E. 福勃斯把不列颠和大陆上的邻近部分在直接有史时期以前的情况，比之于北美的"荒地"（barren ground），即包括加拿大、拉布拉多和鲁波特大地，以及驯鹿、麝牛、狼、北极狐和白熊现在所居住北方地带[2]。但在冰碛层的某些部分，我们也找到与此相矛盾的证据；这种证据，可以使我形成另一种概念，就是说，在寒冷气候之间，偶尔介有相当长久的温暖时期，足以使来自其他区域或南方的哺乳动物，向此移栖，或在此暂居，因此它们的遗体，可以与较北气温的兽骨和介壳，同时埋在同一层的河砾之中。如果承认冰碛的堆积所需要的时期很长，我们可以无疑地说，其间的气候一定有变迁，而这种变迁，主要是由于第十二章所解释的地理情况，有时是由于天文原因，其理由将在第十三章中讨论。在泰晤士河流域和其他地方所发现的河马骨，与现时产于尼罗河的河马有密切关系，它们常与现在产于尼罗河的一种双壳类仙女蚬［Cyrena (Corbicula) fluminalis］共生，这种介壳类的踪迹，遍及亚洲的大部分地区，甚至于远达西藏，但在欧洲的所有河流中，却已绝迹。在爱昔克斯的格雷斯地方产生仙女蚬的冲积物中，还有海滨珠蚌（Unio littoralis）；这种蚌类，已经不再是不列颠的物种，但在法国，位于较泰晤士河靠南的河流中，却非常多。镶边螲螺（Hydrobia marginata）也是冰碛中有时遇到的介壳动物，这是现时住在较南纬度上的物种。与格雷斯的仙女蚬共生的象和犀牛［古象（E. antiquus）和大犀（R. megarhinus）］，与连肉体冻在西伯利亚冰块和冻土中的象、犀不同，而与英、法、德冰碛层中具有北极性质的哺乳动物共生的象、犀也不相同。据有些动物学家推测，河马的化石种，是适合于寒冷气候的，但是适合于上述仙女蚬的河水温度，似乎也更适宜于河马的生存。

冰川时期 历史回顾的其次一步，把我们引导到所谓冰川时期；这个时期的大部分，虽在上述旧石器时代的河谷冰碛和洞穴沉积之前，但是两者的关系非常密切，所以不容易在它们之间划出一条清晰的界线。散布在欧洲和北美洲北部、离开最近的可能母岩很远、被称为漂砾的巨大多角石块，久已成为地质学家难以解释的隐谜；到了后来，才开始怀疑它们可能是陆地上积冰的搬运物，或者是现时大陆的大部分还沉在海底的时候漂浮

① Ant. of Man，3rd edit.，Appendix，p. 5.
② 见 E. Forbes，在 the Memoirs of Geol. Survey of Great Brit.，vol. i. p. 336. 1846 年中一篇非常精彩的论文。

冰山的搬运物。

在欧洲，这种石块的分布范围，向南远达北纬 50°，在北美洲则更远，可达北纬 40°。据说，一部分这种石块的一边或几边，是磨光的，而且有擦纹，其情况与阿尔卑斯山中埋在现代冰川冰碛里面的石块完全相同。在欧洲和美洲，这种石块下面的坚硬岩石的表面上，也有同样的擦纹和直线凹槽，它们的方向，通常与漂砾的移动方向相同。因为经过搬运的岩块和原地岩石表面的擦痕和磨光的性质，与现代冰川近来造成的完全相同，最后终于承认（但是经过了 1/4 世纪的辩论，而与较早地质学家的意见相反），在有史时期以前，欧洲北纬 50°以北和阿尔卑斯山北纬 46°以北的气候，不仅比现在冷，而且南北半球的严寒程度，远非现在同一纬度上的温度可以比拟。

在苏格兰和北美洲的冰碛物中，曾经找到现在生存于北极而不再出现于温带的海栖介壳物种，所以有机界和无机界所提供的证据都证明，欧洲的大部分地区过去所流行的气候，与现时北极的气候相同。

根据这些冰碛层，以及其他含有多少属于北方性质的海栖介壳群的冰碛层，我们可以证明，自从冰川时期开始之后，陆地的水平曾经发生过很大的振荡。用这一类的证据来判断，苏格兰地平的变迁，达 500 英尺以上，英格兰的某些部分，如拆郡，达 1 300 英尺，而在北威尔士则达 1 400 英尺；这些运动都是发生于后-第三纪，或者在现代介壳生存的时代。但是研究了北威尔士冰川时期成层冰碛的位置之后，蓝西教授以为，先使陆地下沉后来又使它上升的垂直运动，总数超过 2 000 英尺。

间冰期 我们不必在这里提出冰川时期不列颠的海陆变迁的证据，也可以证明严寒气候在这里持续了相当长的时期，其强烈程度虽然不一定完全相同；所谓不列颠的海陆变迁，是指：在冰川时期，不列颠曾经两度是大陆的一部分，中间夹有一个沉陷时期，其时大不列颠和爱尔兰，变成了许多小岛聚成的群岛。作为说明寒冷期间曾经有过温暖和有时比较舒适的季节的事实，我们可以用密勒所谓"擦纹路面"（striated pavements）为例。这些路面，是由冰砾泥所组成的水平地面，埋在里面的巨砾，似乎受过磨蚀，其情况与下伏岩石以前所受过的颇为相似。在这种情况下，固着在冰砾泥中的大石块，不但有它们原来的独立擦纹，而且还有自相平行而与旧擦痕相交错的新擦纹。这种现象，在爱丁堡下游的福斯湾以及其他地方的海岸，如苏格兰的东西两岸和英格兰的梭尔威海岸，都可以看到。第二套擦纹的一部分，可能是在陆地沉陷时期冰山在海底上摩擦所致；一部分可能是第二次的大陆冰川走过较老的冰碛表面时所遗留的痕迹①。

莫乐特等曾经举出许多证据来证明阿尔卑斯山的两个冰川时期；第一个冰川时期，规模宏大，充满了瑞士的各大河谷，从阿尔卑斯山到侏罗山，随处都有，而在大山脉的南面，同时期的冰川侵入了波河，在那里留下了异常巨大的冰碛。在这些巨大冰川退缩了一个时期之后，它们不久又向前进，其规模虽然不如第一次那样大，但是比瑞士现在最大的冰川还是大得多。阿尔卑斯山中，有减少冰雪量迹象的温暖气候时期，希亚教授称之谓间冰期；这一段时期一定相当长，因为其间有充分的时间可以堆积致密的褐炭层，如在

① A. Geikie, Phenomena of Glacial Drift of Scotland. p. 66，他引证了 C. Maclaren. Hugh Miller. Milne－Holme 和 Smith of Jordan－hill 的著作。

杜恩登和苏黎世附近的其他地点都有这样的褐炭层。希亚认为,居间的温暖季节的气候,与现在瑞士的气候很相像。他的推论是以褐炭中的植物化石群为依据的,特别是根据苏格兰杉和云杉的球果与橡树和紫杉的叶子,以及某些湖沼植物的种子;所有这些植物,都是现时生存的种类。昆虫和淡水介壳,也提供同样的证据。产在杜恩登含褐炭页岩中的哺乳动物,有一种象(E. antiquus)、一个绝种的熊(Ursus speloeus)和一种与披毛犀不同的犀牛。形成含有以上所说的化石的页岩和褐炭层时期的前后,都有很冷的气候;前期的寒冷气候,表现在褐炭和页岩下面的岩石表面上的擦纹和磨光面,后期的寒冷气候,表现在它们上面的巨大漂砾①。

在英国,诺福克海岸克罗默尔地方的褐炭层或森林层(Forest Bed)的情况,与上述的杜恩登的情况特别相似。其中也含有云杉和苏格兰杉的球果,和湖沼植物的叶子和种子,以及为瑞士沉积物中所常见的某些介壳和哺乳动物。这一层的前后,也都有很冷的时期。北纬52°,依普伟枢附近契尔福特地方的海成地层中所产的大量现时生存于北极的介壳物种,证明这一层以前的气候是寒冷的,根据普利斯威枢和 S. 伍德的观察,这些介壳,古于褐炭或森林层。在另一方面,克罗默尔的森林层以后,也有一个寒冷的时期,因为这些地层的上面,有一层很厚的冰碛层,其中的一部分没有层理,并且含有由远处运来的巨大漂砾和多角石块,在有些石块上面,也有磨光面和擦纹②。

我们对冰川时期的遗迹以及造成它的历史的一系列事件的见解,还不够完备,所以上述的杜恩登和克罗默尔的间冰期是否属于同一时代,目前还无法肯定;但是两者都证明,在漫长的寒冷时期中,气温常有波动。正如以前所说,在冰川时期,地壳的形状也有很大的变迁,由于隆起和沉陷运动,许多地方的海洋变成了陆地,陆地变成了海洋。我们有低估严寒时期长短的危险;因为冰川厚度的增加,比例地抹杀以前冰川作用所遗留的一切标志。现在笼罩格陵兰的大冰层的摩擦作用,就表明这种过程。如果这种冰川一旦融化之后,那么寻找较老的冰碛和漂砾所需要的技能,实不下于在故意洗去旧字然后重写新稿的褪迹纸(palimpsest)上恢复原作者的字迹。

从以上各种观察来看,读者可以明了,第三纪终了和后-第三纪早期所流行的寒冷气候,是从两个完全不同的证据推得的,第一种可以说是无机物的证据,例如漂砾、冰碛和岩石的磨光面和擦纹;第二种是有机物的证据,例如在温带区域的冰碛中埋有北极性介壳。但是福勃斯又根据多山区域动植物的现在分布情况,特别在欧洲和北美洲高纬度上的分布情况,提出了另外一种或第三种证据。北半球经过了几千年的寒冷气候之后,地面较高的部分,都埋在永久冰雪之中,于是温带的低地上一定也有北极性的动植物群。等到气候回暖,过量的冰雪逐渐减少之后,每个大陆上的北极种植物、昆虫、鸟类和哺乳动物,向较高部分迁移,而平原则被由南方移来的物种所占领。因此,原来从北极纬度一直扩展南方、无间断地分布在美、欧、亚各洲现在温带区域的北极性动植物群,都局促在最高山脉的山顶上面,如阿尔卑斯山,或苏格兰、斯堪的纳维亚和美国的纽亨普夏的山上。现在在许多距离很远的山顶上或者山顶附近的孤立地区有相同的物种,将无法得到

①　Heer, Urwelt der Schweiz, p. 532.
②　Antiquity of Man, pp. 212—218.

解释,如果地质学家在第三纪的末期没有发现一个冰川时期,而发现一个像前人所说的、有史时期以前所应有的温暖气候[1]。

不列颠的上新世地层表示温暖到寒冷气候的过渡 如果经过寒冷气候的时期再向较古的时代追溯而考察不列颠上新世地层的化石,我们可以在最早或最下的一层找到很有趣的证据,证明当时不列颠的气候比现时为温暖,很像地中海的气候。从这一层向上面的各层系追索——在诺福克和苏福克两处的地方名称叫做克雷格层——层次愈高所产的南方介壳也愈少,北方的物种则渐次增多;到了最新或最高的一层,几乎全部的介壳都是属于现时生存的北极性物种,就是在北纬 52°和 54°,也是如此[2]。

意大利的上新世地层 意大利的上新世地层,普通称为下亚平宁层,也同样表示温暖的气候。例如,西恩那、帕尔玛和亚斯提所产的介壳化石,都与现时居住在地中海和印度洋的种类相同,而其大小则与印度洋所产者相仿,现时残留在地中海的物种的生长,似乎受到抑制,就是说,意大利现时的条件,对它们似乎不如上新世有利[3]。我们也可以说,下亚平宁层动物群中的已灭亡物种,大部分是属于现时在赤道区域发展的种类,例如衲螺(*Cancellaria*),鬐螺(*Cassidaria*),镟螺(*Pleurotoma*),宝贝(*Cypraea*)等属。

上中新世的温暖气候 我们的回顾录中的再前一期,是上中新世。这一时期的海成地层中,大约 1/3 以上的介壳动物,是属于现时生存的物种,其中有好几种是现时较南纬度上的产物,而在已绝种的化石物种之中,有些是表征南方气候的属。大不列颠虽然完全没有上中新世的地层,但在比国和德国都有这一类的沉积物,其中所产的介壳,如芋螺,衲螺和框螺等属,都不是我们现时的海洋和不列颠上新世沉积物中的产物,而是适合于较高温度和标志着较高温度的种类。

法国的同时期地层,叫做卢瓦尔的法龙层,也证明这种推论;这种地层,与维也纳盆地的同期地层一样,所含的化石物种,一部与现时生存于孙尼格尔或者非洲西岸的物种相同。整个中欧的上中新世动植物群,确实证明当时气候是近于亚热带。在上中新世地层的最上一层中,希亚教授在瑞士的依宁根地方,找到了大约 500 种植物的叶子和果实,有时有花;它们的形态与美国卡罗来纳州以南各州的植物群很相近。为了便于与现时生存的种和属相比较,希亚选择了 483 种作为研究的根据;比较的结果,他发现其中的 131种可以列入温带,266 种可以列入亚热带,85 种可以列入热带。以地球上现在的情况而论,马德拉岛的植物群,与此最为相近。乔木的总数远超过草本植物,而乔木中的常青树又占多数,这种事实意味着当时没有严寒的冬季。大量最易保存成化石状态的昆虫种属,证明属于温暖气候的昆虫群非常丰富。在中欧和北欧上新世动物群中不占显著地位的爬行动物,到了中新世渐形重要。在依宁根发现 2 种龟,3 种蝾螈,后者之中的 1 种,比现时日本所产的更大。在法国比利牛斯山山麓附近的上中新世地层中,也找到了猴类的骨骼。其中有一个长臂猿,体格与人类相等;高普博士又在纬度与康沃耳相当的达姆斯塔特附近爱帕尔夏姆地方[4]的上中新世地层中,找到一根大猴的股骨。希腊雅典附近,也

---

① Edward Forbes' Memoirs of Geol. Survey, vol. i. p. 399. 1846.

② 见 Elements of Geology, pp. 198,204, edit. of 1865;和 Student's Elements, 1871, p. 169。

③ 1828 年,帕尔玛的居多提教授和杜林的本纳里,指出许多可以证明这种见解的实例。

④ Owen, Geol. Trans. , 1862, and Geologist, 1862, p. 247.

发现了上中新世四手目的化石;这也证明,自然科学家以前根据图林、波尔多和维也纳等处的化石、介壳和珊瑚对欧洲温暖气候所作的推断是正确的。

西瓦里克山的化石　当欧洲有亚热带气候的时候,愈近赤道的气温也愈高,这也是一种极有兴趣的事实。对于本问题的最重要资料,是福尔康纳博士和柯脱雷爵士供给的;1837 年,他们在喜马拉雅山南麓朱木拿河西面的西瓦里克山采集了巨量的化石。这里所产的哺乳类化石的数目和种类都非常多,仅以长鼻目中的乳齿象属和普通象属而论,已经不下 7 种。和它们共生的还有一种已经绝迹的巨大四角反刍类动物,名为西瓦巨兽(Sivatherium),此外还有一种骆驼,一种河马,一种鬣狗和几种猴类。共生的爬行动物,也证明当时那里的气候比欧洲同时期的任何地层热,因为,除了一些大于现时生存的绝迹蜥蜴类动物外,还有一种现时恒河所产的双脊鳄鱼($C.\ biporcatus$)和一个恒河鳄(gavial),以及 1 种壳的直径不下 8 英尺的巨型绝种龟类。

西印度群岛的上中新世地层　如果我们再研究一下西印度群岛如安提瓜岛、圣多明戈和牙买加等处的上中新世地层,我们可在其中发现与维也纳、波尔多、图林等处同期岩层中所产的同种珊瑚,其中一部分,如邓肯博士所示(1863),与现时产于太平洋(南海)、印度洋和红海的种属有密切的血缘关系。这种事实,不得不引起一种意见,即当时在北纬 18°的西印度群岛和北纬 48°处的气温,比现在接近得多[1]。

因此邓肯博士断定说,当时不但没有巴拿马地峡,而且在欧洲中新世海和西印度群岛同时代的海之间,也没有隔开它们的陆堤或大西洋大陆。1850 年莫亚已经指出了圣·多明哥的某些第三纪介壳与欧洲的中新世介壳之间的血缘关系[2];他又说,与现时生存物种相似的圣多明戈介壳,主要虽然是大西洋的类型,但其中也有与现时生存于太平洋的动物群有密切关系部分;他因此推想,在中新世期间,现在巴拿马地峡所在的地方,曾经有一个通道,如此则软体动物才能往来于两个大洋之间。他说,这样的臆说更易使人接受,如果我们想到巴拿马铁路的最高水平高出海平面不过 250 英尺,而地峡的任何一点,也都不超出 1000 英尺;这种高度还不及圣多明戈中新世海成地层沉积之后地壳隆起的高度的一半。

根据这些事实和其他的研究,爱塞里居断定,大西洋和太平洋的分离时间,开始于巴拿马地峡的中新世沉积隆起的时候,这种隆起作用,一直到上新世才结束。

下中新世地层　参考本书第 68 页的含化石地层的简明总表,读者可以看出,当我们从较新地层向较老地层追溯时,上中新世地层的下面,应当是下中新世地层。这些地层之中,几乎完全没有现时生存的介壳和植物物种,但在其中的许多化石,却与上中新世地层中所产的相同,就拿这一点来说,已经足够使我们断定当时也有温暖的气候。不论用直接和间接的证据,都足以证明这样的预测;因为,第一,依宁根层 Eninghen beds 中所含的、适合于温带的植物属,在下中新世几乎完全绝迹,而热带的类型则较繁盛。后者之中有一种与枣椰树(datepalm)有密切关系的 Phoenicites 属棕榈科植物。此外希亚又罗列了 80 种植物,全部都不能在现时中欧的冬季生存。植物群中,木本植物占 2/3,常青树的

---

[1]　Duncan, West Indian Corals, Quart. Geol. Journal. p. 455, vol. xix. 1863.

[2]　Quart. Geol. Journ., 1850, vol. vi. p. 43.

比例,甚至比依宁根的上中新世地层中所看到的还要大。在这些较老的地层中,爬行纲动物也较多,有的非常大。其中至少有 3 种鳄鱼和 15 种陆栖和淡水的龟类[1]。

北极纬度上的中新世植物化石群 下中新世植物群的分布,可以从意大利向北一直追踪到得文郡,甚至于到冰岛。在这种高纬度上,亚热带和热带的属,虽然已经完全绝迹,但是所产的葛藤、合百树等化石,则表示当时的气温,比现在同一地区的温度要高出 15°或 20°F[2]。

我们在某些褐炭层或冰岛的塞透白郎褐炭层(surturbrand)中,找到一群植物化石,经希亚教授的鉴定,它们在许多方面很像以前所说的依宁根植物群。它们的性质虽然不如依宁根植物那样近于亚热带,但是所表示的气温,却比现时冰岛所享有的高得多,其相差程度,也正像中欧上中新世和现时同地植物群所表现的气温的对比[3]。

在一部讨论北极区域植物化石群的巨著中[4],希亚教授明显地指出了北极圈内中新世植物群的繁殖范围,甚至于包括我们的探险队足迹所到的北极地方。在这部书的许多图版中,有 60 种以上是在北纬 70°迪斯科岛对面找到的北格陵兰植物化石。其中有几种具有荑黄花和球果的稀桲属(Wellingtonia)植物,其形态与瑞士、英国和德国下中新世所产的特别相似。此外有 7 种松杉属,4 种白杨,2 种柳树,3 种山毛榉,4 种橡树(树叶有时长达 1 英尺),1 种篠悬木,1 种胡桃,1 种李树,1 种桃树,1 种鼠李,1 种椴木,1 种革状大叶的楠木和几种常青树,还有几种已经灭亡的种属。照希亚的意见,大叶的树,表示夏季有高温,而常青树的存在,表示没有严寒的冬季。大量的树叶紧压在一起,树叶之中有时有果实和伴生的湖沼植物,以及英格尔费德上校和林克所发现的带根直立树,都证明从北极区域采来的这些和其他植物化石,是在原地生长的,而不是由洋流漂来的。

更向北,在北纬 78°56′的史比兹堡根,希亚鉴定了 95 种以上的植物,其中许多与北格陵兰的化石特别相似。在这个植物群中,我们看到 2 种落叶柏,和榛树、白杨、赤杨、山毛榉、篠悬木、椴树(Tilia)和一种眼子菜属;最后一属的存在,表示当时这里的淡水沉积物是在当地沉积的。在离开北极 12°的范围内,有如此繁盛的树木化石,的确是一种可以惊奇的事实,因为现在这里是一片冰天雪地的区域,除了矮小的柳树外,几乎没有其他灌木,而且草本植物和隐花植物也很少。如果把这些植物与中欧和意大利的中新世物种相比较,可以发现其中有许多是相同的,可知当时气候不但比现在温暖,而且欧洲与北极圈内气温的差别,也不如现在大;然而,在这个时期,史比兹堡根的植物群,却不像瑞士、德国和得文郡那样近于亚热带,因为在下中新世时,也和现在一样,纬度的差别,也是有影响的,不过不如现在显著而已。据希亚教授推测,如果中新世的北极有陆地的话,松树、白杨、赤杨、柳树以及其他耐寒的种属,很可能直达北极中心,因为这类树木现时向北的领域,比在史比兹堡根同一地层中和它们伴生的落叶柏、山毛榉、篠悬木、椴木高 4°到 10°。后几属树木的化石,在史比兹堡根所处的纬度,比现时生存的同属,高 8°、17°和 23°

---

① Heer, Urwelt der Schweiz, p. 401.

② Heer and Gaudin, Climat du Pays tertiaire, pp. 174, 207.

③ Ibid, p. 178.

④ Heer, Flora Fossilis Arctica 内有 40 张图版,详载 M. Nordenskiold 和 Captain Sir L. McClintock, Sir R. Maclure, Colomb, Inglefield 等所采集的植物化石。

不等。所以我们可以毫不犹豫地说,在中新世时期,当这些植物在史比兹堡根、北格陵兰、马更些河以及班克斯兰和环绕北极地区繁殖的时候,除了高山山顶外,北极区域没有冰雪,而高山山顶也不是终年积雪。

中新世期间冰的作用 如果有人问,在整个中新世的岩系中,是否绝对没有像介于较老的上新世和现代之间的冰川时期那样寒冷气候的痕迹,我可以答复说,以有机物的证据而论,现在还没有发现这种现象;但是我们的地质记录还是过于片断,所以不能肯定地假定,在这样长的时期内,绝对没有像上新世和现代之间的那种温度波动。蓝西教授对古代各期冰川作用遗迹的探讨,费了不少时间和精力,而且有相当成就;他对我们说,在这个问题上,地质学家一定会遇到很大的困难。如果将来有一个时期,现在大陆的大部分向下沉陷而掩盖在海成地层下面,另一部分则被剥蚀作用所摧毁,那么我们要在古代的地球表面找一块没有受到破坏、或者还保存有巨大冰川漂砾和冰碛层的地方,成功的希望一定很小。考察远古地面的机会是非常稀少的,如果偶然露在外面的话,范围也一定很有限。在大部分情况下,它们都是没有受到和不能保存冰川磨光面和条纹的岩石。最不易消灭而可能遗留下来的冰川作用的证据,无疑是由母岩经过长距离运输搬来的巨大而多角的漂砾;凡是在古老的地层中遇到这一类块体,应当特别值得注意。所以我将继续叙述我个人考察过的一个中新世地层,其中所含漂砾的位置和体积以及搬运的方法,除了用冰的浮力外,现在还不可能用其他的理由来解释。

我所指的海成地层,是由砂岩和砾岩所组成,并且是杜林山柯林那地方中新世地层的一部分;杜林山是毕德孟省会近郊的一个小山脉,苏坡加教堂(Superga)就建筑在它的山顶上。这些地层久以盛产介壳化石著名,其种属与图林、波尔多和维也纳的法龙层相同。附图 8 可以给读者以这些砾岩(a)的位置的一些概念,砾岩的倾斜很陡,并且与从山脉轴部向西北和东南倾斜的其他地层相整合。1857 年,我和一个最能干的而且很熟悉冰川现象的意大利地质学家加斯塔尔提考察了这个区域。

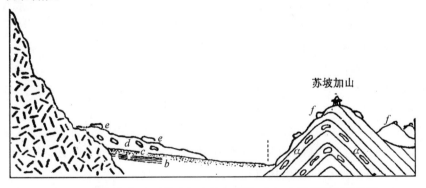

图8 从阿尔卑斯山到苏坡加山的剖面图,表示中新世漂砾的位置

a. 含有大块岩石的中新世砾岩。*b.* 下亚平宁或上新世的海成地层。*c.* 各时期的洪积层或古冲积层,一部分在冰碛层 *d* 下面。*d.* 冰川时期的依夫里亚的冰碛,其中有巨大漂砾。*e.* 在冰碛 *d* 上的漂砾。*f.* 从砾岩 *a* 中冲刷出来而散布在苏坡加山上的中新世岩块。附注——从阿尔卑斯山到苏坡加山的距离约为 30 英里。

在这一次旅行中,我对加斯塔尔提的假定表示满意;他说,躺在小山表面上的大石块 ff,是由切割河谷的作用从 aa 层中冲洗出来的[①]。换句话说,它们不是像搁在冰碛层 d 上面的漂砾 e 那样,在较新的或后一上新世时期内,从远处搬运而来,而是从附近的中新世地层,就是说砾岩 a 中冲刷出来的。这层砾岩是层次整齐的层系的一部分,主要由各种粒度的沙粒和砾石所组成;砾岩之中有滚圆的绿岩(或闪长岩)、石灰岩、斑岩和某些其他岩石的砾块。在这些砾石之中,偶尔遇到非常巨大的蛇纹岩和绿岩的巨块,我所实测的一个,最长的直径是 14 英尺。加斯塔尔提曾经看到一个长达 26 英尺;它们都是多角的,我所看见的几个,都有模糊的擦纹,而且有一个磨光面,其形状与冰川作用的产物很相像。散布有这种巨块的地层,总厚约 100 英尺到 150 英尺。到现在为止,还没有找到生物遗迹,但是上覆的地层,是含有上中新世介壳的岩层,而下伏的地层则属于下中新世,其中大部分是淡水沉积物。上覆和下伏地层中的动物群和植物群,都带有亚热带性质,一般与瑞士和中欧中新世地层的动植物群相同。因此,对这样巨块的搬运,一般都不愿意采用冰川作用的臆说,但照目前的知识水平而论,这似乎是唯一可能的臆说。与含有巨砾的地层成互层的砂岩,绝对没有洪水时期混水沉积的特征。这些漂砾,似乎是平静地沉落在它们现在所占据的地方。出产同样的蛇纹岩和绿岩的最近地点,大约在西面 20 英里,但在中新世期间,这里经过了相当大的沉陷,上覆的中新世、上新世和冲积层的沉积物又相当厚,而地文方面也经过了相当大的变迁,所以我们不能肯定地确定这些岩块来源的远近。缺少生物遗迹,可能意味着海水受了浮冰或者从北方来的冷流的影响而冷却;但是这种臆说不能令人满意,因为毕德孟的某些部分,砾岩的厚度远超过杜林山附近所看到的地层。所以我们必须推断,这层砾岩的堆积,曾经经过很长的时间,如果是这样的话,何以其中没有生物遗迹,颇难理解;因为冷流的暂时流注,可能使适宜于温暖海洋的动物群消灭,然而冷流的长期停留,当然会使适合于在较冷纬度的海生物种的繁殖。高山上的冰川一直流到海洋的说法,可能是最合理的臆说,因为巴塔哥尼亚有一股冰川,从安第斯山一直流到埃里海峡,其纬度约与巴黎相当,另外一股冰川,则流到朋纳斯湾附近,纬度为 $46°50'$(或与波尼斯·阿尔卑斯山的纬度相当);这两股冰川,都变成无数极大的冰山,带着巨大漂砾,向太平洋漂流。

始新世的动物群和植物群　在这个大层系上部的植物群中,我们在巴黎附近和在怀特岛上找到了一些像阔叶棕榈树那样的热带植物。伴生的爬行纲之中,有许多现时生存于比较南面的鳄鱼和龟类。在中始新世,如巴黎附近的 calcaire grossier 石灰岩,海栖介壳群的数量和种类,都比现在如此北面的纬度上的海洋里多。第三纪同一分期的植物群所含的种和属,如怀特岛的亚伦湾,北意大利的波尔加山,或法国南部爱克桑·普罗文等处,与中新世的种类有很多血统关系,而与现时的欧洲类型则相差很远,据希亚说,它们在许多方面与大洋洲与印度的植物很相似。

这个时期的货币虫建造的分布,遍及全世界,并且含有许多现时普遍生存于热带海洋中的大型珊瑚属;一部分与珊瑚化石相同的种,现在从印度的新德一直分布到西印度群岛。

[①] 　Gastaldi, Sui Conglomerati Mioceni del Piemonte, 1861.

最后，如果我们转到下始新世地层，我们在歇培岛的伦敦黏土中，找到椰子、露兜树、番荔枝等的果实，这些树木使我们回想到地球上最热的部分；在同一层中，有 6 种鹦鹉螺以及其他现时只产于热带的海栖介壳，如芋螺、涡螺和衲螺等属。阿格西斯在同一层中鉴定了 50 种鱼化石，他说，这些种类都具有热带的性质；在爬行动物之中，则有海蛇、鳄鱼和几种龟类。

始新世期间似乎有冰川作用的迹象　　阿尔卑斯山的始新世有一层粗糙岩层，现出许多与杜林山附近相似的现象。这一层砾岩，就是当地所谓"复理石"（flysch）和"纳格尔弗鲁"（nagelflue）砂岩和页岩厚沉积层的附属部分，照位置判断（因为没有化石）它们似乎应当属于始新世大岩系的中部，或"货币虫"部分。著名的"维也纳砂岩"，是复理石的一个分层；在阿尔卑斯山北面，这一地层的东西延长至少达 300 英里，从维也纳到瑞士，而在南面，则见于热那亚附近和亚平宁山的若干部分，在这里意大利人称它为"马西格诺层"（macigno）。这一层的厚度达几千英尺，根据某些权威的说法，偶尔可达 6 000 英尺。它的层次往往很显明，但是绝无化石，虽然在有些地方含有海藻印迹。在苏黎世湖附近的西尔太尔山和圣·戈尔的都根堡，随地都可以在其中看到一些多角而圆滑的巨大岩块。根据巴哈门博士的记载，这些岩块之中，偶尔有含着菊石与鲕状岩层和里阿斯统的其他化石的石灰岩[①]。在复理石砾岩中，有时含有特殊组分的红色花岗岩，这种花岗岩，不是阿尔卑斯山任何部分的本地产物。有几个地方，这些岩块长达 10 英尺，但在吞湖北边的哈布克伦，其体积更为可观，其中之一，长达 105 英尺，宽 90 英尺，高 45 英尺。它们不是经过摩擦，就是经过分解，所以已经没有棱角，但是没有磨光面或擦纹。

上述最大的哈布克伦砾块，是否完全来自复理石层，或者仅仅是冰川时期的漂砾，曾经有过一番热烈的讨论[②]；但是林特、史都德、吕笛麦耶和巴哈门等都明显地表示，这些砾块是从粗砾岩中冲刷出来的。松托芬附近波尔根的复理石层，也含有外来的巨大砾块，而徐士教授告诉我说，在喀尔巴阡山脉和亚平宁山脉同期的第三纪地层中，也有同样的块体，但到现在为止，在这些或其他砾块中，还没有找到冰川的擦纹。我们不但要设法说明直径从 10 英尺到 100 英尺花岗岩的大小，而且还要说明它们旅行的距离；以目前的能力而论，我们似乎还没有办法找到它的来源。它们的矿物性质，与散布在瑞士没有复理石砾岩露头区域的地面上的真正或现代的冰川时期的花岗岩漂砾绝不相同。这些巨形块体是由冰川或浮冰运到现在所占的位置的臆说，总是被人反对，因在瑞士和欧洲其他部分货币虫期的始新世地层中，含有表征温暖气候的动植物化石。狄梭特别指出，在阿尔卑斯山中，与复理石最近似的地层，含有很丰富的海猬团科（Spatangus）的棘皮动物，它们肯定是热带的类型。完全没有介壳或一般的生物遗迹，想来可能有利于复理石层由冰川作用所形成的见解，但是这种否定的性质，在每一时期的地层中都很常见，因此没有什么价值，除非伴随有其他的严寒证据。我们也不应当忘记一种事实，即现在有很多冰山的北极区域，也不是绝对没有生物。在另一方面，大部分复理石地层的有规则层理和均匀的细纹理，并不与冰川成因相矛盾，因为在诺福克海岸，我们看到完全没有生物的薄

① Bachmann, Petrifakten und erratische Jurablöcke im Flysch des Sihlthals, and Toggenburg.

② Murchison, Structure of Alps, Quart. Geol. Journ., vol. v. 1849.

纹理黏土,形成无疑的冰川沉积的独立部分。

　　复理石层的巨大厚度和其中几部分所保存的海藻印迹,使我断定它是海成的。要想象在如此南面的纬度上有携带如此巨块的冰山,而且在它的前后都有温暖气候的特征,实在是地质学家最难解答的隐谜。最适当的方法,可能还是用现时的类似现象来作解释;我们可以假定,奥地利和瑞士阿尔卑斯山的位置上,当时有一个有高山的岛屿,山上的冰川从山顶流到海洋。因为在新西兰南部,南纬 43°和 44°之间的南岛上(以前称为中岛),从终年积雪山脉的最高峰枯克山流下来的冰川,一直可以流到离开海岸 500 英尺的地方,在这个地方,不但有桫椤,而且还有槟榔子树。这些热带植物现在繁殖的区域,与由冰川从较高区域运来的冰碛和多角石块的分布范围很相近。但是我们将要看到(第十四章),现在在南北半球,都有携带巨大漂砾的冰山,它们可以漂浮到离陆地几百英里的海中,其纬度比现在的瑞士阿尔卑斯山更近于赤道,所以在气温与现时相同的各时期,在地球上的温带区域的地层中找到漂砾,是不足为奇的事,而这种现象,也绝不表示当时的气候与所谓冰川时期一样寒冷。

第十一章　以往的气候变化(续)

白垩纪化石所表示的温暖气候——白垩纪的爬行动物——用已灭亡的属和目来推断古代气候的温度是否有限度——英格兰白垩纪海中浮冰的证据——鲕状岩期和三叠纪的温暖气候——同样动物群在南北两方向的广泛分布——爬行动物的繁盛和广泛分布表示一般没有严寒气候——高纬度上没有同时期的哺乳动物并不足以说明爬行动物有广大的分布范围——二叠纪化石——二叠纪有可疑的冰力作用的遗迹——植物化石群在广大面积内的一致性——梅耳维耳岛的成煤植物——缺少显花植物是否会使我们对古代气候的推断发生错误——石炭纪大气中是否有超量的碳酸气——石炭纪地层中的介壳和珊瑚化石——石炭纪的爬行动物或两栖动物所表示的气候——泥盆纪,并讨论本纪的可疑冰力作用迹象——志留纪的气候——对第三纪、第二纪和第一纪气候的结论

我曾在上一章中设法追踪从现代到始新世的气候变迁史;我们发觉,在到达较新的上新世之前,有机物和无机物所提供的证据,都证明当时欧洲纬度上的气候,比现在寒冷得多。这个冰川时期,虽然持续了数千年,甚至持续了几万年,但照地质时期来说,还是很晚近的事,因为其中所含的软体动物,几乎与现时生存的种类完全相同。它们只有地理分布上的区别,因为当时的北极动物群,被寒冷气候所驱,向温带侵入。如果依照它们的古远程度逐一加以检查,则上新世、中新世和始新世地层中的化石所提供的证据,都证明冰川时期以前各时代的气候,愈古远温度愈高。如果阿尔卑斯山或其附近某些地区的中新世和始新世砾岩中所含的巨大移积岩块,似乎需要冰力的帮助才能移到现在所处的地位,我们还是可以用局部地理环境的配合来解释这种例外情况,不必诉之于普遍的寒冷气候,或者,这种巨大的岩块,更可能是由漂浮的冰山从远处搬来,而不需要假定当时地球上的温度比现在低;我们曾经建议用这种理由来说明阿尔卑斯山哈布克伦漂砾的来源。

白垩或上白垩纪的化石表示温暖气候　当我们越过第三纪和第二纪岩系之间的界线进入第二纪时,我们发现这两个时代的生物很少几种是相同的,并且知道,在白垩纪地层中,也有温暖气候的标志,其情况与以前从第三纪的植物、介壳、珊瑚和爬行动物所得到的证据相似。北半球白垩纪的许多主要层系,分布很广,从北纬57°一直到离开赤道只有10°到12°的地方,如朋地曲里、弗达契伦和特里契诺波雷等处。根据所含的菊石和其他软体动物,E. 福勒斯断定这些地区的沉积物,一部分相当于英国高尔脱层,一部分则与这一层上下的地层相当①。在这些印度的岩层中,我们找到宝贝、榧螺、涡螺、法螺、蜒

---

① 见 Report on Fossils collected by C. J. Kaye, Esq., and Rev. W. H. Egerton, Quart. Geol. Journ., 1845, vol. i, p. 79。

螺和 Pyrula 等属,这些介壳都是现时热带海的特征生物,其中的一部分,在欧洲纬度上的初次出现时期,是在白垩纪的最上层,即梅斯脱里许特层。福勃斯说,这些属在第三纪以前的原始诞生地,似乎是在热带区域,在第三纪,它们成为欧洲始新世和中新世的重要生物,到了较新的上新世间,冰川时期将要开始的时候,寒冷气候使它们感觉不适,于是又向南方退却。

欧洲上白垩纪的植物,就已经知道的来说,和始新世的植物群也有密切关系,因此它们也代表高温气候。它们包括很多双子叶被子植物,但是到了下白垩纪,这一类植物已经绝迹,而繁盛的苏铁和南美杉型的松杉科植物代替了它们的地位,此外还有几种蕨类植物,据一部分植物学家的鉴定,它们也是属于可以证明温暖气候臆说的种属。

讨论中欧和南欧上中新世地层中有机遗体的时候,我们有利用介壳化石来证明当时的大气和海洋都有很高温度的便利,因为当时的介壳,1/3 属于现时生存的物种,而同时期的植物、昆虫和珊瑚,以及猿和猴的发现,也证明了我们的结论。爬行动物也比较多,其中一部分的体格,比现时温带区域所产的种类大。下中新世岩层中的鳄鱼、海龟、大型蛙等属,以及始新世沉积物中的这些爬行动物和海蛇,也证明了当时的海、湖和河流,都很温暖。

当我们进入白垩纪岩系的最上一层或所谓梅斯脱里许特层时,我们发现爬行动物也有显著的发展,而在这些地方,现在已经找不到相似的动物了。例如,在北纬 51°圣·彼得山的梅斯脱里许特层中,我们找到了一种长达 24 英尺的海栖爬行动物,名为沧龙。美国的白垩纪岩石中,也有很多同一属的代表;李台博士在本纪各分层中曾经得到 20 个属以上的爬行动物,大部分已经绝种,但是一部分是现时生存的动物,如龟类(Trionyx 和 Emys)和鳄鱼[①]。欧洲和美洲的白垩纪鳄鱼之中,有几种是前凹椎的,就是说,每一个脊椎的前部成凹形,后部成凸形;照解剖学观点来看,这种特性与现时生存的物种颇为相似,而与中生代所有的已知各属,则不相同。参考奥文所编的过去地质时期的爬行动物分布表(Owen's table of the distribution of reptiles in past geological ages)[②],读者就可以知道,在现存的五个目之中,即鳄目、蜥蜴目、龟鳖目、蛇目和蛙目,最后两个目在第二纪或中生代至今还没有找到化石,而前三个目,即鳄目、蜥蜴目和海龟目,在白垩纪已极繁盛;在这个时代,和它们共生的至少还有三个已经绝种的目,即翼手龙、鱼龙和蛇颈龙。关于第一个目,即飞行的爬行动物,有人争辩说,我们没有理由假定它们需要温暖气候,因为它们已经充分发育,而其结构已经与鸟类很相似,所以可能是一种热血动物,像鸟类一样,能于忍受寒冷的气候。但是这种意见,不适用于鱼龙和蛇颈龙,也不适用于白垩纪各分层中(包括威尔顿层在内)的许多海龟目动物,其中的巨型陆栖蜥蜴,是非常突出的。

用已灭亡的目和属来指示温度是否有限度　有人反对说,推测离开我们已经很久的时期如白垩纪的动植物的习性和生理情况,未免过于渺茫,难以置信,因为始新世的物种已与现代的很不相同,而白垩纪与始新世种的差别,也不下于后者与现代物种之间的差别。所以,1830 年佛雷明博士和康内白亚教士对古代有较热气候问题进行辩论时,佛

---

①　Leidy, Cretaceous Reptiles of United States. Smithsonian contribution, 1865.

②　Owen, Palaeontology, p. 321.

雷明曾宣布说,对方的推理方法,不合逻辑,而对本问题的态度,也不公正。他说,"他们在玩弄实铅的骰子";因为大部分属,现在所以居住在热带和亚热带,不是因为它们不能在比较寒冷区域生存,而是因为热带地区的海洋和陆地范围比较大,在相等面积内可以养活的动植物数目和种类也比较多。所以,按照机会论来说,任何过去时期的属,不论已绝种或未绝种,大都在热带地区有它们最亲近的同类。其中的一部分,在地球的寒冷地区可能没有代表,这不是因为它们不适宜于这样的气候,而是因为高纬度处的动植物群比较贫乏。据他说,同一个属,常有适宜于炎热、温暖和严寒气候的种,这种事实,就足以说明我们只能根据种来确定气候问题①。

这种警告当然不应忽视,但是对本问题的怀疑态度,可能超过了限度。如果把现时生存于热带、温带、寒带的三组生物,交给一位研究有素的自然科学家,他立刻可以分别指出它们出产的地区,虽然他以前可能从来没有看见过其中的任何一个种。他一方面是以某些属和某些目的存在为指导,另一方面是以某些属和某些目的残缺或稀少为根据。我们对一个时代气候的结论,就是照这样的推理求得的,其时大部分动植物的属,甚至于大部分的目,尽管与现时生存的不同,并且我们必须记住,当我们研究近代的第三纪岩层时,其中绝大部分的种与现时生存者相同,我们可以根据和它们共生的生物来推断许多久已绝种的动植物种属的气候。用这种方法,可以用做解释过去时期遗迹的比较资料,就大大地增加了,因为我们可以不必仅仅根据现时生存的生物。

英国白色白垩时期海中浮冰的证据　　分布在欧洲大部分的白色白垩或白垩纪上部岩层的纯洁性质,现在是用新的发现来解释的,就是说,它们几乎全部是由有孔虫钙质外壳的遗体所组成,而其硅质部分,则主要来自一种名为硅藻的植物。为了铺设海底电缆在大西洋进行锤测时,在辽阔深海的底部发现了同样性质和成因的钙质细泥正在堆积。因此也说明何以白垩中一般没有砂粒、小砾、漂木,以及邻近于陆地的其他迹象,但在英格兰东南部,偶尔发现个别而孤立的石英和绿色片岩石块,当然引起各方面的惊异。这样的石块怎样被运入大洋而落到海底而且没有其他外来的混杂物质呢?我以前企图用达尔文所观察的事实来解释这个隐谜,就是说,漂浮树木的根,偶然缠绕着巨大的石块,把它远远地运到大海。有一个和人头一样大的石块,就是这样被运到600英里以外的岐林岛——印度洋中的一个小珊瑚环礁。一种名为墨角藻的海藻,连根拔起时,常把浅水地方根部周围的小砾和泥土带走。

但是根据现时已经发现的一切事实,我同意戈得温·奥斯登的意见;有些情形,如果不引用冰力作用,我们将无法得到解释。例如,1857年在克罗埃登附近坡雷的白垩中,找到了一组石块,其中最大的是一块正长岩。可惜在科学家到达以前,这个石块已经被工人打碎了,但是最大的一个碎块,两个方向的直径都是12英寸,重量在24英磅以上。石块的四周,被花岗岩沙和绿岩的小砾所包围,而它的大小,使漂木搬运说不能成立。这里况且绝对没有炭质,如果水浸树木在这里沉落的话,我们应当可以在这里找到这一类的遗迹。所以戈得温·奥斯登建议说,小砾和松沙,一定被冻在海岸冰块里面,然后漂浮出海;他说,以矿物组分而论,这一群石块的性质,恰好与北纬60°处挪威海岸的岩石相似。

---

① Edinburgh New Phil. Jour., 1830.

照这位作者的意见,形成这样海岸冰块所需的寒冷程度,可能不超过现时英格兰东岸偶尔发生的低温,因为那里的冰,有时也揭起大得多的石块,向远处漂流[1]。

另外一个实例,是克特(现名魏勒特)以前在鲁易斯附近坑井里面的"含燧石白垩"(chalk with flints)中注意到的圆形石块,其重量为13磅。石块上面粘有直海菊蛤与龙介和苔藓虫。这个石块,显然经过滚动之后才被搬运,在搬运之后龙介才附着在上面。但在白色白垩中,至今还没有遇到足以表示冰川和冰山作用的巨大多角石块。

鲕状岩期和三叠纪的气候 当我们研究白垩纪以前地球上的气候情况时,动物学家和植物学家大致都同意,在鲕状岩期和三叠纪期间,欧洲的纬度上也有温暖的气候。这些时期的植物,主要是苏铁、松杉和蕨类植物。希亚教授说,瑞士上三叠纪最普通的树木,与现时生存的藏米亚属的非洲种有血统关系[2];很久以前,勃朗尼亚特早已说过,第二纪的植物,可以用来证明当时的气候与西印度群岛相仿的臆说。欧洲鲕状岩层中所产菊石的属,有时甚至于种,以及一部分其他介壳,与印度辛得和北纬22°的克切同时期地层中所产的完全相同。再向北,这一岩层一直延伸到离开北极13.5°的范围以内,麦克林托克爵士带回来的化石标本,可以作为证明。在这些标本之中,郝顿牧师在北纬70°10′裴脱里克皇子岛上发现的化石中鉴别出一个与下鲕状岩层的凹菊石(Ammonites concavus)很相近的种。在北纬60°的柯克港,也找到了几个侏罗纪类型的菊石,同时还有不列颠里阿斯期的柱刺箭石。最可以惊异的是,白尔丘爵士从北纬77°16′的一个岛上,带回来一个里阿斯期型的巨大鱼龙遗体。奥文教授对它作了描述,并且画成了图;因为有些脊椎的直径达到2.5英尺,动物的体格一定非常大[3]。近来,1866年,瑞典远征队的自然科学家,在更北的纬度,即78°30′的史比兹堡根的侏罗纪地层中,找到了鱼龙的遗体。

爬行动物数目和种类的繁多意味着温暖气候 鲕状岩期和里阿斯期以及更老的三叠纪的爬行动物,数目和种类都非常多,因而第二纪或中生代被称为爬行动物时代。仅仅以本纲的海栖类型而论,已经超过50个属,而淡水和陆栖的种,包括飞行的种类在内,几乎与海栖的种属相等。其中一部分的构造,比现时生存的同纲动物更为进步,例如上三叠纪箭齿龙的体格,就和现在最大的鳄鱼相等,但是它是属于已经灭亡的恐龙目。1865年,冯·麦亚确定它有呼吸器官,或者像鲸鱼那样的喷水孔,因此我们的思想中很可能想象它是一种能于忍受寒冷气候的动物,如果它不是和许多较低级的爬行动物以及表示高温的介壳、珊瑚和植物共生。冯·麦亚所描述的爬行动物,总共不下80种,全部都是产于德国的三叠纪。它们都是属于已经灭亡的目,但是根据奥文的意见[4],它们多少都与同纲中的现存各科有血统关系,而在上覆的里阿斯和鲕状岩层中,我们找到现时还存在的鳄目和海龟目的代表,以及4个已经灭亡的目,即翼手龙目、鱼龙目、蛇颈龙目和恐龙目。这许多目,表现不同程度的构造;由现时生存的动物情况类推,说明在它们繁盛的时期,每年大部分时期的气候都相当热,冬天非常短而且不太冷。

在南半球某些冬季很长而夏季凉爽的温带区域,完全没有爬行动物——例如,火地、

---

[1] Geol. Quart. Journ., vol. xiv., 1858.
[2] Heer, Urwelt der Schweiz, p. 51.
[3] Last of Arctic Voyages.
[4] 见 Owen's Palaeontology, p. 321, 2nd edit., 1861 年中的爬行动物地质分布表。

麦哲伦海峡北面的森林区域（南纬 52°和 56°之间）和福克兰岛。在这些地方，甚至连一个蛇、蜥蜴和蛙都没有，虽然这里有原驼（骆马的一种）、一种鹿、南美豹、一种大型的狐、许多小啮齿动物，而在附近的海中，则有海豹以及海豚、鲸和其他的鲸类。

在北极区域，现在只有小的爬行动物，有时简直没有，而鸟类、大的陆栖四足兽和鲸类却很多。我们在冰天雪地的区域，遇到熊、狼、狐、麝牛和鹿，海象、海豹、鲸和一角鲸，却难得看见最小的蛇、水蜥和蛙，有时甚至于完全没有。

爬行动物潜伏土中和蛰伏不动的能力，使它们能在热带以外区域生存，但不能在冬季有严寒气候或冬日很长的区域生存。

缺少哺乳动物不足以说明爬行动物有广大的分布范围　以前说过，第二纪岩石中的哺乳动物，不论海栖和陆栖的属，都不能显明的列入有胎盘类。缺少这一类动物，可以部分地说明爬行纲的属、种和个体的数目的繁多。因为当时的爬行动物独霸了大部分可以居住的地面，到了现在，它们不得不与更为强有力的哺乳动物共享。在生存竞争中，它们只要和很少的有袋目动物竞争，照现时所知，当时几乎没有鸟类，所以爬行动物担任了现在两个最高级的脊椎动物纲在水陆空方面所执行的任务。即使承认爬行动物的优势今天被构造较高的脊椎动物所起的重要作用所抑制，我们决不能把现在高纬度上蜥型动物（鳄鱼和鬣蜥）蜥蜴、龟类、蛇和较大的蛙目动物少于第二纪的事实，归因于动物界在这个长时期内曾经向较高构造方向发展。以上所说的爬行纲中的各目，现在都能够抵御猿、象、犀牛、虎、鹿和其他大小哺乳动物而维持生存，只要它们所处的地带，温度适宜。假使在北极区域完全没有这些动物，这不是由于熊、麝牛、海象和鲸鱼的竞争而限制了它们的生存，而是由于严寒的气候。

在现时的北纬 40°到 60°之间，还找不到一个具有我们所假定的、三叠纪和鲕状岩期岩石形成时所应有的气候的地区。但是最近似的地方，可能是加拉帕果斯群岛（在秘鲁海岸西面约 600 英里）；这是火山形成的一群岛屿，其中有 10 个主岛，有时高达 3000 英尺到 4000 英尺，最长的一个，叫做阿尔贝马尔岛，长达 75 英里。位于赤道上面，这许多岛屿的温度比温带高，但是受了周围海洋和从巴塔哥尼亚沿着南美洲西岸向北流来的冷海流的影响，温度略为减低。这个群岛，曾经被称为爬行动物岛，因为上面有非常多的龟类以及蜥蜴和蛇。在蜥蜴之中，有隶于特殊的属，叫做钝嘴属（Amblyrhyncus）的两个种，一种是陆栖，一种是海栖。后者在海中生活，并在水下海藻中产卵；除了某些海蛇外，这是现时生存的唯一海栖爬行动物的例子，由此可知，太平洋中的海豹和鲸鱼虽然繁盛，并不阻碍水栖爬行动物在同一区域内共存。假使不是没有哺乳动物的话，这些岛上的龟类和其他爬行动物不可能有如此之多，因为 1835 年达尔文乘比格尔船访问这个群岛的时候，一种小鼠是哺乳纲的唯一土生代表。就是如此，这种啮齿动物，似乎只局限于察脱姆岛，所以可能是由海盗输入的南美洲鼠的变种。在吉姆斯岛，有一种属于旧世界的鼠，这无疑也是由航船带来，后来变成土产的。这些岛上一直到 1832 年才有人居住。所以，加拉帕果斯群岛中动物群的情况，与上述的第二纪情况很相似。

奥地利阿尔卑斯山以及龙巴台的狄西诺区域的圣·卡生层所产的丰富海栖动物群，曾由史多本尼作了详细的叙述；其中所含的巨型菊石和直角石，以及大型的腹足类和瓣鳃类介壳，都提供了证据，证明当时欧洲西方的三叠纪爬行动物在陆地上和河流与三角港中繁殖的时候,东面海中的气候也很温暖。我们知道,圣·卡生动物群的分布范围,向北远达北纬 55°,向南则达北纬 30°上的喜马拉雅山,这种情况表明,上述温暖气候,有广大的地理分布。

三叠纪的砾岩　在得文郡,可能属于三叠纪的新红色砂岩中所含的某些石块,体积很大,因此使戈得温·奥斯登把它们归因于冰力作用;但是潘吉雷[1]反对这种意见,他说,这些石块可能移动不很远,并且很像那些冲击海岸悬崖的破浪所移动的石块。

二叠纪化石　地球上地质学家所深知的部分,三叠纪和二叠纪岩石之间都有一个间断;这个间断所经过的时间,一定很长,其间的记录,完全缺失了。这是第一纪和第二纪的分界线。二叠纪岩石的分布范围,北面远达北纬 65°到 70°之间的俄属毕佐拉地。德国和美国也很多;在北美洲,南面的分布,远达堪萨斯和内布拉斯加两州,约相当于北纬 44°。

二叠纪介壳动物之中,有鹦鹉螺属和直角石属,它们有时与鞘齿科的巨型爬行动物共生;鞘齿科爬行动物的构造,兼有现时生存的鳄鱼和蜥蜴的许多特性。它们和产在热带的巨蜥科动物最相近。二叠纪的植物化石,很像前一期的石炭纪植物,并且表示在北半球的大部分,当时有温暖而潮湿的气候。

二叠纪似乎有冰力作用的迹象　在 1855 年出版的专刊中,蓝西教授对他自己在许洛浦郡、伍失斯脱郡和英国其他部分观察到的二叠纪角砾化砾岩作了说明,这种砾岩引起他推想到当时海中有浮冰的作用。他的论证是根据以下各种事实:埋在这些角砾岩中的各种岩石碎块,常常多角,并且相当大,有时重达半吨;它们经常具有扁平的边,一面或一面以上具有磨光面或擦纹。它们一般是埋在红色无层理的泥灰岩里面,像冰川漂砾那样杂乱无章地散布在地层中。在许多情况下,我们可以证明,这些石块可能是从威尔士的山中运来的,其间的距离,超过 20、30 甚至于 50 英里;从原来的地方经过如此长距离的搬运而仍旧能保持它们的多角形状,除浮冰的搬运外,没有其他的方法。蓝西教授从角砾岩里面取出的标本之中,有几块有磨光、擦扁和凹槽的表面,很像受过冰川作用;这些标本现在陈列在伦敦的菊明路博物馆(Jermyn Street Museum)。最突出的一块标本,是在伍失斯脱郡恩维尔村附近、白里居诺斯东南 6 英里的地方采集的。这是一块寒武纪的坚硬黑色粗砂岩,最长直径是 6 英寸,表面上有几组方向不相同的平行擦纹[2],新的擦纹穿过旧的擦纹。从角砾岩中取出了这样一个石块,我非常满意;而且蓝西教授的解释,我认为是最自然的;以目前的科学水平而论,这的确是唯一可能的解释。如果我们看到新西兰的冰川现在可以流到南纬 44°处离海不到 500 英尺的地方,或者更近于赤道,那么冰川可能曾经到达英格兰北纬 53°处的海中,我们就不会觉得惊奇了;上面已经说过,在新西兰的这些冰川附近,现在还有茂盛的桫椤和棕榈树。我们也应当记住,英格兰中部的二叠纪砾岩中,绝对没有化石;我们不知道在它们沉积的时期,陆上和海里有那一类动物和植物,因此,以有机物证据而论,我们完全无法了解二叠纪期间似乎受过冰川作用的石块移到这些地方的时候的气候情况。徐士教授曾经研究过阿尔卑斯山各部分的二叠纪砾岩或赤底统;他说,照其中所含的大量石英小砾来看,先存的陆地曾经受过很大的剥

---

[1]　见他著的 Paper on the Red Sandstone Conglomerates of Devonshire, part ii.

[2]　Ramsay, Quart. Geol. Journ., vol. ii. 1855.

蚀作用,但是到目前为止,还没有找到冰运石块的迹象。然而阿尔卑斯山的各地点,是在大不列颠的二叠纪砾岩区域南面 5°。

石炭纪的气候——植物化石　如果我们进一步讨论石炭纪的气候,我们将要发觉,植物学家已经相当改变了他们原来所持的意见;照他们原来的假定,该纪的植物化石,表示当时有热带的温度。煤系中盛产的一种叫做三角果(Trigonocarpon)的果实,最初被列入棕榈类,一直等到发现了比较完整的标本,才使胡柯博士能确定它不是属于棕榈而更可能属于松杉科的似紫杉属,有些像中国的银杏(Chinese Salisburia)。这种松杉科植物的构造,在许多方面颇与智利、巴西、新西兰和诺福克岛所产的南美杉科相似。

勃龙尼亚特曾经说过,石炭纪的蕨类植物的数目,远远超过其他植物,因此我们可以断定,当时有热而潮湿的气候。我们必须承认,如果我们考虑到古代的植物群中几乎完全没有那些现在占植物界 3/4 之显花植物,这样的推断就要失去一部分力量。石炭纪的蕨类植物,几乎没有竞争者,它们有充分的空间可以自由发展;它们之中,许多是隶于似乔木的属,例如 Caulopteris, Zippea, Sphalmopteris 和 Stemmatopteris 等属,这种事实,如果照现时的情况类推,不得不使我们联想到当时有温暖、潮湿而均匀的气候,因为桫椤树是现在热带海岛屿上最繁盛的植物,虽然其中有若干种向南极的分布范围,远达南纬46°。其他有维管组织的隐花植物,也表示温暖气候;这种植物和蕨类植物,占石炭纪植物的 19/20。它们都属于蕨类植物相近的各科,例如封印木、鳞木和芦木,它们的树身大部分都很大,高度甚至与森林树相仿,而构造也比它们的现代代表更为复杂。它们的树干也有宽弛的组织,并且也像现时生存的同科隐花植物,由树叶从空气中吸收组成它们成分的大部分水分和碳质。所以它们可能在含有许多水蒸气的大气中繁殖,这样的大气一定很温暖。可是我们决不可假定这种大气是属于热带性质,因为强烈的阳光促进植物物质的分解,就像不利于泥炭一样,不宜于煤的形成。

这类古代植物群在北半球的地理分布范围,也已经确定。它们从北纬 30°的美国阿拉巴马州,延伸到北极区域,而在欧洲,则从西班牙中部北纬 38°处起,到苏格兰的北纬56°处。在北极区域,这个时期的化石,最初是由帕雷船长的远征队在北纬75°处的梅耳维耳岛上发现的。所采集的植物,都经过林德雷博士鉴定,他承认这些植物的确都是古代煤系的化石[1]。原来的标本,不幸散失了,但是后来由麦克林托克爵士从同一岛上带回来的其他化石中,希亚认出了一种隶于 Schizopteris 属的蕨类植物,这也是一种古代煤中的特征植物。米登多夫在勒拿河口很高的纬度上,找到了 Calamites cannoeformis。冯·布许曾经描写过史比兹堡根和北角中间的熊岛所产的、含有标准海栖化石的石炭纪地层;熊岛的位置约与梅耳维耳岛相当,即北纬 74°36′;从同一地区同一时期的伴生岩石中,希亚收到了 15 个种的植物,它们都是欧洲石炭纪各期岩层中的著名化石[2]。

我们既然知道中新世植物群的分布可以远达北极区域并且几乎靠近北极的事实,那么在中新世以前很久,在相同的各纬度上也有繁盛的植物,应当不至于引起读者的惊奇。况且,石炭纪的植物与现时生存的植物都不同属,有几类可能不同目,所以它们可能赋有

---

[1]　Penny Cyclopaedia, art. Coal Plants.

[2]　Student's Elements, p. 424.

一种性能，使它们能够适应北极的长夜。

由实验得知，热带植物所需要的明亮日光，不如需要热量那样重要。如果没有御寒设备，没有一种棕榈树可以在温带生存；但是如果放在温室内，虽然空中多云以及玻璃和木架等阻碍日光，它们依然可以非常茂盛。圣彼得堡的纬度是北纬 60°，那里的温室中所培养的热带植物，种类很不少，而且相当成功，虽然这些植物必须放弃它们在本土所享受的永久昼夜平分习惯，而适应于昼夜交互地伸长到 19 小时和缩短到 5 小时地区的习惯。假定有适当热量和湿度的供给，现时生存的植物，究竟在哪一个高纬度上还能够生存，现时还没有确定；但是圣彼得堡可能不是最高的限度，它们至少在北纬 65°处应当还可以生存，它们在那里不至于 24 小时内都晒不到日光。

空气中有超量碳酸气的假定　　石炭纪的空气中充满超量碳酸气，是久为地质学家所主张的得意学说，他们认为，这是当时植物茂盛的原因之一。也有人说，以固体形式固定在古代煤系中的碳质，超过现时空气中所含的 10 倍以上；即使承认这种估计是对的——可能过低了——但是这种推论是否健全，我始终觉得非常可疑。现在大气中的碳酸气，大部分是得之于地球内部气体的宣泄，而以火山区域供给的为最多，特别是在喷发的时候。煤和褐炭以及其他有机物质在其中分解的含化石地层，也泄出碳化氢；由地球很深部分上升的同样气体，显然也可以从不含化石的花岗岩和其他结晶岩的裂隙中放出。但是这不等于说，空气中的碳酸气会愈积愈多，因为还有各种其他因素，可以防止大气的组分发生这样的变化。每当一根漂木埋入河流、海口或湖泊的三角洲中时，或者每当泥炭正在形成时，我们看到植物把原先从大气中吸取的碳质，永久或长期地封闭在地壳中的过程。至于碳质的堆积量，仅仅是时间问题，大致决定于植物的种属以及适宜于制造泥炭和掩埋漂木的条件能维持多久[①]。

一部分植物学家有这样的意见，说是石炭纪时代的封印木所起的作用，与欧洲现时的水苔属相同，两者都倾向于减少空气中由地球内部不断发出的碳酸气。南美洲的某些区域，空气相当潮湿，但仅产生少量的泥炭；达尔文把这种现象归因于缺少特别适宜于产生泥炭的植物。所以，某些区域所产的大量煤炭，可能由于石炭纪植物的特殊性和阻止分解的气候，而不是由于包围地球的大气成分的特殊性。克枢的卢恩地方，由于海水的蒸发，每年沉积盐不少；但这是由于地理的条件所致，与海水的化学成分毫不相关；这里海中所含氯化钠的平均含量，绝不会超过印度其他部分。如果这个大区域逐渐下沉，那么经久之后储藏在卢恩地方的岩盐量，可能会超过现在溶解在海里的全部盐分；假定是如此的话，将来的地质学家绝没有理由说，当氯化钠沉积期间，海水的含盐量比平常多。情况决不是如此，我们反不如说，在如此大量岩盐形成的期间，海水所含盐分，可能低于平均量。

石炭纪的介壳和珊瑚化石　　如果我们现在从石炭纪的植物群转到动物群，我们在无脊椎动物之中，找到许多大型有室壳的头足类动物，如鹦鹉螺、直角石等，以及石百合或石莲和珊瑚；这几种动物，在第二纪气候温暖各时期非常繁盛。对于珊瑚来说，上述的意见，似乎不太恰当，因为它们只有属于第一纪或古生代的类型；就是说，属于米尔恩-爱德

---

① 见下面第十七章。

华分类中的四射珊瑚和管状珊瑚两科,这些珊瑚,除一种外,在二叠纪以后已经完全绝迹;但是我们必须记住,这些较古的或有 4 个隔壁的杯状和星状珊瑚,有如此广大的分布,从热带到北方区域,所以我们必须假定它们有很大的适应不同气候的能力,或者假定高低纬度处的温度,比现在均匀。

煤系中的爬行动物 除了爬行动物和鱼类外,石炭纪地层中没有找到其他脊椎动物的代表。前一纲中的种,限于两个已灭亡的目,即坚头目和迷齿目,在英格兰和爱尔兰的煤系中,这两个目一共有 13 个属。这两个目与现时生存的类型很不相同,但与现代的蝾螈和永鳃亚目所属的有尾蛙目相似。它们都是属于两栖亚纲,许多动物学家把两栖类动物认做爬行动物和鱼类的中间类型。和它们最相近的同类,现时只生存于北半球,根据根塞的研究,它们在美洲以及欧洲和亚洲的南北分布范围都很广。在美国南部和墨西哥高原,它们的属、种和个体,都非常多。在危地马拉,它们在北纬 15°处已经逐渐稀少,仅余一两种类型,至于在相反的方向,一部分小种,产于加拿大的各湖中;其中之一,属于 Menobranchus 科,即 *Giredon hiemalis*,分布范围远达苏必利尔湖;在这种地方,湖水每夜冰冻到一英寸以上的时期,每年有 3 个月之久。[①] 这样的地理分布,证明我们用石炭纪植物所推断的气候的结论是正确的,因为有尾蛙目以在北纬 20°和 40°之间,或在没有酷热严寒的温暖地带最为发达。

泥盆纪 在更古的泥盆纪中,没有爬行动物,甚至没有任何两栖动物。硬鳞鱼很多,与它们最相近的现代类型,产生北非洲,因为它们和非洲的多鳍鱼有密切关系;尼罗河和孙尼格尔的各河流中都产几种这样的鱼类。与硬鳞鱼共生的盾鳞鱼,也是主要产于赤道区域的科,虽然它们在较冷纬度上分布也很广。泥盆纪或老红色砂岩的甲壳动物,如翼鲎和板足鲎,其长度有时达到五六英尺,所以,以大小而论,至少可以与现代产于日本和美洲更近于赤道区域的鲎一类的甲壳动物相比拟。软体动物和珊瑚的属,与石炭纪所产的很相似。我们所知道的泥盆纪植物群,主要由美国地质学家供给的,采集区域,包括纽约州和加拿大北纬 49°以南地带。陶孙博士罗列了 60 种以上的美国种,大半与石炭纪所产的同属,包括桫椤在内,所以也表示温暖气候。就现在所知,欧洲同时期植物的情况也是如此。

老红色砂岩或泥盆纪似乎有冰力作用的迹象 1848 年,克明教士在他著的《人岛的历史》(*History of the Isle of Man*),把红色砂岩系的砾岩,比作"固结的古代冰砾泥";后来(1866)蓝西教授指出,阿克佩—龙斯台尔、西得堡、威斯得英兰和纽克郡的同期砾岩中,含有显明纵横擦纹的岩石和石块,其情况与冰川作用所造成的很相似。我也亲自考察过这一种岩层,并且也看到从这里面取出的岩块;它们上面所表现的条痕与冰川下面取出的石块上的条纹颇难区别。蓝西教授谈到这种事实时说,在这种砾岩埋在几千英尺的石炭纪地层下面以后,这里曾经受过不同方面的强烈运动和强大的压力。由于这些运动,岩石本身就会产生一些条痕,一个小砾偶尔与另一个小砾相挤压,也会彼此擦成凹痕。许多小砾和两英尺或两英尺以上的石块,也有所谓断面擦痕的磨光面;泥灰质的基质的各部分,也有同样的情况。我们不要忘记,我们所谈的区域,正在一个大断层系统线

---

① Dr. Samuel Kneeland, Proceed. Boston Soc. Nat. Hist. , vol. vi. p.152.

之内，或者在连续发生断层的范围之内，所以这里的岩石，常在反复运动和变位，因此以上所说的结果，究竟由哪一种机械作用所造成，有时颇难鉴别。我以为我们必须取得更多的证据，才能完全相信这些条痕是起源于冰川。

志留纪的气候　在研究志留纪和更古地层的气候的时候，我们觉得我们失去了一部分在探讨后期岩层中的生物遗迹时所依赖的重要证据。爬行动物，如在泥盆纪岩层中一样，完全绝迹了；除了上志留纪少数遗体外，鱼也没有了；除了上勒德罗层中所见的一些海藻印迹和少数隐花植物的孢子囊外，植物也不见了；所以我们只能满足于利用无脊椎动物的种属来形成对于气候的意见；第一纪地层中所产的无脊椎动物的种类非常多，但与第三纪和现时生存的种类已经完全不同。在讨论泥盆纪地层时，我们已经说明了板足鲎属和翼鲎属等大甲壳动物对于气候的意义，我们在志留纪地层的上部，也找到许多同属不同种的代表。许多三叶虫、大室壳的头足类动物、珊瑚和海百合，也与古生代较新地层中所含的非常相似，所以我们可以相信，北半球的气候也与以前相同，而从赤道到很高纬度上的温度，也相当均匀。然而探讨这个问题时，我们一定不可忘记近年来深海捞网所提供的许多证据，这种结果证明，在现时已知的有生物的海洋中，不论纬度高低，温度却很均匀，虽然以前认为这些区域不适于生物的生存。

关于气候问题的结论　在本章和前一章中，我们是用有机物和无机物的证据来研究过去各地质时期的气候情况，所得的结果，都是有利于过去时期的温度一般比现在高的意见。温度有时也有波动，至少在比较晚近的时期内，在一个温度比现在冷得多的时期。在中新世和始新世的大部分时期中，中欧的动物群和植物群都是属于亚热带性质，而与现时北欧相似的植物的生活范围，则扩展到北极区域，远达现时已经探查过的地方，可能达到北极本身。在第二纪或中生代期间爬行动物所占的优势，以及脊椎动物化石的一般特性，表示在北纬 40°和北极之间，气候温暖，且无冰雪，在北纬 77°16′找到了一个大鱼龙。四鳃目和二鳃目头足类的繁盛，软体动物和珊瑚以及植物的一般特性，都与由共生的爬行动物化石所推断的结果完全相同。如果我们向第一纪或古生代回顾，我们在石炭纪中找到一群表示温暖、潮湿和均匀气候的植物，其分布范围，从北纬 30°起，连续扩展到离开北极只有几度的区域，或者扩展到现在有严重的冬季冰雪和终年之中有好几个月有普遍积雪因而没有繁茂植物的区域。更老的植物群，即泥盆纪植物群的分布，照我们现时所知，也导致我们达成相同的推论，而泥盆纪、志留纪和寒武纪岩石中的无脊椎动物群的属，与石炭纪、二叠纪和三叠纪岩石中所有的非常相似，由此看来，这 6 个纪的气候情况大致相同。

关于中新世和始新世以及更古的二叠纪有冰力作用的假定，读者切不可以忘记以前所提出的警告，就是说，如果我们在北纬 40°—50°之间的水成地层中找到最大的漂砾，而且有一个和几个冰川摩擦面时，我们必须想到，帮助搬运这些石块到现在位置上的冰力作用，不一定比南北半球现时所供给的条件为强烈。在爱文思船长的冰图（ice－chart）[①]上可以看到，1850 年 1 月，冰山曾经到好望角，纬度为南纬 35°；我们将在本书第十六章看到，冻结在冰山内的巨大漂砾，曾被漂流到离开大陆很远的南海。

---

　　① 　Admiralty Charts，1865. No. 1241.

第十二章　地理变迁所引起的气候变化

气候变化的原因——现时地球上热量的传播——常年平均等温线——平均气温与海陆位置的关系——南乔治亚岛和火地的气候——南极区域的寒冷气候——北极附近的大洋——洋海对平衡高低纬度上温度的作用——现在两极陆地面积比较不正常——地质学所揭露的历次地理变迁——表示从始新世起欧洲陆地沉没在水面以下的范围的地图——现时大陆的年龄——第三纪以前的地理变化——表示地球上海陆分布不均匀的地图——地质学所证明的可能引起气候波动的地理变迁——把极区多余的陆地移到赤道的理想地图——海洋的深度远超过陆地的平均高度以及这种现象与气候缓慢变化的关系

气候变化的原因　在以上两章中,我们对各时期含化石岩层所作的回顾,既然导致我们断定,自从生物肇生以来,地球表面上的气候曾经有过巨大变化,我们现在应当进一步研究如何可以用现有的自然秩序来解释这些变化。早期的理论地质学家,把这个问题与其他不易解释的问题一样看待,利用它来证明他们所主张的意见,就是说,用来证明地球最初有一个未成熟或半成熟状态的时期,或者有一个生物界和非生物界的发展规律本来就和现有规律不同的时期;如此一来,也像对其他事件一样,他们相当成功地使人忽视了许多事实,这些事实,如果能够充分了解,可能使这些现象得到正当的解释。照他们最初想象,地轴的位置,很久以来便与黄道平面相垂直,所以有永久的平分昼夜和不变的季节;在大洪水以前地球上一直享受着这样"天堂"式的气候;但在洪水期间,不论是由于彗星的震撼,或者由于其他的激变,地球本身也失去了平衡,地轴也倾斜了,于是温带有不同的季节,两极的极圈内有长昼和长夜。

自从天文学的进步摧毁了这种学说之后,另一种臆说又应运而生,说是地球诞生的时候,原来是一个炽热的液态物质,从那时候起,逐渐冷却,缩小体积,并且形成一层坚硬的外壳。一般都无条件地承认,这个原始地壳与我们现在研究的完全相同,其中含有生物界长期连续变革的遗迹。这种观念虽然牵强,颇适宜于长期的流传,因为它把人们的思想,直接引导到万物的起源,而不必再用任何不易思索的臆说来支持。但是地质学研究的进步,又逐渐否定了最初普遍承认的、地壳中的花岗岩或结晶基岩是老于一切含化石地层的观念。现在已经证明,这种意见与事实相差很远,因为我们很难指定任何一个火山岩体或深成岩体,断定它是老于最古的已知有机遗体。原始液体状态问题,是物理学家应当探讨的课题,地质学家对它的关系却很少。这种问题可能与有最早记录以前的万物情况有关,而所经过的时间,可能超过我们所熟悉的一系列地质时代许多倍。

假使我们现在不去推测地球肇始时期的情况,专门集中我们的思想来讨论气候与海陆分布之间的关系,然后再考虑地球上过去的地理变迁对表面温度所产生的影响,我们可能提出更近于事实的学说。但是我们也必须考虑到岁差、近日点或远日点的周期、以及更为重要的地球轨道偏心率的变化对过去每年各季的冷热变化所起的影响,作为地理变迁对气候所发生的主要影响的辅助条件。如果还有怀疑或模糊之处,应当归咎于我们对自然界的规律不够熟悉,而不是因为自然法则发生了变化。它们应当可以推动我们作进一步的研究,而不应当鼓励我们沉迷于幻想的内部温度变化,或者使我们幻想到在适于生物居住之前的地球表面有不稳定的状态。

地球上热量的传播　在考虑调节地球上热量扩散的规律时,正如洪博尔特所说,我们必须当心不要把欧洲气候作为其他同纬度地区的典型温度。这位哲学家说,自然科学常常把最初研究的地方作为标准;在地质学方面,人们常把意大利的火山现象作为其他火山现象的典型,而在气象学方面,旧世界的一小部分,即欧洲初期文明的中心,久被作为全世界相同纬度上气候的参考标准。但是这个仅仅占据整个地球 1/7 的地区,最后被证明为常轨的例外。为了同样的理由,我们也可以警告地质学家,请他提高警惕,不要草率地把现代地球上的温度作为最普通的类型看待,因为他所默想的各时期中,海陆位置变迁的规模,远超过现在使欧洲气候与其他同纬度地区的气候发生差别的海陆位置的变迁。

现在已经知道,大气和大洋水的等温带,既不与赤道平行,互相间也不平行。[1] 我们也知道,两个气候很不相同的地点的常年平均温度,可能相同,因为它们的季候可能相当均匀,也可能极不相同,因此冬季的等温线,每与常年平均等温线不相重合。等温线对于同一纬度的偏差,决定于许多因素,其中最重要的是大陆和岛屿的位置、方向和高度,海的位置和深度以及风和洋流的方向。

比较欧洲和美洲的情况,我们发觉,同一纬度上各点的平均温度差,可以达到 11℉,少数的例外,竟达 17℉,而两个大陆的某些地方,虽然有相同的平均温度,但是纬度可以相差 7°到 17°。例如北美的肯白兰·豪斯(图 9)的纬度,与英格兰的约克市相当(北纬 54°),但它在等温线上的位置,则与欧洲北纬 71°的北角相当,同是 32℉,但是这里的夏天温度,却超过布鲁塞尔和巴黎[2]。洪博尔特说,北美洲同一纬度上的温度之所以比欧洲寒冷,主要是由于美洲和北极圈之间有一大片陆地,其中一部分,高达 3 000 英尺乃至 5 000 英尺;在另一方面,欧洲与北极圈之间则为一片海洋。大洋有保持平均温度的趋势,使到处的温度均匀,并把这种温度传给和它相连接的陆地,因此可以调节过冷过热的气候。在另一方面,伸入大气寒冷地带的高地,是冰雪的大储库,滞留、凝聚和冻结水气,并把冷温传播到邻近区域。格陵兰是向北伸入北纬 82°的大陆的一部分,由于这种原因,它的北

---

① 我们应当感谢洪博尔特最初所搜集的资料,他根据这些零星的资料,对地球上热量的分布,提出了近于正确的理论。这些资料,一部分是根据他自己的观察,一部分是根据日内瓦的 P. 普里伏斯特所著的《热的放射》,以及其他的作者的著作。——见 Humboldt on Isothermal Lines, Mémoires d'Arcueil, tom. iii. translated in the Edin. Phil. Journ. vol. iii. July 1820. 1848 年洪博尔特和多夫所发表的等温线图(本书图 9,是 1853 年多夫的增订本)为这种研究提供了大量的资料;霍浦金就利用这种资料来编辑一篇卓越的论文,即 "On the Causes which may have produced Changes in the Earth's Superficial Temperature". —Quart. Journ. Geol. Soc. 1852, p. 56.

② Sir J. Richardson's Appendix to Sir G. Bach's Journal, 1843—1845, p. 478.

纬 60°处的温度,比拉普兰 72°处的温度寒冷得多。

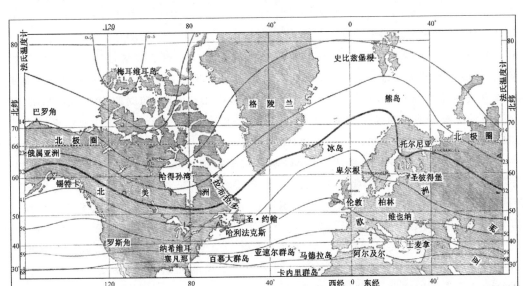

图 9　常年平均等温线图(多夫编,1853 年)。

　　但是陆地如果是在纬度 45°和赤道之间,除非很高,可以产生相反的结果;在这种位置上的陆地,可以使它和北极之间的陆地和海洋变成温暖地区。因为在这种情况下,全部地面都显露于垂直或陡斜度的日光之下,吸收大量的热,提高同它相接触的大气的温度。由于这种理由,旧大陆的西部,从非洲得到不少热量;"非洲像一个无限大的火炉,把它的热量分布到阿拉伯、亚洲的土耳其和欧洲。"[1]亚洲东北端的情形正相反,在相同的纬度上有非常寒冷的气候;因为在它的北面,北纬 65°到 70°之间,有西伯利亚陆地;而在南面,则有太平洋把它和赤道隔开。

　　热带的太阳热,大部分消耗于使液态的水变成气态,这样的吸收,可以使温度计不至于受到影响。所以,从海洋和赤道陆地的潮湿区域上升的潮湿气流,带着大量的潜热向较北的纬度流动,当空气冷却并变成雨雪而降落时,它便把热量放了出来。侯歇尔说,"因此水汽变成了运输潜热的工具,从地球的一部分或大气的一部分,运送到另一部分。"[2]除了最高的山脉外,在各山峰上面自由流过的上贸易风(或反贸易风),可以在热带和亚热带上面循着一个几乎不断的道路前进,一直要到冷凝作用可能使它所含的 3/4 热量放出的较北区域,方始停止。南非洲的地面温度,有时升到 159°F,大洋洲的可能更高,而海洋的表面却难得超过 80°F。所以赤道上陆地的作用,是使热空气上升的速度比从海面上升得快,并且从足够供给水汽的潮湿区域,把大量的热迅速地带到较北的纬度。我们切不可忘记,除了所谓上贸易风在高处的这种作用外,其他的气流,像意大利著名的潮湿闷热多尘的西罗柯风(Scirocco)和瑞士的干燥而热的芬风(Föhn),则在低水平上从热带吹向温带,它们有时使亚平宁山和阿尔卑斯山上的积雪迅速融化。

①　Malte-Brun,Phys. Geol. book xvii.

②　Herschel,Meteorology,1862,art. 51.

据邓士楼说,1841年6月,从阿尔及利亚吹起的芬风,在6小时内渡过了地中海而到达马赛,再过5小时,到了日内瓦和瓦列斯,它在瓦列斯摧毁了一大片森林,而在苏黎世和格里孙,使许多树木的绿叶变成了黄色。在几小时之内,新收割的稻草被吹干了,可以准备上仓。天文学家欧休用天文镜在纳夫夏脱尔天文台观测了阿尔卑斯山雪线位置的变化,他说当芬风吹过时,雪线每天都有些许上升。芬风的影响,不仅限于夏季,因为在1852年冬天耶稣圣诞节的时候,它访问了苏黎世,在几天之内,四周的积雪都被融化,甚至于在最荫蔽的地方和高山顶上,都是如此;林特指出,在特殊的年份里,阿尔卑斯山冰川的进退,与这种干燥风吹动的日数成比例。

风对气候的另一种强大作用,是间接制造主要洋流的策源地。我们已经知道,洪博尔特曾经说过,格陵兰气候的寒冷,是由于它和较北的纬度之间有高耸的陆地。但是我们要晓得,除了这种理由外,这个地区的东岸有几千英里的一段,被从北极流来的格陵兰洋流的冷水所包围,而拉普兰则因受从南方流来的墨西哥湾流的影响而变成比较温暖。

本书第121页就要讨论墨西哥湾流带到西欧的温度究竟有多少,但是我们在这里应当注意的是,现在赤道上产生含有热量的强大上贸易风的陆地,如果被大洋所替代,它所供给的热空气将被减少,而贸易风的速度,也要减低。北大西洋的赤道洋流,大部分是由于南北贸易风的汇合而堆积在加勒比亚海的,如果这种力量有任何减少,一定也会使墨西哥湾的水头减低,从而减小墨西哥湾流的力量。所以我们可以无疑地说,现时赤道上有超过正常的陆地,对于地球表面温度的升高,有很大的作用,一部分由于热带和温带陆地的互相连接,一部分由于它对增加热气流和热洋流的影响。

由于海洋水的温度比较均匀,因此岛屿和海岸的气候,根本与大陆内地不同,温暖的冬季,凉爽的夏季,是比较近海气候的特征;因为海上微风可以调和夏季的盛暑和冬季的严寒,所以当我们绕着地球追踪常年平均温度相等的地带时,我们常常发觉它们的气候很不相同;因为有各季温度几乎相等的岛屿性气候(insular climates),和冬夏温度相差很大的极端性气候(éxcessive climates)。与美洲和亚洲东部相比,欧洲有"岛屿性"气候。中国北部和美国的大西洋区域,有"极端性"气候。洪博尔特说,纽约的夏天像罗马,冬天像哥本哈根;魁北克的夏天像巴黎,冬天像圣彼得堡。中国北京的常年平均温度与布列塔尼海岸相当,但夏天的酷热超过开罗,冬天的严寒则与乌布萨拉相仿。

常年平均等温线 如果绕着地球画一根线,连接有相同冬季温度的地区,那么这一根线对纬度的偏离,比常年平均等温线大得多。例如,欧洲的冬季等温线的弯曲程度,往往达到纬度9°或10°,而常年平均等温线,或者通过有相同常年平均温度的曲线,相差不过4°到5°。如果读者参考多夫教授所编的附图(图9),他会看到32℉或水的冰点的等温线,从东到西,或从俄属亚洲南部(北纬56°)到挪威北部(北纬70°)的弯曲程度,相差到纬度14°之多。这根线又从挪威向南到冰岛,并且通到格陵兰的最南端,其纬度为60°;再向西南,它延展到北纬50°15′的哈得孙湾,这一地点比它在北极海的位置向南18°以上。它于是又向北倾斜,穿过北美大陆到白令海峡。

14℉的等温线,同样显著:从西伯利亚的雅库次克南面50英里北纬62°2′起(在图9的东端),这条线向北倾斜到史比兹堡根的北部北纬79°处,然后向南行,穿过格陵兰北部到哈得孙湾中的63°,这个纬度与在西伯利亚的起点相同,由此又向西北倾斜,超过北极圈一直到达俄属美洲北纬 71°40′ 的巴罗角。从这些事实看,同一半球上代表相同常年平均温度的曲线,并不决定于天文线或纬度。

海陆相对位置与平均温度的关系　当气象学家研究赤道以南的情况时,他会发现某些陆地的温度,与离开南极相等距离的其他地区的温度相差很远,虽然,总的说来,南半球的气候,由于海洋面积远远超过陆地,比北半球均匀得多。差别最大的实例,是火地正东 800 英里、南纬 54° 上的南乔治亚岛,它和赤道的距离与纽克郡一样。柯克船长讨论到这个岛屿时说,在他的第二次航行中,1 月份(相当于我们的 7 月)从来没有遇到超过冰点以上 10°F 的温度,并且偶尔降雪,永久雪线一直降低到大洋的海平面。夏天也看不到树木和灌木,虽然在海岸上的冰局部溶解之后,偶尔看见岩石上盖有稀薄的青苔,和一簇一簇的零星野草。①

这种情况更可使人惊奇,如果我们联想到苏格兰最高的山;这些高山,离开北极的距离,比南乔治亚岛离开南极还近 4°,高度将近 4500 英尺,可是连山顶上终年都没有雪;福勃斯说,在北半球,现在还没有找到一个雪线降低到海平面的地方。② 南乔治亚岛上各山的准确高度,到现在还没有测定,据说很高,再向南 5°,大约和苏格兰北部相当的散维枢地,却有 10000 英尺的高山,这些岛上,在每年最热的 2 月 1 日,从山顶到海岸悬崖的边缘,全部都盖着几英寻(fathoms)厚的积雪。

据说,火地在南乔治亚西面仅仅 800 英里。因为它们的纬度相同,况且又在同一个半球,所以它所表现的气候,决不是决定于我们所谓天文原因。据达尔文的记载,火地雪线的最低限度,是在海平面以上 3000 英尺到 4000 英尺,1000 英尺或 1500 英尺高的山边上,还有森林。③ 这个区域有许多花木,夏天有蜂雀,然而有一个高山脉,从东到西横贯火地的中部,最高的一点,叫做沙缅托山,高达 6000 英尺。在巴塔哥尼亚方面,冰川在南纬 53° 处流到海边,其位置恰好在海峡与连接安第斯山和火地的主要山脉的交错处。此外合恩角外面,也有很多漂浮的冰山,在春季里,有时可以数到 2000 个以上。从南极大陆浮到南乔治亚周围海中的冰山,数目可能更多;但是南乔治亚和火地之间气候的差别,主要原因可能是由于火地附近有巴塔哥尼亚低地的存在,因此使大半年从北面吹来的风受到相当的热量,其温暖程度决不是经过伸展在南乔治亚北面 20° 内的海洋上面的大气所能比拟。

赫克托博士曾经说过④,从大洋洲向新西兰的南岛吹的西北风,非常炎热而干燥,如果连续吹几天,可以使岛上南阿尔卑斯山的积雪骤然溶解,造成大水灾。他说,如果大洋洲沉没到海洋下面,或者,如果在过去期间海水淹没了该大陆现在所占的面积的大部分,现时已有相当规模的新西兰冰川,可能更大。我之所以要请读者注意这个事实,是因为在探讨地理环境变迁对气候变化影响的时候,我们常常作一种假定,就是说,一个区域的温度起了变化,邻近地区的气候一定也发生变化。

南极区的寒冷　据柯克推测,南极区域的严寒是由于南极和南纬 70° 之间有一片广

① 霍浦金对于这一点,颇为怀疑,他说柯克船长是否把流到南乔治亚海岸的冰川,误认为雪线降低到海岸。Quart. Journ. Geol. Soc. p. 85. 1852. 但是这位大航行家对于一切观察,一般非常精确,所以我认为没有理由提出疑问。

② J. D. Forbes, Norway, p. 205.

③ Darwin's Journal, pp. 145, 209.

④ Letter to Dr. J. Hooker, July 15, 1864.

大陆地。罗斯爵士 1841 年的探险队,后来也证实了这位大航行家这些和其他推测。他说,南纬 60°以南的温度,难得超过 32°F。1841 年夏天的两个月份里(1 月和 2 月)温度总是在 11°F 和 32°F 之间波动;没有一天升到冰点以上。根据他的调查,位于南纬 71°和 79°之间的维多利亚地的 78°处,被一道高出水面 150 英尺的冰堤所包围,照他的估计,在沿岸 600 英里一段地区内,冰在水面上下的总厚度,不下 1 000 英尺,而内地的高度,则在 4 000 英尺到 15 000 英尺之间,如麦尔本山。这个隆起区域,面对着新西兰和塔斯马尼亚;除了高出海面 12 000 英尺的活火山依列卜斯山大喷口周围狭窄的一圈黑土(火山渣?)外,全部都盖着雪。南极陆地的另一部分,就是说,最靠近南美洲或合恩角的陆地,例如格雷汉地和鲁易斯·非利普地,高度也很大,大约在 4 000 和 7 000 英尺之间。这样高度和这样面积的陆地的存在——可能超过整个大洋洲——可以用来说明南半球南纬 60°处,甚至更向赤道方面的地方有严寒气候的原因。1831—1832 年,比斯柯船长描写南纬 64°和 68°之间的格雷汉地和恩豆培地时说,这两块陆地的夏季,有最寒冷冬季的气候,并且完全没有动物。在北半球相等纬度上,主要由于墨西哥湾流的影响,我们不仅有成群的野生食草动物,并且在许多地方(拉普兰、冰岛和格陵兰)还有人类居住,甚至于在那里建筑港口和村镇。

南半球高纬度处有如此严寒的气候,主要有两种原因:第一,这里有高而宽广的南极陆地;第二,在南温带上几乎完全没有陆地,如果有的话,可以使大气温暖,所以它的重要性不下于第一种原因。可以无疑地说,南极纬度的寒冷,一部分是由于另一种事实,即它的冬季,正好是在地球离开太阳最远的时候,并且比北半球冬季长 8 天。现时地球轨道的偏心率虽不太大,但对南极冰量的增加,可能不无影响;如果偏心率扩大,而南极地区的高度和陆地面积维持不变,冰量可能更多;但是我将在下一章中说明,偏心率对于决定气候的作用,往往不如地理环境那样重要。

洋流对于调节高低纬度处气候的作用 　陆地位置对北极温度的主要影响,可以从比格陵兰北端更近于北极的区域有不冻海洋的事实表现出来。在知道这种事实之前,我们或许会想象,愈向北,冰的厚度愈大;但是帕雷所到的地方,离开北极大约只有 7°,而凯恩则达到 5°以内,可是他们两人都在那里找到了不冻的海洋,虽然这些地方的纬度,比被一片蜿蜒曲折的冰川所覆盖的格陵兰大陆高出许多。地质学家可以从这些事实学到,在冰川时期,温带的某些山脉和邻近的低地,虽然可以被掩埋在一大片冰盖下面,但在同时期内,更高纬度上的海水可能没有冻结。作为地质学家,我们并没有必要存着一种意见,认为冰盖曾经一度从北极一直延伸到北纬 50°,更没有必要相信它曾经一直延伸到温带的北纬 40°。很久以来,北方的航行家都喜欢说,北极本身,每年总有几个月有不冻的海洋,而埃斯克里斯脱和林哈特对格陵兰鲸移徙的观察,也相当证明了这种意见。这种北方的鲸鱼(*Baloena Mysticetus*)似乎与所谓比斯开鲸(*B. Biscayensis*)不同,后者曾经一度居住在不列颠海和比斯开湾,现在几乎已经绝迹。在冬天,格陵兰鲸随着最远漂到巴芬湾的冰南游,但在夏天,其时冰只漂到较北的地带,它们又移徙到较近北极的海里去,凡是人迹所到之处,都曾经看到它们的踪迹。它们显然退到北极海,所以那里的海面一定没有完全冻结,如果北冰洋全部被冰封闭的话,它们一定会被闷死,因为它们偶尔要到水面上来呼吸空气。然而它们可以在相当大的冰堤下面走过,只要沿途有许多露天的空洞;

它们可能就是这样达到靠近北极的不冻海洋,并在 5 个月的白天内在那里找到食粮。这个不冻海洋,一部分是由于使高低纬度的海洋中的冷水和热水进行交换的洋流。墨西哥湾流是说明这种洋流对于温度调节的效用的最好实例,它主要是由贸易风造成的,我们将在本书第二十章再讨论。根据伦纳尔的计算,墨西哥湾海水的夏季温度,达到 86℉,照后来(1860)巴枢教授的估计,它们在 6 月份的温度是 84℉,或者比同纬度上的大西洋海水温度高 8°。从这个大水库,或者一大锅的水,一股经常不断的洋流,以每小时三四英里的速度,通过巴哈马海峡。根据巴枢教授的记载,在佛罗里达角傍边,它的宽度是 25 英里,在北纬 40°30′的生台·胡克附近,增加到 127 英里。在这里,15 英寻或 90 英尺深处的温度是 80℉,有一个地方,这种温度一直维持到 100 英寻,而 50℉ 的温度,一直继续到 500 英寻。这一股洋流与美国全部东岸之间,有一股宽狭不一、但通常宽度总在 200 英里以上的冷流,向相反方向流动,温度只有 40℉[①];所以我们在这里可以看到热带热水向北极,和北极冷水向热带的对流,就是说,冷热温度的流畅交换。从巴芬湾浮来、下部浸在冷流里面的大冰山,不顾表面上有相反洋流的流动,还是向南漂流,有时还顶着南风移动。当湾流围绕着纽芬兰大海岸的时候,它的温度依然比周围的海水高 8℉。大约经过 78 天流了 3 000 海里之后,它到达了亚速尔群岛,据彼得门博士说,它在这里的温度是 81℉。从这里起,它再向前流 1 000 英里,一直到比斯开湾,这里的温度还比海水的平均温度高 5°。因为我们知道,暖流在 11 月和 1 月流到这里,它一定缓和了欧洲西部地区的隆冬天气。再向前进,它流到北纬 59°35′的法罗群岛的西南,在表面上还保持着 51℉,而在 500 英寻处,则为 44℉。彼得门博士根据 1870 年以前所有探险队所得的结果,详细研究了它后来所走的途径;用这种资料,他一直追踪到新地岛,其温度为 36°5′℉,再后来,它的温度一直向北极盆地逐渐减低[②]。

在北大西洋中部北纬 33°和 45°之间有一片很大的区域,伦纳尔称之为"湾水的容器"(recipient of the Gulf water)。这里的水,几乎停滞不动,温度比大西洋的水高 7°或 10°,并且很像一片河流的淡水泛滥在较重的咸水上面。照伦纳尔估计,"容器"的面积,加上主流所占的部分,东西长 2 000 英里,南北宽 350 英里;他说,它的面积比地中海还要大。从南方流来的温水的迅速而不断的补充,使得这个大水体维持了它的温度;毋庸置疑,欧洲和美洲一部分的一般气候,显著地受到这种原因的影响。

照福勒斯的计算,湾流冬日投入大西洋的热量,可以把法国和大不列颠上面的空气,从冰点提高到夏天的热度[③]。史可士培说,湾流的影响,扩展到北纬 79°的史比兹堡根,充满岛上各河谷中的大冰川,突然被大洋从这种来源得到的余热,阻止在海滩上面。

格陵兰西岸巴芬湾的海水温度,没有受到湾流的影响,因此冰川延伸到海岸以外,不断地供给无数像山一样的冰块,向大洋中漂流[④]。这些冰山的体积和数目,都达到惊人的程度。罗斯爵士在巴芬湾看见过几个搁浅在 1 500 英尺深水里的冰山! 其中一部分,漂

① Bache on the Gulf—stream. ——American Journal of Science,1860.

② Petermann,"Der Golfstrom etc."Geographische Mittheilungen,16. Band 1870,Nos. Ⅵ. and Ⅶ.

③ Travels in Norway,p. 202.

④ Scoresby's Arctic Regions,vol. i. p. 208. ——Dr. Latta's Observations on the Glaciers of Spitzbergen, etc. Edin. New Phil. Journ. vol. iii. p. 97.

流到哈得孙湾,并且堆集在那里,把它的寒气传播到邻近的大陆;所以弗兰克林爵士报告说,如果夏天在海斯河口掘井,只要掘到地面以下 4 英尺,到处都可以遇到冰,而海斯河的位置,却与普鲁士北部和苏格兰南部的纬度相同! 每隔四五年,从格陵兰漂来的冰山常常搁浅在冰岛西岸是人所共知的事实。遇到这种情况,居民就知道他们的收成将要绝望,因为冰山上不断发出重雾;粮食的缺乏不仅限于陆地,因为水里的温度也发生如此剧烈的变化,致使鱼类完全放弃了海岸。

在北半球,大西洋中的冰山常常漂流到纬度与欧洲的马德里或美洲的纽约相当的地方;最远地点,在纽芬兰东南,大约在亚速尔群岛和纽约之间的半路上,即西经 45°。在南半球,它们所漂流的距离,更近于赤道几度,例如,流到好望角沿岸的一点,约在南纬 36°到 39°间[①]。其中之一(见图 10),周围有 2 英里,高达 150 英尺,阴天看起来像白垩,太阳照射时,现出精糖的光泽。其余的冰山,升出海面约 250 英尺到 300 英尺不等,所以下面的体积一定很大,因为由冰在水中的浮力试验得知,冰在水面上每露出 1 立方英尺,水下至少有 8 立方英尺,但是冰块伸入水中的深度,也决定于冰山的形状和重心的位置[②]。如果从北极区域向赤道漂流的冰山所达到的距离像南半球那样远,它们可能达到圣·文生得角,于是可以从这里被从大西洋流来的洋流带过直布罗陀海峡,漂进地中海;这样一来,温暖区域的晴朗天空,可能立刻变成阴霾的天气。

图 10 1829 年 4 月,在好望角附近南纬 39°13′东经 48°46′处看见的冰山

从印度洋流过莫桑比克海峡的洋流,宽约 100 英里,速度每小时从 2 英里至 4 英里,它把赤道的热水带到温带。一个相反方向的洋流,从合恩角向北沿着南美洲西岸流动,把较冷的海水运到热带。

这些洋流,也叫做海洋河流,有力地控制着某些区域空气的温度,使得以上所说的等温线偏倚(本书第 118 页)。它们所走的途径,大部分决定于陆地的位置,它们大大增加了地理条件在任何一个时期对气候情况所产生的影响。例如,不断受东风的影响向西流动而堆积在墨西哥湾的海水,现在被巴拿马地峡折回。如果没有这个地峡,海水显然会向西流入太平洋而不产生湾流。地峡上有一个地点的分水岭,高出海面仅 250 英尺;在这里发生一个缺口,不是过于幻想的事,因为所需要的海平变迁,不必大于从冰川时期开始以后,不列颠各岛的一部分已经发生的变迁。

现时两极陆地分布比例的不正常 有人说得很对,地球的表面,盖着一片海洋,海洋

---

① On Icebergs in Low Latitudes, by Capt. Horsburgh, Phil. Trans, 1830.
② Rennel on Currents, p. 95.

之中有两个大岛和几个小岛;因为大陆和岛屿的总面积,只占地球总面积 2/7,或者略微超过 1/4;海洋和陆地面积的比例,是 2.5∶1。按照这种比例类推,在任何一个过去时代,任何一个特殊区域的陆地,例如两极附近、或在两极和南北纬 60°之间的地区,通常可能不会超过大约 1/4。所以,如果现在地球上这两个区域的陆地,远超过平均比例,如果陆地的面积的确与海洋的面积相等,而北极区域的一部分陆地高达 8 000 英尺,南极的一部分陆地高达 15 000 英尺,我们就可以根据这种理由断定,在现时的情况下,温带和极区的平均温度,远低于地球表面有比较正常情况时所应有的温度。

当我们发现回归线之间的陆地非常少,这种假定的力量就大大地加强了,因为这些地方的陆地,由于显露在直射或近于直射的日光之下,能产生最大的热量。由于地球上回归线之间区域的海陆比例是 4∶1,而不是 2.5∶1,因此非常明显,不仅现在的北极区域有超过通常的寒冷,而在回归线之间的热量也低于平均的温度。

假使地质学家所作的推测合理的话,就是说,在过去期间,两极和纬度 60°之间的两极区域内的海陆分布,常有 2.5∶1 的正常比例,而不是不正常的 1∶1,那么读者会立刻看出,当时温带的气候一定比现在暖和;如果有一个时期,两极有深海,其中只散布着少数岛屿(这种情况可能不少),世界上可能没有永久的冰雪,甚至连最高的山顶上都可能没有积雪。如果以往果然有这种情况,洋流还是可以使高低纬度的温度进行交换,但是没有一种洋流会搬运浮冰来减低北极圈和南极圈与回归线之间的海洋的温度。在现时的地理情况下,北纬 46°的阿尔卑斯山上有永久积雪,就是在赤道上,近来在非洲东部发现的一座 20 000 英尺的高山,其最上部的 4 000 英尺,也常在最低的雪线以上[①];但是这些多山的高地都要完全变相,如果从极区到赤道纬度自由流通的气流的温度,没有被现在终年积在极区的大量冰雪所减低。

地质资料所揭露的历来的地理变迁 在从来不注意地质学所揭露的地球表面过去变迁的人们看来,海陆的位置似乎是永远固定不变的。自从最早的历史时期起,它似乎没有经过重大的变化;但是一经深入研究,我们就会相信,地球上的地理情况每年都有一些小的变化。在每一个世纪内,某些部分的陆地上升了,另一部分陷落了,海底的情况也是如此。由于这些和其他的不断变化,自从有生物以来,地球的外貌已经经过了不少次改造,而海底也升成了许多最高的高山。自从生物肇生以来,地球表面上发生过如此不规则的变化,的确可以使人诧异;但是,如果予以充分的时间,这些作用不必破坏现在自然界的安静情况,就可以达到一定的结果;一般看来,这种结果实在是微不足道的,如果我们考虑到,最高的山脉,也不过使地球与完全圆球之间,形成非常微细的差别。秦波拉索山,虽然高出海面 21 000 英尺,然在 6 英尺直径的地球仪上,它仅仅等于一粒沙,其直径比本书所印的字母 o 还要小一些。

所以地球表面的起伏是非常微小的,用地质学的目光来看,它们在某一个特殊世纪的分布,是暂时的,它也像维苏威火山两次喷发之间的火山锥的高度和轮廓那样不稳定。以整个地球的体积来讲,地面的起伏虽然很不重要,但是大气和海洋的温度,以及气流和洋流的循环流通,主要却决定于这些小小起伏的位置和方向。

---

① 这座山名为克里曼加罗山,是雷得曼博士在 1848 年发现的;据 1862 年德根男爵的测量,其高度为 20 065 英尺。Geograph. Journ. vols. xxxiv,xxxv.

在着重说明地壳外貌的不断变迁一定会引起温度大波动之前,我有必要把地质记录中所表示的那些地理变化,作一扼要的说明。从以前所讨论的回顾录中,读者已经了解古代生物对气候的意义,在相当程度上,他的思想中已经有了考虑这样变迁的准备。他已经知道,自从现时生存的介壳物种以及大部分现代的动物和植物已经存在的冰川时代开始时起,欧洲大陆的高度,已经发生了变化;以前的海底连同它的海栖介壳,升起了 500 英尺,有时竟达 1400 英尺,而在这种非常近代的地史时期中,也发生过陆地的沉陷,连很古的陆地都被淹没了。在冰川时代的一段时期中,我们找到了各种证据,证明当时英格兰和爱尔兰是互相连接的,并且也和大陆连成一片,而在另一段时期,它们被分成无数小岛的群岛;我们也发现,德国北部和俄罗斯的大部分,曾经沉在经常盖有浮冰的海水下面;而撒哈拉沙漠的北纬 20°和 30°地区,曾经沉没在海水下面,所以地中海东部,曾经与现在被非洲西岸所包围的一部分海洋相连通。大西洋也远远地伸入现在的圣劳伦斯盆地,而纽·亨普夏的怀脱山当时是一个群岛。简言之,就是在冰川时期,北半球的地图已经和现在同一地区的地图很不相同了。照我们现在所知道的地质情况,赤道区域也经过了同样程度的变化。任何人参考过达尔文的珊瑚礁和活火山的地图,都可以看到这一点;照这张图表示,许多大区域曾经是大规模海陆升沉的舞台,同时大西洋和太平洋的介壳和珊瑚物种,却始终维持不变。南美洲大陆,从南纬 34°到巴塔哥尼亚一段,自从后-第三纪开始,整个宽度似乎都被隆起。马来群岛的四足兽、鸟类和昆虫的地理分布情况,使华莱士能于说明,自从现时生存的物种存在以来,那些岛屿是彼此连在一起的,并且也和大陆相连。他也告诉过我们说,凡在海水深度不超过 100 英寻的地方,海峡两边印度动物群的物种很多是相同的,如果海水较深,即使两个岛屿彼此可以看得见,它们的鸟类和哺乳类动物,却很不相同[1]。

假使我们回想到这些事实,并且考虑到后-第三纪所经过的时间仅仅占整个上新世的一小部分,然后再依据生物更大变化的证据来形成对上新世以前的始新世和中新世持续时间的概念,我们可以预料得到,代表始新世最早时期海陆位置的地图,和现在地球上同一区域的景象,一定大不相同。

在附图(图版Ⅰ)上,用实线表示的区域,都是在以上所说的各时代有可靠证据的沉陷区域;因为在这些地区内,现在都盖有含着只能在盐水里存在的介壳和其他生物化石的沉积物。我们所讨论的时代的最古部分,在地质学上讲,不能认为太古;因为巴黎和伦敦盆地以及其他区域的老第三纪沉积物,都比组成地壳的普通所谓第二纪和第一纪(中生代和古生代)沉积岩新得多。然而,我们所回顾的时代不论怎样比较晚近,地图上所画的海陆分布的变迁,也只能代表这个时期发生过的变迁的一部分。我们只能对地质学家所深知的欧洲部分的海洋转变为陆地的数值,作近似的估计,但是不能确定同一时期内究竟有多少陆地变成了海洋;况且在同一个地方,海陆往往反复进行交替,对于这种变迁,我们也无法取得任何记录[2]。

---

① Wallace, A., Physical Geography of Malay Archipelago, Journ. of Roy. Geograph. Soc. 1864.
② 编纂这张地图,我利用了英国、法国和德国政府调查所的资料,以及莫契孙爵士、弗纽尔和凯塞林伯爵所发表的俄国重要地图。弗纽尔所编的精美的西班牙地图,也使我能够把图上的实线扩充到在他调查以前认为没有第三纪地层存在的区域。

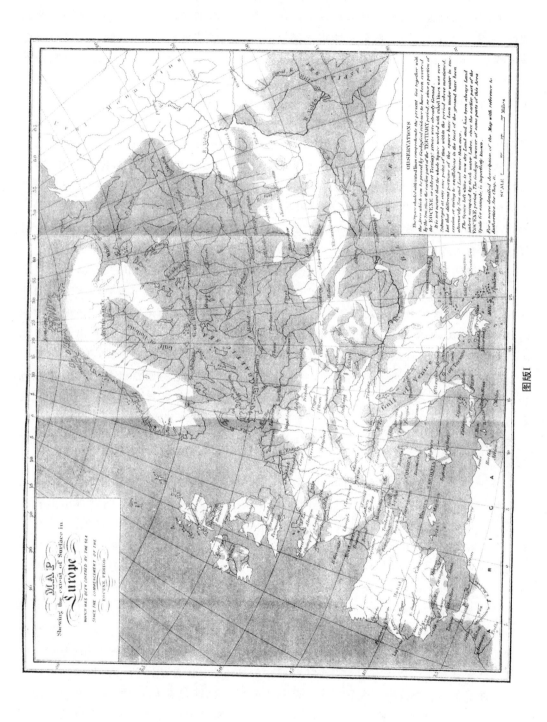

图版 I

我恳切希望读者不要把这张地图，甚至于这张图的名称，作为代表欧洲一部分地区任一个瞬息间的地文情况。恢复地球上任何一个过去时期，特别远古时期的地理情况的困难，或者不可能性，在于我们只能指出部分的海洋变成陆地的地方，我们几乎没有可能确定哪一块陆地已经变成了海洋。所以，所有自以为代表远古地质时代地理情况的地图，大部分是理想的。现在所讨论的地图，不是恢复任何特别瞬息间的过去情况，而是在一段时期内我们知道已经发生过的一类变迁（海洋变成陆地）数量的示意图。

某一区域的陆地所经过的垂直运动，包括地球表面上交替发生的沉陷和隆起；由于各时代都有这样的振荡运动，一个很大的区域可能完全被海成沉积物所覆盖，虽然它们可能从来没有全部同时沉没到海水下面的时候；不，甚至在整个时期中，海陆的比例，从来没有发生过变化。然而我很相信，自从第三纪开始以来，北半球干燥陆地的面积，一直在增加，一方面因为现在这里的陆地面积，远远超过地球上一般的海陆平均比例，在另一方面，因为第二纪和第三纪地层的比较，表示出原来仅仅散布有许多岛屿的海洋，已经过渡到分布有大陆的海洋。

但是即使我们能用一张地图来表现第三纪期间所发生的海陆分布的变迁，不但显示出现在已经变成了陆地的海洋的原来位置，而且能显示出现在已经沉没到海水下面的陆地的原来面积，这张地图还是不能表达我们所讨论的时代的重要地文变迁。正像以前说的，水平的振荡，不但把海水下面的陆地隆起，而在某些情况下，还把已经升出水面的地区再向上升。例如，自从始新世开始以后，阿尔卑斯山已经又升高了 4 000 英尺，在有些地方超过 10 000 英尺；而比利牛斯山，自从货币虫期或第三纪的始新世分期的沉积物沉积之后，已经达到了现在的高度，其中的坡得尤峰超过 11 000 英尺。沉积在这个山脉坡麓的一部分第三纪地层，高出海平面不过几百英尺，并且保持着水平位置，一般没有受到使较古层系紊乱的骚动的影响；所以法国和西班牙之间的大堤，完全是在第三纪某几组地层沉积之间隆起的。

另一方面，某些山脉可能在同一时期内发生了同样程度的陷落，海岸浅滩可能变成了深渊，地中海里似乎的确发生过这种情况。地质学家们现在都同意，叫做货币虫岩层的石灰岩和与之伴生的岩石，是属于始新世；因为阿尔卑斯山、亚平宁山、喀尔巴阡山、比利牛斯山和其他山脉的最高和最破碎部分的构造之中，以及非洲和亚洲的许多高地上，都有这一种岩石，所以它们的分布，几乎意味着在始新世期间有一个普遍的海洋，淹没了现在有干燥陆地的地区；海水当然不是同时占领全部陆地，而是陆续依次淹没的[①]。

现时各大陆的年龄　现在各大陆的年龄都是非常古老的主张，与以上的观察是完全相符的。它们的形状的确经过了许多小的变化，一部分沉陷了，另一部分则向上隆起而与现在离开它们相当距离的许多岛屿相连接，就是在后-第三纪还有这种变化；但是主要的陆块已经露在水面以上如此之久，以致现在的各大陆，各有不同的动物和植物群。更可引人注意的是：当我们研究每一个大陆的上新世陆栖四足兽化石时，我们发现它们虽然可能已经绝迹，可是在构造方面，却与同一区域内现时生存的物种都有血统关系。例

---

① 见 Sir R. Murchison's Paper on the Alps, Quart. Journ. Geol. Soc. vol. v; and my Anniver—sary Address for 1850, *ibid*. vol. vi.

如，在大洋洲大陆现时生存的有袋类以前，曾经有过已绝种的袋鼠和其他有袋类动物。又如，在现代的象、犀和狭鼻亚目的猴类诞生以前，印度的中新世和上新世曾经有过早已不存在的同属同科的代表。在新世界，在南美洲现代哺乳动物物种产生以前，属于已灭亡动物群的广鼻四手类以及树獭和犰狳和其他南美洲种，已经非常繁盛。

几个大陆的两岸有完全不同的海栖动物群，也证明陆地障碍的永久性；这类的陆地，从远古以来，早已成为阻止鱼类、软体动物和其他水栖生物从一个海洋移徙到另一个海洋的永久障碍物。但是到了下中新世期间，这样的海洋分区，已经没有如此显著；照我们所找到的证据来看，甚至于在上中新世期间，大西洋和太平洋的软体动物和珊瑚所属的种的差别，已经不如现时这两个大洋所产的那样大。到那个时候为止，巴拿马地峡一定有一个水道可以通过，西印度群岛的珊瑚和其他海栖介壳的研究，可以证明这一点①。如果我们再向前追溯——研究始新世的陆生动物和植物——我们发现它们的种类非常混杂，而地球上几个相距很远的地区，都可以找到它们最亲近的同类，因此当时的海陆分布无疑与现在绝不相同，至于当时的海洋，我们以前提到过（本书第 99 页）的始新世海成地层，表示许多现时成为各大陆脊梁的山脉，在那个时代的海栖动物群已经存在之后，曾被淹没在海水下面。

所以，在每一个地质世代之中，大陆虽然非常稳定，但是经久之后，它们的位置会完全变动的。这种变化之所以如此缓慢，是由于地壳外貌的特殊形态所致，关于这一点，我拟在本章后来几节再进行讨论。

假如把我们的回顾扩展到第三纪的极限而深入到在它以前的白垩纪地层，我们可以找到很多证据，证明现在东西两半球赤道以北大陆所在的区域，当时都有一个大洋。在英格兰南部，白垩纪最老部分威尔顿期的地层中，有一个大河流三角洲的遗迹；这个遗迹所表示的海陆界线，与现时的地理情况毫无些许关系；值得注意的是，在河成地层沉积期间，三角洲的基础虽然陷落了 1 000 英尺，有时竟达 1 500 英尺，然在英格兰西南部附近，却一直有陆地存在；这种现象颇难解释，除非假定在向下运动区域的附近有上升的运动，或者相连接的部分，有向相反方向的缓慢运动。

各期地层常常有不整合现象，有一种证据可以证明：如果我们有一套地图，上面画着我们所重建的 30 个或 30 个以上地质时期的地文情况，它们之间、或海陆位置的差别，可能不下于现在两个半球海陆分布的情况。

阿尔卑斯山、安第斯山和喜马拉雅山高峰上找到的菊石、介壳和珊瑚，足以表示这些山脉的物质是在水下形成的，其中的一部分是在相当深的深海里沉积的。古代石炭纪地层中的煤层，证明以前有陆地存在，因为成煤的植物，是生长在满布森林的低洼沼地。煤层上下的砂岩和页岩，一定是在一个大水系盆地的终点形成的，每一个盆地都有一个大河流和许多支流在排水；沉积物的堆积，证明同时有大规模的剥蚀作用，因此也证明这一大块陆地上，可能有一个或一个以上的山脉。

以世界上最大的俄亥俄或阿巴拉契亚煤田而论，由一条或几条河流排水的高地，显然主要在东面，它所占据的位置，现在在大西洋下面，因为当我们走近煤田东部边缘，或

---

① 见 Elements of Geology，六版，1865，p. 271 所引的 Papers by John Garrick Moore，Esq. ，and Dr. Duncan。

者走近费拉德尔非亚附近的阿列干尼山的东南麓时——换句话说,我们愈走近大西洋时——泥砂机械沉积物的厚度和物质的粒度都增加得很快。在那个区域,常有鸡蛋一样大的小砾所组成的砾岩,与纯粹的煤层交互沉积。

当我们从大西洋走向密西西比河时,我们可以看到地层中的机械沉积物的厚度逐渐变薄,而石灰岩和生物形成的岩石,或含有珊瑚和海百合的海洋沉积物的厚度逐渐增加,并且替代了机械沉积物,不但北美洲的石炭纪是如此,在它以前的泥盆纪和志留纪地层也是如此。

但是美洲的煤田,全部都在北纬30°至50°之间;我们现在没有理由假定,在它边缘上形成煤田的陆地,曾经伸展到较冷或北极区域,或者当时这里有一片广大的面积扩展到北极区域,以致发生严寒的气候。石炭纪岩系中名为山岳石灰岩(mountain limestone)的部分,是海成的岩石,它在欧洲和美国,以及在围绕北极的北美洲地区的分布面积相当广,因此可以想象得到,当时可能有一种情况,使全球一般具有温暖而均匀的气候。

现在组成欧洲和美洲高地和山区一部分的志留纪地层,大部分是在离陆地很远的深海沉积物,这可能是这些地层中缺少陆生植物遗迹的原因。

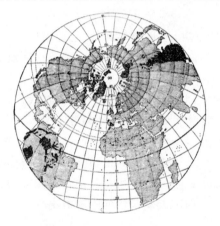

图 11　表示现时地球上海陆分布不平衡的地图
以彭布鲁克和韦克斯弗德中间的圣乔治海峡
为中心,我们可以看见陆地最多的半球

现在海陆分布的不平衡　以上提出的关于过去地文变迁的地质学证据,已经足以使我们说,现在陆地上的任何一点,在过去的某些时期内曾经是海,而现在被海水所淹没的地区,以前曾经是陆地。现在的水陆分布,使我们相信,地壳的外貌曾经经过一切可以想象得到的变态。在一个时期,陆地可能主要集中在赤道附近,另一个时期它们可能大部分在两极和两极周围。在一个时期,大部分可能在赤道以北,另一时期可能在赤道以南;或者有时全部偏东,有时全部偏西。为了说明这一点,我们可以这样说,现在东半球的陆地,恰好是西半球的一倍;连一个假定的南极大陆计算在内,赤道以北的陆地超过赤道以南一倍以上。但是现时地壳上陆地的不规则分布,还可以用另一种方法来表明,其结果尤其特别。我们发觉,地球可能被分成两个相等部分,在一个半球上,水陆的面积大致相等,但在另一个半球上,海洋所占的面积大到一种程度,使海陆的比例等于8∶1[1]。这种方法是用格林尼治的北纬52°和西经6°的交点为中心,把两个半球投射在平面上表示出来的(图11—12)。这个中心点是在彭布鲁克和韦克斯弗德之间的圣乔治海峡上;观察者视线的位置,假定可以从这一点恰好看到地球的一半。在这样的位置上,他一眼望过去可以看见最多的陆地,或者,如果把目光移到相反的方面,即对极的一点,他可以看见最多的水。

---

① 　照桑德士的计算,陆地和海洋的实际比例,在陆半球方面为1∶1.106,水半球方面为1∶7.988。

在本书的前几版中,为了说明这个问题,我用了一张加得纳替我绘制的投影图,他用伦敦为中心,因为他认为我们的首都是陆半球的中心。现在这张图(图12)是桑德士绘制的,他把一部分南美洲,包括秘鲁海岸的一部分,加入陆半球,而把相等面积的中国海移到水半球。一个半球的陆地超过另一个半球的现象,又引起与此有密切关系的事实,就是说,即使承认南极陆地的存在,如图12所示,陆半球陆地的对极,只有1/13有陆地。例如,图11中,中国海和贝加尔湖之间涂成黑色的陆地,与对极的南美洲一部分和火地相当。再向北,亚洲大陆延伸到北极海沿岸的部分和格陵兰的一大部分以及其他同样涂成黑色的北极陆地,是南极大陆的对

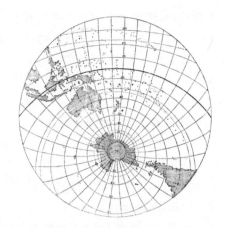

图12 表示现时地球上海陆分布不平衡的地图这张图的中心是图11中心的对极点,我们可以从这里看见海洋最多的半球

极。南美洲的黑点,代表爪哇、婆罗洲、西里伯、菲律宾、苏门答腊的一部分和马来半岛的对极地区。非洲的黑斑点,与太平洋各岛有同样的关系,而西班牙和摩洛哥的黑块,标志着新西兰对极的部分地区。

假定的南极陆地的界线,是根据维多利亚地、威尔克斯地、恩德比地和格雷厄姆地已知的位置,以及罗斯、魏台尔和其他航行家被冰拦阻的地方画成的;但是为了不要夸大未经探测区域陆地的比例,我假定了其中1/8是海。经过这样缩减,把大洋盆地略向南极扩展,使格雷厄姆地和恩德比地之间,以及后者与终点之间的海洋,比我们的航行家所达到的地点略近南极,在前一段地方,船只在达到南纬70°以前,常被冰块挡住,而在后一段地区,到了南纬65°便不能通航。在另一方面,我想不把未经探测的北极地区都作为海洋,较为稳妥;所以也加上1/8陆地;所用的方法,是在俄罗斯海岸附近和格陵兰西北附近的大海中,加上几个假定的岛屿,据说那些地方有这样的岛屿存在。

可能曾经引起地质学所揭露的气候变化的过去地理变迁 我既然告诉了读者,在地质时期中,地壳的形态曾经经过无穷的变迁,因此海陆的位置与高度和深度,不断地随着改变,我也说过,任何一个区域和任何一个时期的空气和海洋温度,主要必须决定于这些地理条件,所以我现在拟继续研讨可以用来解释前两章中所讨论的、由地质现象揭露给我们的事实的各种变迁的性质。

为了使我们的讨论局限在类推法的严格范围之内,我拟作以下几种假定:第一,海陆的比例始终相同。第二,升出海平面以上的陆地体积,是一个常数;平均高度和极端的高度都只有极微的变化。第三,虽然有局部的变化,海洋的平均深度和极端深度,总是不变。第四,陆地集中成大陆是自然法则中的必要过程。我想,只要谨慎一点,最后一条假定是恰当的,因为,控制地下力和同时向某一个方向活动的规律,可能不得不在每一个世代中产生连续的山脉;所以整个陆地被分割成无数岛屿的机会,可能不多。

如果有人反对说,陆地的最高的高度和海洋的深度,可能不是不变的,所有陆地集中在某几个部分,也可能不是经常的现象,甚至于海陆面积的比例,也可能不是永久的;我

的答复是,我所要提出的论证将更有力,如果地球表面上的这许多特性,对现在的类型有很大的偏差。例如,假使所有其他情况都相同,一个时期的陆地比另一个时期更为分散,那就一定会产生更为一致的气候,而其平均温度还可以维持不变;或者,在另一个时代,如果有高于喜马拉雅山的高山,特别位于高纬度上,那就一定会引起过分的寒冷。或者,如果我们假定,某一个时期地球上没有超过 10 000 英尺的山脉,那么流行的温度,一定要比有 3 倍高的高山区域热。

自从我最初在 1830 年建议用现在北极区域有过量陆地的理由来解释过去时期的比较温暖气候之后,霍浦金根据多夫的等温线图所供给的资料,作了重要的计算,他证明我们的推论是可能的,即地理上只要发生地质学家所谓的些微变迁,北半球的气候就会起重大的变化。他说,如果我们假定:第一,墨西哥湾流转变它现在向北流动的路线;第二,现在欧洲北部和西部的陆地向下沉陷,其幅度不超过 500 英尺;第三,北方来的一股冷流,冲过沉陷区域;这样变迁的结果可以使斯诺登和爱尔兰西部低山的雪线,降低到离海平面 1 000 英尺以内,冰川也可以到达海洋①。我们有种种证据可以证明,从现在的动植物物种存在时起,或者从冰川时代起,陆地已经有过升降运动;凡是深知这种运动的人,在不违背可能性的条件下,应当可以允许我们想象,从老上新世以后所发生的变迁,比以上所说的更为重大。即使我们承认,冰川时代是在新上新世终了时开始的,其时 100 种软体动物之中已经有 5 种与现时生存的种类不同,我们还是可以推测,从老上新世沉积物形成时起所经过的时间,可能在 10 倍以上,因为其中的介壳动物,有一半以上属于已灭亡的物种。生物既然可以在这一段期间发生如此大规模的变化,照这样估计,地理方面可能也发生了 10 倍的变迁。即使海陆位置变迁的速度,与现时正在进行的一样缓慢,以致为平常的观察者不能感觉,我们还是可以相信,在老上新世期间,北极圈和南极圈与两极之间的陆地,可能比现在少得多,其时陆地和海洋的比例只有 1:2.5,而不像现在的 1:1。但是高纬度上陆地的缩减,同时将使温带或热带的陆地作等量的增加,除非我们假定,地壳表面的一般情况,不如现在那样不规则——这是我们不应当提出的臆说。因此北极区域失去了可以增加寒冷的陆地,而在较低的纬度上,增加了可以提高温暖的面积。所以一个比较正常的地理情况,或者寒带、温带和热带区域的海陆比例都是 2.5:1,可以恢复地球过去历史中一般所有的温暖气候。有人可能这样想,近来在离北极 10°范围以内第三纪甚至于白垩纪地层中所发现的很丰富的植物化石,可以证明当时在很高的纬度上有广大的陆地,因此与以上所提出的学说不相符合。但是读者必须注意,照我们的假定,北极区域至少有 1/4 的面积是陆地,这种面积已经足够产生现在已经发现的植物化石。我们也应当记得,我们绝不能存有一种观念,以为生长第三纪地层中的植物的陆地,都同时在水面以上,因为它们虽然属于同一个时代,例如中新世,但在植物依次生长期间,水平可能有很大的振荡,海洋曾经变成了陆地,陆地变成了海洋。

附图(图 13)可能帮助读者想象,如果把现在地球上的例外地理情况,变成我所谓的正常情况,地球上的气候可以变化到如何程度。在这张理想图内,北极和南极区域的过量陆地,都被搬到热带,经过这样的搬动之后,热带的陆地也仅仅变成正常,就是说陆海的比例达到 1:2.5。从南北极搬来的陆地,不是任意安放在热带上的,而是根据达尔文

① Quarterly Journ. Geol. Soc. 1852.

图 13　世界的理想图,其中的北极和南极陆地被减到正常比例
——即陆 1,海 2.5;多余的陆地搬到回归线之间近代发生过沉陷的地区

的珊瑚环礁图,填充在大洋中在后-第三纪期间认为曾经有过陆地的那些地区,至少在上新世期间曾经有陆地的地区。寒带和热带的海陆数量经过这样的搬动之后,其他区域的大陆和岛屿的轮廓,无疑也有相当程度的变化;但是如果那些变迁是发生于同一带内,它们对地球的一般气候,或者大气的平均温度,可能只有些微的影响。只要海洋变成陆地和陆地变成海洋的变迁,没有变更同一带内的海陆比例,不论变动怎样大,也不会使那些地带的温度发生变化。即使东西半球的海陆互相换位,也未必一定会影响地球表面的一般温度,虽然把同量的陆地从热带搬到北极或南极区域,会使各纬度上产生严寒气候。所以我在这张图上仍使海陆位置维持现状,如此则足以影响气候变化的各种地理变迁,可以一目了然。在这幅地图上可以看到,北极和南极陆地的缩减,可以使从高纬度到低纬度和从低纬度到高纬度的洋流自由流通,如此则两极可以经常有比较不冻的海洋。但是我没有设法在图上表现出水下地理,或者海底的地形,这种地形必定会影响洋流所走路线的方向,也会影响促成赤道和两极海洋之间不同温度的海水的缓慢交流运动。

海洋的深度比陆地的平均高度大与气候缓慢变迁的关系　我拟提出以下所说的见解来结束本章;如果在任何过去时期中,地球上的气候比现在温暖或寒冷得多,它可能有继续保持几个地质世纪的趋势。这种趋势,倾向于比较温暖的气候,因为这样才能适合于地理的正常情况;但是,如果一旦产生像现在这样的不正常情况,它们也会继续维持很久。气候变化之所以如此缓慢,可能是由于海洋的深度超过了陆地的高度,以及使大陆和海洋盆地换位所要的时间。

在默察后-第三纪所发生的地理大变迁以及上新世和中新世期间所发生的更大变化的人初看起来,在这样一段的时期内——等于一群生物消灭和另一群生物诞生所需要的时间——地球的外貌似乎发生过无数的变革。但是这种意见与近来所发现的事实不符,因为近来对潮波观察所得的理论推断和深海测量所提供的实际证据都告诉我们,大洋的深度,远非大陆的高度所能比拟。照一般的假定,海洋的平均深度是 15 000 英尺,而陆地的平均高度只有 1 000 英尺。即使承认海洋平均深度的估计过于夸大,在某些方面的确是如此,然而它超过陆地高度的事实,实无可疑,因为它们高低相差,达到 3 至 5 英里之多;陆地上如果有这种差别,实在是一种例外,只限于几个狭窄山脊的山峰,而在海洋中,

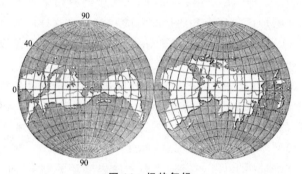

深达三五英里的深渊,却连成广大的面积。所以,如果现在的大陆区域和大陆附近深度不到 1 000 英尺的海洋区域,发生了向上和向下幅度都等于 1 000 英尺的垂直运动,结果可以造成大规模的海陆移位。同样规模的运动,在大西洋或太平洋中,却不能发生可感觉的变化,或使海洋或陆地区域换位。1 000 英尺的沉陷,可以使现在的陆地一大块一大块的淹没在海底,但是需要 15 倍的升降运动,才能使这样的陆地变成平均深度的大洋,或者使 3 英里深的大洋升出海面来替代现在任何一个大陆。所以在探讨特殊气候的持久性、或若干世纪的冷热分布的原因时,我们必须把地球上这种的地文特性,深深印入思想之中。按照机会学说的原理来讲,两个极区之一,具有现时每一个极区那样多陆地,已经不是常有的事,南北两极纬度上同时有如此反常数量的陆地,实在是大大地违反了机会学说。

参阅附图 14 和 15,可以使读者了解陆地集中在赤道或两极区域的情况,陆海面积的总比例仍旧是 1:2.5。这种极端情况可能永远不会发生,但是我们可以稳妥地断定,在过去地质时期中,有时可能有近似于这种分布的情况。看了这些图,我们可以知道,现在地球的情况,是近于"大年"(Annus Magnus)的冬季或陆地气候大轮回的冬季,而不是夏季。

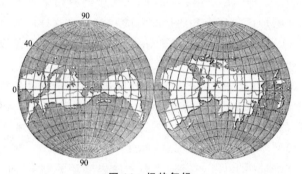

图 14　极热气候

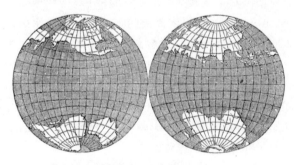

图 15　极冷气候

这两张地图表示地球上可以产生极热气候和极冷气候的海陆位置。

解释——这两幅图的意义,是要表示与现在同样大小和形状的大陆和岛屿安置在赤道区域和两极区域时的情况。

图 14　表示从赤道向两极延伸的陆地,都不超过纬度 30°;

图 15　表示从两极向赤道扩展的陆地,很少部分超过纬度 40°。

第十三章　天文变迁对气候变化究竟有多大影响

　　岁差和地球轨道偏心率的变迁被认为可以影响气候——侯歇尔爵士对本问题的意见——后来提出的几个有关天文原因的学说——各相岁差所引起的气候变化——地理原因对现在地球的气候起着主导作用——冰川时期年代的推算可以准确到什么程度——冰雪的干蒸发——积雪可以阻滞热量的辐射——在较早的地层中冰川时期没有反复出现——黄道斜度的变迁——空间气候变迁的假定——地球原始热逐渐减少的假定

　　在上一章中，我们主要集中讨论如何可以用地文变迁或海陆位置的变迁来解释地质学所证明的气候变化。我曾设法说明这一类的原因起着主导作用。我们现在要讨论的是，地球对太阳和其他天体比较位置的变迁，加上地理情况的配合，是否曾经对过去时期地球上温度的波动，发生过影响。

　　侯歇尔爵士论天文变迁对气候的影响　　1832 年，侯歇尔爵士[1]提出了一个问题，他说，我们是否可以用任何天文原因来说明地球表面上现在的温度和过去似乎流行的气候之间的差别。他说，"几何学家曾经证明，地球离开太阳的平均距离是绝对不变的，因此每年所供给的光和热，似乎也应当不变。然而，这种意见不是完全正确的：公转一周所受到的热量，与短轴成反比例"；然而由于短轴变迁而引起的每年受热量的最大差额与总供给量的比率，不可能超过 1003 与 1000 之比，他说，所以在地质学探讨方面，是没有什么意义的，我们可以置之不论。

　　但是轨道偏心率的变迁，还有一种方法可以影响气候。气候不仅决定于热的绝对量，而且也决定于热在一年中各个时期的分布方式，特别在两极和极区附近。天文方面事实上有三种现象，如果彼此之间以及与地理情况之间作不同的配合，可能对地球上的气候产生可以感觉的影响。这些现象叫做：地球轨道偏心率、岁差和近日点或远日点的周期。

　　大家都知道，地球绕太阳公转的轨道，不是圆形而是椭圆形的，太阳的位置是在椭圆形的一个焦点上面（见图 16—图 19），所以在 12 月份或北半球的冬季，地球离太阳的距离，要比 6 月份近 300 万英里（见图 16），地球离太阳的平均距离是 91 400 000 英里[2]。离太阳最近一点叫做近日点，最远的一点叫做远日点。

　　地球轨道偏心率现在所表现的 300 万英里的差额，不是固定不变的：现在的轨道，每年在逐渐变圆，变迁速度很慢而且不规则，从公元 1800 年算起，23 900 年之后，它将变成

---

①　Trans. Geol. Soc. 2nd series, vol. iii.
②　Herschel's Astronomy, art. 368.

比任何时期近于圆形，其时近日点和远日点的差额，将要变成略为超过 50 万英里，或者等于现在的 1/6；此后，偏心率又将以同等的缓慢速度逐渐增加。这种运动不是经常偏于一个方向，但在固定的限度内变动，所能达到的最大差额，大约是 1 400 万英里，如拉格兰居在 18 世纪末叶所示，而 1839 年勒弗里埃所计算的，更为准确。这些变动的原因，是受最近最大行星的吸引所致，木星和土星起着主要作用，而金星和火星也有感觉的影响。

侯歇尔说，不论地球轨道偏心率是怎样，两个半球每年受到的光和热的绝对量一定是相等的，在近地点时的接近太阳，或在远地点时的远离太阳，恰好可以补偿它的较快和较慢运动的结果[1]。但在 1858 年，当这位作者提到雷诺德的某些推想时，他又说到偏心率的大变迁可能对气候产生显著的影响，使得两个半球季节的性质完全不同。只要现在的地球近日点的位置不变，而远日点的距离伸长，"我们在北半球应当有短而温和的冬季，和长而很凉爽的夏季——就是说，近于长春；南半球则有极端的气候，可能使它不适于居住，因为每年热量的一半，将集中在极短的夏季，而其余的一半则分配在漫长而阴郁的冬季，当远日点离太阳最远的时候，这里将成为极端寒冷的区域，冰天雪地，使人不能忍受"[2]；他又继续说，由于岁差和不断变迁的远日点的配合，这里所说的南北半球情况，大约在 11 000 年之中，会变成相反；因为在地质学家所默想的极长时期里，这样的气候变化，一定不只发生过一次而是几千次，所以，他又说，"过去各时期之所以有如此不同的气候，至少一部分似乎可以用这种理由来解释。"

大家已经很熟悉这里所说的岁差，这是由于太阳和月亮对地球赤道上凸出部分的吸引所造成，而它的结果，是使南北半球的不同季节，依次与地球在它的轨道上绕着太阳运动所通过的各点相一致。如果没有另一种叫做近日点和远日点的周期运动，或者侯歇尔所谓"远日点的移动"的配合而使它缩短，岁差的大周期应当是 25 868 年。近日点和远日点的周期运动，是地球轨道的长轴方向受了改变轨道椭圆率的同样扰动力的影响而发生的逐渐变迁，也就是受了较大较近行星的吸引所致。这两种变动合作的结果，在 10 500 年左右，现在的天文情况恰好倒转，而在 21 000 年内，季节将完成一个周期，又重新回到它现在在轨道上所占的位置。例如，我们北半球的冬季，现在是在近日点（见图 16），当地球最近太阳时，北极背向太阳。但是由于岁差和近日点和远日点周期运动的关系，经过 5 250 年，我们的冬季将在轨道上移过 1/4，其位置将在图 17 的 a 点。再过 5 250 年，它将达到远日点（见图 18），其时北方的冬季长夜将在地球和太阳相离最远的地方。再过 5 250 年，它将达到图 19 的 a 点；最后，即从起点开始经过 21 000 年，地球将又达到北极的冬季和南极的夏季与近日点相重合的一点（图 16）。

假若轨道是圆形，而地球与太阳的距离始终相等，这种岁差便不会影响气候；但是轨道是椭圆形的，所以以天文眼光来看，北半球冬季在近日点（如图 16 所示），应当不如北半球冬季在远日点那样寒冷（如图 18），因为在前一种条件下，地球离太阳的距离较近。

---

① 侯歇尔说，按照很简单的定理，我们可以这样说，"当地球循着轨道任何一段行动时，它从太阳得到的热量，与它绕着太阳中心所成的角度成正比例。"所以，如果通过太阳中心，在任何方向画一条线，把地球轨道分成两半，那么地球循着椭圆轨道上不相等的两段上行动时所受到的热量是相等的。Geol. Trans. vol. iii. part ii. p. 298；second series.

② Herschel's Astronomy，art. 368 c.

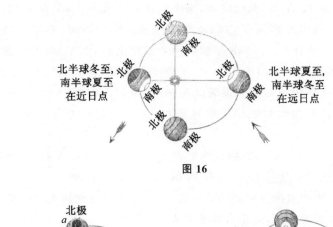

图 16

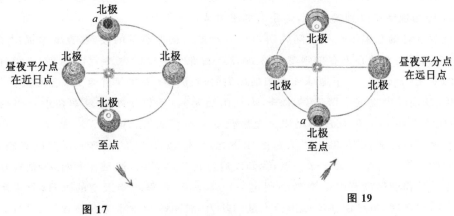

图 17

图 19

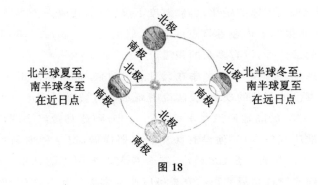

图 18

图 16—图 18 说明岁差的图解。

为使椭圆的观念比较清晰,所以把椭圆画成水平位置,读者似乎从上面向下看,而地球的位置,似乎与读者的视线在同一水平上。

黑色部分代表冬季,白色部分代表夏季。

在 1840 年出版的《地球的公转》(*Les Révolutions de la Mer*)中,阿德马说,自从 1248 年起,近日点的位置对北半球冬至点的偏差,已经造成了可以感觉的结果。由于这种运动,现在地球最近太阳的日期,是在最短的 1 天之后 11 天。作为一个历史的事实,文涅兹以前也曾指出,在 10 世纪以前,瑞士的冰川比现在大,后来它们退缩了 4 个世纪,然后又向前进,慢慢地恢复了它们原有的规模。换句话说,在那一段时期,冬至日的太阳离地球最近,或在公元 1248 年前后两个世纪期间,北半球的冰,融解得最多。这样充其量只能使现在的冬季温度和 1248 年的冬季温度相差华氏表半度的些微天文变化,是否可以在 600 年中引起如此显著的影响,实可使人怀疑;但是这种意见可能帮助读者了解,如果岁差果然能对气候造成显著变化的话,它对现时的气候究竟有怎样的影响。

每逢轨道椭圆率增加时,这种影响显然也要加强,因为近日点和远日点距离的差额,现在只有 3 000 000 英里,但是如克罗尔所指出,在某一时期,这种差额可以达到 14 000 000 英里,如此则两点所受到的热量的差额,大致可以达到从太阳所受到的总热量的 1/5,因为地球所受到的热量,与距离的平方成反比[1]。

克罗尔对偏心率影响气候问题所提出的意见 根据热量的差额,克罗尔提出了一种学说,企图用最大偏心率有加强冬季在远日点的那个半球的寒冷程度趋势,来解释过去气候的变化[2]。他说,由于地球离太阳最远的时候遇到冬季的那个半球,温度减低了 1/5 的结果,从高纬度空气中降落的水分,不是雨而是雪;而这个半球夏季在近日点时的温度,虽比现在高 1/5,但是还不足以完全融化冬季所积的雪。如果天空无云,太阳射线的力量会大大地加强,但是融化了大量的冰雪之后,他想,所成的云雾和阴暗的天空,会抵消它们的大部分力量。关于这一点,我们以后将再详细讨论,但是在我看来,他在这里不得不作一种我们还没有准确资料的假定——就是说,夏季晴朗天空的烈日,首先融化了一部分冰雪之后,虽然还在继续供给大量的热力,然而因为被重雾所遮盖,几乎没有能力再融化积冰。按照这种见解,他坚持地说,在偏心率最大的时候,一个半球的冬季很长并且极端寒冷,而在夏季,则因冰的融化,也使温度下降,至于其他一个半球,则享受着侯歇尔所谓的常春气候;北极的冬季在近日点的时候,温度比现在高 1/5,除了太阳射线在一年中可以完全融解的部分外,没有多余的积雪。

照以上所说的原理,任何一极的冬季在远日点的时候,都可以产生大量的积冰,于是他就利用这种交替发生的积冰的现象,设法说明海水如何被吸引到冻冰的一极而扰乱地球的重心,并且使一部分的陆地淹没在水里。1834 年,阿德马曾经企图用冬至和远日点的重合来说明某些地质现象,但是他没有像克罗尔那样做,把这种现象和地球轨道偏心率的扩大相联系,两者的配合,经久之后,一定会夸大以上所说的结果。资料的不足,虽然使我们目前不能确定这种超量的积冰究竟可以产生多大的扰乱作用,然而它在某些时期内,无疑曾经使海平面发生过变迁,我们应当感谢这位科学家提醒我们以前忽视了的一个正确原因(vera causa)。

在上述的专论中,克罗尔没有把气候的变化归因于像现在所有的不正常地理情况,他认为地理环境对气候的影响是极微的,甚至没有影响;而按照上一章所说明的原则,我认为这是产生严寒气候的最重要因素。即使无条件承认,在适当的地理环境下,雪的堆

---

[1]　见 Herschel's Astronomy,art. 368 a。

[2]　Croll on the physical cause of change of climates during geological epochs. Phil. Mag. ,Aug. 1864.

积总是发生于冬至在远日点的一极，我还是认为，只要海陆的分布常常不离常轨，或者具有像图 13 所示的理想图的那种正常情况，不论偏心率的大小如何，严寒程度不会逐年增加的。况且，我认为毫无疑义，只要两极有深海，单独依靠天文原因，没有力量储积大量的冰雪，并且当偏心率达到极端时，椭圆体的短轴缩得更短，其时取自太阳的总热量，将比现在还要略为多一些[①]，因此它所走的方向恰好与产生冰川时期所走的方向相反。当偏心率大至极点的时候，在近日点的夏天所得的超额热量，应当与在远日点的冬季所损失的热量一样大，所以我们不能假定它会增加地面上积雪的总量，除非其间有某些原因缓和了夏天的酷热。克罗尔所提出的意见，即夏天太阳的第一个作用是造雾，而雾又有效地阻止日光到达地球，就含有这种意义。但在提出这种建议的文献中，他没说明这样普遍产生北极雾的理由。太阳的热能，至少在夏季的初期，是继续增加的，因此热空气吸收水蒸气的能力，也要加强；所以它何以会产生重雾，是很不容易了解的，除非有大量不正常的积雪陆地集中在北极周围。

偏心率增加时各相岁差的气候　但是我们必须想到另外一种可以使热量平衡的原因，否则我们或许会过分夸大偏心率对气候的影响，即使这种影响因现在地球上的不正常情况而加强。我们不应当照阿德马等的建议，把以前所说的岁差与近日点和远日点的移位所造成的 21 000 年的周期分成两部分，就是说，在一部分上，一个半球的冬天与远日点相重合，因此是一个寒冷的时期，在另一部分上，冬天与近日点相重合，所以是一个温暖的时期。我们应当知道，最冷和最热的时期，并无严格界线，而是在两个极端之间逐渐过渡的。如果把岁差的周期分成 4 部分（如图 16—19，见本书第 135 页），可以使我们对气候变迁的观念更加清楚，在第一个 1/4，南半球有积冰，因为南极长夜和短日，恰好是在地球离开太阳最远的时候，或者换句话说，因为南半球冬季恰好在地球在远日点或者靠近远日点的地方，为了避免争论，我们并承认克罗尔所主张的云雾积聚臆说，就是说，在近日点的 5 250 个夏季的酷热，不足以完全融化同样数目的冬季的积雪的任务。到了第二个 1/4，春分点离太阳最近，不论偏心率是怎样，气候是相等的，因为 5 250 个冬季和 5 250 个夏季的日数大致相等，而冬季和夏季离开太阳的距离也相等，这两种原因的结合，使得这些季节与平均季节相差很少，并且会使前一个 1/4 所积的冰雪减少。在第三个 1/4，所有冬季的寒冷，都因靠近太阳而抵消，而夏季的酷热同样因远离太阳而缓和，所以这里又有均匀的气候。在第四个 1/4，秋分恰好在远日点或靠近远日点，其结果与在第二个 1/4 相同，因此不像第一个 1/4 那样有严寒和酷热的气候。所以在像现在的地理情况下，第一个 1/4，是可以在任何一极发生积冰的唯一时期，只要这个极的冬季在远日点。

地理原因对现时地球上气候的影响　多夫所做的、地球在近日点时整个地面上现在的平均温度和它在远日点时的温度的比较研究的结果，对于地理原因的重要性，提供了良好的说明。

地球离太阳的平均距离是 91 000 000 英里，而现在的地球轨道偏心率，如前所述（本

---

① 见 Meech, Intensity of the Sun's Heat and Light, Smithsonian Contributions, 1857。

书第 134—135 页),与离开太阳的平均距离的差额,在两个方向都不超过 1 500 000 英里。所以地球在远日点和近日点时离开太阳距离的差别,不下于平均距离的 1/30,因此地球在一个时期应当比较冷,在另一个时期应当比较暖,但是地球受到太阳热的差别不是 1/30 而是大约 1/15,因为热与距离的平方成反比。然而,当我们把赤道南北各处的温度都化成平均数时,我们发现,整个地球表面上 6 月份的温度的确比 12 月份的高,就是说,在远日点时的气候,反而比近日点时热。这种结果,从天文观点来看,似乎是非常奇怪,但是如果我们考虑到在太阳下面的陆地能于把热量辐射到大气之中,而空气的搬运能力又能把它散布到全球各处去,这种现象就不难得到圆满的解释[1]。因为在赤道与北纬 50° 之间,有一大片陆地暴露于长夏的日光之下,而南半球的同纬度上,则为一片大洋,在夏季不能产生同一样的热,虽然按照侯歇尔的估计,地球在近日点时,太阳在这里的热量要高出 23℉。

与南半球的比较均匀气候完全相反的加拿大和北美洲的其他部分以及西伯利亚和中国某些部分的极端气候,也说明地理原因的反作用。如果天文原因的优势是绝对的话,其结果一定很不相同;因为,如果不是海洋的面积远远超过陆地从而产生一种均匀的气候或者所谓岛屿的气候,那么冬天离太阳最远夏天离太阳最近的一个半球的季节,应当完全相反。

南半球大部分地区现在有冷气候的事实,初看起来似乎可以证明冬至与远日点重合时可以产生极冷气候的理论是正确的。但是按照多夫的等温表所示,南半球温带所差的 10℉,是由于没有足够的陆地,而北半球的同一纬度上则有多余的陆地。即使不否认上述天文原因对气候有一部分影响,但与地理条件比起来,显然微不足道。侯歇尔爵士根据理论的基础作了计算,他说,如果把赤道两边相同纬度上的同一季节的两个地点作一比较,其差别应当是 23℉;就是说,夏季在近日点的温度,应当比天文情况相反的半球同一季节的温度高 11.5℉,而冬季在远日点的温度应当低 11.5℉。观察的结果却和这种计算不符,温度计所表示的实际差别,只有理论所要求的一半。然而根据侯歇尔的研究,在某些小区域内可以感觉到偏心率的影响。他说,大洋洲内地的温度,高于北非洲同纬度上的沙漠地区的温度;并且他自己的观察也指出,南非洲表面土壤的温度,达到 159℉,这也比夏季不在近日点的北半球高[2]。至于测定空间的温度,就是说,把温度计放在大气以外不至受到日光直接照射的某一点所记录的度数,则决定于人为的假定。由于我们不可能进行这种试验,而且最著名的物理学家对本题的条件都还没有共同的意见,所以我不拟继续讨论这种计算,而且它的准确程度现在还不可靠。

同一半球、同一纬度的地方,现在有完全不同气候的一种简单事实,已经足够证明它们不是完全出于天文的影响。读者只要参阅本书第 114 页,就可以看到南乔治亚岛和火地现在的气候的差别是如此大,以致可以把前者假定为属于冰川时期,而后者冬季的花木和蜂雀,以及附近海中软体动物所隶属的,可以使旅行家或将来的地质学家认为这里

---

[1] Herschel's Astronomy, 1864, p. 236, art. 376.

[2] Herschel's Astronomy, 1864, art. 369, 附注。

有以前所说的常春气候。这种显著区别,是由于地理原因所造成,如果变更它们的地位,使火地变成海洋岛屿,气候也会变成相反。在最近一版的《物种起源》中①,达尔文颇倾向于采纳克罗尔所提出的、相反的两半球有冰川和常春时期交互出现的学说,他认为,利用这种见解,可以说明动植物分布的某些不正常现象,因为在极端寒冷的时期,热带动物才有避难的地方。但是我认为,刚才说过的南乔治亚和火地的情况是一种警告,希望人们不要作贸然假定,认为同一半球的同一纬度上,一定同时都有普遍的冰川作用;而且在没有弄清楚现在热带动植物居住的区域在冰川时期有怎样气候之先,就要对如果纬度 55°以上有普遍冰雪的时候应当消灭而没有消灭的种类的意想困难进行争辩,也未免过早,即使一次的冰雪只波及一个半球。

对冰川时期年代的推测可以准确到什么程度 从我在本章和前一章所讨论的一切事实来看,我认为过去的气候变化,以及现在储积在北极纬度的冰,主要决定于地理条件。但是,我既然也承认,比现在大得多的地球轨道偏心率如果与现在两极区域超额陆地相配合,可能在两个半球上产生极冷的气候,那么确定轨道偏心率历来的变迁从而阐明寒冷气候首次发生的时期、寒冷气候达到最高峰的时期,以及后来把冰减到现在限度的大融化时期,也是非常有兴趣的研究。

当我请求皇家天文学家爱亚雷帮助我研究本问题的时候,他转请格林尼治天文台的史东作了一部分必要的计算;这位著名的数学家,就用勒弗利埃的公式来确定最近一次大偏心率发生的时期。他发现,这是在 210 065 年以前②,并且说,在本世纪(19 世纪)以前 50 万年内,没有找到一个近于这个数字的偏心率。照史东的计算,在上述的时期内,最大最小距离之间的差额,大约是 11 000 000 英里,而最大的差额,大约是 14 000 000 英里。现在,这种差额是 300 万英里,因此距离的比例可以用 3,11,14 等数字来表示。所以,如史东所说,"如果在某一个遥远时期内,因绝对最大偏心率的存在而发生过任何气候变化,那么在本世纪(19 世纪)开始以前 210 000 年,一定也发生过相同的或者较为次级的变化。"

在史东开始作了一系列计算之后,克罗尔接着完成了 1800 年以前和以后 100 万年中偏心率变化的艰巨计算工作,其结果对科学界的贡献极大。表 2 的第一、第二两行,是从他的专论中抄录下来的,而其他两行是莫亚计算的结果,由于他的数学和地质知识,他在所有气候变化研究方面,给我以不可估计的帮助。照我看,第三、第四两行,更可以帮助读者体会到第二行的数字所表示的温度变迁。略为看一看这张表,就可以发觉,在过去的 100 万年中,有 4 个时期有大的偏心率,就是注有 A、B、C、D 记号的年代。A 时期的偏心率比现在大 3 倍;B 是 3.5 倍;C 有两个分期,一个是 3.5 倍,一个是 4.5 倍,中间夹有一个偏心率较小的时期;最后,D 时期也比现在大 3 倍以上。

---

① 450—461 页。

② 1865 年 5 月 15 日给作者的信;并看 Phil. Mag. ,June 1865。

表 2 表示公元 1800 年以前 100 万年

地球轨道偏心率的变迁情况以及这种变迁对气候的某些影响

		1	2	3	4
		1800 年以前的年数	轨道的偏心率	距离的差额 单位为 100 万英里	超过的冬季日数
A		0	0.0168	3	8.1
		50 000	0.0131	2.25	6.3
		100 000	0.0473	8.5	23
B	a	150 000	0.0332	6	16.1
	b	200 000	0.0567	10.25	27.7
		210 000	0.0575	10.5	27.8
		250 000	0.0258	4.5	12.5
		300 000	0.0424	7.75	20.6
		350 000	0.0195	3.5	9.5
		400 000	0.0170	3	8.2
		450 000	0.0308	5.5	15
		500 000	0.0388	7	18.8
		550 000	0.0166	3	8
		600 000	0.0417	7.5	20.3
		650 000	0.0226	4	11
		700 000	0.0220	4	10.2
C	a	750 000	0.0575	10.5	27.8
	b	800 000	0.0132	2.25	6.4
	c	850 000	0.0747	13.5	36.4
		900 000	0.0102	1.25	4.9
D		950 000	0.0517	9.25	25.1
		1 000 000	0.0151	2.75	7.3

表的说明：

第一行，公元 1800 年以前的 100 万年，分成 20 个相等的部分。

第二行，克罗尔用勒弗利埃的公式计算出来的数字，表示地球轨道偏心率等于平均距离或椭圆长径半数的百分数。

第三行，本行和第四行是由莫亚计算的，表示轨道有第二行所表示的偏心率时，地球离开太阳的最大最小差额；以 100 万英里为单位。

第四行，冬季在远日点时超过夏季在近日点时的日数。

以现在的科学知识水平而论，除了最近的一个时期外，要想为任何地质时期的年代作一估计，一定没有希望的。然而，除了一切天文方面的考虑外，我想我们必须承认，极端寒冷气候的出现所需要的时间，最冷时期的持续时间、它所经过的波动（本书第 96 页）以及冰川的退缩和原来终年积雪的山脉的"大融化"或者雪的消失，不只需要几万年而需要几十万年。过少的时间，不足以使地文和生物发生我们已经找到证据的那种变化。所以，拿地质学家的目光来看，假定最寒冷的气候是在 B 时期，即 200 000 年以前，并不会觉得诧异,虽然我们必须承认,这是近于臆测的数字,可能失之过多,也可能失之过少。照我以前推测,我把更远的 C 和 D 期作为冰川时期,但是经过重新考虑之后,我觉得地理条件非常重要,我们决不应当做过远的推测,就是说我们的推测,不应超过我们可以适当地假定当时的大陆和海洋盆地的主要地理形态还是接近于现代情况的时期。例如,如果当时阿尔卑斯山和侏罗山的高度和现在一样,或比现在更高,我们才可以假定,凡是北半球的冬季与大偏心率时期的远日点相重合时,阿尔卑斯冰川可能比现在大得多;如果为了求得更大一些的偏心率而推算到 800 000 或 1 000 000 年以前的 C 或 D 期,我们就没有把握肯定当时的地理情况与现在相似到何种程度,因此也无从断定偏心率对加强或减小两极冰川作用的影响。又如,当时可能没有墨西哥湾流,撒哈拉沙漠可能沉在海底,而许多其他区域的情况可能与现在也相差如此之远,以致不允许我们用它们作推测气候的根据,不论对普遍或局部的气候。

我们没有理由可以假定,地球每年离开太阳较远的一部分时期会引起这样的寒冷,以致可以抵消地球离开太阳较近的一部分时期所产生的热量,除非决定地球上冰雪堆积的海陆分布,不利于两极区域和赤道区域冷热的交流。如果我所相信的、现在的地理分布是一种例外的意见是正确的话,那么极区的气候情况也是一种例外,而且自从大陆和海洋逐渐形成现在形态以来的气候,一直也应当是例外。我们现在知道,这种形态是有利于两极同时发生冰川的,而我们也不怀疑,在这种情况下,每个半球个别地区的过量的冰雪,是会随着冬季逐渐与远日点重合而起比例的变化。所以我们自然应当在较新的上新世和后-第三纪中寻找应得"冰川"称号的时期;如果在这个时期以前有冰川存在的话,我们应当在纬度30°和50°之间、需要像白垩纪、尼欧可敏期和石炭纪那样很长的时间才能堆积成的地层中,找到许多这一类遗迹,但是更广泛的地质调查,可能只找到少数或者找不到这种遗迹,甚至于连漂砾都不存在。

A,B 两个时期,离现在较近,如果我们假定当时高纬度上的陆地已占优势,应当不至于不妥当;我认为,这是最适宜于说明大偏心率与过度寒冷时期的关系的情况,其事实如下:

参考等温线图(本书第 117 页,图 9),读者可以看到,从欧洲到美洲的 14°、23°、32°、41°和50°F的常年平均等温线由东向西延伸时,都是向南偏斜纬度13°到18°。福勒斯在他的一张图上也表示①,现在大西洋西岸的北极动物群的居住范围,也同样比东岸的向南10°。以前已经说过(本书第 118 页),这种的差别,完全决定于地理原因而不是决定于天文原因;墨西哥湾流从西南向东北流——北极冷流沿着北美洲东岸向南流——以及北美洲的陆地一直向北极延伸所达到的纬度,在欧洲北部却为大洋,等等事实,都足以说明等温线现在何以会向南偏斜;如果现在因为偏心率的扩大而增加了寒冷程度,上述等温线的弯曲程度还是不变,但是它们的位置都向南移动,因为新环境下的冷气,对东西两半球的影响是相同的。即使对大西洋两岸的影响不同的话,现在等温线弯曲较大的地方,愈加弯曲,因为高纬度上陆地最多的地方,冰雪量也最大。

照现在的情形来看,北美大陆上大规模冰川时期的一切冰川作用遗迹,如巨大的漂

---

① Memoirs of the Survey of Great Britain, vol. i. plate vii.

砾、岩石的表面擦痕、有擦痕的岩块和充满海栖北极种生物的沉积物等，其范围都比欧洲向南 10°或 10°以上。所以，如果我们可以假定，过去的地理条件没有变动，那么这些现象将有利于冰川时期的严寒，归因于最大的偏心率。然而当我们回想到，高纬度上地理情况略有变化——例如在北极附近增加一些岛屿，或者使现在北纬 70°～80°之间的一部分陆地高度增加——便可以加强东西两半球北欧和北美区域的寒冷程度，这种推论的力量就会被削弱一些。我们虽然不能证明在最冷时期高纬度上陆地的比例比现在多，我们却知道，自从冰川时期开始时起，陆地的高度和位置，的确曾经发生过变化。如果当时陆地面积较大，我们更可以肯定地说，上述的变化对增加寒冷程度的影响，一定比偏心率所引起的大；因为后一种的结论，决定于以下的臆说是否健全，就是说，太阳热的常年供给量尽管经常相等，夏季比较强烈的热度，不足以消除冬季有过量冰雪时所增加的寒冷。

冰和雪的蒸发　瑞士冰川的观察，指出了这些冰川可以由于蒸发作用——或从冰的形态不经过中间的液态直接变成气态——而常常降低到什么程度。在干燥风吹过的日子里，雪像樟脑那样不经过融化就消耗掉了；并且我们知道，从赤道到北极的平均雨量，愈变愈少，它们减少的程度虽然不太规则，我们还是可以预料得到，北极附近没有很大的雪量而且空气也很干燥，尤其在比较南方的区域内有积雪的陆地，挡住了从温暖区域吹来的气流，使它们所含的水分先凝成了雪。

当达尔文在智利中部调查的时候，有人告诉他说，在一个干燥的长夏，阿空加瓜山上的雪完全不见了，虽然它的高度达到 23 000 英尺。他又说，在这样高的高山上的雪，大部分很可能被蒸发而不是经过融化[1]。

喜马拉雅山的某些山峰，高达 29 000 英尺，山脉南面的雪线约在 13 000 英尺，而在北面，则在 16 000 英尺，有些权威甚至于说在 18 000 英尺。侯歇尔说，"因为潮湿的西南季候风，把几乎全部的雪都降落在南面，而其北面则因暴露于地球上最干燥区域之一，于是受到蒸发。"从温带向两极吹的风，一遇到北极或南极区域冰冷的空气，它们的水分同样会被分离出来，因此，在南极大陆所增加的雪量，是在边缘而不是在内地。大家也知道，降雪最多的温度是 32°F，如果温度低得多，雪反而少，甚至于没有雪，所以，如果贸然假定，当偏心率很大而地球在远日点的时候，北极附近严寒气候所产生的雪，比干燥空气所能吸收的多，那就未免过于轻率。

在晚秋时候，林克曾经看见许多雪从格陵兰的地面上消失了，以致一排一排的漂砾露在外面。罗斯和胡柯在维多利亚地的雪上面也看到大块的岩石——这些事实将不易解释，如果每年降落的大量的雪，不是在高纬度上被蒸发了或被液化了。据阿格西斯的报道，苏必利尔湖湖岸的气温，1 年之中有 4 个月在 5°以下，而 15 年来每年的平均降雪量是 72 英尺。然而地面上的积雪，从来没有超过 6 英尺的时候，而在夏天完全不见了，主要由于像樟脑那样的蒸发。他也提到，雪下的地面，从来不冻冰；我们应当记住这一点，即覆盖面积很大而经久不化的积雪，必定有阻止辐射损失的功用，因为雪是热的不良导体。

我们在加拿大和新英格兰都看到，如果牧场的一部分草地上的雪被风刮去而使地面

---

① Darwin, Journ. of the Beagle, 1845, p. 245.

露在外面,土壤被冰冻的深度,常达 2 英尺以上,那么到了回暖的时候,这一部分的地面常呈黄色,或者没有青草;其余的部分,由于冬天有积雪保持着它的温度,依然盖着绿草,而且很快地生长出来。胡柯博士在喜马拉雅山的观察,也看到同样的情况,由于这种原因,在冰融化之后,那里的土壤温度,往往高出当地的平均温度相当多。这样一来,冷热之间可能有一些补偿,陆地在短而热的夏季内所吸收的过量的热,因为积雪的关系,比较不易消散。在长期冬季中热量辐射的损失,也是使我们所讨论的问题复杂化的许多未定因素之一。

在较早的岩层中冰川时期没有反复出现　如果我们现在从天文学说所引起的实际困难,转到古生物学证据的问题,我们发觉,如果我们在第十和第十一两章中所叙述的古生物研究所透露给我们的、关于过去气候情况是近于事实的话,那么在北半球温带,并没有冰川时期不断间歇出现的现象;如果不必依赖其他原因和它相配合,专靠一个大的偏心率就足够增加高纬度的寒冷程度,冰川时期的反复出现,是无可避免的事。我们已经说过,古代的植物群和动物群,并没有表现任何由热时期转变为冷时期和冷时期转变为热时期的剧烈变革的标志。恰好相反,从石炭纪到白垩纪期间生物种类的连续性,特别是爬行纲动物,证明中间不可能夹进一个像后-上新世一样规模的冰川时期。石炭纪一定持续了很多的世纪,其间必定经过许多次偏心率的大周期。然而当时在北半球的温带,一定许久没有像我们现在所经历的寒冷气候,因为在新斯科夏 15 000 英尺厚的石炭纪地层之中,完全没有夹在里面的冰川时期的证据。在沉积这样厚的沉积物所需的期间内,石炭纪的特殊植物始终不变,而在这样的厚层沉积物中,一个接一个的森林,被埋在它们所生长的地方①。

寒冷时期没有重复出现,是完全可以理解的,如果我所提出的、只有在高纬度上陆地分布不正常时才能产生寒冷时期的结论,没有错误;那么在正常的地理情况下,最大的偏心率只能使气候比较不均匀,而不能使它变得更冷。如果北极区域的海洋占优势,那里就不会有终年的积雪,或者所积的雪不至于不能被夏季的太阳所消尽;受热量的总差额既然只有 1 003 比 1 000,照侯歇尔爵士的意见,所以不会发生多大的影响,即使可以感觉到,也只有加热的功用而没有冷却的功用。

我们当然可以想象,极端偏心率与冬季在远日点的配合,加上有利的地理情况,在过去期间有时可以产生过冷的气候,但是我们对早期陆地的可能分布情况,知道得如此之少,我不预备重复我以前的企图,用比较生物界变迁的方法来计算冰川时期、第三纪、第二纪和第一纪的可能相对持续时间。

黄道斜度的变迁　直到现在为止,我们只限于讨论轨道偏心率的变迁对气候的影响,似乎旋转的地轴对黄道的斜度始终像现在一样,倾斜 23°18′;但是大家都知道,由于各行星对地球的作用,使这个角度每世纪大约变更 48 秒,因此黄道平面现在逐年接近于赤道。斜度的减小,将继续很久,到了后来"它又会增加,所以始终在平均位置前后,不断的摆动,而向两边摆动的偏斜幅度,不超过 1°21′"②。但是侯歇尔爵士告诉我说,拉普拉斯

---

① 见作者所著的 Elements of Geology,482 页。
② Herschel's Astronomy,art. 640.

的计算，对过去 100 000 年的限度虽然很对，但是如果考虑到 1 000 000 年之久，我们可以想象得到，这种幅度有时可能较大，甚至于可能扩大到平均位置两边 3°到 4°[1]。拉普拉斯和勒弗里埃进行研究的、关于黄道与固定平面相对位置的缓慢变化，以及地球赤道位置的可能变化等问题，必须经过一番艰苦计算，天文学家才能决定倾斜的最大幅度究竟是多少，但是他们都同意，这种幅度的限度是很狭窄的。这种运动的结果，不论我们采取上面所说的最大或最小的限度，将按照它的方向，减少或增加岁差运动所造成的影响。斜度如果比现在大，北极和南极区域冬季长夜的区域将较大，在相反的条件下，结果也将相反。这种原因对地质现象有两重意义。凡是遇到最大的可能斜度恰好与最大偏心率以及像现在高纬度上所有的不正常地理环境相配合的时期，它们所产生的寒冷程度，一定比没有这种配合的时候大，因此也将有利于形成一个冰川时期。但在另一方面，斜度最小的时候，寒冷程度就会减少，即使其他促成寒冷的条件仍占优势。我们也可以说，如果黄道的斜度可以比现在减少 4°，在地质学上是有意义的，因为北极和南极圈内阳光照射的地带也随着扩大。假使我们能够确定过去这种现象的出现时期，那么极区冬季长夜的缩短，和太阳射线散布范围的扩大，对于说明现在在较低纬度生存的植物，何以能在中新世和石炭纪期间在北极方向有如此广阔的分布范围，可能略有帮助。如果这种情况能够供给足够的阳光，这样一个植物群在过去时期所需要的热量，一定不至于缺少，因为，按照以前所提出的原理只要地球上有正常的地理情况，高纬度上的温度，将比较温暖。

在以前所引的米枢的论文（本书第 137 页），也讨论到斜度变迁的影响；但是他说[2]，关于太阳辐射作用，他的结果只能应用于地球大气以外的区域。如果他的读者不注意这一点，他们会有过于高估各相岁差、偏心率和黄道斜度对两极区域所增加的热量的危险；因为在很高的纬度上，热射线必须通过的大气比较厚，因此我们可能要把它打一个相当大的折扣。

勒士里爵士和德雷尔[3]曾经对每纬度 5°上的太阳射线的真正热效应作了考察，并且把倾斜射线通过大气时所增加的长度计算在内。根据这个计算，赤道、纬度 45°和两极每年受到总热量，分别为 115、51 和 14。就是如此，代表高纬度相对热量的数字，还是比实际情况高；因为他们是照经常都有日光照射的假定计算的。因为高纬度上的云雾一般比赤道上多，所以所定的数字更不可靠。

空间温度变迁的假定　著名的数学家和哲学家波亚松建议用另一种天文臆说来说明气候经常变化的可能原因。他开始就假定，第一，太阳和我们的行星系统不是固定的，而是共同在空间向前运动。第二，在空间的每一点，都从周围的无数恒星受到热和光，所以从这一点画一条无限长的直线，一定会遇到一个恒星，不论我们是否看见。第三，他于是继续假定，我们的星系在几百万年内所经过的空间既不相同，温度一定也很不相等，于是从周围恒星所受到的辐射热量，有时较多，有时较小。他又继续说，如果地球或者任何其他大物体，从较热的地方走到较冷的地方，不会立刻失去全部在第一个区域所吸收的

---

①　Letter to the Author, Oct. 1866.

②　Meech, Smithsonian Contributions, 1857, pp. 21 and 43.

③　Article "Climate", Encvcl. Britann.

热，但是保持着从地面向下逐渐增加的温度①，地球现在的情况就是如此。

侯歇尔爵士原来所主张的太阳和太阳系中的各行星都在空间向武仙星座前进行的意见，近代的天文学家一般都认为已经证实。但是这种运动的总量，至今还没有能够确定，如果专靠这一种原因要使地球的气候发生任何实际的变化，所经过的路程一定极大。在讨论这个问题时，霍浦金曾经说过，照我们所知，离开太阳不太远的各恒星，彼此之间的距离已经非常遥远，所以在它们之间的空间任何一点的辐射热的强度，都比不上地球从太阳得来的热量，除非地球的位置与恒星很相近。所以要使地球从恒星得到的辐射热与现在从太阳得来的相等，它必须与某一个特殊恒星异常接近，同时还要使从其他恒星发出的总辐射热几乎与现时相同。但是如果地球过于接近一个恒星，将使它不能按照现在的规律绕着太阳旋转。

假定我们的太阳行近一个恒星，其间的距离等于现在太阳和海王星的距离。海王星将不再成为太阳系的一个附属星体，而其他行星的运动，也将被扰乱到自从有太阳系以来所想象不到的程度。假定这样一个恒星的体积不比太阳大，而发出的热量和太阳相等，它送到地球上的热，比太阳射到地球的热量的 1/1000 大不了多少，所以只能对地球的温度，产生很小的影响②。

地球原始热逐渐减少的假定　许多地质学家把假定的地球原始热的逐渐减少，作为气候变迁的主要原因。照莱布尼兹的推测，地球原来是一个炽热的物体，后来逐渐散失一部分的热，同时逐渐缩小体积。按照近来的观察和实验，我们无疑有良好根据可以推断，在人力所能达到的地方，离地面愈深，地球的温度愈高；但是没有肯定的证据可以证明，地球的内热是随着体积的缩小而减低。恰好相反，拉普拉斯根据喜帕克斯时代的天文观察告诉我们，至少在过去约 2000 年中，地球并没有因冷却而发生可以觉察的收缩；因为如果地球果然在缩小的话，甚至于为量非常小，日子一定会缩短，但在这个时期内，日子的长度充其量不过缩短 1/300 秒。

我将在第二篇中提出许多反对的理由，来驳斥地球核心有强烈热量的学说，然后再研究如何可以不用整个地球曾经有液态时期的学说而用其他原因来解释地面以下温度逐渐增高的现象。

---

① Poisson, Théorie mathémat. de la Chaleur. Comptes rendus de l'Acad. des Scj. , Jan. 30, 1837.
② Quart. Journ. Geol. Soc. 1852, p. 62.

第十四章 生物界和非生物界过去
一系列变化的一致性

宁静和纷乱时期交替出现的假定——引起这种学说的事实——这种事实可以用一系列一致和不间断的变化的假定来解释——这种问题的三种考虑方法：第一，关于支配含化石地层形成和沉积物堆积区域迁移的规律；第二，关于生物、物种的灭亡和新动植物的起源；第三，关于某一区域的连续地下运动以及这种运动经久之后向新区域移动所引起的地壳变化——所有这些变化的形式和原因对连续记录发生间断的总影响——对古今地球变化一致性的结论

宁静和纷乱时期交替出现的学说的起源　如果我们把含化石的地层按照年代次序排列，我们的确可以在这种遗迹之中发现许多间断和残缺：由一组水平地层变成一组高倾斜的地层、中间没有任何过渡的痕迹——由一组特殊成分的岩石变成另一组成分完全不同的岩石——由一组生物群变成另一组生物群，就是说，两者之中的种，几乎完全不同，而大部分的属也起了变化。这一类连续性的破坏，是如此普遍，以致在大部分地区，这种现象已经成了规律而不是例外，而许多地质学家却把这种现象，作为生物界和非生物界曾经发生过突然变革的明证。我们已经知道，照某些作者的推测，在地球的过去历史中，宁静和纷乱时期，往往交替出现，宁静时期很长，其情况与现时人类所经历的相仿；其他一个时期是临时性的，时间相当短促，运动非常猛烈，产生新的山脉、海洋和河谷，导致一群生物的毁灭，促成另一群生物的诞生。

本章的目的是要说明：这种理论意见，是不容易用地质的遗迹来证明的。的确，在地球的坚硬结构中，我们有一套中间缺了许多环节的自然年代记录；但是详细研究所有这些现象之后，大家都相信，这种顺序原来就是残缺的——经过的时期愈长，残缺愈多——况且地球的大部分，是人力不能达到的，而所能达到的地方，90％以上至今还没有能加以考察。

最简捷的方法，可能是使读者深信，生物界和非生物界的正常而不间断的变化，怎样会在地层顺序中产生一般认为含有骚动和大灾难意义的间断和不整合，而不必诉之于地质现象的突然变革。不用说，要说明这一点，我们必须使所假定的事件，和地质学家在地球构造方面所得的一切正当结论相符合，也要和人类所看到的生物界和非生物界现时正在进行的变化相符合。以现在的科学水平而论，我们或许要臆想地提出一部分假定的自然过程；但是，如果这样做，我们必须不违背概率，并且还要和已知的古今自然法则的类比不相矛盾。讨论如此广泛的问题，虽然必定会使初学的人觉得过于深奥，但是我希望能借此鼓励他的兴趣，使他多阅读一些初步的地质文献，并且教导他了解现在地球上正在进行的变化的科学的意义。同时可以使他了解本书第二第三篇之间的密切关系，前一

篇讨论无机物的变化,后一篇讨论有机物的变化。

为了实行上述的计划,我将在本章先讨论节制地层的剥蚀作用和沉积物沉积的规律,其次讨论节制生物界变迁的规律,最后讨论地下运动影响地壳的方式。

变化的一致性,第一,关于剥蚀作用和沉积作用 首先讨论关于节制新地层沉积的规律。如果我们考察地球的表面,我们立刻可以发觉它可以分成沉积区域和非沉积区域;或者,换句话说,在任何一个一定的时期内,有些地方是接受沉积物的区域,有些地方不是接受沉积物的区域。例如,在干涸的陆地上,没有新地层的沉积,一年又一年都是如此,而在海底和湖底的许多部分,每年都被河流和洋流带来的泥沙砾石所铺满。在某些海洋中,有大量石灰岩在堆积,主要是由珊瑚和介壳所组成,而在大西洋的深部,则由有孔虫和硅藻所组成的白垩泥。

至于干涸的陆地,绝对不是一个承受新物质的地方,而几乎到处都是遭受侵蚀作用的处所。森林可能像巴西的那样高大繁茂,也可能是四足兽、鸟和昆虫的渊薮,可是在几千年之后,一层几英寸厚、富含有机物质的黑色沃土,可能就是无数树木、花叶、果实以及曾经居住在这个肥沃区域的鸟、兽、爬行动物骨骼的唯一代表。如果这一块陆地后来沉没了,海洋的波浪,可能在几小时内把这一薄层沃土完全冲去,而在新沉积的泥灰、沙和其他物质组成的地层中,染上一些颜色。在没有沉积物堆积的海底上,可能也有海藻、植虫、鱼、甚至于介壳,一直在繁殖和腐烂,可是它们可能没有留下任何形体和物质的遗迹。它们在水里腐烂虽然比较慢,但是的确在进行,而其腐烂程度最后必定与在露天一样彻底。它们也不能无限期地永久维持着化石状态,除非埋在不透水的基质之中,或者至少这种基质能于阻止含有微量碳酸或其他酸类的液体在里面自由渗滤。基质本身的矿物性质,或者上复的不透水层,都可以阻止这样的自由渗滤;但是如果不予阻止,介壳和骨化石都要一点一点被溶解而移去,直到完全消失为止,除非它们已经石化,或者它们的有机质被某种矿物所替代。

埋在每一个时代岩石中的树木和陆生植物化石的事实告诉我们,在所有的过去地质时期中,地球上一直有海陆之分,除了那些过于古老而我们对它们的知识不太充分的时期。偶尔发现的湖栖和河栖介壳,或者两栖类动物、或者陆栖爬行动物的骨骼,也证明这样的结论。所有过去时期中都有干涸陆地的存在,如前所述,意味着沉积物堆积的局部性,或者只限于某些区域;我希望读者进一步注意,这些区域经常在移动,由一个地区移到另一个地区。

第一,一部分沉积物堆积地点的移动,是与地下运动无关的。它们每年或每世纪都在变动。例如,罗讷河冲入日内瓦湖的沉积物的堆积地点,现在已经离开第十世纪的沉积地点 1.5 英里,而离开三角洲开始形成的地方,已经有 6 英里之远。我们可以预料得到,将来必定有一个时期,日内瓦湖将被填满,到了那个时候,搬运物质的分布,将突然变更,因为从那时候起,从阿尔卑斯山带下来的泥沙,将不沉积在日内瓦附近,而被向南转运 200 英里,沉积在罗讷河流入地中海的河口。

在大河的三角洲中,如在恒河和印度河,泥沙往往在一股河岔中流行,经过几世纪之后,由于原河岔的阻塞,可以改在第二个河岔里流行,而后者的入海地点,可能离开最初接受沉积物的地方 50 英里或 100 英里。洋流的方向,也可能因各种不同的偶然现象,如新沙洲的堆积,或悬崖海角的磨灭等而发生变化。

但是,第二,另一部分沉积区域的移动,是完全从属于影响面积很大的陆地大规模升降运动,关于这一点我们立刻就要讨论。由于这样的上升或下降,某些地区逐渐沉入海底,或逐渐露出水面:在第一种情况下,经过一个或几个地质世代没有沉积物的处所,忽然恢复了沉积,在第二种情况下,沉积物继续堆积了许久之后,忽然终止了堆积。

如果在长期间断之后,沉积作用又重新恢复,新的地层一般将与以前在同一地点形成的沉积岩有很大的区别,如果较老的岩石曾经受过扰乱,它们的区别尤其显著;这种现象意味着,在以前的沉积物运到这个地点以后,地文上曾经发生了变化。有时上下两组地层的位置虽然可能都是水平而且互相整合,然而它们的矿物性质依然完全不同,因为在老岩层形成之后,远处的地理情况已经发生了变化;例如,以前隐藏在地下的岩石,可能露出地面遭受剥蚀;火山可能爆发而在地面上覆盖一层火山渣和熔岩;沉陷作用可能造成新湖,拦截了以前由上游运来的沉积物;此外还可能有其他的变化,使河流从那里运到海洋的物质,获得完全不同的矿物性质。

大家深知,密西西比河所携带的沉积物的颜色,与阿肯色河和红河完全不同,因为来自"西方远处"的斑岩和红色石膏质黏土的红色泥土,把后两条河染成红色。达尔文说,乌拉圭排泄花岗岩区域的各河流,河水清澈而黑,而巴拉那的各河流,则为红色[1]。波纳士说,印度河所挟带的泥,呈泥土色,奇纳布河的泥是红色,萨特累季河的比较灰白[2]。使有时相距不远的各河流挟带的沉积物迥然不同的各种原因,也就是使在不同世代排泄同一区域的水完全不同的原因,特别在地文情况起了大变革之后。毋庸赘言,由于新沙洲的形成,新岛屿的升出海面,一部分地区的沉陷,附近海岸的耗损,三角洲的伸展,珊瑚礁的扩大,火山的喷发,以及其他各种变化,也都可以使洋流受到同样的影响。

变化的一致性,第二,关于生物　第二,关于生物变迁方面,大家都同意,地壳中连续沉积的地层,不仅可以用矿物成分来划分,而且也可以用有机遗迹来分别。如果把各群生物按照年代排列而加以比较研究,所得的一般结论是这样的:在前后相继的各时代中,居住在陆上和水中的动植物的族类是不相同的,地层年代愈新,生物的类型与现时生存的物种愈相似,而与较老岩石中所产的相差愈远。如果对生物的现状加以研究,看一看它们现在是否已经固定不变,我们发现,它们还在继续变化——并且知道可以消灭物种的原因很多,而这些原因,都与物种不灭的学说绝对不能相容。

此外也有许多原因可以使动植物产生新的变种和种类。而新的种类,不断地排挤已经生存很久的物种。但是自然历史的研究,为时尚浅,所以到现在为止,我们只有几个例子可以证明现代物种的灭亡,其中只有一二种是绝对的,况且都明显地经过人类干涉。从第二篇讨论物种地理分布的各章中所详细叙述的事实和论证来看,人类显然不是消灭

---

①　Darwin's Journal, p. 163, 2nd ed. p. 139.

②　Journ. Roy. Geograph. Soc. , vol. iii. p. 142.

物种的唯一营力；不倚赖人力，动植物的繁殖和逐渐流散，也可以促进物种的灭亡。地球上地文和气候的每一次变化，似乎不会没有影响。如果我们再深入一步研究新的物种是否不断地替代已灭亡的物种，我们就会发现，新物种的连续出现，似乎是地球上不变的法则之一；我们所以到现在还没有直接证据来证明这种事实，是因为这些变化非常迁缓，而我们用严密的科学观察方法的时期还不够长。为了帮助读者体会已灭亡的物种过渡到现时生存种类的迁缓情况，我拟将第三纪各期的化石作一简单的叙述。当我们从较古的层系向较新的层系追索时，我们在第三纪的地层中才第一次遇到与现在地球上某些区域的动物群相近似的一群有机遗体。在始新世，或第三纪最老的分期，只有少数介壳动物属于现时生存的物种，虽然大部分的介壳和全部与之共生的脊椎动物，现时都已绝种。始新世地层之后，继续有许多比较近代的沉积物，其中所含化石的性质，与始新世的类型愈离愈远，而与现时生存的生物，愈趋愈近。以现在的科学水平而论，我们主要只能依靠介壳动物的帮助来得到这样的结果，因为介壳动物的各纲，是分布最广的化石，我们可以称它们为造物用来记录过去事迹年代的标签。在上中新世岩石中，我们开始找到许多（虽然还是少数）近代物种与某些前一期或始新世的普通化石混在一起。到了上新世，现在与人类共生的物种，开始占优势，而在最新的部分，9/10 的化石，与现时生存于附近海里的物种相同。到了后-第三纪——其时的介壳化石的种类已经与现时生存的相同——我们才发现第一个或最早的人类遗迹和共生的四足兽骨骼，其中一部分业已灭亡。

照这样从较老的第三纪分期过渡到较新的分期，我们遇到许多间断，但是没有一个间断形成了一个很宽的界线，把前后两期的生物界完全分开。我们没有发现一个动物群突然终止生存的迹象，也没有发现新而完全不同的种类骤然出现。我们虽然还不能用地质的证据来表示从始新世动物群转变为中新世动物群、或者从中新世动物群转变为现代动物群的缓慢过程，然而我们的一般观察范围愈广愈彻底，所发现的连续系列也愈完整，并且逐渐引导我们从许多属和几乎所有的种已经绝迹的时期，到几乎没有一个物种不与现时生存的种类相同的时期。费列比博士详细比较了西西里岛第三纪介壳化石和现时生存于地中海的介壳之后宣布说，照他考察的结果，西西里岛上的一部分地层，可以用来证明介壳化石的逐渐变化，在最老的部分，只有 13% 的物种，属于现时生存于地中海的种类，到了最新的部分，现代的物种达到 95% 之多。他说，所以西西里的证据可以证明，生物界变革的完成，"不必依靠任何骚动或突然变化，某些物种时时消灭，另一部分物种不断出现，直到最后，才产生现时生存的动物群。"

欧洲任何部分比较近代的地层中，缺少人类或人类作品遗迹的现象，没有再比西西里更为显著的了。在岛的中部，我们看到巍然耸立的台地和山岳，有时高达 3 000 英尺，顶上盖着一层石灰岩，其中所含的介壳化石，70% 到 85% 与现时生存于地中海的相同。这些石灰质地层和同时期的泥质地层，已被切成了深谷，这些深谷显然是由剥蚀作用逐渐形成的，但从希腊人开始移居西西里之后，其深度和宽度基本上没有发生过任何变化。况且地质时代如此晚近的石灰岩，曾被开采作建筑菊根提和西拉丘斯古代寺院之用；这些寺院已经成为人类历史极古的遗址。如果我们对这些地层升出海面数千英尺和深谷的割切所需要的时间已经无法推测，那么这些岩层在海底逐渐形成所需要的时间，一定更为久远了！

本书第十章已经提到了冰川时期的严寒情况。我们虽然没有能够在这个时期之前找到人类起源的证据，然而我们却已找到了证据，证明大部分冰川以前的介壳动物和不少四足兽，与极端严寒时期以后的物种是相同的。无论这种严寒情况对物种的分布扰乱到如何程度，它似乎对物种的灭亡，却没有多大影响。第三纪和近代地层，比时代较老的地层为完整，而且间断也比较少，所以研究了这种地层之后，我们可以断定，物种的灭亡和新生，过去是、现在还是有机界缓慢逐渐变化的结果。

变化的一致性，第三，关于地下运动　转到以前提出的三个问题中的最后一个，读者可以在本书第二册第二篇中找到有史以来地震的记载，其中提到，在某些一定的区域，从不可记忆的时代起就不断遭受极猛烈的震动；但是地球的绝大部分，似乎始终维持不动。在扰动的区域，岩石破碎了，地面隆起成山脊了，深沟开裂了，而很大的地面永久升出原有水平以上，或降落到原有水平以下。在宁静的地区，一部分地方始终是静止的，但是根据各时期所作的测量，有些地方正在作极微小的上升，如瑞典；有些地方则逐渐沉降，如格陵兰。历史和地质的证据都证明，这些运动的方向，不论上升或下降，都已经经过相当长的时期。例如，瑞典的东海岸上有半咸水沉积物，其性质与现时在波罗的海中所沉积的相同，但在西岸已经升起的地层中，则充满了种类与现时大西洋中所产完全相同的纯粹海洋介壳。两组地层都已升到高水位以上几百英尺。有史期间上升的高度，虽然不过几码，但是内地许多高出海面几百英尺的地方所看到的、含有与现时生存于大西洋和波罗的海同种介壳化石的沉积物，可以证明史前的上升范围比现在大。

探索逐渐缓慢沉陷的证据，一般比寻找上升的证据困难，但是本书最后一章所提出的关于珊瑚环礁和泻湖岛的形成学说，可以使读者了解，地球上有几个周围达几千英里的地区，是沉陷作用已经进行了很久的区域，但是陆地从来没有一次突然下降几百英尺的现象。然而地质学的证据也可以表示，过去时期的单方向运动，不是永久不变的。水平在不断振荡着，由于这种振荡，干涸的陆地曾经沉没到水面以下几千英尺，经久之后，它又向上升，露出水面。现在的宁静区域，也不是永久不动的；现在成为地震舞台的地方，以前可能有过一个极长的平静时期。经过长期活动之后，骚动现象有时终止，或者在暂时终止之后又重新复活，但是从远古以来，这种震动从来没有使地壳普遍崩溃，也没有使整个地壳表面变成荒芜寂寞的境地。地壳上没有发生过普遍的骚动，可以用广大面积上一部分最古的含化石地层依然保持其完整的水平位置来证明。

地下力在地质各时期中依次在地球各部分活动的证据，主要是由各时期地层层系的不整合现象推求出来的。例如，在威尔士和许洛浦郡边界上，古代志留纪的板岩状地层是倾斜或直立的，而上覆的石炭纪页岩和砂岩，则有水平的位置。大家都同意，这种情况表示在较新或石炭纪地层沉积之前，较老的一组地层，曾经受过剧烈的骚动，但石炭纪地层后来没有受到剧烈的破坏，也没有被突然的或连续的侧压力弯曲成褶皱。在另一方面，较老或志留纪层系，也只受到局部的错乱，因为在威尔士本部或其他地区，这一个时期的岩系，并没有弯曲或直立的现象。

例如,在欧洲各部分,尤其在瑞典南部维纳恩湖附近和俄罗斯的许多部分,志留纪地层保持着最完整的水平位置;在加拿大和美国的苏必利尔湖区域同样古老的石灰岩和页岩,也是如此。这些较老的岩石,虽然还是和它们最初形成时一样平坦;然而大部分现有的山脉,以及组成这些山脉的火成岩和水成岩,却是在它们沉积之后形成的。

其他时代岩层的不整合现象,不胜枚举;现在再举几个实例,已经足够说明一切。以前说过,威尔士边境上的石炭纪地层是水平的,但在索美塞得郡的孟低普山,它们的位置却变成垂直,而上复的新红色砂岩是水平的。又在约克郡的伍尔兹地方,曲折倾斜的新红色砂岩上面,是水平的白垩。在比利牛斯山两翼,白垩纪岩层的位置是垂直的,而第三纪地层却又不整合地搁在它上面。

因为几乎每一个地区都有这种现象的实例,主张纷乱和宁静时期交替出现学说的人们,就利用这类事实,作为证明每一个区域都曾轮流经过地震的震动和长久宁静时期的证据。但是我们也可以肯定地说,欧洲的每一部分,冬季和夏季一直是相间而来的,地球上虽然有永为夏季和永为冬季的部分,但是整个地球却没有同时为夏季或同时为冬季的时候。它们常从一个地方移到另一个地方;但是每年在一个地点发生的变化,绝不会影响到整个地球季节的永恒一致性。

关于地下运动的情况也是如此;就是说,施于地壳的力量是永恒一致的学说,与承认它们在小区域内有震动时期和长期停止时期交替现象,并无矛盾。

如果根据以上所说的理由,我们假定地球上的一部分物种在继续消灭,而另一部分物种在不断地出现,那么相隔很远的两个时期在同一地点形成的地层中所含化石的差别,一定比这些地层的矿物成分的差别大得多。因为相隔了许久之后,在同一区域有时可以重新产生同样的岩石;而由化石所得的证据,却证明一般所主张的意见,即物种一旦灭亡之后,再也不会重新再生。陆地沉没之后,一定立即开始沉积含有新的一组动植物化石的沉积物,等到海底重新变成了陆地,可能立刻停止制造地质的遗迹,而停顿的期间可能很长。如果陆地又向下沉,沉积物又会继续堆积;两次沉积物堆积之间的一段时期内,动植物可能已经经过了一次或几次全部变革。

含化石层系缺少连续性,可以说是一种普遍现象;只要回想到以前所说的节制水成沉积物的各种规律,以及引起生物变化的各种规律,我们就可以明了,只有在各种条件的特殊配合下,才能把能于证明一组生物逐渐过渡到另一组生物的整套地层保留下来。要产生这样的地层,必须碰巧有以下各种条件的配合:第一,同一区域内的沉积物,必须有长期不断的供给;第二,沉积物的每一部分,都必须适合于永久保存所埋藏的化石;第三,必须有缓慢的沉陷运动,以免海洋和湖泊被沉积物填满而变成陆地。

讨论珊瑚礁的一章①就要说到,太平洋和印度洋某些部分的情况,与这些条件颇为相符,随着海底下沉而经常向上繁殖的珊瑚,其生长速度是如此之慢,所经过的时间又如此之长,如果我们能在它的海底部分作地质考察,我们似乎应当可以在地球的这些部分发现生物逐渐变化的线索。除了珊瑚石灰岩外,让我们再假定某些其他地方的河流泥沙不

_____

① 见本书第二册最后一章。

断堆积的情况,例如恒河和布拉马普特拉河(雅鲁藏布江下游——译者注)几千年来连续不断地流入孟加拉湾的情况。这个海湾的一部分虽然很深,但在鱼类、软体动物和海洋和陆地上其他生物发生可以觉察的变化之前,可能已经填满。但是如果底部向下沉陷,而其速度恰好与河泥填充的速度相等,这一部分的海湾永远不会变成陆地。在这种情况下,一层新物质会沉积在老物质上面,层层重叠,厚度可达几千英尺,于是最下一层的化石,可能与埋在最上一层中的种类非常不同,然而从较老的一组物种过渡到较新的一组物种,可以表示出新旧生物群变迁的经过。即使这些遗迹的顺序,毫无间断地在海洋的某些部分继续发展,而所有的地层又恰好适宜于保存埋在它们里面的化石使它们不至于分解,然而要使这些海成地层露出地面,供人考察,不知还要经过多少意外的变故!整个沉积物首先必须升高几千英尺,才能使最下的层次露出;而在露出过程进行期间,还要使最上的地层不被剥蚀作用完全移去。

第一,沉积物体不升出海面和全部升出水面的机会,大约等于三比一,因为在地球表面上,海洋面积占 3/4。如果这些沉积物果然上升了,并且组成了陆地的一部分,它还必须成为地质学家已经调查过的地区的一部分,然后才能用做说明的根据。在这种已经考察过的一小块陆地上,我们必须寻找一套在特殊情况下沉积的地层,而这种面积原来就很有限的地层,可能已经被后来的剥蚀作用减去不少。

因为我们遇不到每一步都能表示从一种生物状态过渡到另一种生物状态的证据,所以才有如此之多的地质学家会主张生物界的历史有突然大变革的学说。为了分类方便起见,他们不以接受我们现在所知道的、到处使连续中断和间断的原因为满足,而把记录环节中常有的缺失,认做生物界和非生物界事件不规则发展的证据。但是,除了长链中原来存在而现在已经完全消失和隐藏不见的某些环节外,我们有充分理由可以怀疑,这种长链原来就是不完全的。我们可以无疑地说,地球上总有一些地方一直在那里形成地层,所以在过去时期的每一瞬息间,大自然总在它的史料中增加一页;但是我们必须记得,我们不能希望把原来分散在地球上的残篇断简收集拢来,编成一本连续的历史。因为同时生存于相距很远区域的物种,彼此是很不相同的,而保存一个地区,例如美洲的第一个时期的化石,与保存在印度的第二个时期的化石,是毫无关系的,所以要在这两组地层寻找生物逐渐变迁的迹象,无异于把一页中国历史来补充欧洲政治史的空白。

智利或南美洲西岸任何地点,都没有含近代介壳的重要沉积物;这当然使达尔文断定说,"稳定不动或正在上升的海底,其环境远不如正在沉陷的区域那样有利于厚度很大、面积很广的含介壳地层的堆积,和抵御大规模的剥蚀作用。"[①]挪威和瑞典的海岸上,在后-第三纪上升的、含有现代介壳的表面泥沙和砾石层,也是如此之薄而少,不得不使我们同意他的建议。我们事实上可以假定,凡在海底一直在上升的地方,在适于大部分介壳生存的深度内堆积的沉积物的厚度,不可能很大,而沉积物的上面,也不可能盖有上复地层,使它受压力而固结。当它们上升的时候,海岸的波浪便把疏松的物质削去而散布

---

① Darwin's S. America, pp. 136, 139.

开来;假使海底在逐渐下沉,那就可以形成含有无数在中等深度生活的物种的地层,而其厚度也可以不断地增加。当海水逐渐侵犯下沉的陆地时,它的范围也可以向水平方向扩大。

因此,含化石岩石年代次序的间断,总是存在的,未来的发现,虽然可以减少这一类的缺陷,但是依然不会完全消灭。因为不但陆地上没有沉积物,而且在靠近经常在上升的陆地的海洋中形成的沉积物,厚度往往过薄,不能持久。

本书第68页所列的地质年代表(表1)中的许多间断,将随着我们调查范围的扩大而逐步得到补充。由于薛格惠克教授和莫契孙爵士所做的工作的帮助,我们在1838年能于在志留纪和石炭纪之间加入泥盆纪含有介壳、珊瑚和鱼类的海成地层。在此以前,志留纪和石炭纪地层的海生生物群之间,缺少连续的环节,自从发现了泥盆纪岩层之后,它们之间的过渡,比较连贯。同样,英格兰没有上中新世的代表,但在法国、德国和瑞士,这个层系成为现代生物和第三纪中期之间最有意义的环节。然而,根据上述的理由,在沉积岩顺序之中,这样的间断,一定将永远继续存在。

顺序中的大间断与逐渐变化学说并不矛盾的结论　　为了重复说明在本章中提出的一般论证,我们可以根据以上所说明的理由,作出这样的假定:在适于生物生存的海洋里和陆地的表面上,物种的逐渐变迁,同时到处都在进行;然而动植物的石化作用,只限于有新地层沉积的区域。我们已经知道,这些区域的位置,常在移动,所以石化过程也常随着移动,时而在一个地方,时而移到另一个地方,时而又回到原来的地方。由于这种过程,某一个一定时期的生物界的特殊情况,才能遗留下来。

使得我们所假定的理由更为明显,我拟用人类历史中大致相似的理想事件来作比喻。假使我们把一个大国的人口死亡率代表物种的相继灭亡,而以生产率代表新物种的肇生。当这些变动在各处进行的时候,政府委任一批委员前往各省轮流调查,将所有居民的数目、姓名、个人的特性,作成详细记录,并在每一个区域留下载有这些记录的簿册。如果,在完成了一周之后,立刻照同样的计划继续进行第二次、第三次的调查,到了后来,每一个省份都有一套统计文件。如果把任何一省的统计,按照年代排列,那么相连两次记录内容的差别,将与两次调查之间所经过时间成正比。例如,如果一共有60个省份,而全部的记录是在一年内完成,并且规定每年复查一次,那么在相连两次记录之间的时期内,生产和死亡数字与总人口的比例非常之小,以致在这两次调查的文件中所记录的个人,几乎完全相同;如果每一省的调查,需要一年才能完毕,那么这些委员在60年后才能重新回到同一地方调查,其时同一省份中两次相连记录中所记载的人物,可以几乎完全不同。除了时间因素外,当然还有其他原因可以扩大或减少这种差别。例如,在某些时期内,传染病的流行,可以缩短人类的寿命;或者各式各样的原因可能使生产率特别增加;从周围区域移入的人民,可能使一个省份的人口突然增加。

这些例外可以比之于植物群和动物群在气候和地文起了非常变迁的特殊区域内所发生的加速变化。

但是我必须提醒读者,我所要说明的地质现象,并不与以上所举的例子绝对相同;因为委员们对各省的调查是采取轮回方式的;而生物形成化石的区域,虽然经常移动,可是很不规则。他们在访问第二个区域以前，可能在第一个区域的某些部分，时来时往；而且，除了这种的不规则原因外，沉积作用常常停顿而代以剥蚀作用，这种情况，可以比之于一部分统计资料偶尔被火灾或其他原因所毁坏。显然，凡发生这种意外现象的地方，次序连续性的间断可能非常大，而直接沉积在上面的遗迹，在时间方面的间距，不一定是彼此相等的。

如果接受这样的推理方式，那么在直接接触的地层中，偶尔有很不相同的化石遗迹，应当可以视为地下运动和伴随有物种灭亡和新生的沉积作用的各种现行规律的必然结果。

因为以上所坚决主张的结论，完全和现时还很流行的意见出入很大，我想再提一种比喻，希望免除对这种论证的可能误解。假定我们在维苏威火山山麓发现两座被掩埋的城市，一座城市的位置恰好重叠在另一座城市上面，中间只夹一层很厚的凝灰岩和熔岩；如果建筑在侯丘伦尼古城上面的波的西和雷西那两座城市现在被火山灰所掩盖，就可以符合这种条件。根据这两个城市的公共建筑上所刻的文字，一个考古学家当然可以断定，下面或比较古老城市的居民是希腊人，较新城市的居民是意大利人。但是他可能根据这些资料，作出另一种草率的推测，认为在干巴尼亚区域，希腊语言突然变成了意大利语言。但是如果他后来在火山灰中发现了三个互相重叠的城市，中间一个是属于罗马时代，而其他两个还是和以前所说的一样，最下面的是希腊城市，最上面的是意大利城市，他于是会立刻发现他以前所提出的意见是错误的，并且开始怀疑，掩埋各城市的大灾难，可能与居民语言的变迁，丝毫没有关系；因为罗马语言显然介于希腊和意大利语言之间，而两种文字之间可能还有许多相继应用的方言，所以从希腊语言转变为意大利语言的过程，可能异常迁缓，有些名词渐被废弃，有些名词时时被创造出来。

如果这位考古学家所发现的事迹，可以表示维苏威火山喷发物掩埋互相重叠的城市的次数，恰好与居民语言变迁的次数相等，那么从希腊城市到罗马城市，和从罗马城市到意大利城市的突然转变，才能成为证明人民语言的变迁与城市变迁的次数一样多的证据。

地质学方面的情况也是一样：如果我们可以假定，在地球的每一个区域都保留一套连续的遗迹来纪念生物界的变化，是大自然计划中的一部分，我们才可以作出一种推断，说是一组物种骤然消灭的次数和另一组物种的同时肇生的次数，是与含有不同化石的两组地层互相接触的次数一样多。如果我们看不出这不是大自然的计划，我们一定有意不去研究现行的水成、火成和生物作用的全部法则。

我现在拟对从第五章起所讨论的一个问题作一结论——就是说，从最古时代起，生物界和非生物界变迁的一致和连续的系统，是否有过任何间断？由于回想到前人所作的一种假定——也就是，造成地球过去变革的各种作用与现时日常进行的作用之间，不但种类不甚相似，而且程度更不相同的假定——对于地质学意见的进步所产生的影响很大，我们不得不对这个问题作更深入的研究。较早的地质学家，显然对现时正在进行的变化很不熟悉，然而他们竟没有意识到自己的知识浅薄到何等程度。用不健全的知识所形成的假定，当然使他们立刻毫不迟疑地断定，时间因素不足以使现在的自然力造成地质学所揭露的重大变革。因此他们觉得可以自由运用他们的幻想来猜测什么是可能的原因，而不去深究什么是真正的原因；换句话说，他们只专心于揣摩古代自然现象可能是怎样，而不去考察他们自己时代的自然法则。

在他们看来，猜测过去时期的可能性，比耐心探究现在的事实近于哲学；发明了受这种格言影响的学说之后，他们再也不愿意用自然界通常作用的准则，来测验这种学说是否正确。恰好相反，每一个新臆说中所提出的原因，与现时正在进行的种类或强度相差愈远，其价值似乎愈高。

没有一种教义，比古今变化原因不一致的假定更适宜于培养人类的惰性和挫败人类的敏锐好奇心的了。这种教义在思想中所产生的情况，极不利于坦率接受地球表面每一部分正在进行的那些细微而不断变化的证据，而这种变化，虽极细微都能使地球上的生物不断发生演化。他们不鼓励学者存着一种希望去解释地壳中呈现给他们的隐谜，也不激励他用坚毅的精神去研究生物界的自然历史和现在正在进行的水成和火成作用的复杂结果，而开始就教导他失望。他们肯定地说，地质学永远不会成为精密的科学；大多数现象一定永远得不到解释，只有用天才的臆说，才能得到部分的说明。他们又说，地质学中所具有的神秘性，是它的主要魔力之一，可以引诱幻想者沉迷于无限的沉思。

与这种哲学推理方法完全相反的途径，是用诚笃坚毅的精神去研究各种地质现象，看它们究竟与现时正在进行的变化，或者可能在我们无法达到的地方进行的、但是它们的存在可以用火山和地下运动来证明的变化，有什么相似的地方。同时也要设法估计通常的作用经久之后的总结果；并且抱着一种乐观的态度，希望从观察和实验以及从研究自然界现状所得的知识，还没有达到穷尽的地步。由于这种原因，凡是假定整个地球和住在它上面的生物曾经经过突然和剧烈的灾害与改革的学说——就是说，不愿引用现时的类似现象作对比的学说，或者凡是具有宁可切断而不肯耐心解开戈提恩结（Gordian knot）[①]愿望的学说——都应当予以放弃。

由于我们的经验，我们现在至少已经知道，相反的方法可以把地质学引导往真理的道路——提出的各种意见，最初虽不健全，但是可以接受逐步的改进，直到最后，终于可以成为普遍接受的学说；但是主张古今事态和作用绝不相同的推测方法，一定引起无数互相矛盾的体系，彼此倾轧，逐一推翻——因为它们无法改进——而代以完全相反的论证。

本书的其余部分，将致力于考察地壳和居住在它上面的生物现时正在进行的变化。学者对于这种研究能否重视，主要决定于他对以上所阐明的原理是否有信心。如果他坚决信仰地球变化古今一致的学说，他一定会承认，所搜集的关于日常作用的每一种事实，都可以用做解释某些过去神秘事件的关键。也可以用古代各时期生物界和非生物界中发生的各种事件来互相引证解释现时生物界中最不易解决的部分。因为，由于研究现有的陆地外貌和生物的情况，我们可以在思想中恢复早已不存在的古代大陆的形状，我们也可以从古代海洋和湖泊的沉积物中，获得现时正在进行的水下过程的性质和内容，以

---

① Phrygia 王 Gordius 所结的结，意即难解的结，难解的事。——译者注

及许多现在虽然生存但隐蔽不见的生物的真相。地球很深部分的地下火在过去时期中所形成的岩石，如果受了逐渐运动的影响而升出地面，也可以提供我们深部火山现在在地下进行的变化的景象。因此，我们虽然仅仅是地球表面上的过客，并且束缚在有限的空间，所经过的时间也很短促，然而人类的思想，不但可以推测到人类目光所不能看到的世界，而且也可以追溯到人类肇生以前无限时期内所发生的事故，并且对深海的秘密或地球的内部，都可以洞察无遗；我们和诗人所描写的创造宇宙的神灵，同样自由，——在所有的陆地上，所有的海洋里和高空中漫游。

第 二 篇

无机界中现时正在进行的各种变化

Book Ⅱ *Changes Now in Progress in the Inorganic World* ·

　　莱伊尔的《地质学原理》是一部代表 19 世纪进化论地质学的总结性的作品，它反映了到 19 世纪中叶为止地质科学的先进思潮，因此，被誉为自然科学史上划时代的名著。

第十五章　水成作用

地质学是研究大自然中的有机界和无机界在过去所发生的变化的科学。由于无机界的变迁最为明显，而且是生物界中许多变化必须依赖的因素，所以应当首先讨论。导致无机界变化的各种大营力，可以分成两大类：即水成作用和火成作用。属于水成作用部分的是：雨、河流、泉水、洋流、潮汐和冰雪的作用；属于火成作用部分的是：火山和地震。这两类作用，都是破坏和再造的工具；但是它们也可以被认为互相对立的力量。因为水成力量不断地在努力夷平崎岖的地面；火成力量也同样活跃地在恢复外壳的不平，一方面在这些区域堆积许多新物质；另一方面则使一部分地球外壳陷落而强迫另一部分上升。

如此之多的力量同时活动的联合结果，很难用科学分类的方法来得到准确的概念。因为，如果分别考虑，我们既不容易估计它们效力的大小，也不容易明了它们所产生的结果的种类。所以，在设法个别考察每一种作用所产生的影响时，我们有忽视它们相互间所产生的变化的危险；况且火成和水成力量的合作所产生的联合结果，有时非常复杂，决非一种力量的单独活动所能完成，——如反复的地震和流水的合作，可以加宽河谷；或者从深部上升的温泉，可以把水中饱含的矿物成分从地球内部运到地面。有机作用有时也与无机作用相合作，例如，介壳和珊瑚组成的珊瑚礁，可以保护一条海岸线，使它不至受潮汐和洋流力量的破坏，并使潮汐和洋流向其他地点袭击；又如，流入湖泊的漂木，可以填满一个河流速度不足以运送泥沙沉积到那里的洼地。

然而我们还是有把这些作用分开研究的必要，并作有系统的分类，但是应当尽可能设法在思想中认清一点，即自然作用的结果是混合的，而不是像人为分类所表现的那样单独进行的。

◄ George Richmond 画的莱伊尔画像，现放在伦敦国家画廊（National Portralt Gauery in London）

进行讨论水成作用时,我们可以先把它们分成两类:第一类是讨论与从陆地流到海洋的水流循环作用有关的问题,其中包括雨、河流、冰川和温泉等现象;第二类是讨论与湖水和海水运动有关的问题,其中包括波浪、潮汐和洋流。详细研究第一类,我们发觉河流作用的结果,可以再分为两部分:第一部分是破坏和运输的结果,第二部分是再造性质的结果;前者包括岩石的侵蚀作用和物质向下游搬运的作用;后者包括河流沉积物所形成的三角洲,和海水的浅落;但是这些过程的关系非常密切,往往不可能在各个主题之下分别讨论。

雨 的 作 用

平均雨量的变化   人人知道,大气吸收水气和使水气停留在里面的能力,是随着温度的提高而加大的,而吸收水气比率的增加,也比温度的增加快。 所以,正如地质学家赫顿博士所说,当两股温度不同、但均被水气饱和的空气互相混合时,就会产生云雨,因为两种潮湿空气混合后的平均温度,可以使以前悬浮在较暖空气中的超额水气析离出来,如果超额的水气足够多的话,就变成雨水降落下来。

由于大气的温度从赤道到北极逐渐递减,水的蒸发和雨量也随着逐渐减少。 按照洪博尔特的计算,赤道的常年平均雨量是 96 英寸,在纬度 45°处,只有 29 英寸,而在 60°处,至多不过 17 英寸。 但是扰乱的因素很多,在任何一个地方的实际降雨量,可以与这种规律相差很远。 例如在英国,按照格林尼治天文台的测定,伦敦的平均雨量是 24.5 英寸,但在某些地方的雨量则非常不规则;1849 年肯白兰区的怀脱海文的雨量是 32 英寸,但克斯维克附近波罗台尔(在东面不过 15 英里)的雨量,则不下于 142 英寸[①]! 按照一般规律,大不列颠多山部分的雨量,比高度较低的区域加一倍。 北纬 60°,波罗的海附近的乌普萨拉的常年平均雨量,近于 16 英寸,但据福勒斯教授说,大西洋海岸和乌普萨拉在相同的纬度上,相距只有 440 英里的卑尔根地方的雨量,却有 77 英寸。 这种差别,是由于卑尔根所处的位置;卑尔根是在大西洋沿岸,从大西洋向波罗的海海边吹的含有水分的西风,在没有经过挪威和瑞典以前,已经在这里析离了出来。 从海上吹来的风,常含过量的水分,而从陆地吹来的风,则比较干燥;在任何地方,雨量总是从海边向大陆内地逐渐减少。 1847 年和 1848 年赛克斯上校在印度进行的观察,发现在北纬 17°和 18°之间、通过德干高原西高特的一条线上的雨量,是逐渐向东递减的,高低的差别是 219 和 21 英寸[②]。孟加拉的常年平均雨量,可能低于 80 英寸,然而 1850 年 J. 胡柯博士亲自在乞拉朋齐看到 24 小时内下了 30 英寸雨的情况,而他在那里居留的 6 个月内(6 月到 11 月),下了 350 英寸! 这是发生于东孟加拉的卡西山(或加罗山)南面(见 232 页的地图),那一年这里的雨量可能超过 600 英寸。 下面就要说到,如此非常的雨量,是很局部的现象,并且可以用以下的理由来解释。满载着水气的温暖南风,经过孟加拉湾之后,向低水平的恒河和布

---

① Miller, Phil. Trans. 1851, p. 155.

② Ibid., 1850, p. 354.

拉马普特拉河三角洲前进；同时三角洲的温度，一般超过海面，并且不断在蒸发无数沼泽和大河流中许多河岔的水分。这两股温度不同的潮湿空气的混合，可能是在平原上降落70英寸到80英寸雨量的原因。经过了三角洲之后，这个季候风，恰好遇到突然由平原平均升高4 000英尺到5 000英尺的卡西山。风在这里不仅遇到山脉的冷空气，而更重要的是它的向上流动；它升到高出海面几千英尺，使空气冷却得更快。如此一来，大气气压减轻了不少，于是空气中和所含的水气骤然膨胀；空气变得稀薄之后，温度也就下降。水气的凝聚，造成了每年大约500英寸的雨量（等于大不列颠常年雨量的20倍），而且几乎全部集中在6个月之内。在雨季中，所有的溪涧和河流都上涨了，许多砂岩和其他岩石都被洪流磨成沙砾。表面的耗损（或剥蚀作用）异常利害，以致应当可以成为肥沃农田和茂盛森林的区域，都变成了荒芜不毛的瘠地。

温暖的空气这样减少了大部分水分之后，仍旧继续向北吹到卡西山的北面；卡西山南北两麓相距虽然不过20英里，但是常年雨量却减到70英寸。继续向北吹，它经过了布拉马普特拉流域，最后到达不丹的喜马拉雅山（北纬28°），其时空气已经非常干燥，因此5 000英尺以下的山区，变成了不毛之地，所有周围的河谷，也干涸多尘。气流还是继续向北流动，更向上升，变得更冷，水气继续凝聚，因此在5 000英尺以上的不丹，又有茂盛的植物[1]。

在印度的另一部分，就在上述地点的西面，也有同样的现象。同样温暖潮湿的风，充满了由孟加拉湾得来的水气，向正北流动300英里，穿过低平而酷热的恒河平原，直到西岐姆山麓（见232页的地图）。在山的南面，它们常常降落倾盆似的大雨，以致在雨季之中，所有的河流可以在12小时内上涨12英尺。无数山崩，使花岗岩、片麻岩和片岩碎块组成有时长达三四千英尺的山坡，泻落到河床上面，堵截了河道，造成临时的湖泊，这些湖泊不久又冲破堤岸向下溃决。胡柯说，"整天整夜，我们听到扑倒树木的折裂声，以及急流河床上巨砾的互相冲击声。由于摩擦和破碎，从山上冲下来的石块，一部分变成了沙粒和细土；在洪水时期，浑浊的恒河从这种来源得到的沉积物，比侵蚀下游冲积平原的细泥所得到的多。"[2]

以上所说的区域以及在热带边缘的地区内，其常年雨量都比赤道大。

无雨区域，一般是在大陆的内地，像非洲的撒哈拉大沙漠与阿拉伯和波斯的一部分。在这些地区，风从最近海洋吸收来的水气，已经在较近海岸的陆地上消耗掉了。如果这种规律有例外的话，或者海岸区域没有雨，例如，从智利北部南纬30°处到秘鲁的南部8°处，那是因为流行的风被像安第斯山那样的高山所阻挡，因此使所有的水分在到达下风方向的低平区域以前已经先行析离。

根据这些事实读者不难推想得到，在各地质时期中，同一区域内可能有很不相同的雨量。一个时期可能终年没有雨，另一时期，雨量可能达到100英寸或500英寸；在宽度不到20英里的山脉的两边，可能有如最后所说的两个不同的平均雨量。所以，在一个区域内，几条河谷每年都在加宽和加深，而在另一区域则维持不变，因为表面土壤受着茂密

---

① Hooker's Himalayan Journ. ined.

② Ibid.

植物的保护，可以避免侵蚀作用的破坏。

经过几个世代之后，陆地对海洋的相对高度和位置，多少都要起一些变化，所以当我们研究过去时期的洪积作用和河谷的掘蚀作用时，我们必须留心记住，当时可能有干旱时期，也可能有洪水时期，其雨量可能不及或超过现在的常年平均值。

现代的雨痕　1842 年，当我在芬地湾边缘考察低潮时露出水面的新斯科夏广大海滨泥滩时，我不但看到近来从泥上走过的鸟类足迹，而且也看到很明显的雨点印迹。各种特殊环境的配合，使这些泥滩异常适合于接受和保存任何偶然在上面留下的痕迹，水里所含的沉积物，是红色砂岩和页岩的悬崖上破坏下来的物质，性质非常细，并且由于潮水上涨的高度在 50 英尺以上，所以在大潮和小潮之间的将近 14 天内，露出一片空旷广阔的无水地面。在此期间，夏天的烈日把泥晒干，使它固结收缩，形成纵横交错的龟裂。一部分硬化的泥，可以任意被捡起来不至于损坏；它的剖面现出许多历次潮水所形成的层次，每层都非常薄，有时只有 1/10 英寸。下阵雨的时候，泥滩的最高部分，一般太硬，而靠近水边最后露出的部分，性质又太软，不能造成任何印迹；在这两部分之间，有一个几乎和玻璃镜面一样光滑的地带，每一滴雨点，都可以在上面造成一个圆形或椭圆形的小坑，如果是一阵过境的暴雨，这些小坑可以永久保存下来，因为在第二次涨潮之前已被太阳晒干，变得坚硬，后来的潮水没有能力把它磨灭，只能在上面沉积一层新的泥土。因此，如果把上面有最近雨痕的一块一英寸多厚的泥板劈开，我们可以在前几次涨潮时所沉积的一层泥土的底面，看到雨痕的完整内模向外凸出，而它们的外模，则在下一层的上面。但在某些情况下，特别是在沙质较多的层次的表面上，这些痕迹，因受潮水的冲刷，略为模糊，而落在同一地点的几滴雨点，也可以使几个雨痕连接在一起；这样一来外模变得很不规则，好像起了无数水泡。

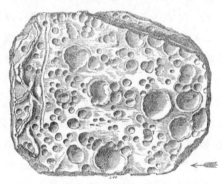

图 20　新斯科夏，芬地湾，肯脱维尔地方，1849 年 7 月 21 日所形成的现代雨痕。箭头表示阵雨的方向

我所看到的最好的雨痕实例，是韦白斯脱博士从新斯科夏的麦因斯湾边肯脱维尔地方送给我的一块标本。这是由 1849 年 7 月 21 日的一阵大雨所造成的，其时正当高低潮相差最大的时候。这种印迹（图 20）是杯形的或是半球形的小坑，平均直径在 1/8 至 1/10 英寸之间，其中最大的几个，直径达到半寸，深达 1/10 英寸。它们的深度一般都达到表层或层理面以下，但是雨点在泥坑中挤出来的沙泥，则在小坑的一部分边壁上形成凸起边缘。所有小坑都成卵形，一端较深，凸起的边缘也较高，较深一端的方向是一致的，它们表示风的方向。有时两三个雨点彼此干扰；在这种情形下，一般还是可以断定那一点是最后降落的，因为这一点的凸起边缘是完整无缺的。

在一部分的标本上，可以看到正在表面以下穿过的弯曲管状蠕虫行迹（图 20 左边）。它们有时在雨痕中部下面穿过，这是后来形成的。蠕虫有时从表面向下钻凿，后来也露出表面。所有这些现象——雨痕和蠕虫行迹——在地质学方面都有很大的意义，因为在各时期的岩石中,甚至于在很古的岩石中(如石炭纪)[①],都可以找到完全相同的副本,穿过沙泥上升的气泡,也常常可以造成像雨痕一样大小的小孔;但是它们的性质是不同的,它们的深度大于宽度,边壁也较陡。这些小孔有时垂直,有时成拱形,顶上的口径比下面的坑狭窄。它们互相干扰的形式,也和雨痕不同[②]。

由于高山有冷却潮湿气流的作用,并有凝聚水气的效能(161页),因此,按照一般规律,任何地区的较高地带,都变成水的永久储库,使水从这里向下奔流,灌溉较低的河谷和平原。最大的水量,首先带到最高的区域,使它在陡峻的斜坡上流向海洋;如此也可以使流水获得最高的速度,因此所移去的土壤,也比假使雨量按照山岳和平原的面积比例分配时所移去的多。由于这种关系,也可以使流水重新回到海洋之前,经过最大的路程。

提罗尔区域波曾地方的泥锥或石顶泥柱　雨的剥蚀作用,往往不易和流水的侵蚀作用分开研究。然而在阿尔卑斯山中,有几种情况,尤其在波曾附近的提罗尔,是这种规律的例外;这里的雨,把原来整片的阶地,分割成坚固泥土组成的泥柱,分布在狭窄河谷两旁的陡坡上;泥柱的高度,从20英尺乃至100英尺,它的顶端盖有1个石块。波曾位于爱沙克河和埃狄居河汇合处的上流2英里的爱沙克河河边上,高出海面836英尺。主要的泥柱区域是在波曾上游不远的两条流入爱沙克河的支流的河谷中。最近的一群泥柱,是在波曾东北约1.5英里的卡曾溪的细谷里面,其位置高出波曾约1 700英尺;以大小、数量和美观而论,它们比任何地方的泥柱为优美。其他的泥柱,见于波曾东北3.5英里的克罗本史泰因附近高出波曾约2 200英尺的芬斯透溪里面。因为侯歇尔爵士给了我一张他在1821年用明箱(camera lucida)的帮助画成的图画,所以使我能于对这里的情况作特

图版Ⅱ　提罗尔区波曾附近芬斯透溪上的里顿泥柱的全景

(1821 年 9 月 11 日,侯歇尔爵士用明箱的帮助素描的原图)

---

① 见 Elements of Geology, Index, Rain-prints。
② 见 Lyell on recent and fossil rains. Quart. Journ. Geol. Soc. 1851, vol. vii. p.239。

别准确的叙述。本书的版口不够容纳他的整幅画图,但是我选择了支流流入主流的部分的景象,作为本书的插图(图版Ⅱ)。这些较小细流中的泥柱,与主流两岸悬崖上所见的相同,不过两岸的距离较狭,泥柱较小,数量较少而已,它们都是从两岸的顶部一直延伸到溪水在里面流动的谷底。芬斯透溪河谷的宽度,在 600 至 700 英尺之间,深从 400 英尺到 500 英尺。泥柱的数量有好几百个,造成泥柱的陡岸的斜度,约在 32°到 45°之间。每一个泥柱的下部,通常都有几个平边,所以是角锥形而不是圆锥形。柱的本身是由无层理的红色泥土所组成,其中含有大小不同的小砾和多角石块,分布很不规则。简言之,造成泥柱的整个泥层,具有冰川冰碛的性质,含在泥土中的石块的一面或几面,有时有磨光、磨平、凹槽、擦痕等痕迹,这显然表示它们的冰川成因。石块的长轴不是向同一方向排列,所以不是流水的沉积物。硬泥的基质,显然是由分布在整个区域内的红色斑岩分解而成,而盖在泥柱上的最多最大的顶石,也是这种岩石,但在红色基质中,也散布有少数两三英尺直径的花岗岩块和一种坚硬的绿泥石巨砾,这些都不是本地所产的岩石,而是从远处搬运来的。芬斯透溪,除了切穿这些无层理的块体外,也在下面的斑岩中凿出几码深的河床,在一个地点,凿穿到在这个区域偶尔看到的下三叠纪的砂岩。参考图 21 的简图,就可以了解这一条细流和卡曾溪所经过的一系列地质过程。第一,在几乎完全由红色斑岩组成的地区中,开掘了一个河谷 *abc*。第二,河谷的下部,被冰碛物质 *dbed* 所填满;这可能是冰川时期终了冰川向上游退缩时遗留下来的。第三,芬斯透溪在冰碛中割切成一个深沟 *fb*,两岸的红泥,成垂直的削壁,面向深沟。干燥的时候,红泥的性质很硬,经过雨水湿润和太阳晒干之后,它就会现出许多纵横的垂直裂缝。表面上有巨石或漂砾保护,不至于受到直接降落的雨水冲刷的部分,逐渐脱离细流的边缘,变成孤立,开始形成泥柱,如图中 *g* 和 *h* 所示。如果顶石很小,它不久就会跌落下来,于是柱顶成一尖端;如果石块相当大,直径有时达到几英尺或几码,泥柱可能很高;柱的上端,受雨水的打击最久,所以愈变愈尖,可是它还继续支着搁在上面的物体,似乎把它平衡在一个尖端上面。在溪底上面,现在还保存着许多原来盖在已经消失掉的泥柱上面的石块,它们以前

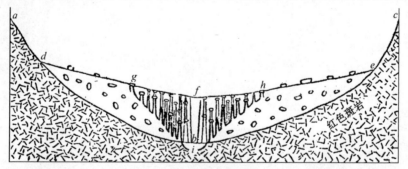

图 21　表示泥柱形成的略图

abc. 最初在斑岩中开掘出来的河谷。*dbed*. 冰川向上游退缩时遗留下来的冰碛物。*f*. 在第一个泥柱形成之前溪水在冰碛中切成的深沟。*bi*. 在原来河谷水平下面的斑岩中开掘成的溪流河床。*gih*. 现在河谷的轮廓,用黑线画成的泥柱,是现时存在的部分。*g* 和 *h* 两点之间,用淡墨画成的部分,代表现在已被毁去的泥柱和顶石。

的位置和所覆盖的泥柱,在图上用淡墨表示。有些较古泥柱的下部,现时还存在,因为原来深埋在冰碛里面的石块,又被风化出来,形成了新的顶石。假使在形成这些泥柱的长时期内溪水曾经上涨,而涨出的高度仅仅超过现在的高度几码,它一定也会把较低位置上的泥柱冲掉,所以泥柱的长期屹立,可以证明它们完全是雨水作用的结果,而没有受到河水的干扰。

如果我们走到图中的 a 点或 c 点,俯视河谷和冰碛的全景,我们看见河谷两旁的阶地 dg 和 he 似乎很平坦,其形态与陡峻的悬崖 gi 和 hi 完全不同,因为后者的斜度,如以前所说,约为 32° 到 45°,而供作牧场和耕地用的阶地的坡度,只有 10° 到 16°。在阶地的表面上,如在 h 和 e 之间,随处都可以看到巨砾和多角的漂砾,这些石块,将来或许会变成泥柱的顶石。我在芬斯透溪左岸,离开桥的下游不远的地方,量过一块顶石,它的直径是 10 英尺,而支持它的泥柱,高达 60 英尺。泥柱之所以能达到这样的高度,似乎是由于大的顶石,这块顶石起着屋脊的作用,保护着坚硬的泥土,使它少受雨淋日晒。为了防止细流边上公路通过的那一部分阶地被雨水和太阳的作用分裂成泥柱,曾经在这个大柱附近的悬崖边缘上造了一个木屋顶。这个屋顶的必要,证明剥蚀作用进行的状况,并且表示如何可以阻止它的发展。卡曾溪上的某些泥柱,异常壮观,它们形成完整圆形,柱面上有垂直的凹入线条。这些凹槽由于其中所含的石块所致,它们在不同的高度上略为向外突出,造成不同速度的侵蚀。有些地方,这样的石块可以产生侧面的小柱,形成所谓的柱丛。主流和支流中的泥柱,都是从阶地的边缘到溪边排成行列,如图中 h 和 i 之间的情况;但在这些平行行列之间,有无柱的空间,长满树木,大部分是杉树,从侧面看过去,这些杉树成为衬托泥柱的最美丽的背景。这些居间的空地,原来可能都有泥柱,后来被偶然发生的暂时洪水所暗掘而冲掉了。

冯·卡许尼兹曾经告诉我说,1849 年他在芬斯透溪桥的附近开辟公路时,曾经移去一部分树木和丛莽,大雨时候的雨水,就在这里聚集拢来,在冰碛中掘出一条小沟,后来每年加深,在 15 年之中,它暗掘了和冲去了二十几个泥柱;我在这些泥柱的位置上看到一条直而干涸的小涧,很久之后,这条小涧无疑可以被森所填满。树木的天然崩落或山崩,有时可以提供一种机会,使这样的急流作用进行活动。没有这种作用或者没有地震时,这些常常需要几个世纪才能完成的泥柱,似乎可以维持很久。

我已经说过,泥柱中的一部分石块,有受过冰川作用的痕迹,但是例子并不多;我可以进一步地说,在里顿区域产有泥柱的若干地方,红色斑岩的表面上,现出穹隆形的凸起,即所谓"羊背石",这种地形,是这个区域以前有过冰川的学说的证明。老冰碛和由此造成的泥柱之中,完全没有河栖和陆栖的介壳,也没有骨骼和任何有机遗迹,都可以证明这种见解。或者有人问,阿尔卑斯山的大部分、苏格兰、斯堪的纳维亚和北美洲等处,冰川的冰碛或冰砾泥都如此的普遍,何以很少看见这样的泥柱?事实是这样的:开始形成而不完全的泥柱,可以在许多地方看到,但波曾附近红色斑岩瓦解后所产生的泥土,性质特别致密而且特别坚硬均匀,风化之后能成垂直面,此外还具有造成泥柱的其他必要条件,例如,第一,没有层理,如果具有层理,各层抵抗破坏的能力可能不同;第二,泥土中一般散布有许多很大的岩石和大石块。

瑞士瓦列斯区的泥柱 我在阿尔卑斯山所看到的泥柱之中,以在瑞士瓦列斯区的最有意义,然而作为风景来看,它们却远不如波曾的泥柱。维斯普溪河谷中斯大尔顿的一部分泥柱,已为旅行家所深知,其他的部分,则在波纶河上西汪和厄沃伦那之间的乌西尼附近;波纶河是罗讷河的支流之一,也和维斯普溪一样,从南边或左岸流入罗讷河。

这两个河谷的底部,像以前所说的提罗尔一样,先被冰碛物填满——在波纶河谷内厚达 600 英尺——河流作用在无层理的块体中切成细谷,同时雨水又把它们逐渐加宽。在这两个地方,硬化的泥土和冰碛物质,主要来自分解的云母片岩,颜色带白,但在一部分泥土中含着表面上有擦纹的蛇纹岩、绿岩和石灰岩的石块,显出它们的冰川成因。奏马脱下面大约 10 英里、维斯普溪上斯大尔顿附近的泥柱,现在不如 1821 年那么多,也没有那样美观。这是我把现在的情况和侯歇尔爵士在那年所画的图作了比较之后才发觉的。1855 年 7 月的地震,使维斯普镇受到相当大的损失,3 年之后,我们经过那里还看到许多房屋的墙壁上有许多裂缝。当时才知道,这次的震动,也把主要泥柱之一的大部分震塌了;这个泥柱原来的高度在 50 英尺以上,上面的顶石,直径约 15 英尺。维斯普溪一个小支流的河道,被山崩所扰乱,从 1857 年开始到 1865 年我第二次重新到这里的 8 年中,剥蚀作用毁坏了不少泥柱。

世界上可能很少几条大河是由雨和流水单独掘成的。在它们的一部分形成过程中,地下运动往往帮助它们加速剥蚀作用。这样的运动是间歇性的,往往经过一度活动之后,又长期休息下来,在许多情况下,并没有任何震动就已经使水平发生了变化,因此地质学家常常低估了或忽视了它们的重要性。1857 年,我的向导指给我看,在维斯普溪下游,约在斯大尔顿和维斯普镇的中间,河流的右岸附近有一个铁质泉水;在 1855 年以前,这里没有这股泉水,它在那一年的山崩之后才出现的,崩落的物质是大块的冰碛,可能是属于老河成阶地的冰碛物。从泉水中流出的水,多而且急,在 3 年之内已经掘了 1 个小涧,又经过 8 年,即 1865 年,它已经向后割切了相当距离,并把小的深沟加深加宽,所以到了 1865 年,在 1855 年以前连成一片的葡萄园,被一个 40 多码宽的山凹分成两半。这个现代细谷,高出维斯普镇 200 英尺,源头的深度大约 15 英尺,而且愈近河流愈深。1855 年的地震,显然震动了阿尔卑斯山和相邻的区域,影响的面积,长达 300 英里,宽达 200 英里。我们还不知道这里的水平发生了多少变化,整个地区是否升高了或陷落了 1 英寸或 1 英尺,或者 1 码,或者它的位置并无变动。但是可以无疑,由于这样的运动在无限长的时期内反复出现,我们现有的陆地才能存在于海面以上。我们也可以肯定地说,每一个区域的形状,有时甚至于地形上的细节,多少也受这种作用的影响而变化。

维墟的矮人塔 在日内瓦湖以上,大部分与尼罗河连接的河谷中,现在还有冰川时期结束时遗留下来的大片表面的漂砾和冰碛的遗迹。但是,即使在侧谷之中没有找到冰碛物首先填充到现在河流以上某些高度之后后来又被挖空的迹象,这样的剥蚀作用,很可能还是发生过的。为了证明这种意见,我提出在维墟村附近松林中看见的两个由硬化泥砾所组成的孤立泥柱作为说明;这两个泥柱,是在一个很有画意的幽谷里面,在它的底部有一条溪流,恰当地被称为罗文溪或"雪崩溪"。图上画的泥柱(图 22)是在幽谷的左边的陡坡上,高出溪水的水平约 500 英尺,陡坡的斜度约 45°。基石是云母片岩。柱高约 40 英尺,最大的直径约 10 英尺,它的不规则顶尖,盖有几块多角的片麻岩。"塔"的成分中,有片麻岩、云母片岩和滑石片岩的碎块，以及白石英的小砾，而在地面上到处都散布有许多岩石碎块，这些碎块可能原来都是其他泥柱的顶石。离开这个大柱约 80 或 100 码，还有一个相同的泥柱，高度只有一半，上面盖着一块 7 英尺直径的岩块。小柱的底部的位置比大柱的顶部约高出 60 英尺。在组成这些"塔"的石块上面，我没有找到任何擦纹或者冰川磨平的痕迹；这可能是由于没有石灰岩、蛇纹岩和绿岩，它们比片麻岩易于受到擦纹而保留下来。在这种幽谷的陡坡上，每年都有雪崩，而且力量非常大，往往连根拔起最大的松树；如果考虑到雪崩和在附近常常发生的地震的破坏力量，这两个孤立的泥柱，竟没有遭到破坏，的确是一种奇迹，它们似乎有意被保留来证明这个狭窄河谷的底部以前曾经一度充满了一大片高出在现在的河床约 500 英尺到 600 英尺的物质。

图 22　瓦列斯区，维墟附近的矮人塔（Zwergli-Thurm）

（采自 1857 年莱伊尔夫人所画的素描）

河流的作用

上文所说的波曾泥柱，特别是最高最尖的几个，是由没有能聚成小涧的零星雨点造成的；但是我们很难在雨的作用和河流作用之间划分一条明确的界线。1846 年在乔治亚州和阿拉巴马州旅行时，我在原始森林近来被砍去的地方，看到几百个正在开始形成的河谷。附载的木刻图（图 23），表示这些新成的细谷或深沟之一，这张图是照我在当地所画的风景图刻成的。这个地点，是在乔治亚州省会米雷居维尔正西 3.5 英里，也就是在通往梅肯公路旁边的朴摩那农场上[①]。

在 1826 年土地还没有清理出来的时候，这里没有深沟；但在森林的树木被砍去之后，太阳的热力，使泥土开裂成 3 英尺深的裂隙；在下雨的时候，流水以突击的姿势，在几

---

① Lyell's Second Visit to the United States，1846，vol. ii. p. 25.

图 23　乔治亚州米雷居维尔附近朴摩那
农场的细谷在 1846 年 1 月的情况

（在 20 年中掘成的，深 55 英尺，宽 180 英尺）

个大的裂隙中流动，使沟的起点加深，然后逐渐向后掘蚀，结果在 20 年之中造成了一个深 55 英尺，长 300 码，宽从 20 英尺到 180 英尺不等的深沟。为了避开这个深沟，公路改了好几次路线；这条沟还在不断的扩大，我们现在还可以看到老公路的路线通过现在最宽部分的遗迹。在深沟的垂直峭壁上，出现一层层的泥沙，红白黄绿各种颜色兼而有之；这种泥沙是由原地所产的角闪片麻岩分解而成，泥层中的完整石英脉，可以证明它原来是一个结晶块体。

附图 23 前面右方的深坑，是细谷的起点或上端，水流总是从这里向后割切以使细谷延长。起点的深度，往往很大，这个地方就是如此；在洪水时期，这里形成一个小瀑布。

这里的剥蚀作用，从原始森林摧毁以后才开始的；从它的速度来推断，这个高出海平面大约 600 英尺的地点，自从远古时期升出海面以后，就经常有浓密的森林。

然而也很可能，当花岗岩和片麻岩最初升出海面的时候，它们是完全没有受过表面分解和瓦解的坚硬岩石，然而我们还是可以断定说，从这些岩石的表面开始受雨水、碳酸气、寒季的冰霜、夏季的酷热，以及其他原因的作用时起，这里就一直有森林。我还可以举出许多在乔治亚和阿拉巴马两州其他区域所看到的同样实例，那些地方，在阻止雨水聚集成急流使它不能突然变成陆面洪流的树木砍去之后，流水在第三纪和白垩纪的地层中，形成了七八十英尺深的现代细谷。

河流的曲折　这样的河谷愈加宽，河流的曲折也愈加多，这种现象，是河流的流向，先向一边偏斜，后来又向另一边偏斜的结果。河槽中物质硬度的不一致，往往局部地使侵蚀作用的侧面掘蚀力改变方向。这种原因，或者河床中冲积物质的偶然移动，可以使水流横穿一般的下行方向，而在对岸或在谷侧的山边上侵蚀成一个凹形弯曲，后来又从这里，以相同的角度回转过来，重新穿过下行线，在下游的对岸，逐渐凿出另一个弯曲，到了后来，河谷或河床的两侧，全部现出一系列凹凸不平的轮廓。两侧溪涧汇入主流，是使溪涧和河流的流水偏离直线下行而在山区内加宽它们所流经的河谷的原因之一；因各季的局部雨量不同，这些侧面溪涧的流量也有差别，于是在不同的时期内排入主流的泥沙和石子量也不同。在冲积平原上，河流的曲折所形成的弯曲的大小，随着河流的水量而比例扩大。例如，在新奥尔良北西大约 80 英里哈得孙港附近的密西西比河，绕了一个 26 英里长的弯之后，又回到离开开始出发的地方只有 1 英里的地点；这个地点叫做拉柯尔西，1846 年[①]，我曾经访问了这个地方；在同一年，我又在新奥尔良市以下不远，河面宽度

---

① 　Second Visit to the United States, vol. ii. p. 193.

大约 3/4 英里的地方,看见一个 18 英里长的弯曲,起点和终点的距离大约五六英里。这些弯曲的长度,决定于许多因素,特别是冲积土的性质和胶结程度——常因埋有树木根干而加固——以及河床的坡度或斜度。

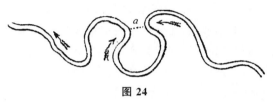

图 24

如果河流弯曲的曲线非常大,河流可以切穿分隔相邻的两个弯曲的地峡,而恢复它的下行直线。在附图(图 24)上可以看到,河流的最大弯曲,常使河流经过短距后,以恰好相反的流向回到主要河道的位置上,因此造成了一个半岛;向相反方向流动的流水,从两方面把地峡(在 a 点)逐渐冲去。在这种情况下,不久就形成一个孤岛——在岛的两边,通常还留下一部分河水。

水的搬运力　　关于水的搬运力,我们常常因为看到斜度不大的小河流很轻便地带着粗沙和小砾流动而觉得惊奇;因为我们通常总是估计岩石在空气中的重量,从来不去想到它们在密度较大的液体中的相对浮力。许多岩石的比重,比水大不了两倍,很少超过 3 倍,所以几乎所有被流水推动的石块,失去了它们的 1/3,我们通常所谓的重量,许多石块甚至于失去一半。

由实验证明,河底流水的速度,到处都比上部的任何部分小,而以表面的速度为最大;这种事实已经成为节制流水流动的普遍规律,但与早期流体力学作家的学说完全相反。河流表面中部质点的移动,也比两边的快。最下和两侧流水速度的减少,是由于摩擦力;如果速度足够大,

图 25

两侧和底部的泥土,就会被带走。据说,每秒钟 3 英寸的速度,足以揭起细泥;每秒钟 6 英寸,可以揭起细沙;每秒钟 12 英寸,可以带走小砾;每秒钟 3 英尺,可以滚动鸡蛋大小的石子[①]。吉美孙说过[②],如果考察一条流速很大的河流的小砾河床,我们可以看到小砾有排列成如图 25 所示的位置的趋势,这可能是对流水的最大阻力的位置。第河河床上近代砾石的一部分剖面,也有这种排列,这种现象表示砾石被河谷中向下游流动的急流所压倒。

积沙和砂岩表面上所特有的凹凸面或小脊,即一般所谓波痕,是河底上漂流沙粒的流水力量发生了不均匀的情况所造成的。小脊的方向,与推动力成直角,而以顺水方向的坡度为最陡。风的流动(如在沙丘)和浅水下面,都能形成这样的波痕。以下一段的叙述,是我在卡雷斯附近低潮时露出水面的一大片海滩上所看到的空气运动所产生的结果。从邻近沙丘吹来的一阵阵白色细沙,掩盖了海岸,使沙质黑泥转为白色;新盖上的沙,形成美丽的波纹。我曾经把几方码面积内的波纹上所有的小脊和小槽刮平,但在 10 分钟内,它们又恢复了原状,而小脊的一般方向,总是与风的方向成直角。恢复过程开始的时候,它们任意形成许多孤立的沙堆,但在不久之后,这些沙堆逐渐加长,终于连接成许多弧形的长脊和居间的小槽。每一个小脊的一边,倾斜很小,而另一边的坡度则比较

①　Encyc. Brit. art. "River".

②　Quart. Geoi. Journ. vol. xvi. p. 349.

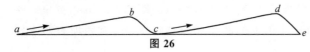

图 26

陡；下风方面总是很陡峻的，如图 26 的 bc 和 de；逆风向的斜坡比较平坦，如 ab 和 cd。如果一阵狂风有足够的力量可以吹动许多沙粒，所有的小脊似乎都立刻向前移动，每一个小脊逐渐侵占它前面的一个小槽，在几分钟之内把小槽填满。前进的方式，是使沙粒在 ab 和 cd 斜坡上不断的向上飘积，等到沙粒到达 b 和 d 点时，它们就从 bc 和 de 的陡坡上向下滚落，因为这里已经是背风的地方，于是它们按照形状和重量，分别停止在下坡的不同部分，很少数一直滚到底。每一个小脊，都照这种方式随着大风的次数慢慢地向前移动。小脊的一部分，有时移动比较快，追上了前面一个小脊，于是互相连接起来，造成各时期的砂岩表面上常见的那些分叉或分支现象。在这样的砂岩中，以及在现在的低潮海岸上，我们常看到互相干扰的两套波痕；较老的一套比较模糊，较新的一套，脊槽分明，而且它们的方向与前一套的也不相同。这两套波纹的交叉，是由于潮汐或其他流水，或者风，变更了它们的方向所致。

我们应当注意，流水之所以能磨圆坚硬岩石的棱角和暗掘悬崖，是由于它能推动各种粗细的沙粒和砾石，使它们冲击一切挡在路上的障碍。在山区里面，急流的这种力量，是容易理解的；但是自然引起的问题是：在平坦的河谷和平原的地面上、比较平静地流动的河流，怎样能够移去由支流流入的巨量沉积物，它们又用什么方法把这些泥沙运入海洋？如果它们没有这种移动力量，河道每年都将被淤塞，而下游的河谷中和山脉下面的平原上，都将不断地布满石块和不长生物的沙地。但是这种祸害，被节制流水运动的一般规律所阻止了——就是说，两条同样大小的河流汇合时，不占据双倍面积的河床。不，在支流流入之后，主流的宽度，有时与以前一样，或者甚至比以前缩小。这种显明的、似非而是的见解，意大利学者在很久以前研究龙巴台平原中各支流和波河汇合的情况时，已经予以阐明。

小河流的加入，增加主流的速度，而所增加的速度与所增加的水量成比例。较大速度的原因是：第一，两河汇合之后，流水所需克服的阻力，由四个边岸减为两个；第二，由于河流的主体离开两岸更远，因此阻碍较少；最后，流动较快的大量河水，在河床上掘得更深。由于有这种美妙的调节，排泄内地的河水所占的容积，愈近海洋愈小，如此则我们大陆上最有价值的土地，即膏腴的三角洲和大冲积平原，才不至于常常沉没在水底。

1829 年苏格兰的洪水　　1829 年 8 月 3、4 两日在苏格兰的阿贝丁郡及其他各县所发生大风暴和水灾，供给了许多值得注意的事例来说明流水移动石块和笨重物质的能力。暴风雨时的气候，和热带飓风的性质没有两样；猛烈的狂风，一阵阵地在空中旋转，英国气候所难得看见那种雷电，一时并作，而倾盆似的大雨也连续不断地向下倾注。苏格兰的东北部的一部分，就是说，以兰诺赤湖为起点（北纬 56°40′，西经 4°26′）画两条线，一条向因佛内斯，一条向斯通黑文的范围内，几乎同时发生同样猛烈的洪水。受到水害的河流，总长度不下五六百英里；洪水经过的地方，桥梁、公路、农产物和房屋全被毁坏。据劳得爵士的记载，这一次的水灾，冲毁了 83 座桥梁和无数农庄和村落。在内纶河上，一块长 14 英尺、宽 3 英尺、厚 1 英尺的砂岩，被河水向下游搬动了 200 码。山边原来没有小涧的地方,出现了小涧,许多没有水的老河道,也成了洪水的流道①。

在巴拉特的第河上面的桥梁共有 5 拱,整个河道的宽度是 260 英尺。建筑桥墩的河床,是由滚动过的花岗岩和片麻岩块所组成。桥身是用花岗岩建造的,20 年来没有损坏;但在洪水来的时候,桥的各部分依次被冲去,河床中的全部圬工结构也失踪了。法求哈孙叙述这一次的洪水时说,"顿河曾经把一堆总计四五百吨的石块,其中许多重达二三百磅,从一个 8 码到 10 码升高 6 英尺的斜面上,堆到我的宅地内,在平地上堆成一个 3 英尺高的长方形石堆——石堆的下端很陡。"②

因为雨水上涨的时候,甚至于很小的小溪,也有相当大的搬运重体的力量;歇维沃脱山分水领东面,在斜坡不太大的河床上流动的柯雷居溪,在 1827 年 8 月发生洪水时的情况,可以作为例证。几千吨重的砾石和沙,被搬运到梯尔平原,而一座正在兴建的桥梁,也被冲毁,每块重达 0.5 吨和 3/4 吨重的拱石,被冲到 2 英里以外。这次的洪水,竟把重近 2 吨的绿岩-斑岩所制成的水闸墩柱冲倒,向下游运转 1/4 英里。据说,这条小溪屡次在一天内把 1 000 吨到 3 000 吨的砾石冲到更远的地方③。

1826 年山崩造成的洪水　流水在长时期内加宽和加深一个河谷的力量,不一定取决于河水的水量和速度,而大部分决定于过去各时期中阻挡流水自由流动的障碍物的次数和大小。一个急流,不论怎样小,如果被壅塞,它所造成的洪水的激烈程度,将决定于临时堤坝上游河谷的大小和它下游的斜度,而不决定于急流的大小。局部洪水最普遍的起源是山崩,或有时所谓雪崩;这种现象,是由地震的震动、泉水的暗掘或其他作用所致,这些作用可以使两岸悬崖上大量的岩石和泥土,有时冰雪,向下崩落,积在河底。

列举这一类可怕灾害的事例,可以编成几本书,所以我只拟选出我亲身勘查过的地区的几个实例来作说明。

1826 年 8 月 28 日,纽·亨普夏(美国)的怀脱山中,经过两季干燥时期之后,迎来了一次大雨,于是无数大小石块从壁立在沙柯河两岸的高峻斜坡上崩落下来,许多石块的大小,可以塞满一所普通公寓;石块泻落的时候,在它们前面扫荡着一堆杂乱无章、形状可怕的废物,其中有森林、丛莽和养护它们的土壤。在这些陡峻山坡上,虽然有无数同样山崩的遗迹,然而在人类记忆所及的时期内,却没有任何同样灾害的传说留传下来,而这一次被毁的茂密森林的长成,显然表示这里很久没有发生过同样的情况。后来知道,这些流动块体之中,有一块滑动了 3 英里,平均宽度约 1/4 英里。天然的掘蚀,一般先在一个几码深、几竿宽的槽内开始,向下滑动的时候,逐渐加宽加深,直至形成一个深沟为止。在这些掘空的细谷的基部,可以看到一堆混乱的废物,其中含有被推下来的泥土、砾石、岩块和树木。云杉和枞树——一种树叶与我们的紫杉相似的铁杉——的森林,像一片稻田一样,被推倒在地上;因为在这些森林坚持它们的阵地的地方,后面堆积有急流似的泥土和岩石,等到泥石急流集中了足够力量,它们就突破临时障碍向下直冲。

阿孟奴塞克河和沙柯河谷沿岸,一连好几英里的地面,都可以看到这种悲惨的景象,

---

① Sir T. D. Lauder's Account of the Great Floods in Morayshire, Aug. 1829.

② Quart. Journ. of Sci., &c. No. xiii. New Series, p. 331.

③ Culley, Proceed. Geol. Soc. 1829.

所有桥梁都被冲去了,支流上面也是如此。在有些地方,公路被掘成 15 英尺到 20 英尺的深沟;在另一地方,则被同样高度的泥土、岩石、树木的残破物质所覆盖。洪水之后许多星期,流水中依然饱含着泥土,而在不少地方的河谷两岸,可以看到河水比通常水平升高 25 英尺以上的遗迹。许多牛羊被冲掉了;因恐慌而抛弃家园的维里一家(Willey family)9 口,都在沙柯河边遭了难,后来在河流附近漂木和乱石下面找到了他们之中 7 人的残损尸体[1]。据赫巴德教授说,经过 11 年之后,泥石流所掘成的深沟和河道中花岗岩的石堆所造成的风景,依然可以入画[2]。

在赫巴德教授到那里之后 8 年,即 1845 年,我也到那里去调查过;灾害情况,还是很明显;最值得注意的是,露出的花岗岩表面,虽然被经过的大量泥石磨平,可是没有冰川作用所有的平行的或长方形的凹槽,也没有擦纹。缺少这些情况的地方,没有比 1862 年"维里山崩"(Willey slide)所经过的石面更为显著得多了[3]。

但与地震所造成的山崩相比较,怀脱山的灾害,可算是渺乎其小的了;因为地震的山崩,可以使两岸长达几英里的山坡泻入河谷。在讨论地震时,我将有机会提到这一类的洪水,我现在只拟选择几个实例来说明其他各种原因所酿成的水灾。

1818 年巴纳斯流域的水灾 巴纳斯河是日内瓦湖以上罗讷河流域最大的侧面支流之一。1818 年从高处冰川泻下来的雪崩,壅塞了德兰斯河的河床,使它的上游一个狭窄河道变成了一个湖。在冬季冰冻时期,河床中几乎没有流水,不能航行,因此雪崩所成的冰堤非常完整,等到春天冰雪融化的时候,堤的上游形成了一个长约半里格的湖,到了后来,湖的一部分的深度逐渐达到 200 英尺,宽度约 700 英尺。为了预防或减少冰堤突然溃决酿成灾害起见,不等到河水上升得过高,就在冰堤中凿出一条 700 英尺长的人工隧道。等到河水涨到相当高度的时候,它便从隧道中流过,使隧道的冰逐渐融化,逐渐加深,直到湖水排去一半为止。但是到了最后,天气热起来了,其余冰块的中部,砰然破裂向下崩溃,湖中的余水,在几小时内全部流光。向下游奔腾的时候,河水遇到几个狭窄的峡谷,在每一个峡谷里面,河水高涨,然后又以猛烈的水势向下游盆地中奔流,把沿路的石块、森林、房屋、桥梁和耕地一扫而空。在大部分的行程中,洪水像一条移动的泥石块,而不像一条流水。有许多和房屋大小相仿的花岗岩大石块,从古代的冲积层中挖了出来,向下游搬运了 1/4 英里。被移动的石块之中,有一块的圆周达 60 步尺[4]。在离开冰堤后的一段河道中,水的速度大约每秒钟 33 英尺,在到达日内瓦湖以前,减少到每秒 6 英尺,它在 6.5 个小时内流了 45 英里[5]。

洪水在马丁尼平原上留下了几千棵连根拔起的大树和房屋的残块。马丁尼城中的一部分房屋,从二层楼以下,都填满了泥土。水在马丁尼平原上展开了之后,又流入罗讷河,没有再造成其他损失;但是后来在 30 英里以外,日内瓦湖以下,维佛埃附近,找到在马丁尼城以上淹死的居民的浮尸。

---

[1] Silliman's Journ. vol. xv. No. 2., p.216. Jan. 1829.

[2] Ibid., vol. xxxiv. p.115.

[3] 见 Lyell's Second Visit to the United States, vol. i. p.69。

[4] 这一块是由英国海军霍尔舰长测量的。

[5] Inundation of the Val de Bagnes, 1818, Ed. Phil. Journ., vol. i. p.187, from Memoir of M. Escher.

从临时湖里冲出来挟着泥石的水，在最初 4 英里内的速度，大约每小时 20 英里；照艾斯曲工程师的计算，洪水每秒钟供给了 300 000 立方尺的水——这种流量比巴塞尔以下的莱茵河大五倍。如果一部分的湖水没有逐渐预先排出，洪水可能近于加倍，其流量将接近于欧洲某些最大的河流。所以，当我们研究一条河流对于任何河谷的掘蚀力量时，最重要的问题显然不是现在河流的流量，也不是现在河道的水平，更不是岩石的性质，而可能是从流域最初升出海面以后的某一时期中连续发生的洪水。

在 1818 年水灾以后几个月，没有固定河床的德兰斯河，继续来回移动它的位置，从河谷的一边移到另一边，带走新造的桥梁，暗掘房屋，并且继续挟带它所能挟带的大量泥土。我在洪水之后 4 个月去考察过这个河谷，亲眼看见桥梁被冲毁，房屋被暗掘。大部分冰堤还存在，形成了 150 英尺高的直立悬崖，很像河流在埃特纳火山和奥佛尼火山熔岩流中切成的深沟。

根据记载，这个区域以前曾经有过同样原因所造成的完全相同的洪水。例如，在1595 年，一个湖堤溃决了，怒涛式的洪水向下游奔腾，冲毁了马丁尼城，淹死了 60 人到80 人。在这一年以前 50 年，同样的洪水淹死了 140 人。

1826 年提伏里的洪水　我将再举一个有古典意义的地区，即古代的泰伯河，来结束本节；在本世纪（19 世纪）内，这里也发生过像以上所说的那样洪水。我们记得，小普林内曾经描写过安尼倭河的洪水，它当时曾经摧毁了许多树木、岩石与非常华丽的别墅和艺术品[①]。这条河流，何雷士称它为"莽闯的河流"（headlong stream），常常四五个世纪不越出它的河槽，但在如此长期休息之后，在不同时期内，屡次向两岸泛滥，并且加宽它的河床。最近一次的灾害，是在 1826 年 11 月 25 日连续大雨之后发生的；1829 年我到那里去考察的时候，一个亲眼目睹这次灾害的人对我作了一个生动的报告。提伏里以上不远的一个人工堤坝，似乎拦截了上游的水，把河身分成两段。冲破了堤坝的水，把全部力量加于右岸，左岸则干涸无水。在几小时之内，它在右岸暗掘了一个很高的绝壁，使河床加宽了大约 15 步尺。绝壁上面，有圣·鲁亚西教堂和提伏里镇的 36 栋房屋，这些建筑物全部被冲走了，对岸瞭望者可以看到它们沉入怒吼洪水中的凄惨景象。房屋基础被逐渐移去之后，房屋上面先裂成无数纵横交错的小裂缝，后来逐渐扩大，屋顶忽然坍塌了，墙壁沉没了，全部滚入下游的急流之中。

洪水的破坏力量，离开宏伟的灶神庙（temple of Vesta）建造在上面的悬崖不到 200码；近代建筑物虽然被摧毁而沉入深渊，这一座宝贵的古迹，幸得保存。我们记得，在异教的神话中，灶神是象征地球稳定性的神祇；当赛木岛的天文家阿里斯大克斯第一次传授地球绕轴自转和绕太阳公转的时候，他受到了公开的谴责，说他不敬神明，因为他"移动了永久稳定不动的灶神的位置"。普莱费尔说，当赫顿提出了地球表面不稳定的学说，并主张我们所住的大陆是不断变化和运动的舞台时，他的反对者，就是主张地球不变的人们，也同样根据宗教的成见，对他施行攻击[②]。安尼倭河的掘蚀力量，恰好是赫顿学说中最受人攻击的部分的确证；如果信仰预兆的时代还没有成为过去，崇拜灶神的地质学家

---

① Lib. viii. Epist. 17.
② Illustr. of Huttonian Theory, Sec. 3. p. 147.

们,可能把这些灾害认做一种恶兆。我们至少可以劝告这位女神的现代信徒,不要失去时机,乘早到她的神坛前去作一次巡礼,因为下一次的洪水,未必会尊重这一座神庙。

流水对岩石的掘蚀 河流,甚至最小的河流,在柔软易毁的泥土中开掘深槽的速度,可以用火山区的情况来作例证,那里的沙和半固结的凝灰岩,对从山边流下的急流,只有极小的抵抗力量。1824年,维苏威火山喷发后的大雨之后,从阿脱里倭·德·卡瓦罗流下来的水,3天之内在凝灰岩和喷发物的地层中开出了一条深达25英尺的深沟。1828年,我看到了一条古老的骡马小路被这条新沟所切断。

但是含有外来物质的流水,也可以在最硬的岩石中逐渐侵蚀成深沟。法国中部的许多河谷中都有这种现象的良好实例;这些地方的河槽,曾被坚固的熔岩流所阻塞,河流就在其中重新掘出一条新的河道,往往很宽,深度可以从20到70英尺。在这些事例中,我们有肯定的证据可以证明,在熔融的熔岩固结之后,没有海水、没有任何剥蚀波浪、也没有异乎通常的大水体曾经经过这个地点。任何突然发生的和特别剧烈的作用的臆说,都不能成立,因为流出熔岩而由疏松火山渣组成的火山锥,往往高出河流并不多,但在足以掘出如此大深沟的整个时期内,并没有被毁坏。

西密托河近来的掘蚀 在埃特纳山西麓,从大火山山顶附近流下来的一股熔岩流(图27,AA),流了五六英里之后,最后流到西西里岛上最大的河流西密托河的冲积平原,这条河绕着埃特纳山山脚下行,在卡太尼亚南面几英里处入海。熔岩流入河流的地点,是在阿斗诺城上游3英里,它不但在河槽中占据了相当距离,而且跨过河流直达对岸,积成一大片的石块。照吉米拉罗说,这是1603年喷发的结果[①]。从熔岩流的外表来看,显然证明它是埃特纳火山最近喷发的产物;因为熔岩上面没有被后来的岩流或喷发物所覆盖或交错,况且1828年我到那里去考察的时候,种在上面的橄榄树都还很小,但是已经比在同一熔岩上面天然生长出来的树木老。所以,在将近两世纪期间,西密托河已经侵蚀出一条从50到几百英尺宽的河道,有些地方,深达四五十英尺。

被切穿的一部分熔岩,都不是多孔或渣状的,而是由致密、均匀、坚硬的蓝色岩石所组成,比重比普通玄武岩低,并且含有橄榄石的晶体和玻璃状的长石。这一部分西密托河床的斜度并不大;但是由于对熔岩的侵蚀不平衡,于是在曼桑纳里峡谷内造成两个瀑布,每个大约6英尺高。这里的深沟(图27,B),深约40英尺,宽只有50英尺。

河床上的沙砾,主要是由上游各地所产的褐色石英砂岩所组成;但是火山岩本身的物质,必定也大大地帮助了自磨作用。这条河和埃特纳东面的卡尔太比亚诺河一样,还没有切到熔岩下面的古老地层;这些地层的位置可能如图所示(图27,C)。

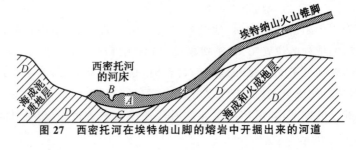

图27 西密托河在埃特纳山脚的熔岩中开掘出来的河道

---

① Quadro Istorico dell' Etna, 1824.

从瀑布以下河水泡沫沸腾的地方走进峡谷,我们完全看不见外界的景象;一个习惯于把风景的特点与某些岩石的相对时代相联系的地质学家,绝不会不相信他所看见的是一个古代峡谷的风景。坚硬蓝色熔岩的外表,与苏格兰任何最老的暗色岩一样坚固。一部分的坚硬岩石的表面,被自磨作用磨平,几乎磨光,另一部分则盖有淡色的苔藓植物,造成一种古老的外貌,因此更易增加错觉。但是一等到我们走上悬崖,我们的疑团就立刻消除了;因为只要向后退几步,细谷和河流都看不见了,而我们却站在一个崎岖不平的黑色熔岩流上面;熔岩流似乎毫无间断,并且几乎可以一直追溯到品达把它叫做"天柱"的庄严火山锥的山顶;在这个山顶上,现时还在冒出羊毛似的蒸汽圈,可见它的火到现在还没有停息,它将来还可能喷出岩流,使未来的地质学家可以看到与现在叙述的情况相同的景象。

　　尼亚加拉瀑布　　尼亚加拉瀑布是说明河流在坚硬岩石中逐渐掘蚀一个深谷的最典型的实例。尼亚加拉河是在一个台地上流过的河流,台地上有一个洼地,形成现在的伊利湖。从湖里流出的河流,宽度将近 1 英里,水平高出 30 英里以外的安大略湖 330 英尺。从伊利湖以下的最初 15 英里的范围内,周围地面的水平,包括西边的上加拿大和东边的纽约州,几乎与河岸相同,没有一个地方高出河岸 30 英尺至 40 英尺[①](图版Ⅲ)。这一条偶尔分布有长满森林的低平岛屿的河流,有时宽达 3 英里;河水最初相当清澈,很平静地在流动着,在 15 英里之间的落差,只有 15 英尺,很像伊利湖的一个港汊。但是后来流近瀑布时,性质完全改变了,它开始在石灰岩的崎岖表面上冲过,浪花四溅,势如奔马,流了 1 英里之后,它在一个 165 英尺高的削壁上向下直泻,形成瀑布。到了这里,水被一个岛,叫做山羊岛,分成两片,大的一片宽在 1/3 英里以上,小的一片宽约 600 英尺。瀑布的水是落在一个很深的水塘里面,从这里它又以很大的速度,在 7 英里长的峡谷的倾斜底部,向下游直冲。峡谷两岸峭壁之间的宽度,约 200 到 400 码不等;所以与上游河流的宽度完全不同。峡谷的深度从 200 英尺到 300 英尺,把上面所说的台地切成一个 7 英里长的深谷;到了崑斯城,这条深谷突然终止,出现一排悬崖,或者一排朝北面向安大略湖的一条内陆危岩。流出峡谷之后,尼亚加拉河又进入平坦区域,它的水平与安大略湖几乎相等,从崑斯城在湖边 7 英里间的落差,只有 4 英尺。

　　大家久已相信,从现在的瀑布到谷口悬崖(叫做崑斯城高岗)的一段尼亚加拉河,原来是在整个台地的浅谷中流动的;瀑布最初的位置,可能就在崑斯城高岗,后来逐渐在岩石中向后蚕食,到现在已经退缩了 7 英里。凡是看到峡谷的终点和从瀑布起的整条河道的狭窄程度以及河流在瀑布以上的扩展情况的人,自然他都会提出这样的臆说。峡谷的两岸削壁一般是垂直的,许多地方的一边受到河流的猛烈暗掘。在瀑布所在地,台地的最上一层岩石是大约 90 英尺厚的硬石灰岩(志留纪的一部分),下面有一层同等厚度的软质页岩;从瀑布冲入水塘的水,溅起巨量的浪花,再受狂风的帮助,猛烈地向悬崖底部袭击,于是不断地暗掘页岩。由于这种作用和冰雪作用,页岩逐渐瓦解而崩溃了,于是一

---

　　① 　读者可以在我所著的 Travel in North America, vol. i. ch. 2 中找到一张尼亚加拉区域的彩色地质图和地质剖面图,和一张瀑布和邻近地区的彩色地质鸟瞰图。这些图是根据贝克威尔的卓越原始草图绘成的。在这部书中,我更详细地参考了这些文献及霍尔所著的《纽约州地质报告》,以及汉尼宾和卡尔姆的早年著作,并且研究了瀑布原来可能泻落地方的悬崖的成因。vol. i. p. 32 和 vol. ii. p. 93。

图版 Ⅲ　从伊利湖到崑斯城之间的尼亚加拉河河道的鸟瞰图，
表示崑斯城到瀑布之间河流所割切的深谷

部分上覆岩石向外悬伸，有时达 40 英尺之多，如果下面支持的力量不够，上面的岩石就会颠覆下来，所以瀑布的位置并不是绝对固定不动的，有时甚至于不能维持半世纪。最早的观察传下来的记录，也提到这些岩石常被毁坏的情况，据说，1818 年和 1828 年崩落的巨大石块，像地震似的震动了邻近区域。最早的旅行家汉尼宾和卡尔姆，分别在 1678 年和 1751 年考察了这个瀑布，并且发表了他们的意见；他们证明了这些岩石已经受了一个半世纪以上的破坏，而在这一段期间，瀑布的确起了一些变化，连风景也不无变迁。所以在每一个观察者的思想中，常常存有不断逐渐耗损的观念。因为在 150 年中所造成的那一部分深谷，按其宽度、深度和性质来说，与在下游 7 英里的峡谷完全相似，所以当然会推想到，整个峡谷都是由于瀑布的退缩而造成的。

　　我们至少必须承认，只要有充分时间，河流是有充分能力来完成这一项工作的；但在 18 世纪末叶以前，这里还是一个荒野，我们得不到估计瀑布退缩速度的可靠资料。一位著名地质学家的儿子贝克威尔，在 1829 年调查了尼亚加拉之后，根据第一个移居到那里的人在 40 年中的观察，第一次尝试计算瀑布退缩的速度；照它的计算，在此 40 年中，瀑布每年退缩了一码。但在 1841 年到 1842 年，当我到那里调查的时候，我也作了细致的研究，照我的推测，以每年退缩一英尺计算，也许更近于可能。照这样的速度，瀑布从崑斯城的削壁退缩到现在的地位，须要 35000 年。这样的结果可能与事实相差不远，当然我们不应当假定瀑布退缩的速度是均匀一致的。详细研究一下本区域内在峡谷中露出的地质构造，我们可以看出，在掘蚀过程的每一阶段，悬崖的高度、基部物质的硬度以及被移去物质的数量，一定都不相同。在某几点，它们可能比现在退缩得快一点，但是一般可能比现在慢，因为在瀑布开始退缩的时候，其高度可能比现在加倍，所以应当移去的岩石也比现在多一倍。

照我 1841 年的观察，当时我有与纽约州的地质学家霍尔做伴同行的便利，以及 1842 年的再度调查，我在尼亚加拉区域找到了以前老河床的证据；毫无疑义，这个高出现在峡谷谷底大约 300 英尺的河床，是以前从瀑布流到崑斯城的河流的故道。所说的地质证据，是一层 40 英尺厚的沙砾，其中含有现在生存于瀑布以上尼亚加拉河中的珠蚌、河蚬、蜗螺等属的河栖介壳。化石的种，无疑是与现在的相同，虽然在山羊岛的同一地层中，产有绝种的乳齿象的骨骼（M. giganteus）。这样的淡水沉积物，是在峡谷两岸悬崖上的几处地方找到的，所以它们显然表示瀑布下游 4 英里内的高地上一个古代浅谷的范围，也就是台地上伊利湖和瀑布之间的尼亚加拉河现在河槽的延长线。无论提出哪一种学说来说明再向下游的峡谷、或由旋涡到崑斯城之间 3 英里的峡谷的成因，我们都必须假定以前这里曾经有过一个岩石的堤坝，而堤坝岩石的性质与这个区域旋涡下面不远、组成冰碛的疏松而易于毁坏的那种物质绝不相同。由于这个堤坝，河水被拦阻了很久，于是造成了高出现在河槽 250 英尺、厚达 40 英尺的河成沉积物。如果我们承认，这是瀑布向后凿出 4 英里河道的证据，那么其余 3 英里的峡谷，无疑也是由同样的营力挖成的，因为上下两部分的深谷的形状完全相同。

许多人对瀑布将来的退缩作了不少推测，甚至于说，如果峡谷果然再向后延长 16 英里，伊利湖的湖水可能突然排出，造成洪水。但是纽约州地质调查所对岩层次序所得到的更精确的知识，使得每一个地质学，都觉得满意，就是说，如果瀑布再向后退不到 2 英里，它的高度即将逐渐减低，并且由于地层向南作缓慢的倾斜，现在在顶上的块状石灰岩，到了那个时候将变成瀑布的底部，于是可以阻滞掘蚀过程的发展，甚至于有效地使这种过程完全停止①。

---

① 自从我访问了瀑布之后，美国报纸屡次登载许多关于瀑布的消息，他们说由于河槽被侵蚀和大石块被暗掘而坠落在深沟之中，瀑布的轮廓已经变了形状。由于这种变化，1841 年我的向导领我走到的瀑布下面的一个地点，已经不能通行。

第十六章　冰所搬运的固体物质

河冰的搬运力——支流每年输入圣劳伦斯河的岩石——底冰；它的成因和搬运力——冰川——它们向下运动的学说——磨平和刻槽的岩石——无层理的冰碛——瑞士冰川湖造成的阶地或沙滩——盖有泥石的冰山——冰川和冰山所达到的限度——它们搁浅时所产生的结果——海岸冰的压积现象——拉布拉多海岸上的冰所漂流的巨砾——波罗的海中的冰所移动的石块

在有些地方，一年之中有一部分时间的气候非常寒冷，致使河面或河底的水冻成了冰，遇到这种情况，流水向远处搬运沙、砾和石块的力量就会大大地加强。

这个问题可以分成三段讨论：第一，能使流水向远处移运砾石和石块的表面冰和底冰的作用；第二，冰川搬运巨砾和琢磨岩石的作用；第三，一部分含有固体物质的冰川，以冰山形式漂流入海，以及海岸冰的漂流。

河冰——在苏格兰的台河，我们每年都看到冻结在冰里的小砾和小块的岩石，向下游流动，一直漂到河口。所有英格兰和苏格兰的大河中，无疑也可以看到同样的现象；但是我们似乎有理由可以推想得到，冻结在冰里的小砾和石块，从一个地点到另一个地点的搬运，主要是在水下进行的，只不过我们看不见而已。因为混合体的比重，虽然可以使它们下沉，但是可能还是很轻，容易被微弱的水流带走。况且冬天河底上的水温，常常近于冰点，因此融化很慢；关于这一点，下面讨论冰底时就要提到。

如果沿着大不列颠的纬度向东进入欧洲，我们发觉那里的冬寒比较严厉，并且河流也比较容易冻冰。拉里维尔 1821 年在波罗的海的麦米尔地方曾经说过，当尼门河的冰解冻的时候，他看见了一块 30 英尺长的冰，从河里流下来，一直冲到岸上。在冰的中部，有一块直径大约一码的三角形花岗岩，其成分像芬兰的红色花岗岩[①]。

当北半球的河流从南向北流的时候，河里的冰总是先在上游解冻，于是泛滥的水，常常带着大块的冰，流到冰块还冻得很硬的部分。拦截在流水途中的障碍物，往往引起很大的洪水，北美洲的马更些河和西伯利亚的额尔齐斯河、鄂毕河、叶尼塞河、勒拿河以及其他河流，都是如此（见 90 页，见图 7）。1840 年 1 月 30 日，维斯拉河，在但泽市上游 1.5 英里的地方，发生了一次同样的局部壅塞，被积冰堵住的河流，不得不在右岸开辟一条新的河道；几天之内，它在一片 40 英尺到 60 英尺高的沙丘内，掘出一条长达好几里格的、深而且广的河槽。

加拿大的冬天是非常冷的，当与法国中部纬度相当的圣劳伦斯河下游还是冻结的时候，上游的支流已经开始解冻，因此大块的冰松散开来，堆在下游整片的冰块上面。这样

---

① Consid. sur les Blocs errat. 1829.

就开始形成所谓漂冰堆。就是说，一块冰滑到另一块的上面，最后积成一个大冰堆。因为它们已经冻结在一起，于是被拦截在上游的水和浮冰的力量向前推动。冰堆被推进时，不但迫使巨砾向前移动，而且从两岸悬崖上剥落大块的凸出岩石。1836 年以前建筑在圣·莫利斯河上的一座木桥的儿个坚固石造桥墩——圣·莫里斯河在北纬 46°42′的曲罗瓦·里维尔城附近流入圣劳伦斯河——被推翻了，并且被冰带入主流；蒙脱里尔也发生过码头和几座 30—50 平方英尺的房屋被冰冲去的事件。贝菲尔船长告诉我们说，抛在高水位范围内、用来稳定拖到岸上过冬的船只的铁锚，在初春时必须从冰里取出，否则也会被冰带走。1834 年格尔纳亚船（Gulnare）上有一个 0.5 吨重的船头锚，被冰移动了好几码；这只锚是如此坚固地冻在冰里，以致流动的冰，把一根可以用于 10 门炮的兵船，并且曾经在海湾的暴风雨中缆住格尔纳亚船的铁链拉断。如果没有把锚从冰里面掘出，一定也会被带入深海而失踪[①]。

图版Ⅳ的风景是海军少校鲍温画的；这张图可以使读者了解每年在魁北克以上圣劳伦斯河中低平的岛上、岸上和河床上巨砾搬运所发生的不断的变化。在北纬 46°的李塞留滩上，基底岩石是石灰岩和页石，在低水位时，这上面散布有许多花岗岩巨砾。花岗岩的圆球形，主要由于风化作用，或由冰雪作用所致，因此使它们的表面，剥离成同心薄片，所有较为凸出的棱角都被剥去。在图版Ⅳ的 a 点，是沙滩上泥沙中的一个小坑，现在有水；这是一块 70 吨重的花岗岩巨砾 b，在前一个冬天（1835）所占据的位置，但在第二年的春天（1836），它从原来的位置上移动了好几英尺。河内有许多小岛，如图上的 c 和 d，它们对冰的搬运和推动力提出了更显著的证据。这些小岛从来没有被水淹没过，然而在每年的冬天都有非常多的冰块抛在上面，以致堆积成 20 英尺甚至于 30 英尺高的积冰；向

图版Ⅳ　圣劳伦斯河岸上，冰所漂积的巨砾

（1835 年春天，鲍温少校在北纬 46°的李塞留滩的东北画的全景）

[①]　Capt. Bayfield，Geol. Soc. Proceedings，vol. ii. p.223.

岛上堆积的冰,一方面陆续带来大块的岩石和巨砾,另一方面则又带走另一部分石砾;据鲍温少校说,堆积最多的地方,是在深水边缘。图的左边 d 岛上有一个灯塔,这是一个方形的木结构建筑,它的基础除了巨砾外,没有其他东西,到了每年冬天,必须把它拆掉,而到了河流开冻的时候,再把它重新建造起来。

在魁北克以上的圣劳伦斯河中,固然有如此异常的冰冻现象,在它以下,冰冻作用的规模也不相上下;在这里,海湾中的水随着潮汐涨落。恰恰相反,每年向海中搬运最多砾石和最大巨砾的地方,正好是在北纬 47°到 49°之间的三角港里面。这里的冰冻现象是如此的厉害,以致在低水位时水面上冻成一层非常致密厚冰;到了涨潮的时候,冰块被浮起、破碎,并在三角港两边的广阔浅滩上堆积起来。在退潮的时候,这一堆冰暴露于有时零下 30°F 的气温之下,于是松散的冰块和花岗岩以及其他岩石的巨砾,都冻结在一起。这些块体常被下一次的高潮,或春天化雪以后上涨的河水冲走。1837 年,有一块长 15 英尺,宽高各 10 英尺,估计有 1500 立方英寸的花岗岩巨块,就是这样被搬运了相当距离,它的原来位置是知道的,因为在搬走之前,贝菲尔船长曾经用它来做测量的标志。

底冰　冷气流从湖面或河面上经过的时候,常在湖水或河水中吸取一部分热量,因此增加了水的比重,使冷水下沉。这样的循环作用,可以一直继续进行到整个水体的温度减到 40°F 为止,此后,如果温度还在继续下降,垂直运动就停止了,于是最上层的水,开始膨胀,而漂浮在下面比较重的液体上面,等到温度降低到 32°F,水就固结成一层冰。所以照这种的冻结规律来看,河底似乎不太可能冻冰;然而河底冻冰,的确是一种事实,同时还有人提出了许多臆说来解释这种现象。照阿拉戈的意见,流水的机械运动,产生一种循环,使整个水体互相混合,同样受到冷却,并且全部都这样降到零度;冰在河底形成的原因有二:第一,因为那里的运动较少;第二,因为与水相接触的坚硬岩石或石砾的表面比较冷[1]。我们从普乐脱博士的著作中学到,甚至于泰晤士河,也有这种下部冻结着砾石的冰块,在冬天,它们从河底上升,浮到表面。根据魏慈的叙述,在西伯利亚各河流中,也有由同样的方法把河床上的大石块升起,使它们漂浮的现象[2]。俄国人总是这样说,河底多泥的地方,底冰的形成比较不易,而在晴朗的天气,底冰最易形成。在后一种情况下,积在河底的石块,由于辐射作用而放出的热量也比较快。自然界似乎作了一种巧妙的规定,凡是河道容易被上游浮冰带下来的大石块阻塞的地方,底冰一定来支援流水的搬运力。

冰川　由于大气的温度愈高愈冷,所以在高山地区,即使在热带,夏天的热量也不足以融化冬天所积的雪。但是要在赤道上达到永久雪线的最低限度,我们必须走到高出海平面 16 000 英尺的地方(见 117 页)。阿尔卑斯山脉的最高峰是在 12 000 至 15 000 英尺之间,但在北纬 46°的瑞士阿尔卑斯山的永久雪线,却降低到海平面以上 8 500 英尺。如果不是因为积雪向一般雪线以下很远的较大较深的河谷中移动而减轻它的冰雪量,逐年增加的冰冻块体,可能会无限制地增高阿尔卑斯山山顶的高度。到了河谷里面,它逐渐形成冰河的形式,即所谓冰川。冰川的固结,是靠压力和在表面上经过液化而渗入多孔

---

①　M. Arago, Annuaire, &c. 1833;和 Rev. J. Farquharson, Phil. Trans. 1835,p.329.

②　Journ. of Roy. Geograph. Soc. vol. vi. p.416.

块体中的水的冻结。在有热阳光或温和小雨的日子里，无数清澈闪光的小川，在冰川表面的冰槽中流动，到了晚上，它们缩小而消失了。它们常常形成瀑布泻入冰块的深邃的裂缝之中，有时也会同泉水在一起，形成急流，在冰川底部的孔道中流动好几里格，然后由冰川终点的美丽洞穴或拱门下流出。这样的河流里的水，总是含有大量极细的泥土。这种细泥是岩石和沙在移动块体的压力下磨成的（图 28）。这些冰川存在的期间一定很久，并且我们有许多证据可以证明它们以前的规模比现在大，所以河谷的侵蚀或加宽和加深，大部分一定是由冰的作用

图 28　具有中碛、侧碛和终点洞穴的冰川

所致。但是在充满冰川以前，瑞士冰川在里面流动的河谷，有多少部分是由河水所掘成，我们现在还没有肯定的证据可以确定。

　　瑞士冰川的长度，有时在 30 英里到 40 英里之间；中间最宽部分的宽度，偶尔达到 2 英里或 3 英里；它们的深度或厚度有时在 600 英尺以上。当它们沿着陡坡或悬崖下降，或在狭窄的峡谷里面挤过的时候，冰块每被破碎，形成凸出一般水平以上的尖锐嶙峋，光怪陆离，绮丽入画。在有些地方，如在查莫尼，雪白块体的背后，往往衬托着暗色松林，显得格外突出；它们的周围不但有许多盛开的野杜鹃，而且在向下游移动时，蹂躏着耕地，侵犯了农民茅舍旁边正在繁殖的烟叶农田。

　　在过去 25 年中，冰川移动的原因，是一个经过详细研究的问题，不过各家的意见颇为分歧。这虽然是一个物理学的问题，而不是地质学的问题，但是太有兴趣了，我不愿意在这里忽略过去而不加以简单的说明。狄·索修亚所著的《阿尔卑斯山旅行记》（*Travels in the Alps*）中，有许多创造性的观察和健全彻底的见解；他认为，如果在底部流动的水能够帮助它滑动，冰的重量可能足够推动它向河谷下游移动。查本提亚用膨胀臆说来替代这种"重力说"，后来阿格西斯也作了同样的主张。最坚硬的冰，常被水所渗漏，并且被无数裂隙和非常细的毛细管所贯穿。在白天，这些小管吸入液态的水，据说到晚上较冷的时候，水就冻结成冰，因而发生膨胀。整个块体的膨胀，可以产生极大的力量，推动冰川向阻力最小的方向移动。——"换句话说，向河谷的下游。"在几篇渊博的论文里，霍浦金根据数学和力学的理由，反对这种学说。在许多反对意见之中，他特别指出了一点，他说，像冰川那样大的物体，底部的摩擦一定非常大，而垂直方面的阻力应当最小；如果冰冻作用能使冰川体积膨胀的话，它应当增加冰川的厚度而不应当增加向下移动的速度。他也曾经主张（用许多巧妙的试验来说明他的见解），一个冰川可以仅仅靠着重力的影响，在很平缓的斜坡上移动，由于与底部岩石接触的冰在不断融解，以及冰川常被裂隙分成许多碎块，因此它的各部分都可以自由移动，其形式有些像不完全的液体。J. D. 福勃斯校长则反对这种见解，他说，重力作用所供给的力量，不足以使固体的冰在 3°—4° 以下的斜坡上滑动，更不足以解释冰川如何可以在忽宽忽窄的河槽内前进。例如查莫尼的麦牙·德·格雷斯（冰湖）在一个 2000 码宽的区域流过之后，又通过一个宽仅 900 码的

峡谷。照他说,即使这些块体破成了无数小块,这样的峡谷一定也会被任何前进的坚硬块体所阻塞。这位敏锐的观察家又说,冰川裂隙和孔洞中的水,不能放出、同时也不会放出它的潜热,而在块体的深部或内部冻冰。如果膨胀说是可靠的话,主要的移动时间,应当在太阳落山的时候,因为这个时候冻结的冰最多,事实上,照主张这种臆说的人的最初假定,块体的两边,移动最快,因为从两岸悬崖反射出来的太阳热力,促进了冰的融化。

阿格西斯,并有能干的工程师林特的协助,似乎是第一个人在 1841 年开始用一系列精密的测量来确定冰川移动的规律;他不久发现了一种事实,即冰流两侧的速度比中心慢,而冰川中部区域的速度比终点快[①],这种事实与他原来的想象恰恰相反。J. D. 福勃斯曾经参加过阿格西斯教授在阿尔卑斯山所做的考察,后来他又坚忍不拔地单独进行了一系列的试验。他发现这些规律与节制河流的规律很相近;它们的前进方式,中心比两侧快,表面比底部快。为了证明这种事实,他在冰上树立许多标志,使它们排成一条直线,这一条直线,逐渐变成了一个美观的弧,中部向冰川下流凸出,速度比两侧快两倍到三倍[②]。他说,晚上前进的速度几乎与白天相同,又说,每 12 小时的前进速度,虽然不超过六七英寸,冰流每小时的移动,还是可以看得出来的。福勃斯说,树立在冰上的标志的移动,虽然不太看得出,可是的确在移动;随着标志的不断前进,"我们用日晷的影子来记录时间,所得到的无疑证据,使我们非常愉快,即使在冰上走,我们也不会不知不觉地一天一天或时时刻刻随着毫无阻碍的冰流向前推移。"[③]为了说明这种非常有规则的移动,和这种移动如此严格地遵守节制液体流动的各种规律,这位作者提出了一种学说——伦杜对这种学说的萌芽,已经首先作了暗示——他说,冰不是一种坚硬致密的物体,而是一种具有黏性或塑性的物质,它能屈伏于大压力,它的屈伏程度与温度的增加成正比,或者与温度逐步接近于融点时成比例。他曾经设法表示,这种臆说可以说明许多复杂现象,特别是在冰里面到处都可以看到的条带或脉状构造;他说,这种构造可能是半固态冰川的各部分,以不同的速度向前推进而互相超越时所发生的不连续线条所造成。他又提出了许多实例来证明冰川似乎具有某种延性,能模仿它所强行通过的地面的形状;照他的假定,这种在强大压力之下能于屈伏的能力,与冰块受到过量的应变时——如冰在绕转急弯、或从急流或凸面斜坡上下行的地方——还是足够坚硬而可以破裂成碎块的观念并不矛盾。夏季速度的增加,一部分应归因于冰的较大塑性,因为那时的温度不太寒冷;一部分应归因于毛细管中水的静水压力,因为在暖热的季节里,毛细管中所吸入的水比较多。

在另一方面,霍浦金则假定冰是坚硬的而不是黏性的,他把中央部分流动较快的现象,归因于纵长方向的裂隙之间许多宽阔冰带前进速度的不均匀;但是福勃斯说,冰川也有缺少纵长方向裂隙的部分,这样的移动,可以使横的大裂口或"冰隙"的平直边缘,变成锯齿形[④]。1853 年,皇家学会秘书克里斯第所做的实验,说明冰在大压力之下具有相当

① 见 Système glaciaire, by Agassiz, Guyot, and Desor, pp. 436, 437, 445。
② J. D. Forbes. 8th Letter on Glaciers, Aug. 1844.
③ J. D. Forbes. Travels in Alps, lst ed. p. 133.
④ Mr. Hopkins on Motion of Glaciers, Cambridge Phil. Trans. 1844, and Phil. Mag. 1845. 这位作者对于冰块的塑性问题提出的某些条件,使他和福勃斯的意见,只在程度上的差别。(福勃斯的总结意见,见 Phil. Trans. 1846, pt. 2)

大的模塑和自行适应的能力,使它像浆状或黏性物质那样易于变形。一个厚1.5英寸,内径10英寸的弹壳,在严寒冬季里被装满了水,将导火线口向上,然后使它冰冻。在冻冰的时候,一部分水膨胀了,于是从导火线口里伸出一个冰柱;这个冰柱随着水核心的冻结,一寸寸地比例伸长。内部的冰,无疑先冻成一层外壳,然后又在里面结成第二层;陆续冻结的同心冰层,必然连续使冰柱从导火线孔内挤出;然而伸长出来冰柱,是整段的、却不是破碎的冰块[①]。

当福勃斯已经把黏性臆说研究得有相当结果而且似乎可以确立的时候,丁达尔博士却反对说,这种臆说只能说明一部分事实。他承认,如果仅仅施以压力,冰可以像黏性物体那样移动。但在张力起着作用的时候,它就不像黏性物体了。"冰川会扩大、弯曲和缩狭,而且中央部分比两侧流得快。黏性块体无疑也有同样的性能。但是在详细测定冰对应变的屈伏能力时——像糖浆、蜂蜜或焦油那样向外延伸——却没有发觉有这样的延伸能力。"他问,"那么冰川所赋有的适应能力,是否可以归因于其他物理性能?"[②]

1850年,法拉第请大家注意一种事实,他说,如果使两块全部温度都在32°F而每块的表面都在融化的冰互相接触,它们的接触点会冻结在一起。即使把两块冰都投在热水里面,使它们并在一起半分钟,也可以产生同样的结果。这种性质叫做"复冰现象",由于这种性质,压碎的冰块,可以被强压在模型里面,经过水压力之后,它们的各部分可以更相接近。最后它们又变成一块粘结在一起的冰块。由于复冰的作用,所有碎冰块的接触面都胶结在一起了,因此可以使冰形成任何我们所要造成的形状。丁达尔说,"所以赋有这样性能、同时不必具有一点黏性的物质,何以能在阿尔卑斯山的各峡谷中挤过——何以能适应曲折的阿尔卑斯河谷,以及何以各部分能于产生差别运动,就不难了解了。"

冰川作用所产生的永久地质变化可以分成两种:一方面,它把沙、砾和巨大的石块向远处搬运,另一方面它把所经过的河谷里的石质河槽和河岸两壁磨平、擦光和刻成擦纹。在阿尔卑斯山较高部分,每一个陡坡或悬崖脚下,都有一堆由于冰雪的时冻时解而破碎下来的石块所堆积成的崖堆。如果这些疏松的块体,不堆积在稳定的基础上而落在冰川上面,它们就被冰川带走,如此它们就不会积成一个崖堆而在几年之中陆续形成一条长的石块流。如果一个冰川的长度是20英里,每年前进距离约为500英尺,那就需要两个世纪才能使这样落在冰川表面的石块,从较高的区域流到较低或冰块终止的区域。冰的每一部分,虽然都在移动,但是冰川终点的位置,往往多年不变,因为由于热力而产生的液化作用,恰好足以平衡冰川的向前移动,其情况可以比之于一支无穷尽行列的士兵突破一个缺口向前冲锋时,随冲随被对方消灭。

冰上所携带的石块,在瑞士叫做冰川的"moraine"(冰碛)。冰流的两边,照例各有一长条破碎的石块,中部则常有几条;中部的石块,往往在冰雪上面积成几码高的小脊。凸出一般水平以上的原因,是由于冰川表面有泥沙石块保护的部分,受不到阳光和风的影响,因此不发生液化作用(181页图28)。阿格西斯对于"中碛",首先作了解释,他把这种

---

①　福勃斯引证了这个试验,Phil. Trans. 1846, p.206。

②　Tyndall, Heat as a Mode of Motion, 1863, pp.185, 189.

现象归因于冰川支流的汇合①。当两个冰流汇合时，一条的右侧碛和另一条左侧碛互相接触，如果合流的冰川大小相等，中碛的位置恰好在正中，如果不相等，则偏于一边。

落在冰隙中的石块和沙，可以被带到冰川和基石之间，一同向前移动，它们的棱角或多或少都要被磨去，有许多竟磨成细泥。许多石块被夹在冰川和河谷陡岸的岩石之间推动，它们也像河谷底部的石质河槽一样，常被磨平、擦光和刻成平行的凹槽，或者像金刚石刻画玻璃那样②，被坚硬的矿物如石英晶体之类刻成擦线和擦痕。这种现象，与水的作用或者把笨重石块向前硬推的多泥急流所造成的结果完全不同；河中的石块，不像冰里的石块那样固着在冰里，也不在重压之下推动，所以不能刻成互相平行的直线长槽纹③。在现在的冰川表面以上各种高度处，以及在离开现在的冰川终点许多英里外所发现的这种擦痕，是证明在瑞士和其他地区现在冰川限度以外，过去有冰川存在的地质证据。

查本提亚说，冰川的冰碛，完全没有层理，因为它们不像流水所沉积的沙泥和石砾那样经过分选。冰块毫无选择地把最重的巨块和最细的颗粒混在一起，运到同一地点，等到冰融解了，它们就堆成错杂紊乱的石堆④。

在本书 181 页图 28 木刻的前部，有几个圆顶形的磨光石块，瑞士人称它们为"roches moutonnées"（羊背石），因为它们很像伏在地上的羊背。它们的圆而光滑的轮廓，是比较前端的冰川造成的，坚硬岩石表面上的不平部分，被以前说过的作用刨削而磨去了。1857 年，我曾在罗讷河的支流、维墟河大冰川的终点拱门下面走进相当距离。这是在秋天（9 月 1 日），而在前一个夏季，冰川曾经退缩了几码。拱门下面一边的底部，是白色花岗岩，它的上面不但有新刻成的直槽，而且还有许多由固结在冰里的柔软深蓝色板岩所划成的黑色平行线。所以在底板上擦过的石块，可能软硬不同，它们可以在岩石上刻成永久的直槽，也可以仅仅留下表面的黑色痕迹，在冬天冰川急流流过时，这些痕迹就会很快地被洗刷掉。

冰川湖——马吉伦海　在喜马拉雅山，有许多从侧面支流流下的冰川，跨过主谷，阻塞河道，把主谷的一部分转变成一个湖。有时也有与此相反的情况，即从主谷流下的冰川，阻塞了支流的下端，在支流内造成一个湖。瑞士瓦列斯区白里格以上几英里处的瑞士阿尔卑斯山中，有一个这样的例子：这里的阿勒枢大冰川，就是这样造成了一个小湖，名为马吉伦海。由于冰川内部构造发生变化，湖水每经三五年必定排泄一次。冰里的裂口或"冰隙"的开裂，使湖水得到出路，在几小时内全部流完，并在下游地区造成严重破坏性的洪水。到了这个时候，除了一股小水在盆地底部流动外，湖里是空的，再经过大约一年，水又贮满了，升高到原有的水平，如此又可维持几年。这个老水平，不是决定于冰川堤坝的高度，而决定于它的东面、划分马吉伦海和相邻的维墟冰川河谷的分水岭或坳口的高度（186 页，图 30）。1865 年 8 月，我到那里去调查的时候，马吉伦海的周围大约两英里，水面大约在正常水平以下 40 英尺；因为在上一年的 6 月，曾经发生过一次周期性的洪水，盆地里的水当时还没有装满。这种情况给我一个很好的机会来进行考察在地质学

---

① Etudes sur les Glaciers, 1840.

② 见 Elements of Geol. Ch xi。

③ Agassiz, Jam. Ed. New Phil. Journ. No. 54, p. 388.

④ Charpentier, Ann. des Mines, tom. viii; 也见 Papers by MM. Venetz and Agassiz.

上很有兴趣的问题，就是说，我可以研究满水时期余水溢流到维墟河谷的时候，围绕海盆地四周、组成海岸的大阶地或一条沙滩的形状和构造。我满意地认为，这种阶地，是苏格兰罗埃狭谷中古代阶地或所谓平行道路（parallel roads）的副本，照阿格西斯最初的建议，这一类的阶地，可能是苏格兰冰川时期可能存在的冰堤所拦截成的湖的湖边沉积物。马吉伦海的阶地或海滩，主要是由沙和石英小砾所组成，此外还有云母片岩、片麻岩、花岗岩和角闪石岩石的石块，大部分是多角形，直径从几英寸到 4 英尺。沙层是有层理的，但是没有找到有机物遗体。阶地的宽度 ab 大约 16 步尺（图 29），坡度则从 5° 到 15°不等。

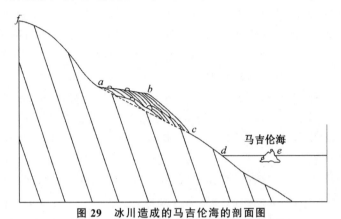

图 29　冰川造成的马吉伦海的剖面图

abc. 满水时期在湖边形成的碎屑物质阶地。d. 湖面，在平常水位以下 40 英尺。

e. 从冰堤上脱离下来的含有石块的浮冰块。f. 云母片岩组成的边界山。

从 b 到 c 的坡度是 29°，满水时，这一部分是在水下的。从阶地上部 a 到水下最低部分 c 的垂直距离，是 36 英尺。基石是倾斜很陡的云母片岩。阶地的物质，可能主要来自两边高岸的陡坡 fa，但是其中也有一部分，无疑是陆续从湖下端的冰堤上分离出来的小型冰山里坠落下来的石块，图 29，e 表示这种冰山之一。我也曾经看到许多这样浮在湖上的冰山，其中冻结有石块和泥土，它们是阿勒枢冰川冰碛的一部分，可能是从远处山中运来的。这些小冰山陆续在融化，重心常变，不时翻身。这样搬运的物质，一部分一定分散在全部的湖底，但在满水时期，或者在正常情况下，绝大部分的物质，一定搁浅在岸上。图 30

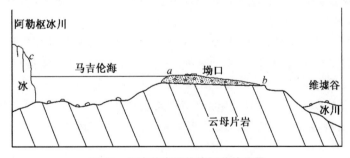

图 30　马吉伦海和维墟河谷的位置

ab. 两个河谷之间的坳口或分水领。c. 构成堤坝的壁立冰崖。

表示阿勒枢冰川拦截成的湖的位置，以及马吉伦海和相邻的维墟河谷的关系。ab 是两谷之间的坳口或最低的地方，在这个水平上，从马吉伦海溢流出来的水，惯常从 a 流到 b；向维墟河谷方面流动时，水在 b 点的岩石上形成一个瀑布。从 a 通到 b 的水，在老冰碛中切出一条河槽；为了防止马吉伦海升到最高点，曾经用人工把这条河槽加深了几英尺，如此可以减少冰堤崩溃时洪水的水量。维墟市长给我看了一份文件，其中说明，在 17 世纪末叶（1683），瓦列斯区的政府急于设法排泄马吉伦海，来减少周期洪水的水量。这种记录是有价值的，因为它告诉我们，在两世纪以前，湖的正常和例外情况，是与现时相同的。

许多地质学家主张，苏格兰罗查白地方的老沙滩或平行道路，是在冰堤阻塞成的湖泊的湖边沉积的，但是他们的主张有时遇到反对，因为冰川的拦截，不能持久，也不能使湖水的水平维持不变。关于阶地有一致高度的问题，大家都承认，苏格兰的每一个阶地的高度，总是和一个分隔具有这种阶地的狭谷与相邻狭谷的分水领或坳口相一致。只要冰堤高于分水领，不论它的规模发生怎样的变迁，绝不会影响到碎屑物质组成的沙滩或边缘阶地的高度。但是我们也从马吉伦海的情况学到，即使冰堤发生周期的崩溃，并且可以在几个月后或几年后恢复原状，只要当地的地形不变，它决不会影响主要沙滩或平行道路高度的一致性[1]。

冰山　在北半球高纬度的区域，如北纬 70°—80° 的史比兹堡根，许多含有泥土和石块的冰川，经常流入海洋，形成巨大的块体向外漂流，变成冰山。史可士培在北纬 69°—70° 的范围内看见过 500 个这样的冰山在海里漂流，它们高出海面大约 100 到 200 英尺，周围则从几码到 1 英里[2]。许多冰山载有很厚的泥土和石块层，估计起来，它们的重量可能从 50 000 吨到 100 000 吨。所采取的岩石标本之中，有花岗岩、片麻岩、云母片岩、黏土板岩、粒状长石和绿岩。这样的冰山一定非常大，因为在水下部分的体积，大约比水面以上大 8 倍。凡在它们融化的地方，所含的"冰碛"，显然都落到海底。由于这种原因，海底河谷、山丘和高原上，可能都散布有沙、泥和小砾，以及性质与附近所产的岩石完全不同的石块，这种石块可能曾经跨过深不可测的深渊。如果冰川偶然在静水中融化，泥土和岩块可能平静地沉落到海底，所沉积的沉积物可能像冰川的终碛那样没有层次；但是如果在沉积的时候受到洋流的影响，它们将受到分选作用，按照相对重量和大小排列，所以多少有整齐的层理。

我们已经说过，冰山曾经从巴芬湾漂流到亚速尔群岛的纬度上，也有从南极漂到好望角附近，所以地球上受冰山影响的面积是相当大的。

照第斯和辛普孙的记载，1838 年他们在北极北纬 71° 西经 156° 处，发现"一个由粗沙和砾石组成的长形低平的沙嘴，叫做巴罗角，其中有几部分宽在 1/4 英里以上；冰的压力把这里的沙砾硬堆成无数丘陵，从远处看，很像巨大的冰砾岩[3]。

作为表示漂流冰块在海底边岸搁浅时所产生的侧压力，可以使疏松柔软的沙、砾或泥层弯曲和移位，这种事实是重要的。在巴芬湾和纽芬兰之间偶尔有冰山搁浅的海岸；是在

---

① 在"Antiquity of Man"里面我曾经叙述了"平行道路"的情况，也提到了关于本问题的许多作家，并且用依龙的吉美孙所著的，主张冰川湖学说的论文，作为结论。

② Voyage in 1822, p. 233.

③ Journ. of Roy. Geograph. Soc. vol. viii. 221.

水面以下好几百英尺,而它们所受的冲击力量,不决定于漂流冰山的速度而决定于它的动量。风向转变的时候,搁浅在海岸上的冰山可以被移开,然后又吹回原处;海里的波浪,也可以使它上下浮沉,因此它不断地用全部的力量锤击海底,然后又提升起来,致使一大片的表面地层,凌乱不堪。地质学家可能用这种过程来解释斯堪的纳维亚、苏格兰和其他遇有漂砾的区域的情况,那里的砂、土壤和砾石地层,常常变成垂直、弯曲、并且挠曲成最复杂褶皱,但是下面的地层,虽然含有相同的柔软物质,却没有变更它们的水平位置。但是疏松地层的弯曲,一部分也可能是由于沙砾层与冰雪层的反复交互所致,交互层中的冰雪融解之后,往往使夹在中间的不易破坏的物质,形成现在所看到的不正常形态。

毫无疑问,冰山一定常常在破坏海底山岳的山峰和突出部分,一定把它们的表面磨平、擦光、刮成凹槽,并把它们夷成圆顶形的块体,其情况与我们所看到的冰川在坚硬岩石上移动时所造成的现象完全相同[1]。

我们从冯·布许的著作中看到,在欧洲大陆上,冰川流到海洋的最南的地点,是在挪威,约居北纬 67°[2]。但是达尔文说,在南美洲,它们所达到的范围,比在欧洲更近于赤道 20°。例如,以前已经提过,智利的朋纳斯湾里就有它们的踪迹,其纬度与法国中部相当;在与巴黎同纬度乔治·埃里海峡,它们形成了冰山;1834 年,从这里出发的冰山,带着许多多角的花岗岩块,搁浅在两岸由黏土板岩组成的峡湾内[3]。然而在南北半球海中漂流的冰山,一部分可能不是起源于冰川,而是由海岸积冰所造成。当高峻悬崖底部的海水冻结成冰的时候,涨落的潮汐,阻止它粘着在陆地上。然而它常常继续停留在海岸上,承受从岸上飘来的雪。如果岸边的水相当深的话,在雪的重载之下,冰就慢慢的向下沉落,经过液化或再冻结之后,雪也变成了冰。照这样进行,可以造成很厚的、长达几里格的冰山,然后由向海上吹动的风吹入海洋。它们的内部,含有许多石块,这些都是在它们形成过程中,从悬垂的岩壁落在它们上面的。这样的浮冰一般是平顶的,但在水面以下不太深的部分的温度比表面的水和空气为温暖的纬度上,它们的底部易于融化。所以它们的重心不断的变更,自行颠覆,形成很不规则的形状。

1839 年的南极探险队,在南纬 61°处看见了一个含有一块黑色多角岩块的冰山在海中漂流。岩石的可见部分,大约 12 英尺高,五六英尺宽,但是在它周围的冰的深暗颜色,说明绝大部分的石块,还隐藏在冰块里面。图 31 是麦克纳勃画的,其时船只离开冰山大约 1/4 英里[4]。这个冰山是那一天看到的许多冰山之一,它的高度在 250—300 英尺之间,离开任何已知的陆地,不下 1 400 英里。达尔文在他对这种现象的短评中说,今后很不可能在这一个地点的 100 英里内发现任何陆地,我们必须注意,漂砾还是紧紧地胶结在冰里,它可能要再漂流许多里格才会落到海底[5]。

---

[1] 在我所著的 *Travels in N. America*,pp. 19, 23, &c.,和 Second Visit to the U. S.,vol. i. ch. 2,以及 Elements of Geology,6th ed. p. 144,和 Student's Elements,p. 150 等书中,可以看到浮冰作用和海岸冰的作用,以及它在地质学上的意义等问题的详细讨论。

[2] Travels in Norway。

[3] Darwin's Journal,p, 283.

[4] Journ. of Roy. Geograph. Soc. vol. ix. p. 526.

[5] Ibid.

图 31　恩多培地东北东 1 400 英里处看到的冰川（麦克纳勃画①）

他在 1841—1842 年和 1843 年的南极航行中，罗斯爵士在南纬高纬度处看到无数冰山在那里运送各种大小的岩石和冻泥。他的同伴 J. 胡克博士告诉我说，照他的判断，大部分的南极冰山都含有石块，然而它们常被降落在冰山上的雪所遮盖，因此隐匿不见。

古代冰川漂砾的再转运　散布在加拿大各湖的边岸和上千条流入这些湖里的急流和河流的河床上的巨砾和漂砾，不是明显地受过冰川作用，就是经过磨光或刻画作用；这种现象说明它们是属于古代极冷时期的遗物，其时这一带地方盖满了冰川。每年河水冰冻的时候，底冰把大量的这种石块从底部举起，等到解冻时期，河流又把它们带入湖中，湖里的风使它们四散漂流，远达几百英里以外，因此将来的地质学家，如果不当心的话，可能把这些石块的冰川现象，当做现代冰川的结果，而不把它们列于它们获得表面冰川擦痕的古代冰期②。

海岸冰　看起来，河流、冰川和三角港的冰，都可以把大石块、泥土和砾石运入海洋，然后再由潮汐和洋流、加上风的助力，漂到离开它们起源地点几百英里以外的地方。但是我们还没有讨论到海岸冰的搬运作用；这种作用，在离开河流入海地方很远的海岸上，起着很大的作用。

海水所含的盐质，使它不易冻冰，除非有极端寒冷气候。但是从陆地上飘来的雪，往往使海岸附近海面上的水，变得半咸，所以很容易在那里冻成一层冰，由于这种原因，大量的小砾，常被随处搬运；如果海岸冰积成致密的冰块，巨砾也被搬走。这样搬动的石块，像扁砾海滩一样，一般向一个方向移动；1835 年贝菲尔船长在北纬 50°到 60°之间圣劳伦斯湾和拉布拉多海岸测量的时候，就看到这种现象在那里进行。在一条 700 英里以上的海岸上，到处都散布有直径常达 6 英尺的冰运巨砾，大部分正在由北向南移，也就是随着洋流的方向流动。在海岸上的有些地点，偶尔看不到这类现象，但到另一时期，则又有密布的漂砾。

我很感谢海军少校鲍温给我这张附图（图 32），这是北纬 50°和 60°之间拉布拉多海岸的一般景象。在高水位与低水位之间，可以看到无数大小不一的石块，主要是花岗岩。贝菲

① Journ. of Roy. Geograph. Soc. vol. ix. p. 526.
② Letter of Henry Landor, Canada, toc. Darwin, March 10, 1869.

尔船长也看见过同样的石块被冰带过纽芬兰和美洲大陆之间的贝勒岛海峡，他认为这些冰块可能经过好几年才从巴芬湾漂到这里，其间的距离，等于东半球的漂砾从拉普兰和冰岛漂到德、法和英国。

有人可能问，这些漂砾原来是从哪里来的呢？我们的答复是：有些是从陡峻峭壁上落下来的，一部分是海底上的石块由于顶端与冰冻结在一起，被冰抬起来的，再有一部分是河流和冰川携带来的。

北美洲的漂砾有时是多角的，但是大部分是圆形的，不是由于摩擦就是由于分解。以前说过，加拿大的花岗岩易于发生

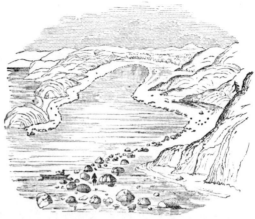

图 32　被冰搁浅在北纬 50°和 60°之间拉布拉多的海岸上的巨砾，主要是花岗岩（海军少校鲍温画）

剥离现象，如果在严寒时期内暴露受海水的喷射，它会剥离成一层层的同心外壳。这里一年中温度表的差额，往往超过 100°F，有时达到 120°F；为了防止魁北克建筑上所用的石块在冬天发生剥离现象，必须在立方石块上涂上油漆。

在波罗的海的一部分，如波的尼亚湾，海水的含盐量一般只有大洋中的 1/4，在冬天，整个海面都要冻成五六寸厚的冰。于是石块也被冻结在里面，后来在夏天冰雪融化的时候，又被垂直地抬起 3 英尺，然后由漂流的冰岛带到远处。冯·贝亚教授在一封送给圣彼得堡学院讨论这个问题的信上说，1837—1838 年，一块 100 万磅重的花岗岩，被冰从芬兰搬到霍克兰岛；1806 年和 1841 年，又两个大块，被致密的冰块搬到芬兰的南岸；据领港者和居民说，有一块旅行了 1/4 英里之后，搁浅在海面以上 18 英尺的地方[1]。

福契哈麦博士最近告诉我们说，在桑得港大白尔特海峡和靠近波罗的海进口处的其他地方的底部，有很多底冰，它们后来浮出水面，其中夹有沙、砾、石块和海草。起暴风的时候，含有巨砾的冰层被冲上海岸，"堆积成"50 英尺高的冰堆。这位丹麦教授又提出了一个惊人的事实来证明每年有大量的石块被带出波罗的海。他说，"1807 年，当丹麦海军进行轰击时，一艘停在哥本哈根停泊所的英国炮舰被击毁了。1844 年，即 37 年后，一般认为忠实可靠的一个潜水人员，到水里去捞取被毁的船只中还可能留存的物资。他发现，两层甲板之间的空间是完整的，但是盖满了 6—8 立方英尺大小的石块，其中一部分互相堆叠。他也说，所有他所看到的沉在桑得港的船只，情况都是如此。"

福契哈麦博士又告诉我们说，在 1844 年 2 月天气极冷的时候，桑得港突然封冻了，风吹动的冰层，在塔牙贝克湾的底部堆积起来，威胁了海岸上的一个渔村。整个冰层不久都冻在一起，结成一个大冰块，被推到海滩上，形成一个 16 英尺高的小丘，推翻了几座房屋的墙壁。"第二天我到那里去看的时候，我不但在沿岸看见了冰、沙和小砾组成的小山脊，而且它们的领域，一直扩充到海底；我们可以从这种现象看出来，海底一定起了很大的变化，而有岩石的地方，一定很容易被固着在冰层里的石块刻画成小槽和擦痕"[2]。

① 　Jam. Ed. New Phil. Journ. No. xlviii. p. 439.

② 　Bulletin de la Soc. Géol. de France，1847，tom. iv. pp. 1182, 1183.

第十七章　泉水的现象

泉水的来源——自流井——巴黎的钻孔——撒哈拉沙漠自流井中的活鱼——矿质水和热水升出地面的明显原因——它们和火山作用的关系——巴斯的热水——钙质泉——埃尔沙的石灰华——拉第柯芳尼附近桑维格嫩和桑菲列坡的温泉——石灰华的似球状构造——罗马附近的喷硫湖——提伏里瀑布的石灰华——石膏质、硅质和铁质泉——盐水泉——碳酸泉——奥佛尼地方花岗岩的瓦解——石油泉——特立尼达的沥青湖

泉水的来源　我们已经讨论了流水在地面上的作用，现在可以转到所谓"地下排水"，也就是泉水的现象。大家都很熟悉，某些多孔的土壤，如疏松的沙和砾，吸水很快；在阵雨之后，由这些物质组成的土地，不久就干涸了。如果在这种土壤中凿一口井，我们往往要穿过相当的深度才能遇到水；有水的地点，通常是在多孔层的下部，在它的下面，一定还有一层不透水的地层；因为水到这里不能直接向下流动，于是积成水库；水库遇到任何孔穴，都会渗漏出来，就像我们在落潮时的海岸沙滩上挖掘的一个小坑，立刻会被四周流来的盐水充满。

水渗过疏松和多砾的土壤是不太费力的，我们可以用里奇孟和伦敦之间潮汐对泰晤士河的影响来说明这种事实。泰晤士河的这一部分，是在小砾组成的河床上流动的，它的下面有一层黏土；在潮水上涨的时候，多孔的上覆地层，被水饱和，在落潮的时候，又被排出，离开河岸几百英尺以内的地区都是如此，所以在这一段地区井水经常在涨落。

水在多孔介体中的传送是很快的，所以我们很容易了解，何以它们会在山边流出，只要上部的地层是白垩、沙或者其他透水物质，而下伏层是黏土或其他防水的土壤。唯一的困难，是要说明何以水不是从这两组地层接触处任意流出，形成一个连续的浸渍地（land-soak），而仅仅形成少数的泉水，况且各个泉水之间的距离往往很远。水集中在几点的主要原因是：第一，不透水层的表面，是高低不平的，它们也像地面上的河谷那样，引导积水向较低的水平或槽沟内流动；第二，地层中常有的断口和裂缝，它们也起着天然渠道作用。多数泉水是从大气中得到它们的供给；这种事实可以用每年各季泉水水量的增减来证明，久旱之后，它们的流量减小，甚至完全停止，久雨之后，它们又得到补充。许多泉水的水量之所以均匀不变，可能是由于与它们相互沟通的地下水库相当大，渗滤作用使水库漏完所需要的时间比较长。所有大湖多少就表现着这样的缓慢而有节制的排水情况，因为骤然的阵雨，对于它们的水平不发生可以觉察的影响，仅仅使它们作微量的上升，同时它们的排水河道，也不像急流那样突然上涨，只使多余的水逐渐流出。

近年来法国人所钻凿的所谓自流井，对泉水的理论提出了许多证据；这种井之所以被称为"artesian wells"（自流井），是因为这种凿井方法久已在"Artois"（阿托斯）地方

使用：现在已经证明，在地球中的不同深度处，都有一层淡水，在有些地方有一股水。用来开凿这一类井的工具，是一个螺旋钻，所钻钻孔的直径，大约三四英寸。如果遇到硬石，先用一根铁棒把岩石捣成小块和粉末，然后抽取出来。为了防止孔壁崩落，以及防止上升的水流散到周围的土壤里去，他们在孔内放入一种套管；在阿托斯用的是木质套管，在其他地方，以金属制成的较为普遍。通常遇到的情况是：凿穿了几百英尺防水土壤之后，最后遇到一层含水地层，其中的水，立刻升出地面，向外溢流。最初从管里冲出的水，往往很剧烈，所以在开始的一段时间内很像喷泉，后来才逐渐下降，平静地继续外流，或者有时在孔口以下相当深度处停滞不动。水的最初喷发，是由于水里所含的空气和碳酸气的析离，它们常成气泡，与水一同流出①。

在泰晤士河口希尔内斯地方有一个近海的舌状地角；在这里开凿的一口井，穿过了300 英尺蓝色伦敦黏土之后遇到一层砂砾层，无疑是属于伍尔维奇层；穿到这一层的时候，水就猛烈地喷了出来，并且充满了井。在同一地方的另一口井，凿到表土以下 328 英尺才遇到水；井里的水最初很快地升出地面以上 189 英尺，在几小时内，降低到 8 英尺。1824 年，在泰晤士河附近的夫尔汉地方，伦敦主教住宅内，开了一口 317 英尺深的井，穿过了第三纪地层之后，又在白垩中凿了 67 英尺。水立刻喷出地面，每分钟的流量约为 50 加仑。在契斯威克园艺学会的花园里，一个钻孔穿过了 19 英尺的小砾，242.5 英尺的黏土和壤土，67.5 英尺的白垩之后，水从 329 英尺的深处升到地面②。在契斯威克上游诺生堡兰公爵的住宅里，钻孔穿过的上覆地层，厚度更大，到了 620 英尺以下才遇到白垩，所得到的水量非常大，升出地面约 4 英尺。在哈麦施密斯地方白鲁克家里的一口井中，从360 英尺深处冲出来的水量，达到如此一种程度，以致泛滥了几座房屋，造成了很大的损失；而在吐亭地方，井中喷出的水，足以转动一个车轮，并且可以把水提升到房屋的几层楼上去③。1838 年，伦敦附近白垩层中所供给的水量，总计每天约为 600 万加仑，到了1851 年，总量几近一倍，水量的增加，使水的上升高度每年平均降低 2 英尺以上。1822年，井里的水位，普通与高水位相当，到了 1851 年，下降到高水位以下 45 英尺，在一部分井里，下降到 65 英尺④。这种事实表示地下水库的贮量是有限度的。

在法国图尔的白垩中所开凿的最后三口几百英尺深的井里喷出的水，高出地面 32英尺，每 24 小时的流量，大约 300 立方码⑤。作为科学试验，1836 年在巴黎郊外格伦纳尔地方开始钻凿一口深井，到了 1839 年 11 月，它的深度已经达到 1 600 英尺，然而没有水升出地面。阿拉戈劝告政府说，如有必要，应当继续坚持到 2 000 英尺以上；但是钻到地面以下 1 800 英尺以上遇到了绿泥石系（或上绿砂层）的时候，水从钻孔中喷出来了，钻孔的直径上部约 10 英寸，下部是 6 英寸。每 24 小时的流量，大约 50 万加仑，水质很清，温度高达 82 °F，这种温度比巴黎纬度上各泉水的平均温度高 30°F，就是说，每向下 60 英尺增高 1°。所遇到的第三纪和白垩纪各地层的深度，与设计这个最勇敢计划的科学顾问所

---

① Consult J. Prestwich, Water-bearing Strata around London. 1851. (Van Voorst.)

② Sabine, Journ. of Sci. No. xxxiii. p. 72, 1824.

③ Héricart de Thury, "Puits forés", p. 49.

④ Prestwich, p. 69.

⑤ Bull. de la Soc. Géol. de France, tom. iii. p. 194.

估计的很接近。

　　驻埃及英国领事布理格，在开罗和苏伊士运河之间 30 英尺深的钙质沙中，得到了水；但是没有在井里上升①。但在这个沙漠内，深度从 50 到 300 英尺，穿过沙、黏土和硅质岩石互层的其他钻孔中，上升的水，可以达到地面②。

　　自流井水上升和溢流的原因，一般认为与人工喷泉的原理相同，这显然是有理由的。如图 33，假定一层多孔地层或一组多孔地层 aa，盖覆在不透水岩石 d 上面，同时它的上面又盖有一层不透水层。在这样的位置上，整个 aa 层，很容易被这一层地层出露在外面的较高部分——在多雨的山区——流下来的水所饱和。假定在某一点，如 b，凿一个钻孔，使封闭在 aa 层中的水，有一个向上流动的自由通道，而钻孔所遇到的 aa 层的位置又相当低，那么这一部分地层中的水，将要受到聚集在同一地层较高部分中的水柱的压力，于是水就会喷射出来，正如水从一个装有嘴子的大桶内流出一样，流出的水的上升高度每与桶内液体的水平相当，或者也可以说，自流井水上升的高度，恰好与封闭在透水地层中的水以前对地层顶板和两侧，或 aa 水库的压力相平衡。如果有一个天然的裂缝 c，水也会按照同一原理在地面上形成一股泉水。

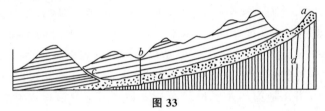

图 33

　　自流井失败的原因，主要可以归因于一部分岩石中的许多裂隙和断层，以及贯穿许多地区的深沟和河谷；如果有这一类的天然排水线存在，剩余的水量一定非常少，不足以使它从人工通道中流出。很厚的多孔层或不透水层，或者使邻近高地的水流到相反方向的某些洼地里去的倾斜地层，都可以阻碍我们的成功，例如在一个峭壁脚下凿井，可能遇到地层向山内倾斜，也可能遇到它们向峭壁面的对面倾斜。

　　离开丘陵或山岳地区太远，不足以妨碍我的尝试；因为降落在高地上的水，很容易渗入高倾角或直立的地层，或渗入破碎岩石的裂缝里面；这样的水在地下流过相当长的距离之后，一定常常会从许多其他裂缝中重新上升，在地势较低的地方升到地面附近。在这里，它们也许会被盖在未经扰动的水平地层下面，如果要吸取它们，则必需钻凿深孔。应当注意，水在地下的流道，与河流在地面上的流道不很相同，河流经常从较高的水平流到较低的水平，从水源流入海洋；地下水有时可能降落到海洋水平以下，后来又升到海洋水平以上。

　　凿井机所确定的许多新奇事实之中，我们证明了一点，即在不同时代和不同成分的地层中，都有地下水可以在其中流动的宽阔通道，例如，在法国的圣·奥恩，一个钻孔穿过了五层不同的水。在 150 英尺深处的第三层含水层中，有一个空洞，钻孔器在那里面

　　①　Boué，Résumé des Prog. de la Géol. en 1832，p. 184.
　　②　Seventh Report，Brit. Assoc. 1837，p. 66.

突然降落了一英尺,并且有大量的水从这里面升了出来[1]。在英国和其他地区,也有凿井工具似乎在一个空洞中垂直坠落几英尺的事件。1830年,图尔地方的一口井快要凿穿白垩的时候,水忽然从364英尺处带上大量的细沙,以及许多植物物质和介壳。植物之中,有一根儿英寸长的、已经被浸黑的荆棘,也有沼泽植物的干和根,还有种子,根和种子是白色的,照保存的情况来看,它们在水中的时期不会超过三四个月。种子之中有沼泽植物猪殃殃属的 *Galium uliginosum*;介壳动物之中有淡水种,如扁卷螺属的 *Plonorbis marginatus* 和一些陆栖种,如大蜗牛属的 *Helix rotundata* 和 *H. striata*。照看见这种现象的杜家廷等的推测,这种水是在上一个秋天以后从150英里以外的奥佛尼或维瓦雷斯的某些流域中流来的[2]。

威斯脱法里亚的波冲附近的莱姆克,也有类似现象的记录,那里的一口自流井中的水,从156英尺深处带上来几条三四英寸长的小鱼,可是最近的河流,离开那里有好几里格[3]。法国人在撒哈拉沙漠东北部所打的某些自流井,最初从175英尺深处涌出来的水中,常常带有活的小鱼。狄梭告诉我们,他在恩-塔拉的奥塞斯的井中,看到这些鱼。它们隶于鳉属(*Cyprinodon*),不是像阿德尔斯堡或肯塔基州地下洞穴中那一类的盲目鱼,而有健全的眼睛[4]。沙漠区域地面上的水塘或湖泊,离开这里都很远,照这种情况,以及上面所说的几种关于介壳、鱼和植物残片在地下运输的情况来看,我们可以知道,水不仅在多孔岩石中渗漏,而且在连续的地下通道中流动。这种例子暗示,漏水的河床往往是泉水的源泉。

矿泉和温泉

几乎所有泉水,甚至于那些我们认为最纯洁的一种,都浸染有一些外来的成分,由于它们形成化学溶液并与水密切混合,所以不影响水的清洁,而且一般使水具有一种适口的滋味,也使它比普通的雨水富于营养。但是所谓矿泉,则溶解有异常大量的土类物质(earthy matter),它们的性质与火山喷出的气体中所含的物质十分相似。许多这种泉水是热的,也就是说,它们的温度比邻近的普通泉水高;它们可以从任何一类岩石中上升,例如,通过花岗岩、片麻岩、石灰岩或熔岩,但是大部分是在火山区域,或在比较近代发生过剧烈地震的地区。

温泉流出来的水量,一般比从任何其他泉水大,各季之中水量的变化也比较小。在许多火山区域,裂隙中常常喷出温度比沸点还高的蒸汽,意大利称它们为"stufas"(汽泉);那波利附近和利帕里岛上都有这种汽泉,并且不断地长期在喷发。如果这一类常与其他气体混合的蒸汽柱,在达到地面以前,因为和充满冷水的地层相接触而凝聚,它们可以产生各种温度的温泉和矿泉。的确,在许多地方,我们可以用这种方式,不需要用静水

---

① H. de Thury, p. 295.

② Bull. de la Soc. Géol. de France, tom. i. p. 93.

③ Bull. de la Soc. Géol. de France, tom. ii. p. 248.

④ Gazette de Lausanne, Jan. 1864.

压力,来解释大量泉水从地下很深部分上升的原因;我们也可以肯定地说,这种弹性液体的膨胀,也足以使熔岩柱升出很高火山的山顶。各地方的土壤中,尤其在活火山和死火山区域,往往放出几种游离的气体,特别是碳酸气;不论冷热矿泉的泉水中,多少都含有这一类气体。陶本耐博士和其他作者都说过,不但火山区域有很多这一类的泉水,就是离开火山相当远的地方也是如此,它们的地点常与地层中某些大错断的位置相重合,例如,一个断层或一个大裂隙;这些构造表示,过去某一个时期的局部扰动,曾经在地壳中开辟了一个通到地球内部的交通孔道。大家也已经知道,在比利牛斯山和喜马拉雅山的很高地方,温泉从花岗岩一类的岩石中喷出,阿尔卑斯山中也有很多这一类温泉;地质事实的证据,有时历史的证据,都可以证明,在比较晚近的时期里,这些山脉都经过扰动和错断。

初看起来,火山区域面积的狭小,似乎不利于这种见解,但是如果把地震包括在火成作用之内,情形就不同了。在地质学家已经考察过的地方,自从最老的第三纪地层形成之后,大部分都有受过地下运动的破坏和震动的证据。以后就要看到,在地震之后,新的泉水喷出来了,一部分泉水的水量增加了,有时它们的温度突然上升了,所以我们也可以适当地把这些泉水,归之于"火成作用",同时也可以把它们认做火成和水成作用的混合结果。

关于有史以来所发生的变化,我们可以举出 1755 年里斯本的大地震为例,当时比利牛斯山乐冲区莱尼泉的温度,突然升高了 75°F,或者从一个冷水泉变成了 122°F 的温泉,这种温度一直保持到现在。还有一种记载曾经提起,在比利牛斯山 1866 年的大地震期间,比戈里区的几个温泉,都变冷了。

有人会问,但是在有火山热的区域,何以会发出如此无穷尽的水呢?解答这个问题的困难,的确是很难克服的,如果我们相信所有的大气水,都是流入海洋盆地;但在海岸附近的钻孔中,我们常常在海平面以下几百英尺的地方遇到淡水流;大部分这种水流,可能下降到海底以下很深的地方。然而通过海底多孔地层和通过地震在地层中劈开的裂隙而渗到海底以下的盐水量,一定还要大得多。穿到相当深度之后,这种水,虽然在高压之下,可能遇到足以使它变成蒸汽的热量。这种热量,在火山区域可能最近地面,在久已没有火山喷发和地震的区域,离地面最远。

为了确证这种意见,我可以说,在还有火山喷发的区域,温泉非常多,温度有时达到沸点,从火成活动中心向后退,温泉的数目随着距离逐步减少,平均温度也成比例减低。在法国中部或德国的埃弗尔,我们可以看到外形完整的火山锥和喷口,这里的熔岩流,与现在的河谷有如此密切的关系,因此可以知道,内部的火,在比较晚近的时期才进入休眠状态。正是在这一类的地区,温泉起着显著的作用。

从以上所说的意见来看,地球上的水,一定有两套循环作用;一种是由太阳热所引起,另一种是由地球内部所产生的热量所造成。我们知道,陆地将不适于植物的生长,如果太阳不把地面上的水蒸发到大气之中;但是同样正确,矿泉是使地面变成能辅助动植物滋生的有力媒介。它们的热,在海洋的许多部分,促进水生生物的发展,它们从地球内部带到可以居住的地面上的物质,其性质和成分,都特别适宜于动植物营养之用。

这些泉水之所以被地质学家所重视,是由于它们像火山一样从下面运上来的土类物质的质和量;我们现在可以根据它们所含的成分逐一研究。这些泉水,含有多种多样的物质;但是主要是碳酸、硫酸和盐酸与钙、镁、铝、铁等化合成的盐类。氯化钠、氧化硅和游离的碳酸以及氮,也是普通的成分;此外还有石油或液态沥青泉和石脑油泉。

矿泉的组分,如食盐、氯化镁等,常常与海水的成分非常接近,因此天然引起了海水成因的学说。渗入地下的雨水,无疑也可以常常在它通过的地层中获得这一类的物质;但在许多情况下,它们还是可能起源于海水,纵然所含成分的相对比例,有时与海水不同;因为当含有气态物质的温泉穿过岩体的时候,它往往使各种矿物起分解作用,凡是发生新化学作用的地方,向上流动的泉水中所含的一部分气体、土类和金属的组分,可能被截留。

在气体之中,泉水常泄出大量的氮,这种情况与火山喷发很相似。陶本耐博士说,这种气体可能来自大气;雨水中经常溶解有空气,当雨水渗入地壳的时候,空气也被带到很深的地方,使它接近高温的中心。到了那里,空气可能受到还原作用,因此放出游离状态的氮,然后可能被热和蒸汽的膨胀力,或者静水压力,向上驱出。

巴斯的温泉　巴斯的温泉,可以作为含有温泉常含的各种组分的溶液的矿泉实例。它们的平均温度是 120°F;如果考虑到它们离开活火山和死火山以及剧烈地震区域的距离,这种温度不但远超过英格兰的任何其他泉水,而且在欧洲也是特别高的了。它们离开东南东方向的埃弗尔火山大约 400 英里,离开东南方的奥佛尼的那些火山(也是死火山)440 英里。根据陶本耐博士报告,它们每天喷出的氮气量,不下于 250 立方英尺。这种气体大部分是在喷发时从火山喷口发出的,而碳酸气则从同样的泉水中泄出。成为溶液的物质,则有硫酸钙和硫酸钠,以及氯化钠和氯化镁。这些温泉和一般的温泉一样,在一年四季中温度的一致性,是非常值得注意的,而从一个世纪到另一个世纪,从温泉里流出来的水量和溶液中所含的组分,差别也很少。如果我们可以把泉水从下面涌出来的热水,比之于火山喷发时在几天内或几个星期内从喷口中泄出的巨量水蒸气的云雾,我们当然也可以把温泉从深处带上来的固体物质,比之于火山倾泻在地面上的熔岩。这两种营力对于从地球深部升起物质所做的工作,比一般所想象的为相似。在欧洲温泉之中,巴斯的水,并不特别以含大量外来杂质著名,然而照蓝西教授的计算,如果流出来的矿物组分固化了的话,它们在一年之中可以造成一个直径 9 英尺,高度不下于 140 英尺的正方柱。所有这些物质,现在都毫无影踪地由澄清的流水平静地运入亚冯河,再由亚冯河送入海洋;但是如果这些物质没有被移去,也像冰岛间歇泉那样在圆形盆地上形成硅质的外壳沉积在喷口周围,我们不久就可以看到一个相当大的、中部有一个喷口的圆锥;如果泉水的作用是间歇性的,两次送出固体物质之间的间断是 10 年或 20 年,或者(也可以说),像维苏威火山 1306 年和 1631 年两次喷发那样间断 3 个世纪,那么流出物质的规模,一定非常可观,并且可以与火山的间歇倾泻相比拟[①]。

钙质泉　含有大量钙质的泉水,产生各式各样在地质学上很有趣味的现象。大家知道,从大气中吸收了碳酸气的雨水,有溶解它所流过的钙质岩石的特性,因此在最小的池塘和小溪里,常有这种物质在那里供给介壳动物分泌它们的土类物质外壳的原料,或供

---

① Lyell. Anniversary Address, British Association, 1864.

给某些它们赖以为生的植物的生长。但是许多泉水溶化有如此之多的碳酸气，以致它们所能溶解的钙质比雨水大得多：如果水里的碳酸气消散到大气里去，水里所含的矿物组分，就会以多孔或致密的石灰华形式沉积下来。

奥佛尼　钙质泉虽以在石灰岩区域为最多，但也不一定局限于这一类的区域，它们可以任意从任何岩系中流出。法国中部的第一纪岩系中的石灰岩特别少，含有大量碳酸钙的泉水，却从花岗岩和片麻岩中流出。这些泉水之中，一部分是温泉，这可能起源于以前在这里非常活动的火山的火山热。在山的北麓，即克勒蒙菲朗城所在地的一个泉水，是从覆盖在花岗岩上的黑色火山砾岩（peperino）中流出来的。它用层层包裹的方法，形成一个高出地面的石灰华或白色结核状石灰岩的小丘，长达240英尺，终点的高度16英尺，宽12英尺。在这个区域内，还有一个包壳的泉水，它是在朋得·吉鲍附近的夏鲁塞，它是从一个正式火山锥脚下片麻岩中流出来的，这里离开任何钙质岩石至少20英里。一部分多孔石灰华，具有鲕状结构。

埃尔沙的河谷　如果我离开法国的火山区域到意大利半岛的亚平宁山边缘，我们遇到无数沉淀非常大量钙质的泉水，因此托斯卡那某些部分的全部地面，都盖一层多孔和致密石灰华，在上面行走的时候，脚下发出空洞的响声。

这个区域的另一部分，可以看见一片致密的岩石从倾斜的山坡上泻落下来，其形状很像熔岩流，不过颜色是洁白的，在到达河槽时，突然终止。这些都是泉水的钙质沉积物，一部分泉水现在还在流动，另一部分已经失踪或改变了位置。这样的块体，是阿诺河支流之一埃尔沙河河谷两岸的山坡上常有的岩石；在柯勒附近，埃尔沙河经过一个几百英尺深的湖成沉积物河谷，沉积物之中，含有现时生存的介壳化石。这里的石灰华与湖成沉积是不正合的，它的倾斜与河谷两岸的斜坡相同。最好的一个实例，是在柯勒附近的莫林诺·得里·卡尔登。流入埃尔沙河的孙那河和另外几个小溪，常有钙质岩石包裹草木的现象。在埃尔沙河本身的河床上，吸收大量钙质的水生植物，如轮藻，非常之多。

桑维格嫩的温泉　那些只看见过英格兰的石化水在活动的人们，很难想象得到更近

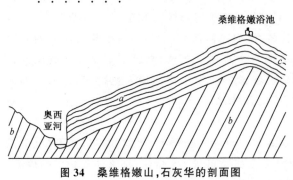

于火山活动中心区域的石化过程所表现的规模。以沉淀碳酸钙最快而著名的温泉，是托斯卡那的桑维格嫩山，这里离开拉第柯芳尼很近，而离开锡耶纳通罗马的公路，只有几百码。泉水是从一个大约100英尺高的山顶附近流出来的。山顶以缓倾斜台地的形式，向高耸的、大部分为火山产物所组成的阿米埃太山山脚延伸。流出泉水

图34　桑维格嫩山，石灰华的剖面图

的基岩，是属于老亚平宁层系的含蛇纹石黑色板岩（图34，bb）。水是热的，味道很浓，水量不太少时，呈鲜绿色。泉口附近，沉积作用非常之快，因此在引水到浴池、倾斜度约30°的导水管的底部，每年要堆积半英尺的坚硬石灰华。水流较慢的地方所产生的岩石，性质比较致密；据说冬天蒸发最少的时候，沉积的物质比较坚硬，但是沉积量比夏季少1/4。岩石一般呈白色；一部分非常硬，可以使铁锤震响；另一部分则成细胞状，很像腐烂骨头

的孔洞，或者像巴黎盆地所产的硅质磨石中的细孔。在桑维格嫩村下面，有一部分是由植物长管的包壳所组成，可以称为多孔石灰华（tufa）。石灰华有时有葡萄状和乳头状结构，其形状与老得多的奥佛尼沉积中常见的相同；它也常常可以剥成略成波浪状的薄片。

一大块的石灰华（图 34，c），从泉水流出的地方起，沿着山边下行，直达桑维格嫩东面半英里的地方。岩层随着山坡倾斜，倾角大约 6°，各层层理面完全平行。有一层由许多薄层组成的地层，性质致密，厚 15 英尺；这种岩石，可以用做绝好的建筑石料，1828 年曾经采取到 15 英尺长的一块，作为建筑奥西亚河上新桥梁之用。另外一支（图 34，a），向西流了 250 英尺，厚度不太一致，有时深达 20 英尺；后来被奥西亚小河截断，就像瑞士的某些冰川那样，在河谷中流动了相当距离之后，它们的进展忽然被一条横贯的河流所阻止。

岩块骤然在河边终止时，不但厚度并未减少，而且略向河面悬伸；这种现象显然说明，如果不受河流的阻挡，它还可以再向前流。但是因为经常受河水的暗掘，它不能侵入奥西亚的河槽；河床上的冲积砾石中，常常可以看到这种岩石的碎块。从这个泉水单独流出的固体物质，体积虽然非常大，然而我们可以肯定地说，如果把这个体积与从开始流出时起已经流入海洋的体积相比较，那就非常微妙的了。这一段时期究竟有多长，我们没有资料可作估计。在开采石灰华时，有时可在五六英尺以下找到罗马时代的瓦。

桑菲列坡的温泉　离开上述地点不到几英里的另一座山上，是著名的桑菲列坡温泉所在地；这座山也和阿米埃太山相连，两座山顶的距离大约 3 英里。下伏岩石是黑色板岩、石灰岩和蛇纹岩的互层。这里的 3 个温泉，都含有碳酸钙、硫酸钙和硫酸镁。供给浴池的水，落在一个塘里，据说大约在 20 年内这里沉积了 30 英尺厚的坚硬岩块[①]。在这些浴池近旁有一个制造浮雕饰品（medallions in bassorelievo）的工场。水由几条沟渠引入几个水坑，使石灰华和硫酸钙沉积在里面。在这里清除了较粗的部分之后，再用一根管子把它引到一所小屋的屋顶上，使它从 10 英尺或 12 英尺的空间降落。屋内放着无数纵横交错的木棍，当水下注的时候，因被木棍阻挡，四散飞溅，形成一种喷雾，喷入某些略涂肥皂液的饰品外模里面，沉积成像大理石一样的坚硬物质，铸成美丽的内模。地质学家可以从这些试验获得许多关于某些半结晶沉淀物形成高倾斜地层的知识；因为一部分外模的位置，虽然几乎垂直，但是填充在各部分的沉积物，还是相当均匀。

石灰华的似球状构造——提伏里的石灰华　地质学家之所以对这种近代石灰岩特别感兴趣，是由于它们可以形成与罗马附近提伏里瀑布的石灰华那一类的似球状结构（见图 35）。在提伏里，安尼倭河的钙质水，在生长在岸边的芦苇表面包上一层外壳，而提伏里瀑布的泡沫，则形成美观的缨络似的石钟乳。在瀑布倾泻在里面的深沟边缘，堆积有很多水平的多孔和致密石灰华层，厚度有四五百英尺。在灶神庙和巫神庙下面 400 英尺高的悬崖上的剖面中，表现有似球状构造，直径从 6 英尺到 8 英尺，每一个同心层的层厚，大约 1/8 英寸。图 35 代表这一个巨大块体之中的 14 英尺，其位置在从灶神庙到纳杜诺岩洞之间、从岩石中凿出的小路上。我没有企图在图中表现组成这些壮丽圆球的无数薄层，图上所画的线，只表示由不同大小或颜色的细微纹层分开的天然分界。球的波纹和整个圆周的比例，也比图里所画的小。aa 层是由硬石灰华和软而多孔石灰华所组成；

---

① 　Dr. Grosse on the Baths of San Filippo, Ed. Phil. Journ. vol. ii. p. 292.

图 35　提伏里瀑布下面似球状结核石灰华的剖面

下面是一层豆状石（*b*），豆的大小很不相同：在这一层的下面，是一大块结核状的石灰华（*cc*），一部分似圆体，具有上面所说的特大尺寸。在某地方（像在 *d*），有一块非晶质的石灰岩或多孔石灰华，周围也有同心层。底部又有一层豆状岩（*b*），其中小结核的形状和大小，都与蚕豆相仿，一部分像榛子，它们和较小的鲕状颗粒混杂在一起。在多孔石灰华质的地层中，可以看到由木质变成的很轻的多孔石灰华。一部分同心岩块的纹层，层理非常薄，在 1 英寸的厚度中，可以数出 60 层；这些薄层虽然标志着缓慢而顺序的沉积，有时可能有似乎绝对球形的剖面。这种乳头状或圆球状构造，是钙质物质在任何介壳或木质碎片的四周，或者矿水在流过的任何凹凸表面上沉积近于等量的物质所造成，核心的形状，决定任何层数外壳的形状。但是这种岩块决不能形成绝对球形，虽然在不通过附着点的任何剖面中，常常现出球形。我们的确偶尔看见圆球形的鲕状和豆状小颗粒：这是因为它们的核心，在水里移动一时之后，在四周已经增加了新鲜的物质。

我曾经在蒸汽锅炉直壁上找到包着许多层钙质物质外壳的铁钉或铆钉的钉头，通常是硫酸钙；如果直径增加到几英寸，它们也可以形成一个近于球状的结核。在这里面，也和在石灰华里面一样，同心构造之外，还可以有放射构造。

在形成罗马区域的熔岩和凝灰岩的火山活动时期的末期这里有一个湖。全部的沉积物，无疑是在这个广大的湖里形成的。从那时候起，地形已经起了很大的变化了，而现在的安尼倭河，是在一个从古代石灰华中掘蚀出来的细谷中流过。它的水产生许多钙质石块，其性质与较老的岩石很难区别。1828 年，有人在石灰华的上部指一个车轮遗留下来的凹洞给我看，车轮的外圈和车辐都腐烂掉了，它们原来所占的位置是空虚的。我当时认为，如果不假定车轮是在湖水排干之前埋在里面的话，我们将无法解释这个外模的位置；但是莫契孙爵士却认为，这个车轮可能是被现代的洪水冲入峡谷，后来才被石灰华包上一层外壳的，其情况就像 1826 年被水冲下而固着在雪伦岩洞的圣·鲁西亚教堂的木梁；这根木梁现在还在那里，最后将被深埋在石灰华之中①。

罗马的荒芜大平原　罗马周围，也像以前所说的托斯卡那州的许多部分一样，是以前某一时期的火山活动区域；所有这里的泉水，还浸染有大量的钙质、碳酸气和硫化氢。约在 1827 年，李西沃里在西维太·弗栖亚附近发现一个温泉；温泉所沉积的是黄色石灰华和白色粒状岩石的互层，在手标本上看，后者的颗粒、颜色和成分，颇难与造象的大理

---

① Murchison，Geol. Quart. Journ. 1850，vol. vi. p. 293.

石相区别。这种岩石与普通石灰华之间有过渡的类型。泉水附近堆积的岩块厚度,有时达到 6 英尺。

喷硫湖　喷硫湖,也称硫黄湖[Lago di Zolfo(lacus albula)],是在罗马和提伏里之间的荒芜大平原上;一股微温的水,从它的上面几码的地方一个较小的湖里不断地流到这里。湖里的水,是一种碳酸气的饱和溶液,从水中逸出的气体量达到如此一种程度,以致水面的某些部分似乎在沸腾。台维爵士说,"我由实验得知,从湖的最平静部分取出的水,即使经过搅动和露在空气之中,所含的碳酸溶液的容积比水本身的容积大,此外还含有小量的硫化氢。稳定在 80°F 的温度和所含的碳酸量,使它特别适宜于供给植物的养料。石灰华的边岸,到处都长着芦苇、苔藓植物、丝藻和其他水生植物;植物的生长,是与由于碳酸气逸出而随处沉积的钙质物质的结晶作用同时进行的。——我相信,世界上没有一个地方有这样的一个例子,可以用来表示生物界和非生物界规律的对立,以及无机化学亲和力的力量和生命的力量的对峙。"[1]

这位观察家又告诉我们说,5 月间他在水下面的石灰华中插了一根棍子,到了第二年的 4 月,他好不容易用尖头的铁锤才把它取了出来,棍子上已经粘上几英寸厚的石灰华。最上的一部分,是轻质多孔石灰华和丝藻叶的混合物;下面是含有黑色腐烂丝藻块的比较黑而且硬的石灰华;最下部的石灰华,比较坚硬,呈灰色,但是含有许多可能由腐烂植物所形成的孔洞[2]。

从湖里流出来的水,充满了一个大约 9 英尺宽,4 英尺深的渠道,从这里面发出一排蒸汽,造成了非常特殊的风景。水在渠道中沉积钙质多孔石灰华,泰伯河可能从这条河和许多其他支流中得到它们的碳酸钙的溶液,从而可能帮助了三角洲的迅速增长。现代和古代罗马的华丽大厦,大部分是用朋得·路卡诺石矿所产的石灰华建成的;在古代的某一个时期,这里显然有一个由以前所说的过程形成的湖。

硫质泉和石膏质泉　泉水所浸染的其他矿物组分,含量一般比钙质少得多,而钙质大半是碳酸的化合物。但是,因为泉水也常供给大量的硫酸和硫化氢,它们所成的石膏,可能大部分沉积在某些海洋和湖泊里面。现时已知的、在陆地上沉积的石膏之中,我拟提出维也纳附近巴顿地方供给公共浴池的泉水为例。这些矿泉之中的一部分,每小时可以单独供 600 立方英尺到 1 000 立方英尺的水,并且沉积硫酸钙、硫黄和氯化钙混合成的细粉[3]。在萨伏依的亚斯地方,通过侏罗纪石灰岩地层的热水,变成了石膏或硫酸钙。在安第斯山中的彭达·得尔·英加地方,白兰德上尉找到一个温度在 91°F 含有大量石膏和碳酸钙以及其他组分的温泉[4]。彭生教授说,冰岛的许多矿泉也沉积石膏[5],而从泉水中泄出的大量硫质酸的气体,和岛上的火山所喷出的差不多。我们的确可以建立成一种一般的规律,即溶解在温泉中的矿质,与活火山喷口喷出来的气态矿质,是非常相似的。

硅质泉——亚速尔群岛　要使水里含有大量氧化硅的溶液,似乎必须把水的温度升

---

①　Consolidation of Travel,pp. 123—125.

②　Ibid. ,p. 127.

③　C. Prevost,Essai sur la Constitution physique du Bassin de Vienne,p. 10.

④　Travels across the Andes,p. 240.

⑤　Annalen der Chem. 1847.

到高温[1]。圣·密契尔岛上从火山岩中上升的瓦里·达斯·弗纳斯温泉,沉淀大量的硅华。在最大温泉的盆地周围——直径在二三十英尺左右——可以看到较粗一类的硅华和黏土的互层,其中含有不同石化程度的野草、蕨类植物和芦苇。在有些地方,热水沉积的矿化物质是氧化铝。现在在岛上生长的蕨类植物的枝,有时完全被石化,它们往往保存着生长时的形态,只是变成了木灰色。木块,以及现时岛上很普通的芦苇组成的 3 英尺到 5 英尺厚的木质层,也全部被矿化了。

最多的一种硅华,是层状的,每层的厚度约 1/4 英寸到 1/2 英寸,它们常常互相堆叠成 1 英尺以上大部分是水平的平行地层,宽度约几码。这种硅华常有美丽的半蛋白色光泽。由硅华胶结成的黑耀石、浮石和火山渣组成的现代角砾岩,现时也正在形成[2]。

冰岛的间歇泉　冰岛间歇泉的成因,或者这些热水喷泉间歇作用的原因,将在第三十三章中讨论火山作用时再行详细叙述。我仅拟在本节讨论它们现在正在进行的硅质沉积[3]。间歇泉的水,落在一个圆形的贮水池内,贮水池的内部,积有一种蛋白石,但在边缘上则为硅华。硅华所包裹的植物,其形状与我国的钙质石灰华所包裹的并无任何区别。植物之中,有各种禾本科植物、马尾草(Equisetum)和桦木的叶子;其中以桦木叶为最多,但在附近现在已经没有这种树木了。桦木的石化树干,很像玛瑙化的树木[4]。

把这里的水分析之后,法拉第断定,氧化硅的溶解,是由碱质——碳酸钠——促成的。他建议说,固体氧化硅的沉积,一部分是由于水在空气中冷却之后所保持的氧化硅不如水在地中流出、温度在 180°F 或 190°F 时所含的那样多,一部分是由于水的蒸发作用使以前存在的氧化硅和碳酸钠的化合物,进行分解。后一种的变化,可能是由于大气中的碳酸气和碳酸钠发生化合作用所致。碱质与氧化硅分离之后,立刻溶解,并被流水移去[5]。

矿质水所含的氧化硅,即使为量极微,如伊斯基亚岛的矿质水,也足以供给某些种类的珊瑚、海绵和硅藻以分泌硅质骨骼的物质;但是河流所含的溶液状态的氧化硅,无疑是得之于另一种更为普遍的来源,就是长石的分解。长石是深成岩和暗色岩中非常多的矿物,当它瓦解时,残余的陶土中只含长石原来所含的氧化硅的一小部分,其余部分则被溶解而被水移去[6]。

铁质泉　所有的泉水,几乎都溶解有铁质;大家都知道,许多泉水中所浸染的铁量是如此之大,以致当它们流过岩石或青草时,可以使它们染上铁斑,并且把沙砾胶结成硬块。所以我们可以断定,这种铁质,既然经常从地球内部运到湖泊和海洋,并且不会因蒸发作用而从水里跑入大气,它必定成为现在正在进行的水下沉积物的染色剂和胶结物质。地质学家都知道,许多古代的砂岩和砾岩,是由铁质染成颜色和胶结成块的。

盐泉　某些泉水含有大量的氯化钠,以重量计,可以达到 1/4。然而它们很少成饱和

[1]　Daubeny on Volcanoes, p. 222.
[2]　Dr. Webster on the Hot Springs of Furnas, Ed. Phil. Journ. vol. vi. p. 306.
[3]　见第三十三章冰川间歇泉图。
[4]　M. Robert, Bulletin de la Soc. Géol. de France, tom. vii. p. 11.
[5]　Barrow's, Iceland, p. 209.
[6]　见 Lyell's Elements of Geology;和 Dr. Turner, Jam. Ed. New Phil. Journ. No. xxx. p. 246。

状态,并且与食盐混合在一起的,一般还有钙和镁的碳酸盐和硫酸盐,以及其他矿物组分。拆郡的盐泉,是英国含盐最多的泉水,诺斯威治的盐泉,几乎是饱和的。兰开郡和伍失斯脱郡也有含食盐很多的盐泉①。据我们所知道,它们已经流了 1000 多年,它们带入塞文河和麦尔西河的盐量一定非常大。这些盐泉是从含有厚层岩盐的砂岩和红色泥灰岩中流出来的。所以这些泉水中的盐质,可能来自化石盐层;但是氯化钠是火山喷发和火山区域的泉水的产物之一,食盐的原始起源的地方,可能与熔岩一样深。

西西里的许多泉水中,也含氯化钠,但以"费美·沙尔索泉"为最特殊;这个泉水所含的盐量达到如此之高,以致牲畜都不肯就饮。奥佛尼的圣·纳克台亚从花岗岩中流出的一个温泉,也是许多含盐和氧化镁以及其他组分的矿泉之一②。

碳酸气泉——奥佛尼　几乎所有的国家,都有发出大量碳酸气的泉水,但在活火山或死火山的附近特别多。它有分解和它相接触的最硬岩石的能力,特别是含有长石的种类。它可以使氧化铁溶化在水里,并且,如前所述,帮助溶解钙质物质。在火山区域,这一类气体的泄出,不限于泉水,往往以纯粹气体的形态,在各处的土壤中泄漏出来。那波利附近的肯尼岩洞,就是一个例子,而林梅尼·得·奥佛尼现在每年的泄出量,也非常浩大,并且自从不能记忆的时代起,一直没有停止过。因为这种酸是看不见的,除非在适当的地方进行开掘,如有积聚,可以熄灭灯焰。在这个区域内,一部分泉水,由于大量气体的泄出,发生气泡并且发出沸腾的响声。在离开克勒蒙菲朗城不远的朋得·吉鲍的周围,开采铅矿的片麻岩中,充满了碳酸气,并且不断地发泄出来。铁、钙、镁的碳酸盐,都被溶解到如此深的程度,以致岩石变成软化了,其中只有石英没有受到影响③。夏鲁塞的小火山锥,离这里不远,这个火山曾经冲破片麻岩流出熔岩流。

游离碳酸气的发泄　毕孝夫教授所著的《火山史》④中曾经指出,莱茵河的死喷口周围(例如拉求海附近和埃弗尔),以及纳索和其他没有现代火山作用踪迹地方的矿泉,都泄出大量的碳酸气。这样从地球内部以不可见的形式喷泻出来的固体碳质,需要多少时间,才可以等于一个大森林的树木中所含的炭量,需要几千年才能供给一层致密的纯粹煤层的原料,应当不难计算出来。我已经提到过某些地质学家所主张的、在古代成煤植物最繁盛的时期大气中含有大量的碳酸气的臆说,并且我也曾企图说明这种意见的不健全⑤。我们没有权利对过去时期的大气化学成分作这样的推论,除非我们掌握了一种资料,可以用来估计从火山区域的地球内部发泄出来的,或者死动植物腐烂时发出的碳酸气的体积,并且还要把它和每年从大气中吸收的、后来以泥炭、埋藏的木材和动植物腐烂的有机物质的形式,贮藏在地壳中的碳酸气的容积作了比较。

碳酸的瓦解作用　在奥佛尼的各大区域,花岗岩的瓦解是一种奇观,特别在克勒蒙菲朗附近。陶乐美称这种腐烂现象为"花岗岩的病"(la maladie du granite)。这种现象无疑可以归因于无数裂隙中碳酸气的连续喷泻。

---

① L. Horner, Geol. Trans. vol. iii. p. 94.

② Ann. de L'Auvergne, tom. i. p. 234.

③ Ann. Scient. de L'Auvergne, tom. ii. June 1829.

④ Edinb. New Phil. Journ. Oct. 1839.

⑤ 见 Lyell's Travels in North America, June 1829。

在味罗那和帕尔玛之间的波河平原上，特别在曼托阿南面的佛兰加村，我看见一层主要含有结晶岩砾石的大冲积层，被富含碳酸钙和碳酸气的泉水所渗透。它们的外面，大部分包有一层石灰华的外壳；而外表似乎很坚硬，棱角在风化以前已经磨去的圆形片麻岩块，已被碳酸瓦解得如此之深，以致很容易捏成粉碎。

从岩石裂隙中上升的碳酸气或混合在泉水中的碳酸的溶解力，对于岩石中许多元素的减少，一定是使岩石内部质点发生变化和重排列的最活动原因之一；这种现象在各时期地层中是常见的。例如，介壳的钙质物质常被移去，而代以碳酸铁、黄铁矿、氧化硅或者其他矿质水通常所含的组分。除了石灰岩外，碳酸很少能于溶解岩块的全部组成部分；可能由于这种理由，钙质岩几乎是唯一有岩洞和曲折通道的岩石。

石油泉　水中含有石油的泉水也是很多的；石油是一种碳氢化合物与之相关的矿物如石脑油和沥青等是很多的。衡特说，所有这些物质都是沥青质的变种，在普通温度下，一部分是液态的，如石油，一部分是固态的，如石脑油。照现在的假定，它们都起源于有机物，一部分是来自陆生植物，一部分来自海生植物，有时来自动物的遗体；衡特说，因为各种低级海栖动物的一部分组织是不含氮的，它的矿物成分很像植物的木质纤维。动物成因的可能性，可以从纽约下志留纪的"含碳酸钙的地层"中常含的所谓无烟煤推断出来。据衡特说，这种古老岩石中的无烟煤，是矿物油浓缩而成。从下志留纪到第三纪，每一个时期的地层中都有石油；但是近来引人注意的美国大部分油井，是产在石炭纪和泥盆纪岩石中。

石油有时似乎是从钻孔周围充满了石油的多孔地层慢慢地滤入油井的，有时凿井工具似乎恰好打到一个与供给大量石油的贮油库相通的裂隙[①]。

根据沃尔的记载，特立尼达的大沥青湖，是在第三纪地层中，主要属于上中新世，一部分可能属于下上新世。沥青起源于含有植物遗迹的沥青质页岩，植物遗迹的转化过程有时还可以看得出来，它们的有机构造，多少已被磨灭了。沥青物质有时变成可塑性，有时甚至于变成了油，并且升出地面[②]。衡特说，从石油变成沥青，一部分可能由于挥发物质的蒸发，一部分可能由于空气的氧化作用。

马勒特船长说，在特立尼达岛的白雷角，液态沥青有时从海底渗出，浮到海面。这位作者又在他所著的《奥令诺柯的记述》(Description of the Orinoco)中，摘录了古米拉的记载，他说："大约70年前，特立尼达的西岸，约在首都和一个印第安村庄之间的一块地方，忽然陷落，并且立刻变成了一个小的沥青湖，使居民都很恐慌。"[③]

特立尼达的大沥青湖，可能是较早时期的一个类似陷落所产生的，这个空穴后来逐渐被沥青填满。每一个地质学家，对于所谓臭石灰岩打破时发出的臭味都很熟悉。美洲上志留纪的尼亚加拉石灰岩，有时浸染着如此之多的沥青，以致用它烧煮石灰时，这种物质像焦油似的从窑里流出来[④]。

---

① Sterry Hunt, Canadian Naturalist, vol. vi. p. 245. Aug. 1861.

② Wall. Quart. Geol. Journ. vol. xvi. p. 468. 1860.

③ Mallet, cited by Dr. Nugent, Geol. Trans. vol. i. p. 69. 1811.

④ T. S. Hunt, Ibid., p. 245.

第十八章 河流的建设作用

湖三角洲——罗讷河上游，日内瓦湖三角洲的生长——浦雷弗尔的湖盆地成因论——三角洲年代的计算——苏必利尔湖中的近代沉积物——内陆海的三角洲——波河河道——波河和埃狄居河的人工堤——波河和流入亚德里亚海其他河流的三角洲——海湾迅速变成陆地——新沉积物的矿物性质——罗讷河的海相三角洲——它的增长的各种证据——它的沉积物的坚实性——小亚细亚的海岸——尼罗河的三角洲——在孟菲斯附近尼罗河泥增长的年代计算

湖的三角洲

在第十四章我已经说过流水的作用和河流的侵蚀力量，但是，如果要对这样水体的掘蚀和搬运力量形成正确的概念，我们也必须考察这些营力的建设作用，换句话说，必须考察它们在冲积平原或湖海盆地的某些地方遗留下来的物质的巨大总量。然而在研究洋流的作用时，我们又发现，三角洲的生长，也不是测定流水全部搬运力的很充分的标准，因为很大部分的河流沉积，往往被洋流冲入远海。

三角洲可以分成三类，第一类是在湖里形成的；第二类是内海的三角洲，这里几乎没有潮汐；第三类是海边上的三角洲。湖相和海相三角洲之间的最明显的区别，是埋藏在它们沉积物中的有机遗迹的性质；因为湖相三角洲所含的，一定完全是陆栖或生活于河水或湖水里的动物，而在海相三角洲里，不但混有居住于盐水中的动物，而且它们常占优势。至于无机物质的分布，湖和海的沉积物是在很相似的环境下形成的。

日内瓦湖 湖是说明河流从较高地方把岩石碎屑和矿泉成分向较低地方运送时，进行第一种建设工作的例证。日内瓦湖上端或勒曼湖的罗讷河河口新陆地的增长，供给我一种实例，证明从有史以来这里已经堆积了相当厚的地层。这一片水，大约高出海面1 200英尺，长37英里，宽2至8英里。湖底形状很不规则，深度不一，浅处只有20英寻，深处达160英寻[①]。湖的上端，在罗讷河流入的地方，湖水异常混浊；从日内瓦湖流出的水，则晶莹清澈。原来在上端水边名为瓦列斯港（罗马时代的 Portus Valesiae）的古城，现在已经在内地1.5英里以上——其间一段的冲积陆地，是在8个世纪内积成的。三角洲的其余部分，是一片长约五六英里的平坦冲积平原，全部由泥沙组成，比河面高出不多，中间散布着许多沼地。

---

① De la Beche, Ed. Phil. Journ. vol. ii. p. 107. Jan. 1820.

贝瑟爵士在全湖作了许多锤测之后，发现湖中部的深度，相当一致，约从 120 英寻到 160 英寻；如果向三角洲前进，离开罗讷河口约 1.75 英里的地方，湖水深度已经浅了不少，因为从圣·金戈尔夫到维佛埃一线的平均深度，还不到 600 英尺，在这一部分的罗讷河的河底上，经常可以找到河成泥[①]。所以我们可以说，每年产生的新地层，是沉积在一个长约 2 英里的斜坡上；因此湖水虽然很深，新沉积物的斜度却非常小，用普通的地质学语气来说，这一部分的地层可以说是水平的。

这些地层，可能是由粗细颗粒沉积物的互层所组成；因为，在 4 月到 8 月较热的时期，雪在融化，河流流量和流速都最大，带进来的沙、泥、植物物质和漂木的总量也最大；但在其余的月份里，流量比较微弱，据沙修亚说，有时少到如此一种程度，使湖水浅落 6 英尺。如果我们能得到一个过去 8 个世纪中形成的沉积物的剖面，我们应当可以看到一个厚约 600 英尺到 900 英尺，长近 2 英里，倾斜度很小的大层系。从过去 800 年堆积的沉积物的地点起，到湖的最初起点之间的五六英里内，在有史以前的年代中堆积的同类成层物质，其体积一定还要大。在主要三角洲生长的时候，还有许多其他溪流也带来大量的沙砾，它们在湖边周围出口处形成许多小的三角洲。这些溪流中的水量太小，不能像罗讷河那样把所运的物质散布在广阔的面积上。例如，从瑞白里东面入湖的一条溪的外面，离岸半英里以内，水的深度就有 80 英寻，因此这个小三角洲中地层的倾斜，一定比湖的上端罗讷河所形成的沉积物的倾斜大 4 倍[②]。

这个盆地的容积现在已经确定了；研究勒曼湖在多少年之内可以变成一片干涸的陆地，是一个有兴趣的问题。寻求作这种计算的各种因素，应当不很困难，我们至少可以用它来估计完成这一项工作所需要的时间。估计了每年从河流排入湖里的水量的立方英尺数之后，我们可以在冬季和夏季各月份内进行各种试验来测定罗讷河水中所含的悬浮物质和化学溶液的比例。此外还需要考虑到沿着河底漂流的较重物质；如果已经知道了不同季节所携带的砾石的平均大小以及河流的流量和流速，在河底漂流的较重物质的比例，可以用流体静力学的原理估计出来。假定有了这些观测，我们就可以进行计算，但是计算三角洲将来的进展，要比计算过去的进展容易，因为相当准确地确定湖的已经填满部分的原有深度和范围，是一种很艰难的工作。即使用钻探的方法获得了这种资料，它也只能使我们约略估计罗讷河开始形成现在的三角洲时起所经过的世纪数；但是还不能告诉我们勒曼湖形成现在形状的年代，因为以前流入湖里的河水，可能好几千年没有输入任何沉积物。如果河水先经过一系列湖泊，就可以有这样的结果；马提尼和日内瓦湖之间的罗讷河的情况，似乎表示以前的确有过这种现象，而在它的许多主要支流的河槽中，这种情况更为明显。

例如，如果我们沿着德兰斯河谷上行，我们可以看见许多互相连续的盆地，一个比一个高，各有一个宽阔平坦的冲积平原；两个盆地之间，有一个岩石的峡谷，这种峡谷以前可能是湖堤。河水似乎曾经逐一充满这些湖，而且局部地切穿这些湖堤；河流至今还在逐渐把一部分的湖堤向更深的深度侵蚀。所以，我们要冒险推断勒曼湖主要三

---

① De la Beche，MS.

② Ibid.

角洲或其他三角洲的开始时代，我们必须先彻底了解与主流相通的整个上游水系的地貌和地质历史，以及从最后引起地面变迁的一系列变动时起所经过的一切变化。

浦雷弗尔在他所著的《赫顿地球说的说明》中曾经宣布，他同意苏格兰地质学家提出的意见，就是说，阿尔卑斯山和其他山脉的主要河谷，是由河流掘成的，后来他又坦白承认，日内瓦湖的情况，似乎与这种学说有矛盾。湖上游的河谷既然如此之深而且广，"不论我们对湖的原有规模作任何合理假定"，由河流运下来的物质，一定不只一次地把湖填满。罗讷河从较高区域带下来的全部物质，究竟运到哪里去了呢？为了避免解释的困难，在其他臆说之中他建议说，当河流侵蚀上游河谷时，湖还没有存在。他说，陆地的上升和沉陷部分，是在比较近代的时期内发生的。"陆地的上升和沉陷，不是每一个地点都是相同的；它们可能是局部的，一部分地层或一组地层可能比其他部分上升得高一些，或者沉陷得深一些。这种过程，不是不可能影响到湖的深度，使它们的边岸和底部的相对水平发生变化。"[1]他又说，"我们认为，由河流掘成的瓦列斯河谷的一切起伏，可能不是由于流水。当阿尔卑斯山升出海面的时候，地面上可能有许多洼地，这条河把它们连接起来，使一系列的湖泊，形成了一个大河谷。"[2]近来还有一种主张，说是日内瓦湖水所充满的岩石盆地，可能是冰川挖成的。我完全承认，这一个地区曾被冰川所占据，但是我认为冰川作用不可能挖出这样一个洼地，其理由我已经在其他书中说明[3]。

苏必利尔湖　苏必利尔湖是世界上最大的淡水湖，如果随着弯曲的湖岸走，周围的长度在1 700海里以上，通过湖中心画成的一条曲线的长度，在400海里以上，而最大的宽度超过150海里。它的表面面积几乎与英格兰本部相等。它的平均深度不一，从80到150英寻；但是根据贝菲尔船长的意见，我们有理由可以推测，它的最大深度可能达到200英寻；所以湖底的某些部分，几乎低于大西洋的水平600英尺，湖面则高出600英尺。湖的各部分所表现的许多现象，也像其他加拿大的湖那样，使我们断定，湖水以前所达到的水平比现在高；因为离开现在湖岸相当距离的地方，滚圆的石块和沙所组成的平行阶地，像罗马古代圆剧场那样一层层的高起来。这些古代的沙砾，很像大部分海湾内的海滩，它们通常高出现在的水平四五十英尺，有时竟达几百英尺。最大的强风，也只能使湖水激起三四英尺，但是阿格西斯说，在大风暴所能达到的范围内，土质是疏松的，完全没有草木，而紧接在上面的沙滩，只有少数隐花植物和草本植物。在更高的水平上，离开湖岸愈远的许多阶地上，则长有灌木和小树；在这些老沙滩上面，是从疏松物质中切出来的陡峻悬崖，这一定是波浪作用在长时期内侵蚀的结果。在有些地方，可以分出6、10，甚至11层这样的阶地，彼此互相重叠。所有这些沙滩和阶地，是由改造过的冰川漂砾所组成，其中的石块，多少都失去了它们的擦纹和磨光面，并且滚成了普通的小砾。当讨论何以湖岸的水平曾经发生过如此之多变迁的时候，阿格西斯很赞成这里的陆地曾经发生过不均匀上升的意见，而反对湖水的不断降落是由于湖水曾经屡次磨损或移去湖边现在最低堤坝的说法[4]。如果我们不得不承认在冰期之后曾经发生过这样不平衡的运动，那么我

①　Playfair. Illustrations of Huttonian Theory, p. 366.

②　Ibid. , p. 367.

③　Elements of Geology, edition of 1865, p. 170；Student's Elements, p. 160.

④　Agassiz, Lake Superior, p. 416.

们应当也可以假定，在冰期以前或在冰期期间的其他更大的运动，可能也是形成这个大湖本身的盆地的因素之一。

除了许多较小的河流不计外，流入苏必利尔湖的河流，有好几百条；它们供给的水量，比湖的唯一出口圣·玛丽河在福尔斯地方流出的水量大好几倍。所以它的蒸发量一定非常大，从它的巨大面积来看，也是意想得到的。它的北面，被老结晶岩的山脉所围绕，从河流冲来的许多巨砾、小砾和沙，主要是花岗岩和暗色岩。湖里也有由流行强风所引起的不同方向的水流，在湖底上分布很广的较细泥土，可能是受了这些水流的影响；因为贝菲尔船长的测量队所做的许多锤测，确定了湖底一般是由黏性很大的黏土所组成，其中含有现时生存于湖里的物种。如果暴露在空气里，这种黏土会变成很硬，必须用锤猛击才能打碎。稀硝酸使它略发气泡，而在湖底的不同部分，黏土的颜色是不同的；在一个区域呈蓝色，另一区域呈红色，在第三个区域则有固结成类似烟管泥那样的白色黏土[1]。从这些报告来看，地质学家一定会说，美洲的这些近代湖成地层，与法国中部第三纪的湖成泥质和钙质泥灰岩非常接近。在两种地层中都含有很多介壳动物，它们所含的许多属，如 *Lymnea* 和扁卷螺，是相同的；其他各类的有机遗迹，一定也很近似；关于这一点，我拟在讨论近代沉积物中动植物的埋藏时，再作更详细的说明。

内海的三角洲

我们已经简单讨论了现时正在进行的湖相三角洲，其次我们应当继续研究内海的三角洲。

波河和阿迪杰河的三角洲　　波河是说明一条大河把从高山山脉中流下来的许多支流所输入的物质转运到海洋的一个有意义的实例。照盖基的计算，在 729 年中，这条河从盆地的一般表面上移去了 1 英尺岩石[2]。从罗马共和国时代起，这种变化对意大利北部大平原的逐渐影响是相当大的。广阔的湖泊和沼地，如皮阿琴察、帕尔玛和克雷莫纳附近的湖沼，都被逐渐填满了，还有许多湖沼，由于河床的加深，自行排泄了。河流所放弃的旧河道，不是不常见的现象，例如以前在伦巴迪亚流入阿达河的西利倭·莫托河就是其中之一。波河本身也常改道，它在 1390 年放弃了克雷莫纳区域的一部分之后，侵入了帕尔玛区域；老河道的遗迹，现在叫做波·莫托，还可以认得出来。在帕尔玛区域内，也有一个旧河道，叫做波·维栖倭，这是在 12 世纪期间被放弃的，其时毁坏了许多城市。

为了防止这些和相似的意外事件，于是采用了一个普遍的堤岸系统；现在的波河、阿迪杰河和几乎所有的支流，都被限制在人工高堤岸之间流动。这样限制了之后，河流所增加的速度，使它们能把更大量的外来物质输送入海；因此，自从普遍采用了堤岸方法之后，波河和阿迪杰河三角洲的增长，比以前更快了。带入海里的沉积物虽然比较多，但是每年泛滥时原来散布在平原上的那一部分泥沙，现在却沉积在河道的底部，从而减小了

---

①　Trans. of Lit. and Hist. Soc. of Quebec, vol. i. p. 5. 1829.
②　Trans. Geol. Soc. of Glasgow, 1868, vol. iii. p. 164.

河道的容量；为了防止下一年春天的泛滥；必须把河底的泥土挖出，堆积在堤岸上面。这些河流现在像导水管里的水一样，在高丘的顶上横贯平原，例如，在费腊腊地方，波河的水面比屋顶还要高①。这些堤岸的规模是增加费用和令人焦虑的问题，波河和阿迪杰河的堤岸，有时每季有增高 1 英尺的必要。

意大利的许多河流，早在第 13 世纪已经采用了堤岸制度；14 世纪初期，邓特在他所写的《地狱的第七轮回》（*Seventh Circle of Hell*）中，就讲到了用堤岸隔开了焦热的沙漠和眼泪积成的小河；这些堤岸，"就像根特和白鲁居斯之间用来防御海浪的堤堰，或者像帕杜亚人民用来保卫他们的村镇以免被阿尔卑斯山上融化雪水的破坏而在布仑塔河沿岸建筑的堤岸。"

> 正像住在根特和白鲁居斯中间的弗莱明族，
> 恐怕受到汹涌波涛向他们泛滥，
> 建筑了长堤把海水赶出；
> 又像布仑塔河沿岸的帕杜亚人，
> 不等到卡伦他那山顶感觉到和暖，
> 就忙着兴建堤堰来保护自己的城堡和乡村。
>
> （邓特的诗）

在亚德里亚海中，从依松索河流入的里雅斯特湾的北部起，到腊万纳南面止，有一连串新近长出来的陆地，长度在 100 英里以上，在过去 2 000 年中所增加的宽度，从 2 英里到 20 英里不等。在湾的西岸，几乎全部都有一排很长的沙洲，沙洲以内，有许多潟湖，威尼斯的潟湖就是其中之一，而柯马栖倭大潟湖的直径，达到 20 英里。从各河流带下来的新沉积的泥，继续减少潟湖的深度，并且把它们的一部分变成草原②。除了许多小河流外，依松索河、塔格利亚门托河、皮亚韦河、布仑塔河、阿迪杰河和波河，都在帮助海岸向前发展，并使潟湖和海湾的水浅落。

波河和阿迪杰河，现在是从一个共同的三角洲入海的，因为阿迪杰河的两个分支，现在和波河的河汊连接起来了，因此主要的三角洲现在是向分隔潟湖和海的沙洲外面推广。上面已经说过，自从普遍采用堤岸制度之后，尤其在波河和阿迪杰河入海的地方，这一块陆地增长的速度加快了。河水再不能在平原上散布开来，也不能把大部分的沉积物遗留下来。阿尔卑斯山的南面，原来是一片盖满了森林的地方，自从森林被毁之后，山溪溪水也比以前混浊。根据计算，公元 1 200 年和 1 600 年之间，波河三角洲向亚德里亚海伸展的平均速度，每年大约 25 码或米，而 1 600 年到 1 800 年之间的每年平均速度则为 70 米③。

亚德里亚城是奥格斯脱王时代的一个海口，在古代就用这个名称来称呼这个海湾；它现在已经离开海岸大约 20 意大利里了。腊万纳原来也是一个海口，现在离海大约 4 英里。就是在采用堤岸制度以前，波河冲积物向亚德里亚海的进展速度也很快；因为，古

---

① Prony，见 Cuvier, Disc. prélim. p. 146.

② 见 De Beaumont, Géologie pratique, vol. i. p. 323. 1844。

③ Prony, cited by Cuvier, Discours prélim.

老的史宾那城,原来是建筑在腊万纳区波河的一个大河汊口上的,它在耶稣纪元开始的时候,已经离海 11 英里了①。

虽然有如此之多的河流很快地使亚德里亚海变成陆地,但照莫乐特的观察,从罗马时代起,这里的海岸和海底似乎沉陷了 5 英尺,如果海岸水平一直维持不变,新生陆地伸展的速度应当还要大。1847 年在威尼斯所钻凿的自流井,说明了这里在有史以前有更大的沉陷;这口井凿了 400 英尺还没有穿透现代的河成沉积。螺旋钻穿过的地层,主要是沙和泥,但在 4 个不同深度的地方(其中之一近于钻孔的底部),穿过了泥炭层或植物物质的堆积,其性质和现在亚德里亚海外缘表面上所堆积的完全相同。因此我们知道,原来很大的一片陆地,在很长的时期内下沉了 400 英尺②。

在达尔马提亚和波河河口之间,亚德里亚海最大的深度是 22 英寻;但在威尼斯外面,的里雅斯特湾和亚德里亚海的深度,不到 12 英寻。再向南,受大河流注影响较少的地方,海的深度大得多。在网捞了海底之后,多纳提发现,新沉积物的组分,一部分是泥,一部分是岩石,这种岩石是含有介壳的钙质物质形成的。他也探到,特殊种类的介壳动物,常常聚集在一定地点,它们逐渐与泥土和钙质物质结合在一起③。奥里维在海湾的中部也找到了一部分沙的沉积,一部分泥土的沉积;他并且说,它们在海底上的分布,显然决定于风向④。所以亚德里亚海上端的所有河流所沉积的较细沉积物,可能受洋流的影响而互相混合;整个海湾的中部,可能缓慢地被水平的沉积物填满,其性质与下亚平宁山的沉积物很相似,所含的介壳动物的种类,有许多可能是相同的。波河现在仅仅输入细沙和细泥,因为它在皮阿琴察西面和特雷比亚河汇合的地点以下,不携带任何砾石。在的里雅斯特湾的北岸,依松索河,塔格里亚门托河,以及其他河流,都在形成很大的沙层和一些砾岩层;因为,在这里,阿尔卑斯石灰岩所构成的山脉,离海不过几英里。

在罗马时代,芒法耳科内的温泉,是在阿尔卑斯石灰岩所组成的岛屿之一上面,这个岛的北面和大陆之间,有一条大约 1 英里宽的海峡。这个海峡,现在已经变成了围绕各岛四周的草原。在这一部分海岸的无数变迁之中,我们发现,依松索河的现在河道,已经移到老河床西面几英里;在龙栖地方,在老河床的河成泥沙中,曾经找到一座原来跨过维亚·阿披亚河的罗马古桥。

罗讷河的海相三角洲　瑞士罗讷河的湖相三角洲已经讨论过了(本书 206 页),现在可以继续叙述它同时在海边长成的海相三角洲。一等到罗讷河流出日内瓦湖,清洁的水立刻又被亚味河带来的沙和沉积物所充满;亚味河是从最高的阿尔卑斯山上流下来的,其中挟有花岗岩沙和每年从白山的冰川带下的细泥。罗讷河后来又从道芬尼的阿尔卑斯山和法国中部第一纪岩石组成的山脉和火山接受到大量的物质,在它最后流入地中海的时候,它把河口以外六七英里之间的蔚蓝色海水,染成白色,在这一段海面上,淡水水流是显而易见的。

史脱拉波所描写的三角洲地形,已经与现在完全不同了,这也证明了,从奥格斯特王

---

①　Brocchi, Conch. Foss. Subap. vol. i. p. 118.
②　Archiac, Histoire des Progrés de la Géol. 1848, vol. ii. p. 232.
③　Brocchi, Conch. Foss. Subap. vol. i. p. 39.
④　Ibid. ,vol. ii. p. 94.

时代起,这里的地貌已经完全改变了。然而三角洲的顶点,也就是它开始分汊的地点,从普林内时代起,没有发生过变化,因为他说,罗讷河在阿耳地方,分成了两支。现在的情况还是如此;西面的一支,现在称为小罗讷河,它在流入地中海以前,又分成几支。在过去的 18 个世纪之中,三角洲前端的进展,可以用许多离奇的古代纪念物来说明。最显著的实例,是从乌菊农到贝西亚(Boeterroe)绕过尼斯美(Nemausus)的罗马公路的不自然迂回现象。最初建筑这条公路的时候,显然不能照现在那样一直通过三角洲,其间一定隔着一个现在已经变成了陆地的海岸沼地①。阿斯脱鲁克也说过,在尼斯美和贝西亚之间的罗马古道以北,所有低地上的地名,都起源于塞尔特文,这显然是最先居住在这里的民族所定的;公路以南到海边的地名,却都用拉丁文,可见这些地方是在拉丁文字传入之后才建立的。

有一大片陆地是在罗马民族征服了高尔民族并且移居到高尔地方之后才形成的,这可以用以下的事实来证明:罗马人虽然对亚斯或其他更远地方的温泉都很熟悉,而且对它们也很重视,可是他们从来没有提到三角洲上巴拉鲁克的温泉。巴拉鲁克的泉水,以前一定是从海底上流出的——这是地中海边缘的普通现象;在三角洲进展的时候,它们继续从新沉积中流出。

陆地生长的直接例证之中,我们也可以提出几个实例。朋坡尼斯·梅拉所描写的麦苏亚·柯里斯,就是现在的麦赛,当时几乎是一个海岛,现在已经远在内地。诺托达姆·得·坡特,在公元 898 年是一个海港,现在离海岸大约两里格。普沙尔莫第在公元 815 年也是一个岛屿,现在离海两里格。离开现在海岸的不同距离上,有好几排灯塔和航海标志,它们都证明海在陆续退却,因为每一排都依次失其效用;只要想到近在 1737 年建筑在海岸上的提格诺灯塔现在已经离海边 1 英里②,就可以知道其余标志的情况了。

由于罗讷河河水和地中海里被南风赶来的洋流的汇合,河口外面常常形成沙堤横亘在河口,因此使相当大的一片地区与海洋隔绝了。如果河流移动它的入海河道的话,它也可以与海洋隔离。因为有些潟湖,有时接受洪水时期从河流流入的淡水,有时接受暴风雨时由海洋灌入的盐水,所以它们是时盐时淡的。有些潟湖,在充满了盐水之后,常因蒸发而浅落,它们的含盐量,最后将比海水高;在这些天然制盐场所中,偶尔也沉淀大量的氯化钠。在拿破仑统治时代的后期,国产税法异常严厉,于是用警察来禁止人民取用这一类的盐。河生和海生介壳,常在这些小湖的半盐水内共生;但是两不相宜的水性,往往产生小型的生物,有时产生各种不同形态和颜色的新奇变种。

在测量地中海海岸时,史梅斯船长发现,在罗讷河口外有混浊淡水的六七英里内,海水深度逐渐从 4 英寻增加到 40 英寻。新沉积物的斜度,一定非常小,以致不易觉察,它的坡度只有以前说过的日内瓦湖沉积物坡度(本书 204 页)的 1/10,以我们在采石场所看到的长剖面的情形为例,这种坡度用肉眼看来是水平的。当起西南风的时候,用做测量的船,必须放弃它们的停泊所;等到它们回来的时候,我们可以在三角洲的新沙滩上看到非常多的海生介壳。因此我们可以明了,漂流的海生介壳层,何以偶尔会在河口和淡水

---

①　Mém. d'Astruc, cited by Von Hoff, vol. i. p.288.

②　Bouche, Chorographie et Hist. de Provence, vol. i. p.23, cited by Von Hoff, vol. i. p.290.

地层积成互层。

罗讷河河口沉积物的坚实性 现在已经知道,罗讷河三角洲中的新沉积物,至少大部分是像岩石那样坚硬,而不是疏松而不黏结的物质。蒙彼利埃博物院中,有一门从罗讷河河口附近海里取出来的、埋在结晶钙质岩石中的大炮。海里也不断取出钙质物质胶结成的大块沙质岩石,其中还含有无数现代介壳物种的碎片。19世纪对本问题的观察,证明了马西里在18世纪所作的记载,他说,兰规独克海岸的土类沉积物,形成一种像石头那样的物质,因此他认为,与罗讷河的沙同时流下来的物质,具有沥青、盐类和胶凝的性质[1]。如果考虑到流入罗讷河以及流入法国各部的支流的含碳酸钙矿泉的数目,那么对这个三角洲新沉积的沉积物的石化现象,就不会觉得惊奇。我们应当注意,因为从河里流来的淡水比海水轻,于是浮在海水上面,并且可以在海面上漂流相当距离。因此它也像湖水一样,要蒸发;大河和海洋汇合的地方,河水分布的面积相当广,以范围来说,可以比之于一个大湖。

我们深知,蒸发作用从某些湖里取去的水量,有时非常大,几乎与流入量相等;在有些海内,如里海,甚至于完全相等。所以我们可以假定,如果不受强烈洋流的干扰,不但机械地悬浮在水里的物质,而且溶解成化学溶液的物质,都会在离海岸不远的地方沉淀下来。如果这些较细的组分非常少,那么它们仅仅能供给足够的土类物质作为甲壳动物、珊瑚和海生植物分泌之用;但是如果数量过多(如河流盆地一部分在活火山或死火山区域,这是常有的现象),那就可结成坚实的沉积物,而所有的介壳动物都立刻包裹在石块里面。

小亚细亚海岸的沉积物 小亚细亚的南海岸,也有几个陆地向海洋伸展的实例。布福特海军上将在那里调查的时候指出,从史脱拉波时代起,这里已经发生了大变化,海港填满了,岛屿和大陆连接起来了,整个大陆增加了好几英里的面积。史脱拉波比较了当时和古代的海岸轮廓之后,也和我们的乡人一样深信这里的陆地占据了不少海洋的面积。小亚细亚的新成地层,也是石头所组成,不是疏松不黏结的物质。几乎所有的大小河流,也像托斯卡那和意大利南部许多河流一样,含有大量的碳酸钙溶液,并且沉积石灰华,或者有时把沙和小砾胶结成砂岩和砾岩;所有的三角洲和沙洲,都被固结成硬块;固结的物质,阻止河流在里面通过,因此使它们的河口不断改变位置[2]。

尼罗河的三角洲 希罗多德斯以前的埃及僧侣,认为埃及是"尼罗河的礼物";毫无疑问,开罗市以上冲积平原的沃野,以及开罗以下三角洲的存在,都是由于这条大河的作用,或者可以说,是由于它从非洲内部搬运泥土的力量以及把搬来的泥土沉积在洪积平原和向地中海中开拓出来的陆地上的力量。

离开三角洲海岸不远的地方,地中海的深度大约12英寻;后来逐渐增加到50英寻,从这里起,忽然下降到380英寻。纽博德少校告诉我们说,只有最细和最轻的物质,才流入地中海,据他的考察,离岸40英里的范围内,海水都被细泥所污染[3]。在过去2000年

---

① Hist. phys. de la Mer.

② Karamania, or a brief description of the Coast of Asia Minor, &c. London, 1817.

③ Quart. Journ. Geol. Soc. 1848, vol, iv. p. 342.

中,三角洲的进展非常小,也许我们不能用这种的速度,作为估计它已经侵占了一大片地中海海岸线以后的增长率的根据。现在有一个强有力的洋流,在直布罗陀海峡到埃及的凸出部分之间,沿着非洲海岸冲刷,埃及凸出部分的西面,不断受这种波浪的袭击,所以不但阻止了新陆地的形成,而且老的三角洲也在被冲去。由于这种原因,肯诺浦斯和其他城镇都被淹没了。以上所说的洋流,是由每年 9 个月的西北风造成的,在其余的月份里,东风吹来的时候,它就向相反的方向流动。在过去两三千年中,三角洲缓慢进展的另一个理由,是陆地的逐渐沉陷,关于沉陷的情况,下面当再讨论。

尼罗河河道的最后 1500 英里内,没有一条任何大小的支流,这是世界上任何河流所没有的地理特点。然而在纽比亚,猛烈的大雷雨,有时可以聚成临时的溪流,把泥沙和砾石冲入尼罗河,一部分溪流的位置,在相当下游的第一个瀑布和第二个瀑布之间。风也从沙漠把尘沙吹到第一个瀑布以上的狭窄河谷里。在开罗以上大约 100 英里,或者从海岸以上 200 英里,河谷的平均宽度大约为 5 英里;新近从埃及回来的秦基教士告诉我说,平原东西边界的悬崖,一部分是石灰岩,一部分是砂岩,高度约 400 英尺。向上游航行 450 英里,有时可以看到东岸有时可以看到西岸的悬崖,照他看来,这些悬崖是由尼罗河切成的,这条河似乎掘出它自己的河谷。但是当我们到达在阿索安的第一个瀑布的时候,那里的花岗岩,似乎大大地阻碍了河水的侵蚀力量,因此河流在这里流经的河道,是一个狭窄的峡谷,而不是宽阔的冲积平原。

经过好几度纬度,暴露于酷烈的太阳和从周围沙漠吹来的干燥风之下,河流因蒸发而损失很多水,特别在 4 个月洪水季节、河水展开在平原上的时候。每年遗留在平原上的沉积物,是一片非常薄的物质;大部分的泥土是抛在河岸上;也和其他大河一样,河岸的高度是超过河岸与河谷两边边界的高地之间的低平地区,所以在洪水季节,只有河岸露出水面,形成两条狭长的陆地。如果我们把介于极东和极西的两支古代河汊之间的海岸全部计算在内,三角洲沿海基线的长度在 200 英里以上;但是这两个河汊已被填塞了,现在一般所称的三角洲,只限于罗塞塔和达米埃塔两个分支之间的 90 英里海岸。这一块低地从南到北的直径,或者从海边到开罗附近的三角洲起点(或者到对岸 30 英里的孟菲斯旧址),大约 100 英里。在这个区域内,沉积物的沉积速度,比上游冲积平原小得多,因为河水向东西两方面展开的面积比较大。在第一个瀑布所在地的阿斯旺或古代的斐里,河的高度比开罗的水平高出 300 英尺,沿着河道的距离是 555 英里,照这样计算,每英里的平均落差略为超过半英尺(6.486 英寸);但从三角洲的起点到海边之间的落差却小得多。根据魏尔金孙爵士的计算,在 1 700 年之中,埃勒芬丁周围,即北纬 24°5′ 的第一个瀑布附近,堆积在陆地上的冲积物质,大约 9 英尺厚;在北纬 24°43′ 处的底比斯,同时期内大约沉积了 7 英尺;在北纬 30° 处的希里倭波里斯和开罗,约 5 英尺 10 英寸,而在北纬 30°30′ 处的罗塞塔和尼罗河的其他河口,厚度还要小得多。

尼罗河河床的高度,大约与埃及地面的一般高度相仿;它的河岸,像密西西比河和它的支流一样,比离河较远的平原高得多,所以,正如以前所说,就是在最大的洪水季节,它们也不会被淹没。由于河床的逐渐增高,洪水逐年在增加它的泛滥面积;而侵袭到沙漠区域的冲积土,有时深达几英尺或几码,掩盖了 3 000 年前河水从来没有达到的石像和庙宇的基础。利比亚沙漠的沙,虽然在有些地方飘入尼罗河河谷,但是,据魏尔金孙说,现在向内地沙漠灌注的水所造成的肥沃土地,远足以抵消这样的危害;现在可耕种的土地的平方英里数,已经比以前任何时期大。

尼罗河-泥(Nile-mud)的成分,很像莱茵河的黄土或老洪积土。以下所列的详细分析,是拉沙格尼供给的[1]:二氧化硅 42.50,氧化铝 24.25,碳酸钙 3.85,过氧化铁 13.65,氧化镁 1.05,碳酸镁 1.20,腐植酸 2.80,水分 10.70。近来的钻探指出,除了在河谷边缘上,尼罗河-泥一般没有层理;暴风把附近沙漠中的石英沙向河谷边缘吹,于是在那里造成薄层的沙和壤土的互层。也有人说过,在开罗周围曾经做过人工开掘的地方,或在河流暗掘河岸的地方,泥土分成不同颜色的层次,每层的厚度不超过一张硬板纸。

照新近逝世的皇家学会会员霍纳的意见,尼罗河-泥一般没有依次沉积的迹象,可能是由于每年抛遗在大部分冲积平原上的物质的层次非常薄。根据最好观察家的观察,每一层的平均薄度,每世纪不会超过 6 英寸。浸在水中几个月已经软化的土壤,一定与加在它上面的表面沉积不易区别。在酷热太阳之下,新旧泥土之中,都形成很深的干裂,而风吹来的沙尘,又飘积在这些裂缝里面。蠕虫、昆虫和树根的作用,一定也是增加混乱的因素,所以在前后两年之间所沉积的物质,显然无从区别,就是在泥层的分界线没有被农民的劳作破坏的地方,也是如此。

因为埃及的金字塔和其他纪念物所表示的史前年代,比任何国家同样可靠的已知纪念物所表示的更为久远,所以我们至少可以希望在这种地方,获得一些资料来约略估计一个大河流在冲积平原上发生一定量的变化所需要的年数。

希罗多德斯说过,"孟菲斯周围的地区,过去似乎是海洋的一个港汊,后来逐渐被尼罗河填满,很像密安得河、阿契罗斯河,以及其他河流变成三角洲时的情况。"他说,"所以,埃及也像红海那样,原来是一个狭长的海湾;在这两个海湾之间,只夹着一条小的地峡。"他又说,"如果尼罗河忽然找到一条出路流入阿拉伯湾,在 20 000 年或者甚至于在 10 000 年内,它的泥土可能把阿拉伯湾完全堵塞;那么何以尼罗河不能在过去的时期中填满一个更大的海湾呢?"[2]

1850 年,霍纳向皇家学会建议在尼罗河冲积平原上进行挖掘或钻探,他的目的是在于确定堆积在希里倭波里斯的方尖石塔基础周围,以及堆积在孟菲斯的雷密西斯王石像柱脚周围的泥土的厚度,如此可以用一定时期内沉积的泥土厚度来制定一个时间表,然后应用这个时间表来测定这些纪念物建筑以前沉积在这里的泥土的古远程度。在巨大的雷密西斯王石像的柱脚基础附近进行的一次挖掘和钻探,得到了最重要的结果;根据勒普塞斯的记载,雷密西斯王统治时期的中叶,是在纪元前 1361 年。照霍纳的假定[3],在石像建立时期,平台或基础的下部 c(图 36)是在地面或冲积平面 ab 以下 14 英尺 3/4 寸;从当时到纪元后 1850 年,即在 3211 年之间,在石柱周围,从 d 到 e,堆积了 9.4 英尺的沉积物,平均每 100 年增加 3.5 英寸。根据在柱脚附近开凿的竖井 fg 和在同一地点加深 gh 深度的钻孔记录,我们又知道,在老平原 ab 以下,覆盖在沙漠积沙上面的尼罗

---

① Quart. Geol. Journ. 1849. vol. v. p.20. Memoirs.

② Euterpe, XI.

③ Horner, On Alluvial Land of Egypt, Phil. Trans. part i. for 1855.

河-泥的厚度是 32 英尺;霍纳因此推断,在 h 的最下一层(其中找到焙烧过的碎砖)的年龄,超过 13 000 年,也就是说,在 1850 年打钻时以前 13 496 年沉积的。

雷密西斯王的统治时期,曾经是一个讨论的问题;但是即使考古学家的意见相差几个世纪,为我们的目的,勒普塞斯所定的年代,已经足够近于准确。

沙普反对这样的计算方法,他说,埃及人有用堤岸包围建筑庙宇和石像的区域以防尼罗河河水侵犯的习惯,如图 36,ik 所示。希罗多德斯曾经说过,在他的时期,几世纪来用这种方法挡住尼罗河水的地点,看起来似乎是一个沉陷的区域,并且可以从周围的地面上向里面看,周围的地面,已经因每年洪水时期沉积物的堆积而逐渐长高了。所以,埋没石像柱脚的 de 一段 9.4 英尺厚的泥土,不能表示 3215 年,而仅仅能代表从孟菲斯被毁之后,或从小丘 ik 崩溃之后,河水泛滥到石像建筑地址时起的一段短得多的时期。但是罗博克爵士答复这个异议时说得很对,他说,我们事实上所要寻求的,是从石像建立起,尼罗河沉积物使孟菲斯平原 lm 升高的幅度;洪水冲破堤岸,将堤岸上面的泥土冲入堤内,虽然可以使内部的水平增加到外面大平原 lm 一样高,但是不能增加到一般水平以上。罗博克说,堆积作用的特别迅速,不过是补足以前特别缺少沉积物的地方[1]。

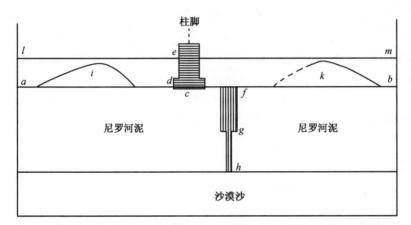

图 36　说明建筑在孟菲斯的雷密西斯王石像柱脚所在地的尼罗河泥的厚度图
ab. 当建筑柱脚基础时大平原的假定水平。c. 柱脚基础最低部分的水平。de. 柱脚建成后堆积的泥土厚度。fg. 在柱脚附近开凿的竖井,16 英尺深。gh. 在竖井底部的钻孔,深 14 英尺,钻到尼罗河-泥和下面的沙漠沙接触处。ik. 为了防御尼罗河的泛滥,在庙宇区域堆成的小丘。lm. 尼罗河冲积平原现在的水平。

华莱士读了我所著的《往古的人类》的第 36 页之后,也送我一篇他对沙普异议的答复,他的意见与罗博克相同,而且是单独提出的。这种解释或者可以解决富兰克和其他考古学家对于霍纳按照他所定的时间表鉴定出来的几块雕刻和陶器的年代所遇到的困难;这几块古物,是在埋设柱脚下部的 10 英尺泥土 ed 的各层中发掘出来的。这种由皇家学会主办、埃及总督慷慨协助,并由霍纳和本地的工程师贝依执行的工作,既然已经有了如此优良的成绩,今后应当继续进行,俾能扩大和证实以前观察的新资料。

---

[1]　Sir J. Lubbock, The Reader, March 26, 1864.

　　所有关于冲积层的增长或者关于水力剥蚀作用的结果的一切计算，我们在地质学上所遇到的主要困难，在于我们没有能力准确测定同时进行的陆地运动。亚历山大里亚附近某些古基的位置，和它们现在对地中海的相对水平，以及半淹没的孟沙雷湖的几个城市的废墟，一般都表示埃及的陆地在有史期间曾经下沉。

　　在现在的冲积平原水平以上，许多层河成冲积物所组成的、高度从 30 英尺到 100 英尺不等的阶地（有时更高），也证明这里的水平过去也曾经发生过振荡。在这些阶地里面，亚达姆斯和缪里找到了与现在生存于尼罗河水中同种的介壳化石，如 *Aetheria semilunata*，*Iridina nilotica*，*Bulimus pullus* 和 *Cyrena fluminalis*。最后一种是我们很熟悉的介壳，因为在伦敦及其附近泰晤士河的古代或后-上新世河成沉积物中，它是与河马和其他已经灭亡的动物共生的普通化石。

　　第一个瀑布的上下游，都有这样的阶地；在纽比亚的卡拉布希的阶地里面，找到了一个大海马的臼齿，照福尔康纳博士的鉴定，它是属于现在居住在尼罗河的物种。

　　确定了红海北端和撒哈拉的大部分地区，或者换句话说，在埃及东西两边的广大区域，在后-上新世期间曾经上升之后，地质学家应当也可以在埃及找到后-第三纪的逐渐运动的种种证据。在它的一边，是原来沉在海底、现在变成干涸而表面上常常星散着一种鸟蛤（*Cardium edule*）的大沙漠[①]；在它的另一边，即在东面，是红海西岸边缘（北纬 28°）200 英尺高的滨海沉积；这种沉积主要是由现代种的珊瑚和介壳所组成，所以表示古代海底变成陆地的过程，是近代的事。在这样的大陆大运动期间，我们决不能假定处于两者之间的尼罗河的水平，始终维持不变，或者这条大河从来没有改道，或者从来没有割切它自己所堆积的泥土或下面的砂岩和花岗岩而加深它的河槽。

---

　　① Elements of Geology，p. 174.

第十九章　河流的建设作用(续)

在潮汐影响下形成的三角洲——密西西比河的盆地和三角洲——冲积平原——河岸和悬崖——这条河流的弯曲情况——天然木筏和隐木——河口附近的泥堆,它们的可能成因——新湖和地震的影响——三角洲的年龄——新奥尔良市自流井的剖面——亚马孙河的三角洲——恒河和布拉马普特拉河的三角洲——三角洲的起点和松得班——岛屿的形成和毁坏——鳄鱼——水中所含的河成沉积物量——加尔各答市的自流井钻孔——沉陷的证据——各三角洲的年龄——三角洲的聚合——现在的各三角洲不是同时形成的——地层的划分和三角洲中的层理——砾岩——海陆的经常交替

上一章中已经提出了几个内海的三角洲,在这些地方,几乎都感觉不到潮汐的影响。我们现在可以继续讨论海洋的三角洲,在这些地方,潮汐对河流沉积物的扩散,起着有效的作用,例如,潮汐作用不是太大的墨西哥湾,潮汐力量非常强大的孟加拉湾。至于伦纳尔称为"负三角洲"(negative deltas)的三角港,则拟留待第二十一、二十二、二十三章讨论潮汐和洋流作用时再行研究。在这种情况下,潮汐可以深深地侵入一般海岸线以内的陆地,而在河口却没有陆地侵占海洋的现象。

密西西比河的盆地和三角洲

盆地的范围——密西西比河的水系盆地,是表示流水在广大的大陆表面上进行最大规模活动的典型。这条伟大的河流,起源于北纬49°附近,而在北纬29°流入墨西哥湾,包括它的曲折在内,全长在3 000英里以上。它从猎人采集皮毛的寒冷地带,经过温带,注入位于生产米、棉、甘蔗区域的海里。从巴里兹地方的河口附近起,轮船可以上航2 000英里而看不出河流的宽度有什么变化。它的几条支流,如雷德河、阿肯色河、密苏里河、俄亥俄河等,在其他地方已经可以算做头等重要的河流;它们航线的总长度,超过干流许多倍。密西西比河和它的支流的排水面积,超过半个欧洲大陆,就是说,等于除俄国、挪威、瑞典以外的全部欧洲。

没有一条河流能提供比它更显著的情况来说明以前所说的、关于河槽的面积并不随着水量的增加而比例增加的定律,不但如此,它的面积有时反而缩小。在密苏里河流入的地方,密西西比河的宽度是半英里,而密苏里河在这里的宽度恰好相等;然而从这一点起到俄亥俄河流入的地方之间的平均宽度也不过半英里。在俄亥俄河汇入的地方,宽度

也没有增加,似乎反而缩小[1]。干流也容纳了圣·弗兰昔斯河、怀特河、阿肯色河和雷德河各支流的河水,但其宽度也看不出有显著的增加,虽然在有些个别的地方,扩大到 1.5 英里,有时达到两英里。流到新奥尔良时,它的宽度略小于半英里。在这个地方,深度很不一致,在高水位时,最大的深度是 168 英尺。至于整个河流的平均流速,各人的估计不同;根据福尔歇的测量,在平均水位时,每小时的平均表面流速,略为超过 2.25 英里。衡夫雷和阿博特在那拆兹地方水面以下 5 英尺处所测定的速度,每小时约为 3 英里。在新奥尔良以上的 300 英里内,沿着弯曲河流测量的距离,大约比直线距离大 1 倍。在河口以上的第一个 100 英里内,每英里的落差是 1.80 英寸,第二个 100 英里是 2 英寸,第三个 100 英里是 2.30 英寸,第四个是 2.57 英寸。衡夫雷和阿博特两人说,从孟菲斯到河口的 855 英里内的平均落差,每英里大约 4.5 英寸。

密西西比河的冲积平原,从俄亥俄河汇合地方的上游 50 英里的克普哲腊多下面开始扩大。在这个汇合点,宽约 50 英里,在它南面的孟菲斯,缩小到 30 英里,在怀特河河口又扩大到 80 英里,从这里到三角洲的起点止,沿途屡缩屡放;三角洲的起点叫做阿特查法拉亚,从这一点起,密西西比河分出许多分支或河汊。三角洲从西北到东南的直径约 200 英里,宽约 140 英里。根据 1861 年的测量,它的面积大约 12 300 平方英里;关于这一点,我以后还要提到。

密西西比河的弯曲——这条河流在一个蜿蜒的河槽内穿过平原,绕成许多很大的弯曲。绕了半个圆圈之后,湍急的流水斜穿过河槽的平常方向,流到另一个同样的弯曲。每一个弯曲的对面,一定有一个凸出的沙洲,以与凹面或所谓"弯曲"相配合[2]。由于这些弯曲的曲度逐渐加深,河流照以前所说的方式又回到它的原来航道,所以在某一地点起航的船只,航行了 25 英里或 30 英里之后,又可以回到离开它的起点只有 1 英里的地方。这两股水既然如此接近,所以在洪水季节高水位的时候,它们有时可以截断狭窄的舌形陆地,而在所谓"裁湾"(cut-off)部分冲过,于是从第一点起航的船只,以前必须航行二十几英里才能到达的第二个地点,现在只要航行半英里了。河流切穿了新河道之后,它在和老弯曲相交的两点,立刻形成沙洲和泥堤,沙洲的继续增长,不久使老弯曲与新河道完全隔离,而沙洲和泥堤上,也长满了植物。老弯曲的本身,于是变成了一个半圆形的清水湖;被轮船从干流里赶出去的青骨鱼(鳞骨亚目)、鳄鱼和野鸟,都以此为渊薮。无数这样的半月形湖,广泛地散布在冲积平原上,大部分在密西西比河的西面,但也有一部分在东面;这种现象证明,这条大河以前也有过许多弯曲。在河口以上的最后 200 英里内,河道的曲折程度不如上游,因为在这一段内,只有一个大弯曲,称为"英吉利弯曲"(English Turn)。这一部分河道之所以这样直,福尔歇认为是由于两岸的性质极其坚韧,因为这个区域的土壤内所含的黏土比较多。

早年的地理学家,把密西西比河描写为一条沿着平原上的长形山顶或小丘顶上流动的河流;这是错误的。事实上,它是在一个 100 英尺到 200 英尺或更深的河槽中流动的,如图 37 的 *a*、*b*、*c* 所示;它的两岸,形成两条与干流河槽和两旁沼泽 *gf* 和 *de* 相平行的长

---

[1]　Flint's Geography, vol. i. p.142.

[2]　Ibid. , vol. i. p.152.

条形陆地。这些普通长满树木的广阔沼泽地带,虽然常常几个月浸在水里,但比河岸的顶部低不到 15 英尺。河岸本身,虽然偶尔也被水淹没,但是通常在水面以上的宽度,大约在 2 英里左右。河岸随着大河弯曲,在新奥尔良附近,则用人工加高,其剖面见图 37,a 和 b;在洪水季节,上涨的河水,有时在人工堤内切成缺口,泛滥附近的低地和沼泽,大城市的较低街道,有时也不能幸免。

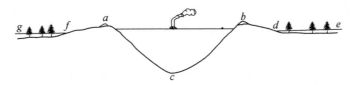

图 37　密西西比河的河槽、河岸、天然堤和沼泽的剖面图

从冲积平原向上到河岸 db 的均匀坡度,是这样形成的:在洪水季节,带有沉积物的河水越过河岸时,它们的速度在野草和芦苇中减低了,于是立刻把较粗的和沙质的物质卸落下来。但是细粒的泥土,还是向前搬运,所以在 2 英里范围以内的地方所沉积的,只有一薄层细泥,形成一种坚韧细腻的黑色土壤,逐渐包围着生长在沼泽边缘树木的根部。

　　河岸的耗损　有人曾经说过,山区的溪涧"放下它所移动的物质,同时又移动它以前所放下的物质";密西西比河,由于不断地改道,在一年之中的大部分时期内,冲去不少它在过去年代里逐渐堆积的冲积物;现在春季洪水时期留下的物质,将来总有一天也将被移去。洪水季节之后,河流降落到河槽以内,在这个时候,它就开始破坏被最近洪水所软化而变成软弱的冲积河岸。长满树林的陆地,一次几英亩地被它突然冲入河里,岛屿上的泥土,也常被大块地冲掉。

　　霍尔船长在 1829 年写道,几年以前,"在经常测量密西西比河的时候,所有从密苏里河口到海洋之间的岛屿数目都经过计算;但在每季之中,不但数目有极大的变动,而且大小和位置也不断在变化,以致这种计算现在已经完全失其效用。许多大岛屿有时完全溶化了;在另外的地方,它们又和大陆连接在一起,或者说得更准确一些,大陆与岛屿之间充满了无数被泥土和废物所胶结的木材。"[①]

　　木筏　在这一部分美洲的大河中,最有趣的景象,是经常堆积的所谓"木筏",或者一大堆被隐木、岛屿、浅洲或其他障碍物所阻滞而不能前进的漂浮树木;它们形成天然桥梁,横跨整个河面。最大的一个,叫做阿特查法拉亚木筏;阿特查法拉亚是密西西比河的一个河汊,在雷德河入口处的下游不远的地方分出来的。阿特查法拉亚是顺着密西西比河一般方向流动的,它在这里羁绊住一部分每年从北方漂流下来的树木;在 1816 年以前的大约 38 年中,在这里积聚的漂木,形成一个长度不下于 10 英里,宽 220 码,深 8 英尺的连续木筏。整个木筏随着水位的涨落而升降,但在表面上,还满盖着绿色的灌木和大树,到了秋天,木筏表面上开着各式各样鲜艳的花,使它显得更有生气。它们就照这样继续增长,到了 1835 年,一部分树木已经长到 60 英尺高。为了开辟航道,路易西安纳州采取了措施来清除整个木筏,他们费了 4 年的时间和很大的劳力,才达到这个目的。

---

　　①　Travels in North America,vol. iii. p. 361.

雷德河上的木筏也非常可观,在河流的某些部分,香柏树自行堆积起来,有些地方是松树。在夏天涨水的时候,我们可以看到几百棵这样的树;从附近岸上倒下来的部分,还长着绿叶,从遥远的支流里流下来的部分,却没有树叶,而且已经变成支离破碎。堆积在沙洲边缘的木筏,阻滞水流,于是不久就被沉积物所掩盖。在这样的泥土上,自然而然地长出柳树和白杨的幼树,它们的枝叶,更加阻碍水的流动,并且在洪水时期,促进新土壤的沉积。河岸就是这样继续扩大,河槽最后变成如此狭窄,以致一棵长的树干就足以跨过两岸,剩余的空间,则被大量新漂来的树木所堵塞;这些树木逐渐被水浸湿,沉入河底。衡夫雷和阿博特说,1860 年,这种木筏形成了一个堤坝,使雷德河倒流了 20 英里到 30 英里,把 3/4 的水在两个天然出口流入苏打湖,在木筏的右岸,开辟了一个航道①。

霍尔船长说,"在密西西比河上航行时最危险的障碍,是插在河里的树;有些最大的树干,从它们生长的地方倒入河流之后,树根缠绕在河流的底部,像船锚似的固着在泥土里面。流水的力量,当然使树梢朝向下游,并且不久就把它们的树枝和树叶剥光。这些固着物,称为隐木(snags),对向上行驶的轮船非常危险;它们像矛一样安定地隐伏在水的下面,尖端直接向着船头。这些可怕隐木,大部分非常安静,在它们上面只能看到极微的波纹,没有经验的人是看不出来的。然而它们有时上下波动,树梢有时露出水面,有时沉入水底。"②隐木的危险异常之大,因此特别制造了一种装有机器的轮船,用来从泥土中拔出这种树干。

密西西比河和它的支流漂下来的大量树木,是地质学上一个有趣味的问题,我们不但可以用它来说明自然界中大量植物物质埋藏在海底和三角港沉积物中的方式,而且也可以用它来证明河流的不断改道,常常在破坏土壤;并把物质向下游搬运。每一棵树,必须经过许多年,甚至几个世纪才能长足;所以培养它们的土壤,一定也经过长期的稳定,最后才被破碎而冲入水中。

新奥尔良的开掘工程,也揭露了同样的事实;在三角洲的土壤中,甚至于在海面以下只有几码的地方也含有无数层层重叠的树干,一部分是扑倒的,似乎受了水的漂流,一部分是直立的,似乎表示它们的天然位置;直立树木的底部折断了,但是它们的根,依然向四面展开。我认为,这是表示陆地的沉陷,因为所有的树木,以前一定生长在海面以上的沼泽里面的。在冲积平原的较高部分,离开三角洲起点以上几百英里范围内的各层坚硬黏土中,也埋着层层重叠的树根和树桩,在低水位时,它们常常在河岸的土层中露出。它们显然说明,平原上广阔沼泽内的森林,不断地随着洪水抛下来的泥土所逐渐填高的地面而继续生长。这些树根和树桩,主要属于落叶柏(*Taxodium distichum*)和其他沼泽树,它们也证明这条大河流的经常改道,因为它经常在掘蚀以前在离岸相当距离地方形成的陆地。

河口外面的泥堆　　密西西比河三角洲最南面或向海的部分,是一条向墨西哥湾伸出50 英里的狭长地角,它的终点,有几条排列成扇形的河汊即所谓流道(passes)(图 38),现在的全部河水,是从西南流道入海;其他几个流道,以前也轮流担任过主要排水河槽的任

---

①　Humphreys and Abbot,Report of Mississippi Survey 1861.

②　Travels in N. America,vol. iii. p. 362.

务。上面所说的狭长地角，只有两条低的河岸，上面盖着芦苇和新生长出来的柳树和杨树。

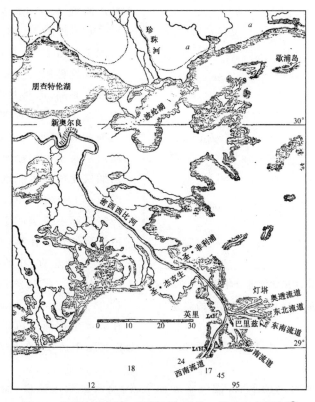

图38　新奥尔良下游，密西西比河的一部分三角洲图[①]

aa. 后-上新世地层，一部分是海相的，一部分是柏树—沼泽相的，希尔加得教授称它们为"海岸上新世"。

从外表看，这两条河岸，与冲积平原上的河岸完全相同；在洪水最大的时候，除河岸的顶部外，其余部分都在水面以下；但在平原上，河岸两旁各有一大片淡水，水上面露出长在沼泽中的最高树木的树顶，而在流道的两旁，只看见蓝绿色的墨西哥湾盐水。

在这个区域，由海洋变成陆地的过程异常之快，据我所知，决非其他河流的三角洲所能比拟。1845年，当我到一个叫做巴里兹的领航站访问时，我常听到港湾的泥底升出高潮水平以上几英尺或几码的现象；在有些地方，在泥底未上升以前，深达几英寻。领港人员告诉我说，这些所谓"泥堆"(mud-lumps)的表面上，有时露出船锚，有一个地方露出一船石块；照一般所知，这一艘船以前沉没的地方，是在水面以下10英尺。巴里兹岛就是这样形成的；早在1726年，某些法国的测量家曾经说起巴里兹岛上的五个盐水泉[②]。福尔歇说，在1832年出现的一个泥岛的中央，也有一个泉水。我们从塔尔柯特船长1839年测量的结果知道，这些新岛的面积，从一英亩乃至几英亩。在测量期间，有几个岛正在逐渐上升，从水下2英尺升到水上3英尺，据他说，它们的位置，总是在河流的某一个河

---

①　Humphreys and Abbot, Report on the Mississippi River, plate Ⅱ.

②　Thomassy, Bulletin de la Soc. Géol. de France, tom. xvii. p. 253. 1859—1860.

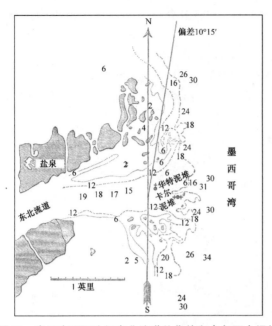

图 39　表示密西西比河东北流道处华特和卡尔两个泥堆
位置的地图(根据 1839 年塔尔柯特的测量[①])

口外面。它们从来不在三角洲中没有陆地增长出来的部分出现。它们有时升出海面 10 英尺,甚至于达到 18 英尺(图 40,41)。它们几乎完全由黏性的泥土所组成,通常很均匀,偶尔混有沙粒。这种泥土主要是全部同时从海底推上来的,但是其中的一部分,则含有从圆顶形块体顶部的泉水从下面带上来而在表面上的泥浆所沉积的物质。从泉水中与盐水和半盐水同时喷出的硫化氢或可燃性气体,为量甚大,所以西台尔上校说,我们应当称它们为气孔而不应当叫它们泉水。泉水所由流出的管状孔洞,直径大约 6 英寸,位置是垂直的,其形状很像螺旋钻凿出的钻孔。经过锤测的一个泉孔,深达 24 英尺,测绳下面的铅锤,似乎还在黏泥中逐渐下沉。泉水最初从泥堆的中央或最高的部分流出,后来愈移愈低,从旁边的裂隙中流出;在最老的几个泥堆中,泉水已经完全停止。

在大风暴期间,海湾的水面,被风吹动而上升,盐水被吹进流道,而波浪则暗掘这些泥堆。华特和卡尔两泥堆的边缘(图 40 和 41)偶尔现出陡峻或垂直的斜坡,就是由于这种剥蚀作用所致。飓风有时扫去整个泥堆,或者至少削去凸出低水位以上的部分。西台尔上校告诉我说,在 1839 年测量以后几年,为了建筑海关房屋在新奥尔良开掘基础土方时,所开掘的地方,照他看来是一个老泥堆[②];在三角洲的较老部分,无疑还可以找到许多这样的泥堆;一个地质学家,如果不知道这种泥堆的成因,他一定会被这样的隐谜所迷惑。我们在希尔加得教授[③]的论文中看到,1862 年,埃弗雷在离开

图 40　东北流道口外,卡尔泥堆的南面全景,
低水位时最高的高度为 8 英尺

密西西比河口 140 海里的路易西安纳海岸上,找到很近代的或者后-第三纪的岩盐沉积。这一层盐层是在一个名为小安西的岛上,它的一部分是从海里升出来的,一部分是由海

---

① 这张地图和两个泥堆的风景图(图 40,41),是美国工程队的衡夫雷将军赠送的。

② 1865 年 10 月 16 日给著者的信。

③ American Journ. of Science, vol. xlvii.

岸沼泽地带升起来的。这个盐层的面积，
据说是 144 英亩，厚约 38 英尺，它可能多
少延伸到三角洲下面而与以前所说的巴里
兹岛的盐泉相连接。我们对新生岛屿裂缝
中发出的气体量，就不会感到惊异，只要我
们回想到欧洲各部分所凿的自流井的情
况；一个好的自流井，最初喷出的水所达到
的高度，往往远超过单纯的静水压力所能
压到的高度。使水喷出的一部分推动力
量，是由于空气和碳酸气，后者是由动植物
物质的分解产出的。一个像密西西比河那
样的三角洲的近代沉积中，一定含着不少

图 41　东北流道口外，华特泥堆南南西面的全景，
低水位时最高的高度为 14 英尺

植物物质，因为在不同的深度处，都含有许多漂木；只要上覆的不透水黏土被抬起或破
裂，幽闭在里面的气体，立刻就会喷泻出来。

　　泥堆的成因　西台尔上校告诉我说，如果用火药爆破一个泥堆，沸腾的气体就会被
激发出来，其中主要是硫化氢，而留下一个火山喷口式的空洞。有人知道，这种气体有时
可以连续喷泻好几年；西台尔根据这种事实作了推论，他说，气体找不到出口的时候，有
时可以集成如此巨大的容积，以致胜过上覆泥层的压力，把它向上拱起，形成泥堆。但是
这个臆说没有能说明一种重要的事实，即底部的上升，总是在所谓"流道"的外面或者在
三角洲末端的外面；而这些地点的附近，也正是新输入的沙、砾和沉积物的重载抛弃在海
湾的泥底上最多的地方。三角洲全部的不同深度处，一定有漂木和其他植物物质在进行
腐烂，并且所达到的范围常常离开河口很远；所以，我认为，气体的喷泻，可能只起次要的
作用，也像泥火山一样，帮助把从下面带上来的泥土，沉积在新升出来的小丘的斜坡上。
原始的动力，可能是洪水季节堆积在各河口或流道外面柔软沙泥河底上面的沙砾和沉积
物的向下压力。据衡夫里和阿博特说，这种新沉积物每年所堆积的面积，不下 1 平方英
里，厚约 27 英尺。这些沉积物是由泥土、粗沙和小砾所组成，当河水与海湾里的平静盐
水接触时，它突然把这些沉积物抛弃下来。在许久以前被带到离开陆地最远地方的极细
物质所组成的柔软基础上，忽然堆积了如此巨大体积和重量的物体，想起来一定可以产
生一种能于排除、挤压和迫使海湾附近底部的某些部分向上隆起的压力，因此产生新的
沙洲和小岛。

　　铁路工程师对新建筑的路基附近的泥炭沼或沼地地层的隆起，是很熟悉的。1839
年，我在福法郡离开福法市东面 5 英里的勒斯柯倍湖中，看见了这种现象的一个实例。
这个湖已经部分排干，铁路路基的土方，就建筑在新露出来的柔软沼地上面，后来这个地
面坍塌了，路基下沉了 15 英尺。最后不得不再填上 15 英尺厚的材料，使它达到需要的
水平。当我到那里考察的时候，在路基一边，隆起了一个 40 英尺长、8 英尺高的地脊，在
它上部，含有贯穿着无数柳树根的泥炭物质。上升块体的最高部分，有几个不规则的裂
缝，最大的宽度约 6 英尺，深度约 2 码或 2 码以上。铁路路基的另一边，大约在离开 100
码的地方，在还没有排干的湖水的中部，有一个新岛或"泥堆"；这个新岛，从 1837 年起就

开始缓慢地上升，到了 1840 年，高度已经达到了几码，长约 100 英尺，宽 25 英尺。它的上面还布满着淡水壳类和其他介壳，但是已经生长了许多陆生植物，所以表面上是绿色的。

1852 年，我在波士顿（美国）近郊南湾附近看见了一个这种向下和侧向压力的显著实例。为了要把高潮时被水淹没的三角港的一部分变成干涸的陆地，他们在这里填上了大量的石块（主要是花岗岩）和沙，总体积在 900 000 立方码以上。在这样的重载下，泥土垂直下沉了好几码。同时，附近长满了只有在低潮时才露出水面的盐水植物的三角港底，在几个月之内，逐渐被压迫而升出高潮水位以上五六英尺。上升的部分，被弯曲成 5 个或 6 个平行的背斜褶皱；在盐—沼植物组成的上层泥炭的下面，在高潮水位以上，可以看见充满了海生介壳的泥土；海生介壳之中，有海螂、偏顶蛤（*Modiola plicatula*）、紫彩蛤（*Sanguinolaria fusca*）、织纹螺（*Nassa obsoleta*）、玉螺（*Natica triseriata*）等。在一部分曲折的地层中，介壳层是相当垂直的。上升的区域，宽约 75 英尺，长达几百码。

路易西安纳州各湖泊的形成 密西西比河盆地中的另一种可以用来说明现时正在进行的变迁的特殊现象，是各种天然作用形成的许多湖泊和另一部分湖泊的排泄。这种现象，以在路易西安纳州的雷德河盆地最为常见，这里最大的湖叫做比斯丁牛湖，它的长度超过 30 英里，平均深度约 15～20 英尺。在最深的部分可以看到无数各种大小的、现在已经死亡的柏树（*Taxodium distichum*），大部分的树梢已经被风吹断，但还直立水中。这种树抵抗水和空气作用的能力比任何树木强，如果不是终年浸在水里，它们的生长时期可能非常长。按照达倍的意见，比斯丁牛湖以及黑湖、卡多湖、西班牙湖、那契托契湖和还有许多其他湖泊，是由雷德河河底逐渐加高所造成；雷德河中的冲积物，堆积得非常快，致使河床加高，于是洪水季节的河水，常向许多支流的河口倒灌，把支流河道的一部分变成了湖泊。在秋天雷德河水位降落的时候，河水又突然流回，于是有些湖泊变成了草原，只有河水在其中蜿蜒流动[1]。所以在雷德河和这些盆地之间，有周期性的涨落，而这些盆地，不过是一种贮水盆地，像我们的三角港一样，时干时满——两者的区别是：前者连续浸在水里几个月，后者则每 24 小时内被淹没两次。雷德河有时使天然木筏或沙洲堵住这些河槽的出口，于是有些湖，例如比斯丁牛湖，就变成了永久贮水场所。就是如此，它们的水位，每年也可能有涨落，因为干流的洪水水位达到最高时，会越过沙洲；就像诺福克或苏福克海岸上被沙丘封闭的三角港，在高潮或大风暴的时候，海水常常冲破沙堤，又犯滥了内地。

费塞史东霍夫说，雷德河和阿肯色河的平原，是如此之低而且如此之平担，以致遇到密西西比河水上涨到它的普通水位以上 30 英尺时，那些大支流就要发生倒灌现象，并且泛滥极大一片的区域。这两条河的河水，含有红色斑岩分解成的红色沉积物；自从 1833 年阿肯色河发生了一次极大的洪水之后，曼克尔山附近形成了一个很大的沼地，面积占 30 000 英亩，而在老河床的位置上，随处都有泻湖；泻湖里面，可以看到无数直立的柏树、白杨和三刺金合欢以及其他大树，它们大部分是死的。从地面以上 15 英尺，所有的树干上都很像涂了一层红漆，在森林中形成一条很平的水平线，标志着上一次洪水的水位[2]。

---

① Darby's Louisiana, p. 33.
② Featherstonhaugh, Geol. Report. Washington, 1835, p. 84.

衡夫雷和阿博特说，雷德河的上游，是在一个含有很多红土的石膏地层区域，沉积物的颜色，可能是由这些地层和费塞史东霍夫所说的红色斑岩所染成[1]。

这些湖的形成，很可能不仅依靠以上所说的各种原因。在 1811—1812 年所发生的地下运动，使比斯丁牛湖东北 300 英里处的密西西比河盆地的各部分，发生了相对的水位变化。在这些年代里，这条大河流，从俄亥俄河口到圣·弗兰昔斯河口的 300 英里、面积超过泰晤士河流域的地区内，发生了非常猛烈的扰动，以致在河里产生了若干新岛，平原上产生了若干湖泊。一部分的湖，是在密西西比河的左岸或东岸，有时长达 20 英里；例如，田纳西州的里尔富脱湖和奥比翁湖，都是在同名的小河河槽或河谷中形成的。

但是受震动影响最大的区域，是在密西西比河西面 8 英里或 10 英里，密苏里州新马得里市的内地。这个地方叫做"沉陷地带"，据说它是沿着怀特河和它的支流延展，南北长七八十英里，东西宽在 30 英里以上。在全部区域内，可以看见无数浸在水里的树，一部分是直立而无叶，一部分则横扑在水内；湖泊和沼泽的面积是如此之大，以致现在成为麝鼠、水貂、水獭和其他野兽皮货商业的活动中心。1846 年 3 月，我绕着离开新马得里最近的"沉陷地带"走了一圈，经过圣约翰小港和小草原，在这些地方，各种各样的死树非常之多，一部分直立在水里，其余则聚集在一起倒在河底、浅滩和岸边。在附近干涸的冲积平原上，我也看见了 1811—1812 年地震所形成的无数裂隙，它们的原来深度，虽因雨、雪、河流的泛滥而大大地缩小，但是还是敞开的。此外我还看见无数被称为"落水洞"的圆孔，宽约 10～30 码，深在 20 英尺以上，使得平原的一般地面参差不平。这是地震时大量泥沙喷出的结果[2]。

大平原的水平平面以上没有凸出的冲积土的一种事实，我认为可以证明密西西比河冲积平原和三角洲现时的水平变迁，是由于沉陷作用，而不是由于陆地的上升。使平原逐渐加高的新输入物质，诚然会把这种作用所造成的高低不平的地面全部填平，但是如果冲积平原曾经屡次发生过上升现象的话，我们一定可以在密西西比河西面大平原上找到更为破碎的地面。

关于组成大三角洲下部的地层，达倍的观察值得我们注意。他说，在以前提到的阿特查法拉亚的陡峻河岸中，在低水位时可以看到以下的剖面：最上面总是铺着一层在密西西比河河岸常见的蓝色黏土；下面是一层红河所特有的赭红色土壤，在它的下面，密西西比河蓝色黏土又重新出现。这种次序是很稳定的，正如这位地理学家所说，这种现象证明，在过去的某一时期内，雷德河河水在现在和密西西比河汇合处以下，交替地占据较大的面积[3]。这样的交互层，可能是位于两个聚合的三角洲之间的海底地区所常有的现象；因为，在两条河汇合之前，它们的中间地带，一定有时被这一条河流所占据，有时被另一条河流所占据；两条河流的大洪水季节，是绝对很少同时发生的。雷德河和密西西比河的排水区域，跨过几个纬度，因此它们更不可能同时发生最大的洪水。

三角洲和冲积平原的年龄　1846 年，在我考察了密西西比河河口附近巴里兹领航站

[1]　Report on the Mississippi，p. 40.

[2]　1811—1812 年地震造成的"沉陷地带"的记载，见 Lyell's Second Visit to the United States，ch. xxxiii。

[3]　Darby's Louisiana，p. 103.

之后,我曾设法估计三角洲和冲积平原沉积物质的体积,以及河流沉积如此浩大体积所必需的最短时间。照福尔歇的假定,三角洲的面积大约为 13 600 平方英里。衡夫雷和阿博特在 1861 年的测量,似乎把这个数字缩减了一些,即 12 300 平方英里。照我的估计,在这个范围内,河成地层的平均厚度略为超过 500 英尺,为了便利计算起见,我把它假定为 528 英尺,或者 1/10 英里。我对这一点的推算,一部分是根据佛罗里达州南端和巴里兹之间的墨西哥湾的深度,一部分是根据在新奥尔良北面朋查特伦湖附近三角洲中所凿的 600 英尺钻孔的记录,据说这个钻孔还没有达到冲积物质的底部——下面即将看到,比较晚近的试验,证明了这个结果。至于河水里所含的沉积物的重量,我采用李台尔的估计,就是说,以重量计是 1/1245;这个数字与衡夫雷和阿博特的长期详细测量所得的结果,相差无几,他们测定的固体物质的含量是 1/1321。

根据以上所说的三角洲沉积物的厚度和河流每年携带下来的固体物质的体积(应当等于 3 702 758 400 立方英尺)的数据计算,整个沉积物质的堆积,必须经过 67 000 年。但在他们测量的过程中,衡夫雷和阿博特断定说,密西西比河每年排入墨西哥湾的水量,大大地被低估了。他们又说,河流沿着河床底部推动的沙砾量,甚至在河口,大约等于悬浮在水中的泥土量的 1/10;这一部分物质,我没有计算在内。所以加上这个数字,再加上较大的泥水排泄量,这条河流所运输的物质,几乎等于我所估计的数量的 1 倍;因此,如果仍旧采用我以前所假定的厚度的话,全部三角洲的生长所需要的年数,应当大约减去一半,就是说,大约 33 500 年。

但在 1854 年[①],新奥尔良市又开凿了一个 630 英尺的自流井,穿过含有近代介壳物种的地层,却没有达到现代沉积物的底部。所穿过地层的矿物性质,按照衡夫雷和阿博特的报告,全部都是各种颜色的黏土和沙,并且含有许多植物物质。据他们的叙述,582 英尺深处的一层沙层,几乎近于石质,其余的部分都还没有固结。在 66 英尺深处,据说有柏树根和水磨园的小砾;希尔加得教授告诉我说,在 130 英尺处,又有柏树的树皮;在 153 英尺处,寻到了一根完好的香柏树的树干。所有这些遗迹的性质,与我们在大河河口外面沉积的地层中应当找到的相同。

经我的要求,衡夫雷将军把从各种深度取出的介壳,交给密西西比州地质报告的著作人希尔加得教授;希尔加得告诉我说,在自流井钻孔的 41 英尺处,有一层完全为介壳组成的地层,他在其中找到 22 种可以鉴定的软体动物。所有这些介壳,都是属于现时生存在海湾中的物种,除了一两种外,与他本人在大陆附近歇浦岛(图 38)海岸上所采集的标本相同。它们都是属于盐水的属,如蛤蜊属、蛤属、鸟蛤属、满月蛤属、帘蛤属 Pandora 属、花蛤属、斧蛤属、樱蛤属、框螺属、Marginella 属、蛾螺属、玉螺属等。生产现代海生介壳地层的范围,深达 235 英尺,但在这样深的地方所得到的物种之中,有一个樱蛤和一个鸟蛤,希尔加得还没有能命名;他说,它们与任何他所知道的美洲中新世或始新世的物种不同。在更深的地方和在钻孔底部附近,又找到了现代的物种,其中有 *Venus Paphia*,*Arca transversa*,*A. ponderosa*,和 *Gnathodon cuneatus*,最后一种双壳贝,现在还群居于三角洲的潟湖之中,如朋查特伦湖;它的数量非常多,所以它的死壳被用做筑路的材料。

---

① Report of Survey of Mississippi River, p. 101.

希尔加得教授把钻孔穿过的沉积物的上部，比之于密西西比州海湾沿岸（图 38, a, a）略为高出海面的层系，也就是他所谓的"海岸上新世"（我认为似乎是后-上新世）。这个层系的一部分，他描写道，含有美洲普通适于食用的牡蛎（$O. Virginica$），此外还有一种壳菜（$Mytilus\ hamatus$）和现时生存于海岸上的藤壶；在另一部分，则充满了落叶柏的树根和树干。由于含有这些介壳的地层，现在是在海平面以上几英尺，这就证明，在很近的时期内，海湾的底部曾经上升。

上面已经说过，新奥尔良的自流井凿了 630 英尺还没有达到海成地层的底部。从地图上（图 38）可以看出，离开南流道出口处的外面只有 12 英里，锤测所达到深度已经是 95 英寻。循着同一方面再向前 8 英里，深为 144 英寻，在 32 英里的地方，是 452 英寻——在这一点以外，是 600 英寻，在到达佛罗里达海峡以前，逐渐增加到 1 000 英寻。如果我们考虑到在新奥尔良和在新奥尔良以下的三角洲突出一般海岸线的形状，再考虑到离开巴里兹的距离等于巴里兹到新奥尔良之间的距离的海湾的深度是 3 000 英尺，那么现代沉积物的厚度，如果可以测量的话，可能远超过 600 英尺，甚至于可能超过 2 倍或 3 倍。我们可以预料得到，大部分的沉积物里面，将含有海生介壳而不是河生介壳，而大部分的物质应当是细泥，虽然大风暴期间带到沙洲上来的小砾石和沙在各处散布的面积，有时也很大。

在我所著的《第二次访问美国》（$Second\ Visit\ to\ the\ United\ States$）一文中，我曾经有这样一段记载："所有的领港人员都同意，在密西西比河水位最高的时候，它向海湾注入几股被黄色沉积物污染的淡水；它们在河口以外所达到的距离，约 12 英里或在 12 英里以上。这几股漂浮在盐水上面的水，扩散成宽广的表面水层，当船只的龙骨驶过这一层淡水的时候，翻起一条清澈的蓝色海水，在航道中形成一道黑线。所以，我们可以断定，在夏天河流上涨河水混浊并且沉积泥土的时候，以及在冬天海水向三角洲袭击的时候，大量沉积物的扩散范围，都远而且广，而且可以被洋流带到海湾的更远和更深的部分。"

我们从衡夫雷和阿博特最近的测量结果知道，现时在各河口或流道附近形成的一条狭窄陆地，其前进速度有时每年达到 262 英尺；但是我们不能把这种事实作为估计整个三角洲以往生长速度的数据。如果把 1764 年和 1771 年戈尔德船长所测的 100 年前的老海军测量图[①]，与 100 年后美国测量者（1837 年塔尔柯特和 1860 年衡夫雷和阿博特所测量的地图）所测的地图相比较，我们可以看到，在过去 1 个世纪内，南流道的陆地（见图 38），不但没有伸长，反而退缩了大约 4 英里。海水这样回到它的旧边界，无疑是由于这个流道停止了它的排水大孔道的作用，因此，不但两岸没有增加新的沉积物，而且失去了一部分以前所获得的陆地。这样的剥蚀作用达到的深度，可能不过几英尺，可是它不但说明用短期的观察来估计陆地进展的平均速度所遇到的困难，而且也表示，最初堆积在沙洲上的粗物质，后来怎样可以被大量的移去，而在广阔的面积上扩散成一层薄的地层。即使我们把以上所说的 1836 年和 1860 年两次美国测量的结果加以比较，我们也可以发觉，奥透流道中的一个东西长 2 英里、南北宽半英里的新陆地，在这个短短的 22 年内，已经完全被消灭了，也就是说，被波浪切去了。

---

① 海道测量局的李却得海军上将，给我看过这幅地图的原稿。

在三角洲的任何部分钻凿垂直钻孔,我们应当可以希望偶然穿过一些在潟湖中形成的半盐水地层,以及穿过含有纯粹海生介壳的其他地层;如果地面水平发生过振荡——我们应当可以假定,这是在几万年中应有的现象——那么河成地层和淡水柏树沼地中沉积的地层,一定可以与含有海生介壳的地层形成互层。总而言之,我并不认为我在 1846年所做的、关于三角洲堆积所需要的年数的估计,过于夸大。如衡夫雷和阿博特所示,河流完成一定定量工作的速度,无疑比我所假定的几乎超过 1 倍,但在另一方面,带入海湾的工作量或泥沙量,却比我用做计算根据的假定还要大得多。

关于三角洲以上的平原上的冲积物的厚度,我们没有钻探记录可作估计的根据;它的表面面积大约与三角洲本身的面积相等。我假定它的平均厚度大约等于三角洲的一半,即 264 英尺。我的这种结论,一方面是根据河谷曾经下沉的观念,因为 1811—1812年新马德里的地震,曾经使河谷的一部分下沉;一方面是根据密西西比河不断在大冲积平原上移动它的流道所造成的结果,就是说,它每次的移动,常在平原上切出深达 100 英尺有时甚至于达到 250 英尺的河槽,而在新河槽的另一边所填出的体积,往往等于它在新河槽中挖去的体积;我想,仅仅靠这种变迁,已经足够沉积相当厚的沉积物;这种沉积物,与填充在大河流本身的盆地中的沉积物是没有关系的,后者厚度的增加,可能是由于重复的沉陷。

如果我们从新奥尔良沿着密西西比河上行 165 英里,我们可以在哈得孙港的河流东岸或左岸看到一个被流水不断暗掘的悬崖。我在 1846 年考察过这个地方,它的情况,植物家巴特兰已经在 69 年前作了详细的叙述。在悬崖的底部,大约高出墨西哥湾的水平40 英尺,是一个被掩埋的森林,其中的树桩和树根,都还保存着天然的位置,植物的种类,则与现在生存于三角洲和冲积平原上沼泽中的树木相同,尤以落叶柏为最突出。在被掩埋的森林以上,悬崖的高度达 75 英尺,其中显出几层含有漂木树干和碎块的河沙剖面,沙层上面是一层褐色黏土。从悬崖的顶部,地面向上倾斜,所达到的高度,高出掩埋森林的地层 150 英尺,也就是高出海平面大约 200 英尺。照这一个剖面看,我们可以知道,自从密西西比河开始形成冲积平原、冲下漂木,并且把像现在茂盛地生长在平原和三角洲沼泽地带的那样古代森林埋在沙层和沉积物下面以来,这里曾经有过几次大运动和水平的振荡。在森林被掩埋的时候,地面可能在下沉,后来一定又上升了,庶几可以让流水切穿它的老冲积层。这个老河成地层的厚度,似乎不下于 200 英尺,但是还没有看到它的底部。它的性质与希尔加得教授所谓海岸-上新世相同(图 38 的 a,a),我认为,这是它的连续层,但在哈得孙悬崖中,我们没有找到海岸上偶尔遇到的海生介壳。

如果再从哈得孙港向北上行约 65 英里,或者到新奥尔良以上 225 英里,我们在那折兹地方的河流的左岸,又可以看到另外一个悬崖,它的垂直高度超过 200 英尺。这个悬崖的下部,含有沙和小砾,但其最上部,则为一层厚达 60 英尺的块状壤土,其性质与莱茵河的黄土完全相同,没有层理,含着很多陆生介壳,如蜗牛和蛹螺,以及两栖的琥珀螺属,这些介壳都是属于现时当地生存的种。在这一层的下部,我在有几个地方看到 *Lymnea*,扁卷螺,河蚬等属的现代种;这些都是产于池沼的属,并且可能是证明这里原来是一条古代河流的河槽的证据,在河流改道之后,洪水时期沉积的黄土,就堆积在河道的边缘上面。黄土的分布范围非常广,愈近密西西比河愈厚。那折兹正北 80 英里的维克斯堡悬崖中,也有黄土(图 42 剖面),它在这里形成一个宽阔平坦的台地,从密西西比河起向内地延展 26 英里,即从 d 向东到 e。福尔歇告诉我说,在密西西比河西面的路易西安纳州境内,也有黄土,如图 42 的 c 所示。

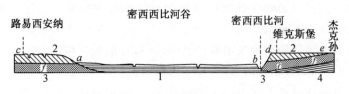

图 42　密西西比河的河谷
1. 密西西比河的近代冲积层。2. 壤土或黄土。3. f. 始新世。4. 白垩纪。

这一层黄土中所找到的生物遗迹之中,只有 1866 年 3 月 19 日格临上校发现的三条鱼是真正属于河生性质的化石。这几条鱼是在维克斯堡北面 2 英里处发现的,其位置在高水位以上 200 英尺,离开地面约 4 英尺。李台博士认为,它们是属于现时生存于密西西比河的牛鲤;它们可能表示局部或例外的情况,就是说,可能与泛滥平原上泥土的堆积比平常特别快的情况有关;在这一类的平原上,除了陆生动物和琥珀螺属外,通常没有有机物的遗迹。根据它的均匀性质、没有层理以及它的陆栖和两栖介壳,我认为黄土是由大河流,如尼罗河,向两边广阔平原泛滥时造成的。即使承认这一点,我们还必须假定,从黄土堆积之后,密西西比河盆地的水平,已经发生过大变化。黄土的时代,究竟比在新奥尔良井中穿过的所有地层老多少,或者是否与其中的一部分属于同一个时期,我不敢确定,尤其因为哈得孙港层证明,这里的水平在最近时期内发生过振荡。黄土里面所含的陆生介壳,虽然都是现时生存的物种,但是自从黄土沉积之后,这条大河的盆地曾经经过重要的变迁是很显然的事实。至于黄土的最下部和基部的黏土中所找到的一些哺乳动物的骨化石,许多是已经灭亡的种。例如大乳齿象(*Mastodon giganteus*),一种大暗兽,一种磨齿兽,一种美国野牛(*Bison latifrons*),美国马(*Equus Americanus*),*Felis atrox* Leidy(和虎一样大的食肉兽),两种鹿,两种熊和其他四足兽,一部分已经灭亡,一部分是现时生存的物种。

在向这一个大三角洲告别以前,我们可以回想一下我们从它那里所得到的一些有益的知识;我们知道,已经形成的和正在堆积的新沉积物,不论海相或淡水相,其成分和所含的生物遗体的一般性质,都与组成地壳构造的大部分古代地层非常相似。但是不论在陆地上还是在水里,在生物界中还是在非生物界中,它们的发展都没有现出突然变革的痕迹。土壤虽然受了严重的破坏,树木虽然不断地被连根拔去,可是不断供给漂木的区域,还是盖着浓密而广大的森林,而它们养育动物和植物的能力,还是没有多大的变化。高峻的悬崖虽被暗掘,三角洲虽然逐渐侵入海洋——地震虽然使土壤开裂,或者使 60 英里长的一个区域在几个月内下沉几码——可是地面上的一般外貌依然维持不变,或者只产生缓慢而不易感觉的变化。成群的野鹿还在草原上吃草,或向树上采食嫩叶;如果它们的数量有所减少的话,这是由于它们的地位被人类和随人类繁殖而增加的家畜所占有。熊、狼、狐、豹和野猫等,还是安逸地在柏树和橡胶树的森林中生存。各处的浣熊和鼫还是很繁盛;麝鼠、水獭、水貂,还是常常在河流和湖泊里居住,而少数的溪狸和野牛,还没有被赶出它们的老巢。水里充满着鳄鱼、龟和鱼,而水面上还是有几百万的水栖候鸟,它们每年在加拿大各湖和墨西哥湾之间来回飞行一次。到处的确都可以感觉到人类的力量,荒野的地方,变成了城市、果园和菜圃。流动宫殿似的金碧辉煌的汽轮,战胜了流水的力量向上游行驶,或者轻快地穿过森林和草原地带顺流而下。这个大河谷的人口,已经远超过美国 13 个州最初宣布独立时的数字。就在这种情况下,大陆上的树木和石块,每年由无数的急流从山区冲入平原,大量的沙和较细的物质,以及森林中无数残破的树木和被洪水淹死的无数动物的骨骼,每年由巨大的河流带入海洋。当这些物质流入海湾的时候,它们并不使海水不适于水生生物的居住;而止相反,海里还是像通常一样充满了生命,因为一条大河流输入的水,往往供给丰富的有机和矿物物质。但是当有些人看到了陆地上残屑堆成了连续不断的地层,紊乱地混在地层中的鱼类、破碎介壳和珊瑚的遗体的时候——当他们又看到一部分直立树木的树根仍然维持着天然位置,并且一层层地保存着的时候——他们很容易造成一种印象,认为他们所看到的是地球上的一种剧烈变动所造成的结果,而不是平静状态下所形成的景象。他们认为,这些现象都是混乱扰动和反复灾害的证据,而不是表示像现时人类所寄居的最优美和最肥腴地区同样适于居住的地面的证据。

亚马孙河的三角洲　裴兹说[1]一般所谓亚马孙河的三角洲,是一个不规则的三角形,三角每边的长度,大约 180 英里,但是这个区域的大部分,却为像西西里岛一样大的马腊若岛所占据,而在它西面,还有几个较小的岛屿;这些小岛,也像马腊若岛一样,现在都被流入同一个三角港的亚马孙河和巴拉河的河汊所包围。阿格西斯教授近来曾经考察过亚马孙河的河谷,照他的记载,这里有三组地层,他认为它们都是属于后-第三纪,而且是在广阔的大盆地中连续沉积的[2]。最下一层是砂岩,紧接在上面是一层杂色的塑性黏土,上面覆盖着一组各种颜色的薄纹泥,其中含有保存得很好的、似乎属于当地现时生存的植物树叶。这些黏土层,向上过渡到沙和砂岩,中间偶尔夹有一层泥质层,在有些地方,如马腊若西面大约 300 英里处,在大陆上的奥贝多斯地方,则夹有含着现时生存于淡水中的双壳贝种的钙质层。在这上面是第三组地层,照阿格西斯的叙述来看,我认为一部分像洪积黄土,另一部分似乎是陆上洪水剥蚀的产物;洪水剥蚀了下面的砂岩之后,留下了大量无层理的物质来填平受过剥蚀的地层的不平地面。根据阿格西斯的记载,这些层系的已知面积,长 3 000 英里,宽 700 英里,总厚度超过 800 英尺。照早年观察者的假定,这些层系的有层理部分,是属于海洋成因,并且依次定为泥盆纪、三叠纪和第三纪;但照阿格西斯的推想,它们都是近代的沉积物,而且在他考察的地方,都是属于淡水产物。以上所说的奥贝多斯化石,以前的旅行家把它们归入珠母蚌、竹蛏和蛤等属,但照阿格西斯的意见,它们事实上是河蚌,或属于 *Naiades* 科的淡水双壳贝,其形状与上述的海生介壳很相似,但是是现时生存于马拉孙河的物种。裴兹告诉我说,照史比克斯和马歇斯的意见,这个岩系中较近海洋并且用作烧制石灰的某些钙质地层,属于海相成因。土康廷斯河口、马腊若岛上和维基亚海岸附近都有这种介壳层。裴兹在维基亚采集到现时生存的

---

[1]　Henry Walter Bates, Delta of the Amazons, Brit. Assoc. Report, 1864, p. 137.

[2]　Agassiz, Physical History of Valley of Amazons, Atlantic Monthly, vol. xviii. July & Aug. 1866.

海生大单壳贝，一部分与长辛螺属相关。

纽约瓦索学院的澳登教授，近来（1870 年 10 月）在河流上游 2 000 英里以上帕波斯地方的有色塑性黏土中，找到了表示淡水或半咸水的介壳，他认为这一层黏土是与阿格西斯的杂色塑性黏土相当。这一批介壳都送给康拉特作鉴定，他说，大部分的介壳是很特别的，大约有隶于 9 个属的 17 个已经灭亡的种，而这九个属之中，现在只有 3 个属有生存的代表。澳登教授说，从这些资料可以断定，这个层系不可能属于第三纪的后期而可能属于始新世[1]。大部分的介壳动物，隶于康拉特所定的双壳贝新属 *Anysothyris*（*Pachydon Gabb*），也就是现在拉普拉塔三角港中所产的 *Potomomya*（*Azara*）*labiata*。如果假定这 17 个种都已灭亡，那么这一个化石群所处的时代，比欧洲下始新世的动物群还要老。

在一个只经过一个季度迅速而匆促调查的地区，我们对这些沉积物的地质和地理的关系不能作出大致的猜测，是不足为奇的事。例如，假定有一个科学考察队第一次到莱茵河流域调查。在进入些耳得河的时候，他们会在安特卫普找到上新世地层，这里的一部分地层中所含的介壳动物，绝大部分是与现时生存在附近的种类相同。向河流上游走 200 英里或 300 英里，他们会在莱茵河流域的两岸，如在宾根和巴塞尔之间，看到一大片厚达 100 英尺到 200 英尺、含有现代陆生和两栖介壳的黄土，在黄土底部，有时有淡水沉积物，但是很少，所含的 Lymnea、扁卷螺和水螺属的各种生存种，其时代与奥贝多斯所产的相当；在波恩、梅恩思和其他地方，他们会找到第三纪的地层，在不同高度的地层内，含有淡水、半咸水和海生的化石，大半是中新世的已灭亡物种。只要回想到我们在莱茵河盆地已经作了半世纪以上的研究，还没有能彻底明了它的第三纪和现代地层中的生物或地文的历次变化，我们当然不能希望这样一个假定的第一次到那里去调查的考察队提出一个明晰肯定的报告。况且莱茵河盆地的面积，只有亚马孙河流域的 1/4。

为了说明以上所说的亚马孙巨大层系，阿格西斯教授认为，整个流域曾经长期被延伸在近海河口的一个大堤坝或沙洲拦截而成一个湖，这个堤坝，后来又被海水移去。这样一类的臆说，曾被屡次提出来解释曾经一度充满了世界上大部分主要河流，如密西西比河、尼罗河、多瑙河和莱茵河的下游的一大片古老河成和湖成沉积物，以及所谓黄土的洪积泥。我曾在其他著作中[2]设法表示，这种现象，是在陆地水平面上的振荡运动的自然结果，它所影响的面积是非常广阔的；由于这种运动，各河流的坡度有时减小了，于是它们就堆积多少与湖成沉积物相似的物质，到运动的方向反过来的时候，河流又在它的老沉积物中进行割切，重新把它掘成河谷，常常剥蚀到它们原有深度的底部。所以，除了规模比其他河流更为宏大之外，照我们所知，属于近代和后-第三纪时期的亚马孙泥、沙和黄土，至少不是什么新颖的东西。由于在思想中不易形成这样一种想象——即在河谷形成之后，海边的河口先造成一个堤坝，后来又被海水冲去——地质学家通常不得不放弃大河河口，如莱茵河和密西西比河，曾经有向海堤坝的学说。

---

[1]　见 H. Waodward on Tertiary Shells of the Amazons Valley，Ann. and Mag. of Natural History，Jan. & Feb. 1871；Conrad American Journ. of Conchology，Oct. 10，1870。

[2]　见 Ant. of Man，p. 333；Elements of Geol.，p. 118。

阿格西斯教授又提出了一个令人骇异的推测,他说,亚马孙盆地曾被冰川的终碛封闭而变成了一个湖;这个冰川的东西方面的长度是几千英里,并在赤道上入海。但是这位著名的自然科学家坦白承认,他没有能够发现任何习惯上认为可以证明以前有过冰川而现在已经消失的必要证据。他没有找到冰擦的砾石,或者具有磨光和擦纹的经过远距离搬运的多角石块,也没有看到光滑和刻成纵横直槽的一大片岩石面。

现在亚马孙河口的许多岛屿,如马腊若岛等,一定意味着,在以前所说的泥沙形成之后,海洋曾经大规模地侵犯了陆地。阿格西斯也告诉过我们,就是在过去的 10 年中,海洋在一部分海岸上所侵占的陆地,达到 200 码之多,而在过去的 20 年内,维基亚港东北的一个岛,完全被冲掉了,同时马蓝汉姆省的帕纳伊巴河以及其他现在有单独入海河口的河流,原来可能都是亚马孙河的支流。我们从裴兹的著作中学到,在离开现在海岸线约 140 英里的内地,有一片宽长各 80 英里的低平区域,完全由亚马孙河比较近代的泥土和沉积物组成。这位旅行家对这条大河在上游剥蚀河岸的情况,作了写实的记载。他说,"有一天早上,在晨曦未现的时候,我被大炮似的吼声惊醒了;巨声是从远方来的,一个连一个隆隆地响。我以为是一个地震,因为,夜晚虽然静寂无声,宽阔的河流却受到了极大的激荡,船只也受到了剧烈的颠簸。不久以后,又来了一个爆炸,接着又是一个,这样持续了一个小时一直到天亮,于是我们看见了在对岸大约离开我们 3 英里地方的破坏工作。大片的森林,包括可能 200 英尺高的参天古树,在来回地摇摆,一棵棵地颠扑到水里。在每一次土崩之后所引起的波浪,以惊人的力量向破碎的河岸回击,暗掘了泥土,使得另外一大块泥土崩落下来。发生山崩的河岸,大约有一两英里长;但是它的终点被中间的一个小岛所遮蔽,因此我们没有能看见。这的确是一个伟观;每一次土崩,激起喷雾似的浪花;一个地方的震动,可以使离开很远地方的土块崩溃,砰击的声音继续不断,似乎永远没有停止的时候。当我们在两小时之后避开这个地方的时候,破坏工作还没有停止[①]。"

恒河和布拉马普特拉河的三角洲

作为一个不顾强大的潮汐作用依然向海里推进的三角洲的实例,我拟提出恒河和布拉马普特拉河的三角洲。这两条印度的主要河流,都是从世界上最高山脉上流下来的,在到达孟加拉湾湾头以前,它们的一部分河水,已经在印度斯坦低平原上混合在一起了。布拉马普特拉河是这两条河流中略大的一条,它以前,甚至于晚到本世纪(19 世纪)的初期,经过达卡的东面,把大部分的水注入三角洲中无数河槽之一,即"美格那河"之中。在伦纳尔和其他作家对这区域的专论中,常常用这个名词作为干流的名称。但是它的干流,现在已经和离开海岸大约 100 英里的恒河的一个河汊联合在一起;据胡柯博士说,在老图上可以看得出来,这条河流以前曾经长期向东移动,现在则向西移。

这个三角洲的哪一部分应当属于哪一条河流,现在已经不易辨别;即使我们不把伸展到加尔各答西面山边 100 英里以上、无疑为河成的一大片低平冲积平原(图 43)以及大

---

① Bates, Naturalist on the Amazons, vol. ii. p. 172. 1863.

三角洲起点以北更大的地区计算在内,它的面积比尼罗河三角洲加倍还要大得多。如前所说,一个三角洲的起点,是以第一条河汊分出的地点为标准。在这一点的上游,河流接受从较高区域流下来的支流的水;在这一点以下则相反,它分出一部水,通过渠道,流入沼泽或直接流入海洋。孟加拉大三角洲,可以说有两个起点,它们和海的距离几乎相等;恒河方面的起点,大约在拉如马哈尔市的下游 30 英里(图 43,G),离海的直线距离为 216 英里;布拉马普特拉河方面的起点,是在河流从卡西山流入平原的地方,即在乞拉朋齐的下面(B),离孟加拉湾的距离约为 224 英里。

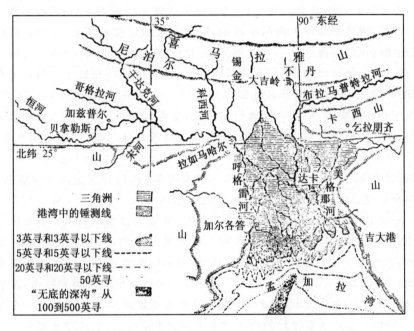

图 43　恒河和布拉马普特拉河的三角洲图

　　在地图上可以看出,从两条大河流来的大量淡水,是在东面流入海湾;三角洲的靠海边缘,大部分是布满着纵横交错的河道和小溪,除了直接与恒河的主要河岔呼格雷河相通的部分外,全部都充满了盐水。这个地方,一般称为森林或松得班(Sunderbunds),是老虎和鳄鱼出没的荒野,面积等于整个威尔士[①]。

　　海岸上有 8 个出口,每一个出口显然在某些远古时期内都轮流担任过排水的主要流道。在枯水时期,潮水的涨落虽然可以影响到三角洲的起点,但是热带的雨水周期地使河水上涨的时候,它们的水量和速度可以抵消潮水的作用,如此一来,除了最近海岸的部分外,河流不易感觉到潮汐的涨落。所以在洪水季节,恒河和布拉马普特拉河在三角洲中的性质,很像流入内海的河流;在这一段期间,海洋的运动,是从属于河流的力量,对它们的影响非常微小。在洪水时期,三角洲的面积和高度,都增加很多;在每年的其他季节,海洋则进行报复,冲刷河道,有时吞没肥沃的冲积平原。

---

① Account of the Ganges and Burrampooter Rivers, by Major Rennell, Phil. Trans. 1718.

时建时毁的岛屿　R.H.柯尔布洛克少校在他有关恒河流域的记载中,曾提到了恒河某些支流的迅速淤塞和新河道开掘的实例,在进行开掘新河道的时候,河流在短期内所移去的泥土的平方英里数,实属惊人(泥土厚度是 114 英尺)。据说有一个地方,在几年内带走了 40 平方英里,或者 25 600 英亩①。恒河和布拉马普特拉河搬运泥土的伟大力量,可以用它们在河道中形成的许多规模宏大的岛屿来证明,而造成岛屿所需的时间往往比人类寿命短促得多。有些周围几英里的岛屿,原来是堆积在河流弯曲地方的凸出沙洲,后来被河流冲断而孤立的。干流中的岛屿,是河底的障碍物所致。一棵大树或者一艘沉船,有时就足以阻滞流水的速度,使它把河沙逐渐沉积下来,最后可以在河道中占据相当的面积。河流于是向干流两岸暗掘,以补充河床宽度的不足,而岛屿则因洪水季节的新沉积物的供给而逐渐加高。伦纳尔说,在乐基浦亚以下的大海湾中,恒河和美格那河联合造成的一部分岛屿,其大小和膏腴程度,可与怀特岛相媲美。当河流在一部分堆积岛屿的时候,它却在另一部分冲毁老的岛屿。新成的岛屿,不久就长满了芦苇、长草,印度柽柳和其他灌木,形成不能通行的丛莽,于是成为虎、犀、野牛、鹿和其他野兽的渊薮。所以很容易想象得到,在这种情况下,动植物的遗体,偶尔沉没在洪水里面,从而被堆积在三角洲的沉积物所掩埋。

恒河和它的支流以及相邻的河流中,有很多鳄鱼;它们有隶于两个亚属的 4 个种;H.T.柯尔布洛克告诉我说,他在离海几百英里的内地,也看见了这两个亚属。恒河鳄(Gavial or Garial)完全住在淡水里,依鱼类为生,但是较普通的种类,叫做 Koomiak 和 Muggar,淡水和盐水里都有,住在盐水和半盐水里的种类,体格大得多而且也凶猛得多②。这些动物,聚居在三角洲增长最快的沙洲沿岸的半盐水里。几百个鳄鱼常常聚集在三角洲的小溪里面,或在外面的沙洲上晒太阳。它们会攻击人类和牲畜,杀害在溪里洗澡的人和在水边喝水的柔驯动物和野兽。柯尔布洛克说,"我常常看见一个半个身体露在水上的鳄鱼贪恋地含着浮尸的惨状。"地质学家不难体会到,照这些蜥蜴类动物的习性和分布来看,它们一定很容易被每年在孟加拉湾中沉积几百方英里的水平泥土层所掩埋。不幸淹死或抛弃在水里的陆上居住者,通常都被这些贪吃的爬行动物吃掉;但是我们可以假定,这些鳄鱼本身的遗体,可能不断地被埋葬在新地层里面。每年抛弃在恒河内的印度人的尸体,为数也很可观,他们一部分的骨骼,也一定偶尔会被包裹在河成泥土之中。

当周期性洪水最大的季节,有时有猛烈的强风,协同着高涨的春潮,阻止河流向下游流动,于是产生破坏性最大的泛滥。1763 年,由于这种原因,在乐基浦亚地方的河的水位,比通常高了 6 英尺,很大地区的居民,连同房屋和牲畜,全部都被冲走。

所有住在海洋三角洲的居民,特别容易遭受到这样经过相当长的时期重复发生一次的灾难;我们可以安全地假定,自从恒河三角洲有人类居住以来,这里一定屡次发生这样

① Trans. of the Asiatic Society, vol. vii. p. 14.

② 居维叶把恒河的真正鳄鱼隶于一个种 *C. biporcatus*。但福尔康纳博士说,这里有三个完全不同的种, *C. biporcatus*, *C. palustris* 和 *C. bombifrons*。 *C. bombifrons* 产于恒河的北部支流,离加尔各答 1000 英里; *C. biporcatus* 似乎只局限于三角港,而 *C. palustris* 则分布在从三角港至孟加拉中部的地区。Garial(*C. palustris*)在北方与 *C. bombifrons* 共生,并且也到三角港中的 *C. biporcatus* 区域。

的惨剧。如果人类的经验和预见，不能经常防止这些灾害，那么更低级的动物，当然更不容易避免了；如果我们的行星表面，总是受着同样规律的节制，那么我们一定可以在各时期的地层中找到无数这种不幸的、被泛滥所淹没的遗迹。海洋的侵袭，虽然偶尔引起残酷的灾害，但是通常处于安定状态的、富庶而人烟稠密的孟加拉三角洲，也不断在发生同样的灾害；如果回想到这一点，我们就可以了解，我们绝没有必要把连续埋在较老地层中的各族动物，归因于地球初期有超乎通常的破坏和重建力量，也不必诉之于过去常被采用的那些普遍灾难和突然变革的学说。

三角洲中的沉积物　可以预料得到，悬浮在恒河和布拉马普特拉河河水中的泥土量，一定超过本章和前几章中所说的任何河流；因为，第一，它们的支流是从无比的高山中流出来的，而且没有经过任何湖泊的澄清，像康斯坦次湖之于莱茵河，和日内瓦湖之于罗讷河。第二，它们的整个河道，比密西西比河或者流量和含泥量经过详细测定的任何河流近于赤道。况且，像以前已经说过，从印度斯坦平原上升的第一个山脉的南麓，雨量非常大，有时在一天内降落的滂沱大雨，都非常可观。在洪水季节，恒河和布拉马普特拉河的干流入海地方的海水，在离开三角洲 60 英里到 100 英里以外才恢复它的透明度；我应当可以说，洋流还可以继续把较细的颗粒向南搬运到比水面开始澄清的地方远得多的处所。所以它们所沉积的新地层的一般斜度，一定很平缓。根据最好的海图，从三角洲边缘向孟加拉湾前进 100 英里的范围内，海水的深度逐渐由 4 英寻增加到大约 60 英寻。在少数地点，在 100 英里处的深度可以达到 70 英寻乃至 100 英寻。

孟加拉湾底部的形状虽然很一致，但是有一个特残的例外。面对着三角洲的中部，离开海岸 30～40 英里的地方，有一个海底深谷，名为"无底深沟"（swatch of no ground），它的宽度大约 15 英里，锤测探到 180 英寻和 300 英寻，还没有达到海底（图 43）。尤其特别的是，这个洼地向北延伸的范围离开浅洲线只有 5 英里；在这个区域内，不但有含着沉积物的水不断地在它的上面经过，而且在季候风盛行的时节，充满泥沙的海水，也从这个方向打回三角洲。因为我们知道，泥土向海湾伸展的范围大约是 80 英里，所以在"深沟"之中一定沉积有很厚的物质。因此我们可以肯定地说，孟加拉湾的这一部分，原来可能就很深，或者在近代期间，曾经发生过沉陷。后一种推断的可能性比较大，因为在加尔各答附近的三角洲的形成期间，这个地区一定发生过沉陷（如自流井钻孔所示，见 253 页）。在有史时期，孟加拉的一部分，曾受地震的震动，而附近的吉大港海岸，的确曾经陷落，况且"深沟"的位置，离开连接苏门答腊、巴伦岛和蓝姆里岛的火山带不很远[1]。

福格孙曾经建议说，锤测的深度达到 1 800 英尺而还没有探到底部的"深沟"，是潮汐力量"挖掘"出来的凹槽，或者潮汐有一种力量可以使它不至于被填满，为了证明他的意见，他说，呼格雷的潮水，有一种旋转的运动[2]；但是他没有能提出任何准确的观察来证明潮水有如此之大的速度，因此使我们不能把如此非常的结果，归因于它们的挖掘力量。我认为，如果想象它是一个形成于孟加拉湾原来盆地中的、深达 2 000 英尺或超过 2 000英尺的先存海底深谷，困难可能比较小。在恒河和布拉马普特拉河的流水流到这个海湾

---

[1]　见本书第二十三和三十章。

[2]　Fergusson, Changes in Delta of the Ganges, Quart. Geol. Journ. vol. xix. 1863.

中部深渊之前，它们遇到了潮流，因此流速受到抑制，不能不把它们的沉积物抛弃下来，没有机会去填充这个"深沟"。

在呼格雷河口的外面和紧接烧戈岛的南面，离开最近三角洲的陆地 4 英里的地方，在本世纪（19 世纪）初期有一个新形成的小岛，称为爱得孟斯东岛；1817 年，港务部门在它的中央设立了一个信号，作为陆地的标志。1818 年，岛的长度已经达到 2 英里，宽约半英里，上面盖着野草和灌木。他们后来又陆续在上面造了几座房屋，而在 1820 年，曾经用它作为一个领航站。1823 年的猛烈强风，把岛分成两半，面积缩小了许多，以致所设的信号，屹立在海中，它在海里维持了 7 年，终于被水冲去。到了 1836 年，经过多次的风暴，这个小岛变成了一个半英里长的沙洲，航海标志就建立在这上面。

在某些地方，陆地虽然有增长的证据，海岸的一般进展，却非常缓慢；因为在枯水时期，潮水忙于用它的力量来移去冲积物质。在松得班，潮汐的涨落一般不超过 8 英尺，但在 1851 年冬季，胡柯博士曾经在三角洲的东面看见潮水升高到 60 英尺到 80 英尺，因此在美格那河和芬尼河河口的各岛之间，产生一种很高的波浪，或者"怒潮"，使河水倒灌；到了退潮的时候，它又猛烈地向下游冲刷。吉大港以南 40 英里间的海湾中的海水，被冲淡到一种程度，以致藻类植物和茄藤，都不能在那里生长。由此可见，如此大量的水所形成的水流，在广大面积内散布细泥的能力是很大的。这种力量，有时因为受了 5 月份的飓风的激动而加强。新的表面地层，完全是沙和泥；至少露在无数小溪溪岸表面上的普通地层，都是由这种物质所组成。在恒河的这一部分的河岸和较为上游的河岸的剖面中，胡柯博士都没有能找到陆生或淡水介壳，在枯水时期，上游平原的河岸有时形成 80 英尺高的悬崖。我已经在其他著作中说过[1]，我也同样没有能够在密西西比河三角洲或近代河岸悬崖上找到任何介壳化石。

恒河也和密西西比河一样，常在增加它的河床和河岸的高度（第 218 页图 37）；我们从柯特雷爵士和贝可上校那里得知，甚至于为了内河运输在印度开辟的运河，例如像水流在其中畅通的朱木拿区的各运河，也同样在最近河岸的部分，沉积许多较粗的物质，所以这些河岸形成了较大河流的小型代表。在他所著的恒河三角洲的论文中[2]，福格孙反对在他以前的权威作者的意见，他指出，这种沉积物，是溢出的河水受了湖沼静水的抑制而抛弃下来的，其情况与图 37 的 $g\,f$ 和 $d\,e$ 两点相同。但在事实上，较粗物质的沉积，发生于河岸最高部分的附近，恰好在河水正要溢出但是还没有达到干流两旁冲积平原中较低水平的湖沼的地方。河岸的高度是相等的，就在没有湖沼的地方也是连续的。

恒河和布拉马普特拉河三角洲的任何部分以及离海 400 英里之内，都没有像小砾那样粗的物质。但是很奇怪，1835—1840 年在加尔各答附近威廉炮台所钻凿的自流井的钻孔中，在 120 英尺深的地方，却遇到了泥沙和小砾。这个钻孔凿到加尔各答水平以下 481 英尺；钻孔中的地质剖面，曾经有详细的记录。在表面土壤以下大约 10 英尺深的地方，有一层厚约 40 英尺的坚硬蓝色黏土；在这一层的下面，是沙质黏土，其中较底部的一部分，含有很多腐烂的植物质，而在底部则有 2 英尺厚的带有黑色泥炭性质的地层。这

---

[1] Second Visit to United States, vol. ii. p. 145.

[2] Fergusson, Ibid.

一个泥炭层，显然表示一个上面生长有森林或松得班植物的地面[如波特兰的"污泥层"(dirt bed)]。泥炭的上面和直接下面，有一种变质很微的红色树木的枝干，照瓦里奇博士的鉴定，它是 *Heritiera littoralis*，属于三角洲边缘盛产的一种松得里树（Soondri tree）。福尔康纳告诉我说，在加尔各答周围其他地点的 9 英尺和 25 英尺的深处，也有同样的泥炭。所以，这里原来的陆地，后来似乎沉陷了 70 英尺或 70 英尺以上；因为加尔各答高出海面只有几英尺，泥炭层的不断出现，似乎意味着陆地的沉陷是缓慢的，或者停顿了许多次。继续向下钻，威廉炮台的钻孔在植物层以下，进入了一层大约 10 英尺厚的黄色黏土层，其中含有几层水平的孔卡（kunkar or kankar），孔卡是一种结核状的泥质石灰岩，也是全部恒河流域深深浅浅地方很普遍的物质，它们的性质很一致，分布范围达几千平方英里，甚至于在加尔各答以北 1 000 英里的地方，性质也没有什么变化。在撒哈兰普亚附近，由泛滥河流所形成的沉积物中，据说有近代形成的孔卡。钻了 120 英尺之后，遇到一层含有云母板岩和其他岩石的水磨石块的壤土，这样大小的石块，恒河的河水现在已经没有能力可以搬到这个区域了。下面穿过的各种地层中，含有黏土、泥灰岩和疏松的砂岩，其中也常夹有孔卡层，但是没有找到绝对海生的生物。我们不应当根据这样事实作出过于肯定的结论，如果我们考虑到螺旋钻所凿的面积非常小，而且常使介壳和骨骼破碎。然而值得注意的是，在可以鉴定的化石之中，我们只找到河生的或陆生的类型。例如，在 350 英尺深处的沙中，找到了一种龟类或鳖属的硬壳，这是一种淡水属，与现时生活于孟加拉的种相似。从同一地层中，他们也取出了一个反刍类动物的肱骨的下半节，福尔康纳说，其大小和形状与印度的普通豚鹿或 *Cervus porcinus* 的肩骨相似。在 380 英尺深的地方，含有湖生介壳碎块的黏土，覆盖在看起来显然是另外一层"污泥"或腐烂树木地层的上面；这种现象，意味着一个相当长的静止时期和一个布满森林的地区。这一层地层，一定下沉了 300 英尺，才能让后来的上覆沉积物堆积在上面。有人推测说，当这个区域生长树木的时候，伸展到孟加拉湾中的陆地比现在远，恒河三角洲后来的扩展，不过是从海里收回失地而已。

在地面以下大约 400 英尺的地方，地层的性质突然起了变化，这些地层大部分是由沙、扁砾石和巨砾所组成；所找到的化石，有一种鳄鱼的椎骨、一种鳖属的壳和变化很少而与埋在很上面的地层中相似的树木。这些砾石层，构成 481 英尺厚的剖面的底部，由于螺旋钻发生了意外，钻孔就在这里停止了。

120 英尺和 400 英尺处有小砾，表示加尔各答附近或周围区域的地理情况发生了重要的变化。河流的坡度，或者冲积平原的一般斜度，以前可能比较大；或者，在普遍的和可能不均匀的沉陷以前，一度较近现在三角洲边缘的小山，可能升高了几百英尺，在海湾内形成几个岛屿，这种岛屿，后来可能逐渐下沉，又被掩盖在河成沉积物的下面。

三角洲的年龄　如果能进行一系列试验，使我们能够相当准确地确定恒河和布拉马普特拉河的联合流水每年排入海洋的平均泥土量，在科学上说，是一种很有趣的事。1831—1832 年，埃弗列斯特教士在离海 500 英里的加兹普尔地方，对恒河挟带下来的泥质，进行了一系列的观察。他发现了，在 1831 年的各个时期内，这里每秒钟流量的立方英尺数是：

雨季（4 个月）······················494 208

冬季(5 个月)	71 200
热天(3 个月)	36 330

以整数计算,我们可以说,从 6 月到 9 月的洪水季节这 4 个月内,每秒钟的流量是 500 000 立方英尺,其余的 8 个月每秒钟大约是 100 000 立方英尺。

在雨季期内,悬浮在水里的平均泥土量,以重量计算是 1/423;但是水的比重只有干燥泥土的一半,所以,以体积计算,所排出的泥土量应当是 1/856,也就是说,每秒钟 577 立方英尺。照此计算,雨季 122 天内排出的总体积,应当是 6 082 041 600 立方英尺。在其他季节中,水里所含沉积物的比例比较小,冬季五个月的总量只有 247 881 600 立方英尺,热天的三个月是 38 154 240 立方英尺。全年总计是 6 368 077 440 立方英尺。

这样大量的泥土,每年可以把 228.5 平方英里的地面,或每边 15 英里的方正面积加高 1 英尺。为了使人们对这种伟大的结果形成更深的概念,我们暂时假定干燥泥土的比重只有花岗岩的一半(事实上超过一半);照这样计算,每年排出的泥土量,要等于 3 184 038 720 立方英尺的花岗岩。12.5 立方英尺花岗岩的重量等于 1 吨;所以埃及的大金字塔的重量,如果全体都是用花岗岩建造的话,应当是 6 000 000 吨。照这种方法估计,每年带下来的物质的重量,要超过 42 个埃及的大金字塔,而雨季 4 个月中带下来的重量,应当等于 40 个大金字塔。但是,如果我们不去推测泥土的比重,仅仅根据埃弗列斯特教士实践证明的水里所含的固体物质的重量来计算,那么 122 天雨季所排出的重量,应当是 339 413 760 吨,大约等于 56.5 个大金字塔;全年的重量是 355 361 464 吨,即约等于 60 个大金字塔。

大金字塔的基部面积是 11 英亩,垂直高度大约是 500 英尺。我们很不容易提供一种景象,使人们对于如此平静而迂缓地在冲积平原上流过的恒河所完成的大规模工作——甚至于在离海 500 英里的地方——形成适当的概念。然而我们可以说,如果有一个由 80 艘以上的印度大商船组成的运输队,每一艘装载 1 400 吨重的泥土,昼夜连续不断地每小时航行一次,把泥土向下游运输 4 个月,它们从较高地区输送入海的泥土量,也仅仅等于洪水季节的 4 个月内恒河从河道的这一部分带下来的固体物质。或者,大约 2000 艘同样的船只所组成的运输队,每天航行一次所能倒在海湾里的泥土的重量,也不会超过这条大河所做的工作。

有史以来,埃特纳火山喷泻出来的熔岩的体积,以 1669 年为最大。在改正了波列里的估计之后,照弗拉拉的计算,这一次岩流的体积等于 140 000 000 立方码。按照以上所说的数据计算,这不过相当于恒河每年在经过加兹普尔时所挟带的沉积物质的 1/5;所以埃特纳火山要有 5 次大喷发,才能从地下流出与每年流到加兹普尔的泥土量相等的熔岩。

孟加拉的工程师史脱拉奇上校对我说,埃弗列斯特教士的观测地点加兹普尔,不但离海 500 英里,而且恒河的最大支流都不在这一点以上流入恒河。喜马拉雅山全部 750 英里的水,是由这些支流排泄的,但是只有不到 150 英里范围内流下来的水,是在加兹普尔以上流入干流。在这一点以下,流入恒河的支流,在北面有哥格拉河、干达克河、科西河和提斯塔河,此外还有从南面流入的宋河;宋河是从印度中部台地上流下来的最大河流之一(图 43)。况且喜马拉雅山脉的其余 600 英里,包括雨量最大的东部盆地。所以入海的水量,可能超过流经加兹普尔的水量四五倍。

根据魏尔柯克斯少校的报告[1],1月份流量近于最小的时候,在三角洲起点以上只有几英里的瓜尔帕拉地方,布拉马普特拉河的每秒钟流量是 150000 立方英尺。如果拿在加兹普尔观测到的各季流量的比例作为估计标准,布拉马普特拉河的全年平均流量,大约与恒河相等。作了这样的假定,并为避免夸大的危险,我们又假定水里所含沉积物的比例,比埃弗列斯特所估计的少 1/3,如此则全年带入孟加拉湾的泥土量,应当等于 400 亿立方英尺,即等于 1831 年埃弗列斯特所计算的、流到加兹普尔的体积的六七倍之间,或者等于密西西比河每年输入墨西哥湾的泥土量的 5 倍。

照史脱拉奇上校的估计,三角洲每年被泛滥的部分,长约 250 英里,宽 80 英里,面积为 20 000 平方英里。海湾以南有沉积物堆积的空间,东西的宽度可能是 300 英里,南北 150 英里,就是说 45 000 平方英里,两者相加,这两条河流的沉积物的散布面积,大约等于 65 000 平方英里。假定每年的固体物质量是 4000 亿立方英尺,他说,必须连续沉积 45.3 年的时间,才能使整个面积升高 1 英寸,即必须经过 13 600 年才能升高 300 英尺;这种厚度,如前所述,比螺旋钻孔在加尔各答实际穿过的河成地层(还没有到底)小得多。

然而我决不能仅仅依靠这些资料来推断三角洲将来进展的速度是怎样,也不能靠它来预测陆地是否会侵占海洋,或者稳定不动。倘若在今后的许多世纪中,这里发生像格陵兰某些部分那样的温和沉陷 13 000 年之后,海湾可能不如现在这样浅。每世纪不超过 2 英尺 3 英寸的沉陷,孟加拉居民是不大会感觉到的,可是已经足够抵消这两条大河扩展它们疆界的努力。我们已经知道,加尔各答的钻孔可以证明,或者"深沟"的非常深度也可能表示,许久以来,相反的沉陷力量,总是比河成泥土的输入占优势,它阻止了孟加拉平原的升高——加尔各答现在只高出海平面几英尺[2]——或者阻止大部分海湾被填满。

对于三角洲的结论

三角洲的聚合　如果我们有一套亚德里亚海几千年来的准确地图,我们的回顾可能引导我们到一个时期,其时从山区流下来的各自通过自己形成的三角洲流入海湾的河流数目,也许比现在多得多。例如,波河和阿迪杰河的三角洲,在后-第三纪期间可能是分开的,依松索河和托里河的三角洲,很可能也是如此,在另一方面,如果我们推测到未来的变化,我们可以预料得到,将来会有一个时期,三角洲的数目会大大地减少;因为波河不可能总是每 100 年向浅湾里伸展 1 英里,或者其他河流每六七世纪向海洋侵占 1 英里而不时时遇到新河流的汇合;如此,号称"河流之王"的依里丹纳斯河(希腊时代波河的名称。——译者注),才会继续自夸它有更多的支流。恒河和布马拉普特拉河,可能是在有史期间或者至少在人类时代才局部汇合成一个共同的三角洲;如果美洲的发现不是如此之晚,雷德河和密西西比河的会合时期,可能也可以知道。底格里斯河和幼发拉底河的

---

[1]　Asiatic Researches, vol. xvii. p.468.
[2]　原书为几英寸,与 219 页倒第二行所述几英尺不符,想系排误。——译者注

汇合，无疑是地球上近代地理变化之一，因为亨利·罗林孙爵士告诉我说(1853)，这两条河的三角洲，在过去 60 年中已经进展了 2 英里，并且可能在过去的 25 个世纪中向波斯湾延伸了 10 英里。

当许多河流的河口三角洲聚合的时候，最初仅仅是某一个或某几个河岔进行局部的汇合；但是一定要等到干流在共同三角洲的起点地方连接的时候，它们的水和沉积物才会完全混合在一起。所以，波河和阿迪杰河，以及恒河和布拉马普特拉河的联合，还是没有达到完全的程度。如果我们回想到现在流入孟加拉湾的各河流所排泄面积，然后再考虑到它们所搬运的物质大部分已经混合得如此彻底，并且通过许多河岔散布在如此广大的三角洲上，那么我们对某些具有均匀矿物成分的古老地层所占的面积，就不会感觉到惊异。当我们进一步研究潮汐和洋流对散播沉积物的作用的时候(第二十二章)我们的惊异程度还要减少。

现有各三角洲的年龄　如果我们承认，从现在所有的三角洲开始形成时起，海陆的相对水平，始终没有发生过变化——如果我们可以假定，它们是在现时各大陆发展到现有形状的时候，才同时开始生长——那么我们才会了解一般地质学家所说的"现在大陆的时代"的意义。他们企图用意想的固定时代，来计算三角洲的年龄；并且在计算河口陆地向海洋伸展的时候，认为各处的三角洲都是同时开始的。但是我们对三角洲的历史研究得愈多，愈相信陆地和邻近海底的上下运动，曾经影响并且还在继续影响许多水系盆地的地形，而其规模的宏大或重要性，可以与同一段时期内河成沉积物的沉积量相比拟。例如，我们有证据可以证明，自从现时生存的陆生和淡水介壳生存时起，密西西比河的盆地，已经垂直上升了和下沉了几百英尺[①]。

我们已经看到，钻凿自流井的结果，证明波河和恒河的陆地也下沉了几百英尺——在不同的深处，穿过老的地面或者"污泥层"、泥炭和生长森林的地面。作为说明有沉积物输入的区域所发生的水平的不断波动，克切地方的印度河口(见本书第二十八章)和密西西比河流区的新马德里(224 页和第二十八章)的水平变迁，是很有意义的。所以，如果所有现代三角洲的准确年龄都已经知道的话，恐怕我们也不可能在世界上找到两个年龄相同的三角洲，也就是说，我们找不到两个完全同时开始沉积的三角洲。

三角洲中地层的分组　三角洲所经过的变化——甚至于在有史时期——对于水底沉积物的分布方式可以提出许多重要的论证。例如一个湖的两边被高山所围绕，并且接受从这些山里流出来的许多大小不同的河流和溪涧的流水；如果其他方向的地势比较低平，而多余的水就从这里流出，那么到了这个盆地逐渐被输入的沉积物填成干涸的陆地的时候，我们不难说明这种湖成地层的某些主要地质特征。

河流和溪涧从邻近高山冲到湖边的碎屑物质，立刻都沉入深水，较重的小砾和砂，积在湖岸附近。较细的泥土，漂流较远，但是也不会达到几英里，因为大部分的泥土，像我们在罗讷河流入日内瓦湖的地方看到的那样，在河口以外不远，像云雾似的沉落到底，在每一条溪涧和河流的河口外面海岸附近造成一个冲积地区；小砾和沙，被运到离山更远的地方；但在它们的行程中，由于自磨作用，愈变愈小，一部分变成了泥和沙。最后，一部

----

① Lyell's Second Visit to the United States, vol. ii. chap. 34.

分向共同中心推进的三角洲,互相接近;于是相邻溪流的三角洲就连接起来了,而每一个小三角洲,又依次与向湖里前进最快的最大河流的三角洲相合并,使得所有的小河,都逐一变成大河的支流。所有河流的各种矿物成分,因此都混合成均匀一致的混合物,从一个共同的河槽流入湖中。

当干流的力量和水量增加的时候,由于被运颗粒的平均粒度逐渐变小,较新沉积物的散布面积,也将继续扩大,因此它们沉积的斜度也不如老沉积物那样陡。最初在盆地边缘有许多独立的三角洲的时候,它们的沉积物的性质各不相同;一条河流可能含有白沙和来自花岗岩的沉积物,如在亚味河与罗讷河汇合的地方——另一条河流可能有黑色的沉积物,如提罗尔的许多河流,它们都是从正在分解的黑色板岩区域流下来的——第三条河流可能被赭色的沉积物染成红色,如路易西安纳州的雷德河——第四条河流,如托斯卡那的埃尔沙河,含有大量的碳酸钙溶液。最初它们各自形成不同的沙、砾、石灰岩、泥灰岩或其他物质的沉积物;但在联合之后,它们可以形成新的化学化合物和不同颜色的沉积物,而它们的颗粒,在冲积平原上经过 10、20 或者更多英里的搬运,也愈变愈细。较老的一组地层,大部分是由较粗的物质组成的,有时倾斜很陡,尤其是含有小砾的地层。较新的一组地层,大致比较细粒,在广大面积内的颜色和矿物成分,也比较均匀。这里所说的排列规律,虽然会使较老或较近海岸的一组地层所含的物质,大部分比较新的一组地层所含的粗,但是当较新的沉积物向离开海岸较远的地方前进的时候,它并不直接抛落在较老的岩石上面,而沉积在滨海三角洲最初形成时带到很远地方的最细的泥土上面。由于这种理由,某些由沙和较粗物质组成的新地层,常常覆盖在一组细得多的较老地层上面。回想到这些事实,我们可以明了,地层排列的规律一定是很复杂的,尤其是对于各组沉积物的相对年代之间以及它们组成物质的细度之间的关系。

受着潮汐和强烈洋流干扰的那些三角洲,以上所说的情况,需要略加修改才能应用。如果在一个三角洲的生长期间,有多次地震,以及陆地的水平不时发生变化,如印度河现在入海的区域,这种现象将与通常的类型相差更远。如果,在长期的平静之后,一个三角洲下沉了,小砾可被散布在周围小山山麓附近的浅水里面,于是所形成的砾岩,可以覆盖在以前在这个区域的深水中沉积的细泥上面。

三角洲中层理的成因　水成沉积物中常见的成层排列,大部分是由于流水速度的变化所致,在一定的流速下,它们不能推动超过一定大小和重量的颗粒。因此,当河流的力量增加或减小时,在某一地点依次抛落的物质,都按照它们的大小、形状和比重约略分级。没有这种作用的地方,如冰川所运的沙、泥和石块,碎屑物质就杂乱无章地堆成没有层次的堆积。

在周期性的雨季或高山融雪季节之间的一段时期,也可以偶尔在三角洲的沉积物中造成天然分界线。每年沉积物的性质,在下一年的沉积物覆盖以前,可能相当一致。每年或者每日的环境变迁,也可以使颗粒的颜色和粒度以及其他性质发生些微的变化,从而使互相重叠的地层,有不同的组织和矿物成分。例如,在一年之中,一个时期从上游流下来的是许多漂木,而在另一个时期可能是泥土,以前所说的密西西比河三角洲的情况就是这样;或者在河流的流量和流速最大的时期,小砾和沙的散布面积可能很广,可是到了枯水季节,细的物质和化学沉淀物又堆积在这个区域的上面。在洪水时期,混浊的淡水流,常把海水推到几英里以外;但在河水低落的时候,盐水又回转来占据原有的位置。当两个三角洲将要聚合的时候,它们的居间地带,由于以前所说的理由,交替地成为这两条聚合河流带来的沉积物的储库。一条河流可能含有很多钙质物质,其他一条河流,可能含着泥质物质;或者一条河流冲刷下来的是沙和小砾,另一条河流搬来的是极微细的泥土。这些区别可能相当有规则地重复出现,最后堆积了几百英尺厚的互层。在特殊的地点,介壳和珊瑚的短期繁殖,也可能产生分界线,把原来应当属于均匀一致的块体,分成两个不同的地层。

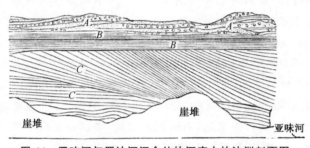

图 44　亚味河与罗讷河汇合处的河床中的沙洲剖面图
（表示流水相遇的地方沉积物的层理）

现时在苏格兰各湖中形成的含介壳泥灰岩,或从恒伯河和其他河流的泥水中沉积的所谓"沉泥"（warp）的沉积物,都表示近代的沉积物之中,常常有无数极薄的层次,有时很平,有时略成波状,但是大致都与层面相平行。然而,近代地层中的纹层,有时互相作对角的排列,角度的相差相当大;这种现象似乎形成于流水运动互相抵触的地方。1829 年 1 月,我曾经和日内瓦的纳柯教授同到罗讷河和亚味河汇合的地方去进行调查,其时这两条河流的水位都很低,并且都在亚味河上一个春季抛下的一大堆碎屑中割切河槽。一个在 1828 年春季形成的沙洲被暗掘了,这个沙洲的位置,是在这两条河水相遇的地方,它们互相抵消它们的力量,从而减小了它们的速度;图 44 的垂直剖面,表示在被暗掘地方露出的纹层的实际排列情况,在图上看到的部分,长约 12 英尺,高 5 英尺。地层 AA 是小砾和沙组成的不规则波状互层;在这一层的下面,是许多很薄的沙层 BB,一部分像纸一样薄,一部分厚约 1/4 英寸。地层 CC,是由像纸那样薄的细绿沙纹层所组成。一部分的倾斜地层,上端比较厚,另一部分则下端比较厚,而它们的倾角有时相当大。这些层次,一定是以侧向互积的方式（lateral apposition）依次堆积的,很可能,当一条河流的速度缓慢地增加或者减少的时候,两股流水互相抵触时所造成的最小速度点,也在缓慢地移动,因此使沉积物在倾斜的岸上积成连续的层次。各时期的老地层中,也有同样的现象[1]。

如果湖底或海底正在沉陷——不论速度是否均匀——或者沉积时期水平在发生振荡,那么就会产生另外一种现象,例如造成浅水和深水沉积物的重复互层,每一层各有各的特殊有机遗迹;或者在一定的深处造成同样沉积物的不断重复,并且含有相同的有机遗迹;或者造成其他为本书不拟详述的复杂而变幻无穷的结果。

砾岩的形成　沿着土伦和热那亚之间的海岸阿尔卑斯山的山麓,除了很少的几个地方外,所有的河流现时都在形成砾岩和沙层。它们的河槽的宽度常常达到几英里,其中一部分是干的,其余的部分,一年之中有 8 个月是浅水,可以涉水而渡,但在融雪时期,水

---

① 见 Elements of Geology, 6th ed. p. 16 和 Student's Elements, p. 17。

面上涨了，并且大量地搬运泥土和小砾。为了维持法国和意大利之间沿着海岸建筑的交通路线，每年必须移去大量在洪水季节带下来的砂砾。在有些地方，如在尼斯附近，部分砾石沿着海岸形成砾石层，但是大部分被冲入深海。由这一部分海岸入海的小河所造的三角洲，进展很慢，因为离开海滩几百码地方，有时就有 2 000 英尺的深海，尼斯海滩附近的情况就是如此。西西里的大部分河流，也有这种现象，例如墨西拿港的北面，每年有大量的花岗岩小砾冲入海洋。

　　我现在可以对三角洲的叙述作一结论：我们所掌握的关于过去 3 000 年所经过的变迁的资料虽不完备，它们已经足够表示，地球表面上的海陆位置，的确不断地在进行交换。仅以地中海而论，许多内地的繁荣城市和更多的港口现在所占的位置，在欧洲最早文明时期，是海浪滚动的区域。如果我们能够同样准确地比较所有岛屿和大陆的古今情况，我们或者可能发现，现在维持几百万人口生活的陆地，在较早时期原来是海洋和湖泊。现在有许多陆栖动物和森林的地区，以前固然是船只航行的区域，但在另一方面，海洋的内侵和由于地壳的沉陷所引起的陆地沉没，其范围可能也同样广阔。如果把所有这些由水成作用和火成作用逐渐导致的变革加以适当的考虑，我们或者会承认亚里士多德的结论的正确性，他说，地球上的全部海陆，周期地在交换它们的位置[1]。

---

[1]　见本书第 10 页。

第二十章 潮汐和洋流的破坏和搬运作用

潮水上涨高度的不同——洋流的成因——拉古拉斯和墨西哥湾流——伊利湖中的水流——由于地中海海水过分的蒸发而流入的表面洋流——直布罗陀海峡中没有永久的底流，但有达到海底的潮汐作用——地中海和大西洋之间温度的对比——黑海的洋流——洋流的速度——一般的海水循环——海洋对不列颠海岸的作用——设得兰群岛——被移动的大石块——小岛化成了岩石群——奥克尼群岛——苏格兰东岸的耗损——英格兰东岸的耗损——霍尔得纳斯、诺福克、苏福克悬崖的耗损——1839 年和 1862 年的爱克尔斯教堂——沙丘是否可以用做计时器——三角港的淤塞——雅默斯三角港——苏福克海岸——丹威治——爱昔克斯海岸——泰晤士河的三角港——古德温沙洲——肯特的海岸——多维尔海峡的形成——英格兰南部的海岸——塞塞克斯——汉治——多昔特——波特兰——拆塞尔沙洲的形成——托尔湾——康沃耳的圣·密契尔山——布里塔尼的海岸

所谓潮汐和洋流的大水体运动，成因虽然很不相同，它们的作用却不能分开研究；因为它们的联合作用，加上波浪的帮助，可以产生地质学上有兴趣的变化。我们也可以用以前研究河流的方法来研究这些力量——第一，它们是破坏一部分地壳并且把破碎下来的物质搬运到另一个地方的力量；第二，也是创造新地层的力量。

潮汐 今天再讨论潮汐的成因，未免多余。在大部分的湖泊和内海中，它们的作用是不易感觉到的；就是在深而且广的地中海里，通常的观察，也不容易看出它们的存在，它们在这里的影响，比风和洋流小。然而在有些地方，如墨西拿海峡，潮水涨落的幅度可以达到两英尺以上；在那波利，是 12 英寸或 13 英寸；据伦纳尔说，在威尼斯是 5 英尺[①]。在卡台基和赛伦之间，伸入非洲北岸的两个宽而浅的古代塞替斯海湾，潮水的上涨，据说在 5 英尺以上[②]。在希腊著名的尤里波斯海峡里，潮水的作用非常奇特。在卡尔息斯或在内格罗彭特，海峡的宽度只有 50 英尺，深度只有 20 英尺深；在测量地中海的时候，史普拉特船长曾经注意到，在朔望之前大约 4 天或朔望之后的 5 天内，潮水很有规则地向北流动 6 小时，然后又向南流动 6 小时，速度每小时几英里。在海峡的南边，潮水的涨落大约 1 英尺，在北边则高到 26 英寸。有的时候，潮汐运动的规律，因受当地风的影响而被扰乱，变成很不规则。

在离开任何大陆遥远的岛屿上，大洋潮汐的涨落也很小，例如在圣·海伦那，它难得

---

① Geog. of Herod. vol. ii. p. 331.

② Ibid. , p. 328.

超过 3 英尺①。在任何一条海岸线上,潮水的涨落以在狭窄的海峡、海湾和三角港为最大,而以这些港湾之间的陆地凸出部分为最小。所以,在泰晤士河和美得威河三角港的入口处,春潮上涨的高度,可以达到 18 英尺;但从这一点起,沿着东海岸向北走到洛斯托夫特和雅默斯,它的高度逐渐减低,到了最后的地点,最高的高潮也不过七八英尺,从这里起,高度又开始增加,所以在克罗默尔海岸向西退缩的地方,潮水可以升高到 16 英尺;在这个海湾的终点"沃希湾",如在林尼和波士顿深渊,它的高度是 22～24 英尺,在特殊情况下,可以达到 26 英尺。从这里向北,高度又减低了,在史波恩角的高度是 19～20 英尺,而在弗蓝伯勒角和纽克郡海岸,则减到 14 英尺到 16 英尺②。

在彭布鲁克郡米耳弗德·海文的布里斯特耳峡的口上,潮水涨到 36 英尺;在布里斯特耳市附近的金鲁特是 42 英尺。在威依河边的瑟普斯托,它们达到 50 英尺,有时 69 英尺,甚至于达到 72 英尺③;威依河是流入塞汶三角港的一条小河。冲到海格角西面法国海岸的洋流,受着格恩济、哲尔济和其他海岛的拥挤,直涨到 20～25 英尺,最后一个数字,是哲尔济和布里塔尼的一个海港叫做圣马洛的潮水高度。在新斯科夏,芬地湾头的麦因斯盆地的潮水,高达 70 英尺。然而某些海岸的潮汐,似乎成为以上所说的规律的例外;因为南美洲的拉普拉塔三角港,几乎没有潮水,而在它南面的巴塔哥尼亚的空阔海岸上,却有很高的高潮。然而在这个区域的麦哲伦海峡,潮水却很高(大约 50 英尺),它们至少没有脱离一般的规律。

洋流的成因　只要略为研究风的临时作用在我们的海里所产生的结果,我们就不难理解,向一个方向吹几个月的风,怎样可以使广阔的海洋产生大规模的运动。大家都知道,猛烈的西南或西北风,总是使英格兰西岸和英吉利海峡的潮水升高到异常的高度,而连续不断的西北风,可以使波罗的海的水平升高 2 英尺或 2 英尺以上。史米登用实验的方法确定了一种事实,即在一条 4 英里长的运河里,仅仅依靠沿着运河吹的风,就可以使它一端的水比其他一端高出 4 英寸;伦纳尔少校告诉我们说,10 英里宽、一般深度只有 3 英尺的一片水,在强风的影响下,可以把水向一边推动,继续堆积到 6 英尺深,而向风的部分,变成干涸④。

所以,他说,水被堵住而找不到出路的时候,它就会堆积起来;如果它有出路的话,同样的作用可以产生一个洋流;洋流所达到的距离,随着推动的力量而有所不同。

在像北美洲各大湖那样的大水体中,向一个方向吹的大风,常使水在下风方向堆积起来,等到平衡恢复的时候,就会产生强大的洋流。1833 年 10 月,伊利湖里产生了一股强大的洋流,一方面是由于湖水向出口方向流动,一方面是由于流行的风;这一股洋流,在一个名为长角的大半岛中,冲出一条出路,不久以后,掘成了一个深 9 英尺以上、宽 900 英尺的水道,这条水道后来又被逐渐加宽和加深⑤。在 1837 年的测量以前几年,湖南岸

---

① Romme, Vents et Courans, vol. ii. p. 2. Rev. F. Fallows, Quart. Journ. of Science, March 1829.
② 这些潮水高度的数据,是海军船长海威特提供给我的。
③ 根据海军上将布福特爵士。
④ Rennell on the Channel Current.
⑤ 摘自英国海军贝菲尔船长给我的一封短信。

克利夫兰市前面的悬崖,受到异常剧烈的陵削,以致威胁了许多城镇[1]。

伦纳尔少校[2]按照它们的成因,把洋流分为表面洋流和大洋河流两类;前者是由经常不断的和流行的风所引起;风把表面的水向下风方向推动,一直等到被推动的水遇到某些障碍物不能前进而堆积起来为止;这样堆积的水,转变为大洋河流。障碍物可能是陆地、沙洲或者一个已经形成的大洋河流。大洋河流可有任何大小、深度或流速;表面洋流的深度不大,每小时的速度很少超过半英里。

流过莫桑比克海峡的洋流,是主要洋流之一,它在这里沿着非洲东南岸流动,宽为90英里,每小时的流速从2英里到4英里。流到好望角之后,它被拉古拉斯折向西流;拉古拉斯是从深海底部升出的一个大浅洲或者一个淹没在海水下面的山脉,离海面的深度不到100英寻。伦纳尔说,这种转折,证明洋流的深度超过一百英寻,否则它的主体会越过这个浅洲,不至于折而向西,绕过好望角。它后来与从南方或南极纬度上流来的洋流合并在一起,沿着非洲西岸继续北流,到柏特或贝宁港为止。从这里起,它又转向西流,一方面是由于海岸的形状,一方面可能是由于遇到从北方流入贝宁港的几内亚洋流。从这个海湾的中部,开始所谓大西洋的赤道洋流,以160海里到450海里的宽度,从几内亚海岸向西,横穿大洋,直达巴西。全部的长度约4000海里,每天的速度从25英里到79英里,平均速度约30英里。

流近南美洲东北地角或圣·罗克角的时候,它又分成两部分,一部分沿着巴西海岸南流,但是主要的部分则向西流,绕过圭亚那海岸,并且因接受了从亚马孙河和俄利诺科河流入的河水而加强。经过特立尼达岛之后,它又扩展开来,并且对加勒比海和墨西哥湾水的上升,多少有一些贡献;一般认为,加勒比海和墨西哥湾水的堆积,是东北方向的贸易风所促成——这两种情况的配合,产生墨西哥湾流。

在第十二章中已经说过,湾流有缓和北半球大部分地区的寒冷程度的作用。萨宾将军曾经提到一个可以说明赤道流和湾流的联合作用所造成的结果的稀奇事实。1822年,他访问非洲海岸的时候,正好有一只船在赤道附近的洛佩兹角沉没了;一年以后,他在欧洲北角附近挪威的哈默菲斯特地方,看见那只沉船上装运的几桶棕榈油被抛弃在岸上。这些油桶,先在赤道以南从东向西横渡了大西洋,后来在西印度群岛绕了一个圈,又在赤道以北从西到东重新渡过大西洋。萨宾将军说,它们所走的北面一条路线,最初不一定完全是由于湾流的推动,而可能是由于在贸易风北面流行的西风和西南风。

从以上所述的一切来看,我们可以了解,何以伦纳尔把某些主要的洋流称为大洋的河流;照他的描写,这种大洋河流的宽度,大约从50英里到250英里,而速度也比大陆上任何最大的通航河流大,它们的深度是如此之大,以致顶部在海面以下40英寻、50英寻、甚至100英寻的浅洲,有时可以阻碍它们的前进,有时可以使它们改向[3]。

潮汐的涨落,可以使洋流交替地向相反方向流动。这种作用的影响,以在三角港和岛屿之间的海峡为最显著。关于这一点,我们以后再讨论。

---

[1] Silliman's Jonrn. vol. xxxiv. p. 349.

[2] Investigation of the Currents of the Atlantic Ocean,p. 21. London, 1832.

[3] Rennell on Currents,p. 58.

向地中海流动的洋流是由于过度的蒸发　洋流的另一种成因，是由于太阳热的蒸发。经常从大西洋流入地中海的洋流，是一个绝好的例子。史梅斯海军上将在测量的时候发现，一个中央洋流，经常以每小时 3 英里到 6 英里的速度向东流入这个内海，水体的宽度是 3.5 英里。但是此外还有两条侧面的洋流——一条在欧洲方面，一条在非洲方面；每条的宽度从 1/4 英里到 2 英里，它们的速度与中央洋流相同。侧面洋流随着潮汐上落，交替地流入地中海和大西洋。但是一般的意见认为，不论它们的作用是怎样，流入地中海的水量总是比较多，如此可以补偿地中海因蒸发作用而受的损失。因为从非洲海岸吹来的风，既热且干，所以笼罩这个大内海上面的空气，以及海水本身的温度，比大西洋东部同纬度上的平均温度高。

据 1845 年史普拉特船长的估计，地中海的西盆地，或者在西西里岛以西 A、B（图 45）两点之间的盆地，在海面以下 100 英寻处的温度，比大西洋同纬度上的温度约高 20°F[1]。这种非常的差别是不可能的，如果海底没有岩石的堤坝存在（图 45，A）；根据史梅斯将军测量的结果，这个堤坝是在特拉法加角和斯巴特尔角之间，这两处的距离不过 22 英里。照他的测定，这个山脊的顶部在海面以下的深度，都不超过 220 英寻；但是史普拉特船长告诉我说，法国测量队在 1854 年和 1863 年所作的测量，证明最深的锤测不超过 167 英寻，其位置在丹吉尔一边的附近。山脊的宽度是从 5 英里到 7 英里，顶部的最浅部分，现在还是看不见，它形成一堵隔墙，阻止大西洋较冷的水侵入地中海[2]。以前认为，水的盐度是随着深度增加的；但是史普拉特船长的观察，并没有能证明这种结论，虽然在达达尼尔附近爱琴海的表面水，略为淡些，这是因为从达达尼尔流来的洋流，常含大量的河水。

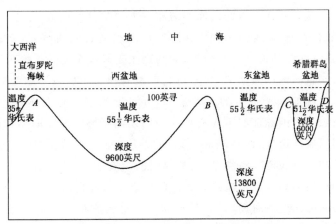

图 45　地中海盆地的剖面图

A. 在特拉法加角和斯巴特尔角之间的海底山脊，深约 167 英寻。

B. 西西里和非洲之间的爱得文丘和麦代那沙洲，深约 200 英寻。*C*.

东盆地和希腊群岛之间的山脊，深约 200 英寻。*D*. 小亚细亚。

---

① 史普拉特船长对两海温度的估计是 59.5°和 39.5°。自从我们有了更精密的温度计之后，用新温度计测定的地中海的温度是 55.5°，大西洋是 35.5°，因为这种误差同样影响两个海洋，所以以前的结论还是可以应用。

② Capt. Spratt, Travels and Researches in Crete, 1865.

早在 1673 年,史密斯博士已经提出了一个问题,他说,除了平衡蒸发所需要的部分以外,地中海是否有过剩的水,形成逆向的底流,流回大西洋;由于发生了以下的情况,这样的逆流观念,到了 1724 年又重新复活。马赛的武装民船凤凰号(Phoenix)的船长赖基尔,在塞尤塔角附近驱逐一艘荷兰的商船,到了塔里法和丹吉尔之间的海峡中部,被他追上了,于是向它轰击,立刻把它击沉。在几天之后,这一艘载有白兰地酒和油脂的商船,在沉船地方西面至少 4 里格的丹吉尔附近搁浅在岸上,这条船一定逆着中央洋流的流向漂到这里[①]。然而这个事实并不能证明底流的存在,因为船只行近海岸时,一定被带到 24 小时向西流动两次的侧面洋流的影响范围之内,因此漂回丹吉尔。

为了测验是否有逆向的底流,1870 年英国海军部派了卡尔佛船长率领了"刺猬号"(Porcupine)测量舰去进行这一种尝试。随船同行的卡本特博士,利用当时试验所得的结果,作了一种推断,他说[②],在 250 英寻深的地方,经常有底流流出地中海;这种意见与我在本书前一版中(1867 年,563 页)所表示的见解完全相反,我认为,这样一个洋流,与以前所说的海底堤坝上面的浅水是不能相容的;我并且知道,史普拉特船长的意见也与我相同,他认为,卡本特博士所坚持的永久底流的证据,是不够充分的,虽然他同时说,"像直布罗陀这样一个海峡,一方面受着潮汐的影响,在另一方面又有和从大西洋流进来的水,在某一个时期内,有产生底流的可能。"[③]去年秋天,海军部为了继续 1870 年的观察,又派那亚斯船长率领测量舰"海鸥"号(Shearwater)用更精密的仪器去试验底流。读了李却特海军上将借给我的那亚斯船长的报告,我们知道,"刺猬号"所观测的内海洋流下面的向外运动,不是一个永久的底流,而是地中海潮汐作用的结果,这种潮汐深达海峡底部,随着海岸上所看到的潮水的涨落,交替地向东流几个小时,然后又向西流几个小时。

当这种潮水向从大西洋内流的表面洋流相反方向流动的时候,给予内流的水以相当的阻碍,那亚斯船长发现,如果助以东风的风力,可以使它向西流,就在表面也是如此。但是这种作用,在海峡深部似乎更有规则,因为这里受风或表流的干扰比较少。

比较了两次测量队的试验结果,我觉得它们没有什么矛盾或不相融洽的地方。那亚斯船长证明了卡尔佛船长所报告的向外运动,并且增加了一点事实,就是说,在退潮期间,这种运动是相反的,因此证明了底流是潮汐作用的结果。那亚斯船长说,海峡底部的水,"涨潮时向西的流动速度,比落潮时向东的流动速度快。"但他对这一点并没有重视;李却特海军上将却告诉我说,"海鸥号"的观测时间只有 6 天,主要是在只有东风的时期,他认为,这种观测,还不足以决定流到大西洋的水量是否超过流入量。

黑海所处的纬度比地中海高,并且是许多从北方流来的河流的总汇,所以温度低得多,而且因蒸发作用受到的损失也比较少。一年之中的大部分期间,它以每小时两三英里速度的洋流形式,通过达达尼尔海峡,不断地流入地中海。然而在博斯普鲁斯峡流入马尔马拉海的流量,比各河流的流入量少了非常之多,由此可知,黑海海水也有大量的蒸发。

---

① Phil. Trans. 1724.
② 见 Royal Society Proc. vol. xix. 1870, p. 146。
③ Royal Soc. Proc. vol. xix. 1871, p. 546.

从各河流流入的淡水量既然如此之大,黑海何以还能维持它的盐度,是一个相当难以解释的问题。但在 1853 年和 1856 年之间,史普拉特船长在君士坦丁堡和寇赤所做的试验,对于这一点作了一些贡献。他当时确定,在每年的大部分时期内,黑海的洋流虽然穿过马尔马拉海并且经过达达尼尔海峡流入地中海,但是一年之中也有几天,地中海有一股强烈的洋流流入黑海①。这种逆流,主要发生于秋季和冬季黑海各河流的水位在最低的时候,同时地中海和爱琴海中向西吹的猛烈强风,使它们的水平高于黑海。这些时候流进黑海的水量,比其他时期外流的水量大,于是使马尔马拉海维持与地中海相等的盐度,而使黑海的盐度,略为超过地中海的一半。横跨博斯普鲁斯峡或君士坦丁堡海峡的山脊,在水面以下的深度,不到 20 英寻,在达达尼尔海峡的大约 30 英寻,由于这种原因向东流的普通洋流的深度,受着这些出口地方深度的限制。

太阳热的蒸发作用,除了用以上所说的一切方式影响邻近的海水水平外,同时还形成水蒸气或雨水,从而产生一切排泄陆地的河流;一部分河流是如此之大,以致可以加强大洋流的体积和速度。例如,照 1822 年萨宾将军的观测,亚马孙河入海之后,从河口到口外 300 英里以上的一段,依然维持每小时近于 3 英里的速度,它的原来流动方向,也变更得很少,而淡水也只与海水作局部的混合。伦纳尔说,拉普拉特河出口以后,从河口到 600 英里的距离内。还有每小时 1 英里的速度,宽度则超过 800 英里。

洋流的最大速度　大洋中主要洋流的通常速度,每小时约从 1 英里到 3 英里;但在两旁陆地聚拢的地方,这种大水体则被逐渐驱入一个狭窄的空间;由于侧面没有余地,水平被迫上升。遇到这种情况,它们的速度也增加很多。在英吉利海峡里面,通过沃耳德尼岛和大陆之间的沃耳德尼小海峡的洋流,每小时的速度大约 8 英里。海威特船长在平特兰海股内发现,在通常春潮时期,流水的速度每小时大约 10.5 英里,在暴风时期,大约 13 英里。通过布里斯特耳湾的斜槽(shoot)或新流道的潮流,每小时的最大速度是 14 英里;金船长在测量麦哲伦海峡时说,流过"第一峡"(First Narrows)的潮水速度与前者相同,其余的部分,每小时只有 8 英里。

当洋流被以上所说的各种力量——即风、潮汐、蒸发作用和河水的流注——之中的几种力量或全部力量推动之后,另外还有一种作用可以使它们改变方向。我所要说的是地球绕轴自转的作用,然而这种作用只能影响从南到北、或从北到南的洋流。

这种作用的原理,读者可能已经很熟悉,因为它对贸易风的影响,早已被人承认。所以,我们不必详细讨论它们理论,只要举出一个实例,就足以说明这种作用的结果。从好望角向几内亚湾流动的洋流,是在南纬 35°转过好望角的,这里的地球表面旋转速度,每小时大约 800 英里;但是等到它到达赤道转而向西流动的时候,它进入了旋转速度每小时 1000 英里、或者比原速度大约快 200 英里的纬度。如果这个大水体突然从高纬度移到低纬度,它和新接触的海陆的旋转速度之间,将有一个相对的差额,于是从外表上看,将造成一种很快地从东向西运动(每小时不低于 200 英里)。

在这种突然移动的情况下,向相反方向旋转的美洲东岸,可能遇到一个异常猛烈的大水体,而大陆上有相当大的一部分,可能被水淹没。这种扰乱现象并没有发生,因为洋

---

①　Spratt's Crete, vol. ii. p. 349.

流的水是逐渐进入运动较快的大洋新带的,沿途遇到的摩擦作用,使它只能以加速的方式向前推进。因为这种运动不是突然增加的,洋流总是追不上它所陆续参加的新表面的全速力。所以我们可以借用侯歇尔对贸易风所说的话,"它落后或停滞于地球旋转的相反方面,就是说,从东到西";因此,一个由南极海向北流到赤道的洋流,由于地球的旋转,可以相对地向西偏斜。

北半球的北极洋流,也提供了一个向西偏斜的显著实例;这一股充满浮冰的洋流,从北极海南流,它在史比兹堡根附近的宽度约在 40 英里到 50 英里之间;经过了格陵兰南端之后,它受地球自转的影响向西偏斜,而其偏斜程度,随着进入旋转速度愈大的纬度而愈增加。它在这里和从巴芬湾流来的另外一个充满浮冰的冷流相汇合,然后继续流向拉布拉多海岸,绕过纽芬兰岛,以每小时半英里或 3/4 英里的速度,沿着美洲东岸南行,在墨西哥湾流里面或西面,形成一股大约 250 英寻深的冷洋流。湾流是一个流向与拉布拉多洋流恰好相反的实例。它的最初起点,大约在北纬 20°,它所感受到的地球表面旋转速度,每小时大约 940 英里;它从这里流入地球旋转速度已经减小到 766 英里的北纬 40°,就是说慢了 174 英里。这种情况,造成了相反的相对运动;洋流受了额外的旋转速度的影响,于是有继续向东偏斜的倾向。由于一条洋流有额外的旋转速度,一条有不足的旋转速度,所以这两条洋流有互相分离的趋势。在这两条洋流平行流动的区域,我们发现一种特殊现象,就是说,在它们之间有一道所谓冷墙,这道墙几乎把温度在 60°~85°F 的墨西哥湾暖流和拉布拉多冷流垂直分开,拉布拉多洋流冬季的温度比在它边上流过的暖流低 30°F,表面上也是如此。这两条洋流,各有各的动物群;巴枢教授发现,两者在 50 英寻深度的分界线,比表面更为清晰。至于在多少深的地方,拉布拉多洋流才凝缩到一种比重,使它能流到暖流的下面,现在还没有能确定,但在佛罗里达州海岸附近,海洋的表面温度是 80°F,而在 300 英寻深处的温度却只有 40°F,这似乎是这种寒冷底流的作用。

这是说明北极海大规模地把大量冷水向南移动来恢复水平和温度的平衡的最好实例之一;这种冷水,不是沿着海底潜进的,而是具有通常洋流的一切特征的、深达 250 英寻的正式洋流。它们无疑是起源于风和潮汐,而不仅仅依靠北极水和赤道水之间的温度和比重的差别。那些能使在某些港湾或海岸停留几星期的浮冰转移位置的风,一定可以产生表面洋流,从而产生大洋河流;如果湾流或赤道区域的其他暖流流入北极盆地,它们一定也会随着在拉布拉多海岸看到的那样洋流重新流出来。白令海峡的深度很浅,只有多维海峡那样深,大量的水不能从这里流入太平洋;所以这个死港(cul-de-sac)的唯一已知出路,是巴芬湾与史比兹堡根和格陵兰之间的地带;这可能是拉布拉多洋流有这样大的规模和力量的原因。

在冰岛和法罗岛之间,用彼得门博士的语气来说[①],是湾流和北极流争夺霸权的战场,斗争的结果,把海洋分成一条一条的冷热区域,如 1856 年德佛林爵士和 1860 年瓦里奇所示;瓦里奇当时参加了麦克林托克爵士所率领的"猛犬号"(Bulldog)探险队。近来在法罗岛和设得兰岛之间进行的深海网捞,完全证明了这些事实,因此意义特别大。卡本特和汤姆生两位博士在这里找到了两个区域,它们的表面温度虽然都是 51°F,可是到了

---

① Der Golf-strom, Geographische Mittheilungen. Justus Perthes. Band 16. 1870.

150 英寻就开始不同了。一个有特殊的动物群的区域——其中包括有大的有孔目和产于比较南方的硅质海绵——在 150 英寻以下的温度,损失很小,在 500 英寻处,还保持着 45°F 的温度。其他一个是较冷的区域,100 英寻以下的温度减得非常快,并且在一个地方,在 350 英寻以下的温度,比淡水的冰点还要冷。这个区域的水里所产的棘皮动物和其他物种,都是生存于挪威和更高纬度处的种类,因此可以证明它是起源于北方。有人反对说,我们不应当把北大西洋各纬度上超出正常的水温,全部归因于湾流的影响。但是,彼得门博士说得很对,他说,当我们承认湾流对大西洋的影响的时候,我们并没有把全部的影响归之于从墨西哥湾流出来的洋流,或者否认它在中途曾经接受其他的增援:我们保留湾流这个名词,就像我们保留一条大河的名称一样,虽然它在起源到三角洲之间,接受各个区域流来的支流而增加了或改变了它的水量。湾流的确流到欧洲海岸;西印度群岛的种子漂流到爱尔兰海岸的事实,已经可以证明这一点(见第二册第四十章),大西洋最流行的西南风,对于推进正常洋流的表面水向同一方向流动,无疑也起着一定的作用。

　　海水的循环　除了以上所说的各种原因所引起的明显洋流外,最初由毛雷提出的海水循环说,近来又由卡本特博士提到显著的地位来解释温带和热带海洋深部的寒冷原因。1868 年,萧特伦船长在亚丁和孟买之间为安装电缆而进行锤测时,发现在 1800 英寻(11 400 英尺)深处的温度是 34.3°F;照 1869 年"刺猬号"所作的测定,北纬 50°～70°之间的海底温度,有时达到淡水的冰点以下。这种低温显然不是完全由于深度,因为在地中海中进行的锤测,曾经达到 13800 英尺,或者所达到的深度,等于阿尔卑斯山的高度,然而从来没有遇到 55°F 以下的温度。所以,如果我们回想到亚丁的电缆线路是在赤道以北 15°,而流到这里的冰水只能从南半球流来,我们可以断言,整个赤道大洋的深渊,至少有一部分被一个温度比 32°F 高了许多的连续水体所穿过。

　　大家都承认,北极和南极纬度上的水,如果冷却到淡水的冰点以下,它的较大比重,会使它下沉,但是如果盐度略高于平均数,它就不会结冰,除非温度降低到 27°F,有时甚至于要降到 25°F。如果在沉到海底的时候遇到了比重比它小的水体,它就会把后者向外排挤,使它向较暖的纬度移动,产生卡本特博士所谓"潜进流"(creeping flow)。这种运动的方向,一定要受局部情况或海底形状的支配,而从两极流到赤道的 90°之间所需要的时间,可能要许多年。它的前进可能如此之慢,以致不能形成一般所称的洋流,并且可能与一般的海底深渊一样静寂。史普拉特船长提醒我们说,在横越大西洋进行锤测的时候,如果从船上放下去的测线长度,不论有意无意地超过实际的深度 200 英寻或 300 英寻,测线就会卷绕在测锤外面,这种现象不只发生过一次。这些事实告诉我们,这里绝对没有明显的洋流,但在另一方面,它们也不能证明水是静止的,因为麻制测线的张力,对微细的和几乎不能觉察的运动,是有一些抵抗能力的,而这种微细的运动,经久之后,还是足以把冷水运到海底上可以自由交通的地方,或中间没有连续沙洲或水下山脉间隔的地方。

　　如果的确有这种运动的话,不论它怎样慢,它一定被从赤道流回两极的水所平衡;讨论过风对海洋表面的强大作用之后,读者应当可以明了怎样可以达到这样的目的。我们绝没有必要寻求那些奥妙的原因来解释这种现象,例如,赤道地带的热力,可以使海水膨胀,从而升高海水水平,使它在一个平缓的斜面上流向两极。这不是一个新的学说,侯歇尔爵士在他所著的"地文学"中已经讨论到这个问题;他指出,热带和温带之间的 3000 或 4000 英里内的坡度是如此之小,以致所发生的加速力,不会超过重力的二百万分之一,所以不足以形成一种原动力。事实上,赤道海洋的表面,是否的确因太阳热的作用而比两极高,还是一个有待证实的问题。赤道海面全年的平均温度是 79.8°F,所以它的蒸发量可能超过地中海;地中海的海面,在夏天最热的时候才有这样的高温,冬天的温度大约减低 25°F。即使承认地中海的水平,是由于热量较小而得到大西洋流入的海水的补充,但是如果把大西洋中的蒸发、气压、漂流的冰山,以及其他互相抵消和互相补偿的作用一并考虑在内,我们是否有足够的资料可以断定由这种原因所引起的运动的流动方向,还是一个疑问。我们已经知道,洋流可以从北到南和从南到北流动几千英里,从海面到深海海底的深度可以达到几百英寻,每天可以流行如此之多的英里,使它们能在短时期内把大量不同温度的水,从地球的一部分移运到另一部分;知道了这许多事实之后,还要去研究锤测测线所不能感觉的假定底流,以及依靠着只能产生等于重力二百万分之一的加速力的斜坡流动的表流,似乎太没有意思了。

洋流的破坏力和搬运力

对洋流的起因和性质,速度和方向,作了初步叙述之后,我们现在可以进行研究它们对地球固体物质的作用。我们将会发觉,在许多方面,它们的力量和河流很相似。在第三章里,我们已经提到,洋流常和冰相结合,移动泥土、小砾和大的岩块。它们的动作没有河流那样明显,但是所扩展的范围比较广,所以在地质学上也比较重要。

海洋对不列颠海岸的作用——设得兰岛　如果我们沿着不列颠群岛的东岸和南岸走,我们可以在设得兰群岛的厄尔提马·塞尔和康沃耳半岛的兰兹恩德角之间,找到许多在有史期间所发生的一系列变化的证据;这些变化,可以说明潮汐和洋流与波浪合作时所产生的力量的种类和程度。进行这样考察的时候,我们将有机会探索它们的联合力量对岛屿、海角、海湾和三角港,对高峻陡峭的悬崖和低平的海岸,以及对从花岗岩到风成沙等各式各样岩石和土壤的作用。

不列颠群岛最北的一群,是由许多种岩石所组成的设得兰群岛,岩石之中有花岗岩、片麻岩、云母板岩、蛇纹岩、绿岩等,此外还有一部分次生岩石,主要是砂岩和砾岩。由于这些岛屿的西岸和美洲之间没有一块陆地,它们不断地受到毫无约束的大西洋暴风的袭击。强烈的西风所激起的波浪,有时以雷霆万钧之力,向海岸冲击,同时还要受到一股由北方窜入的洋流的损害。海水的浪花,促进岩石的分解,为波浪的机械破坏创造条件。陡峭的悬崖,被雕成深邃的洞穴和高峻的拱门;而每一个海角的尽头,都被凿成许多圆柱形、尖顶形和方尖塔形的岛屿群。

大块岩石的漂流　近代的观察告诉我们,使整片的连续陆地破碎成这样的零星小岛,是自然界现在还在活动的过程。希白特博士说,"史登纳斯岛是一个荒凉无比的小岛。在暴风雨的冬季,巨大的石块常被推翻,或者在一个极平的斜坡上,从原来的位置向上推到令人不可置信的距离。1802 年冬天,一个面积 8 英尺 2 英寸乘 7 英尺、厚 5 英尺 1

英寸的板状石块,被从原处移动了八九十英尺。我曾经量过一块在前一年冬季(1818)移去的石块的层面,它的面积是 17 英尺乘 7 英尺,厚 2 英尺 8 英寸。石块被搬动了 30 英尺之后,破碎成 13 个或更多的小块,其中一部分,又向更远的地方移动了 30～120 英尺。一个面积 9 英尺 2 英寸乘 6.5 英尺、厚 4 英尺的石块,在一个斜坡上向上推移了 510 英尺。"[①]

在诺斯马文的多角石块,也同样被海浪搬到相当距离以外,图 46 表示这些石块的一部分。

雷电的影响 除了岩块被波浪、潮汐和洋流冲落和搬走的无数事例之外,在这些岛屿的记载之中,还有一部分由雷电造成的结果。大约在上世纪(18 世纪)的中叶,在弗特拉的芬齐地方,有一块长 105 英尺、宽 10 英尺、有些地方厚 4 英尺的云母片岩,突然被雷击碎成三个大块和几个小块。其中有一个长 26 英尺、宽 10 英尺、厚 4 英尺的石块,竟被翻了一个身。第二块是 28 英尺长、17 英尺宽、5 英尺厚,被推过一个高点,抛在 50 码以外。还有一个大约 40 英尺长的碎块,抛得更远,但在同一方向,深入海中。此外还有许多小块,散布在各处[②]。

图 46 设得兰岛的诺斯马文地方,被海水移动的石块

雷电和海洋剧烈运动的合作,既然可以在陆地上和海底下堆起破碎的岩石堆,我们不得不承认,曾经成为这种扰乱作用长期活动舞台的区域,如果将来有一天从深处升出地面,它所表现的破碎零乱景象,可能与地质学家现在在我们大陆表面上所看见的情况相同。

在设得兰岛的某些地方,如在梅克尔·洛的西面,软质的花岗岩岩脉被风化掉了;岩脉周围的围岩,虽然是属于同一种岩石,但是结构较坚,因此没有发生变化。这样形成的一条有时宽达 12 英尺的狭长细谷,常常容易使波浪冲进。在叙述了罗纳斯地方海水在里面流到 250 英尺的某些巨大岩洞式的孔穴之后,希白特博士 1822 年又列举了海洋的其他破坏现象。"一块大约十二三英尺见方,4 英尺半或 5 英尺厚的岩石,大约在 50 年以前,被移离到原处 30 英尺,后来又翻了两次身。"

海水在斑岩中穿切的通道 "但是,最雄壮的风景,是没有受过海岸上的瓦解作用蹂躏的险峻斑岩块,它们像防御海水侵犯的堡垒一样,壁立在海里——大西洋的水被冬季强风激动的时候,很像真的排炮那样,用全部力量向这些壁垒轰击——在它的不断攻击之下,波浪硬在岩石之中冲出一个缺口。这种缺口叫做纳佛的门(grind of navir)(图 47),每年冬天被汹涌的巨浪逐渐扩大;大浪在它里面找到一条出路之后,它就剥蚀两旁的岩石,把它们冲到 180 英尺以外。在两三个地方,剥蚀下来的岩石,被聚集成一个大

---

① Description of Shetland Isles, p. 527. Edin. 1822. 关于以下所记载的设得兰岛的岩石叙述,我应当感谢这部著作。

② Dr. Hibbert, from MSS. of Rev. George Low, of Fetlar.

图 47　纳佛的门。海水在硬斑岩中冲出来的通道

堆,很像采石场上堆积的立方石块。"①

从这个简单例子看,有些不易毁坏的岩石,虽然有很大的抵抗风化和侵蚀作用的能力,但是显然不能永久抵抗下去。在设得兰岛的其他地点,各种矿物组成的各式各样的岩石,都遭受到瓦解作用;例如海水袭击着费特弗尔岬的黏土板岩,弗特拉的伏德山的蛇纹岩和在这一个岛的东岸特里亚斯特湾的云母片岩,这种云母片岩被分解成多角的块体。沃尔东面的石英质岩石和加斯纳斯的云母片岩,也遭遇到同样的命运。

岛屿的毁灭　这样的破坏作用,不会在不断地进行了几千年之后而不把许多岛屿最后分割成孤立的岩石群,成为原来连续块体的残余。许多岛屿似乎都已经变成了这种情况;而岛屿附近变成了无数稀奇古怪形状的岩石群,就叫做德龙士(Drongs),这是引用弗罗地方同样形状岩石群的名称。

帕帕·斯托亚和希尔威克岬之间的花岗岩(图48),是一个实例。在希尔威克岬以南(图49)可以看到更奇怪的一群岩石,它们在各方面现出不同的形状,很像一小队扯着帆的船②。希尔威克岬是由片麻岩和云母片岩组成的,其中还交错有长石斑岩脉;我们预料得到,由于岩石分解程度的不同,希尔威克岬本身将来总有一天也要被毁成这样的程度。

**图 48　在帕帕·斯托亚和希尔威克岬之间,
名为德龙士(Drongs)的花岗岩**

设得兰群岛和奥克尼群岛的中间是菲亚岛,据说是由砂岩组成,并有高峻垂直的削壁。这里的洋流速度非常大,在风平浪静的时期,海岸上的岩石都被洋流冲击成的泡沫溅成白色。如果仔细考察,奥克尼群岛所表现的情况,与设得兰群岛相仿佛。桑达岛是这个群岛的一个海岛,它的东北地角,在近代才被海水切断,变成了一个小

图 49　设得兰的希尔威克岬南面的花岗岩

岛,现时称为史太特岛,1807年在那上面设立了一个灯塔,从那时起,新的海峡愈变愈宽。

苏格兰的东岸　回到苏格兰本岛,我们发觉在因佛内斯郡的乔治堡和莫雷郡的某些

---

① Hibbert, p. 528.
② Ibid., p. 519.

地方，曾经受过海水的侵犯，老芬德洪镇就是这样被冲掉了。上世纪（18世纪）的末叶，金卡丁郡海岸上有一个地方，说明了海角对保护一片低地的作用。琼斯海文南面两英里的马塞斯村，是建筑在一个古代的扁砾海滩上的；这个海滩，原来受着突出的石灰岩堤的保护。为了烧制石灰，石灰岩被开掘到一种程度，致使海水冲了进来，在1795年的一个晚上，海水把整个村落带走，并向内地侵入了150码，后来始终没有退落，而新村则被移到内地的新海岸上。在芒特罗兹湾中，北埃斯克河和南埃斯克河每年都向海洋输入大量的沙和小砾；但是它们没有形成三角洲，因为横穿它们河口的波浪，加上洋流的帮助，把所有的物质都冲掉了。沿着海滩可以看到相当厚的、由北埃斯克河带下来的小砾层。

再向南走，我们到达建筑在老红色砂岩上面的福法郡的阿布罗思市；从本世纪（19世纪）开始，这里的许多田园和房屋，曾被内侵的海水冲走。1828年以前，同郡的白登岬的海水，侵入海岸3/4英里，因此不得不把建筑在台依三角港口一块风成沙上面的灯塔向内地迁移。

台依河三角港——贝尔-罗克灯塔　在台依河口外建造贝尔-罗克灯塔时的情况，充分表现了波浪和洋流的联合力量对三角港（这个名词，是指同时有河流和海洋潮汐流入的海湾）所施的威力。贝尔-罗克是一个离开陆地大约12英里、由红色砂岩组成的暗礁，高水位时，它在水面下12英尺到16英尺。在低水位时，暗礁四周100码以外的地方，都有二三英寻深的海水。1807年建造灯塔的时候，以前搁浅在暗礁上的6块大花岗岩，被海水移到12步尺或15步尺以外，并且越过一个小脊，而一个大约22享德威（cwt[①]）重的铁锚，则被抛到暗礁上面[②]。此外，史帝文孙告诉我们说，在暴风期间，30立方英尺以上或2吨以上的漂石，常从深水抛上暗礁[③]。

淮夫海岸和福思湾　在淮夫海岸的圣·安得鲁地方，皮登主教城堡和海洋之间的一块陆地和克雷尔修道院的最后遗址一样，在1803年全部被冲掉了。在福思湾两岸，也有陆地被吞没的事实；特别在北白威克，而15世纪詹姆士四世统治时期建筑有一个兵工厂和船坞的纽海文，也被淹没了。

英格兰东岸　如果现在向英格兰海岸前进，我们可以在诺生堡兰找到许多陆地被毁灭的记录，如在班巴洛镇附近和贺雷岛，以及太恩默思堡；太恩默思堡和海洋的中间，原来有一块陆地，现在成了一个悬崖。哈特耳普耳和由镁质石灰岩组成的达拉姆海岸的许多部分，受海侵的程度也相当大。

约克郡的海岸　几乎全部约克郡的海岸，从提兹河口起到恒比河口，都在逐渐崩溃。凡是由里阿斯期、鲕状岩期和白垩纪岩石组成的悬崖，都慢慢地在那里腐坏。这些岩石，形成陡峻不毛的峭壁，高度常达300英尺；只有几个地点，崖堆上盖有青草，表示海水的侵蚀作用暂时趋于缓和。白垩的悬崖，被凿成山洞，穿插在受海水喷射、逐渐分解、慢慢崩溃的弗蓝伯勒海角里面。海岸耗损的速度，以在这个海角和史柏恩角之间——就是所谓霍尔得纳斯海岸——为最快，这一带的地层，是由黏土、小砾、沙和白垩碎屑的地层所

①　cwt，是hundred weight的缩写。衡量名，英国＝112磅，美国＝100磅。——译者注
②　Account of Erection of Bell-Rock Lighthouse, p.163.
③　Ed. Phil. Journ. vol. iii. p.54. 1820.

组成。成分不一致的泥质地层中,流出许多泉水,因此促进了暗掘作用、海浪冲击以及从北面流来的猛烈洋流的侵袭。耗损作用,以丁林顿山冈最为显著;这是霍尔得纳斯最高的地点,它的地层,是由散布有小砾的黏土所组成,而一个领航标志,就建筑在高出水位146英尺的悬崖上面[1]。菲利普教授说,"许多年来,从白里林顿到史柏恩36英里内的悬崖,每年平均大约退缩 $2\frac{1}{4}$ 码,照此计算,在36英里的海岸上,每年耗损的面积大约等于30英亩。照这样的速度,平均高度高出海平面40英尺的海岸,从诺曼公爵征服英国时起,已经损失了1英里的宽度,从罗马人占据约克(古名 Eboracum)时起,已经退缩了2英里以上。"[2]这种剥蚀作用每年所移去的物质的立方英尺数,拟留待第二十二章再行讨论。

在约克郡的老地图上,现在已经变成海中沙洲的地点,还注有各村镇的名称,如奥本、哈特本和海得等。潘能特说,"关于海得,只留下传说了;在杭西附近,一条称为杭西溪的街道,早已被海水吞没了。"[3]奥桑和它的教堂,已经大部分被毁灭了,启恩西村也是如此;但是这些村庄已经在内地重新建造。1830年以前的几年之中,海水向奥桑侵入的速度,据说每年大约4码。人们对史柏恩角将来总有一天要变成海岛和进入恒比河三角港的海水将要引起大灾害的恐惧,不是没有理由的[4]。潘能特讨论了三角港中某些古代港口的淤塞情况之后,又说,"但是,反过来,海洋也作了最大的报复;以前恒比河上的几个著名城镇,现在已经变成历史上的名称了。拉文斯帕港原来和赫尔港(Madox, Ant. Exch. i, 422)同是著名的海港;在1332年,这是一个大港,爱德华·贝利沃尔和英国贵族联盟,曾经从这里起航去侵略苏格兰;而在1399年,亨利四世选择这个港口登陆,来达到他废黜理查二世的目的;然而全部地区早已被无情的海洋吞没了;现时在低水位时看见的,仅仅是一片大沙洲。"[5]

潘能特把史柏恩角描写为一个镰刀形的海角,并且说,在北面好几英里的陆地,曾经"不断地受到德国海怒涛的掠夺,一次可以被吞灭几英亩,而在海岸上露出大量美丽的琥珀"。

林肯郡　林肯郡沿海区域的陆地,大部分是在海平面以下,现在用海堤保护。一部分的沼泽地区,是由罗马人筑堤排干的;但在他们离开之后,海水又回来了,其时有很大一片地面,盖上了一层含有海生介壳的泥沙,这些地区现在又变成耕地。海水侵犯所造成的许多凄惨灾害,都有记录;历年的灾害,淹没了好几个教区。

诺福克　诺福克和苏福克悬崖的崩溃,始终没有间断过。在北面的亨斯丹顿,悬崖底部的下砂质岩层的暗掘,使许多大块的红色和白色的白垩,从上面颠覆下来。在亨斯丹顿和魏本之间,海岸上有许多由风成沙所堆成的低山或沙丘,高约五六十英尺。它们是由干燥的沙粒所组成,并被一种叫做沙苇(Arundo arenaria)的植物的蔓延长根结成硬

---

① Phillip's Geology of Yorkshire, p. 61.

② Rivers, Mountains, and Sea-Coast of Yorkshire, p. 122. 1853, London.

③ Arctic Zoology, vol. i. p. 10. Introduction.

④ Phillip's Geol. of Yorkshire, p. 60.

⑤ Arctic Zoology, vol. i. p. 13. Introduction.

块。克雷、韦尔斯和其他海港，现在就靠这一类的堤坝防御潮水；这种事实证明，海岸的崩溃或稳定，不决定于特殊地点的物质的强度，而决定于海岸的轮廓。

海浪经常在暗掘魏本和萧林汉之间盖在沙泥之下的白垩低悬崖，这个悬崖每年都被冲去一部分。1829 年，我在萧林汉找到了几个可以用来证明海水侵入陆地的速度的事实。1805 年，在现在的客栈建成的时候有人计算过，大约需要 70 年海水才能达到这个地点：根据以往的观察，陆地每年的平均损失，略少于一码。这座房屋和海的距离是 50 码；但是地面从海边向内地倾斜的因素，没有计算在内，由于这种因素，悬崖将逐渐减低，而陆地每年的耗损，天然也要加速，如果每年崩落的面积相等的话，后来每年移去的物质也要减少。在 1824 年和 1829 年之间，不下于 17 码的地面被冲掉了，房屋和海之间，只剩下一个小花园。这个海港有一个地方，在 48 年以前是一个上面有许多房屋高出海面 50 英尺的悬崖，到了 1829 年，却变成了一个深达 20 英尺的深水区域足以通过一艘用帆的巡洋舰！如果每 50 年发生一次地震，而每次的突然震动，都产生同样的变化，那么历史上就会充满这种令人惊奇的变革的记载；但是，如果高峻陆地变成深海的过程非常缓慢，那么它们只会引起当地居民的注意。海港南面的海防纠察站的旗杆，由于海水的侵犯，在 1814 年和 1829 年之间，已经向内地移了 3 次。

再向南，我们又看到许多由蓝色黏土、小砾、壤土和细沙的互层所组成的悬崖，其性质与上面所说的霍尔得纳斯的地层相仿。它们的高度有时超过 300 英尺，然而海岸上所受到的破坏非常可怕。古代克罗默尔城的全部遗址，现在已经变成了德国海的一部分，居民逐步移向内地，退到现在的地方，然而海水还在向他们追击。1825 年冬天，从建筑在 250 英尺高的悬崖上的灯塔附近，崩落一个面积 12 英亩的大块远远地抛在海里[1]。泉水的暗掘，有时使上面建有房屋的悬崖的上部向下崩溃，所以就是在悬崖底部建筑防波堤，也不能永远避免这种危险。雷德曼说，从 1838 年进行的军事测量起到 1861 年的 23 年中，克罗默尔和孟得斯雷之间、由沙泥组成的悬崖的一部分，退缩了 330 英尺，每年的平均耗损大约 14 英尺；照他的估计，赫比斯堡的悬崖，在 1864 年以前的 60 年中，每年大约耗损 7 英尺[2]。

R. C. 台乐说，在同一个海岸上，古代的村庄歇浦顿、温普威尔和爱克尔斯都失踪了；许多庄园和附近的教区，一块块地被吞并了；从不能记忆的时代起，在这些庄园和教区所在的、长达 20 英里的海岸上，怒涛似的海水从来没有间断过[3]。在埃克尔斯教堂的高楼遗址，还保留在废墟之中。早在 1605 年，居民曾向詹姆士一世请求减租，因为 300 英亩的耕地和除了 14 栋以外的所有房屋，都被海水毁坏了。教区现在剩下的亩数，还不到以前的一半，1605 年的房屋基地，现在被以盖满当地的沙苇命名的"沙苇"沙丘（Marrams）所占据。1839 年我到那里去调查的时候，教堂的高楼，一半埋在沙丘里，如图 50 所示，其后的 23 年，我的朋友 S. W. 金教士，几乎在同一地点画了一张图（图 51）。在这一段时期内，经常向内地移动的沙丘的位置，对高楼来说，已经变动了不少，它在 1862 年大风暴以

---

①　Taylor's Geology of East Norfolk，p. 32.

②　East Coast between Thames and Wash, J. B. Redman, C. E. , Proc. Inst. Civil Engineers, vol. xxiii. pp. 31—33, 1864.

③　Taylor's Geology of East Norfolk，p. 32.

后的位置,如图 51 所示,在海岸的一面,波浪已经把大厦的基础冲掉了[①]。高楼基础、教堂的中央大厅和圣坛等建筑物的水平与现在高水位的关系,很自然地使金教士形成一种意见,认为教堂建成以后,这一部分的海岸一定曾经向下沉陷。建筑教堂的准确时期,已经无从查考,但是高楼的上部或八角形的部分,大约是在 16 世纪建成的;如果这个地点没有被海水侵犯的危险,当时也不会加筑这一部分建筑。

图 50　诺福克地方,埋在沙丘里的
埃克尔斯教堂的高楼(1839)

(图上也表示出沙丘向内陆的坡度,离开高楼西北
相当距离的地方,可以看到哈斯巴洛的灯塔)

图 51　1862 年 11 月大暴风之后,
埃克尔斯高楼的形状

(此图是 S. W. 金教士所绘,其位置和图 50 相仿)

如果海岸的水平的确在变迁的话,那么观测现在潮水已经可以达到的建筑物基础的水平,今后也许可以使我们对于水平的变迁,作更准确的估计,虽然在进行估计之前,我们可以预料得到,在耗损作用正在进行的海岸上,确定陆地的升、降或不动,不像任何其他海岸那么容易。因为罗斯托夫特的潮水的上升高度是 8 英尺,而在克罗默尔,则升到 16 英尺,所以在四五个世纪中,它在英格兰东岸任何一点的平均水平,是否已经变到一种程度,可以用来解释埃克尔斯教堂废墟现在的位置和高水位的关系,还是一个问题。但是我不知道,我们是否有任何记录可以证明或否定这样一个臆说。

波蒙曾经说过这样一句话,荷兰和其他地方的沙丘,可以用做天然的计时器;我们或许可以用这种计时器来确定现在大陆的年代。他说,风的力量不断地把沙向内地吹,观察它们的前进速度,我们可以推算到这种运动的开始时期。[②] 但是刚才举的例子,应当可以使每一个地质学家承认,沙丘的开始时期是无法确定的,所有的海岸都可能遭受到耗损,尤其在低洼区域,它们不但要受到海的侵犯,而且,正如波蒙所说,它们的水平,甚至于在有史时期,也发生过变迁。在某些情况下,沙丘的确可以用做确定现在海岸线最短年龄的计时器;但在使用的时候,必须十分当心,因为沙向内地移动的速度,变化非常大。

几百年来,埃克尔斯和温透顿之间的风成沙丘,一直拦住几个小三角港外的潮水,使它们不至于侵入港口;但是记录上提到了 9 次决口,宽度从 20 码到 120 码,以致在内地的

---

①　1861 年雷得曼也把他所看见的埃克尔斯教堂画了一张图,它在沙丘的向海方面的位置,几乎与 1862 年相同。

②　De Beaumont, Géologie Pratique, p. 218.

低平地带,造成巨大的损失。赫比斯堡南面几英里,也有沙丘,它们一直延展到雅默斯。这些沙丘形成海岸的临时防御物;而温透顿的一个一英里长的悬崖,显然表示这个地方的海水以前所达到的地点一定比现在远。

　　三角港的淤塞　在雅默斯,从伊丽莎白女王统治时期起,海水始终没有向沙丘前进。在撒克逊时代,一个很大的三角港一直延伸到诺维奇,就是在第 13 世纪和 14 世纪,这个城市的位置,"是在一个海港的岸上"。建立雅默斯城的沙地,大约在 1008 年起才变成坚实可住的陆地,从那个时候起,横亘在老三角港整个口外的一条沙丘,高度和宽度都在逐渐增加,除了河流维持的一条通道外,彻底阻碍了潮水进入港口;河流本身,则逐渐向南移动了几英里。河口的普通潮水,现在只上涨三四英尺,春潮则上升八九英尺。

　　拦住了海水之后,里面的几千英亩地面,都变成了耕地;除了小池沼外,形成了 60 个以上的淡水湖,深度 15 英尺到 30 英尺,面积从一英亩到 1200 英亩不等[①]。叶雅河和其他河流,常与这些水体相通,因此它们很可能逐渐被湖成和河成沉积物所填满,变成长满森林的陆地。然而我们切不可以认为,在诺福克和苏福克收回的适于耕种的新地,是用来补偿历来的损失而在我们东海岸增长出来一块永久陆地。在这种海岸上,不能形成三角洲。

　　在雅默斯外面的海里,有一条平行于海岸的沙堤,它每年都在作缓慢的变迁,在暴风之后,常常发生突然的变化。1836 年,海军船长海威特在这些沙堤里找到一条 65 英尺深的宽水道,可是在 1822 年测量的时候,这里的深度只有 4 英尺。在 14 年或更短的时期内,河水已经把它掘深了 60 英尺。这样形成的新水道,在 1838 年已经成为船只通到雅默斯停泊所的进口;这种重大的变化,说明了波浪和洋流的新活动,怎样可能把古代叶雅河三角港获得的陆地,重新淹没在水里。

　　在我们东海岸没有大河流维持一个广阔河槽的三角港口,常常横亘着一个大沙洲,是完全可以理解的事,只要我们回想到,沿着海岸流过的洋流,都含有从悬崖上耗损下来的物质,如果这种物质在前进的行程中遇到任何阻碍,或者被相反方向的水流所抑制,它们就可以立刻沉积下来。在过去 5 世纪中,叶雅河口已经移动了 4 英里。在远古时期,阿尔得河显然是在阿尔得巴洛入海的,等到老河口被沙洲拦阻之后,它不得不向西南移动,最后移到的一点,离开原河口在 10 英里以上。在这个地方,沙和小砾造成的

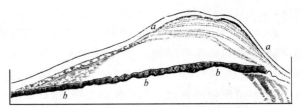

图 52　苏福克区,罗斯托夫特角的地图[②]

a,a. 点线代表一系列的沙和扁砾,在三角形区域边缘形成所谓海角(ness)。b,b,b. 黑线代表内陆悬崖,罗斯托夫特镇就建筑在它的上面,悬崖和海之间是海角。

小丘,像下面就要叙述的罗斯托夫特角的沙洲一样,就堆积在河流和海洋之间的;而古代的海岸悬崖,现在已经离海有相当距离了(见图 52)。

---

①　Taylor's Geology of East Norfolk,p.10.

②　采自 Mr. R. C. Taylor's Mem.,See Phil. Mag.,Oct. 1827,p.297。

我们可以问,潮流既然交替地向北和向南流动,何以我们东岸的河流,总是向南偏移?我们应当从普通所谓"从北方来的满潮"的优势,去寻找这种原因;从大西洋流来的潮流,分成两股,小股向东流进英吉利海峡,经过多维,然后向北流动,主要的一股,在大西洋中流得比较快,从不列颠西岸,首先经过奥克尼群岛,折而向南,在挪威和苏格兰之间流过,然后以很大的速度沿着我们的东岸直冲。大家知道,这个河岸的最高潮,是由强有力的西北风引起的,这种方向的风,使大西洋东部的海水升高,大量地注入德国海。这种猛烈地向海面吹的风,总是使我们东海岸的海水上涨,反而不使它降落,当然要引起海岸居民的惊奇。在起西北暴风的时候,许多区域的居民,有信心地等待收获一批有价值的肥料——海藻,他们难得失望。

苏福克海岸 苏福克的悬崖比诺福克的略低,但也是由黏土、沙和小砾的互层所组成。从苏福克的戈尔士顿到洛斯托夫特北面几英里,悬崖正在慢慢地被暗掘。在洛斯托夫特城附近,有一个大约 60 英尺高的内陆悬崖,悬崖底部的倾斜崖堆,盖满着泥炭和草莽。悬崖和海之间,是一片低平的沙地,叫做海角(ness),它的长度大约 3 英里,其中的大部分地区,最高的潮水已经不能到达(图 52)。海角的尖端,从原来的悬崖底部突出 660 码。台乐说,陆地的增加,是陆地和在洛斯托夫特外面大约一英里的霍姆沙之间一股洋流所造成的结果,而每次增长之间,有明显而长期的间断。海角里面有许多包围着有限面积的同心小脊或沙堤;这就是它的历次增长线;有几个这种小脊,是在现时还住在那里的人民的观察期间内形成的。随着狂烈风而来的非常潮水,先把重的物质堆成一个比通常高的壁垒。后来的潮水,使这个石砾高堤的基部扩大,中间的空地,则被后来从海滩上吹来的风沙所填满。沙苇和其他海边植物,逐渐在那里繁殖,它们沿着小脊蔓延,使沙砾固结,有时编结成一片草根土。在它的外面,同时又在形成一条小丘,用同样的方法逐渐加高,并且保护着第一条线。如果海水突破外层不完全的小丘,那么所造成的缺口,不久也可以被补好。在这些海堤所包围的面积内的海生植物,不久可以被牧草所替代,变成牧场,而沙也逐渐固结,足以支持房屋。

海洋对丹威治的破坏 丹威治原来是这一部分海岸上一个最大的海港,关于它的毁坏,我们有许多确实的记载。加得纳参考了从威廉一世时代所制的英格兰陆地测量簿(Doomsday Book)和后来的文件,在 1754 年出版了一本关于本镇的历史。他说,丹威治、南伍尔得、依斯顿和裴克非尔等处的悬崖,始终在继续耗损。丹威治有两块土地,情况特别显著,这两个地方,在 11 世纪爱德华王统治时期还缴过税;在几年之后,即在威廉一世时代,它们已经沉沦入海了。他也提到了后来的各种损失——一个修道院的失踪,几个教堂的毁灭,老港口的消失,400 座房屋的同时损毁以及圣·利温那教堂、公路、市政公署、监狱和许多房屋的损失,并且注明了它们被毁的日期。据说,到了 16 世,整个市镇的剩余部分,不到原来的 1/4;居民则向内地迁移,但是也像许多其他港口的旧址被毁坏之后那样,仍旧保持着原有的地名。然而还有一个很老的教堂没有被毁,这是某些记载里所说的 12 个教堂的最后一个。1740 年,加得纳对海岸悬崖上圣·尼古拉和圣·弗兰昔斯教堂墓地的被毁情况,作了详细的叙述;他说,棺木和尸骨露出来了——有些躺在海滩上,并且摇晃这些墓地,现在已经看不见了。雷伊也说,"古书里曾经提到丹威治东面一英里半的一个森林,这个地点,现在一定远在海里了。"①这里原来是一个人烟稠密的繁荣城市,现在变成了一个大约只有 20 栋房屋和 100 个居民的小村。

在残酷横暴波涛的摇篮里

古老传说里有一句话,"裁缝师傅坐在丹威治的店里,可以看见雅默斯湾的船";但是考虑到延伸在这两个地点之间、隔有如此广阔的洛斯托夫特角的海岸,这个故事是不可靠的,然而它却证明,古代海水的侵入,怎样可以使有活泼思想的人,沉迷于奇特的幻想。

加得纳对波浪冲开墓地的叙述,使我想起贝威克②所描写的景象;这一条海岸上的许多地点,都可能引起这种观念。在受过海水暗掘的悬崖的边缘,还剩下没有摇动的高楼和礼拜堂的西端。东走廊已经不见了,拱廊的柱不久也失踪了。波浪几乎孤立了海角而侵入墓地,它似乎在玩弄人类的尸体,把一个骷髅抛在海滩上。在海滩的前面,有一个屹立的破碎墓碑,正如碑铭所写,"永久纪念"某某人——但是他的姓名,也像县治的名称(他是那个县治的兼管案件的法院监督推事),早已被磨灭掉了。一只鸬鹚站在纪念碑上,把它玷污了;似乎提醒像汉姆勒特一类的某些道学先生说,神圣的东西是可以当做"脏东西用"的。如果这位出类拔萃的艺术家,愿意讽刺某些流行的地质学说的话,他可能在石碑上镌刻"现在的大陆是永恒不变的"——现在是一个"宁静的时代"——"现在的各种自然作用是软弱无能的"等字样,来纪念主张这些学说的哲学家。

过去侵犯阿尔得巴洛的海水,有很大的破坏能力;我们知道,这个镇市的原来地址,是在现在海岸东面 1/4 英里。居民陆续把他们的建筑物向内地迁移,一直移到他们地产的尽头,于是大部分的镇市被破坏了,但在短距离之外,堆起了两个沙洲,现在成为海岸的临时保障。现在在沙洲和海岸之间的水流流过的地方,就是以前的市镇所在地,流水的深度大约为 24 英尺。

爱昔克斯 据说,哈里季的兴盛,是由于奥威尔的毁灭;奥威尔原来是在现在叫做"西岩"(the West Rock)的地方,它在威廉公爵战胜英国之后,被内侵的海水淹没了。曾经有人忧虑,哈里季现在所占的地峡,在不久的将来,可能变成一个岛,因为海水可能在下多维科特冲破一个缺口,那里的比庚崖,是由含有龟背石的水平伦敦黏土组成的。在 1829 年和 1838 年之间,这里已经耗损了不少;我在这两年都到那里去考察过。在这一段短时间内,几个园圃和许多房屋都被冲到海里去了,而在 1838 年 4 月,一个整条的街道,几乎被毁坏。海水前进的速度,因龟背石被运走而加速了不少;所有落在海滩上的龟背石,都立刻被运去制造水泥。如果让这些石块堆积在海滩上,它们会减少波浪的力量,阻滞这个半岛变成一个海岛,从而延迟哈里季镇的毁灭。照 1847 年海军舰长华盛顿的测定,大约 50 英尺高的比庚崖,在 1709 年到 1756 年之间的 47 年中,退缩了 40 英尺;1756年到 1804 年之间,退缩了 80 英尺;而在 1804 年到 1841 年则为 350 英尺;可见它的破坏

---

① Consequences of the Deluge, Phys. Theol. Discourses.

② History of British Birds, vol. ii. p. 220, ed, 1821.

率增加得很快①。

记载之中，还提到了其他地方的损失；从 1807 年起，属于哈里季教区的一块叫做维卡地（Vicar Field）的园圃，被淹没了②；在本世纪（19 世纪）初期建筑的哈里季炮台和海洋之间，在 1820 年原来有片相当大的空地；要塞的一部分，在 1829 年被冲毁了，其余的部分悬垂在水面上。

图 53　里丘尔弗教堂的全景，1781 年画

1. 歇培岛。2. 现在已经毁坏的小教堂。小教堂和悬崖之间的村舍，在 1782 年被海水所冲毁。

在这个县份的内兹河上的华尔顿（Walton-on-the-Naze）地方，由伦敦泥组成的、上面盖着克雷格期的介壳沙、高约 100 英尺的悬崖，每年都受到海浪的暗掘。华尔顿教堂的墓地已经被冲掉了，而南面的悬崖，经常失踪。

肯特——歇培岛　在泰晤士三角港的两岸，有许多陆地增损的实例。现在有 6 英里长 4 英里宽的歇培岛，是由伦敦黏土组成的。岛的北面，高出海面 100 英尺到 200 英尺不等的悬崖，坍塌得非常快，在 1810 年和 1830 年之间的 20 年中，一共损失了 50 英亩。现在在海边的敏斯透教堂（Church of Minster），据说在 1780 年是在岛的中央；如果现在的破坏速度继续不变，我们可以计算出全岛被毁时间，而且这个时间是不会很远的。在歇培岛东面的本岛海岸上，是侯恩湾；这是一个还保持着海湾名称的地方，其实早已不适用，因为波浪和洋流已经把古时的海角冲掉了。在现在建筑码头的一条浅洲上，以前有一个小海角，把较大的海湾分成两部分，分别称为上湾和下湾③。

再向东，是里丘尔弗教堂所在地；这个教堂是建筑在一个 25 英尺高、由沙和夹在中间的黏土质砂岩层板所组成的悬崖上面。里丘尔弗是罗马时代的一个军事重镇（当时称为 Regulvium），从李兰德的记载来看，晚在亨利七世的统治时期，它的离海距离，几乎将近 1 英里。《绅士杂志》（Gentleman's Magazine）中，附有一张 1781 年画的图片，照这张图片

图 54　里丘尔弗教堂，1834 年

①　Tidal Harbour Commissioners' First Report，1845，p. 176.

②　On the authority of Dr. Mitchell，F. G. S.

③　根据 W. Gunnel，and Richardson，F. G. S。

看，从教堂墓地北墙到悬崖，中间还隔着相当的距离[①]。1780 年以前不久，波浪已经到达了古代罗马的营房，或者要塞；要塞的墙壁，在被暗掘之后好几年，还继续悬垂在海面上，因为它们胶结得非常坚固。它们离海的距离，比教堂近 80 码；据 1780 年出版的《不列颠地形志》（Topographica Britanica）说，它们在不久以前崩溃了。1804 年，墓地的一部分和一些附近的房屋被冲掉了，而上面有两个尖塔的老教堂也被拆掉，不再作为礼拜之用，但是常加修理，作为航海者的陆地标志。我在 1851 年访问了这个地点；在悬崖顶部附近，我看见人骨和露出的木棺。如果不是用人工石堤和打在海滩沙里的木桩来减少波浪的力量，整个房可能早被冲去。

坦涅特岛 在罗马时代，坦涅特岛和肯特的其余部分之间，隔有一条通航的水道，罗马的舰队，就用这条水道来往伦敦。据贝特的叙述，在第 8 世纪初期，这个小三角港的宽度达三富尔浪（Furlongs）；照他的推测，大约在诺曼人征服英国时起，它已经开始浅落。到了 1845 年，它已经被淤塞到如此地步以致政府命令在上面建筑一个桥梁；它后来又变成一个沼地，其中仅仅留下一条细流。在海岸上，贝德兰医院所有的贝德兰农庄，在 1830 年以前的 20 年中，损失了 8 英亩，这一块地，是由白垩所组成的，高出海面 40 英尺到 50 英尺。有人计算过，从北福兰得到里丘尔弗之间大约 11 英里的悬崖，每年的耗损平均不下两英尺。坦涅特岛南面，兰姆盖特和裴格威尔湾之间的白垩悬崖，在 1830 年以前的 10 年之间，每年平均损失 3 英尺。

古得温沙洲 古得温沙洲是在这一部分肯特海岸的对面。它们的长度大约 10 英里，有些部分离海岸 3 英里，有些部分 7 英里；在低水位的时候，一部分露出水面。它们是陆地的残余，而不是照伦纳尔所想象[②]的仅仅是"海沙的堆积"；关于这一点，可以用以下的事实来推断。1817 年，三一教会计划在这里建筑一个灯塔，钻探的结果表示，沙洲的上部是由 15 英尺的沙所组成，下面是蓝色黏土；再向下钻，遇到了下伏的白垩。一个模棱的传说提到，哈罗尔德（死于 1053 年）的父亲古得温伯爵的产业，就在这里，并且有人推测，它们是在撒克逊编年史（Sub Auno 1099）中所说的"在 1099 年"被洪水淹没的。像歇培岛那样由黏土组成的一个岛屿的最后残迹，可能就在那个时候被冲掉了。

肯特县其他部分的耗损，也有记录，如在第尔；而在多维尔完全由白垩组成的莎士比亚崖，也受到很大的破坏，并且不断地减低它的高度，因为这座山是向内地倾斜的（图 55）。1810 年这个悬崖发生了一次极大的山崩，像一个地震似的震动了多维尔；1772 年又发生了一次，规模更大[③]。所以，我们可以想象得到，1600 年，也就是《李耳王的悲剧》出版的一年，在悬崖顶上看到的景象，一定比现在还要令人"恐怖昏眩"。最有名的考古学权威们都

图 55 1836 年的莎士比亚崖，从东北方向看

---

① Vol. ii. New Series, 1809, p. 801.
② Geol. of Herod. vol. ii. p. 326.
③ Dodsley's Ann. Regist. 1772.

同意,多维尔港以前原是一个三角港,海水由白垩小山之间流入河谷。历次发掘所得的遗迹,证明了恺撒和安托奈那对这个地点的描写,并且有明显的历史证据可以证明,多维尔地方以前绝对没有扁砾[1]。

多维尔海峡 从德国海北部向多维尔海峡走,海水愈变愈浅,因此在大约 200 里路的距离内,我们从 120 英寻的深度逐渐减到 58 英寻、38 英寻、18 英寻、而在海峡中部的一点,甚至于不到 2 英寻。最浅的部分,是在罗姆尼沼地和布伦之间的一条线上。从这一点起,英吉利海峡又逐渐向西加深,所以多维尔海峡可以说是分隔两个海洋的海峡[2]。

英格兰过去是否与法国相连,是一个大家喜欢讨论的问题。早在 1605 年,英国人佛斯特根在他所著的《英吉利民族的古迹》(*Antiquities of the English Nation*)里说,以前的作者,都作这样的主张,但是没有提出有力的理由。所以他企图提出各种论证来证明这种意见;主要的论证是:第一,两岸悬崖的成分非常相似;有时相同,而阿尔比温和高里亚海岸的地形,不论平坦而多沙,或陡峻而具有白垩,彼此也很相同;第二,从海岸的一边伸展到对岸,有一个深度不大、名为"老妇滩"的水下山脊,从它的成分来看,这个小脊似乎是地峡原来的基础;第三,英国和法国有相同的凶狠动物,它们不会自己游过海峡,或者由人类输入。他说没有人会输入狼,所以"这些刁恶的野兽,的确是自己走过海的"。照他的假定,古代地峡的宽度大约 6 英里,完全由白垩和燧石所组成,而在有些地方,高出海面不多。在海峡较狭的时候,波浪和潮水的作用比较强烈,就是到现在,它们还在破坏同样物质组成的悬崖。他也建议说,当时可能有地震的协助;如果我们想到围着英格兰南岸和东岸的许多水下森林,以及许多地方含有近代介壳的沙滩升出海面的事实,这样的假定似乎是很合理的,就是说,速度像现在在瑞典和格陵兰进行的一样慢的上升和下沉运动,可能大大地帮助了"洋流"的剥蚀力量。

福克斯顿 在福克斯顿,海水在暗掘白垩和下伏的地层。大约在 1716 年,海岸附近有一大片土地向下沉陷,因此以前在海上某些地点或者在海岸悬崖某些部分看不见的房屋,现在可以看见了。1716 年的《哲学会报》(*Philosophical Transaction*)叙述这一次的沉陷时说,"这一块陆地是由覆盖在潮湿黏土(克雷格层)上面的坚硬石质岩块(白垩)组成的,所以它像一只船在涂满油脂的厚板上下水那样,向海里滑动。"这篇文章里也说,在当时还活着的人们的记忆之内,悬崖已经被冲去了 10 竿(rod)。

亥司地方海水的侵犯,也有记录;但在有史期间,从这里和赖依之间的陆地,却在增长;叫做罗姆尼沼地或登奇纳斯的富庶洼地,过去增长得很多;这个洼地是由泥沙组成的,长约 10 英里,宽约 5 英里。雷得曼考证了许多老地图和可靠的权威著作,证明在 1844 年以前的两个世纪中,海角每年大约增加 6 码。然而这种进展是有变动的;因为在 1689 年和 1794 年之间的 105 年中,每年的进展速度达 8.25 码。他说,"在这种一般称为罗姆尼沼地的大堆积,是由局限于 2 英里范围内的几个波浪形小脊所组成,它们像树木的年轮一样,标志着海岸的周期进展。"[3]现在已经知道,小砾是从西面来的。这些小砾,

---

① 见 J. B. Redman on Changes of S. E. Coast of England, Proceedings Inst. Civil Engin. vol. xi. 1851, 1852。

② Stevenson, Ed. Phil. Journ. No. v. p. 45 和 Dr. Fitton, Geol. Trans, 2nd series, vol. iv. plate 9。

③ Redman, Proc. Civil Engin. vol. xi. p. 169。

是像以前有人主张的那样,由于从北面流过多维尔海峡的潮水遇到了从西面流入英吉利海峡的潮水而堆积下来的呢,还是像另一些人主张的,由于潮流受到洛忒河水的阻滞,现时还没有定论。然而毫无疑义,自从登奇纳斯海角向前推进、形成天然防波堤时起,以前向东漂流而堆积在亥司人造防波堤旁边的小砾,都被截留了下来。建筑在亥司南面和西面低海岸上的海岸炮塔,一定不久就要被毁灭,正如马克生指给我看,因为缺少保护海岸的小砾。在林姆曲治,由于前进潮水的威胁,26、27 号炮塔已被拆迁了。在罗姆尼沼地南面的温奇尔西城,是在爱德华一世统治时期被毁的,那时洛忒河口也被堵塞了,河流转入另一个河槽。1824 年,在老河床上找到了一艘古代的船只,似乎是一艘荷兰的商船。这是完全用橡木造的,已经变黑了[①]。罗姆尼沼地的发掘,发现大量的榛子、泥炭和木块。

英格兰的南海岸　从赫斯廷兹或圣·利温那向西,一直到裴文西湾,海岸线都在崩溃,裴文西湾原有一个小港口,现在完全被小砾封闭了。在有些地方,许多年来的每年平均耗损,大约在 7 英尺左右,因此在 1851 年以前用命令来迁去几座海岸炮塔[②]。1813 年,比奇角有一块 300 英尺长、70 英尺到 80 英尺宽的白垩,突然崩落,发出巨声;后来也常发生同样的山崩[③]。

在纽海文市西面大约 1 英里的克塞尔山上,有一个古代壕沟的遗迹。这个土工是椭圆的,可能是不列颠民族建筑的;以前的范围显然很大,但是大部分已被海水切去了。在这里被暗掘的悬崖相当高;100 英尺以上的白垩上面,覆盖着厚达六七十英尺的第三纪黏土和砂。在这条海岸的南董斯地方,白垩南端边界上的伍尔维去层或塑性黏土层的最后残迹,可能有几世纪内都将被消灭;将来的地质学家,只能在历史文献中找到这一组岩层在这个方向的古代地理界限。在纽海文港以东,乌西三角港的对面,一层由附近悬崖剥蚀下来的白垩燧石所构成的小砾层,已经在西福得堆积了好几个世纪。1824 年 11 月的大风暴,把这个沙洲完全冲掉了,西福得城也被浸在水里。现在冲来的新物质,又形成了一个大海滩。

从不能记忆的时代起,塞塞克斯的整个海岸,不断地遭受海水的侵犯,除了在纽海文的营房外,两个年代无可稽考的古代土垒,一个靠近西福特,一个靠近伊斯特伯恩,一部分被海水所毁坏。在历史上,我们虽然只看到这里曾经突然发生过多次水灾的记载,并且淹没了膏腴的土地或已有居民的地区,但是也证明它们所造成的巨大损失。在不到 8 年的时间内,有 20 次海水内侵的记载,每次淹没的面积,从 20 英亩乃至 400 英亩,教会租税册内,也提到什一税的价值[④]。在伊丽莎白女王统治时期,布赖顿城是在现在的连锁堤岸延伸入海的地方。1665 年悬崖下面的 22 栋房屋被毁了。在那个时候,悬崖下面还剩下 113 栋房屋,它们在 1703 年和 1705 年,也完全被淹没。古代城市的遗迹,现在已经完全看不见,然而有一种证据可以证明,海洋的内侵,仅仅是恢复它在悬崖底部的古代位置,而老城的原址,不过是被海洋放弃了许久的一个海滩。

---

① Edin. Journ. of Science, No. xix. p.56.

② Redman, as cited, p.315.

③ Webster, Geol. Trans. vol. ii. p.192, first series.

④ Mantell, Geol. of Sussex, p.293.

罕布郡——怀特岛　在塞塞克斯和罕布郡的海岸上,陆地崩溃的例子是不胜枚举的,如果逐一列出,可至无穷;但是我可以用怀特岛地质构造和现在地形的关系,来证明这个海岸的轮廓,是由海洋的不断作用所造成。岛的中部,横亘着一条东西延长的垂直白垩层的高山脊。白垩层的东端,形成克尔弗岸的突出海角,西面则形成尼得尔角;而一方面的孙登湾和另一方面的康普顿湾,是从地层位置低于白垩的软沙和泥质地层中开掘出来的。

坡贝克岛重复了这种现象,这里的一条垂直白垩,形成亨得法斯特角的突出部分;而史汪那奇湾是海浪从相当于孙登湾的柔软地层中掘出来的深湾。

侯斯特堡的沙洲——海滩的前进运动　组成任何一个海滩的疏松小砾和沙粒,虽然有时向一个方向移动,有时向另一个方向移动,然而它们总有一个特殊的最后移动目标[1]。例如,它们在英格兰南岸的前进方向,是从西到东,一方面是由于被流行风向东驱动的波浪的作用,另一方面是由于洋流,也就是潮水和风所引起的一般水体运动。洋流速度的单独力量,是不足以推动小砾的,它们必须依靠波浪的力量;但是由于不断的自磨作用,小砾终于化成沙或泥,这样的粒度,是可以受洋流的影响的;而洋流是决定悬崖上耗损下来的大量物质的最后方面的动力。

按照帕尔麦等的观察,如果在我们的南海岸或东南海岸建筑一个堤岸或防波堤来阻止沙滩的进展,一个小砾堆不久就可以在这样的人工堤坝的西面聚集起来。小砾会继续堆积,直到它们的高度与防波堤相等为止,如果后来遭到猛烈强风,它们就会越过堤岸[2]。

梭伦特湾是本岛和怀特岛之间的一条水道,它的西口,被侯斯特堡的沙洲堵塞了2/3;这个沙洲的长度约2英里,宽70码,高12英尺,向西成一斜面。这个别致的沙洲,是由堆积在水下泥质基础上的圆形白垩燧石砾石层组成的。燧石和少数与之混合的其他小砾,是从西面的霍得威尔和其他悬崖上耗损下来的物质;在这些地方,上面盖有一层厚从5英尺到15英尺破碎白垩燧石的第三纪地层,受到了严重的暗掘。1824年11月的大风暴,把这个砾石沙洲全部向东北移动了40码;在风暴之后,原来在作为两个庄园分界标志的某些木桩一边的沙洲,被移到木桩的另一边去了。在林敏顿附近、威斯奥弗农场的许多英亩牧场,同时被盖满了小石砾。但是原来沙洲的位置,不久又得到从西面漂来小砾的补充,重新恢复原状;从古地图上看,几世纪以来,它始终保持着同样的轮廓和位置[3]。

奥斯登说,照一般的规律,只有在高潮与强风相结合的时候,海水才能达到悬崖底部进行暗掘。但是波浪不断地在摩擦已经抛在海滩上的物质,使它们成为砾状。许多小砾,常在高潮标和低潮水面以下的浅水之间往来移动,这些物质偶尔也被冲到深海里去。由于石砾的移动,我们南海岸的每一部分,不时看到露出的基部岩石。但是另外的沙砾层,不久又会堆积起来,物质虽然是新的,同一地点的物质性质却完全相同[4]。

侯斯脱砾石洲和克里斯特丘奇之间的悬崖,不断受到暗掘;许多年来,海水常以每年

---

[1]　见 Palmer on Shingle Beaches, Phil. Trans. 1834, p.568。

[2]　防波堤是用木桩和厚板或用堆积的柴捆造成的,它们的功用是减轻海浪的力量,或者保护海滩。

[3]　Redman.

[4]　Rob. A. C. Godwin-Austen on the Valley of the English Channel, Quart. Journ. G. S. vol. vi. p.72.

大约 1 码的速度向前蚕食。现在活着的人还记得,海岸公路已经向内地移动了 3 次。所以霍得威尔教堂曾经一度在教区中部的传说,可能是可靠的,虽然现在(1830)已经很近海岸。克里斯特丘奇角的突出部分(恒吉特培雷),也慢慢地在崩溃。这是多昔特郡林敏登和普尔湾之间的悬崖中唯一含有石块的地点。性质有些像伦敦黏土中的龟背石的 5 层铁质大结核,有抵抗侵蚀的能力,地角的形成,可能归功于这种物质。同时波浪已经在普尔湾的疏松沙层和壤土中割切得很深;在严重的霜冻之后,它常发生大山崩,逐渐扩大,形成两壁垂直的狭窄沟壑或所谓深涧(chine)。波斯可姆附近的一个深涧,在几年之内(1830)加深了 20 英尺。在每一个深涧的源头上,有一股泉水,它们是掘蚀深度常达 100 英尺到 150 英尺的沟壑的主要工具。

　　波特兰岛　坡贝克和波特兰半岛,都在继续耗损。在波特兰半岛,柔软的泥质下伏层(金麦雷奇黏土),促进上复石灰岩块的崩溃。

　　1665 年,波特兰主要采石场附近的悬崖崩落了 100 码,全部倒在海里;1734 年 12 月,岛的东面也发生了一次山崩,长达 150 码。但是更可纪念的一次山崩,是在 1792 年,可能也是由于悬崖的暗掘;赫钦所著的《多昔特郡的历史》中,有这样一段叙述:"一清早,看见道路在开裂:它继续扩大,在两点钟以前,地面下沉了几英尺,并且是一次连续的移动,除了树根和荆棘的拆裂声与偶尔听见的岩石坠落声,没有其他的声响。晚上似乎略为停止,但是不久又移动了;在天亮以前,从悬崖顶部到水边的土地,在有些地方垂直下沉了 50 英尺。被移动的地面,南北长达约 $1\frac{1}{4}$ 英里,东西宽 600 码。"

　　拆塞尔沙洲的形成　波特兰岛和本岛,是由拆塞尔沙洲连接起来的,这是一条大约 15 英里长的石砾小脊,靠近波特兰岛的 2 英里,两边都有海。从这里向西北延伸到爱博兹波雷的 7 英里之间,一边以陡峻的斜坡倾斜入海,另一边是一条名为弗里特的狭窄水道,这条水道可以称为三角港,它的水是半咸性的。从这里再伸展 5 英里,是和多昔特郡海岸相连接的小砾海滩。

　　构成这个大沙洲的小砾,主要是硅质的,全部松散地堆在一起,它的高度比通常的高水位高出 20 英尺到 30 英尺;在东南端最近波特兰岛的地方,小砾最大,高度达 50 英尺。这里的宽度大约 600 英尺,逐渐向爱博兹波雷减少到大约 500 英尺。

　　波特兰岛与本岛相连的那一部分沙洲,是沉积在金麦雷奇黏土上面,在大风时期,这一层黏土有时露出水面。这种黏土可能先形成一个浅滩,潮水向狭窄小港冲进的时候,可能阻止了从西方流来的小砾的前进。奇怪的事实是,在整个拆塞尔沙洲上,小砾的大小,愈向东南愈大,也就是说,离开来源愈远愈大。如果情况是相反的话,我们当然会把这种现象归因于小砾的经常摩擦损耗,因为石砾在上面滚动的海滩,长达 17 英里。这种现象的真正解释无疑是如此:最强的洋流,就是说,西南大风与潮水合作所造成的暴风时期的海水运动,在比较宽敞的海港或者离开海湾起点最远的地方,力量比较大;因为港湾里面的陆地,有防御风和波浪的作用。换句话说,海的力量向南增加,并且由于沙洲的方向是从西北到东南,从西面带来而抛弃在岸上的块体的大小,一定以波浪和海流最强烈的地方为最大。李德上校说,所有从西面滚来的钙质石块,不久都被磨成了沙,它们以这种形式,绕过波特兰岛①。

1824年的暴风,猛烈地冲过拆塞尔沙洲,建筑在南端的拆塞尔顿村和许多居民都被淹掉了。1852年11月23日的另一次西南大风,在一个晚上和第二天早晨的沙洲上抛弃的砾石,据土木工程师库德的估计,不下于350万吨②。

以上所说的1824年的暴风,把普里穆斯的防波堤冲毁了一部分,从2吨到5吨重的大石块,被它从向风方向的基部抬了起来,恰好滚到堤的顶上。一块7吨重的石灰岩,被冲过防波堤的西端,走动了150英尺③。这一次的推动力,是由于波浪的冲击,在浅水的地方,波浪流得最快,在一个短距离内的速度,可以远超过最快的洋流。在1099年的同一个月份里,也是在春潮时期,英格兰海岸也发生过一次大水灾。伍失斯脱地方的佛罗伦斯(Florence)说,"1099年11月第九天(nones)的第三天,海水上岸了,淹没了几个城镇和许多人,还淹死了无数牛羊。"在撒克逊的1099年年鉴中,我们也读到以下一段的叙述:"这一年,在祭祀圣·马丁的一天,就是11月11日,流来很大的海水,造成异乎通常的灾害,没有一个人可以想起以前曾经有过这样的灾难,那一天还有新月。"

在比尔或波特兰南端的南面的海峡中有一个7英寻深的特殊浅滩,叫做"跟跄滩"(shambles);它完全是由碾碎的长绉法螺(*Purpura Lapillus*),紫壳菜贝(*Mytilus edulis*)和其他现时生存的介壳碎块所组成。这个轻质的块体,常在移动,高度每天都有变动,但是海滩的位置始终不动。

多昔特郡—得文郡　在多昔特郡的来姆·里季斯,有一个由大约100英尺高的里阿斯层所组成的所谓"教堂崖"(church cliff),从1800年到1829年,它以每年1码的速度逐渐崩溃④。

1839年12月24日,来姆·里季斯和埃克斯默思之间的得文郡海岸,发生了一次异乎通常的山崩;康尼白亚教士曾经对这一次的灾难,作了详细的记载,图56所载的剖面,就是他供给的。沿着海岸分布的山丘,顶上盖着一层白垩(h),下面是一层与磻石成互层的砂岩(i),再下面,是一层厚100英尺以上、底部含有结核的疏松沙层(k),k和i都是属于上绿沙岩系,或绿泥石岩系;以上所说的几个地层h、i、k,全部覆盖在属于里阿斯岩系的不透水的黏土(l)上面,黏土层向海倾斜。许多由沙层(k)里面流出的泉水,逐渐把沙移去一部分,这样对上覆岩层的暗掘,促成了以前的沉陷,于是在D和E之间,形成一排从属悬崖(undercliff)。1839年的一个异常潮湿的季节,使所有岩石充满了水,如此增加了下面支持物质已被泉水移去的上覆岩块的重量,因此陷入为它们准备好的空间里面;这种运动的力量,推动了和它相邻而且已被局部暗掘的岩块,使它们在多水沙层的润滑基础上向海里滑动。这些作用产生了震动;这一次的震动是从11月24日早晨开始的,当时有极大的破裂响声;当天晚上,地面上出现了裂隙,住宅的墙壁也在开裂,同时向下沉陷,最后形成了一个长度几达3/4英里、深从100英尺到150英尺,宽度超过240英尺的深沟B。在这个深沟的底部,有许多原来地面的碎块,异常混乱错杂地堆积在一起。

---

① 见 Palmer on Motion of Shingle Beaches, Phil. Trans. 1834, p. 568 和 Col. Sir W. Reid, Papers of Royal Engineers, 1838, vol. ii. p. 128。

② Coode, Proc. Inst. of Civil Eng. 1852—1853, vol. xii. p. 545.

③ De la Beche, Geological Manual, p. 82.

④ 照林姆地方的卡本脱的计算。

由于侧向运动结果，在新裂隙和海洋之间的地带，包括古代的从属悬崖在内，也开裂了，而整条海岸悬崖，向前移动了许多码。"在克尔弗霍尔角外面，近来还用做陆地标志的一个奇特的锥状崖 F，从 70 英尺的高度沉到 20 英尺，而原来离开锥状崖 50 英尺以上的主要悬崖 E，现在几乎和它相连接。海岸悬崖的这种运动，又产生了一种可以说是这一次灾害最特殊的现象。向下移动的岩石所产生的侧压力，迫使海岸砾石下面的地层，发生不自然的短缩，于是不得不向上隆起，在现在的悬崖前面形成一排平行于海岸的海礁或小脊 G，它的长度在一英里以上，高度超过 40 英尺，上面盖着一堆混杂的破碎地层和大块岩石，此外还有海藻和似珊瑚的海生植物，以及介壳、海星和其他深海动物[①]"。

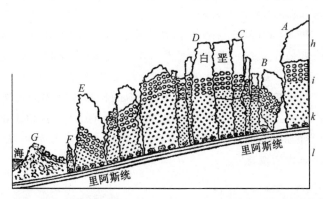

图 56　埃克斯默思附近的山崩，1839 年 12 月（康尼白亚教士绘）

A. 仍旧维持原有水平的山丘。B. 新细谷。C, D. 在震动之前与 A 相连的下陷开裂地带。
D, E. 与以上一样的从属悬崖，但是裂隙较多，向海移动了大约 50 英尺。F. 锥状崖，高度
从 70 英尺沉到 20 英尺。G. 从海里升起的新礁。

康尼白亚和波克兰[②]出版了一本关于这一次山崩的详细记载，其中有一张平面图，几个剖面图和许多精美的国画，图 57 就是其中之一缩小的。

图 57　埃克斯默思山崩的全景。从大宾顿向西
一直看到西得穆斯山和厄克斯三角港
（采自波克兰所画的原图）

图 58　圣·密契尔山在低潮时的全景

---

①　Rev. W. D. Conybeare, letter dated Axminster, Dec. 21, 1839.

②　London，J. Murray, 1840.

托尔湾　围绕托尔湾的海岸，许多地方在崩溃；它们的耗损情况，是潘吉雷在 1861 年发表的专刊的题目①。他说，在过去 100 年中，托尔基和裴恩顿之间的公路，已经向内地移动了 3 次。建筑在海岸上、保护现在公路的坚固石工工程，在 1859 年 10 月被海浪冲去了，附近海岸上的悬崖，有许多地方也受到暗掘，包括陡峻的石灰岩。

康沃耳的圣·密契尔山　如果我们回想到我们的南海岸在过去三四个世纪中由波浪的暗掘和山崩所引起的巨大变化，以及在某些未知时期淹没在海岸附近和离岸相当距离海中的许多海底森林的证据，我们忽然在这里找到了一个孤立的地方，它的海岸轮廓经过了 19 个世纪没有发生变化，不免令人惊异。由于这种理由，康沃耳的圣·密契尔山值得我们特别注意，因为许多世纪以来，它的一切地文情况始终与现在相同。

这座山（图 58，图 59 和图 60）主要是由花岗岩组成的，此外还有一部分与邻近海岸相似的板岩。它的位置是在兰兹·恩德东面大约 10 英里的蒙脱湾头附近，高 195 英尺，山边陡峭。在每 24 小时内，这座山两次变成海岛，在落潮的时候，两次由一个狭窄的地峡与本岛相连。这个地峡是由前述的板岩所组成，山的构造中也有这种岩石，而花岗岩脉则贯穿在两种岩石之间。在最高的春潮时期，地峡上面有 12 英尺以上的水，小潮时大约 6 英尺；在普通气候的时期，它在低潮时常露出水面 5 小时。读者可从附图得到这座山在高潮和低潮时的形状的概念②。

图 59　圣·密契尔山在高潮时的全景

图 60　高潮时圣·密契尔山全景，表示港口的位置和山东北东方面的马拉香城

因为在我们的海岸上没有第二个地方在每 24 小时内两次是岛两次是海角的情况，这就可以证明圣·密契尔山就是提倭多乐斯·昔丘勒斯所说的依斯提斯岛。这位历史学家在公元前 9 世纪的著作中说到不列颠人和古代人民的贸易："贝勒林的居民是殷勤的，由于他们和异乡人交往，习惯是文明的。""他们生产锡，把它铸成距骨状（astragali）的锡块，运到不列颠前面一个叫做依斯提斯的岛上。在低潮的时候岛是干燥的，在这个时候，他们用马车从海岸上把锡运到岛上。商人在这里向土人买锡，把它运到高尔，从这里再驮在马背上，大约旅行 30 天，运到尼罗河口。"

大约在 1823 年，在法耳默思港捞起了一块锡（见图 61），现在陈列在特鲁罗的康沃耳皇家学院博物馆内。詹姆士爵士说，它的形状，很像提倭多乐斯所说的距骨；一边略为凸

---

①　Geologist, vol. iv, p. 447. 1861.

②　图 58 和图 59，是詹姆士爵士供给，我应当向他道谢。

起（见图 61），似乎可以使它和船底相吻合，而整个锡块被铸成一种形状，使它便于用绳吊在马背上，每两块互相平衡，构成一组便于一匹马负载的货物[①]。除了上述的理由之外，巴汉博士曾经表示，提倭多乐斯所说的依斯提斯岛，不仅在地理上与圣·密契尔山相当，选择这样一个海角作为对外贸易和国防地点，也是很适当的。到现在，这里还是一个好港口，每天都有船只进出，而所产的锡，有时还是照着古时所走的路线在低潮时运过地峡，在这里上船。载重 500 吨的运煤船，现在可以入港，停

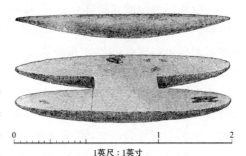

1英尺：1英寸

图 61　在福尔穆斯港捞起的一个

古代锡块的表面和侧面形状

这块锡上面有一个小的记号，在图的右下角。

船的港湾，是在山的向陆或隐蔽的方面（见图 58 和图 60），这里水的深度，足以停泊耶稣纪元前 5 世纪甚至于 10 世纪腓尼基人和其他航海者用来和克昔透来得人进行交易的最大船只。

根据卡留的意见，圣·密契尔山的老名字"caraclowse in cowse"在康沃耳方言的意义是"森林中的老岩石"，因此有人推想，在这个岩石的周围，原来有长满森林的陆地。现在山上没有树，只有少数灌木；我们不容易想象，何以在提倭多乐斯之后，这种名字还可以应用，因为在那个时候，这座山显然已经孤立，而地峡也已经与现在一样。潘吉雷近来对本问题作了详尽的讨论[②]，他说，要使这个名字恰当，我们必须假定山的四周有长满树木的陆地；这种地理情况，立刻使我们把这个时期推早到比 19 世纪还要久远得多的时代，并且还要假定，在指定这座山为"森林中的岩石"的时期，康沃耳方言已在应用。不论我们是否企图用内侵的海水冲去原来充满港湾的低地的理由，或者用整个区域沉陷到较低的水平的理由来解释这种地理变迁，我们都必须承认，这些古老森林的存在，是在腓尼基时期以前，这样就必须把康沃耳方言的应用时期，推到不可思议的时代了，毫无疑义，这里也和其他地方一样，在过去的二三十个世纪中，波浪曾经把一部分土地变成了海。例如，就是在这个海湾的平桑斯附近，从查理二世统治时起，名为格林的一块 36 英亩的牧场，已被逐渐移去，变成了不长草木的沙滩。大家也知道，现在的马德龙牧师（1865）的祖父，曾经在平桑斯悬崖下面的土地上征收过什一税。潘吉雷也说过，离开圣·密契尔山只有 1/3 英里的马拉香城（见图 60）的某些地点，在现在还活着的人们的记忆所及的时期内，也在慢慢地在崩溃，但进行得非常之慢，每世纪的耗损速度不能超过 10 英尺；照他的计算，如果仅仅依靠这种变迁的话，那就需要 一万年或一万年以上，才能把这座山和本岛之间的陆地移去。在另一方面，这座山在 19 世纪以前的地理情况既然与现在没有什么两样，那么我们贸然假定在这个时期以前不久，也就是在使用康沃耳方言的时代，这里曾经下沉以致淹没了有一个森林的地区，未免过于勉强。

———————————

①　Col. Sir H. James on Block of Tin dredged up in Falmouth Harbour, 45th Ann. Report Royal Inst. Cornwall，1863.

②　Pengelly, Papers read at Brit. Assoc. Birmingham，1865.

也像英国海岸的其他部分一样,这里一定发生过沉陷,但是进行的时期,远在有史时期以前。例如,波亚斯说[1],在纽林和圣·密契尔山之间,沙的下面有含着许多榛子以及森林树的枝干和树叶的黑色植物腐土,其中还有榆树;这些树木全部都是土生的物种。土壤中的树根,都维持着天然的位置。在植物物质之中,也找到了昆虫的翅鞘。这一层地层一直延伸到海边低潮最低的地方;这种情况意味着平坦地面的向下运动,但在沉陷的时候,依然维持着水平的位置。如果我们想对这种沉陷的时代作一推测,我们必将牵涉到范围更广的地质研究,虽然这是一件很近代的事,而且可以包括在人类时代的范围之内。例如,得文郡海岸的托尔基地方有一个淹没的森林,并有很多泥炭物质盖在蓝色黏土上面;这一层黏土可以从托尔教堂附近高出海面大约 84 英尺的地方,一直追索到海边,其间的距离大约 3/4 英里。这一层地层向海里伸展的范围,现在还不知道,但在黏土里却埋有许多树桩和树根,而在泥炭里则有鹿、野猪、马和一种已经绝种的牛(*Bos longifrons*)的骨骼;在这些兽骨之中,潘吉雷找到一个赤鹿的叉角,上面有几个尖锐工具刻画的刻痕,而整个鹿角已被制成了刺击的工具。在 1851 年以前几年,渔人在海湾中海水深度在 30 英尺以上的一点的泥炭层里,网捞到一个表面上染有泥岩黑色斑点的猛犸(*Elephas primigenius*)臼齿;臼齿的上面还保持着许多动物物质,这种新鲜情况,可能是由于泥炭的防腐作用。这一块标本现时保存在托尔基博物馆;这是我们可以用来说明一种事实的有意义资料,就是说,在这个区域已经具有现在地形的时候——至少河谷的方向和深度已与现时相同,而以上所说的泥炭,就沉积在这些河谷之一的河底——这里还有猛犸存在。我之所以要提出这些事实,是为了要说明我们不能用这个海岸的水下森林,作为证明这种变化是在有史时期发生的可靠证据。它们可能属于旧石器时代的末期;这个时期虽然比托尔基附近白立汉岩洞和肯特岩洞被填塞的时期晚得多,其时象、犀和穴熊和人类同时共生,但是比现在沿着这个海岸入海的某些河流的形成时期早。

现在再回到康沃耳:最古的历史学家,曾经提到里温纳斯沉没的传说;据说这一块地方,是从兰兹·恩特伸展到锡利岛。如果这一片土地的确存在的话,它一定有 30 英里长,可能有 10 英里宽。现在在两头剩余的陆地,高从 200 英尺到 300 英尺不等;中间的海水,大约有 300 英尺深。对于这个离奇的故事,我们虽然没有可靠的证据,它可能起源于大西洋在过去的内侵,同时可能也有沉陷。

如果我们转到布里斯特耳海峡,我们可以在它的南岸和北岸附近找到许多沉没森林的遗迹;戈得温-奥斯登[2]近来要我们特别注意索美塞得郡海岸上坡乐克湾的沉没森林,他并且告诉我们说,它的延伸范围,离陆地很远。我们的确有充分理由可以相信,在索美塞得郡和威尔士之间,曾经一度是由一片森林地带连接起来的,古代的塞汶河就在它的中部流过。过去有这样陆地的存在,可以使我们理解,何以沿着格拉摩干郡海岸、现在底部受海水冲击的陡峻悬崖面上的裂隙和岩洞,会成为鬣狗和熊的巢穴,就是说,成为大部分现在已经绝迹的象、犀、虎、驯鹿和其他四足兽骨骼的贮库。在一个岩洞里面,曾经找到 1 000 个以上驯鹿的叉角。

---

① Boase, cited by De Ia Beche in his Report on the Geology of Devon, &c., chap. xiii.

② Quart. Geol. Journ. 1866, vol. xxii. p. 1.

在彭布鲁克郡的圣·布来得湾和再向北的卡尔迪根郡，以及更向北的威尔士（如在安格耳西和登比郡），在海岸附近，也都有同样的古代森林。在安格耳西的一个森林，使我们回想到以上所说的、表征托尔教堂森林层的现象。史丹雷在霍利黑德港找到一层 3 英尺厚含有树木桩根的泥炭；低水位时，这一层泥炭露在外面，向上延伸到略高于海面；1849 年，为了修建铁路在这里开掘的时候，发现两个完整的猛犸头骨。长牙和臼齿都埋在地面以下两尺的泥炭中，泥炭的上面，盖有一层坚硬的蓝色黏土[1]。这种猛犸的生存时期，可能长于与它同时的、所谓洞穴时期的大部分已灭亡的物种。同时我们切不可以忘记，不但青铜时代的动物群，而且还不知使用金属的最早瑞士湖滨居民时代的动物群，都是与有史时期的完全相同，在瑞士湖滨居民时代或丹麦贝塚时代的野生或驯化的动物中，从来没有找到猛犸或 *Bos longifrons*，甚至于驯鹿的骨骼。所以，如果所有英格兰南部和西部的滨海沉没森林可以大致归入同一个地质时期的话，那么其中猛犸的偶尔存在，表示它们的时代是很古的，就是说，在湖滨居民时代和已经找到的人类遗迹的最古时代之间。

英格兰的西岸　既然已经列举了这许多证据来证明波浪、潮水和洋流对我们的东岸和南岸的破坏作用，我们没有必要再详细讨论西岸的各种变迁，因为它们无非是同样现象的重复，并且规模也小得多。在塞汶三角港的边缘，索美塞得郡和格洛斯特郡的平坦区域，形成了很大一片土地；在另一方面，在麦尔西河和第河之间的拆郡，从 1764 年起，由于海水向红色黏土和泥灰岩陡崖的侵犯，损失了好几百码，有人说损失了半英里以上。在上述的时期内，几个灯塔被陆续放弃了[2]。彭布鲁克郡[3]和卡尔迪根郡[4]也有许多传说，说是这些地方所损失的土地，比康沃耳的里温纳斯故事所说的大得多。这些传说是非常重要的，因为可以表示，最早的居民已经注意到海水内侵的现象。

法国陆地上海岸的损失　法国的海岸，尤其在布里塔尼，潮水升得特别高，因此常受波浪的蚕食。在第九世纪，据说有许多村庄和森林被冲掉了，海岸起了大变化，因此圣·米奇尔山和大陆脱离了。在 1500 年时布尔纽夫教区，和其他附近的教区，都被淹没。在 1735 年的暴风期间，帕尔涅尔的遗址从海里露了出来[5]。

---

[1]　这两个头骨是在史丹雷的私有土地上找到的，已经由他赠送给不列颠博物院；其中之一，奥文教授鉴为 *Elephus primigenius*。

[2]　Stevenson, Jameson's Ed. New Phil. Journ. No. 8. p. 386.

[3]　Camden, who cited Giraldus; also Ray, "On the Deluge", Phys Theol., p. 288.

[4]　Moyrick's Cardigan.

[5]　Von Hoff, Geschichte, etc. vol. i. p. 49.

第二十一章　潮汐和洋流的作用(续)

荷兰莱茵河口海水的内侵──莱茵河各河岔的变迁──陆地沉陷的证据──比斯·布什三角港,形成于 1421 年──形成于 13 世纪的须德海──岛屿的毁灭──埃姆斯三角洲变成了一个海湾──多勒特三角港的形成──施勒斯维希海岸上海水的内侵──在北美洲的海岸上──波罗的海的洋流──辛布来洪水──所谓怒潮的潮波

　　莱茵河口海水的内侵　在前一章所讨论的不列颠海岸线上,找不到一个两种对抗力量相互斗争的例子,一种力量是排泄大陆的河流的倾注,另一种是海洋的波浪、潮汐和洋流的作用。但是当我们越过多维尔海峡到大陆,并且向东北前进的时候,我们可以找到一个令人惊奇的竞争实例;海洋和莱茵河在这里互相对抗,各尽全力,争夺现在荷兰所占的陆地;一种力量尽力设法形成一个三角港,另一种力量则设法形成一个三角洲。以前有一个时期,河流显然占过优势,在那个时候,海湾的形状和相对水平,以及潮水的流向,可能与现在很不相同;但在过去的两千年中,其时人类曾经目击并且主动参加这种斗争,结果是有利于海洋的;整个区域的面积,愈变愈小;天然和人工堤坝逐一被冲掉;而好几万人的生命,也沉沦在波涛之中。

　　莱茵河各河岔的变迁　莱茵河从格里孙阿尔卑斯山流出之后,夹带很多沉积物,它首先在康斯坦次湖澄清一次,并在湖里形成一个大三角洲;后来与阿勒河和其他许多支流汇合之后,它向北流了 600 英里,到了低洼的平原;它在克累夫东北约 10 英里的地方,分成两个河岔──开始分岔的地方,可以作为三角洲的起点(见图 62)。这里所说的三角洲,我的意思并不是说:凡是被莱茵河各河岔所包围的一部分荷兰,都是严格意义的三角洲;因为在这一部分地区里,如格尔德兰和乌德勒支的一部分地层,可能在莱茵河形成以前,已经在海里沉积下来了。这些较老的区域,可能像克切的乌拉长堤那样,在莱茵河的沉积物把海洋变成陆地时上升起来的,或者它们可能原来是许多海岛。

　　当莱茵河在克累夫北面分支的时候,左边的河岔名为伐耳河;右边的一条,仍旧保持着莱茵河的名称,但向北流了一段之后,它通过一条人工运河和艾塞耳河相连接。莱茵河于是向西流,又在乌德勒支东南分成两股,从这一点起,它被称为累克河,以与北面的老莱茵河相区别;老莱茵河是在 1825 年以前被沙淤塞的,从那一年起,在河槽里开了一条运河,它现在就通过这条运河在卡特魏克入海。在所有的普通大三角洲里,主要的排水河槽一般常常改道,但荷兰开凿了如此之多壮丽的运河,并且不断使河流转变它们的河道,以致三角洲中的地理情况发生无穷的变化,而它们从罗马时代起的历史,成为考古学研究一个复杂问题。现在三角洲的起点,离开所谓须德海海湾的最近部分,大约 40 海里,离开一般海岸线的距离,则超过一倍。尼罗河三角洲的现在起点,离海大约 80 海

里或 90 海里；恒河，如前所述，是 220 海里；而在密西西比河，从阿特查法拉亚开始分支的一点起到墨西哥湾中的新狭长地角的终点止，大约 180 海里。但是从三角洲起点到海的比较距离，不能用做估计各河流冲积区域相对大小的肯定根据，因为河流的分支，决定于许多各种不同的和临时条件，而它们所扩展的范围，并不常与河流的水量成比例。

例如，莱茵河现在有三个河口。大约 2/3 的水，是从伐耳河入海的，其余的水，一部分经艾塞耳河流入须德海，一部分则经累克河流入大西洋。自从很古的时代起，南到奥斯坦德，北到波罗的海入口地方的整个海岸，除了很少几个例外，都在受着波浪力量的摧残；如果莱茵河、马斯河和些耳得河的共同三角洲（这三条河可以认为是流入同一个海洋的河流）的进展，没有受到这样的阻碍，它一定变成非常显著；就是维持不动，它也早已像以前已经说过的密西西比河口的一条陆地那样，远远地伸出海岸的圆形轮廓以外。但是我们所看见的情况恰恰相反，围绕着海岸的岛屿，不但面积缩小了，而且数量也减少了，同时由于海洋的侵犯，在内地形成了几个大海湾。

为了解释海洋不断向荷兰海岸和内地进展的原因，波蒙曾经提出一种意见，他说，这里的陆地很可能曾经普遍地沉陷到以往的水平以下，而且沉陷的面积相当广。这样的水平变化，会使海水突破保护海岸的古代沙洲和岛屿——会导致海湾的扩大，三角港的形成，最后会使陆地全部沉没。现在的水平以下有几个淡水成因的泥炭沼遗迹的事实，证明了这些意见，特别在须德海和弗勒伏湖，其情况以下即将讨论。在乌德勒支、阿姆斯特丹和鹿特丹，为了水井所作的几个开掘工程，也证明了在海岸附近水平以下的土壤中，有含着海生介壳的地层与泥炭和黏土层的互层，这种地层曾被追溯到 50 英尺以下，甚至于达到更深的地方[1]。

我曾经说过，远达奥斯坦德的南海岸一直在退缩。这种说法，初看起来似乎与地图上（图 62）安特卫普和尼乌波特之间画有黑影线的地区的情况相矛盾，在有史期间，这里曾被海水所淹没，而现在却是一片维持着许多人口的陆地。然而在罗马时代，这个区域是一个外面有一带沙丘保护的森林沼地和泥炭沼，后来的暴风雨，常常冲破沙丘，造成泛滥，特别在第五世纪。海水冲进的时候，在泥炭上面留下一层肥沃的土壤，有些地方厚达 3 英尺，充满了近代的介壳和艺术品。这里的居民，虽然常常遇到灾害，他们靠着堤岸和海岸沙丘，却有效地保护了这样由海成沉积堆成的土壤[2]。

荷兰的海水内侵　如果从以上所说的区域向北进，并且跨过些耳得河，我们发现，伐耳赫伦岛和贝维兰岛的一部分，以及卡得桑的几个繁盛区域，在 14 世纪和 18 世纪之间被冲掉了——这些损失，远超过某些先存溪涧的淤塞所收回的土地。1658 年奥利生岛被消灭了。最可纪念的一次海水内侵是在 1421 年，当时从马斯河和伐耳河的汇合河口灌进的潮水，在多德和格脱鲁登堡之间的地区，冲破海堤，淹没了 72 个村庄，形成一片汪洋，现在叫做比斯·布什（见图 62）。35 个村庄已经无可挽回的全部淹没掉了，就是到后来，也看不见它们废墟的踪迹。其余村庄，后来露出水面，而其中一部分的遗址，虽然在

① M. E. de Beaumont, Géologie Pratique, vol. i. p.316 和同书的 p.260。
② Belpaire, Mém. de l'Acad. Roy. de Bruxelles, tom. x. 1837. Dumont, Bulletin of the same Soc. tom. v. p.643.

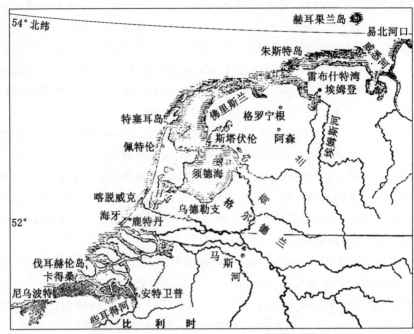

图 62　从尼乌波特到易北河口的海岸线；这一段海岸线，有史以来已经发生过变迁

安特卫普和尼乌波特之间的黑影线部分，在罗马时代原来有陆地，

在第五世纪以前或五世纪期间，被海淹没了，后来又重新变成了陆地。

乌德勒支西面的字母 *H*，表示 1853 年排干的哈连姆湖，

并且变成了在海平以下 13 英尺的耕地。

地图上一般还注着三角港，其实已经逐渐被冲积沉积物所填满，并且莫尔教授告诉我说，已经变成了一个广大的平原，生产大量的牧草，但是还没有居民。在马斯河北面，有一长条盖着沙丘的海岸，常常发生很大的海侵，主要是由于东南风，这种风把沙向海里吹。离开海牙不远的歇文宁根教堂，原来是在村的中央，现在却站在海岸上，一半的地方已经被1570 年的波浪所淹没。卡特魏克原来离海岸很远，现在也在海岸上；1719 年，它的两条街道被淹没了，冲去的土地大约 200 码。因为筑了海堤，裴顿和更北的几个地方，才没有受到海水的侵袭。

　　1853 年，荷兰政府用蒸汽机把阿姆斯特丹西面叫做哈勒姆湖的一大片水排干，收回了 45 000 英亩的土地，如地图上的 *H* 所示（图 62）。这一块收回的土地，在海洋的平均水平以下 13 英尺；当我在 1859 年去参观的时候，维持 5 000 个农业人口[1]。

　　须德海和斯塔伏伦海峡的形成　更重要的变化是发生在莱茵河右河岔或艾塞耳河对面的海岸上；海水在这里冲破一个大地峡，进入弗勒伏内湖；据朋坡呢斯·梅拉说，弗勒伏湖是由古代莱茵河泛滥在一个低洼地带形成的。在塔西脱斯时代，佛里斯兰和荷兰之间，现在的须德海位置上，似乎有几个湖。历次的海水内侵，把这些湖和其他附近区

---

　　[1]　详细的叙述，见 Lyell's "Antiquity of Man". p. 147。

域,转变为一个大海湾;转变时期大约在 13 世纪的初期,结束于 13 世纪的终了。阿尔丁搜集了当时附近各省居民记录的手稿,作了以下的叙述。1205 年,德克塞尔南面,现在叫做威林根的海岛,还是大陆的一部分,但是经过几次大洪水——1251 年 12 月底以前的洪水,每次都注明日期——它和大陆脱离了。后来的侵袭,把佛里斯兰的斯塔伏伦和荷兰的梅登布利克之间、弗勒伏湖北面的一个肥沃而人烟稠密的低平地峡的大部分(见图 62)淹没了,最后的决口,大约是在 1282 年完成的,后来陆续扩大。海水第一次冲进来的时候,破坏最大,冲去了许多城镇;但是后来又退了一部分,最初被淹没的土地,又被逐渐收回。斯塔伏伦新海峡的宽度,超过多维尔海峡的一半,但是很浅,最深的深度不超过二三英寻。新海港大致成圆形,直径大约在 30 英里和 40 英里之间,弗勒伏湖以前占据多少面积,现在已经无从探索。

　　岛屿的毁坏　从特塞耳岛延伸到威悉河和易北河河口的一系列海岛,可能是以前连续地区的最后残余。从普林内时期起,它们的面积缩小了不少,数量也大约减少了 1/3;因为这位自然科学家,在特塞耳岛和施勒斯维希-霍尔施坦因的埃德尔之间数了 23 个岛,但到现在包括赫耳果兰和纽沃克在内[1],只剩下 16 个了。易北河口的赫耳果兰岛的岩石,是属于三叠纪的红色泥灰岩和砂岩[在德国称为考依波和邦托层(Keuper and Bunter)],周围以大约 200 英尺高的红色削壁为界(见图 63)。虽然根据某些记载从公元 800

图 63　赫耳果兰岛一部分的风景和孙台岛
a. 在远处的孙台岛,据说以前与主岛相连。
b,b. 分隔红色泥灰岩和砂岩的淡绿色地层。

年起,它的面积已经减小了很多,可是魏白尔向我们保证,麦牙的古代地图是靠不住的,他并且说,根据现在还没散失的布雷门地方的亚当的记述,在查理曼时代,这个海岛并不比现在大多少。如果把丹麦工程师魏士尔 1793 年所制的地图加以比较,从那个时期到 1848 年(大约半世纪),海洋对全岛周围悬崖所侵占的幅度,每年平均大约 3 英尺[2]。根据某些权威的意见,现在与赫耳果兰之间隔有一条航行水道的孙台岛(见图 63,*a*),在人类所能记忆的时期内,是大岛的一部分。在另一方面,荷兰和丹麦海岸外面有几个海岛,则向一个方向扩充它们的界限,或者由于水道的淤塞,和其他海岛相连接;但是这些岛屿,像朱斯特岛,一般在北面或向海洋方向所损失的面积,大约与在南面或者向陆地方面所收回的面积相等。

　　多勒特的形成　当莱茵河三角洲正在遭受海洋运动蹂躏的时候,我们很不容易想象许多小河流会在同一海岸上形成它们的三角洲。在罗马时代,由三个河岔入海的埃姆斯河入海的地方,似乎有一个很肥沃的大平原。这一块低地,延伸在格罗宁根和佛里斯兰

---

[1]　Von Hoff, vol. i. p. 364.

[2]　Quart. Journ. Geol, Soc. vol. iv. p. 32; Memoirs.

之间,向东北方向的埃姆登伸出一个半岛(见图 62)。1277 年的大水,首先破坏了半岛的一部分。在第 15 世纪之中,又被泛滥了许多次。在 1507 年,一个叫做托伦的大城,只剩下了一部分;虽然建筑了海堤,其余的部分,以及 50 个市镇、乡村和寺院,最后全部被淹没了。新的海湾叫做多勒特湾,它的面积虽然比须德海小,最初也占据了不下 6 平方英里;但在后来的两世纪内,一部分地区又从海里收了回来。更向北的雷布什特小海湾,是在 13 世纪由同样的方式形成的;而哈尔布什特湾则形成于 16 世纪中叶。这两个海湾,后来都局部变成了陆地。在威悉河河口附近,还有一个大小不下于多勒特湾的新三角港,叫做雅得湾,它是从 1016 年以后逐渐割切出来的,从那一年到 1651 年,大约有 4 平方英里的地面沉到海里去了。现在流入这个海口的小河都很小;但照阿伦的推测,威悉河的一个河岔,以前在这个方向有一个出口。

施勒斯维希海岸 再向北,我们找到如此之多关于施勒斯维希西海岸的耗损记录,以致使我们想到,在欧洲地文史的不久将来,日德兰半岛可能变成一个海岛,而流入波罗的海的海水,可能有一个比较直接的进口。日德兰半岛北端的暂时封闭,在历史记录中至少已经发生过 4 次,而海洋每次都突破通常阻挡海水流入利姆峡湾的沙堤而流入波罗的海。这个长峡湾的长度,包括两翼在内,是 120 英里,它的东端与波罗的海相通。盐水最后一次的突破,是在 1824 年,到 1837 年它还没有封闭,载重 30 吨的船,曾经在里面通过。

易北河和埃德尔河之间的马什诸岛,仅仅是许多沙洲,它们是由像恒比河中受着海堤保护而形成的"沉泥"所组成。其中的一部分,成了 10 个世纪以上的安全居住区域之后,全部忽然被淹没了。1216 年,住在埃德尔斯德和提脱马什的 10 000 以上居民,就是这样遇了难;1634 年 10 月 11 日,这些岛屿和一直到日德兰的整个海岸,都受到了非常可怕的水灾。

诺德斯脱兰岛的毁灭 一直到 1240 年,诺德斯脱兰岛,以及济耳特岛和福亚岛(图 64),与大陆非常接近,几乎成为一个半岛,当时称为北佛里斯兰,并且是一个人口众多、高度耕植的区域。它的面积,南北是 9 海里到 10 海里,东西 6 到 8 海里。1240 年,它与大陆分开了,一部分被海水所淹没。这样形成的诺德斯脱兰岛,在 16 世纪终了,周围不过 16 海里,但是仍旧以人口众多、高度耕植的区域著名。经过许多次损失之后,它还有 9 000 居民。最后,在 1634 年 10 月 11 日晚上,一个洪水在整个岛上冲过,因此 1300 栋房屋和许多教堂都被冲掉;6 000 人以上遇了难,50 000 头牛淹死了。剩余下来的仅仅是三个很小的小岛,其中之一,还叫做诺德斯脱兰,而且继续在耗损。

波罗的海中河水的充溢,尤其在春天冰雪融化的时候,一般造成从卡特加特海峡向外流动的洋流。但在西北强风继续过境的时候,特别在春潮最高的时期,大西洋水上升了,于是把洪水似的海水灌入波罗的海,在丹麦群岛的小岛上造成异常悲惨的灾害。这一股洋流的影响,一直向东达到但泽[①]附近,虽然它的力量向东逐渐减少。在过去 10 个世纪里所写的记载,都证明丹麦海岸上各海角的崩溃,海湾的加深,半岛与大陆的分离,和岛屿的荒芜,而用海堤保护了几世纪的沼地,最后也不免于消灭,而千数的居民,都被卷入波涛之中。施勒斯维希海岸上的巴索岛(见图 64),就是这样一次失去一英亩的一年一年消耗掉了,阿耳斯岛的情况也是如此。

---

① 见 Von Hoff 书中所载的例子,vol. i. p. 73,他引证了 Pisansky。

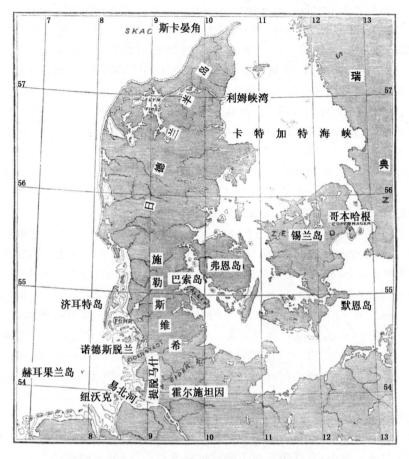

图 64　从荷兰北部到波罗的海的海岸线,表示在有史时期
曾经遭受过荒芜的各海岛

辛布来的洪水　我们已经看到,在以上所说的洪水期间,日德兰西海岸的诺德斯脱兰有 6 000 人和 50 000 头牲畜遇了难,这个半岛,就是古代的 Cimbrica Chersonesus,我们很有理由相信,从古代起,这里一直是一个发生同样灾害的舞台。因此史脱拉波所写的故事里曾经说过,在高潮来的时候,海水上涨得如此之快,以至于骑在马背上的人都来不及逃避[①];这个故事虽然过甚其词,但是可以表示洪水来的迅速程度。傅罗乐斯提到相同的传说时说,"当海水侵入他们的区域的时候,辛布来人、条顿人和提古里尼人,逃自高鲁地方的边区,分别向世界各地寻找新住所。"[②]这个事变,叫做"辛布来洪水",照一般推想,这大约发生于耶稣纪元前 3 世纪;但是在这一次主要灾难的前后,很可能还有许多像近代在日德兰海岸和岛屿上所遇到的灾害;我们可以想象得到,这样的灾难,可能曾经迫使滨海民族向外迁移。

①　Book vii, Cimbri.

②　"Cimbri, Teutoni, atque Tigurini, ab extremis Galliae profugi, cum terras eorum inundasset Oceanus, novas sedes toto orbe quaerebant". —Lib. iii. cap. 3.

北美洲东岸的海水内侵　对于欧洲一部分海岸最著名的破坏现象,既然列举了如此之多可靠的细节,我们似乎没有必要再讨论世界较远地区的同样变迁。但是我们切不可以为欧洲海岸的耗损速度特别快。例如,如果我们走到北美洲的东海岸,我们就可以知道,芬地湾的潮水涨得很高,并且还有许多事实可以证明那里的陆地也不断地被毁坏。这个海湾和它的许多三角港边缘的悬崖,是由砂岩、泥灰岩和其他岩石组成的,高度常达几百英尺;它们也不断受到暗掘。这些悬崖的残屑,被强大的洋流,在有些季节还加上沿着海岸形成的、冻结在石块外的浮冰的帮助,以泥沙和巨砾的形式,逐渐带入大西洋。

在美国德拉韦湾北边的梅依角,经过从 1804 年到 1820 年 16 年连续观测的证明,海洋每年所侵占的土地,平均大约 9 英尺[1];南卡罗来纳州查理斯顿海湾入口北面的苏利文岛,在 1786 年以前的 3 年中,海水夺去了 1/4 英里的陆地[2]。

所谓怒潮的波浪　在结束讨论潮水作用之前,我不应当不讨论到潮水在河流中有时造成的所谓怒潮;这种潮水是由于河道的逐渐缩小,使水突然上升所致。它在陆地方面骤然终止;因为水量非常大,流速非常快,所以没有时间允许河流表面用传递压力的方法立即上升。惠伟尔博士说,这样突然上升的潮水,很像在一个向倾斜海岸旋卷而破碎的波浪[3]。

几乎每天进入塞汶河的怒潮,有时高达 9 英尺,在春潮时期,它向三角港奔腾的速度非常可观。我所看见的怒潮之中,以新斯科夏的为最大[4],据说这里的潮水,在有些地方垂直升高 70 英尺,这可以说是世界上最高的怒潮。在秀本纳卡第的大三角港中——本身是芬地湾的一个分支,并与麦因斯盆地相连——一股异常巨大的水,怒吼着向一条狭窄的河槽里急冲,它升高时的形状,很像在著名的圣·劳伦斯瀑布那样陡的斜坡上向下直泻。以风景来说,这是世无伦比的;不是像圣·劳伦斯那样有碧绿的水和雪白的泡沫,秀本纳卡第的水是混浊的,并且含有大量的红色细泥。恒河的主要河岔里,和以前所说的美格那河,常有同样的现象。伦纳尔说,"在呼格雷河里,怒潮是从呼格雷角开始的,因为河流在这里开始缩小,在呼格雷城上游就可以看得出来;潮水的速度非常快,不到 4 小时几乎走了 70 英里。在加尔各答,它有时突然升高 5 英尺;在这里和在这个区域的其他部分,当怒潮降临时,船只立刻离开河岸,到河流的中部去寻找安全的地带。在美格那河河口各岛之间的河槽中,怒潮的高度据说超过 12 英尺;它的形状的可怕和结果的危险,以致没有船只敢在春潮期间渡过这条河。"[5]这些潮水有时可以造成洪水,暗掘悬崖,并且不断冲去低海岸上的树木和陆栖生物,把它们带到下游,最后埋在河成或海成沉积物之中。

---

①　New Monthly Mag. vol. vi. p. 69.

②　Von Hoff, vol. i. p. 96.

③　Phil. Trans. 1833, p. 204.

④　见 Lyell's Travels in North America, in 1842, vol. ii. p. 166. London, 1845。

⑤　Rennel, Phil. Trans. 1781.

第二十二章　潮汐和洋流的建设成果

潮流的沉积能力──三角港的淤积不足以补偿大洋边缘陆地的损失──德国海海底上的暗礁和河谷──它的沙洲的成分和范围──英吉利海峡中洋流所沉积的地层──亚马孙河、奥利诺柯河、密西西比河的河口所沉积的地层──这种作用可以在广大面积上形成地层

潮流的沉积能力　从以上所列举的事实来看,在海岸边缘上,洋流和潮汐与波浪的协作,显然是破坏岩石和搬运岩石最有力的工具;像无数支流把它们的冲积物质排入一条大河一样,许多大河流也把它们的泥质含量运入海洋,然后由洋流运到远处,沉积在某些深海的贮库之中。除了接受排泄陆地的水流所送下来的沉积物质之外,洋流也像河流对两岸的作用那样,对海岸进行剥蚀。然而洋流对悬崖的耗损,只占水成作用每年所剥蚀的总量的极微部分,我拟在下面对于这一点再作进一步的讨论。

不太感觉潮汐作用的内海,或者海岸边缘上潮汐作用微弱的地方,很难阻止河口上的港湾发生淤积;因为凡在混浊河流的速度被海洋所阻滞的地方,或者河流和洋流的力量互相抵消的地方,都会堆积沙质或泥质的沙洲。我们已经知道,洋流也像河流一样,悬浮有大量的沉积物,或者和波浪合作,使小砾海滩向一个方向移动。我也已经说过,为了阻挡沙砾的流动,我们在南海岸的某些地点,建筑有长堤或防波堤。这些临时障碍物的直接结果,是使小砾在堤的一边大量堆积起来,堆成沙滩之后,它还是绕过堤岸的尽头,而在离开陆地较远的地方,向前移动。但是这种阻滞海滩的天然行程或海滩物质运动的人工方法,往往引起严重的恶果,因为在暴风雨的时候,波浪可以把多年积在防波堤后面的一大堆小砾,突然冲进港口;如在一次大暴风期间,多维尔海峡曾经发生过这样的灾害(1839 年 1 月)。

大三角港的形成和不被淤塞,是受了潮水和河流的联合影响;因为在潮水上涨的时候,大量海水突然灌入河口;由于它的动量并没有减少,而同时又被局限在一个狭窄的范围之内,于是不得不增加它的速度,而在缩小的河槽中堆高起来;这种情况,很像在一个大小不足以使河水在里面畅流的桥孔流过的河流,往往以陡峻斜坡的形式在桥孔里面冲过。在涨潮期间,从内地流来的淡水,则被阻滞在河槽里面,往往达几小时,于是堆积成一个淡水和半盐水的大湖;到了退潮时候,它像决破了人工堤坝似的向下游倾泻。借着这种落潮的力量,河流和海洋的冲积沉积物,都被向下游冲刷,并被运到离三角港口很远的地方,以致在下一次涨潮的时候,只有一小部分可以重新退回。

在强烈的暴风雨期间,一个大沙洲有时会突然移动它的位置,阻止潮水自由流入河道,或者阻止河水外流。例如,大约在 1500 年阿杜尔河的河口,突然被贝云沙洲所堵塞。倒退的河水,不久在北面沿着开普布里敦的沙质平原上冲出一条通道,最后在波考地方入海,这里离开以前出口的地方大约 7 里格。一直等到 1579 年,著名的建筑工程师鲁易斯·得·福克斯,遵照亨利三世的意旨,进行重新疏浚这条老河道的工作,经过很大的困难,方告成功[①]。

在伦敦的泰晤士河三角港中和在吉伦特河口,涨潮时间只有 5 小时,落潮时间是 7 小时;在所有三角港中,退落所需的时间总是比涨潮长;因此加深和加宽河槽使它们通畅的力量,也总是占优势。但是,如以前所说的理由,所有三角港都有天然局部淤塞的趋势,因为在这里面,有很多旋涡、逆流和方向相反的流水相遇的地点,它们并且经常在变位。

许多作家曾经宣称,从最早的有史时期起,在我们东岸所收回的土地,远足以平衡它们的损失,但是他们并没有费心去计算它们的损失量,并且他们常常忘记,新获得的陆地是显而易见的,而原来的陆地被淹没之后,却难得留下任何天然标志来做纪念。他们也把人工收回的土地计算在内,这种土地在农业方面意义很大,可能安全地保存几千年,但是它们高出海洋的平均水平仅仅几英尺,所以只要遇到冲毁我们海岸上相当高的悬崖所需要的力量的一小部分,就可以重新被淹没。即使承认海洋在三角港中每年所留下的土地等于它所掠夺的面积,它还是不能补偿土地的种类。

我们已经说过,从西北流来、在德国海转弯和受它限制的潮流从苏格兰东岸冲过的时候,搬运着各式各样的物质。加上波浪的帮助,它暗掘和冲掉设得兰岛的花岗岩、片麻岩、暗色岩和砂岩,并且在霍尔得纳斯、诺福克和苏福克等处搬走 20 英尺到 300 英尺高、每年耗损 1 英尺到 6 码不等的悬崖中的小砾和壤土。它也与泰晤士河和潮水合作,运去爱昔克斯和歌培岛海岸上的伦敦黏土层。海水同时也在肯特和塞塞克斯海岸上消耗着连续几英里的白垩和其中所含的燧石——每年在罕布郡蹂躏着上面盖有一厚层白垩-燧石石砾的淡水层,并且不断地破坏波特兰石灰岩的基础。此外,在雨季里,它还接受从格兰边山、歌维沃脱山和其他山脉中流下来的许多河流送到海里的大量小砾和泥沙。所有这些物质究竟又转运到哪里去了呢?它不是机械地悬浮在海水里面,也不是在海水里形成溶液——它必须沉积在某些特点,然而决不是在海岸附近;因为如果沉积在这里的话,我们本岛的四周,都要围绕着一大片像罗姆尼沼地那样的低洼地带。

因为在以前有繁盛城市的地方,例如丹威治,现在有时有 30 英尺深的水,洋流显然不但有搬走从悬崖上耗损下来的物质的能力,而且有清除海底物质的能力,只要深度不是太大。

德国海海底上的暗礁和河谷的成因　这种海底侵蚀力量,究竟可以向下达到怎样的深度,是地质学上最有意义的问题,可惜我们现在还没有很准确的资料。大不列颠和欧洲大陆之间的海,深度难得超过 50 英寻,唯一超过 100 英寻的部分,是一个围绕瑞典和挪威西岸的狭窄深槽,这里的深度从 200～300 英寻不等,最深的一点,是在波罗的海入口附近,深达 430 英寻或 2 580 英尺。某些水道测量学家认为,这种深槽也是由潮流掘出来的,但是我却认为,这更可能是这一部分海洋的原来深度,而且是没有新沉积物堆积的地区。

---

① Nouvelle Chronique de la Ville de Bayonne, pp. 113, 139. 1827.

　　然而在德国海的较浅部分,横贯有一些海底河谷或狭长的细谷;这种细谷,似乎是由于具有挖掘槽沟能力、或者具有清除深槽沟使它不至成为从最近海岸漂来物质的贮库能力的潮流所形成。弗兰伯勒角正东的所谓外银坑,就是这一类性质的洼地,它的最深部是 40 英寻或 240 英尺。如果表面速度每小时 3 英里的密西西比河,能在河底推动沙砾,掘成一个 150 英尺到 200 英尺深的河槽,那么流速有时更大的海洋洋流,似乎也可以掘出一个像银坑那样的深槽,或者使它不至于被沉积物填满。在他所著的、说明北海地图(其中包括海威特船长测量的结果)的专刊中,莫雷曾经作了一种推断,他说,这个细谷和恒比河口附近的内银坑,是由潮流开掘成的,而银坑南北的大暗礁,是漂流物质和粉碎的介壳在比较平静的水里经常堆积的结果。北面的大暗礁,叫做多觉沙洲,是在诺生堡兰东面大约 60 英里,最大的直径不下 200 英里;它的整个面积和威尔士不相上下。在这个区域内,有一块长 75 英里,宽 20 英里的地方,深度不超过 15 英寻,而海威特船长所找到的最浅的地方,只有 42 英尺,其中有一个地点,一只沉没的船使它变得更浅。银坑的南面,也有一个广大面积的暗礁;我们可以安全地假定,这是各河流带下来的沉积物和从不列颠海岸悬崖耗损下来的物质的总贮库。渔人每年从多觉沙洲和其他沙洲上面网捞起完整和破碎的介壳。在猛烈的强风时期,有时从北方、有时从南方流来的洋流,移去一部分沙洲,使它迁移位置;在这种情况下,重新沉积的地层,一定很像诺福克和苏福克的所谓克雷格层。经过相当长时期之后,某些未固结的较老第三纪地层,例如白格索特沙和伦敦黏土所组成的地点,也一定像近代沙洲一样,很轻易地被剥蚀掉;如果海底水平发生了振荡,这种剥蚀作用是不可避免的,并且我们知道,冰川时期和冰川时期以后,都曾经发生过这样的振荡运动。凡是遇到海水在古代地层中掘出这样深槽的时候,已经绝种的介壳化石,将与现代的物种相混合,而两者之中总有一类多少受过滚动。在苏福克和荷兰之间的海底上,有时也捞起黏有牡蛎的象骨和其他已经绝种的哺乳动物的骨骼,这样的化石骨骼,偶尔也会埋到新地层里面。上新世和现代地层性质的主要区别,在于后者之中含有艺术作品和人类的骨骼;在过去的 20 个世纪中,在这些沙洲上还沉没有几百条或几千条船,它们所留下的许多遗迹,有效地暂时阻滞了介壳沙的自由前进,因此造成表面深度在海面以下不到 30 英尺的暗礁。

　　我们海岸上的潮流里面,悬浮着非常大量的泥土,所以如果用人工方法,把它引入从海里收回的、一般在高潮水平以下的某些土地,是很有益处的;这种方法叫做“沉泥”,如果连续施行两三年,可以填高很大一个面积;在恒比河三角湾中,曾经用这种方法把地面填高了 6 英尺。如果一股含有这样物质的潮流,在海底上遇到深的洼地,它一定常常把它填满,就像河流遇到湖泊一样,会慢慢地使它充满沉积物。

　　作为搬运和剥蚀的营力,河流和洋流效能的比较　我曾经说过,波浪和洋流对于海岸悬崖的作用,或者它们从水平的上下移去物质的能力,比河流所做的同样工作的能力,是微不足道的。我们可以用第二十章中所说的霍尔得纳斯海岸的情况来作说明。我们已经知道,这个海岸长度是 26 英尺,平均高度作为 40 英尺,并且是由很容易摧毁的物质所组成。许久以来,它的每年耗损速度是 $2\frac{1}{4}$ 码;照此计算,它每年抛在海里并由洋流带走的物质,总计为 51 321 600 立方英尺。前面已经说过,恒河和布拉马普特拉河每年共同输入孟加拉湾的固体物质，约为 40 000 000 000 立方英尺，所以它们的搬运力量比海水在霍尔得纳河岸上所做的工作不止超过 780 倍；要使海水所产生的结果等于这两条印度的河流，我们必须有近于 28 000 英里长的、像霍尔得纳斯那样的海岸线，就是说，比地球整个圆周要长 3 000 英里以上。这种差别的原因是很容易理解的，只要我们回想到，海洋的作用只限于围绕着大面积的一条悬崖线，而大河流和流入它们的支流和溪涧，同时在几乎无限制的河岸上进行侵蚀。

然而我们却不能说，大洋的剥蚀力量是效力很小的地质作用，或者效力比河流小的作用。它的主要影响，是施之于离海面不太深而正在上升或者企图升出海面的地方。从现在已有的关于地下运动的资料来看，我们只能作每世纪隆起不超过两三英尺的估计。斯堪的纳维亚的上升速度就是如此，许多海底的上升区域，可能也是如此；这些海底上升区域的范围，可能与我们用环形潟湖或珊瑚的证据证明的沉陷区域相仿[①]。

假定像不列颠诸岛的第三纪、白垩纪和威尔顿岩系的大部分沉积物、或者像煤系或志留纪泥岩等那样容易摧毁的地层，也是这样慢慢地上升，它们一定很快就被大洋中的波浪和洋流冲掉。而陆续上升、显露于波浪的袭击的地层，也会依次被彻底消灭。在这种情况下固然可以形成广大的暗礁，但是如何可以形成一个大陆，是很难想象的事。如果不是因为某些石灰岩以及许多结晶岩和火山岩的坚硬性和强韧性常常在抵抗波浪的作用，很少的陆地可以在一个大洋之中升出水面。

洋流沉积物的排列和它们的扩散　世界各部分锤测的结果告诉我们，凡在海洋里有新沉积物堆积的地方，粗沙和小砾一般沉积在海岸附近，离岸愈远海水愈深的地方，散布在海底上的是较细的沙和破碎的介壳。离岸更远，我们只能遇到最细的细泥和软泥。奥斯登说，在他考察过的英吉利海峡，这种规律是正确的。他又告诉我们说，潮流在所谓"急潮"（race）中很快流过的时候——在气候最平静的时候，从沙洲上面可以看见这里的表面波动——水的混浊，并不是像有些人所想的那样，由于这种水流有扰动 40 英寻到 80 英寻深的海底的能力。在这种情况下，一层有时高达 500 英尺的水柱，其上面和潮流共同前进，水质清澈透明，但其下部，则有一层悬浮有细沉积物的水（这是锤测探知的一种事实）；如果这个潮流在海底上突然遇到一个沙洲，它的高度会被减到 300 英尺。于是使下部的水向上沸腾，而在表面上流去，这是迫使下层含有细粒泥土的海水上升的一种过程[②]；这些细泥，是从海岸流来而逐渐沉到 300 英尺或更深的地方的。

洋流作用的一种重要结果，是把均质性的混合物向广阔地区扩散。就是在没有大河的海岸外面，它也不但有把沙砾扩散在海底上的能力，而且还可以把最细的细泥向远而且广的区域输送。例如，沿着南美洲西岸几千英里的海岸上，包括智利和秘鲁的大部分，石砾永恒地沿着海岸滚动，照达尔文说，其中的一部分，不断地被波浪磨成最细的细泥，并被潮流和洋流冲到太平洋深处。然而这位作者也说过，海岸上波浪的力量虽然大，可是所有在水面以下 60 英尺的岩石，都盖着海藻，这就表示，在这样的深度，海底已经受不到剥蚀作用；风的作用是比较表面的。

---

① 见第二册最后一章。
② Robt. A. C. Austen, Quart. Journ. Geol. Soc. vol. vi. p. 76.

　　关于洋流所分布的沉积物，我们可以说，每一条大河带到海洋的细泥，或波浪在海岸上研磨成的较细泥土，它们的沉降速度一定都极端缓慢；泥土的个别颗粒愈细，沉到海底的速度愈慢，并且达到所谓它们的终速（terminal velocity）的时候也愈早。大家知道，固体在有阻力的介质里的沉降，决定于不变的重力，但是当它的速度增加的时候，介质对它的运动的阻力，也愈变愈大，到了后来，阻力足以抵消速度的进一步增加。例如，有一个 1 英寸直径的铅球，在像地球表面上那样密度的空气中堕落，它决不会获得每秒钟超过 260 英尺的速率，在水里面，它的最大速率是每秒钟 8 英尺半。如果球的直径是 1⅛ 英寸，在空气中的终速是 26 英尺，在水里每秒钟却减低到 0.86 英尺。

　　每一个化学家都知道一种事实，即微细颗粒在水里的沉降速度是非常慢的，它们的表面面积和重量的比率非常大，而液体的阻力，则决定于表面面积。例如，硫酸钡的沉淀物，有时需要五六个小时才沉降 1 英寸[1]；而草酸钙和磷酸钙，则几乎需要 1 小时分别沉降 1.5 英寸和 2 英寸[2]，这些物质的颗粒是异常微细的。

　　如果我们回想到海洋的深度往往超过 3 英里，洋流在海洋各部分的流速每小时是 4 英里，同时再考虑到从河口带出来的和有强烈波浪的海岸上冲来的细泥，以及火山落下来的细微灰尘，每小时的沉降速度只有 1 英寸，那么我们就可以找到一个沉积物向无限广大区域运输的实例。

---

[1]　根据法拉第。

[2]　根据菲利普。

第二十三章　火成作用

讨论非生物界的变迁——火成作用——问题的划分——各火山区域——安第斯区——从阿留申群岛延伸到摩鹿加群岛和巽他群岛的火山系统——波利尼西亚群岛——延伸在中亚、西亚和亚速尔群岛之间的火山区域——博斯普鲁斯、赫勒斯滂和希腊群岛海岸上的洪水传说——叙利亚和意大利南部地震的周期交替出现——欧洲火山区域的西界——离开火山作用中心愈远,地震愈弱愈少——死火山不应当包括在活动火山带内

到现在为止,我们已经讨论了从有史或传说时期以来水成作用的不断活动在地球表面所引起的变迁;我们现在应当研究火成作用所造成的结果。地球上水成作用和火成作用的情况是一样的、自从有任何记载的远古时代起,陆地上的河流和泉水以及海洋里的潮流和洋流,除了极微的变化外,始终是固定在一定的地点的;所以在这一段时期内,火山和地震,除了极少数的例外,也经常在相同的区域内活动。大陆上现在没有河流在掘蚀或波浪和潮流在暗掘的部分,几乎都可以找到从前的流水施于地面以及波浪和潮流施于海岸悬崖的伟大力量所留下的遗迹——所以在火成或内热作用久已停止的地方,也同样可以找到火山喷口和强烈地下运动的证据。我们能够说明,何以水成作用的强度会相继地在不同的区域内发展。例如,如果洋流、潮汐和波浪的破坏与搬运力量不转移它们的方向和位置到新地点,它们就不能破坏海岸,开掘或淤塞三角港,冲破地峡,消灭岛屿,和在一个地方形成暗礁而在另一个地方又把暗礁移去。大陆的外形如果经久不发生局部或甚至于全部的变化,水面上下的地壳的相对水平,也不会时时发生变迁——以前各地质时期曾经发生这样的变迁,是众所公认的事实,以后还要说明,它们现在还在进行。这些事件显然会完全改变河流的水量、流速和流向,并且会在某些区域造成洪水。所以,如果我们在陆地上发现以前曾经一度蹂躏悬崖的海水现在已经退缩——以前有大潮的三角港现在已经干涸——以前河水开掘出来的河谷现在已经完全无水,我们不要以为它们是什么出于意料的事——这些和同类的现象,都是现在正在进行的自然作用的必然结果;如果自然规律不是不稳定的话,将来还要一再发生类似的变迁。

现在许多古代河谷中流水力量的枯竭,以及海洋中潮水和洋流力量的衰落,虽然很自然,但是地震的威力和火山的火,何以也会先后在各地消灭,却是一种不太容易解答的问题。我们知道,伟大的埃特纳火山所覆盖的海底地层还没有沉积的时期,是地球历史中非常晚近时代,仅仅根据这一点,我们就可以预料到,埃特纳火山的喷发,将来总有一天也要停止。

埃特纳山硫质喷口里的烈火,不会永在燃烧,

它的火焰决不会永不停息。

(Ovid, Metam. lib. xv. 340)

这是毕达哥拉斯代替罗马诗人说的可资纪念的话，他根据这几句话，后来又对火山喷口移位的原因作了猜测。不论这位哲学家对于这些原因的性质表示怎样的怀疑，他却承认，喷发地点以后会迁移的假定，已经没有争论的余地，因为它们以前曾经移动过；我在以前各章中已经设法说明，早年的某些地质学派过于忽视了这样的推论原理；他们坚决否认：地球表面上的各种大变革现在还在进行，或者以后还要发生，因为它们在过去时期中常常反复出现。

问题的划分　火山作用可以解释为："地球的内热对外壳的影响。"如果我们采用这个定义，而不照洪博尔特的方法，使这个问题牵涉到永恒冷却说或者炽热液态核心逐渐冷却说，我们可以把所有地下现象，不论火山、地震以及以后将要讨论的、使大片陆地不经过扰动而升降的陆地微细运动，归入一个总类。根据这种方法，我将首先讨论火山；其次讨论地震；第三，没有火山和地震区域内的陆地升降运动；第四，地下作用所造成的各种变迁的可能原因。

地震和火山起于同源，是一种很普遍的意见；因为两者都局限于一定的区域，虽然地下运动最剧烈的区域，一般不一定在火山喷口附近，尤其不一定在气态溶液和熔融岩浆经从同一个喷口喷出的地方。但是因为世界上火山和地震运动都局限于几个特殊区域，我拟首先叙述这些区域的地理范围，庶几读者可以明了现在同时在发展的地下营力的伟大规模。活火山的喷口，都间断地分布在这些广大的地区内，普通都排列成直线的火山带。在居间的地点，常有很多证据可以证明地下火的活动是连续的；因为地面不时受到地震的扰动、土壤里不断泄出许多气体，特别是碳酸气，裂缝中常常流出高温的泉水，而水里所含的矿物物质，通常与火山喷发时喷出的相同。

倘使一个火山是孤立的，如埃特纳火山，它可能有一个星形的裂口与地球内部相通；许多直线排列的喷口，则表示地壳中有一条变位的长线，也就是形成山脉轴心的破裂、上升和断错的长线。我们知道，当火山锥侧面破裂的时候，它有时形成一条长达几英里的开口直线裂隙，例如，埃特纳火山 1669 年喷发时所产生的一条裂隙，长达 12 英里，在它的底部可以看到炽热的熔岩。沿着这样一条裂隙，在最容易泄出气体和有能力喷出熔岩和火山滓的各点，到处都可以陆续积成喷发锥。这样的小规模活动，就是几千英里长的大规模火山带的雏形。原来充满垂直裂隙下部的暗色岩岩脉或熔岩，也是这种活动的另一种遗迹。这种岩脉有时非常长，例如，英格兰东北部——约克郡、达拉姆和诺生堡兰——的某些岩脉，几乎可以在一条直线上延伸 20 英里到 40 英里。在某一远古时期，这些岩脉无疑与向上伸展的裂隙相连接，甚至于伸展到当时不论在陆地上或在海洋下的地壳表面。佩雷在他所著的《地震史》(*History of Earthquakes*)中曾经说过，强烈的地下运动，以山脉的轴部为最多。

火 山 区 域

南美洲安第斯山区域 南美洲的安第斯山，是最明显的大火山区域之一；这是说明以上所说的直线分布的最好实例，欧洲没有这样好的例子，因为那里的最活动火山都是孤立的。如果我们先考察从北纬 2°延伸到南纬 43°，即从基多北面到智利南部的一部分科迪勒拉山，我们将在这个 45 个纬度的范围内，看见一个有许多大规模的活火山和死火山交替出现的区域，这些死火山，纵然还没有熄灭，至少已经休眠了 3 个世纪，一个火山休眠了多久才能算完全死亡，是不容易确定的事；但是我们知道，伊斯基亚火山的两次相连喷发之间，曾经间隔了 17 个世纪；美洲的发现过晚，几乎全部都是属于地震区域的安第斯山的各部分，喷发作用是否没有休止时期和复活时期的交替现象，我们已经无法推测。这一个直线系统，似乎并不终止于科迪勒拉山的南端，因为南纬 54°31′上的浮琴火山和南纬 61°的南设得兰火山，无疑都是属于同一系统。

安第斯山的主要活动喷口线，是从南纬 43°28′契洛埃岛对岸的扬塔尔斯起，延伸到南纬 30°的科金博；在这个 13 个纬度以北，接上 8 个纬度近代没有看见火山喷发的区域。经过这一段以后，我们进入南北范围达 6 个纬度，即南纬 21°到 15°的玻利维亚和秘鲁的火山区域。在秘鲁火山和基多火山之间，又有一段占 14 个纬度的地带，照现在所知，也没有火山活动。此后就接上基多的火山，这一段的火山，从赤道以南大约 100 海里开始，大约继续向北延伸到赤道以北 130 英里；到了这里，又有一个宽度在 6 个纬度以上的平静区域，最后进入巴拿马地峡以北危地马拉或中美的火山[①]。

说明了从南到北的火山带之后，关于智利的许多喷口，我拟先讨论扬塔尔斯和欧索尔诺火山；在 1835 年大地震期间，这两座火山正在爆发，同时契洛埃岛的陆地也受了震动，而智利海岸的某些部分也永久隆起了；离开扬塔尔斯不下 720 海里的朱安·斐南德，也发生海底喷发。所以这种证据可以证明，地下的大扰动，可以同时在南北长大约 900 英里(60 英里等于纬度一度)，一部分东西宽至少 600 英里的面积内发展。智利的某些火山非常高，例如，南纬 37°40′的安特柯火山的山顶，高出海面至少 16 000 英尺。从这个火山侧面很高的地方，曾经流出大量的熔岩流，1828 年还流过一次。据说这种现象是常规的例外；在近代，安第斯山脉中的火山，很难得看到流出熔岩，基多的火山没有一个流过熔岩，它们仅仅喷出气体和火山渣。

智利和安第斯山其他部分的火山，有两种熔岩，即玄武岩类(或含辉石的)的熔岩和长石类的熔岩，但据冯·布许说，长石类的火山岩，一般不是粗面岩，但是一种由辉石和钠长石组成的岩石叫做安山岩。钠长石中含钠，不像普通长石那样含钾。

南纬 34°15′的兰卡瓜的火山，据说总是抛出像斯特朗博利火山那样的火山灰和气体，这是证明地球内部的某些部分有永久炽热状态的证据。智利难得一年没有地震的小震

---

① 参看 Von Buch's Description of Canary Islands (Paris, ed. 1836)，其中所载的地球上主要火山的叙述，甚有价值。

动,在某些区域,甚至于每月都有震动。从海洋方面来的震动,最为剧烈;秘鲁的情形据说也是如此。柯比亚坡城,就是被 1773 年、1796 年和 1819 年所发生的这种可怕的天灾毁灭的,即每两次之间,都是有规则地相隔 23 年。然而在以上所说的时期之间,智利还有其他的地震,虽然可能都不很剧烈,至少在柯比亚坡城如此。照一般的事实看,火山活动时期不是这样有规律,所以我们决不可以过于重视几个显著的、但是也可能偶然暗合的事例。1578 年 6 月 17 日和 1678 年同日各在利马所发生的强烈地震,以及柯塞圭那在 1709 年和 1809 年的两次地震——这是这座火山在 1825 年以前仅有的记录①——都是这一类偶然暗合事件的实例。

关于智利地震之后的陆地永久隆起,我拟在下一章中讨论,其时我们可以知道,大的震动常与海底或安第斯各火山锥的喷发同时发生,这种情况,表示使陆地隆起的力量和使火山喷发的作用之间的关系②。

智利和秘鲁之间没有看到有火山作用的地区,南北长约 150 海里。据冯·布许说,这是我们对安第斯山最不熟悉的部分,因为人口很少而且一部分完全是荒地。秘鲁的火山,从一个高耸的地台上升到高出海面 17 000 英尺到 20 000 英尺。从南纬 16°55′ 的维佐火山和浮石一同流出来的熔岩,是钠长石、角闪石和云母的晶体所组成,这是安山岩的变种之一。近代在秘鲁发生的许多异常猛烈的地震,将在下一章讨论。

南纬 2° 和北纬 3° 之间基多地方的火山也非常高,一部分高出海面 14 000 英尺到 18 000 英尺。列康的印第安人有一种传说,拉尔泰山或卡帕·欧克山——意思是“首领”——以往是赤道附近最高的山,它比琴博腊索山还要高;但在发现美洲以前的奥依尼亚·阿波马萨统治时期,被一个前后经过 8 年的大喷发破坏了。波辛戈特说,原来组成这一座著名火山的锥状山顶的粗面岩碎块,到现在还散布在平原上③。科托帕克西山是南美洲近代还在活动的最高火山,它的高度是 18 858 英尺;它的喷发次数,比任何其他火山多,而且破坏力也比较大。这是一个完整的火山锥,通常盖着一层非常厚的雪,在喷发期间,雪会突然融化;例如,1803 年 1 月,积雪在一个晚上完全融化尽了。

大量积雪的融化,以及地震时地下充满了水的洞穴的开裂,常在安第斯山中引起洪水。在这些洪水时期,从山坡上流下的流水所遇到的细火山沙、疏松石块和其他物质,都被冲去,形成大量的泥浆叫做“泥岩”(moya),然后被带到较低的区域。1797 年从基多的桐吉拉瓜山边流下的泥浆,在一个 1 000 英尺宽的河谷里,堆积了 600 英尺,拦截了河道,使上游的水贮成了一个湖。在这些泥浆流和泥浆湖中,有千数的小鱼,据洪博尔特说,它们是在地下洞穴里居住和繁殖的。1691 年从英巴布鲁火山喷出的鱼,数量达到如此之多,以至把当时流行的寒热病,归因于腐烂动物物质所发出的臭气。

据说在人类能够回忆的时期内,由于地震的扰乱,基多区域的地形已经发生过许多重要的变革。波辛戈特深信,如果这里和安第斯山其他有人居住的部分所受的一切震动,都有完整记录的话,我们也许可以证明,地球上的颤动在过去始终没有停止过。他认

① Darwin, Geol. Trans, 2nd series, vol. v. p. 612.

② Ibid., p. 606.

③ Bull. de la Soc. Géol. de France, 2nd Sér. tom. vi. p. 55.

为,运动的频繁,不是由于火山的喷发,而是由于在比较近代的时期内破碎的和整块升起的岩块的不断崩落,但是我们需要比较长期的观察,才能证明他的意见。根据这位作者的看法,安第斯山脉中许多山脊的高度,近来已经减低[1]。

安第斯山的许多大山顶或连峰,在巴拿马地峡已经降低到海平以上大约 1 000 英尺,在圣·米圭尔湾附近,两海之间的分水岭的高度,只有 150 英尺。一部分地理学家认为,中美山脉的延长线,是在一系列火山的东面,其中在帕斯多、坡巴扬和危地马拉各省的许多火山,现在还在活动。封塞卡湾南面的柯塞圭那火山,1835 年 1 月曾经喷发过一次,而喷出的火山灰的一部分,则落在墨西哥湾海岸上的特鲁西罗。更奇特的是,这一阵火山灰,被与当时正常东风方向相反的上层逆气流,在同一天飘到牙买加的京斯敦。京斯敦离柯塞圭那大约 700 英里,这些火山灰一定在空气中飘了 4 天,每天走了 170 英里。喷口南面 8 里格,盖在地面上的火山灰厚达 3.5 码,毁坏了森林和房屋。数以千计的牲畜遭了劫,它们的身体有时变成一堆枯焦的肉。鹿和其他野兽跑到城里去避难;许多鸟和四足兽,被闷死在灰里面;邻近的河流充满了死鱼[2]。这样的事实,对地质的遗迹有所启发,因为我们在现在已经熄灭的奥佛尼火山在远古时期喷出的火山灰中,也找到了已经绝种的四足兽的骨骼。

墨西哥 安第斯大火山带,这样从南到北延伸了几千英里之后,在墨西哥境内相当于墨西哥城的纬度上,分出一个分支,并在北纬 18°和 22°之间发展成一个台地。5 个活火山从西到东横穿过墨西哥——特克昔脱拉、俄利萨巴、波波加德伯特尔、佐鲁罗和科利马。在大地台中部的佐鲁罗火山,离最近的海洋不下 120 英里——这是一种重要的情况,因为可以说明,靠近海洋虽然是活火山位置的一般特性,但不是必要的条件。这座山在 1759 年的大喷发,以后当再叙述。如果连接这 5 个喷口的线向西延长,它可以和太平洋中所谓雷维亚-希黑多群岛的火山群相交切。

在墨西哥北面,据说在加利福尼亚半岛有 3 个、有些人说有 5 个火山。据报告,在美洲西北海岸,北纬 45°37′的哥伦比亚河附近,曾经有过火山喷发。

西印度群岛 现在再回到奎托的安第斯山;冯·布许以为,如果我们对马达伦那以东以及新格兰那达和加拉加斯等地区比较熟悉,我们也许可以发现安第斯的火山带是和西印度群岛或加勒比群岛相连的。这种推测的真实性,由马达伦那河口、新格兰那达的藏巴火山 1848 年的喷发证实了[3]。

西印度群岛有两排平行的海岛,西面一排,全部由火山岩组成,高达几千英尺;东面一排,大部分由石灰岩组成,高度很低。火山系统的岛屿是:格林纳达、圣文森特、圣卢西亚、马提尼克、多米尼加、瓜德罗普、芒特塞腊特、涅维斯和圣·攸斯退思等岛。在石灰岩岛屿中,有托巴哥、巴贝多斯、马利吉伦特、格兰得里、狄西拉得、安提瓜、巴布达、圣·巴多罗美和圣·马丁各岛。近代的喷发,以圣文森特岛的火山为最多。大地震曾经激动过圣多明戈,其情况在第三十章中即可看到。

---

[1]　Bull，de la Soc. Géol de France，2nd Sér. tom. vi. p. 56.

[2]　Caldcleugh，Phil. Trans. 1836，p. 27.

[3]　Comptes Rendus，1849，vol. xxix. p. 531.

我以前提到过 1812 年震动了密西西比河流域的新马得里、长达 300 英里的猛烈地震,它的详情,我拟在第二十八章中再行讨论。这一次的地震,恰好与加拉加斯的地震同时,所以这两点很可能是一个地下火山区域的两部分。牙买加岛和一部分相邻接的海洋,常有强烈的地震;它们是常常沿着从牙买加到圣多明戈和波多黎各一条线发生的。

由此可知,除西印度群岛和墨西哥的分支不计外,一条火山带和地震震动区域,可以从契洛埃岛和它的对岸,一直追索到墨西哥,甚至于可以延伸到哥伦比亚河口——总距离等于从北极或南极到赤道。这个区域的西面边界,是在太平洋深海之中,范围现在还不知道。除非包括西印度群岛的一部分在内,东面的范围并不很大,因为在布宜诺斯艾利斯、巴西、北美合众国的落基山以东,都没有火山喷发的痕迹。在加利福尼亚、奥里根和美洲西北部,据说有 10 个到 12 个火山。

阿留申群岛到摩鹿加群岛和巽他群岛的火山区域 规模等于或超过安第斯活火山带的另一条线,是从阿留申群岛到孟加拉湾的火山带;北面从阿留申群岛起,它先向西伸展将近 200 海里,然后向南延伸 60 个和 70 个纬度,一直到摩鹿加群岛,中间只有少数间断;从这里起,它向东南分出一个分支,但是干线则继续向西,通过松巴哇岛和爪哇到苏门答腊,然后再向西北到孟加拉湾[①]。冯·布许说,这个火山带,可以说是沿着亚洲大陆的外边缘延伸的;而从摩鹿加群岛向东南的分支,经过新几内亚到新西兰,大致与澳大利亚洲的轮廓相符合[②]。

然而新几内亚火山和爪哇线(照冯·布许地图的规定)的关系,还没有弄清楚。参看达尔文的珊瑚礁和活火山图[③],读者可以明了,我们几乎可以同样恰当地把马利亚纳和波宁的火山包括在新几内亚线内。或者,如果我们允许一个火山带跨过如此之多的纬度,我们一定也可以假定,新赫布里底岛、所罗门群岛和新爱尔兰岛(见图 65)也可以组成一条线;新赫布里底岛在图的南面。

照冯·布许的叙述,亚洲火山区域的北端,是在阿拉斯加半岛东北的库克湾的边界上;据说大约在北纬 60° 上的一个火山,高达 14 000 英尺。阿拉斯加本部,也有几个很高的火山锥,并且有人见过它们的喷发;它们上部的 2/3,盖着永久积雪。最高峰的山顶是截平的,据说是在 1786 年的喷发期间坍塌的。从阿拉斯加起,这条线通过阿留申群岛或福克斯群岛到堪察加半岛。阿留申群岛中常有喷发,而在乌纳拉斯卡北面大约 30 英里的乌姆纳克岛附近,1796 年产生了一个新岛。这个新岛最初是在暴风雨之后在海里发现的,当时从这一点升出一股烟柱。后来才发出火焰,周围 10 英里以内的地区,被它照耀得如同白日;可怕的地震,震动了新成的火山锥,阵雨般的石块,远远地抛到乌姆纳克岛上。这一次的喷发,继续了几个月,而在 8 年之后,即 1804 年,几个猎人到那里去考察的时候,某些地方的土地还是非常热,他们不能在上面行走。兰斯多夫等说,历来到那里去考察的旅行家们都说,这个新岛高达几千英尺,周围大约二三英里,现在还在逐渐扩大;如果真在扩大的话,我们还没有准确的方法可以确定它的增长究竟多少是由于上升,或

---

① 见 Von Buch's work on the Canaries 中的火山带图。

② Von Buch,ibid. p.409.

③ Darwin,Structure and Distribution of Coral Reefs,etc. London,1842;本书的图 65,是达尔文那本书所载的地图的一部分;并且得到原作者的许可。

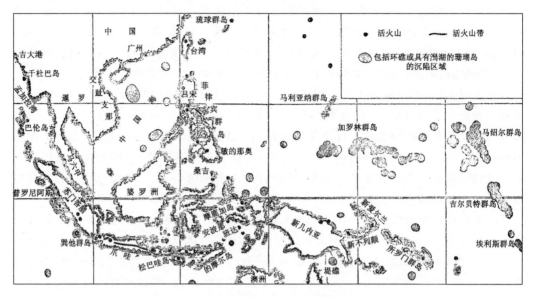

图 65　印度群岛和太平洋部分区域附近的活火山和环礁图（采自达尔文著的《珊瑚礁》，1842）

（交趾支那，即现在的印度支那；1958 年 11 月地图出版社出版的《世界地图集》，称为中印半岛。暹罗，即现在
的泰国。图中马六甲位置是现在的马来半岛，半岛南面的海峡现称为马六甲海峡，婆罗洲位置，现称为加里曼丹
岛。摩鹿加岛现称为马鲁古群岛。新几内亚位置现称伊里安岛。）

者多大的部分是完全由喷发的火山灰或熔岩流所积成。但是似乎可以肯定地说明，非常
可怕的地震，正在扰乱和改变这一带的海底和地面的形状。

这一条火线继续延伸到堪察加半岛的南端，据狄脱马说，这里有 12 个活火山和 276 个
死火山。最大最活跃的火山是北纬 56°3′ 的克柳切夫火山，它骤然从海里升到海面以上
15 000 英尺。1829 年欧门曾经看见一股光耀夺目的熔岩流，在离开山顶 700 英尺范围
内，从火山锥的西北边流到山麓。大量的冰雪，暂时形成了一个阻止熔岩流动的堤坝，到
了最后，熔岩依靠它的热力和压力，突破了障碍，从山边直冲而下，发出 50 英里外可以听
到的巨大响声[1]。

白山是 15 760 英尺的高山，但从它的山顶流到查莫尼谷底的熔岩，不足以表达堪察
加熔岩流流动的概念，因为查莫尼已经在海面以上 3 500 英尺[2]。

链状排列的千岛群岛，是堪察加的延长线，这是一长条向南延伸的火山带，其中有 9
个活火山。离开千岛群岛之后，它继续向西南伸入北海道岛，然后向日本群岛的本州伸
展。它后来又通过琉球群岛和台湾达到菲律宾群岛，从这里它经过桑吉岛和西里伯岛
（即苏拉威西岛）的东北端进入摩鹿加（图 65）。最后转向西行，经过松巴哇岛到爪哇。

据说爪哇有 38 个非常巨大的火山，一部分高达 10 000 英尺。它们以泄出大量硫黄
和硫质气体著名。它们难得流出熔岩，但是有泥浆流，其性质和基多地方的安第斯山的
泥岩一样。加隆贡火山 1822 年可资纪念的喷发，将在第二十六章中加以叙述。爪哇东

---

[1]　Von Buch，Description des Iles Canar. p. 450，他引用欧门等的话。

[2]　阿拉斯加，堪察加和千岛列岛后来的喷发，见 Alexis Perrey，Soc. Imp. de Lyon，1863。

端的塔斯奇姆喷口,有一个 1/4 英里长的湖,湖水含有大量硫酸,从湖里流出一条含酸的河流,任何生物都不能在其中生存,在它入海的地方,鱼也不能存在。巴图亚附近有一个周围大约半英里的死火山口,叫做圭伏·尤帕斯或称毒谷,这是当地人民恐怖的目标。走进这个河谷的任何生物,立刻倒毙,而地面上布满着虎、鹿、鸟甚至人的尸体;所有这些动物,都是被充满谷底的大量碳酸气闷死的。

莱因瓦尔特告诉我们说,在这个奇妙地区里的塔拉加·波达斯火山附近还有一个火山口,它所泄出的硫质气体,杀死许多虎、鸟和无数昆虫;这些动物的柔软部分,如纤维质、筋肉、指甲、毛发和皮肤等,都保存得很完整,而骨骼则被腐蚀或被完全毁坏。

我们从裴克斯 1844 年的观察报告中读到,从的摩尔岛东端到爪哇西端,所有火山边缘都附着有石灰岩和珊瑚环礁那样岩石组成的新第三纪地层。这些近代的钙质地层常带白色或像白垩,有时高出水面 1000 英尺,形成厚而有整齐层理的水平地层,这种现象表示,在比较近代的时期内,这些岛屿曾经普遍上升[①]。

苏门答腊的火山,也像爪哇的火山一样作直线排列,其中一部分也很高,例如,白拉比火山就高出海面 12 000 英尺,并且不断泄出气体。火山基部有很多温泉。从这里起,火山带略向西北偏斜,向孟加拉湾中北纬 12°15′ 的巴伦岛延伸;这个岛上有一个火山,常常泄出烟雾和蒸汽,从 1780 年以后,曾有熔岩流出(见第二十七章)。根据麦克里伦博士的报告,这个火山带又向北纬 13°22′ 的那康丹岛伸展,这里有一个从深海中升出海面七八百英尺的火山锥;据说从火山喷口喷出的熔岩,一直流到火山的基部。这一个行列,后来又在同一方向延伸到大约北纬 19° 的蓝里火山岛和附近的千杜巴岛;在老地图上,这个岛叫做火烧山。我们最后到达吉大港海岸,1672 年这里发生过一次非常猛烈的地震(见第三十章)[②]。

罗列印度洋和太平洋中的全部火山区域,将使我们超出本书正当范围之外;但在本书最后一章讨论珊瑚礁时可以看到,太平洋的岛屿,包含两类互相间隔的直线群,一类很高,其中有高出海面的活火山和海成地层,并且在近代曾经隆起;其他一类很低,由珊瑚礁所组成,礁的中央常有潟湖,并有陆地逐渐下沉的痕迹。这些平行火山带的范围和方向,达尔文很仔细地把它们画在以前所说的图上(图 65)。

北太平洋中最奇特的——可能是全世界最奇特的——火山活动舞台是在桑德韦奇群岛,1849 年丹纳所发表的著作,对它作了可以令人钦佩的论述[③]。

从亚洲中部到亚速尔群岛的火山区域 照有些人的想象,另一个地下运动的大区域,是从亚洲中部延伸到亚速尔群岛,就是说,从中国经过咸海和里海到高加索和黑海沿岸区域,然后经过小亚细亚的一部分到叙利亚,再向西到希腊群岛、希腊、那波利、西西里、西班牙南部、葡萄牙和亚速尔群岛。在这一条假定的连续火山扰动带里面,有很大的间断,所以我们不能坚持它们是一个直线群,但是可以用来帮助我们记忆在有史期间曾经有过火山喷发和地震的地区的地理界限。关于在这一条线东端的中国,我们的资料很

---

① Paper read at meeting of Brit. Assoc. Southampton, Sept. 1846.

② Macclelland, Report on Coal and Min. Resources of India, Calcutta, 1838.

③ Geology of the American Exploring Expedition. 也请看 Lyell's Elements of Geology, "Sandwich Islands Volcanoes"—Index。

少,但是知道那里曾经发生过许多猛烈的地震。据说 17 世纪在中国喷发的火山,是在天山北麓,离开伊塞克湖不远;洪博尔特也提到这个区域的其他喷口和硫质喷气孔;这些现象很值得注意,因为这里离海的距离(260 海里)比地球上任何喷发点远。

在里海西岸,巴库区域的周围,有一个火山带,不断泄出可燃性气体,此外还有沥青和石油泉以及泥火山(见第二十七章)。叙利亚和巴勒斯坦有很多火山的遗迹,在这一个广大的区域内,不断有毁灭城镇和伤害人口的地震。塞达、太尔、贝鲁特、拉塔基亚和安塔基亚以及塞浦路斯岛的历史中,不断地提到地震所造成的灾害。在死海周围的某些地方,也有形成表面沉积的硫黄和沥青层,特里斯特兰认为它们起源于火山。小亚细亚的士麦拿(即伊斯密尔)附近有一个希腊人叫做"燃烧区"(Catecaumene or the Burnt up)的区域,这是一个很大的干燥地带,完全没有树木,只有灰渣组成的土壤[1]。1841 年,汉米尔登访问了这个区域,他在侯麦斯河流域找到一个由火山渣堆成的完整火山锥,并且也有熔岩流;也和奥佛尼一样,这里的熔岩流是与河床相一致,表面上没有经过分解[2]。

希腊群岛　　再向西进,我们到达希腊群岛,这里的散托临岛是一个火山活动的大中心,详细情况以后还要讨论(第二十七章)。

冯·布许有这样一种意见,他说,希腊的火山是沿着北北西和南南东的一条直线排列的,在欧洲的活火山中,这是唯一按照直线排列的火山群;但是佛勒特则持相反的意见,根据 1829 年法国探勘队在摩里亚考察期间他所得的结果,他认为希腊的火山现象并没有一定的直线方向,不论我们随着喷发点,或者地震点,或者任何其他火成活动的标志[3]。

马其顿、色雷斯和伊庇鲁斯,常有地震,而爱奥尼亚群岛也不断受到震动。

关于意大利南部、西西里和利帕里岛,我们没有必要在这里讨论,我以后还有机会提到它们。然而我可以先提一提,陶本耐博士曾经横穿意大利半岛,从伊斯基亚到阿普里亚的伏尔杜亚山,找到一条活火山带;这条线的起点是在伊斯基亚的温泉区,此后通过维苏威火山延长到拉哥·丹桑托,这里也泄出和维苏威山一样的气体。进一步的扩展,达到伏尔杜亚山,这是一个凝灰岩和熔岩组成的高锥,在山的一边,泄出碳酸和硫化氢的气体[4]。

洪水的传说　　从远古时期留传下来的希腊和其他希腊殖民地的大洪水传说,无疑是起源于一系列直接由地震所引起的局部灾害。古代居民的不时迁移,和有了居民之后很久还没有以文字写成的年鉴,使我们无法确定在这样古的时代所发生的事变的地点和可能时期。所以最早的希腊哲学家,对于这些事件的推测,或者确定一个故事里面有时究竟混淆有多少次的灾难,或者这种故事后来究竟夸大到如何程度,或者被神话的传奇歪曲到如何地步,也和我们一样模糊。一般认为,奥吉基斯和杜卡里温的洪水,是在特洛伊战争之前;奥吉基斯的洪水是在我们时代之前 17 个世纪以上,而杜卡里温的洪水则在 15 个世纪以上。据说爱笛加是被奥吉基斯的洪水毁灭的;据一部分作者的意见,这一次洪

---

① Strabo, ed. Fal. p. 900.
② Researches in Asia Minor, vol. ii. p. 39.
③ Virlet, Bulletin de la Soc. Géol. de France, tom. iii. p. 109.
④ Daubeny on. Mount Vultur, Ashmolean Memoirs. Oxford, 1835.

水是由河流的大泛滥造成的；亚里士多德也把杜卡里温的洪水，归因于河水泛滥，他说，当时只影响到海拉斯（希腊）或特萨利亚的中部。照一部分人的想象，这是一次地震的结果；地震震落了大量岩石，并且堵塞了奥萨山和奥林匹斯山之间的拍尼雅斯河峡谷。

至于萨莫色雷斯岛的洪水，一般都说是属于另一个时期；这个小岛和附近的亚洲大陆，显然曾经受到海水的泛滥。提倭多乐斯·昔丘勒斯说，居民有充分时间逃到山上去躲避，因此没有遇难；又说，在这桩事件发生了很久以后，岛上渔人网捞到几个圆柱的柱头，"这是这一次可怕的灾难所淹没的城市的遗物"①。这些叙述无疑说明，在我们所说的时期内，这里有过地震和海侵，同时还有海岸的下沉。黑海突破色雷斯的博斯普鲁斯峡流到希腊群岛，因此使萨莫色雷斯岛发生洪水的故事，也可能是这一次地震在攸克辛海中激起或连续激起的波浪所造成。

我们知道，地下运动和火山喷发，不但常常引起海水的侵犯，而且还可以发生大雨，扰乱排泄内地的河道系统，发生山崩因而堵塞湖的出口，或者阻碍像特萨利亚和摩里亚境内很多的地下河流的流通。所以希罗多德斯、亚里士多德、提倭多乐斯、史脱拉波等辈，为希腊洪水传说举出各种不同的成因，是不足为奇的。即使传说中的所有希腊洪水是同时发生的而不是分散在许多世纪，即使它们不是极端的局部现象，而是同时从攸克辛海蔓延到彼罗潘尼失斯的西南端，并且从马其顿到罗得斯岛，它们所蹂躏的面积，还比不上以上所说的 1835 年在智利发生的灾害那样大，其时契洛埃岛对面的安第斯山和 720 海里外胡安·斐南德斯的另一个火山同时在爆发，而在岛东面 400 英里的科迪勒拉山上的几个高火山锥，也喷出气体和炽热的物质。如此晚近的震动，在南美洲这一部分的广大区域内，毁灭了许多城市，使一部分的地面永久隆起，并且使高山似的波涛，从太平洋滚入内地。

叙利亚和意大利南部地震的周期交替　　冯·霍夫曾经说过，从 13 世纪初期起到 17 世纪的后半期，叙利亚和犹太几乎完全没有地震；在这一段安静时期内，希腊群岛和附近的小亚细亚海岸的一部分，以及意大利南部和西西里，却遭受到极大地震的影响，而且不断地发生火山喷发。对于这两个区域的地下震动史作进一步的比较，似乎可以证明一种意见，就是说，最剧烈的震动，从来不会在两个地区同时发生。我们还不敢肯定地说，这是这个区域或者其他区域的正常现象，因为我们对这些连续事件所能追溯的时期，难得超过几个世纪；但是大家都知道，凡是聚集在一个小区域内的无数喷口，例如在许多群岛上的火山，从来没有两个同时作剧烈喷发的。如果在一个世纪左右，一个喷口非常活动，其他几个喷口，往往呈现平静的状态，似乎已经完全耗尽。所以，在同一个大火山带内的两个分区，不是不可能像一小群喷口和比较浅的裂隙或洞穴的关系那样有一个深远的共同中心。例如，照我们的推测，伊斯基亚岛上的火山和维苏威火山，在地面以下不远的地方，是通过某些裂隙互相交通的，它们互相交替地成为在深处产生的弹性液体或熔岩的安全栓。我们也可以假定，意大利南部和叙利亚，也可能在更深的地方与同一个裂隙系统的下部互相连接；在这种情况下，一个导管发生任何障碍，可能迫使几乎所有的气体和熔融物质从另一个喷口泄出，如果它们找不到出路，它们可能引起剧烈的地震。反对"火

① Book v. ch xlvi. ——见 Letter of M. Virlet, Bulletin de la Soc. Géol. de France, tom. ii. p. 341.

山作为安全栓"学说的意见,以后再行讨论[1]。

在以上所举的火山线南面六七度的非洲东北部,包括埃及在内,几乎完全没有地震,但在西北部,特别在这一条线上的非斯和摩洛哥,时时受到地震的灾害。西班牙南部和葡萄牙一般也与北非同时受到同样的天灾。马拉加、木尔西亚、格拉纳达各省和葡萄牙的里斯本周围,都有被大地震蹂躏的记录。据密契尔所著的 1755 年里斯本大地震的记载,这一次运动是从离海岸 10 里格到 15 里格的海底开始的。晚在 1816 年 2 月 2 日,当里斯本有猛烈地震的时候,在里斯本西面海里的两条船也感觉到震动;一条船离开海岸 120 法国里格,另一条离开 262 法国里格[2]——这是很有趣的事实,因为,如果通过希腊本岛、意大利南部的火山区域、西西里、西班牙南部和葡萄牙画的一条线,向西延长到大西洋,它会遇到亚速尔群岛的火山群,所以亚速尔群岛可能与欧洲火山带有地下的联系。

我们可以说,欧洲南部的火山系统,有一个最大的地震中心区域,在这个区域内,岩石破碎了,山岳震裂了,地面上升或陷落了,城市毁灭了。在这一条大震动线的两旁,有震动程度较差的平行地带。在再远一些的地区(如从意大利北部延伸到阿尔卑斯山山麓),震动更少而且较弱,但是如果屡次重复活动的话,还有足够的力量可以使地壳的外貌产生某些可以觉察的变化。在这个范围之外,所有地区只有在某些很剧烈的地下运动刺激一个邻近火山区域时,才偶尔感觉到细微的颤动;但是这种颤动,仅仅像声波在空气中无限制地向前传播那样,机械地在地球外壳中传播。英格兰、苏格兰、法国北部和德国都感觉到这一类的颤动——尤其在里斯本地震期间。因此这些区域不能作为南部火山区域的一部分,也像设得兰岛和奥克尼岛不是属于冰岛圈一样,因为从赫克拉火山喷出的沙,是由风飘到那里的。

除了以上简单叙述的地下扰动连续区域外,其他不连续的火山群,留待以后再谈。

活火山带和死火山带不应互相混淆 我们必须注意活火山带和死火山带之间的区别,即使它们有时似乎向同一个方向延伸;因为古代和现代的火山系统,往往可能互相交错。我们事实上已经有这样的证据;所以要明确断定没有喷发记录的火山的相对年代,我们不能依靠地理的位置,必须引证与熔岩成互层的地层中所含的生物种类,不论陆生或水生。如果文明民族发现意大利南部的时期和美洲一样短,我就不会有伊斯基亚山喷发的记录,但是我们还是可以向自己保证,自从现在生活在那波利海的介壳在地中海繁殖之后,这个岛上已经流过熔岩。有了这种保证,我们把那个岛上的许多喷口列入康帕尼亚的近代火山群,就不至于过分轻率了。

根据同样理由,我们可以毫无迟疑地断定,埃特纳火山的喷发和卡拉布里亚的近代地震,是略早一些时期产生在西西里的瓦尔·第·诺托海底熔岩的活动的延续。在另一方面,游基尼亚山和维生丁火山,虽然不是完全在意大利北部地震范围之外,但是不可与任何现时存在的火山系统相混淆;因为在它们喷发的时候,生活在海里的生物,是属于始新世时期的,这些生物,不论在地中海或地球的其他部分,已经与现时生存的种类完全不同。

---

[1] 见第二册第三十二章,火山喷发的原因。

[2] Verneur, Journal des Voyages, tom. iv. p.111. —Von Hoff, vol. ii. p. 275.

第二十四章　那波利火山区域

那波利周围区域内的火山喷发史——伊斯基亚岛的早期喷发——形成了许多火山锥——亚佛纳斯湖——索尔德塔刺——公元 79 年维苏威山的复活——普林内对这一次现象的描写——他没有提起侯丘伦尼恩和潘沛依两个城市的毁灭——维苏威火山后来的历史——1302 年伊斯基亚山流出的熔岩——维苏威山喷发的停顿——奴奥伏山的升起——维苏威和夫勒格伦区域内古今火山活动的一致性

我拟简述分布在上述大区域内某些火山喷口的历史，并且研究它们的熔岩和喷发物的成分和分布。古人所知的唯一火山区域是在地中海；但是就在这个地区的三个主要地点，即那波利周围、西西里和其他的岛屿以及希腊群岛，他们流传下来的喷发记录，也很不完全。有长时期连续记录的区域之中，以那波利为最完整；但是我们对这些记录也不应当过分重视，因为我们必须收集更多的历史资料，才能对一个火山群中各个喷口的关系和交替活动的方式，获得明晰的概念。

伊斯基亚岛的早期喷发　那波利区的火山，是从维苏威火山通过夫勒格伦区，延伸到普洛西达岛和伊斯基亚岛，它们的排列，多少是沿着一条东北到西南的直线，本书所附的那波利火山区域图（图 66），表示它们的位置。在这个范围内，火山的力量，有时在分布不规则的许多地点同时发展；但是大部分的活动，则局限于一个主要而惯常的喷口，维苏威山或索马山。在耶稣纪元以前，从我们有任何传说的最早时期起，这个喷口是不活动的。不过其时伊斯基亚岛（古称 Pithecusa）不时发生非常惨烈的震动，并且似乎影响到附近的普洛西达岛（古称 Prochyta）；因为史脱拉波①在一个故事里曾经提到普洛西达岛是从伊斯基亚岛分裂出来的；而普林内②之所以称它为普洛西达，是由于他认为这是伊斯基亚山在一次喷发中倾倒出来的海岛。

伊斯基亚岛现在沿着海岸的圆周是 18 英里，东西长 5 英里，南北宽 3 英里。在纪元以前，希腊人在这里有几个移民地，由于有剧烈的喷发，他们不得不予以放弃。据说，最初的伊立特里亚人和后来的卡尔西地亚人，也都被地震和火山喷发赶走。大约在纪元前380 年，西拉丘斯王希洛，也在那里建立了一个殖民地；但在建筑了堡垒之后，被一个喷发迫得逃走，后来始终没有回去。史脱拉波告诉我们说，休密厄斯记录的传说中说，在他的时期之前不久，岛中央的主要山峰依朴米斯山，在大地震期间曾经吐过火；它和海岸之间的陆地，也喷出许多燃烧的物质，直流入海；在这一次的喷发中，海水先退缩了 3 个斯推狄亚（stadia＝606.75 英尺——译者注），后来又冲了回来，把岛淹没。有些人认为，这一

---

① Lib. v.

② Nat. Hist. lib. iii. c.6.

次的喷发,造成了福利亚城以上依朴米倭山侧面较高处的柯尔伏火山口,用地面火山渣的帮助,它的熔岩流还可以从喷口追索到海里。

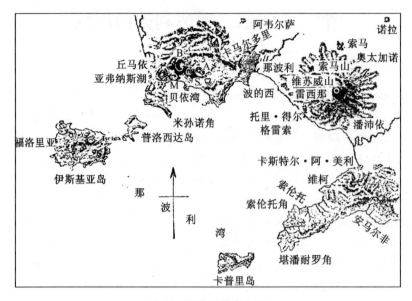

图 66 那波利的火山区
A. 阿斯特龙尼 B. 巴巴罗山 M. 奴奥伏山 S. 索尔法塔拉

罗塔洛山是由岛的较低部分后来的一次喷发形成的,它有近代成因的各种痕迹;这一次的喷发赶走了第一批希腊移民。1828 年我去考察的时候,火山锥非常完整,山顶的一个喷口,完全与那波利附近的奴奥伏山完全相同;但是山的体积比较大,并且很像奥佛尼的克勒蒙菲朗附近由一次喷发造成的那些大火山锥,而它的熔岩也同样不是从山顶而是从山麓的裂隙中流出的。一条小溪切出的细谷,显露出火山锥的构造,其中含有无数由浮石、火山渣、白色火山砾和巨大多角粗面岩块所组成的略成波浪形的倾斜地层。这些石块显然是由剧烈的爆发抛出来的,就像 1822 年从维苏威火山抛到 3 英里外奥太加诺王花园里的一块重达几吨的辉石熔岩。罗塔洛火山锥盖满了杨梅树和其他美丽的常青植物。处女土的力量非常大,灌木几乎都变成了高树;有些较小的野生植物也生长得如此壮硕,以致植物学家几乎不能辨别它们所属的种。

驱逐锡拉库札移民的那一次爆发,据说流出异常大量的熔岩流,形成了沙罗角和卡鲁索角。这些熔岩的表面,还是很毛糙而干枯,并且盖着黑色的火山渣;所以居民要费很大的劳力,才能收复几块土地,把它们变成葡萄园。岛上居民几乎完全靠这些葡萄园的出产为生。1829 年我到那里的时候,大约有 2.5 万居民,并且还在增加。

从以上所说的一次大爆发之后一直到我们的时代,除了一次熔岩喷发外,伊斯基亚岛是很平静的;这一次的喷发,虽然造成局部损失,但与以前的爆发不同,显然没有毁灭整个区域。依朴米倭山的各部分,或者散布在伊斯基亚岛较低的部分,总计有 12 个大火山锥,它们都是在这个岛升出海面以后造成的;许多熔岩流可能像 1302 年的“阿索”一样,没有形成火山锥;所以在最古传说以前的很长时期内,这个海岛,是整个特拉·第·

拉伏罗区的安全栓,那时维苏威山是在休眠时期。

亚佛纳斯湖 亚佛纳斯湖的直径大约半英里,现在已经成为有益于健康和娱乐的场所;它曾经泄出火山喷发后期常见的碳酸气。我们没有理由怀疑勒克雷昔斯的记载,他说,以前在湖上飞过的鸟,都要被闷死,虽然它们现在不会受到损害[1]。以前一定有一个时期,这个喷口是活动的,在后来的许多世纪中,它应当还可以享有"阎罗王大门"(atri janua Ditis)的称号;它当时泄出的气体,可能与 1797 年基多地方的奎罗托亚湖喷出的、窒息了海岸上整群牲畜的气体[2]同样有害于动物,或者像 1730 年毁灭了卡内里群岛之一兰塞洛特岛上所有牲畜的毒气[3]。波雷·圣·文生得提到,在这个岛上,有死鸟落在地上;汉米尔登告诉我们说,当维苏威山爆发时,他也拾到了死鸟。

图 67 伊斯基亚岛的一部分,从西面看(史克鲁浦画)

a. 依朴米倭山。*b*. 维柯山。*c*. 另外一个有喷口的火山锥[4]

索尔法塔拉 浦祖奥利附近的索尔法塔拉,可以算是一个近于熄灭的喷口;照史脱拉波等的记载,在纪元以前,这里的情况似乎与现在相同,也像维苏威山一样,不断泄出水蒸气与硫质和盐酸气体。

维苏威山的古代史 从最古的传说时代起一直到纪元后的 1 世纪,这里原来就是地下火发泄的地点,但是到了 1 世纪,火山活动突然紧张起来了——这是人类在极短时期内看到地球表面上的自然变化最有趣味的事件。从希腊人最初迁移到意大利南部时起,由于维苏威山的构造与其他火山十分相似,自然科学家早已断定它是一个火山。史脱拉波已经注意到它的特性,但是普林内没有把它列入他所编的活动火山表里面。古代火山锥的形状很整齐,不像现在有两个山峰,如果从远处看,它现出一个普通截顶火山锥的轮廓。普鲁塔希曾说过,喷口的内部有长满野生蔓草的陡峻岩壁,底部却是一个不毛的平原。在锥的外面,山边盖满了适于耕植的肥沃土壤,而在山脚,则有繁荣的侯丘伦尼思和潘沛依城。但是平静的景象最后终止了,火山的火,又从较早未知时期曾经屡次喷出过熔融岩浆流、沙和火山渣的喷口喷了出来。

喷发的复活 火山力量复活的第一种朕兆,是纪元后 63 年的一次地震,当时在城市

---

[1] De Rerum Nat. vi. 740. —Forbes, on Bay of Naples, Edin. Journ. of Sci., No. iii. New series, p. 87. Jan. 1830.

[2] Humboldt, Voy., p. 317.

[3] Von Buch, Ueber einen vulcanischen Ausbruch auf der Insel Lanzerote.

[4] 见 G. Poulett Scrope, Geol. Trans. 2nd series, vol. ii. pl. 34。

和附近区域造成了相当大的损失。从这个时期到公元 79 年,常有小地震;到了那一年的 8 月,愈来愈多,愈变愈剧烈,终于发生了一次大爆发。率领罗马舰队的老普林内,当时驻扎在米孙嫩;因为希望能看到较近的现象,他被硫质气体所窒息而牺牲了。他的侄儿小普林内,当时没有离开米孙嫩;他的信札,供给我们许多关于这次悲惨景象的生动描写。最初有一股浓烟柱从维苏威山垂直上升,后来向四面分散,因此它的上部,很像点缀意大利风景的松树的树顶,下部像树干。这一股乌云里面,偶尔穿插有闪电似的大火焰,接踵而来的黑暗,比夜晚还要黑。火山灰飘扬很远,甚至于落在米孙嫩的船上,并在海洋的一个地点,形成一个浅滩——土地震动了,海水退出了海岸,因此在干涸的沙滩上可以看见许多海生生物。以上所叙述的情况,与比较近代喷发的情况完全相同,特别是 1538 年奴奥伏山和 1822 年维苏威山的喷发。

小普林内虽然列举了如此之多自然现象的细节,描写了喷发和地震,以及落在史达比的火山灰阵雨,他却没有提到人口众多的两个城市,侯丘伦尼恩和潘沛依的毁灭。为了说明这种遗漏,有人认为,他的主要目的不过是要向塔西脱斯报告他的叔父灭亡时的详细经过。但是值得注意,如果这两个掩埋在灰里的城市始终没有被发现,大部分的人对于流传下来的、关于它们悲惨结局的记录,很可能发生怀疑,因为记载过于模糊简略,而经过的时期也已经太久了。普林内的朋友塔西脱斯谈到这一次灾害的时候仅仅说,"城市被消灭了或者被掩埋了"[1]。

苏东尼虽然也偶尔提到这一次的喷发,但也没有说到城市的情况。马迪尔在一篇短诗里也提到它们被陷在灰烬里;第一个提到它们名字的历史学家,是狄温·卡昔斯[2],他是普林内以后大约一个半世纪的著名人物。他的资料似乎是得之于民间传说,并且毫无选择地把所有他所能收集的事实和故事全部记录了下来。他告诉我们说,"在喷发期间,无数超人体格的人,像巨人一样,有时在山上出现,有时在周围出现——石块和浓烟在空中飞舞,遮没了太阳,后来,当听到喇叭声音的时候,巨人似乎又重新出现。"等等。最后他说:"两个城市,侯丘伦尼恩和潘沛依,完全被埋在阵雨般的火山灰下面,所有的居民当时都坐在戏院里"。这许多情况显然是虚构的,他甚至于没有看到普林内的信;侯丘伦尼恩及潘沛依的发掘,可以证明当时没有一个人在戏院里遇难,况且很少数人没有逃出城市。但是也死了一些人,这个故事的主要部分,是有充分根据的。

维苏威山在 79 年的喷发,似乎没有溢出熔岩;喷出的物质可能像奴奥伏山 1538 年的喷发一样,完全是火山砾、沙和老熔岩块。第一次有熔岩流流出的可靠记载,是在 1036 年,这是火山复活后的第七次喷发。十几年以后,即 1049 年,又喷发了一次,1138 年(或 1139 年)又有一次,此后停止了 168 年。在长期休眠期间,在距离相当远的地方,开了两个小口。根据传说,1198 年,就是在德皇腓特烈二世统治时代,索尔法塔拉发生了一次喷发;这一次灾害的详细情况,虽然传自黑暗时代,我们可以相信它是一个事实[3]。史克鲁普说,除了喷出近代式的一种轻质和似火山渣的粗面岩熔岩(与倭里瓦诺山的相同)外,

---

[1] "Haustae aut obrutae urbes". —Hist. lib. i.

[2] Hist. Rom. lib. lxvi.

[3] 福勒斯说,最早举出这个事实的权威似乎是卡帕西倭,载在 Terra Tremante of Bonito. Edin. Journ, of Sci. etc. , No. i. New series,p. 127. July, 1829。

没有其他喷发物,这一层新熔岩,堆积在主要粗面岩层上面的疏松凝灰岩面上①。

伊斯基亚岛 1320 年的火山喷发　伊斯基亚岛东南端 1302 年的喷发,是另一个有确实证据的事实;这一次喷发的熔岩流,是从一个新喷口里流出来的。在 1301 年的一个时期内,这里连续不断地发生地震;终于在离开伊斯基亚市不远的肯坡·特·阿索地方,流出了熔岩。熔岩一直流到海里——相隔大约两英里。它的颜色从铁灰变到赤黑,其中含有非常明显的玻璃似的长石。经过 5 个世纪之后,熔岩的表面还很贫瘠,很像昨天才冷却似的。只有在火山渣的空隙里,才有一些麝香草和两三种小树,而 1767 年的维苏威熔岩,则已盖满繁茂的植物。乡间房屋被烧或被掩没的彭太纳斯说,这一次可怕的灾害,持续了两个月②。许多房屋被吞没了,于是一部分居民不得不向外迁移。这一次的喷发没有产生火山锥,但只形成极微的凹口,几乎不能称为喷口,凹口周围散布着许多黑色或红色的火山渣堆。在这一次喷发之前,一般认为伊斯基亚已经平静了将近 17 个世纪;但是在公元 214 年享有盛名的朱里叶·奥布西昆曾经提到罗马帝国成立之后(纪元前 91 年)、公元 662 年的某些火山喷发。生在奥布西昆以前一个世纪的普林内,没有把这一次的喷发包括在其他火山喷发之内;有人认为这个故事是错误的,或者可能与某些不太剧烈的地下震动有关。

1138 年以后的维苏威火山史　现在再回到维苏威山:后来的一次喷发,是在 1306 年;在这一年和 1631 年之间,只有一个(1500)小喷发。在这一段期间,埃特纳火山却非常活跃,因此又鼓励了一种观念,认为西西里的大火山有时可以成为原来应当从康帕尼亚喷口上升的弹性液体和熔岩的出口。我们到现在还没有充分的资料可以断定这样的暗合是否是一种偶然和例外的现象。如果所有的火山喷口都有显明的直线排列,我们或许可以比较自由地作直线各部分在地下有联系的推测。

图 68　奴奥伏山,1538 年 9 月 29 日形成于贝依湾内

1. 奴奥伏火山锥。2. 喷口的边缘。3. 名为尼洛浴池或史杜非·第·脱里托里的温泉。

奴奥伏山的形成(1538)　长期的沉寂,也被夫勒格伦区的可纪念事变打破了——1538 年,一个新山突然出现,而且当时的作者,还留下许多可靠的记载。

这座山后来一直就称为奴奥伏山(新山),照意大利矿物学家皮尼的测定,它的高度在海湾水平以上 440 英尺,基部的圆周约 8 000 英尺,或超过 1.5 英里。据皮尼说,从山顶起,喷口的深度是 421 英尺,所以它的底部只高出海平面 19 英尺。最著名的权威说,这个火山锥的一部分是在鲁克林湖的位置上(图 69,4);鲁克林湖不过是以前的火山喷口,在 1538 年喷发期间,它完全被填满了,仅仅留下一个浅塘,它与海洋之间只隔一道填

---

① Geol. Trans., second series, vol. ii. p. 346.

② Lib. vi. de Bello Neap. in Graevii Thesaur.

高的人工堤。

图 69　夫勒格伦区[①]

1. 奴奥伏山。2. 巴巴洛斯山。3. 亚佛纳斯湖。4. 鲁克林湖。
5. 索尔法塔拉。6. 浦祖奥利。7. 贝依湾。

汉米尔登给我们两封描写这一次喷发的原信。第一封是福尔康尼在 1538 年写的,其中包括以下一段文字[②]。"自从浦祖奥利、那波利和附近地区有经常的地震以来,已经两年了。在喷发(奴奥伏山)的前一天和晚上,大约有 20 次大小不同的地震。火山的喷发是在 1538 年 9 月 29 日发生的。这是一个周日;大约在晚上一点钟,温泉和特里帕哥拉之间出现了许多火焰。在短期间内,火焰增加到一种程度,以致冲开了这里的地面,喷出了大量混着水的灰和浮石,把整个区域都盖满了。第二天早晨(奴奥伏山形成之后),悲惨的浦祖奥利居民,惊慌地放弃了他们的盖满了泥浆和黑色阵雨的住所,带着悲郁垂死的情绪向外逃命。有些人手里抱着小孩,有些揹着装满货物的包裹;有些牵着驴,满载着面无人色的眷属向那波利走;有的带着许多喷发开始时落在地面上的各种死鸟;此外还有些人带着从海岸上捡到的鱼,因为海水退出海岸很久,所以留下大量的鱼。我和莫兰马尔多一同去看过这一次喷发的奇观。海水从贝依湖边岸退出,留下一大片土地,由于盖满从火山中抛出的大量火山灰和浮石碎块,海岸上似乎是干燥的。在新发现的废墟中,我看见了两个泉水;在皇后住宅前面的一个,是含盐水的温泉",等等。

福尔康尼就说到这里为止。托里多的记载是这样开始的——"自从康帕尼亚省遭到地震痛苦到现在已经两年了,受害最大的地区是在浦祖奥利周围;但在过去的 9 月 27 和 28 两天,浦祖奥利城的地震,昼夜不停:亚佛纳斯湖和巴巴洛山与海洋之间的平原,略向上升,并且产生了许多裂隙,其中的一部分流出了水;平原边缘的海,同时大约退了 200 步尺,所以在海岸上留下许多鱼以供浦祖奥利居民的捕食。最后,在 9 月 29 日晚上大约两点钟,湖的附近的地面开裂了,露出一个可怕的喷口,狂暴地吐出烟、火、石块,以及火山灰组成的泥浆,裂开时所发出的声音,比最大的霹雳还要响。随着火焰喷出的石块,变成了浮石,一部分比一头牛还要大。石块在空中所达到的高度,比石弩的射程还要远,这些石块,有时就落在喷口里面,有时落在喷口边缘,泥浆呈灰色,起初很流动,后来逐渐凝固;由于泥浆量异常大,再加上石块的帮助,所以在 12 小时内就堆成了一个 1 000 步尺高的高山。不但浦祖奥利和邻近地带被泥浆所布满,那波利市也是如此;所以宫殿的外表都被损毁了。这一次的喷发,毫无间断地继续了两天两夜,虽然力量不是完全相同;第三

---

　　① 图 68 和图 69 所表示的夫勒格伦区,是由汉米尔登爵士的大作"*Campi Phlegraei*"的附图缩小的,这两张彩色附图中所画的各点的位置,并不太准确。

　　② Campi Phlegraei, p. 70.

天喷发停止了,我和许多人走到新山山顶向喷口里面看,这是一个周长大约 1/4 英里的空穴;在它的中部,落在里面的石块,像放在火上的一大锅滚水在那里沸腾。第四天它又喷发了,第七天喷得更多,但都不如第一夜那样剧烈。在这个时候,在山上的许多人,有被石块打倒而死亡的,有被烟闷死的。在还在继续冒烟的时期,晚上在烟里可以看见火光。"[1]

这两封信都是在奴奥伏山诞生不久以后写的,它们都说到海水的后退;在一封信里还说,它的底部向上升起;但是他们把新山的形成,完全归因于几天几夜从中央喷口喷射出来的泥浆、火山渣阵雨和大块的岩石。然而冯·布许男爵在他所著的卡内里群岛和一般火山现象的杰出著作中发表他的意见说,奴奥伏山的火山锥和喷口,不是由上述方式形成的,而是由于白色凝灰岩层的隆起;这些岩层的位置原来是水平的,在 1538 年火山喷发期间,它们被推起来了,因此从中心向各方面倾斜,而其斜度与火山锥本身的斜度相同。他说,"这座山由喷发或由浮石、火山渣和其他疏松物质所形成的想象是错误的;因为在喷口的四周,都露出隆起的坚硬凝灰岩层,只有锥的表面,盖着一层喷出的火山渣。"[2]

为了证实这种见解,杜弗兰诺引了当时著名医师坡尔栖奥的著作中的一段文字来证明奴奥伏山所在地曾在 1538 年被涨成一个大气泡,气泡爆炸之后,变成现在的深喷口。坡尔栖奥说,"猛烈地震震动了两昼夜之后,海水后退了大约 200 码;所以居民可以在那一部分的海岸上收集许多鱼,并且看到在那里流出的几个淡水泉。最后,在 9 月 29 日,他们在巴巴洛山和亚佛纳斯湖附近的一部分海洋之间,看到一片土地在上升,并且忽然形成了一座小山;在晚上两点钟,这一堆土似乎开了一个口,以极大的响声吐出火焰、浮石和火山灰。"[3]

晚到 1846 年,以德文发表的第四种手稿(也在喷发之后不久写的)被发现了。这是涅罗在 1538 年写的[4],他也提到浦祖奥利附近海水的退却,因此使城市居民得到无数的鱼。大约在 9 月 29 日早晨 8 点钟,现在出现火山口的地方的土地,大约下沉了 14 英尺,泄出了小股流水,先是冷的,后来变成微温。同一天的中午,下沉 14 英尺的地方,开始上涨,于是形成了一座小山。大约在这个时候,火喷出来了,并产生了一个大深坑,"当时的力量、响声和闪烁的光都如此的强烈,我站在花园里也被吓呆了。我虽然感觉不舒适,但在 40 分钟之后,我就走上了附近的一个高地,从那里看到了所有经过的情况。我的确看见了光耀夺目的火在那里抛出许多泥土和石块,并且维持了相当时候;这些泥土和石块又落到深坑的四周形成一个直径大约到 3 射程(英国战争用的弓的射程为三四百码——译者注)的半圆形,填满了一部分海,造成一个几乎和莫列罗山一样高的小山。像牛那样大的泥土和岩块,从火坑里飞入空中,照我的估计,高达 1.5 英里。它们落下来的时候,

---

① Campi Phlegraei. p. 77.

② p. 347. Paris, 1836.

③ Porzio, Opera Omnia, Medica, Phil., et Mathemat., in unum collecta, 1736, cited by Dufrénoy, Mén. pour servir à une Description Géologique de la France, tom. iv. p. 274.

④ 见 Neues Jahr Buch for 1846, and a translation in the Quarterly Journ. of the Geol. Soc. for 1847, vol. iii. p. 20. Memoirs。

有些是干的，有些是软泥质的。"在他的结论中，他又提到陆地的沉陷和后来的上升，并且说，他想象不出深坑里倒出来的石块和火山灰究竟有多少。他也提到了坡尔栖奥向总督所提出的报告。

这 4 篇目击者所记录的报告，基本上没有什么区别。似乎很显明，在未来火山的所在地，地面先沉陷了 14 英尺，下沉了一段时期之后，它又被将要爆发的、含有水蒸气和其他气体的熔岩向上推起。炽热的熔岩，破裂岩石的碎块，以及偶尔由浮石、凝灰岩和海水所组成的泥浆，直向空中喷射。某些岩块很大，因此使我们断定，在一升一降之间，地面被弹性气体震裂了，并且碎成齑粉。整座山不是一次形成的，而是经过一星期或一星期以上的时间断断续续累积而成的。深坑似乎是在特里帕哥拉和近郊的温泉浴池之间，喷出的物质就落在这里，并且掩埋了那座小城。然而山的绝大一部分，是在不到 24 小时内形成的；它的形成方式，很像中部有孔穴的空气泥火山，不过后者的规模较小而已。我们可以想象得到，如果让喷出的浮石质泥浆干燥，它也可以像某些含有火山灰的水泥那样，立刻固结成一种石块。

有人告诉我说，冯·布许男爵在奴奥伏山喷口内壁下部露出的地层中，也发现了某些现在还生存的海生介壳，其种类和附近的凝灰岩中所含的化石相同。这些介壳可能和沸腾的深坑中混有海水的泥浆一同喷出来的；或者像史加齐所建议[1]，它们可能来自含有现代海生介壳物种的老凝灰岩。这位观察家又说，坡尔栖奥的记载，大体上证明了火山锥是由喷发造成的学说；为了证明这一点，他引用了以下一句话——"但是最可惊奇的是，在一个晚上，在深坑的周围堆成了一个浮石和火山灰的小山。"史加齐又说，现在在奴奥伏山山脚的阿波罗古庙和它的墙壁，还是直立的，如果奴奥伏火山锥是上升的结果，它们决不能保持这样的位置。

特里帕哥拉是人们常到的矿泉所在地，并且建立了一个医院专为医疗之用；当时在大街上似乎不只有 3 个旅馆。如果坡尔栖奥说过，他或者别人曾经看见任何这些建筑、或者它们的遗址，在第一次喷发以前已经升高到平原以上而耸立在新成小山的山顶或山坡上，那么我们不得不接受如此详细的故事而采纳杜弗兰诺的解释。

因为没有这一类的证据，我们必须诉之于喷口本身，但在整座山的剖面中，我们并没有找到任何与其他岩层不同的上升原始核心：恰恰相反，整个块体的成分完全相同，火山锥的形状也很对称；同时也没有看到任何岩块突然上升时所应有的裂缝。G. 普里伏斯脱

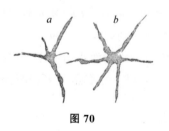

图 70

说得很对，如果坚硬而无弹性的地层，屈伏于由下向上的剧烈压力，我们不仅应当找到一个深的空洞，也应当找到一个由许多裂隙聚合成的不规则裂口；这些裂隙，现在还应当贯穿在喷口墙壁之中，愈向中心愈宽（图 70，a，b）[2]。在奴奥伏山的内部，没有找到一个这样的裂隙，它的火口壁是完整无缺的；也没有看到可以代表这一类裂隙后来被熔岩或其他物质填充的岩脉。

① Mem. Roy. Acad. Nap. 1849.
② Mém. de la Soc. Géol. de France, tom. ii. p. 91.

然而把火山的锥形主要归因于上升作用的冯·布许、波蒙等常常说，在这一类的火山里面，常有很多深的裂隙和细谷，像一个车轮的辐一样，从轴心附近向圆周或锥的基部放射，帕尔玛山、康太尔山和特内里夫山都是如此。但是奴奥伏山、索马山和埃特纳山完全缺少这样放射状裂隙或细谷，却没有引起他们的注意，在他们的思想中，他们爱好的学说似乎不会有例外。

杜弗兰诺的确也承认，有些事实很难和他自己对坡尔栖奥记录的见解相一致。例如，奴奥伏山山脚和亚佛纳斯湖边的某些罗马纪念物，像阿波罗古庙（以前已经说过）和普鲁托庙，似乎一点都没有受到假定隆起的影响。"还存在的墙壁，依然保持着它们直立的位置，地下室的情况和贝依湖岸的其他纪念物完全相同。在亚佛纳斯湖的另一边，通过巫神洞的走廊，也没有损坏，走廊的屋顶还是平的，唯一的变迁是巫神传谕室的地面上，现在有几英寸的水，这不过表示亚佛纳斯湖的水平发生了些微的变化。"[①]如果先存的浮石凝灰岩在 1538 年曾经上升，从而形成奴奥伏山，那么上面建筑有这些古代纪念物的土地情况，一定和现在看见的完全不同。

达尔文在他所著的《火山岛》(*Volcanic Islands*)中，曾经描写过加拉帕戈斯群岛上几个由凝灰岩组成的火山喷口式的小山；这些凝灰岩显然像泥浆一样流出来的，但在凝固之后，保持了 20°甚至于 30°的倾斜。如果火山是由水平地层隆起而形成的话，这些地层应当以连续的层次环抱着这座山，可是这里的凝灰岩并没有这种现象。照这位作者的叙述，凝灰岩的成分与奴奥伏山很相似，这类地层——不论是流出来的还是由火山灰积成的——的高倾角，应当可以完全解决杜弗兰诺在奴奥伏山斜度问题上所遇到的困难；奴奥伏山的倾角超过 18°到 20°[②]。丹纳在他所著的《桑德韦奇岛报告》中[③]也表示说，这个区域的"火山渣锥"的地层原来的倾斜度是 35°到 40°，而在海洋附近形成的"凝灰岩锥"的地层的斜度大约是 30°。这位自然科学家在波利尼西亚群岛中的萨摩亚岛，也看到凝灰岩锥中有新鲜珊瑚碎块和火山物质一同抛到海面以上 200 英尺的现象[④]。

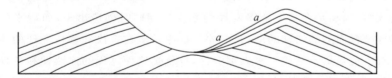

图 71　奴奥伏山剖面图，表示喷口东北斜坡上的内部岩屑堆积 *a*, *a*

1857 年 10 月，我和史加齐教授再次考察了奴奥伏山。在山的南面，我看到了大小粗面岩块和火山渣互相混合的地层，其情况和流传下来的喷发报告中所记载的完全相同。在喷口内部，东面和东北面都有崖堆；崖堆的地层向锥的中心或轴部倾斜，如图 71*a* 所示，倾角 26°到 30°。这样的崖堆是火山锥中著名的特征，它是由落到喷口壁内部边缘的喷发物堆积成的；后来的爆发，虽然可以把它们的大部分重新抛出，但是常常留下它们以

①　Dufrénoy, Mém, pour servir, etc., p.277.
②　Darwin's Volcanic Islands, p.106, note.
③　Geol. of the American Exploring Expedition, in 1838 - 1842, p.354.
④　Ibid., p.328.

前存在的遗迹。我们在这些地层中找到了几个海生介壳,如鸟蛤、蟹守螺等的碎块,以及罗马时代的砖,而我还亲自捡到了三块陶器。这样的遗物,是我们可以希望找到的;爆发的气体,冲破了像史达萨那样的海成堆积和特里帕哥拉的那些房屋,把它们的碎块抛入空中,然后又落了下来。

讨论维苏威、埃特纳和散托临各火山时,我还要再提到火山锥的隆起成因说,我现在只拟提一提,在 1538 年,从奴奥伏山到浦祖奥利以外整个海岸,比地中海海底的水平升高了许多英尺,当时升起的高度,后来还保持着。这些显明水平变迁的证据,在描写塞拉比庙的现象时,还要作详细讨论①。

夫勒格伦区的火山 紧接着奴奥伏山,是较大的巴巴洛山火山锥(本书 308 页,图 69,2),也就是罗马诗人朱文纳所说的"空洞的高勒山"(gaurus inanis)——这可能是由于它有圆形深喷口而得名,喷口的直径大约 1 英里。这个火山锥虽然大,但可能是在一次的喷发中形成的;它的规模,可能还不如伊斯基亚岛上在有史期间形成的某些最大的喷口。也像奴奥伏山一样,它主要是由坚硬的凝灰岩所组成,凝灰岩顺着锥的表面积成地层。这座山原来以产葡萄著名,现在还满布着葡萄园;但在葡萄落叶的时期,它似乎是一片不毛之地,所以在深冬时期从美丽的贝依湾看过去,它的风景与经常长着野生杨梅树、番石榴树等常青植物的苍翠奴奥伏山完全不同;因此不明真相的人,可能以为较老的火山锥是在 16 世纪造成的②。

没有一件事能比伊斯基亚岛的近代火山和现在正在讨论的火山与周围风景的配合所造成的显著形态,更适宜于教育一个地质学家的了。每一部分的景象似乎和其余的部分都很和谐,似乎不缺少什么,也不多出什么,一切似乎都是由创造者一次的努力造成的。如果自然界的作用始终是由同一种规律控制的话,我们还想要求什么其他的结果呢?如果整个地貌是由于一系列同样的扰动在长期间内所形成,那么每一个新造成的山——每一片因地震而上升或沉陷的陆地——应当与以前所形成的完全一致。如果大部分陆地的现状,确实是在某一个爆发性的剧变时期同时创造出来,而后来的变迁是在比较宁静时期缓慢而陆续增加的话,我们才有理由希望在古代和现代变迁的遗迹之间找到明显的界线。但是最不易使许多人理解的,也就是这种过程的连续性和各种作用的完全一致性;因为要产生一致的结果,这些特性往往引导他们夸大较早时期营力的作用。完全没有历史资料,他们就没有能力划分我们大陆的不同部分的产生时期,也像他们无法仅仅依靠奴奥伏山、巴巴洛山、阿斯特龙尼山和索尔法塔拉的外貌来区别它们的年代。

康帕尼亚古代火山的巨大规模和剧烈程度,常被用做雄辩演讲的题材,并且常被作为这一个愉快区域现时比较宁静状态的对照。以往的地质学家往往不去引证已知的事实——例如,当夫勒格伦区的喷口正在燃烧的时候,古代的维苏威山一直在休眠——每一个火山锥是依次升起的——各次喷发之间,有许多年或常常有几世纪的休眠时期——然后用类比法来加以推断,他们似乎认为,一群的火山,像卡得麦斯(Cadmus)的士兵散

---

① 见第二十九章。

② 汉米尔登说(1770 年的著作)"这座新山只长生很少的草木"。——Campi Phlegraei, p. 69. 这一句话,在我于 1828 年去考察的时候,已经不适用。

播龙齿似的,是同时从地面上生长出来。他们也企图使我们相信这些诗人所杜撰的故事,说是在弱小的人类诞生之前,巨人曾经在夫勒格伦区和佐夫(Jove)进行过战争。

维苏威火山的近代喷发　在奴奥伏山诞生之后将近 1 世纪,维苏威山一直是平静的。它差不多经过 492 年没有剧烈的喷发;当时的喷口,显然与那波利附近现在已经死了的阿斯特龙尼火山的情况完全相同。在 1631 年喷发之前不久考察过维苏威山的白拉西尼,对喷口内部作了以下的有趣描写——"喷口的周围是 5 英里,深约 1000 步尺:口边上盖满了矮树,底部有一个平原,牲畜在上面吃草。有丛树的部分,是野猪出没的地方。盖有火山灰的平原的一个部分,有三个水塘,一个充满了热而苦的水,另一个比海水还要咸,第三个是热的,但是没有滋味。"[①]但是这些森林和草原最后都消失了,它们突然被吹入空中,所有的灰,也随风飞散。在 1631 年 12 月,喷口同时流出 7 股熔岩流,淹没了几个在山边和山脚的村镇。一部分建在侯丘伦尼恩城旧址上的雷西那城,被这种可怕的岩流毁灭了。泥浆洪水的破坏性和熔岩一样大——在这样的灾害中,这是常常发生的现象;由于水蒸气的喷发所产生的滂沱大雨,造成了急流,夹带着极细的火山灰尘,从火山锥上奔马似地向下直泻,并在沿途再带走许多疏松的火山灰,使它获得足够的密度,因此可以称为"水溶岩"(acqueous lava)。

此后有一个宁静时期,但也仅仅持续到 1666 年,从那个时候起到现在常有喷发,间隔的宁静时期难得超过 10 年。在最近的 3 个世纪内,这个区域的其他部分,没有受到不规则的火山作用的骚扰。布利斯拉克曾经说过,在那波利湾,这样的不规则震动,每两个世纪要发生一次,例如,索尔法塔拉的喷发是在 12 世纪;伊斯基亚岛阿索山的熔岩喷发是在 14 世纪;奴奥伏山的喷发是在 16 世纪:但是 18 世纪是常规的例外,这似乎可以用维苏威山在这个时期内有空前喷发次数的理由来解释,因为,开了新火山口之后,主要火山的活动,常有长期的间歇。

---

① Hamilton's Campi Phlegraei, folio, vol. i. p. 62; and Brieslak, Campanie, tome i. p. 186.

第二十五章 那波利火山区域(续)

维苏威火山锥的大小和构造——熔岩的流动性和行动——绳状火山渣——岩脉——隆起喷口的臆说对索马山和维苏威山不适用——在索马山北面小谷中看见的剖面——所谓"水熔岩"的冲积层——掩没侯丘伦尼恩和潘沛依两个城市的物质的来源和成分——被埋城市的情况和内容——骨骼数目不多——动植物物质的保存情况——埃及古纸卷——史达比——托里·得尔·格雷柯——康帕尼亚区火山的结论

维苏威火山锥的构造 在 18 世纪末期和 1822 年之间,维苏威火山的大喷口,逐渐被从下面沸腾上来的熔岩,和时常在底部和边缘形成的小口中喷出的火山渣所填满。所以它已经不是一个有规则的深坑,而是一个崎岖不平的石质平原;平原上面盖着熔岩和火山渣块,还有无数纵横交错的裂隙在那里泄出蒸汽形成云雾。但是 1822 年 10 月的爆发,使它完全改观;20 多天的剧烈爆炸,破碎了所有这些堆积物质,把它们抛了出来,只留下一个形状不规则略成椭圆形的深坑;沿着很曲折而不规则的外缘测量,它的周围大约 3 英里,最长的直径略少于 3/4 英里,长径的方向为东北到西南[①]。这个深坑的深度,各人估计不同;因为,从形成的瞬间起,边缘一直在坍塌,因此使它每天在减少。根据某些作者的记载,从现在山顶的最高部分量起,最初的深度是 2 000 英尺[②];但照史克鲁普的估计,在喷发之后不久,他所看到的深度,不过上述数字的一半。火山爆炸,把火山锥冲去了 800 英尺,所以山的高度从 4 200 英尺减到 3 400 英尺[③]。

当我们沿着斜坡上山,火山似乎是一堆疏松物质——仅仅是一堆杂乱无章的残屑;但是走到喷口边缘向内部看,我们惊奇地发现,它的全部构造表现出非常完整的对称和排列,喷发物质都堆积成有规则略成波浪状的层次,从前面看,似乎是水平的层面。但是当我们绕着喷口周围观察环绕喷口的凹进凸出的悬崖时,我们可以看到熔岩流与火山沙和火山渣层的剖面,并且可以看见它们的真倾斜。我们发现,这些地层是从火山锥的轴部向外倾斜,倾角从 25°到 40°。整个火山锥事实上是由许多交互堆叠的熔岩、火山灰和火山渣的同心覆盖层所组成。每一阵由上面降落的火山灰,和每一股由喷口唇边流出的熔岩流,都与山坡的表面相整合,所以它们形成层层包裹的锥状外壳,依次累积,直到完成整个火山为止。由于不同颜色和粒度的火山沙、火山渣和熔岩形成互层的结果,层次的划分十分显明。火山沙和火山渣的分布既然受流行风的控制,最初从火山口流出的每

[①] Account of the Eruption of Vesuvius in October 1822, by G. P. Scrope, Esq., Journ. of Sci. etc., vol. xv. p. 175.

[②] Mr. Forbes, Account of Mount Vesuvius, Edin. Journ. of Sci. No. xviii. p. 195. Oct. 1828.

[③] Ibid., p. 195.

一股熔岩的宽度既然都很狭窄，何以它们会形成如此整齐的层次，初看起来似乎非常难以想象。

但是经过详细考察，我们才发觉它们的绝对一致的外貌是一种错觉；因为当几层地层在不同地点逐渐变薄的时候，视力不容易辨别任何一层地层的终点，但是常常以为它们是与短距外可能在同一平面上的其他地层相连接。火山锥的长成是不规则的，在它表面上堆积的地层，决不能保持绝对对称形式，而往往形成波浪形，因此也增加了追索任何一层地层的困难。因为整个地层，大部分是由无数沙层和火山渣层所组成，它们有时可以连续地覆盖着整个火山锥；就是熔流，在最初溢出的时候，也可以形成很宽的地层，而某些喷发，有时突然把火山锥的上部破成一个裂口，使熔岩从这里流出，形成很宽的岩流，其宽度可能超过我们在一个剖面中的视域以外。

某些地层的高倾角，和颗粒的固结——甚至于在显然没有胶结物质的地方也是如此——初看起来也是火山凝灰岩和火山角砾岩中的另一种不易解释的特殊现象。但是1822年的大喷发，提供了很多关于这些地层形成方式的资料。落在离山顶不远地方的熔岩、火山渣、浮石和火山沙的碎块，仅仅是半冷却的熔岩，并且后来又受到从本身内部发出的热，和火山锥的喷气孔和小裂隙中泄出的热蒸汽的作用。这样加热之后，喷出物质就会牢固地胶结在一起；于是在几天之内固结成非常坚硬的地层，非用铁锤重击不能使碎块分离。喷射到较远地方的火山沙和火山渣，还是维持疏松的状态[①]。

汉米尔登在描写1779年的喷发时说，混有石块和火山渣的熔岩的射程，至少高达一万英尺，形状很像一个火柱。[②] 部分喷出的物质，被风吹到奥太加诺，部分还保持着炽热液体状态，几乎垂直地落在维苏威山上面，覆盖了整个火山锥、索马山的部分、和它们之间的河谷（阿脱里倭河）。落下的物质发出的火焰，几乎与新从喷口中喷出的部分一样光亮，它们形成一个宽度不下 2.5 英里，高达 10 000 英尺的完整火体，周围不下 6 英里的地区，都受到它们热力的影响。克拉克博士在对1793年喷发的记载中也说，几百万个炽热的石块被冲入空中，所达到的高度，不下于火山锥高度的一半，然后折转过来，形成美观的圆拱，向四面坠落。在另外一书里他又说，当它们坠落的时候，几乎半个火山锥都盖满了火。

这位作者也描写了熔岩表面的情况，并且指出它在刚流出的地方和流到下面相当距离以外的平原上的区别。1793 年，在山边拱形的空洞中流出的炽热岩流，以洪水一般的速度向前突进。它完全是一个熔融体，表面上没有任何火山渣，也不含任何不是完全液态的粗糙物质。它像半透明蜂蜜似的在"比艺术雕刻还要精致的整齐河槽中流动，发出比太阳还要灿烂的红光"。——他又继续说，"汉米尔登爵士曾经这样想，落在熔岩流上的石块，都不能留下任何印迹，我不久发现相反的情况。5 磅、10 磅或 15 磅重的轻物体，的确只留下或竟不能留下任何印迹，即使在起源的地方也是如此，但是 60 磅、70 磅和 80 磅的物体，常常可以在熔岩上面形成一层表面层，浮在它的表面上，向前流动。在熔岩流起源的附近，有一块从喷口中抛出的 300cwt. 重的石块：我把它的一端撬起，让它落在液

---

① Monticelli and Covelli, Storia di Fenon. del Vesuv. in 1821 – 23.

② Campi Phlegraei.

态熔岩里面；它就逐渐沉到表面以下而消失了。如果我愿意描写它在熔岩中的情况的话，我可以说，它很像一块抛在一碗浓厚蜂蜜中的面包，逐渐被重液包围，然后慢慢地沉到碗底。"

"离开起源不远的熔岩，表面上现出较黑的色彩，也比较不容易受外来物体的影响；当岩流扩大的时候，已经失去了完全液态的表面，愈变愈硬，破裂成许多多孔的物质碎块，形成所谓火山渣；它的外观，曾经引起许多人假定，它原来就是这样从山里流出来的。然而事实却不是如此。所有最初从火山里流出来的熔岩，都是液态的，并且全部是融熔体。火山渣的外观，只能归因于外界空气的作用，而不是由于它的组成物质有什么区别，因为任何从流道中取出而暴露于外界空气作用的熔岩，都会立刻龟裂，变成形状不同的多孔物质。如果我们向山下走，这种现象愈变愈明显；从起源地方以完全液态、连成一片、并且不带任何杂质的形式流出的熔岩，向山下流动不远，表面上已经满载了火山渣，等到它流到山脚，全部岩流已经十分像一堆从化铁炉里流出的破碎铁渣。"在另一篇文章里他说，"在平原上的熔岩河，像一大堆熔渣，或者像化铁炉中流出的铁渣，慢慢地向前滚动，一层在另一层上面越过，发出戛戛的响声。"[1]冯·布许描述——当时他与洪博尔特和盖·罗塞克在一起——1805年的熔岩（记录中最流动的一次），瞬时间在他们眼前，突然从火山锥的顶部到底部喷射出来。J. D. 福勃斯教授说，火山锥本身山坡的长度大约1300英尺，这种的速度，即使不照冯·布许辞句的字义解释，一定也等于几秒钟流动几百英尺。这一股熔岩流流到托里·得尔·格雷柯平路上的时候，每分钟只流18英寸，或者每秒钟流3/10英寸[2]。福勃斯教授说，"普通熔岩从喷口中流出的时候，虽然和熔化的铁一样流动，可是它的流动性减得非常快，等到它所负荷而且必须推动的渣愈来愈多的时候，它的流动速度几乎达到不可觉察的程度；到了最后，在外表上一些都看不出它的流动性，像冰川那样，它的运动只能经过多次的详细观察，才能确定。"[3]

同一个火山不同时期喷发的熔岩，其光和热的强度似乎很不相同，1819年和1820年维苏威火山的喷发就是如此，当时台维爵士已经注意到，在熔岩开始流出的地方，白热的光耀程度很不相同[4]。

如果在描写火山现象时用"烟"和"火焰"两个名词，一般必须作为比喻的意义看待。亚比奇告诉我们说，在1834年维苏威山喷发的时候，他清晰地看见了燃烧氢气的火焰[5]；但是事实上被误认为火焰的往往是蒸汽和火山渣，以及下面喷口发出的光所照耀的微细火山尘，据说熔岩在喷口里面发出的红光，和太阳一样灿烂。像烟雾一样的云，不是由水或其他气体所形成，就是由粉末状的火山渣所组成。

绳状火山渣 地质学家描写熔岩的时候，常常提到"绳状火山渣"，因为一大片火山渣的表面，有时现出绳索旋卷的形状。1857年从喷口边溢出、在火山锥的北北东方面向山下流动的熔岩，就有这种构造。它的表面上没有松散的火山渣块，但是一部分表面像

---

① Otter's Life of Dr. Clarke.
② Phil. Trans. 1846, p. 154.
③ Ibid. , p. 148.
④ Ibid. , p. 241.
⑤ Bulletin de la Soc. Géol. de France, tom. vii. p. 43, and Illustration of Vesuvius and Etna, p. 3.

绳索，一部分像树根。埃特纳山和维苏威山上，偶尔也可以看到这样的熔岩，尤其在它们起源的附近；在一个小的范围内，它们形成一片几英尺或几码宽的平坦地带，上面的绳状旋卷，一个套在一个里面，向同一方向弯曲，如图 72abc 所示。1858 年，我有一个机会看到这种构造的产生情况。维苏威山的最高喷口当时不在活动，或者只泄出蒸汽；但在向那波利方面和皮阿诺·第·金尼斯脱拉下面的半山上，最近造成两个火山锥。在一个火山锥的底部附近，有一个空洞，洞里已经毫无间断地流了几个月熔岩，并且当时还没有停止，性质非常流动。它已经堆成了一个 10 英尺到 15 英尺高的小脊，脊的上面形成了一个 5 英尺宽的直槽。从空洞流出的一点，熔岩的流动性似乎非常大，并且是白热的。为了使我能于走到足够近的地点去观察它的运动而不至于被烫伤，我

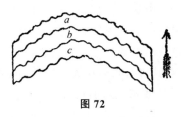

图 72

的向导在我和可怕的岩流之间，支起一张穿有小孔的牛皮屏障，从这小孔里我们进行观察。

在离开空洞大约两码的地方，熔岩在槽里流动很快，开始从白色变成红色，再流几英尺，颜色更深，表面上浮有零星的火山渣小块，表示固结作用已经开始。大约离开流出地点 4 码的地方，熔岩流表面已经变成黑色，分离出来的火山渣块，开始相互挤压，彼此合并，不久熔接成连续的绳状卷圈，每一组都向岩流流动最快的中部凸出，层层相套如图 72 所示。它们的形状和次序，使我回想起聚集在瀑布下面河流中或桥墩上的泡沫环圈，因为水流或风把水冲向河岸或岛屿的时候，波浪的表面上往往形成一种暂时互相推移的形状。卷圈弯曲的方向，就是熔岩流的流动方向。

近代火山锥中的岩脉和它的形成方式　　以上说过的、从维苏威火山锥轴部向四面倾斜的地层，常被致密熔岩的岩脉所贯穿，它们大多数的位置是垂直的。1828 年，这里大约有 7 个岩脉，其中一部分的高度不下于 400 英尺或 500 英尺，但在达到火山锥最高部分之前，它们已经逐渐尖灭。因为性质比所贯穿的地层硬，它们分解得也比较慢，所以向上凸出。当我在 1828 年 11 月到维苏威山去考察的时候，由于火山还在不断抛出喷发物，我没有能进入喷口，所以只看见三个岩脉；但是孟铁塞里给我看了他以前所画的一张全部岩脉的图。我所看见的岩脉，是在火山锥被索马山所环绕的一面。1828 年的喷发是 3 月开始的，在当年的 11 月，喷出的物质，几乎已经填满了 1822 年喷发末期所形成的深坑的 1/3。在 11 月，我看到喷口底部有一个黑色火山锥，继续在喷出火山渣，而在锥的外面，6 年前流出来的 1822 年熔岩还没有冷却，并且罅隙中还泄出大量的热和蒸汽。

1832 年，霍夫曼在维苏威山北面帕罗峰附近，看见了许多与火山渣和砾岩成互层的平行熔岩层，一部分的厚度从 6 英尺到 8 英尺。他说，这些熔岩层被许多岩脉所贯穿，一部分岩脉宽达 5 英尺。它们的性质和索马山的岩脉很相似，是由含有白榴石和辉石颗粒的岩石组成的[①]。

以上所说的那些岩脉，无疑是由液态熔岩填充了裂隙而产生的；但是它们的形成时期，我们只能说是在公元 79 年的喷发之后，相对地说，它们是晚于全部被它们所交切的

---

① Geognost. Beobachtungen, etc. p. 182. Berlin, 1839.

熔岩和火山渣。许多上层地层，没有被它们所贯穿。火山喷发之前几乎必有的地震，常使地层形成裂隙，这是大家都知道的；1822 年的熔岩流出之前 3 个月，就有无数泄出热蒸汽的裂隙。这样的裂隙，在熔岩柱上升的时候，一定被熔化物质所贯入，所以岩脉的成因，以及组成岩石的坚实和结晶性质，是容易解释的，这种岩石，是由熔岩在高压下缓慢冷却固结而成。

史加齐曾经对 1850 年喷发的每天经过，作了详细的记载，他在这一篇报告里，提到了维苏威火山锥北北东方向的一个直线形长裂缝，其中的一个部分还有熔岩流出。现在横贯山中的一个岩脉，无疑就是这个裂隙的原址。1858 年我和史加齐同到阿脱里倭去考察的时候，我们在火山锥的坡上还看见以上所说的深坑，在那时候，它虽然已经局部被于 1857 年从喷口唇边流下来的熔岩所填满。

有人建议说，喷发时的火山锥常常开裂，可能与逐渐的连续隆起有关，因此增加了构成火山锥的全部地层的斜度；按照以上所提出的、关于奴奥伏山成因的臆说，冯·布许认为，现在的维苏威火山锥，不是由于公元 79 年的喷发，而是由于隆起；它并不是由从一个中心喷出的火山渣，或流出的熔岩重复堆叠而成，而是原来水平地层隆起的结果。按照这种见解，整个维苏威的火山锥是突然一次在索马山内部升成我们现在所看见的形状，它的高度后来不但没有增加，而且还陆续在减低[1]。

我现在准备设法说明冯·布许的这种臆说不能成立的理由，不论应用于维苏威的近代火山锥，或者应用于较古的所谓索马火山锥。但在详细发挥这个问题之前，我可以先提一提亚比奇在他所著的《1833 年和 1834 年维苏威山喷发报告》中所记载的某些事实，因为初看起来，这些事实似乎有利于这种成因的可能性[2]。1834 年，维苏威山的大喷口几乎被熔岩填满至山顶，除了一个喷出火山渣的小锥像湖里的小岛孤立在中部之外，全部熔岩固结成一片平坦的平原。到了后来，这一块平坦的熔岩区，被一条东北—西南向的裂隙所劈开，并且沿着这条线，产生了无数喷射烟雾的小锥。据亚比奇说，形成这些小锥的第一步动作，是使原来水平的熔岩层局部隆起；因为从下面上升的弹性液体的热力和膨胀力，使熔岩层变成柔软，而弹性液体则从新形成的小丘中部泄出。如果小锥和维苏威山和索马山的规模的差别不是这样大，如果我们可以用隆起 15～25 英尺的半熔融岩浆的汽体的膨胀成因来推断地层中贯穿有坚实熔岩岩脉而高达几千英尺的火山的话，那么这种的形成方式和冯·布许所描写的维苏威和索马山的成因，颇有相似之处。

亚比奇同时又说，1834 年 8 月，当大喷口内部的熔岩台地发生大沉陷使中央锥的构造显露出来的时候，我们发觉这个火山锥的形成，不是由于隆起，而是由于历次喷发期间抛出来的灰炉和火山渣的堆积[3]。

史克鲁普 1827 年的著作，把一个火山锥的形成，主要归因于从中央喷口抛出的物质，但一部分归因于贯入岩脉的熔岩，和"气体膨胀力，而常常伴同火山喷发的局部地震，就是火山锥中部气体膨胀强度的明证"[4]。在火山锥破裂和错动期间，某些熔岩层的斜度

---

[1]　Von Buch, Descrip. Phys. des Iles Canaries, p. 342. Paris, 1836.

[2]　Abich, Vues Illust. de Phénom. Géol. sur le Vésuve et l'Etna. Berlin, 1837.

[3]　Ibid. , p. 2.

[4]　Geol. Trans. 2nd series, vol. ii. p. 341.

无疑可以发生一些变化,但是我和这位作者同样不相信,这样的骚动曾经对表征火山特点的内部或外部形状,起过什么显著的作用。

根据史脱拉波对它的形状的描写,在公元 79 年以前,维苏威火山似乎是一个截顶的火山锥,从远处看,锥顶具有水平而整齐的轮廓。我们可以从普鲁塔希的一段文章断定,它的山顶上曾经有一个喷口,陶本耐博士对于这一点,也作了适当的评论[1]。除了一个唯一的狭窄缺口外,喷口壁显然是完整的。纪元前 72 年,当史巴达克斯的角斗士驻扎在这个山坑里的时候,克罗的斯得将军把他们包围在里面,谨慎地防守着这个唯一的出口,然后在围绕喷口的陡峻悬崖上,架起云梯,让他的士兵攀缘而下,到达叛徒所驻在的喷口底部。这个喷口原来的直径一定有 3 英里,向海方面的喷口壁,后来被公元 79 年的大爆发炸毁了,布利斯拉克是发表这种意见的第一人;这一次的爆发,建成了现在的维苏威火山,它的三个方面,被所谓索马山的古火山锥的残迹所包围。

我们可以在附图上(图 73)看到,在维苏威山旁边,索马火山锥还留下一部分(a),在它的对面,有一个叫做皮达曼提那的山脊(b);据有些人的假定,这就是古代火山喷口圆周向海洋方面已经崩溃的部分,近代火山的熔岩,就在它的顶上流过;据维斯康提说,现在维苏威火山锥的轴,离开索马悬崖和皮达曼提那的距离,恰恰相等。

在这张图上,我把从维苏威火山锥延伸到阿脱里倭·德·卡瓦罗(c)的倾斜地层,逐渐画成水平,新火山锥的基部,在这里与索马山的陡峻悬崖相接触;因为熔岩流到这里受到了阻碍——像 1822 年喷发时的情况——它于是改变方向,沿着围绕火山锥基部的小谷流动。风吹来的沙和火山渣,也聚集在锥的基部,后来也被急流扫去;所以这里经常现出一个平坦的平原,如图所示。内部的小火山锥(f),一定也是由倾斜地层所组成,但是它们的终点也是水平的,因为 1828 年喷出的熔岩和火山渣逐渐使这个小丘增高的时候,它的周围常被一个平坦的半液态熔岩塘所围绕,火山渣和沙也落在这里面。

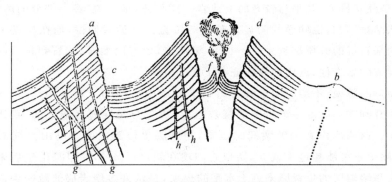

图 73　维苏威山和索马山的理想剖面

a. 索马山,或古代维苏威火山的遗迹。b. 皮达曼提那,包围着现代维苏威火山锥南面基部的一个像阶地的山脊。c. 阿脱里倭·德·卡瓦罗[2]。de. 1822 年喷发遗留的喷口。f. 1828 年形成的小火山锥,在大火山口底部。g, g. 贯穿索马山的岩脉。h, h. 贯穿现代维苏威火山锥的岩脉。附注:因为图的地位不够,a、e、f、d 各部分地层的倾斜,夸大了许多。

---

① 2nd edit. 1848, p.216.

② 因为上山的旅行者在这里下马而得名。

在面向近代维苏威火山一面的索马山的半圆形陡峻悬崖之中,我们可以看到许多倾斜大约 26°有时达到 30°的熔岩。它们和火山渣成互层,并与无数 2 英尺到 4 英尺的岩脉相交切,岩脉的成分也与熔岩相同,主要由辉石所组成,也含有白榴石的晶体,但是岩脉中的岩石,因在较高的压力下冷却,所以比较致密。我在阿脱里倭区域卡那尔·德尔·英弗诺地方的一部分削壁上,看见一个与普通熔岩同样多孔的岩脉;但是这是非常例外的现象。有些岩脉穿过或移动其他岩脉,所以它们是在不同的喷发时期形成的。

维苏威矿物　维苏威山和索马山的熔岩中有多式多样的矿物;但以辉石、白榴石(法文称为 amphigéne)、长石、云母和橄榄石为最多。最特别的事实是:在维苏威周围 3 平方英里内所产生的简单矿物的种类,比地球上任何相同面积的地区内所能找到的多。阿羽仪所列举的简单矿物只有 380 种;而 1828 年以前在维苏威山和索马山边的凝灰岩中所找到的已经不下 82 种。许多种是当地的特产。照一部分矿物学家的推测,这些矿物的大部分,并非起源于维苏威火山,而是气体爆炸时从被穿过的某些较老地层中带出来的碎块。但是意大利或其他地方的较老岩石,都不含这样的矿物群;这种臆说似乎起源于部分人的主观愿望,他们不愿意承认,在地球历史如此晚近的时期内,大自然的实验室,还能创造出如此之多的新而稀有的矿物;如果维苏威是一个极古的火山,在它的形成的时候,大自然还像她在青春时期那样无拘无束,任意地运用她的天真幻想。那么他们就会立刻承认,这些或者更多种的物质,会像 1822 年喷发之后在气孔里产生几种新的非金属和金属化合物那样,从熔岩的罅隙中升华出来。

托里·得尔·格雷柯附近一个炮台的所在地,露出一个高 15 英尺流入海洋的熔岩流的剖面;这里的熔岩证明,它们有分裂成粗糙柱状的趋势,尤其在下部。

史克鲁普说,在围绕近代维苏威山喷口的悬崖上,他看见了许多现出柱状分裂的岩流,一部分是柱状排列,几乎与较老的玄武岩一样整齐;他又说,在一部分的熔岩流中,大规模的球状结核结构,也同样的明显。布利斯拉克也告诉我们说,他在托里·得尔·格雷柯附近的采石场的硅质熔岩中——1737 年喷出,含有白榴石、辉石和长石的晶体——也找到很整齐的熔岩柱;近代的权威证明了他的观察。

隆起喷口的臆说,不能应用于索马山和维苏威山　照冯·布许和杜弗兰诺的想象,在索马山中升到它的高度一半以上的凝灰岩层,大部分是在海底形成的,我认为这种意见不能成立。这两位作者和波蒙同时也说,在阿脱里倭露出的索马山大剖面中的熔岩层,原来的倾角不可能超过 4°或 5°,所以它们现在斜度的 4/5,一定是由于后来隆起和倾侧所致。这些熔岩层的位置原来近于水平的想象,是从许多熔岩层的致密构造以及它们走向线的假定平行性和连续性推断出来的。尤其是波蒙,他曾经坚持说,如果从大于 4°的斜坡上向下流动,它们不会形成宽阔坚实的岩层,只能形成狭条的多孔熔岩和火山渣,如果从超过 20°的斜坡上流下,尤其应当如此。

以上所说的理论见解,何以会得到如此著名人物的拥护,的确非常费解,如果那波利的科学界朋友们不向我保证,这几位地质学家,没有一位曾经考察过索马山北面的无数细谷。在探勘这些深而狭的河谷的时候,我很幸运地有居斯卡提作伴;没有一个人对维苏威山和索马山的构造和成分的智识,比他更充分的了。从北面看索马山,我觉得它的形状很像一个老火山锥，就像我在卡内里群岛所看见的火山（例如帕耳马火山）或者像钟胡恩所描写的爪哇火山。从"阿脱里倭"或者西班牙人会叫它做"大锅"（Caldera）的大悬崖的山顶，有许多彼此非常相近的深细谷或"深壑"（barrancos），向西北、北和东北各方面放射；靠近山顶的部分一般很浅，但是很快就逐步加深，到了终点附近，两岸变成非常陡峻，如在圣太·安那斯太西亚、索马和奥太加诺等村镇附近。有几条细谷的上端，常有悬崖，当上游的急流河槽在雨季里充满了水的时候，这里就形成瀑布。从圣太·安那斯太西亚上行，向卡萨·德尔·阿克瓦谷前进，我在细谷的起点看见了一个直立的悬崖，这也是瀑布的所在地，可是当时是干的。悬崖的高度是 60 英尺，含有许多坚硬熔岩的薄层，中间夹着近于火山渣、有时由火山渣松块所组成的其他地层。和它相邻的一个细谷叫做福索·第·康契罗尼，在它的起源的地方有一个更好的悬崖，高度在 200 英尺到 300 英尺之间，在大雨的时候，也有瀑布倒挂下来。悬崖面上有一系列的熔岩层，有些是红色的，它们很像从维苏威山喷口流出的近代岩流，中间夹有火山渣、凝灰岩和角砾岩；角砾岩中含有白榴石熔岩的碎块，有时多角，有时经过自磨作用变成了圆形。圆砾的存在，也表示的古代索马山山边，有由流水侵蚀作用切成的小涧。

这些"深壑"的细谷状特性，我认为是急流向后割切的结果。在邻近的一个河谷里，就是奥利弗里谷，可以看到和盖在潘沛依城上面相同的粗面岩熔岩和浮石状的凝灰岩，但是时期老得多。这里也有白色白云岩巨块，直径有时超过 1 英尺，虽然在古凝灰岩中并不多见，此外还有直径四五英尺的熔岩块。在索马村上面，我们考察了彼此相邻而互相平行的两条细谷，它们叫做瓦龙·第·潘尼可和瓦龙·第·卡斯脱罗。它们虽然很近，但是露出的剖面却有显著的不同。各处的构造细节，变化都非常大，绝不是均匀一致的，而隆起或上升喷口说的发明，却是为了解释这种假定的一致性。例如，在卡萨·得尔·阿克瓦尔细谷里有一层含辉石和白榴石晶体的红色熔岩，厚度超过 30 英尺，倾斜 20°，但在它的东西两面相邻的河谷中，却没有和它相同的岩石。这一种致密岩层的下端，突然终止。这个细谷中的一部分熔岩和凝灰岩，与其他熔岩层不相整合，它们一定是在老火山锥侧面掘成了许多河谷之后才流下来的。在阿脱里倭的剖面中，岩脉非常多，但是和它相隔不过几百码的一部分河谷里，甚至于在它们的上部，却完全没有岩脉；这种现象会使我觉得诧异，假使我不在其他的火山中也看到同样的现象，特别在卡内里群岛，那里的岩脉几乎完全集中在大喷发中心的附近。

图 74 的剖面给我们一些索马山北面一般性质的概念，我们已经尽可能把一个火山锥的构造容纳在一张图里面，火山锥其他部分的性质，与此很不相同。在阿脱里倭附近如此显著的岩脉，离开山顶 a 之后不远就没有了；从 a 到 b 是一层很厚的石质和火山渣质的熔岩，倾角大约 20°；从 b 到 c 是白色浮石质的凝灰岩，一部分很陡，一部分很平，而平原 d 的表面上，则盖有一层近代的凝灰岩质冲积层。

在剖面中的任何凝灰岩层里，都没有找到海生介壳；但是这里面经常遇到羊齿植物和双子叶灌木的树叶和树木，肯定地证明这一部分岩层是风成的。这些植物，在圣·西巴斯欣以及圣太·安那斯太西亚和奥太加诺上游的河谷中，换句话说，从东到西沿着整个山边，都可以找到。在高出海面 1 000 英尺和 2 000 英尺的凝灰岩中，有时有树干和炭化的木质，卡萨·德尔·阿克瓦河谷中就有这样的例子。橡树叶是常见的，但以假叶树

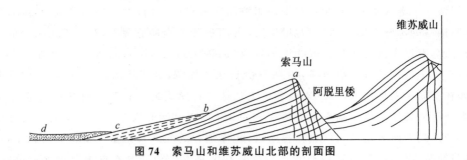

图74　索马山和维苏威山北部的剖面图

的叶子最为普通。我相信,在这些凝灰岩中总有一天可以找到一个丰富的植物群。

维苏威山较老部分的喷出砂岩和凝灰岩碎块里,曾经找到海生介壳的化石,其地点在向那波利一面,高出海面972英尺;特别在我和居斯卡提考察过的福索·格兰德附近叫做里伏·第·夸格里亚的一个地点。居斯卡提所发表海生介壳大约有100种,除了半布纹蛾螺(*Buccinum semistriatum*)一种外,都是现时生存于地中海的物种;这些化石是从凝灰岩和砂岩岩块中采集来的,而这些岩块也像不属于本山的白云岩和其他外来石块那样,被古代的某一次喷发抛入空中然后埋在老凝灰岩里面。它们只能证明,某些早期的喷发,曾经突破像那波利和维苏威之间所产的那种海成凝灰岩。这种凝灰岩,也含同类的介壳,但是似乎只升出海平面以上大约30英尺。

据说,在索马山北麓也找到过海生介壳,但是有人告诉我说,向导者知道有人需要这一类化石,所以常常从海边采集上面盖有现代蛇螺的凝灰岩块来冒充索马山边很高地点古代地层中的化石。

索马山的宏大规模,不能作为反对它和现代的维苏威山起源于同一喷发轴心的观念的理由。1857年,我在向奥太加诺斜落的悬崖的顶部以及下面老山的侧面,几乎完全没有看见植物,这是1822年喷发期间落下来的火山沙和火山砾的性质硗薄的结果;在离开喷口这样远的地方,它们的厚度还在1英尺以上。在这里面,我还找到一些梨形的火山渣块,就是所谓火山弹,它们也是1822年从火山喷口喷射出来的。这种情况,加上在维苏威山的另一边,离开现在喷发中心与上述地点相等距离的地方也有当时的喷发物的事实,显然可以证明,我们不必需要比现在火山能力更大的力量,就可以建成像索马山那样大直径的火山锥。也不必需要隆起作用来完成这样一个任务,仅仅依靠弹性气体的普通力量所喷射出来的物质,已经足够形成这样一个火山锥。

所以索马山北部细谷中所表现的事实,可以证明这座山是由前后相继的熔岩流和火山渣阵雨形成的,而在各次喷发之间,有长时期的休息;在休息期间,流水的剥蚀作用掘出了河谷,而森林树和灌木有充分时间可以在这里生长。这些植物有时被浮石物质的阵雨或被从山坡上冲下来的泥浆所埋没。有人或许会问,但是我们怎样可以使所有这些现象,与离开上述的细谷不远、而在阿脱里倭大剖面中显露出来的山脉构造相协调呢?我认为只要对上述悬崖中被许多岩脉交错的那些岩层的次序和成分作一度详细考察,这个问题是不难答复的。它们与1855年和1857年在18°～30°之间的斜坡上向下流动、一层一层包在火山锥外面、形成新的外壳的近代熔岩流和火山灰阵雨同样不规则。

在阿脱里倭区域卡那尔·得尔·英弗诺地方露出的那一部分悬崖上,可以看见一层

12英尺厚、完全由火山渣碎块组成的熔岩流。在许多其他地方，完全由坚硬岩石组成的部分，厚度都不过一二英尺，在它的上下，都有火山渣和碎块组成的岩层。这一类的熔岩层之中，有一部分原来可能在古代索马山陡峻山坡上面形成的许多条带，就像我在1855—1857年和1858年所看见的熔岩所形成的狭带，其中的一部分，我在1857年看着它们在现代的火山锥上很快地向下流动。所有的观察者，在索马山悬崖上似乎都看见连续而水平的坚硬熔岩层的边缘，所以我们还必须研究，何以从20°的山坡上流下来的液态物质的小溪，可以形成这样连续的岩层？简单的答复是，这里并没有这样广阔的坚硬熔岩层。1858年，居斯卡提和我都发现这是一种幻觉。这里有几层白色凝灰岩的地层，其中的一层特别显著，从远处看，它在大剖面的中部，形成一层很宽阔而且似乎具有坚硬性质的地层。它们可能像以炽热的状态从空中落下来的，并使山边盖上一片火焰的某些近代火山渣层那样，同时在广阔的面积上产生一层坚硬岩层。但是真正坚硬的地层，从来不会在水平方向扩展得很远，它们逐渐变薄，并向侧面过渡成火山渣。

我曾经仔细量过一个1857年的熔岩流，它的宽度大约50英尺，斜度和它所停留的火山锥表面一样，从18°到28°不等。它的平均厚度大约10英尺。研究了埃特纳山上固结在更陡的斜坡上的近代熔岩的几个优美剖面之后[1]，我很相信我们所讨论的熔岩流的形状，应当像图75中的1所示，在这个剖面里，中部岩层 b 的性质，像索马山普通熔岩一样致密和坚实，而 a 和 c 则由火山渣所组成。下层火山渣 c，通常最薄；其中的一部分是由倾注在冷而潮湿的泥土表面的熔岩骤然冷却而成的，上层 a 是在与空气接触的情况下固结的。但是 a、b、c 各层，都堆积在老熔岩上面，于是 c 层将与下一个组的上层火山渣相接触，因此坚硬熔岩层 b，与下一组的坚硬岩层之间，隔有一层相当厚的地层。后来岩流2流来了，它的构造和岩流1相同，最后又流来岩流3，填充在1和2之间，它的构造也分成3部分；全部的剖面，现出一个中部性质几乎完全相似而且互相连接的坚硬地层，因为全部熔岩都是从一个液态物质大锅里流出来的；从1857年的喷口中流出来的30条以上的熔岩流，就是很好的实例。在阿脱里倭大剖面底部所看见的索马山岩层，原来可能是在火山锥基部附近形成的，当时火山锥的大小，只等于现在的一小部分，山坡的斜度还不到18°，一部分岩流的宽度，可能比我在1857年所看见的、从30°斜坡上冲下来的岩流大。

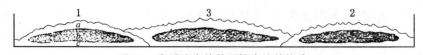

图75　先后流出的并列熔岩流的构造

在阿脱里倭的悬崖中，坚硬熔岩还占不到全部地层的1/7，其余则为凝灰岩，或为火山沙和破碎的火山渣。我在这个剖面的许多地方看到绳状熔岩，也看见一些空洞，它们相当于近代熔岩常在其中流动的隧道。阿脱里倭的某些坚硬熔岩层，倾斜有时很陡，形状很像岩脉；但是我疑心这一类的地层是否受到倾侧，因为火山锥北北东方面山顶附近的1857年熔岩的一部分，是从很陡的斜坡上流下来的，有一个地方的倾角达到43°。在

---

① 见作者所著的论文，on the Structure of Etna, Phil. Trans. 1858，p.734。

它的表面上,我看见有绳状和树枝状构造,可见熔岩的黏度非常高。它形成了所谓1857年的"驼峰"(gibbosity),它的内部无疑含有倾角至少在40°的硬石层。这样的驼峰,是由黏性岩流骤然停止所致,因为没有足够的熔融物质可以推动它们向前流动,因此在火山锥侧面的不同高度上停留下来。

覆盖在侯丘伦尼恩城和潘沛依城上面的岩层　我在解释图74时,曾经提到覆盖在山脚 c,d,平原上的冲积物质。在喷发的时候,火山喷口中喷出无限量的水蒸气,并且常常在熔岩和火山渣停止喷出之后很久还在继续发泄:这些蒸汽在火山高峰四周的冷空气中冷却,凝成很大的雨。这样的雨,扫荡着微细的尘灰和轻质的火山渣,终于形成一个泥浆流;在康帕尼亚区域,它是叫做"lava d'acqua"(水熔岩),因为流速比较快,往往比火成岩流(lava di fuoco)还要可怕。1822年10月27日,有一股这样的冲积流,从维苏威火山锥上流下来,布满了许多耕地之后,突然流入圣·西巴斯欣村和马萨村,淹没了街道和一部分房屋的内部,闷死了7个人。所以在近火山锥基部的地方,常有熔岩、冲积层和火山灰的互层。1822年的大喷发,只在潘沛依城上面盖了一层几英寸厚的覆盖层。J.D.福勃斯教授说是几英尺[①],但是他的数据一定在这些物质漂积的地方测定的。喷口顶部的火山尘和火山灰的厚度是5英尺,到了托里·得尔·安宁西阿塔,逐渐减到10英寸。在连续的地层中,喷出碎块的大小和重量,也很有规则地随着离开喷发中心的距离而减小。

覆盖在侯丘伦尼恩和潘沛依上面的岩层,应当属于这两种物质的哪一类,曾经是一个尖锐的辩论问题;但是这种讨论的时间应当可以缩短,如果辩论双方曾经回想到以下的事实:在喷发期间,不论火山灰和火山沙是从空中或由流水运到这两个城市,只要屋顶没有破坏,只有冲积物可以填充到房屋以及地下室和地窖的内部。我们从历史里看到,在公元79年,足以使侯丘伦尼恩和潘沛依不适于居住的火山沙、浮石和火山砾阵雨,连续落了8天8夜,同时还有大雨。覆盖在这两个城上面的地层,应当很像连续喷发期间堆积得很快、并且构成夫勒格伦区小火山锥——如奴奥伏山——的地层;但是两者之间应当只有一种区别,就是说,盖在城市上面的地层,应当是水平的,而堆积在火山锥上的地层,应当是倾斜的;在只有小火山砾的地方,应当没有抛在喷口附近的多角大石块。因此,除了这些区别外,奴奥伏山基部被波浪割切而露在外面的物质的形状和分布,应当与堆积在潘沛依城上面的地层的性质非常相似。潘沛依城是被无数各种不同的凝灰岩和火山砾的互层所覆盖,大部分很薄,并且分成很细的层次。1828年11月,我在圆剧场附近看到了下列的剖面——(从上到下):

	英尺	英寸
1. 1822年喷发的黑色闪光沙,含有辉石和电气石的完整微细晶体。	0	$2\frac{1}{2}$
2. 植物腐土。	3	0
3. 褐色未固结的凝灰岩,充满豆状球体,分成从半英寸到三英寸的薄层。	1	6
4. 小火山渣和白色火山砾。	0	3

---

① Ed. Journ. of Science, No. xix. p. 131. Jan. 1829.

5. 褐色泥质凝灰岩,含有许多豆状球体。	0	9
6. 褐色泥质凝灰岩,含有火山砾,分成薄层。	4	0
7. 带白色的火山砾层。	0	1
8. 灰色坚硬凝灰岩。	0	3
9. 浮石和白色火山砾。	0	3
	10	$3\frac{1}{2}$

这些地层中的火山灰,许多已经玻璃化,摸起来很粗糙。新鲜和粉状的白榴石晶体,有时互相混杂①。房屋上面的火山灰层,深度很不一致,但是很少超过 12 或 14 英尺,据说圆剧场的较高部分,经常露出火山灰层表面以上;如果确实是这样的话,何以这座城市一直到 1750 年才被发现,似乎很难解释。在以上的剖面中看到,两层褐色半固结的凝灰岩中,都充满了豆状小球体。这种情况,那波利皇学家院和它们的一位成员李毕对覆盖在潘沛依上面的地层成因进行热烈辩论时并没有提到。这些球体的集合方式,史克鲁普曾经做过详细解释;在 1822 年的喷发期间,他亲眼看见落在细火山沙上面的雨点形成无数球体;潮湿细沙的极微细颗粒的互相吸引,有时也在空气中像冰雹那样结成球体。所以它们的存在,和历史中所记载的大雨和灰沙阵雨十分相符②。

李毕称他的著作为"烧毁了潘沛依和侯丘伦尼恩的火和水"("Fù il fuoco o I'acqua che sotterò Pompei et Ercolano?")③。他坚持说,这两个城市既非毁于公元 79 年,也非毁于火山喷发,而完全是毁于含有被搬运物质的水流。在他的许多信里,他尽量设法避免讨论火成营力,甚至于认为在火山脚下也没有这种营力;他的信札是献给维尔纳的,这是很恰当的,并且是说明当时地质学家所采取的辩论风格的有趣实例。他的论证,一部分是历史性的,这是由于当时的历史学家对这两个城市的命运采取沉默态度所致,一部分则根据自然证据。它非常清晰地指出了侯丘伦尼恩和潘沛依地下室和地窖中的凝灰岩物质和水成冲积物的近似,以及这种物质和从空中降落的喷发物的区别。他说,除了潮湿浆糊状物质外,任何物质都不能印成像潘沛依地下室中找到的女子胸部那样的印迹,也不能印成在侯丘伦尼恩圆剧场所发现的石像的模型。反对他的人说,在侯丘伦尼恩和潘沛依发现的炭化木材、玉蜀黍、埃及古纸卷及其他植物物质,证明凝灰岩的热力;但是李毕正确地答复说,如果与火相接触,古纸卷早被烧毁了,它们的炭化,显然证明它们也和木化石一样被包裹在水所沉积的沉积物之中。这一班学院院士们,在他们对这一本小册的报告中说,当圆剧场最初清理出来的时候,堆积在台阶上的物质,像积雪一样随着建筑物的内部形状,依次积成凹状层。这种观察是非常重要的,因为它指出火山灰在一个露天建筑物中沉积的层理,与火山灰泥浆在大厦和地窖内部所形成的层理之间的区别。但是我们不应当过于重视这种论证,因为所有的沉积物质早被清除,就是在他们进行辩论期间,也已经无法证实;李毕就利用这种机会,要求对方提出事实的证据。自从城市开始建立之后,熔岩流从来没有流到潘沛依,虽然城市的基础是站在索马山老白榴石

---

① Forbes, Ed. Journ. of Science, No. xix. p.130.

② Scrope, Geol. Trans., second series, vol. ii. p.346.

③ Napoli, 1816.

熔岩上面；在已经发掘过的地方，曾经切穿几层夹有凝灰岩的岩流。

覆盖在潘沛依城上面的硅藻层　一种最奇特而出于意料之外的现象，是爱伦堡教授在 1844—1845 年研究覆盖在潘沛依外面许多火山灰和浮石层性质时所发现的事实。他证明了，大部分地层是属于有机和淡水成因，其中含有微观硅藻的硅质外壳。更奇特的是：这里发现的事实，不仅证明有机物和火山产物之间的密切关系，而且不是唯一的孤立实例。莱茵河上也有几层与死火山有密切关系的凝灰岩和浮石的砾岩，其性质与潘沛依上面的岩石很相似；现在知道，其中的大部分，也是由肉眼看不见的硅藻的硅质外壳所组成，而且一部分已经半熔化[1]。在拉求海附近莱茵河左岸霍赫新默地方的一层厚度在 150英尺以上的岩层中，已经找到了不下于 94 个种。这些莱茵河的硅藻堆积，一部分似乎像阵雨一样从空中落下来的，一部分似乎是以泥浆形式从喷口湖里泻出来的，如在白罗尔河谷。

墨西哥、秘鲁、法兰西岛以及几个其他火山区域，也有同样的现象；所有这些地方的硅藻，都是隶于淡水属和陆生属，只有达尔文博士从巴塔哥尼亚带回来的标本，含有海生微观动物的遗迹。在火山抛出的各种浮石中，爱伦堡教授在显微镜下看见许多常被热力作用熔化了一半的硅藻外壳；喷发期间抛入空中的细尘，有时可能就是这些由很深地方带上来的最微细的有机物质，它们有时与植物的细粒相混合。

这些只能在地球表面形成和生长的最微细植物和微观动物的坚硬外壳，何以沉到和穿入地下孔穴，然后又从火山喷口中喷出来呢？我们近来在开凿自流井的工程中，熟悉了一些事实，就是说，植物的种子，昆虫的遗体，甚至于小鱼以及其他有机物体，可以被地下循环水，毫无损伤地带到几百英尺深的地方。我们可以推想得到，火山区域的条件，应当更为优越，因为充满了微细硅藻的水和泥土，可以不时被原来渗有气体的多孔熔岩、或者被地震错动的岩石中的地下裂隙和孔洞，吸收进去。持续了几个世纪的火山喷口湖，往往会在发生新喷发之前忽然失踪了。剧烈的震动，扰乱了周围区域，也可以使池塘、河流和井水变成干涸。下面的大洞，就是这样充满了主要由硅藻的不易破坏和硅质部分组成的沼泽-泥；这种的泥土，总有一天会从喷口中以碎块或半熔化状态喷射出来，但是没有把有机构造完全破坏[2]。

侯丘伦尼恩城　上面已经说过，自从城市建立以后，熔岩从来没有流到潘沛依，但是侯丘伦尼恩的情况却不同了。填满了这个被掩埋城市的房屋和地下室内部的物质，虽然也像潘沛依的情况那样，是以泥浆形态流入的；但是盖在上面的地层的成分和厚度，却完全不同。侯丘伦尼恩离火山的距离，比潘沛依近几英里，所以不但容易被火山灰所掩没，而且也容易受冲积物质和熔岩流的填充。因此两种物质在城市的任何部分所积成的互

---

[1]　爱伦堡把许多生物都列入"织毛虫纲"；如 Gaillonella 和 Bacillaria，当时认为是动物，植物学家现在已承认它们为植物，并且归入硅藻科和鼓藻科。

[2]　见 Ehrenberg, Proceedings (Berichte) of the Royal Acad. of Sci. Berlin, 1844, 1845；恩斯脱特为这一篇论文作了摘要，载在 Quart. Journ. of the Geol. Soc. London, No. 7, Aug. 1846 中。关于凝灰岩中的海生硅藻，我们可以这样解释——大家都知道，地中海的塞法龙尼亚岛海岸上（Proceedings, Geol. Soc. vol. ii. p. 220）的岩石中，有一个海水向里面流了不少时期的岩洞，在大洋的底部，无疑还有不少这一类的洞穴。因为地中海所产的硅藻非常丰富，经过许多年之后，海底岩洞中可能堆积了大量的外壳（水可能变成了蒸汽向上泄出）；如果发生一次像 1831 年在西西里海岸上产生格雷汉岛那样的喷发，它们可能又被喷射出来，组成火山凝灰岩的物质。

层,厚度都在 70 英尺以上,而在许多地方,竟达 112 英尺[①]。

包在房屋外面的凝灰岩,是由夹杂有浮石的粉碎火山灰所组成。埋在这种基质中的一个假面具,留下了一个内模,其轮廓的清晰,汉米尔登认为可以与烧石膏所铸的模型相媲美;假面具几乎没有烧焦,它似乎是被埋在一种热的物质里面。这种凝灰岩是多孔的,初掘出来的时候,性质柔软,易于加工,但是露在空气之中,就变得相当硬。根据汉米尔登的报告,在这一层最底层的上面,堆积有"6 次喷发的物质",每两层之间,夹着一条优良的土壤。李毕说,在土壤之中,他找到了不少陆生介壳——这种观察无疑是准确的;因为许多蜗牛有潜伏在软泥里面的习惯,而某些意大利种,在冬眠的时候,钻到地面以下 5 英尺以上。得拉·托里也告诉我们说,在一部分覆盖岩层中,有一层真正的硅质熔岩(lava dipietra dura);因为大家都认为在侯丘伦尼恩毁灭之后将近 1 000 年之内,从来没有这样的岩流流到这里,所以我们可以断定,侯丘伦尼恩上面的覆盖层,大部分是在它第一次被掩埋之后很久才堆积的。侯丘伦尼恩和潘沛依原来都是海港。侯丘伦尼恩现在还是很近海边,但仅是介于那波利湾和潘沛依城之间的一片 1 英里长的陆地。这两处地方所增加的陆地,是火山物质在海底上填出来的,不是由于地震的隆起,因为这里的海陆相对水平,并没有发生过变化。潘沛依城是建在维苏威古代熔岩上面,位置略高,从城市到水边有几层台阶。据说最低的台阶还是完全与海水水平相等。

被埋城市的情况和内容　讨论了笼罩在和包围着这个城市的地层性质之后,我们可以进一步研究它们的内部情况和所包含的事物,这样至少可以得到一些对于地质学方面有意义的事实。侯丘伦尼恩虽然埋得比较深,可是比潘沛依先发现,因为 1713 年在这里开凿的一口井,无意中正打在圆剧场上面,而赫求勒斯和克里奥帕脱拉的雕像,不久也在这里发现。这个城市和潘沛依都是希腊人建立的,究竟哪一个比较大,现在还不能确定;但是古代作家把它们都列在康帕尼亚 7 个最繁荣的城市之中。潘沛依城墙的周围是 3 英里;但是我们到现在还不知道侯丘伦尼恩城的大小。在侯丘伦尼恩,只有圆剧场可以供人参观;中央会场,久必塔神庙和其他建筑物,由于在这样深的地方搬运的困难,被工人向前开掘时所掘出的废物堆满了。至于圆剧场,也只有用火炬才能看见。地质学家在这里所能得到的最有意义的资料,可能是在掘出的凝灰岩隧道里不断形成的石钟乳;因为这里经常有含着碳酸钙和少量碳酸镁的水在渗漏。这样的矿质水,经久之后,一定可以使许多岩石内部发生大变化;尤其是熔岩,其中的孔隙可能被方解石所填满而变成杏仁状体。所以,希望远古时代与现代的火山岩的性质应当完全相同的某些地质学家,是不合理的;因为在我们时代形成的许多火山岩,其外貌和内部成分,显然不会持久不变。

在侯丘伦尼恩和潘沛依的许多神庙里,曾经找到刻有纪念大厦被地震毁坏后重建的碑文[②]。这一次的地震,发生于尼洛王统治时期,恰好在这两个城市被掩埋之前 16 年。潘沛依城的 1/4,已经经过发掘而露出地面,公共和私人房屋都有这一次灾害的明证。墙壁开裂了,而许多被裂隙交错的地方还没有闭合。几个用大块石灰华凿了一半的圆柱,倒在地上;拟用这些圆柱来修建的神庙,也只完成一部分。在少数地方,铺石的道路下沉

---

①　Hamilton, Observ. on Mount Vesuvius, p. 94. London, 1774.

②　Swinburne and Lalande. Paderni, Phil. Trans. 1758, vol. i. p. 619.

了,但是一般没有受到损害;这些道路是用不规则的大块熔岩石板铺成的,拼缝很整齐,上面常被车轮碾成 1.5 英寸深的车迹。在较宽的路上,车迹多而复杂;在较狭的路上只有两条,每边一条,非常明显。我们对这许多在 17 个世纪以前由马车车轮辗出来的车迹,不能不感到一些兴趣;除了历史的意义外,在如此坚硬的岩石中看到如此深的连续刻痕,是很值得注意的事。

骨骼的数目不多 这两个城市里遗留的骨骼都很少;这就证明大部分的居民不但有充分的时间向外逃避,而且还带走它们最贵重的财产。在潘沛依兵营里,有两个锁在桩上的士兵,在郊区乡村房屋的地下室里,有 17 副人骨,他们似乎逃到这里去躲避阵雨似的火山灰。他们被包裹在一种硬化的凝灰岩内;在这种基质中,还保存着一个妇女的完整模型,手上还抱着一个婴孩,她可能是这所房子的女主人,她的形状虽然印在岩石上,但是除了骨骼之外,什么也没有了。骨骼上挂着一条金链条,指骨上有几个宝石戒指。靠着这个地下室的旁边,有一长排陶质的盛酒器。

士兵在兵营墙上写的字,和每栋房子门上写的主人姓名,笔迹都很清楚。建筑物内部粉灰墙上的壁画的颜色,几乎和刚画好的一样鲜艳。这里也有用介壳装饰的公共喷水池,图案的风格与现在在那波利所看见的完全一样;在一位画家的房间里找到一大批介壳,其中包括许多地中海的物种,他可能是一个自然科学家;介壳的保存情况,和在博物馆中保存了同样年代的标本一样良好。如果把这些介壳与一般已变成化石的介壳相比较,一些也不能帮助我们看出产生一定程度的分解或矿化所需要的时间;因为,在有利的环境下,虽然无疑可以在较短的时期内产生较大的变化,然而放在我们面前的实例,却表示一种事实,即经过 17 个世纪的埋藏,有时并不会使介壳逐渐转变为我们通常所看见的化石的状态。

在侯丘伦尼恩,房屋木梁的外表是黑的,但是如果把它剖开,它和平常的木料没有什么分别,也看不出整个木料向褐炭状态进展的过程。某些比较易于腐坏的动物和植物物质,虽然都受到相当大的变化和腐烂,但是它们保存的情况,有时确出人意料。在这两个城市里发现的渔网非常多,常常很完整;它们在潘沛依的数量,更为有趣,因为,以前已经说过,现在的海洋离这里已经 1 英里了。在侯丘伦尼恩还找到麻布,组织很显明;在一个水果商的店里,发现了装满杏仁、栗子、胡桃以及"Carubiere"果的器皿,所有这些干果的形状,还可以辨别得出来。在面包商的店里找到一块面包,仍旧保持原状,并且还印有他的名字。在药剂师柜台上的一盒药丸,已经变成了细土;在药盒旁边有 1 个小的圆柱卷,显然预备把它切成药丸。在这些东西的旁边,有一个装药草的罐头。1827 年,在 1 个方玻璃罐里找到一些潮湿的橄榄、而"鱼子酱"(Caviare)也保存得非常完好。那波利人柯弗里,对这些珍奇的调味品,发表过一篇检查报告;这些标本,经过严密的封闭之后,现在保存在那波利博物馆[①]。

埃及古纸卷 在潘沛依发现的动物和植物物质的情况和外表,与侯丘伦尼恩所找到的很不相同;在潘沛依找到的物质,被灰色粉末状的凝灰岩所渗透,但在侯丘伦尼恩找到的,外面似乎先被一层固结的糨糊状物质所包围,然后在里面作缓慢地炭化。在潘沛依

---

① Prof. J. D. Forbes, Edin. Journ. of Sci. , No. xix. p.130. Jan. 1829.

找到的一部分古纸卷,还保存着原状;但是所有文字和植物物质已经完全消失而代以略带粉末状的凝灰岩。在侯丘伦尼恩,泥质物质几乎没有被渗透;古纸变成了一种薄而脆的黑色物质,外表几乎像烧毁硬纸时所剩余的灰烬,上面的字迹,有时还可以识别。五六卷古纸束在一起的小捆,有时横放着,并且压扁了,但是有时是直放的。每一捆上都贴有标签,上面写着著作的名称。只有 1 次找到纸卷,两面都写了字。涂改修正的地方非常多,所以其中许多一定是原稿。字体的种类异常多;大部分是希腊文,也有小部分是拉丁文。它们几乎全部都是在一个郊外别墅的一个私人图书室里找到的;损坏最少的部分,都经过阅读,其中有 400 篇不是什么重要的著作,但是完全是新的,主要是关于音乐、修辞学和烹饪学。有两卷是爱比丘乐斯所著的《论自然界》(On Nature),其余大部分都是同一学派作者的著作;这里面只发现一张反对爱比丘乐斯体系的作者克里西普斯的残篇。1828 年我访问那个博物馆的时候,我在翻译者手中看见一篇草稿,据这一篇草稿的作者推测,荷马所描写的人物,都是喻意的——阿夏孟嫩代表太空,阿契尔斯是太阳,海伦是地球,巴黎是空气,赫克托是月亮,等等。如果某些考古学家所说的,侯丘伦尼恩只发掘了 1% 的意见是正确的话,我们还可以希望在这里面找到记载着奥格斯特时代或者著名希腊历史学和哲学家作品的古纸。

史达比镇　除了已经提过的城市外,离开维苏威山大约 6 英里、在现在的卡斯特尔·阿·美利(图 66)附近的史达比镇,也被公元 79 年的喷发掩埋了。普林内说,当他的叔父在那里的时候,他不得不逃避,因为落下来的石块和火山灰量太大了。在这个废墟的火山喷出物中,曾经发现几副人类的骨骼,以及一些没有重大价值的古物,古纸卷的情况,也像潘沛依的一样,已经无法阅读。

被熔岩所泛滥的托里·得尔·格雷柯　以上所说的城市之中,只有侯丘伦尼恩曾经被熔岩流所泛滥,但是,我们知道,这种岩流没有流进或者损坏原来已经被凝灰岩所包围或掩盖的房屋。但是燃烧的急流,常常从托里·得尔·格雷柯的街道上流过,把大部分的城市烧毁或者把它包围在坚硬的岩石里面。1631 年,3 000 个居民所遭到的浩劫——有些记载中归因于沸水——可能主要是由以前所说的那种冲积洪水之一所造成;但在1737 年,熔岩本身从镇的东面流过,然后流入海洋;1794 年,又有一股岩流从镇的西面流过,充满了许多街道和房屋,屠杀了 400 多人。现在的大街,是从这种熔岩中开辟出来的,而掘出来熔岩块,就用做修建被毁坏房屋的建筑材料。教堂的一半,被埋在岩体之中,但是它的上部,则被用做新建大厦的基础。

1828 年我第一次到那里去考察的时候,估计人口大约是 1.5 万人;有人或许会问,何以这里的居民如此"不注意时代的呼声和大自然的警告"[①],依然在这样常被蹂躏的地点重建他们的家园;这个问题很容易立刻得到满意的答复。附近没有一块不被一个城市占据过的地方,如果与这些地方接近于首都、海洋和维苏威山边的膏腴土地的优越条件结合起来看,这些不安全就感到不那么严重了。如果现在的居民被驱逐出境,另一批居民就会立刻迁入来代替他们;由于同样的理由,多斯加尼的马利马和罗马康帕纳平原永远不会绝灭居民的,虽然那里的疟疾在几年之中所造成的损失,比维苏威山的熔岩在许多

---

　① 　Sir H. Davy, Consolations in Travel, p. 66.

世纪中造成的灾害还要大。那些地面改造得最多和每隔一段时期要发生一次毁灭局部动植物的区域,仍然可以成为地球上最适于居住和最愉快的地点的,那波利周围的地区,不过是无数实例之一而已;这种说法,同样可以适用于水生动物所居住的地方,和维持陆生动物生活的一部分地面。维苏威火山的斜坡,大约可供给 8 万健康人民的食料;而周围的小山和平原以及几个附近岛屿的肥沃土壤,都是起源于以前的火山喷发所抛出的物质。如果整个亚平宁石灰岩基岩的面积没有被掩盖,这个区域决不能维持现有人口的1/20 的生活。如果地质学家走出一个火山喷发物掩盖区域的界线而留心注意农业土壤的变迁,他一定能了解这种情况,例如,离开维苏威山大约 7 英里,从平原走上索伦丁山的斜坡时,就可看见这种现象。

自从远古以来,这个区域虽然得天独厚,然而在成为人类居住地区的时期内这里所遗留下来的各种变化,经过许多时期之后,可能成为表示一系列无与伦比的灾难的遗迹。假设将来有一个时期,地中海变成大海洋的一个海湾,而波浪和潮流,也像现在袭击英格兰东岸那样,不断地侵蚀康帕尼亚的海岸;那个时候的地质学家就会看到现在已经被掩埋的,以及许多以后显然还会被埋葬的市镇,在陡峻的悬崖中暴露出来;他会在这些地方发现互相重叠的建筑物,在两层建筑物之间夹着很厚的凝灰岩或熔岩层——一部分房屋没有被火烧坏,像在侯丘伦尼恩和潘沛依;一部分半熔化了,像在托里·得尔·格里索;许多房屋被震碎了,并且杂乱无章地随处抛弃,像在奴奥伏山下面的特里帕哥拉。在废墟之中,他会看到人的骨骼和印在坚硬凝灰岩中的人体印迹。此外还有地震的遗迹。高潮时浸在水里的多米欣大道(Domition way)的一部分路面,和山林沼泽女神的庙,在低水位时会出水面,圆柱还是直立而没有受到损伤。一度曾被沉没的其他神庙,如塞拉比庙,可以又被后来的运动升出水面。研究这些现象并且默想它们的成因的人们,如果假定以前曾经有几个时期,自然规律或自然现象的常轨与他们所看见的完全不同的话,他们一定会毫无迟疑地把我们现在所讨论的惊人遗迹,归因于那些他们所假定的原始时期。在讨论这种反复发生灾害的区域的时候,他们或许会怜悯那些注定住在地球还在原始混沌时期的人们的不幸命运,而认为他们的民族没有受到这样的无政府状态和暴政的威胁而觉得愉快。

在这些可怕的混乱年代里,康帕尼亚的实际情况究竟是怎样的呢?福昔斯说,"那里空气清新,生物繁茂。这里的海岸是诗人的乐土,并且是大人物所爱好的退隐场所。其至于封建的暴君,也喜爱这个可以游目骋怀的区域,爱惜它,修饰它,住在这里,死在这里。"[1]居民却无法避免这些灾难,认为这是人类的命运;他们把所受到的主要灾害,归之于精神的原因而不归之于物质的原因——归之于人类可以设法控制的不幸事件,而不信它们是地下作用所造成的不能避免的结果。当斯巴达克把他的 1 万名角斗士驻扎在老维苏威火山的死火山口里面的时候,在康帕尼亚居民的思想中,对这一座火山的恐怖心情,比再喷发之后的任何时期都更为严重。

---

① Forsyth's Italy, vol. ii.

人类对地质现象的观察和描述有着悠久的历史，但作为一门学科，地质学成熟较晚。

　　古代地学思想来源于古埃及、中国、印度和古希腊等的朴素自然观。在开矿及与地震、火山、洪水等自然灾害的斗争中，人们逐渐认识到地质作用，并进行思辨性猜测。古希腊亚里士多德提出海陆变迁是按一定规律在一定时期发生的。中国沈括对海陆变迁、古气候变化、化石的性质等作出了论述。这些都反映了当时人类对地质作用的认识。

　　15世纪后期到16世纪初远洋航海和地理大发现，使人们对地球有了新的认识，人们对地球历史开始有了科学的解释。1669年N.斯蒂诺提出地层层序律；1705年胡克提出用化石来记述地球历史；德国的阿格里科拉对矿物、矿脉生成过程和水在成矿过程中的作用的研究，开创了矿物学、矿床学的先河。这些为地质学的形成奠定了基础。

▲ 阿格里科拉（Agricola, Georgius，1494—1555），被誉为"矿物学之父"。

▲ N.斯蒂诺（Nicolaus Steno，1638—1686），提出了地质演化的思想，被尊称为"地层学之父"。

地质学的研究对象是庞大的地球及其悠远的历史，这决定了这门学科具有特殊的复杂性。它是在不同学派、不同观点的争论中形成和发展起来的。

18世纪科学考察和探险旅行在欧洲兴起，使得地壳成为直接研究对象，人们对地球的研究从思辨性猜测，转变为以野外观察为主。不同学派的争论促进了地质学科体系的形成。18世纪到19世纪初地质学史上掀起一场轰动科学界的大论战——水成论和火成论的论战。莱伊尔就是在这一背景下逐渐成长起来的。

伍德沃德(J. Woodward，1665—1728)和莫罗(A. L. Moro，1687—1764)为代表的第一次"水火之争"为动力，以地质考察为实验基础，使地质学在18世纪初具规模。

▶ 英国伍德沃德，被称为水成论的开山鼻祖。1695年提出地层结构是由于水的沉积作用形成的，即水成论。

意大利的莫罗曾目睹了维苏威、埃特纳火山的爆发。他提出岩层是由一系列的火山爆发的熔岩流所造成的，即火成论。有力驳斥了水成论，为火成论的发展奠定了基础。

◀ 这幅画描述了1779年8月9日星期一上午维苏威火山爆发的情景。

以维尔纳(A. G. Werner，1750—1817)和赫顿(J. Hutton，1726—1797)为代表的第二次"水火之争"的兴起，使近代地质学进入一个新的发展阶段。

◀ 德国地质学家维尔纳，继伍德沃德之后把水成论推到登峰造极地步。提出花岗岩和玄武岩都是沉积而成的。

▶ 英国地质学家赫顿，1795年出版了《地球论》，系统阐述火成论，认为结晶岩是地下深处熔融物上升到地表结晶后形成的。

▼ 普雷菲尔(John Playfair，1748—1819)，著名的数学家，赫顿的挚友。1802年撰写了著名的《关于"赫顿地球论"的说明》一书，系统介绍赫顿的观点，有力宣传了赫顿的理论。当时，莱伊尔非常喜欢读这本书，这对莱伊尔地质思想的形成与发展影响很深。

▲ 冯•布赫（Leopold von Buch，1773—1853)，德国著名地质学家和古生物学家。反对水成论。1835年，在波恩召开的德国科学协会会议，他与莱伊尔、法国著名地质学家埃里•德•鲍曼（Elli De Baumman）一起被选为地质学组的领导人，轮流主持工作。

"水火之战"持续了半个多世纪，其实地球上既有水成岩，又有火成岩，还有变质岩，水火两派各有其片面性，不过就历史来看，火成论代表了地质学中的进化论学派。

"水火之战"促使地质学从宇宙起源论、自然历史和古老矿物学中分离出来，并逐渐形成一门独立的学科。

莱伊尔对地质学的研究引发地质学史上的另一次重要论战，即关于地壳运动变化方式的灾变论与均变论之争。

自然界的突变与渐进的关系是一个古老的课题。在地质学史上，这两种观点一直在争论着。

▶ 布丰(Georges Louis Leclere de Buffon, 1707—1788)，法国博物学家。灾变论的早期代表人物。他认为地球早期的地质作用比晚期更激烈，强调地球起源和地壳运动的突然性。他是现代进化论的先驱者之一。被选为法国科学院院士，英国皇家学会会员。

▲ 居维叶(Georges Cuvier, 1769—1832)，一位身居爵位的科学家。灾变论的主要代表，他提出地球历史上发生过多次灾变造成生物灭绝的观点。19世纪初，灾变论占据了统治地位。

▶ 正当灾变论思潮风靡地质界的时候，生物缓慢进化思想在法国形成，早期代表人物是法国著名生物学家拉马克(Jean Baptiste de Lemarck 1744—1829)，物种变异论的创始人。他早年研究过医学、植物学、物理学、地质学。

与此同时，地球缓慢进化的思想在莱伊尔的学术思想中也逐渐孕育成长。他在《地质学原理》中明确提出均变论，同当时盛行的居维叶的灾变论针锋相对，从而揭开了地质学发展史上的又一场大论战——灾变论与均变论的论战。至此，莱伊尔的地质学理论已经很成熟了。

▶ 埃特纳火山，1828年莱伊尔第一次考察此山，坚定了地质形态在多种自然力作用下缓慢变化的信念。后又多次对该地进行了考察。

《地质学原理》一书，提出地球的变化是各种物理、化学和生物等长期、缓慢作用的结果。地质学史中的地质作用与现代地质作用并没有什么不同，具有一致性和均一性。批判了灾变论关于地球的表面的变化是骤发而短暂的观点，明确提出"现在是过去的钥匙"的观点。认为应从现在的自然界中去寻找对过去地质现象的解释，被视为"将今论古"的现实主义原则和方法。这些丰富的内容反映了19世纪进化论地质学派的先进思潮。

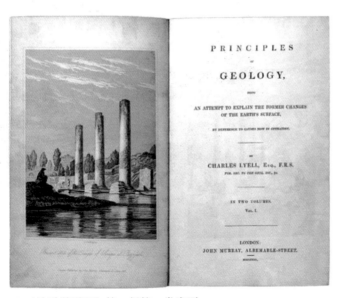

▲《地质学原理》第一版第一卷扉页

19世纪上半叶的这场争论，对地质学思想方法产生了历史性的影响。莱伊尔是均变论的主要代表，在争论中，莱伊尔驳斥了居维叶的灾变论。抹去了前人给地球发展史涂上的神秘色彩，把地质学引向了进化、科学的发展道路。地质均变论逐渐成为百余年来地质学及其研究方法的正统观点。

洪堡是水成论代表维尔纳的学生，但他也是给水成论以致命打击的人。有一次在波茨坦考察期间，莱伊尔会见了洪堡，两人畅谈了许多地质理论问题，这些进步的地质思想，对莱伊尔影响很大，对充实和修订《地质学原理》的有关篇章起了指导作用，他在有关章节比较充分地反映了洪堡的观点特别是火山现象的理论。

▲ 《地质学原理》中的一幅说明滑坡的图

▶ 年轻时的亚历山大·洪堡
（Alexander von Humboldt,
1769—1854）

◀ 阿卡则（Agassiz，Louis，1807—1873），瑞士著名科学家，提出了古代大陆冰川作用的理论。1840年，莱伊尔听取了阿卡则在伦敦地质学会上宣读的有关冰河期的报告，这使莱伊尔深受启发，他在《地质学原理》中讲述了对冰川的认识。

《地质学原理》是一部代表19世纪进化论地质学的总结性的作品，它不仅完善了地质科学的理论基础，同时也为生物进化论开辟了道路。据记载当时刚刚大学毕业的达尔文由于老师汉斯罗（JS•Henslow）的推荐，于1832年以自然科学工作者的身份，登上了英国政府派出的"贝格尔号"巡洋舰去作环球旅行。临行时，汉斯罗让他携带了莱伊尔的《地质学原理》第一册，并告诫他不要接受莱伊尔地质均变论的观点。

◀ "贝格尔号"巡洋舰。此画创作于澳大利亚悉尼。

▶ 达尔文时代船上的生活场景。该画由随同"贝格尔号"出航的画家安格斯塔斯•依尔创作。

在实地考察期间，达尔文把这本书当做地质考察的向导、地质工作的指南。达尔文认为莱伊尔的书是一本"可钦佩的书"，并很快成为莱伊尔理论的热心拥护者。

莱伊尔的地质思想，使达尔文对物种起源产生更深刻的认识。达尔文生物进化论的思想，反过来又促进了莱伊尔地质思想和方法论上的改变和进步。后来，莱伊尔根据达尔文的进化论原则，对《地质学原理》作了根本上的改正，从论述中消除了物种不变的论点。

▶ 著名生物学家赫胥黎（T.H.Huxley）也指出："莱伊尔是一个主要的行动者，为别人和我自己铺平了达尔文主义的道路。"

◀ 塞治维克（Adam Sedg-wick，1785—1873），莱伊尔的一个信徒，与默奇森进行了激烈的争论，最先使用寒武纪这个地质时期名称。1903年正式开放的剑桥塞治维克博物馆就是为了纪念他而建造的。

1836年，莱伊尔以伦敦地质学会年会主席的身份主持会议，评价了剑桥大学地质系教授塞治维克关于层理、节理、劈理的论述；并赞扬了默奇森关于志留纪地层系统的理论，受到与会者的重视。

◀ 默奇森（R. I. Murchison，1792—1871），英国地质学家，最先确定早古生代岩层的地层顺序。

▶ 默奇森爵士在《名利场》（*Vanity Fair*）中的一幅漫画，他也是莱伊尔的信徒之一，命名了许多地质学时代。

▲ 应莱伊尔的请求，1875年地质协会设置了莱伊尔奖章，并进行年度表彰。上图上面是莱伊尔奖章的正面，下面是奖章的背面。

　　莱伊尔一生的卓越贡献，特别是关于进化论的地质思想以及他不断完善的巨著《地质学原理》，早已成为认识自然界的基础理论和珍贵的科学文献而流传于后代，有力地推动着地质科学的发展。莱伊尔因此也被称为"近代地质学之父。"

第 二 册

Volume Ⅱ

图一 那波利附近贝依湾全景

1. Puzzuoli 浦祖奥利。 2. Temple of Serapis 塞拉比庙。 3. Caligula's Bridge 卡里久拉桥。 4. Mt. Barbaro 巴巴洛山。 5. Mt. Nuovo 奴奥伏山。 6. Baths of Nero 尼洛浴池。 7. Baiae 贝依。 8. Castle of Baiae 贝依堡。 9. Bauli 包里。 10. Cape Misenum 米孙嫩角。 11. Monte Epornec in Ischia 伊斯基亚岛的依朴米婆山。 12. South Part of Ischia 伊斯基亚岛南部。

第十一版序言[*]

因为本版《地质学原理》第二册的印行，离上版只隔 3 年，所以修改和补充的部分比第一册少；第一册的两版之间则相隔 5 年。

我仍旧照第一册的办法重印第十版的序言，使读者可以看出其中的许多重要增补和修正；由于在第九版和第十版之间的 15 年中，科学上有很大的进步，我认为这样的增删是有必要的。该版 200 页之后的页次，虽然与本版略有不同，但更动不多，查阅时不至有多大困难。

我现在把增加于本版的最重要的新资料列表如下：

---

[*] 编者注，作者为其原版书第十一版下册写的序。

第十版序言[*]

在第一册的序言中，我曾经将本书各版以及《地质学纲要》和《人类远古史》的出版日期列成了一张表，并且指出后两种著作和《地质学原理》的关系。

在同一篇序言中，我第一次编了一张主要增订表，尽可能指出第九版中的相当页数，使已经熟悉较早几版的读者立刻可以找出哪些是新增的部分。

我现在将第一次增入本册第十版中的主要补充和修正的部分列如下表：

《地质学原理》第十版第二册主要增补和修正表

第九版页 数	第十版页 数	增 补 和 修 正
396～424	1～47	由于我在1857年和1858年重新考察了我在30年前(1828)调查过的埃特纳山，因此在第二十六章中对该山的构造问题，增加了很多资料。我在其中说明了双轴喷发的学说(9页)，描写了1862年的熔岩对波芙谷的风景所起的变化(31页)。指出了已知喷发日期的某些熔岩的坚硬组织和原来斜坡的陡峻程度(35～36页)。讨论了埃特纳山某些古河谷和山体的以往构造关系(40页)。 说明第二十六章内容的11幅木刻图，主要借自我在1858年交给皇家学会的、讨论埃特纳山的论文。
444	69	这里对1866年2月桑多林湾的近代喷发所产生的变化作了叙述，并附该区鸟瞰图一张。
452	82～89	根据罗伯兹、曼脱尔和威尔得的报告，叙述了1855年新西兰的地震以及群岛中陆地的永久上升和沉陷情况。描写了岩石中的断层和有9英尺的变位。增加了一张这次地震的受震区域图。
488	135～140	根据1783年和1857年卡拉布里亚的地震，讨论了地震波的起源和传播方式，并附新图三张作为说明。对马勒特建议的、用数学计算地震震源在地壳中的深度的方法，作了简略的说明。
494	146	钟胡恩论爪哇帕潘达扬火山锥的截切。
529	187	确定瑞典的海陆相对水平是否还在变迁的最近观察。
527	192	吉弗里斯和托列尔论瑞典尤得瓦拉区冰川时期的介壳。
542	208	根据地球外壳旋转轴变迁的臆说，讨论气候变化的可能原因。
538～542	209～213	第三十二章经过局部重写和扩充。这里指出老的观念认为结晶岩石，不论层状或非层状，如花岗岩和片麻岩，都是产生在地壳的下部由熔融状态的中央核心冷却而形成的。这种老的观念，必须予以废除；现在我们在各种时期都找到了花岗岩，而变质岩是由沉积岩变质而成，这里含有已固结的地壳的剥蚀作用的意义。

---

[*] 编者注，这是作者为其原版第十版下册写的序。

第九版 页数	第十版 页数	增　补　和　修　正
542～544	225～234	第三十三章的大部分已经改写。这里指出,最近对近代喷发产物的化学研究,是有利于大量盐水在喷发期间进入火山中心的学说。内部的熔融物质储库虽然庞大,但在地壳中只占很次要的地位。 　照假定,由于行星的热量不断向空间辐射,因而继续在损失;这种损失,可能从与电和化学作用相关的太阳磁力得到补偿。
第三十 四章的 一部分	261～283	第三十五章大部分是新的。以前对拉马克的变异说提出的反对意见和它的答复,都作了评价。如果新种不时在创造,自然科学家是否有机会亲眼看见它们的首次出现的问题,也作了讨论。"创造的迹象"与达尔文和华雷士所提倡的"自然选择说",也作了评论。达尔文所著的《物种起源》对于各种见解所产生的影响,以及胡柯博士对植物物种形成——通过变异和选择——的意见,都作了考虑。
592～593	284～315	第三十六章大部分是新的。其中说明了达尔文对在培养下的动植物可以通过选择作用——不论无意识的和有计划的——形成新种的意见。提到了他的"泛生论"或长期失去的特性可以在后代中或杂交后恢复的方式。讨论了动植物的某些部分可以通过选择作用而发生变异,同时其他部分可以维持不变的事实。考虑了植物的杂交和动物的杂交在物种性质和起源方面的意义。
	316～328	第三十七章的大部分也是新的。其中讨论了自然选择和人工选择的比较。说明了物种在食物不足的情况下的繁殖趋势、生存竞争和决定"适者生存"的条件。比较了林耐、德·坎多尔和达尔文的意见。指出了世代交替现象不能用来解释新物种的起源。
629～634	329～353	第三十九章讨论陆栖动物的移徙和散布的部分是重印的,只作了一些补充和修正。 　前几版中的旅鼠和拉普兰土拔鼠的图比较不准确,现在用按照伦敦动物园的活标本画的木刻来替代。
646～657 和 613～682	369～401	第四十章论鱼类、介壳类、昆虫和植物的地理分布和移徙,大部分和第九版相同,但有下列几点的补充和修正: 　巴拿马地峡两边的海生介壳和鱼类的物种(370 页)。离陆地 300 英里外看到的飞蛾(380 页)。邦勃雷爵士论巴西高原的植物(385 页)。达尔文对浸在盐水中的种子和果实不至损坏的讨论(321 页)。R. 白朗论墨西哥湾藻的来源(392 页)。达尔文论鸟类运输的种子(396 页)。
	402～432	第四十一章是完全新的。其中讨论岛屿动植物在物种起源方面的意义。首先叙述东大西洋的各岛,特别注意马德拉和卡内里群岛,它们是由中新世火山形成的,然后讨论它们的哺乳动物、鸟类、昆虫、陆栖介壳和植物物种与大陆上这些物种的相同或相异的程度。说明了在不同的群岛中,或在同一群岛的不同岛屿中找到的所有这些纲中的物种的一致性和不一致性,与每纲所享

第九版 页　数	第十版 页　数	增　补　和　修　正
		有的渡海便利条件有显明关系。并且指出了这种关系在物种起源关于变异和"自然选择"说方面的意义。
689～701	433～463	第四十二章论物种的灭亡,是从老版重印的,只有少数增补,主要的增补是——胡柯博士论圣·海伦那植物的消灭(453～463 页)。特拉佛斯论外来植物在新西兰的散播(453 页)。
660～663	464～494	整个第四十三章论人类的起源和地理分布,除了最前面的 5 页外,全部是新的。
		较著名人种的远古程度以及他们的地理分布,和主要动物区的符合,都作了考虑。关于人类有多种起源说,也作了讨论。渐进发展说和达尔文的自然选择说,在人类是从低级动物发展的学说方面的意义,也作了探讨。
746	535	罕布郡南岸本毛斯海底森林的简述是新添的。
	536	陶孙博士对芬地湾海底森林的描述,加在这里。
765	557	属于青铜时代和石器时代的人类遗体和作品的遗迹,按照回顾的次序作了简述。对新石器时代——驯鹿时代及最后的旧石器时代的器具作了叙述。对在罕布郡南岸和怀特岛的漂积物中所有的旧石器时代的燧石器具的位置作了说明。
	564	对沙丁尼亚南岸克格里亚里附近上升的海相地层中陶器的时代,作了讨论。
775～797	579～611	第四十九章是根据第九版中的相当的一章或结束的一章重印的,此外只根据邓肯博士供给的资料对珊瑚的命名和各属生长深度的观察(580 页),作了一些修正。对加拿大最老岩系或劳伦系中的大量石灰岩,作了叙述(609 页)。

查尔斯·莱伊尔

哈雷街 73 号

1868 年 3 月 1 日

第二篇(续)

· *Book II —Continued* ·

　　莱伊尔一生的卓越贡献,特别是关于进化论的地质思想以及他不断完善的巨著《地质学原理》,早已成为珍贵的科学文献和认识自然界的基础理论,而流传于后世,他的现实主义理论与方法深刻影响了一代又一代的地质学家,有力地推动着地质科学的发展。

第二十六章　埃特纳山

埃特纳山的外貌——侧锥——它们的陆续消灭——埃特纳山基部的新上新世海相地层——新上新世的最老火山岩——埃特纳山的古凝灰岩中含有现存植物物种的化石——埃特纳山东侧的波芙谷——本山的内部构造和双轴喷发的证据——古代各熔岩层并非互相平行——波芙谷中的岩脉，它们的形状和组成——大火山锥顶的截切——有史期间埃特纳山的喷发——1699 年罗西山的喷发——波芙谷的风景——1811 和 1819 年的喷发——1852 年的喷发——波芙谷在这一次喷发期间所发生的变化——卡兰那谷中的熔岩流瀑布——大洞的倾斜熔岩——1755 年的洪水是由于冰的融化——覆盖熔岩所保存的冰川——埃特纳山的古代河谷——埃特纳火山锥的年龄

埃特纳山的外貌　除维苏威火山外，有最可靠记录的火山，就是埃特纳山；这座山巍然兀立在海岸附近，高度几乎达到 11 000 英尺[①]。火山锥的基部，近于圆形，围圆约 87 英里；但是如果把熔岩的伸展区域计算在内，它的周线长度可能加倍。

这座火山锥天然分成三条显明的带：膏腴带、森林带和荒原带。第一带包括山麓边缘的优美田园，是人烟稠密，农业发达，地面上种满了橄榄、葡萄、玉蜀黍和果树的区域。向上是森林区域，树木环绕着山边生长，宽达六七英里，并有可以供给无数羊群的草原。树的种类很多，但以栗树、橡树和松树最为繁盛；而在某些地区则有软木树和山毛榉的丛林。森林区以上是荒原区，这是一个黑色熔岩和火山渣的荒地，它的上部边缘和一个台地似的区域相连接；在台地上，耸立着 1 100 英尺高的主要火山锥，锥的喷口内，不断地发出蒸汽和硫质烟雾，而在每一个世纪之中，都要流出几次熔岩流。

侧面喷发所造成的火山锥　在埃特纳山的外貌上，以分布在山侧的无数小锥最为壮丽；小锥的数目以森林区域为最多。从远处望去，这些附属于一个雄伟庞大的火山的小锥，似乎仅仅是些渺小的起伏，但是如果在任何其他地方，它们都将认为是相当高的高山。如果用埃特纳山顶为中心，并用 20 地理英里为半径，在冯·瓦特浩孙的地图上画一

◀ 作者莱伊尔

---

① 1815 年，史梅斯船长用三角测量法在这里所进行的测量，确定了它的高度是 10 874 英尺。卡塔尼亚人对这个数字表示失望，并且拒绝接受，因为它比李丘伯罗说的少了近 2 000 英尺。后来在 1824 年，侯歇尔爵士用气压表作了精细的测量，确定它的高度是 10 872.5 英尺，但是他当时并不知道史梅斯所得的结果。侯歇尔后来说，用如此不同的方法，得到如此相同的结果，实在是一种"愉快的偶合"；但是吴拉斯东博士说，"这可不是两个愚人所能得到的那种偶合"。

个圆圈,那么在这个范围内,除了各处喷出的无数火山灰小冈不计外,大概有 200 个这样的次要火山锥。在这个圆形区域之外,还有好几个大型的近代火山锥,尼柯罗西附近的罗西山双锥便是其中之一;它是在 1659 年形成的,高 450 英尺,基部的周线约两英里。这座火山的规模,虽然略大于本书第二十四章所叙述的奴奥伏山,但在埃特纳山侧面喷发所形成的各火山锥之中,它却仅仅属于第二级。大火山以东,白龙脱附近的米那多山,高在 700 英尺以上。

从荒原区域的下部边缘往下看,这些小火山的确是欧洲最足以供人欣赏的特殊风景之一。它们高低不一,大小不同,并且排列成美观而有画意的山群。从海上或从下面的平原向上看,它们似乎很整齐,但从高处向喷口里看,它们形状的复杂,实难形容,而喷口的一边,一般都有一个缺口。自然界中确实没有一种风景能比盖满着树木的火山喷口更有画意的了。森林带上部的各火山锥,主要长满着高大的松树,在较低的部分,橡树、栗树和山毛榉比较繁盛。

这些火山锥的陆续消灭　埃特纳火山的喷发史,虽然间断不全,然而已经提供了许多线索,使我们能够说明山的大部分陆续成长到现在的规模以及形成现在内部构造的方式。现在山顶上还在喷发的火山锥,已经被毁了许多次,有时由于爆炸,有时由于坍塌,并且每次又生长出来。它的大台地(图版 V,2 和图 85,a,b,c),似乎是古代的锥形山顶被截切的结果,在历次爆发期间,山的最上部消失了,留下一个比较平坦的地面,作为近代火山锥的基础。

图版 V　仰视埃特纳山波芙谷的全景

绝大部分的喷发,是从图 85 的大喷口 a 和从荒原带的侧锥中喷出来的。当在较低部分或中带形成的小山凸出在一般水平以上,它们的高度可以被后来的喷发逐渐减低;因为从大山的较高部分流下来的熔岩流,遇到任何这些小山的时候,便会分成两支,围绕着它们流动,把它们基部的平缓斜坡逐渐填高。由于这种原因,它们的高度常常可以忽然减低 20～30 英尺,甚至于更多。例如,披留索山小锥的高度,因为被 1844 年从它的旁边流过的大熔岩流所包围而减低;另外一个岩流,近来又从这条路线流过但是这座小山至今还维持着 400 英尺到 500 英尺的高度。

在尼柯罗西附近有一个叫做牛西拉山的火山锥,因为有几次熔岩流在它的山脚流过,而在有史期间又堆积了许多火山灰,它的基部已经升高了不少,在 1536 年喷发期间,它的周围的平原最后被升高到如此一种程度,以致只留下锥的顶部,突出在一般地平以上。卡普雷大洞上面的尼洛山,几乎全部被 1766 年的熔岩流所淹没。1669 年的卡普利倭罗山,是表示火山锥被消灭的最后阶段的一个奇特实例;因为当时有一股沿着历次陆续堆积的熔岩所形成的山脊流动的熔岩流,直接流入喷口,几乎把它填满。所以每一个侧面新锥的熔岩,有损坏位置比它低的火山锥的相对高度的趋势;因此埃特纳山四周的缓坡上不断地围绕着无数的小火山锥,同时新的火山锥又不断地产生出来。

埃特纳山的新上新世海相地层和火山岩　这里所附的埃特纳山和它的四周的草图(图76),是我在 1828 年站在普里莫索尔的第三纪石灰岩上画的,火山顶的位置,离绘图地点的直线距离大约 24 地理英里。6 英里宽的卡塔尼亚冲积平原(k),就在我们脚下,西密托河从这里流过。河的北岸有一片丘陵地带 e,e,大部是由第三纪新上新世的海相地层所组成。

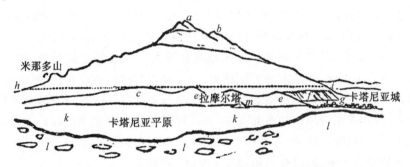

图 76　从普里莫索尔的石灰岩台地的顶上,北望埃特纳火山的全景

a. 最高的火山锥。b. 孟塔诺拉山。c. 米那多山和上面的许多侧锥。d. 李柯地亚·第·蒙纳西城。e. 含海生介壳的泥质和沙质层,中间杂有同期的砾状火山岩;所有介壳几乎都是现时生存在地中海的物种。f. 卡塔尼亚西北面的层状水下火山凝灰岩的悬崖。g. 卡塔尼亚城。h. i. 虚线表示偶尔看见的海成地层的最高界限。在卡塔尼亚以北 4 英里的卡梯拉地方,其高度高出海平面约 1258 英尺。k. 卡塔尼亚平原。l. 普里莫索尔的新上新世石灰岩台地。m. 莫太·第·卡塔尼亚。

卡塔尼亚——当地称为透拉·福特(Terra Forte)——附近,由这一类地层所组成的区域,一定是在很近的地质时期内从海底上升起来的;因为不但黏土中所含的介壳化石几乎全部属于近代物种,而且在将近 1000 英尺高的泥质层上面,还覆着两种沉积物,靠近海岸的一种所含的介壳,都是属于现代物种,另外一种则含有石灰岩和其他岩石的圆砾,这些圆砾,显然是由西密托河从内地运来而沉积在三角洲中的;这个三角洲,后来和下伏的黏土层,以及埃特纳山附近地区和基部的海岸一同升出海面。在某些地方,在上述的老冲积层中,曾经找到象和其他已经绝种的哺乳动物的骨骼。这些海相地层后来逐渐被陆续在它们上面流过的熔岩流所淹没,但是还有一部分露头露在外面,图内的 h,i

线,表示新上新世海相地层不规则地从近代火山熔岩流下面透出的露头的界线。有的时候,在 600 英尺以上的地方,就找不到这种地层的露头,但在卡塔尼亚以北 4 英里的卡梯拉地方,有一个高出地中海海面 1258 英尺的地点,曾经找到海相黏土层。在这一点和附近的海岸,例如在阿西·卡斯特罗和赛克罗披恩岛对面的特雷沙,以及在特雷沙西北 1.5 英里的尼塞第等处,含化石的黏土层,却和同时代的玄武岩和其他火成产物共生;这些火成岩是埃特纳区域内火山作用的最古遗迹。这些较古的喷发,可以说是为后来的大火山在海里建立了基础,因为埃特纳山的现在地址,当时还是地中海中的一个海湾。所以,在黏土中发现的那些介壳化石,是鉴定火山较老部分年代的极有意义的资料。在我 1828 年亲自采集的 65 个物种之中,狄息斯认为 4 种已经灭亡,其余都是现在地中海的普通介壳。1844 年,费列比也在同一区域内找到了 76 种,其中只有 3 种已经绝迹;他同时发现,在卡塔尼亚近郊塞法里地方找到的更多种类(109 种)之中,灭亡物种占现存物种的 6%。1858 年阿拉达斯博士借给我的 142 种标本之中,灭亡种占 8%[1]。但是这些结果并不像它们最初所表现的那样矛盾,因为所有繁盛的物种(半布纹蛾螺是例外;以前已经说过,这是索马山古代凝灰岩中找到的 100 种介壳化石之中的唯一灭亡种),现在还在邻近海里生存,而几乎所有已灭亡的物种,都非常稀少,有时仅仅找到一个单独的标本。然而我认为,埃特纳山的最老部分,比维苏威山的基础略老一些,如果有人问我卡塔尼亚附近的第三纪地层和英国的建造在时代方面关系是怎样,我的答复是:它们大致和诺维奇·克雷格层相当。所以我认为,埃特纳山的最老喷发时期,应当早于中欧和北欧最冷的冰川时期。

读者切不可认为,具有玄武岩的海相地层在海底形成之后先被升到现在的高度,而陆上的埃特纳大火山锥,是后来的上层建筑;因为我们有理由可以相信,在海底喷发的长时期内,埃特纳山的基础和附近地区,经常在逐渐向上隆起。这种缓慢的上升运动,可能还没有停止,因为在埃特纳山的东麓海岸,可以看到含着现时生存的海滨介壳(常常保存它们的原来颜色)的隆起沙滩,而在第三纪地层和火山凝灰岩中切割出的几排内陆悬崖,也证明海陆的相对水平,的确在不断地发生变迁。

埃特纳山古凝灰岩中现存物种的植物化石　　我们很少有机会可以确定在某些最老火山灰喷出时期覆盖在这座山上的植物的真实情况;但在卡塔尼亚附近法桑诺地方的某些层状凝灰岩中,却含有对本问题略现曙光的丰富树叶化石。我从这种凝灰岩中采集到几种陆生植物化石,据希亚教授的鉴定,是属于现时生存在西西里的物种。其中有月桂树(*Laurus nobilis*)、普通番石榴树(*Myrtus Communis*)和乳香树(*Pistachia lentiscus*)。

埃特纳山东侧的波芙谷　　从南面或从北面看,埃特纳山的形状是很对称的,但在东面,却被切成一个深谷,叫做波芙谷。它的上端或源头,以一个 3000 英尺到 4000 英尺高的峭壁为界,而这个峭壁,是从以前所说的、由于大锥被截切后所形成的最高台地的东部边缘下面开始的。图版 V 是我在 1828 年 11 月所画的原图的翻版;从这张图,读者对台地 2 下面的峭壁可以得到一些概念,当时这里盖满了雪。

1811 年和 1819 年的大熔岩流,从波芙谷上部向下倾泻,摧毁了大谷里的森林,并在图的左边前部堆成许多崎岖不平的小丘和洼地,这是熔岩流停止流动之前和固结之后的特征。

---

① 见"Mode of Origin of Mount Etna," by the Author, Phil. Trans. Part Ⅱ. for 1858. p. 778。

7 号小锥是 1811 年形成的,我在 1828 年还看见它在冒烟。在左边泄出蒸汽的另一个小火山,我相信是 1819 年形成的几个小锥之一。

下表所列,是图中指出的几个地名:

1. 孟塔诺拉
2. 托里·得尔·非罗索福
3. 最高的锥
4. 雷浦拉
5. 非诺栖倭
6. 克浦拉
7. 1811 年的锥
8. 西马·得尔·阿西诺
9. 缪沙拉
10. 索柯拉罗
11. 罗卡·提·卡拉那

图版Ⅵ的说明　图版Ⅵ是代表从高处俯视波芙谷的第二个景象,也就是直接从 1819 年在波芙谷中形成的主要喷口①的山顶向下看的景象。

图版Ⅵ　从 1819 年喷口俯视埃特纳山波芙谷的全景

在这张图上,波芙谷的圆形轮廓可以一览无遗。在它的左右两边,都有高峻的峭壁,形成巨谷的东西两岸,在峭壁中贯穿有许多向外凸出的岩脉,其情况以后再作详论。在图的远方,是埃特纳区域的"膏腴地带",它像一片沿着海岸扩展的大平原。

以下的地名是图版中特别指出的地点:

a. 意大利的史巴提文诺角,在图的远方可以看见它的轮廓
b. 在西西里海岸的塔倭敏诺角
c. 阿尔堪特拉河
d. 李坡史托小村
e. 卡兰那谷
f. 阿西·雷里镇
g. 赛克罗披恩岛,或特雷沙湾中的"法拉格里温尼"

h. 西拉丘斯大港
i. 卡塔尼亚城,在它的附近有 1669 年从罗西山流出的熔岩流的痕迹,这一次的岩流,毁坏了城市的一部分
k. 伦提尼湖
l. 图的左边是 1811 年的喷口,就是图版Ⅴ上的 7 号锥
m. 缪沙拉石峦就是图版Ⅴ中的 9 号锥

---

①　这张图是用白里居所画的原图为蓝本,再根据我画的几张草图加以修正。我不能在图版Ⅴ中指出这个喷口的确实地点;但是我想这是在图上画的第七锥所冒的烟的末端附近的峭壁面上。在发生过喷发的峭壁表面上,往往有许多岩脊。

波芙谷的规模，确实非常宏伟，它是一个直径四五英里的圆形巨谷，四周几乎都有垂直的峭壁，最高的部分在上端或东边，如前所述，高达 3 000 英尺到 4 000 英尺；南北两边也有峭壁，当它们向东延伸的时候，高度逐渐降低到 500 英尺。包围波芙谷的峭壁上最引起地质学家注意的现象，是无数从各种方向贯穿在火山岩层中的垂直岩脉。巨谷的圆形和如此之多的岩脉——可能有几千条——不能不使熟悉维苏威山的人们回想到阿脱里倭·德·卡瓦罗的现象，虽然波芙谷的规模远超过索马山，其比例也同埃特纳山超过维苏威山的比例相仿。

埃特纳山的内部构造和双轴喷发的证据　　当我在 1828 年第一次考察埃特纳山的时候，我以为这个大圆谷周壁中的岩层构造，和索马山悬崖上所表现的很不相同。我当时想象，波芙谷没有从轴心向四面倾斜或所谓穹状倾斜的地层。但在 1857—1858 年[①]我再到那里去调查的时候，我发现在图 78 中 h, i, k 谷起点处的大峭壁 k, i 上露出的火山岩的下部岩层，向西作陡峻倾斜；地层的如此排列，以及在围绕这个巨谷的其他峭壁中所看到的岩层的分布情况，只能用一种假定来解释，就是说，我在图 77 上作有十字形标记的地方或附近，曾经有一个大喷发中心，我把这个中心叫做特里福格里托轴。箭头 a、b、c、d、e、f、g、h、i 的方向，表示我所看到的地层向四面倾斜的方向。1857 年的考察，是我和吉美拉罗共同进行的，当得出了穹形倾斜结果的时候，我们断定，有十字形标记的一点，或特里福格里托轴，原来是一个古代的喷发中心。[②]

为了证明这种理论，冯·瓦特浩孙曾经说，从我们所说的中心或轴，有 13 条以上的一组古代绿岩岩脉，以辐射形式贯穿在周围的峭壁内。这些绿岩岩脉的矿物组成，与从现在的大喷发中心或从埃特纳山顶向四面辐射的较新粗玄岩脉很不相同。这个中心可以用现在本山的名称，把它叫做孟吉贝罗轴。1858 年我又到波芙谷去作第三次考察，我在皮阿诺·得尔·拉戈和基阿尼柯拉之间的一部分峭壁上，发现一层很厚的水平地层（图 77, l）——这种事实，完全符合于埃特纳山的构造是由两个迥然不同的大喷发中心，即特里福格里托轴和孟吉贝罗轴，流出的熔岩和火山渣所形成的理论；但是孟吉贝罗喷发中心后来达到如此的优势，以致把特里福格里托的产物全部淹没，形成一座对称的火山锥，再后来其东部又被比较近代的波芙谷所破坏。埃特纳山构造的理论，就是双轴臆说，可以用图 78 作说明；波芙谷两边岩层倾斜的复杂情况，以及皮阿诺·得尔·拉戈边缘下面的水平地层，也可以用这种臆说使它们简化；钟胡恩描写许多爪哇大火山时曾经举出许多同样的实例。这位作者特别要我们注意一种事实；他说，同一个火山有两个喷发中心的时候，它们之间一定有一个熔岩层或火山灰层形成水平分布的区域，它称这种构造为鞍背（Saddle）。在许多实例之中，他举出了连接葛德和潘吉兰戈两个火山锥之间高达 7 870 英尺的鞍背作为例证。这两个火山锥的最大一个，虽然也像埃特纳山一样被截成平顶，高度却有 9 226 英尺，较小火山锥的一边，也有一个可与波芙谷相比拟的深谷。在埃特纳山，图 78 中的 AB 两轴之中究竟哪一个先喷发，我们还不能确定，但是很显明，

----

① 见作者所著的 Paper on Mount Etna. Phil, Trans. Ⅱ. for 1858。
② 我并不知道冯·瓦特浩孙在我之前已经得到了同样的结论；因为他发表这种意见的图集，在我回到伦敦之后才出版。

在 B(即特里福格里托轴)停止喷发之后,孟吉贝罗的主要喷口还在继续猛烈喷发,并且它的熔岩和火山灰,淹没了较小的锥 d,i,结果把全部变成一个斜坡 k,f,h。波芙谷的形成是后来的事;我认为,它的成因主要由于爆炸,其方式和在维苏威山近代火山锥建成以前老索马山中央部分被炸毁的情况相同。

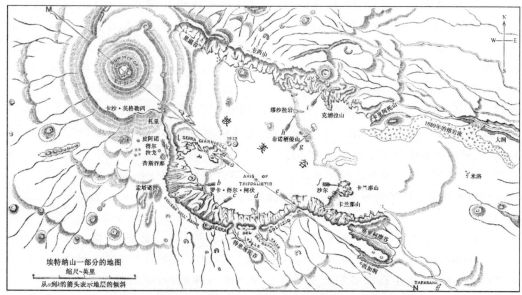

图77 波芙谷的平面图,表示特里福格里托轴四周地层的倾斜

箭头 a,b,c,d,e,f,g,h,i,表示地层从喷发中心或特里福格里托轴向各方倾斜的方向。

箭头 k 表示昔斯吞那(见图78剖面中的 k)地层的倾斜方向,在这个地点,它们向东南倾斜,倾角6°,而在这个峭壁下部的地层,如箭头 b 所示,倾斜方向完全不同,它们向西倾斜,倾角20°。

l 是西拉·基阿尼柯拉上面大峭壁上覆盖在粗面岩和粗面凝灰岩和砾岩上的水平地层,砾岩向西北倾斜,倾角从20°到28°,如箭头 a 所示。

$M.N.$ 图78的剖面线。

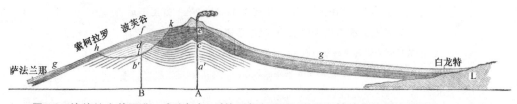

图78 埃特纳山从西北20°到东南20°的理想剖面图,说明双轴喷发的理论(见图77,MN 线)

$A.$ 孟吉贝罗轴

$B.$ 特里福格里托轴

a',c',b',i,d,较老的熔岩,主要是粗面岩

c,e 和 d,f,在 B 轴停止喷发后和波芙谷形成前,从 A 轴喷出的熔岩,主要为粗玄岩

gg,比波芙谷时代更晚的熔岩

h,i,k,波芙谷,淡线条表示已消失的岩石

附注:在 i 和 k 之间的剖面中,可以看到以下的特点:在基部的地层,即靠近 i 的地层,向波芙谷外面倾斜;中部或在 k 点以下的地层,是水平的,而在顶部,即在 k 点,则向波芙谷作平缓的倾斜。

$L.$ 老第三纪砂质岩,主要为砂岩。

在波芙谷源头，即在图 78k 和 i 之间的大峭壁上所看到的地层分布情况，在地质学上有很大的意义，特别是在 k 点以下画有黑阴影的水平熔岩层；由于它们完全没有倾角，所以在构造上和同一剖面中在西拉·基阿尼柯拉看到的下伏高倾斜地层，形成异常显明的对照。为了研究水平地层，我曾经两度爬到峭壁的下部，考察了以前很少地质学家研究过的各部分；我在那里发现了一层老熔岩流，其性质和 1669 年淹没了卡太尼亚附近原来有一片茂盛植物地带的熔岩非常相似。那里的植物土壤，变成了或被烧成了一层红砖色的岩石；这使我回想到马德拉岛许多熔岩中所夹的红色夹层。这样的古代熔岩流，是在大峭壁的顶部和底部之间叫做提阿特罗·格兰得的地方，它显然是在平坦地面上冷却的，下部的火山渣，直接铺在一层它所倾泻的红色焙烧土上。在底部火山渣以上，覆有中部的一层厚度不下 40 英尺的坚硬致密熔岩块，其中有许多垂直的裂隙，几乎把它分成许多柱状体，在这一层上面，又有一层通常的火山渣状和非常多孔的岩流。除了双轴臆说外，任何臆说都不能合理地说明这种必定在平坦表面上冷却的强大熔岩流的位置。但是这种现象，是和这里以前有过两个火山锥之间的鞍背存在的说法相符合的。

在讨论维苏威山的时候，我曾经提到过所谓隆起喷口的学说，某些地质学家把索马山的熔岩层从中心向各方面倾斜的高倾角，归因于这种作用。这一学派的信徒认为，埃特纳山的构造，也是由于这种隆起运动所造成；原先水平的火山地层，突然形成一个锥状的山岳，使熔岩和火山渣层从隆起中心向各方面倾斜。即使火山渣和坚硬熔岩的互层的确有穹状倾斜，但是还有许多现象是这种臆说不能解释的，岩脉的情况便是其中之一。如此之多的不同时期的岩脉，经过这样的运动之后，还能维持直立位置，实在难以想象。因为我以前对本问题已经作了很多讨论，我现在只要在这里提出一点，就可以说明隆起说是不能成立的，因为喷发作用形成的火山锥，可以并且常常会包围和埋没附近相同成因的较老火山锥；但是隆起的火山锥——即使我们承认火山的力量曾经产生这样的构造——决不会淹没较老的火山锥。

图 79　康卡西山的一部分（见图 77）西拉·第·塞里塔地方
波芙谷北面悬崖上的石质岩层，悬崖的高度为 1 000 英尺

a. 40 英尺厚的岩石的垂直剖面。b,c 西面的岩层和 a 层最厚部分在同一平面上。
d,a 层向西变薄的部分，离 a 的距离只有几百码，厚度减少到 4～5 英尺。

图 80　康卡西山或波芙谷北面一部分悬崖中的非平行的石质熔岩层

a 到 b 的垂直距离约 60 英尺，在坚硬的岩层之间，夹有疏松的凝灰岩和火山渣。

古代的熔岩缺少平行性　为了说明在波芙谷峭壁中被割切的地层没有一致的厚度，也不是到处都相互平行，而详细指出它们的形状和构造形态，是很有用的。从远处全面地看，它们的确显得非常整齐，但在近处考察时，发觉它们的厚度和倾斜变化都很大，凡是从一个像埃特纳山那样的火山锥顶或其附近的喷口流出、然后又沿着陡峻山坡流动的熔岩所能形成的一切可以想象的变化,在这里都可能看到。这里所附的几张图,说明在波芙谷南北两壁上许多地点的垂直剖面中露出的熔岩和火山渣层的各种变化形状。

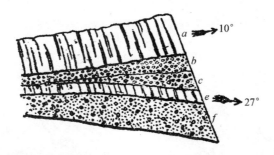

图 81 波芙谷南面,西拉·得尔·索尔非西倭的粗玄岩和火山渣层

a. 12 英尺厚的坚硬熔岩层,倾斜 10°。*b*. 含有火山渣质熔岩碎块的火山渣层,厚 5 英尺。

c. 相同物质的地层,但较粗,向 *d* 点尖灭。*e*. 玄武岩层,最大的厚度 3 英尺,倾角 27°(或比 *a* 层陡 17°)。*f*. 破碎的火山渣层,厚 10 英尺,其倾角和许多下伏岩层相同。

有些人这样想,波芙谷边界悬崖中的许多地层的连续性,是和熔岩一层又一层地从大火山锥斜坡上陆续向下流动的学说相矛盾的,但是我认为,只要一个剖面中的熔岩的流动方向和原始岩流流动方向相同,我们就有理由可以相信,它们就可以连续流动了几英里。至于它们的倾斜,即使达到 20°或 30°,我们没有理由可以断定(其理由我以后再行说明)它们原来没有这样高的倾角。

我可以在这里说,在波芙谷的大剖面中,我没有看见任何被淹没的侧锥的痕迹。在马德拉岛的某些内地细谷和海岸悬崖上,这样的火山锥,看得非常明显;波芙谷中缺少这种情况,意味着侧面喷发的时代,是在深谷形成之后。

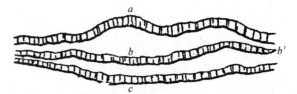

图 82 西拉·得尔·索尔非西倭东端索柯拉罗山中熔岩的曲折情况

a,*b*,*c*. 三层厚度 4～6 英尺的熔岩层,中间夹有疏松物质。*b*. 向 *b'* 尖灭。

在剖面的中部,*a* 和 *c* 相隔 40 英尺,在西端彼此间的距离不过 12～14 英尺。

波芙谷中的岩脉 我已经提过冯·瓦特浩孙所看见的、向假定喷发中心或特里福格里托轴辐合的一组绿岩或闪长岩脉。从近代的喷发中心或孟吉贝罗轴向四面辐射的熔岩脉或直立熔岩壁,数目还要多得多。它们主要是由粗面岩和玄武岩的中间类型的一种粗玄岩或灰色岩所组成——有些地质学家称它为粗面—粗玄岩(Trachidolerite)。它们的厚度很不一致,从 2 英尺至 20 英尺,有时还要厚,往往在悬崖表面上凸出,如图 83 所示。它们的物质比它们所贯穿的地层硬,所以受反复冰冻和解冻的影响也比较慢——在埃特纳山的这一部分,岩石经常受这种风化作用影响。大部分的岩脉是直立的,但是有时在凝灰岩和砾岩中形成如图 84 所示的扭曲形状。

图 83　埃特纳山西拉·得尔·索尔非
西倭山麓的岩脉

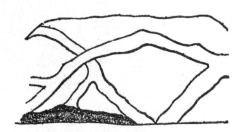

图 84　彭托·第·圭孟托的曲折岩脉

　　岩脉的数目，以波芙谷源头或以前所说的两个古代喷发中心，即特里福格里托和孟吉贝罗轴附近为最多。在火山常有侧面喷发的地带，它们还是很多，但在这个水平以下，如在和波芙谷相连的卡兰那谷，就已经难得看见。而在东面更低的地方，如在圣·基阿柯莫，它们就完全绝迹了。如果这些充满了坚硬岩石的裂隙，原来曾经一度是熔岩流流出的通道，那么岩脉的数目，随着我们从大喷发中心向后退而逐渐减少，最后至于绝迹，正和我们所意想的情况相符合。有些岩脉的上端，常与上层熔岩流相混合，因此突然截断而不穿入时期比它们晚的上层熔岩流。

　　我们现在还不知道近代流入波芙谷的熔岩量有多少，然而我们可以看得出，从埃特纳山中心附近喷出的物质，对于填充这个深坑已经做了不少工作。就是在现在还活着的人的记忆之内，堆积在以前所说的缪沙拉和卡浦拉石峦基部的熔岩，已经把它们的高度减低了很多，使它们的雄伟风景减色不少。这个大深坑也拦截了许多流水，否则它们会使下面的膏腴地带发生水灾。所以，火山的力量，现时正在努力修补古代的一次或许多次巨大爆发在大锥的一边所形成的凌乱局面；除非它们的力量逐渐衰落，或者深谷发生新的沉陷，它们总有一天会把不平的地面填平。在这种情况下，新恢复的部分，总是和较老的部分成不整合状态，但是这些新地层，也像老地层那样，都是由熔岩和火山渣的互层所组成，并且具有一切不规则形状，从埃特纳山中心和山顶，顺着一般的坡度，流向海洋。

　　波芙谷的成因　从图 78 的理想剖面中可以看到，我所假定的近代喷发中心 A（孟吉贝罗中心），淹没了 B 中心所形成的古代侧锥，使整座山变成了对称的形状，现在的 $k, i,$ h 谷，当时还没有存在。这个深谷的形成方式，一直是一个很有趣味的讨论问题。我们将在下一章看到，晚在 1822 年，在爪哇的一次猛烈地震和火山喷发期间，生长着茂密森林的加隆贡山的一边，变成了一个半圆形的深谷。新坑的位置，是在山顶和平原之间，四周都有陡峻的峭壁。

　　以后也要提到，那一次爆发，喷出的巨量沸水和泥浆，像水柱似的向空中喷射，大块的玄武岩，被抛到 7 英里以外，而火山灰和核桃大小的火山砾，则被抛到 40 英里之远。离开喷发中心 24 英里的无数村庄，完全被掩埋；这种情况表示，水蒸气的爆炸力所抛射的巨量固体物质,足以形成一个这样大的新坑。

在第三十章中我们也将要看到,在1772年,爪哇最大的火山帕潘达延山,失去了4000英尺的高度,同时在14英里长6英里宽的面积内的40个村庄,全部被毁灭了。根据较早的记载,它们是被卷入深坑的,而火山锥顶的截切,则归因于沉陷;但是根据钟胡恩在喷发后大约70年所进行的考察资料,说明这些村庄是被火山沙和火山渣淹没的,它们现在还埋在这些物质下面;大火山锥所丧失的高度,至少一大部分无疑是由于爆炸。卡瓜依拉索山是基多的安第斯山的最高峰之一,据说它的山顶是在1698年7月19日"陷落"的,而根据传说,这个山脉的另外一个更高的火山锥,叫做卡帕克·欧克山,在西班牙人占领美洲之前不久,已经被截了顶。很可能,在熔岩正向这些火山锥顶部上升的时候,一部分火山构造的基础,被暗掘或熔化了,因此在发生主要的气体喷泻和火山渣抛射之前,最高的喷口的壁,一部分一部分地向下陷落。

1792年,埃特纳大火山锥所由升起的台地的边缘,有一个名为昔斯吞那的小圆形地带(见图77),下沉了40英尺,并且留下一个深谷;在它的四周,现在可以看见坚硬的熔岩和火山渣组成的垂直剖面。所以我们可以想象得到,波芙谷区域的若干部分,可能是在地震期间陷落的;但是我想,大坑的绝大部分,可能是在一次或多次侧面爆发期间,由于封闭在地下裂隙中的蒸汽的爆炸形成的,而这些爆发可能与古老喷发中心——就是特里福格里托轴——的暂时复活有关。

有史期间埃特纳山的喷发——大锥的截切　到现在为止,我所说的关于埃特纳山的一切情况,例如,它最初是一个海底火山、火山的陆上部分是由两个主要中心喷出的熔岩和火山灰所建成、整个火山同时升出海面以及波芙谷的可能成因等,完全是根据火山的内部构造而作的地质学推论。

我们现在可以转到历史方面,研究自从火山成为文明世界注意目标时期起,它们所发生的变化的记载。

从最早的传说时期起,埃特纳山似乎就在活动了;因为提倭多乐斯·昔丘勒斯曾经提到过一次喷发,这次喷发迫使西康尼人在特洛伊战争以前荒芜了一个区域。特赛第得斯也说过,在伯罗奔尼撒战争的第6年,即在纪元前425年的春天,一股熔岩流,蹂躏了卡太尼亚的近郊,它并且说,这是从希腊人移植到西西里岛之后的第3次喷发。这位历史学家所说的3次喷发之中的第2次喷发,是在纪元前475年,两年之后,品达(Pindar)在他所著的第一篇皮西亚颂歌(Pythian Ode)中,作了非常有诗意的描写:

> ……然一柱擎天,
> 　　下压[提非厄斯];
> 　此即戴雪的埃特纳,
> 　　抚养终年锋刃般寒霜的乳母。

在这几行和后来的七行诗里,他对纪元前5世纪埃特纳山的形状和所看见的近代喷发,作了生动的叙述。这位诗人虽然只把西西里的火山当做镇压住提非厄斯尸体的那座山,然而经过他的才华的手笔,一切景象的特点,都被忠实地描写了出来。他告诉我们说，"积有白雪的埃特纳山，像天柱似地穿入云霄，它是万年冰雪的乳母，在它的深洞里，隐藏着不可接近的烈火喷泉，白天涌出浓密的烟雾，晚上喷出赤色的火焰；而灼热的岩石，以沸腾的响声滚入海洋"。

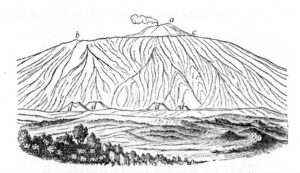

图 85　从白龙特附近遥望埃特纳山顶西北方面被截切的形状
（采自冯·瓦特浩孙图集，图版 2）

a. 现在的火山锥。*b*,*c*. 最高台地的边缘。*d*. 小火山锥。

阿勒西在他所著的埃特纳火山史中，提到了沈内加。沈内加在第 1 世纪提醒卢西列斯说，在他的时代，埃特纳山的高度损失了如此之多，以致船员以前从海里可以看见它的地方，现在看不见了。更后来，福尔康多说，埃特纳山的高峻山顶，曾在 1179 年陷落一次，而根据法赛罗的记载，它在 1329 年又被毁一次。第 4 次的陷落，发生于 1444 年，而整个山顶，最后在 1669 年完全崩溃了[①]。这些以及以前的截切作用的结果，可能足以形成如图 85 所示的截顶火山锥的形状。

　　1669 年的喷发，罗西山的形成　以上所说的 1669 年的大喷发，特别值得注意，因为它是科学观察者所目睹的第一次喷发。一次的地震，夷平了尼柯罗西城的所有房屋；这个镇市的位置，是在森林区域的下部边缘，离埃特纳山顶大约 20 英里，离卡太尼亚的海边大约 10 英里。震动之后，在城市附近裂开了两个深坑，喷出如此大量的沙和火山渣，以致在三四个月的时间内，形成了一座高达 450 英尺的双锥火山，叫做罗西山（或称罗索山 Monte Rosso）。但是最奇特的现象，是震动开始时在南·里倭平原上产生的裂缝。一条 6 英尺宽、深不可测的裂缝，以巨大霹雳的响声，突然开裂了，并且曲折地延伸到离埃特纳山山顶 1 英里以内的地点。它的方向是从南到北，长约 12 英里。它发出灿烂异常的火光。后来又有 5 个相当长的平行裂缝，逐一开裂，泄出蒸汽，它们发出的怒啸声，在 40 英里以外还可以听到。这种情况，似乎向地质学家提供了一种实例，说明那些贯穿在埃特纳山老熔岩中的连续直立斑岩岩脉的形成方式；因为从南·里倭大裂缝中喷出的火光似乎指出，填充在这个裂缝里的炽热熔岩，一定达到相当的高度，可能达到离罗西山不远的一个当时正在泻出熔岩流的喷口的高度。这样一个裂缝中的熔融物质冷却之后，一定变成一个贯穿在组成火山的较老岩石中的坚硬石壁或岩脉；后来的喷发，也产生了同类的裂缝，例如，1832 年喷发期间所形成的裂缝，就是从火山中心向各方辐射的。波蒙曾经说过，这样的星状裂缝，可能表示整个埃特纳山曾经略为向上隆起。它们可能是地下力量使火山逐渐隆起时块体受了张力的标志[②]。

　　1669 年的熔岩流，不久就流到一个叫做孟皮勒里的小锥，在小锥的基部，它流入了一个在埃特纳山熔岩中很常见的和许多大岩洞相通的地下小坑。它在这里似乎熔化了小

---

① Alessi, Storia Critica dell' Eruz. dell' Etna, p. 149.

② Mém. pour. Servir, etc. tom. iv, p. 116.

锥的部分圆顶的基础,使整个小火山略向下陷,而被无数裂缝所贯穿。

卡太尼亚城的部分破坏 这一股熔岩流淹没了14个村镇之后——其中部分村镇的人口在3000到4000之间——最后到达了卡太尼亚的城墙。为了保护这个城市,这些城墙已经特别加高;但是炽热的熔岩,先在墙边堆积,终于越过60英尺高的壁垒,以烈火瀑布的形式向下倾泻,淹没了城市的一部分。然而城墙并没有被推倒,但在很久以后比斯卡里王(Prince Biscari)在那里开掘石块时,才重新发现;所以游览的旅客,现在还可以在城墙上面看见沿着墙顶弯曲的坚硬岩石,它们似乎还在流动。

在最初的20天内,这一股大岩流,在它的流道上流了13英里,或者每小时流162英尺,但是最后的两英里,却走了23天,每小时只流22英尺;陶乐美告诉我们说,在一部分流道上,每小时的移动速度高达1500英尺,而在另一部分,几天才流几码①。当它流入海洋的时候,它还有600码宽,40英尺深。它淹没了卡太尼亚附近以前从来没有熔岩流到的地方。在流动的时候,它的表面一般是坚硬岩石的块体;而它的前进方式,也和普通的熔岩流一样,是偶尔在坚固的墙壁上裂开裂隙。有一个名叫帕帕拉多的卡太尼亚人,为了保护这个城市,阻止险恶岩流的降临,

图86 埃特纳山侧面的小锥
1. 1669年在尼柯拉西附近形成的罗西山。2. 孟皮勒里。

带了一个50人组成的队伍,穿了皮革衣服以防热力的烧灼,拿了铁杆和铁钩,向熔岩流方向走。他们在贝尔帕索附近岩流的边缘,打破了一个坚硬的岩壁,立刻放出一股熔融物质的细流,向帕透诺方向流动;但是这个村镇的居民,因为他们的安全受了威胁,一致武装起来,阻止他们作进一步的工作。②

为了说明一个前进熔岩流岩壁的坚固程度,我可以提出李丘伯罗所说的一次冒险作为实例;他在1766年爬上一个古代火山物质形成的小丘,去观察一个行动迟缓、逐渐向他们流来的炽热岩流,岩流的宽度在2.5英里左右;从一个裂隙里,突然流出两细条的液态物质,并且离开了干流的流道,很快地向他们所站的小山奔流。他和他的向导,仅仅有足够的时间避开,并且亲眼看见这座50英尺高的小山被熔岩所包围,并在一刻钟的时间内就被熔化成一堆燃烧体,随着熔岩流逝。

但是切不可以为,与熔岩接触的岩石的全部熔解,是一种普遍或常常遇见的现象。这种现象,可能在可熔物质和灼热物质的新鲜部分不断接触时才会发生。在许多贯穿在埃特纳山凝灰岩和熔岩层的岩脉中和这些比较结晶的直立岩体接触的水平地层的边缘看不出有什么因受热力影响而引起的变化。孟皮勒里是一个被以上所说的大喷发所淹没的镇市;它的遗址在1704年经过了一次发掘;费了很大的劳力,工人才在35英尺的深处掘到主要教堂的大门,这里有3个受人崇拜的石像。其中之一,以及一口钟,一些货币

① 见 Prof. J. D. Forbes, Phil. Trans., 1846, p. 155, on Velocity of Lava。
② Ferrara, Descriz. della Etna, p. 108.

和其他物件，在熔岩所形成的大拱门下，保存得很完整。像在侯丘伦尼恩城里所发现的那样被火山灰所包裹的艺术作品一样，能在这种熔岩流所留下的空洞内避免熔化，似乎是一种奇迹。这个熔岩，在进入卡太尼亚8年之后，温度还是非常的高以致我们不能把手伸入它们的裂隙。

埃特纳山的地下岩洞　　以前已经提到熔岩流流入地下洞穴以及暗掘一个小山的一部分基础的现象。这样的地下通道，是埃特纳山最奇特的现象之一，它们可能是湖泊或河流的水被覆盖的灼热熔岩突然变成蒸汽所致。这样产生的巨量蒸汽，可能强行穿过外面已经包有一层坚硬外壳的液态熔岩，并且可能使这种通道两旁正在固结的熔岩，形成很不规则的轮廓。离罗西山不远，在尼柯罗西附近，可以看见一个叫做福沙·得拉·帕罗姆巴的大洞口，口的圆周是625英尺，深78英尺。到了这个岩洞的底部，我们进入另一个黑暗的岩洞，此外连续还有几个，有时需要用梯子才能在它们的直壁上降落。最后的洞穴，是和一个90英尺长、15英尺到50英尺宽的大隧道相连接，在它的下面，还有一个隧道，但是至今还没有经过探测，所以它们的范围无从确定。这些大岩洞的墙壁和洞顶，是由粗糙参差的火山渣所组成，形状奇幻无比。

近代的喷发，在波芙谷中所产生的变化　　从我第一次和第二次（即1825年和1857年）到那里去考察之间的一段时期内，埃特纳山许多部分的容貌，已经起了很大的变化，特别是波芙谷。这个深谷，当地农民的方言叫做"蒲野"谷（Val di Bué），因为牧人在这里的

——幽静山谷里，
看到牛群在徘徊。

我相信，波克兰博士是第一个到这个深谷作详细考察的英国地质学家，并且我很感谢他在我前往西西里以前告诉我说，这是西西里岛或者可能是全欧洲最值得注意的一个地点。

图87　从埃特纳山顶俯视波芙谷

以前所叙述的图版Ⅴ和Ⅵ，已经给读者一些从上面和下面遥望一个直径4～5英里的圆形深谷风景的概念。图87是我在1828年12月1日在最高的火山锥上所画的全景图的一部分。除了波芙谷外，山的其余部分都没有云雾；在波芙谷中，只有一部分峭壁的上部和贯穿其中的直立而凸出的岩脉还露在外面。最靠近图前方的喷口，和附近的小锥，是1810年和1811年喷发期间，或者在我访问这个地点以前18年喷出的物质的一部分。

这两年和1819年从波芙谷源头附近倾泻下来的熔岩，在非诺栖倭、克浦拉和缪沙拉等孤立的石峦之间流过，这些石峦是波芙谷形成时埃特纳老火山锥没有被毁坏的残余部分。图版Ⅴ的5，6和9各点，代表它们的位置。它们的高度，已经被1811年和1819年从这里流过的岩流减低了不少；我在1857年

发现，1852 年的熔岩，又减低了它们的重要性。当我爬上这个深谷、第一次看见这些石峦的时候，我曾经把它们比作苏格兰高原上的特罗沙契（Trosachs），它们像

> 巨人一样站在那里，
> 守卫一个魔窟。

我虽然说过，它们所点缀的风景，过于阴郁森严，诗人决不会选择它来作迷人的魔窟。风景的性质似乎更近于密尔顿所描写的地狱世界；如果想象我们在黑暗的夜晚看见一股常常横贯大谷而正在活动的灼热熔岩，我们就会回想到

> ——那边有个阴森的平原，孤单而荒僻，
> 这个黑暗的荒场，
> 只有苍白的火焰
> 射出暗淡恐怖的微光。

一片片没有被熔岩烧掉的绿草和森林，正好是一种对照，使得这种景象更显得荒凉。1819 年，即喷发之后的第九年，我第一次到这个深谷考察的时候，曾经看见了几百棵树，也可以说是树的白骨，站在熔岩的边缘，枝干上的树叶都没有了，树皮也被熔岩泄出的热气烧焦了；这种风景，使我回想到那些绮丽的诗句——

> 天火虽然
> 烧毁了山上的苍松或森林里的橡，
> 灼伤的赤裸枝干，还庄严地
> 直立在摧毁了的荒原上。

整个区域是寂静无声的，因为深谷之中，没有从岩石上冲下来的急流，也没有任何山区里常听见的流水响声。天上落下来的每一滴水，或者冰雪解冻后流下来的每一滴水，都立刻被多孔的熔岩所吸收；泉水也非常稀少，以致牧人在热天不得不利用冬天储藏在山坑里的雪来供给牲畜的饮料。

在深秋的日子里，埃特纳山的山上山下以及西西里全岛，都照耀着明朗的日光，但在波芙谷里，却布满着白羊毛似的浮云；云雾有时局部地沿着峭壁表面扩散，使得岩脉的黑色轮廓凸出如画。大约在中午的时候，蒸汽开始上升，于是全部的风景瞬息万变，孤立的石峦，忽隐忽现，而埃特纳山和山顶的光耀积雪，时而穿出云雾，时而隐匿不见。

图 88　波芙谷中非诺栖倭，克浦拉和缪沙拉等石峦的景色

1811 年和 1819 年的喷发　我已提到了 1811 年和 1819 年倾泻出来的熔岩流。亲眼看见这一次喷发的吉米拉罗告诉我们说,大喷口在 1811 年的猛烈爆炸,第一次证明熔岩柱曾经升到山顶附近。当时先感觉到一次猛烈的震动,后来从锥的侧面离山顶不远的地方冲出了一股岩流。在第一次的熔岩停止流溢之后不久,又从另外一个裂口喷出了第二股岩流,其位置远低于第一个裂口;后来又有第三股岩流,位置更低,照这样连续形成了 7 个不同的喷发,但是都在一条直线上。这一条直线,可能是火山内部构造中的一个垂直裂缝,它可能不是一次震动的结果,而是因为熔岩从各个裂口逐渐溢出、使内部熔岩柱的表面下降的时候,裂缝受了它的重量、压力和强大热力的影响而逐渐向下延长[①]。

在 1819 年,产生了三个大口或深坑,位于 1811 年爆发所形成的喷口附近,火焰、炽热的火山渣和火山沙,以极大的爆炸声,从口里喷射出来。在几分钟之后,下面又开了一个口,也喷出火焰和烟雾;最后在更低的位置上,形成第五个口,流出湍急的熔岩流,以很高的速度向波芙谷蔓延。当流到卡兰那河谷源头上的沙尔托·得拉·圭孟塔峭壁的时候,它像瀑布似的向下倾泻,冲击峭壁的底部,发出难以想象的砰砰响声。泻下来的硬化块体和凝灰岩组成的山边摩擦而生的巨大灰尘柱,使卡太尼亚人发生了极大的恐慌,以为在森林区域又有一个比埃特纳山顶喷发更为猛烈的新爆发。

在喷发后 9 个月,史克鲁普看见 1819 年的岩流,迂缓地从坡度相当大的山坡上向下流动,其移动速度大约每小时一码。由于地面的阻力,岩流的最下部分,停滞不动,上部或中部,逐渐向前伸出,因为下面临空,它们向下崩落。崩落的熔岩,又被从上游流来的较为流动的熔岩所覆盖。岩流的外表,很像一大堆粗糙的煤渣,由于后面极慢力量的推动,它们一层又一层地互相堆叠。外壳固结时的收缩和火山渣块的摩擦,产生坼裂的响声。在罅隙里面,晚上可以看见暗色的红光,但在白天,只能看见它们泄出的大量蒸汽[②]。

1852 年 8 月的喷发　在所有埃特纳火山喷发记录之中,除了 1669 年的一次外,以从 1852 年 8 月开始活动一直延续到次年 5 月的喷发所流出的熔岩为最多。图 89 的木刻

图 89　1852 年在波芙谷中形成的两个火山锥

　　a. 基阿尼柯拉·格兰得的下部。b. 上锥或西锥。
　　c. 下锥或称森吞纳里倭山。d. 1852 年熔岩流的起点。

画,表示那一年流出熔岩的两个火山锥的轮廓(即图 77 注有 1852 年的两个小锥)。而图 90,指示这一股大岩流从 b,c 两锥流出之后穿过波芙谷的流道,在左边,它流向米罗,在右边流向萨法拉那。较大的锥 c,抛出火山渣;它和 b 锥是同时在波芙谷源头大

峭壁底部形成的。在第十六天的终了,c 锥的东面升高了 500 英尺。流出的熔融物质所散布的面积如此之大,以致使整个山谷像一个火海,吉米拉罗在 8 月底所看见的情形就是如此。到了 9 月,它流到了以前所说的沙尔托·得拉·圭孟塔。从峭壁上泻落的时候,它发出像金属和玻璃物质破碎的响声。从喷发时起一直到 11 月下半月止,熔岩流 dd' 的宽度大约 2 英里,长 6 英里。它们继续流了 9 个月,直到 1853 年 5 月才停止,中间略有间

---

①　Scrope on Volcanos, lst Ed., p. 160.

②　Ibid., p. 102.

断。单独的一个熔岩流的深度,大约从 8 英尺到 16 英尺,但在互相堆叠的时候,它们的厚度可达 30 英尺到 50 英尺,而在坡脱拉附近,或卡兰那谷下部入口的附近,似乎达到 150 英尺。

图 90　从上面看 1852—1853 年的熔岩流在波芙谷中的流道

a. 基阿尼柯拉·格兰得的一部分。*b*,*c*,*d*. 同图 89。*e*. 非诺栖倭·英弗里倭山。*f*. 缪沙拉石峦。*g*. 基阿尼柯拉·皮柯拉。*hh*. 康卡西。*i*. 西拉·得尔·索尔非西倭。

在 5 月 27 日以后的几个星期,这里发生了一种在地质学方面相当有意义的非常现象;从表面上看,当时熔岩的流动已经完全停止,岩流的外表,结成一层很坚硬的火山渣外壳,人们可以安全地在上面行走。但在萨法拉那和巴罗之间的一个六七百码直径的区域内,所有的树和葡萄藤,都像被雷击似的枯焦了。地面上并没有泄出热气,而在烧焦区域和近代熔岩之间的范围内,植物并没有受到影响,其间的距离不过几百码。吉米拉罗博士对于这种现象提出的解释最为自然,他说,熔岩逐渐在地下通道中流动,等到它流到这个区域的时候,它发出的热把植物的根烘干了。大家都知道,在埃特纳山的近代熔岩中,有很多洞穴和隧道,这样的空洞,后来有时不可避免地会被熔融物质所填充;这种物质,后来可以在相当高压下固结,产生大块的结晶岩石,或者有时形成图 84 所示的曲折岩脉;如果一个地质学家找到这样一个剖面,而不了解它们的特殊的形成情况,他一定认为这是一个难以解答的问题[①]。

在 1858 年,我还看见 1853 年熔岩表面上的许多喷气孔在冒出白色的蒸汽,特别在大雨之后。在萨法拉那附近,它的表面分成许多纵长的小脊,它们的高度大约比它们之间的平行洼地的底部高出 30～70 英尺。

1828 年我在卡拉那河谷中看见的苍翠草原,现在呈现着一种悲惨的景象,整个地区都变成了一片乌黑的荒场,比它高的地带,则被最近一次喷发所喷出的毁灭性物质盖满了;老森林地带和近代熔岩黑色条带互相衬托的风景,已经不复存在。河谷的大部分,变成了一个单调的荒原,不能维持任何牲畜的生存,这种景象和原来的名称已经不相称了;整个山谷,几乎看不见活的生物,虽然在几个没有受到普遍灾害的灌木小山丘上,有几只山羊在吃草。经过几天连一只山羊都没有见到之后,我在一个地点的疏松火山沙中,发现一只狼的足迹,这使我十分惊讶,我实在想不到它们在什么地方还可以劫掠到食物。

我曾经和吉米拉罗步行穿过一部分新熔岩区域到非诺栖倭石峦去考察;1828 年我曾经骑驴到过那里,而且很方便,但到现在,连一条小路都没有了。1852 年熔岩的黑色火山

---

① Etna Paper, p.22；见前(原文)p.9。

渣外壳,弯曲成许多极其险峻的纵长小脊,中间夹着 20～40 英尺深的凹槽;每一个小脊两边的倾角,大约 20°～40°,但在有些地点是绝对直立的。每一个小脊的顶上,都有火山渣状的熔岩碎块;碎块有时成板状,边缘上胶结起很像加拿大河流中冰块因被阻而形成的冰板那样。表面外壳的凸出部分,常常形成巨大石蚕或各种动物的形状,如狗和鹿,更常见的是带有分权鹿角的欧洲麇的头形。除了颜色而外,表面的一切情况,很像珊瑚礁;有一次我滑了一跤,因此发觉这种粗糙的石块和真的珊瑚一样,很容易划伤皮肉。堆在大部分小脊顶上和两边的石块,非常松散,只要有一块活动,其余的也立刻随着滚动,像山崩似的泻入下面的凹槽;但是因为我们必须曲折地爬上这种小脊,所以在石块下泻的时候,难得遇到一个人刚好在另一个人下面的危险。前进的行程,有时被坡度过陡或形成斜坡外壳的石块过于松散的小脊所阻挡,不能直接通行,因此不得不绕一个大圈,往往背着我们的目的地非诺栖倭山走一段路。堆叠在狭窄山脊上的不同形状和不同大小的松散石块是非常不稳定的,但是我们觉得很奇怪,它们何以没有被大风吹坍。我曾经爬上几个这样的小山,去研究它们是否结合在下面的火山渣块上;但是我发觉,它们可以自由活动,仅仅靠着表面上的些微不平来维持它们的平衡。

最后到达非诺栖倭的时候,我们发现它像一个岩石小岛,一半浸没在各时期的熔岩之中,它的山麓附近,则被 1852 年的新鲜熔岩流所包围。这个沙漠中的绿洲,使我们的心目为之一爽;那一天的天气虽然阴霾,绿色的草地衬托以豕草的黄花,使它比周围的黑色荒原显得格外光耀夺目,而正在盛开的秋季番红花似乎比通常更为美丽。

松散的火山渣块常常大量地从熔岩小脊滚入凹槽的方式,正可以用来说明当新熔岩流在老熔岩上面流过的时候,可以把老熔岩表面的凹凸不平减少或削平到怎样的程度。这种现象可以部分地说明,波芙谷峭壁中的各层坚硬熔岩,何以会和它们上下的火山渣有如此整齐而平行的接触面;但是我认为,大部分古代岩流之所以能形成彼此整合现象,主要是由于它们下泻的坡度相当陡;以上所说的险峻高脊,是在平地上或在平缓斜面上流下的熔岩的特征。从陡坡上下泻的熔岩,厚度很薄,不能形成像上面所说那样高达 10～30 英尺或更高的起伏。

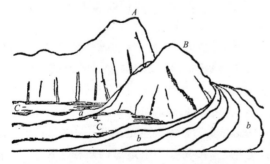

图 91　从卡兰那源头沙尔托·得拉·圭孟塔峭壁下泻和绕着卡兰那山流动的熔岩,在 1828 年的形状

A. 索柯拉罗山。B. 卡兰那山。C. 卡兰那谷源头处的平原。
a. 1819 年的熔岩,从沙尔托·得尔·圭孟塔峭壁下泻并且流过河谷。b. 绕着卡兰那山流动的 1811 年和 1819 年的熔岩。

沙尔托·得拉·圭孟塔的熔岩瀑布　在埃特纳山的许多地方,可以看到某一个已知时期从很陡的山坡上流下来的熔岩所形成的外形和内部构造的有意义实例。其中之一,即 1819 年从卡兰那河谷源头的峭壁上泻落的熔岩流,已经在本书加以叙述。这个峭壁叫做沙尔托·得尔·圭孟塔,高约 400 英尺,宽几百英尺。图 91 是我在 1828 年画的一张侧面图,从这幅图上,我们可以看见 1819 年的熔岩 a,从峭壁上面下泻的情况。图 92 是我 1858 年在同一地点所画的正面图,其时比以前更多的熔融物质(1852 年岩流的一部分),以瀑布的形式,从同一地点向下倾泻,并且泛滥了下面的平原。但是这个岩流 C 的大部分,和 1811 年和 1819 年的岩流一样,绕过卡兰那山所形成的山角,向前奔流,堆积在卡兰那谷的左边,增加界壁的高度,而不流入河谷。

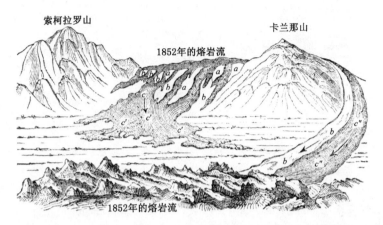

图 92　从沙尔托·得尔·圭孟塔峭壁上泻落的 1852 年熔岩

aa. 峭壁面的一部分,其中的岩石性质,和没有被近代熔岩所覆盖的索柯拉罗和卡兰那的岩石相同。*b*. 从峭壁上泻落并在峭壁表面上结成外壳的 1819 年熔岩。*b→b* 绕着卡兰那山山角流动的 1819 年熔岩,和沿着同一条流道流动的 1811 年熔岩。*c*. 从峭壁上泻落的 1852 年熔岩。*c'*. 覆盖在卡兰那谷平原上的 1852 年熔岩。*c"*. 绕着卡兰那山角流动的 1852 年熔岩,它掩盖了 1811 年和 1819 年熔岩的一部分。

　　在陡峻峭壁上面凝固的 1819 年和 1852 年熔岩,原来都盖有一层熔岩常有的火山渣外壳。但在许多地方,这一层大约 3 英尺厚的外壳,常被雨水冲去,使下面一层坚硬而连续的石层露了出来。这一层岩石多少是多孔的,含有长石、辉石和橄榄石的晶体,此外还有钛铁矿。因为它的倾斜角度是 35°～50°,所以可以用来反驳石层只能在 3°～5°斜坡上固结的学说。

　　大洞的倾斜熔岩层　　在可以用来证明上面所说的错误观念的许多实例之中,我拟请读者注意另外一个熔岩瀑布,它所露出的内部构造,比上一个实例更加清楚。在埃特纳山东翼,米罗的北面,有一个深狭的山涧,叫做大洞(见图 77);这个山涧平常虽然干涸,但在它的上端,偶尔从马蹄形的直立峭壁上泻落的洪水,却把古代的各熔岩层和火山渣层全部切穿。这种急流,逐渐向后掘蚀,使狭谷的长度逐渐增加。1857 年 10月,我亲自看见过几个沙石的山崩;前一天的大雨,把终点悬崖上的岩石冲散,使它们向谷内崩溃。大洞两边的界壁,高达 220 英尺,一部是垂直的,一部山坡的斜度则在38°～65°之间。

　　1689 年从波芙谷下泻的熔岩流,向几乎和大洞相平行的方向流动,但是左边的一部分,却顺着图 93*a'a'a'* 所示的方式泻入山涧。

　　除了以前所说的急流在山涧源头进行后退掘蚀外,陡峻的界壁也经常遭受剥蚀,在岩流 *a'a'* 中切成垂直剖面,使内部构造明显地露了出来,如图 93 和图 94 所示。当熔岩到

图 93　大洞的高倾斜熔岩（根据 1857 年所画的草图）

　　a,a. 1689 年向东流动的熔岩主流。a',a'. 向北泻入大洞的支流，平均斜度 35°。b. 岩流
上部或火山渣部分的剖面，厚 6 英尺。c,c. 坚硬熔岩层，厚度从 2.5 到 5 英尺，倾角 35°，上
端的斜度是 47°。d. 坚硬熔岩层 c 下面，形成 $a'a'$ 岩流基部的火山渣层。e,f. 由十个爱脱
那山的熔岩流组成的悬崖，层次似乎水平，但事实上向东或向海倾斜 7°。

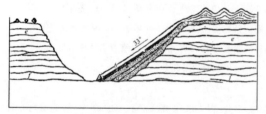

图 94　山涧源头附近，大洞岩层的南北向理想剖面

　　a,a. 1689 年的熔岩，具有高峻的东西向小脊。

　　b,c,d,e,f 和图 93 的注解相同。

达悬崖边缘的时候，硬壳的碎块和许多疏松的火山渣，显然首先向下滚落，造成一个崖堆，使悬崖的一般坡度，减低到 30°～35°。悬崖顶部附近，如 c，一部分熔岩固结成 47° 的斜坡；石层 c 的厚度，在这里只有 2.5 英尺，而在下面坡度较平（即 35°）的地方，则有双倍的厚度。在这个陡坡上形成的岩石，和普通的古代暗色岩一样致密，比重也相同。它含有长石的晶体，并有少量橄榄石。和冷却面相垂直的方向，有少数节理。

　　1755 年波芙谷的洪水　我以前已经提到流水掘蚀埃特纳山边小涧所起的作用，现在再谈一谈记载中仅有的一次从火山较高部分一直流过波芙谷的洪水。这一次的洪水，发生于 1755 年。在 3 月里，山顶上发生了一次喷发，这是山顶盖有积雪的季节。那波利王波本·德·查尔斯（Charles of Bourbon），派遣了观察能力很强而又明智的李丘伯罗牧师去调查这次灾害的性质和原因。他在 6 月里到达波芙谷，并且发现，在宽约 2 英里的洪水河槽中，还满铺着厚达 34 英尺的沙泥和石块。

　　照他的估计，在 1 英里长的河槽内，大约有 16 000 000 立方英尺的水，他并且说，在最初的 12 英里内，每 1.5 分钟的流速大约是 1 英里。在波芙谷的上端，在一个 2 英里长 1 英里宽的地区内，原有的崎岖地面，都被削平，而洪水流道的痕迹，可以从这里越过大峭壁（或巴尔索·第·特里福格里托）一直追索到皮阿诺·得尔·拉戈，或最高的台地上。李丘伯罗在报告里说，如果埃特纳山的积雪——他认为不超过 4 英尺（我们想某些深坑没有计算在内）——立刻同时熔化，也不能产生这样大的水量，何况没有一个熔岩流可以

造成这样的结果。所以他认为,这次的水是从喷口本身吐出来的,而且是从火山内部某些水库里喷出来的;这种结论相当使人惊讶[①]。

这位牧师是在灾害发生之后 3 个月内到这里调查的,我认为,他对这个区域洪水的来源,似乎不会作出错误的判断。他的结论,似乎是根据以下的事实合理地推断出来的,就是说,洪水的破坏遗迹,可以从里坡斯托村的海岸,连续不断地追踪到最高的火山锥,或其附近。照我的推想,在 1755 年喷发期间,不但埃特纳山的山顶有那一年冬季的积雪,而且在火山锥的侧面和山麓,还有许多与火山沙和熔岩成互层的老冰层;它们被热蒸汽的渗透或熔融物质的灌注而突然熔化。

覆盖熔岩所保存的冰川　我在 1828 年曾说过[②],在最高火山锥的东南,卡沙·英格勒西附近的熔岩下面,有冰川存在的事实,而且在上一年的夏天,这种冰层曾被开采,以供卡太尼亚人在一个非常热季之后的应用。30 年后(1858 年 9 月)我又来到这里的时候,这一块厚度和范围都没有确定的冰层,还没有融化。仅仅在 5 年以前,开采的深度已经达到 4 英尺。我的向导告诉我说,他也看见过这一层冰块,但是没有看到它的底部,据他说,它的上面盖有一层 10 英尺厚的沙,沙的上面盖着一层熔岩。

M. 吉米拉罗 1828 年曾经说过,除了用后来的熔岩流覆盖积雪的理由来解释外,没有其他方法可以保存这种冰川。我们可以假定,在喷发开始的时候,一片很厚的积雪,被熔岩溢出以前喷出的火山沙所淹没。大家都知道,混有火山渣的微细尘沙所组成的致密地层,是极不良的热传导体;埃特纳山较高区域的牧羊者,往往在积雪上面散布一层几英尺厚的火山沙,如此可以有效地阻止太阳热透射,把雪保存下来,供给羊群在夏天的饮用。

如果在熔岩的下部固结之后,下面的一厚层积雪还没有液化,我们就不难想象,在海面以上 10 000 英尺地方的冰川,除非受下面火山热的影响而熔化,应当也可以像白山的积雪那样长期地被保存下来。我第一次到最高火山锥的山顶去考察的时候,是在初冬(1828 年 11 月 1 日);我发现内部的裂隙,结有一层相当厚的冰壳,热的蒸汽有时就从冰块和凹凸不平而又陡峻的喷口内壁之间泄出。这种情况虽然似乎矛盾,但是在大冰块上面流过的岩流,偶尔可以使它保存不化,却是一种无可置疑的事实。

如果冰川可以在火山沙和熔岩下面保存许多年,那么李丘伯罗所作的推测,即在火山内部的某些部分有贮水库存在的见解,似乎可以得到充分的说明。我现在对山区居民所说的故事,比最初叙述本问题时更为重视了,而李丘伯罗也认为这种故事是值得记载的。他们对他说,当时水在沸腾,水味同海水一样咸,并且带着海栖介壳流到海边。现在我们可以明了,上面提出的臆说,可以很自然地说明水何以会变热,至于水的咸味,可能是由于从火山锥侧面的喷气孔喷出的盐质或喷发时从喷口本身发出的盐质的浸透,但是其中所含的成分,却和海水不同。至于海栖介壳的故事,我们可以作这样的推想;如果从波芙谷中流出的洪水,深深地切穿了米罗和基阿尔之间的表面熔岩和冲积层之后,它可能达到高出海面 1 000 或 1 200 英尺的下伏上新世黏土层的一部分,把埋在这里面的现存物种的介壳化石冲了出来,因为它们的性质还足够坚实,可以经得起搬运,于是一直被带

---

①　Recupero, Storia dell' Etna, p. 85.

②　Principles of Geology, lst. Ed. , p. 369.

到李坡斯托。

埃特纳山的古河谷　火山的活动,正如我们所见,即使是常常喷发的一类,也还是以间歇性为特征的;但是我们有很好的理由可以断定,如果可以知道它们几千年来的历史,我们应当可以发觉,它们都有很长的休眠时期和屡次的复活。根据钟胡恩的记载,爪哇的许多火山锥似乎都有很长的休眠时期,在此期间,许多愈向下游愈深的河谷,都要受到向火山各方面流动的流水的侵蚀;经过相当时期之后,新的大爆发又重新出现,毁坏一部分火山锥,时时溢出熔岩。丹纳在他所著的桑德韦奇群岛各大火山锥的记载中也说,任何一个火山的休眠时期的相对长短,可以用流水在山边掘出的河谷的深度和大小来估计;但是剥蚀作用所经过的时间往往非常长,我们现在的知识还不能对它的持续时间作出任何推断。

读者已经知道,在公元 79 年以前,上一章所说的维苏威山,具有死火山的一切特性。只有在老火山锥的北面,还保存着火山恢复活动以前应有的全部特殊外貌;旅行家很少到过这里,我们也说过,它被切成无数从中央轴部向四面辐射的深细谷。沿着这些细谷向上走,我们可以看到它们突然终止于 60 英尺到 300 英尺高的垂直峭壁上,在雨季中,这里有瀑布。在这样的峭壁以上,浅谷继续向上延伸到阿脱里倭·得尔·卡瓦罗的界壁的顶部,在索马山锥被公元 79 年的爆发截顶以前,它们无疑曾经伸展到老锥顶部附近。

照我的想象,远在有史时期以前,在长期的比较安静期间,或在完全停止喷发期间,埃特纳山的各方面,也同样可能被切成许多河谷。

在波芙谷以东,沿着基阿尔和曼加诺之间的海岸上,可以看见一层厚度超过 100 英尺的巨大冲积层。这一层沉积物,有时可以追索到 400 英尺高的地方;这种事实可以证明,在远古时期,埃特纳山的东侧,曾经有过巨大的侵蚀作用。

到了后来,一次或几次猛烈的爆发——波芙谷可能就在这个时期形成——开始了一个复活的时期,侧锥的形成,主要由于这种活动。熔岩连续不断地向北、西、南三个方面倾泻,消灭了在这三方面的所有古代河谷,如果向东的流道不是被波芙谷的深坑所拦截,东侧的河谷,一定也要遇到同样的命运;然而大部分的波芙谷,已经被它们填满了。没有被消灭的三个河谷或细谷,是值得注意的,它们和波芙谷边缘的关系,同维苏威山北部的河谷(卡萨·德尔·阿克瓦)和其他的河谷(阿脱里倭·得尔·卡瓦罗)的关系,完全一样。这三个河谷在埃特纳山东南,它们叫做特里坡陀谷,萨披尼谷和卡兰那谷,它们的位置见图 77。特里坡陀谷虽然不难从萨法拉那走进去,但是很少有人到过那里。这是有一条湍急溪流流过的风景优美、树木葱郁的阿尔卑斯式细谷。当我们走到细谷的源头、或细谷和波芙谷之间的坳口的时候,巨型圆剧场的全景,可以一览无余。坳口的高度,高出海面虽然不下 7 000 英尺,它却是波芙谷的南部悬崖或西拉·得尔·索尔非西倭的深缺口中最低部分(见图 77)。这个缺口的深度一定很大,因为从阿西·卡斯特罗附近海上遥望埃特纳山的人,可以从这个缺口看见波芙谷。这个缺口,是原来和特里坡陀谷相连的剥蚀细谷的一部分,它在波芙谷形成之前割切了老火山锥。

第二个谷叫做萨披尼谷,它的方向和前者平行,地质情况也和前者相同,但是规模较小。排泄于这两条河谷的急流的下端,被 1792 年大熔岩流中的大洞所吞没;这一股岩流,从埃特纳山较高的各部分流下,越过这两条急流的河床,拦截了急流在其中流动的细谷。

第三是卡兰那谷,这是非常有意义的地点,因为在它的上端,我们可以看到图 91 和图 92 中所描写的峭壁,1819 年和 1852 年的近代熔岩流,就是从那上面泻落的。在波芙谷形成之前,当河流从老火山锥流下的时候,这个峭壁或沙尔托·得拉·圭孟塔,无疑是一个有瀑布的地址。索柯拉罗山和卡兰那山之间的地带,表示河谷的上游,而沙尔托是河流后退割切作用形成的,其后退割切方式,可以比之于以前所说的大洞的流水,或维苏威山的后退急流,或者,以小比大,如尼亚加拉河在它的大瀑布处。

如果维苏威山在过去的 18 个世纪中仍旧像原来那样继续活动,它的熔岩可能有一天会越过阿脱里倭,并且也会像 1819 年和 1852 年的埃特纳岩流从沙尔托·得拉·圭孟塔下泻那样,在卡萨·得尔·阿脱瓦和福索·第·康契罗尼源头的峭壁上向下倾泻。

埃特纳火山锥的年龄　以前曾经说过,阻碍地质学方面的正确理论见解向前进步的力量,莫过于对过去时期的时间量所持的狭窄偏见;由于对地球年龄没有充分的概念,束缚了我们对这一门科学作深入探讨的自由,其情况就像天空有拱形边界的信念,曾经一度阻滞了天文学的进步一样。一直到笛卡儿提出了天际无限的学说和取消了假定的宇宙边界之后,人们才开始对各天体间的相对距离,形成正确的观念;除非我们能习惯于想象地球历史中的每一个近代时期都代表一个不定的漫长年代,我们就有形成很错误和不完全的地质概念的危险。

如果在过去的 3 000 年中,历史曾经留给我们埃特纳山和地球上 100 个其他主要活火山喷发的忠实记载——如果我们对这一段时期内喷出的熔岩和喷发物的体积,以及发生这些喷发的时期有详细记录——我们或许可以准确地估计出一个火山锥的平均生长速度。因为我们可以把这许多火山的喷发,进行比较而得出一个平均的结果,不管每一个火山在一个短期的发展是怎样的不规则。

我们有必要对长期的非活动时期和偶然的猛烈爆发时期作一对比。我们有火山休眠了 16 个世纪的证据,例如纪元前 4 世纪终了以后和纪元后 14 世纪开始以前伊斯基亚岛的情况。就是一个实例[①]。偶尔也有一次强烈的喷发佐鲁罗山或帕潘达扬山形成一个新山,如和前面所说的其他山,或者截切一个古代的火山锥,或者产生一个像波芙谷那样的深坑。但是这样的灾害的比较稀少,使我们在思想中形成一种概念,认为在两个激烈爆发时期之间,有很长的宁静时期。

如果我们要约略估计埃特纳山的年龄,我们应当先搜集一些关于有史期间所增加的物质厚度的记录,然后再设法估计波芙谷中的熔岩与火山沙和火山渣互层的堆积所需要的时间;此后我们还应当设法根据其他火山的观察,来推断它们在各阶段中的增长情况。

古代的历次喷发之中——在波芙谷的峭壁上可以看见它们的产物——有几次的规模可能和近代的喷发一样大,甚至于更大,然而在这些剖面中,我们却没有找到一个可以和 1669 年或 1852 年喷发的熔岩量相比拟的古代熔岩的证据。

火山锥的生长方式,和外长生长(Exogenouo growch)树木的生长方式有很多相似的地方。这些树木的高度和直径的增加,是在木质锥的外面不断地包裹新的木质锥;所以,

---

① 见本书第一册,第 300 页。

在树干基部附近切取一个截面所切断的层数，远多于在树顶附近取得的截面。如果树干上偶尔长出树枝，它们首先刺穿树皮，如果相当大的树枝偶尔被折断，它们可能被包裹在树干里面继续生长，形成树木的节疤；这种节疤也是由层层相套的木质锥层所组成。

同样情形，如我们所见，火山也是由层层包围的锥状块体所组成，而具有同样内部构造的侧锥，最初也像树枝那样从主锥的表面向外喷出，后来也像隐藏在树身内的节疤一样，又被淹没。

我们可以计算树干基部附近截面中的同心年轮数目来确定一棵橡树或松树的年龄，从而推算出种子开始发芽的时期。一般认为，沈尼格尔的非洲木棉树（*Adansonia digitata*）据说是寿命最长的树。据亚当孙的推断，他所测量的一棵直径在 30 英尺的木棉树，已经活了 5 150 年。在树干上切到相当深度之后，他先计算到 300 个年轮，并且观察了树干在这个时期内增长的厚度。他于是根据同种幼树的增长速度，然后按照假定的平均生长率来算出这棵树的年龄。第·康多尔认为，墨西哥查普尔特裴克地方所产的一种围圆 117 英尺的著名落叶柏（*Cupressus disticha*，Linn）年龄可能还要长。

然而除非我们对火山作用的平均强烈程度，搜集到更多的资料，我们不可能对像埃特纳山那样的火山锥的年龄作出近似的估计；因为，火山的每一层熔岩和火山渣，不是像树木的木质层那样在它的四周同时增长的，所以不能供给我们同样准确的时间测定标准。每一个锥状层是由许多不同宽度和厚度的个别熔岩流以及火山沙和火山渣组成的，况且又是猛烈程度和频率变动极大的间歇活动的结果。然而，如果考虑到它的基部有大约 90 英里的周围，我们不能不承认它有悠久的历史，因为它需要 90 个终点宽度在一英里左右的熔岩流，才能在现在火山的山麓，增加一层等于一股平均厚度的熔岩流的高度。

贯穿在较老堆积物中的几千条岩脉，如波蒙所暗示，可以比之于树木的内长生长（endogenous growth），它意味着火山的向外或向上伸长。但是有史期间的观察，还十分不完全，不足以使我们确定山的高度在新裂缝形成和被填充时期内究竟增高了或减低了多少。

点缀在埃特纳山山边的 80 个最显著的小锥之中，只有罗西山是在可靠的有史时期形成的。这座山是在 1669 年堆成的；它的高度虽然有 450 英尺，但仅仅属于第二级的火山锥。白龙特附近的米那多山，到现在还有 750 英尺，虽然它的原有基部已被比较近代的熔岩和喷发物升高了许多。我们必须记住，照一般的估计，每一个世纪流出的少数熔岩流之中，侧面火山锥每喷发两次，埃特纳山山顶才喷发一次。侧面的喷发，并不一定都形成冯·瓦特浩孙地图中所列的 200 个侧锥那样大的小山。有些喷发，只造成不显著的小丘，它们不久就被从较高喷口流出的物质所埋没。

那么所有这些小锥的形成，究竟需要多少年呢？即使我们能够把现在在埃特纳山所看见的全部小锥，以及在它们长成期间从它们和最高的喷口中流出的熔岩和火山渣全部剥掉，整个火山的体积也减小不了多少；埃特纳山的基部直径可能缩小几英里，但是森林区形状，基本上不会发生多少变化，因为现在隐藏在火山物质以下的其他小锥，在掩盖着它们的熔岩和喷发物被移去之后，都会重新露出。在侧面喷发的早期阶段，其时山顶还没有被截切，山的高度可能比现在高许多，即使减去由于缓慢的隆起作用所增加的些微高度；如以前所说，这种隆起，可以用海岸沙滩升出海平面的高度来作证明。

企图估计自从第一次海底喷发开始以来所经过的世纪数,是没有意义的,因为其间可能有几万年的平静时期,后来又可能有像造成波芙谷那样的剧烈爆发时期。

自从这些侧面火山锥堆成之后,埃特纳山的森林带,不可能发生过普遍的洪水。因为这些疏松的火山渣决不能不被大洪水冲掉,而任何剩余部分,也一定会现出剥蚀作用的标志。有些人以为,这样疏松物质所组成的山,不会很老,仅仅依靠大气的作用,在几千年内就足够磨灭它们的原形。但是这种的意见是没有意义的,因为大部分由轻质火山渣和细火山沙组成而毫无草木遮盖的罗西山陡坡? 在现在还活着的人们的记忆之内,虽然一直在遭受风雨的侵蚀,然而较老的山,自从有了植被之后,一直没有受到耗损。就是在树木盖满以前,它们的组成物质,有很多孔隙,落在上面的水,几乎可以立刻都被吸收;由于同样原因,埃特纳山的河流,有许多地下流道,而在小锥的侧面,却没有沟壑。

作为结论,我拟请读者注意,长成一个像埃特纳山那样大的火山所需要的时间不论怎样长,它有充分的时间经过各种阶段的发展。它的基础是新上新世期间在海里形成的——其时海里的阿西·卡斯特罗和特雷沙的介壳非常繁盛。我们在前文已经看到,冰川时期虽然可能占几十万年的时间,可是它还没有达到一个时代,其时海生介壳群和现在地中海附近部分的标准生物群的区别,还不如阿西·卡斯特罗和特雷沙介壳和现在地中海附近介壳的区别那样大。

第二十七章 火山喷发(续)

1783 年冰岛的火山喷发——新岛的形成——同年从斯加普塔·佐库尔流出的熔岩流——它们的巨大体积——墨西哥佐鲁罗山的喷发——洪博尔特对马尔培斯平原上拱状构造的学说——爪哇加隆贡山的喷发——海底火山——1831 年形成的格雷汉岛——火山群岛——大西洋中部的海底喷发——卡内里群岛——1730—1736 年在兰塞洛脱岛上形成的火山锥——散托临湾和它的火山喷发——孟加拉湾中的巴伦岛——泥火山——火山产物的矿物组分

冰岛的火山喷发　除了埃特纳和维苏威两火山外,以冰岛的一系列喷发的记录为最完整,因为它们的历史可以追溯到公元第 9 世纪;有可靠的证据可以证明,从 12 世纪初期起,这里从来没有超过 40 年不发生一次喷发或一次大地震,有时甚至于只隔 20 年。在这个区域内,火山作用的力量异常猛烈,以致赫克拉的某些喷发,有时不断地连续 6 年。地震常常同时震动全岛,使内地发生巨大变化,如小山的沉陷,大山的开裂,河流的改道和新湖的出现①。海岸附近常形成新岛,一部分现时还存在,一部分后来又失踪了,不是由于沉陷,就是由于波浪作用。

在两次喷发之间,无数温泉成为地下热的出路,而硫质喷气孔中,则喷出大量可燃物质。岛上的许多火山,也同夫勒格伦区的一样,似乎是轮流活动的,一个喷口往往成为其他喷口的临时安全栓。一次喷发有时可以形成几个火山锥,在这种情况下,它们从岛东北部的克拉白拉火山所在地到雷启安那角,排成一条大致东北到西南的直线。

1783 年斯加普塔·佐库尔的大喷发——新岛的形成　1783 年的地震,似乎是冰岛近代史中最猛烈的震动;丹麦人对这一次灾害所作的原始记述非常详尽,后来经过几个英国旅行家补充之后,更为翔实,特别关于受害区域的巨大范围和熔岩的体积②。大约在斯加普塔·佐库尔在陆地上喷发之前一个月,雷启安那角西南 30 英里,即北纬 63°25′西经 23°44′的海里,发生了一次海底喷发,喷出了如此之多的浮石,以致在 150 英里范围内的海面,都盖满了这种物质,并且阻碍了船只的航行。当时造成了一个新岛,在岛的各点,喷出了火、烟和浮石。丹麦王占领了这个新岛,把它命名为新岛(Nyöe);但是不到一年,海洋恢复了它的领域,除在水面以下 5～30 英寻深处有一个石礁外,全岛都失踪了。

冰岛久已感觉到的地震,到了 1783 年 6 月 11 日,更为猛烈,其时在离新岛将近 200

---

① Von Hoff, vol. ii. p. 393.

② 这一次喷发的一个报告是史帝文孙编写的,他当时是冰岛的法官,丹麦王派他估计这次灾害所造成的损失,以便救济。1794 年保尔孙访问了这个区域,并且详细考察了熔岩的情况;汉德生根据他的文稿,校正了史帝文孙所测定的熔岩流厚度、宽度和长度(Journ. of a Residence in Iceland, &c., p. 229)。威廉·胡柯爵士,在他所著的《冰洲旅行记》(Tour in Iceland, vol. ii, p. 128)中也证实了某些主要事项。

英里的斯加普塔·佐库尔,喷出一股湍急的熔岩流,冲入斯加普推河,使它完全干涸。这条河的河槽,是在两个高岸之间,有些地方深达 400~500 英尺,宽近 200 英尺。熔岩不但填满了这个大峡谷,而且还溢出河谷,向邻近区域泛滥,破坏了相当大的一片地区。这一股燃烧的洪流从狭窄的峡谷中流出之后,暂时被斯加普塔台尔和阿爱之间的河道上原有的一个深湖所阻止,并且把它完全填满。湖被填满之后,它又向前进,最后到达某些布满着地下洞穴的古代熔岩(其中一部分显然充满了水),溶化了一部分岩石,爆炸了另一部分,把大块的岩石抛入空中,高达 150 英尺。6 月 18 日,火山又冲下一股液态熔岩,以极快的速度在第一次岩流表面向下流动。由于斯加普推河一部分支流的河口被拦截,使河水倒灌,于是淹没了许多村庄,酿成很大的财产损失。熔岩流了几天之后,在一个悬崖上形成一个巨大的熔岩瀑布,叫做斯大帕福斯,并在悬崖下面填满了以前的一个大瀑布在极长的时期中掘出的深坑,从这里,火流又继续前进。

8 月 3 日,当火山喷口还在流出新鲜熔岩的时候,它向另一个方向分出一个支流;因为斯加普推河的河槽已经完全堵塞,西北两方面的所有出口也受了阻碍,因此熔融物质不得不找一个新的流道,于是它向东南方向奔流,泻入赫弗非斯夫里奥特河的河床,它在那里造成的损失,也不下于第一个岩流。据史帝文孙说,这些冰岛熔岩(很像奥佛尼和法国中部其他各省的古代岩流),在狭窄的峡谷中堆积了很厚的厚度;但是流到宽阔冲积平原的时候,它们散成一个很大的火海,宽度有时达到 12~15 英里,深 100 英尺。当填满斯加普推河谷下游的"火海"得到新的供给而扩大的时候,熔岩向河流上游倒灌,一直延展到斯加普推河开始升高的地方的山麓。这种现象和法国维瓦雷斯古代火山区域曾经发生的情况完全相同,那里的熔岩,从特岛兹火山锥流出来之后,一支向阿得契河槽下泻,更大的一支,则向上逆流。

斯加普推河谷两岸,显出成排的古代熔岩形成的宏伟玄武岩柱,其形状和奥佛尼地方多亚山以下的河谷中露出的相仿佛,在那里,时代比较晚的熔岩流,侵占了现代的河床,但是规模比冰岛的小得多。斯加普塔·佐库尔的喷发,两年之后才完全停止;11 年之后(1794),保尔孙到那里去考察的时候,还看见部分的熔岩在那里冒烟(或蒸汽),而几个裂隙里还充满了热水①。

冰岛的人口虽很分散,总数也不超过 50 000 人,然而除了被水淹没以外,被毁的村庄却不止 20 个,死亡的人口在 9 000 人以上;此外还死了无数牲畜。一部分是由于熔岩的践踏,另一部分则由于布满在空气中的含毒蒸汽的窒息,还有一部分是由于盖满全岛的火山灰和海岸上鱼类的逃亡所造成的饥荒。

巨量的熔岩　这一次喷发流出的熔融物质,体积异常庞大,这是值得引起地质学家特别注意的。几乎向相反方向流动的两股熔岩流,都达到相当长度,大的一股是 50 英里,小的一股大约 45 英里。流入斯加普推河的一股,在平原上的最大宽度是 12 英里到 15 英里,其他一股是 7 英里。两条岩流的一般厚度,大约在 100 英尺左右,但在狭窄的峡谷里,有时可达 600 英尺。照毕孝夫教授计算,这一次喷发从地下流出的熔岩,其总量

---

① Henderson's Journal, etc, p. 228.

"超过白山的体积"①。我们对这两股岩流的规模,可以获得更明确的概念,如果我们假定它们倾泻在第二纪和第三纪岩层沉积之后和升出海面之前的海底上时,在现在的英国地质上可以形成怎样显著的形势。在我们的一部分原来连续的海相地层中掘蚀河谷的同样作用,可能用同样的力量对火成岩进行侵蚀,同时也会留下足够没有被毁的部分,供给我们计算它们原有的范围。再让我们假定,斯加普推熔岩支流的终点,停止在俯视格罗斯特谷的下鲕状岩系和中鲕状岩系的悬崖上。这样形成的台地,厚度可能达到 100 英尺,宽度大约 10~15 英里,它的面积超过法国中部所能找到的任何台地。我们又可以假定,许多板状的大岩块,在格罗斯忒和牛津之间,间断地覆盖在诺斯里契、白福特和其他城市附近的柯兹伍特诺山的山顶。经过几英里宽的牛津黏土河谷之后,同样的岩石,可能又在克姆诺和绍特奥弗山的山顶以及这个区域所有其他鲕状岩所组成的高峰上重新出现。在波克郡的白垩层上,可能也会找到六七英里宽的板状块体;最后,在海格特和汉姆斯特得的最高砂层顶上,我们可能看到 500~600 英尺厚的熔岩残迹,使这些小山的高度和沙斯白里峰和阿索·西特山相等,甚至于超过。

以上各点之间的最远直线距离,不超过 90 英里;此外我们还可以说,离伦敦大约 200 英里的地方,譬如说,在多昔特郡和得文郡海岸,可能有一大块代表新岛海底暗礁的火成岩。一位法国著名作家在 1829 年说,古代所发生的全部地质现象,其规模比我们今天所看见的大一百倍,但是我们很难指出一个明显地属于一次喷发的古代火成岩块,可以和 1783 年斯加普塔·佐库尔喷出物质的体积相比拟。

佐鲁罗火山 1759 年的喷发 墨西哥佐鲁罗火山 1759 年的活动,是近代大规模火山喷发的另一个实例。这座山所属的大区域,以前已经讨论过。马尔培斯平原,是高出海面 2 000~3 000 英尺的台地的一部分,它的四周被玄武岩、粗面岩和火山凝灰岩组成的小山所包围,这就显明地指出,这一块地区,过去曾经是一个火山活动的舞台,活动的时期虽然可能相当古。从发现新世界的时代起到上世纪(17 世纪)中叶,这里一向没有发生过任何骚动现象;现在的火山离开最近的海岸 36 英里,原来是一片种植甘蔗和靛青的富庶土地,中间还贯穿着丘姆亭巴和圣·彼得罗两条小溪,可供灌溉之用。1759 年 6 月,突然听到了一种令人恐慌的沉重响声,随着发生两个月连续不断的地震,到了 9 月底,地面上发出火焰,而燃烧岩石的碎块,被射到很高的高空。在一条北北东到南南西方向的深裂缝上,形成了由火山渣和熔岩碎块组成的 6 个火山锥。最矮的锥,高出平原 300 英尺,而中央大锥佐鲁罗山,则升高到 1 600 英尺。佐鲁罗山流出几条玄武岩大岩流,其中含有花岗岩碎块,它的喷发,一直到 1760 年 2 月才停止②。

喷发之后 40 年,洪博尔特访问了这个地方;当地的印第安人告诉他说,当他们在灾难之后很久回到平原的时候,地面还是很热,不适于居住。当他自己到这里考察的时候,发觉各锥基部的周围,似乎是一个面积 4 平方英里以各锥为中心的凸状岩体;在和各锥接触的地方,高约 550 英尺,由此逐渐向四面的平原倾斜。这个岩体当时还很热,裂缝中的温度逐年在减低,但在 1780 年,在几英寸下的热度,还足以烧着一支雪茄烟。这个略

---

① Janeson's Phil, Journ. vol. xxvi. p. 291.

② Daubeny on Volcanos, p. 337.

为向上凸出的隆起部分,对地平的坡度,大约是 6°,在它的上面,有几千个 6～9 英尺高的低平锥形小丘;这些小丘和横贯平原的裂缝,都起着喷气孔的作用,喷出硫酸气和热蒸汽的烟雾。以上所说的两条小溪,在喷发时期失踪了,它们在平原的东端开始消失,但在西端,又以温泉形式出现。

马尔培斯平原上凸起岩体的成因　洪博尔特把平原的凸起,归因于地下膨胀;照他的假定,这四平方英里的地面,像气泡似的由下向上膨胀,最高的部分,高出平原 500 英尺。但是史克鲁普则提出另一种建议,他说,这种现象可以用比较自然的理由来解释,只要我们假定,从各火山喷口,主要从佐鲁罗喷口同时流出的物质是半液态的玄武岩质的熔岩,它们可以一层一层地或一股一股地互相堆叠成一个厚层;在这种情况下,在开始流出的地方,厚度应当比较大,后来向所覆盖的椭圆形地区扩展的时候,厚度逐渐变薄;照这样进行,就可以形成一个凸形的地面。在连续半年以上的喷发期间,可能不断地流出新鲜的熔岩;其中的一部分,可能仅仅分布在各锥基部附近,以增加它的高度。在桑德韦奇群岛上,几乎全部由熔岩形成而不含火山渣的穹状大火山锥,平均坡度在 6°30′和 7°46′之间,如果我们采用史克鲁普的解释(见图 95),佐鲁罗山四周的凸状地带的斜度,颇与控制熔岩流动的已知定律相符合。

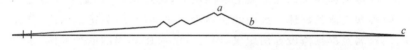

图 95　a．佐鲁罗火山的山顶。b,c．从火山基部向外倾斜的坡度,倾角 6°

从 6 个喷口,主要从佐鲁罗山喷出而分布在各锥附近的松散和粉末状物质阵雨的颗粒,应当比较重,也可能比较粗,因此也可以使基部的地面升高;覆盖在熔岩上面的黑色黏土,可能就是这些物质和雨水混合而成的。小的锥状小丘[或称小灶(Hornites)],可以比之于 1823 年在维苏威山熔岩上看见的五六个发出蒸汽柱的小山,它们是弹性液体上升时拱成的圆顶形熔岩小块体。洪博尔特所说的常见的裂缝,是厚层熔岩冷凝收缩时的天然现象;河流的失踪,是熔岩占据河谷下游或平原的通常结果,奥佛尼的古代熔岩中,有很多这样优美的实例。"小灶"里的热,据说逐渐在减低;在洪博尔特之后许多年到这里考察的白乐克发觉,温泉的温度是很低的;这种事实显然说明,下面的熔岩层逐渐在冷凝,由于厚度很大,它的热量可能维持到半世纪之久。应当提醒读者,火山附近熔岩和火山灰的厚度,虽然被假定为在 500 英尺以上,但是我们所指的,仅仅是 1783 年斯加普塔·佐库尔山岩流在某些地方所达到的厚度。

平原受重击时发出的空洞声　马在平原上奔走时所发出的空洞声,也被用做证明膨胀说的另一种证据;但是这种响声,仅仅可以证明凸形岩体是由轻质而多孔的物质所组成而已。意大利人所说的"铃邦布"(Rimbombo)声,是"合成地面"(Made ground)被重击时很普通的回声;不但在维苏威山以及其他火山锥边下面有空洞的地方有这种现象,而且在像罗马荒原那样的、大部分由凝灰岩和多孔火山岩组成的地区,也有这种响声。地下岩洞可能也帮助产生这种回声,因为佐鲁罗山熔岩里的岩洞,可能同埃特纳山许多熔岩一样多;但是它们的存在,对面积 4 平方英里、中部高 550 英尺的大穹形空洞来说,并没有什么帮助。[①]

佐鲁罗山没有最近的喷发 我在本书的前一版曾经说过,维枢船长曾经告诉我说,瓜达拉克拉地方的一座高楼,在 1819 年,被地震震坍了,而当时以为由佐鲁罗山喷出的火山灰,曾经同时落在离火山 140 英里的瓜那许阿托城。但是 1827 年到那里去考察的德国矿业局局长波克哈特却肯定地说,自从 1803 年洪博尔特到那里去调查之后,始终没有喷发过。他曾经到过喷口的底部,并且看见里面还在泄出少量的硫酸气,但是"小灶"中发出的蒸汽已经完全停止。在他和洪博尔特两人考察之间的 24 年中,新山的边缘,已经长了许多植物。周围地区的肥沃土壤,又在种植繁盛的甘蔗和靛青,没有垦殖的地方,也长满了天然草木[②]。

爪哇的加隆贡山 1822 年的喷发 1822 年,加隆贡山上还盖满着浓密的森林,也是爪哇人口最密的富庶部分。山顶上有一个圆口,但是没有过去喷发的传说。1822 年 7 月,从山边流下来的库尼亚河的河水,突然变热而且很混浊。到了 10 月 8 日,听到了一个很响的爆炸声,同时地面也震动了,热水和沸腾的泥浆,像大喷泉似的向天空喷射,而且达到如此的猛烈程度,以致大量的物质被抛到 40 英里以外的唐多伊河,热水和泥浆之中,还混有燃烧的硫黄、火山灰和核桃大小的火山砾。在喷发范围内的每一条河谷,都充满了燃烧的急流;因热水和泥浆的充溢而上涨的河流,越过两岸,冲走了无数企图逃避的人民以及牲畜、野兽和飞禽的尸体。火山和唐多伊河之间的 24 英里地区内,都盖满了如此之厚的青泥,以致居民都被淹没在房屋里,而所有的村庄和周围的种植园,也没有留下任何痕迹。在这一段地区内,人类尸体都被埋在泥里,但在火山活动区域的边缘,他们露在外面,大量地散布在地面上,一部分是煮伤的,一部分是烧伤的。

有人说,从山里喷射出来的沸腾泥浆和火山灰,形势异常凶猛;许多遥远的村庄,全部都被毁灭,有时完全被淹没,但是一部分离火山近得多的村庄,反而没有受到损害。

第一次喷发持续了近 5 小时,在后来几天,倾盆的大雨,聚成急流,而充满泥浆的河流所泛滥的范围,也异常广泛。在第四天的终了(10 月 12 日),发生了比第一次还要剧烈的第二次喷发,它又吐出热水和泥浆,大块的玄武岩则被抛到离火山 7 英里的地方。同时也有猛烈的地震;在一篇记载里说,山的面貌完全改观了,山顶坍塌了,而在山的一边,以前满盖着树木的区域,变成了一个其大无比的半圆形深坑。坑的位置大约在山顶和平原的中间,周围都是陡峻的岩石,据说这种岩石是在喷发期间新堆积的。据说当时也形成了许多新的小山和小谷,邦加蓝河和乌尔那河都改了道,而且在一个晚上(10 月 12 日)淹死了 2 000 人。

得到了乌尔那河流出许多人类尸体和鹿、犀、虎和其他动物的死尸到海里的消息之后,班顿的居民才知道 10 月 8 日所发生的大灾害。荷兰画家巴扬,决定从这里旅行到火山;他发觉,愈近火山基部,火山灰量愈少。他也提到了 12 日以后山形的改观,但是没有说起在山边新形成的深坑。

---

① 见 Scrope on Volcanos, p. 267。

② Leonhard and Bronn's Neues Jahrbuch, 1835, p. 36.

政府公报说,被毁坏的村庄共计 114 个,死亡的人口在 4 000 以上[1]。

海底火山　我们虽然有种种理由可以相信,火山喷发和地震,也是海底上常有的现象,可是我们不能希望科学家会有很多机会亲自证明这种现象。船上的水手有时报告说,他们在不同的地方,看见从海里升出来的硫质烟雾、火焰、水柱和蒸汽,或者他们曾经看见海水变成混浊,有时受到强烈的激动而沸腾。他们有时遇到新的暗礁,或在以前原来有深水的地方遇到一个新升出海面的石礁。他们偶尔也看见由海底喷发逐渐形成的岛屿,1811 年在亚速尔群岛的圣·密契尔岛附近形成的沙布林那岛,就是其中之一。这个小岛喷出的火山灰和形成的 300 英尺高的火山锥以及中央喷口,与陆上火山喷发的一般现象,非常相似。沙布林那岛不久就被波浪冲掉了。在这次喷发以前,这一部分海洋在 1691 年和 1720 年都有地震的记录。以前已经说过,冰岛海岸附近的新岛,也是 1783 年形成的火山岛;在同一个海岸上,雷启亚维格附近,1830 年 6 月的喷发,也产生了一个小岛[2]。

格雷汉岛[3](1831)　关于 1831 年在地中海里出现的新火山岛,我们有更近和更为详尽的报道,这个岛的位置,在西西里岛西南海岸和卡台基古城所在的非洲突出部分之间。岛的地址不是最初所说的"纳里塔"大浅礁的一部分,而是在史梅斯舰长(海军上将)几年以前测量过、深度在 100 英寻以上的地点[5]。

图 96　1831 年 8 月 7 日从南南东方向 1 英里以外所看见的格雷汉岛峭壁的形状[4]

岛的位置(北纬 37°1′30″,东经 12°42′15″)大约在西西里岛的西亚卡西南 30 英里,和在潘特拉里亚岛东北 33 英里[6]。6 月 28 日,大约在看见喷发之前两星期,马尔可姆爵士坐船经过这里的时候,感觉到地震的震动,似乎船只触了礁;西西里岛的西海岸上,也感觉到同样的震动,方向从西南到东北。大约在 7 月 10 日,一艘西西里船的船长柯拉倭报告说,当他在这个地点附近经过的时候,他看见一个高 60 英尺、周围 800 码的水柱,从海里向上冲;不久以后,它变成了一股浓厚的蒸汽,升高到 1 800 英尺。7 月 18 日从菊根提回去的时候,柯拉倭发现一个 12 英尺高、中部有一个喷口的小岛在那里喷出火山物质和巨大的蒸汽柱;周围的海洋中,布满了火山渣和死鱼。火山渣是褐色的,在圆形盆地里沸腾的水,则呈暗红色。强烈的喷发活动,一直延续到月底;在这一段时间,有几个人曾经

① Van der Boon Mesch, de Incendiis Montium Javae, etc. Lugd. Bat. 1826; and of Official Report of the President, Baron Van der Capellen; also, Von Buch, Isles Canar. , p. 424.

② Journ. de Géol. , tome. i.

③ 在本书前一版,我在 7 个名种之中选择了 Sciacca;但是皇家地理学会现在采用了格雷汉岛;这个名称是第一个登陆的海军舰长沈豪思命名的。7 个相同的名称是:Nerita, Ferdinanda, Hotham, Graham, Corrao, Sciacca, Julia。这个小岛露出海面的时期,大约只有 3 个月,在这种情况下,有这许多同义语实在是多余的,动物学和植物学记录中的同义语,可能还没有这样多。

④ Phil. Trans. 1832, p. 255.

⑤ Journ. of Roy. Geograph. Soc. 1830—1831.

⑥ Phil. Trans, pt ii. , 1832,用伍德豪士舰长所画的图缩小的。

到那里去考察,其中包括史文邦舰长和普鲁士的地质学家霍夫曼。当时岛的高度是 50 英尺到 90 英尺,周围 3/4 英里。有些记载说,在 8 月 4 日,它升高到 200 英尺,周围扩大到 3 英里;此后,它受波浪作用的影响,开始缩小,在 8 月 25 日,周围只剩下两英里;到了 9 月 3 日,据伍德豪士舰长的详细考察,周围只有 3/5 英里;当时的最高的高度是 107 英尺。在这个时候,喷口的周围大约 780 英尺。9 月 29 日,当 G. 普里伏斯脱到那里去考察的时候,岛的周线已经缩短到 700 码。它完全是由疏松的喷发物质、火山渣、浮石和火山弹组成的;这些物质形成整齐的层次,据有些记载说,一部分地层和喷口的内向倾斜相平行,一部分像维苏威山的地层一样,向外倾斜[①]。如果连续降落的喷出物质的分布,是决定于它们所堆积的两个陡坡——外锥的斜坡和常常形成空倒锥式的喷口的斜坡——那么它的横剖面可能像图 99 所示。但是 1828 年我到维苏威山去考察的时候,我没有看见火山渣层向火山锥轴心倾斜的情况(见图 73)。这种现象,原来可能存在,但是爆炸或陷落,或者产生 1822 年大喷口的任何作用,都可能把它们毁坏。

从格雷汉岛抛出的石块之中,有几块的直径超过 1 英尺,其中还夹杂有白云质石灰岩的碎块;这是唯一的非火山岩物质。在 8 月间,新岛西南的海中,海水受到非常猛烈的激荡,同时还经常升起一股浓密的白色蒸汽柱,这种情况表示,在海面以下不太深的地方,还有一个喷口。将近 10 月底,喷口完全消失了;除了在一个地点还留着一个火山沙和火山渣组成的小丘外,整个小岛,几乎被削成像海面一样平。有的报告说,在第二年(1832)年初,岛的所在地,已经有 150 英尺的深水,但是这种记载是完全错误的;因为在那一年的年初,史文邦舰长在那里发现了一个浅礁和混浊的水,在 1833 年年终,它变成了一个围圆大约 3/5 英里的卵形危险暗礁。礁的中部,在水面以下大约从 9 英尺到 12 英尺的地方,有一块直径大约 26 英寻的黑色岩石;岩石的四周,是黑色火山岩石块和松沙组成的浅洲。离开这个中央岩体 60 英寻的地方,深度增加很快。在大礁西南 450 英尺的地方,水面以下大约 15 英尺,还有一个由岩石组成的浅洲,周围也有深海。无可置疑,大礁中部的岩石,是从主要喷口中上升的坚硬熔岩,而第二个浅洲,是代表 1831 年 8 月在岛的西南所看见的海底喷发。

从以上所罗列的事实来看,这个 800 英尺高的山,显然是海底火山喷口形成的,但是只有上部(只有 200 英尺高)露出海面,造成一个小岛。火山锥的规模,似乎可以和埃特纳山边最大的侧锥相比拟,而它的高度大约等于 1759 年在墨西哥形成的佐鲁罗山的一半,但是后者的形成却需要 9 个月。抛出火山渣的气体发泄,在新火山的中央维持着一个大坑;液态熔岩可能就从这个喷口上升。锥顶附近有小型次要喷口,也是普通火山常有的现象,格雷汉岛可能也有一个这样的喷口;这种小口,可能和弹性液体、火山渣和熔融熔岩所行经的主要通道相连接。熔岩似乎不是从这个通道和主要喷口溢出的;它们可能从锥的侧面和基部流出(陆上常有的现象),而在海底上散布成一片宽阔的薄层。

---

① 见 Memoir by M. C. Prevost, Ann. des Sci. Nat. tom. xxiv。

图 97　1831 年 9 月 29 日,格雷汉岛内部的景象

图 98　格雷汉岛,1831 年 9 月 29 日[1]

图 99

图 100 中的虚线,代表现在被海水冲去的火山锥上部的理想线;实线是现在还留在海水下面的火山的一部分;火山的中央,有一个直径 200 英尺、充满了坚硬熔岩的大柱或岩脉,上升的气态熔液就从这里升出地面;在

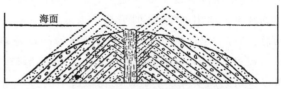

图 100　格雷汉岛的理想剖面(C. 麦克拉伦)[2]

岩脉的每一边,是成层的火山渣和熔岩碎块。现在在暗礁中心看到的黑色岩石,抵抗海

---

① 　所附的图 98,是与普里伏斯脱教授同行的姜维尔画的,地层似乎向喷口中心倾斜;但是普里伏斯脱告诉我说,这位艺术家在图上所画的线条,并不代表地层的倾斜。

② 　Geol. of Fife and the Lothians, p. 41. Edin. 1839.

水运动的能力比较强,而周围的疏松凝灰岩,则被削到略低的水平。这样一来,原来在岛的最低部分的熔岩,或者,说得更准确一些,在岛的存在时期,从来没有升出海面的部分,现在变成暗礁的最高点。

在喷发期间,或从岛屿失踪之后,没有看到任何现象可以用来支持某些作者所主张的、一部分海底地层曾经全部隆起的意见。

约翰•台维博士说,固体产物的形态区别比成分的区别大,不论它们是火山沙、轻的火山渣、还是多孔的熔岩。熔岩含有辉石;比重是 2.07 和 2.70。如果把浮在海上的火山渣捣成细粉,把其中所含的大部分空气去掉,它的比重是 2.64;喷发时喷出的一部分火山沙,是 2.75[①];所以这些物质的重量和坚硬情况,与普通花岗岩相等。唯一有大量泄出的气体是碳酸气[②]。

大西洋中部的海底喷发 在 1835 年的《航海》杂志(*Nautical Magazine*)642 页和 1838 年的 361 页,以及 1838 年 4 月的《评论》杂志(*Comptes Rendus*)中,都有关于从 18 世纪中叶起,在赤道以南半度,西经 20°和 22°大洋中的一系列火山现象、地震、海水激荡、漂浮火山渣和烟柱等的记载。达尔文说,这些事实似乎表示,大西洋的中部,现时正在形成一个岛或一个群岛:如果把连接圣•海伦那和阿申兴岛的一条线延长,它可以和这个正在缓慢发展的初期火山活动中心相交切[③]。假使这种活动最后在这里形成一块陆地,它也不是自从这一部分海洋有现在的介壳物种以来,火成作用在大西洋中产生的第一个岛。在圣吉戈的浦拉耶港(亚速尔群岛之一),有一层含有现代海生介壳的水平钙质层,被覆盖在一大片 80 英尺厚的玄武岩下面[④]。如果在今后两三千年中,它们在圣•海伦那和阿申兴之间的大洋中形成一群岛屿,它们在商业和政治上的重要性,很难估计得过高。

1730 年到 1736 年兰塞洛脱岛的喷发 1730 年和 1736 年之间,卡内里群岛之一兰塞洛脱岛,发生了一次爆发;1815 年冯•布许曾经到那里去考察了一次,发表了一篇关于这一次喷发的详细记述,并且把以前留传的记载,与这个区域的现状和地质现象作了比较。这一次喷发持续了 5 年,在喷发期间,繁荣的圣•卡太来那市和几个其他地点,都被掩埋在 400 英尺厚的熔岩以下。它在一条近于东西向、长两地理英里的直线上,造成了 30 个火山锥。最高的锥,高出基部大约 600 英尺。弹性液体所由逸出的地下裂缝,似乎是在第一个喷口被固态熔岩或抛出物质堵塞之后,陆续在新的地点开裂和加宽的。在一个 1815 年还没有封闭的裂缝中,冯•布许看见它泄出热蒸汽,温度为 145°F,再下面可能达到沸点。泄出的气体,似乎都是水蒸气;但是它们一定不是纯净的水蒸气,因为裂隙的两侧,结有一层硅华外壳(一种蛋白石似的白色含水二氧化硅),有时几乎达到中心。这一重要事实证明,在喷发之后,化学作用已经继续了很久;同时也表示,敞开的裂隙,怎样可以被由火山喷气升华的矿物物质所填满。

在这一系列的喷发期间,历次散布在岛的海岸上或浮在水面上的死鱼数量,据说难以形容,特别在熔岩流入海的地点;有些鱼种是从来没有看见的。这也是有地质学意义

---

① Phil. Trans. 1832,p. 243.

② Ibid.,p. 249.

③ Darwin's Valcanic Islands,p. 92.

④ Ibid.,p. 6.

的事实之一,因为许多古代的鱼化石,例如在波尔加山发现的种类,是保存在火山凝灰岩或保存在和火成岩同时形成的泥灰岩里面的。1824 年 8 月,兰塞洛脱岛在雷雪夫港附近又喷发了一次,形成一个火山锥和喷口;1850 年哈通还看见它在泄出蒸汽[①]。

散 托 临 湾

希腊群岛中的散托临湾,2 000 年来一直是一个火山活动的舞台。这一群海岛(一般通称散托临群岛)的外围有 3 个岛,其中最大的一个叫做特拉岛(有时称散托临岛),它占据海湾周围边岸 2/3 以上(见图 101)。其余两个岛,叫做特雷西亚岛和阿斯普朗尼西岛,3 个岛组成的外围海岸线,总长约 30 英里,内围海岸线大约 18 英里。海湾中央还有 3 个岛,分别称为小、新、老"凯敏尼岛"或"火烧岛"。这里所附的地图,是用 1848 年格雷夫舰长所画的海军测量图缩小的。

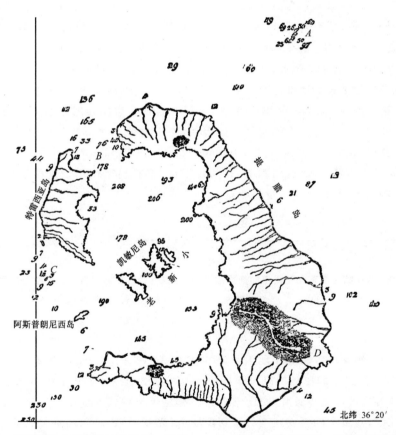

图 101 希腊群岛中散托临湾的地图。根据 1848 年格雷夫舰长的测量。锤测以英寻为单位

A. 1650 年喷发所形成的暗礁。*B.* 北口。*C.* 孟塞尔暗礁。*D.* 圣·依利亚山,高 1 887 英尺。

---

① G. Hartung, Lanzerote und Fuertaventura. 1856.

普林内告诉我们说,老凯敏尼岛是纪元前 186 年出现的,它也叫做希拉岛或"神圣岛";公元 19 年,海面上又露出一个岛,叫做提亚岛(神岛),后来的喷发,不久就把它和老岛连接在一起,它们之间的距离原来只有 250 步尺。老凯敏尼岛的大小,在 726 年和 1427 年陆续都有增加。一个半世纪之后,即在 1573 年,另一次喷发,产生了小凯敏尼岛或"小火烧岛"的火山锥和喷口。记载中的另外一次喷发,是在 1650 年,其时海底的爆炸,在特拉岛东北 3.5 英里的地方,猛烈地激动了海水,形成了一个暗礁(图 101,A);根据格雷夫舰长的详细测量,它是在水面以下 10 英寻,周围的水向四周加深。这一次喷发延续了 3 个月,海面上漂满了浮石。同时的地震,在特拉岛上毁坏了许多房屋,而袭击海岸上的海浪,冲坍了两个教堂,并且在圣·史蒂芬山两边,各露出一个村庄;它们一定是被以前喷发的火山物质的阵灰所埋没的,其时代已经无从查考[1]。同时在海里泄出的硫黄和氢气,伤害了 50 个人和 1 000 以上的家畜。50 英尺高的波浪,也向四里格以外的尼亚岛石岸冲击,并向西启诺岛的内地冲进 450 码。最后,1707 年和 1709 年,在老岛(又名帕拉亚岛)和小岛(又名米克拉岛)之间形成了新岛或新火烧岛。它原来分成两部分:首先升出水面的部分,原来称为白岛是由极端多孔的浮石块所组成。据当时在散托临湾的耶稣会教士戈里说,这种岩石像"面包一样容易切开",他说,当居民登陆的时候,他们发现无数长成的新鲜牡蛎,粘在岩石上[2]。这一层岩石,后来大部分被同时形成的两个孪生岛的喷口中喷出的物质所覆盖;孪生岛又名黑岛,是由褐色粗面岩组成的。从这里上升的粗面岩熔岩,似乎长期地维持着膨胀状态,因为新凯敏尼岛,有时一边在下降,另一边却在上升,而在离开海岸不同距离的地点,每每有岩石升出海面然后不久又失踪的现象。1711 年和 1712 年之间,它又间歇地恢复活动,终于堆成一个高出海面 330 英尺的火山锥,锥的外坡和海平形成 33°的倾角,山顶喷口的直径是 80 码。除了新凯敏尼和小凯敏尼岛两点的露天喷发外,最近的测量,在凯敏尼诸岛附近的水下,发现了两个火山锥,它们表示年代无从查考的海底喷发的地点。

图 102　散托临湾从东北到西南的剖面图,即从特拉岛经过凯敏尼各岛到阿斯普朗尼西岛

a. 老凯敏尼岛。b. 新凯敏尼岛。c. 小凯敏尼岛。d—d′ 白色凝灰质集块岩
或含有褐色粗面岩碎块的抛出物的大覆盖层。

关于 1707 年戈里考察过并且作了叙述的"白岛",我们应当感谢 E. 福勃斯,因为他在 1842 年详细考察过组成该岛的浮石状灰层。他在这里面找到了隶于圆蚶、蛤、心形蛤、斑螺以及其他各属的海生单贝和双贝介壳,它们都是属于现代的地中海物种。它们的保存情况非常完好,双贝类的表皮还没有受到破坏,双壳紧闭,表示它们是突然遇难的。由于他对生活在地中海各种深度的介壳动物的习性深有研究,因此他肯定地说,这样一个生

---

[1]　Virlet,Bull. de la Soc. Géol. de Frauce,tom. iii, p.103.

[2]　Phil. Trans. No. 332.

物种群的生活地点,不能浅于 220 英尺,所以整个块体必须从原有的位置上升这样的幅度,才能把这一层火山灰和介壳提升到海平面,它们现在已经升出海面五六英尺[①]。

我们可以把这一部分坚硬岩体的局部上升,比之于火山渣硬壳的隆起;熔岩流表面上的火山渣,虽然已经硬化并且能于支持重载,它有时会向上拱起,但是不会被下面熔融物质的膨胀所冲破,即使岩流在流动的时候也是如此。读者可回想一下我以前所说的情况(第一册),即 1834 年亚比奇在维苏威火山喷口内目睹的熔岩硬壳隆起现象。附近的凯敏尼各岛,尤其是比较远的三个外围海岛,都没有参加这次运动的事实,证明这仅仅是局部的现象。

1866 年的喷发　1866 年 2 月,新凯敏尼岛又发生了一次喷发。在 1 月底,西南岸以外的海水开始沸腾,到了 2 月 11 日,新老凯敏尼岛之间,海洋图上作有 70 英寻记号的部分,深度只剩了 12 英寻。据许密特说,海底的逐渐上升,一直继续到一个海岛露出海面,它后来被称为阿福罗沙岛[②](见图 103,*i*)。它似乎是由受了几乎不易察觉的蒸汽向上和向外压迫的熔岩所组成,而发出咝咝声的火山渣外壳中的每一个小孔,都在泄出蒸汽。海军司令布莱因说,"在锥的裂缝中虽然可以看出,岩石是炽热的,但是喷发是后来才开始的"[③]。2 月 11 日,东南海岸上,地面原来有局部沉陷的伏尔堪诺村,大部分被从附近新喷口中抛出的物质淹没了,据许密特说,它最后堆成了一个 200 英尺的小山,定名为乔治岛(图 103,*j*)。布莱因司令在 1866 年 2 月 28 日爬到新凯敏尼岛上高约 350 英尺的喷口顶部,俯视当时正在活动的新喷口。整个火山锥,当时像波浪似的左右摇摆,有时好像在

图 103　1866 年 2 月火山喷发期间散托临湾的鸟瞰图

a. 特雷西亚岛。*b*. 北口,深 1068 英尺。*c*. 特拉岛。*d*. 圣·依利亚山,高出海面 1887 英尺,由粒状石灰岩和黏土板岩组成;它们是散托临湾中唯一的非火山岩。*e*. 阿斯普朗尼西岛。*f*. 小凯敏尼岛。*g*. 新凯敏尼岛。*h*. 老凯敏尼岛。*i*. 阿福罗沙岛。*k*. 乔治岛。

[①]　E. Forbes, Brit Association, Report for 1843, p. 177.
[②]　Schmidt, Cited by von Hauer.
[③]　Brine, Visit to Santorin, Royal Geographical Proc. Nov. 10th. , 1866, vol. x, p. 317.

膨胀，把锥胀到双倍的大小和高度，有时产生像支脉似的山脊，到了最后，随着蒸汽的怒吼，以及新喷口中岩石和火山灰的喷射，在锥顶上出现了一个宽阔的深坑；岩石和灰，是和烟雾一同射出的，数量很大，高达 50～100 英尺。落在离喷口 600 码的小凯敏尼岛的一部分石块，体积达到 30 立方英尺。经过这一幕之后，山脊慢慢地下沉了，锥也逐渐低落而坍塌了；经过几分钟比较安静的时期之后，它又开始活动，它的响声、活动程度和结果，和前一次的完全相同。从新凯敏尼岛的老喷口中泄出的一线蒸汽，证明新旧的喷口在地下是连接的[①]。

锥的高度最后升到 60 英尺以上的阿福罗沙岛，在 8 月间和主岛连接起来了。这至少一部分是由于海底的隆起，新老凯敏尼岛之间的水道深度，在海军图上（见图 101）原来是 100 英寻，现在只剩下 7 英寻。

从地图和剖面（图 101 和图 102）可以看出，三个凯敏尼岛是排列在一条直线上的，方向是从东北到西南，这种排列方式和老地图所画的不同。它们的最长直径的基部，形成一个山脊，几乎把海湾或喷口分成两半。

海湾中心的三个凯敏尼岛，虽作直线排列，我们可以把它们比之于维苏威山的近代火山锥，而把外围的特拉、阿斯普朗尼西和特雷西亚诸岛，比之于已经被毁的索马山老锥的遗迹。占据全部外围 2/3 以上的特拉岛，向海湾的一面，随处都是火山岩组成的高峻悬崖。悬崖基部附近，都有 800 英尺到 1 000 英尺的深水；雷昔斯透告诉我们说，如果能把这个直径 6 英里的海湾排干，就会露出一个碗状的深坑，在有些部分，壁的高度可达 2 449 英尺；就是最低的西南面，也不会低于 1 200 英尺；而凯敏尼诸岛，将在中央形成一座基部周围 5.5 英里的大山，山顶上有三个主峰（老、新和小火烧岛），高出深渊底部的高度，分别为 1 251 英尺、1 629 英尺和 1 158 英尺。这样露出的大锅子，除了特拉岛和特雷西亚岛之间，航海者称为"北口"（图 101，B 和图 103，b），或雷昔斯透叫它为"喷口门户"的一点有深而且长的峡谷外，全部都完整无缺。峡谷的深度不下 1 170 英尺，照锤测的情况看（图 101），在海底形成非常特别的形势。在其他外围各岛之间，没有同样的从海湾通到地中海的水道，它们最大的深度，是从 7 英尺到 66 英尺。

所以我们可以想象得到，如果过去有一个时期，散托临湾全部的位置比现在高 1 200 英尺，那么现在北口的狭窄峡谷或通道，是海水进入一个圆形海湾的唯一进口。

但在更早的时期，散托临可能是一个高峻的火山锥，在锥的边缘，可能有一个由一条当时排泄散托临的主要河流切出的深谷；锥的顶部，后来被一个和讨论埃特纳山波芙谷可能成因时所说的、像加隆贡火山那样的猛烈爆炸所截切，而现在的外围诸岛，就是这个老锥的遗迹。因此我们必须想象这个火山岛曾经向下沉陷和被局部淹没，才能解释现在的海湾和与河流侵蚀出来的古代峡谷相当的深海峡（图 101，B）的成因。

外围的各岛上，即特拉、特雷西亚和阿斯普朗尼西诸岛，都盖有极厚的一层均匀一致的火山物质，即图 102 中的 d，d'。许多考察者说，这一个大覆盖层，是浮石质的，但是佛勒特说，它是白色的凝灰集块岩，其中散布有褐色粗面岩的碎块。这一层火山岩很可能是破坏大锥和形成海湾的爆发的产物；三个凯敏尼岛，后来才在海湾中央出现。

---

① Brine，Visit to Santorin，Royal Geographical Proc. Nov. 10th.，1866，vol. x，p. 317.

除了特拉岛的南部外，所有特拉、特雷西亚、阿斯普朗尼西各岛，都是由火山物质所组成，特拉岛南部的圣·依利亚山（图 103, dd）高出海面 1 887 英尺，或比现在最高的火成岩高 3 倍[①]。这座山是由粒状石灰岩和泥质片岩所组成，它的时代比火山锥的任何部分老得多，老锥基部的一边，现在和它相接触。圣·依利亚山石灰岩和泥质片岩的倾斜、走向和破裂方向，与大锥没有关系，据圣文森特说，这些构造的方向，和希腊群岛其他岛屿的相同，就是说，从北北西到南南东。特拉、特雷西亚和阿斯普朗尼亚 3 个岛，都是由粗面熔岩和凝灰岩层组成的，倾斜只有 3°到 4°。每一层都很狭，并且不相连续，而陆续堆积的层次都镶嵌在或用佛勒特的语气，楔形似的接合在以前的火山灰阵雨或熔融物质所倾泻的参差不平的表面上。

佛勒特提出的一种重要事实，可以表示 3 个外围岛上的熔岩流，是从海湾中心向各方向作平缓倾斜，而不是像冯·布许推测的那样，由于水平地层的隆起；冯·布许从来没有到过散托临[②]。这位法国地质学家发现，粗面岩块里的小孔，向几个方向伸长，如果它们以火山锥喷口为中心向四面下泻的话，这种构造是很自然的。因为大家深知道，封闭在流动液体中的气泡，常成椭圆形，长轴的方向，总是和流动方向相同。

海湾周周的峭壁中没有岩脉，有利于我们在这里看见的是一个老火山锥基部遗迹剖面的学说。我们已经说过，在老维苏威山或索马山和埃特纳山，离原来的喷发中心很远的部分，都没有这样的岩脉。由此类推，我们可以有信心地断定，占据现在三个凯敏尼岛位置上、而且升出海面很高的散托临老锥的消失部分，是由贯穿有无数直立岩脉的陡倾斜熔岩层组成的。

如果我们采纳以上提出的臆说，我们必须假定这里曾经发生过 1 000 英尺以上的沉陷，才能说明东北的海峡（图 101, B 和图 103, b）是一个淹没的陆上侵蚀河谷。关于这一点，我们可以说，特拉岛的大部分，在 1650 年的大地震期间，的确曾经下沉；这次的沉陷不但可以用传说来证明，而且也可以用特拉岛东岸上连接两个地点一条公路现在淹没在水面以下 12 英寻的事实来作证明。我们无疑需要一连串同样的作用，才能实现这样大的沉陷。这种理由是否是解释这个海底深坑的最好学说，或者还有其他更好的学说，未来的地质学家，还应当做进一步的研究。

所以，从以上所提出的一切事实来看，我认为，我们应当把特拉和其他外岛上地层的平缓倾斜，归因于熔岩的自然流动，就是说，它们还保持着从大火山锥斜坡下泻时的原状，锥的主要喷口，始终是在现在的所在地，或海湾的中心区域，也就是在有史期间 3 个凯敏尼山爆发的地方。喷口中有一个长而且深的裂口，是所有老火山遗址上中央部分被毁后的普通现象，这可能和水的剥削作用有关。散托临较老火山岩层的年代，根据福克在 1866 年采集的海生介壳来判断，是属于新上新世。

巴伦岛 孟加拉湾中北纬 12°15′的巴伦岛的构造，和刚才讨论过的散托临湾十分相似。从海上看，岛的各方面，几乎都是不毛的瘠地，并以平缓的坡度，向内地逐渐升高；但在一个地点有一个缺口，我们可以从这里进入岛的中心。岛的中心有一个直径在 8 000

---

① Virlet, Bull. de la Soc. Gèol. de France, tome iii. p. 103.

② Poggendorf's Annalen, 1836, p. 183.

英尺以上的大圆形盆地,四周都是陡峻岩壁,中央有一个常在喷发的火山锥。包围盆地的圆形边缘的高度,各人估计不同。照 1857 年到这里考察过的冯·李比许估计,它们的高度大约 1000 英尺,即与现代火山锥的高度相等,所以必须通过小缺口,才能看见锥。锥边的坡度,大约是 35°～40°。照一部分较老的记载,盆地中当时已经有海水,但是冯·李比许说,在他考察的时期,盆地里没有海水,而一股 10 英尺高的黑色熔岩流,可以从内部追踪到出口的地方;在通道或缺口的一边,有一个高出海面 20 英尺、全部由火山凝灰岩的滚圆小砾组成的海滩,这种现象表示岛屿上升的幅度。巴伦岛的外围(图 105, c, d),很可能不过是一个截顶火山锥的遗迹,c, a, b, d, 老锥的大部分已被爆炸毁掉,而这一次爆炸的时期,可能是在形成新内锥 f, e, g 之前[1]。

图 104　孟加拉湾中,巴伦岛的火山锥和喷口中央锥的高度(按照密勒 1834 年的估计),是 500 英尺[2]

图 105　孟加拉湾巴伦岛的理想剖面

泥　火　山

冰岛　彭生教授在他所著的冰岛假火山现象的论文中讲到许多河谷,其中硫质水的蒸汽,冲破火山凝灰岩所形成的热泥土,发出咝咝的响声。在这样的地点,都有一个沸水塘,塘中的青黑色泥浆,形成巨大的气泡。这些气泡,冲破了沸腾的泥浆之后,升高到 15 英尺以上,并在喷口周围或泉水盆地中堆成小丘。

里海沿岸的巴库　1827 年 11 月 27 日,巴库以东阿普歇伦半岛上的托克马里地方,形成了一个新的泥火山。光亮的火焰,在最初的 3 小时内,上升到异常的高度,但在后来的 20 小时内,只高出喷出泥浆的喷口 3 英尺。在同一区域的另一个地点,也发出火焰,并把大块的岩石,冲入天空,向四面分散[3]。

西西里岛　西西里岛菊根提附近的马卡柳巴地方,有几个 10 英尺到 30 英尺高的锥状小丘,它们的顶上都有小喷口,并且喷出混有泥浆和沥青的冷水。这些泉水,也泄出炭酸和硫化氢的气泡,它们有时相当猛烈,把泥浆上冲到 200 英尺高。这些小丘有时叫做"空气火山",在过去 15 个世纪中,它们一直在活动;照陶本耐博士想象,泄出的气体,可

---

①　Von Liebig, Zeitschrift der Geologischen Gesellschaft, vol. x, p. 303,1858.

②　这张图是冯·布许的霍斯堡船长在 1803 年看见喷口在冒烟。

③　Humboldt's Cosmos.

能是硫黄层缓慢燃烧的产物,这种过程,在泉水所由涌出的青色黏土中,确实在进行[1]。但是因为这些气体的性质和火山喷发时飞散的气体很相像,它们可能有更深的来源。

印度的贝拉 在印度河口和克切西北大约 120 英里,属于勒斯县的贝拉地方的南面(见图 111),有一个面积不小于 1000 方英里的地区,分布着无数泥火山。其中的一部分,已经由哈特船长和后来的罗伯孙船长作了详细的叙述;罗伯孙曾经到过这个地方,并且对它们的风景作了素描;我很感谢他准许我用他的图。图 106 就是其中之一。这些锥形小山是在哈拉山和赫白河的西面(见图 111)。有一个高约 400 英尺的锥,是由淡色泥组成的,山顶上有一个直径 30 码的喷口。充满喷口的液态泥浆,不断地被气泡所激动,并且随地堆成小锥[2]。

图 106 印度河口西北 120 英里,勒斯县的贝拉附近,兴拉居的泥火山锥和喷口。根据罗伯孙船长的原图

(参看本书图版Ⅲ)

喷发的频率和地下火成岩的性质 当我们提到我们时代的火成岩的时候,我们所指的是:在喷发时期被熔融状态的弹性溶液从内部挤出地面、逐渐在海里或空中冷却的那小部分岩石,不论它们是熔岩、火山渣、还是火山沙。但是我们无法达到在地面以下很深的地方、在等于几百或几千大气压的压力下固结的部分。

在上世纪(18 世纪),欧洲的 5 个火山区,就是维苏威区、埃特纳区、武耳卡诺区(利帕里群岛之一)、散托临区和冰岛区,大约一共发生了 50 次喷发;但在希腊群岛和冰岛附近的许多海底喷发,无疑被忽视了。其中的一部分,没有流出熔岩,但是另一部分则相反,如 1783 年喷发的斯加普塔・佐库尔,则流出大量的熔融物质,而且连续到五六年之久;这种长期的活动,只作为一次喷发看待,它们将补偿力量较弱的喷发。如果欧洲的活火山,等于地球上已知活火山的 1/40,而且它们活动程度和其他区域的火山相等,那么地球上每一个世纪应当有 2000 次喷发,就是每年大约 20 次。

所以,火的作用在地面上所产生的岩石虽然很少,我们必须假定,现时经常在进行的地下变化,应当异常之大。如果把最高的火山锥和从它们喷口中流出的熔岩,和地下的火成产物相比较,它们的规模,一定微不足道。对于后者的产物,或者现时在地球内部形成的火成岩,不论它们是在裂缝中和洞穴中冷却或在熔岩湖中固结,我们可以无疑地断定,它们一定比普通熔岩重,孔隙比较小,结晶也比较完全,即使它们的矿物组分完全相同。因为在实验室中造成的最硬人造结晶,需要的时间最长,所以我们必须假定,以不易觉察的速度在漫长的时期内冷却的熔融物质所产生的各种矿物,一定比在人类观察的短

[1] Daubeny, Volcanos, p. 267.

[2] 见 Buist, Volcanos of India, Trans, Bombay Geol. Soc. vol. x. p. 154, 和 Capt. in Robertson, Journ. of Roy. Asiat. Soc. 1850。

时期内通过自然作用形成的任何矿物坚硬得多。

然而这些地下的火山岩石，决不能像水里沉积的沉积岩那样形成层理，虽然当大块的熔岩从熔融状态固结的时候，它们可以分成天然的界线；因为许多熔岩流就有这种现象。我们可以预料得到，这一类岩石可以被地震震破，因为这些都是地震区域常见的岩石，而所形成的裂隙也常被同样的物质所灌注，所以结晶岩的岩脉，常常横贯在同样成分的岩体之中。这样的岩体，显然不会包含有机遗体，下面潜伏有整块深成火成岩体的含化石地层，情形也是如此，因为从下面上升的热，和把矿物组分化成液态所需要的热量，一定要毁坏含在岩石中的所有有机遗体。

如果一系列的上升运动，后来把这样的岩块像海相沉积层在极长的时期内升到最高的山顶那样升出地面，我们不难预测，地质学家可能会遇到许多紊乱的问题。他在某一个山脉里研究的，可能是莱布尼茨时代在安第斯山、冰岛和爪哇下面几英里深的地方所产生的火成岩，而得出的结论，可能和这位哲学家从远古时期的某些火成产物所得的结论完全相同；因为照他的推想，我们的地球，在无限长的时期内，是同彗星一样，没有一个海洋，也没有水生和陆生的动物。

第二十八章　地震和它们的影响

地震和它们的影响——古代记录的贫乏——通常的大气现象——现代地震所产生的变化,按照年代叙述——新西兰的地震——陆地的持久隆起和沉陷——在岩石中形成的一个断层——1837 年叙利亚的地震——1837 年和 1835 年智利的地震——圣太·玛利亚岛上升了 10 英尺——智利,1822 年——上升区域的范围——1819 年克切的地震——印度河三角洲的沉陷——1815 年的松巴洼岛——1812 年卡拉卡斯的地震——1811 年密西西比河流域新马德里的震动

在第二十三章中讨论火山区域疆界的时候,我曾经说过,火山喷发点的分布虽然非常稀疏,仅仅在那些广大区域的地面上形成几个点,然而和它们同时发生的地下运动,影响范围却非常广阔。我们现在可以继续讨论这些运动在地面上和地壳内部构造中所引起的变迁。

古代记录的贫乏　自从 1688 年胡克发表了关于地质现象和地震关系的意见以后的两个世纪中,地震所造成的永久变迁,才引起人们的注意。在此之前,历史学家的记载,几乎全部局限于死亡的人数,城镇的破坏情况,财产的损失,或使观察者昏眩恐怖的某些大气现象。新湖的出现,城市的陷落,或新岛的隆起,有时也有记载,因为它们非常显著,或在地理上或政治上有很大的意义,所以不容忽视而不予记录。但是他们没有特别为确定地面升降幅度,或者海陆相对位置的任何特殊变化进行过研究;而地面的上升,究竟是由于火山喷发物的堆积,还是由于地下力的作用,也没有加以明确的区别。这样的批评,也适用于大部分现代的记载:这种缺点是很惋惜的,因为如果眼见这些事变的人,受了科学研究精神的鼓舞,他的记述,必定对于说明地球构造经过的变迁有一定的贡献。

伴随地震的现象　因为以下的讨论,将集中于地震在地壳表面上所引起的变迁,我想先把历史上记载这些可怕灾害时一般都描写的伴随现象作一简述,以免以后屡次重复。震动前后季节的失常;突然的狂风被死沉沉的静寂打断;在非常季节或通常几乎无雨的地方,忽然发生暴雨;太阳边缘的红光,和空气中的阴雾,常常连续几个月;土地中发出含有硫质和有毒的带电物质或可燃气体;地下响声很像马车在狂奔,或者像大炮在轰击,或者像远处的雷声;动物的悲鸣,证明它们的恐慌,因为它们对极微运动的感觉,比人类灵敏得多;人类有晕船和头晕目眩的感觉——自从远古以来,这些和其他与地质学关系较少的现象,在地球各部分都曾经屡屡出现。

我现在拟开始列举最近有可靠记录的地震,然后逐步回顾,如此我首先可以向读者提出近代的详细和实际细节,使他可以从过去 170 年中所发生的变迁,看出早期记载是怎样贫乏。

19 世纪的地震[①]

新西兰(1855)—陆地的持久隆起和沉陷　可能没有一个说英语的国家,地震,或者说得更准确一些,产生这种运动的地下作用,在地质上所造成的变化,更比新西兰为活跃的了。自从捕鲸者或移民最初知道这个群岛时起,它的不同部分,不断受到地震的骚扰。

多年在新西兰传教的 R. 台乐教士说,1826 年,1841 年和 1843 年的三次震动,各有各的主要破坏中心。1823 年,得斯开湾以北 30 英里,原来有一个名为吉尔的小湾;这是捕海豹者常到的地方,因为有高岸可以避风,适宜于停泊船只,况且近岸的海水很深,他们可以从船上踏上岸边。

经过 1826 年和 1827 年的连续地震之后,一部分海岸完全变了样,以前的地形已经无法认识了;小湾成了陆地,海岸附近的海水下面可以看到树;它们可能被山崩带入以前原来是深海的地方,因为据说当时有大堆的物质,从山上泻入海洋。这位作者又告诉我们说,1847 年,在南岛西岸发现了一个船壳。它的位置是在海岸向内地 200 码;一般认为,这是 1814 年失踪的"勤奋号"(Active)。一棵小树穿过船底向上生长,照台乐的意见,这里的海岸曾经上升,致使海洋从船只搁浅的老海岸后退了 200 码;但是必须经过更准确的考察,我们才能断定它不是在地震期间被海浪冲上海岸的,因为近代的这样波浪,曾经在秘鲁和其他地区的内地高燥地方,留下许多大船[②]。当地人民曾流传说我们的最早移民每 7 年会遇到一次大地震;这种准确的周期性,虽然没有证实,但在 1/4 世纪中的平均震动次数,似乎不下于上述的估计。

1856 年,我在伦敦曾经有一个机会和三个人谈过话,他们都是有科学修养的观察家,并且看见前一年 1 月间在新西兰发生的一次大地震。他们中的一位是皇家工程处的罗白兹,一位是著名地质学家的儿子曼脱尔,第三位是南岛的地主威尔得[③]。这一次地震是在 1855 年 1 月 23 日发生的,震动最剧烈的地点,是在尼可尔孙港(见图 107)东南几英里柯克海峡最狭部分;但是在离海岸 150 英里的船上,也感到震动,受震的海陆面积,估计为 360 000 平方英里,比不列颠各岛大 3 倍。据罗伯兹说,在北岛的威林顿四周,有一片 4 600 平方英里的陆地(不比纽克郡小多少),持久地上升了 1 到 9 英尺。在威林顿以北 16 英里的海岸上,看不出有上升的痕迹,但从这一点到尼可尔孙港口东面的彭卡罗角(见图 107),隆起的幅度,沿着雷莫塔加山东翼继续逐渐增加,垂直高度一直增加到 9 英尺。这一

---

① 从本书第一版出版之后,又发表了许多关于近代地震的文献;因为它们没有提出新的原理,我只得割爱,以免增加篇幅。冯·霍夫不时在 Poggendorf's Annalen 中发表 1821 年到 1836 年之间的地震表;只要参阅这种表,读者就可以看出,在地球的某些部分,每月必定有一次或几次震动。我也请读者参考 Mallet's Dynamics of Earthquakes, Trans. Roy. Irish Acad. 1846;1849 年海军手册中的地震一节;和 Mr. Mailet's reports on earthquakes, to British Assoc. 1850 年,1852 年及 1858 年,其中包括从公元纪元前 1600 年到纪元后 1842 年已知地震的全部目录,此外还有 Alexis Perrey of Dijon 教授那时发表的地震记录。该教授所著的关于 1842 年以后地震和火山的一系列论文,都在比利时皇家科学院发表,其中还讨论地震的起因和后果。也请看 Hopkins' Report, Brit. Assoc. 1847—1848。

② Rev. R. Taylor, "New Zealand and its Inhabitants," London, 1855.

③ 我把谈话记录发表在 Bulletin de la Soc. Géol. de France, 1856, p. 661。

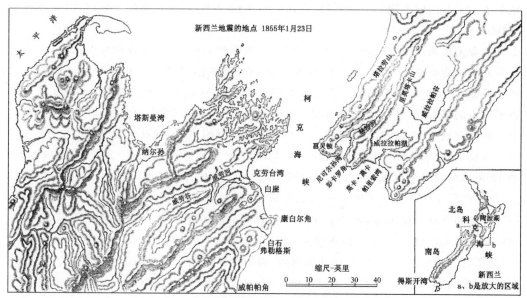

图 107　新西兰地震的地点,1855 年 1 月 23 日

个山脉的终点,在尼可尔孙港和帕里索湾之间的柯克海峡,形成一个高出海平面 4 000 英尺的具有陡坡的高海岸。垂直运动,突然在这里沿着山脚停止了,没有影响到东面叫做威拉拉帕平原的低地(图 108B)。在上述区域内,从西北到东南方向的最大和最小隆起之间的距离,大约 23 英里,所以这表示上升面积的宽度。在 1 月 23 日前后,罗伯兹都在尼可尔孙港港口和岸上执行政府委派的任务,因此他有

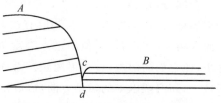

图 108　莫卡·莫卡悬崖上,泥板岩和第三纪地层的接触情况①

A. 泥板岩。B. 第三纪地层。c,d. 垂直裂缝和断层线。

机会详细观测陆地上各点的水平变迁,特别是观察在威林顿东南 12 英里、雷莫塔加山东翼向南伸入柯克海湾的莫卡·莫卡海岸悬崖。这里可以看见一段显明的断层线 c,d(图 108),在 A 一边的岩石,垂直上升了 9 英尺,而 B 方的地层,没有变动。据曼特尔说,隆起的岩体 A,是泥板岩,具有一般黏土板岩的组分,但是没有纹理。它在向海峡方面,构成一个几百英尺高的悬崖,而东面露出的第三纪水平地层,则形成一个不超过 80 英尺的低悬崖。第三纪地层是海成的,上面已经说过,没有参加垂直运动。老岩石在低潮以下的时候,表面上原来盖有一条珊瑚藻构成的白色条带。罗伯兹就根据这条带位置的变迁,精确地测出了持久上升的幅度。在地震之后几小时内,这一条白色条带,比以前的水平升高了 9 英尺。在震动之前,除在低潮的一段短时间内,莫卡·莫卡垂直悬崖基部和海洋之间,没有可以登陆的余地;因为牧人必须等待低潮才能把他们的牛羊群赶过悬崖,因此罗伯兹在这里筑了一条路。但是紧接着隆起之后,海滩升出了海面,在悬崖下面形

_____

①　这张剖面图是我根据报告者告诉我的情况画的,所以只能作为说明之用。

成一个 100 英尺以上宽的平缓斜坡,在任何潮水情况下,都有足够的余地,以供人和牲畜通行。

沿着上述断层线上的新老岩石接触带,一直延伸到内地,它在雷莫塔加山脚,现出一排南北向的连续悬崖,老的岩石向东或向第三纪沉积物组成的威拉拉帕大平原成一陡坡。根据住在柯克海峡以北 60 英里威拉拉帕流域的居民波雷斯的报告,一排 9 英尺高近于垂直的新峭壁,使沿着悬崖基部的断层线更为明显,这条线大约向内地延伸 90 英里。在许多地方,断层线形成敞开的裂缝,落在里面的牛羊,往往无法挽救,有时形成 6 到 9 英尺宽、填满软泥和松土的裂缝。与 1 月 23 日的垂直运动同时,莫卡·莫卡以西大约 12 英里的尼可尔孙港港口以及赫特河谷,也上升了四五英尺,在港口以东的幅度较大,以西的较小。离爱文思湾不远的巴雷石礁,在最低潮期间,原来在水面以下两英尺,因为一只船在这里触礁了,于是装了一个浮标来指示它的位置。但在地震之后,它在低潮期间凸出海面近 3 英尺。赫特河满潮的高度,也因为地震而显著地减低。在震动期间,海里的大浪曾经滚上海岸,在几星期内,潮汐很不规则。死鱼被波浪冲到威林顿的跑马场上,据曼特尔说,在柯克海峡航行的船只,也遇到无数漂在海面上的死鱼,有些是渔人从来没有见过的种类。

住在海峡以南南岛上的威尔得告诉我说,除了 23 日的地震外,他在第二天早上还感到一个同等强烈的震动;海浪沿着海岸向内地冲进 50 英里。在康白尔角和威帕帕之间的弗勒格斯地方(见图 107),当时有些人正在那里搬运木材上船,他们明显地看见地震从北面 3 英里的"白石"向他们走。沿途山顶石块的滚落,山崩和尘土的飞扬,以及海浪的冲击,使它们的前进,看得很清楚。总而言之,南岛的震动面积,不如威林顿周围的隆起区域大,而海峡以南的运动方向,恰恰相反,大部分是向下的。威劳河谷和一部分邻近海岸,下沉了 5 英尺,所以流入威劳河的潮水,比以前深入上游几英里;因此在地震以后取用淡水的船,不得不向上游多走 3 英里去取得供给。

在地震期间,不论南岛和北岛都没有火山喷发;但是当地人肯定地说,陶波温泉的温度(图 107 右下角的小地图),在发生灾害之前不久,有显著的增高。

有些人说,尼可尔孙港周围的陆地,1 月份隆起了几英尺之后,在后来的七八个月里,即在 1855 年 9 月以前,又下沉了几英寸。我现在要对以前各节所说的变化和刚才所说的问题作一结论。罗伯兹在地震之后 3 个月离开新西兰的时候,隆起的地面并没有下沉,他深信,如果这里发生过任何变迁,即使极微,他决不会不注意到。他肯定地说,在地震后的 10 个星期中,彭卡罗角的海岸,一定没有任何沉陷;但是尼可尔孙港港口和其他部分的潮水,在地震之后很久还是很不规则,于是造成了一种错觉,使一部分人认为海岸又有了局部沉陷。海岸水平变迁的标志,往往很快就被磨失了,特别在潮水涨落的地方,因此除科学观察者外,一般的人颇不易辨别。新露出的岩石,不久就风化了,升出海面的陆地,也长满了草木,而在几个月之内,沿着海边会形成一个和老海滩一样的新海滩。

地质学家难得有这样好的机会看到像新西兰这一次地震所提供的地质现象;他可以在这里看到需要极长时期和经过多次震动才能形成的所谓"断层"或岩石大错动的一个步骤。他在这里看见的从西北向东南逐渐增加的向上运动,说明经过连续的震动,怎样可以使地层愈变愈向一定方向倾斜。

另一位土木工程师,也看到 1855 年 1 月的地震;在他给马勒特的信里说,"1 月 23 日的第一次和最大地震,只继续了一分半钟。威林顿所有的砖屋都被震坍了,赫特河的桥梁也被震断了。威林顿对面雷莫塔加山脉的山坡,也受到了很厉害的震动,1/3 的坡面上的树木,都被震掉了,不毛的地面,像棋盘似的分布在山坡上"。他说,山脉的地面,比威林顿震动得更利害,震动的方向是从东北到西南,和山脉方向相平行。震动以后,高潮所达到的高度比以前低三四英尺①。

在 1848 年地震期间,威尔得恰好在南岛;他告诉我说,当时在一个 1000 英尺到 4000 英尺高的山脉中,产生了一条裂缝;这一条山脉,是从白崖向南伸展到克劳台湾,所以是雷莫塔加或塔拉鲁阿山脉的延长线。1848 年的裂缝,平均宽度不到 18 英寸,但是很长,因为威尔得追踪的一部分,和另外一个他所信任的人所考察的一部分,总长计 60 英里,走向北北东到南南西,和山脉轴线相平行。

叙利亚(1837 年 1 月) 据说,地震影响的区域是长形的。1837 年摧毁叙利亚的猛烈震动,在一个 500 英里长和 90 英里宽的面积内都可以感觉到②,死亡人数在 6 000 以上;坚硬岩石中形成了深裂缝,在塔白利亚地方,突然出现了一股新温泉。

智利——瓦尔地维亚(1837) 1837 年 11 月 7 日的智利地震,是 19 世纪使陆地位置发生永久变迁的地震之一。在那一天,瓦尔地维亚完全被毁了。柯斯第船长所驾驶的一艘捕鲸船,在海上也感到极猛烈的震动,并在南纬 43°38′望得见陆地的地方,损失了它的桅杆。12 月 11 日,这位船长去到勒麦斯岛附近(柯诺斯群岛之一)两年前停泊过的一点,他发觉那里的海底至少上升了 8 英尺。某些以前始终在水面以下的岩石,现在常常露出海面;根据被海浪冲上岸的和地震期间突然搁浅在岛上的大量介壳和鱼类的腐烂情况来判断,可以证明这是很晚近的事。整个海岸上布满了许多连根拔起的树③。

智利——康塞普西翁(1835) 幸运得很,1835 年 2 月 20 日智利地震所产生的地理变迁,我们有更详细的记载。当时从柯比亚坡到智鲁岛之间南北长近 1000 英里,和从门多沙到朱安·斐南德东西宽约 500 英里的广大地区内,都感觉到地震。卡尔得克鲁说,在"太平洋中离海岸 100 英里以内航行的船只,也感到猛烈的震动"④。康塞普西翁、塔尔卡华诺、智兰和其他城市,都被毁坏了。根据当时在进行海岸测量的费兹·罗埃舰长的报告,我们知道,在震动之后,康塞普西翁湾里的海水向后退了,船只搁浅了,甚至那些停在 7 英寻深水地方的船只,也是如此:所有的浅洲都露出了水面,不久以后,波浪向里冲,后来又向后退,随着又有两次波浪。这些波浪的垂直高度,似乎没有超过 12 英尺或 20 英尺,虽然当它们冲击在倾斜海滩上的时候,高度要大得多。

按照卡尔得克鲁和达尔文的说法,全部长 1300 英里的智利安第斯火山山脉,在震动期间,和在地震前后的某些时期内,都非常活跃,而奥索诺火山喷口中并且流出熔岩(见图 109)。离智利 365 海里的朱安·斐南德岛,同时也有剧烈的震动,并且受到大波浪的摧残。在巴卡劳角附近,离海岸大约 1 英里、深度 69 英寻的海洋中,有一个海底火山喷

---

① Reports of Brit. Assoc. 1858,p. 105.
② Darwin,Geol. Proceedings,vol. ii,p. 658.
③ Dumoulin,Comptes Rendus de l'Acad. des Sci. Oct. 1838,p. 706.
④ Phil. Trans. 1836,p. 21.

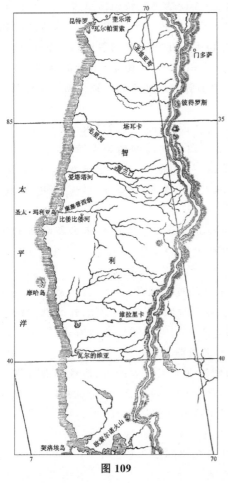

图 109

发，它在晚上把全岛照耀得如同白日[1]。

费兹·罗埃说，"在康塞普西翁，许多地方的地面，突然开裂然后又很快地闭合了。裂缝方向是不规则的，一般大致是从东南到西北。在地震之后的 3 天内，地面始终没有平静，从 2 月 20 日到 3 月 4 日，一共有 300 次以上的大震动。比倭比倭河谷中的松土，到处都脱离了组成平原边界的岩石，它们之间有 1 英寸到 1 英尺宽的裂口"。

费兹·罗埃又说，"在 2 月 20 日之后的几天内，塔尔卡华诺附近的海水，没有升到通常的水标，其间的垂直差额，大约五六英尺。在海岸上步行的时候，就是有高潮时期，我们的目光到处都可以遇到几层死的壳菜、许多石鳖和蚝，以及粘在岩石上的干枯海藻"。但是海陆相对水平的差别，后来又逐渐减少，到了 4 月中，海水又升到以前高水位水平的两英尺以内。我们可以假定，这样的水平变迁，仅仅指出潮流方向或者塔尔卡华诺附近潮水，暂时受了地震的扰乱；但是考虑到邻近的圣太·玛利亚岛的情况，费兹·罗埃却肯定地说，陆地在 2 月间上升了四五英尺，到了 4 月，又回到以前水平的二三英尺以内。

刚才说的圣太·玛利亚岛，在康塞普西翁西南大约 25 英里，它的长度大约 7 英里，宽 2 英里（见图 92）。在那里看到的现象，是十分重要的。斐兹·罗埃舰长到过圣太·玛利亚两次，第一次在 3 月底，后来一次在 4 月初；他说，"岛的南端，升高了 8 英尺，中部 9 英尺，北部 10 英尺以上。在可以用做准确测定垂直距离的陡峻岩石上，有几个死壳菜层已经升到高水标以上 10 英尺"。

"在圣太·玛利亚北部的周围，有一片宽阔的岩石浅洲。在地震以前，这个浅洲是在海面以下，只有少数凸出水面的岩石，表示它的存在。全部浅洲现在都露出水面了，在好几平方亩的地面上，都盖满了死贝壳，它们发出的臭气，令人作呕。由于这一次的陆地上升，圣太·玛利亚岛的南港，几乎完全毁坏了；剩下的避风场所异常少，登陆的地方也很坏。"周围海水浅落的幅度，据说和陆地上升起的幅度相仿；在岛的四周，锤测普遍减少 1.5 英寻。

圣太·玛利亚东南的吐巴尔，上升了 6 英尺，莫察上升了 2 英尺，但是瓦尔第维亚却没有肯定的上升痕迹。

---

[1] Phil. Trans. 1826，p. 21.

在这一次灾难之中，据说有许多站在近岸山坡上的牛羊，滚到海里去了，还有许多则被从低地内侵的大浪冲卷入海洋而淹死[1]。

同年 11 月（1835），康塞普西翁又被剧烈的地震震动一次，同一天，400 英里外的奥索诺山，也恢复了活动。这些事实，不但证明这个区域的地震和火山喷发的关系，而且也证明同时活动的地下骚动作用，面积非常广大。

那波利湾——伊斯基亚岛（1828）

2 月 2 日，整个伊斯基亚岛，都被地震震动了，在那一年的 10 月，我发觉在卡沙米西奥尔的房屋，还没有屋顶。在这个城市和福里倭之间一条细谷的一边，我看见一堆从山上崩落的绿色凝灰岩。据柯弗里说，最近震动中心的里塔温泉的温度也升高了；他认为，这种现象说明，爆发地点是在烧热温泉的储库下面[2]。

图 110　智利，受 1835 年 2 月地震的影响
而发生变迁的部分

波戈塔（1827）　1827 年 11 月 16 日，新格伦那达或哥伦比亚的波戈塔平原，受到了一次地震的震动，当时破坏了许多城镇。倾盆的大雨，使马格达伦那河上涨，冲走了巨量的泥土和其他物质，其中发出硫质气体，毒死了许多鱼类。波戈塔南西 200 海里的坡巴扬地方，灾情特别严重。爪那卡斯的公路上，出现了许多宽阔的裂缝，除此之外，整个科迪勒拉山无疑都有猛烈的震动。波戈塔平原上的柯斯塔附近，也开裂了许多裂缝，东沙河的河水立刻向其中灌注[3]。以前已经说过，与地震同时，有非常大的雨；据说离波戈塔最近的山脉中，有两个火山在喷发。

智利（1822）　1822 年 11 月 19 日，智利海岸发生了一次破坏性最大的地震。在南北 1200 英里的地区内，同时感到震动。圣·吉戈，瓦尔帕雷索和其他许多地方，都受到重大损失。经过第二天早晨的考察，发觉瓦尔帕雷索区域的极长一段海岸，比原来升高了[4]。瓦尔帕雷索上升了 3 英尺，昆特罗大约升高 4 英尺。格雷汉夫人说，一部分海底，在高水位时露出海面，成为干涸的海岸，"牡蛎、壳菜和其他贝壳，一层层地附着它们原来生长的岩石上，鱼都是死的，发出最让人厌恶的臭气"[5]。

以前无法走近的一艘破船，现在可以由陆地上直达，虽然它和原有海岸之间的距离

① Darwin's Journ. of Travels in Sauth America, Voyage of "Beagle," p.372.
② Biblio h. Univ. Oct. 1828, p.175.
③ Phil. Mag. July, 1828, p.37.
④ Geol. Trans. vol. i, 2nd. Series. and Journ. of Sci. 1824, vol. xvii. p.40.
⑤ Geol. Trans, vol. i, 2nd. ser. p.415.

并没有变更。一个离海岸大约 1 英里的磨房的水槽，在略超过 100 码距离内的落差，增加了 14 英寸；从这种事实推断，内地某些部分的上升幅度，比海岸边缘大得多[1]。一部分这样升起的海岸，是由花岗岩组成的，地震在其中形成了许多平行的裂缝，一部分向内地延伸 1.5 英里。有几个区域，从漏斗形的孔穴中喷出含沙的水，形成大约 4 英尺高的泥锥——这是卡拉布里亚很普通的现象，其成因以后当再讨论。在智利，基础建筑在岩石上的房屋所受到的损害，比建筑在冲积土上的小。

在地震期间，英国植物学家克留克香克正住在这里；他告诉我说，在 1822 年以前，离昆特罗海滩大约几百码的一部分绿岩，一向是在水面以下，后来在落潮的时候，也露出水面了；他并且说，在地震之后，智利海岸的居民和渔人，都认为不是陆地的上升，而是海水后退了。

1831 年，普鲁士旅行家麦颜博士曾经到过瓦尔帕雷索；他说，在这桩事件之后 9 年，在城市南北两端还可以看到动物和有坚强木质茎干的海草（B. 圣文森特称为 *Lessonia*）遗体，黏附在 1822 年升出高水位以上的岩石上[2]，这种发现证明了格雷汉夫人的记载。照这位作者的意见，整个智利中部海岸，大约上升了 4 英尺，海岸的许多部分，都有干涸的海栖介壳层露出水面。他在其他几处也看见几个同样的介壳层，特别在柯比亚坡，上升时期已经无从查考，但是所有的物种，完全和现在海洋中所产的相同。住在南美洲多年的弗雷亚，证明了这些事实[3]；达尔文也从古代墙壁的遗迹上获得同样的证据；这一堵古墙，以前受到海水冲刷，现在已经在高水位以上 11.5 英尺，它在 1822 年地震期间，上升了几英尺[4]。

这一次地震一直继续到 1823 年 9 月底；就是如此，很少每 48 小时没有一次震动的，有时 24 小时内可以感到两三次。格雷汉夫人说，在 1822 年地震之后，除了最近升出高水位以上的海滩外，还有几条一个高似一个由扁砾和贝壳混合组成的较老上升海滩线，它们的方向和海岸相平行，最高的一条，高出海平面 50 英尺[5]。

上升区域的范围　　照一部分观察者的推测，从安第斯山麓到很远的海底的整个面积，在 1822 年都上升了，上升幅度最大的地方，大约离海岸两英里。"海岸上升了 2 英尺到 4 英尺；向内地一英里，一定上升了 5 英尺到 6 英尺，甚至于 7 英尺"[6]。照这几位地震目击者的估计，发生水平持久变迁的面积，可能占 100 000 平方英里。水道落差的增加，虽然可以作为这种推测的一部分根据，但是究竟是臆测的，这种估计可能超过或者大大的落后于事实。如果上升的面积确实达到 100 000 平方英里的话——恰好等于法国面积的一半，大约等于不列颠和爱尔兰面积的 5/6——利用它来回想一下某次震动所能造成的巨大变化，也是很有益处的事。如果上升的幅度平均只有 3 英尺，那么我们知道，这一次运动在美洲大陆上增加的岩体，或者换句话说，原来在水面以下、经过地震之后才持久

①　Journ. of Sci. vol. xvii, p. 42.
②　Reise um die Erde; 见 Meyen's letter cited Foreign Quart. Rev. No. 33. p. 13, 1836.
③　Proceeding. Geol. Soc. No. xl, p. 179, Feb. 1835.
④　Proc. Geol. Soc, vol. ii, p. 447.
⑤　Trans. Geol. Soc. vol. i, 2nd Ser. p. 415.
⑥　Journal. of Sci. vol. xvii. pp. 40, 45.

升出水面的岩体，体积约在 57 立方英里左右；这样的体积，足以造成一座两英里高（或者大约和埃特纳山的高度相等）、基部圆周近于 33 英里的锥形山。假定这种岩石的平均比重是 2.655——合理的平均数，并且在计算上也很方便，因为照此计算，每一立方码等于两吨。如果再假定埃及的大金字塔是实体的，照以前的估计，重量应当等于 6 000 000 吨，因此我们可以说，智利地震在大陆上增加的岩石，超过 100 000 个金字塔。

但是我们必须知道，上述的岩石重量，仅仅等于火山力量所必须克服的总量的一小部分。智利地面和地下火山作用中心之间的岩石厚度，可能是几英里或几海里。假定只有两英里的话，那么变位或上升 3 英尺的体积，应当是 200 000 立方英里，其重量超过 363 000 000 个金字塔。

把这种结果和已经从其他根据所得的结果联合考虑，并且把两种敌对力量所做的工作进行比较——流水的剥蚀力量和地下热的膨胀力量——也是很有意义的事。我们可以问，根据以前在恒河上游 500 英里的加兹普亚观察到的数据计算，需要多少时候，恒河才能把智利地震在陆地上增加的物质的相等体积，运入海洋？按照估计，恒河河口每年输出的泥土量大约是 20 000 000 立方英尺。照此计算，大约需要 4 个世纪（或 418 年），恒河才能把等于智利地震所增加的岩体，从大陆上运入海洋。如果恒河和布拉马普特拉河共同努力，完成这种任务的时间，可能缩短一半。

卡奇的地震（1819） 1819 年 6 月 19 日，印度河三角洲中的卡奇地方，发生了一次猛烈的地震（见图 111）。主要城市布季，变成了废墟，石块建筑的房屋也被震坍。布季市周围 1 000 英里内都感到震动，并且扩展到加德满都、加尔各答和庞迪契里[①]。在布季市地

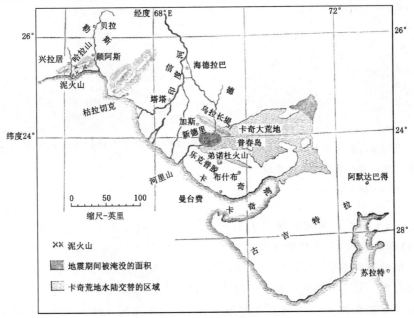

图 111　印度河口附近地区图

[①]　见 Asiatic Journal, vol. i。

震之后大约 15 分钟,800 英里外的印度西北部,也感到震动。在阿默达巴德,大约 450 年前阿默德苏丹建造的伊斯兰教大教堂,也震倒了;这种现象说明,这里已经许久没有同样猛烈的震动了。在安加,炮台的大楼和大炮,都被推倒,纷乱地堆在地面上。震动一直持续到 23 日;有人说,布季市西北 30 英里的第诺杜火山,曾经发出火焰,但是 1838 年在卡奇的格兰特舰长,没有能证明这种说法。

麦克莫多将军说,许多城市虽然受到极大的破坏,内地的地面却看不出有什么变化。在山里,只有一部分大石块和泥土,脱离了峭壁;但是围绕卡奇省的印度河东河汊或淤塞了很久的河汊,却发生了很大变化。地震以前,在这个三角港或海水进口的乐克普脱地方,落潮时水的深度,只有 1 英尺,人们可以涉水而过,就是在满潮时期,也不超过 6 英尺;但在震动之后,乐克普脱炮台附近落潮时的深度,增加到 18 英尺[①]。河汊其他部分的锤测,也发现以前高潮时深度不超过一二英尺的地方,变成了 4 英尺到 10 英尺。由于这些和其他显著的水平变化,几世纪不能通航的内地航道,又变成可以通行的航道了。

被淹没的炮台和村庄 据这位作者说,乐克普脱以上,位于印度河东河汊上的新德里炮台和村庄,都被淹没了;在震动之后,水面上只看见屋顶和墙顶,因为房屋虽被淹没,墙壁没有被冲坍(见图 113)。所以,如果它们是在内地——那里的许多炮台都被夷成平地——有人可能以为它们的所在地比较稳定。因此我们可以想到,土地的持久隆起和沉陷,虽然可能是地震的结果,但居民对于水平的任何变迁,却没有什么感觉。

图 112 在印度河东河汊上的新德里炮台,
在被 1819 年地震沉没前的景象
(此图是格林得雷 1808 年画的)[②]

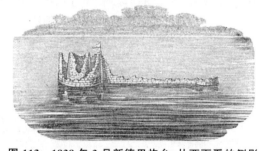

图 113 1838 年 3 月新德里炮台,从西面看的侧影

波纳士爵士最近在卡奇区域所做的测量——他当时并没有和麦克莫多通信——证明了以上所说的事实,并且增加了许多重要细节。他在 1826 年和 1828 年考察过印度河三角洲;从他的记载来看,当 1819 年新德里下沉的时候,海水是从印度河东口流入的,在几小时之内,把一片 2000 平方英里的陆地变成一个内海或潟湖。冲进新洼地的海水和地震运动,没有把新德里的小炮台全部推倒,位于西北面的 4 个炮楼之一,依然屹立无

---

① Macmurdo, Ed. Phil. Journ. iv. 106. 这一部专著,现在藏在伦敦皇家亚洲学会图书馆内。
② 我很感谢我的朋友波纳士给我这张图(图 112),因为它表示地震前 11 年的情况。

恙;地震后的第一天,在楼顶避难的居民,才坐船逃走[1]。

乌拉长堤的上升　紧接在震动之后,新德里居民在他们村庄以外 5.5 英里、原来是一个低洼而完全平坦的平原上(见图 111)看见一条隆起的小丘。他们把这一条小丘叫做"乌拉长堤"或"上帝的小丘",以与以前跨越在印度河东河汊的几个人造堤岸相区别。

上升区域的范围　根据调查,这一条新升起的长堤,东西长在 50 英里以上,其方向和以上所说的,使新德里周围淹没的沉陷线相平行。上升范围,从普春岛延伸到加里;南北的宽度估计为 16 英里,高出三角洲原来水平大约 10 英尺,一眼望去,高度似乎很均匀。

在 1819 年震动之后好几年,印度河的河道很不稳定,最后,到了 1826 年,大量的河水流入东河汊——在新德里以上称富兰河——以极大的力量,强行冲出一条更为直接的通海河道;拦在河道上的所有人工堤坝,都被冲破,最后切穿"乌拉长堤",露出一个天然剖面。波纳士爵士在这样切开的垂直峭壁上发现,升高的堤坝,是充满介壳的泥土所组成的。切穿"长堤"的河流的新河槽,深为 18 英尺,宽 40 码;但在 1828 年,河槽又陆续被加宽。当印度河最初凿开这一条新河道的时候,流入新德里新沼地或盐潟湖的水量是如此之大,使它变成淡水,并且维持了好几个月;但在 1828 年,河水供给不如以前那样多,它又恢复了原有盐度;最后它比海水还要咸,据当地的人对波纳士爵士说,这可能是由于"卡奇盐沼"所浸染的盐粒所致。

1828 年,波纳士爵士坐了一只小船到新德里废墟去考察,他在一片汪洋之中只看见一座残余的高楼。颓壁的顶,还露出水面以上二三英尺;站在墙上,除了北面有一带青色陆地代表乌拉长堤外,他只看见海水。这种风景,不得不使我们想象到地球现在正在进行的活跃改革的景象——几年以前的陆地,现在变成了一片汪洋,所能看见的一点陆地,是最近地震隆起的部分。

在波纳士爵士访问之后 10 年,我的友人、孟买工程处的格兰特舰长答应了我的要求,在 1838 年 3 月派遣一位本地的测绘员去测制新德里和乌拉长堤的地图。根据他的描写,在这个季节——一年之中最干燥的季节——穿过长堤的河槽似乎是 100 码宽,其中没有水,并且结了一层盐壳。有人告诉他说,在雨季之后,现在也只有四五英尺深的水,两岸近于垂直,高约 9 英尺。潟湖的面积和深度都减少了,靠近炮台的陆地是干的。附图是格兰特舰长根据测绘员的报告画的,表示 1838 年从西面看炮台在湖里的形状,画图的位置和地震以前格林得雷船长在 1808 年画图的地点相同。

卡奇盐沼是一个很特别的平坦区域,面积不下 7 000 平方英里:表面面积大于纽克郡,或者等于爱尔兰面积的 1/4。这里不是一个流沙的沙漠,也不是一个沼地,显然是一个干涸了的内海海底;一年之中的一大半时间,其底部硬而且干,没有植物,或者偶尔看见少数柽树。但在季候风时期海水升高的时候,从卡奇海湾流进来的盐水,和乐克普脱各小溪的水,往往把大部分盐沼淹没,特别在雨后,浸透的土地,使海水迅速地向四面展开。盐沼的一部分,可能偶尔被河水所泛滥。最特别的是,以前经过高度耕植的唯一部分(古代称为赛拉),现在也被长久淹没了。盐沼的表面,由于海水的蒸发,有时结成一层 1 英寸厚的盐壳。荒地的一部分有几个小岛,而其边岸则形成小湾和地角。本地人有各

---

[1]　上一版所缺的几点细节,是我后来和波纳士在伦敦通信后才知道的。

种传说,说明从前卡奇和新德里怎样被海湾分开以及盐沼地区怎样变成干涸。但是这些故事,除了具有一般口头传说所共有的以讹传讹的性质外,往往掺有神话在内,使它们更加模糊。盐沼之所以变成陆地,主要归功于曾经在第诺杜山顶苦修了12年的印度圣人达摩拉斯的神迹。照格兰特舰长根据各种资料推断,这位圣人是11世纪或12世纪的著名人物。作为证明盐沼干涸的证据,他们还指出了许多现时在内地很远的城市,原来是古代的港口。此外,他们还常说,这一次大灾难,破坏了和沉没了许多船只。1819年从这个区域的裂缝中喷出的黑泥浆水,从地下带出无数熟铁和船钉[1]。同时在地面上还形成了许多6英尺或8英尺高的沙锥[2]。

我们不能就此结束本节而不提到与这一次大灾难有关并且值得地质学家注意的道德现象。波纳士爵士说,"这一次令人惊奇的事件,卡奇居民并没有予以注意";因为被震动的区域,以前虽然是膏腴地带,但是因为缺少灌溉,很久以来已经变成了不毛之地,因此当地人对它的命运毫不关心。除了高度文明的国家以外,一般的人,对于不直接影响他们财产的自然事件,都是极端冷淡的;我们也必须把历史中关于地面变化资料的贫乏,归咎于这种冷淡态度。照现在观察,在自然常轨中,这种变化并不是少见的现象。

以上的记载写好之后,《地质季刊》中又发表了一篇著作,叙述1845年6月在卡奇区域柯里河口或印度河东河汊附近地理情况的最近变迁。一个大区域似乎下沉了,而新德里湖变成了一个盐沼[3]。

松巴哇岛(1815) 1815年4月,爪哇桐波罗省的松巴哇岛(见图65),发生了一次历史上最可怕的爆发,它的位置离爪哇东端大约200英里。前一年的4月,这个火山就很活动,火山灰曾经落在经过海岸船只的甲板上[4]。1815年的喷发,是在4月5日开始的,但以11和12两天为最猛烈,一直到7月才完全停止。直线距离970海里外的苏门答腊,以及相反方向720英里的透内脱,都听到爆炸的声音;桐波罗省的12000人之中,只有26人没有遇难。猛烈的旋风,把人、马、牛和任何在它影响范围以内的东西,都被卷入空中;最大的树也被连根拔起,海面上布满了漂木[5]。大片的陆地,被熔岩淹没了,从桐波罗山喷口流出的几股熔岩流,流入了海洋。降落的火山尘灰,异常浓密,致使在火山以东40英里比玛地方的总督府和城市中许多房屋,都不适于居住。在爪哇方面,火山灰被带到300英里以外,而向西里伯岛方面,则达217英里,其量之大,足以使天空黑暗。4月12日,在松巴哇以西海面漂浮的火山渣,厚达两英尺,范围几英里,阻碍了海上航线。

爪哇天空的火山灰,使白天变成难以形容的黑暗,它比最黑的夜晚还要黑。降落的火山灰,虽然是极细的粉末,但是压紧之后,却相当重,一品脱(Pint)灰的重量是12.75两。克劳福特说,"一部分最细的颗粒,被运到安波依那和邦达,后者在火山以东大约800英里,当时虽然有很强的东南季候风"。所以,它们一定被喷射到大气上层有逆气流的高空。

---

① Capt. Burnes' Account.

② Capt. Macmurdo's Memoir, Ed. Phil. Journ. vol. iv. p. 106.

③ Quart. Geol. Journ. vol. ii, p. 103.

④ J. Crawfurd 的文稿。

⑤ Raffles's Java, vol. i. p. 28.

沿着松巴哇和邻近海岛的海岸,海水突然升高 2 英尺到 12 英尺,大浪冲进三角港,然后又向后退。当时比玛的风虽很平静,海水还是滚上海岸,使房屋的底层浸在 1 英尺深的水里。每一条船都拉断了锚被冲上海岸。

松巴哇以西的桐波罗城,也被海水淹没,侵袭海岸的水,把以前的陆地,长远淹在 18 英尺深的水下面。我们在这里可以显明地看见陆地沉陷的范围,虽然火山灰会自然地帮助扩展海岸的界线。

这一次喷发的颤动声和其他火山作用的影响,范围很广,如以松巴哇为中心,其直径大约为 1 000 法定英里。它包括爪哇和摩鹿加群岛全部,以及西里伯岛、苏门答腊和婆罗洲的一部分。在同年同月,安波依那岛的地面开裂了,冲出了水,后来又自行封闭①。

作为结论,我要告诉读者,如果不是当时爪哇总督勒富尔爵士刚好在那里,我们在欧洲可能听不到这一次大灾难的情况。他命令在他管辖下的各区负责人报告当时他们所知道的情况;他们的报告虽然有价值,但是常以耸人听闻为目的,不能满足地质学家的要求。他们说,大约在 7 年以前,松巴哇以西巴里岛上卡兰·阿桑火山喷发期间,也发生过相仿的情况,不过程度略有不同;但对这一次的大灾难的细节,却没有记录②。

加拉加斯(1812) 1812 年 3 月 26 日,加拉加斯感觉到一次地震的几个猛烈震动。地面像沸腾液体似的波动着,地下发出可怕的响声。整个城市和壮丽的教堂,在一瞬间都变成了一堆废墟,在断垣残壁下面,埋葬了 1 万人。4 月 5 日,极大的岩石从山上滚了下来。有人相信,由于沉陷,西拉山减低了 300 英尺到 360 英尺,但是这种意见没有经过测量证实。4 月 27 日,圣文森特岛的火山,喷出了火山灰;在 30 日,熔岩从它的喷口直流入海,听见爆炸的距离,等于从维苏威山到瑞士,洪博尔特认为,声音是从地下传播的。在破坏加拉加斯的地震期间,瓦伦西亚附近的瓦雷西罗和卡巴罗港地面的裂口中,冲出巨量的水;而马拉开波湖的湖水也浅落了。洪博尔特说,由片麻岩和云母板岩组成的科迪勒拉山和山脚附近的地区所受到的震动,比平原强烈③。

南卡罗来纳州和密苏里州的新马德里(1811—1812) 在 1812 年拉·爪乌拉和加拉加斯被毁之前,南卡罗来纳州曾经感到多次地震;这些震动一直延续到上述两城市被毁之后才停止。密西西比河流域,从新马德里村起,一方面到俄亥俄河口,另一方面到圣·弗兰昔斯,也受到相当大的震动,以致产生了几个新湖泊和岛屿。洪博尔特在他的《宇宙》(Cosmos)一书中评论说,新马德里离开任何火山都很远,可是连续不断震动了几个月,所以是记录中难得看见的实例之一。地理学家富林特,在地震之后 7 年,曾到过这里,他告诉我们说,在小浦雷里附近,一片广袤几英里的地面,盖上了三四英尺的水;等到水退之后,地面上留下一层沙。几个范围 20 英里的湖泊,是在 1 小时内形成的,而许多原有的湖,则被排干了。新马德里的公墓倒入密西西比河河床;城市所在地以及从这里向上流 15 英里之间的河岸,据说比原来的水平下沉了 8 英尺④。在地震之后好几年,森

---

① Raffles's Hist. of Java, vol. i. p. 25. Ed. Phil. Journ. vol. iii, p. 389.

② Life and Services of Sir Stamford Raffles, p. 241. London, 1830.

③ Humbolclt's Pers. Nar. vol. iv. p. 12; and Ed. Phil. Journ. vol. i, p. 272, 1819.

④ Cramer's Navigator, p. 243, Pittsburgh, 1821.

林还是"异常混乱；树木向不同的方向倾斜，树干和树枝都被折断"①。

当地居民说，土地隆成波浪形；如果升到一定的可怕高度，地面就发生破裂，冲出大量的水、沙和煤炭，其高度和树顶相等。7 年之后，富林特还在冲积土中看见几百条这样的深沟。因为这次震动继续了 3 个月，乡下人有充分时间注意到他们区域内这种裂缝的一般方向。由于他们都善于运用斧头，他们砍倒了最高的树，垂直地横搁在深沟的一般方向上面——大致从西南到东北——只要站在树干上，他们往往可以避免被在他们下面开裂的裂口所吞没。在这次地震的一个时期中，离开新马德里下游不远的地面上涨了，因此阻碍了密西西比河在它的河道中流动，使河水暂时倒流。据说，一部分地震运动是水平的，另一部分是垂直的；又说，垂直运动的破坏力量比水平运动小得多。

以上的记载，是完全照本书上一版的内容重印的，并且按照我所引证的几位作者的著作编写的；但是因为我最近（1846 年 3 月）曾经到密西西比河的震动区域去考察了一次，又和亲眼看见这一次灾害的观察者谈过话，我可以肯定地说，这些记载是翔实的，此外我拟对现在的地面情况，略加补充。以前已经说过，我是沿着新马德里西面不远所谓"下沉区域"走了一周；这个区域是在 1811—1812 年地震期间，第一次被长久淹没的。据说它是沿着怀特河和它的支流的河道扩展的，南北长 70 英里和 80 英里，东西宽 30 英里。在边界上，许多长成的树还直立着，可是完全没有树叶，树干的下部浸在好几英尺深的水里，但是倒在地上的数目还要多，一部分浅水的地方，已经开始长满繁盛的水生植物，而密西西比河在特别高水位时偶然冲入的沉积物，使下沉区域的边缘变成沼地和林地。甚至在淹没区域边缘的陆地上，我在有些地方看到，1811 年以前的树也全部死了，而且也没有树叶，虽然它们还是直立而完整的。有人认为，在土地中连续 3 个月的波浪运动，摇松了树根，因此不能生存。

震动最剧烈的时候，新奥尔良的一位有经验的工程师白林吉尔正在新马德里附近，并且骑在马上；他告诉我说（1846），"当波浪前进的时候，树木向下弯，不久之后，当它们正在恢复原来位置的时候，常常碰到向同一方向倾侧的其他树木，因此它们的树枝互相交结，不能恢复原状。在森林中经过的波浪的方向，可以用无数枝干的折裂声来判断，先在森林的一端发出响声，然后逐渐移到另一端。同时含有沙、泥和煤质碎块的水，以强大的力量，向上喷射，威胁了人和马的安全。"

我当时很想晓得这些泥浆和水的喷泉是否还留下任何痕迹，因此详细考察了新马德里和小浦雷里之间的几个所谓"落水洞"。它们是宽 10 码到 30 码、深 20 英尺以上的深坑，因为它们常使平坦冲积平原的平面间断，所以非常显著。在它们的边缘上，我看见许多沙；和我谈过话的居民说，他们看见这些沙从深坑里喷射出来，此外还有腐烂的木块和黑色的沥青页岩的碎块；这些可能是以前从北方煤田漂入密西西比河主流的物质。我也找到了地震在泥土中留下的许多裂隙，其中的一部分，还有几英尺宽和一二码深，虽然雨、雪和偶然的洪水作用，特别是每年秋季吹下去的无数树叶，已经把它们填满了不少。我测量了一部分裂缝的方向，一般是 10°到 45°北偏西，往往互相平行；但是也有很大的变动。许多裂缝的长度达半英里，有时还要长；如果当地居民没有告诉我们它们原来像"井

---

① Long's Exped. to the Rocky Mountains, vol. iii. p. 184.

一样深",我们也许会错认它们是壕沟,一部分裂缝的边缘,也有像散布在"落水洞"周围一样的煤质页岩碎块和白沙①。

在 1811—1812 年地震造成的其他变迁遗迹之中,我又考察了新马德里附近尤拉利湖湖底的情况。这个长 300 码宽 100 码的湖,在地震期间突然排干了。湖水所由漏去的平行裂缝,还没有完全闭合;在我观察的时候,所有长在湖底的树,年龄都不到 34 年。它们之中有白杨、柳树、三刺皂荚,以及其他与周围高出 12 英尺或 15 英尺的高地上不同的种类。高地上所产的是山胡桃、白橡、黑橡、胶树等,年龄都比较老。

19 世纪地震的回顾　我们现在就要进行讨论 18 世纪的事件了,但是在放下以上已经罗列的事实之前,让我们费一些时间回忆一下,19 世纪的地震,究竟供给我们多少有地质学意义的事实,虽然半个世纪的记录,只占地震活动的一小部分。新岩石从水里升出来了;新温泉突然产生了;其他的温泉变更了它们的温度。新西兰的一大片土地比原有水平升高了 1 英尺到 9 英尺,另一片相邻的区域,下沉了几英尺;在同一群岛中,产生了一个断层,或者长近 100 英里垂直高度大约 9 英尺的岩石错动。智利海岸长久地上升了 3 次,印度河的三角洲中,有很大一块地面向下沉陷了,而一部分浅河槽,变成了可以通航的河道,在同一区域内,和下沉地带相邻的部分,有一个长 50 英里以上、宽 16 英里的地面,比原来的水平升高了 10 英尺;在密西西比河大平原的一部分内,有一块长 80 英里、宽 30 英里的地区,下沉了几英尺;桐波罗城被淹没了,而松巴哇有 12 000 个居民遇了难。在如此简短的时期内,这一代人已经亲眼看见了这许多和其他可怕的灾害,地质学家是否还会无动于衷地宣称,地球最后已经达到了一种平静状态呢? 他们会不会继续说,古代如此常见的海陆相对水平的变迁,现在已经停止了呢? 面对着这些明显的事实,如果他们还坚持他所爱好的教条,那么我们就是再积累一些古代地震的证据,也没有希望动摇他们的顽强意志了:

他们的世界虽将破碎,
为了保卫废墟,勇敢者还在奋斗。

---

① 见 Lyell's Second Visit to the United States, vol. ii. ch. xxxiii。

第二十九章 地震(续)

18世纪的地震——奎托,1797年——西西里,1790年——卡拉布里亚,1783年2月5日——震动继续到1786年年底——权威——被震范围——本区域内的地质构造——两个方尖碑上石块的移动——脱离的石块向空中跳跃——水平变迁不易确定——墨西拿码头的沉陷——特兰奴伐圆塔的移动或断裂——裂缝的开闭——大厦的陷落——新岩洞和裂缝的大小——裂缝的逐渐闭合——河道的错乱——山崩——整栋房屋向远处搬移——新湖——冲积平原上的漏斗形孔穴——泥浆流——悬崖的崩落和西拉附近海岸的淹没——震动期间斯多伦波利火山和埃特纳山的情况——地震震波的起源和传播方式——地下震源的深度——1783年地震期间的死亡人数——结论

18世纪的地震,为数很多,我现在只拟选择几个与地质变迁有特殊意义的实例作为说明。依照上一章所说的理由,先举最近的例子,然后依次回溯。

基多(1797) 基多这一年地震的特点是:震动面积很大,改道的河流很多,犹以从桐吉拉瓜火山喷口中流出的"泥岩流"或腐臭泥浆的洪水为最特殊[1]。

加拉加斯(1790) 在加拉加斯,1790年的一次地震,使生长阿里帕倭森林的花岗岩质的泥土下沉,产生一个直径800码,深80～100英尺的湖泊。树木在水下生存了几个月。

西西里(1790) 弗拉拉告诉我们说,在同一年,西西里南岸,离脱兰奴伐几英里的圣太·玛利亚·第·尼悉米地方发生了7次震动,在震动期间,一块地面沉陷成周围大约3英里的洼地,其中的一点,下沉了30英尺。沉陷作用持续了几个月;几条裂缝中,泄出硫黄、石油、蒸汽和热水,其中之一,流出泥浆流。产生这种现象的地层是青色的泥层,其位置离西西里的古代和现代的火山区都很远[2]。

爪哇(1786) 在1786年火山喷发前的地震期间,爪哇巴图亚的多托格河,流入了一个新形成的裂缝,地震停止之后,它还是持续在地下河道中流动。这种事实,当时的作者已经予以注意,后来又经霍思非尔博士加以证明。

卡拉布里亚1783年的地震

在18世纪的地震之中,卡拉布里亚1783年地震的描述几乎是唯一可以具体帮助地

---

[1] Cavanilles, Journ, de Phys., tome xlix. p. 230. Gilber's Annalen, bd. vi. Humboldt's voy. p. 317.
[2] Ferrara, Campi Fleg. p. 51.

质学家体会地壳变迁的忠实记载，这些变迁，是同样条件在长时期内重复出现的必然结果。这一次地震是在这一年2月间开始的，它持续了近4年，到1786年年底才停止。如果与19世纪和20世纪其他地区的地震相比较，这一次地震的持续时间、强度和影响范围，并不突出；山谷和海陆相对水平的变迁，也不如近来南美洲的某些地下运动所产生的结果显著。这次地震之所以显得重要，是由于在地震期间和震动之后，卡拉布里亚经过具有充分时间、热情和科学修养的人们考察的第一个实例；他们准确地搜集和描写了许多能于说明有关地质学问题的具体事实。

权威　那波利王的医师维文西倭是许多权威之一，他经常将连续震动的观察，编成详细明确的报告，送入宫廷[1]。当时的陆军部长格里马尔第，也到国王领土内的各省进行了调查，发表了一篇关于地面长久变迁的详细记载[2]。他测量了地面上许多裂缝和深坑的长度、宽度和深度，并且计算了许多省份的裂缝数目。此外，他对居民的报告，以及各种报告间的关系，作了很中肯而有意义的评论。住在震动中心孟特里温市的医师皮格那塔罗，把所有的震动作成记录，并且按照震动的强度把它们分成四类。从他的记录中可以看出，1783年的949次震动之中，有501次属于第一级；第二年的151次之中，有98次属于第一级。

依坡里托伯爵和许多其他作者，也写了地震的记述；那波利皇家科学院，不以这些和其他的观察为满足，于是在震动停止之前，特别派了一个考察团到卡拉布里亚去调查；同行的还有几位艺术家，院方希望他们把这个区域的自然变迁，以及城镇和大厦的破坏情况，画成详图。可惜这些艺术家没有能把各种情况成功地表现出来，特别是他们无法用小图来表现出许多大小河道经过的非常变革。但是科学院发表的图版之中，一部分是有价值的；因为知道的人很少，我常常利用它们来说明这里所拟讨论的事实[3]。

除了这些那波利的资料外，英国人汉米尔登爵士，在震动未停之前，冒了相当大的危险到那里进行考察；他在《哲学会报》中发表的论文，提供了许多否则早已遗忘的事实。他用合理的理由，说明了许多目击者口头传说的奇迹和难以置信的故事。陶乐美也在地震期间考察了卡拉布里亚，写了一篇地震的记载，纠正了汉米尔登的错误，例如，照汉米尔登的记载，受震区域的一部分是由火山凝灰岩所组成。改变卡拉布里亚地形的地震，只局限于既没有古代也没有近代火山岩或并发岩的区域，的确是地质学上很有意义的情况；所以如果将来震动时代成为过去的时候，以往变革的原因，将要同大不列颠现在完全由古代海成建造所占据的部分，一样难以明了。

受震范围　陆地、海洋和空气的震动范围，包括外卡拉布里亚全部，中卡拉布里亚的东南部，以及海峡对岸的墨西拿和附近地区；整个区域大约在北纬38°到39°之间。西西里的大部分也感到震动，北面则达到那波利；但是震动最烈足以引起恐慌的面积，一般不超过500平方英里。卡拉布里亚的这一部分，主要是由厚层泥质地层所组成，其中含有海生介壳，有时夹有砂岩和石灰岩，性质和意大利南部的地层很相似。这些建造的外貌

① Istoria de' Tremuote. della Callabria del 1783.
② Descriz. de' Tremuoti Accad, nelle Calabria nel 1783, Napoli 1784.
③ Istoria de' Fenomeni del Tsemoto etc. nell' An. 1783, posta in luce dalla Real. Accad. etc. di Nap. Napoli. 1783, fol.

和一致性，大部分很像下亚平宁泥灰岩和与它共生的砂层和砂岩；而整个岩系的物质应变性，几乎与法国和英国的第三纪沉积物相同。卡拉布里亚建造的年代是比较晚的，其中常常富含现时生存于地中海的物种的化石。

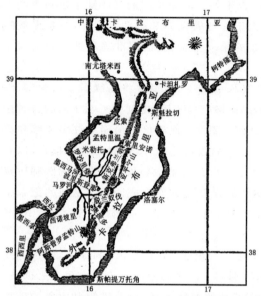

图 114　卡拉布里亚受到 1783 年地震影响的区域图

据维文西倭的报告记载，1783 年 3 月 20 日和 26 日，爱奥尼亚、桑特、塞法龙尼亚和圣·毛拉各岛都感到地震；在最后的一个岛上，震毁了几座公共大厦和私人房屋，伤害了很多人。

如以外卡拉布里亚的奥披多市为中心，画一个 22 英里半径的圆圈，便可以把地面变迁最大的区域全部包括在内，其中的城镇和村庄，全部被摧毁。1783 年 2 月 5 日外卡拉布里亚的第一次地震，在 2 分钟内，把从亚平宁山西麓到西西里的墨西拿之间各城、镇、村庄的房屋，震塌了一大部分，而整个区域的地面，都感到震动。3 月 28 日的地震，也同样猛烈。从北到南穿过卡拉布里亚，高达几千英尺的花岗岩山脉，在第一次震动期间，只受到极微的影响，而在后来几次地震中，受震比较猛烈。

有些作者曾经说过，在近代地层中从西到东传播的波状运动，以到达它和花岗岩接触带时最为猛烈，在软质地层中的波状运动，似乎突然受到较硬岩石的阻碍而产生一种反动。但是陶乐美对本问题的记述，意义最大；以地质观点来说，这可能是一切观察中最重要的记载[1]。他说，大部分由坚硬花岗岩与一部分云母片岩和泥质片岩组成的亚平宁山，是陡峻不毛的秃山，并且有经过大规模侵蚀作用的标志。在山脉的底部，则为含介壳的泥沙新地层；这是一种花岗岩风化产物所形成的海相地层。这一层较新建造（第三纪）的表面，构成所谓卡拉布里亚平原——除了被河流溪涧掘蚀的、有时达 600 英尺的狭谷和小涧外，它是一个平坦而匀整的台地。细谷的两岸，几乎都是直立的；因为最上的地层和树根相胶结，不能形成斜坡的河岸。他继续说，地震的结果，一般是使一切下部没有足够支持物质的或者仅仅侧面附在岩石上的土块，向下崩溃。因此，在整个山脉边缘上的泥土，也就是附着在高龙山、依沙普山、萨格拉山和阿斯普罗孟特山基部花岗岩上的泥土，都沿着坚硬陡峻倾斜的核心略向下滑落，以致从圣·乔治到圣·克里斯丁那之间 9 英里到 10 英里内的坚硬花岗岩核心和沙质黏土之间，留下一条几乎没有间断的深沟。许多这样滑动的土地，移动距离相当远，而且覆盖在其他土地上面，因此常常发生土地产权的纠纷。

从陶乐美的记载看，连续地震所造成的两种结果，是我们意想得到的，第一，沿着新老岩石的接触带，形成一条纵长的河谷；第二，接触带附近新地层所受的震动，大于离山

① Dissertation on the Calabrian Earthquake, etc., translated in Pinkerton's Voyages and Travels, vol. v.

脉较远的部分。这是意大利其他部分，亚平宁和下亚平宁建造接触处很普通的现象。

在马勒特所著的《地震动力学》（*Dynamico of Earthquakes*）[1]论文中，马勒特提出了以下的解释来说明陶乐美请人注意的事实。当一个弹性压力波——他认为地震波是这一类性质的波——从一个具有极低弹性的物体，如砾石和黏土，突然进入弹性极强的物体，如花岗岩，不但它的速度起了变化，而且一部分方向也起了变化——一部分发生反射，一部分发生折射。这样回转的波，又向相反方向传播，使地面上受到这种回击力量的房屋蒙受极大的损害。同时，进入花岗岩山脉弹性较高的物质中的波，则立刻变为缓和。

在卡拉布里亚地震期间，这个区域的地面，常常像海浪巨波那样上下波动，使人像晕船似的头昏目眩。几乎所有记载中都特别指出，在每一次震动之前，云彩似乎停滞不动；他们对这种现象虽然没有提出任何解释，它似乎和船只在海洋中突然发生强烈的前后颠簸时所遇到的情况相同。当船的升起方向和云的疾驰方向相反时，云似乎停止不动；所以卡拉布里亚人一定在陆地上遇到了同样的运动。在地面震动期间，树干有时向下俯伏，使树顶着地。陶乐美说，这是尽人皆知的事实；他并且向我们保证，他始终极力避免夸张，因为一般的人民谈到这些奇特的事件时，往往过于夸大。

照一般的描写，这种波浪，似乎是像海浪巨波那样，沿着地球坚硬表面朝一定方向前进的，但是读者切不可以为它们的性质是和液体的波动运动绝对相同。我们必须把它们认做从地球深处的一点辐射出来的震动的结果，每一次震动到达地面时，把地面举起，然后又让它下沉。震动的冲击，按照区域的地形依次达到地面各点的方式，以后当再说明。

那波利科学院的院士们，也描写了卡拉布里亚房屋的紊乱情况，照他们看，这些情况是表示一种旋转或旋回运动。例如，斯特芬诺·得尔·波斯柯镇的圣·布鲁诺修道院正面两端的两个方尖塔，其运动方式，就很奇特（见图 115）。激动房屋的震动，据说是水平而旋回的。每个方尖塔的基座，维持不动；但是上面的个别石块，旋转了一个角度，有时从它们的原位移动了9 英尺，但是没有掉下来。

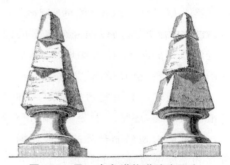

图 115　圣·布鲁诺修道院中两个方尖塔上石块的移动情况

照达尔文的意见，这样的错动，可能是由于波动而不是由于旋转运动[2]；马勒特后来在上面提到的论文中，对本问题提出了一个满意的解答。他简单地把石块的旋转归因于弹性波；弹性波在狭窄范围内的交替水平运动，使基座向前移动，然后又使它们退回；他成功地指出，地下的直线运动，可能足以使上载物体在它的基础上作局部旋转，只要物体的重心位置和它的附着中心之间，存有一定的关系[3]。

这些院士们用他们所谓"思巴尔索"（Sbalso）来说明地面的向上剧烈运动，所谓"思巴

---

① Proceed. Rogal Irish Acad. 1846. p. 26.
② Journal. of the Naturalist, p. 376; and ii. ib. 308.
③ Proceedings Roy. Irish Acad. 1846. pp. 14—16.

尔索",是指略为粘着在地面的物体,向空中跳跃几码的现象。在一部分城市里,铺路的石板常被掀起,使底面向上。我们必须假定,这些情况是石板受了它们获得的力量推动的结果;如果物体一端的黏着程度比另一端强,传给它们的运动是旋转式的。如果石板被抛到相当高度而在空中作 1/4 以上的旋转,而在落地的时候一个边缘先触地面,它们便会翻身,底面向上。

新裂缝和水平的变迁　现在我拟先讨论与岩石破碎和开裂以及地面各部分相对水平变迁有关的变化;然后再叙述与这个地区正常水系的错乱以及流水力量和地震力量协作有比较直接关系的其他变化。

没有一种记载能证明这里曾经发生过大规模的相对水平变迁,但是我们要明了,证明普遍水平变迁的困难,是和升降区域的面积成正比的,除非海岸也参加了主要运动。就是如此,我们也往往不易确定它究竟升了几尺,或者下沉了几尺,因为海面以上、平行于海岸的一条不同宽度的沙砾带,是没有多大价值的;这样一条沙砾带,一般只能代表春潮或强烈暴风期间波浪达到的地点。科学工作者还没有足够的地形知识,可以证明海滩的面积究竟增加了还是减少了多少;而拥有当地资料的人,对于确定地面的升降幅度,很少感觉兴趣。此外,由于地震期间有巨大波浪滚上海岸,从而消灭了海岸上的一切标志,因此使准确的观察更为困难。

我们显然只有在海港里才能找到微细水平变迁的准确标志;确定了这种变迁之后,我们才可以假定,其他各点可能也有同样的情况,只要我们也有可以作为比较相对高度的标准。格里马尔第说(他的记载经过汉米尔登证明),西西里的墨西拿海岸发生过破裂;在海港沿岸,震动以前完全水平的泥土,在震动以后变成向海洋倾斜——"布蓝栖亚"附近的海洋加深了,在有些地方,海底的情况相当紊乱。码头也沉到海平以下 14 英尺,而附近的房屋,也有相当严重的破裂[1]。

可惜我们没有资料可以确定这种变迁的性质,不知道它们是否仅仅是由于表面泥土的滑泻或凝缩,还是由于变更海陆相对水平的深部运动。

在证明内地局部升降的各种证据之中,院士们在他们的报告中提到了一点,他们说,细谷和裂缝两旁地面的高度,有时相等,但是有时一边升高许多或者另一边下沉许多。例如,在索里安诺区,长裂缝两边成层岩体的相对位置,相差 8 掌尺到 14 掌尺(Palnr),等于 6～10.5 英尺之多。

波里斯登诺区的地层,也有同样的位移,这里的地面上有无数裂缝;其中之一,长而且深。在局部地方,裂缝两边相当部位的水平,变化很大。(见图 116)

在脱兰奴伐城,一部分房屋升到通常水平以上,相邻的房屋则陷入土中。几条街道上的泥土,显然向上拱起,并向房屋的墙壁拥挤:一个被震坏的石砌实心大圆塔的残余部分,有一个垂直裂缝,裂缝的一边,向上升起,连基础露出地面。院士们把它比作从齿槽中拔出一半的大牙齿,牙尖凸出(见图 117)。

---

① Phil. Trans. 1783.

图 116　波里斯登那附近，1783 年地震
造成的深裂缝

图 117　1783 年的地震，在卡拉布里亚的
脱兰奴伐圆塔中造成的位移或"断层"

　　沿着错动线或"断层"两边的墙壁，互相粘着，非常牢固，接缝也很完好，如果不是裂缝两边石块纹路不相配合，它们毫无分裂的迹象。

　　陶乐美在脱兰奴伐的奥格斯丁修道院中看见一个似乎从地下推上来的石井。它的样子像一个八九英尺高略为倾斜的小塔。他说，这是井壁周围沙质泥土固结之后下沉的结果。

　　在孟特里温倒塌的或受强烈震动的墙壁的各个石块，脱离了灰泥，并在灰泥中留下它们的外模；但是这种灰泥有时在石块之间磨成细粉。

　　波状运动似乎常常产生反复无常的结果。例如，在孟特里温的某些街道上，有时留下一栋房屋没有震倒，有时留下两栋；没有倒的房屋，往往只受到极轻微的损伤。在有些卡拉布里亚的城市里，所有最坚固的房屋都被震倒，不坚实的房屋反而没有受到影响；但在罗刹诺和西西里的墨西拿，情况恰恰相反，只有坚固的大厦才能保存。

　　当地震经过地面时，开裂的裂缝和深沟，往往交替地开闭，开裂的时候，裂缝上的房屋、树木、牲畜和人先陷了进去，然后两边又合拢，地面上的一切都归乌有。这种现象可以用小规模运动所产生的结果来作比喻，如果有一种机械力，能把路面石板掀起，然后又突然落下，使它们恢复原位。如果在两块石板接触处原来有几颗小石子，那么当石板掀起的时候，它们一定落到裂缝里去，等到石板恢复原位，地面上便看不见这些石子了。据说，在前一次震动期间陷入裂缝的人，有时又被接踵而来的震动连水一同抛出地面，而且没有被震死。

　　据院士们说，在吉罗卡恩，有一个区域被割裂成最特殊的形状，裂缝"像一块破玻璃板的龟裂"(见图 118)向各方面开裂。

　　因为陶乐美的著作中提到，卡拉布里亚各处新坑和裂缝的方向，一般都与附近先存细洞和深谷的流道相平行，所以我们可以断定，其中有不少是比较表面的侧向运动。

　　奥皮多附近，在地震震动最猛烈的中心，许多房屋都被开而复合的裂口吞没了。邻近的卡那马里亚区域，四个农场的房屋，几个油

图 118　卡拉布里亚，吉罗卡恩附近。
1783 年地震造成的裂缝

库,和一些宽敞的住宅,完全陷入深坑,后来也没有留下任何痕迹。脱兰奴伐,圣·克里斯丁那和西诺坡里,也有同样情形。院士们特别指出,在脱兰奴伐,泥质地层开裂和房屋陷入之后,深坑的闭合,非常猛烈,所以后来为了挽救贵重物品在那里进行发掘时,工人发现,埋在坑里的物件和房屋破碎材料,都被挤压在一起,变成一个紧密的块体。

有人在米勒托附近指点几个深裂缝给汉米尔登爵士看,并且告诉他说,这些裂缝的宽度,现在虽然都不超过一英尺,但在地震期间,裂口的宽度,足以陷入一头牛和近一百头山羊。院士们从开始调查时经过的区域回去的时候,他们发现,在这一段短时期内,许多裂缝都逐渐闭合了,它们的宽度缩小了几英尺,两边的墙有时几乎相遇。在泥质地层中,这种现象是很自然的,但在较坚硬的岩石中,这一类的裂缝,可能很久还不会闭合。如果地震区域的一般情况的确是如此,矿脉中的普通现象,便不难得到满意的解释。如果矿脉是在石灰岩、花岗岩或者其他坚固的物质里,它仍常常保持原来的宽度,但在中间夹有泥质地层的地方,它们的宽度便会缩小,变成一条线,或者完全切断。如果我们假定,矿脉中金属或其他组分的填充,是一个需要极长时期才能完成的过程,那么在脉石有充分时间可以大量富集之前,裂缝两壁地层的柔软部分,必定已经崩溃,或者彼此已经非常接近。

有些深坑,似乎是地面陷入地下洞穴的结果。院士们在奥皮多附近一座山的斜坡上看到这样一个深坑;一部分葡萄园和相当多的橄榄树以及大量的泥土,全部陷入坑内。然而在震动之后,这个深坑没有闭合,形成一个 500 英尺长 200 英尺深的圆剧场(见图 119)。

图 119　1783 年地震在卡拉布里亚的
奥皮多附近形成的深坑

图 120　1783 年地震在卡拉布里亚的索里安诺
附近圣·安吉罗山中形成的深坑

根据格里马尔第的记载,2 月 5 日第一次地震所形成的深坑和裂缝,被 3 月 28 日的剧烈震动加宽、加深、加长了不少。其中一部分的长度将近 1 英里,深度从 150 英尺到 200 英尺,一般是直线的,但是一部分成月牙形。图 120 表示索里安诺附近圣·安吉罗山分水岭边的一个裂缝,它的规模并不大。在图的前面,可以看见墨西马小河。

圆穴和新湖的形成　我们在科学院的报告里看到,一部分平原上有许多圆形的凹穴,大部分的大小和车轮相仿,但是常常也有较大或较小的。如果其中的积水离地面只有一二英尺,它们很像水井;但是一般都充满了干沙,有时成凹形,有时成凸面(见图 121)。向下挖掘的时候,他们发现这些圆穴是漏斗形的,中央的潮湿松沙,标志着喷水的管道。图 122 是这种漏斗之一的剖面,在没有水的时候,其中只有干燥的云母质沙。

图 121　1783 年地震在罗刹诺平原上形成的圆穴

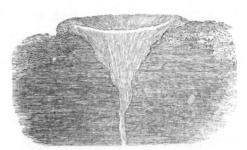

图 122　在罗刹诺平原形成的圆穴的剖面

离波里斯登那不远,也有一个同样性质的小圆塘(图 123);在塞米那拉附近,这样开裂的一个大坑,突然形成一个湖,湖水是从湖底流出的。这个湖称为托尔非罗湖,长 1 785 英尺,宽 937 英尺,深 52 英尺。当地的居民,深恐停滞的塘水发出致病的毒气,因此不惜工本,设法用渠道排干塘水,但是没有成功,因为塘里不断得到从深坑底部流出的泉水的供给。

沙锥的形成　有人认为,冲积平原上出现的许多现象,例如,震动时像喷泉那样喷出的泉水,是地面交替升降的证据。比较剧烈的震动,通常首先使河水干涸,但是后来又立刻上涨,溢出河岸。在沼地中,往往形成许多沙锥。汉米尔顿用一种假定来说明这些现象。他说,地下力量首先使破裂的地面上升,于是河水和沼泽中的滞水向下降落,或者至少没有和地面一同上升。等到地面强烈地恢复原位的时候,水便从裂缝中喷射出来。

图 123　1783 年地震在卡拉布里亚的
波里斯登那附近形成的圆塘

马勒脱认为,这可能不过是和震动主要原因——地波的快速推动——相关的偶然现象。他说,"大量泉水的水源,不论来自坚硬的岩石或者来自疏松物质,通常是在充满了水的偏平板状体或裂缝之中;如果裂缝两壁的方向是与地波传播线相垂直,那么在地波到达时,一定立刻向他们挤压,多少使它们合拢,把水挤出,像喷泉一样向上直冲,等到地波经过之后,水又平静下来"。

河道的错乱　维文西倭说,在西提桑诺附近的一个河谷里,从边界山上崩落和由两条河冲来的巨量物质,几乎把它填到和两岸高地一样平。由于这一个堤坝,河道上出现了一个长约 2 英里,宽 1 英里的深湖。据这位作者说,震动期间形成的湖泊,总数在 50 左右;他并且指出了每一个湖所在的地点。政府测量员一共数到 215 个湖,但是其中包括许多小塘。

　　只有在河流和溪涧转入完全新河道的时候——不论转入某些邻近的细谷，或者转入同一冲积平原中的其他部分——这样的湖泊才能维持久远。如果新堤坝拦截了整个流道，越过堤坝的水，便会在其中切出一条新河槽，把湖水排干①。

　　从脱兰奴伐深谷或细谷两岸附近平坦地区崩落的大量物质，都被抛弃在河槽里，因此造成了几个湖。倒入细谷谷底的橡树、橄榄树、葡萄和玉蜀黍还继续在生长，其完整程度，不下于高出谷底至少 500 英尺、相距三四英里的平原上以前和它们同在繁殖的同类。在这一条细谷的一部分，有一个高 200 英尺，基部周围大约 400 英尺的块体，这是前一次地震震落的。2 月 5 日的地震使它开始移动，现在已经充分证明，它已经在细谷中向下游移动了近 4 英里。考察了这个地点之后，汉米尔登宣布说，这种现象可以用河谷的斜度、大量的雨水和在块体后面推动的大量冲积物质来说明。陶乐美也提到崩落的和压在那些已经开始移动的块体后面的物质所增加的推动力。

　　关于在脱兰奴伐附近造成一个大湖的两次大山崩，在院士们送到那波利的第一次报告中有以下一段话："河谷两面相对"的两座山，从它们的原来位置向平原走动，到了平原中部，它们互相连接，阻塞了河道"，等等。这几句话，特别像里斯本大地震期间在费兹地方所发生的现象，也很像其他时期在牙买加和爪哇所发生的情况。

图 124　卡拉布里亚的索里安诺附近，弗拉·拉孟多地面的变迁

　　1. 崩落小山的一部分，上面长有橄榄树。

　　2. 卡里提河的新河床。3. 索里安诺城。

　　离房屋完全被 2 月大地震夷成平地的索里安诺不远，有一个种满橄榄树果园的小谷，叫做弗拉·拉孟多谷，经过非常特殊的变迁。在平原上，首先产生无数纵横交错的裂缝，因此地面上的水都被吸收，使下伏的泥质地层浸饱了水，大部分变成了泥浆。因为深部的泥土很容易塑成任何形状，地形也发生了奇特的变化。除了这种变化外，从附近小山上崩落的泥土，也都堆在谷里；一部分橄榄树虽然已被连根拔起，还有一部分却仍然在崩落的泥土上继续生长，但是树身却向各方面倾斜（见图 124）。卡里提小河的全部，被掩盖了好几天；当它后来重新出现的时候，它又另外开辟了一条新河道。

　　在塞米那拉附近，一片很大的橄榄树农场和果园，被推移到 200 英尺以外的 60 英尺深谷中。同时又在果园所由崩落的台地的另一部分，开裂了一个深沟，河流立刻流入裂缝，使原有的河床完全干涸。建筑在崩入河谷的土地上的一栋有人居住的房屋，整个被崩落的地土带入河谷，住在屋里的人，一个也没有受伤。长在崩入河谷泥土上的橄榄树，也继续生长，而且当年还有很好的收成。

　　大部分波里斯登那城建筑在上面的两块土地（一共大约有几百栋房屋），一起陷入了附近的细谷，它们几乎渡过了河，所走的路程，离原址大约半英里；最奇怪的是，从废墟下

---

　　①　见 Robert Mallet, Neapolitan Earthquake of 1857, vol. ii. p. 372。

面掘出的几个人,既没有死亡,也没有受伤。

米勒托附近,有两块大约 1 英里长、0.5 英里宽、名为马西尼和瓦提卡诺的公有土地,全部向河谷下游移动了 1 英里。一个茅草屋,连同大橄榄树和桑树,毫无损伤地被移到非常远的地方,大部分的树还是直立的。汉米尔登说,在被移动的土地以下,久已有几条小河在进行暗掘,它们后来在公有土地地面移去的地方露了出来。地震似乎在附近的泥质山中开了一条通道,让含有松泥的水,流入公有土地下面的小河,把基础掘松,使土地易被地震推动。格里马尔第说,卡丹沙罗省的省会卡丹沙罗市的一次沉陷,是一个许多大厦没有毁坏的实例。圣居塞比区的房屋,随着土地陷落

图 125　1783 年的地震在新克弗兰第附近造成的山崩

了 2 英尺到 4 英尺,但是房子没有受伤。新克弗兰第是一个受震很厉害的区域,有些部分的土地向上升起,另一部分则向下沉陷,而在整个区域内,有无数向各方面开裂的裂缝(图 125)。沿着一个小谷的两岸,显出几乎没有间断的山崩线。

圣·留西多附近和其他地方,泥土似乎"溶化了",因此造成巨大的泥浆洪流,像熔岩似的向低地泛滥。泥浆上面只露出树顶和被毁村舍的屋顶。离开劳里安那 2 英里,两条细谷中的沼泥,被充满了大量钙质,这是紧接着第一次大地震以前从地下漏出的物质。这种泥浆的堆积非常快,它们不久就像熔岩一样向河谷滚动;它们的汇合,增加了推动力,继续从东向西流。合并的泥流,形成一条 225 英尺宽、15 英尺深的洪流;在停止移动之前,所经的路程等于 1 意大利里。在前进期间,它淹没了 30 头羊,连根拔起了许多橄榄树和桑树,使它们像船一样在表面上漂浮。当这种钙质熔岩停止流动的时候,它逐渐变得干硬,在硬化过程中,整个块体下降了 7.5 英尺。泥浆中含有铁质的泥土碎块,并且发出硫质臭味。

如果有足够的篇幅,我还可以把上述作者所供给的山崩局部细节编成一巨册,并且可以说明,在有周期性地震的地方,河流扩大河谷的力量,可以增加到如何程度。一个地质学家不能完全明了河谷形成的方式,除非他能充分体会到经过相当长的时期才发生一次的地下运动和河流的协作所起的作用,而所经过的时期,必须能使一个区域的地面升高到海平面以上几百英尺。

在两次完全不同的震动之间,必须有充分的时间使流水清除山崩崩落的物质,否则后者将起护墙的作用,阻止后来的地震施展它的全力。河流又必须把河谷的两边切成峭壁和悬崖,如此则第二次的震动才能产生同样的结果。

海岸悬崖的崩落　沿着墨西拿海峡的海岸,在著名的西拉崖附近,从陡峭高峻的悬崖上崩落的许多巨大岩体,淹没了许多别墅和园林。在吉安·格雷柯,一排 1 英里长的连续悬崖被震塌了。在震动期间,海底常被激动,而在运动最剧烈的一部分海岸,非常容易捉到很多各种各样的鱼。有些鱼是稀有的种,如 *Cicirelli*,它们平时埋在沙里,到了这个时候,大量浮出水面。据说墨西拿附近的水似乎在沸腾,这可能是受了从海底泄出的

蒸汽的影响。

西拉附近海岸的淹没 西拉王子劝告他的大部分侍从到他们的渔船上去避难,他自己也上了船。在2月5日晚上土地震动了,当时一部分人睡在船上,一部分人躺在略高于海平面的平原上;一个大块体突然脱离了附近的加西山,崩落到平原,声似巨雷。海浪紧接着向岸上冲刷,高出低地20英尺,把所有的人一扫而空。海浪后来撤退了,但是不久以后又冲了回来,势力更为凶猛,把以前冲去的人畜带了回来。同时,所有船只都沉没了或撞碎在海岸上,一部分则被冲入内地。年老的王子和1430人全部牺牲了。

震动期间斯多伦波利火山和埃特纳山的情况 皮索地方的居民说,在1783年2月5日影响卡拉布里亚的第一次大地震期间,离开皮索大约50英里,从城内可以望见的斯多伦波利火山,冒出的烟和抛射的燃烧物质,比前几年少。另一方面,据说在震动初期,埃特纳山的大喷口,泄出大量的蒸汽,而斯多伦波利火山则相反,到了末期,才喷出较多的蒸汽。但是因为在整个地震时期内,这两个大喷口都没有喷发,所以卡拉布里亚地震,与埃特纳山和斯多伦波利火山的火,似乎没有多大关系;除非它们的关系,是像维苏威火山与夫勒格伦区域和伊斯基亚一样,就是说一个区域的大震动,可以作为其他区域的安全栓,两者从来不同时活动。

地震波的起源和传播方式 我们已经在第二十三章中暗示,我们有充分理由可以怀疑,地震和火山是起于同源。坚硬地壳怎样会时时熔化,从而在不同深度形成熔融物质的贮库,我拟留待第三十二章再行讨论。如果现在先假定地球内部有这样的液态熔岩贮库存在,我们便不难了解,渗透岩石而达到熔岩的雨水或海水,怎样会产生蒸汽,而在产生蒸汽之后,又怎样会使上覆地壳破裂和错乱。

在这样的运动期间,可以产生许多裂缝,而这些裂缝又可以被气态或液态物质所灌注;这一类物质有时不能达到地面,有时可以从火山口、喷气孔和温泉里泄出。如果岩石上的变形可以使它们破裂,或者原有裂缝或洞岩的顶部被挤塌,它们就会产生波动式的冲击,像声波一样通过地壳,向各方面传播,但其速度,则随原始震动的强烈程度和它们所通过的物质的密度或弹性而异。例如,它们在花岗岩中的传播速度比在石灰岩中快,而在后者之中,又比潮湿黏土中快,但在同样的均质介体中,它们的传播速度是均匀一致的。照震动区域人们的感觉,这种震波或波动,似乎是从地面上首先感到震动的地点,顺着水平方向向外辐射;但事实上,它并不像池水受石子打击所成的波浪那样向水平方向波动,因为除了震源顶上的一点外,其他各点都是从地面以下,以倾斜方向传到地面,使地面多少在水平方向先向前动,后来又向后退,因此一切没有完全参加这种运动的物体,如房屋的墙壁之类的运动方向,似乎与地面运动方向相反,并且靠着自身的重量或惯性而倒塌。震波的传播方式,最好用图126图解来说明。假定震动的地下中心,是在地面以下几英里,或在 A,而地壳是均质性的,于是震动便以压力波的形式向各方面推进,使受震介体的质点移动一定距离,然后又让它们恢复原位,通常不会使岩石破裂。震波的前进,像一系列圆壳,图中的 CC',dd' 代表它们的剖面。当运动扩展到 dd' 圈时,A 点顶上的地面,最先感到震动。这一点 B 感到的震动最为猛烈,因为离震源最近,所以叫做震中。在几秒钟后,震动便达到 1 和 1′,其时间随着它们和震源 A 的距离而不同。震波依次在 2 和 2′与 3 与 3′各点露出地面;这些露出点,从第一次感到震动的 B 点向外扩展,

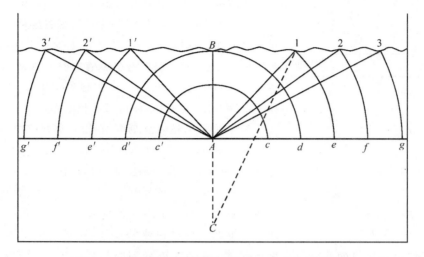

图 126 表示地震波从地下震动焦点 A 向外传播的图解

A. 震源。*B*. 震中或最先到达地面的震动点。*C*. 假定在更深地方的震源。这里代表露出角的线 *C*—1,比 *A*—1 线陡。*c*,*c'*,*d*,*d'*. 等表示从震动中心 *A* 向各方面传播的地震波所形成的剖面。1,1'. 同震点,或地 震波同时达到地面的各点。2,2',3,3'. 同上。

形成一系列同心环,如图 127 所示。所以震波或震动冲击,虽然似乎是从 *B* 点沿着水平方向向四面传播,但在事实上,传播的中心是在 *A* 点。图 126 和 127 中的 1—1',2—2'和 3—3'各圈,称为同震圈,因为同一圈上的各点,同时发生震动。读者可以从图上看出,所有这些 *cc'*,*dd'* 圆壳,以及 1,2,3 等露出点,都是代表一个震动连续通过地球的情况,而不是代表一系列依次震动的震波。马勒特和霍浦金曾经设法设计各种仪器和观测方法,希望能用它们来测定地震波的传播速度和震源的深度。

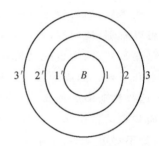

图 127 *B*. 震中

1,2,3,分别为 1',2',3'的同震点

　　马勒特[①] 是实际应用机械原理来推断与本问题有关的规律的第一个有功人员。为了这个目的,他在 1857 年 12 月大地震之后不久,到那波利区的一部分进行了调查。在这一个时期,震动最剧烈的地区,大约在沙勒诺东面 40 英里,即当北纬 40°30',而且全部都在 1783 年地震区域以北。当时虽然毁灭了许多城市,死亡了许多人口,但是破坏程度不如 1783 年的地震,而河道变迁的规模,也没有那样大。

　　为了确定震中,马勒特观察了高屋顶上的烟囱、瓮罐和塑像的倒落方向。由于它们的惰性,这些物体倒落的方向,通常都与震动前进的方向相反,但是它们有时也向前崩落。不论哪一种情况,它们都表示震动方向;如果把两条或两条以上的方向线延长,使它们交切,便可以求得震中的位置。找到了这一点之后,其次的步骤,是测定地震波在地面各点露出的角度。

① Great Neapolitan Earthquake of 1857; in two vols. London, 1862.

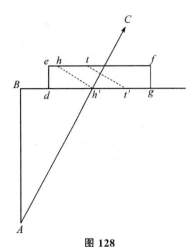

图 128

假定有一座长方形的房屋 d、e、f、g（图 128），它的主要墙壁的方向和震动方向相同，而地震波是在 A、C 方向露出地面。这样的震动，往往产生垂直于本身前进方向的裂缝 hh'、ii'。根据这些裂缝求得了 A、C 对水平的斜度或露出角之后，我们只要在想象中延长 Ch' 线使它和垂直线 B、A 相交切，便可以得到震源 A。

参考图 126，读者立刻可以看出，离开震中 B 的任何一点露出角，决定于震源的深度；换句话说，深度愈大，角度愈小，例如 $C1$ 线的斜度比 $A1$ 线斜得多。

用动力学公式的帮助（这种公式现在不必引证），马勒特断定，1857 年震源的深度，不超过七八英里；这种结果虽然仅仅是粗略的估计，但是意义很大，如果不断重复考察，今后可能获得更准确的结果，特别在震动期间用科学方法观测它们的时间、方向和强度。这种观察需要精密仪器的帮助，而问题的复杂，远非读者用以上的简单说明所推得到的。第一，产生波动或地震波的震动，不是一个像以上所想象的单纯运动，而是两个运动，一纵一横；在开始时，横的运动几乎和主要波动同时产生，并且和它成直角；但是它的波动速度比较慢，因此如果露出地点的距离比较远的话，露出时间也比较落后，而对房屋造成的危害，往往也比第一种运动大。在霍浦金[①]的详细报告中也可以看到，地震波通过不同密度和弹性的岩石时，不但速度有一些改变，而且方向也有一些改变，因为也同光波从一种介质进入另一种密度不同的介质时那样，它发生了折射和反射。当震动通过几英里厚的地壳时，它会遇到各式各样的岩石以及破裂和断层，这些构造多少都要干扰波动运动的前进。房屋的破裂情况，也决定于建筑材料的性质和胶结石块和砖的灰泥的黏度。所以，马勒特用做计算 1857 年的震源深度的数据，是不尽可靠的；至于 1783 年地下运动的出发点离开地面的距离，更难推断了。然而马勒特的结论是有意义的，他用现在已知的一切关于地震运动的事实来推断的。照他的计算，地震在地下的起点，不会太深，可能不超过 30 地理里；这是今后应当用观测和理论来证明的一个重要结论。

1783 年地震期间的死亡人数　据汉米尔登估计，在 1783 年地震期间，卡拉布里亚和西西里两处的死亡人数，大约在 40 000 人左右；此外还有 20 000 人死于食物不足、露天住宿和新形成的滞水湖塘所引起的疟疾等流行病症。

绝大部分居民是压死在他们的房屋下面；但是很多人是被地震之后常有的火灾烧死。在有些城市里，如奥皮多，由于大油库着了火，火灾更为猛烈。

许多人被陷入深裂缝中，特别在旷野中奔跑的农人，地面以下不同深度处，今天可能还埋着他们的骸骨。

陶乐美在 2 月 5 日地震之后到过墨西拿，据他的描写，城市虽已残破，但从远处看，至少还保持着古代的壮观。每栋房屋都受到损害，但是墙壁还没有完全倒塌；所有居民

---

① Geological Theories of Elevation and Earthquakes，Brit. Assoc. 1847，p. 33.

都躲避在附近的木屋里,街道则变成了寂寞荒凉的场所,整个城市似乎发生过瘟疫而被人放弃了。"但是当我经过卡拉布里亚首先看见波里斯登那区的时候,恐怖的景象几乎使我麻木;我的思想中,充满了悲惨和恐怖的情绪;没有一件东西不被损坏;一切都化为尘埃;没有一栋房屋或一堵墙还维持原状;四面八方都堆着不成形状的石堆,没有人能相信这里是一座城市的遗址。废墟里还在发出死人的臭气。我曾经和许多被埋了三四天甚至于五天的人谈过话;我问了他们关于在如此可怕的情况下的感觉;他们都说,他们所遭到的痛苦之中,以口渴为最难受;而可以援救他们的朋友不来帮助他们的思想,更增加了他们的精神痛苦"[1]。

据估计,波里斯登那和某些其他城市的居民,大约 1/4 是被活埋的,如果不是缺少人手,他们或许都可以救活;但是灾害如此普遍,各人都只能顾到本身和家属的命运,没有余力帮助别人。没有一个人能顾到悲惨的哭声、别人的请求和高额的奖金。记录中载有不少由于父母和夫妇的慈爱、朋友的情谊或忠诚仆人的爱戴所激动的舍身事迹,但是个人的努力大部分是无效的。一个人纵然找到了他的最亲爱的人,听见他们的呻吟,辨出他们的声音,知道他们被压的地点,但是无法援救他们。堆在上面的东西实在太多了,使他们无从着力。

在脱兰奴伐,躲避在穹隆形圣器库中的 4 个奥格斯特派的僧人,由于上面堆着大量残物,无法逃出,他们在库里呼号了 4 天,声达库外。当时整个修道院只逃出一个僧人,"他有什么力量可以搬去如此巨量的残破物件救出他的同伴呢?"他们的声音逐渐消失了;后来的发掘,发现他们互相拥抱在一起。在许多令人伤心的故事里还说到,埋了五六天甚至于 7 天的母亲虽被救出,但是他们的婴孩或小孩却饿死了。

照我们的想象,这种悲惨情况,一定足以引起最残酷的人的人道和怜悯情感;当时固然有许多令人崇敬的英勇行为,但是卡拉布里亚农人所表现的暴行,实为笔墨所难形容:他们放弃了农庄,成群地奔入城市——不是去救援他们垂死的同胞,而是去抢劫。他们不顾一切危险,向摇动的墙壁和堆满尘灰的街道上奔去,践踏着受伤和半掩埋的人,有时还剥去垂死者的衣饰[2]。

更详细的叙述,不是本书的目的,如果要使读者对过去 150 年中历次地震期间许多繁荣区域的人民所受的困苦获得一些概念,他们必须把所有的事迹编成几部书。仅仅提到生命的损失——如每一次灾难死亡了 50 000 或 100 000 人之类——不能使读者理解他们所受痛苦的程度;我们必须从目击者的故事里认识到各种死亡的方式,脱险者身受重伤和四肢残缺的情况,以及立刻变成一无所有的人数。有人常常说,经过这种灾难愈多的人,愈觉得地震可怕;至于其他危险,只要谙习它的性质,可以使人勇敢。这种理由是明显的——地震是无法预测的;第一次震动的破坏性往往最大;它可能在深更半夜发生,即使在白天降临,也没有一些警告,没有一种预见可以防止它;一旦开始震动,没有任何技能,没有任何勇气,也没有任何沉着思想,可以指出安全的道路。两次危险性较大的震动之间的间距是无从确定的(可能经过几个世纪),在这一段期间,地面上常有小颤动;这

---

[1] Pinkerton's Voyages and Travels, vol. v. as cited above, p. 117, note.

[2] Dolomieu, Pinkerton's Voyages and Travels, vol, v.

一类的颤动,有时又是剧烈震动的前奏,往往使人提心吊胆,形成紧张和恐慌的局面。仅仅由这种原因所引起的恐怖,也造成了很多不幸事故。

这种可怕的灾害,虽然可以唤起纯粹的宗教感情,然而我们发觉,恐怖的心理、失望的感觉和人类一切努力失其效用的信念,反而容易使庸俗人民的思想,接受败坏道德的迷信。

常常发生地震的地方,即使有最好的政府,也不能保障财产安全;工业不能保证它的劳动收获;但当法律的力量因普遍混乱而失去效力的时候,最凶恶的暴行,有时反而可以逍遥法外。更不用说,夷平城市、破坏港湾、摧毁桥梁、阻塞道路以及使富庶河谷——平原布满湖泊和山崩残屑的地震,当然也阻碍了文明和国家财富的发展。

在经常发生地震的地区,经验和科学知识,无疑可以减轻损失。

为了防御和安全,中古时代的卡拉布里亚城市,大部分建筑在孤立的山顶上,在每一次震动期间,这种城市,似乎像桅杆上的水手一样不断在摇晃[1]。这些城市的四周,通常都有峭壁,在它们的边缘上,摇动的房屋很容易随着它们的基础一同崩溃。如果城市是建筑在宽敞地区,而布置和所用材料也适宜于减轻危险,那么生命的损失一定也会相对地减少。建筑师对于这种危险的斗争,并不感到失望,他们的广告里说,他们在西西里建造的房屋,可以防御地震。

我拟在以下各章指出,如果考虑到地下运动在相当长的时期内的结果,它们是有显著利益的,我并且也要说明,它们是保持适于居住的地面的完整和保证干涸陆地继续存在的作用的重要部分。所以这种作用会引起如此严重灾害,决非我们的哲学所能理解的秘密,而这种秘密,或许要等到我们的研究可以扩展到地球和它的居民以外的、可能与它们相关的其他精神和物质世界,才有揭发的可能。如果我们的研究可以包括其他世界,而发生许多事故的时间也不限于几个世纪,而是和地质学使我熟悉的时间一样毫无限度,那么一部分的表面矛盾,可能互相协调,一部分困难无疑也可以解除。但是无论如何,我们的能力是有限的,而宇宙在时间和空间方面的变化是无穷尽的,如果说一切的疑难和混乱都可以扫除一空,未免过于理想。反之,我们对自然界智慧的了解,虽然不断在增长,但是这些疑难问题,可能还要继续扩大;有一句俗话说得很对,光的圆圈愈大,它周围的黑暗界限也愈大[2]。

---

[1]　Mallet, Neapolitan Earthquake of 1857, vol. i. p. 30.

[2]　Sir H. Davy, Consolations in Tarvel, p. 246.

第三十章 地震（续）

爪哇的地震，1772 年——高锥的截切——圣·多明谷，1770 年——里斯本，1755 年——震动范围——海水的退却——各种解释——康失普兴湾，1751 年——永久的上升——秘鲁，1746 年——爪哇，1699 年——山崩阻塞了河道——1693 年西西里的沉陷——摩鹿加群岛，1693 年——牙买加，1692 年——大片土地的陷落——罗弃尔港一部分的沉陷——过去 170 年中的变迁情况——贝里湾中地面的升降——塞拉比庙提供的证据

我拟在本章结束关于 18 世纪地震的记载，然后再讨论地质学家可能感兴趣而有报告可稽的早期震动。

爪哇（1722）——高锥的截切 帕潘达扬山是爪哇岛过去最高的火山之一，它在 1772 年爆发了一次。据说，在山坡上的居民全部逃出之前，火山附近的地面坍塌了，大部分火山也因陷落而失踪了。根据估计，由于这一次震动，火山本身和邻近地区陷入地下的范围，长达 15 英里，宽达 6 英里。被毁的村庄有 40 处，一部分陷入地内，一部分被喷出物所掩埋，人口死亡达 2 957 人。牲畜的损失也相当大，附近的棉花、靛青和咖啡农场，都被火山喷发物所掩埋。这一次灾害似乎很像维苏威山 79 年的喷发，但是规模比较大。火山锥的高度，从 9 000 英尺减到 5 000 英尺；因为山顶喷口中还在泄出蒸汽，它可能有一天像索马山大喷口中升出维苏威山那样，会在古火山的遗址上，升出一个新锥[1]。

1842 年，钟胡恩曾经到这里进行考察；他没能找到地面陷落的肯定证据。他说，如果地面果然下沉的话，一定只限于锥顶附近，或在新喷口形成的地方。他发现，被毁的村镇，离山顶都很远，而且是埋在喷发物下面，所以它们似乎遭遇到侯丘伦尼恩城和潘沛依城的命运；火山高度的降低，可能大部分由于爆炸，而不是由于陷落。

圣·多明谷（1770） 在一个破坏了大部分圣·多明谷岛的极猛烈地震期间，岛上出现了无数裂缝，泄出了大量碳酸气，造成了流行病。许多以前没有水的地方，突然出现了温泉；但在不久之后，它们都停止了流溢[2]。

前一次的地震（1751 年 1 月），也很猛烈，当时破坏了首都王子港；20 里格长的一段海岸，全部沉陷了，变成一个长久的海湾[3]。

印度斯坦（1762） 1762 年 4 月 2 日，孟加拉的吉大港城，受到了地震的剧烈震动，许多地方发生了地裂，冒出带硫黄臭味的水和泥。在巴达旺地方，一条大河干涸了；在近海

---

[1] Dr. Horsfield, Batav. Trans. vol. viii. p. 26. 勒富尔的记述，也是根据霍斯菲尔博士的报告。
[2] Essai sur l'Hist. Nat. de l'Isle de St. Domingue. Pairs, 1776.
[3] Hist. de l'Acad. des Sciences. 1752. Paris.

的巴·查拉，一大片土地沉陷了，伤害了 200 人和他们所有的牲畜。据说，在这一次地震期间，吉大港海岸突然长久沉陷的面积，约为 60 平方英里，而莫格山脉的塞士·龙·杜姆山完全失踪了，还有一座山则陷入地内，只有山顶露出地面。四座小山被破裂成各种各样的形状，留下许多 30 到 60 英尺宽的深沟。沉陷了几个丘比得（Cubit，约等于 18 英寸）的城市，都被洪水所淹没，例如，狄普·冈便被淹没在 7 个丘比得的深水以下。塞克塔·孔达山，出现了两个火山喷口。加尔各答也感到了震动[1]。当吉大港海岸下沉的时候，蓝里岛和千杜巴岛的地面却向上隆起[2]。（见图 65）。

1755 年里斯本的地震——震动的范围　南欧火山区域的近代地震，以 1755 年 11 月 1 日里斯本的地震为最猛烈。危险的降临，毫无预兆，居民只听见地下发出雷鸣的响声，在顷刻之间，剧烈的震动已经把大部分城市震毁。大约在 6 分钟内死亡了 60 000 人。海水先向后退，使沙洲干涸；后来又向海岸滚进，浪头高出原有水平 50 英尺以上。葡萄牙的几座最大的大山，如阿拉比达山、伊希特雷拉山、侏里倭山、马万山和新脱拉山，似乎连基础都被摇动；一部分山的山顶破裂成古怪的形状，许多巨大石块坠入下面的河谷[3]。据说山顶上曾经发出火焰，这可能是闪电；还有人说山顶上冒过烟，但是大量的尘灰，也可能产生这种现象。

码头的沉陷　在这一次震动期间，在里斯本发生的事故之中，以新码头的沉陷为最奇特。这一个码头是完全用大理石建成的，投资很大。因为这是一个从空中坠落的残砖碎瓦可能达不到的地方，于是许多群众集中在这里避难；但是码头和上面的人群，突然下沉了，而且没有一个死尸浮出水面。许多停泊在码头附近、载满了人的大小船舶，都像遇到旋涡似的沉没了[4]。破船的碎块，也没有浮出水面；在许多记载中都说，建筑码头地方的水，变得深不可测；但据怀特侯斯脱的测定，深约 100 英寻[5]。

当时的记载虽很详细，但是弗里门在 1841 年告诉我说，在高潮时，德古斯河口任何部分的深度，当时都不超过 30 英尺，而新码头位置以及记载建筑时期和方法的纪念物的考察，使得 1755 年有这样大沉陷的说法，难以理解。德古斯河底可能先开裂了一个像卡拉布里亚地面上那样的深沟，后来在一部分船只和附近建筑物陷入之后又重新闭合了。我们已经知道，在震动之后，裂缝可以突然闭合，而在有些地方，如在柔软物质组成的地层中，闭合比较慢。根据 1837 年沙普在里斯本的考察，这一次地震的破坏结果，只限于第三纪地层，而以一部分城市建筑在上面的青色黏土受震最烈。他说，在第二纪石灰岩和玄武岩上的房屋，完全没有损伤[6]。

震动的面积非常大。洪博尔特说[7]，根据计算，在 1755 年 11 月 1 日那一天，地球表面上同时感到震动的面积，大约是欧洲的 4 倍。阿尔卑斯山、瑞典海岸、波罗的海海岸上

---

① M 'clelland's Report on Min. Resources of India, 1838. Calcutta. 其他细节，见 Phil. Trans. vol. liii。

② Journ. Asiat. Soc. Bengal. vol. x. pp. 351，433.

③ Hist. and Philos. of Earthquakes，p. 317.

④ Rev. C. Davy's Letters, vol. ii. Letter ii. p. 12. 他当时在里斯本，并且证明，所谓沉没的船只，是失踪了的。

⑤ On the Formation of the Earth，p. 55.

⑥ Proceeding Geol. Soc. No. 60. p. 36，1838.

⑦ Cosmos. vol. 1.

的小内湖、吐林吉亚、德国北部的平原以及大不列颠,都感到震动。透浦里兹的温泉忽然干涸,后来又流出赭色的水,淹没了所有的东西。西印度群岛中的安提瓜、巴贝多斯和马提尼克各岛,平时只有 2 英尺左右的潮水,此时突然升高到 20 英尺,海水被染成墨水似的黑色。加拿大的各大湖,也感觉到这一次的运动。在北非的阿尔及尔和非斯,地面震动的剧烈程度,不下于西班牙和葡萄牙;而离开摩洛哥 8 里格的一个村庄,连同 8 000 人口或 10 000 人口,据说全部被吞没;不久之后便被泥土淹没了。

海上感到的震动　里斯本西面的海上,船只甲板上也感觉到和陆地上相同的震动。在圣·路加口外,楠茜船(Noncy)的船长,觉得他的船受到非常强烈的震动,他当时以为触礁了;但是投入测锤的时候,发觉海水还是很深。在西班牙海岸的登尼亚外面,约北纬 36°24′处,克拉克船长在早晨 9 点到 10 点之间,觉得他的船似乎触了石礁,船身震动扭折,使甲板的接缝开裂,指南针也在罗盘箱内翻了身。在圣·文生得西面 40 里格,另一艘船也受到异常猛烈的震动,船上人员从甲板上垂直跳起 1.5 英尺。

运动进行的速度　大不列颠的湖、河和泉水的激动,也很显著。例如苏格兰罗蒙得湖的湖水,没有任何明显的原因,突然上升,向湖岸冲击,然后又降落到原有水平以下。这种现象可以用一种假定来解释,就是说,湖水没有参加地震给予陆地的冲动,因此向盆地发出震动的一边冲去。罗蒙得湖水垂直上升最高的高度,为 2 英尺 4 英寸。根据里斯本开始感到震动的时间和其他几个遥远地方初次发生震动时间之间的间距推算,这一次地震的波动速度,每分钟大约 20 英里①。

大波浪和海水的退却　一个大波浪扫过西班牙海岸;据说,在卡笛兹,波浪高达 60 英尺。在非洲的丹吉尔,它在海岸上涨落了 18 次。在马德拉岛的芬察尔,它垂直地涨到高水标以上 15 英尺,虽然当时是在半落潮时期——这里平时潮水的涨落大约 7 英尺。除了冲进城市造成巨大损失外,它也泛滥了岛上的其他港口。在爱尔兰的金赛尔,冲进港湾的一股水,使几条船旋转之后,灌入了市场。

以前已经说过,里斯本的海水,首先退出海岸,地震开始时海水从海岸退却,以及后来又猛烈地冲上海岸,是一种常见的现象。为了解释这种现象,密契尔想到了海底的沉陷;由于某一个洞穴中蒸汽的凝缩,造成真空,于是顶部坍塌,从而引起地面的陷落。他说,这样的凝缩,可能是大量海水流入已经充满蒸汽的裂缝和洞穴的最初结果,因为其时炽热熔岩的热量,还来不及把如此大量的水变成蒸汽;后来气化过程之后,便会引起较大的爆炸。

另一种解释是陆地的上升;这种运动可以使海水立刻放弃老的海岸线;如果海岸上升之后又恢复原位,海水又会冲回转来。然而这种学说不足以说明在里斯本地震期间观察所得的事实,因为当时不但葡萄牙海岸的海水退却是先于波浪,而且马德拉岛和其他几个地方也是如此。如果海水的退却是由葡萄牙海岸上升,那么当水的运动传播到马德拉时,波浪的冲击应当先于退却。

从里斯本通过地壳传播的震动,在 25 分钟内就到达马德拉岛,而波浪则需要两个半小时才能旅行同样的距离;这和按照距离传播到其他地点所需要的时间,大致相符。所

---

① Geol. Soc. Proceedings, No. 60, p. 36. 1838.

以我们不能用地壳的瞬息上升运动来解释马德拉岛海水的大动作,因为如果是这样的话,马德拉海滩的上升,应当在第一期即在里斯本地震之后 25 分钟;此外,以后就要提到(第 459 页)在海岸附近有深水和海滩很陡的地方,如马德拉岛,地波不能使海水退却。

以下是解决本问题的另一种建议:假定一部分海底突然隆起;这种作用的第一种效应,是使隆起部分上面的水同时随着上升,而上升水体的动量可以把水推到它以后所不能达到的水平,因此先使邻近海岸的水排干或退却,然后又立刻使它冲回;冲回来的海水,也受动量的推动,冲上海岸,因此所达到的距离,也比原来的水远得多,而且高得多①。

讨论智利海岸同样的波浪时,达尔文发表意见说,"全部现象是由附近的震动线或震动中心发出的普通水波所造成"。他说,"如果我们细心观察从汽船的明轮翼(桨)送出的波浪向一条平静河流的斜坡河岸冲击,我们便可以看到,水先从河岸后退二三英尺,然后又形成微细的浪头向回冲,这种情况和地震的结果完全相同"。他又说,"地震波有时在震动之后相当时期才开始发生,海水首先由大陆和附近的岛屿退却,然后又以山岳似的波浪回到海岸。附近海岸的形状,可以改变它的大小;由南美洲的情况来看,位于浅洲湾头的地方,受害最大,深海边缘的城市,如瓦尔帕雷索,虽然受到严重的震动,但是从来没有被淹没"②。

最近(1846 年 2 月)马勒特在以前提到的专刊中(第 86 页),企图应用近年来发现的波浪理论的新知识来解释这种困难问题。照他的想象,如果震动的起点是在深海下面,一组震波在地内传播,另一组速度较慢的震波,则在海面上传播。后者到达陆地的时间,远落后于地波,或在地波已经消失之后。想象固体物质能够传播如此迅速而和潮波相似的运动,虽然和我们的普通概念不能调协,然而这样波动的产生,似乎已无疑义;照一般的假定,当震动经过某一点时,地壳中的每一个质点,在空间绕一个不完全的椭圆。盖·罗塞克说,使固体物质中的所有质点波动,可以用许多熟悉的例子来说明。如果我们把耳朵靠着一根木棒的一端,而在另一端用针头轻轻地打击,我们可以清晰地听见震动;这种事实说明,针头的轻击使木棒全部的纤维发生波动。车轮在铺石路上经过的辚辚声,可以使最大的大厦摇动;而巴黎某些地下石矿中的活动,可以通过相当厚的岩石向各方面传播③。

密契尔说得很对,直接起源于震动中心上面的大海浪,像石子投在水塘上所造成的圆圈那样向各方面传播;运动的不同速度,则决定于(他也作此建议)水的不同深度。马勒特说,海底震动的冲击,可以使直接在它上面的波浪上升,大地震的震动,可以把陆地垂直升起二三英尺。震动或地波的速度比较大,因为它是"决定于地壳弹性的函数,而海波的速度,则决定于海水深度的函数"。

"震动在深海下面经过的时候,虽然没有前进的迹象,但是一等到进入锤测所能达到的深度或浅水部分,它立刻产生另外一个较小的海波。它似乎在它的背上负着一个较小的液体波浪;这是海底局部上升推起来的一个狭长水脊,其形状和速度与震动本身相同。

---

① Quarterly Review, No. lxxxvi. p. 459.

② Darwin's Travels in South America, etc. 1832 to 1836. Voyage of H. M. S. Beagle, vol. iii. p. 377.

③ Ann. de Ch. et de Ph. tom. xxii, p. 428.

这种小波,在技术上叫做"强压海波"(Forced Sea-wave),它把地震震动传给海上船只,使后者受到触礁似的冲击。海波浪头和震动同时到达海岸,有时可能先使海水略从海岸退出,然后又流回海岸,形成略高于通常潮标的波浪:这种现象发生于坡度通常很平的浅水海岸,因为其时低平地波的速度,似乎在液体波浪下面滑过。这是地波到达海滩的行为,它使海滩升到和它本身相等的高度,然后又立刻回到原来的水平"。

"当通过固体地壳传播的震动以非常速度向陆地前进的时候,巨大的海波以较慢的速度随着进行,虽然后者的前进速度每分钟也达到几英里。在深海中,这是一种长而低平的巨大波涛,前后坡度相等,并且异常平缓,因此在船下经过时,可能不会引起人们注意。但是到达浅水边缘的时候,它的前坡,像同样情况下的潮水一般,变成短而且陡,而后坡还是长而且平。如果近岸海水相当深,这种大波涛,可能在震动之后很久方才到达,酿成的灾害也较小;如果海岸斜度很平,海水往往先行退却,然后又冲回海岸,深入内地"[1]。

密契尔和后来的作者对地球内部地震、动的成因所提出的各种意见,我拟留待第三十三章再行详细讨论。

智利(1751) 1751 年 5 月 24 日,康塞普西翁古城(原名彭柯),全部被地震毁坏,海水也冲入了城市(见图 110)。古港口完全失去效用,为了避免后来的泛滥,居民在离海岸10 英里的地方,建筑了一个新城。最近才在米安·斐南德海岸建成的居民区,也同时几乎完全被冲上海岸的波浪所淹没。

前面已经说过,1835 年,就是在彭柯被毁之后 84 年,这个海岸又被地震引起的洪水所淹没;我们也知道,在 1751 年以前 21 年(1730),这些不幸的海岸,也受到了同样灾害,淹死了很多人。一系列同样的灾难,可以追溯到 1590 年[2],在此以前,除了口头传说外,没有记录。编写当地民族的风俗和传记的莫林那告诉我们说,住在安第斯山和太平洋之间、包括现在一部分智利的民族阿罗堪印第安人,"曾有发生一次大洪水的传说;在这一次洪水中,只有躲避在有 3 个山峰的特格特格山或'雷山'上的几个人,没有被淹死"。凡是遇到有强烈的地震,这些人总是逃到山上避难,因为他们害怕在地震之后会重新出现淹没全世界的洪水[3]。

莫林那时代的诸作家,虽然有把传说中所有的洪水归于一个远古时代的意向,但是他说,"阿罗堪人的洪水,可能和诺亚洪水很不相同"。我们无法推测这个民族在智利繁衍了多久;如果他阅历了有三四个世纪,他们一定会看到许多次海洋的侵袭。但是缺乏文字记载的民族,决不能保持一连串性质相同而时期不同的自然事变的记忆。不过两三代的时间,所有事变时期都将会被遗忘的,就是事变本身,除非与风俗或宗教仪式有关,也将会失传。许多不同时期的地震和洪水所造成的灾难,往往在记录中混在一起;因此一次的灾害可能被过分夸张,或被神话传奇所歪曲,使它们在科学上毫无意义。

海岸上升的证据 在最近测量康塞普西翁湾期间,比曲舰长和白尔丘爵士发现,以

---

[1] Mallet, Proceed. Roy. Irish Acad. 1846.
[2] 见 Father Acosta's work;和 Sir Woodbine Parish, Geol. Soc. Proceedings, vol. ii. p.215。
[3] Molina, Hist. of Chili, vol. ii.

前经常停泊所有绕过合恩角的大商船的古老海港,现在变成了一个砂岩的暗礁,其中有几点在低水位时凸出海面,但大部分在浅水之下。根据居民报告,一片长约 1.5 英里原来有四五英寻深水的地区,现在变成了浅洲;据我们的水道测量家说,这是完全由坚硬的砂岩所组成,所以决不是比倭比倭河的近代沉积物,虽然这条河的一个河汊,现在向海湾输送疏松的云母砂。

因为时代过于久远,我们已无法证明海底的上升(24 英尺)是否在 1751 年地震期间一次形成的,因为后来可能有其他的运动;但在 1751 年地震之后,没有一只船能够驶入彭柯古港港外 1.5 英里的范围之内(见图 110)。我们的测量员又在高水位以上,找到了可以证明彭柯附近海岸过去曾经上升的证据;这里有很厚一层介壳层,其中的种属与现时生存于海湾中的完全相同,此外还充满了与比倭比倭河现时输入海湾相同的云母沙。这些介壳,以及覆盖在附近云母片岩小山上的、高出海面达几百英尺的其他介壳,都经过有经验的贝壳学家的鉴定,并且证明,它们的种属是和现时从海湾与附近采集到的活介壳完全相同[①]。

所以乌乐亚的叙述是正确的;他说,在塔尔卡瓦诺和康塞普西翁之间海面以上的各种高度上,"用做烧制石灰原料的矿场里,可以找到各种不同的介壳,其种类和附近海中所产的完全相同"。其中他提到了一种叫做 Choros 的大壳菜,此外还描述了两种。他说,许多介壳是完整的,一部分则已破碎;它们在海里生活的深度是 4 英寻、6 英寻、10 英寻或 12 英寻,并且附着在一种叫做 Cochayuys 的海生植物上。它们必须用网捞设备方能取得,其种属和海岸或浅海介壳完全不同;然在小山的各种高度上,却有这一类介壳所组成的地层。他又说,"看到了这种现象,我觉得非常兴奋,因为我认为,这是普遍洪水的肯定证据,虽然我也知道,有些人把它们所以达到的位置,归因于其他作用"[②]。我们已经知道,在 1835 年,彭柯堡的基础是很低的,仅仅略高于最高的春潮水位,这种现象可以用来否定这个古代港口近来始终在上升的观念;但是至今似乎还没有准确的测量或水准测量来肯定这一点;这是很值得考察的事,因为它可能阐明近来常常发表的意见,说是智利海岸在每一次隆起之后,有逐渐下沉而恢复原位的趋势。

秘鲁(1746) 1746 年 10 月 28 日,秘鲁发生了一次异常剧烈的地震。在最初的 24 小时内,一共震动了 200 次。海水两次猛烈地退出陆地,然后又冲了回来。利马城被毁了,而卡拉俄附近的一部分海岸,变成了一个海湾;其他 4 个港口,包括卡瓦拉港和关纳普港在内,遭遇到同样的命运。当时在卡拉俄港口内的 23 艘大小船只,有 19 艘沉没了;其他 4 艘,包括圣·弗明(St. Fermin)巡洋舰在内,被汹涌的波浪远远地冲上海岸,搁置在高出海面相当高的干燥地面上。城市里的居民总共 4 000 人,只有 200 人没有遇难,其中 22 人是躲避在残破的佛拉·克鲁斯炮台里面的,这个炮台是这一次可怕的洪水在城市中留下的唯一纪念物。城市的其他部分完全堆满了沙砾。

鲁康纳斯的一个火山,在那天晚上爆发了,火山锥边流下如此大量的水,以致淹没了整个区域;帕塔斯附近的康弗兴·第·卡哈马奎拉山,也有 3 个火山在喷发,并从山边冲

---

① 白尔丘给我看过这些介壳,全部标本都经白罗得里普鉴定过。

② Ulloa's Voyage to South America, vol. ii, book viii, ch. vi.

下湍急的洪流[1]。

秘鲁的文献中，还有几编关于过去震动的记载，每一次都有海水的侵袭，其中之一，发生于 59 年前（1687），据乌乐亚说，当时海水先行退却，后来以山岳似的浪头回到大陆，淹没了卡拉俄和附近地区，使居民受到悲惨的灾难[2]。据瓦佛说，这一次的波浪，把船只向内地送了 1 里格，而在 50 里格长的海岸上的人畜，完全都被淹死[3]。乌乐亚、瓦佛和阿柯斯塔等，对更早的几次洪水，也作了详细叙述，据他们的描写，这些洪水有时袭击海岸的一部分，有时袭击另一部分。

但是当我们追溯到西班牙人征服秘鲁的时代，可靠的记录就完全没有了。古代的秘鲁人，虽然远非野蛮民族，但却没有文字年鉴，所以对于一系列的自然事变，不能保持明确的回忆。据 17 世纪初期在这里研究秘鲁历史的赫雷拉记载，他们有一种传说，说是"在英加皇朝统治之前许多年，其时已经有稠密的人口，这里忽然发生了洪水；海水越出了界线，盖满陆地，淹没了全部居民。此外，卡拉俄省契奎托的当地人民和当时住在毫斯卡谷的瓜卡斯民族都说，住在最高高山的山洞中没有被淹死的几个人，又开始在这个区域内繁殖。山区的其他居民也说，所有的人都被洪水淹死，只有 6 个浮在木筏上的人得以幸存，现在这个区域的人民都是他们的子孙"[4]。

在利马附近的大陆上，和圣·罗伦索岛附近，达尔文找到了证明从有人类以来古代海底曾经升高 80 英尺以上的证据；因为在这样的高度上，他在由海藻和海生介壳组成的地层中，找到了碎棉线和残破的编织物[5]。一位土木工程师吉尔告诉达尔文说，他在利马附近的内地，约在卡斯马和华拉兹之间，发现一条部分切穿坚硬岩石的大河流的干河槽，但是它的坡度并不是逐渐向源头升高，而是在一个地点有一个向源头倾斜的陡坡，因为一个上升的山脊或一排小山，横贯河槽，使它变成穹形。由于这种变化，河水转入其他河道；而原来富庶并且留有古代耕种遗迹的区域，却变成了沙漠，其中还留下一些废墟[6]。

爪哇（1699）　1699 年 1 月 5 日，爪哇发生了一个可怕的地震，大震动的次数不下 208 次。巴达维亚的许多房屋都被震塌；从城市里不但可以看见一个火山在喷出火焰，而且可以听到喷发的响声，后来知道，这是离城 6 天路程的沙勒克火山在喷发[7]。第二天早晨，起源于山区的巴达维亚河的河水，上涨了许多，而且非常混浊，同时还冲下了许多烧了一半的灌木和大树。因为河槽被堵塞，河水泛滥到城市附近田园的四周和一部分街道上，因此地面上散布着许多死鱼。除了鲤鱼外，所有河里的鱼，都被泥浆和混水所闷死。大量被淹死的水牛、虎、犀牛、鹿、猿和其他野兽，随着急流漂浮；有一位作者说，"鳄鱼虽然是两栖动物，但是也被淹死了几条"[8]。

据说，河边陷落了 7 座小山；这种情况可能和卡拉布里亚地震所产生的结果一样，是

---

① Ulloa's Voyage to South America, vol. ii, book vii, chap. vii.

② Ibid., vol. ii, p. 82.

③ Wafer, cited by Sir W. Parish, Geol. Soc. Proceedings, vol. ii, p. 215.

④ Hist. of America, decad. iii. book xi, ch, i.

⑤ Darwin's Journal, p. 451.

⑥ Ibid., p. 413.

⑦ Misspelt "Sales" in Hooke's Account.

⑧ Hooke's Posthumous Works, p. 437, 1705.

7 处大山崩。这些小山,一部分是从河流的一岸塌下来的,另一部分则是从另一岸崩落的;它们填满河槽,而从土堆下找到出路的河流,流出浓厚混浊的泥水。唐加兰河也被 9 座小山所堵塞,河槽内也有大量的漂木。据说,它的 7 条支流,也被"盖满了泥土"。这两条大河之间的高山上的一片森林地带,据说也变成了一片不毛之地,没有剩下一棵树,地面上铺满了细红土。这一部分记载所指的,可能仅仅是河谷中森林地带的崩落,其情况很像 1783 年卡拉布里亚许多广大葡萄园和橄榄农场所遭遇的情况。巴达维亚河中紧密堆积的树,据说数量非常可观,这种情况足以说明洪水和山崩对河谷边缘土壤的破坏可以达到如何程度[1]。

基多(1698) 1698 年 7 月 19 日,在基多的一次地震期间,卡瓜依拉索火山的大部分喷口和山顶都坍塌了,从破碎的山边,流出水和泥浆流[2]。

西西里(1693) 1693 年,全部西西里岛都受到地震的震动,1 月 11 日,卡太尼亚城和 49 处其他地点,都被夷成平地,一共大约死了 100 000 人。邦那久脱斯说,港口、海湾和海岸的海底都下沉了不少,沿海岸冒出许多水泡。地面上出现了许多宽度不等的裂缝,冲出大量硫质水;在卡太尼亚平原上(西密托河三角洲),离海洋 4 英里地方的一条裂缝,流出与海水盐度相等的盐水。在诺托市内一条 0.5 英里长的街道上,用石头建造的房屋陷入地内,房子的一边还没有完全坍塌。在另一条街上,出现一个大缺口,足以陷入一个人和一匹马[3]。

摩鹿加群岛(1693) 由一个大火山组成的索里亚小岛,在 1693 年爆发了。火山锥的各部分,陆续陷入了喷口,到了后来,几乎半个岛都变成了一个火海。大部分的居民逃到邦达避难;但是山的大块继续崩落,因此熔岩湖愈变愈大;到了最后,所有的居民不得不向外迁移。据说,当火海扩大时,地震的强度成比例地减小[4]。

牙买加(1692)——港口内的陷落 1692 年,牙买加发生了一次猛烈的地震。地面像波浪似的在涨落,并且出现了很多裂缝,往往同时可以看到二三百条,忽开忽闭。许多人陷入了裂缝,有些人半身夹在泥里而被挤死;有些人只有头部露出地面;有些人陷入之后又和大量的水一同冲出。在当时的首都罗叶尔港,震倒的房屋虽然比海岛的其他部分少,即便如此,也有 3/4 的房屋,连同土地和人民,完全被这一次的灾害沉沦到水底。

港口一边的几个大仓库,也沉到水面以下 24 英尺、36 英尺和 48 英尺,其中一部分似乎还没有坍塌,因为有人说,在地震之后,沉没在港内的船只的桅顶,以及房屋烟囱的顶部,都恰好伸在波浪上面。在第一次震动期间,城市四周一块 1 000 英亩的广袤土地,不到一分钟全部下沉了,并且立刻被海水淹没。正在码头上修理的天鹅号巡洋舰,被海浪冲上海岸,在许多屋顶上掠过,最后搁在一个屋顶上,把房屋凿穿。据说,有一条街道的宽度,因地震而加宽了 1 倍。

照贝瑟爵士的意见,罗叶尔港的下沉部分,是建筑在新近形成的沙地上,人们还在沙层中打过桩。他认为,疏松沙层本身的"紧压",加上上面沉重房屋的重量,可能是引起沉

---

① Phil. Trans. 1700.
② Humboldt, Atl. Pit. p.106.
③ Phil. Trans. , 1693—1694.
④ De la Bêche, Manual of Geol. , p.133, 2nd. Ed.

陷的原因①。

卡拉布里亚和其他地点,无疑曾经有过地面房屋没有坍塌的整块土地滑陷的实例;罗叶尔港的情况可能也是如此。淹没的事实是无可置疑的,因为查利·汉米尔登海军上将曾经告诉我说,1780 年他在大兵舰通常停泊的地方和城市之间的一部分海港之间,常常看见沉没在水里的房屋。爱德华兹在他所著的《西印度史》中也说,1793 年,晴天从房屋上经过的船

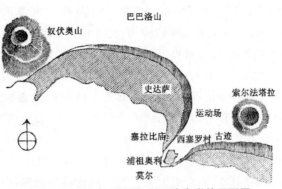

图 129　浦祖奥利周围,贝里湾海岸的平面图

只,可以清晰地看见它们的遗迹②,最后吉弗里上校也告诉我说,1824 年和 1835 年,当他在进行测量的时候,他屡次经过这里,当时的海水深度,大约在 4 英寻到 6 英寻之间;在风平浪静的日子里,他往往清楚地看见这些房屋的痕迹。如果把一种叫做"潜水眼"(Diver's Eye)的仪器放在波纹下面观测,这些房屋更为明显③。

据说,牙买加有几千处地方发生了地裂。在岛的北部,有几个农场,连同居民,陷落成一个广袤 1000 英亩以上的湖,后来干涸了之后,除了沙砾之外,一些也看不出那里曾经有过房屋和树林。雅罗地方的几个租赁地,被掩埋在山崩下面;有一个农场,从原来的地方移动了 0.5 英里,而地面上的农作物,不但没有受到损害,而且还继续生长。在西班牙城和十六里牧场之间,河边的高峻悬崖,崩入河内,阻碍了河水的通行,连续泛滥了牧场达 9 天之久,因此有人说,"这里也像罗叶尔港一样沉陷了"。但是洪水不久就退尽,因为河流在很远的地方找到了出路。

震坏了的山　蓝山和其他的山,据说被震坏成离奇的形状。它们似乎破裂了,变成了半秃的山,以前苍翠的天然美景,不复存在。在最初的 24 小时内,这些山上的河流,都停止了流动,然后把几十万吨的木材,在罗叶尔港冲入海洋,像浮岛似的漂在海面。树皮一般已被剥光,大部分树枝也在漂下时折断。在这一次地震期间,在海岸上也捉到大量的鱼。史罗安爵士曾经详细地搜集了灾难目击者的记述,他的信札里常常提到沉陷,有些人以为整个牙买加都下沉了④。

17 世纪终了以来变迁情况的回顾　以上仅仅是上世纪(18 世纪)和本世纪(19 世纪)地震的几个典型例子,它们所造成的、可以用做说明地质现象的事实,都有记载可查。至于较早时期的同类事变,过于模糊,即使本书篇幅许可,也没有逐一研究的价值;况且在有史期间发生过地震的地方,只要经过对自然变迁的解释有良好经验的地质学家的考察,还可以很准确地予以肯定。读者切不可以为我已经在以上的简述中,把这一段时期内地下运动在地球上所造成的一切变迁或大部分变迁,网罗无遗。例如,本世纪的阿勒

---

①　De la Bêche, Manual of Geol. , p. 133, 2nd. Ed.

②　vol. i p. 235, 8vo. ed. 3 vols. 1801.

③　1838 年 5 月给作者信。

④　Phil. Trans. 1694.

坡地震和 18 世纪中叶的叙利亚地震,如果经过科学观察者的描写,无疑可以提供无数在地质学上有重大意义的现象。1759 年叙利亚的震动,延续了 3 个月之久,影响范围达 10 000 平方里格,和 1783 年卡拉布里亚地震相比,这个面积是很狭窄的。阿康、沙德特、巴尔培克、丹马斯克、西顿、特里坡里以及许多其他地点,几乎全部夷成平地。每一个地方死亡了几千人;据说仅仅在巴尔培克流域,已经牺牲了 20 000 人。为了现在的目的,由于没有科学记载,我们没有必要对这样的灾害深入讨论,就像我们没有必要随着一批侵略军队计算它的进程、烧毁的城市和由于刀剑或饥馑而死亡的人数一样。

我们的记载虽然极端贫乏,然而在简短的两世纪内所造成的变迁已经非常巨大,因此可以推想,在过去 30 个到 40 个世纪中的自然变革,特别在有文明民族居住而经常有地震的地方,一定更大了!在一次地震期间陷落的城镇,经过反复震动之后,可以沉到地面以下很深的地方,它们的残迹可能和包裹它们的最硬岩石同样永存不朽。暂时沉没到海水或湖水下面并且被沉积物所覆盖的房屋和城市,可能已经在某些地方重新升到水面以上相当高度的地方。这些事变的遗迹,可能经过后来的变迁——如海水向海岸的侵蚀、河流溪涧的割切、细谷和深沟的开掘以及地下运动非常活动的区域中其他自然作用的影响——而显露出来。

如果有人问,假使这样的奇特遗迹果然存在的话,何以到现在为止显露出来的却如此之少,我们的答复是——因为我们还没有详细搜查。要寻找过去事变的遗迹,研究者必须深知他所能希望发现的是什么,同时还要明了在何种特殊局部环境下才能找到这些遗迹。他必须熟悉自然作用的活动和结果,才能准确地认识、解释和描写它们所呈现的现象。

最著名的大火山区域,其范围如第二十二章所示,包括欧洲南部,非洲北部和亚洲中部,然而在地质图上这些区域还是空白地带;我们现在仅仅开始了解极小部分的一些情况,即那波利周围的区域;以考古学和地质学研究来说,就是在这里,我们的资料也不是主要得之于历史记载。我现在拟向读者介绍一下近来在贝里湾和附近海岸考察的一些结果。

贝里湾中上升和下沉的证据

塞拉比庙　　本书第一册封面上的图版[1][2],就是这个著名的古迹;这座神庙位置的研究,肯定地证明,从耶稣纪元初期起,浦祖奥利地方的海陆相对位置,曾经经过两度变迁;每次运动,不论上升和下沉,都超过 20 英尺。在讨论这些证据之前,我可以说,贝里湾海岸的地质考察,不论在浦祖奥利北面或南面,都有很满意的证据可以证明这里在不久以前曾经上升了 20 英尺以上,在一个地点超过了 30 英尺;即使神庙到现在还没有露出,这种变迁的证据,也是非常充分的。

浦祖奥利以南的海岸　　如果我们从那波利沿着海岸向浦祖奥利走,我们可以在浦祖

---

① 第一册里封面的图,是用兰孙在 1836 年画成的彩色图的一部分缩小的,这是 1834 年巴培居所宣读的关于塞拉比庙论文的插图,论文见 Quart. Journ. of the Geol. Soc. of London,vol. iii,1847.

② 本书保持了原版书风格,此图放于本书目录后第一册起始处。——编者注

奥利附近看见固结凝灰岩所组成的高峻悬崖,它像那波利城建筑在上面的基地一样,略从海边向后退缩;而在现在的海滩和古代海岸线之间,有一片外貌很不相同的肥沃低地。

离浦祖奥利东南约 2.5 英里,有一个名为尼西达岛(见图 66)的小岛,在岛对面的一部分内陆悬崖上,巴培居在海面以上 32 英尺的高处,发现像波浪剥蚀作用所形成的古代标志;进一步地考察,又在坚硬凝灰岩直立岩壁表面的同一水平上,发现许多藤壶(*Balanus sulcatus*, Lamk.)和钻孔介壳动物的钻孔。在一部分钻孔中,藏有石蛎的贝壳;另一部分则充满了一种蛤属的贝壳[①]。更近浦祖奥利,内陆悬崖高达 80 英尺,依然维持着直立的状态,似乎波浪还在暗掘。在悬崖基部,如前所说,是一片高出海平面 20 英尺的肥沃土地;这一片土地既然是由层次整齐的沉积物所组成,并且含有海生介壳,因此可以证明,在它们沉积之后,海陆相对水平已经发生了 20 英尺的变迁。(见图 130)

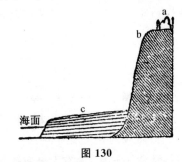

图 130

a. 浦祖奥利东南山上的古迹。b. 现在在内地的古代悬崖。c. 近代海底沉积物所组成的阶地。

海水经常侵犯这些疏松的新地层;因为土壤很宝贵,于是当地居民造了一个海塘加以保护;但是当我在 1826 年第一次到这里考察的时候,波浪已经把防御物冲去了一部分,显出了一组多少含有泥质的整齐凝灰岩地层,中间夹有浮石和火山砾的互层,并且含有大量现时海岸上常见的海栖介壳,其中有鸟蛤(*Cardium rusticum*),牡蛎(*Ostrea edulis*)和斧蛤(*Donax trunculus*, Lamk.)。各层的厚度,从 1 英尺到 1.5 英尺,其中的一层,含有很多艺术品、瓦片、各种颜色的镶嵌铺石方块和没有损坏的小型雕刻饰品的遗迹。我在这些物品之中,也采集到几个牛和猪的牙齿。在海栖介壳层上下,都有残破房屋的碎块。浦祖奥利城本身,主要建筑在较古凝灰岩的海角上,然而在城市下面的园圃里,我还看到一片较新的沉积物。

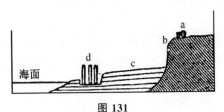

图 131

a. 浦祖奥利北面,西塞罗村别墅的遗址[④]

b. 现在在内陆的古代海岸悬崖。

c. 由近代海成沉积物所组成的阶地(叫做拉·史太沙)。d. 塞拉比庙。

有一个名为卡里久拉桥的防波堤,从城市一直延伸入海(见里封面图,3)[②][③]。这个防波堤可能已经有 18 个世纪的历史;它有几个墩柱和拱门,其中的 13 个,在 1828 年还存在,还有两个似乎已经坍塌。巴培居在第六个墩柱上,高出海平面 4 英尺的地方,找到了石蛎的钻孔;而在防波堤的尽头附近,即在最后第二个墩柱上,高出海平面 10 英尺的地方,找到同样的标志,此外还有许多藤壶和板枝贝。离大部分墩柱不远,海水深度是从 30 英尺到 50 英尺。

① 巴培居和海德爵士在 1828 年到这里考察的,他给我看了许多在这里和塞拉比庙采集的介壳。

② 这张图采自汉米尔顿爵士的 Campi Phlegraei,图版 26。

③ 放于本书 359 页。——编者注

④ 汉米尔顿的 Campi Phlegreai 中的图版 26(缩成图版 VII)。就是从悬崖的顶部画的,他说,叫做西塞罗别墅的古代学院,原来就建筑在这里。

浦祖奥利以北的海岸　如果从浦祖奥利向北行,考察城市和奴奥伏山之间的海岸,我们可以看到同样现象重复出现。巴巴洛山斜坡较平的一边,终止于海岸附近,形成一个不太高的内悬崖;有了这种现象,地质学家立刻可以断定,在过去某一时期,海水一定到过这个地点。在悬崖和海洋之间,也有一片低平的平原或阶地,叫做拉·史太沙(图131,c),它的情况和以前所说的、在城市东南的阶地相同;由于海侵作用很强烈,这里很容易找到地层的新剖面,以下就是这种剖面的一个例子。

浦祖奥利城以北海岸上的剖面

	英尺	英寸
1. 腐殖土 ······	1	0
2. 浮石和火山渣组成的水平地层,含有未经磨圆的砖块、破碎兽骨和海栖介壳 ······	1	6
3. 火山弹层,含有大量海栖介壳,主要是鸟蛤(*Cardium rusticum*),斧蛤(*Donax trunculus*,Lamk.),牡蛎(*Ostrea edulis*),法螺(*Triton cutaceum*,Lam.)和峨螺(*Buccinum serratum*,Brocchi),每层厚度从1~18英寸 ······	10	0
4. 泥质凝灰岩,含有未经磨圆的砖块和房层的碎块 ······	1	6

沿海岸各地层的厚度,差别很大;整个地层上升的高度,有时比以上所说的地点大得多。这个区域的地面,似乎向老悬崖基部作平缓的向上斜坡。

如果这种现象出现于英格兰海岸,地质学家可能会企图用潮汐和洋流的局部变迁来解释,但是地中海几乎没有潮汐;如果假定,自从在干巴尼亚海岸上造了无数房屋之后,海水曾经普遍降落了20到25英尺,显然也是不足取的臆说。在晚近测量期间,对地中海各海港中古代人民所建筑的防波堤和码头的观察,已经证明地中海水平在过去两千年内没有发生过可以觉察的变化[①]。

从这些事实来看,即使没有著名神庙的帮助,我们也有证据可以证明浦祖奥利的现代海相沉积物是近来才升出海面的,而且它们位置的变迁,以及近代沉积物的沉积,都在许多大厦被毁之后,因为其中含有建筑物的残破材料。如果进一步考察神庙本身所提供的证据,我们从最可靠的记载知道,现在直立在那里的三根石柱,一直到上世纪(18世纪)的中叶还埋在新地层里面(图131,C)。每根石柱的上部,都伸出地面几英尺,因为被丛莽所掩蔽,直到1749年才引起考古学家的注意;到了1750年移去泥土之后,才知道它们是一座壮丽大厦的一部分。大厦的铺地石,也还保存着,在它上面躺着几根非洲角砾岩和花岗岩制成的石柱。建筑物的原有规模,还很明显:它是一栋直径70英尺的四方形房屋,屋顶用46根华丽的石柱支持,其中24根是花岗岩制成的,其余是大理石柱。庭院的四周,有许多附属房间;它们可能是浴室,因为现在还用做医疗的温泉,恰好在这些房间后面涌出;泉水原来似乎是由现时还存在的大理石导管流入房间,再在一个一二英尺深

---

① 根据史梅斯海军上将的著作。

的水槽内穿过房基,最后通过罗马砖制成的暗沟,流入海洋。

许多考古学家对这座神庙究竟供奉哪一个神的问题,曾经做过详细讨论。大家都承认,在废墟里掘出来的塑像中,有一个塞拉比神的石像;而在浦祖奥利掘出的一根大理石柱上,有一节罗马建国后 648 年(或纪元前 105 年)的铭刻,标题是"建筑合同"("Lex parieti faciundo")。铭刻是用模棱的拉丁文写的,上面记载着市政当局和一个担任修理某些公共大厦的营造公司的合约,应修的大厦之中包括塞拉比庙,并且说明庙址是在海岸附近,面向着海(Ad mare vorsum),海德爵士 1828 年研究了这个区域的地形和古物以及希腊、罗马和意大利作者对本问题的著作之后告诉我说,尼罗河上的阿力山德里亚,是供奉塞拉比神的主要地方,这里的塞拉比庙的形式和浦祖奥利的完全相同。庙的四周同样有许多附属房间,皈依者往往住在这里过夜,希望在睡梦之中,神能给他们启示,告诉他们疾病的性质和治疗方法。所以塞拉比庙中多神教的僧侣,除了其他骗人的迷信之外,还利用医神的名义,把温泉认为神庙中适当的附属设备,虽然原来在阿力山德里亚的塞拉比庙,并没有这种医疗水,卡勒里[1]等却反对这种见解,他们坚持另一种事实;他们说,我们知道,在卡特勒斯王时代(耶稣纪元前第一世纪),罗马人虽然普遍祭祀塞拉比神,但在提白里斯王统治时期,罗马议会已经禁止了这种迷信。但是无可置疑,在提白里斯王之后,虔诚的信徒,又纷纷把埃及神的神庙建立了起来;这种情况以浦祖奥利为最盛,因为这里是阿力山德里亚商品的主要市场。

我不拟对这种和地质学关系很少的问题做深入研究,而仍旧用一般公认的名称来称呼这个宝贵的古迹。现在想进一步讨论大自然的手在三个直立石柱上留下的自然变迁的遗迹(见第一册里封面的图版)。这几根高达 40 英尺又 3.5 英寸的石柱,是由整块大理石制成的。在一根石柱上有一条水平的裂缝,几乎把柱切断,其他两根非常完整。它们都不是绝对垂直的,而是略向西南倾斜,就是说,向海洋方面倾斜[2]。础石以上 12 英尺,柱面光滑无瑕。再向上,有 9 英尺高的一段,大理石被海栖钻孔双贝——石蛶(Lithodomus, Cuv.)[3]——凿了许多钻孔。这些动物所凿的孔洞是梨形的,外孔非常小,逐渐向下扩大。在孔洞底部,还可以找到许多介壳,尽管游览者已经取去不少。许多孔洞中,还有躲在里面的一种蛤属的壳。孔洞的深度和大小都相当可观,这种现象说明,石蛶已经继续在石柱内居住了很久;因为它们的外壳随着年龄增长,所以必须钻凿较大的洞穴来适应体格的增长。由此可以推断,石柱浸在海水里的时间已经很久,其时柱的最下部分,是包围在海成、淡水和火山物质的地层(以后再详细讨论)以及房屋的残砖破瓦之中而得到保护;最高的部分,伸在水平以上,它们虽然受到了一些风化,基本上没有损坏(见图 132)。

在庙的铺地石上,横着几根大理石柱,某些部分也有钻孔;例如,在一根上面有 8 英尺长的一段有钻孔,其余 4 英尺完整无损。好几根破碎的石柱,不但外表被蛀蚀,破裂的

---

[1] Dissertazione Sulla Sagra Architettura degli Antichi.

[2] 这是 B. 霍尔舰长测量时发现的,见 Proceedings of Geol. Soc, No. 38, p. 114;也请看这位作者所著的 Patchwork, vol. iii, p. 158. 三根石柱都是由整块大理石雕出的事实,首先由 J. 霍尔指示出。这一点非常重要,因为可以帮助说明何以它们没有被震倒。

[3] *Modiola lithophaga*, Lam. *Mytilus lithophagus*, Linn.

地方也有凿孔,有几根石柱上附着有其他海栖动物[1](龙介等)。花岗岩柱都没有被石蛳凿坏。庙的平台不是完全平整的;1828 年我到那里考察的时候,它大约在高水位以下 1 英尺(因为在那波利湾中有些微的潮水);这个地点离开海洋虽然有 100 英尺,但是两者之间的泥土,却渗满了海水。所以,钻孔的上部,当初至少在高水位以上 23 英尺;这些石柱显然一直维持它们的直立位置,并且长期浸在盐水里,到了后来,淹没的部分必定又升到海平面以上大约 23 英尺。

1828 年的发掘,又在竖立石柱的铺石以下 5 英尺找到了一层名贵的镶嵌式铺石(图 132,*a*,*b*)。在不同水平上有两层铺石,显然说明,在较新的神庙建筑之前,这里已经有过沉陷,因此必须在较高的水平上,建造新的地面。

我们已经知道,塞拉比庙在耶稣纪元前久已存在。以上所说的变迁,一定是在 2 世纪末叶以前的某一段时期内发生的,因为在庙里找到的一个铭刻上写道,在纪元后 194 年和 211 年之间,塞普提密斯·塞佛勒斯王曾用名贵的大理石装饰墙壁,而亚力山大·塞佛勒斯王,在 222 年和 235 年之间,也作了同样施舍[2]。从那个时代起,除了 410 年阿拉克和他的戈德民族洗劫浦祖奥利和坚塞里克在 445 年的侵略等重要事实外,有 12 个世纪中,完全没有历史记录。幸而这里有一系列自动记录了这一段黑暗时期事迹的自然文库,因此揭露了神庙和它的周围所发生的许多事变。这些自然记录,一部分是包围在石蛳钻孔带以下的石柱周围的沉积物,一部分是包围神庙外墙周围的沉积物。巴培居在详细考察了这些沉积物之后指出,附属房屋墙壁四周和建筑物地面上的地层,表示铺石不是突然下沉,而是随着缓慢的运动陷落。海水最初流入庭院,并与温泉泉水相混合。这样形成的半咸水,沉积一种黑色的钙质沉积物(图 132,*cc*),经久之后,厚度达到 2 英尺以上,并且含有一些龙介。这种蠕虫的存在,表示水是咸的或是半咸的。在这个时期以后,神庙的铺石上面,被一层不规则的火山凝灰岩所填满,厚从 5 英尺到 9 英尺;这种物质,可能是附近的索尔法塔剌火山喷发的产物。在这一层上面,又有一层底部不平的纯粹淡水碳酸钙沉积物(图 132,*ee*)底部不平,这是适应下层火山物质参差表面的必然现象。淡水石灰岩的表面,非常平坦,它代表古代的水平。巴培居认为,这个淡水湖,可能是火山灰堵塞了以前和海洋相通的水道而形成的,因此温泉没有和海水相混合,而在庭院中堆积了钙质物质。在淡水沉积物以上,又有一层不规则的、由火山灰和碎屑所组成的地层(图 132,*ff*),一部分碎屑可能是在大风浪期间由海水冲来的,它的表面高出铺石约 10 或 11 英尺。最后,我们到了沉陷最大的时期,如图 132 所示,在这个时期,石柱下部已被以上所说的沉积物所包围,最上的 20 英尺,露在空中,其余部分,或中部的 9 英尺,则长期浸在盐水之中,被钻孔的双贝介壳动物钻成无数洞孔。此后,其他含有火山灰和风浪冲入的物质的地层,在石柱周围继续填高,在某些部分达到铺石以上 35 英尺。至于这些包围物质的堆积时期,以及其中多少是在淹没时期沉积的,多少是在神庙上升之后堆积的,现在还无法确定。

---

[1] *Serpula contortuplicata*,Linn.,和 *Vermilia triquetra*,Lam. 这些物种以及石蛳,现时还生存在附近的海里。

[2] Brieslak,Voy. dans la Campanie,tom. ii. p. 167.

沉没最深的时期,一定是在 15 世纪终了之前。J.福勃斯教授[1]要我们注意一位意大利老作家罗弗雷多的话;他在 1580 年写到,1530 年,海水冲刷了小山山脚,这些小山是从一片叫作拉·史太沙的平地上升起的,如图 132 所示,所以,引用他的话,"一个人当时可以从现在称为运动场的废墟上钓鱼"(图 132,A)。

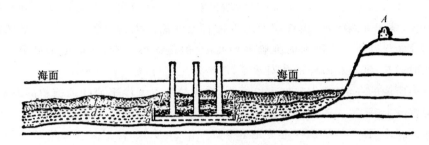

图 132 陷落最大时期的塞拉比亚庙

a,b. 古代的镶嵌铺石 c—c. 黑色海成结壳。d—d. 第一层火山灰。

e—e. 淡水钙质沉积物。f—f. 第二层火山灰。A. 运动场。

但是我们从其他证据知道,上升运动在 1530 年以前已经开始,因为第·佐里倭引证了两种可靠的文件来说明这一点。第一种文件是 1503 年 10 月用意大利文写的契约,其中说明佛第南和依沙白拉送给浦祖奥利大学的一块基地,"那里的海水已在干涸"(Che va seccando el Mare);第二种是 1511 年 5 月 23 日用拉丁文写的文件,其中说明,佛第南把浦祖奥利周围已经干涸的某些土地送给市政府[2]。

然而低地的主要上升,无疑是在 1538 年奴奥伏山大喷发时期。上升情况和事前的地震,以前已经讨论过(第 316 页);我们知道,地震的两个目击者,福尔康尼和托里多都说,海水放弃了一大片平地,因此居民捉到不少鱼;此外福尔康尼还说,他在新发现的废墟中看见两股泉水。

最初升起的平地,一定比现在广阔,因为现在海洋对浦祖奥利南北两面的侵入都相当快。1828 年我到那里考察的时候,海岸在 12 个月中的损失在 1 英尺以上;而海湾里的渔人告诉我说,在他们的记忆范围之内,浦祖奥利附近的土地,已经损失了 30 英尺。

然而在上升运动停止之前,陆地初期上升的高度,很可能比 1749 年重新发现神庙时的水平高,因为尼可里尼 1838 年发表的专著中说,从 19 世纪初期起,塞拉比庙下沉了 2 英尺以上。为了画图,这位博学的建筑师,在 1807 年年初常到这个地点,并有整天停留在这里的习惯;照他观察,除了偶尔有强烈南风的时期,他从来没有看到海水淹没铺石。16 年之后,他又回到这里主持那波利王命令他执行的某些发掘工作的时候,他发觉这些铺石每天被高潮淹没两次,所以他不得不垫一个石块作为立足的地方。这种情况引起他从 1822 年 8 月到 1838 年 7 月进行了一系列的观测,从而确定了这一片土地每年平均大约下沉 7 毫米,或每四年大约下沉 1 英寸;因此在 1807 年晴天没有一滴水的部分,到了

---

[1] Ed. Journ. of Science,New Series,No. Ⅱ p. 281.

[2] Sul Tempio di Serap. ch. viii.

1838 年每天可以捉到鱼①。

1847 年,住在约旦山的史密斯也考察了这座神庙,并且比较了各种资料,他断定说,那个时期的沉陷速度,大约每年 1 英寸②。由于我的请求,史加齐在 1852 年也到那里作了一次调查,根据他的推断,向下运动曾经停止过几年,至少变成几乎不易觉察。1857 年和 1858 年,我自己也做了几次观察;我的结论是,当贝里湾水没有被风升高到一般水平以上的时候,晴天高潮的水,在青铜圈附近铺石上的深度大约 2 英尺。我们虽然需要长期的测量才能得到海湾中潮水的准确平均高度,但是无可置疑,从尼可里尼第一次在这里考察的时候起,铺石和海洋的相对水平,已经发生了可以觉察的变迁。

从以前所说的一切,我们已经可以看到,形成拉·史太沙平原的地层中的海栖介壳,证明陆地曾经上升了 23 英尺或更多的事实。神庙的位置,提出更多的证据,因为它原来不可能建筑在水面以下,所以一定首先至少下沉了 20 英尺,然后又恢复原位。如果事变的次序是如此的话,我们应当在海湾边上,例如点缀着许多房屋的贝依湾,遇到和它相似的其他沉陷标志。这种现象的遗迹是有的。在塞拉比庙西北大约 1 英里、离海岸大约 500 英尺的地方,有一个海王庙的废墟,此外还有一个现在在水面以下的山林水泽的女神庙。前一座大厦的石柱,直立在 5 英尺的深水里,只有上部略为露出海面。柱的础石无疑还埋在沙泥中;所以,如果海湾的这一部分海底今后重行上升,人们也可以照发掘塞拉比庙的方式,进行开掘。这两栋大厦,可能也参加了升起拉·史太沙的上升运动;它们可能比塞拉比庙沉陷得多,或者没有再被升到塞拉比庙的高度。海湾之中现在还可以看见两条罗马公路淹在水里,一条从浦祖奥利通到鲁克林湖,其他一条在贝依堡附近(里封面图版中,8)。在上述的浦祖奥利古代防波堤上(Ibid.,4),拱门也被海水淹到相当高的地方,布利斯拉克正确地说,很可能,在建筑拱门之前,防波堤一定达到水面③;所以,以前所说的现象,虽然证明防波堤的高度比它以前一度所占的位置升高了 10 英尺,但是显然还没有恢复原位。

一位近代作者提醒我们说,一部分人以为,这种现象是局部的,其实不然;因为那波利湾对面的索伦丁海岸,同样经常受到地震的影响;这里有一条公路和几座残破的罗马房屋,被淹没在相当深的海里。离海岸相当距离,在那波利湾口的卡浦里岛上,提白里斯王的一座宫殿,现在也淹没在水面以下④。

沉没后又上升的建筑物没有完全化成一堆残屑,似乎不是一种反常的事,只要我回想到 1819 年印度河三角洲下沉时新德里堡内房屋的情况,就可以明了;这里的房屋虽然沉到水面以下,却没有破坏倒。1692 年,牙买加罗叶尔港周围突然沉到水面以下 30～50 英尺的房屋,也同样没有坍塌。甚至于从斜坡上滑落 1 英里的一小块土地上的房屋,例如卡拉布里亚米勒托附近的公共住宅,也完整地随着移动。1822 年,当瓦尔帕雷索许多

---

① Tavola Metrica Chronologica, etc. Napoli, 1838.

② Quart. Journ. Geol. Soc. vol. iii, p. 237.

③ Voy. dans la Campanie, tome ii p. 162.

④ Mr. Forbes, Physical Notices of the Bay of Naples. Ed. Journ. of Sci. No. Ⅱ, New Series, p. 280. Ot. 1829. 当我在浦祖奥利考察,并且得到以上的结论时,我并不知道福勒斯也作了同样观察;在第二年回到伦教时,我才看见他的报告。

房屋的基础随着智利海岸一长条地区长久上升几英尺时,房屋本身也没有倒塌。因此,如果在下沉期间,房屋墙壁内外,像塞拉比庙周围那样,都有 10～11 英尺高的沉积物支持,而在它上升到原位的时候,又被双倍高的沉积物所包围,那么在陆地升降期间,这种大厦应当更不容易坍塌了。

正像巴培居所暗示,我们不可避免的结论是:"热的作用,是造成神庙水平变迁的主因。庙内的温度和它相邻接的索尔法塔拉火山、附近的奴奥伏山、贝依湾对岸尼洛浴池的温泉(见里封面图版,6),以及一边的伊斯基亚温泉和火山和另一边的维苏威山,都是指向这种结论的最明显事实[1]。如果我们回想到水平振荡的主要时期和这个区域的火山史(第二十四章),我们似乎可以发现,每一次的上升,都与火山热的局部发展有连带的关系,而每一次陷落,却和地下火山作用的局部平静或休眠有连带关系。例如,在纪元以前,当伊斯基亚岛如此之多喷口常常在喷发,而在夫勒格伦区的亚佛纳斯和其他地点火山在活动的时期,建筑神庙的地面,是在水面以上几英尺。当时认为,维苏威山是一座已经耗尽了的火山;但是到了纪元以后,当维苏威山的火重新复燃,而在伊斯基亚岛或贝依湾周围没有喷发的时候,神庙便下沉了。后来,在 1631 年的大喷发之前,维苏威山几乎休眠了 5 个世纪,在此期间,索尔法塔拉山在 1198 年,伊斯基亚山在 1302 年,都有喷发,而 1538 年的喷发形成了奴奥伏山。其时神庙的基础又向上升。最后,维苏威山再度变成非常活跃,而且一直继续到现在。在此期间,以我们对它的已知历史而论,神庙又在下沉。

这些现象和以下的臆说很相符合,就是说,当地下热逐渐在增加而形成的熔岩不能在惯常的通道(如维苏威山)中找到容易的出路时,在它上面的地面,就会上升,但当地面以下的灼热岩石在冷却和收缩、而几层地下熔岩逐渐固结因而减少体积时,上覆的地面就会沉陷。

当尼可里尼在 1838 年确定神庙地面和海面的相对的水平逐年都有变迁时,他的意思之中,认为在上升的是海水。但是卡坡西有力地反驳了这种见解,他在邻近地区找到许多现象,证明这是陆地的局部运动;除此之外,历史事实也证明,1538 年海水从浦祖奥利古代海岸长久退却 200 码的时候,那波利、卡斯脱尔·阿·美亚和伊斯基亚的海水却没有后退[2]。

海洋水平的稳定性　为了结束本问题,我可以说,贝依湾的现象所引起的无穷争论,其症结在于极端不愿承认陆地有交替升降的能力,而以为海陆相对水平的变迁,是由于海水涨落。如果最初根据海洋水平的变迁还没有明确确定的理由,而假定海洋水平很可能不会发生变迁,并假定陆地的水平却不很稳定的话——从史脱拉波时代起一直到现在,都有毫无疑问的证据可以证明——那么浦祖奥利塞拉比神庙的现象,不至于难以理解。即使当时的记载,没有可以证明海岸上升的明显证据,我们也应当立刻提出这种建议,作为最自然的解释,而不必等到一切解释都失败之后,不得不勉强接受。

---

[1]　Quart. Journ. Geol. Soc. 1847, vol. iii, p. 203.

[2]　Nuove Ricerche sul Temp. di. Serap.

　　反对陆地可动性的偏见所以至今还存在,应归因于近来在新西兰、贝依湾和康塞普西翁湾测定的那一类发现的稀少。大家知道,虚伪学说,可以使我们看不清与我们偏见相反的事实,或者当我们正视这一类事实时,隐蔽它们的要点。但是现在时机已经成熟,地质学家应当在一定程度上克服那些最初引起古代诗人选择岩石当做坚定的象征而把海洋当做不稳定形象的自然印象。近代的诗人,以更近于哲学的精神,在海里看见了海水的"稳定形象",并且巧妙地把它来和海岸上前仆后继、转瞬即逝的许多帝国,作了对比。

　　　　　　　　　　——它们的衰落
　　　　已经把国土变成了沙漠:至于你,
　　　　还是坚定不移,除了活跃的波涛在上面逐鹿;
　　　　时间不会在你的蔚蓝容貌上刻画皱纹;
　　　　到现在你还像晨曦第一次看见你的时候同样活泼。
　　　　　　　　　　　　　　《哈罗尔德诗集》,第四首。

第三十一章　没有地震地区的陆地升沉

非火山区域海陆相对水平的变迁——照西尔塞斯的见解，波罗的海和北海的水平当时在下降——对这种意见的异议——波罗的海有稳定水平的证据——浦雷佛尔关于瑞典陆地上升的臆说——冯·布许的意见——刻在岩石上的标记——1820年对于这些标记的测量——水平振荡的痕迹——埋在海成地层下的渔舍——瑞典沿岸的地形，使内外海岸的些微变迁易于觉察——从北角向南到斯加尼亚有相反方向运动的假定——哥登堡附近西海岸的水平变迁——冰期以后，尤得瓦拉的水平发生过大振荡的地质证据——瑞典西岸的上升海成地层中含有大西洋的介壳动物，而东岸的地层中则含波罗的海的物种——挪威现在是否在上升——一部分格陵兰的近代沉陷——这些地下大变迁的运动所提供的证据

我们已经按照以前所建议的分类，讨论了火山和地震现象，现在要继续研究远离火山和在人类观测期间没有猛烈地震的区域内所发生的缓慢而不易感觉的海陆相对水平变迁。上世纪（18世纪）初期，瑞典自然科学家西尔塞斯发表过一种意见，说是波罗的海和北海的海水，当时正在下降。根据许多观察，他断定下降的速度每世纪约为40瑞典寸①。为了支持这种见解，他肯定地说，波罗的海和大西洋海岸上原来淹没在海底危害航行的岩石暗礁，在他的时代已经升出海面了；他又说，波的尼亚湾的水，已经逐渐变成陆地，几个古港口已经成了内地城镇，许多小岛已经和大陆相连接，而古老的渔场因为太浅或完全干涸而被放弃。西尔塞斯又坚持说，变迁的证据，不但可以得之于近代的观察，也可以得之于古代地理学家的著作。这些权威曾经说过，斯堪的纳维亚过去是一个海岛。他辩论说，这个海岛一定在几个世纪的时间内，由于海水的退却，逐渐和大陆相连；照他的推测，这一变迁是在普林内时代以后和第九世纪以前发生的。

反对这种议论的人说，古人对欧洲最北部的地理情况是很不熟悉的，他们的权威不应过于重视；而他们主张的斯堪的纳维亚原来是一个海岛的见解，正足以说明他们智识的贫乏，反而不足以证明如此大胆的臆说。也有人说，如果连接斯堪的纳维亚和大陆的陆地，是在普林内时代和9世纪之间才露出海面，而当时露出海面以上的范围和我们后来所知道的一样大，那么海水的沉降速度决不能像他所想象的那样均匀；如果运动速度一直是均匀的话，在9世纪和18世纪之间的较长时期内，它的沉降范围应当还要大得多。

西尔塞斯和他的门人所依据的许多证据，不久都逐一被几位哲学家驳掉了；他们看得很清楚，如果全地球的海水没有普遍下降，任何一个区域的海水决不至于降落；他们否

---

① 瑞典的尺度，和英国的尺度相差不远；1英尺分成12寸，每尺只比英尺少3/8寸。

认普遍降落的事实,就是在波罗的海也没有这种现象。为了证明波罗的海水平的稳定,他们用离开哥本哈根不远的沙尔托姆岛作为研究对象。这个海岛很低,所以在秋冬两季经常淹在水下;只有夏季没有水,可以作为牲畜的牧场。根据 1280 年文件的记载,沙尔托姆岛的情况和现在相同,它的水平和海水的平均高度相等,如果按照西尔塞斯的计算,它当时应当在水面以下大约 20 英尺。波罗的海的许多城市,如鲁贝克、威斯玛、罗斯多克、斯特拉尔松得等,都是靠近海边,然而在建市之后 600 年,甚至于 800 年,它们的位置并没有升高。在公元 1000 年,但泽市的最低部分,并不高于海水的平均水平;经过 8 个世纪之后,它的相对位置也完全没有变动①。

　　一部分学者认为西尔塞斯以及后来作同样主张的林耐所提出的陆地增长和海水浅落的几个实例,是河流在入海处堆积的沉积物所致;毫无疑问,西尔塞斯没有把这些原因所产生的变化和海水降落——如果的确降落的话——所造成的结果加以严格的区别。许多起源于山区而在波的尼亚湾头入海的大河流,含有泥沙和砾石;据说,在这些地方,低地进展很快,特别在托尼倭附近。皮提倭的陆地,在 45 年中也伸展了 0.5 英里;在鲁里倭②,28 年中增加了 1 英里以上;这些事实和承认波罗的海水平没有发生过变化的假定并无矛盾,波河和阿迪杰河平原大量扩展它们面积时期的亚得里亚海,情况就是如此。

　　他们又说,某些原来完全淹在水下的海岛礁石,现在已经露出海面,并在 1.5 个世纪之内,伸出海面达 8 英尺之多。这种现象可以用以下的理由来解释:在波罗的海内,海水冻结深度达五六英尺的地方,许多搁在浅洲上的巨大漂砾以及沙粒和小石块,每年都有被冻结在冰里的可能。春雪融化的时候,其时海水大约升高半英寻,许多冰-岛夹着这些石块向远处漂流;如果它们被波浪冲到沙滩上面,石块的堆积,便可以把沙滩变成海岛;如果搁浅在低地上,可以增加低地的高度。

　　白罗瓦里斯和另外几位瑞典自然科学家都肯定地说,某些海岛的高度比过去低。从这种证据推断,我们同样有很好的理由可以说,波罗的海的水平曾经逐渐上升。他们又提出了一项很特殊的证据来证明海水水平在几世纪内的稳定性,至少在某些地点是如此。在芬兰海岸,靠近水边,生长着一些大松树和大橡树;这些树后来被砍伐了,根据树干横剖面上年轮的数目,一部分树已经在那里生长了近 400 年。但是按照西尔塞斯的臆说,在这一段时期内,海洋曾经下沉了 15 英尺,如果是这样的话,这些树的发芽和生长初期,一定是在水平以下。据说许多古代城堡的情况也是一样的,例如宋得堡和亚波两个城堡的墙壁的下部,当时是在水边,所以按照西尔塞斯学说,它们当初应当建筑在海平面以下。

　　为了答复上述的论证,熟悉芬兰海岸的瑞典工程师哈尔斯东上校向我保证说,亚波城堡的墙基,现在已经高出水面 10 英尺,所以自从城堡建筑之后,这一个地点的陆地,可能已经上升了许多,但是罗文和欧德曼教授近来说,根据大树位置所得的论证,至少以部分芬兰海岸而论,是无可辩驳的。

　　1802 年普莱费尔在他所著的《赫顿学说的说明》中,承认西尔塞斯所举的证据是充分的,但是他把水平变迁归因于陆地运动,而否认海水的低落。他说,"要使任何一个地点

---

　　①　关于西尔塞斯辩论的全部记录,读者可以参考 Von Hoff, Geschichte, &c., vol. 1, p. 439.
　　②　在英文的地图中 Piteo 和 Luleo,是写成 Pitea 和 Lulea.

的绝对海水水平下降或升高一定幅度,我们必须使整个地球表面的水平下降或上升同样的幅度;至于陆地的升降,却没有这种必要"[1]。他又说,陆地上升的臆说,"是和赫顿学说相符合的,这种学说主张,我们的大陆是容易受到矿物区域(mineral regions)膨胀力的影响;这种膨胀力,实际上曾经升起大陆,并且维持它们现在的情况"[2]。

冯·布许 1807 年从斯堪的纳维亚回来之后也发表了他的意见;他说,从挪威的佛里斗里克霍尔到芬兰的亚波的整个区域,可能延伸到圣彼得堡,曾经有缓慢而不易感觉的上升,他也提出,"瑞典的上升幅度可能比挪威大,而北部的幅度又比南部大"[3]。他的结论主要是根据当地居民和领航人员关于安置在岩石上的标志的报告,而一部分则根据他在挪威海岸水平以上的某些地点所找到的近代海栖介壳物种。所以冯·布许是第一个地质学家,在亲自考察了这些证据之后,宣布赞成斯堪的纳维亚陆地上升的学说。

在上世纪(18 世纪)初期,这个问题引起了许多瑞典哲学家的注意,从而导致他们设法用准确的方法来确定波罗的海的标准水平是否确有周期性的变迁;在他们的领导下,在岩石上刻凿了几条表示风平浪静期间通常海水水平的线条或凹槽,同时还注上日期。1820—1821 年,瑞典领航局的官员,将过去所做的标记,作了一次调查;在向斯德哥尔摩皇家学院提出的报告中,他们宣布说,比较了他们观察时期的水平和古代的标记,他们发觉,波罗的海某些部分的海水对陆地的相对水平,是在降落,但在同一段时期内,各处的变迁并不一致。在测量期间,他们刻了新的线条作为未来观察者的指针。14 年之后(1834 年夏天)我考察了几个这样的标记;我发觉,在这一段时期内,斯德哥尔摩北面的某些地方,例如格弗尔附近,陆地似乎大约升高了 4 英寸,就是说每世纪不到 2.5 英尺。但在斯德哥尔摩,根据某些生长在波罗的海水平面以上只有 8 英尺的老橡树的位置的推断,每世纪上升速度不可能超过 10 英寸,可能更少[4]。照欧德曼教授 1847 年的计算,斯德哥尔摩的上升幅度不会超过 6 英寸;同年,他在瑞典皇家学会宣读的论文中指出我们必须对波罗的海每年各季水平变迁作长期的观察,才能确定它的平均水平。瑞典工程师伍尔斯特曾经指出,有几条大河流入的波的尼亚湾的北部,比南部高出 16 英尺;但是因为这个海湾长约 600 英里,根据这个数字计算,每英里的落差是微不足道的,所以在同一季节的海水高度,相差可能很少,除非受了风的影响。当我在 1835 年印行的本书第四版中发表我在瑞典旅行的结果时,我曾经说过,在我所调查过的地方,不论在波的尼亚湾海岸或在大西洋海岸,就是瑞典西岸哥德堡附近,都有上升的迹象。但是我当时说,"我们不但要研究运动速度是否始终一致,而且还应当知道它是否是一种单方向的运动。陆地的水平可能振荡;在同一区域内,可能发生几个世纪的沉陷,后来又重新升起。我认为,自从有人类居住以来,斯德哥尔摩附近的一些现象,只能用陆地有交替升降的假定来解释。1819 年在斯德哥尔摩以南大约 16 英里的索斗特吉地方开掘一条连接梅勒湖和波罗的海的运河时,曾经穿过几层含有波罗的海物种的海成地层。大约在 60 英尺深的地方,他们找到了一个被掩埋的渔舍似的木结构房屋;房屋的木料已经腐烂,遇到空气立刻崩溃。

---

① Sect. 393.

② Ibid. 398.

③ Transl. of his Travels, p. 387.

④ 见作者著的 "Rise of Lend in Sweden," Phil. Trans. 1835, pt. 1. p. 13——1834 年 11 月宣读。

它的最低部分和海平面相平,保存情况比较良好。渔舍的地面上,有一个用石块围成的圆形简陋炉灶,中间还有灰烬和木炭。炉灶外面,有几根像用斧头砍过的带叶杉树枝。我们将无法解释这一个掩埋的渔舍的位置,除非想象它先下沉了60英尺,然后又重新上升。在下沉期间,渔舍一定被砾石和介壳泥灰土所掩盖,在这些沉积物下面,我们不但找到这个渔舍,而且也找到几个很古老的船,船的木料不是用铁钉而是用木钉钉住的"[1]。

总的来说,罗文、欧德曼、诺登斯柯等在我1834年访问瑞典之后所做的考察,都倾向于证明以前所接受的意见,就是说,瑞典海岸某些部分的海陆相对水平,现时还在进行变化,虽然他们认为这些变迁可能是局部的。为了准确测定运动的本质以及幅度和方向,他们制定了每年经常观测的制度,但到现在为止,继续观测的时期还不够长,没有得出肯定的结果。

薛尔寇克爵士在1866年重新考察了1834年我在波的尼亚湾和哥登堡附近瑞典海岸所见的许多标记。在波的尼亚湾一边,主要的标记(即在格弗尔附近勒夫格兰的标记)似乎表示海水在32年中大约下降了9英寸,照这样计算,陆地上升的幅度是和我所估计的相仿,即每世纪约在两三英尺之间;但是附近的其他标记,变迁却比较小。我亲自在西岸奥里格兰外面哥霍门岛的岩石上刻的一条线,比我刻时的海平面只高3英寸。总之,在比较了这个和其他各标记之后,薛尔寇克爵士得出了一个结论,他说波罗的海和瑞典西岸哥登堡附近,虽然没有受月球作用而起的潮汐,然而风和其他作用,也可以使海水水平每日发生相当大的变迁,所以一个偶尔到那里考察的人所得的结果,对测定平均水平来说,是没有真正价值的[2]。

检查了从本世纪(19世纪)初期起关于本问题的意见和文献之后,我和领航者、渔人和工程师都相信,瑞典海岸某些部分的海陆相对水平,正在发生缓慢的变迁。不但住在河流搬运大量沉积物入海的地方的居民有这种观念,而且住在沿岸有几百里长的削壁突然插入深海的区域的居民,也流行着这种想法。我们应当记住,除了喀德加特海湾之外,波罗的海中没有潮汐。只有在特种风连吹几天的时期,或者在某些河流入海流量特大的季节,或当这两种原因联合作用的时候,海水才会比标准水平高出二三英尺。

然而特殊的地形,使海陆相对水平的微细变迁非常容易觉察。人们常常这样说,这里有两个海岸,一个内海岸和一个外海岸;内海岸是大陆的海岸;外海岸是一排无数大小不同的石岛,本地称它们为斯卡(Skär)。沿岸大小船只,都在斯卡之中航行,因为无论外海的波浪怎样大,这里的水面总是很平静。但是航道很复杂,领航人必须完全熟悉每一个狭水道的宽度和深度,以及无数淹在水里的岩石的位置,才不会遇到危险。如果在这样海岸上,陆地在半世纪之中上升一二英尺,斯卡的微细地形,可以完全改观。在一个每隔几年到这里考察一次的客人看来,一般情况似乎维持不变;但是当地的居民,却有不同的感觉,他不能再在以往通过的航道中行驶他的船只,他还可以告诉我们那些过去只有在海水平静时候才能在水下看见、而现在已经露出水面的孤立岩石的情况,和它们宽度

---

[1] 见我所著的论文,Phil. Trans. 1835, pt. i, pp. 8.9. 后来有人想用其他的推测来说明渔舍的位置;他们认为,以前这里原来有一条古渠道,后来陆续被风吹来的沙所填满,我曾经和执行1819年发掘的工程师讨论过这一类的臆说,但是不能解释这种事实。

[2] Lord Selkirk On some Sea-water Level Marks on the Coast of Sweden. Quart. Geol. Journ. 1867. p.187.

和高度的无穷变化。

海岸上的片麻岩、云母片岩和石英岩，一般都很硬，如果不受到浪花的冲击，分解很慢，形状也可以很久不变。因此我们很容易用刻在上面的天然或人工标记来指示它们逐渐上升的时期。除了固定岩石的顶点而外，斯卡中的浅洲和小岛上还散布着无数巨大的漂砾，它们可能是由冰按照以前所说的方式漂来的[①]。所有这些石块，在过去半世纪中都增加了高度和大小。一部分以前淹在水里的危险礁石，现在只有在水位最高时隐在水下。最初露出的时候，它们是光滑、不毛、圆背的石瘤，直径不过几英尺或几码；一只海鸥往往停在上面享用它的食物。同时许多同样的点，则长成长礁，无数海鸟常常把它们变成白色；还有一部分小岛是由每年淹没的长礁变成的，岛上的少数苔藓植物，杉树秧，以及几丛野草，证明这种浅礁最后将变成相当干燥的陆地。四周几千个树木阴森的小岛，说明时间可以造成更大变化。再经过几世纪，现在各岛之间的空间，也可能变成干涸，而在它们的位置上将出现几个四周绕着参天杉树的草原。进展的再后阶段，海水就会放弃原来隔开森林岛屿的长峡湾或狭航道；在现时还生存的证人的回忆中，海岸的各部分已经有不少这样的实例。

当我在 1834 年访问瑞典的时候，一般都承认，在北角和相距 1 000 英里以上的斯加尼亚或瑞典最南端之间，各点的海陆相对水平的假定变化，速度并不均匀，也不限于一个方向。据说，上升速度最大的地方是在北角，但是没有可靠的科学依据可以证明这种事实。斯德哥尔摩北面 90 英里的格弗尔，每世纪的运动可能在两三英尺左右，而在斯德哥尔摩不会超过 6 英寸。斯德哥尔摩西南 16 英里的索斗特吉，在过去的 1 世纪中，陆地似乎很稳定。再向南，上升似乎被相反的运动所替代。为证明这种事实，尼尔孙教授曾经列举了以下的几个例子：第一，在斯加尼亚，没有像北方那样的近代海栖介壳地层升出海面。第二，为了确定波罗的海的海水是否从斯加尼亚海岸退却，林耐曾经在 1749 年量过海岸和特雷尔堡附近一个大石块之间的距离。到了 1836 年，这个石块离海边的距离，比林耐时代或 1887 年前近 100 英尺。第三，在海底下有一片含有陆生和淡水植物的泥炭，而在这个地点并没有任何河流可以输入泥炭。第四个实例更为明确，在所有沿斯加尼亚海岸的港口城市中，都有在波罗的海高水位以下的街道，有些地方甚至于在低潮以下。例如，在大风时期，马尔莫城的一条街道，会被水淹没，而几年前的发掘，在同一条街道以下 8 英尺，发现另一条古代街道，由此可知，现在的地面无疑是由于沉陷而用人工填高的。特雷尔堡和斯卡诺各有一条高水位时在水面以下几英寸的街道，而易斯大得的一条街道，恰好和水面相平，这不可能是原来修建时的情况。

当我们从波的尼亚湾穿过陆地到哥登堡北面的海岸，我们发现当地渔民和海员的意见还是和西尔塞斯时代一样，认为海水正在缓慢地下降，因此大陆和岛屿的沿岸岩石，都逐渐露出海面。如果将来的观察能证明这种结论，那么从西北西到东南东方向一块上升区域的宽度，必定超过 200 海里，不包括两个海岸附近的海底在内。

到现在为止，我们几乎只注意到有史期间的水平变迁，但是我们现在应当继续探讨瑞典现时有上升运动在进行的部分，在最近的地质时期内是否有海水曾经停留在陆地上

---

① 见本书第十六章。

的证据。

　　这种证据是非常满意的。在尤得瓦拉附近和邻近的海岸地带,我们发现许多已经升出海面的含介壳沉积物,其中的物种和现时生存于大西洋的种类没有区别;在它的对面,或瑞典的东岸,即在斯德哥尔摩,格弗尔,以及波的尼亚湾沿岸的其他地点,也同样有含着波罗的海的标准介壳地层。

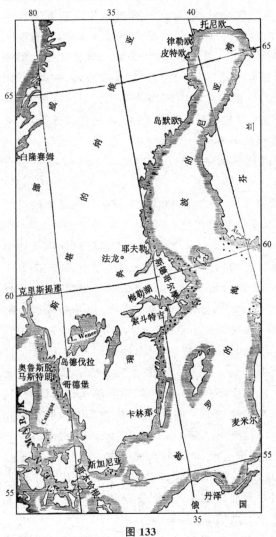

图 133

　　冯·布许在 1807 年宣称,他在挪威和瑞典的尤得瓦拉海面以上相当高的地方,发现含有现时生存物种的介壳层。其他自然科学家后来证明了他的观察;根据托列尔的记载,在挪威的某些部分,这种沉积物高出海面达 600 英尺,有时竟达 700 英尺。亚历山大·勃朗尼亚特在尤得瓦拉调查的时候,发现克拨尔培根的一层沉积在片麻岩上的主要介壳层,已经升出海面 200 英尺以上,其中所含的物种,与生存于现在附近海洋里的完全相同。这位自然科学家又说,仔细考察以后,他在古代介壳沉积物以上的片麻岩表面,发现了藤壶,这就说明海水在这里停留了相当久。我也很幸运地能于证明这种观察;1834 年夏天,我在尤得瓦拉以北大约两英里的枯列得地方、海面以上 100 英尺以上的高处,找到了一个新近露出的片麻岩面,原来在它上面的介壳层,一部分已被移去作为烧制石灰和修理道路之用。片麻岩表面的藤壶,黏着得非常牢固,我虽然把几块石块捶碎而藤壶依然没有脱落。片麻岩的表面上,也裹着一层苔藓虫;但是如果从岩石升出海面以后,苔藓虫和藤壶就显露在空气之中,它们无疑早被分解或消灭了。

　　尤得瓦拉城(见图 133)是建筑在一个狭窄溪谷的尽头;溪的两岸有陡峻不毛的悬崖,除了低地和河谷底部外,这些悬崖以及所有附近的地区都是由片麻岩所组成;河谷中的沙泥和泥灰地层,往往掩盖着下面的基岩。以上所说的介壳化石,是夹在这些较新水平地层之中,厚度有时达到 40 英尺;在对面的奥鲁斯脱岛和提温岛,以及再沿海岸向南的若干地点,海平以上同样高度处,也有同样的海栖化石。

　　1862 年 J.G. 吉弗里斯也到过尤得瓦拉,并在这些地层中采集到 83 种冰川时期的标准软体动物。他又在含有深水介壳的地层以下,找到一层滨海或浅海沉积物;这种事实显然证明,在地面升高到海栖介壳现在所占的位置或升高 200 英尺以上之前,海底曾经陷落[①]。托列尔认为,这些介壳虽然属于冰川时期,但是最后的上升,不一定远在这个时代。那些冷气候特有的介壳,和现时生存于尤得瓦拉以北 10 度史比兹堡根海里的软体动物物种特别相似。但是托列尔发觉,在尤得瓦拉附近高出海面 200 英尺的某些近代沉积物中,海栖介壳化石却与现时生存于邻近和较温暖海里的生物群物种完全相同[②]。所以,这个地区的运动次序似乎是这样的:在严寒时期,海底先有陷落,使浅海变成深海,等到海水获得现在所有的温暖温度时,又上升了 200 英尺。

我们现在再讨论波罗的海海岸的情况。我在斯德哥尔摩西南 16 英里波的尼亚湾附近的索斗特吉地方,看见一组高出海面 100 英尺以上的沙、泥和泥灰组成的地层,其中并含有现时生存于海湾中的介壳物种。这些介壳一部分是海栖物种,一部分是淡水物种,它们的个体数目虽然很多,但是种数却很少,半咸水似乎不适宜于丰富和多样性动物群的发展。最繁盛的物种,是我们海岸上常见的鸟蛤、紫壳菜贝、欧滨螺(*Cardium edule*,*Mytilus edulis*,*Littorina littorea*)和一种小樱蛤,还有几个和水螺(*Paludina ulva*)相近的小型单贝介壳,这种介壳现时还在这个区域与 *Lymnea* 和蜒螺(*Neritina fluvialilis*)以及某些其他淡水介壳共生。

但是以上所说的波罗的海海栖软体动物都是小型的,它们的大小,难得超过大西洋盐水种类平均大小的 1/3。仅仅根据这种特征,地质学家已经立刻可以把波罗的海的化石群和大西洋沉积物中的种类加以划分。缺少尤得瓦拉附近海里和大西洋海岸近代沉积层中所富含的牡蛎、藤壶、峨螺、海扇贝、蚾等属,也是划分波罗的海和大西洋化石群很有价值的反证。含有波罗的海介壳的地层,在斯德哥尔摩、乌布萨拉和格弗尔附近许多地点到处都有,而在波的尼亚海湾周围也可能随处都可以发现;因为我从芬兰带回来的、性质和斯德哥尔摩所产相近的泥灰岩中,看见同样的化石。1835 年,在内地找到这种沉积物最远的地方,是在离海岸 70 英里的梅勒湖南岸,但是欧德曼后来又在斯德哥尔摩以西 130 英里林得湖头高出海平面 230 英尺的地方,找到同样的地层。所以,从瑞典东西两岸的介壳化石群的区别来看,波罗的海似乎久已像现在一样与大西洋分开,虽然其间的陆地,以前比现在狭窄,甚至于在两个海洋的所有现代介壳物种存在以后,已经是如此。

挪威的陆地现在是否也在上升,必须经过以后的考察才能确定。在德龙太姆附近的内地,曾经采集到现代的海栖介壳;但是埃弗列斯特在他的《挪威旅行记》中说,孤立在德龙太姆港中的一个名为孟克霍姆的小岛所提供的确证,可以证明这个区域在过去 8 个世纪中始终是稳定的。小岛的面积不超过一个小村;根据政府测量,最高的一点高出平均高水位(涨潮和落潮之间的平均数)23 英尺。1028 年康纽特大帝(Canute the Great)在岛上建筑了一座僧院,在建筑僧院以前 33 年,这里是一个刑场。根据瑞典上升的假定平均速度计算(每世纪约 40 英寸),我们不得不假定,在原来选择这个地点作僧院基地的时候,它的位置应当在高水位以下 3 英尺 8 英寸。

克里斯提那大学的凯尔豪教授,搜集了前人关于挪威过去水平变迁的资料之后,再

---

① Gwyn Jeffrey's Report to British Assoc. 1863. p.73.

② Torell, Beiträge, &c. Contributions to Molluscous Fauna of Spitzbergen, 1859.

结合他个人的观察,说明普遍水平变迁的事实,是非常明显的;其时期虽不能确定,但在地质学上说是很近代的事(就是说,在现代介壳动物群生存时期之内)。据他的推断,从林特斯尼角到北角和再向前到瓦得休炮台的全部地带,曾经逐渐上升,而在东南岸,上升幅度则在 600 英尺以上。指示古代海岸线的标记,非常近于水平,虽然作了许多测点,也不易发现它们的差别。

最近(1844),法国北方科学考察委员会成员白拉维斯,也在挪威作了研究;他的报告指出,在拉普兰以北,挪威最北部芬马克地方的阿尔登湾中,有两条显然不同而互相重叠的上升古海岸,它们不相平行,而且在 50 英里的距离内,两条线都有相当大的倾斜度,而倾斜度的方向,都表示,古海岸的上升幅度愈向内地而愈大[1]。

挪威东西两海岸的不同高度上,都可以找到含现代介壳的水平上升海滩;不同的高度曾被假定为证明陆地在各时期突然上升的证据;但是如果加以准确的解释,这种现象反而证明上升活动是间断的,即在上升过程中有长期的停顿。它们标志着水平长期维持稳定状态的时期,其时有些地方的海岸上或海岸附近,在沉积新的地层,而在另一些地方,波浪和海流有充分时间可以侵蚀岩石,暗掘海岸悬崖,和堆起一排一排的扁砾。它们无疑表示这种运动并不是经常均匀或连续的,但是也不说明水平的突然变化。

一部分格陵兰的沉陷 斯堪的那维亚的上升运动,当然可以认为是一种很特殊而不易使人相信的现象,因为在有可靠的历史期间,它是地球上猛烈地震最少的区域。的确,在不同时期内,挪威和瑞典也同我们海岛以及地球上几乎所有的地点一样,也发生地壳震动。但是有些运动,例如 1755 年里斯本地震期间的运动,可能仅仅是从遥远地方传来的地壳颤动或波动。有些运动是很局部的,表示震动的起源就在地面以下。各处虽然都有这一类震动,总的来说,瑞典比地球上任何同等面积的地区要平静。格陵兰的情形也可以说是一样的,它在近代也有缓慢而不易感觉的运动,不过方向相反而已。两位丹麦研究人员,平格尔博士和格拉上校,曾经发现许多格陵兰西岸一部分下沉的证据,其南北长度超过 600 英里。格拉上校的观察是在 1823—1824 年测量格陵兰时进行的,后来在 1828—1829 年又进行了一次;平格尔博士的调查是在 1830—1832 年。根据不同的标记和传说,在过去 4 个世纪中,从北纬 60°43′ 的依加里柯河口几乎到北纬 69° 的笛斯可湾一段的海岸,似乎在下沉。低平石岛上和大陆海岸上的古代建筑物,逐渐被淹没;格陵兰当地人民也吸取了这种教训,不再在水边附近建筑茅舍。在一个地方,摩拉维亚人一再被迫将结船的木桿向内地迁移,而现在留在水下的木桿,是海岸变迁的沉默证据[2]。

本章所讨论的欧洲和美洲北极附近大片陆地的逐渐升降——其中一部分在有史期间,一部分在紧接有史以前的地质时期——自然会引起我们作一种推测,认为这些区域的地下基础,一定不断在进行特殊的变迁。无论把这种变迁归因于固体物质受热液作用的膨胀,或者归因于岩石的熔化,或者归因于岩石的固结,以及任何其他原因,我们可以无疑地说,在很深的地方,地壳的构造在逐渐进行很重要的变化。

---

[1] Quarterly Journ. of Geol. Soc. No. 4, p.534. 1849 年 R. Chambers 在他的"Tracings of N. of Europe" p.208 中证明了白拉维斯的观察。

[2] 见 Proceedings of Geol. Soc. No. 42, p.208. 我在 1834 年和平格尔博士在哥本哈根讨论过这个问题。

第三十二章　地震和火山的起因

地震和火山的起因有密切关系——地球原为熔融状态的假定——地球的类球体形状,不足以证明全部同时是一个普遍的液态物体——用岁差运动计算地壳厚度的尝试——地壳的热度随着深度增加,但增加率速度各处并不一致——假定的中央液态部分并没有内部潮汐——地轴变迁的假定——地壳局部液化说与过去和现在的火山现象最为适合——早年地质学家用来支持他们主张的原始地壳液态说的许多论据,都被摒弃——地球和太阳热渐减说的讨论

叙述了地震和火山现象之后,我们可以毫无疑问地说,在某些范围内,这两种作用是起于同源;我们现在可以继续探究它们的可能起因。但是我们首先不妨再扼要地提一提导致人们得出它们起于同源的结论的共同点。

所有活动火山都在地震震动最猛烈的区域。地震有时是局部的,有时传播很广,但是它们往往是火山的先驱。地下运动和喷发,一再在同一地点重复出现,其间的间断时期很不规则,强度也不相等。两者的活动,可能只继续几小时,有时可以连续几年。猛烈震动之后,往往有一个很长的平静时期。在地震和活动火山地区内,有很多温泉和矿泉。最后,离开火山喷口相当距离的泉水,常因地下运动而突然高升或降低他们的温度和突然增加或减少它们的水量。

所有这些现象,显然说明地下热多少是和地面相通的;凡有活动火山的地方,在不可测的深处,一定有许多其大无比的灼热块体,而在若干情况下,经常以熔融状态存在。因此我们首先必须问,这种热究竟是从哪里来的呢?

地球中部是液态的假定　地球原来全部是一个熔融体而中部若干部分至今还保持着一大部分原始热,是久为人们所爱好的臆说。有些人想(侯歇尔爵士是其中之一),地球的原始物质,最先可能是气态的,很像我们在空中看见的星云,而一部分星云的范围是如此之大,以致可以充满太阳系中最远行星的轨道。近年来望远镜倍数的扩大,证明大部分星云是由成群的星体所组成;但是只要我们有信心地假定它们都是气态物质,我们就可以无疑地推断:如果它们能于凝聚,它们就可能形成一个固态的球体。他们又这样推想:随着凝聚而放出的热,可能使新星球的物质保持熔融状态。

这种推测与地质学没有多大关系,可以置之不论,但是地球的类球体形状,究竟提供了多少证据,使我们可以假定它的原始情况全部都是液态的呢?如果原始液态说不是如此流行的话,这种问题是不值得讨论的;因为我们可以问:为什么要假定地球的原始状态和现在有所不同?最初产生的、或集中在一处的地球物质,何以没有旋转,从而立刻形成一个各部分都保持平衡的形状呢?

假定我们承认,静止的物体是某些其他先存形式的变态,并且假定地球最初是上面

盖着海洋的静止而完整的球体——那么当它开始以现在的速度绕轴旋转的时候，它会发生什么情况呢？普莱费尔在他的"解释"中考虑过这个问题；他肯定地说，如果地球表面，像赫顿学说所主张的那样，可以因为陆地上的碎屑被运到海底而屡经变迁，那么地球的形状，不论原来是怎样，最后一定要变成平衡的类球体①。约翰·侯歇尔爵士提到这个臆说时说，"这样就会产生离心力，一般的趋势，会迫使地面上每一地点的水，离开轴部。我们固然可以想象一种可以把整个大洋像拖把上的水一样抛离地面的速度。但是这种速度要比我们现所讨论的大得多。在我们假定的情况下，水的重量还可以使它不脱离地面，所以从轴部退却的趋势，只能离开两极而流向赤道，并在赤道上堆积成一个水脊，因为相反方向的重量或者向心力形成的压力可以保持住它的位置。然而这种情况不能不使两极区域干涸，露出突起的陆地，而在赤道地区形成一个海洋带。这是最初或者直接的结果。现在再让我们看一看，如果让各种现象随着自然作用进行，它们后来会发生什么结果"。

"海水经常在冲击海岸，把它捣碎，再把捣碎的碎块磨成沙砾，散布在海底。地质学上的许多事实可以证明，现在大陆的全部，都经过这种过程，而且不只一次，它们全部被捣成碎块，或磨成粉末，沉入水底，重新改造。用这种观点来看，陆地失去它的固定特性。作为一个块体，它可能紧结在一起来抵抗水所服从的力量；但是当它经过连续或同时的剥蚀作用，以沙泥形式散布在水里的时候，它就很容易受到水的一切激动的控制。经过相当时期之后，突出的陆地，全被毁坏而散布在海底，填满低的部分，并且陆续改造固体核心的表面，使它符合于平衡形状。因此，在地球旋转状态之下，只要经过足够长的时间，两极的突起部分会被逐渐削平而消失，而把所有物质移向赤道（其时是最深的海），一直到最后，地球逐渐形成我们所看见的形状——扁的或者扁圆的类球体"。

"我们的意思，决不是想在这里追索地球实际形成现在形状的过程；我们所要表示的是：在绕轴旋转的情况下，它最后一定会形成这种形状，即使原来的形状不是如此或者是奇形怪状的（譬如说），结果也是相同"②。

以上的论点，虽然没有提到空气的侵蚀作用，然而我们必须理解，在以上所假定的情况下，空气对极地的侵蚀，也起着主要作用。约翰·侯歇尔爵士的观察，也只限于水的作用；他和普莱费尔似乎都没有探讨赫顿体系中的另一部分；就是固态地球的不同部分陆续被热力熔化的假说。然而地质学的进步，不断地加强了有利于温度的局部变迁可以使地壳不同部分依次熔化的证据，而它的影响可能一直达到地心。所以，如果使地球在形成现在的形状之前即绕轴旋转，那么熔融给予自由运动的一切物质，在凝固之前，必定也服从离心力而被迫向赤道区域集中。因此，以表面岩流形式流动的熔岩向极区流动时，它的运动速度会被减低，而向赤道流动的部分，会被加快；或者如果地壳以下有熔岩湖和海存在——现在秘鲁安第斯山下面可能有——那么幽闭的液体会向上挤压，使盖覆岩石永久向上隆起。所以地球的类球体的平衡形状（它的长直径大约大于短直径 25 英里），

---

① Illust. of Hutt. Theory. Sec. 435—443.
② Herschel's Astronomy, Chap. iii; 及第七版,Chap. iv. p.142.

可能是逐渐形成的,甚至于是由现有的作用形成的,而不是原始时期同时全部液化的结果[1]。

用钟摆做的实验和地球吸引月球方式的观察来看,我们的行星不是一个空心球而是实心的,内部物质的比重,不论固态还是液态,总是比外部大。根据月球的某些不规则运动推断,地球的密度是有规则地从地面向地心增加,而赤道的凸出部分,直达地心;就是说,相同密度的层次,椭圆地和对称地从地面向地心依次排列。

照拉普拉斯计算,地球的平均密度大约是5.5,比水大五倍多。许多岩石的比重是从2.5到3,而大部分金属则在3和21之间。因此一部分人认为,地球核心可能是金属的——例如它的比重可能和铁相同,大约等于7。但是处于地心的物质——不论是固态还是液态——一定受到巨大的压力,于是又引起它们的结构问题。如果水的容积是按照实验所得的压缩率逐渐递减,那么在地面以下93英里处,它的密度会加倍,而在362英里下,它的重量将与水银相等。照杨博士计算,在地心,钢的体积会被压到1/4,岩石会被压到1/8[2]。然而凝缩到相当程度之后,物体的压缩性能,很可能和我们能用实验证明的规律完全不同;但是这种限度,至今还没有确定;由于对这种问题非常模糊,无怪各方对中央核心的性质和情况有如此不同的观念。有些人想象它是液态的,另一些人认为它是固态的;还有一部分人认为它是具有洞穴状的构造,甚于至企图利用某些地方钟摆不规则摆动的观察来证明这种意见。

霍浦金曾经设法确定地球硬壳的最小厚度,就是说,如果假定整个地球原来完全是由液态物质所组成,而外部的某一部分由于逐渐冷却而变硬,那么这一层外壳究竟有多厚。他企图用新的方法解决太阳和月球,特别月球对地球赤道凸出部分的吸引所造成的地球极区岁差运动的微妙问题,来获得这种结果;因为如果这些部分的固体物质的厚度很大,这种运动便会和全部为液态而外面只包着一层几英里薄壳的情况相差很远。换句话说,月球的扰乱作用,对全部为固态的地球,和对几乎全部为液态的地球是不同的,而对一半为固体外壳和对1/10为固体外壳的地球的作用也不相同。

所以,霍浦金曾经按照以上假定的情况——就是说,内部为液态,外面包一层硬壳——所能引起的结果,计算岁差运动量;他发觉这种运动量不会与实际运动相一致,除非地壳有相当的厚度。进行精密计算时,由于我们对压力在高温情况下促进物质凝结的影响没有充分知识,因此结果不能准确。如果假定压力对于凝结过程没有影响,这种臆说对于大厚度最为不利。即使作这种极端假定,硬壳的厚度至少一定也在400英里左右;这种结果颇令人惊奇,因为固体和液体部分的比例是49:51,用整数来说,地球的固体和液体物质近于相等。霍浦金用以下一段文字来表示他研究所得的结果:"总之,我们可以冒险地说,要使地壳厚度与观察所得的岁差运动量相一致,它的最小厚度不能少于地球半径的1/4或1/5";就是说800英里到1000英里[3]。

---

① 见 Hennessy, On Changes in Earth's Figure & c. Journ. Geol Soc. Dublin, 1849 和 Proceedings Roy. Irish Acad. vol. iv, p.337。

② Young's Lecture, and Mrs. Somerville's Connection of the Physical Sciences, p.90。

③ Phil. Trans. 1839, and Researches in Physical Geology, 1st, 2nd, and 3rd series. London, 1839—1842: also on Phenomena and Theory of volcanos, Report Brit. Assoc. 1847.

我们要注意,这是最小的厚度,任何更大的数值还是和实际现象相符的;这些计算与地球全部都是固体的假定,也不相矛盾。它们也不阻止我们想象,400英里或800英里厚的地壳中分布有熔融物质的大湖和大海,只要它们是包含在地壳之中,不论太阳和月球吸力传给它的旋转运动是怎样,总是随着地壳运动。法国著名天文学家狄劳耐在他的《地球内部液态说》(*Hypothesis of the Internal Fluidity of the Terrestrial Globe*)中[1],曾经提出一些反对霍浦金学说的论点;但是威廉·汤姆孙爵士细致考虑了这些论点之后说,我们可以用数字来证明,除非地壳的厚度至少有2 000英里或2 500英里和近于实心玻璃球的刚度,狄劳耐假定的黏性液体,不足以说明这种现象[2]。

地温随着深度增加　因为发现了矿里的温度是随着深度比例增加,于是内部液态说更引起人们的注意。在矿里进行的观察,不仅注意到矿内空气的温度,而且也注意到岩石和从岩石中流出的水的温度。在两个2 000英尺深的竖井里(一个在达拉姆附近,一个在曼彻斯特附近)进行的最详细试验,深度每增加65英尺到70英尺,温度平均增加1°F.,这个数字比以前在同一区域的各煤矿中推算所得的小得多[3]。然而它和以前在撒克逊尼几个主要银铅矿里所测定的很相近,即每65英尺增加1°F.。在这里测量的时候,温度表的球,是放在有意在岩石中钻成的、深度从200到大约900英尺的孔穴内。但在同一地区的其他矿里,必须下降3倍的深度,温度才增加1度[4]。

福克斯在康沃耳的多尔可斯矿1380英尺深处的岩石中放了一个温度表,并且进行了18个月的经常观察;矿内的平均温度是68°F.,而地面的平均温度则为50°F.,即每75英尺增加1°F.。

古浦弗广泛地比较了各地的结果之后,认为大约每37英尺增加1°F.[5]。柯第亚宣布说,照他对地下温度实验和观察的结果来看,地温随着深度增加的速度是很快的;但是全球的增加速度,并不服从同一规律,一个地方的增温率可能两三倍于另一个地方,而且和经纬度并无一定关系。然而照他的意见,每25米增加1°C.,或每45英尺增加1°F.的数字,并不算夸大[6]。如前所述,在巴黎附近格仑纳尔地方开凿的试验井中,在1 800英尺深度以上的增温率,大约每60英尺增加1°F.。

根据马勒特的报告,那波利宫廷中的自流井1 460英尺深处的水温,只有68°F.,如果按照表面土壤温度为61°F.计算,需要208英尺才增加1°F.。离开这口井仅仅1英里地方的另一口909英尺的深井,每83英尺就增加1°F.。据有些人的推想,第一口井的低温,可能是受了渗透多孔凝灰岩层的淡水和海水的影响。

某些作者企图把这种现象(各地增温率虽不相同,但方向是一致的),归因于空气从地面到矿井深处的不断凝缩。因为在压力之下,空气会放出潜热,其原理和高空区域大

---

①　Comptes Rendus for July 13, 1868.

②　Nature, Vol. V., Jan. 18, 1872, p. 223, and Feb. 1st, p. 257.

③　这些观察是费里浦教授做的。

④　Cordier, Mém. de l'Instit tom. vii.

⑤　Pog. Ann. tom. xv, p. 159.

⑥　见 M. Cordier's Memoir on the Temperature of the Earth, June 1827. Mém de l'Institute tom. vii and Edin, New Phil. Journ. No. viii, p. 273.

气因稀释而较冷的情况完全相同。但是福克斯对这种议论作了满意的答复；他根据康沃耳矿里的观察结果指出，上升和下降气流温度的差别，约在 9°到 17°F. 之间，所以地温的增加，比他们假定的、空气凝缩所能产生的大[1]。

如果我们采用每 65 英尺增加 1°F. 的平均增温率，并且依照主张中部液态说者的意见而假定温度是无限制地一直向下升高，那么在地面以下两英里多的地方，它就可以达到水的沸点，在 34 英里深处，可以达到铁的熔点，或照丹尼尔高温计计算，等于 2 786°F.，这种温度几乎足以熔解任何物质。图 134 的外圈黑线，代表 25 英里的厚度，而两个圆圈之间的空间，包括两条线在内，代表 200 英里厚的地壳。所以，如果温度照这种速度继续向下增加，我们在外线以下不远的地方所遇到的温度，可以熔解大部分我们已知的耐火物质而有余。在更深但离中央核心还很远的地方，温度已经如此之高（比熔解铁的温度高 160 倍），外壳决不能抵抗这样的高温而不被熔化[2]。

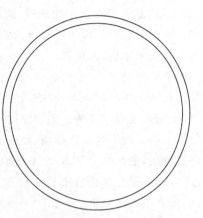

图 134 地球的剖面，其中外界线的宽度代表 25 英里的厚度；两圈之间，包括两线宽度在内，等于 200 英里

一般的说，熔岩流还没有停止流动的时候，我们已经可以在它的硬化表面上立足——不仅如此，在维苏威火山喷发之后，我们可以走入喷口而站在火山滓上面，虽然在火山滓的每一个裂缝中的二三英尺以下，还可以看见炽热的岩石；在更深的地方，可能全部都在熔融状态之中。那么，在几百码或几英里以下，温度是否更高呢？答案是这样的——在大量的热散失之前（其散失方式不论是由于熔岩的喷溢还是由于蒸汽和气体泄出时以潜热形式飞散），熔融物质始终在火山喷口中沸腾。等到下面热量供给不足的时候，沸腾现象就会停止，然后在表面上结成一层熔岩外壳，于是喷发时落入喷口的火山滓也可以堆积在上面而不至于被熔解。如果内热又升高，熔岩就会恢复沸腾，表面上的硬壳也被熔解。流动熔岩流的情况也是如此，因此我们可以安全地假定，硬化表面以下的温度，仅仅足以维持物质的流动性。

波亚松在 1835 年出版的《热的数学理论》（*Mathematical Theory of Heat*）中反对了中央核心高温说；他说：如果地球的确是由于热量的散失而从液态过渡到固态，核心的冷却和凝结应当从地心开始。

许多拥护中央液态说者，都承认内部海洋一定有潮汐；柯第亚说，它们的影响现在可能已经变弱了，当地球在完全液态时期，"这种古代陆地潮汐的涨落，不会少于 13～16 英尺"。我们即使暂时承认这些潮汐已经变成非常微弱，没有能力使地球的破裂外壳每六小时内上升一次然后又回降一次，我们还是可以问，在每一个火山的喷发时期，我们认为

---

[1]　Phil. Mag. and Ann. Feb. 1830.

[2]　丹尼尔的高温计是用白金的膨胀做试验的，结果很均匀而且稳定，并且和用其他方法所得的结果相一致。但是坡西博士告诉我说，现在已经发明的测高温试验，没有一种是完全可靠的；他说，熔化锻铁所需要的温度比熔化熟铁高，因为后者之中混有少量炭质。

和中央大洋相连接的熔岩,何以没有可感觉的涨落,或者火山喷口中经常在沸腾熔融物质,如斯多伦波利火山何以没有按照一定规律涨落呢?

地壳旋转轴的位置变迁的假定 1866年爱文思在皇家学会宣读了一篇奇妙的论文[①];他在这一篇论文中建议说,地面上过去的气候变化,可能和坚硬外壳在内部液态核心表面滑动有关。即使暂时承认地球内部液态说(虽然我已列举了许多论证反对这种臆说),外壳的平衡,无疑可以因沉积物从地面的一部转移到另一部分,或因新大陆和新岛屿的上升而被破坏;爱文思表示,当物质从一个地方减去而加到另一个地方的时候,所增加的外来物质的离心力,有把这一部分外壳牵引到赤道的趋势,如果地面减少了一部分重量,则可造成相反的结果,其时较轻的部分,会向极区移动。

牛顿和后来的拉普拉斯,都反驳了地球旋转轴迁移的可能性;近来爱亚雷也提出了许多论证,他在其中指出,在某些地质时期内隆起的山脉,虽曾被假定为导致地球重心变迁的因素,但是拿它们来和赤道凸出部分相对比,这些山脉的体积是微不足道的;据他说,赤道凸出部分是一个长25 000英里、宽6 000英里、深13英里的大块体。但是爱文思建议说,核心的旋转轴可能维持不变,而厚度不超过25英里的坚硬外壳的旋转轴,可能发生变迁。对于这种臆说,有几个反对意见:

第一,在所有的地质时期内,沉积物移动方向是没有一定的,不仅从高纬度移向低纬度,而且也从低纬度移向高纬度。陆地上不同高低的地方,同时都在进行着互相平衡的作用。只有向一个方向的过量变化,才能成为扰动的因素,而我们很难想象这种过量变化可以达到如此程度,以致使外壳的旋转轴(甚至于外壳)产生可感觉的变迁,因而可以用来解释同一地点在不同的地质时期内的气候变化。

第二,地球是一个类球体而不是一个绝对圆球的事实,也引起较大的困难,因为我们所想象的液态核心,必须是一个非常完整的球体,才能让外壳在上面自由滑动。如果外壳的底面或内面的形状是不规则的,或者如果一部分是黏性的,外壳位置的变迁就会受到极大的阻力。不论外壳位置的变迁如何小,只要它和核心不相配合,就会阻止它自由移动,于是非经过最剧烈的摩擦和上覆块体的曲折和破裂,不能完成它的目的。

地壳的部分液化,最与火山现象相符 我们切不要忘记,在地球原始液态说和外壳逐渐凝结说流行的时期,地质学家对地壳结晶基岩的相对时期所持的理论观点,与我们现在所知道的差别很大。照以前的想象,所有花岗岩都是很古老的,片麻岩、云母片岩和黏土板岩一类的岩石,也是地面上有有机物存在之前的产物。他们称这些岩石为原始岩层;照他们的假定,这些岩石都是液态核心陆续加厚的结果。这些观念现在已被绝对摒弃了。现在已经证明,各地的花岗岩不一定都属于同一时期,并且也很难证明任何一种花岗岩是和已知的最早生物化石遗体一样古老。现在也承认,片麻岩和其他成层的结晶地层,是受过变质作用的沉积物,并且还可以证明,所有这些岩层的时代,都比新近发现的加拿大原始虫(Eozoon Canadense)年轻。这种见解是比较新的。有了这种见解,这些常成巨大体积的结晶岩石,就不能含有从最古时代起地壳经常在加厚的意义,它们的大部分,反而证明当时有大规模的水力侵蚀作用,换句话说,它们暗示,一部分地球表面的

---

① J. Evans, Royal Society Proceedings, 1866.

固体物质曾被移去，而同时以新地层形式堆积在另一部分。早期理论家又以为，在地球历史的较早时期，火山活动比后来强烈得多，这也是没有地质证据的见解。他们对第一、第二、第三纪主要含化石岩石的堆积所占时间的长短，以及每一纪内局部火山产物的逐渐发展情况，都没有形成正确的概念。

任何一个地质时期的火山爆发，例如白垩纪，都局限于几个有限的区域，这可以用同时期的地层中，不一定都有火成岩系的事实来证明。许多实例可以表明，火成力量并没有终止，不过它们的发展，只限于局部而已。在北美洲和俄国，有几处分布面积很广的古老地层，如志留纪和石炭纪，它们是水平的而且没有受过骚动，也绝对没有同时期的火山产物。这种情况表示：在这样的区域内，不但在古生代没有火山活动，就是在后来的任何时期，也从来没有成为这种活动的舞台。在另一方面，许多以往屡次发生火山灰喷发和火成物质侵入裂缝现象的区域，现在却完全没有地震和火山活动。所以，主要地震和火山活动地点不断从地壳的一部分移向另一部分的事实，是由最明显的地质证据奠定的一种普遍规律。我们已经看到（第二十三章），现代火山的活动规模是非常宏大的，我们也知道，现代火山一次溢出的熔岩流的体积，实不下于任何最早地质时期曾经倾出的体积。

所以，地球内部原始液态说和因内热散入空间的地壳逐渐凝固说，是在最初支持它的支柱逐一被推翻之后，还被坚持的许多科学臆说之一。天文学家可能有充分理由把地球的形状归因于原始液态，其时期当然在地球上开始有生物以前很久；但是地质学家必须满足于研究地壳已经变成很厚之后（可能与现在一样硬一样厚）的最早遗迹，当时所形成的火山岩，和现在产生的没有多大区别，而火山热的强度也和现在的相仿。在各地质时代中，这种热无疑曾经导致地壳形状和构造的主要变迁；但是我们决不会相信它们的规模有使整个行星熔化的可能。如果读者参考图 134，他就可相信它们的比例和我们所要解释的结果是绝对不相称的。图中的外圈线，代表地球直径的一部分，厚度等于 25 英里；所以，如果要用一个白色标记在这一条线内表现最高的山脉，如最高峰为 5 英里的喜马拉雅山，它们只能在线内形成一条几乎不能觉察的痕迹。

两个圆圈之间的空间，包括两条黑线在内，代表 200 英里。假定在这个区域内，随意划上几条 2 英寸长，等于外线宽度 1/5 的细线，它们的痕迹看起来虽然模糊而不重要，然而却代表几个 5 英里深、5 000 英里长的熔岩海洋。我们不能否认，这样深度不同的地下海洋的膨胀、熔化、凝结和收缩，可能足以导致地面上的大运动或地震，甚至于可以在地壳中形成若干几千英里长的大破裂，安第斯山的许多火山锥或阿尔卑斯山那样的山脉的直线分布，都含有这种意义。

太阳系中的热量一直在散失的假定　一部分物理学家很喜欢这样说：不但地球经常在丧失它的一部分热量，而且太阳也是如此，他们又说，因为没有我们知道的热源可以恢复失去的热，因此我们可以预料得到，所有的生命总有一天会在地球上终止存在；在另一方面，我们也可以回想到，以前一定有一个时期，地球的温度是如此之高，以致不适于任何已知的有机体的存在，不论它们是属于现时生存的生物还是化石物种。

我将在下一章讨论关于太阳磁性和地球磁性的关系，以及把电作为火成热力来源的限度。但是当考虑到近来发现的一种力量可以转变为另一种力量的原理，以及光、热、磁、电和化学亲和力的密切关系，我们对动力和生活力的重要来源不断在减少的学说，不免发生怀疑。葛罗夫说："所有哲学家现在都深信，力是不灭的。如果光失去光的性能（史特鲁夫的观察，似乎作如此的表示——他说，在事实上，一个星体的距离可能如此之远，以致它发出的光，在达到我们视线范围之前，已经消灭），那么作为光传出来的力丧失之后，又以什么形式存在呢？热也是如此；我们的太阳，我们的地球和行星，经常向空间辐射热，所以其他太阳，星体和从属于它们的行星，可能也都是如此。这样向空间辐射的热，变成什么呢？如果宇宙没有界限——很难想象有这样一个宇宙——光和热可以不断的散失，然而每一个（自己发光的）天体所失去的比所接受的多，否则夜晚将和白天一样光亮，一样和暖。这样显然不能恢复原状的巨大力量，变成了什么呢？它是否以明显的运动回到星体呢？它们是否能促进或参加促进太阳和行星的运动呢？我们是否可以想象，这种力量是否和牛顿所推想的所谓万有斥力，以及和可以用来替代万有引力的力量相同的呢"[1]？有人把一个在寻求用来恢复地球坚硬部分的热的来源、使它在过去和将来的千百万年中不致间断和减弱的（其发展中心虽然常在迁移）地质学家，比之于一个梦想发现永恒运动的起源和发明一个自动上发条的钟的人。但是何以我们不能在造物的奇迹中找到一种有更生能力而能自行维持的力量的证据呢？控制天体运动的力量，究竟又是什么呢？有人把它比之于人类指挥一切肌肉活动的理智。形而上学的专家和自然科学家对它的性质的探讨，都受到挫折，但是可以肯定地说，我们对宇宙系统的智识还没有进步到有资格断定说，像热这样的大动力，是在逐渐减少。

---

[1]　British Association Address, Nottingham, Aug. 22, 1866.

第三十三章 地震和火山的起因(续)

火山喷发时蒸汽的作用——冰岛的间歇泉——新西兰的间歇泉——液态气体的膨胀力——进入火山中心的盐水、大气和淡水——地壳中火山热的相继发展,何以会使它像一个从普通熔融状态冷却的物体——地壳的柔顺性——火山热起源于电和磁的讨论——化学作用——陆地持久上升和下降的原因——如何保持干涸陆地的平衡——第三十二章和第三十三章的摘要

火山喷发时蒸汽的作用 我们已经知道,所有的活火山几乎都在海岸上或在海岛上。J.侯歇尔爵士说,"我们知道,在过去150年中喷发过的225个火山之中,只有一个离海在320英里以上,就是这个山(波斯的第马温得山),也是在世界上最大的内海——里海的边缘"。1759年在墨西哥境内喷发的佐鲁罗火山,离最近的大洋不下120英里;但是,正如陶本耐博士所说,它是一端近海的一系列火山的一部分(见第二十七章)。据说,在第七世纪,鞑靼中部有一个离海260地理里的火山在活动,但是它也靠近一个大湖。

丹纳对桑德韦奇群岛的火山观察是宝贵而有创造性的;在他的著作中,他提醒我们注意火山里喷出的惊人巨量的大气水;他认为,这个全部由多孔熔岩组成的广大高峻穹隆体的内部,一定吸收了大量的水。他把熔融物质喷发时产生的蒸汽,完全归因于这种来源,甚至于从3英里高的山顶上泄出的蒸汽也是如此[①]。

冰岛的间歇泉 在讨论泉水的一章中,我们已经提到雨水渗入多孔岩石的情况,在任何区域,不论离海多远,它们渗透的范围几乎都很深;我们既然知道普通蒸汽在一般火山喷发时无疑起着显著的作用,因此在进一步讨论之前,我们不妨先详细研究一种以蒸汽为唯一喷发动力的实例,就是冰岛的间歇泉。这些间断喷发的温泉,位于冰岛的西南部,在周围两英里的范围内,据说有100个之多。彭生教授说,温泉里的水是来自大气中的雨水和融化的雪;泉水中泄出的纯粹或与其他气体混合的氮气,可以证明这一点。泉水是从厚层的熔岩中流出来的,而这一层熔岩,可能是30英里以外的赫克拉山的产物;在间歇泉附近可以望见这座火山的山顶。在这个区域的地下裂隙中,有时可以听到水的急流声;因为这里也和埃特纳山一样,在贯穿多孔和多洞穴熔岩的地下流道里有河流在流动。在地震之后,这些沸腾温泉之中的一部分,曾屡次增加或减弱它们的强度和流量,或者完全终止活动,或者产生新的温泉——这都是新裂隙的产生和旧裂缝的封闭所引起的变化。

很少几个间歇泉的每次喷发时间超过五六分钟,虽然有时达到半小时。两次喷发之间的休止时间,大部分是不规则的。"大间歇泉"是从一个圆丘顶上的宽阔盆地中喷出

[①] Geology of American Exploring Expedition,p. 369.

的;圆丘是由泉水带出来的硅质物质沉积的结壳所组成。盆地的直径,一个方向是 56 英尺,另一方向是 46 英尺(见图 135)。

图 135　冰岛"大间歇泉"的喷口

盆地中部有一个垂直深度 78 英尺的导管,直径为 8～10 英尺,愈近盆地口愈大。盆地内部带白色,也是由硅质结壳所组成,而且很光滑;圆丘近旁的两个小通道也是这样,盆地里的水满到边缘的时候,就从这两个小通道中流去。盆地有时是空的,如图 135 所示;但是通常充满着沸腾而又美丽透明的水。在沸水从导管上升期间,特别在沸腾最剧烈和向上喷射的时候,地下发出像在远处放大炮的响声,地面也略有震动。后来声音继续增加,震动更加强烈,到了最后,一股水柱以爆炸的响声向上直冲,高达 100 英尺或 200 英尺。像人工喷泉那样喷了一个时期和发出大量蒸汽雾之后,导管喷空了;最后冲出一股力量惊人、声如巨雷的蒸汽柱,喷发作用就此结束。

如果把石块扔在喷口内,它们可以立刻被抛射出来,有时爆炸力非常之大,竟把很硬的岩石碎成小块。汉德孙发觉,把大量的大石块扔在名为斯脱落克的间歇泉内,可以在几分钟内发生喷发[1]。在这种情况下,石块和沸水的喷射,比通常高得多。水喷完之后,一股蒸汽柱以震耳欲聋的吼声随着向上直冲,为时约达 1 小时;但这个间歇泉似乎已经耗尽了它的力量,超过了通常的休止期还没有新的喷发。马更西爵士在 1810 年也看见一个间歇泉在喷发,他的记载和汉德孙的叙述完全相符。蒸汽和水喷了半小时,高达 70 英尺,当时虽有强风,白柱依然保持着直立的姿势。扔在导管里的石块射出的高度比水柱高。在蒸汽的顺风方向,有很大的阵雨[2]。

新西兰的间歇泉　新西兰的间歇泉,过去虽然不太引人注意,但是它们的数目和奇观,实不下于冰岛的间歇泉。在北岛上,数以千计的喷泉,形成三条走向北东 36°的平行线。在伟卡托河的奥拉凯柯拉柯河谷中,霍赫斯脱透博士一次看到 76 个喷发点,其中许多是周期间断喷发的间歇泉。这些温泉所表现的现象和冰岛相同,所沉积的结壳也是硅质而不是钙质的。当地人民叫这种间歇泉为普侬亚斯(Puias),它们在一定的时期内,作间歇泉式的有规则喷发。它们自成一类,与所谓恩加华斯泉(Ngawhas)完全不同,后者是持久的泉水,其表面有时静止不动,有时始终在沸腾;但是,据霍赫斯脱透博士说,这两类温泉,都起源于渗透地面、深入地内、受了火山火变热的水[3]。

间歇泉的成因　在各种解释间歇泉现象的理论之中,我拟先提出 J. 侯歇尔爵士的意见。他说,这些喷射可以用小规模的试验来模仿。如果把一根烟斗的烟管烧成炽热,并

---

① Journal of a Residence in Iceland, p. 74.

② Mackenzie's Iceland.

③ Hochstetter, New Zealand, 1867, p. 432.

在斗内装满了水,然后将烟斗向下倾斜,让水流过烟管。从烟管泄出的不是一股流水,而是连续的爆炸,最初只有蒸汽,后来是混有蒸汽的水;等到烟管冷却,流出来的几乎完全是水。在每一次爆发期间,一部分含有蒸汽的水,被赶回烟斗。爆炸的时间间隔,决定于烟管的热度;而爆炸的持续时间,则决定于烟管的厚度和传导力[①]。从这种实验来看,间歇泉的形成,只要求以下的情况:在多孔和多洞穴的熔岩中流动的地下流水,如果突然流入周围有炽热或近于炽热的岩石的裂缝,就可以形成间歇泉。在这种情况下,水立刻变成蒸汽,而蒸汽在裂缝中迅速冲过的时候,带着水一同冲出地面;同时,一部分蒸汽可以把供给的水向水源赶回一定距离。在几分钟之后,当蒸汽都凝冷的时候,水就回到原处,等待第二次的喷发。

图 136　"新间歇泉"1810 年的喷发(马更西)

另一种解释间歇泉作用的见解,似乎比以上所说的更为可能。假定从地面下渗的水,经过裂缝 FF 深入地下洞穴 AD(图 137),同时,像熔岩凝结时从裂隙中泄出的那种非常高温的蒸汽,也从裂缝 C 注入洞穴。一部分蒸汽,最初冷凝成水,它发出的潜热,又升高了水的温度,到了最后,洞的下部充满了沸水,而上部则充满在高压下的蒸汽。后来,蒸汽的膨胀力变成如此之大,以致迫使水从裂缝或导管 EB 中上升,溢出盆地的边缘。压力这样减低之后,洞穴 A 上部的蒸汽开始膨胀,直至 D 部的水全部被驱入导管;达到这种情况之后,由于蒸汽比较轻,于是以极大的速度通过水体向上冲。如果用人为方法堵塞导管,即使堵塞的时间只有几分钟,热量的增加一定很快;因为这样一定会阻止蒸汽中的热,以潜热形式向外宣泄,因此使水的沸腾更为剧烈,引起喷发。

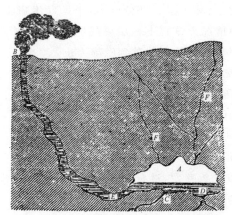

图 137　一个冰洲间歇泉的假想贮水库和导管[②]

以前提到的彭生教授就采用这种理论来解释"小间歇泉"的喷发,但是他说,这不足以说明"大间歇泉"的现象。他也和其他作者一样,把这些泉水作为通道上部具有狭窄漏斗形导管、而导管内壁已经盖上一层硅质结壳的温泉。在导管的口上,水在平常大气压力下的温度,约为 212°F.,但在下部某种深度处,温度却高得多。这位教授用实验方法成功地证明了这一点;放入导管的一具挂在线上的温度计,温度升高到 260°F.,即比通常大

①　MS. read to Geol. Soc. of London, Feb. 29，1832.

②　From Sir George Mackenzie's Iceland.

气压下的沸点高 48°F.。等到水柱放完之后，留在盆地和导管内的水，温度却冷得多①。

在彭生和狄克罗修 1846 年在冰岛进行这些实验以前，没有人会想到，一个开敞而可以自由流通的水柱，其下部温度会升高到如此程度而不发生上下循环作用，从而立刻使上下温度相等。这种循环无疑是受内壁的曲折和直径不时缩小的阻碍，但是这种现象，主要可能由于另一种原因。根特的唐耐博士所做的液体内黏力实验似乎说明：如果水里完全没有空气，即使在通常大气压下，它的温度可以升高到 275°F.，如果没有空气质点的分隔，水分子的内黏力可以增加很多②。因为在沸腾了很久的水里，空气愈变愈少，所以在间歇泉的底部，水里的这种混合物可能很少。

彭生和他的合作者还做了其他实验，其中的一种结果使他们相信：充满导管的液体柱，经常接受从下部上升的热水，但是上部的水则因盆地宽阔表面的蒸发而变得较冷。他们也得到了一种可能和通常火山喷发机理有关的重要结论，就是说，导管本身是机械力的主要场所或中心。这种事实可以用挂在绳上的石块放到各种深度的方法来证明。那些沉到离地面相当深的石块，不会在间歇泉的下一次喷发时抛出地面，而较近管口的石块，则立被射出，其高度可达 100 英尺。另一种实验说明一种奇妙的事实；它们证明，当上部的水和蒸汽向上猛烈冲出的时候，下部的水往往几乎没有活动。这种情形似乎说明：如果高水柱的温度随着深度增加，那么上部的水只要略有沸腾或失去平衡，首先会迫使水升入盆地，然后溢出边缘。下部的水，因为突然减去了一部分压力，于是发生膨胀，由于温度较高，变成蒸汽的速度也比较快。这种情况允许再下一层更热的水上升，并且突然变成蒸汽；这种过程，一直继续到沸腾状态从漏斗的中部降落到底部为止③。

丁达尔博士曾经用人为方法来产生这种过程；他用一根上端接有圆盆的白铁管作为工具，管内充满了水然后在下部加热。等到加热到近于沸点的时候，水会射入空中，并且连续地每隔五分钟喷射一次，水的供给也像真的间歇泉一样，是由回落到管内的冷却了的水来补充的。如果用一个软木塞塞住管口，使热更易累积，喷发可以加快，它的结果和在冰岛斯脱落克间歇泉口塞上泥块后的爆发的情况完全相同。丁达尔博士说这种说明彭生学说的实验，"证明间歇泉的导管本身就足以产生喷发，没有必要像过去所想象的那样，需要一个充满了水和蒸汽的地下洞穴来说明这种特殊现象"④。

液态气体的膨胀力　水蒸气，虽然是火山喷口中连续喷泻几天、几个月、甚至于几年的主要气态液体，但是其中也有其他的气体，如碳酸、硫酸和盐酸之类，况且容积有时相当大。法拉第等的实验指出，所有这些气体都可以用压力来凝成液体。要在 30°到 50°F. 温度下达到这种目的，需要的压力大约为 15～50 个大气压；我们认为，在自然界的作用中，这种压力是极其微小的。维苏威火山熔岩柱的高度可能从喷口边缘一直达到海平面，它的压力一定在 300 个大气压左右；所以在地壳内部所谓中等深度的地方，所有的气体，即使温度很高，都可能凝成液体。要使这些气体之中的一部分化成液体，我们可以把

---

①　Bunsens. Poggendorf, Annalen der Physik, vol. ixxii.

②　见 Mr. Horner's Anniversary Address, Quarterly Journ. Geol. Soc. 1847, Iiii。

③　Liebig's Annalen der Chimie und Pharmacie, 此文已译成英文载"Reports and Memeirs" of Cavendish Soc. London, 1848, p. 351。

④　Tyndall: Heat as a Mode of Motion, 1863, p. 126.

能发生化学反应而产生这些气体的物质,严密封闭在管内,这样一来,气体的产生和膨胀所累积的压力,可以迫使其中的一部分变成液体。在地下洞穴和裂缝中,甚至于在许多岩石的小孔和细隙中,无疑也常有同样的过程;通过这种过程,"积"在小空间内的膨胀潜力,一定比没有这样液化性能的气体大得多。因为液化气体所占的空间虽然比气体小得多,但是它对贮器周壁所施的压力,似乎就和它们还是气态时一样。

如果将一个充满凝聚气体的玻璃或其他物质所制的管略予加热,它常会爆炸;因为热的些微增加,可以大大地增加气体的弹性率。如果在管上钻一个极细的小孔,液态气体立刻会变成气态,或者用某些作者的语气来说,它突然变成蒸汽,而在冲出的时候,常使容器破裂。我们只要想象,如果某些渗透了这一类气体的岩石(例如,有时充满了水的多孔地层)的温度忽然增加了几百度,我们就可以获得足以举起几乎任何厚度的上覆块体的力量;在另一方面,如果气体被封闭在很深的地方,那么住在地面上的人,当然只能看到波动运动和破裂,因为这些气体穿过裂缝或柔软的地层时,会被水所冷却和吸收。由于水对几种这一类气体有很强的亲和力和强大的吸收力而不增加很大的容积,因此,在地面上看不见爆发,也没有任何地下变迁的标志。温泉温度和容量可能因此增加,所含矿物质也可能发生变化,但是没有火山式的爆发。地壳内部气体的产生和加热,是否会引起水平的持久变迁,以后当再讨论。

我们知道,科克帕克西火山曾经把近于 100 立方码的岩块抛到八九英里以外,我们也不难理解,何以大部分挡在爆炸气体上升道路上的固体物质会被炸成小块,甚至于碎成细粉,从火山冲入高达几英里的高空。为了说明这种情况,我们可以想象一个混有炽热或白热的水(彭生教授提醒我们,水在压力下可以有这种状态)而温度有规则地向下增加的熔岩柱。混在我们所谓熔岩中的水和其他组分的膨胀和气化,使平衡破坏,平衡破坏之后首先使地面附近发生喷发从而减低压力。压力减低之后,喷口中放出更多的蒸汽,把熔化岩石射入空中,变成阵雨似的火山灰,降落在周围地面上;到了后来,当更热的熔岩水到达火山喷口的时候,它们所获得的膨胀力足以挤出很大体积的熔岩流。喷发停止之后,随着是一个静止时期,在这个时期,下面的热又重新向上传导,周围的岩块又被逐渐熔化。最后,又建立了新爆炸的条件,恢复了类似变化的新旋回。

早在 1825 年[①],史克鲁普就建议说,液态熔岩的流动性,不仅决定于简单的热,更主要的是决定于熔岩的结晶或半结晶物质中所含的间隙水,而熔岩中可以看见的晶体多少已经在喷出之前形成。这是史克鲁普观察维苏威山 1822 年喷发的熔岩结构所得的结果。这种见解当时虽被怀疑,甚至于被人讥笑,但是现在已被大多数地质学家所接受,而希勒进行的花岗岩分析,也支持了他的意见。希勒证明,花岗岩结晶物质中化合水的比例,有时竟可达 10%;他又说,这种和其他深成岩中的各种组成矿物,是依次固结的。

进入火山中心的水　我在本书以前各版曾经说过,如果承认地壳的不同部分不断出现热的累积,我们就会立刻想到,湖泊和海洋的水,可能在地震期间流到液态熔岩所在的地方,但是因为偶尔有大量水体的陷入,裂缝的两边往往猛烈地合拢,因此偶尔大量陷入地内的水和炽热的地下液体接触时所产生的蒸汽,不一定从原来的裂缝中泄出,而可能

---

① Volcanos, 1st. ed. p. 22.

和熔岩一起从某些完全不同的裂口或惯常喷发的火山口中冲出。

史克鲁普在他所著的《火山》(1871)一书最后一版的序言中,反对了这种意见,他认为,地震所开裂的裂缝和大量盐水或淡水可能从这些裂缝达到地下熔岩体的现象,是火山作用的结果,而不是它的起因。我承认他的论证是有充分力量的,而我也从来没有说过,水的这样骤然接触,是火山的主要起因。但是,我还是这样想,靠近海洋和湖泊的火山既然如此之多,它们之间可能有密切关系。正如我们以上所假定,当热和压缩气体的联合作用产生地震和使用地壳破裂错动的时候,上面的盐水和淡水水体的偶尔泻入,可能会大大地增加爆炸的强度和频率。

几位最著名化学家的观察和试验,逐渐消除了原来对海洋盐水在大部分火山喷发中起着主要作用的异议,H.台维爵士说,从维苏威熔岩中泄出的气体,沉积食盐[1]。盖·罗塞克虽然承认水的分解在火山活动中起着重要作用,然而他要我们注意火山气体产物中,没有发现游离氢气的假定事实;他说氢不可能存在,因为如果存在的话,它会被喷发时射入空气中的炽热岩石烧成火焰[2]。相反,但是亚比奇却说,"灼热熔岩所照耀的蒸汽,虽然常被误认为火焰",然而他在1834年维苏威火山喷发时,的确看到氢的火焰[3]。

在上述专论中,盖·罗塞克怀疑亚硫酸的存在,但是后来已经肯定,在火山喷发期间,喷气中含有不少这种气体,这就消除了普遍缺少燃烧状态的氢气的困难,正如陶本耐博士所说,因为分解水的氢气,可以和硫黄化合成硫化氢,当这种气体升到喷口的时候,它可以和亚硫酸相混合。实验证明,如果有蒸汽存在,这两种气体会相互分解;一种气体的氢可以和另一种气体的氧相化合而成水,只有过剩的亚硫酸,逸入大气。同时硫黄也发生沉淀。

这种解释已经足够;但是我们还可以说,在喷发期间,氢的火焰是不容易看见的;因为如果非常纯净,这种气体燃烧时发出的火焰呈很淡的蓝色,就是在晚上也很难在炽热和炽白的火山滓周围看到。在大气中燃烧的时候,它可以立刻和氧化合成水。这也可能是看不见游离氢的理由。

1844年彭生在冰岛的观察、1855年和1861年圣·克勒亚·狄弗尔对维苏威山的观察、1866年福克在散托临岛的观察都证明火山喷发时泄出大量游离的、有时和其他物质相化合的氢;后两位化学家还成功地证明,火山喷出的气体和固体产物的化学组成,与火山中心有大量盐水的臆说完全相符。有人曾经问过,火山喷气孔中何以没有镁盐?他们的答复是:这些盐类很容易在蒸汽中分解,如果有水和热的存在,它们产生盐酸和氧化镁。盐酸形成气体从炽热熔岩中泄出,没有挥发性的氧化镁,仍旧留在熔岩之中成为它的最重要的成分之一[4]。以上两位法国化学家也说,只要有蒸汽,食盐同样也可以分解成它的两种元素,但盖·罗塞克认为这是不可能的。

观察了埃特纳山1865年的喷发之后,福克又肯定地说,从这座火山泄出的气体种类,和想象中进入地下熔岩贮库的大量海水分解之后所能产生、并从熔岩泄出的气体是

---

[1]　Davy, Phil. Trans, 1828, p. 244.

[2]　Ann. de Chim. et de Phys. tom. xxii.

[3]　Phénom Géol. &c. p. 3.

[4]　Fouqué, Rapport sur les Phénomènes Chimiqucs. Eruption of Etna in 1865, p. 57.

相同的；此外，照他的计算，水蒸气和其他气体量的比例，也和这种学说相当——每天从埃特纳火山的裂隙中泄出的水蒸气，不下于 22 000 立方米。

喷发时从喷口中喷出的气体中，和温泉泉水里所含的氮，也是研究和讨论的问题之一。H. 台维爵士在他的所著的《火山现象》（*Phenomena of Volcanos*）中说，我们有种种理由可以假定，维苏威火山有空气流降入地内的现象；照他的想象，喷发期间射出大量蒸汽的地下洞穴，在火山静止时期可能充满空气[1]。火山宣泄气体中所含的氨盐，和熔岩中的氮（组成的一部分是氮），都是空气和水在地壳内部失去氧的概念的有力证据。陶本耐博士建议说，含空气的水，可能从地面下降到火山中心，而使水分解的燃烧过程，同样可以使空气失去它的氧。如此一来，可以发出大量的氮。以前已经说过，掩埋潘沛依城的凝灰岩以及维苏威山喷出物质里有纤毛虫的硅质外壳。它们证明，水和泥曾经从地面流入地壳内部的裂隙和洞穴，然后又在喷发期间喷出地面。

化学作用 当 H. 台维爵士最初发现咸土和咸的金属盐基的时候，他曾经暗示说，在地下水偶尔到达的区域，可能有很多未经氧化的碱土和碱金属。凡是遇到这种情况，金属会和水里的氧相化合，发出气体，并且产生足够的热来熔化周围的岩石。化学家和地质学家最初都拥护这种臆说，因为组成熔岩的主要物质，如氧化硅、氧化铝、氧化钙、氧化钠和氧化铁等，都可以由这些元素和水相接触而产生。但是当台维在维苏威山喷发期间没有能从喷口泄出的气态产物中察觉氢的存在的时候，他有放弃这种见解的意向，至少对它不很重视。

上面说过，在喷发期间泄出大量氢气，是现在已经肯定的事实，虽然根据福克的观察，游离氢之中，总混有一部分碳氢化合物[2]。这位化学家说，要解释上一次埃特纳火山喷发期间发出的热，我们需要一块 7 000 000 立方米的钠，所以，所有可以发生一系列喷发的活火山下面的咸金属量，一定很大。福克满足于地下有一大片液态熔岩的臆说；水可以偶尔到达这种岩体，它们所产生的中心热可以变成一种力量，使地壳下部维持熔化状态，但是他没有企图解释为何火山力会从地壳的一部分转移到另一部分。

我们现在已经把储藏在深部洞穴或裂缝中的水和其他酸类在温度升高情况下产生的水蒸气和其他气体对于地壳所起的机械作用和化学作用的方式作了说明；这种见解可以使读者明了，为了解释火山活动起见，我们只要找出某些能于轮流熔化固体地壳某些部分，使它们形成地下熔岩湖、海和大洋的热的集中原因。承认了这一点，大部分地壳的不同深度处，在任何一定时间，都可能有这样陆续放出热量的熔岩席，其中一部分是半液态的，一部分多少是黏性的，还有一部分在开始凝结或结晶。所以地壳外部可能是一个以前曾经普遍受过热、后来逐渐冷却的块体；但在某些地点——就整个地面来说是很局部的而且是例外的活火山区域——地面附近还保持着热，并且偶尔以火山和地震活动来表达它的强度。

史克鲁普说，大陆内地没有火山喷口，"可能是一般所承认的事实的结果。这种事实说明，大陆自己是没有力量向外冲出一条出路的深部物质的内部膨胀力推出海面的；或

---

[1]　Phil. Trans. 1828.

[2]　Fouque's Rapport sur les Phénomènes Chimiques de l'Eruption de l'Etna en 1865，p. 80.

者用马勒特的语气说,那里没有建立火山的力量"①。他认为,中央核心的普遍液化是没有证据的,我们至多只能推想,地壳之中只存在有熔化物质的囊,或局部的湖和海。他并没有企图解释加热的蒸汽一般如何进入这种熔岩,或者在地史期间,它如何迁移它的集中地点;可是他说,上覆岩石的导热性能是很不相同的,因此在一定时期内,各部分熔岩散热的程度也不相同,从而内部也不能经常维持相同的状态。

1834年,巴培居和J.侯歇尔爵士②都说过,剥蚀和沉积作用也可以使地壳内部产生不同的温度;剥蚀作用从地壳一部分移去大量物质而沉积在另一个相离很远的区域的海底。由于这种迁移,被剥蚀部分的地壳逐渐变薄,热量容易外泄,而新物质的沉积,增加地壳厚度,阻碍热的扩散,如此一来,使地下等温面起了变化。史克鲁普建议说,在这种变化期间,内热的方向会发生变化,有时为了寻求出路,可能向侧面流到火山裂隙和地震震动不时造成的通道。

从以上所说的情况来看(第411页和第470页),安第斯山以及其他活火山以下几英里处,无疑都有经常在熔融状态下的熔岩贮库。所有观察所得、因而引起我们推测地内有液化部分存在的现象,是和我们承认地壳中某种深度处可能产生这样熔岩体的概念相符合的;这种液化部分的体积,即使等于大西洋和太平洋,在地球的固体外壳中可能只占极次要的地位。地震和覆盖在这样的熔融岩石贮库上部的一层柔顺外壳的关系,是可以想象得到的。

地壳的柔顺性　斯多伦波利的居民大部分是渔民,据说他们利用火山作为晴雨表,天空晴朗的时候,喷发比较微弱,但在有大风暴期间,震动逐渐增加,所以在冬天,似乎连岛的基础都在摇动。史克鲁普引起了人们注意这些和其他相类似的事实之后,首先提出一种观念,他说(早在1852年),大气压力的降低和随着发生的风暴,可以改变火山活动的强度。他认为,和地面相通的液态熔岩,例如斯多伦波利火山喷口内的情况,可以按照气压表中水银柱的原理,在火山口内升降;因为熔岩中所含蒸汽的沸腾或膨胀力,可以由于重量的增加而顿挫,也可以由于重量的减轻而增加。如果一层熔岩被幽闭在地面以下很深的地方,它的一部分膨胀力,同样可被上覆岩层的重量所抑制,而另一部分则被同时压在广大表面面积上的大气压所抑制。在这种情况下,如果逐渐增加的上升力量,最后使对抗或镇压力量只占极微的优势,那么任何作用,即如使气压表降低的上升气流等,都可突然破坏它们的平衡。我们可以用这种情况来说明常常看到的气候情况和地下活动之间的巧合,虽然我们必须承认,地震和火山也对大气起着反作用,所以大气的骚动,往往是火山活动的后果,而不是它们的先兆③。

研究了关于过去15个世纪欧洲和叙利亚所发生的地震详表之后,佩雷得出了一个结论。他说,冬季的地震比一年中其余各季占绝对优势,但是其中也有例外,比利牛斯山的地震,就是其中之一。达奇亚克评论这种意见时公正地说,这些数据是突出而有价值的,但是它们的范围还不够广,而且各区的情况也不太一致,所以我们还不能从这些数据

---

① Volcanos: Preface, p, 8. 1872.
② Proc. Geol. Soc. Vol. II. , p.75 和 p.550.
③ Scrope on Volcanos, pp. 58—60.

作出关于整个地球地下运动规律的普遍定论①。

在后来的地震报告中(1863),根据研究本世纪(19世纪)上半叶的10 000次地震观察的结果,佩雷又表示说,当月球在近地点时,地震次数比较其他时期多,也比较强烈,如果卫星离开比较远的时候,它对地球硬壳所施的力量或应变也就比较小。他想他也同样发现了地震次数与我们的冬至和夏至的关系,太阳离我们最近、即在近日点的时候,震动次数最多,而在远日点时次数最少②。J. 侯歇尔爵士评论本问题时说,太阳和月球的作用虽然不能在地球固体外壳中产生潮汐,但有这种趋势,如果它是液态的话,一定会产生这种现象。所以,事实上它的确在使地球表面的固体部分交替地形成伸张和压缩的状态③。

火山热起源于电和磁的讨论　地球的薄壳漂浮在液态中央核心上面的通俗概念,束缚了物理学家和自然哲学家的研究,使他们没有设法发明一些学说来说明热的主要发展点不断地从地壳的一部分向另一部分移迁、而使大部分以前在熔融状态下的地壳逐渐冷却和固结。在欧士德最初发现电磁之后不久,安培就建议说,磁针的一切现象,应当可以用电流经常在地壳中平行于磁赤道方向流通的假设来说明。科学愈进步,这种学说愈和事实相接近;按照福克斯对金属矿脉电磁性的试验,地球内部似乎有些微的电流存在④。

一部分哲学家把这些电流的起源,归因于地球表面部分空气和水最易于达到的地方正在进行的化学作用;另外一些哲学家则主张,至少一部分是由于地球旋转时太阳射线在地面上所激起的热电能;因为大气、陆地和海洋的各部分,依次受太阳的影响,到了夜晚又冷却下来。这种观念并不是一种猜测,而是可以用磁性的周日变化和太阳的视运动之间的一致性来证明;同时也可以用夏天的变化比冬天大,和白天的变化比夜晚大的事实来证明。

最近发现的太阳黑点的周期变迁和地磁变化的关系,也暗示太阳磁力对地壳有强大的影响。根据侯歇尔爵士的观察,变化的周期,包括黑点最多和最大的时期和它们最不明显的时期,大约在11年以上,所以每一个世纪中有9个这样的周期。晚在1859年9月1日,其时黑点很大,"两位相离很远而且彼此不认识的观察者,都在用强大的望远镜进行观察,它们同时突然间在一个黑点的近边,看见一道比太阳一般表面亮得多的灿烂云彩,从黑点和它的旁边扫过。光经过的时间大约占5分钟,而在这一段时间内在太阳表面所经过的空间,估计不能少于35 000英里。在这个时候有一个磁暴在进行。从8月28日到9月4日,有许多现象表示地球上的电磁有很厉害的骚动"。

奇尤地方装有磁力自动记录仪,这种仪器中的照相设备,可以记录三根磁针的位置。正当明亮的光经过太阳黑点的时候,三根磁针同时从原位上作显著的跳动。这种现象表示,磁力的影响似乎和光同时到达地球。

"在那几天晚上,看见极光的报告陆续像雪片一样地飞来,看见的地点不仅限于这些纬度上,而且遍及罗马,西印度群岛和赤道18°范围内的热带地区(极光几乎从来没有在那些地方出现过),更奇特的是,连南美洲和大洋洲都有报告;9月2日的晚上,大洋洲的

---

①　d'Archiac, Hist. des Progres de la Geol. 1847, vol. i, pp. 605—610.

②　Alexis Perrey, Propositions sur les Tremblements de Terre, 1863.

③　Herschel, Familiar Lectures on Scientific Subjects, 1866, p. 45.

④　Phil. Trans. 1830, p. 399.

墨尔本出现了从来没有见过的最大极光。这些极光在世界的每一部分都引起了极大的电磁骚动。在许多地方,电报线打断了。在美国的华盛顿和费拉得尔非亚,电报局负责信号的人,受到了严重的电震。挪威一个电台的电报机着了火;在北美的波士顿,一股火焰沿着一部培恩式电报机(Bain's electric telegraph)上记录电文的笔燃烧"①。

从太阳传到地球的电-磁力,可能是恢复地球因辐射而散失的热的主要方法之一。我们很容易想象,在各地质时代——其时新山脉的不断隆起,老山脉的不断沉陷或被剥蚀作用移去,而海陆甚至于也变了位置——电-磁流的循环和因此而形成的热的局部集中,可能影响地球外部的新部分。这种原因所能引起的作用和反作用的规模几乎无从估计。台维说:"作为化学力,电的静寂和缓慢活动在自然法则中的作用,比给人深刻印象的雷电重要得多。我们可以这样想,它不但直接产生无限种类的变化,而且也影响着几乎所有在地球上发生的事故;化学引力本身,看起来似乎是电引力的一种特殊表现形式而已。"②

火山热的局部分布所造成的巨大温度差,可能产生热-电能。例如,如果在地面以下很深的地方,有一个平面面积相当广阔而温度不同的岩石块体,其中的一区是熔融的(如在某些活火山的下面),另一区是炽热的,而在第三区却比较冷;这种情况就可能激起强烈的热-电作用;电-热一旦激起之后,地下的电流就可能熔化岩石,或者具有电堆的分解力。

但是由于我们无力用实验方法试验各种物质——固体、液体和气体——在温度和压力与我们在地面上所经验的完全不同情况下的性状,因此企图建立一个火山的化学学说,困难是很难克服的。仅仅温度的差别,已经可以使物体的化学亲和力发生重大的变化。在常温情况下,汞和氧是不会化合的,但是达到沸点,它们就会化合,而开始炽热的时候,彼此又分离了。在几百度的范围内,我们已经有三种不同的化学亲和力的状态,谁又敢说,在任何高温下,这两种元素之间永远不再起化学反应而停留在最后的分离状态呢? 以此类推,汞和氧既然是如此,所有其他元素也应当是如此。

地球内部的某些部分会发展到如此多的热以及化学作用和反应,不是一件惊奇的事,它们和内部块体的通常静止状态和不起化学变化的情况,同样普通。如果我们考虑到地球各种元素的可燃性(就我们所知道的说)、它们化合物的分解和新化合的形成以及在这些过程中发出的热量,如果我们再回想一下蒸汽的膨胀力,然后又想一想爆炸化合物的数目,我们就会像普林内那样觉得惊奇,他说:几乎没有一天没有一个普遍的大火。

陆地持久升沉的原因   根据地壳中含化石和其他地层的位置,地质学家已经可以断定,一部分地层曾经从它们原来沉积的海底上升了几英里,还有大量的岩石,曾经从它们原来占据的水平逐渐下沉。这些大运动,是由连续影响地球不同部分的地下热或火山热所引起。现有的各山脉,是在不同时期形成的,而且很少几座山的现有形态,是由一个世代的运动所造成的。造成这些运动以及经过相当时期使大陆和海洋盆地位置变迁的力量,不论它们的方向是上升或下降,其主要发展中心,显然也像火山和地震那样会从一个

---

① Herschel, Familiar Lectures on Scientific Subjects, 1866, p. 80.
② Consolations in Travels, p. 271.

区域移向另一个区域;事实上它们都是内部作用,如热力、电力、磁力和化学反应等的结果。

托顿曾经在美国做过许多试验来确定某些建筑石料在增加一定温度时的膨胀率[1]。在常年温度变迁超过90°F.的国家,不可能使5英尺长的石质墙檐和水泥之间接合得如此紧密而不被水渗透;石块的常年收缩和膨胀,在接缝处形成小裂隙,它的宽度则因石块的性质而不同。试验结果证明,细粒花岗岩每升1°F.的膨胀率是0.000004825,白色结晶大理岩是0.000005668,红砂岩是0.000009530,就是说比花岗岩大1倍。

照这样计算,如果把一块1英里厚的砂岩的温度增高200°F.,它就会使上覆岩层从原有水平升高10英尺,如果把50英里厚而具有同样膨胀率的一部分地壳的温度升高600°或800°F.,它就可能造成1000和1500英尺之间的隆起。同样块体后来的冷却,又可能使上覆岩石下降而回复原位。我们或许可用这样的作用来解释斯堪的纳维亚的逐渐上升,或格陵兰的沉陷。威格伍特高温计(Wedgwood Pyrometer)上的黏土在脱水和开始玻璃化的时候既然会收缩,地球内部的巨大泥质地层,受了热和化学变化之后也可能会收缩,于是使上覆岩石逐渐沉陷。

此外,如果在很深地方逐渐冷却的熔岩,可以转变为各种花岗岩,我们就有造成沉陷的另一种原因;因为,按照德维尔的实验和毕孝夫的计算,当花岗岩从熔化或塑性状态转变为固体或结晶状态时,其收缩率一定在10%以上[2]——但是大维·福勃斯根据他所做的较大规模的试验,认为这样的百分率过于偏高[3]。

毕孝夫博士也说过,如果最老岩石——片麻岩,云母片岩,黏土板岩等——组成中占如此优势的硅酸盐,被在极深地方几乎普遍存在的碳酸气所渗透,它们一定会被陆续分解。发生这种作用的时候,因新化合而产生的碳酸盐,必然使蚀变岩石的体积增加。他说,体积的增加,有时一定可以产生能于举起上覆地壳的机械膨胀力,有时也可以引起侧压力,如此可以使发生新化学变化的块体每一边的地层,受到挤压、破裂和倾侧。这位著名德国化学家曾经设法计算这样形成的新矿物的膨胀,对岩石体积增加的准确数值。

如果地壳的某些部分一旦破裂,例如在地震区域,而熔融岩石和加热的蒸汽的贮库获得足够力量可以举起上覆的块体,我们就不难想象一个区域如何能持久维持它的上升位置而不至坍塌。因为在某些地方,地面以下的破裂岩石,可能形成穹隆形,或者熔岩可能侵入裂缝而在其中凝结,于是给予新升起地层的基础一种持久的支持。

几块小面积陆地的突然沉陷,可能是由于地下洞穴的坍塌,这种洞穴的形成,不是由于其中气体的凝聚,就是由于气体从新形成的裂隙外泄。然而地下某些部分物质的减少,例如熔岩和矿泉流失,经久之后也可以使下部空虚,造成地面崩落或逐渐沉陷现象。我们或许可以用这种理来说明上升和沉陷区域之间似乎存在的地理关系,因为上升区域的近旁,往往有深海。

怎样保持干涸陆地的平衡　从以上叙述的历史细节来看,地下的运动力,不论它们

---

[1]　Silliman's American Journ. vol. xxii, p.136.巴培居首先建议把这种结果应用于地震理论。

[2]　Bulletin de la Soc. Géol., 2nd. series, vol. iv., p.1312.

[3]　Chemical News, Oct. 23, 1868.

是间断的还是连续的,或者有没有震动,似乎不是任意活动的,而是在一定的几个区域内发展的;在几次火山喷发期间所产生的变化可能并不大,然而我们可以无疑地说,在造成几个由几千次喷出的熔岩流组成的大火山锥所必需的时期内,浅洲可能已经变成了高山,低地可能已经变成了深海。

我曾经在本书的一章里说过,水力作用和火力作用,可以被认做两种对抗力量;水力作用不断地努力降低地面的起伏到一定水平,而火力作用的活动,则不断在恢复地面的不平。有些地质学家曾经这样想,与流水削平力量相对抵的是地震的上升力,而不是它们的普遍作用。这种意见是不能成立的;因为海底的陷落,是防止陆地逐渐沉没的原因之一。海洋任何部分深度的增加,不能不使海水普遍降落,沉积物的局部沉积,也不能不排去同量的海水而使水平上升,其上升程度虽不显著,可是可以影响到对极。所以,干涸陆地的保持,有时可能是局部地壳(就是被海水淹盖的部分)沉陷的结果,而上升运动同时反而会毁坏陆地,因为,如果海底变浅,它会排掉一部分海水,使低地沉沦入海。

如果在地质学家所研究的地质时期内,地球的大小始终维持不变,我们就必须假定,过去地下热所造成的沉降量,一定超过上升量,否则水所削去的不平地面,不会不断地恢复。如果火山和矿泉作用停止活动,情况恰好相反,因为其时地壳的上升至多等于沉落。

为了充分了解这种见解,我们必须记得,河流和海洋沉积物加在将要上升、但还淹没在水里的陆地上的高度,可能和从已经升起的陆地上移去的高度相等。假定一条大河流输入海洋的沉积物的沉积地点,深达 2000 英尺;由于沉积物的堆积,这一部分的深度逐渐减少,最后变成一个只有在高潮时才被海水淹没的浅滩;如果上升力量现在把这个浅滩升高 2000 英尺,结果将造成一座 2000 英尺的高山。但是如果这种运动在河流沉积物堆积以前就把这一部分海底升起,那么它不是把浅滩变成高山,而仅仅把一个深海变成一个浅滩。

因此,火山或地下力的作用,似乎常使水的削平力量自相矛盾;这种意见虽然似乎不甚合理,然而在山里看到成层沉积物的时候,我们可以深信,如果在某些过去时期内,水不在努力削平地面使它达到同一水平,地面的起伏不会像现在这样大。

但是,除了流水从陆上运到海洋的物质之外,矿泉和火山喷口经常把物质从下向上运。许久以来陆续流出的熔岩流,创造了许多山,而矿泉所沉积的碳酸钙和其他矿物,也形成了广大的成层岩。地面和海底的若干部分这样加高之后,如果地壳的总沉陷量仅仅等于总上升量,那么由于这些作用而增加的陆地,将使地球的大小陆续扩大。所以,为了要使地球的平均直径维持不变,而地面的起伏也保持原状,沉陷的总量一定要超过上升。按照机械原理推断,沉陷作用占这样的优势,不是不可能的,因为每一次上升运动之后,下面的块体中一定会产生洞穴,或者使它减低密度。火山和矿泉中流出的物质,或者泥质块体因受地下热影响的收缩,都可以使地下空虚,基础这样削弱之后,地震震动和破裂,经久之后一定会使地壳陷落。

所以,从以上解释的理由来看,陆地的经常修补,以及地球之所以能成为陆生和海生物种的居住场所,很可能是由在地球内部活动的上升和沉陷力保证的;这些力量虽然常常导致地球上居民的死亡和恐怖——陆续侵袭每一个带,并使地球上充满毁灭和紊乱的遗迹——然而它们却是维持世界稳定的最重要力量。

第三十二章和第三十三章的摘要　我现在把本章和第三十二章所得到的主要结论摘录如下。

1. 火山和地震的主要起因大部分是相同的,并且和地球内部不同深处的热力发展和化学作用相关。

2. 许多人曾经假定,火山热是高温熔融的地球冷却后的余热,照他们的假定,这种高温一直在减低,现在还在向空间辐射而减少,但是最近的研究认为,热的损失,可能是由于局部火山的不断发展所造成。

3. 地球的类球体形状,不一定意味着它原来是一个全部液态的物体;因为不论它的原始形状是怎样,只要有充分时间,离心力对陆续由水成和火成原因带入它的活动范围内的柔性物质的渐次作用,一定可以把它变成一个平衡体。

4. 霍浦金表示,地球的岁差运动,不会达到现在的程度,除非地壳的厚度是在800英尺和1 000英尺之间;但是,只要可能分布在地壳中的熔融物质湖或海是包围在硬壳内部而随着它运动,现在的岁差运动是与地壳有更大的厚度,甚至与整个地球都是固体的假定相符合的。

5. 矿井和自流井里的热,是随着深度增加的,但在不同区域的增加率并不一致。如果这种热以同样的速度继续向下增加,那么中央核心所达到的温度,必定可以立刻熔化地壳。

6. 中心液态和一薄层硬壳盖在或漂浮在它上面的臆说,是与内部没有潮汐现象的事实不相容的,如果地球内部有潮汐的话,那么火山喷发时喷口内的熔岩应当随着涨落。

7. 由于沉积物从高纬度移到低纬度,或者从低纬度移到高纬度,因此使假定的固体外壳在内部液态核心表面滑动,从而使它的旋转轴变位的臆说,是不能成立的,因为向一个方向搬运的物质,比向其他方向搬运的物质超过有限,况且地球的扁圆-类球体的形状,也使这样的自由运动不可能。

8. 即使我们有良好的天文根据可以断定地球原是一个液态物体,但是这种原始的液态不能说明火山热问题,因为各地质时期的火山活动,是在地球形成之后很久才发生的,并且含有地壳各部分是依次在熔化的意义。

9. 任何一个时期在地壳中活动的液态熔岩量,对于表面变化——如形成山脉或一连串火山口,或造成地震区域——虽然很重要,然而和50英里厚的外壳相比较,它们的规模是微不足道的。

10. 有人说,较古时期的火山力比后来大,但是,我们对任何地质时代任何一次喷发所流出的熔岩量的观察,不能证明这种假定。

11. 不论层状或非层状的结晶岩石,如花岗岩和片麻岩都是中央核心从熔融状态缓慢冷却时在地壳底部形成的岩石的老概念,必须予以摒弃;在所有的地质时代中,现在都找到花岗岩,而我们也知道,变质岩是由沉积岩转变的,并且也是以前的固体地壳受到剥蚀作用的证据。

12. 火山喷发时水蒸气的强大作用,引导我们把它推动熔岩到地面的力量和它使一个冰岛间歇泉喷出泉水的力量作了比较。在深处受着强大压力因而液化的各种气体,也帮助造成火山的爆炸,并在地震期间使岩石破裂和紊乱。

13. 最近对近代喷发产物的化学研究，都有利于大量盐水达到火山中心的学说。这虽不是火山喷发的主因——它的主因可能是和熔融岩石相密切混合的水蒸气——然而地壳一旦震碎而与地面相通之后，喷发的强度和频率，多少可能决定于附近有无上覆的大水体。

14. 地壳某些部分的柔顺性——从地震观察推得——可能意味着地面以下有巨大熔融物质存在，但是这些熔融体在地壳中只占很次要的地位。

15. 地壳中电流的存在、山脉和海陆位置大变革之后它们流动方向的变化、太阳磁和地磁的关系以及地磁与电和化学作用的关系，都可能是一种恢复地球散失到空中的热的因素。

16. 现在所看到的以及在整个地质时期内曾经发生的陆地持久上升和沉陷，可能和地壳某些部分的膨胀和收缩相关，其中的某些部分经常在冷却，而另一些部分又重新得到新的补充。

17. 为了维持海陆的平均比例，火成作用发挥了很大力量，它经常在恢复流水削平力量所要破坏的地面起伏。如果要地球的直径经常维持不变，地壳的沉陷必须略为超过上升运动才能平衡火山和矿泉所造成的结果，因为它们不断把从地球内部带出来的物质倾泻在地面上，从而增加了高度。所以，地下运动在大地震时期虽然有破坏作用，然而就地面适于居住的幸福来说，甚至于就陆居物种的生存来说，是绝对必要的。

第三篇　有机界现时正在进行的变迁

· *Book* **III** *Changes of the Organic World Now in Progress* ·

《地质学原理》出版后，莱伊尔把全部精力都集中在野外地质考察和研究工作上，通过地质实践，不断地验证自己提出的理论和观点；充实和完善《地质学原理》的内容。从 1830 年到 1873 年的 43 年间，《地质学原理》共出了 11 版，每一版的修改与补充，都是他艰苦野外地质考察的最好记录，是他的心血的结晶。

第三十四章　拉马克的物种变异说

问题的划分——自然界中是否确有物种存在问题的检查——本问题在地质学方面的重要性——拉马克用来支持物种变异说的论点简述和他对现存动植物起源的臆说——他的猩猩转变成人类的学说

从第十五章到第三十三章，我们所讨论的是无机营力——如河流、洋流、火山和地震——在人类观察所及的时期内对地球表面所起的变迁。但是此外还有一类关于有机界的现象，如果我们希望掌握现行自然法则的初步知识，以便作为解释地质遗迹之用，这些现象同样值得我们注意。我们已经在科学发展简史里谈到，在离海很远的山区中发现的动植物遗体，引起了早期学者最浓厚的兴趣。这些遗体的性质、它们被搬到如此特殊地点的可能原因，以及它们和现存物种之间的区别，也曾引起许多争辩。如果要对这些奇妙问题形成正确的见解，我们首先必须研究地球上生物的现状。

这一部门的研究，很自然地可以分成两部分：

第一，我们应当考虑各方面对"物种"（Species）一词的各种含义，同时也应当考虑到曾经被提出的一个问题，就是说，每一种"物种"是否自始至终是一样，只能在一定和有限的范围内变化，还是能在长期的世代相传中，发生无限制的变异？这就引导我们考察每一种动物和植物物种与有机界和无机界的某些变迁和暂时环境的依存关系，以及因此而引起的各种物种的依次灭亡，和比较适宜于新环境的新动植物补偿旧物种遗留下来的空间的方式。

第二，我们应当研究某些物种的个体如何偶然地变成化石的过程，或者研究它们如何被保存下来形成地壳坚硬结构的一部分，因而其后成为在它们变成化石时期的生态环境的纪念物。

在作进一步研究之前，我们必须设法确定"物种"一词的意义。这在地质学方面比自然科学家的普遍研究更为重要，因为主张物种能无限变异的人们都承认，植物学家和动物学家之所以作物种特性似乎不变的推想，是因为他们的观察只局限于一段极短的时期。这种情况也像天文学家绘制天体图的情况一样，他们连续作了几个世纪的观察，觉得恒星的位置似乎始终相同，而太阳本身的运动似乎也没有引起任何变迁；因此如果我们对有机界的见解，不超出人类历史的狭窄范围，也可以把物种的稳定性，当做是绝对的；但是如果经过足够多的世纪，使气候、地形和其他环境有发生重要变革的机会，那么同宗的后代子孙的特性，可以从它们的原始类型无限制地发生变异。

▶ 直到生命的最后一息，莱伊尔还在为《地质学原理》12 版的修订工作着如果这些学说是正确的话，我们思想中就会立刻想到有机界不断变迁的原理；而以前生存的、和已成化石的动植物无论不同到如何程度，我们也不能说它们不是现存物种的原始类型和祖先。因此，拉马克和圣·希雷在本世纪（19世纪）初期宣布他们的意见说，通过生殖，从世界最早时期起到现在，动物界的系统始终没有间断，而遗体保存在地层中的古代动物，其形态无论怎样不同，都可能是现存动物的祖先。为了说明原来支持这种学说的事实和推论起见，我想最好把拉马克认为足以证明他的见解的证据，作一简略的说明；这种证据，大部分也为和他同时的圣·希雷所赞同①。

拉马克用以支持物种变异说的论点　拉马克说，"物种"一词，通常是指"由其他相同个体生产出来的一群同样的个体"②。他承认这种定义是正确的，因为每一个生存的个体，都和产生它的个体很相像。但这并不是"物种"一词的全部含义；因为大部分自然科学家都同意林耐的见解；他们假定，所有从一个祖先繁殖出来的个体，都有某些相同的特性，这种特性是绝对不变的，而且自从每一个物种诞生时起，从来没有发生过变化。所以，拉马克建议用下列方式来扩大已被接受的定义。"一个物种，是一群彼此相似的个体，只要周围环境的变迁没有影响到它们的习惯、特性和形态，它们通过生殖继续繁殖相同的个体"。

为了说明加在"物种"一词上的限制的理由，拉马克提出了以下的论点：我们对地球表面上各种有机物体的知识愈进步，愈难确定什么应当叫做一个"物种"，更不容易规定或区分什么是属。随着标本种类的增加，几乎所有种与种的空白点，就会比例减少，所有的原定界线，都会消灭；我们不得不采取武断的鉴定方法，有时不得不抓住仅仅属于变种的极微细区别，作为所谓"物种"的特性；有时又不得不把差别极微而一部分人却认为是真正物种的个体，称为变种。

搜集的自然物体愈多，我们愈容易发现每一种东西在不易察觉中过渡到另一种东西的证据，甚至于比较显著的区别也会归于消灭；自然界留给我们的、大部分仅仅是琐碎而在某些方面又是无足轻重的特点，不能用作划分物种的标准。

我们发觉，由于动植物中的许多属所包括的物种过于广泛，以致对于物种的研究和鉴定，几乎成为不可能。如果把所有这些物种，依照它们的自然亲缘关系顺序排列，那么每一个物种和它相邻的同类之间，只有极微的差别，甚至几乎互相融成一体，或者彼此混淆难分。如果我们看见几个孤立的物种，我们可以假定，它们之间一定还缺少一些和它们更相近、但是至今还没有发现的同类。许多属，甚至于整个目——不但如此，甚至于整个纲——的情形，与此也颇相似。

---

① 我在本章重印了1832年我在《地质学原理》第一版第二册第一章中所写的拉马克的物种变异说摘要。为了要表示他在本世纪（19世纪）初期所传授的意见，如何和现在大部分自然科学家主张的物种无限变异性以及有机界过去的渐进发展的见解多么相像，我想我这样做对拉马克是公正的。读者必须记住，我在1832年对《动物学的哲学》（Philosophie zoologique）作这种分析的时候，我完全反对现时生存的动植物是已成化石的物种的直系后代的学说；参看第167页，读者可以看到，我当时对拉马克和圣·希雷原来提出的论证是不公正的，特别关于以不完全器官为基础的部分。所以没有理由可以怀疑，我在1835年所写的关于拉马克臆说的评论，是表达我个人的意见，并没有想把它和后来达尔文所提出的学说相协调，达尔文所提出的自然选择学说，对于物种起源说，有很大的启发，我将在以后几章继续讨论。

② Phil. Zool. tom. i p. 54, 1809.

　　将物种排成一个正常的系列之后，如果我们在其中任选一个，然后跳过几个中间类型而在离第一个相当距离的地方再选一个而加以比较，这两个物种的特性可以相差很远；每一个自然科学家在他的门前开始研究生物时的情况都是如此。他觉得，划分属和种的工作是不难的；只有在他的经验扩大和掌握了中间环节之后，他才开始遇到困难和混乱。但是，当我们不得不依靠琐碎和微细的性质来划分物种的时候，我们才会发现，显然起源于同一祖先的各个体的特性，也有显著的区别；这些新获得的特性，也正常地一代又一代地传下去，构成所谓品种。

　　这位作者（拉马克）又继续说，许多事实说明，一个物种中各个体的各部分、它们的形状、它们的官能、甚至于它们的有机体的配合和比例，都一点一点地随着处境、气候和生活方式的变迁而比例地变化，到了最后，一切都随着环境变迁而变异。甚至于在相同气候下，大不相同的处境和暴露情况，也可以使个体发生变异；但是，如果这些个体继续在同样的不同环境下继续生活和繁殖，它们就会产生不同的特性，而这种特性，在某些程度上，为它们生存所必需。总而言之，经过许多代之后，这些原来属于另一个物种的个体，可以被变成一种新的特殊物种①。

　　例如，如果一种天然生长在潮湿草原上的草类或任何植物的种子，偶然被搬到邻近某些小山的山坡上，它们所处的位置虽然高了一些，但是土壤还是足够潮湿，可以使它们继续生长；如果这种植物在那里生活了相当时期并且繁殖了几代之后，又逐渐移到土壤更为干燥而近于贫瘠的高山斜坡上，如果它们还能生长而连续生存许多代的话，它们就会变到一种程度，连找到它们的植物学家都会把它们当做一种特殊的物种②。在这种情况下，不利的气候，不良的营养，较强的风力，以及其他原因，可以产生一种发育不良，一部分器官比另一部分器官发达，而各部分往往不相称的矮种。

　　在自然界中需要很长时期才能产生的变化，我们可以用变更一种物种所习惯的生活环境的方法突然完成。大家都知道，从原产地移植到菜圃栽培的蔬菜，会发生变化，使它们的形态和原种完全不同。许多原来有纤毛的蔬菜，变成光滑了或者近于光滑；许多原来趴在地上的蔓生植物，长出茎而直立生长。有些失去它们的刺和粗糙表面；还有一些原来在热气候生长的木本植物，变成了草本；其中一部分多年生的变成了一年生。植物学家深知道环境变迁所产生的结果，因此他们不愿意用菜圃的标本作为描述物种的根据，除非他们确实知道，它们的栽培时期是很短促的。

　　拉马克问，"栽培的小麦（*Triticum sativum*）不是由人类把它变成现在我们看到的形状的一种植物么？我愿意任何人告诉我，除了从田里飞散的部分之外，哪里可以找到同样的野生小麦？在自然界中，哪里可以找到像我们菜园里看见的卷心菜、莴苣和其他食用蔬菜？大部分驯化的动物，不是也发生同样变化而且变得很多么"③？我们的家禽和鸽子和任何野鸟都不相同。我们的鸭和鹅，已经失去了它们祖先野鸭和野鹅的高空飞翔和飞越旷野的能力。在笼里饲养的鸟，如果恢复它的自由，不能像其他一向自由的同类那

①　Phil. Zool. tom. i, p. 63.
②　Ibid.
③　Ibid., p. 227.

样飞。然而这种环境的小变迁,仅仅削弱了它的飞行能力,而没有改变翅膀的任何部分的形状。但是,如果同种的各个体,被继续关闭了很长时期,连它们各部分的形态也会逐渐发生变化,特别是气候、营养和其他环境也有变迁。

各式各样经过驯化的狗,在野生状态下是找不到的。在自然界中,我们找不到獒狗、猎兔狗、长耳狗、灵狗和其他品种,它们之间的区别,有时非常之大,如果是野生的话,竟可以作用鉴别物种的特征;"然而它们原来都是起于同源;最初的种,即使不是纯种的狼,也是在某一时期经过人类驯化的和狼很相近的类型"。

它们居住地方的性质的重大变化,虽然可以改变动物和植物的有机体;但是根据拉马克说,动物需要经过较长时间,才能完成相当程度的变异;因此我们对它们的变化不易发觉。除了生活状况的不同外,其次对改变它们器官影响最大的环境,是随着暴露情况、气候、土壤性质和其他局部特征而有不同。这些环境也同物种的性质一样,是变幻无穷的,并且也同物种一样,可以不易察觉地从一种过渡到另一种,在两个极端之间,有多式多样的中间类型。但是每一个地区的情况,可以持久不变,即使变迁,也是非常之慢,只有参考地质的遗迹,才能体会到它们的实际变迁情况。根据地质遗迹,我们知道,现在支配每一个地区的自然法则,过去并非一直不变的,由此推断,我们可以预料得到,将来也不会永远继续不变①。

每种动物所处的局部环境的每一次大变迁,会改变它们的需要,这些新需要,刺激它们的新活动和习惯。这些活动,要求某些过去使用很少的部分用得较多,由于比较常用,于是发展较快。其他不再使用的器官,变成虚弱而萎缩,甚至于完全消灭,而新的部分,则在不易察觉中产生出来去替代它们执行新的任务②。

我必须在这里打断这位学者的议论,说明他没有举出任何可以解释某些完全新的感官、官能或器官替代某些因不用而被抑制部分的肯定事实。他所举的例子,只能证明器官的大小和强度以及特性的健全程度,可以在长期的连续繁殖中,因为不用而缩小或削弱;或者恰恰相反,可以因不断使用而发育和长大;就像我们所知道的,灵狗的嗅觉是迟钝的,而它的跑速和目力的敏锐却很显著;猎兔狗和猎鹿狗则相反,它们的行动比较慢,但有非常敏锐的嗅觉。

我必须向读者指出这位作者的许多证据中的这一个缺点,否则他可能会发生一种误会,认为我为了简略起见而删去了一些例证;但是,简单的事实是,我们找不到这种实例;当拉马克说到"内在情感的作用"、"微妙液体的影响"和"有机体的行为"作为动植物获得新器官的原因时,他用空名来替代了实物;并且几乎恢复了和中古时代某些地质学家所主张的"塑造力"一样理想的虚幻思想。

如果他能举出某些很可靠的事实来证明在变化过程中曾经走了完全一步的证据,例如,从共同祖先传下来的各个体中有一个完全新的感官和器官出现,和它们祖先所具有的某些器官的完全消失,那么,时间显然可能是唯一足以产生任何这种变态的因素③。

----

① Phil. Zool. tom. i, p.232.

② Ibid., p.234.

③ 注,1872。由于这样的变化过于缓慢,拉马克和他的继承者可能办不到;但是如果能找到曾经向一定方向和为了特殊目的不断累积的些微变化的原因或规律,也可以用来证明这种见解;拉马克学说之所以远不如达尔文,就是缺乏这种观点,后者的意见,下面就要讨论。

现在再继续讨论这个体系：由于承认外界环境的变迁可以使一种器官变成完全无用而另外生出一种向来没有的新器官是一个无疑的事实，于是他宣布了以下的建议，这种建议，看起来似乎令人惊异，但是它是从假定的前提中有逻辑地推断出来的。动物的习惯和特殊官能，不是由器官，或者，换句话说，不是由动物身体各部分的性质和形状决定的；恰恰相反，它的习惯和生活状态，以及它的祖先的习惯和生活状态，经久之后，决定它的身体形状以及它的器官的数目和情况——简言之，它所享有的一切能力。例如水獭、海狸、水禽、海龟和蛙类，并不是天然有蹼足然后才能游泳；而是它们的需要，吸收它们到水里去寻找食物，于是展开它们的脚趾，很快地在水面上划水游动。由于不断地伸展，连接脚趾基部的皮，有了伸张的习惯，到了最后，形成现在连接脚趾尖端的阔膜。

羚羊和非洲小羚羊，也不是原来就有轻快敏捷的身体，才能逃脱吃肉兽的袭击，而是因为它们不时要遇到狮、虎和其他猛兽袭击的危险，因此不得不用最快的速度极力奔跑，经过许多代之后，这种习惯造成了特别瘦小的腿和轻快美观的体格。

长颈鹿的长而柔软的颈部，也不是因为它注定要在土壤干燥、植物稀少的非洲中部生活而天赋的，而是地区的性质，迫使它依靠高树的树叶生活，于是造成了伸长颈部来达到高树的习惯，到了后来，它能把头伸到地面以上 20 英尺。

为了进一步证明物种的不稳定，他又举了另一套论证。据他说，要使个体经久不变，属于一个物种的个体，绝不应当和另一个物种的个体进行交配；但在动植物中的这种情况是存在的；这样不正常关系所产生的后代，一般虽然不能生育，但也不是绝对的。如果两个物种的差别不太大，所生的杂交种有时能繁殖；据拉马克说，通过这种方式，血缘相近的亲属，可以逐渐创造出各种变形，从而变成品种，经久之后会构成我们所谓的物种[①]。

拉马克深信以上提出的论证和推断是健全的，说明了理由之后，他又继续探讨现在动植物所表现的各式各样形态、有机体和本能，究竟起源于哪一些原始类型？他说如果尽量向前追溯，我们知道同一物种的各变种都起源于同一祖先；以此类推，同属的各种，甚至于同科的各属，一定也是共同祖先的分支。那么分出如此之多种类的总根源，究竟又是什么呢？生物界中是否有许多根源呢？还是像埃及僧侣对于宇宙的看法那样，把所有的生物的起源，都归于一个单独的卵呢？

在缺少任何肯定资料来对这样的模糊问题建立一个学说的情况下，拉马克认为，以下各点是推论的重要指导。

第一点，如果把已知的动物按照它们的自然关系依次排列，然后从一端向另一端检查，我们可以发觉，它们是从比较简单的构造渐次进步到比较复杂的构造，中间很少间断；有机体的逐渐复杂化，使官能的种类和性质随着增加。在植物中，相似的渐进等级，也很显明。第二点，从地质的观察来看，地球上比较简单的动植物，比构造较复杂的种类先出现，而后者是在比较晚近的时期内逐渐形成的；每一个时代的新品种，总比前一个时代的最高级品种还进化。

拉马克似乎确信上述的地质学真理；同时他对较老的自然科学家的一般信仰，即在生物出现之后很久，整个地球表面还包围着原始大洋的意见，印象也很深；因此他相当同

---

① Phil. Zool. p. 64.

意海生生物比陆生生物出现较早的主张,例如,照他的想象,世界上先有海生介壳动物,其中的一部分,后来由于逐渐进化,改进成居住于陆上的种类。

在拉马克之前,第梅勒在他的《特里麦德》(*Telliamed*)一书中,以及其他作者,已经提出了这一类的理论见解;所以他们完全推翻了古代哲学家的论点,照后者的说法,最初由造物手里创造出来的东西,总是尽善尽美的;如果听其自然,地面上的万物都有逐渐退化的趋势——

> ……一切都在静寂地递变加速进入退化的命运。

古代哲学学派对这种信仰非常之深,所以他们认为,除了造物的不断干预外,任何力量都不足以阻止这种普遍退化的倾向;他们坚持说,精神和物质世界的秩序、美德和原始动力,过去全靠这种力量得以一再恢复。

但是同一祖先传下来的各个体有无限变化可能的假定,以及关于有机生命逐渐演化的地质推论一旦建立之后,古代的教义,自然要被摒弃或被倒转;最简单和最不完全的形态和官能,应被认为是最原始的,而所有其他的形态和官能,都是进化而成的。因此,按照这种见解,假定的,第一步是使无生命的物质获得生命;经久之后,才在生命之外加上后来获得的听觉、视觉和其他感觉器官;然后才产生本能和智慧;到了最后,由于动物的逐渐改进(Progressive improvement),无理性的动物才发展成为有理性的动物。

如果假定所有高等动植物都是比较近代的产物,而且都是由那些形态比较简单的种类经过很长时期的繁殖演化而成,那么读者一定可以立刻理解到,我们必须有另一些臆说来说明何以经过了无限长的时期之后,现在还有如此之多的构造最简单的生物。何以经过如此之多的世纪,大部分现时生存的动物依然维持不变,而另一部分则有如此巨大的进步? 何以现在还有如此之多的纤毛虫和水螅;或者松柏科和其他隐花植物? 此外,何以演化过程对已经很完善的几类生物的作用如此不一致,如此不规则,以致在连续系列中产生广阔的间断;这些间断是如此之大,以致拉马克认为,将来的发现,绝没有把它们填满的希望?

他提出了以下的臆说,来答复这种反对意见。他告诉我们说,大自然不是一种灵感,也不是神,而是被委托的权力——一种单纯的工具——根据需要而活动的一种机理——上帝制定的万物秩序,而这种秩序,必须服从表达他的愿望的法则。这种大自然的一切工作,不得不进行很慢;她不能同时造出各式各样的动物和植物,但是一定要经常开始创造最简单的种类,从这些最简单的种类苦心地经营成比较繁复的类型,继续在它们身上增加各种不同器官系统,不断地增加各种感官的数目和能力。

大自然每天都在制造动物和植物的低级不完全器官,这种见解相当于古人的生物自生说(Spontaneous generation)。她每天重新开始她的创造工作,她只制造单细胞生物(Monads)或"粗胚"(Rough draughts),这是她直接制造的唯一生物[①]。

动物和植物各有性质不同的低级不完全器官,动物界和植物界的各个大门类,也可

---

① Phil. Zool. p. 65 and p. 204.

能各有各的不完全器官①。这些器官,受了两种有力因素的缓慢和不断的影响,逐步发展成较高级的和较完善的门类:第一种因素是有机体本身逐渐进步的倾向,而本能、智慧等也随着进步;第二种因素是外界环境的力量,也就是地球上自然环境变迁或动植物间相互关系变迁的力量。因为,当物种逐渐在地球上自行散布的时候,它们时时要受到气候变迁和食物的质和量变化的影响;它们遇到可以供给它们营养或消灭它们的敌人的新动物和新植物,从而帮助或阻碍它们的发展。每一个局部地区的情况,本身也有波动,因此,即使其他动物和植物的关系维持不变,物种的习惯和有机体,也会受局部变革的影响而改变。

拉马克说,如果让第一种因素,即逐渐进化的倾向充分自由发挥力量,经久之后,生物应当会发生逐步递变的等级,在构造最简单到构造最复杂的种类之间,或在智力最低到最高的种类之间,都应当找出最不易觉察的过渡类型。但是由于外界原因不断干扰的结果,这种正常次序,大大地被搅乱了,所以生物界所表现的仅仅是近似情况,处于不利的环境配合的品种,演化落后了,处于有利的环境配合下的种类,则加速了它们的演化。因此,各种的反常情况,间断了次序的连续性;我们可以在现时存在的系列中的最相近部分,看到足以插入整个属或整个科的间断。

拉马克关于猩猩转变成人类的学说 拉马克体系的内容就是这样,但是读者可能很难对如此复杂的机理获得一种完整的概念,除非用实例来说明,这样我们才能用这位作者的意见作指导去体会我们在现代生物界中看到的一切离奇结果的形成方式。我不拟详述这位作者所提出的整个过程,就是说,连续经过难以数计的世代之后,一个小的胶体物质怎样变成一棵橡树或者一只猩猩,我只拟从逐渐演化计划中的最后一个大环节,就是说,从一个单细胞生物演化成的猩猩,缓慢地达到人类属性和高贵的过程。

已经达到最进化程度的四足兽中的一个族,由于环境的压迫,失去了它们爬树和用脚当做手来握住树枝吊在树上的习惯。在很长的世纪中,这个种族中的成员,因为不得不专用脚来行走,并且停止用手替代脚,于是变成了双手动物,双脚既然专用于行走,脚趾不必分开,以前的大拇指也就变成了脚趾。获得了直立姿势之后,它们的脚和腿,在不知不觉中变成了适于支持直立姿势的构造,到了最后,这些动物如果再用四肢来行走,反而觉得不便。

安哥拉猩猩(*Simia troglodytes*,Linn.)是动物中最进化的一种,它比普通所谓猩猩的印度猩猩(*Simia Satyrus*)进化得多,虽然两者的体力和智力都比人类差得很远。这些动物常常站起来,但是它们的构造还没有变到一种程度,使它们可以经常维持直立姿势,所以直立的姿势,对它们是不很舒服的。如果一个印度猩猩遇到紧急危险不得不飞跑的时候,它就会立刻四肢着地而逃,这显然表示它原有的姿势。人类的有机体,经过极长世代的发展,虽然比它们进化得多,直立的姿势也是容易疲劳的,他只能靠着肌肉的收缩支持一个短时期。如果脊椎构成人体的轴,使头部和所有其他部分互相平衡,那么直立的姿势位置才是休息的位置;但是,因为人的头部没有接在重心上,胸部腹部和其他部分的全部重量几乎完全聚集在前面,而脊椎又安置在倾斜的基部上,因此活动时必须留心身

---

① Animaux-sans Vert. tom. i, Introduction, p. 56. note.

体才不至于跌倒①。头大腹凸的儿童，就是满了两岁还不大能走路，他们时常摔倒，这也表示一个人恢复四足状态的自然趋势②。

当上述的四足动物进步到这样程度之后，他们可以形成直立的习惯，他们的视域也比较广阔，并且停止用颚骨作为战斗或撕破食物和切断植物之用，它们的鼻部逐渐变短了，它们的门牙变直了，脸角也变成比较宽阔。

倾向完善的天然趋势所引起的思想之中，统治的愿望首先出现，这个种族成功地胜过了其他动物，并成了地面上最适宜于它们的地区的主宰。他们赶走了在身体和智慧方面和他们最相近而有能力与他们争夺世界上好东西的动物，逼迫它们躲避到沙漠、森林和荒野里去，在这些地方，它们的繁殖受到了限制，而它们官能的逐渐演化也受到了障碍；同时统治的种族，则向各方面散布，并且群集而居，于是陆续产生新的需要，刺激他们习于勤劳，逐步改善它们的方法和官能。

从统治种族所获得的霸权和高度智慧，我们可以看到生物界要求逐渐改善的实例；而从它们压迫其他动物进步的影响，我们可以看到以前所说的干扰因素的例子。也就是，在生物界正常系列中造成广阔间断的外部环境的力量。

当统治种族的数目增加到很多的时候，他们的思想也随着增加，于是他们感觉到有彼此互相交换思想，以及扩大和加多适合于交换思想的信号的必要。同时，较低级的四足动物，虽然大部分也是群聚而居的，但是没有获得新思想；因为它们受到迫害，在荒野中过着不安定的生活，并且还要隐藏躲避，所以它们没有想到新的需要。它们原有的思想既然没有变化，大部分的思想也无须乎交换。所以要使同伴了解它们的意思，它们只需要身体和四肢的几种动作——口哨和发出音调变化的某些叫喊。

在另一方面，进步种族成员的思想，却日见繁复；变换思想的愿望，促使他们增加交换思想的方法，他们不再能满足于各种手势，也不能满足于一切可能的音调变化，但是继续努力获得发音清晰的能力，最初只用几个连续的声调，后来随着需要的增加，逐渐把它们变化和改善。喉、舌、唇的经常运用，在不知不觉中改变了这些器官的构造，使它们适合于言语③。

造成这种伟大的变化，"各个体的迫切需要，是唯一的动力；它们产生力量，而且由于不断地应用，适合于发出连续声调的器官得到了发展"。这个特殊种族的宝贵语言能力，就是这样产生的；言语的多样性也是这样形成的，因为组成这个种族的成员所居住的地点离开相当远，于是不久就造成了习惯上所用的信号的分歧④。

总之，我们可以恰当地说，以上所引的拉马克学说的大意，并没有夸大，而那些足以引起读者惊异的词句，是原文的直译。

---

①　Phil. Zool. p. 353.

②　Ibid., p. 354.

③　Lamarck's Phil. Zool. tom. i, p. 356.

④　Ibid., p. 357.

第三十五章　关于物种性质的学说和
达尔文的自然选择说

　　反对变异说的意见和拉马克的答复——从埃及古墓掘出的动物木乃伊和植物种子的性质与现时生存的物种完全相同——林耐的物种从创造时起始终不变说——布罗奇的物种生活力逐渐衰退说——如果新种不时在创造，自然科学家必然看见它们的初次出现——圣·希雷和拉马克的退化器官论——《创造的迹象》一书中对物种问题的讨论——华莱士论支配新种产生的规律——达尔文的自然选择说和华莱士对本问题的意见——达尔文的物种起源说和它的影响——胡柯博士的大洋洲植物群和他对物种起源于变异的见解

　　反对变异说的意见和拉马克的答复　　上一章讨论的物种变异说，在某些程度上已被许多自然科学家所接受，因为他们的愿望，是要尽可能避免用上帝不时干预的理由，来说明地质遗迹所证明的新种的依次出现和先存物种的陆续灭亡。但是我们已经看到，放弃成见而用次生作用的正常活动来解释有机界的一系列变化，在所有企图建立物种特性的真实性和不变性说的人来说，是会遇到许多不易解决的困难。如果一旦对物种不变性起了相当怀疑，它们所能发生的变异量，似乎仅仅决定于生物在过去和未来生存时间的长短。

　　拉马克的反对者对他的论证提出了许多意见。他们认为，他没有能举出一个能证明任何一个动物或植物物种逐渐转变为另一个物种的实例；在他请人们注意育种家和园艺家所得的结果的时候，他没有能表示：从同一祖先繁衍下来的各个体，在构造和体质上的变化程度，足以将新品种正当地列入特殊的物种。例如，从各方面看来，一般可以承认，不同品种的狗所发生的变化，的确可以表示人类对它们最惊人的影响。这些动物曾被运到一切不同气候的地方和安置在一切不同的环境之中；正如马勒所说，它们曾被变成人类的仆从、伴侣、守护者和亲密的朋友，而万物之灵的人类，不但对它们的形状起了惊人的影响，而且对它们的习惯和智慧也起了很大的作用[1]。不同品种的皮毛量和颜色，发生了显著的变化；几内亚的狗几乎完全没有毛，而北极圈内的品种，则披着温暖的皮毛使它们能度过最严寒的气候而不至于感觉不舒服。此外还有其他比较不太显著的差别，例如体格的大小、口鼻的长短和额部的凸出程度。居维叶说，"某些狗种和另一些狗种的身材直线长度的比例，是 1：5"，如此则使体积的差别达到 100 倍[2]。

　　拥护物种不变说者又说，但是如果设法找寻那些可以作为拉马克学说基础的主要变

---

[1]　Dureau de la Malle, Ann. des Sci. Nat., tom. xxi, p. 53. Sept. 1830.
[2]　Cuvier, Discours Prélimin., p. 128.

化,例如关于新器官的生长和其他器官的逐渐消灭,则殊觉失望。居维叶肯定地说,在所有狗的变种之中,各部分骨骼之间的关系,基本上维持不变;牙齿的形状也没有显著的变化,只有个别的狗偶尔有一个额外的假臼齿,有时在左边,有时在右边①。和普通类型差别最大的一点——这是动物界中现在已知的最大变化——是那些后足具有额外脚趾和相应跗骨的品种;这种变种和人类中有六指亲属的情况相类似②。

此外,他们还着重地指出,狗的品种虽有差别,但它们像各种家禽如我们已经培养成的许多鸡种一样,都能互相自由交配而产生能生育的后代——这是最严重的反对意见。没有一种混血狗像马和驴所产的骡那样永久不能生育,因为骡的父母,无疑是属于不同的物种。

当争论达到这一点,而在驯化中的动物和在培养中的植物的可变量还在讨论的时候,拉马克的拥护者有时感慨地说,可惜最古的历史没有留下已知物种的可靠记述和插图,否则我们可以利用这些资料来对相隔相当远的两个时期的同一物种进行比较。然而变异说反对者对于这一点又作了答复,他们说,我们不必依赖这样的证据,因为埃及的僧侣,已经在无意中在他们的坟墓里留给我们希腊和罗马哲学家的博物院和著作中所没有能留传的资料。

幸运得很,1797年到1801年随着占领埃及的法国军队的科学工作者,没有像过去的许多调查人员那样,浪费他们的全部时间在采集人类的木乃伊上,而是勤奋地研究并且送回大量用香料处理过的祭神动物,如牛、狗、猫、猴、猫鼬、鳄鱼和朱鹭。

对自然历史重要性的概念,没有超过欣赏这些美丽标本的程度、或者没有超过努力运用一切技能去鉴别物种的异点阶段的人们,看到本世纪(19世纪)初期,在军事旁午和政局动荡期间,巴黎人民对这些宝贵遗物的热烈情况,一定觉得惊奇。巴黎博物院的教授们对这些标本的价值所作的正式报告中所用的词句,看来似乎过于夸大,除非我们能体会到这几位报告者(居维叶、拉斯贝特和拉马克)怎样地重视这些新发现的事实对地球过去历史的重大意义。

他们说,"古代埃及人的迷信,似乎是受了大自然的感召,要他们把她的历史纪念物遗留给后代。这个奇怪的民族,非常谨慎地用防腐方法保存在他们墓穴中的祭神牲畜,留给我们几乎完整的宝库。气候也帮助了防腐技术,使这些动物的身体不至于腐坏,因而我们现在还能亲自看见3000年前许多物种的实际情况。在梯白斯和孟菲斯看见了如此之多两三千年前的僧侣们在不同祭坛上保存的动物,而且连最细的骨骼,全部皮肤,以及每一种特征都完全可以识别,焉能不使我们觉得心旷神怡"③。

在这样取得的埃及木乃伊之中,不但有许多野生四足兽、鸟类和爬虫,而且有可能更有助于决定我们目前所讨论的问题的许多家畜的木乃伊,其中常有公牛、狗和猫。居维叶说,这些物种和品种,全部都和现时生存的相似,它们之间的区别,不比人的木乃伊和现在的防腐人体的区别大。但是其中的许多动物,从那个时代起,已被人类运到几乎一

---

① Disc. Prél. p. 129, sixth Edi.

② Ibid.

③ Ann. du Meséum d'Hist. Nat. tom. i p. 234. 1802.

切不同气候的地方，在可能范围内迫使它们适应于新的环境。例如，猫已被带到世界各地，而在过去的 3 个世纪，已经成为新世界各地的土著——从加拿大的最冷部分到圭亚那的热带平原——但是它们没有发生可感觉的变化，而且和埃及人认为神圣的动物完全相同。至于母牛，无疑有许多很不同的品种，但埃及僧侣用于率领庄严行列的埃及神牛（Bull Apis）的公牛，却和现时生存的品种没有区别。

从埃及纪念物中得到的证据，不限于动物；20 种不同植物的果实、种子和其他部分，同样很真实地保存着；德里勒从帝王坟墓石室的闭封器中采集的普通小麦，就是其中的一种；小麦的颗粒，不但保存原有的形状，而且颜色也没有变；这证明了在干燥和温度差别不大的地区，用沥青防腐是很有效的。这种小麦和现时生长于东方或其他地方的品种之间，看不出有什么区别；许多其他植物的情况也是如此。

为了答复从这一类事实得出的论证，拉马克说"这些动植物物种的特性之所以没有发生变化，是因为气候、土壤和其他生活条件在这一段时间内都没有发生变化"。他又继续说，"但是如果埃及的自然地理、温度和其他自然情况的变迁与我们知道的许多地方在地质时期中的变迁一样大，这些动植物必然和原始类型相差很远，而成为新的和不同的物种"①。如果我们考虑到他的时代（大约在 1809 年），这种答复是值得颂扬的，因为它证明了拉马克已经深信地质变化是非常缓慢，三四十个世纪的时间，在一个物种的历史来说，是非常微妙的。在他的时代，几乎所有科学家，甚至于大部分地质学家，对于他们所研究的过去时期的长短，都存着极其狭窄的概念。他们一般都把地壳和它的居住者的一切大变化，归因于简短而剧烈的灾变；拉马克却断然地反对这种见解②。但是他和当时的学者，对后来古生物学所揭露的生物界变革的次数和实际规模，还不能形成任何概念。在他的著作的某些章节中，他承认居维叶当时所描述的、产在巴黎附近第三纪地层中的貘马（Paleotherium）、无防兽（Anoplotherium）和某些四足兽化石的属，可能已经绝迹，而它们的灭亡，可能是由于人类的力量。但是关于较小的动物，特别是那些不可能成为人类牺牲品的水栖族类，他有时表示怀疑，他不敢断定其中的大部分是否在自然科学家没有考察到的地方还有生存代表。由于知道保存在岩石中的动植物种和属的形态与现时生存的种类的差别，是随着时代的古远而比例地增加，因此拉马克深信：凡是含有与现时生存的种类相同的动物化石的地层，其时代一定很新，因为除了在极小的限度内，它们的后代还没有时间发生变异③。拉马克经常提到时间因素的重要性，即使在物种的定义中也是如此；这是拉马克学说与林耐、白鲁门巴赫和居维叶学说不同的特点。

林耐的物种论　在他的论丛之一中，林耐曾经说过，纲和目是科学的发明，但是种是大自然的产物④。在另一篇论文中，他甚至于进一步说，属也和种一样，是原始的创作⑤。

在他的理论著作中，无疑可以找到一些词句，其中含有至少某些物种是"时间的女儿"（temporis filiae）的想法；我们将在第三十七章中看到，当许多相类似的物种同时生存

---

① Phil. Zool. pp. 70—71.

② Ibid. , p. 80.

③ Phil. Zool. chap. iii. , De l'Espèce p. 79.

④ "Classis et Ordo est sapientiae, Species naturae opus."

⑤ "Genus Omne est naturale, in primordio tale creatum", &c. Phil. Bot. §159. 见同书 §162。

于同一区域时,他又很怀疑这些物种可能来自其他物种——它们可能是混血种而且已经变得相当稳定,所以必须作为独立物种看待。但是他的中心意见是包含在以下的格言中:"我们计算所得的物种数目,恰好等于最初创造的种类。"[①]白鲁门巴赫宣布说,"我们不能定出一种一般的规律划分物种,因为现在还没有一组详细的特性,可以作为判断的准则。对于每一种情况,我们必须用类比法和概率作指导"。

在本书 1832 年至 1835 年之间的各版中,我没有敢反对林耐所主张的意见,就是说,每一个物种自始至终便和我们现在所看见的一样,其间即使有变异,也只限于一定的范围。照我当时想,每一个物种起源的秘密,似乎并不比隐蔽地球上一切重要现象的开始的隐谜大。但是我曾经设法说明,物种的逐一灭亡,是正常自然法则的一部分;在所有地质时期中,一定也是如此,因为气候、海陆的位置以及有机界和无机界的主要情况,无论过去和现在,都经常在变迁。我曾经指出,物种间的生存竞争,以及它们之中某一部分的繁殖和散布,必定促进其他种类的灭亡;由于这些物种会逐渐和单独地退出舞台,因此我建议说,新物种也可能是陆续出现的,而地质学上还没有证据可以证明某些理论家爱好的学说中所主张的、一大群新种类曾经突然出现来补充其他骤然从舞台上退出的物种的观念。

布罗奇的物种逐渐灭亡论　意大利地质学家布罗奇是 1814 年出版的《下亚平宁山贝壳化石》伟著的作者。他曾经企图想象一种可以使物种缓慢地逐一从地球上消灭的经常而不变的规律。他建议说,物种的死亡,也像个体一样,决定于它们诞生时所赋予的某些体质特征;个体的寿命,既然决定于某种经过相当时期会逐渐衰老的生活力,因此物种的生存时间,也可能受赋予它们的繁殖力的控制;这种繁殖力,经过相当时期,可能也会衰老,于是各个体的繁殖和生殖力,也一个世纪、一个世纪地逐渐削弱,等到"悲惨时期到来的时候,不能自行延续和发育的胚胎,几乎在形成的瞬间失去脆弱生命的本能——一切都随之死亡"[②]。我曾对这种学说加以批判;我们没有理由可以认为,数目陆续在减少的物种的最后若干个体,生理方面是在衰退,或者繁殖力方面是在低落;因为在有机界和无机界中,我们已经知道有许多经久之后必然可以消灭物种的因素,无论它们的生殖能力是多么强。由于物种最后若干代表的死亡是突然的,我于是猜测新种的产生也是如此,但是由于我完全信仰自然界现时正在进行的一切是过去和未来同样作用的标志的学说,因此我曾假定,新物种的诞生和老物种的灭亡的速度应当大致相等;所以我自己感觉到不得不对新物种的诞生可以经常在进行的观念作一说明,然而植物学家和动物学家,对于如此伟大事件却完全漠不关心,在他们的思想中,这是超乎人类知识范围以外的问题。

假定不断特殊创造的物种,是用来补充生物界和非生物界的不断变迁所必然造成的空隙,那么对过去 20 个或 30 个世纪中出现的动植物新种,应当可以找到哪些证据呢?我对这个问题,曾经进行了探讨。我们对这种事实的意识,是否应当和对特殊物种数目的减少和偶然的消灭相同的呢?我当时说,证明原来在某一地区很繁盛的物种的终止存

---

① "Totidem numeramus species quot in principio formae sunt creatae."
② Brocchi, Conch. Foss. Subap., tome. i, 1814.

在，比证明原来没有的物种的突然出现容易得多——总是假定最初创造的动物和植物物种，只有一个祖先，而新种的个体，不是在许多地点同时突然出现。林耐也考虑过这个问题，认为后一种臆说，与哲学原理不符而且没有必要，因为每一种动物或植物，甚至于繁殖很慢的种类，传了二三十代之后，便可以在地球上布满一个很大的面积。

一直到我们的时代，自然历史科学遗留的记录是非常不完全的，因此在我们这一代人们的记忆范围之内，许多纲中的已知动植物数目，已经加了 1 倍，甚至于加了 4 倍。旧大陆的各部分，虽然久已成为最进步民族居住的区域，每年还有新的而且往往很显著的物种发现。因为知道我们的知识有限，所以如果发现新种，我们往往默认，我们过去没有注意到它们的存在；或者至少它们原来在别处生活，最近才移到我们现在发现它们的地方。除了这种说法之外，我们很难预料在什么时候才能对海生生物以及绝大部分的陆栖生物，提出任何其他臆说，例如鸟类和昆虫以及绝大部分的植物之中，特别是隐花植物，许多种类具有无限制的传播能力，而且传播范围几乎遍及全世界。

我们可能这样说，如果新种的突然出现，确系造物的特殊创造，那么在过去一二十个世纪中，人口比较稠密的部分，如英国或法国，应当发现过某些第一次出现的新森林植物或者新的四足兽。如有这种情况，自然科学家可能早已证明在这个区域内以前没有过同样的生物。

这种论点虽然似乎很合理，但是它的力量却完全决定于我们所假定的、生物界中普遍存在的兴亡速度，同时也决定于动植物界中明显种类与比较不显著而没有引起注意的种类之间的比例。除了微观和微细的纤毛动物外，现时生活在水陆两部分的动植物物种，可能在 100 万种以上；如果每年只有一个物种灭亡和一个新种诞生，那就需要远超过 100 万年的时间，生物界才能完成一次完全的革命。

我并不是敢于冒险提出任何正式臆说来推断变化的可能速度；但是大家不会否认，我所提出的每年有一个新种出现和一个老种灭亡，不过是一种猜测，而且至少想象生物界中丝毫没有不稳定的情况存在。如果我们把地球表面分成 20 个面积相等的区域，每个区域的水陆面积，可能大致与欧洲相等，而每一个区域所包含的物种，可能等于以上所假定的 100 万种的 1/20。按照以前所假定的死亡率，在这个区域内，每 20 年只有一个物种灭亡，就是说，在 5 万个物种之中每个世纪只有 5 种灭亡。但是由于生物之中很大部分是我们对它们不太熟悉的水栖物种，因此必须把它们除外，如果它们的种数占全部的一半，那么陆栖种类之中，每 40 年可能只有一种灭亡。哺乳动物，不论水栖或陆栖，在动物各纲中所占的比重非常小，可能只占全部的 1‰；如果各目物种的寿命彼此相等，那么轮到这个显著的纲失去一个种，必须经过很长的时期。如果整个动物界每 40 年才只有一个物种灭亡，在和欧洲面积相等区域内，需要 40 000 年以上，才有一种哺乳动物在世界上绝迹。

假定每年出现一个新种和消灭一个旧种是全世界生物变迁的速度，我们便很容易明了，在这种区域内的一小部分，例如像英国和法国那样大小的地区，必须经过更长的时间，才可能看到一个较大植物和动物物种的首次出现。如果有人向拉马克挑战，要他提出物种变异的例证，而他依据以上的理由作为时间不足的借口，那么特殊创造的拥护者，也有理由可以说，如果新种的产生和旧种的灭亡一样慢，我们也不能希望他们目击新动物或新植物的诞生。

圣·希雷和拉马克对退化器官的意见　在拉马克以后大部分最著名的自然科学家和地质学家,也和洪博尔特一样,都满足于一种信念,认为物种起源问题,是自然科学所不能洞察的神秘。然而德霍雷在他 1831 年出版的,以及以后六版的《地质学大纲》中却写着:现时生存的动物物种,是在后第三纪地层中留有化石的祖先的后代。1867 年,在他 84 岁的那一年,我曾问过他根据哪些事实和推想得到这种概念。他告诉我说,他对这个问题的信念,是受了本世纪(19 世纪)初期圣·希雷在巴黎演讲的影响。他说,当这位大动物学家谈到如此之多的动物所具有的退化器官时,从来不肯错过机会不去指出它们在变异说中的意义。照他的意见,它们显然是某些祖先身上有用器官的遗迹,后来由于不用而缩小,而不是为了求得设计的一致而创造出来的无用器官。

我应当在这里提出,在我 1832 年写的拉马克学说的摘要中——就是根据上一章所说的理由不加修正或增补而在这里重印的部分——提到他所主张的器官由于不用而退化和最后消失的时候,我删掉了许多他在《动物学的哲学》中用来说明这个原理的实例。在这些实例之中,他提到了隐藏在某些哺乳动物颚部的发育不全的牙齿,因为它们吃的食物不经咀嚼便吞咽下去,所以这些牙齿已经失去效用。这本书也提到了圣·希雷在鲸鱼胎中发现的牙齿,以及鼹鼠的小眼睛和一种叫作盲螈(*Proteus anguinus*)的爬行动物的退化眼睛,前者由于几乎不用眼睛作视官,因而变成很小,后者也是由于住在地下黑暗洞穴的水里,因此只保留着眼睛残迹[①]。

《创造的迹象》(*Vestiges of Creation*)一书中对物种问题的讨论　一般的说,在本世纪中叶左右最有权威的地质学、古生物学、动物学和植物学的导师们,不是假定物种的独立创造和不变性,就是谨慎地避免对这个重大问题表示任何意见。1844 年,《创造的迹象》出版之后,首次在英国打破了这种沉寂;在这本书里,不具名的作者,清晰巧妙地收集了从拉马克时代起所有地质学和相关科学所揭露的、有利于物种变异和它们随着时代渐进发展的新事实,公开发表。他利用了古生物学家对过去各地质时代中所能见到的化石动物群和植物群变化的综合研究;其中说明:如果把地层按照年代次序依次排列,则位置最近的地层中所含化石,在构造关系上也最相似,而且它们随着时代的前进愈变愈和现代生物的形态相接近。

据他的意见,梯德曼等的胚胎学研究也和变异说一致;哺乳动物胚胎时期各阶段的发展,依次经过像鱼、爬行动物和鸟类的形态,最后才达到最高等脊椎动物所应有的特性。他也建议说,这些变态,可以比之于保存在岩石中的化石揭露给我们的、随着时代进展在有机物身上逐渐增加的新创造器官。他复述了拉马克等从退化器官所得到的论证,并且强调指出它们的正确性。他宣布说,整个有机界,不论化石和现代生物所表现的设计的一致性,以及所有动植物界各纲间的相互亲缘关系,是与新种由旧种产生和物种受了外界条件的影响而渐变的观念完全符合的。

为了使他的臆说更为完备,拉马克容纳了亚里士多德关于生物自生说,而没有加以任何主要的修正。照这种假定,最简单的生命萌芽,不断在产生出来。这样的观念可以

---

① Phil. Zool. tom. i, p.240,其中还有其他实例。

解释以下的问题,即以前的生物在过去时期中既然经常向比较完善的形态进化,何以最低级的动植物物种现在还是这样多。因为急于提供证据来证明自然界设计中这一部分工作的真实性,《创造的迹象》的作者在哲学上犯了严重的错误。因为他引用了当时认为可以证明伏打堆对钾碱溶液的作用能于产生昆虫新种的试验。处理这种试验的疏忽,正与那些设法证明哈维格言中"一切生命都起源于一个卵"的真伪的人们所持的谨慎态度完全相反。显微镜扩大倍数不断增加的结果,已经驳倒了生物自生说,或者至少迫使旧学说的宣传者退避到无限微细的模糊领域中去求安慰。这位作者是否对于任何一门自然科学有精深研究的怀疑,也影响了人们对他的意见的健全性发生疑问。不能容忍这部书享有如此盛名的评论家,也无情和严厉地暴露了书中的每一个弱点,虽然作者采用了拉马克的学说,说是人类不但是渐进发展长系列中的最后环节,而且是和低级动物的后代相连接的。

达尔文和华莱士的物种起源说 1855 年,华莱士在《自然历史年报》[①]中,用《控制新种产生的规律》(*On the Law which has regulated the Introduction of New species*)为题的论文,是确定新种起源可能方式的第二步重要努力。在这篇论文中发表的意见,充分表明了作者是一位精通各种自然科学的权威,特别是在鸟类学和昆虫学方面。他和裴兹合作,在亚马孙河流域和南美洲赤道附近地区进行了 4 年的考察,他们的考察团,是专门为了搜集"解决物种起源问题"的事实而组织的[②]。华莱士后来又费了许多年的时间研究马来群岛的动物学,特别注意鸟类和昆虫;他把所得的调查结果,结合地质学著作中的资料,总结成以下的建议:"已经出现的每一个新种,在空间和时间上,是和亲缘相近的先存物种相一致的。"[③]达尔文后来在它的《物种起源》[④]中引证这篇论文时曾经说,据华莱士和他的通信,知道华莱士所说的一致性,不过是指"经过变异的生殖",换句话说,"亲缘相近的先存类型",是通过变异而形成的新型的祖先。拉马克提出的以及《创造的迹象》一书从各方面搜罗到的一切关于物种有无限变异能力而不是特殊创造的结果的明显论证,华莱士都简要和适当地作了总结;但是对他的思想影响最深的证据,显然是他亲自获得的、关于物种地理分布的经验,特别是鸟类和昆虫。

他说,如果在地理上相距很远的两个地区发现同属或同种的生物,决不会不在中间地区找到同样的东西;在地质学上,属和种的生命也不是间断的,没有一个物种出现两次,或者一旦灭亡之后又重新诞生。关于过去物种逐渐灭亡的情况和现时正在进行的方式,华莱士引证了我的《地质学原理》中有关本问题的一章,不过他的研究,只限于新种不时产生来替代已灭亡种类的方式。

同时,以《贝格尔航行记》和各种地质学著作闻名的达尔文,已经费了多年的时间,忙于为物种起源问题的巨著搜集材料;为了这种目的,他已经亲自在驯化的动物和栽培的植物方面,作了无数新的观察和试验,并且在地质学和生物学中对本问题最有启发的部

---

① Annals of Natural History, Series 2, vol. xxi, Published in "Contribution to the Theory of Natural Selections" p. i.
② Bates' Preface to his "Naturalist on the River Amazons."
③ Annals of Nat. Hist. ser. 2. vol. xvi, p. 186.
④ 1st. ed. p. 355; 4th Ed. p. 424.

分，都作了深入的探讨。18 年的研究，一切都指向同一个结论，就是说，现时生存的物种是由先存物种变异和生殖而来，而先存物种，又起源于其他更古的物种。早在 1844 年，胡柯博士已经读过几篇达尔文关于本问题的原稿，如果另外没有人也在进行同样的研究，这种不断累积的事实和推论的宝库，几时才能公开发表，实难预料。但是，达尔文终于在 1858 年 2 月接到了当时住在马来群岛透内得地方的华莱士的一篇论文，题目是"论变种无限制地脱离原始类型的趋势"（On the Tendency of Varieties to depart indefinitely from the Original Type）。

这位作者请求达尔文把这篇论文送给我看，如果他认为内容足够新颖而有意义的话。胡柯博士把它带给我了，他当时对我说，华莱士新意见的内容，和达尔文未出版著作中的一章完全相同。因此他认为，如果让华莱士的论文出版而不将对同一问题的较老专著同时发表，未免不公道。达尔文愿意放弃他的优先权，因此两篇论文在同一天晚上在林耐学会宣读，并且同时在林耐学会 1858 年会报中发表。从达尔文手稿中摘录的一章的题目是"物种形成变种的趋势，与物种和变种因自然选择而得永存"（On the Tendency of Species to form Varieties，and on the Perpetuation of Species and Varieties by Natural Means of Selection）。

在前一年，即 1857 年 9 月，达尔文曾经送给美国著名植物学家格雷一篇他将要出版的论文的摘要，当时的题目是"自然选择"。林耐学会也把这封信和以上两篇论文印在一起。信的内容，包括他的选择学说的要点，说明了育种者怎样培养新品种，以及在环境变更情况下，生物界和非生物界怎样可能、或者一定会产生同样的结果。在同一封信里，他也引证了马尔萨斯首先宣布的人口定律，就是说，人口是按照几何比例增加，而粮食的来源，却不能照同样比例扩大。他提醒我们说，在某些国家，人口在 25 年内增加了 1 倍，如果粮食有充分供给，一定还要加得快。每一种动物或植物，如果不受其他物种的抑制，也能迅速繁殖，不久便可以占满地球上大部分适于居住的地区；但在一般的生存竞争中，世界上的物种只有少数能获得食物而达到成熟。在任何一个物种之中，只有那些比其他物种优越的族类才能生存，而且这种优越性往往能在严酷的竞争中扭转形势，使它有利于自己生存的些微特性。同族中的各个体之间以及和它的父母之间虽然很相似，但是没有两个个体是绝对相同的。育种者往往在他所有的变种之中，选择最适于他的目标的品种，利用他所需要的特性最显著的个体，使它们传代，如此则每一代的特性可以与原种愈差愈远。因此达尔文建议说，在地史期间，当有机界和无机界的周围环境起缓慢变化的时候，自然界中一定也随着产生更能适合于新环境的新品种，并且一定常常排挤掉原种。

自然选择的定律，虽然仅仅是达尔文建立他的物种起源于变异的见解的基础之一，然而却是他的学说中最新奇而卓越的部分，所以，华莱士能独立想出同样的原理，并用如此相似的实例来说明，实足令人惊奇。同时这也提高了有利于这种学说正确性的力量。两位作者都提到了鸟类每年死亡的数目。华莱士说，"很少几种鸟每年只生 2 个以下小鸟，而许多鸟类每年可以生 6 个、8 个乃至 10 个；如果假定每一对鸟一生只生产 4 次小鸟，那么在 15 年内，它们的总数可以达到 1000 万左右，但是我们绝没有理由可以相信，任何地区的鸟类数目，在 15 年甚至 150 年内有任何增加。所以鸟类每年死亡的数目，显然是非常可观，事实上可能和生产的数目相等；按照最低限度计算，每年生产的幼鸟，至少两倍于它们的父母,因此不论现在生存于任何一个区域的平均只数有多少,每年死亡的数字一定在这个数字的两倍左右"。

"孵出大窝的雏鸟是多余的:平均计算,一个以上的雏鸟,都成为鹰、鸢、野猫和鼬鼠的食物,或在冬季死于冻饿"[①]。鸟类中数量最多的是美国的候鸽,"这种鸽子只生一个蛋,至多两个,据说一般只有一个能长成。何以这种鸟特别多,而其他生产两倍小鸟的种类的数目反而少呢？ 解释是不难的。适合于这种物种而最能使它发育的食物,分布既广,数量也大,而且能在不同的土壤和气候情况下繁殖,因此在一个区域内,各处都不至于缺乏。候鸽有远飞和快飞的能力,可以在它们居住的范围内不倦地迁移,遇到一个地点的食物开始中断时,它们能在另一个地点发现新的粮库。这种实例充分说明,不断获得适合于健康的食物,几乎是保证一个物种迅速繁殖的唯一必要条件,因为在这种情况下,有限制的生殖力,以及人和猎鸟禽兽的袭击,都不足以阻止它们的发展"[②]。

当他指出一个典型物种的每一个变异何以会使某些个体获得优于另一些个体的特性时,华莱士表示说,甚至于能使某些动物多少易于辨别的颜色变化,也影响它们的安全。他又说,在自然界中,能适应环境变迁的品种,从来不会再恢复它已经失去的形态,虽然驯化的动物恢复野生生活之后,在某些程度上一定会恢复它在被人类征服时期所失去的特性,其理由当在第三十七章再行解释。在这一篇论文的结论中,他对拉马克主张的,动物可以因它们本身的努力促进某些器官的发育甚至于获得新器官的观念,作了一些明断的批评,华莱士说,"变异的产生,不是由于生物本身的意志,而是由于寻找食物能力最大的变种有较优的生存条件。那些长颈鹿不是由于有达到高树树叶的愿望和为了这种目的经常在伸长它的颈部,才有长的头颈,而是在食物开始缺少的时候,那些颈部比通常长的变种,比短颈的同类易于生存"[③]。

林耐学会会报发表了他的著作中的这一部分章节之后,达尔文的朋友们劝他不要再压着他对物种的性质和起源的研究结果以及自然选择论,而不公之于世。他的著作《物种起源于自然选择,或优越品种在生存竞争中的保存》的发表,轰动了整个科学界。赫胥黎说得很对,从这部书出版的那一小时起,"它给予生物学以新的研究方向",因为就是在没有收到信徒的地方,久被人们尊崇的旧观点也受了打击,而且从此没能恢复。因为他不但解释了如何通过天然淘汰可以形成新品种和新物种的各方式,而且也说明,如果采用这种原理,生物界在现时情况下和过去历史时期中的许多性质很不相同以及似乎毫不相关的现象,可以得到说明。

胡柯对变异和选择以及植物界中物种形成的意见　在同一年(1859),胡柯在英国发表的"大洋洲植物群"论文,加速推翻了久被承认的"物种不变说"。在以前的几篇论文中,这位著名的植物学家,尽了一切力量来支持"植物物种性质不变"的论点。关于这个问题,他已经坦率地和达尔文讨论了 15 年之久,凡是可以提出的有关本问题的事实和论证,无不充分提出,但是他在他的绪言中说,在他的朋友和华莱士主张自然选择的意见发

---

①　Journ. of Linnaean Soc. vol. iii. p. 55, 1858. "Contributions to Natural Selection," p. 30.

②　Ibid., p. 42.

③　Ibid.

表之前,作为一个植物学家,他觉得他不能随便率直地宣布他准备和他们采取同一个方向。他用了 20 多年的时间,专门研究世界各部分的植物,包括寒带、温带和热带以及海洋和大陆区域。他亲自考察了这些区域中几个地方的植物群,描述了几千个物种,并作了分类;在哲学研究方面,他是胆大心细的。 从他的新论文中,大家不免惊异地看到,在最有经验的植物学家之中,对于物种界线有如此不同的见解,和划分物种时个人的意见占怎样重要的地位,甚至于主张物种不变说的植物学家们——即主张物种从创造时起从来没有变过而且只要它们还继续在地球上生存,也将维持不变——也是如此。 他说,有些人认为,已知的显花植物数目不到 80 000 种,而另一些人却认为在 150 000 种以上,这是这种现象最明显的证据①。

胡柯博士说,对在不同条件下和在各遥远区域生活的相同植物研究得愈多,物种的特性愈难规定;在同一地区的植物群中,有些物种似乎是不变的,另一部分物种却相反,彼此互相过渡,以至整个群可以作为连续系列的变种看待,而在两端之间似乎毫无间断,不容许插入任何中间类型。悬钩子、蔷薇、杨柳、虎耳草等属是不稳定类型中的显著实例;草本威灵仙、山小菜和山梗菜则是比较稳定的种类。 同时他根据达尔文的学说指出,如果把过渡环节毁坏,使一定数目的中间品种消灭,如何可以使其余物种的分类更为方便;他并且暗示,我们之所以能将植物分成不同的种、属和科,可能应归功于过去时期中中间物种的灭亡。他说,"每一个大植物区——事实上可以推之于全世界——内的各种植物之间的相互关系,似乎是变异作用在无限长的时期内不断发展的应有结果,其方式和我们在有限的几个世纪内所看到的相同,因此经过一段时期之后,逐渐产生很不相同的形态"。

如果我们回想到,这种议论是在研究了几万个物种的性质和地理分布之后引发的,我们应当立刻会感觉到,这种学说既然和如此之多的事实相符合,当然是正确的;如果是这样的话,我们不禁要问,何以还有这许多无疑有渊博学问和知识的自然科学家,以往坚决主张、现在还在主张物种自始至终是稳定的学说? 谈到这个问题的时候,胡柯博士承认物种是真实的,并且可以把它们当做永恒不变的,因为它们的形态和特性——至少其中的大部分——可以正确地遗传几千代,而且在我们的经验范围之内始终没有变过。可是他说,"但是我们的经验是如此有限,以至于没有能力说明它何以有现在的地理分布,也不能证明任何植物物种的起源,以及它所经过的变异程度,也不能指出它的出现时期和它在初出现时所具有的形状"②。

① Flora of Tasmania,p. iii.
② Hooker,Flora of Tasmania.

第三十六章　培养动植物的变异在物种起源问题中的意义

培养物种虽然多式多样，可以自由交配而繁殖——某些人工形成的品种有悠久的历史——选择作用，不论是无意识的还是有计划的，对新品种的形成都有很大影响——某些家鸽品种的特性有属的价值——杂交后代中久已失去的特性的恢复——狗的多种起源——遗传的本能——金鱼和蚕的变异——人能使动植物的特殊部分变异，而其他部分维持原状——甘蜀黍——甘蓝菜——物种变异有限度吗？——培养时服从人类的意志，不过是天然本能的新适应——"恢复野生"的变种不能完全恢复原来野生种的特性——在杂交能力方面，培养品种与野种之间有多大区别？——动物的杂交和植物的杂交——雌雄同株的植物不一定常常自花受精——种的区别是否可用杂交来测验——家牛和家羊的不同品种常有分群生活的趋势——帕拉斯论培养作用可以消除不生育——生长的关联

培养品种虽然多式多样，可以自由交配而繁殖　我们已经看到，在几千个世代中以及在有机界和无机界逐渐变迁的条件下，物种有无限制的变化性，是自本世纪（19 世纪）初期起自然科学家认真考虑的问题。育种家和园艺家所引起的变异，以及他们所培育的新种，常被作为无限变异说的证据。我们可以这样说，人类在社会发展的各阶段中，曾经很耐心地和用很大的代价从事于一系列大规模的试验，企图确定同一祖先的动植物的后代究竟能从它的原始类型变异到什么程度。在进行这种工作的时候，他们的注意力不一定局限于满足他们所必需的动物和植物，有时专门为了娱乐，继续工作几千年，试图试验一定的物种看它究竟变异到什么程度——如鸽子或某些显花植物如玫瑰。

反对变异说者总是否认这种试验结果所提出的论证；他们说，无论育种家、农学家和培养花卉者有多大的才能和坚忍心，人类从来没有培育出一个新物种。因为某些新品种虽然和原种的性质差别很大，或者彼此之间很不相同，它们还是能继续自由交配，生出能够生育的后代，而自然界中两个迥然不同的物种所生的杂交种，总是不能生育的。

在确定这种反对意见的重要性之前，我们不但必须考虑在驯化和培养中的物种的变化性质和程度，而且也要考虑获得野生动植物物种的杂交种的便利，获得了杂交种之后，还要考虑它们不能生育的不同程度。驯化的动物和培养的植物的变异问题，最近由达尔文在他所著的《变异》[①]一书中作了卓越详尽的叙述，我想最好介绍读者阅读他对这些事实的清晰描写和这些事实对它的"物种起源说"的意义。在这一章中，除了重复许多我在前几版所发表的意见外，我将简略地提到他所做的一些有价值的观察和试验，以及这些

---

①　The Variation of Plants and Animals under Domestication；1867.

观察和试验所指向的理论结论。

一部分人工形成的品种有悠久的历史　过去 20 年中对瑞士湖滨居民遗址的发掘，以及对保存在那里的动植物遗迹的研究，证明在新石器时代，即在金属普遍使用之前，狗、牛、绵羊的驯化品种，以及几种谷类和许多果实的培养变种，已经在中欧形成了。达尔文曾经说过，所有未开化的人民，经常遇到饥荒，因此自然地引导他们去发现所有野生植物的有用性质，试尝各种植物的果实和根叶，以便作饥饿危险降临时的食粮。如果达尔文的意见是正确的话，那么某些植物的培养有很悠久的历史，便不会觉得诧异了。用这种方法，最没有希望发现的物种营养、刺激和医疗性能，都被发现了。

有人可能这样想，野草的种子太小，不足以引诱原始社会的人类把它们培养成粮食；但是巴斯和李文斯东[1]曾经看到非洲各部分的土著，搜集各种野草的种子作为食粮；有了这种习惯，再进一步把它们播种在住宅附近，最后再选择收获最好的变种，是轻而易举的事。如果我们假定，经过史前时期的培养，它们已经起了相当大的变化，那么培养的草类或谷物种类的繁多，以及植物学家设法追索它们的原始祖先或者寻求它们的野生种时所遇到的困难，便不难理解了。

常常有人这样说，我们没有从大洋洲、好望角、新西兰或美洲普拉塔以南的地区获得一种有用的植物。关于这个问题，达尔文说，我们决不能以为，这些地区没有适于未开化人民应用的土生植物。胡柯博士的确列举了 107 种[2]以上的可用土生种，甚至大洋洲人也予以利用。但是文明人类之所以至今只能从以上各地获得少数的利益，不过说明野生植物不能与经过长期培养而改良的品种相竞争而已。

一个第一次看到我们最好的苹果、桃、李和梨品种的资深植物学家，也猜不出这些水果起源于哪些野生树种。

第·康多尔说，我们从墨西哥、秘鲁和智利得到的有用植物，不下 33 种，其中以玉蜀黍和马铃薯最为重要；朱第曾经描写过两种从印加坟墓中取出的玉蜀黍[3]，但是秘鲁现在已经没有这些植物，它们在西班牙人到达南美洲之前已经绝迹。但是说来很奇怪，植物学家至今还没能找到任何野生的原始玉蜀黍种；显然从很古的时代起，人类已经在培养这种植物。

创造野生植物的改良变种的缓慢程度，可以用希亚关于新石器时代瑞士湖滨居民的果树的研究作推论。他们采集到的野生酸苹果、野李树、西洋李、爱德浆果、野蔷薇子和橘子，与现在的野生品种很少差别。他们有 5 种小麦和 3 种大麦，大部分比我们的小。其中有一种普通叫做埃及麦的小麦；由此推想，这些湖滨居民原来可能来自南方，或者和一部分南方民族有过来往。湖滨居民的家畜和我们的品种不完全一样。例如他们有两种牛，一般认为是当时的两种野生种——即 *Bos primigenius* 和 *Bos longifrons*——的变种；它们虽然是这两种的变种，但是现时生存于欧洲的任何品种中，却找不到同样的种类。他们的狗也和我们的不同，而且和新铜器时代的也不相同，据吕提麦耶说，狗的身材

---

[1]　达尔文在 1867 年出版的"On the Variation of Animals" etc. 中的记载。

[2]　Flora of Australia Introduction. p. cx.

[3]　Cited by Darwin "On Variation," &c. p. 320.

中等,与狼和豺的关系都很远。他们也有一种瘦长腿的小绵羊,角像山羊,这也和现在已知的任何品种不相类似。

选择作用,不论是无意识的还是按照一定方式进行的,对于新品种的形成有很大的影响 当育种者的技能达到很熟练的时候,他能在短时期内造成很重要的变化。他没有能力创造自然界中同一祖先所生育的个体的许多特性,或者阻止这些特性的产生。但是他能选择最适合于他的目的的变种使它们发育,同时毁掉那些价值比较小的变种。在第二代之中,他又捡出那些他所需要的特性更为显著的个体进行繁殖;不断的累积,使这些差别愈变愈显著,一直等到造成一种他所预想的品种。他能辨别动植物中常人所不能觉察的细微变异。这样加深的变异,可以通过遗传予以固定下来;永久的品种,就是照这样的过程形成的;在学术上,这种过程称为"选择作用"。但是此外还有一种达尔文所谓的"无意识的"选择作用,在原始和文明社会中,这种作用的最后效果可能比较大。当未开化人民被饥饿所压迫的时候,他不得不吃掉他的狗;在这种情况下,他如果还能保留一部分的话,他一定选择对他在打猎时最有用的几只。在最早农业时期,人们一定选择最有益处的种子和果实——例如产量最高、营养最富和滋味最好的种类——优先播种,消费掉品质较次的部分。由于人类常常要决定应当保存哪一部分作为繁殖的种,所以世界上产生的种类,经常多于供给食用的种类。据达尔文的推断,就是在最进步的社会中,无意识选择的力量也比按照一定方式选择的力量大。

他说,我们现在的逗牛狗和从前用以逗牛的种类已经不相同,身体比较小,外貌也不同,因为古老的游戏现在已被放弃了。我们的猎狐狗和英国的古老猎狗也不相同,而灵狗的身体也变成比较轻。我们的庞大载重马,是某些古代最强壮粗笨品种在佛兰德和英国经过许多代的无意识选择而成的,当时并没有一些意图或希望要创造出现在像大象一样的马[①]。自从阿拉伯马输入英国之后,有计划地选择跑速最快的品种,逐渐产生了英国的竞赛马。但是,就是这种变化,一部分也受到无意识选择的影响,当时一般的目的,是尽可能培养成最好的马,并没有任何意图要使它们长成现在的形态。

一部分家鸽品种的特性有属的价值 家鸽是说明人类在长时期中使野鸽(*Columba Livia*)变成许多不同品种的最明显实例。这种鸟在埃及和印度已经驯养了几千年,它们很容易产生形态很不相同的品种,因为雌鸽和雄鸽容易成为终身的配偶,而且不同的变种也可以养在同一个鸟舍。150 种以上的品种已经有了名称,它们都是纯粹的品种;达尔文说,其中至少有 20 种,如果拿给一个鸟类学家看而告诉他是野鸟,他一定把它们列入不同的物种;另一部分,如英国传信鸽、短脸翻空鸽、球胸鸽和扇尾鸽,甚至于可以列入不同的属。从留传的历史细节来看,在公元 1600 年以前,印度已知的主要家鸽品种,虽然可以和我们现在的品种归入同类,但它们当时似乎还没有足够的时间从共同的祖先——野鸽——发生如此之大的变化。

家鸽育种家创造新品种时,只注意外部形态的特征——如嘴的长度,尾羽的数目和长度,羽毛的颜色和身体的一般形状,然而他们有时在无意中改变了物种内部的骨骼。例如,当在加长球胸鸽身体的时候,他们于无意中同时增加了荐椎骨和尾椎骨的数目,以

---

① Darwin "On Variation," chap. XX, p. 212.

及肋骨的宽度和胸骨的大小。他们大大地增加了扇尾鸽的尾椎骨的数目和长度；最值得注意的是，在许多品种中，整个头骨的比例和轮廓，与野鸽也不相同。

在变化最大的品种和野鸽之间，有很多的过渡类型，因此鸟类学家毫不迟疑地承认野鸽是所有家鸽的共同祖先。另一种可以证明这种起源的奇妙证据，是在不同品种交配后产生的后代中，可以找到某些野鸽所具有、但为父母品种所缺少的特殊特征，特别是羽毛[1]。例如传信鸽和扇尾鸽的杂交种，可以生出原始野鸽所具有的翼部和尾部的石板蓝色或黑色条带，以及尾羽外缘的白边，虽然这些特性在父体和母体上已经中断了100代以上。达尔文曾用实验方法试验家鸽中这种奇妙的返祖遗传原理的真相，而且用某些很不相同的普通鸡进行的交配试验，也得到同样的结果；例如西班牙黑鸡和白丝光鸡，是两种很古的纯种，它们身上都没有野生邦奇瓦鸡（*Gallus bankiva*）所常有的红色羽毛——邦奇瓦鸡是喜马拉雅种，常被假定为我们家鸡的原始种。这样交配生出的雏鸡，许多有明显的橘红颜色[2]。

杂交的后代中久已失去的特性的恢复　何以杂交可以帮助恢复在上代雌雄品种中久已失去的特性，是遗传属性方面提供给我们的最奇怪的隐谜之一。由于那些有利环境的配合，这些潜伏了如此之多代的特性会重新自行显现呢？在一部分动物中，每间隔一代出现一次，另一部分间隔的代数比较多。

构成动植物生殖细胞分子的成分，和它们逐代增加和遗传的方式，自从柏芳和邦纳特时代起，已经成为众所爱好的探讨问题。奥文教授最近（1849）在论《单性生殖》（*Parthenogenesis*）的专著中也讨论了这个问题；斯宾塞则对组成动物或植物生殖细胞的原子或生理单位发展成有机体的方式，以及这些原子变成父母特性传给子孙的个体等问题也作了探讨[3]。达尔文所创议的新臆说——他称为"泛生论"（Pangenesis）——在许多方面和斯宾塞的见解相同；这种臆说，如果不参考达尔文在他所著的变异说最后几章中的清晰详尽的说明，是不容易完全了解的[4]。照他的假定，动植物的生殖细胞，能够产生微细的物体，他称之为细胞—小胚（Cell-gemmules）；这种小胚散布在有机体的各部分，能够自行繁殖，也能和同样的小胚相结合，如果不发生结合，它们可以维持着静止状态。它们可以照所有生物生长的通常方式增加，由于这种原因，低级动物的肢体切断之后有时可以全部复生，或者伤口上可以生出新肉而痊愈，或者植物叶部的一部分可以发育成完整的树叶。经过许多代没有发育的细胞—小胚，可以比之于在土地中久不发芽的种子，也可以比之于退化器官；这些器官虽然无用，但是可以无限制地世代遗传，或者可以与整个物种在地球上存在时期相终始。

在这种新臆说提出之前，要想象在如此微细且常为肉眼所不能见、有时必须用高倍显微镜才能看见的微观细胞或胚珠之中，不但包含有物种的特性，而且也包含着双亲之一或全部的许多特点——包括它们的后天的个别习惯和本能——已经足够困难。但是我们现在还不得不想象，每一个细胞或胚珠之中有无数其他分子，在这些分子之中也存

①　Darwin "On Variation," vol. i. p. 200.

②　Ibid. , p. 241.

③　Principles of Biology, vol. i. chaps. iv and viii.

④　Darwin "On Variation," chaps. xxxvii and xxxviii.

在着远祖的特性,当然更为困难。为了说明有机物质质点的可能微细程度,我拟请读者参阅以后的一章(第四十章),其中提到佛里斯在一个菌类中数出了 1000 万个胞子。如果想到扩散在空中的植物香气和臭味的范围,以及某些疾病的传染质点怎样在空气中飘扬和到达人体后怎样迅速地繁殖和产生剧烈作用,我们对物质原子的可能细度,便可以获得更生动的概念。

如果假定在未发育胚胎中的细胞—小胚数目可以多到几乎无法计算,我们还要进一步解释,何以其中的一部分在静止状态下遗传了如此之久,还能在两个不同品种的个体杂交之后突然增加而占优势。在许多类似的事实之中,我们还看到另一种情况;在后代的身体内,虽然常常含有父母的一切特性,但是偶尔也有一个后代只具有父体的特性,另一个则只具有母体的特性。有时所有的后代只获得父母之一的特性。当加特纳使黄白两种毛蕊花(Verbascum)交配时,这两种颜色从来不会混杂,所得结果,不是白花就是红花。这种现象必然决定于相同原子相吸、不同原子相斥的某些原理。来自两种不同品种个体的胚胎细胞,可能不会立刻互相结合,或者没有足够数量来产生父母两方的特性;它们可能具有对抗性能,互相抵消力量,以便让来自远祖的小胚突然繁殖,占极大的优势,并使某些潜伏很久的原种特性重新恢复。

狗的多种起源 世界各部分的狗,已经被人驯化了很久;关于它们的起源问题,各方的意见还有很大分歧。达尔文详细分析了所有关于本问题的著作之后,颇同意帕拉斯的意见,认为狗有多种起源,我们现在有的各种很不同的品种,是好几种野生物种杂交的产物。著名的恒特曾经坚持狼、狗和豺是属于同种;因为他在两次实验中,发现狗与狼和豺,都可以交配,所生的杂交种,都能与狗交配而生育。然而我们应当注意,在这两种实例的父母之中,至少有一个是纯种,但是没有得到一种证据可以证明真正的杂交品种能够继续生育。

从前有过这样的假定,狗和狼的怀孕期相差很微;但是实验结果不能证明这种意见;奥文教授也没有能证明以往所断定的肠道(intestinal canal)一部分构造的区别。毫无疑议,豺和好几种狼,曾经偶尔与狗杂交。

达尔文说,各国家狗的外貌像当地现在还生存的野生种,是支持不同品种的狗是不同野生种后代的意见的主要论点[①]。例如,美洲印第安人的狗像北美的狼,匈牙利的牧羊狗很像欧洲狼,亚洲的家狗则与豺相类似。但是华莱士向我指出,如果考虑到他和达尔文在某些事例中所造成变异——米伐特在《物种的来源》(Genesis of Species)[②]中也引证了这些事例——这类性质的证据,可以减色不少。在相同地区内,许多不同种的蝴蝶,可以有相同的变化;在某些地区,它们都有较长的翅膀,在另一地区,都失去它们的尾部,在又一些地区,体格可能都变大或都变小。米亨曾经指出,不下 29 种的美国树,与欧洲最相近的种,都有同样的差别;柯斯塔说,运到地中海的英国幼蚝,立刻变更它们的生长方式,在贝壳上形成地中海蚝所应有的显明辐射线。好望角猎狗(Lycaon venaticus)和阿德狼(Aard wolf—Proteles cristatus)也为这种定律提供了更确切的实例;这两种动物和

---

① Darwin "On Variation," chap. i. p. 20.

② Ibid. ,pp. 83—88.

鬣狗住在同一地区，它们的形态和颜色，虽然与鬣狗非常相似，但是主要构造特征却很不相同，因此把前者列入不同的属，而把鬣狗归入特殊而独立的科——根据佛劳亚教授的分类。所以，如果某些区域可以迫使整群的物种形成一致的外貌(facies)，华莱士认为，不同区域的狗，过去照这样变成和本地的狐、狼和豺的形态相似的可能性，可能比它们是这样不相同的物种的后代、从而不可思议地获得互相交配的能力和生出有生育能力的后代的可能性大，因为这些物种之间没有这种能力。

达尔文说，即使几个原生野种的杂交，过去可能增加狗的品种的总数和多样性，但是那些极端的类型，如灵狗、血狗、逗牛狗、白伦汉长耳狗、獾狗和狮子狗等纯种的来源，还是不能得到解释；原始民族从来没有饲养这些纯种，它们完全是文明国家培养成功的种类。居维叶承认，这些品种之中的一部分，头骨的形态有时超过属的标准；某些变种的上颚，有一对额外的臼齿；有些，如土耳其狗，缺少几个臼齿；乳房的数目也不相同——在 7 个和 10 个之间。狗正当有 5 个前趾和 4 个后趾，但在第四趾的楔形骨上，常加有第五个趾。达尔文说，如果一个人愿意变更它们的臼齿、乳房或脚趾的话，他可以用选择方法固定下来，就像他能使某些羊种增加一个角，或使多金鸡增加一个爪和一些羽毛；但是这些特性，现在只能随着育种者有意固定的形态、走速、大小、体力和其他性质的变化而变异。

遗传的本能　如果一代的特性，没有通过遗传传到第二代，我们显然不能用人工方法造成新品种。甚至于新获得的习惯和本能，也常常可以照这样传给后代，墨西哥圣太·非高原上用作猎鹿的狗，是最典型的例子。罗林说，这种狗的袭击方法，是乘鹿用前腿休息的一刹那间，咬住它的腹部，突然用力把它翻倒。这样压在敌人身上的重量，往往达到 6 倍之多。遗传到这样袭击方法的纯种狗，从来不会在鹿跑的时候从前面袭击。就是鹿没有注意而向它走的时候，这种狗也会避到一边，从侧面向它攻击；从欧洲输入的其他猎狗，力量虽然比它大，也比它伶俐，却没有这种本能。由于没有这样的警惕心，它们常被鹿当场弄死，因为它们的颈骨受了剧烈的震动而脱节[1]。

麦格达伦那河边居民有一种几乎完全用做打猎白唇野猪的杂种狗，它们的一种新本能，也变得可以遗传。它们善于抑制自己的臭味，经常成群地站在一起，不与任何特殊动物结伴。第一次带它们到森林去的时候，发现它们之中有许多很熟悉这种袭击方法；而其他种类的狗，却立刻勇往直前，因此被野猪所包围，不论它们的力量有多大，不久都被消灭。

大约在 1825 年，一部分在墨西哥里耳·得尔·蒙特主持采矿工作的英国人，带去一些最精良的英国灵狗，准备打猎那里盛产的野兔。这个高原是一个很好的猎场，高出海面大约 9 000 英尺，气压表的水银柱，经常在 19 英寸左右。后来发觉，在这样的稀薄的大气中，灵狗不耐久跑，它们还没有追到猎物，已经躺下喘气了；但是这种狗在那里生的小狗长成之后，一点都不感觉空气密度不足的困难，追兔的本领不下于英国最快的品种。

向导狗(Pointer)的稳重而专心的站立姿势，恰当地被认为不过是一种野生种的有用习惯的变异；这种野生种，可能善于捕捉野禽，出其不意地向它们袭击，在袭击之前先停止一段时间，偷偷地向目标直扑。但另一种猎狗(retriever)的技能，是比较不容易解释

① M. Roulin, Ann. des Sci. Nat. tom. xvi, p. 16, 1829.

的,也很难归因于种的本能。一位法国作家近来在它的专刊中说,马坚第听到英国有一种狗,能于站定一时然后自动地取回猎物;于是他取得了一对,生出了一只小狗;他经常注意小狗的发展,最后他的确可以保证,在第一次带出去打猎的时候,没有给它任何指示便能取回猎物,它的沉着程度,不下于用皮鞭和项圈训练的狗。

人们用选择方法培养动物新品种的能力,不仅限于哺乳动物和鸟。中国人为了装饰和娱乐,很早就养了金鱼(*Cyprinus auratus*);有人怀疑,鱼的金颜色不是这种物种的天然特性。雅列尔说,苏维格尼所描写和绘图的金鱼,不下 89 个变种,有些没有脊鳍,有些有两个尾鳍或者三个尾。达尔文说,其中许多可以叫做畸形,因为在变种和畸形之间,很难划一条界线。

假定我们从脊椎动物转到无脊椎动物,我们发现选择作用也能在昆虫纲中产生不同的品种,普通的蚕蛾 *Bombyx mori* 就是如此;据说,在公元纪元前 3 000 年,中国人已经养蚕。在第六世纪,它被输入君士坦丁堡,从那里又运到意大利,1494 年输入法国①。饲养幼虫的食物,相当影响品种的性质。印度和欧洲养蚕者,非常细心选择能于结成最好的茧的蛾所放出的蚕子。丝一般是黄色的,但是有时也有白色,经过慎重地选择了 65代,法国黄茧的比例已经大大地减少。据郭特列非格说,结白茧的蚕,腹足总是白的,结黄茧的蚕的腹足总是黄的,蚕子的颜色,也相应的不同。

人类能使动植物的特殊部分变异,而其他部分继续不变　获得动植物的特殊品种和固定变种的可能性,决定于一种事实,即只要能生出大量的个体,变异几乎可以向任何需要的方向进行。我们也知道,通过选择作用,一种变异可以在连续的世代中不断累积,而物种的其他性质,实际上可以不受影响。我们可以使母牛增加乳量,绵羊长出更精美的羊毛,鸡有连续生蛋的习惯;它们往往可以获得这些品质,而同一品种的习惯或有机体,却没有其他看得出的变化。

玉蜀黍和葡萄,我们改变它们的种子和果实,不改变它们的叶子;为了养蚕培养的桑叶,我们已经造成了几种新的变种,但是它们的桑椹仍然维持原状。甘蓝菜经过了惊人的变化,马铃薯的球茎和胡萝卜的根也是如此,然而它们的花都没有发生变化。玉蜀黍种子所发生的变化,特别值得注意。不同品种的高度,可以从 18 英寸起一直到 18 英尺,一种品种的整个穗的长度,可能 4 倍于另一矮种。玉蜀黍的种子,可以有白、淡黄、橙、红、紫等色,或有黑色条纹。达尔文发现一种变种的一粒种子的重量,等于另一品种的 7粒。产在南纬度上、曝露于较大热量的高品种,需要六七个月才能成熟,而生在北方冷气候中的矮品种,只需要三四个月②。

在北美,玉蜀黍已经逐步向北移植,在这种情况下,除了由于选择作用所造成的变异之外,还加上气候所引起的变迁。在这种植物中,遗传的培养效果,是很显著的。麦兹格把从美国较暖部分获得的一种变种名为 *Zea altissima* 的种子移植到德国;第一年的高度是 12 英尺,只有少数发育完全的种子,穗的下部种子和原来的相同,但是上部的种子已经有些微变化。第二代的高度只有 9～10 英尺,白色种子变成了黄色,形状比较圆。

①　Godron "De l'Espèce," 1859, tom. i. p.460; and see Darwin "On Variation," vol. i, p.300.

②　Metzger die Getreidearten, 1841, p.206, cited by Darwin "On Variation" vol. i. p.321.

到了第三代，它完全不像原种了。到了第六代，继续在海德尔堡附近种植的这一类玉蜀黍，除了生长比较旺盛外，同普通欧洲种没有什么区别。达尔文说，"这种事实，是我所知道的气候对植物的直接和迅速作用最特殊的实例"。

在暖房中和为了培养酿酒的品种，我们已经栽培出几百种果实不同的葡萄；法国和印度也已经培养出许多叶子组织和性质不同的桑树，这些性质，都是经过选择作用而固定的。如果反过来做，人们一定可以使葡萄的叶子发生无穷的变化而葡萄本身可以维持不变，或者可以造成许多以不同果实为特征的桑树，而叶子，因不被注意，并不发生显著的变化，依然和原树相同。

叶呈海绿色波浪形、花像芥菜或野芥子的苦菜（*Brassica oleracea*），曾被从海边移植到菜园；它在这里失去了盐度，因而变成了许多种蔬菜，其中有红甘蓝和花椰菜；这两种蔬菜完全不相似，各与原种也不相同。在某些地区，一般的草本十字花科植物可以发展成树，例如，泽西岛的甘蓝菜，获得了木质的茎，高度常达 10～12 英尺。在一棵 16 英尺高的茎上，喜鹊在春天发出的嫩枝上做了窝。这种变种的木茎，有时用做手杖，甚至于用做屋椽。这是特殊培养和气候特性的结果。达尔文说，最值得注意的是：人类虽然使叶和茎的形状、大小、颜色和生长力发生奇特的变态，可是随着它们生长的花、荚和种子，只有极微的变化。各种玉蜀黍和小麦相应部分的变异，和这里所说的变态，有着何等不同的区别！"这种原因是显而易见的：谷类被重视的是种子，只有种子经过选择；甘蓝菜的种子、荚和花，则完全被忽视，而它们的叶和茎的有用变异，从极古的时代起已经受人注意和保存，因为古老的塞尔特民族，已经培养了甘蓝菜"[1]。

园艺家利用来产生新变种的外界条件之中，土壤的变化一定不可忽视。使大叶绣球开蓝花不开红花，说明某种土壤对花萼和花瓣颜色有直接影响。在堆肥中生长的绣球，花呈红色；如在某些泥沼土中生长的，则呈蓝色；在特种的黄壤土中，常常产生同样的变化。

物种的变异是否有一定限度　在本书的前几版中（从 1831 年到 1853 年）[2]，我曾经主张物种从原始类型变异的感受性是有限度的。我的论证主要根据以下的事实：我们可以在很短的时间内使驯化的动物和培养的植物发生很大的变化，但是如果用相同品种继续试验许多代，变异的进度却很慢。为了说明这种原理，我曾经说，当人类用威力或策略对付野兽时，被迫害的品种，不久便变得比较谨慎、警惕和狡猾，它们似乎常常显出新的本能，并可遗传二三代；但是无论人类的技能和灵巧怎样提高，提高的速度不论怎样慢，它们不会再产生进一步的变异，新增加的危险不会引出它们的新特性。物种习惯的变迁已经达到一点，超过了这一点，不能再发生变化，无论新环境的持续时间有多长，于是它们随之灭亡，不再产生能使物种在新环境下继续生存的变异。

但是达尔文告诉我们，在有些物种之中，例如那些从很古时代就用选择方法使它们变异的鸽子、普通的牛、绵羊和猪，我们还找不到任何迹象可以说明它们的变异已经达到了最后的限度，超过这一限度，不能再使它们作进一步的变化。在很近的时期内，人类还

①　Darwin "On Variation," vol. i. p. 324.
②　"Principles of Geology," 1st. Edition, 1831, vol. ii. chap. iii. p. 37, and 9th Edition, chap. xxxv. p. 592.

在使这些动物变化,"照一般趋势来看,变异的范围似乎没有限度"①。

华莱士也曾经确切地说,向任何一个方向的变异量,最初可能比较快;为了培养竞赛马,我们最初可以选择某些变种来增加它们的跑速,但是到了后来,无论花费多少年、多少金钱和力量做这种尝试,再也无法显著地提高它们的标准。他说,真正的问题不是在于任何方向和一切方向的无限变化是否可能,而是在于人类是否能用累积变异或选择的方法,引出自然界中所产生的差别。"所有跑得最快的动物——鹿、羚羊、野兔、狐狸、狮、豹、马、斑马等——都已达到很相近的速度。每种动物之中,跑得最快的必定已经保存了很久,跑得最慢的必定已经死亡,但是我们没有理由可以相信,它们的速度有任何进步。在现在的条件下和在可能的陆地情况下,它们早已达到了可能的限度"②。但对英国的竞赛马,我们已经能够培养成一种跑速超过它们自己的野种祖先和一切其他马种的变种。

驯化时期对人类的服从,往往不过是天然本能的一种新适应 我们也很容易夸大我们造成的变化量,似乎可以使它们在几代之中发生很大的变化。但是居维叶③清晰地指出,关于变异的错觉的另一种来源,是我们幻想我们已经能使动植物产生新的本能和性情。他说一个在进行驯化的动物和一个野生动物所感觉的拘束,实际上没有什么区别。它在群居生活中之所以没有拘束,因为它原来无疑是一个群居的动物;它所以能服从人类的意旨,是因为它原来有一个首领,在野生状态下,它必定也服从一个首领。新的环境,并没有不合于它的性情;它服从它的主人来满足它的欲望并没有牺牲它的天然意向。所有群居的动物,如果不予管束,多少会自己集合成群;同群中彼此熟悉的成员,结合伴侣,不让一个陌生的动物参加。此外,在野生情况下,它们服从某一个成员,由于它的能力优越,于是成为一群的首领。我们驯养的物种,原来就有这样的群居习惯;没有群居习惯的物种,不论怎样容易驯服,至今还不能造成真正的家畜品种。所以,为了我们的利益,我们只能发展能于促进某些物种的成员去和它们朋友接近的性情。

我们诱导我们所驯养的绵羊追随我们,就像它们追随它们在其中长大的羊群一样;如果群居物种的成员,习惯于一个主人,只有它们承认的才能成为它们的首领——它们只服从他。"像只听牧养它的人指挥、单独在主人身边的狗,对任何人都表示敌意;大家都知道,我们走进一个难得到过的牧场,如果遇到一个牛群,在它们面前又没有招呼它们的管理员,是何等危险的事"。

"所以,一切都使我们相信,在过去,只有特别负责牧养家畜的人,才能成为这些动物自己形成的集团中的成员,现在的情况还是如此;他们只能在集团中用优越智慧所取得的权威来显出自己的地位。因此,所有承认人类是它们的成员并承认他是首领的群居动物,便是家畜。甚至于可以说,自从承认人类是它们的成员时期起,动物就驯化了,因为人类没有成为它们的首领,就不能参加这样的一个集团"④。

但是这位英明的作者承认,家畜之中有许多有对每人都服从的习惯,但在被人类征

---

① Darwin "On Variation," etc. p. 416.

② Wallace, Quart. Journ. of Science, Oct. 1867, p. 486; and "Contributions to the Theory of Natural Selection" p. 292.

③ Mém. du Mus. d'Hist, Nat.; Jameson, Ed. New Phil. Journ., Nos. 6,7,8.

④ Mém. du Mus. d'Hist. Nat.

服之前的任何情况下,我们却找不到类似的事实。每一群野马,的确都有一个雄马做它们的领袖,它指挥组成马群的一切成员;但是,当一个驯化的马,从一个人移转到另一个人,和为几个主人服务之后,它对任何人都同样的驯良,它似乎以整个人类为首领。

每一队野象都有一个首领,它很谨慎地指导队员的行动,当心着它们不至于掉队。在印度,这种动物很少在囚禁情况下生育,虽然,据阿瓦的克劳福特说,如果让雌象在森林中比较自由地行动,它们可以在半驯化状态下生育。一般的说,最经济的方法,是捕捉成长的野象,据说,有时捉到几个月之后,就可以完成它们的教育。有机会看见它们在它们生长的森林中的人,决不会奇怪它们在适应人类社会之后所表现的灵敏性;它们服从人类指挥,不是一种获得的新本能,仅仅是它们在野生状态下的才能的发展。

经过两三代选择而驯化和改良之后,某些动物——如牛、山羊和鹿等——的驯良习性,是我们对它的重要性有作过高估计危险的一种变化。第一个流浪到新区域的未开化人民,可能发觉大部分动物都不怕人类对它们的危险。达尔文说,在美洲大陆以西大约600英里、位于赤道上的加拉帕戈斯群岛中,所有陆栖鸟类,如莺、鸠、鹰等,都如此之驯良,以致可以用嫩树枝把它们打死。这位作者说,有一天,"一只模仿鸟歇在我拿在手里的水壶边上,开始安静地喝水,并且让我把它连水壶一同从地上举起"。当第一批欧洲人第一次在这里登陆而岛上还没有人迹的时候,鸟类比现在还要驯良:它们现在已经开始对人发生应有的恐惧,这种情况,在久已有人居住的地区是很自然的,甚至于从来没有受到伤害的小鸟也是如此。在福克伦岛,鸟和狐狸都不怕人;但在邻近的南美大陆上,许多同种的鸟却非常地野;因为它们在那里受到当地人民的长期迫害[①]。

李觉生爵士在他所著的北美洲动物习惯史中告诉我们说,"在猎人难得走到的偏僻山区,我们可以没有困难地走近落基山绵羊,在那些地方,它们表现着家畜所具有的朴质性格;但在常被射击的地方,它们就非常野,将要遇到危险的时候,它们用咝咝声警告同伴,并用极敏捷的速度爬上岩壁,使追击者无从捉摸"[②]。

"野生"变种不会完全恢复原种的原状 古老和公认的意见都这样说,如果人类放弃驯化的动物或培养的植物,让他们恢复"野生",它们可以完全恢复原始种的原状。但是这种见解只有在有限的范围内是正确的。以前已经说过,恢复"野生"的动物,必须失去大部分在驯化状态下获得的性格,才能在生存竞争中与它的同类相对抗。

华莱士说,如果人类不保护它们,我们的肥得很快的猪,短腿的绵羊,无角的牛和球胸鸽,不久便会被消灭。如果迫使公猪自己找食,只要经过几代,它们便会恢复它们的长牙和充分运用所有的器官,恢复野猪的体格的一般形状,以及腿和口部的长度。

达尔文说,猪恢复到它的原生野种的程度,可能比其他家畜完全,但是没有证据可以证明它能恢复到绝对一样。我们的家猪有两种主要类型——照一般假定,一种来自欧洲猪(*Sus scrofa*),另一种来自印度猪(*Sus Indica*)。在恢复野生状态下,这些变种或者物种,似乎至今还没有显著地恢复它的原形,南美洲、牙买加和新格伦那达的猪,恢复野

---

① Darwin's Journ. in Voyage of H. M. S. Beagle,p. 475.

② Fauna Borealis Americana,p. 273.

生之后,各有各的某些特性①。在新的气候和其他条件下,它们变异,但是它们要重新恢复许多失去的、原来属于野生种的特性,才能维持生存。

一般都很相信,如果让果树和蔬菜的种子在没有垦过的土壤中生长,它们可以恢复野生种的原状;但是胡柯博士说,这不是绝对的事实。"它们退化,有时死亡;有时它们发育不完全,多少有些像它们的祖先,但是不能恢复原形。例如,苏格兰甘蓝和抱子甘蓝,如果不加管理,可以发生变化,它们变成的形状和野生甘蓝之间的区别,与这两种甘蓝的区别一样大,如果用种子种植,我们的良种苹果也会退化成酸苹果,但是它们变成的是它们所属的酸苹果变种,不能恢复成原来的野生酸苹果;培养出来的蔷薇以及覆盆子、草莓和大部分的园艺果树,多少都是如此②。"于是这位有经验的植物学家得出了一种结论,他说,一种变种的特性不至于完全消灭,以至于不能再被认做一种变种。

在杂交能力方面,驯化品种和野种之间有多大区别?——动物的杂交和植物的杂交现在可以回到本章开始时提到的一个问题,就是说,所有人工培养的品种的互相交配,究竟自由到什么程度,以及这种特性对人工培养的品种和它们最亲近的野种之间是否有真实的区别。

现在知道的鸽科(*Columbidae*),不下 288 个野种③;其中的一部分的特性虽然和另一部分很相似,然而按照过去所做的实验,它们不会互相交配;在这一方面来讲,它们和以前所说的那些如果作为野生种给鸟类学家看,他会把它们列入真种的驯化品种,有显著的不同,后者能自由交配而生出能生育的后代。

各种家狗的品种,都能交配而生育,且照以前提过的恒特的意见,豺和狼必须归入同一物种,因为它们交配之后可以生出能生育的杂交种。互相交配而有生育能力,常被认为是区别物种的实际测验。我们最熟悉的实验是马和驴的杂交后代;公骡能传种,母骡能生育,已经是肯定的事实。西班牙和荷兰就有这种情况;在西印度群岛和新西兰更为常见;但在热带地区,这些骡子很少生育,温带尤其少见,而在气候寒冷的地方,从来没有发现;但是两只骡,公的和母的,从来不会交配而生育。

母驴和公马的杂交后代——就是亚里士多德的 *rivvos* 和普林内的 *hinnus*——与公驴和母马所生的骡是不同的。柏芳说,在任何一种情况下,这些动物,不但体格像母体的成分比较多,而且形态也是如此;但是头部、四肢和尾像父体的形状比较多。任何杂交种的特性,似乎难得是两个父母之间的中间类型。恒特也这样说,根据他对狗和狼的试验,所生的一窝小狗之中,有一个杂交小狗像狼的程度比其余的多;魏格曼也告诉我们说,在柏林皇家动物园用一只白向导狗和一只母狼交配所得的一窝小狗之中,有两只像普通的狼狗,但是第三只却像有垂耳的向导狗。

植物的杂交现象和动物界的情况非常相似。我们从植物培养者那里学到了很多知识,因为他们能用大规模的方式进行试验,他们大量地播种他们想要使它们杂交的两个物种,很少考虑到失败,只要有部分的杂交的结果有成效。

---

① Darwin "On Variation," chap. iii.

② Hooker, "Flora of Australia" p. ix.

③ C. L. Bonaparte, cited by Darwin, "On Variation," p. 133.

柯尔路透做的工作似乎是说明这种奇特问题的第一个精密实验。他用两种烟草,即 *Nicotiana rustica* 和 *N. paniculata*,得到了一种杂交种;这两种烟草的叶子形状、花冠的颜色和茎秆的高度,都不相同。他是用 *N. paniculata* 的花粉使 *N. rustica* 的柱头受精的方法进行的。种子成熟后,长成的烟叶是一种居于雌雄植物之间的中间类型,而且也和这位植物学家培养的一切杂交种一样,具有不完整的雌蕊。他后来又用 *N. paniculata* 的花粉使杂交烟草受精,所得到的植物,更像前者。他照这样忍耐地进行了几代之后,最后实际上把 *N. rustica* 变成了 *N. paniculata*。

所采用的杂交方法,是在落花粉之前把要使它结子的植物的花粉囊切去,然后把外来的花粉散在柱头上。魏格曼后来又成功地重复了同样的实验,并且发觉,只要用一个纯种和杂交种交配足够多的次数,便能使杂种完全恢复雌种或雄种的特性。

在魏格曼的许多其他实验中,雌雄原种特性的混合是完满的;叶子与花的颜色和形状,甚至于嗅味,常常是在两者之间。普通葱和韭菜(*Allium cepa* 和 *A. porrum*)交配所得的杂交种,叶和花的特性大部分近于葱,但是具有韭菜的长形球根和嗅味。

这位植物学家又说,如果植物的杂交种不是绝对的居间类型,它接近于雌种的成分比较多;但是它们决不会呈现不属于两者的特性。再同原种之一杂交,一般使杂种植物恢复这一种原种的性质;但也不尽然是如此,所得的后代有时继续呈现完全杂交种的特性。

加特纳在他所著的《植物杂交》一书中指出,某些非常容易交配的纯种,只产生不结果实的杂交种;其他很少杂交或极不容易杂交的物种,反而能产生很能生育的杂交种,各种石竹就是如此。这位植物学家反复地使红蓝两色的紫繁蒌(*Anagallis arvensis* 和 *A. Caerulea*)杂交,但是发觉所得的杂交种绝对不能传种;达尔文说,就是最著名的自然科学家,也至多把这两种植物列为同一物种的变种。这些植物,除了颜色不同外,叶子的脉序和花瓣的形状,也略有不同;那些重视传种能力作为测验根据的植物学家们,现在已经断定它们是属于不同的物种,虽然在试行杂交实验之前,他们之中决不会有人提出这种意见。

魏格曼尽一切可能变换他的方法,使植物作不同的交配。他常常平行地播种几排他所要培养的物种,并使两排之间的距离相接近;他不采取柯尔路透切去原种植物之一的花粉囊的方法,而是仅仅将花粉洗掉。后来轻轻地把每排植物的枝弯转,彼此相向,编结在一起;如此则风和许多往来于花间的昆虫,可以带着花粉,使它们受精。

当我们考虑到许多昆虫怎样匆忙地把一朵花的花粉运到另一朵花的时候,特别是蜜蜂、吃花的甲壳虫,等等,何以不同的物种不会不断地发生杂交,似乎是一个最难解释的问题。

我们不断看到蜜蜂后腿上粘着满布在花的雄蕊上的红色和黄色的粉,辛勤地从一朵花飞到另一朵花,然后把粉带回蜂窝喂它们的幼蜂!为了饲养它们的子孙,这些昆虫实际上帮助了植物结果[①]。大部分人都知道,某些植物的雄蕊和雌蕊,不是长在一朵花上的,除非雌蕊的顶端接触着受精的粉,果实不会胀大,种子也不会成熟。正是由于蜜蜂、

---

① 见 Barton "On Geography of Plants" p. 67。

蛾和其他昆虫的帮助,许多这一类物种的果实,才有生长的保证,它们停息在雌蕊上的时候无意中把从雄蕊上采来的花粉遗留下来。

大部分植物是雌雄同花,然而达尔文根据奈特提出的意见做了实验,他证明,就是这样的植物,异花交配所得的后代,比用雄蕊的花粉使同花的雌蕊受精所得的结果更为壮硕而易于繁殖。花的全部结构,看起来似乎是为了自身交配,然而大自然却用昆虫和其他方法,使雌雄同株的花和同种中的另一个体进行交配。

在夏天炎热的时候,我们不是常常看见和雌树离开相当距离的雌雄异株的雄树,如水松,在微风中一阵阵地把花粉送入空中么? 微风如此难得用一个物种的花粉去使另一种植物受精,似乎近于实现了诚实牧人所深信的鲁昔旦尼亚母马的奇迹的故事——

> 巍峨的高崖拦住和风的时候,一切向着微风飘扬;
>
> 经常充满的狂风,不断地创造出不连贯的奇迹[①]。

达尔文发现,依靠风受精的花,花冠的颜色都不漂亮,但是依靠昆虫进行受精的花,颜色往往很鲜艳,花朵也很显著,显然是引诱它们注意[②]。

考虑到熟练的园艺家如此方便地创造出杂交品种时,我们似乎觉得很奇怪,何以自然界中没有产生更多杂交种? 但是我们必须记得,这两种情况是很不相同的。

雌蕊吸收另一种植物花粉颗粒的能力,是缓慢而勉强的,即使上面盖得很多;如果在这个时期,有极少量的同种花粉粘在上面,它们立刻被吸收从而破坏异种的花粉。况且不同物种中的雌雄结实器官,往往不是恰好同时成熟。即使成熟时期相同,可以引起杂交,但是阻碍形成杂交品种的机会还是很多。

很大部分已经成熟的野生植物种子,不是被昆虫、鸟类和其他动物吃掉,就是没有足够空间和发芽机会而腐烂。不健全的植物,最先被不利于这种物种的因素所毁坏,它们常被同种中比较强壮的个体闷死。所以,如果杂交种的相对生殖力或力量略为薄弱,它们就不能在野生状态下立足许多代。在普通的生存竞争中,最强壮的种类,最后总是占优势;品种的强壮程度和坚忍性,大部取决于它的生殖力,杂交种一般缺少这种能力。

各方面都承认,动植物各物种的构造差别愈大,性的结合愈困难;通常,那些被动物学家和植物学家列为不属于同种的物种,一般不能交配,即使能杂交,生出的杂交种是不会生育的。当我们发觉一般承认的两个真正物种可以生出能生育的杂交种时,我们对以下两种标准的抉择就感觉为难;我们不是否定杂交试验,就是宣布:能交配而生出能繁殖的后代的两个物种,仅仅是变种。如果我们选择后一种标准,我们不能不对所有其他与这些能繁殖的杂交种的父母是区别不大的假定物种的真实性发生怀疑,因为我们虽不能使这些物种在所有这些情况下,立即生出能生育的后代,然而实验指出,在屡次失败之后,两种已被公认的物种,在很有利的条件下,有时最后可以生出能生育的后代。

两种野鸡,即普通的 *Phasianus colchicus* 和 *P. torquatus*,可以互相交配,生出完全

---

① Georg. iib. iii. 273.

② Origin of Species, 4th Ed. p. 239.

能生育的杂交种①。两种紫繁蒌,如前所述,却不能进行杂交。

家牛和绵羊的不同品种,常有分群生活的脾性 虽然不止一种狼和一种豺曾经和狗杂交;有人认为,这一类的交配,对人工品种的多样性有相当贡献,然而这些狼和豺,在野生状态下是各自分群的。不止一种在史前时期分开生活的欧洲野牛原始品种或亚种,现在已被混合而混杂在一起,甚至于印度驼背牛也能和我们的家牛交配生出能于生育的后代。两种野猪,如以前提到的欧洲猪和印度猪也曾和某些我们的驯化品种相混杂。然而我们有种种理由可以相信,这样的混杂,在自然情况下是不会发生的。这只可以用动物所表现的习惯来说明;它们宁愿和同品种的同伴相结合,不愿和差别很大的种类共同生活。

在巴拉圭,马有相当多的自由,同样颜色和大小的土生品种,喜欢在一处生活,不愿和进口的马结伴。塞卡西亚的三种不同的马,生活虽然自由,几乎完全避免杂交。据说,如果把豢养在同一区域的重的林肯郡绵羊和轻的诺福克绵羊一同放了出去,它们"在短时期内会各自分开";林肯郡羊走向肥沃的土壤,诺福克羊走向他们自己的干燥疏松土壤;只要有足够的牧草,"这两种羊也和野鸽和家鸽一样分得清楚。这是不同生活习惯使不同品种各自分开的实例"②。

1813 年《哲学丛刊》中所记载的新品种绵羊的起源,也说明了关系很近的变种也有分群生活的习惯,赫胥黎教授也引证了这篇论文,作为证明新形成的变种有继续不断繁殖趋势的证据。"马萨诸塞州的一个农民有一群羊,其中有 15 只母羊和 1 只普通的公羊。1791 年,一只母羊献给她的主人一只形状和它的父母不同的小公羊,身体比较长,弯腿比较短,因此它不能仿效它的亲属作跳越邻居围篱的游戏;跳越围篱的举动,是这个家人很懊恼的事。他的邻居想,如果大自然能使所有他的羊都和新生的公羊一样具有安居的习惯,岂不更妙。于是他们劝告雷特杀掉他的教区内的所有老羊群,代以"沃托"或"安康"公羊,所得的结果证明了他们的聪敏预测。小羊几乎全部是纯种的安康绵羊或纯种普通绵羊,等到有了足够多的安康绵羊可以进行交配时,其所生的后代全部是纯种的安康羊。这个极可靠的实例,说明了我们可以突然或跳跃式地形成一个不同的品种,况且所得的新品种又是一个纯种。当使安康绵羊和其他绵羊同群放牧的时候,它们是聚集在一起的,所以大家都相信,如果不输入美林诺绵羊的话,这个品种可能无限制地繁殖;美林诺羊,不但毛和肉比安康羊优良,而且同样安静和守秩序"③。

帕拉斯论驯化作用可以消除不生育——生长的对比 帕拉斯曾经说过,亲缘关系相近的物种在自然情况下所具有的不能生育现象,可因驯化作用而消除。关于这个问题,达尔文说,许多经过驯养或服从人类的动物,虽然身体很健康,但是拒绝在樊笼中交配,印度虎和欧洲鹦鹉都是如此;象也只有允许它们在阿桑姆那样的森林中处于半野生状态下才会生育。这种事实说明,如果久已固定的习惯和在野生状态下的生存条件受到干扰,很容易引起动物的不生育现象。但是那些比较容易适应因与人类结交而产生的新环

---

① Origin of species, 4th Edition, p. 300.

② Darwin "On Variation" chap. xvi, p. 102, who cites Marshall.

③ Huxley, Westminster Review, 1860. Article on Darwin "On the Origin of Spicies."

境的物种，以及可以由人类搬到任何气候的物种，其生殖器官则有同样的适应性。

　　然而我们决不能自以为能提出一种满意的解释来说明驯化作用有增加动植物生殖能力的趋势。关于恢复野生状态时的相反结果，以下的事实是值得注意的。大约在 1419 年，一些兔子被输入到麦台拉诸岛之一的波托·桑托岛上，它们在那里繁殖得非常快，自从恢复野生时起，一直非常兴旺。从它们的许多特性来看，它们变成了一种体格比原种小的特殊品种。当两只这样的公兔被带到伦敦动物园的时候，它们拒绝和家兔的任何变种交配；在特殊地理环境下独立生存了许多代，显然引起了它们对亲缘关系如此相近的品种的厌恶心并且拒绝和它们杂交。

　　如果人类能使两个野生物种，像狼和豺，互相交配而生出能生育的后代，这样的结果必定动摇我们对一种学说的信心，即特别赋有不能互相交配而生育的动物，应列为不同的物种。的确很奇怪，驯化品种虽然可以变到这样一种程度，以致，如果是野生，自然科学家可以把它们列入不同的属，但是它们还能生出能生育的后代，至少至今还没有找到一个确切的实例可以证明它们的杂交后代不能生育，甚至于近于不能生育。尤其奇怪的是，如果我们信服达尔文的意见，一个动物的全部有机体有如此紧密的联系，以致一部分发生了极小的变异，其他部分通常也随着变化。

　　这种原理，他在《物种起源》中称为"生长的对比"而在最后的著作中称为"对比的变异性"，在许多实例之中，他提到鸽子的情况；他说，脚上有羽毛的鸽子，外趾之间有皮，短嘴的鸽子有小脚，长嘴的有大脚；他又说，某些实例是很奇怪的；例如，蓝眼的纯白猫，一般是聋的。他又记录了一只猫的情况，据说有一只猫，在诞生 4 个月之后，蓝色的虹彩开始变成深色，它于是开始恢复听觉[①]。

　　这位自然科学家又指出，如果杂交后代的不生育是由于它们的生殖器官的不完全，生殖器官的不完全是由于两种不同构造和体质的混合——这种混合可以使胚胎的发育受到阻碍和干扰——我们应当可以预料得到，当使已经固定的变种杂交的时候，那些不但永久影响许多脊椎动物的外貌和形式，而且也永久影响它们的头骨形状以及本能和习惯的因素所造成的差别，必定也妨碍到生殖器官，因此已经固定的变种交配后所生的杂交种也不能生育。

　　同时我们必须记住，各品种中的最大变化，是由选择作用造成的，但是人类的目的从来没有想使生物的生殖器官发生变化，因而使两个品种不能相互交配，即使他愿意做这样的实验，他也不知道怎样进行。此外，我们已经看到，我们可能改变植物的叶而不改变它们的种子，或者改变它们的种子、果实和花而不影响根和叶的特性。不论对比怎样，我们可以使某些器官发生很大的变异，但是我们不注意的部分，几乎可以继续不变或者完全不变。在下一章讨论自然选择的时候，我们还要讨论何以野生物种的变种经久之后会和它们的原种有如此之大的差别，以及各变种之间也会有这样的差别，以致彼此之间不能交配，虽然事实证明，同一物种各个体中的些微变异，在交配的时候，可以赋予交配后生育的后代以新的生活力和增加它们的生殖力。

---

　　① 　Dr. Sichet，cited by Darwin "On Variation," p. 329.

第三十七章　自然选择

自然选择和人工选择的比较——每一物种有在食粮不足条件下繁殖的趋向——"选择"和"适者生存"的意义——一种物种的稳定和变异，决定于无数不同的自然生存条件——物种的风土驯化——些微不同的变种的杂交是有利的——近亲交配是有害的——植物的野生杂交种和林耐对多型属的意见——第·康多尔论野生杂交种——种的本能并非起源于杂交——多型属的物种比较易于变异而且是比较近代的产物——世代交替不能说明新种的起源

自然选择和人工选择的比较　上一章我们已经讲过，人类用排斥用处较少和较不喜爱的变种、选择一些有用的变种加以繁殖的方法，以使动物和植物的形态和特性，在许多代中产生巨大的变化。用这样的方法，他继续不断地在各代中累积异点，一直等到造成的各种新品种间的外形和重要器官的内部构造的差别，与我们在自然界中遇到的大部分物种之间的差别同样明显；但是这样人工造成的新品种和野生物种是有区别的，它们交配后能够生出有生殖能力的后代。

我们现在可以继续讨论在第三十五章简单介绍过的变异和达尔文所谓"自然选择"对物种所引起的变化。在培养新品种时，动物育种者、农学家和园艺学家对自然界在更长的时期内使它们与原始类型产生更重要差别的过程，究竟模仿到什么程度呢？

关于可能支配变异的各种规律，达尔文也承认，我们知道得很少；如果这些规律包括第九章中所解释的渐进发展的原理——似乎很可能——它们的性质必定如此之高深而超越人类知识范围以外，使我们对它们的内容，只能得到一些极模糊的概念。但是即使承认不能否认的事实——即所有动植物和它们的父母之间，以及彼此之间具有些微不同的个别特性的趋势——那么在有机界和无机界中，是否有许多力量在活动，能使各种新品种在几千代或几百万代中逐渐向特殊方向变异，最后构成新品种呢？如果自然界中确有这样的过程，它必定很近于人工选择中所谓"无意识"选择，这种选择的后果，如上一章所说，经久之后比有意识选择更为有效。

在食粮不足的条件下，每一种物种都有继续繁殖的趋势　已经说过，如果每一个动物或植物在世界上的全部后代都能长成，仅仅一个物种的后代，不久便可以充满世界上可以居住的陆地或水体。马尔萨斯早已指出，就人类来说，如果他的增加能力不是因为缺乏食物而被抑制，地球上不久就要没有余地让一对夫妇的子孙立足。达尔文说，象虽然是已知的动物之中繁殖最慢的物种，然而也增加得很快，如果我们假定它到 30 岁才生育，从 30 岁到 90 岁之间只生 3 对小象，而且所有它的子孙都活到老死，那么经过 5 个世纪之后，1 对象可以有 1500 万子孙。

在不断进行的剧烈生存竞争中，比其他物种略占优势的物种或变种，才能在同一地

区内生存。它们可能忍受其他物种不能忍受的冷和热、潮湿或干燥；它们可能有较强健的体力、较敏捷地躲避敌人的能力；但是最大的考验，如前所述，是有在每年食物最稀少的季节渡过难关求得生存的能力。

"自然选择"或"适者生存"　斯宾塞曾经建议用"适者生存"一词代替"自然选择"[①]；这一名词往往很恰当，且为某些自然科学家所赞同，因为在自然界中，使一种变种或品种胜过另一品种的各种原因，是按照一定规律活动的，不像育种者的选择那样含有有意识挑选的意义。但是我觉得达尔文用的隐喻也很恰当而且往往很有用，因为它可以提醒我们，人类培养新品种的方法与达尔文和华莱士提议的、自然界中缓慢产生新品种的方法之间存在的类似性。赫胥黎教授在本问题的评论中说，在博都附近兰地斯区域内的比斯开湾中，风和波浪在广阔的面积内散布了许多颗粒小于一定粒度的大沙堆。这些颗粒好像经过筛子筛过，很精确地和较大的砾石分开。风和波浪对沙滩的作用，可以比之于所谓生存条件对有机体的总影响。弱者从强者之中淘汰出去。一个重霜的夜晚，在林场中从幼弱的树木里选择壮硕的部分，其效果等于园艺家运用他的智慧，把较弱的植物砍掉[②]。

如果读者回想一下第十一章和第十二章所讨论的地史期间地球上的自然地理和气候变化，他不会不了解，住在任何区域的动植物在此期间所遇到的新环境的总变化，必定比人类在几千年中使动物或植物驯化所造成的环境变迁重要得多。

如果我们企图罗列所有的条件——就是斯宾塞简括地称为物种的"环境"——它们几乎是无穷尽的。它们不但包括空气和水的平均温度，也包括每年各季的严寒和酷暑，各个时期的日照量和强度，晴天和阴雨的日数，雪量和冰量，风的方向和强度，大气压力和电的情况，土壤性质，高出海平面的高度，几百种共生动植物——有的友好、有的敌对——的习惯、本能和特性，某种动物和植物赖以为生的那些物种的多少以及许多完全超出动物育种家和园艺家所能控制的情况。此外自然选择使所有这些条件均匀和持久地发挥它们的力量；这些力量都是人类不能模仿的。

据胡柯博士调查，在喜马拉雅山中，显花植物分布范围的平均垂直高度，约为 4 000 英尺；某些物种的上下限，甚至于可以相差 8 000 英尺之多。如果我们把此山较高海拔上的植物移植到英国的花园，我们发觉它们比较低和较暖的地方所取来的种类耐寒。这种风土驯化性能，是几千代自然选择的结果。植物的生理组织受了影响，形成了一种耐寒的品种，虽然这样的变化可能只足以使它列入变种。它有时可能比生长在高度低得多的较湿和较热地区的同种个体矮小。花的颜色也可能有些微变化；如果是落叶类的话，落叶时期或一般的生长习惯可能也不相同。但在总的方面，它的特性还不够突出，不能导致植物学家把它列入超过所谓地理变种的范围。形成这样意见的时候，他可能主要用他的能力，在生长于所有中等高度上的个体之中追索整个连续系列的一个极端到另一极端的逐渐过渡种类作为指导。

些微不同的变种的杂交是有利的　使生长在最低地方的个体与经过高山区域风土驯化的耐寒个体杂交，并且证明它们生产的种子是否和用同一产地的植物花粉受精的各个体所生产的同样多，是一种有意义的试验，但是至今还没有人做过。在这样的杂交中，

---

①　Principles of Biology, p. 444.

②　Nat. Hist. Rev., vol. Ⅳ., p. 578, "On Origin of Species".

如果呈现任何比较少产的迹象,这就可以提供一种征兆,表示它们在自然环境下开始形成区分野生物种和人工形成的品种的特性。然而我们有充分理由可以相信,在杂交发生任何困难,或者后代的生殖力的退化变得显著之前,不同品种之间,必定已经有如此之大的区别,以致作为不同物种看待,可能已经成为可以和自然科学家争论的问题。这种现象,使我们在企图把新物种的逐渐形成归因于变异和自然选择时遇到严重的障碍。如果在略为不同的各变种所生的后代中,发现某些程度的不生育现象,而这种缺乏繁殖能力的现象,又随着偏离同一原种的程度愈变愈显著,那么生长在同一区域的、亲缘很近的物种彼此不能进行交配,是可以理解的。但是现象恰恰与此相反。略为不同的变种,不但没有表现出任何不愿互相交配和繁殖它们同类的习性,它们的自由杂交,反而增加了物种的新生力量和生殖能力。标准类型的个体总是最多,些微变异的种类往往不久便被标准种所吸收,因此新特性也随着消失。有时两个品种区别很大,以致有些人认为应当属于不同的物种,但是只要使它们的杂交后代和父母种之一的纯种连续交配六代到八代,所有外来混杂特征的痕迹,都会失迹。欧洲人和黑人的混血种,照这种方式与两个原种之一通婚一定次数之后能于互相吸收,是已经证实的事实。上述原理的功效是显明的,就是说,无论每一代中有多少变种,如果通过上述过程,总是使物种繁殖纯种,而阻止不合理的分歧产生;如果所有脱离常轨的种类都是如此易于混入正常类型,我们想象中的唯一困难,是怎样才能建立一种新而永久的物种。它们似乎需要在不同的环境下长期隔离,如在同一大陆的不同部分以及在同一群岛中的各岛常见的情况。但是我们还要研究,起于同源的两个品种,必须达到怎样的差别程度之后,才不愿互相交配,以及发展到什么程度之后,杂交的后代——如果能生育的话——才会变成不能生育。

近亲交配的害处 已经说过,某些驯化品种愿意和它们的同类交配;在另一方面,过多的近亲交配,肯定要产生有害的后果。

不列颠各公园,如唐克维尔爵士公园和汉米尔登公爵公园,已经豢养了四五世纪以上的半野牛,总数在 60～80 头之间。这种野牛的相对生殖力,远不如庞大的南美洲半野牛群。但在后一种情况下,一般认为,必须有偶尔从远处输入的动物,才能防止体格和生殖力的衰落[1]。达尔文说,以前所说的不列颠牛的体格,从古代起一定小了很多,因为根据吕提麦耶,它们是巨形原始牛(Bos primigenius)的后代。智林汉牛是白的,但是一部分是由于选择,因为黑色的小牛偶尔被消灭。在得克萨斯州的彭帕斯或在非洲,牛是成群结队在旷野中生活的,它们都有近于一致的棕红色[2]。达尔文在普拉塔河岸看见的一种叫作尼亚塔(Niatas)的牛种,有短而宽的前额,头骨形状与下颚的突出部分和弯曲度都很特别。在这种变种中,骨的形状几乎没有一根和普通牛相同。这种牛至少已经存在了一个世纪,它是说明在近于野生状态下可以形成显著变种的实例,也是说明这样的新品种,如果使它们和其他品种接触,有分群生活趋势的实例。如果没有人类的干涉,经过几代之后,这种趋势,可能使它们与共同原种差别愈大,因而更厌恶彼此交配。如果这样变化所需要的时期很长,中间类型将会消灭,于是又在最亲近类型之间的互相混合,形成一重新障碍。

在探讨本问题的时候,达尔文提醒我们说,生活条件的些微变迁,一般很有利于培养

---

[1] Darwin "On Variation" chap. xvii. , who cites Azara.

[2] Azara and others, cited by Darwin "On Variation," p. 86.

的动植物，虽然我们知道，大的变迁有时是有害的。以人为例，从英国到法国南部或麦台拉去休养而能恢复健康的病人，如果移到弗南多波，可能会死。我们不难想象，大部分培养的动物或植物变种的杂交，虽然可以增加它们的健康和生殖力，但在自然界中，以及在极长的时期内，变异程度可以达到如此之深，以致使它们的生殖器官发生变化，也使它们不可能形成能于生育的生殖细胞①。

上节已经提过，许多驯服的动物，拒绝在囚禁情况下交配；这种情况说明生殖器官对自然条件变化的敏感性。较大程度或相等的变化，自始至终继续几千代之后，会造成两个亲近品种的杂交不会生育，是意想得到的事。

如果育种家或园艺家的成果已经达到了这样的分歧点，新种是由一个老种逐渐变异而成的意见，应当几乎成为自然历史中无可争论的问题，但在我们能于观察的有限时间内，我们所能希望看到的，可能只有各种变种分群生活的趋势，尤其是（如某些自然科学家所相信的），如果驯化作用本身有消除不生育的趋势。

我们已经提到中间类型的消灭问题。根据达尔文指出的原则，这种现象更容易产生；他说，为了使一定面积能于维持最大数量的个体，这些个体应当属于无数很不相同的类型；对属是如此的话，对一个物种的各品种，有时一定也是如此。在这个面积内，可能有足够余地容纳一个系列的极端类型，那些具有中间特性的生物，却没有同样有利的地位。

植物的野生杂交种和林耐对多形属的意见　如果各种野生物种不反对杂交，或者如果它们的杂交后代不是几乎完全不生育，则在几代之内，所有现时生存的类型，显然都会互相混合，于是我们将在各处看到紊乱的情况，但是这种情况，我们现在只有在某些例外条件下遇到。

林耐常在他的著作中提到偶尔遇见的变形属或多形属（protean or polymorphous genera）；这两个名词是指一个包含着大量亲缘很近的物种的属。他显然无法使这种现象和它所主张的原始创造种不会变异的教义相协调。1751 年②在乌布萨拉大学的一次演讲中，他提出了一张近于 30 个"多产"属（Prolific genera）植物的表，其中种的价值是可疑的；他列举了欧洲的柳树和虎耳草，北美洲的橡树和紫菀，好望角的石南和鼠麴草；在每一属之中，在普通所谓近亲物种之间有如此之多的中间过渡类型，以致使它们的起源成为研究的特殊问题。他考虑到用杂交来解释这种隐谜的可能性；由于在它的思想中经常浮现着他新发现的植物的性别，他有夸大这种原因过去在创造新种方面的效果的意向。他说，杂交种并非完全不能生育，甚至于属都可能起源于杂交种③。但在大多数事例中，当他说到一个物种起源于一个较老的物种时，当他称住在距离很远地区的近亲物种为"姊妹"时——因为有共同的来源——以及当他谈到某些物种最初都起源于一个和相同的祖先时，他显然在用变异来解释物种的起源。有了这种思想，他公然把许多类型的勿忘草、苜蓿和其他的属，归入于一个共同的种名；他说，因为把大量这些植物比较之后，我们可以看出，所有这些种类，都是从一个来源分出来的。他甚至于表示，植物学家将来可

---

① Darwin "On Variation", chap. xviii.

② Linnaeus, "Plantae Hybridae", 32nd. Dissertation of the Amaenitates, vol. iii, pp. 28—62.

③ "Novas species, immo et genera ex copulâ diversarum speclerum in Regno Vegetabili oriri," etc. —Amoen. Academ. orig. ed. 1744, ed. Holm. 1749, vol. i, p. 70.

能有一天会主张,同属的物种都起源于同一个母亲①。

在自然情况下,杂交种虽然很少,但是所有植物学家都承认它们是存在的。根据赫伯特的意见,*Centaurea hybrida* 是两个著名的 *Centaurea*(山牛蒡)种的经常交配而产生的;但是这个杂交种从来不会结子。也不能生殖的 *Ranunculus lacerus*,是格伦诺白尔和巴黎附近的两种毛茛(Ranunculus)偶然结合的后代;但是这是在园圃里发生的②。达尔文最近(1876 年夏天)满意地用实验方法证明了 *Oxlip* 是 *primrose* 和 *Cowslips* 的杂交种,他认为后两种是不同的物种。在一篇关于杂交论文中,赫伯特企图说明在自然情况下杂交种稀少的原因;他认为,凡是可能产生的配合,在几世纪以前已经都配合过了;他说,但在我们园圃中,如果从不同地方输入的物种之间有一定亲缘关系,它们的初次接触都可以产生杂交的物种③。

第·康多尔的意见 在 1820 年出版的植物地理论文中,第·康多尔说,植物的变种本身可以分成两大类:一类是由外界环境所形成,一类是杂交所产生。举出了各种论证来说明这两种原因都不能解释不同地区土生植物之间永久存在的差别之后,他说,"我完全了解,凡是相近的地方有许多同属的种,它们可以产生杂交种;我也知道,在特殊区域的某一个属之中有很多的种,也可以用这些理由来解释;但是我不能想象,任何人能够考虑同样的解释可以适用于天然产在距离很远的物种。例如,如果现在世界上已知的三种落叶松是生长在同一地点,我可以相信,其中之一是其他两种杂交的产物;但是我决不能承认,西伯利亚种是欧洲和美洲种杂交的结果。我所以认为,生物界中存在有不能用任何一种有关变异的实际原因来解释的永久差别,这些差别是构成物种的特点"④。在这一段文字中,第·康多尔假定变异的实际原因是有严格而明确限度的;变异说的拥护者说——不是没有理由——这种臆说是与反对或敌视无限变异说的假定同样武断。

种的本能并非起源于杂交 所有我们的经验,都否定关于物种一般是由有限几个彼此差别很大的原种混合而成的臆说;因为我们不能在很不相同的属的植物或动物之间得到杂交种。至于两种极不相同的类型之间的中间物种,何以能产生具有适于在生存竞争中立足的品质和本能的杂交后代,也是不容易理解的问题。

如果我们研究一下某些昆虫的属,如蜜蜂,我们发觉,在无数种之中,每一种的习惯与采蜜、建窠、抚养幼蜂等的方式,以及其他细节,都有些不同。照柯培或史本斯的描写,普通蜜蜂中的工蜂,赋有 30 种以上不同的本能⑤。我们也发觉,在种类繁多的蜘蛛之中,结网方法的区别和种的数目同样多。如果我们想到这些本能和动植物界中共生物种的复杂关系,我们几乎不可能想象,这些物种的结合,能于生出一种恰好保持着每一个原种中足以使它在任何危险环境下都能生存的应有性质的杂交种。

物种起源于变异和自然选择说将不能维持,除非我们能确定现时生存的各属和物种

① "Tot species dici congeneres quot eadem matre sint progenitae."—Amoenitates Academicae, vol. vi, p. 12. 两位瑞典的著名自然科学家,佛里斯教授和罗文教授诚恳地向我指出这一段和许多其他章节,其中林耐已经自由地探讨了物种的易变性和演化。

② Hon. and Rev. W. Herbert, Hort. Trans., vol. iv. p. 41.

③ Ibid.

④ Essai Elémentaire &c. 3ième partie.

⑤ Intr. to Entom. vol. ii, p. 504, Ed. 1817.

有很不同的历史过程。其中一部分一定传自很古的地质时代，另一部分则比较近代。后一类中的现存代表的性质，已经混杂到一种程度，以致没有两个自然科学家能同意在什么地方划分各物种间的界线。不列颠的蔷薇是这种不明确的事例中很熟悉的例子，彭生姆只把它们分成 5 个种，巴冰登博士却定出了 17 个种。达尔文在这种丰富多彩而亲缘关系密切的物种之中，看到新品种的活跃出现，而且从它们出现之后，还没有时间使那些现在还联系着系列中不同品种的各变种消灭，他又说，这些多型属的物种，往往是容易变异的。如果读者想到第四十二章将要讨论的物种灭亡问题，他就会了解，一般何以有如此之多的中断环节，何以多型属是一种例外现象。特殊创造说不能为这种隐谜提供线索。在另一方面，如果我们可以证明，能于生育的杂交种能由植物或动物中很疏远的种类产生，那么多型属的存在便易于得到解释；但在这种情况下，它们应当很普遍，如此则动物界和植物界的现状，将比任何时期更为神秘了。

性的选择　在动物中，很多最显著的外部特性只限于一性，例如，雄四足兽常有的角和尖锐犬齿，雄鸟的装饰羽毛、华丽的颜色和悦耳的声调，以及雄昆虫的触角和奇形赘瘤。达尔文曾经指出，在争夺配偶时，这些特性常常很有用。一部分雄动物实行战斗，最强健和保有最优良武器的个体，往往成为第二代的父亲；另一部分则炫耀它们的美观或声调来引诱雌动物；这些取得最早和强健的配偶的动物，将生出最多和最健康的后代。因此，幸运的个体，有优先遗传它们特性的机会；达尔文相信，雄鹿的庄严叉角，雄鸡的尖距（Sharp spurs）和凤鸟的豪华长尾，都是如此产生的。所以性的选择，变成了自然选择的一种重要辅助因素，并且可以帮助我们解释不能仅仅用"在生存竞争中，只有有利的变异才能保存"来说明的各种构造。

世代交替　在无脊椎动物的某几个纲中发现的所谓"世代交替"在某些动物学家的思想中引起了一种观念，认为这可能是造物在世界上突然引出新的有机体的方式，甚至于认为是在同纲中突然创造比先存物种更高级的种类的一种方式。某些海桧虫水螅，生出相同的水螅，这些水螅又产生其他同样形状和结构的个体，如此连续几代之后，其中的一系，最后生出组织比较高级的生物，叫作水母。自然科学家过去认为，这种水母是属于组织比海桧虫绝对高级或比较复杂的不同的属，甚至于把它隶属于不同的科。据他们说，如果在不同环境下，海桧虫和水母，都能各自按照通常遗传定律，无限制地生出像它们一样的后代，我们就有新出现的较高级种类和生出它们的较低级生物同时存在的实例；但是可惜没有任何事实可以证明这种推测。海桧虫虽然是从卵孵化出来的，本身却不生卵，但仅仅通过所谓本身的发芽生殖，生出其他水螅，只有在雌雄水母交配之后，才产生孵出海桧虫的卵，全部变化循环，像昆虫的变态一样，周而复始。某些蚜虫也是由卵孵化而成，它们通过发芽生殖，长出无性的后代，后者继续繁殖相同的个体，到了最后，一部分的后代生出完全的和有翼的雄虫和雌虫，它们交配后产生卵，于是变态的循环重新开始。

即使水桧虫和水母有各自独立生活的表现，这种现象还不足以说明普通所谓特殊创造，因为新的种类还是通过传代的方式从老种类产生出来的。关于物种起源问题，我们现在事实上只有两种对抗的臆说可资选择——第一，特殊创造，第二，通过变异和自然选择的创造。在以下四章中，我拟讨论动植物的地理分布对这两种对抗臆说论点的启发，以便作我们的选择。

第三十八章　物种的地理分布

　　动物的地理分布——柏芳论旧世界和新世界四足兽种的差别——"天然障碍"说——大洋洲的袋鼠——已绝种的化石种类与它们最亲近的生存属和种的地理关系——史克拉特博士建议的鸟类地理区——这种地理区对一般动植物的适用程度——新热带区——新寒带区——旧寒带区——埃塞俄比亚区——印度区——大洋洲区——华莱士对马来群岛中印度区和大洋洲区界线的意见

　　动物的地理分布　柏芳在1755年的著作中曾经说，"哲学可能性"的探讨虽然指出，"如果一切条件都相等，地球上有相同温度的地区，应当有相同的动物和植物，然而自从发现美洲之后，那里的土生四足兽和旧世界以前已知的种类完全不同，已成为无力置疑的事实。新大陆的任何部分都找不到象、犀、河马、长颈鹿、骆驼、单峰驼、水牛、马、驴、狮、虎、猿、狒狒以及许多其他哺乳动物；而在旧世界则找不到这个大纲中的许多美国种，如貘、美洲驼、西猫、美洲虎、美洲狮、刺鼠、臭狐、赤狗和树獭"。

　　就整个动物界来说，这些现象的数量虽然比较小，但其性质却非常显著而肯定，因此使这位伟大的德国自然科学家立即发现有机生命地理分布的一般定律，就是说，某些自然障碍，可以使不同物种的动物群限制在与世界其他部分相隔离的区域。所以，根据已经获得的，关于较大四足兽的明显证据，他敢于对某些自然科学家所主张的、美洲和非洲南端有相同动物物种的说法发生怀疑，这充分表现了他的正确哲学精神[1]。

　　为了体会这种学说的新奇和重要性——即彼此隔离的水陆区域，有完全不同的动植物物种——我们必须回想到柏芳的时代，并且检查一下与他同时代享有盛名的自然科学家林耐，在研究地球最初怎样被现代生物所占领时所作的肤浅推论。照这位瑞典自然科学家的想象，可以居住的世界，在某段时期内只局限于一个小范围，这是原始大洋降落后地球表面露出海面以上的唯一部分。所有存在于地球上的原始植物物种和所有动物以及人类的祖先，都聚集在这一片富饶的地区内。为了适应如此之多生物的不同习惯，和供给适宜于它们的各种气候，他于是假定这一片开始创造的地区是在地球的温暖部分，但是包含有高峻的山脉，而在高山和斜坡上，有各种不同的温度和气候——从炎热带到冰冻带[2]。一部分地质学家可能还坚持着以往曾经一度流行的概念，认为在地球变成现代生物居住场所之后，在某一个遥远时期，地球上有一个普遍的海洋。但是现在很少人会否认，在现代动植物物种出现之前很久，海陆的分布已经和现在的情况很接近。

---

　　① Buffon，Vol. V，1755—On the Virginian Opossum.

　　② "De terrâ habitabili incremento," also Prichard，Phys. Hist. of Mankind，Vol. i. p. 17. 其中列举各自然科学家的臆说。

　　读者应当注意,如果生物的地理分布,没有引起自然科学家普遍地采取物种中心说(Doctrine of specific centers),或者,换句话说,使他们相信,所有的物种,不论动物或植物,都起源于一个产地,那么柏芳1755年发表的而后来非常流行的"天然障碍"说,就完全没有意义了。否认这种观点,大洋洲、好望角和南美洲的土生四足兽之中没有一个物种相同的事实,决不会想到用介于其间的广阔大洋、不毛的沙漠、严寒酷暑的气候来解释,因为每一个物种必须越过这一类的障碍,才能从一个地区迁移到另一个遥远的区域。我们可以正当地向主张不能通过的障碍的人问,何以没有同时在大洋洲、非洲和南美洲创造出相同的袋鼠、犀牛和骆马呢? 马、牛和狗虽然不是这些区域的土生动物,但被人类输入之后,它们可以在野生状态下生存;我们可以毫无疑义地说,如果许多现在大洋洲、非洲和南美洲特有的四足兽,原来都是每一个大洲的土生种,或者是曾经一度在这些地区落户的新移民,它们可能已经同样在三个大洲上继续生存了许久。

　　我们在所引的章节中看到,柏芳要我们注意在美洲的任何地方都找不到旧世界的猿和狒狒的事实。现在我们已经在这两个大洲上发现了许多新四手目;这两群动物在解剖学上和其他特征上的不同,使它们的差别更为显著了。

　　旧世界的猿和猴,属于狭鼻亚目,因为它们鼻孔之间的隔壁是狭窄的;新世界的猿和猴,属于广鼻亚目,因为它们的鼻孔分得很开。在狭鼻亚目中,牙齿的数目和人类一样有32个,不仅形态和构造与人类最接近的猩猩和长臂猿是如此,而且除了一两种变种如狐猿之外,也是如此;所有的广鼻亚目,都有36个牙齿,因为它们有4个额外的假臼齿。除牙齿的明显区别外,还有其他的异点;例如,适于卷绕的尾巴完全为美洲猴所特有,而颊袋是旧世界四手目的特征。

　　大洋洲的有袋类　住在不同地理区域的动物,具有某些特殊构造形态的事实,在柏芳发表了他的伟著之后不久在大洋洲发现了有袋类动物之后,更为明显了。这一类动物和旧世界的很不相同,因此把它们列入一个特殊的亚纲,名为有袋亚纲;在此以前,地球上已知的有袋类,只有一个种,就是美洲的鼩(*Didelphis*)。这些有袋动物之中,有些是食草兽,如袋鼠,有些是食肉兽,如塔斯马尼亚狼(袋狼 *Thylacinus*),总的说来,它们与几乎包括世界其余部分所有有胎盘哺乳动物代表的动物群,成平行的系列。沃特赫斯描述了大约140种,都是大洋洲大陆的土产,此外大约还有9种,住在新几内亚和邻近属于马来群岛的几个岛。其中只有一种,即飞鼩(*Petaurus ariel*),是大陆和其他一个岛所共有。

　　已绝种的化石种类与亲缘最近的生存属和种的地理关系　当我们探讨脊椎动物的特殊门类局限于陆地的一个地区的意义和设法利用这种事实来推测造物使新物种在地球上繁殖所采取的计划的时候,我们觉得在某些程度上不能把这个动物群的特性,归因于大洋洲的气候、土壤和植物的性质。我们至少已经用实验方法证明,当胎盘哺乳动物的各目,无论是食草类或食肉类——如牛、马、狗和猫——在大洋洲变成野生的时候,它们不但可以和土生种相匹敌,而且往往征服它们而大大地繁殖。那么,有袋类何以占这样的绝对优势,并在生存竞争中如此完全地战胜有胎盘动物呢? 答案似乎是:自从大洋洲升出水面以后,较进化的有胎盘动物,从来没有能进入这个地区。大洋洲的有袋类动物,无疑是很古远的,因为当我们考察这一区的有兽骨岩洞和表面冲积层时,也像在欧洲同时的沉积中那样找到绝种四足兽的遗体,但是在大洋洲找到的不是旧世界的有胎盘纲动物化石,而是袋鼠、袋熊、袋狼和其他已绝种的有袋类。其中之一,即与袋鼠有亲缘关系的原齿兽(*Diprotodon* Owen),体格和大犀牛相仿;另外一只,即二前齿兽(*Nototherium* Owen)体格也不比犀牛小。它们和已绝种的袋鼬类(*Dasyurus*)的种共生,此外还有许多较小的种类,如袋鼬和鼷。

同样,如果我们转到南美洲的地质记录,我们在较现代略古的时期里埋在岩洞和冲积层的化石之中,找到了大獭兽、大暗兽、雕齿兽、磨齿兽、弓齿兽和长颈驼的骨骼,这些动物一般和现时生存的树獭、犰狳、龈鼠、水豚和骆马有亲缘关系。在巴西各岩洞中,和上述各种动物共生的有已绝种的猴类,它们隶属于卷尾猴属和 *Callithrix* 属,而且都是以前所说的新世界广鼻类型。第三,如果我们转到欧洲—亚洲和非洲区——包括欧洲、亚洲和非洲北部——地质学同样教导我们,凡是现在有驯鹿、麝牛、象、犀、海马、马和许多其他旧世界种类的地方,必定有晚近地质时期内很繁盛的同属动物。照现在的科学水平,我们还不能讨论这个大区域内的四手目化石,因为我们对热带的上新世哺乳动物的考察还不够全面,而现在只有在热带才有猿类和猴类。但是值得注意的是,在欧洲和亚洲中新世发现的绝种猴化石,都是属于旧世界类型,或狭鼻类,例如长臂猿和细猴属。

奥文教授和达尔文重点地讨论了现时生存的生物和已灭亡物种的显明关系——即现时生存于世界某一部分的哺乳动物的特殊属和目与在相应地区找到的同目化石代表之间的关系[①]。

所以,对本章已经提到的两类现象不加一些说明,任何关于物种起源的臆说,都不能令人满意的。第一,物种,甚至于属和更大的门类,有如此之广大的空间分布范围,似乎意味着,它们是从一个名为"创造中心"的小区域向各方分散,一直等到它们的进展,受到了某些天然障碍或遇到有机界和无机界中不利于它们的环境,方始停止。第二,特种的属只局限于地球某些部分的事实,不但现在是如此,而且可以追溯到前一个地质时期,其时大部分哺乳动物的物种和现时生存的已不相同。后一种事实的重要性是不可忽视的。如果我们在现在说意大利语言的地方找到的石刻,以古代拉丁文为最普通,现在说希腊语言的地方以希腊文石刻为最多,而在从耶稣纪元之后许多世纪还在用柯普特语(Coptic 古埃及语——译者注)的地方的古代纪念物上,刻有埃及象形文字,我们立刻可以看出三种死文字和三种现行语言之间无疑的地理关系,即使这些国家使用这两种语言的时代之间的历史已经无从查考。这种情况提出了有力的论证,证明这三种语言各有其起源;每一种语言与一种已经废弃的语言的关系,比传说或历史中提到、在世界其他部分曾经使用过而久被遗忘的其他言语相近得多。所以哺乳动物化石和现代种类的地理分布之间的密切关系,指出一种理论(没有绝对说明它的真理),即现存的动植物物种,也像以上所说的各种现代语言一样,是有起源的,而不是原始或独立创造的。

动物的地理分区　现在已经肯定知道,海洋和陆地可以分成所谓不同的生物区,在每一分区内,住有一定的动物和植物的物种,而且这两大类生物物种的分布范围,是相当一致的。史克勒特博士在 1857 年为鸟类所规定的 6 个主要分区(用鸟纲的目和属而不

---

① Owen, British Mammals and Birds; and Darwin, Journal of South America.

是用种来分的)[1]，除极少数例外，也可以适用于四足兽、爬行动物、昆虫和陆栖介壳，甚至于大部分可以应用于植物。他所规定的分区如下：(1) 新热带区，包括南美洲，墨西哥和西印度群岛。(2) 新寒带区，包括美洲的其他部分。(3) 旧寒带区，包含欧洲，亚洲北部一直到日本和撒哈拉沙漠以北的非洲。(4) 埃塞俄比亚区，包括非洲其余部分和马达加斯加。(5) 印度区，包括亚洲南部和马来群岛的西半部。(6) 大洋洲区，包括马来群岛东半部，大洋洲和大部分的太平洋岛屿。

后来有人建议把这个安排加以某些变更。A. 莫雷在他所著的《哺乳动物的地理分布》(*Geographical Distribution of Mammalia*) 中，合并了埃塞俄比亚和印度区，把北美洲分成两部分，一部分归入旧寒带区，一部分列入新热带区，如此把主要区域减为三个。赫胥黎教授[2]只分两个主要区域，北界和南界(Arctogaea and Notogaea)，后者包括新热带和大洋洲区，前者包括地球的其他部分。但是哪几个是主要区域，哪几个是次要区域，以及其中一部分之间的界线应如何划分，各人的意见虽然还有距离，但是史克勒特博士的分区，一般认为比较自然，以现在的知识水平而论，这是说明动物地理分布问题最好的体系。

新热带区　现在先从新热带区开始，其中包括西印度群岛和南美洲。据史克勒特的意见，这一区域的鸟群，是全世界最丰富而特殊的，又如柏芳所说，哺乳动物也和旧世界迥然不同。我已经提到过南美洲的广鼻猴类以及这个地区的树獭和犰狳，现在可以再加入魈蝠或真正的吸血蝙蝠，最大的啮齿动物水豚，赤豹，以及许多其他动物。

如果关于物种起源于变异或逐渐变形的学说含有任何真理，我们应当可以希望在南美洲找到和其他陆地很不相同的陆栖动物群；因为地质学的证据指出，现在的大陆和大洋盆地都是非常古老的[3]，美洲大陆的南部与非洲、亚洲和北极陆地之间，被一个广阔的海洋所隔开。我们不能假定，在上新世甚至于在中新世，南美洲和其他大陆有自由的陆地交通；因此，欧洲四足兽的属必定已经经过了几次变迁，新热带区几乎还是继续像现在这样的孤立。

洪博尔特说，在秘鲁和智利，12 300 英尺到 15 400 英尺高的草原地区，居住着成群的骆马、原驼和羊驼，这些在这里代表旧大陆驼属的四足兽，既没有扩展到巴西，也没有达到墨西哥，因为在它们的旅程中，必须进入它们觉得太热的地区[4]。这一段文字虽然是在1814 年发表的，然而我们可从其中看出，他已经于无意之中假定了物种中心说。

我已经说过，在这个区域内，曾经找到已经绝种的骆马、树獭和犰狳属，以及许多南美洲四足兽科的化石。但是令人惊异的是，某些地点的动物化石群，却不是和现在的动物那样，与世界其他各处有如此之大的区别。例如，彭帕斯地方发现过一种马化石，秘鲁的山中找到过一个象化石(安第斯乳齿象 *Mastodon Andium*)。北美洲很多地方，也同样发现马、乳齿象和西伯利亚猛犸的化石，但在欧洲人最初移入之前，新世界已经没有这些属的任何代表。

这些四足兽过去有如此广泛的分布，意味着旧世界的物种曾向新世界迁移，它们可

---

[1]　1857 年在林耐学会宣读的论文。

[2]　Proc. Zoological Soc. 1868, p. 294.

[3]　见本书第一册，第 121 页。

[4]　Description of the Equatorial Regions：1814.

能是在上新世期间从安第斯山迁入的；但是怎样会引起这种的侵入，以及旧世界物种怎样又会被消灭，已经无从悬猜。然而我们可以肯定地说，照现在的知识水平，我们还不知道任何物种灭亡的原因。达尔文说，一个在初生的马、牛和狗的脐眼中下卵的小虫，就可以使任何这些动物无法在巴拉圭野生[1]；况且我们对各种共生的动物和植物对任何物种安全的影响，也知道得极少。

此外，作为地质学家，我们一定记得，自从中新世和上新世以来，北半球的马和象是逐渐衰落的种类。印度北部西瓦里克山的化石已经证明，在上中新世期间，长鼻类中的象、乳牙象、掩齿象属，（根据福尔康纳的定义）至少有 7 个不同的种，此外在欧洲同时还有几种乳牙象，也很繁盛。到现在，全群之中只有 2 个生存的代表，就是印度象和非洲象。同样，美国的上新世和后-上新世地层中，已经发现了 12 个马种，李台把它们归入 7 个属，但在欧洲人第一次到达美洲的时候，它们都已绝种了[2]。

有人反对说，智利的昆虫群，虽然大部分是南美温带的特产，其中也有许多为北半球常见而为中间热带区域所找不到的蝴蝶和甲虫的属，如 *Colias*，*Carabus* 等。可是这些昆虫很可能是在冰川时期的寒冷气候中，沿着安第斯山较高地带从北向南迁移；它们的特性似乎全部发生了变化，以致南北两半球同属中各物种的特性，已经很不相同。至于和大洋洲种类有亲缘关系的美洲有袋鼦，华莱士表示的意见是合理的；他认为，欧洲的始新世和下中新世既然有负鼠科的动物，根据物种起源于变异的学说，美洲种来自欧洲的可能性比来自大洋洲大，在大洋洲，我们所讨论的属，既没有生存的代表，也没有找到一个化石。

在这个大区域中——新热带区——以及今后将讨论的每一个分区，较大部分的物种，不论动物或植物，虽然都可以用充分明显的界线把它们互相分开，而且自然科学家在他们的分类系统中也可以同意大部分这种界线；但在每一个大类之中，不论脊椎动物或无脊椎动物，都可以提出一些例外，因为有些物种可以从一种类型过渡到另一种类型，中间有如此之多的居间变体，以致没有两个自然科学家对它们之间的关系，具有完全相同的意见。例如，裴兹在亚马孙河流域看到成群隶属于 *Heliconius* 属的蝴蝶，它们是美洲热带的特产。在森林的树荫里，有很多同属中相类似的种和变种以及几种特征较为显著的类型，成群结队地在飞舞。其中最特殊的一种是 *H. Melpomene*（林耐），圭亚那、委内瑞拉和新格兰那达都有它们的踪迹。它们在亚马孙河流域以北的奥贝多斯很常见，并在河的南面，桑塔林背后的干燥森林中又重新出现。但在流域的其他部分，却不存在，而代以大小相似、颜色不同、但亲缘相近的种 *H. Thelxiope*。这两种蝴蝶有相同的习性，昆虫学家一向认为它们是属于不同的种，但照裴兹的意见，一种仅仅是另一种的变形；因为他发现，性质介于奥贝多斯干燥空气和大河谷其他部分的潮湿气候之间的那些森林区域中，有另一类蝴蝶（*Heliconii*），它们是以上两种著名种类的过渡类型。照他的观察，它们通过很细微的变异从一个极端变到另一个极端，但是它们是 *H. Melpomene* 和 *H. Thelxiope* 交配而生的杂交种的推论，是不能成立的，因为从来没有看到这两种蝴蝶互相交配，况且在这两种类型相接触的地方，没有看见这种中间的变种。如果就它们居住的

---

① Darwin，"Origin of Species，" 4th Ed. p. 83.

② 见 Leidy and Hayden on Nebraska Fossil Remains，Proc. of Acad. Nat. Sci. Philadelp. 1858，p. 89。

整个区域来说,中间类型的数目比两个极端种类少得多;裴兹说,我们必须把两端的种类作为真正的物种看待,因为它们所表现的特性,通常认为已经达到种的标准,其中包括不能互相交配。同样的推理方法,使这位自然科学家得出 *H*. *Vesta* 也起源于 *H*. *Melpomene* 的结论。*H*. *Vesta* 分布很广,其范围一直扩展到安第斯山的各中央流域。

这个区域的最高哺乳动物,或猴类,也是说明这种现象的适当例子。这里有两种不同的卷尾猴或加卜勤猴(Capuchin),即 *Caiarara*(*C*. *albifrons*,Spix)和 Prego(*C*. *Cirrhifer*,st. Hilaire)。它们的形态和习性都不相同,但在亚马孙河流域都可以见到。它们不是局部的变种,因为它们有时共生于同一地区。但在热带美洲的几千英里荒野地区内,这一类卷尾猴不但有广泛的分布,而且亚种和变种的数目是如此之多,可以把上述两种连成一个系列,据裴兹说,动物学家无法用显明的界线把这系列的两个极端种类分开①。

这些变种的命名;经常成为伦敦动物园很大的难题,巴黎博物院也不例外,任何人参阅圣·希雷所编的目录,也会发现同样的情况。在这一部目录中,加卜勤猴不是在分类学上使人发生困难的唯一广鼻目。拥护达尔文主张的人们必定认为,这些过渡类型正是我们应当遇到的,因为它们仅仅暗示,如本书以前所说,有些属和种是比较新,所以还没有充分时间使其中的一部分消灭而在新变种的系列中造成间断。

新寒带区 其次我们再看一看新寒带区的情况,本区的范围是从墨西哥中央高原一直到北极。如果我们把这一个大区域的南部和东西两面最近的陆地作比较——一方面是非洲北部,一方面是中国——我们就会发觉,美洲动物群与非洲和亚洲大陆动物群是完全不同的;但是我们愈向北走,一直走到三个大陆互相接近纬度上,属和种的差别,便逐渐减少。有人的确常常这样说,整个极地区域,可以形成一个分区;但是过去认为和欧洲相同的美洲物种——例如獾——经过后来的详细研究,才知道是有区别的,而麝牛(*Ovibos moschatus*)是美洲的特产,但由化石证明,这种动物过去在德、法、英等国曾有广泛的分布。

气候成为限制哺乳动物物种分布最重要的因素,可能以现在讨论的区域所表现的最为特殊。我们知道,在这个大陆上,从落基山到大西洋之间,没有大规模横贯东西的地理障碍——例如终年积雪的高山、不毛的沙漠和广阔的海湾——能于阻止物种从北向南的自由迁移。然而李觉生爵士卓越地描述的北极动物群之中,几乎没有一种和 600 英里以南、大约产有 40 种不同哺乳动物的纽约州相同。如果再向南旅行 600 英里,进入一个东西延长的带,即包括南卡罗来纳州、乔治亚州、阿拉巴马州和邻近各州,我们又遇到一群新的陆栖四足兽,这些四足兽,又与更向南没有霜雪的得克萨斯州的动物群不同。这些土生哺乳动物群虽然分得很清楚,但是其中有一部分分布比较广,如美洲水牛(*Bison Americanus*),浣熊(*Procyon lotor*)和弗吉尼亚袋鼠(*Didelphis Virginiana*),它们几乎从加拿大一直蔓延到墨西哥;这是一般规律的例外。得克萨斯袋鼠(*Didelphis cancrivora*),是和弗吉尼亚种不同的,而在落基山以西,如加利福尼亚州,还找到同属的其他物种,虽然这一地区的哺乳类物种,几乎全部和合众国的不同。

旧寒带区 再次,我们讨论第三个分区或旧寒带区,其中包括欧洲与亚洲北部和日本,也包括撒哈拉沙漠以北的非洲。我们在这里也主要选择哺乳动物为例,并且首先讨

---

① Bates,Naturalists on the Amazons,vol. ii. p. 101.

论欧洲四足兽物种从东到西的异常分布范围；因为在 58 个种之中，不下 44 种为欧洲和黑龙江流域——即北纬 45°与 55°之间的亚洲东北部——所共有。这一群动物之中的一部分物种，东西分布并不广泛，但南北分布的距离却很远。例如，无尾野兔或兔鼠，一直深入北极的纬度，而老虎则深入热带，甚至于远达爪哇南部。

把摩洛哥、阿尔及利亚和突尼斯与欧洲和亚洲北部并列，作为本区的一部分是否恰当，曾经引起疑问，但是他们所指的仅仅是哺乳动物；因为鸟类、爬行动物、昆虫和植物，全部无疑都是旧寒带区类型。关于哺乳动物，华莱士曾经列了一张表，其中表示，阿尔及利亚物种之中，至少有 33 种绝对和欧洲或西亚的四足兽相同；还有 14 种是隶属于欧洲的属，10 种是隶属于亚洲西部和西伯利亚的属。但在另一方面，有 7 个或 8 个北非高原的种，被认为带有埃塞俄比亚区或欧洲以外的色彩。它们都生长于沙漠的动物——一种羚羊，一种与居住在直布罗陀相似的猴类（*Macacus inuus*），一种狮子，一种豹，一种 *Cerval* 和猎豹。这些大的猫科种，分布在整个非洲，从地中海直到好望角；据华莱士说，它们很可能是随着旅行队的踪迹越过沙漠的。如果我们只集中注意于属而不去研究种，我们发现，在 31 个属之中，只有 3 个属是旧寒带区和埃塞俄比亚区所共有。

从我们在第一册所说的直布罗陀和非洲最接近部分即丹吉尔之间的海底山脊来看（长 22 英里，宽从 5 英里到 7 英里，深度均不超过 220 英寻的山脊），我们知道，要使欧洲南部和非洲相连接，海陆相对水平并不需要起很大的变迁。地质学家至少对以下的事实是熟悉的，在新上新世期间，西西里和其他地点的陆地与地中海底的升降幅度，远超过连接直布罗陀海峡两岸所需要的程度。水平发生大约 70 英寻的变化，可以使马耳他和戈佐与西西里相连，下降 200 英寻，就会出现一个 170 英里长的地峡，使马耳他和特里坡里相连接。同样的变迁，可以使意大利和西西里相连，并使后者通过爱得文丘暗礁和非洲相接。地中海各岛和最近的大陆的动植物群的显著相似，我们只能用最近地质期间的这种和其他类似陆地交通来解释，不论海的一般深度现在是怎样。诚然，爱琴海中的某些高山岛屿，如福勃斯和史普拉特船长所查明，产有特殊的陆栖介壳种；但是这些山，可能从遥远时期起便已孤立，因为其中一部分有淡水的中新世地层，而且周围的海也很深。西西里的非洲象和古象与已经绝种的河马的化石，以及马耳他小岛山洞中的几种象和马的化石，都是证明比较近代或上新世地理大变迁的证据。

至于以前已经说过的北非和撒哈拉沙漠以南动物群的差别，我们知道，在上新世期间，这个大沙漠曾经沉没在海底；因此如果假定物种只有一个产地，我们可以用这两个区域先被海水所隔离，后来又被沙漠分开的理由来说明它们区别。

爬行动物的地理分布，一般与哺乳动物和鸟类的相同；但在旧寒带区，却有些矛盾。日本的蛙类虽然完全属于旧寒带区，但是蛇类的属和种却和以后即将讨论的亚洲较南部分或印度区域相同。华莱士提议用以下的理由来说明这种显明的偏差：他提醒我们说，根塞博士曾经指出，蛇类主要是热带产物，在温带已经很快地减少，到了北纬 62°便绝对绝迹；大部分的蛙类几乎都能在北方和热带的纬度上同样发展，因为它们能于忍受最寒冷的气候[①]。所以我们可以假定，日本曾经一度是亚洲北部的一部分，就是到现在，其间

---

① Günther on Geographical Distribution of Snakes，Proc. Zool. Soc. 1858，p. 3/4.

还有两条几乎相连接的群岛链；在这种情况下，它可能从旧寒带区得到它的鸟类、哺乳类和蛙类，同时只能从这个区域输入极少数蛇，甚至于完全没有输入，因为亚洲东部的寒冷地带比欧洲向南得多。如果后来日本又通过琉球群岛和宫古列岛与亚洲南部相连接，印度所产的蛇类可能由此移入；由于这个区域没有同类的动物，它们在这里很容易立足。南亚的蛙类以及鸟和哺乳动物的情况则相反，它们遇到久在这里定居并且充分准备抵抗一切外来侵入的旧寒带区种类[1]。

埃塞俄比亚区　其次或第四个动物区是埃塞俄比亚区，其中包括大沙漠以南的非洲和马达加斯加岛。非洲的这一部分产有特殊土生生物群的事实，正与柏芳的天然障碍说相符。

我们已经说过，甚至于在后第三纪期间，撒哈拉沙漠现在占据的地区，还淹在水面以下，所以，除了东北与亚洲相通的地峡外，非洲有很长一个时期四周都围绕着水。这样一个交通，或者可以说明何以非洲和亚洲有几种共同的物种，例如狮、单峰驼和胡狼，同时也可以说明何以非洲有许多和亚洲属有亲缘关系的种。例如，非洲象虽然很像印度象，但事实上是不同的，它们有较圆的头，较长的耳朵，体格也比较小，而且每一个后脚只有三个趾而不是四个趾。非洲有三种犀牛，全部和印度的三种犀牛不同。河马属现在只有两个种，完全产于非洲，虽然在中新世存在于印度，而在上新世和后上新世也产于欧洲。长颈鹿、大猩猩、黑猩猩、蓝脸狒狒、四趾疣猴和许多食肉兽，如和鬣狗有亲缘关系的土狼，也是这样。当向埃塞俄比亚区南部前进，我们在温带区域找到其他的种类，其中许多与亚洲赤道以北相当气候处所产的隶属于同属。例如其中的泥弩和斑马，即与亚洲温带的马、驴和 *giggetai* 相当。在厚皮目动物中，蹄鼠是突出的，反刍类中则有好望角水牛和许多羚羊，如南非洲羚羊、独角羚、角马，*Leucophoè* 及 *pygarga*，等等。

与非洲大陆隔有 300 英里宽的莫桑比克海峡的马达加斯加岛和附近两三个小岛，可以形成一个动物亚区，其中除一个种外，所有的物种以及几乎所有的属，都是特殊的。上述的例外，是一种小的食虫四足兽（*Centeles*）；毛里昔斯也有这种动物，但是一般认为是由航船输入的。这个奇特的动物群中最显著的特征，是许多隶属于狐猴科的四手目动物，其中至少有六个属是这个岛上的特产，第七个属，名为狖（galago），则有外国的代表，正如用类推法可以推测，它产于最近的大陆。马达加斯加的面积，几乎与大不列颠相等，它和非洲相邻近的部分处于同一纬度上，气候也同。如果马达加斯加的四足兽与非洲的相同，像英国的四足兽和欧洲其余的种类那样，自然科学家可能会作这样的推论，说是自从现时生存的四足兽出现时期起，其间一定有一个陆上交通；就现在的情况而论，我们可以作这样的结论，即从生存的哺乳动物出现时起，辽阔的莫桑比克海峡，一直是大陆动物群和这个大岛动物群互相混合的不可克服的障碍。

马达加斯加和非洲的某一部分相连的时期，可能远在中新世，我们知道，其时欧洲陆地的轮廓与现在所呈现的有显著的不同；因此我们可以毫不犹豫地假定，构成莫桑比克海峡的海股，当时是干涸的陆地。某些特殊的中新世的属在大陆上已经绝种之后，可能还在岛上继续生存，种的数目可能还要多一些。其他的科，如狐猴，在岛上的繁殖速度可

---

[1]　Wallace on Zoological and Botanical Geography，Nat. Hist. Rev. 1864，p. 114.

能比大陆上快；但是虽然有这种变化,大陆和岛屿的两个动物群(假定物种起源于变异和自然选择),还继续表现在较近时期内起于同源的标志。它们之间的亲缘关系,将继续比与任何较远区域——如印度或大洋洲——的关系深。在另一方面,特殊创造说并不能帮助我们说明联结这两组的属和科的亲缘关系；它们之中所有的种,都已经不同。

印度区域　再次应当考虑到印度区,其中包括亚洲南部和马来群岛的西半部。它在阿拉伯方向的界限,还没有确定,因为动物学家认为,照现在的情况来看,这个区域似乎是埃塞俄比亚区、印度区和旧寒带区之间的一个可争论的地带。印度的物种,虽然与非洲的很不相同,然而很大数量的四足兽属,是两个大陆所共有。但是某些类型是印度区所特有；例如獭熊(*Prochilus*)、麝鹿(*Moscus*)、大羚羊(*Nylghau*)、长臂猿(*Gibbon*),等等。

苏门答腊和婆罗洲的象和貘,是与印度种相同的；苏门答腊犀和爪哇犀,各与孟加拉和马六甲的相同。长臂猿的一个种银猿(*Hylobates leuciscus*)是马来半岛与爪哇和婆罗洲各岛所共有,但在苏门答腊没有发现。爪哇的野牛也见于亚洲大陆。华莱士说,这些大动物之中,没有一种有能力渡过现在隔离这两个地区的海峡；所以它们显然表示,在这些哺乳动物出现之后,大陆和各岛之间一定有陆上交通存在。

产于爪哇的哺乳动物,在 80 种到 90 种之间,产于苏门答腊的数目几乎相等；其中半数以上为两岛所共有。在考察得比较少的婆罗洲,已知的哺乳动物已在 60 种以上,但一半以上为爪哇和苏门答腊所无。因为在每一个岛上,不但各有特殊的种而且有特殊的属,它们过去相连的时期,就地质学的意义来说,一定是很近代的。例如,我们可以说,可能在上新世的某一时期；而且以下的事实,使这种推测更为可能,就是说,50 英寻或 300 英尺的水平变迁,便可以使婆罗洲、爪哇和苏门答腊与大陆相连,或者与马六甲和暹罗相连[1],如果陆地上升 100 英寻,就会包括菲律宾群岛和巴厘岛,或整个印度区系(见图 138)。关于这种近代地理变迁问题,我们以后还要提到。

关于大陆上的鸟类,雉科中的 *Euplocamus* 属,提供了一种形态可变异类型的良好实例。例如,我们发现,西岐姆山的黑背雉(*E. melanotus*),从阿拉康附近,通过无数变种,一直变到吞纳塞林和裴固的 *E. lineatus*。史克勒特认为,这些变种都不是杂交类型。

大洋洲区——华莱士对本区和在马来群岛的印度区系之间界线问题的意见　最后,我们应当讨论第六区,即大洋洲区；我们已经说过,这里所产的哺乳动物,几乎全部属于有袋亚纲。与这些动物伴生的土产有胎盘亚纲物种,只有少数啮齿类和蝙蝠。大洋洲大陆虽然很孤立,但从整个地质区域来考虑,在西北方向初看起来似乎没有充分坚强的障碍,可以用来说明马来群岛各岛中大洋洲区物种和印度区物种之间的明显界线。这两种绝不相同的动物群的地理分布见图 138 所示,其中有黑影线的部分,属于大洋洲区,没有黑影线部分属于印度区系。华莱士曾经指出,划分两组哺乳动物和鸟类的 *ab* 线,与划分最不相同的人种,即马来人种和太平洋人种的 *cb* 线,非常接近；太平洋人种包括巴布亚人、大洋洲人和波利尼西亚人[2]。

---

[1]　Wallace, Geog. Soc. Journ. 1864, & Malay Archipelago. vol. 1, p. 17.
[2]　见本书下册第四十三章。

　　ab 线穿过的龙目海峡,是在龙目岛和巴厘岛之间,宽度不如多维峡,只有 15 英里,但在狭窄海峡两边的各类动物之间的差别,却不下于新旧大陆之间的差别。换句话说,这样的、在种和属方面的不协调现象,竟与通常由一个辽阔的大洋所造成的相等,而不像由两岸可以互相遥望的海峡所致。以前已经说过,在马来群岛中,所有那些与亚洲大陆之间只有 100 英寻以下深度的海洋的各岛所产的动物群,绝对属于印度类型。华莱士讨论这种事实时,曾经指出动物和植物现在的分布与海陆位置变迁的明显关系,照它的意见,我们必须假定这一类的变迁是在比较近代时期内产生的。

　　以前已经提到(第十二、十六章和第三十一章)地质学证明的地壳的升降与陆地变成海洋和海洋变成陆地的事实,以及与此伴同进行的有机界情况的变迁。如果无条件地承认这些现象,我们可以希望找到某些岛屿曾经彼此相连,或与邻近大陆在较近时期内曾经一度相连的证据。在发生过这种现象的地方,我们可以在现时已经分离的陆地上找到相同的动植物物种,而分隔它们的海洋,通常也比较浅。但是如果天然产物彼此各不相同,我们可以无疑地断定,它们的分离时期一定比较早,以前所说的马达加斯加和非洲大陆的情况就是如此,我们知道,其间的海洋是很深的。

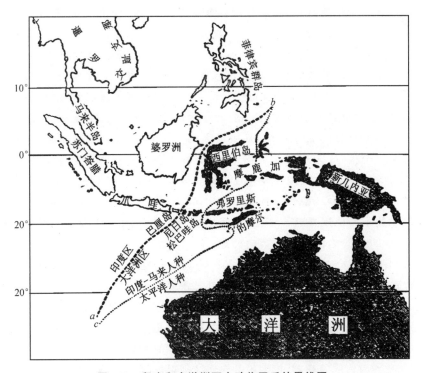

图 138　印度和大洋洲两大动物区系的界线图

此图是照华莱士的意见所作出,有黑影线的陆地,属于大洋洲区,无黑影线的陆地属印度区。ab 线的深度超过 100 英寻,划分印度和大洋洲动物区。cb 线是马来人种和巴布亚人种的界线,表示它和较低动物物种的分布很接近。

　　图 138 中的 ab 线,表示一条海水深度在 100 英寻以上的线,在这条线以西,各处的深度都浅于 100 英寻;在这里,我们发现印度和大洋洲两动物群有非常明显的界线。谈

到这两个区系的动物群的差别时，华莱士说，"在大洋洲，没有猿或猴；没有猫或虎；没有狼、熊或鬣狗；没有鹿，或羊，或牛；没有象、马、松鼠或兔；简言之，没有那些在印度区域内很熟悉的那些四足兽。在大洋洲区内，只有它的袋鼠、鼷和袋熊，以及哺乳纲中更低级的种类，如鸭嘴的鸭獭和针鼹"。他继续说，"它的鸟类几乎同样特殊：没有世界各地普遍存在的啄木鸟和野鸡，但是代之以制造小丘的丛树——火鸡、吸蜜鸟、白鹦和猩猩鹦鹉；这些鸟类是地球上其他地区找不到的"[①]。

如果我们从龙目渡过海峡到巴厘——只需两个小时——我们可以在西岸看到完全不同的动物。例如，我们遇到热带攀缘鸟果鸫（*fruit-thrushes*）和啄木鸟，却没有吸蜜鸟和丛树火鸡。如果我们从爪哇或婆罗洲旅行到西里伯群岛、摩鹿加和新几内亚，其间的区别几乎同样显著。在爪哇或婆罗洲，森林中充满着许多种猴类；野猫、鹿、麝猫、水獭和松鼠也是经常遇到的动物。西里伯和摩鹿加没有这一类动物，但在陆栖动物之中，常看见的是卷尾鼷。有时遇到某些印度种的猪和鹿，它们可能是由人类输入的。

此外，华莱士还提醒我们说，这两个大区系天然产物和差别，与地面上的自然地理和气候分区并无关系。在分界线两边的同一纬度上，都有火山形成的岛，其中的土壤、高度、湿度、干度和肥沃程度都相同，而且同样被森林所覆盖。我们怎样来解释这两种动物群的差别呢？隔离东西两边陆地的 *ab* 线（图 138）的海洋深度比较大，导致我们想到较长时期的隔离。但是有人还可以问，一条在一个地点只有 15 英里宽的海峡，何以会如此有效地阻止物种从一个区域迁移到另一个区域呢？在讨论华莱士对本问题的推论之前，我们必须说，*ab* 线两边的差别无论如何显著，从一区到另一区之间已经开始一些迁移，虽然它的程度，可能不如沿着以前所说的 5 个大动物区的任何一个接触点进行的那样频繁。龙目岛有几种有胎盘类的哺乳动物，其中最大的一种是叫作爪哇猿（*Macacus cynomolgus*）的猿。至于野猪，可能是由人类输入的；的摩尔岛所产的摩鹿加鹿，可能也是如此。*ab* 线以东许多岛上见到的鼬鼠类中的 *Paradoxurus musanga*，是常被驯化的动物。但是的摩尔岛的特产，一种地鼠和一种猫（*Felis megalotus*），比较不容易解释；如果我们对爪哇的哺乳动物不是像现在这样不熟悉，我们或者可能找到一种假设。松鼠一直从龙目岛向东扩展到松巴哇岛，但是没有再向前进。

婆罗洲和西里伯的哺乳动物，似乎在某一个遥远时期内已经有过局部的混合，因为西伯里有一种狒狒、一种野猫和一种松鼠，它们都是隶属于印度区系的属；但是如此之少的婆罗洲哺乳动物曾经达到西里伯，和几乎没有一种陆栖鸟类和很少几种昆虫为两岛所共有等现象，华莱士说，甚至于比巴厘和龙目岛动物群的差别更为突出；因为后两个岛完全是由火山造成的，可能比较新，但从面积和高度来看，婆罗洲和西里伯一定是很古的。这两个岛之间的海，虽然比龙目海峡宽得多，但两边的海岸线都很长，很有利于互相移居。

奇异的事实是：几乎每一个大岛，如苏门答腊、婆罗洲、爪哇、新几内亚和的摩尔岛，都有不同的野猪种。据说吉罗罗岛也有一个或一个以上的种。其中的一部分，可能是由人类输入的，其时期可能如此之远，以致已经从原种发生了很大的变异；因为如果近来陈列在伦敦动物园的日本猪，仅仅是印度猪的变种的意见是正确的话，我们可以想象得到，

---

① Wallace, Journ. of Geographical Society, 1864, and Malay Archipelago, vol. I. p. 21.

更多一些的变化，便足以构成一个真种。我们将在下一章看到，被洪水冲走的猪，可以游得很远，所以其中一部分，可能是由这种方式从一个岛移到另一个岛。

如果我们回想到鸟类，甚至于飞行能力薄弱的种类，可以在大风期间被风带过辽阔海洋的著名事实，何以如此之少的四足兽、鸟类和昆虫能在像龙目或马加萨那样海峡的两岸立足，似乎更可使人惊奇。但是优先占领权的势力，使老的土生动物对防止偶尔迷路的外来物种在那里永久立足的作用是很大的。龙目海峡是很窄的，但是从那里流过的海流经常非常快，因此很容易阻止四足兽和爬行动物从一个海岸游到另一个海岸。

为了帮助我们了解印度和大洋洲动物群之间有显著差别的原因，以及马来群岛的一部分岛屿中这两组不同动物的许多局部例外，华莱士曾经建议一种理想的对比；关于这种建议，我只能作简单的摘要。假定大西洋海底逐渐变成陆地，一部分是由于河流中冲出的大量沉积物的充填，一部分是由于缓慢的上升和火山物质的堆积。照这样进行，非洲和美洲大陆会逐渐扩大，于是现在隔开它们的大洋，最后会缩成几百英里宽的海峡。同时让我们想象，在海峡中部升起了几个海岛，地下作用的强度又不时移动它们的最大活动点，因此这些岛屿有时和一边的大陆相连，有时和另一边大陆相连。两个或两个以上的海岛可能偶尔彼此连接在一起，然后又互相分开；在经过许多世代中间夹有比较安定时期的间歇活动之后，在大西洋海峡中可能充满着一个不规则的群岛，从外貌和分布来看，我们不能发现任何证据可以说明哪几个岛曾与非洲相连，哪几个曾与美洲相连。但是生长在这些岛上的动植物，一定可以揭露出它们过去历史的一部分。在那些曾经和南美大陆相连的岛上，我们应当可以找一些普通鸟类，如啁啾鸟、陶更鸟、鹦鹉和蜂鸟，以及某些特殊的四足兽，如蜘蛛猴、美洲狮、貘、食蚁兽和树獭；在从非洲分出来的岛上，我们应当同样肯定可以遇到犀鸟、黄鸟和吸蜜鸟，以及一些和南美洲迥然不同的四足兽，如狒狒、狮、象、水牛和长颈鹿。那些在不同时期内曾与每个大陆暂时相连的中间岛屿，所产的生物一定有相当程度的混合。华莱士认为，西里伯和菲律宾的情况似乎就是这样。其他岛屿，虽然像巴厘和龙目那样相近，可能各自一度直接或间接地与不同的大陆相连，因而有不同的生物。

在马来群岛中，我们有产很特殊的动植物群的大洋洲大陆曾经一度向西扩展到西里伯岛的迹象；这个大陆的西部，后来逐渐作不规则地分裂，形成许多海岛。同时，原来与大洋洲之间有广阔海洋隔绝的亚洲，似乎向东南扩大它的范围，形成没有间断的地块，苏门答腊、爪哇和婆罗洲都包括在内，最远的疆界，可能达到现在的 100 英寻线，也就是图 138 的 ab 界线。后来这个陆地的东南部分裂成我们现在所看到的岛屿，其中一部分，实际上几乎和大南方陆地或大洋洲的碎片相接触。

大洋岛屿中的动植物分布，是有某些特殊性的；这些特殊性对物种起源于变异问题的关系，比大陆上物种分类的关系更为直接而明显。所以我将用另外一章[①]来讨论这个问题；但是由于在推究这些岛屿所呈现的、与物种起源问题有关的某些例外事实时，不能不提到不同物种所享有的相对迁移能力，因此我拟先讨论后一个问题，然后再谈岛屿的动物群和植物群。

---

① 见本书第四十一章。

第三十九章　陆栖动物的移徙和散布

四足兽的移徙——移徙的本能——在浮冰块上漂流的动物——鸟类的移徙——爬行动物的移徙——人类于无意中对动物散布所起的作用

四足兽的移徙　在考虑水栖动物的地理分布之前,先讨论陆栖物种在地球表面上的分布享有何种便利,可能有些益处。物种的繁殖能力非常大,如果不予阻止,它不久可以扩展到所有它所能到达的地方。不论依植物为生或依掠夺其他动物为食的种类,都不会停止扩大它的领域,除非它的进展,被某些更适于这个区域的土壤、气候和有机条件的敌对物种所阻止;或被某些它不能超越的连续的山脉、沙漠、海洋、严寒或酷暑以及某些其他障碍所阻拦。

华莱士和裴兹已经指出,大的河流,例如亚马孙河和尼格罗河,能够形成有效的障碍,阻止许多种猴类不能再向前散布。即使对岸有同样的森林,也是如此,达尔文也提到彭帕斯盛产的 Biscacha 的分布情况。这是一种形态上像大兔的啮齿动物;它虽然已经越过了较宽的巴拉那河,但是从来没有渡过乌拉圭河。地质学的证据证明,现在的大陆是由先存的大岛联合而成;过去的海峡,在陆地的新布置下,常常变成宽阔的河谷和大河的河槽,如亚马孙河、俄利诺科河和拉普拉塔河等。所以,阻止许多物种进一步散布的障碍,可能不是它们没有能力游过大河,而是对岸的陆地,已经预先被适宜于这个区域的一切自然环境的一群动物所占领。如果侵略者企图向那里移民,它们会被已经在那里久住的大量敌对动物种所击退[1]。没有这样的抵抗,任何四足兽都不至于被河流和港口所阻拦,因为大部分四足兽都能游泳,在被危险和饥饿所逼迫时,很少几种没有这种能力。例如,在食肉兽之中,有人看见老虎在恒河三角洲各岛和小河之间往来游泳,美洲虎很自在地游过南美洲最大的河流[2]。熊和美洲野牛,也能在急流中渡过密西西比河。在 1829 年苏格兰洪水期间,有几个新奇而十分可靠的实例,否定了抛在水里的普通猪不能用游泳方法逃走的一般错误想法。1 头 6 个月的猪,被史贝河从加茅斯冲了 1/4 英里到河口之后,又向东游了 4 英里,最后在戈登港安全登陆。还有 3 头年龄相同而且同时生出的猪,同时向西游了 5 英里,在黑山登陆。

在长成和野生的情况下,这些动物无疑更为强健而活泼,如果受到严重的压迫,它们可能游得更远,特别受到强烈的潮水和海流帮助的时候。因此,离大陆许多英里的海岛,可以因灾难而得到居民;这样的灾难,像 1829 年莫雷郡的大风暴,可能许多世纪或几千年才发生一次。

E. 福勃斯告诉我说,当他在一艘测量希腊群岛的测量船上的时候,水手们有意放一

---

① Andrew Murray . Geographical Distribution of Mammalia,1866,p. 18.

② Buffon,vol. v. p. 204.

只猎狗追逐一头他们新近买来的猪作为娱乐。因为受了窘困,这头猪跳入海里,向可以望见的最近陆地逃走,其间的距离有几英里。因为猪只适于助餐,行动不敏捷,而且游泳的能力也很低,于是水手们慢慢地放下小船去追赶,然而这个动物抢先一步,在太阳落山之后不久已经上了岸;水手们也正在此时到达,由于天已黑暗,不可能再继续追赶。这些事实帮助说明何以马来群岛中猪类有如此广泛的分布,其中在摩鹿加和新几内亚就有几个不同的种。新几内亚的巴布亚猪(Sus papuensis),是该岛的唯一非有袋类陆栖动物。

在野生状态下,渡河能力是象所不可缺少的技能,因为一群这种动物所消耗的食粮,为量甚大,使它们必须经常转移地方。象用两种方法渡河。如果河底坚硬,河水不太深,它可以涉水而过;遇到像恒河和尼格罗河那样的大河,象可以在深水中游泳,在最深的地方,只有鼻尖露出水面;因为全身淹没对它是无所谓的,只要能把鼻尖露出水面,能呼吸外界的空气就行。

鹿类动物也常常到水里去,特别在求偶的季节;在这个时期,我们可以看见公鹿一次游泳几海里到各岛中寻找母鹿,这种现象在加拿大各湖尤为常见;在某些近岸岛屿的地方,它们毫无畏惧地向各岛游泳。在北美打猎的时候,大麋常被追逐而在水中游泳到很远的地方。

群居的大食草兽,从来不能在一个有限的范围内停留很久,因为它们消耗大量的植物。在密西西比河流域或支流中,成群结队的美洲野牛,常使草原表面呈现一片黑色;它们经常在移动它们的住处,后面还偷偷地跟着狼。詹姆士说:"并没有夸大,在普拉特河岸的一个地方,瞬息之间可以看见一万头以上的野牛。第二天早晨,如果我们再去寻找这种生动的景象,就会发现所有在前一天晚上充满着这种动物的平原上,完全没有它们的踪迹。"[①]

移徙的本能　一切物种,为了寻找食物,往往随着数目的增加而逐渐扩大它们的居住范围;除了这种共同习性外,由于生产数量特别庞大,或者由于食物突然缺乏以致大多数受到饥饿的威胁时,它们常常显出非常的移徙本能。列举一些这样的移徙实例,或许有益,因为可以警戒我们不要仅仅因为某些特殊物种的散布面积大,而把它们列入很古老的类型;这种现象指出:在自然界中,任何物种从一个地点向各方散布的速度可以快到什么程度,以及一种动物的领土,怎样可以被另一种动物所侵占,有时甚至于引起较弱物种的灭亡。

在每一个严寒的冬季,大量的美洲黑熊从加拿大向合众国移徙;但在温暖的季节,它们吃饱了之后,便蛰居于北方[②]。在斯堪的纳维亚,驯鹿难得散布到北纬65°以南,但在中国的东北部区域,由于比较寒冷,可以达到北纬50°,并且常常流浪到比英国任何部分更南的纬度。

在拉普兰以及其他高纬度上,由于缺少食物,普通松鼠常被迫放弃它们常住的家乡,大量向外移徙;它们的旅行是顺着一条直线向前进的,任何岩石、森林和最宽的水体,都不能使它们改变方向。挪威小鼠的移徙,有时也同样沿着一条直线渡过河流和湖泊;潘能特告诉我说,当堪察加半岛的老鼠过多的时候,它们在春天集中在一起,成群结队向西移徙,游过所有的河、湖和海峡。其中许多被淹死,或被水鸟或鱼所消灭。渡过品仁湾头的品仁河之后,它们转而向南,大约在7月中旬到达龙多玛河和鄂霍次克河;这一区域离

---

① Expedition from Pittsburg to the Rocky Mountains, vol. ii. p. 153.

② Richardson's Fauna Boreali-Americana, p. 16.

开它们出发点的距离,约在 800 英里以上。

旅鼠是拉普兰柯伦山的一种土产小鼠;每隔 25 年,必有一两次大量地沿着陆地前进,"消耗掉一切绿的东西"。无数的队伍,从柯伦山起行,经过诺斯兰和芬马克到大西洋,到了那里它们立刻跳入海中,游泳了相当时期之后,全部被淹死。其他队伍,则经瑞典拉普兰到波的尼亚湾;它们在那里也同样的被淹死了。在它们的旅程中,跟在后面的熊、狼和狐、不断地劫掠它们。它们一般排成行列行动,行列之间相距约 3 英尺,并且绝对平行,直向河流和湖泊前进;

图 139 拉普兰的旅鼠(*Mus lemmvs*,Linn.)

如果遇到一堆稻草或玉蜀黍,它们总是咬穿一条路通过,不肯绕道而行[1]。这种旅行通常在严冬之前开始,旅鼠似乎预先得到寒冷的警报。

产在内蒙古东北部高山沙漠中的大队野驴,即古人的骞驴(Onager),夏天在阿拉尔湖以东或以北地区游牧。到了秋天,它们成百地甚至于成千地集聚在一起,向印度北部前进,并且常常到波斯,去享受温暖冬天的气候[2]。有时看见二三百头结成一队的泥驽(野驴的一种);从南非洲热带平原向马拉里文河附近移徙。在它们移徙的时候,狮子常跟在后面,每夜屠杀它们[3]。

南非羚羊的成群移徙,也是说明在特殊环境下物种在大陆上散布的迅速程度的一个实例。当奥伦治河以南巨大沙漠中的死水塘干涸的时候——每三四年发生一次——成千成万的羚羊,放弃这种焦干的土地,洪水似的向好望角附近种植地带流动。它们所造成的灾害,不下于非洲蝗虫;它们行动时拥挤得如此紧密,以致"在这种密集队伍之中走的狮子和受害者之间所余的空隙,仅仅足够在它周围怕被杀害的羚羊向外挤过"[4]。

霍斯非尔博士提到关于马来獾地理分布的奇特事实。马来獾是鸡貂和獾之间的一种动物。它产在爪哇,但是"完全局限于海面以上 7 000 英尺的高山上;它们的分布与许多植物同样有规律。在爪哇的长形地面上,有很多超过上述高度的孤立的火山锥,可以作为它们的巢穴。上山游览的旅行家必定会遇到这种动物;高山的居民对这种动物固然很熟悉,但是由于它们的形状特殊,住在平原上的人,可能把它们认做外来的动物。在考察这一带山区的时候,我经常遇到它们,据本地人说,所有的山上都可以找到它们的踪迹"[5]。

如果有人要求我们对马来獾何以达到这些孤立山峰的较高部分作一推测,我们

图 140 马来獾,包括尾部在内共长 16 英尺

---

[1] Phil. Trans. vol. ii, p. 872.

[2] Wood's Zoography vol. p. i, p. 11.

[3] On the authority of Mr. Campbell. Library of Entert. Know., Menageries, vol. i, p. 152.

[4] Cuvier's Animal Kingdom of Griffith, Vol. ii, p. 109. Library of Entert. Know., Menageries, vol. i, p. 336.

[5] Horsfield, Zoological Researches in Java, No. ii, 附图采自此书。

可以说,这种动物现在虽被人类驱逐而减少,但在人类占领爪哇之前,它们可能偶尔繁殖到相当数量,于是不得不集中移徙;在这种情况下,不论它们的行动怎样慢,不少可以成功地到达另一个在 20 英里甚至于 50 英里以外的山上;各山之间平原的酷热气候,虽然对它们不利,它们还能忍受一时,并且还能找到很多它们所吃的昆虫。不时喷发的火山,使一部分高峻的山锥盖满不长植物的灰沙,可能是偶尔迫使它们移徙的原因。

在冰块上漂流的动物　陆栖动物渡海的能力是很有限的,正像以前说过,被广阔海洋隔开的两个区域,从未看见相同的物种。如果有例外的话,一般也可以用其他理由来解释;因为天然的工具可以帮忙某些动物漂流过海,而且海洋在长时期中可以在地峡上切出一条宽阔的海峡,因此新水道两岸有相同物种。北极熊常常在浮冰上从格陵兰漂到冰岛;它们也能作长距离的游泳,因为帕雷船长的船经过巴罗海峡回来的时候,看见一只白熊在两岸之间的水中游泳,其间的距离约为 40 英里,当时没有看见冰[①]。史可士培说,“在格陵兰东岸附近的冰上,常有很多北极熊,数目之多,可以比之于公共牧场上的羊群;在海岸以外 200 英里以上地方的冰块上,也有它们的踪迹”。[②] 寒带区域的狼,为了想出其不意地劫掠正在睡眠的海豹,往往冒险走到海岸附近的冰块上。当这些冰块分解的时候,狼常被带到海里;一部分虽然可以被漂到海岛或大陆,可是大部分不得生还,在这种情况下,我们常可听到它们濒于饿死的悲惨噪声[③]。

在麦尔维尔岛的短促夏季期间,地面积雪全部融化之后,各种植物立刻发出花叶,形成一片灿烂活泼的地毯。成群从北美大陆移徙的麝牛和驯鹿,每年都在冰上走了几百英里,到这些安静丰富的牧场上吃草[④]。驯鹿常常用同样方式从白令海峡沿着阿留申群岛移到堪察加,沿途靠着这些岛上的苔藓植物为生[⑤]。麝牛虽然有移徙习惯,并且能在冰上作长期旅行,但在亚洲和格陵兰都没有它们的存在[⑥]。

在漂木岛上漂流　热带地区没有冰块,但是似乎为了弥补运输上的缺陷,这里却有树木交织成的浮岛,这些浮岛可以漂流很远。在恒河河口,常见这种小岛航行到 50 英里或 100 英里以外,上面还长着活树。亚马孙河、俄利诺科河和刚果河,也有这样的苍翠木筏;它们的形成方式,我们在讨论密西西比河的一个名为阿特查法拉亚的河汊的大木筏时,已经描写过。这里的一个长 10 英里,宽 200 多码的树木结成的天然桥,已经存在了40 多年,上面生长着茂盛的植物,并且随着下面河水的涨落而浮沉。

在密西西比河的这些绿岛上,幼树可以生根,荷花或黄睡莲开放着黄花;蛇、鸟和中美鳄鱼到这里休息,它们有时全部被冲入海洋,沉入水中。

史比克斯和马歇斯说,在巴西旅行期间,当他们坐的独木舟向亚马孙河上游行驶时,由于河流经常推着大量的漂木向着他们流动,因此遇到很多危险;他们的安全,全靠水手手中的长竿,他们经常灵敏地用长竿把树干向两边推开。一部分树只有树梢露出水面,另一部分树的树根附着在筏上,根上带有相当多的泥土,淹盖着木筏使它们看起来很像

---

① Append. to Parry's Second Voyage, years 1819—1820.

② Account of the Arctic Regions, vol. i, p. 518.

③ Turton in a note to Goldsmith's Nat. Hist. , vol. iii, p. 43.

④ Supplement to Parry's First Voyage of Discovery, p. 189.

⑤ Godman's American Nat. Hist. , vol. i, p. 22.

⑥ Dr. Richardson, Brit. Assoc. Report, vol. v. p. 161.

浮岛。这些旅行家说,在这一类的岛上,可以看到各色各样的动物,和平地结伴向不明确的目的地前进。在一个木筏上,有几只严肃的鹳栖息在一群猴子的旁边,这些猴子看见了独木舟,便做出许多滑稽的姿态,发出狂叫的声音。在另一个木筏上,有许多鸭子和潜水鸟坐在一群松鼠边上。还有一个木筏的腐烂大杉木干上,并排坐着一只大鳄鱼和一只山猫,彼此都有不信任和敌对的态度,但是鳄鱼比较沉着,因为自己觉得力量比较优越[1]。

主要由粗藤和矮树构成的绿色木筏,在南美洲巴拉那河上称为"卡墨洛兹"(Camelotes);它们偶尔载着虎、鳄鱼、松鼠和其他四足兽在洪水中冲向下游;据说在浮岛上的动物常常显出恐怖的样子。有一天晚上,至少 4 只老虎(美洲狮)就是这样在南纬 35°的维的奥山登陆;第二天早上,居民看见它们在街道上徘徊,引起极大的恐慌[2]。

在《联合服务杂志》(*United Service Journal*, no. xxiv. p. 697)发表的一篇论文中,一位海军军官说,当他从中国取道东方航线回来的时候,在摩鹿加群岛之间,遇到几个这样的小浮岛,上面长着与荆棘相交织的栲树。树和荆棘从木筏边缘的一层泥土中得到营养,都显出翠绿的颜色;由于海浪的冲刷和阳光的照射,这一层泥土在木筏周围已经变成了白色的海滩。泥土的存在是容易解释的,因为在恒河、密西西比河和其他河流中,树木造成的、偶尔连接河中小岛和河岸的天然桥,经常接受洪水中携带的大量沉积物。

史梅斯海军上将告诉我说,在菲律宾群岛中康瓦里斯航行的时候,他在可怕的台风之后,不止一次看到上面长着活树的树木浮块。船只有时非常危险,因为这些岛屿常被认做坚固的陆地,其实它们移动得很快。

在想象中思索这些木筏从一个大河河口浮到某些由于火山和地震活动升出海面的荒岛的结果,是很有意义的事。如果一阵暴风毁坏了这种脆弱的船只,上面的许多鸟类和昆虫,还是可以飞到新形成的岛屿的某一点,落在波涛中的草类和丛树的种子和酱果,也可以被冲上海滩。如果深海表面很平静,海流的流动或微风对绿树枝叶的吹扬,也可以在几星期之内将木筏带入海岛的港口,在这里,这些植物和动物就像从诺亚大船带来的那样向岸上直冲,立刻使几百个新物种在那里成为土著。

木筏的这样航行虽然非常少,可能在几千年或者甚至于几万年之中才偶尔发生一次,但是可以用来说明热带地区某些哺乳动物、鸟类、昆虫、陆栖贝壳和植物物种移徙到其他陆地的方式,如果没有这种木筏的帮助,它们是无法到达的。

鸟类的移徙　以前已经说过,鸟类虽有很大的飞行能力,也不能成为一般规律的例外,成群的特殊物种,往往只局限于一定的范围之内。

南北半球的相同纬度上的鸟类,无论陆栖和水栖,一般的形态都很相似;但是相同的物种却很少:这种现象特别值得注意,如果我们考虑到某些没有很强飞行能力的鸟类能迅速地向各处移徙,而具有强健翅膀的种类怎样轻易地进行它们的空中旅行。许多物种,为了避免严寒气候和随着严冷而产生的环境——缺少昆虫和植物——周期地从高纬度南移。由于这种原因,它们常常飞过几千里的大洋,然后又在另一个时期同样安全地重新飞回原地。

洪博尔特曾经提到许多美国水禽的定期移徙,它们从热带的一个区域迁移到另一个

---

① Spix and Martius, Reise etc, vol. iii, pp. 1011, 1013.

② Sir W. Parish's, Buenos Ayres, p. 187, and Robertoon's Letters on Paraguay, p. 220.

区域,其间的常年气温完全相同。当俄利诺科河的河水上涨淹没了河岸的时候,野鸭无从得到鱼、昆虫和水栖蠕虫,它们于是成群地离开这个河谷,直向东南移到尼格罗河或亚马孙河,就是说,从北纬 8°和 3°移到南纬 1°到 4°。在 9 月里,俄利诺科河河水降落到原位的时候,这些鸟类又回到北方①。

我们的岛上依昆虫为生的燕子,如果每年不到较暖的地带去休养,一定会被冻死。据一般的推测,它们的飞行速度,每小时平均在 50 英里以上;因此,如果加以风力的帮助,它们不久便可以到达较温暖的纬度上。照史巴兰山尼的计算,燕子每小时可以飞行 92 英里,褐雨燕还要快得多②。巴哈门说,北美的鹰、野鸽(*Columba migratoria*)和几种野鸭,每小时能飞 40 英里,或者每 24 小时几乎可以飞行 1000 英里③。

大家知道,每年冬天有强烈大风的期间,许多欧洲的鸟类被风从欧洲带到亚速尔群岛。其中一部分可能是从大不列颠飞去的④。在进行这种飞行的时候,如果它们张开两翼,让风带着它们在空中顺着风向前进,它们肌肉不需要用很大的力量。如果每小时只飞 20 英里,它们能在 48 小时内到达这些海岛,在这种时期内,许多鸟类可以不需要食物还可以维持生存。

如果我们回到长期以来大风和飓风不时在带走物种,使它们顺着风向散到地球表面上气温、植物和动物都可能适合它们需要的地点,我们可以预料得到某些物种的分布范围,应当是无法确定的,而且有时无法确定每种物种的来源。当史梅斯上将在地中海进行测量的时候,他在离开法国海岸 20 到 30 海里的里昂湾中,遇到了大风,风里带着许多不同种类的陆栖鸟类,其中一部分降落到船上,另一部分则猛烈地撞在帆上。这样看来,鸟类也可以通过同样的方式移徙到最靠近大陆的海岛。

爬行动物的移徙　在产卵时期,海龟成群地从大洋的一部分移向另一部分;它们每年到达阿申兴岛,该岛离最近大陆大约 800 英里。佛雷明博士说,在西泽脱兰群岛的帕帕·斯托亚岛上,曾经捉到一只在美洲各海中非常普通的玳瑁(*Chelonia imbricata*)⑤;根据西波尔德的记载,"同样的动物曾经到过奥克纳岛"。据杜顿说,1774 年在塞汶也捉到一只。波雷斯也说过,1756 年在康沃耳海岸上曾经两次遇到皮龟(Leathern tortoise——*C. coriacea*)。这些产于较南海洋的动物,可能是个别迷途者,它们可能被特别温暖季节的丰富食物所吸引,或被墨西哥湾流所携带,或被向高纬度吹的暴风所推送而到达我们的海岸。

有些较小的爬行动物,将卵产在水生植物上;这些植物往往很快地被河流漂到很远的地方。

但是,就是较大的蛇类,也可以被运送过海;到达圣文森特岛的一条蛇的有趣故事,证明了这一点。吉尔丁说,值得记载的是:"一条著名的大蟒蛇,近来被潮流运到我们这里,它缠绕在一根没有腐烂的大杉木树干上;可能当它的一大卷身体挂在树枝上等待猎物的时候,树干被某一条南美大河流的洪水冲落河岸。幸而这条凶恶的怪物在摧残几只

---

① Voyage aux Régions Equinoxiales, tom. vii, p. 429.

② Fleming, Phil. Zool., vol. ii, p. 43.

③ Silliman's Amer. Journ. No. 61, p. 83.

④ Mr. F. Du Cane Godman, ibis vol. ii, 1866, New Series.

⑤ British Animals, p. 149, who cites Sibbald.

绵羊之后便被打死；它的骨骼现在还挂在我的书房里作为纪念，它不时使我想起，如果这条可怕的爬行动物是一只怀孕的雌蛇，而且逃到一个隐蔽的地方，我将来再到圣文森特森林里去散步的时候，会产生怎样的恐惧"①。

人类于无意中对动物的散布所起的作用　　在下一章，我将说到人类运输对其有用的四足兽和鸟类到遥远区域的问题，以及这样的运移，对限制土生植物和动物物种的范围和有时竟将它们消灭的效果。我现在只拟讨论我们常于无意中帮助物种散布的事实，况且所散布的物种之中，有许多不但对我们毫无用处，而且有害。

例如，老鼠原来不是新世界的土生动物，我们把它们输入了美洲的各部分。它们是由航船上运去的，现在猖獗地在各岛和大陆各部分横行。挪威鼠也是通过同样的途径输入英国，我们船上和住宅内的财产，受到极大的损害。

我们知道，鸟类中的麻雀，是随着耕地的扩展而蔓延的。在 18 世纪，它们逐渐向东和北散布到俄国的亚洲部分，它们总是随着耕种前进。在俄国开拓托波斯克的额尔齐斯之后不久，它们就出现了。1735 年，它们到达鄂毕河上游的白里索，4 年之后，它们向东扩展到纳伦，其间经度相差 15°。1710 年，伊尔库茨克省勒那河的高地上，也有它们的存在。在这些地方，它们现在已经很普遍，但在堪察加的未开垦地区还没有出现②。

毒性不下于响尾蛇的大蝮蛇（*Cras pedocephalus lanceolatus*），原是南美大陆的土著，后来被人类于无意中带到马知尼克岛和圣·鲁西亚岛，现在在这些地方造成极大的危害，但在西印度群岛的其他部分却没有它们的踪迹。

许多侵害人们身体的寄生昆虫，其中许多似乎为人类所特有，曾被带到世界的各部分，它们的地理分布的普遍性，人类应负很大的责任。

很多昆虫被船只从一个地方运到另一个地方，特别在较暖的纬度上。欧洲的苍蝇就是这样输入所有的南海岛屿。英国的气候虽然冷，我们还不能防止蟑螂跑进和散布在我们烤箱和揉面钵去享受我们所供给的人工暖气。大家也知道，甲虫和许多其他钻木的昆虫，是在木材中输入英国的；特别是几种美国种。莫尔脱·布朗说："法国和印度的商业关系，从印度输入了毁坏苹果树的蚜虫和两种脉翅昆虫 *Lucifuga* 和 *Flavicola*，后者大部分限制于普罗温斯和博都附近，蛀蚀房屋和海军船厂的木材。"③

软体动物之中，我们可以谈一谈凿船虫：它们原来是赤道海洋的土产，因为附着在船底，于是被运到荷兰，它们在那里对船只和木桩造成极大的损失。这种物种在美国和其他享有广泛商业的国家，都已自然化了。一种很大的陆栖苔守蜗牛（*Bulimus undatus*），原来产于牙买加和其他西印度群岛，它们附在热带木材上输入利物浦；白罗得里普告诉我说，这种蜗牛现在已变成该城附近森林中的土生物种。

从所有这些和无数其他实例看来，人类的无意识作用，完全与较低动物的作用相似。像它们一样，我们于不知不觉中散布或限制某些物种的地理分布和数目；这种作用是服从自然法则的一般规律而且大部分超出我们的控制范围的。

---

①　Zool. Journ. vol. iii, p. 406, Dec. 1827.
②　Gloger, Abänd, der Vögel, p. 105；Pallas, zool. Rosso-Asiat., tom. ii, p. 197.
③　Syst. of Geog. vol. viii, p. 169.

第四十章 物种的地理分布和移徙(续)

鱼类的地理分布和移徙——介壳动物——昆虫——离陆地 300 英里还看见飞蛾在飞——植物地理——植物的传播——河流和海流的作用——海生植物——马尾藻或墨西哥湾藻——动物对植物分布的作用——人类对植物传播的作用，无论有意识和无意识

鱼类的地理分布和移徙 我们对海栖动物的产区情况虽然不如对陆栖物种熟悉，但是可以肯定地说，它们的分布也服从相同的一般规律。

对欧洲和北美洲淡水鱼作比较研究的时候，李觉生爵士说，两个大陆共有的唯一物种是梭子鱼；可是很奇怪，在落基山以西却没有这种鱼类，那里的海岸和旧大陆最近①。根据这位作者的记载，中国淡水鱼的属与印度半岛的相同，但是没有相同的种。他进一步说，"海栖鱼类的分布，可以因一个大陆从热带远伸入温带或海洋较冷部分，而分成不同的鱼群；淡水物种也是如此，一个向北深入的海湾，或者一座山脉，也有同样的影响。好望角和南美洲的淡水鱼，与中国和印度的不同"②。

居维叶和瓦伦星在他们所著的《鱼的历史》(*Histoire des Poissons*)中说，很少几种海栖鱼种渡过大西洋。但在印度洋的对岸有很多相同的鱼种，例如红海、非洲东岸、马达加斯加、毛里求斯、中国的南海、马来群岛、大洋洲北岸和整个波利尼西亚群岛③！李觉生爵士说，这种广泛的分布，可能是一条东西排列的岛屿所促成，在很深的大西洋中，没有这样的岛屿。沿经度方向延伸很远的群岛，有利于鱼类的移徙，它们可以沿着岛屿的海岸和中间的珊瑚岛的边缘增加产卵的地点，从而得到繁殖；鱼类并可以在这些地方得到适当的食料。

巴拿马地峡两边的海栖介壳动物，虽然几乎没有一种相同，然而海栖鱼类，经过根塞博士的鉴定，将近 1/3 或 158 个种中的 48 种，为太平洋和加勒比海所共有。曾经有人说，两岸介壳动物物种之所以不同，是由于地峡东面的海岸比较低，海水也很浅，而西岸或太平洋海岸是很陡，形成垂直的悬崖。鱼的散布与地形的关系比较少，它们的卵可以被鸟类从地峡的一边运到另一边④。

只有在回归线之间才有飞鱼(失散的当然除外)；离开热带，它们从来没有越过北纬40°。墨西哥湾流的流向和温暖的水，使一部分热带鱼的产区扩充到温带；所以在北纬32°的百慕大群岛，可以找到热气候海中盛产的奴鲷；它们在那里繁殖在与海洋隔离的盆地

---

① Brit. Assoc. Reports, vol. v, p. 203.
② Report to the Brit. Assoc., 1845, p. 192.
③ Richardson, Brit. Assoc. Reports. 1845, p. 190.
④ Gardener's Chronicle, Feb. 23, 1867. p. 181.

内,作为驻防军队和居民的重要食品。另一种鱼,同样随着这一股海流从巴西海岸一直散布到纽芬兰海岸[1]。

大家都知道,有几种移徙的鱼,同候鸟一样,能作周期性的迁移。将近产卵时期,鲑鱼向河流上游游几百英里,如果中途遇到瀑布,也会向上跳过;它们最后又回到深海。鲱鱼和黑丝鳘,在一个广阔浅滩海岸住了许多年之后,往往放弃原址,另找一个新的自然环境,在迁移的时候,后面跟着劫掠它们的物种。据说鳗鲡经常到海里去生小鱼,有人看见无数这种小鱼回到淡水;它们非常小,但有能力克服在河流中遇到的任何障碍;它们把黏液和胶性的身体,靠在岩石表面或闸门上(甚至于是干燥的)爬过去[2]。维纳恩湖是瑞典最大的湖,湖水通过著名的特罗耳黑坦瀑布向外流;公元 1800 年以前,湖里没有鳗鲡。但据尼尔孙教授说,自从连接戈塔河和湖的九闸运河开成之后,湖里出现了很多鳗鲡。所以,它们虽然不能跳上瀑布,但是显然可以爬过水闸,利用了水闸,它们在很短距离内越过了 114 英尺的高度。

葛梅林说,在移徙期间,野鹅类(雁、野鸭等等)依靠吃鱼子为生;经过两三日之后排泄出来鱼子,往往毫无损伤地保持着生活力[3]。丛山之中,有许多高度不同、互不相连、相距很远的淡水湖;在这些湖里何以常有相同来源的鱼类,似乎难以想象;但是有人建议,微细的鱼子有时可以粘在水禽的羽毛上,当这些水禽停在水里洗刷和整理羽毛的时候,往往于无意中协助了许多鱼类的繁殖,经过相当时期之后,这些鱼类又可以供给它们的食粮。有些水生甲壳虫是两栖的,如龙虱科;它们在晚上离开湖泊或水塘,飞向空中,于是把微细的鱼子运到很远地方的水里。某些自然科学家把偶尔出现于小池塘里的鱼秧,归因于大雨。

介壳动物的分布和移徙

就地质学家的观点来看,介壳动物是特别重要的生物;因为在所有地质时期中,都发现有它们的遗体,而且保存情况一般也比其他生物为完整。

某些种类完全局限于热带,一部分则仅产于寒带。永久向一定方向流动的海流和向某一地点流注的淡水大水体,限制了许多物种的扩展范围。喜爱深水的种类,被浅洲所阻止;适宜于浅海的种类,不能渡过深不可测的深渊。无论在陆地上和在水里,水底的性质对各属介壳群也有重大的影响。某些物种喜欢沙质海底,有些喜欢砾石海底,有些喜欢泥质的海底。在陆地上,石灰岩最有利于蜗牛、烟管螺、苔守蜗牛等属中各个物种的繁殖。1843 年,E. 福勒斯教授[4]在爱琴海进行的网捞结果指出,以深度划分,那里有 8 个界限分明的区域,每区各产有特殊的介壳群。第一个区域称为滨海带,深度范围只有 2 英寻;但在这个狭窄的地带内,有 100 种以上的物种。第二个区域的最深深度是 10 英寻,

---

① Sir J. Richardson. Brit. Assoc. Reports,1845,p.190.

② Phil. Trans. 1747,p.395.

③ Amoen. Acad. Essay 75.

④ Brit. Assoc. Reports for 1843,p.173.

物种几乎同样稠密；一直到第七区，每区各有独特而丰富的物种表，第七区的深度在 80～105 英寻之间；第七区以下，都包括在第八区内，捞到的介壳动物或软体动物，在 65 种以上。在最低的一区内，大部分介壳是白色或透明的。在所有的介壳之中，只有 2 个种为 8 个区域所共有，即 *Arca lactea* 蛤和 *Cerithium lima* 螺[①]。福勃斯自己承认，他的分区可能只适用于局部地区，因为他的结论是从一个内海的观察归纳而成，所以是一种个别的情况。他相信，在爱琴海中，动物生命的零点可能达到 1800 英尺，但是他知道，这种深度不是普遍的；他的这种结论是引证了他的朋友古德塞在 1845 年给他的一封信而作的；在这封信里，这位自然科学家叙述了他在台维斯海峡附近 1800 英尺深处捞起的软体动物和其他无脊椎动物的情况[②]。

某些区和某些物种有广阔的分布范围　在欧洲，介壳学家把介壳分成寒带群和塞尔特群，前者的南界与 52°F. 的等温线相重合，后者从寒带南界开始，向南延伸到英吉利海峡口和法国的芬尼斯特角。从这一点开始，是鲁昔坦尼亚群，根据麦安得路在 1852 年的观察，它一直延伸到卡内里群岛。地中海区的情况和以上各区是不同的，虽然有一部分物种与其他各区没有什么区别。

印度-太平洋区比其他各区大得多，从红海和非洲东岸起一直到印度群岛和太平洋的相邻部分。对地质学家来说，这种事实的意义是不小的；因为它使我们认识到，一群现在生存的软体动物物种的分布面积，可以超过我们目前所知道的任何一群同时生存的化石物种所占据的最大范围。克明从非洲东岸得到的 100 种以上的物种，同它自己在菲律宾群岛和太平洋东部各珊瑚岛采集的种类完全相同，其间的距离约 12 000 英里，达尔文说，等于北极到南极[③]。

Ianthina 属的某些种，分布很广，赤道南北的海洋中都有它们的存在。它们都生有精巧的浮囊，因此能漂浮，易于扩散，从而使它们成为散布其他物种的活动工具。金船长曾在赤道以北捉到一只活的 *Ianthina fragilis*，壳上载满了藤壶（*Pentelasmis*）和它们的卵，以致壳的表面全被遮没。

琥珀蜗牛（*Succinea putris* Lam.），在欧洲分布很广，西伯利亚也有，据说纽芬兰和北美洲的部分地区也有它们的分布。赫登船长在阿富汗也找到了它们[④]。由于这种动物经常住在水塘和小河的潮湿边缘，各种水禽有可能成为散布它们的卵的工具，因为这种小卵可以粘在它们的羽毛上。英国池塘中非常多的淡水蜗牛（*Lymnea palustris*）的分布范围，毫无间断地从欧洲扩展到克什米尔，从那里再蔓延到亚洲东部。我们最普通的陆栖大蜗牛之一 *Helix aspersa*，也可以在圣·海伦那和其他遥远的地区找到。据一部分介壳学家推测，它可能于无意之中被航船带到圣·海伦那，因为这是可以吃的物种。

为了说明这种软体动物在缺乏空气和营养的长期旅行中能于维持生命，我可以提出格雷夫少校从瓦尔帕雷索带到英国的 4 只陆栖大蜗牛（苔守蜗牛）作为例证——当时他和金船长一同参加麦哲伦海峡的调查。这些蜗牛是用棉花包好装在一个匣子里的；两只

---

① Report to the British Assoc. 1843，p. 130.
② Forbes and Godwin-Austen，Natural History of European Seas，1859，p. 51.
③ Quart. Journ. Geol. Soc.，1846，vol. ii，p. 268.
④ J. Gwyn Jeffreys，British Conchology，p. 152.

经过 13 个月，一只经过 17 个月，第四只经过 20 个月；但是当它们被白罗得里普在伦敦温暖的火炉边取出，并供给它们温水的时候，我看见它们复活，并且贪婪地咀嚼生菜叶。

英国双贝类中的穿石蜊可能是全世界分布最广的物种。全部北极海都有它们的存在，一方面，它们经过欧洲到孙尼格尔向大西洋两岸分布；在另一方面，它们深入北太平洋，然后由此蔓延到印度洋。它的迁移，一直到大洋洲各海才停止。

据福勃斯说，不列颠的腕足类动物中的一种穿孔介（*Terebratula caput serpentis*），是北大西洋两岸以及南非洲和中国各海共有的物种。这个物种的广泛空间分布，是对地质学家特别有兴趣的事实，因为它们在时间上的分布也特别长；这是很少几种可以在化石状态下追溯到白垩纪的物种之一。

介壳类的分布方式　谚语虽然说，蜗牛和一般的介壳行动最慢，而且许多水生物种经常终生依附在同一块岩石上，然而它们并不缺少迅速向广大范围散布的条件。福勃斯教授说，"有些介壳动物是在幼虫时期移徙的，因为它们全部都经过变态过程，有的在卵内有的在卵外，腹足类是在小螺旋壳和一个像翼足类那样的纤毛翼或叶瓣的动物开始它们的生命，利用这种工具，它们可以自由游泳，很容易在海里移徙"[①]。

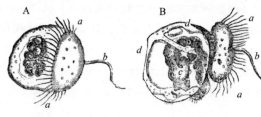

图 141　海扇（*Cardium pygmaeum*）的幼虫

　A. 被孵化的幼虫，放大 100 倍。

　B. 进一步发展的同一幼虫。

　a. 具有纤毛的行动器官和细丝状的附属物 *b*。

　c. 未发育成的肠。

　d. 未发育成的壳。

我们的思想中，习惯于作一种联想，认为最成熟和发育最完全的无脊椎动物物种，行动能力最大，尤其在它们经过一系列变态的时候；但是软体动物的情况恰恰相反。例如初孵化的海扇类介壳（鸟蛤），在幼小或幼虫时期赋有一种器官，使它能于自行游泳，同时也易于被海流漂移。（见图 141）

图中画的小物体，形状与上面所说的单贝类介壳或腹足类的幼虫很相近，它们最初是如此之微小，肉眼仅仅能看见。从孵化之后，它们立即开始用生长在行动盘或软膜边缘的长纤毛 *a*，*a*，来行动。行动盘随着身体的长大而缩小，以致逐渐消失，在长成的身体中，不留任何痕迹。

某些有介壳的软体动物的卵，是生在海绵似的小巢之中，卵孵化之后，幼虫暂时仍旧包在里面；这种会漂浮的小巢，也同海藻一样，容易向远处漂流。其他螺类的幼虫，常常依附在海藻上浮流。它们有时如此之轻，如同一粒沙粒，很容易被海流带走。在遥远的海里，有时可以找到依附在漂浮的椰子甚至于浮石碎块上的藤壶和龙介。浮石的多孔和海绵状结构，使它在许多区域成为传播软体动物和昆虫的卵以及植物种子的运输工具的效力，可能比我们以前所想象的大得多。裴兹在离开最近的安第斯火山 1 200 英里的亚马孙河上，看见几块浮石在漂流，这些浮石必定来自安第斯山。他在再下游 900 英里处

---

　① Edin. New Phil. Journ. April, 1844.

的河里也看到几块,在雨季中,它们的漂流速度每小时约在 3～5 英里之间①。它们一定常被冲入海洋,并且可能又从这里被海流带到几百英里以外。

在另一方面,河流和湖泊中的水栖单贝介壳动物,往往把它们的卵附着在落于水中的树叶和树枝上,在洪水期间,树的枝叶很容易从支流冲入干流,然后再流到盆地的其他部分。 特殊的物种,可以这样在一个季度之中从密西西比河或任何其他大河流的水源,移徙到滨海地区,其间的距离可能达到几千英里。 在附图上(图 142)可以看到这样的卵依附在树枝和树叶上的方式。

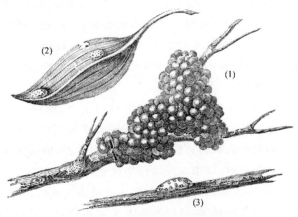

图 142 淡水软体动物的卵

(1) *Ampullaria ovata*(河栖种)的卵,固着在落于水中的小枝上。

(2) 扁卷螺(*planorbis albus*)的卵,依附于躺在水下的死树叶上。

(3) 普通椎实螺(*Limneus vulgaris*)的卵,依附在水下的死枝上。

一只被活捉的龙虾(*Astacus marinus*),身上盖满了活的壳菜(紫壳菜贝 *Mytilus edulis*)②;1882 年在英国海岸附近也捉到了一只满盖着牡蛎的雌巨蟹(*Cancer pagurus*),此外还带着一种银螺(*Anomia ephippium*)和海葵。牡蛎一共有 7 只,包括 6 年生的个体,最大的 2 只长 4 英寸、宽 3.5 英寸。③

这种实例说明牡蛎散布的一种方式,凡是蟹可以到的海洋,它们也可以到;如果它们最后被带到的地点,除了泥土外没有其他物质,它们可能在这只死蟹上建立一个新牡蛎海滩的基础。 在这种情况下,牡蛎要比蟹多活许多天,只有长期暴露于空气中,最后才会被枯死。

昆虫的地理分布和移徙

以前已经说过,昆虫的分区几乎与较高等动物的分区相同。很少几个物种有广泛的分布,但是也有例外,其中以英国所产、修饰华丽的蝴蝶夫人(苎蝶)为最特殊,它们出现于好望角、新荷兰和日本,几乎连一条条纹都没有改变④。据说这是很少几种在地球上有普遍分布的昆虫之一,欧洲、亚洲、非洲、美洲和大洋洲都可以找到它们,虽然在热带地区,除了少数山区外,难得有它们的踪迹。这样的广泛分布,似乎意味着它们有忍受气温大变化的能力,很

---

① Naturalist of the Amazons vol. ii, p. 170.

② 标本保存在伦敦动物学会博物院中。

③ 白罗得里普说,这个显然完全健全的蟹,一定在 6 年之内没有换过壳,但是一部分自然科学家却认为,这个物种一年脱一次壳,脱壳时期也不限于动物生长的早期。

④ Kirby and Spence, vol. iv, p. 487 和其他著作。

少几种物种有这样的特性;尤其引人注意的是,它们有时还表现出移徙的本能。

1826 年,瑞士的浮德县出现了一大群这种蝴蝶,形成一个 10～15 英尺宽的行列;它们很快地从北到南穿过这个地区,全部紧密地排成整齐的队伍前进,任何障碍都不能使它们改变方向。杜林大学的本纳里教授说,这一年的 3 月里,在毕德孟又看到一大群同样的物种,也是从北向南飞,数量之多,以致到了晚上全部的花朵都被它们盖满。它们被追索到柯尼、拉柯尼、苏沙等处。18 世纪末叶,劳枢在杜林科学院的专刊中,也记载了同样的蝴蝶群。

欧洲的蜜蜂,虽然不是新世界的土产,现在已经在北美洲和南美洲立足。它是由某些早期的移民输入美国的,后来逐渐蔓延到内地的大森林,在腐烂的树干上做窝。欧文说,"印第安人认为它们是白种人的先驱者,如同美洲野牛是红人的先驱一样;并且说,随着蜜蜂的前进,印第安人和野牛比例地向后退却"。这位作家又继续说,"据说离开边疆不远,便很少遇到野蜜蜂;它们往往成为文明的先锋,领导着文明从大西洋边境前进。某些古代西方的移民,自以为能于确定蜜蜂第一次飞过密西西比河的年代"[1]。这种物种,现在也移植到万·第门地和新西兰了。

由于几乎所有昆虫都有翼,只要它们的进展不被不适宜的气候、海洋、山脉和其他障碍物所阻挡,它们很容易四散分布;这些障碍,它们有时还可以克服,只要它们听任狂风飘扬,因为这种大风可以在几小时内把它们带到相当远的距离,其情况我拟在讨论种子散布时再行详述。洪博尔特曾在安第斯山高出海面 19180 英尺处看见一些天蛾和家蝇,他认为它们是无意中被上升气流带到这些区域的[2]。

柯培说,除了严寒冬季之外,任何季节的河流泛滥,总是向下游带走许多浮在小块树枝、芦草等上面的昆虫;因此在河水降落的时候,昆虫学家一般可以得到很大的收获。这些小生物的传播,也同植物一样,大动物也起着作用。动物的皮毛或鸟类的羽毛上带着昆虫是很常见的事;若干种类的卵,也像植物种子一样,能于抵抗胃的消化力,在它们和牧草同被吞咽之后,可以毫无损伤地被排泄出来。

怀特提到一种惊人的蚜虫群;它们似乎是随着东风从肯特和塞塞克斯的酒花种植园起飞的,当它们停歇在塞尔本的时候,一切丛树和蔬菜都变成了黑色,同时像云雾似的,沿着从方汉到亚尔顿的山谷,四散纷飞。用蚜虫当做食物的普通瓢虫有时大量地伴随着它们飞[3]。

柯培说,堪以引人注意的是:我们偶尔看见它们迁移的许多昆虫,例如平翅蜓、瓢虫、蚊、蝉等,通常不是合群的种类;但是仅仅为了移徙,它们似乎像燕子那样聚集在一起[4]。所以,这种现象说明了一种本能可以在某些稀有的危急状态下得到发展,由于本能的发展,不合群的物种可以变成合群,有时甚至于共同冒险飞过大洋。

弥漫在非洲天空并从土耳其飞到英国南部各县的大蝗虫群,是人所尽知的景象;它们的广泛地理分布以后还要提到(第四十二章)。从西方来的大风经过彭帕斯的时候,往

① Washington Irving's Tour in the Prairies, ch. ix.
② Description of the Equatorial Regions—Malte-Brun, vol, v. p. 379.
③ Kirby and Spence, vol. ii, p. 9,1817.
④ Ibid.

往带着无数各种不同的昆虫。为了证明物种可以通过这种方式散布，我可以举克利奥尔巡洋舰（Creole frigate）所遇到的情况为例。1819 年，当它停在布宜诺斯艾利斯港 6 英里外的停泊所的时候，它的甲板和绳索突然被成千的苍蝇和沙粒所盖满。当时船身新经油漆，粘在上面的昆虫多到一种程度，使船只外表布满斑点，不得不局部重漆①。史梅斯上将为了同样的理由，不得不重漆他停在地中海的船——冒险号。当它正从马尔太航行到特里波利，离非洲大约 100 英里的时候，一阵从非洲吹来的南风，赶来了无数苍蝇，它们粘在新的油漆上，没有一个最小的点不被昆虫所占据。

离陆地 300 英里，还看见飞蛾在飞 H.陶英比船长的记录中，有一段关于在离岸很远的地方偶尔看到较大的鳞翅类昆虫在飞行的记载。在北纬 12°09′和西经 21°17′的海中，约当离最近的非洲海岸约 300 英里和离第·佛特岛 210 英里的地方，一只雌的大蛾（*Sphynx convolvuli*），飞到他的船上——东印度贸易船霍斯波号（Hotspur）；这只昆虫可能是从第·佛德岛吹来的，因为当时的主要的风向是西北风。在第一次回国航行中，霍斯波号经过北纬 40°29′和西经 15°，或离最近的陆地（葡萄牙海岸）260 英里的地方，在东向大风之后，又有 2 只死头蛾（*Acherontia airopos*）飞到船上。它们已经飞行了从欧洲到马德拉岛的距离的 2/3；这种情况，提供了很好的实例，说明最近的大陆的昆虫，怎样可以移植到离岸很远的岛屿②。

金船长的远征队在麦哲伦海峡航行期间，在普拉特河以南圣·安东尼奥角附近、离陆地 50 英里的地方，有几只大蜻蜓落在冒险号巡洋舰上。如果风在昆虫照这种方式飞渡过海的时候变得缓和，这种最脆弱的物种，不一定会被淹死；因为许多昆虫能够停在水面而不至下沉，瘦弱的长腿蟊虫，如果被吹离海岸，可以站在海面；如果有人走近，它们就会立刻起飞③。外来的甲虫，有时被抛到我们的海岸上，在长期浸湿之后，它们还能复活；在我们所见的蝴蝶之中，周期地出现某些特殊的种类，有时相隔 5 年有时相隔 50 年；把这种现象归因于风的作用，不是不合理的。

植物地理学

希腊人、罗马人和阿拉伯人所知道的和描述的植物不到 1 400 种。现在我们岛上的土生物种，已达 3 000 种以上④。世界其他部分现在已经采集到 100 000 种以上著名的物种，它们的标本都分别保存在欧洲各植物标本室中。所以我们不能假定，古人已经获得了关于所谓植物地理学的正确概念，虽然他们决不至于不注意到气候对植物特性的影响。

在研究本问题之前，我们没有理由推想，野生在东半球的植物，会和西半球同纬度上的种类不同；也没有理由假定，好望角的植物，完全和欧洲南部所产的不同，因为其间的

---

① 我感谢格雷夫少校给我这个资料。

② 在 1866 年 5 月 22 日的动物学会会议上，佛劳亚曾将上述两种昆虫传观。

③ 这是根据我的友人、卓越昆虫学家 J. 寇地斯（Curtis）的资料。

④ Barton's Lectures on the Geography of Plants, p. 2, 1827.

气候差别并不大。相反的假定似乎更可能，换句话说，产在同一纬度内相同高度地方的植物，应当几乎完全相同。所以，地球上不同区域——不论陆上和水中——有不同动物或植物物种群，以及大部分违反这种一般规律的例外都可以用现时正在进行的各种传播因素来解释这种发现，明显地指出我们可以接受与这些现象最相协调的任何有关物种最初传入的臆说。

植物区　洪博尔特是最先发表地球的不同区域有不同植物的哲学观念的学者之一。他说，每一个半球各有其不同的植物物种；我们不能用气候的不同，说明何以非洲赤道部分没有 Laurineae，而新世界没有石楠[①]；或者何以只有在南半球才可以找到金袋花。

他又说："我们可以意想得到，植物中的少数几个纲，如芭蕉和棕榈，由于它们的内部构造和某些器官的重要性，不能在很冷的区域生长；但是我们不能解释何以没有一种野牡丹（与番石榴树相似的科），不能在北纬 30°以北生长；或者何以南半球没有玫瑰树。两个陆上气候相似的地方，往往没有相同的生物[②]。"

A. 德·坎多尔《论"植物地理学"》的杰出论文（1820），总结了他自己和洪博尔特、白朗以及其他著名植物学家的研究成果，并且明显地表示出植物分布的主要现象与可能想象的原因的关系[③]。这位作者说，"要在美国和欧洲，或在美洲和非洲的靠近赤道部分找到两个一切条件都相当的区域，例如温度相同、高出海面的高度相等、土壤相似、湿度相仿；可能不是很困难；但是它们的植物可能几乎完全不同，甚至于全部不同。在这两个区域内的植物中，在形态上甚至于在构造上固然很可能发现一定程度的类似性，但是一般没有两个相同的物种。所以，不同于现在的自然环境（station）的境况，曾对植物的产区（habitation）有一定的影响"。

现在不妨对上面加有着重点的两个专门名词加以定义：自然环境表示每一种物种习惯生长的地区的特殊性质，即指气候、土壤、湿度、光度、高出海面的高度和其他与此相类似的条件；产区是指植物野生地区的一般位置。所以，植物的自然环境可以是盐沼、山边、海底或死水塘。产区可以是在回归线之间的欧洲、北美或新荷兰。自然环境的研究，曾被称为植物地形学，而产区的研究，则曾被称为植物地理学。这样加以定义之后，可以知道这两个过去往往互相混淆的名词，表示不同的概念。这些名词同样适用于动物学。

作为进一步说明以上讨论的原理，即不同的经度，不论温度的影响如何，有很不相同的植物物种，有时竟完全不同，德·坎多尔说，1820 年波许所描述的 2 891 种美国显花植物之中，只有 385 种为欧洲北部或温带所共有。

当对新荷兰和欧洲的情况作比较研究时，白朗查出，当时在大洋洲发现的 4 100 个种之中，只有 166 种为欧洲所有，而在此少数物种之中，有几种可能是由人类输入的。这166 种几乎全部是隐花植物，其余几乎都是中间区域所产的显花植物。

更奇怪的是：旧大陆上相距很远的两点，虽有连续的陆地交通，但是所产的物种差别也很大。中国有中国的一群物种，黑海和里海四周又有不同的一群，地中海周围有第三

---

① 从洪博尔特发表了这种意见之后，在马萨诸塞州的波士顿的一个地点，找到了野生的石楠（Erica vul garis）这是很例外的情况。

② Pers. Nar. , vol. v, p. 180.

③ Essai Elémentairc de Gèographie Botanique. Extrait du 18 me vol. du Dict. des Sci. Nat. 1820.

群,西伯利亚和中国东北部的大高原上则有第四群,等等。

　　两个大陆之间如有广阔的海洋,同一纬度上的土生植物群,也同以前所说的动物一样,差别也很大。北半球北极附近,在欧洲、亚洲和美洲北端相连接或相接近的地区,三个大陆的植物物种有限多是相同的。但是也有人说,在寒带分布很广的植物,也可以在阿留申群岛找到;这些岛屿几乎从美洲延伸到亚洲,它们可能成为相邻地区的植物群局部混合的交通途径。德·坎多尔列举了 20 个土生和原始植物的大植物区;他的儿子阿尔方斯(Alphones)——当代著名的植物学家——又进一步将它们细分成 27 个区,其间的界线,相当明显①。

　　但是有不少物种是两个或两个以上分区所共有,某些自然科学家只承认它们是地理变种的代表。一般的说,以前提到的 6 个鸟类分区——4 个在旧世界,2 个在新世界——不是不能应用于植物,只要我们愿意在它们的地理分布的主要特征上,采取更大和更广泛的观点,特别关于属和科。

　　每一个分区,特别是新寒带和新热带区,各有不同的特殊植物群的见解是有效的。邦勃雷爵士在考察了高出海面 2 000～4 000 英尺的巴西高原之后,曾经对这一区域的植物作了叙述,他说,那里的大部分植物属,除了植物学家之外,一般的人都不熟悉,因为没有在欧洲培养。但是当他从巴西高原降落到南面乌拉圭和拉普拉塔草原的时候,找到的植物,虽然是不同的种或地方种,主要还是属于南美洲类型。这些适合较高和较低自然环境的不同物种之间这样的亲缘关系,是与以前所说的见解完全相符,就是说,某些原始类型,通过变异和自然选择,可以逐渐适应于陆地表面一切不同的环境。

　　彭帕斯和拉普拉塔沿岸,一部分外来的欧洲植物,特别是蓟类和车轴草,压倒土生种的非常情况,也是值得注意的②。这一类侵入者,有时是人类于无意中输入的,等到自然化之后,它们比任何土生植物更为繁盛。它们说明了以前所定的一种原则,就是说,在人类占有的每一个广大区域内所产的生物,并不是现代物种中最适宜在那里繁殖而排斥其他物种生长的种类。它们似乎仅仅是偶尔先存的动物群和植物群在稍微不同的自然地理情况下演变而成的后代,或者是通过自然途径达到那些地区的移徙者的子孙。但是如果使这些生物与人类从遥远地区运来的物种相竞争,它们将无力维持阵地。

　　海生植物　海里的植物,如同陆上一样,可以分成不同的分区,每一分区各有其不同的物种,但是分区的数目比较少,因为大洋的温度比空气均匀,面积也比陆地大,因此海生植物移徙时遇到陆地阻碍,也不如陆栖物种被介于其间的海洋所阻拦的机会多。值得注意的事实是,胡柯博士鉴定的南极地区海藻之中,除新西兰和塔斯马尼亚海藻群外,竟有 1/5 的物种与大不列颠的相同。但是海藻中的世界种的比例,还远不如陆生细胞状隐花植物的世界种多,如地衣和苔藓植物。

　　植物的散布　以上提到的关于隐花植物的普遍特性,是值得特别注意。林耐说,由于这一类植物的胚种,如苔藓、菌类和地衣,是一种肉眼看不见的极微细粉末颗粒,因此不难说明它们何以会被散布在整个空气之中而被带到地球上任何适于它们生长的自然

---

① 　Alph. de Candolle, Monogr. des Campanulées Paris, 1830.

② 　Sir C. Bunbury, "Characters of S. American Vegetation," Fraser's Magazine, July,1867.

环境。特别是地衣，它可以在很高的地方生存，有时可以在雪线以上 2 000 英尺的不毛石块上生长，那里的平均温度近于冰点。这样高的位置，必定对含有果实器官的飘浮颗粒的传播有很大帮助[1]。

因为凡是有特殊土壤和腐烂有机物质混合的地方都有菌类出现，因此有人推想，菌类的生长是偶然的，而且与完全的植物不同。但是对本问题有极高权威的弗里斯曾经指出，这种支持古老偶然发生说的观点是谬误的。这位自然科学家说，"菌类的胞子，异常渺小，在一个 *Reticularia maxima* 的个体中，我曾数到一千万个，而且微细到几乎看不见，往往像一层薄烟；它们也非常轻，可能被蒸发作用带入空中；它们的散布方法是多式多样的，太阳的吸引、昆虫、风、弹力、黏着，等等都可以使它们传播开来，所以我们很难想象到一个地方会没有它们的存在"[2]。

石松科中的垂枝石松，是普遍分布在昼夜平分线之间各地区的著名隐花植物。它难得越过北回归线，唯一的例外是在亚速尔群岛中的温泉周围，虽然在卡内里群岛和马德拉各岛没有这种植物。毫无疑义，到处都有它的微观胞子存在，并且可以立刻在任何有适当常年温度、湿度、光度和其他对这种物种生存的基本条件的地点发芽。

罗斯爵士率领的南极探险队，曾从南半球带回不下 200 种地衣，经过鉴定，几乎全部与北半球所有的相同，而且大部分是欧洲种。

如果将这一类植物的世界性分布与大部分显花植物的比较狭窄分布进行对比，我们决不会不看到物种的地理分布和传播能力之间的密切关系。但是，要看清这两种现象的联系，我们必须首先假定每一个物种有一个生产地，并且也要假定，它经常从产生地或中心，向一切可能方向传播。

自然界中传播植物种子的无机营力，以大气和海洋的运动，以及山区到海洋的流水的经常流动最为活跃。现在先谈风。大多数的种子具有绒毛或羽毛式的附属物，到了成熟的时期，它们能在空中飘浮，并且可以被最柔和的微风飘送到远处。其他植物则利用附属的翼翅作为散布的工具，例如，铁杉的种子从松球中落下之后，可以立刻被风吹起，飘到远处。林耐所知道的比较少数的植物之中，不下 138 个属的种子具有翼翅。

由于风常向一个方向连续吹几天、几星期甚至于几个月，因此这些运输方式有时可以无限制；普通的风暴，甚至于可以在短时期内把重的颗粒搬运相当距离；能刮起沙粒的强烈大风，每小时的风速往往可以达到 40 英里，最强烈的暴风，每小时的风速可达 56 英里[3]。热带区域拔树毁屋的飓风，每小时的风速可达 90 英里；所以，不论吹的时间怎样短，它们甚至于可以把较重的果实和种子吹过很宽的港口和海洋，它们无疑也常常将大陆的植物输入邻近的海岛。旋风也是输送重植物物质到远处的工具。在我们的田野里，夏天常可看见小旋风把干草堆带入空中，然后又分成许多小簇落到地面，散在广大的面积上；但是它们有时非常强烈，以致吸干湖沼和水塘里的水，折断树枝，把它们全部卷入空气旋柱之中。

---

[1]　Linn., Tour in Lapland, vol. ii, p. 282.

[2]　Fries, cited by Lindley, Introd. to. Nat. Syst. of Botany.

[3]　Annuaire du Bureau des Longitudes.

弗兰克林博士在一封信里告诉我说,他在马里兰看见过一个旋风;开始时,它只吸起道路上的灰尘,形似宝塔糖,顶端向下,不久就长到40～50英尺高,直径约20～30英尺。它的前进方向与风向相反;柱的旋转速度虽然非常快,但前进的移动却相当慢,步行的人可以追赶得上。弗兰克林和他的儿子骑着马随着它走了3/4英里,并且看它进入森林;在森林中,它用出人意料的力量扭弯和旋转大树,把树枝和无数树叶卷入旋柱内,飞入空中;到了高空,它们看起来只有苍蝇那么大。因为在不同时期内,地球上的大部分地区都有这种现象,它可能不仅是输送植物的工具,而且也是运送昆虫、陆栖介壳和它们的卵,以及其他动物物种到它们用其他方法所不能到达的地点的工具,从这些地点,它们后来又可以像新的中心一样开始散布。

河流和海流的作用　　其次是水在植物传播方面所起的作用;关于这个问题,我想以引证我们最卓越的植物作家之一的言论最为恰当。奇斯说:"山区流水或急流,把偶尔落到水里的种子,或突然发生的山洪从河岸带下的种子,冲入河谷。贯穿世界各大陆、在广阔平原上蜿蜒流动的伟大河流,可以把生长在河源的种子搬运几百英里。例如,在波罗的海南岸,可以看到生长在德国内地的种子,而大西洋西岸,也可以看到生长在美洲内地的种子"。[1] 但是美洲和西印度群岛的土产果实,如含羞草属的 *Mimosascandens*,漆树果实(Cashew-nut)等,曾被墨西哥湾流漂过大西洋,到达欧洲西岸;它们的情况依然良好,如果气候和土壤都很适宜,它们可能在那里生长。在这些果实之中,他特别提到了一种名为 *Guilandina Bonduc* 的豆科植物,因为有人曾将从爱尔兰西岸取到的种子培养成树[2]。

史罗安爵士说,有几种冲到奥克纳岛和爱尔兰海岸的豆类植物,是从西印度群岛搬来的,其中许多是牙买加种,但是没有一种能在那里自然化。照他的推测,它们可能被河流输送入海,然后被墨西哥湾流运到更远的地方。

种子的成分中没有液态物质存在,使它们对冷热比较不易感觉,因此可以被带过植物本身会立刻死亡的气候而不至于受到损害。这就是史巴兰山尼所说的、某些种子抵抗热效果的能力[3],这一类种子,在水里煮沸之后还能发芽。侯歇尔爵士告诉我说,他在好望角种过在140°F.的水里浸了12小时的金合欢属 *Acacia lophanta* 的种子,它们的发芽速度比没有煮过的快得多。他也说过,著名的植物学家鲁德维格男爵,没有能使一种没有彻底煮沸的杉木种子在好望角生长。

所以,当一阵在海岸附近猛烈地吹了一个时期的强烈大风停止之后,所带的种子都落在水面,于是潮汐和海流变成了帮助传播植物各纲的活跃工具;随着被海洋侵蚀的海岸悬崖崩落到波浪中的植物,情况也是如此。荣兰科和许多其他植物,就是靠这种方法分布到太平洋各岛。

R.白朗博士发现,在非洲赛亚河附近采集的600种植物之中,有13种为对岸的圭亚那和巴西所共有。他注意到,大部分这些植物,只生长在赛亚河的下游,所产的种子,大

---

① System of Physiological Botany, vol. ii, p. 405.
② Brown, Append. to Tuckey, No. v, p. 481.
③ System of Physiological Botany, vol. ii, p. 405.

部分能在大洋海流中长期地维持着生活力。胡柯博士告诉我说,在考察了许多岛屿植物群之后,他发觉各地区大的天然科之中,以豆科的物种最为丰富。豆科植物以广泛分布于海滨的物种占最大比例,它们适应水运的能力,强于任何植物。

达尔文做了一系列实验来确定各种植物种子和果实浸在盐水中而不至损坏的日数;他发现 87 种之中有 64 种浸了 28 天还能发芽,一部分浸了 37 天还能活。按照海流的平均流速计算,他得到一种结论说,很多种子可以在海洋中漂流 1000 英里而不至损坏①。

北极区域的海流和风,漂着盖有冲积土壤的冰山,在冰山上生长着小松树和各式各样的草本植物;如果冰山在某些遥远海岸搁浅,所有这些植物可以继续在那里生长。

海生植物的传播　由于水是海生植物的天然介体,它们的种子可以无限期地浸在水中而不至损坏,因此,只要不受到不适宜的气候、相反的海流流向及其他原因的阻扰,它们的物种不影响各方传播。大家很熟悉漂荡海藻的景象:

> 波涛冲击和暴风吹动的地方,
> (海藻)从岩石飞进海水的泡沫里,向前漂流。

我以前曾请大家注意一个有趣味的事实,即 1841—1843 年 J. 胡柯博士在南极找到的海藻之中,1/5 是不列颠海的普通物种。他建议说,从合恩角流到赤道的主要冷海流,以及在那里遇到的其他的冷水体,可以用它们的直接影响和温度来促进南极物种漂流到北冰洋。

一般称为墨西哥湾藻或马尾藻的海藻种,在北大西洋赤道以北有惊人的堆积。哥伦布和其他航海家初次遇到这些海藻洲的时候,把它们比之于广大的泛滥草原,并且说,它们阻碍船只的前进。这个面积超过英伦三岛的漂浮植物,位于欧洲西南北纬 20°～35°之间。

史罗安爵士在 1696 年说过,这种海藻生长在牙买加四周的礁石上;它们"被风和海流带到佛罗里达州的海岸,由此再漂入北美的大洋,在海面上堆成很厚的堆积"②。

洪博尔特指出,它占据的地方,是墨西哥湾流在大西洋中遇到从北方流来的另一股海流时造成的旋涡地带;毛雷对北太平洋桑德韦奇岛北面的另一个海藻洲和漂流-海藻,以及南纬 40°到 54°之间克久伦地周围南海中的另一个海藻洲作了同样的解释③。

R. 白朗却认为,墨西哥湾藻的发源地,可能是在佛罗里达湾海岸的某些部分。在海面上漂流的时候,它不断迅速地从老叶上长出新叶;由于较大部分是在一种特殊情况下产生的,因此这种植物可能发生了变态,以致与产生它的原种不甚相同④。照福勃斯的想象,这种海藻最初是长在现在已经沉没的老海岸线上;这种海岸原来是欧洲和北非大陆的西端,当时远伸入大西洋中⑤。在这个臆说所假定的区域内,现在大部分的深度都在 1000～10 000 英尺之间,有时更深;如果说从中新世起这里的陆地曾经沉降到这样的深

---

① Origin of Species, chap. xi.
② Phil. Trans. 1696.
③ 见 Geog. Dist. of Mammals, 1866 中的海藻海的地图。
④ R. Brown, Mode of Propagation of Gulf-weed. Miscell. Works, vol. i, Ray Socioty, 1866.
⑤ E. Forbes, Fauna and Flora, &c. 1846, vol. i, p. 349.

度,可能性是不大的,因此我认为这种水藻从美洲某些地方漂来的机会比较大。

关于海藻漂流的范围,我可以引以下的事实来作证明:沿着墨西哥湾流的北面边缘,胡柯博士曾经找到两种海藻 *Fucus nodosus* 和 *F. serratus*,从北纬 36°一直蔓延到英国。充满许多海藻孢子的囊状空心贮器,以及一部分藻类的种子贮器上所附的细丝,似乎是作为漂浮用的。我们也应当提到,这些水生植物一般是分芽繁殖的,所以一个分枝的最小碎片,可以发展成完全的植物。此外,大部分物种的孢子是包在黏液之内;黏液的性质和某些鱼类的鱼子外面的物质相似,它不但保护着它们不至受到损伤,而且可以使它们黏着在漂流物体和岩石上面。

动物对植物分布的作用 但是到现在为止,我们仅仅讨论到自然界把种子从它们的产地运到远处的多种方法之中的一部分。各类动物,也忙于促进植物的分布,而且也起着重要的作用。在种子的构造中,有时可以找到特别的设备,如刺、钩和毛发等,因此可以牢固地依附在走兽的皮毛和飞禽的羽毛上;它们可以在这上面挂几星期甚至于几个月,随着飞禽走兽带到它们所到的区域。林耐列举了 50 个有钩的属,现在植物学家知道的数目要大得多,成熟的种子,常用这种钩附着在动物的皮毛上。他说,大部分这种植物需要肥沃的土壤。凡在绵羊经过的地方,很少人不看见小簇的羊毛挂在带刺的丛树上,而狼和其他肉食动物在追劫食草动物时,也不会不在无意之中服从这一部分的植物自然法则。

一只正在肥沃草原上吃草的鹿,突然发觉敌人已在临近,它一定惊惶地逃跑。它立刻拼命地跑,冲过许多荆棘,游过许多河流和湖泊。依附在被汗湿透的腹部两侧的草类和灌木种子,甚至于不少挂在皮毛上的折断带刺小枝,又在其他荆棘中擦掉。就是在牺牲者被杀害的地方,在它逃避以前不久吞下去的种子,可以毫无损伤地留在地上,随时在新土壤中生长。

从动物肠胃中通过而未被消化的种子,也是散布植物种子最有效的方法之一,可是最容易被人忽视。很少人不知道,马吃的燕麦,一部分在粪中还保存着它们的发芽能力。它们还有营养的事实,不会被机警的白嘴鸦放过。林耐说,一块耕作良好播种最优良小麦的田里,特别用新粪施肥的地方,往往会长出毒麦或野燕麦,在许多人看来是一种非常奇怪的事;他们没有考虑到,较小种子的生活力,不会在动物的胃中毁坏[1]。

燕雀目中的一部分鸟,吞食大量植物种子,然后又在很远的地方排泄出来;但是这些种子的生长能力往往没有受到破坏:一群云雀可以使最清洁的田布满大量的各种植物,如香草木犀、紫车轴草(野苜蓿)和其他植物,这些植物的种子都比较重,风不能把它们散布到远处[2]。又如,当画眉和大鸫吃了大量浆果之后,也同样地把排泄物中未消化的种子留在地上[3]。

多肉汁的果实,是四足兽和鸟类的食物;它们的种子往往坚硬而不易消化,即使通过肠胃也不至于损伤。这些种子常被散在离原产地很远而特别适于繁殖的区域[4]。英国某些部分的农人深知道,如果它们要在最短的可能时期内种成最快的树篱,它们用普通山

---

[1]　Linnaeus, Amoen. Acad. , vol. ii, p. 409.

[2]　Amoen. Acad. , vol. iv, Essay 75. § 8.

[3]　Ibid. , vol. vi, p. 22.

[4]　Smith's, Introd. to Phys. and Syst. Botany, p. 304,1807.

楂（Cratoegus Oxyacantha）的果实喂火鸡,然后用排泄出来的核来播种;用这种方法,可以使植物生长时间缩短一年①。当鸟类采到樱桃、野李和山楂的时候,便带着它们飞到某些附近的地方,吃掉果肉,留下果核。柯克船长在第二次航行中曾经到过新西伯利亚群岛中的丹那火山岛;在他的记录中有以下一段有趣的记载:"福斯特在今天的植物调查旅行中射到一只鸽子,它的爪上抓着一粒野生肉豆蔻。"②由此可见,鸟类在向远处移徙的时候,不论飞过大陆和海洋,甚至于可以把重的种子运到新的岛屿和大陆。

许多依果实为生的鸟类每年的突然死亡,对运送种子到新区域所起的辅助作用,也不能不加以考虑。海水从海岸退却时留在海滩上或河口泥土中的果实和种子,到了涨潮的时候又被冲走,或者由于长期浸渍而被毁坏;但是如果果实被来到海边的陆栖鸟类或涉水鸟类和水禽吃掉,它们常被带到内地;如果嗉囊中带着种子的鸟类被杀害,种子可被留在离海很远的地方随时生长。假使这种意外之事每世纪只发生一次,或者每1000年发生一次,已经足够使许多植物从一个大陆分布到另一个大陆;因为,在估计这些因素的作用时,我们不应当考虑这些因素在我们观察期间的动作是否很慢,必须考虑到物种的一般生存时间。

让我追溯这种作用和其他各种作用的关系。一阵大风暴带着植物的种子在空中飞行了几英里之后,把它们散在大洋之中;海洋的海流又把它们漂到遥远的大陆;由于潮水的降落,它们变成了无数鸟类的食物;有一只老鹰捉住了一只吃过这种种子的鸟,带着它飞入高空,越过高山和深谷,回到巢穴,把它吃掉,然后将不适口的种子留在新土壤之中,听它发芽繁殖。

达尔文发现淡水鱼也吃许多陆生和水生植物的种子,由于这种鱼常被鸟类捕食,于是种子也立刻被它们运到很远的地方。这位自然科学家又说,粘在鸟脚上的泥土,往往含有各式各样的植物种子;他举出一个实例来证明这种事实;他说,从一只鹬鸹脚上取下的一团泥土,他培养出80棵以上的植物,其中有单子叶植物也有双子叶植物③。昆虫可能和鸟类一样,也是传播植物的工具,因为近来曾经得到一种证据,说明蝗虫所吃的种子,在排泄之后,也有发芽能力。

上述的各种方法,几乎可以把种子传播到无限制的空间,如果我们对自然法则更为熟悉,那么何以在彼此距离很远的两点有相同的植物,而在中间地带反而找不到它们同类的原因,或许可以得到解释。但是如果植物学家还仅局限于研究现在地球上的自然地理和气候情况,则对物种分布的解释,必定还有许多困难。因为地质学家可以指出,自从现时生存的植物出现之前,陆地的高度和海陆的位置已经发生了很大的变迁。在第五十二章中,我们就会看到这些变迁怎样促进物种的衰落,甚至于全部灭亡。

人类对植物传播的作用　但在以上列举的各种传播植物的营力之外,我们还应当考虑到人类的因素——其中最重要之一。人类向每一个区域输送他栽培来供给自己食用的各种蔬菜,同时于无意中也散布更大数量对他毫无用处、有时甚至于有害的植物。

---

① 这是剑桥大学衡士罗教授告诉我的。
② Book iii ch. iv.
③ Origin of Species, 4th. edition, p.432.

德·坎多尔说,"如果输入的栽培植物为时很近,我们不难追溯到它们原产地;但是如果时代很远,我们往往无法追查我们所用的植物的真正发源地。玉蜀黍和马铃薯起源于美洲,是无人争辩的事实,也没有人争论旧世界上咖啡和小麦的来源。但是在回归线之间生长的某些古老栽培植物,例如香蕉,来源已无法查明。大家知道,近代的军队常把谷类和栽培的蔬菜运到各处,从欧洲的一端到另一端;由此我们可以推想,在较古的时候,如亚力山大的侵略,罗马人的远征和后来的十字军,怎样把世界一部分的许多植物输入到另一部分"[①]。

但是,除农业上用的植物外,偶尔土著化的,或人类于无意中散布的数量更为可观。我们的老作家之一佐士林曾经作了一份目录,列举了从英国人在新英格兰从事耕种和畜牧时起到他的时候止,在殖民地忽然长出的植物。它们一共有 22 种。普通荨麻是移民最先注意到的一种;而印第安人把车前草叫做"英国人的脚",似乎它是从英国人的脚迹上长出来的[②]。

德·坎多尔说,"我们输入了长在各种小麦之中的野草,它们原来可能是和小麦一起从亚洲输入的。例如,南欧居民种了多年的巴巴雷小麦中,有阿尔及尔和突尼斯的植物。从东方或巴巴雷输入的羊毛和棉花,往往把外来的谷类带到法国,其中一部分已经土著化了。关于这一点我可以举一个惊人的实例。在孟特披里城门口,有一片专为晒干经过清洗的外国羊毛用的草地。几乎没有一年不在这块干燥地面上找到自然化的外国植物。我在那里采集到 *Centaurea parviflora*,*Psoralea paloestina* 和 *Hypericum crispum*"。这种事实不仅说明人类于无意中帮助了植物的传播,而且也证明了野兽毛皮上所带的种子的多样性。

这位自然科学家提到航船压舱石带来的植物在港口土著化的例子;它们后来变成了比许多土生物种更为普遍的植物。水百里香是其中一个明显的例子。1841 年从美洲输入之后,它传播得如此之快,以致布满了水塘和沟渠,变成了讨厌的东西,虽然用尽一切力量连根拔除,它还是阻碍着河流和运河的航行。

林耐说,自从灭虱药草由美洲带到巴黎植物园之后还不到一世纪,它的种子已经被风吹送到法国全部,英伦三岛、意大利、西西里、荷兰和德国[③]。这位瑞典植物学家还提到几种通过同样途径传播的植物。威尔德诺说,除了瑞典、拉普兰和俄国之外,欧洲各部都生长有曼陀罗草。它是从东印度群岛和阿比西尼亚带到英国的,后来某些江湖医生把它的种子作为泻药,因此普遍地传播开来[④]。美国大部分地区的路边和田庄周围,现在都有这种植物。从美国西北部来的黄猴花现在已经在英国各部分立足,并且蔓延得很快。

在炎热而耕种比较差的地区,植物尤其容易土著化。例如,白奇尔在圣·海伦那的一个地点播种的藜属中的土荆芥(*Chenopodium ambrosioides*)、繁殖非常之快,以至在四年之中变成了该岛最普通的野草,从 1854 年起,始终在蔓延[⑤]。

---

① De Candolle, Essai Elémen &c. p. 50.
② Quarterly Review, vol. xxx. p. 8.
③ Essay on the Habitable Earth, Amoen, Acad., vol. ii, p. 409.
④ Principles of Botany, p. 389.
⑤ Ibid.

德·坎多尔说,以下所举的事实,是说明人类于无意中成为传播植物物种和使它们土著化的有力工具的最明显证据;在新荷兰、美洲和好望角,欧洲物种的数目,超过一切从其他任何遥远地区带来的植物;因此,照这种情况看,人类的影响超过一切其他帮助植物向远处输送的作用。不列颠的显花植物之中,有人认为大约有1/5是土著化的物种,如果不加栽培,大部分都要死亡。

我们对物种的土著化究竟有多大贡献,虽然到现在还知道得不多,然而已经确定的事实,提供不少理由使我们深信,我们于无意中输入的数量,超过所有全部有计划的输入量。另一种假定也是很自然的,就是说,被人类消灭的较低级生物在自然法则中曾经担任的职务,可能要人类去执行。如果在各处赶走许多候鸟,我们或许要执行携带种子、鱼子、昆虫、介壳和其他生物到远方的职务;如果消灭了四足兽,我们不但必须替代它们消费掉它们所吃的动植物,而且还要替代它们散布植物和较低级的动物。我的用意并不是要暗示,人类现在所造成的变化,其他物种也有能力进行,而仅仅是说,人类可以替代某一部分生物的作用;就他在无意中或者甚至于违背他的意旨传播的植物的事实来说,他的媒介作用,完全和被消灭的物种所执行的相同。

然而我可以说,如果在过去的时期内产于任何一定区域的动物,因某些物种的消灭和其他物种的输入而有局部变迁,由它们外运的株植物,必定也发生过变化。例如,如果一群候鸟被另一群候鸟所替代,往来运输种子的地区,就会立刻改变。所以,与人类引起的变化相类似的变迁,以往可能曾经使植物和动物物种之间发生过新的关系。

我们也可以说,如果人类是扩大特种植物地理分布最活动的营力,他也应当是限制它们的营力。他促进一部分植物的移徙,也阻碍另一部分物种的发展;因此,在许多方面,他似乎在用他的力量来使各个土生物种区混杂而变成紊乱,另一方面,他又用其他方法来阻挡相邻区域的植物混成一个群。

植物学家深深知道,在比较未开垦的地区,园艺植物很容易土著化,也容易繁殖,但在高度耕种区域,它们传播速度很慢也很困难。这种区别有许多明显的原因:由于灌溉和耕作,自然环境的变化被减少了,外来物种一被农人发现,立刻就当做野草被铲除。大的灌木和树达到了一定的大小,尤其逃不出农人的注意,如果没有价值的话,很少不被砍去。

同样的意见也适用于处在上述情况下的两个区域的昆虫、鸟类和四足兽的交换。任何食肉猛兽是不许穿过耕种区域的。原来在原始旷野的各种草木中可以找到可口食料的许多鸟类和几百种昆虫,不能依靠人类所喜爱的橄榄树、葡萄、小麦和几种草木维持它们的生活。所以,除了直接干涉外,在这种情况下,人类用截断动物迁移的方法,间接地阻碍植物的传播,否则许多动物可能会活跃地从一个地区运输种子到另一个地区。

以后就要看到,在一个区域内以前未见过的外来属的物种,往往比土生的植物属和物种容易传播;这是一种对物种起源说具有重要意义的事实。这种事实,对物种特殊创造说——即在每一个最适宜于一切可能的有机体繁殖的自然环境都有特殊的创造——是不利的;但对新陆地或新的自然环境,首先被能够到达该处的物种所移植的见解——在不违背控制物种传播规律的条件下——却相符合。一旦输入之后,它们通过变异和选择来适应新区域的一切特殊环境;它们可能还不如地球上某些其他同时代的生物适宜于这些环境,但是后者被不可超越的障碍所阻挡,不能到达同一地区来显出它们在生存斗争中的优越性。

第四十一章 就岛屿植物群和动物群
考虑物种起源问题

大西洋中中新世火山形成的岛屿——它们从来没有被淹没，也没有和其他岛屿相连——反对大陆延伸说的论证——表示北大西洋各火山群岛和大陆之间海洋深度的地图——19世纪的海底火山喷发——根据大西洋各岛的土生或其他动植物物种所得的推论——从哺乳动物——从鸟类——从昆虫——从植物——从陆栖介壳——马德拉和波托·桑托的共有陆栖介壳为数不多——马德拉和德色太共有物种的比例——不列颠各岛和大西洋岛屿之间的介壳动物群的对比——陆栖介壳占领大洋岛屿的可能方式——岛屿物种并不比大陆物种容易变异

我拟在本章讨论远离大陆的岛屿上所产的动物群和植物群的特征。有人正确地说过，在这样特殊环境中的物种分布，可以给予变异和自然选择说以最严格的考验。

我已经说过，按照一般规律，如果岛屿接近大陆，它们的动物群和植物群是与大陆相同的，特别是其间的海洋深度不超过100英寻。如果是一个与大陆之间有几百英里宽的深海峡的大岛，如同马达加斯加，它的四足兽属，虽然与大陆的几乎完全相同，但是没有相同的物种；至于其他的动植物，要看它们所隶属的纲而有不同程度的一致性。

如果我们进一步考察离陆地很远并被深海所围绕的小岛，我们就会发现，它们产有很多特殊的动植物物种，甚至于同一群岛中的个别岛屿，有时也有许多绝对属于该岛的物种。然而，在这样的地区内，岛屿生物和最近大陆的种类之间，大体上还是可以找到一些亲缘关系——比它们和地球上较远部分的动物群和植物群接近。

中新世火山形成的岛屿 我拟主要举出马德拉和卡内里作为大洋群岛的典型，因为我亲自到过这些地方，并且研究过它们的地质构造；如果不了解地质情况，动物学家和植物学家对它们被生物占据的可能方式所提出的推测和理论，必定不会很全面。因为我们首先必须了解这些岛屿的形成过程，然后还要研究它们是否是以前大陆的残块，还是火山喷发在大洋中造成的海岛。

就大西洋各岛而论，如果我们所得的证据可以证明后一种结论是正确的话，我们还要研究其中的每一个岛，是否在连续喷发的整个成长期间内始终露在水面以上，还是曾经经过升沉交替的振荡运动。幸而对这些问题，大部分都得到了满意的答复。我们可以证明，最早的喷发是在第三纪中期发生的，我称这个时期为上中新世。最初的坚硬熔岩露出水面之后，立刻受到波浪的侵蚀；火山岩的碎块立刻被冲落，在海岸上磨圆，其中的一部分被冲到附近的深海之中，形成砾石层或砾岩，或者沙和砂岩，掩埋了中新世的珊瑚和介壳物种。这些物种的绝大部分现在已经灭亡。我们所以能看到它们的化石遗迹，是由于这些岛屿的上升，特别在大卡内里、马德拉和波托·桑托三个岛；它们升出海面的高度，有时达到1500~2000英尺。我相信，上升运动是很缓慢的，在几千英尺玄武岩和粗

面岩的熔岩在这些岛上堆积的整个时期内，都陆续在进行；它们的情况和我以前所说的埃特纳山的逐渐上升大致相同，即当组成埃特纳山基础的上新世海成地层在逐渐上升的期间，大火山锥的上部结构，也在继续发展。

在我到过的任何大西洋海岛上，都没有发现下沉的迹象，甚至于也没有找到老地面暂时被淹没的证据。在马德拉岛上，组成海岸悬崖或内地绝壁的古代熔岩层之间，夹有几百层红砖色的水平薄纹层。它们的性质与以前所说的卡太尼亚附近的一层焙烧过的植物土壤完全一样，这一层泥土，盖在 1669 年喷发的大熔岩流下面，全部似乎都是熔岩或火山沙分解而成的古土壤。它们证明古代可居地面的反复破毁和恢复，没有伴随着淹没或海水侵犯的迹象。在另一方面，上升运动似乎是局部的，仅仅限于有海成地层升出海面的个别海岛范围之内。100 英寻的界线，总是在海岸附近①，在这条线以外，海水深度增加很快，因此主要各岛原先彼此相连后来又重行分离的说法是不可能的。如果海水下降 100 英寻（600 英尺），马德拉

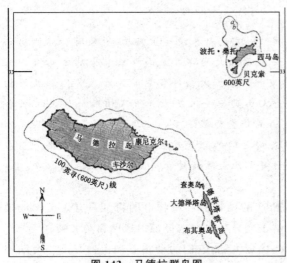

图 143　马德拉群岛图

a. 史台克斯礁，在水面以下 72 英尺。
b. 弗尔康礁，在水面以下 26 英尺。

岛固然可以和德色太岛相连接②，但从地质证据来看，我们没有理由可以假定，中间的山脊——其中有一处上面只有 400 英尺深的水——曾经在任何时期形成一条连续的地峡，使查奥岛和马德拉岛东南端相连接（见图 143）。

卡内里和马德拉的古老程度，可以用两种证据来证明，即各岛的高度和面积，以及以前所说的埋在早期喷发物质中的化石年代（中新世）。

在马德拉岛中，火山物质的堆积高达 5000 英尺，在大卡内里岛，高达 6000 英尺。特内里夫山最高喷口的高度，高出海平面在 12 000 英尺以上。我们知道，在各次剧烈喷发之间，通常总有长期的时间间隔；从卡内里群岛和一般火山群岛来看，我们可以推断，一个岛上有剧烈火山活动的时候，其他邻近岛屿是比较平静的。此外，同一个岛上的不同喷口群，也是依次喷发的；例如，在马德拉岛上，一系列组成现在最高中央山脊的火山锥，并不是最老的喷口，因为从这些喷口向南流出的熔岩，淹盖着较老几次喷发的产物③。

利用保存在火山凝灰中的化石遗体来追溯群岛中任何岛屿的动物和植物群从中新世到现代的发展情况，至今还没有什么进步；但在 1854 年哈通和我幸运地在马德拉群岛的圣乔治岛上，高出海面 1000 英尺的一个深细谷中，发现了一层含有森林树叶和某些羊

---

① 见本书图。
② 见本书图。
③ 见莱伊尔著，《地质学纲要》，p. 639。

齿植物印迹的泥炭。它们似乎属于上新世的某一时期,并且时代一定很古,因为堆在上面的许多熔岩层和火山灰层,厚达1100英尺。邦勃雷爵士指出,希亚教授后来也说过,这些树叶化石证明,在它们被掩埋的时期(可能在一个老喷口底部的泥土中),马德拉岛山盖满了常青树和其他月桂树类的植物,如月桂树和山桂树,并混有欧洲的属和羊齿植物,如镰脊属——当时岛上所产的植物的特征,和现在在那里找到的土生森林树和丛树,基本上是相同的。但是根据希亚的意见,其中许多物种,与现时生长在马德拉本岛上的任何种类已经不同。

某些自然科学家喜欢这样说——也是E.福勒斯的主张之一——亚速尔群岛、马德拉群岛和卡内里群岛,是曾经一度与欧洲西部和非洲北部相连续的陆地的最后残块。为了说明我反对这种臆说的理由,我拟请读者参阅所附的地图;这幅地图,一部分是根据毛雷著的《海洋地文学》,一部分根据海军航线图制成的,对于图的分析,应归功于T.桑德士。看了这一幅图,读者就会发觉,大陆延伸说所需要的水平变迁非常大,如果假定中新世末期以后曾经发生过这样的变迁,那就要与我们所知道的、大陆和海洋盆地的位置在整个长期的地质时期内有其稳定性的现象相矛盾。在亚速尔群岛中,最老的含化石岩石,也同马德拉和卡内里两群岛一样,属于上中新世;

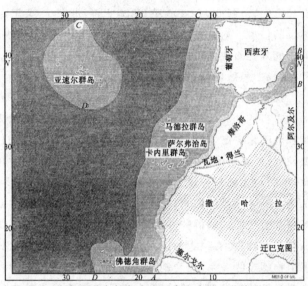

图144　北大西洋东部各火山群岛和大陆之间海洋深度图

海洋多种深度的标志:

浅色代表从海岸线到1000英尺

深色代表从1000英尺到10000英尺

最深色代表10000英尺以下

A B 是1000英尺线,*C D* 是10000英尺线。

群岛的四周则被10000英尺以上的海洋带所包围。亚速尔群岛和葡萄牙之间有一个深达15000英尺以上的地区;如果以往有陆地交通,其间的大块陆地,必须从中新世之后先下沉到海平面,然后再从海平面继续下沉10000～15000英尺以上。我们可以从图144看到,马德拉群岛是靠近表示10000英尺深的*C D* 线,卡内里群岛的西部也是如此。在后者的东部,佛塔文脱拉和兰塞罗特两岛与大陆之间的海洋深度,也有几千英尺。所有大西洋岛屿海岸悬崖的陡峭,加以100英寻线以外的海水的迅速加深,是说明每一个海岛都是由深海火山喷发单独形成的有利特征。没有地质学家会怀疑,熔岩和火山灰原来是逐渐向海岸倾斜的,现在面向大西洋的海岸有如此之多高达1000～2000英尺几乎近于垂直的悬崖,当然是波浪作用暗掘的结果。

19世纪的海底火山喷发　根据我们所知道的大西洋盆地火山活动的近代史料,我们不难想象出这一类群岛——如亚速尔或卡内里等群岛——的形成方式。我已经说过,未来群岛的基础,似乎现时正在阿申兴岛西北大洋中形成。这个离非洲最近的部分至少1 200 英里的地点,偶尔可以看到无疑的海底喷发痕迹。我们可以预料得到,在这个离大陆如此之远的地点,将来有一天会像 1811 年在亚速尔群岛中圣·密契尔岛附近形成的沙布林那岛一样,或者像 1831 年离西西里南岸 30 英里的地中海深处升出的格雷汉岛那样,出现一个火山锥和喷口。这两个岛虽然逐渐被波浪冲掉,然而它们原来的地址,还留着坚硬的石礁,在这些石礁上,今后也许会有新火山锥升出海面。

1867 年 11 月,南太平洋的一点有一个火山爆发;它的位置在萨摩阿群岛最东的两个海岛之间,离新西兰 1 200 英里,离大洋洲 1 800 英里;在人类的记忆之内,这里没有火山喷发的传说。射入空中 2 000 英尺的泥浆柱和火山沙石柱,以及向上抛射的石块和正在降落的其他石块撞击所造成的可怕响声,证明喷发物质体积是非常大的;这些物质都堆积在海底,虽然还没有新火山永久突出海面以上。

根据大西洋各岛的土生和其他动植物物种所得的一般推论　所以,无论从大西洋海岛的岩石成分和构造来考虑,或者从它们的比较近代成因以及它们和大陆之间的海洋深度和范围来考虑,都导致我们形成一种信念,认为它们是大洋中火山作用的结果;我们将要发现,如果我的意见是不错的话,各岛上的动植物物种的地理分布,颇与这种臆说相一致,反而与大陆延伸说不能相容。在最先几个岛屿形成之后,如果最早的外来动植物是从最近的陆地漂泊而来,它们必定是上中新世生长在欧洲和非洲北部的物种。我们幸而对那个时代的动物群特性的研究,已经有了相当大的进展,并且知道它们和现时同一区域所产的物种,有很大的区别。例如,就属的性质来说,欧洲的中新世植物群与现代北美洲植物的亲缘关系,比与地球上任何其他部分所产的种类深得多;因此,如果我们在这些大西洋岛屿中发现美洲的类型,并不违背大洋岛屿中的生物总是和最近大陆所产的最相似的一般规律,因为这些美洲类型,无疑是来自一个附近中新世古陆的植物群的残余。但是我们也要记得,欧洲的中新世动物群和植物群,已经逐渐被上新世的另一群生物所替代,而生物界中的所有这些变迁,大洋岛屿必定也会感觉到,因为火山作用对地面的不断破坏和恢复,便利了由风、海流,以及各种有机和无机的运输营力带来的新物种的移植。新的一层熔岩,尤其能削弱先存物种抵抗新移来物种的障碍;从火山口延伸到海岸的熔融物质,首先消灭它所流过的地带的一切生物,其范围相当宽,经过几年熔岩风化之后,它可以形成一片新鲜的处女地,以供新移来物种的繁殖。火山喷发和上升运动使每一个海岛高出海平面的高度不断变迁,也会促进动物和植物群的变化。在我们的图中(图 114)注有撒哈拉字样的非洲较低部分,在中新世期间可能是在水面以下。在图的范围内,在中新世期间或中新世以后,可能曾经形成许多火山岛,后来又被毁去。它们对促进各群岛间或群岛与大陆间物种的交换,可能起着重大作用。

图上可以看到,在马德拉群岛和卡内里群岛中间,现在有几个高出海面达 100 英尺的石礁,叫作萨尔弗治。这些礁上都没有居民,最大的一个长约 1 英里。它们从深海中升出水面;它们的陡峭悬崖,说明它们的范围已经被波浪削去许多。礁上的一部分植物、昆虫和陆栖介壳,是属于特殊类型,称为"大西洋"类型,它们可能是中新世动物群和植物群的残余。

以上几节所述的大西洋各岛的地理和地质知识,对愿于同我们一起研究现在产于岛上的动植物占领这些地区的方式的读者来说，是不可缺少的。每一个纲的缺失或繁盛，与最接近的大陆共有物种种数的多少，以及不同的岛上或不同的群岛中物种分布范围的大小，对物种究竟起源于独立创造，还是起源于先存种类的变异，即变易和天然淘汰的产物的问题，可能有所启发。

哺乳动物　我们要说明的第一个重大事实，是除了蝙蝠之外完全没有土生的哺乳动物。卡内里群岛中的帕尔玛岛，产有一种蝙蝠，它的祖先可能是在中新世或上新世期间移到岛上来的。

如果我们在直径 30 英里或 30 英里以上的膏腴大岛旅行，例如大卡内里岛和特内里夫岛，并且看到它们现在养活如此之多的家畜，如骆驼、马、驴、狗、羊、猪，我们不得不感到惊异，何以在这些岛上甚至于连一只较小的野生动物——如松鼠、田鼠和鼬鼠等——都遇不到。读者或许会问，马德拉离最近的大陆在 360 英里以上，这一类的四足兽怎样可能到达那里呢？但是这样的疑问，同时无意中接受了创造者并没有在每一个有利于它们生存的地区创造哺乳动物的意见。

很久以前普利查德博士说过[①]，太平洋各群肥沃岛屿之中，除少数蝙蝠外，没有见到四足兽，这些蝙蝠可能不是由土著从新几内亚用独木舟像运狗、猪和老鼠那样输入的。更可惊异的是：在欧洲人第一次去探险的时候，连新西兰那样大岛，除了一种老鼠和两种蝙蝠之外，也没有土生的哺乳动物，据说这些动物与其他各处的也不相同。有人看见蝙蝠白天在大西洋上飞行，两只北美种曾经飞到离大陆 600 英里的百慕大群岛[②]。所以达尔文重点地指出，远离大陆的岛屿上没有哺乳动物，有力地证明了他所主张的、所有物种都是起源于亲缘相近的先存物种的意见。缺少哺乳动物，也是否定大陆延伸说的一种论证。如果从欧洲延伸到大西洋各岛的一片陆地曾经逐渐下沉，以致除了某些火山顶留在水面以上外没有其他痕迹，原来的哺乳动物应当会退避到山顶，因为至少较小的动物可以在那里生存。拥护大陆延伸说者曾经提出，如果爪哇下沉几千英尺，除了一系列高耸的火山锥外没有任何陆地，火山锥的四周，也将被深海所包围。但是这些火山锥，如前所说，一定还住着它们所特有的马来獾，至于其他哺乳动物无疑也要到那里去避难。假使中新世期间曾经有任何四足兽游到亚速尔、马德拉或卡内里各群岛，我们没有根据可以假定，那里已经没有它们的孑遗后代；因为，以前已经说过，在每一个岛屿的成长期间，似乎都给予陆栖生物以可以居住的地面。

野生在圣·海伦那的山羊，由西班牙人输入朱安·斐南德的山羊和狗，以及 1418 年输入波托·桑托的一窝兔，都繁殖得非常快；这就证明，如果野兽能设法到达这些小岛，那里的环境是适合于它们生存的。

达尔文指出，完全没有蛙目（蛙、蟾蜍和水螈），也是大洋岛屿的特点；然而他说，运到马德拉、亚速尔和毛里昔斯各岛的蛙，繁殖得如此之快，以致变成了讨厌的东西。如果它们的卵被河流带入海洋，经实验证明，立刻可以被盐水毁坏；据达尔文的观察，蛙卵的性质，不能黏着在鸟脚上。

---

① Prichard, Phys, History of Mankind vol. i. p. 75.
② Origin of Species, p. 469, 6th Ed. p. 351.

从北方通过大西洋群岛和大陆之间向南流的一股强大海流,可能阻碍了哺乳动物和爬行动物甚至于到达卡内里群岛,其中的佛塔文脱拉岛,现在离非洲仅仅 50 英里,虽然在撒哈拉还在水下的时期,其间的距离可能远些。这一股海流可能也阻止了独木舟漂到马德拉岛;因为它孤立在大西洋之中,一般认为在 1419 年以前没有人类曾在它的海岸上登陆。马德拉现在有 80 000 人口,如果考虑到该岛的优美风景和肥沃土地,以及从中新世起已经有它存在的事实,我们不但要解释何以这里没有较低级的动物,而且还要解释,如果采纳特殊创造说的话,何以上帝没有特意为这样的天堂创造人种。

鸟类　由于蝙蝠有翼,因此成为大洋岛屿无哺乳动物的一般规律的例外,由于同样原因,我们可以意想得到,在脊椎动物各纲中,羽族应当有最多代表。我们发现的情况不但如此,而且更重要的是它们在变异方面的意义,大西洋岛屿中鸟类的种,几乎完全与最近大陆的相同。例如在卡内里和马德拉两群岛,除了三四个种外,全部都是欧洲种。99个马德拉种之中,只有一个种为该岛所特有,而且和欧洲种有密切关系;其他 2 个非欧洲种,是和卡内里群岛所共有。在亚速尔群岛中,51 个种之中只有 2 个种是特殊的——鹟和莺,它们与欧洲和北非鸟有密切亲缘关系[1]。

戈德门说过,每年冬天,某些鸟类被强烈的大风从英国吹过 1000 英里以上的大洋而到达亚速尔群岛。这位观察家告诉我们说,最东面的岛上,物种最多,愈向西考察,种数很快地减少,这表示疲倦饥饿的旅行者,看见了第一个陆地就停了下来。岛屿和大陆鸟群物种的相似性,只有用新鸟的不断降临来解释,因为变异和无限分歧的趋势,由于岛屿种类和大陆物种的不断交配而受到抑制,正如前面所说的方法,前者被后者所吸收。亚速尔群岛上没有美洲鸟;这不能用离大陆距离较远的理由来解释,因为我们知道,不下 60个美洲种曾因迷途飞过大西洋到达不列颠各岛。这种事实仅仅证明,连续向适当方向吹的强风,是使鸟类移植到遥远岛屿不可少的力量。

离美洲海岸 700 英里的百慕大群岛所产的鸟类,全部是美洲种。贝亚德所说的三种欧洲迷途者之中,两种为格陵兰所共有,它们可能来自北方而以纽芬兰作为中途停留站;第三种是难得看到的普通英国云雀,它常被航船带到美洲,所以有时可能逃出鸟笼,在它看到的第一个陆地停留下来。

陆栖鸟类能够忍饿的天数,已经足够使它们从欧洲甚至于从美洲飞到亚速尔群岛。巴勒脱对我说,一只从伦敦动物园送到乡间的鸲鹋,意外地被遗留在一只木箱里,它在箱内关了 5 天,没有食物和水;当发现的时候,它还活着,喂了之后,它恢复了原来的神气。

加拉帕戈斯火山群岛的鸟类,在某些方面与大西洋海岛的情况不很相同;因为它离最近大陆的距离,虽然比亚速尔群岛到欧洲的一半路程多得有限,然而 4/5 的陆栖鸟类是世界其他各处找不到的物种。26 个物种之中,除了三四种外,全部都是这些岛屿所特有,同时全部都是南美洲类型。更值得注意的是:这些陆栖鸟类之中,有几种是一个海岛所特有[2]。要解释这种现象,我们可以假定,自从这些海岛露出海面之后,很少遇到连续的大风从南美洲吹到加拉帕戈斯,因此需要经过长时期才有迷途者降临,有些飞到一个

---

[1]　Origin of Species, vol. ii. 1866, new series, p. 88.

[2]　Darwin, Origin of Species, p. 465.

岛上,有些飞到另一个岛上。一旦立足之后,它们始终是孤立的,既与南美洲大陆上的原种没有交通,也和群岛其他部分来自同源的移居者没有往来。戈德门讨论本问题时说,亚速尔群岛常有从各方向吹来的风,因此在暴风期间,陆栖鸟类常被从一个岛吹到另一个岛,但在加拉帕戈斯群岛,通常总是很平静,没有这样的强烈大风。他又说,亚速尔群岛的海流是向各方向流的,而加拉帕戈斯的海流却流得很急而且经常向一个方向。达尔文发现,加拉帕戈斯的 11 种蹼足鸟类或涉水鸟之中,除 2 种外,全部为最近的大陆所共有①。这种事实是与这一个目的鸟类在世界各部分都有广泛分布的情况很相符合,并且也与它们的移徙习惯相称。大西洋岛屿鸟类与欧洲和北非种的关系,几乎与通常在连片的大陆上所见的相同。少数例外和特殊类型,有时可能是在它们最初到达之后通过变异和自然选择产生的,还有一部分,可能是来自大陆的中新世种或属的后代,但在大陆上,这些种和属已经灭亡。

　　昆虫　马德拉岛、萨尔弗治和卡内里各群岛的昆虫,与鸟类不同,土生物种占较大的比例;大西洋各岛所特有的许多属,在每一个独立的群岛中则有不同的种。吴拉斯东在他所著的《大西洋鞘翅类》中,描写了不下 1 449 种全部属于上述几个群岛的甲虫。全部标本几乎都是由他亲自采集的,其中有 1000 种以上是其他地区至今还没有发现的物种,虽然其中很多种将来无疑可以在地中海四周的陆地上发现。不同的群岛有不同的昆虫群,可以用以下事实来证明,从卡内里群岛采到的 1 007 种和从马德拉得到的 661 种之中,只有 238 种是两个群岛所共有。有人认为,就是这 238 种,大部分可能也是由人类带来的,至少其中的 38 种无疑是由人类在很近的时期内输入的。

　　几乎每一个孤立的岛,都可以在总表中增加一部特殊的种或显著的变种,而萨尔弗治石礁上所产的 24 个种之中,有半数是很特殊的,其中一部分属于所谓大西洋类型。吴拉斯东说,"如果把可能由人类的力量使它们土著化的甲虫除外,普及全部群岛的物种,出乎意料的少,然而除了极少数的例外,所有的属都是共有的"。在最占优势的种类之中,象鼻虫大大地压倒一切;它们的几个科,主要属于大西洋类型。不下 50 个种和变种,完全依大戟草为生,在卡内里群岛,这种植物不但产量大而且种类也多。欧洲的依宁根中新世地层中,产有一些大戟属的植物化石,因此这些植物和象鼻虫的原始种,可能来自中新世的古大陆。希亚等的研究已经证明,欧洲中部的中新世鞘翅类动物群,实际上比现在生活于同一纬度上的为丰富②;所以我们可以想象得到,以前提过的各种向海洋方向输送昆虫的运输方法,可能曾经把现在的某些岛屿昆虫群的祖先运入大洋岛屿。

　　昆虫渡海不如鸟类那样容易,可能是解释这两个动物群与原产大陆关系显然不同的正确理由,也是说明同群各岛共同物种比较稀少的原因。由于难得发生物种交换,变异和自然选择作用在互相隔离的岛中形成不同种族的机会,就会按比例地增加。

　　最近对戈德门在亚速尔群岛采集的,并经克洛枢③描述的甲虫的研究指出,亚速尔群岛的现象与卡内里和马德拉两群岛相仿佛;其中大西洋类型虽然比较少,但现存的欧洲

---

①　Ibid.

②　Lyell's Elements of Geology, p. 254; Student's Elements. p. 198.

③　Azorean Coleoptera, Zool. Proc. 1867; pt. ii, p. 349.

种类比较占优势。这种稍微不正常的情况，可能说明一种事实，即亚速尔群岛离欧洲的距离虽然比马德拉和卡内里远得多，然而所处的位置，是在风暴比较多的纬度上，因此接受外来迷途者的机会也比较频繁。

植物　胡柯博士在他论岛屿植物[1]的论文中提到，在马德拉群岛，除了由人类输入的许多栽培植物，以及在无意之中带去的罂粟、西洋延胡索、囊吾草和其他杂草外，还有其他欧洲种的土生变种，有时有典型的属，这指出它们和最近大陆的关系。他又说，我们在大不列颠或欧洲大陆 2000 英尺以上的高山上，可以找到属于较北纬度但与生长在较低高度的植物不同的物种，而在马德拉，我们甚至于在 4000 英尺以上都找不到这样的北方种类。山愈高，物种愈少，但是它们的种类始终与较低高度所产的相同。如果大陆延伸说是正确的话，我们应当可以在大西洋各岛发现它们在冰川时期从高纬度上移来的高山植物群。

一个完全没有研究过中新世期间生长在欧洲大陆的植物的植物学家——其时最老的几个火山正在卡内里、马德拉和亚速尔等群岛开始喷发——在这些群岛中看到这样的大西洋类型，如山柳和鳄黎，一定会感觉惊奇，因为世界上比离北美洲更近的其他地区，没有它们的生存代表。这似乎违反了岛屿生物应当与最近大陆的物种最相似的一般规律。但是幸而恩格、希亚和戈普特对第三纪地层中植物化石的研究指出，当大西洋各火山的山顶开始露出海面的时候，欧洲大陆上盖满了异常丰富的植物。

仅仅在瑞士依宁根的一个地点的地层中，已经发现了不下 900 种这一类的植物化石[2]。希亚说，这个植物群的最显著特征是：它们的属，大部分是现在美洲的特产，与欧洲有亲缘关系的种类，只居第二位，亚洲的居第三位，非洲的居第四位，大洋洲的居第五位。最主要的美洲类型是以上所说的山柳和鳄黎，它们是现在马德拉、卡内里和亚速尔等群岛所共有的属。作为中新世植物群的孑遗物种看待，它们正是那些我们应当意想得到的、从邻近中新世大陆移来的种类。另外一种稀奇而反常的植物是 *Monizia edulis*，我们可以把它当做中新世类型的仅存硕果，它是隶属于现在世界上其他各处都没有代表的属。这种特殊的灌木，是一种伞形科植物，树干像一个倒转的象鼻，上面长着很大的一簇荷兰芹似的树叶。一株很好的标本，现时（1867）种在奇尤植物园的温室中。这是德色太石礁之一的特产[3]，它的保存，可能是由于那里的特殊情况，因为这个石礁与其他比较容易被新动植物渗入的岛屿都没有交通。

胡柯博士提醒我们说，如此之多的中新世在欧洲繁盛的物种和一部分属的灭亡，完全可以用上新世和冰川时期北半球温带所遭到的气候大变迁来解释。长期生长在中欧和地中海沿岸区域的亚热带老物种，在较北的植物群面前退却了，但是由于大洋岛屿的气候比较温暖均匀，在大陆上被消灭了的许多植物和不少昆虫，还能在这些岛上生存。以前所说的、在各群岛中蔓延的特殊"大西洋类型"，可能就是这样来的。胡柯博士告诉我们说，西印度群岛像蚕豆的攀绕植物楉藤子的种子，曾被墨西哥湾流漂了 3000 英里到达亚速尔群岛。这些种子虽然不能忍受亚速尔群岛的气候，然而在盐水中浸了如此之久

---

[1] Lecture to British Assoc. Nottingham, 1866；Gardener's Chronicle，1867.

[2] 中新世植物群和动物群的简述，见"Lyell's Eelements," 6th Ed. chap. xv 和 Student's Elements, p. 186, et seq.

[3] 见本书图 143。

还能在奇尤植物园发芽；从这种事实来看，中新世的种子，也很容易毫无损伤地被海流从地中海区域带到大西洋各岛，因为这些海岛离欧洲的距离，还不如亚速尔群岛离印度群岛那样远。但是生长在新岛屿上的植物，鸟类的贡献可能比海流大。我们已经知道，许多被鸟类吞食而又排泄出来的种子，可以随时发芽，如果这些种子被鸟类带到新的火山岛，不久就可以盖满未被占领的土地，要等到有由同样运输方法输入的其他物种，它们的垄断才会遇到竞争。

自然界究竟用多少不同的运输方法来使物种占领一部分大西洋的岛屿，是不容易推测的。甚至冰川时期的冰山，也可能在运送植物到亚速尔群岛起过它们的作用，因为它们现在有时漂到比亚速尔群岛更南的纬度上。哈通在亚速尔群岛找到了一块岩石碎片，他认为是冰运的漂砾。当我们考虑到中新世之后几百万年中的一切气候变化，风和海流的改向，以及鸟类物种的变迁，更不必说火山岛本身所经过的不断改造，我们必定会感觉到，这几个群岛中生物的移植是如此复杂的原因和条件的结果，因此物种有这样反常的分布，不是意想不到的。如果我们找到一种植物或动物为一个海岛所特有，我们可以假定：它最初是从邻近大陆带来的迷途者，而且可能从来没有散布到任何其他岛屿；或者它原来有较广的分布范围，后来由于新种的侵入，或者由于火山喷发，失去了大部分原有的领土；或者，它的原种还在某一群岛中或某些海岛上繁殖，但其后代，可能在几千代之中逐渐脱离原型，造成了有物种价值的差别。当提到大西洋类型是亚速尔、马德拉和卡内里各群岛所共有的时候，无论对植物或昆虫，我们都是指属而言，因为各个群岛中的种，几乎都不相同。

达尔文在《物种起源》中说过，将来会有一天，我们还可以发现我们现在还不知道的许多横渡大洋的运输方法。这种预测，在他的意见在他的名著第四版——1866 年——中提出之[①]后就被证实了。从那个时候起，发现了几个说明它的意见的特殊实例。听说南非洲被蝗虫侵入的区域，生长出许多新的植物，达尔文从一位住在那特尔的通信员威尔那里得到一小包干的蝗虫粪，重量不到半英两。他从小球之中拣出了一些种子，并用解剖方法确定了它们的性质，然后用另一部分播种；它们发芽之后，长出 7 棵至少属于两类的草。在海上的时候，达尔文自己有一次捉到一只从非洲海岸吹来的移徙种蝗虫，这个地点离最近的陆地 370 英里，或者比马德拉离非洲略为远些。1867 年这位自然科学家看见一些泥土牢固地粘在一只山鹬的脚上，干燥之后，重为 9 英厘。他在泥中取出了灯心草的种子，并且发了芽。这种事实对植物移植到新岛的现象有很多启发，因为所有的科，连蹼足鸟在内，山鹬可能是最善于移徙的物种，几乎没有一个远方岛屿，它不能到达的。

罗牧师对我说，1844 年他到马德拉的时候，他在芬察尔看到一群可能从非洲飞来的一群蝗虫。它们慢慢地在城的四周盘旋了 3 天，围成一个直径 5 英里的圆形或椭圆形的圈，晚上息在树上，白天再继续飞行。它们似乎没有消耗很多植物，被捉的时候，似乎迟钝不活泼。它们的长度大约 3 英寸，数量之多像暴风中的雪片；朝上看的一个望远镜，没有能看到蝗群的上面界限。两三天之后，它们失踪了，后来在海面上看见它们组成的浅洲在漂浮。很奇怪，它们没有在岛上永久定居；蝗虫不是马德拉的昆虫，也没有人知道它们曾经在它们的粪

---

① Chap. xi, 4th ed. p. 433. 1866.

便中输入任何新的植物;但在这个岛形成之后,这样的蝗群可能曾经一再飞到这里,其间相隔的时期可能很久。某些岛屿植物群的物种,一部分可能是由它们输入的。

如果我们将任何一个群岛——例如马德拉群岛——的植物群和不列颠各岛所产的作一比较,土生物种的数目与最近大陆共有的植物的比例,差别的确很大。马德拉的整个植物群,虽然不到不列颠的一半,它却有几百种土生物种;在另一方面,不列颠的植物,除两种外,全部都是欧洲大陆的物种。这两种植物,一种是绥草,产在爱尔兰邦特雷湾的西北,但大西洋东岸其他各处都没它们的存在;另一种是美洲的水生植物,名为谷精草。

陆栖介壳 我把陆栖介壳留到最后讨论,是因为它们在大西洋各岛中的分布,比任何其他各纲的生物为特殊而有意义。正如 R. T. 罗牧师在很久以前指出,特别在马德拉群岛中,每一个岛各有不同的介壳物种,而且整个介壳群,几乎完全与欧洲和非洲的不同。如果把大西洋和不列颠各岛所产的这一类呼吸空气的软体动物作一对比,我们可以知道,它们的差别达到了最高峰;因为在大不列颠,没有一个岛有特殊的物种,所有岛屿的介壳动物群,都和邻近大陆所产的相同。

罗牧师在 1834 年描述的 71 种从马德拉采来的蜗牛、苔守蜗牛、*Achatina* 等属的陆栖介壳之中,有 44 种是新的,只有 2 种为马德拉和波托·桑托所共有,两岛之间只隔 30 英里的海。自从他的专刊发表之后,他自己以及吴拉斯东等所作的进一步调查,扩大了物种表,并且说明以前知道的物种之中,有几种的分布范围比最初所假定的大;但是这些事实虽然增加了我们的知识,然而他在 1834 年发表的一般结论,还是正确的,甚至于更加明显。由于在马德拉和波托·桑托找到了一大批介壳化石,这种介壳群的意义大为提高;这一批化石揭露了新上新世期间这一部分生物的情况。有几个化石物种已经灭绝,但是大部分还各自分别产于马德拉和波托·桑托;因此两个古介壳群也同现代的介壳群一样是不相同的。由此可知,在新上新世期间,这两个岛也同现在一样是彼此分开的。在此期间,它们显然与欧洲大陆也不相连;因为几乎任何化石介壳都不是欧洲物种;缺少欧洲种,证明了自然科学家一般的意见,即产在这个群岛中的欧洲普通种,几乎全部都是由人类在 15 世纪开始以后输入的。在马德拉停留的短时期内,我在一个从里斯本送园艺植物来的花盆中,找到 3 种葡萄牙蜗牛,这就说明园艺家如何在无意之中使纯粹的土生动物群变成混杂。大部分欧洲介壳,都可以在芬察尔的花园中找到,它们以这个主要城市为中心,向四周作不同距离的扩展。

1854 年我在那里访问的时候,马德拉本岛中的已知生存介壳,除以上所说的近代侵入者外,计有 56 种,波托·桑托有 42 种;总数之中,只有 12 种为两岛所共有;意义更大的是,在这 12 种之中,有一部分在两岛各有不同的变种。这种不调和现象,事实上很像以前说过的 6 个大动物区中 2 个分区的情况,而不像同一区内彼此望得见的两个岛所应有。如果再对化石群作一分析,我们发现,马德拉的 36 种和波托·桑托的 35 种之中,只有 8 种是两岛所共有,而这 8 种之中,有 5 种在两岛上各有不同的变种。我们应当预料得到,由于波托·桑托的开拓程度远不如马德拉,而且只有少数人口,化石和生存物种的相互类似性,应当比马德拉的大;他们的实际情况的确是如此,这就鼓励我们把在马德拉只有现时生存物种而无化石代表的陆栖介壳作为非土生的或侵入的物种看待而予以剔除。马德拉东端[1]附近康尼克尔所产的化石,异常丰富,它们埋在钙质沙和泥土的表层沉积物中。最普通的种类,是一种形态非常特殊的物种,名为达尔芬蜗牛(*Helix delphinula*)——因为像海生属达尔芬螺,它在大西洋海岛中已经完全绝迹。另一种较小但很特殊的介壳是 *Helix tiarella*,在新上新世期间,它的分布一定相当广,但是现在的数量已经如此少,以致久被认为已经绝种,直到 1855 年,吴拉斯东在马德拉内地一个高到几乎不能到达的悬崖上,才找到几只残存的个体。康尼克尔所产的 *Achatina* 属中的两个种和蛹螺属中的两个种,以往也认为已经灭亡,但是由于它们的身体很小,可能被忽视,即使存在,也一定很少。

在波托·桑托的介壳沙中,一种名为罗氏蜗牛的特殊介壳,也很丰富。这种介壳非常大,如果这两个主要岛上还有它们的存在,一定不会被错过,但是近来在波托·桑托附近一个叫作西马的石礁[2]上发现了几个。一部分介壳学家认为,罗氏蜗牛是 *Helix Port sanctana* 的巨形变种,在这层介壳沙中也有后者的化石。如果这种意见是正确的话,这并不是这个群岛的介壳群中,化石和现代物种有两个同样不同的族而中间没有过渡变种的唯一例子。两种类型之一,可能代表原种,另一种是变种的极端。根据自然选择说,在这两极端之间,原来存在有一系列过渡类型。由于缺少有利的环境,或被两端的任何一种所吸收,这些过渡类型可能已经灭亡;根据以前所说的原理两个极端类型还能够生存;按照这种原理,如果动植物是许多不同的属,它们在一个有限范围内找到食物的机会,比全部都隶属于一个属的机会多。然而在马德拉群岛中,也有一些多型种,例如多型蜗牛,其中的过渡变种都没有缺失,它们使我们回想到英国的黑莓和玫瑰;但是这种实例是一般规律的例外,其理由将在下一章讨论。

我曾经提到马德拉的 *Helix tiarella*;一种和它有密切关系的特殊类型 *H. Coronata*,在波托·桑托的化石中非常多;现在在这个岛上还有它们的生存同类,虽然数目很少。另外一种或第三种有密切关系的物种是 *H. Coronula*,最初在德色太群岛的布其奥岛发现它的化石;它可能还存在于那些不易到达的石礁中,因为近来在最近的马德拉海岸上找到几个它的生存代表。这可能是说明较小的岛屿能于供给马德拉以土生物种的一个实例:康尼克尔的化石中缺少这种介壳,似乎意味着它近来才到达马德拉本岛。这 3 种分别产于马德拉、波托·桑托和德色太的蜗牛科中的特别一组形态不同但有密切亲缘关系的种类,使我想起在亚洲、欧洲和美洲找到的某些属的代表种。

既然提到德色太,我可以进一步说,在那里发现的 19 种陆栖介壳之中,12 种或 2/3 种是马德拉共有的,但只有 5 种产在波托·桑托。这种动物群与马德拉的种类有较近的亲缘关系是意想得到的,不但因为它们的距离较近,而且,在图 143 上可以看到,因为马德拉和德泽塔都在 100 英寻浅海的范围之内;它们之间的海峡,以往可能比较狭窄,虽然我们没有理由可以说,其间的陆地曾经互相连续,或者甚至于查奥、大德色太和布其奥曾经接连在一起,因为每一个石礁,都有本身的特殊物种和某些变种。就整个群岛来说,马德拉、德色太和波托·桑托三个介壳群之中,只有两个共同物种;作为表示物种分布的局

---

① 见本书图 143。
② 见本书图 143。

限性,这种现象是值得注意的。

马德拉和波托·桑托的化石,无疑是很古的,虽然它们比最新的熔岩流较为近代;因为消灭几种物种和大大变更另一部分物种的相对数量所需要的时间必定很长,何况这里还有后来的局部地理变迁的证据。自从包含这些陆栖介壳的火山沙和火山灰堆积之后,康尼克尔所在的狭窄地角和波托·桑托的北岸,海岸悬崖已被暗掘了很多。波托·桑托岛上一部分由沙丘组成的贝壳建造,已被切成垂直的陡峭悬崖,它们原来向海洋延伸的范围,一定比现在远。整个波托·桑托岛的确也受过极深的剥蚀作用,图 143 上注着 ab 标记的石礁,一个叫做弗尔康,现在上面有 26 英尺水,另一个是史台克斯,在水面下 72 英尺,它们可能是以往伸出海平面的孤立火山锥的遗址。但是在整个 100 英寻线的范围之内,我想不可能有连续的陆地。这样的扩张,将使波托·桑托的面积增加 5 倍。在马德拉和波托·桑托,已灭亡的物种约占现存种类的 8%,将来对较小物种的发现,这种百分比可能略为减少;但是古代和现代动物群之间的不调协现象,永久不会消除的,因为从数量来说,差别一定更大,某些以往最占优势的物种,现在已经衰落,而有些化石的族和物种,现在已经灭亡。

除了可能由人类输入的以外,卡内里群岛的陆栖介壳和马德拉的很不相同。卡内里群岛中各岛所有的共同物种比马德拉各岛多,但是这种的融合,一部分可能是由于古安朝斯民族的力量,他们很早就在这里居住。

不列颠各岛和大西洋各岛屿中介壳动物群的对比 我现在再回头来谈一谈大西洋岛屿和不列颠各岛中陆栖介壳的分布情况,它们之间有很大的区别。如果从亚速尔群岛通过马德拉到卡内里群岛画一条弧线,它的长度约为 750 英里,或者大致和从设得兰岛通过苏格兰和英格兰到西雷岛的一条线相等。不列颠群岛,如果包括设得兰、奥克尼和赫布里底各岛在内,一共有 200 个以上可以居住的岛屿。在这些岛上,陆栖介壳是相同的;大西洋群岛的情况则相反,不但主要的或可以居住的各岛,供给介壳学家以特殊的物种或变种,而且海岸附近几乎每一个不能居住的石礁也是如此。在不列颠区域内,初看起来陆栖蜗牛似乎没有任何渡海的困难,而在大西洋各群岛,最狭窄的海峡,大部分都成为不能通行的障碍。锡利岛到康沃耳的距离,大致等于马德拉到波托·桑托的距离,但在前两岛中,介壳学家找不到不同的种,甚至于没有显著的族,而从马德拉到波托·桑托,4/5 的种是不同的,此外还有一些特殊的族,就是海峡两边共有的介壳,也有这种现象。我们可以无疑地说,英格兰南部有较丰富的介壳群,并且产有某些北面分布范围不超过纽克郡的物种(大约 8 个物种)。它们是:*Helix pomatia*,*H. carthusiana*,*H. revelata H. Pisana*,*H. obvoluta*,*Bulimus montanus*,*Clausilia Rolphii* 和 *C. biplicata*. 但是较难提出北方特有的物种,*Vertigo alpestris* 可能是唯一的实例[1]。

我们用什么理由来解释这两个区域的显然不同现象呢?或者怎样把它们归纳在同一个分布规律呢?某些动物学家看到大洋岛屿中有这许多地方性的物种和显著的变种之后曾经建议说,陆栖软体动物一定比动物界其他各纲容易变异。但是这种观念是完全不能接受的,因为我们只要看一看以上说的马德拉和波托·桑托的化石群,就可以证明

---

[1] 见 Mr. J. Gwyn Jeffreys, British Conchology,1866—1867。

蜗牛、蛹螺、烟管螺和 *Achatina* 等属从新上新世到现代的稳定性和不变性。要答复这个疑问,我们必须诉之于不列颠各岛和大西洋各群岛各自分开的时期与它们和最近的大陆分离的时期之间的巨大差别。在冰川时期开始之后,不列颠群岛的各部分之间,到处都有陆上交通,其时各地的海栖和陆栖介壳物种,都与现在的相同;在大西洋各群岛,从中新世以后,已经没有陆上交通,其时地球上整个动物群和植物群与现在的种类只有疏远的关系。读者可以在地图(图 143)上看出,如果大西洋底到处都上升 100 英寻,所有的主要群岛和岛屿还是和现在一样彼此不相连,同时我们知道,同样幅度的上升运动,会使200 个不列颠岛屿彼此相接,而且与大陆相连[①]。事实上,不到 400 英尺的海平变迁,就可使几乎所有不列颠岛屿彼此相接而且与大陆相连。单就地质证据已经可以证明,从冰川时期以后,不列颠区域曾经有过很大的振荡运动,但在大西洋区域,却没有同样规模的普遍运动的迹象,只有一些局部上升的证据。

我以前提过,如果波托·桑托在新上新世期间曾经和马德拉本岛相连,两个化石群可能已经互相混合,不至于像两岛现时生存的土生介壳那样,有如此巨大的区别。大不列颠也有与猛犸骨和其他已绝种的哺乳动物一同埋存在古代冰碛中的陆栖介壳化石群;这种资料可以促使我们把大西洋和不列颠各群岛的比较研究,再向前推进一步。我们认识到,不列颠介壳化石物种的分布范围,是和现代的动物群一致的。R. 白朗在爱昔克斯的柯普福特的后-上新世冰碛中采到不下 48 种陆栖介壳化石,除了 2 种蜗牛外(在大陆上还有它们的存在),全部都是现存的不列颠种。但是如果英格兰曾经下沉几百英尺——甚至于晚到上新世——并且分成两个岛,照我们的想象,与各县已灭亡的四足兽伴生的介壳种和变种,会有显著的差别。然而我们没有发现这样的区别。例如,如果我们将沙斯白里附近猛犸时代的威尔特郡冰碛和以前说的爱昔克斯的冰碛作一比较,它们的介壳化石物种没有任何区别,两地之间的距离,却比马德拉到波托·桑托大 1 倍。根据这种事实,我们可以断定,从冰川时期开始,不列颠区域虽有局部的下沉,但是它的正常情况,还是属于大陆类型。

陆栖介壳占据大洋岛屿的可能方式　读者可能会问,如果从新上新世以后的长时期内,马德拉和波托·桑托之间陆栖介壳物种的交换,既然进行得如此之慢,那么大西洋群岛何以会被从欧洲或非洲移来的物种所占据呢? 这种疑问的确很难答复,况且我们必须假定,从一个以漂流者或迷途者的方式从大陆漂到这里的陆栖介壳,是非常稀少的事。有人建议说,鸟类脚上的泥,可能把这些软体动物的卵运过海洋。但是如果是这样的话,何以在马德拉和波托·桑托之间 30 英里宽的海峡上自由飞行的禽类,还能让这两个岛上的介壳群维持它们的区别呢? 何以每年从大陆飞到大西洋各岛的鸟类,输入如此之少的陆栖介壳呢? 到现在为止,自然科学家还没有能找到一个新的大陆蜗牛到达遥远大洋岛屿的证据,除非通过人类的帮助;那些不愿意放弃解决这种问题希望的人们,认为情况应当是如此。如果看到某些四足兽偶尔从欧洲游过海洋到亚速尔群岛,而大西洋各岛中却找不到这一纲动物的存在,是怎样费解的事呀!

如果今后我们发现呼吸空气的软体动物有时能渡过广阔的大洋,我们可以肯定地

---

①　见"Antiquity of Man," by the author, Map., fig. 41, p. 279。

说，运输的次数一定很少，相隔的时期一定也很久，于是移植到新岛的大陆物种，在另一组大陆类型的代表再度向这里移徙之前，有充分时间可以变异，产生一种或两种新族，以免后来的代表有机会与第一批的交配而阻止它们的变异。

如果运输工具是漂木、陆栖鸟类、昆虫或者任何有机或无机的介体，它们的作用必定很偶然而不规则，以致使所造成的结果看来极端反复无常。

第一次到马德拉的中新世蜗牛，可能与第一次到波托·桑托的物种不同。有人曾经这样想，在欧洲已经灭亡的种 *Helix inflexa* Martens，可能是 *H. portosanctana* 的祖先，而巨大的罗氏蜗牛可能是后者的一个变种，但是罗氏蜗牛似乎从来没有到达马德拉。法国的法龙层或上中新世地层中如此普通的已绝种的 *H. Raymondi*，曾被假定为另一种普通介壳 *H. Bowditchiana* Pfeiffer 的祖先，马德拉和波托·桑托的化石和现代介壳中，都有这种物种。

假设某些中新世物种——其中几乎全部早已绝种——曾被几十万年才发生一次的一组综合条件作为漂流者或迷途者带到不同的岛上，那么可能需要另一组同样稀少的综合条件，才能把一个物种从一个海岛运到另一个海岛。例如，一个群岛的整个形成过程中可能只发生一次的火山喷发，正好在同一季节，或者在海面以上同一高度，同样的强度，而且当风和海流的方向相同的时候。这样一个爆发，可能使某些蜗牛从群岛的一部分散布到另一部分，对同一区域的历史来说，这种现象是空前绝后的。如果读者参阅第一册第301页叙述的1538年那波利附近奴奥伏山的形成情况，他就会了解，当许多鸟类被弄死的时候，恐慌地从灾难中飞出的部分，也同人类一样，身上必定被骤雨似的、覆盖着一切事物的泥浆所粘满。在这样喷发的初期，树木、灌木和有时含有陆栖介壳卵的植物土壤，会被蒸汽冲入高空中。蛹螺的卵有时非常小，而它们在空中的终速是如此之微，以致可以被风吹到几英里以外才降落到地面——其间的距离可能等于从马德拉到德泽塔。没有理由假定，大洋岛屿上的物种形成新变种的倾向大于大陆物种。但是如果每个岛屿彼此分离的时间，足以使大陆上大部物种发生变化，那么在岛屿上显然可以造出更多的新种。譬如在1000年以前，有一队移民离开欧洲的某一国家，各在亚速尔、卡内里和马德拉各群岛形成殖民地，而各群岛之间以及它们和大陆之间的一切交通都被切断了1000年，于是大陆和3个殖民地所用的4种方言，很可能都与原来的第九世纪的方言完全不同。3个群岛的人，也像他们所住的土地一样，和移民最初到达的时期相比，可能没有什么显著的变化，但是由于和外界隔绝，较少的海岛居民，可能会产生3种新语言，而大陆上的居民只有1种。这不是由于新名词和成语的发明或老文字的废弃在岛上进行得比较快，而是因为每一个群岛彼此隔离，又与世界其他部分隔离，于是形成了独立语言中心。卡内里、马德拉和亚速尔各群岛，以及每一个群岛中的许多岛屿的陆栖介壳之所以不同，也是大洋中小块陆地长期孤立的结果，而不是由于岛屿陆栖介壳有较大的变异倾向。

总之，我可以说，哺乳动物、鸟类、昆虫、陆栖介壳和植物（不论显花和隐花）的物种与大陆物种的相似程度，或者不同群岛或同一群岛的不同岛屿的物种彼此间的相似程度，无疑与每一个纲所享有的已知渡海便利有关。这样的关系，是与变异和自然选择说相一致的，但与以前提出来解释物种起源的任何其他臆说，则不能相容。

第四十二章 物种的灭亡

植物物种抵抗其他物种以维持生存的条件——怎样保持物种数量的平衡——昆虫在保持这种平衡中所起的作用——蝗虫造成的灾害——杂食动物对保持物种平衡所起的作用——水栖和陆栖物种的相互影响——自然地理的变迁怎样影响物种的分布——一个物种分布范围的扩大可以改变其他物种的领域——北极熊最初进入冰岛时造成的假想结果——输入冰岛的驯鹿的繁殖——人类在搅乱物种数量方面的影响——被消灭的大不列颠土生四足兽和鸟类——渡渡鸟的灭亡——家畜在美洲大陆上的迅速繁殖——消灭物种的能力不是人类所特有——对物种灭亡的结论

植物物种抵抗其他物种以维持生存的条件 我拟在本章讨论造成动物界和植物界中物种相继灭亡的各种原因。

所有自然科学家都很熟悉这种事实，就是说，在一个个别国家，例如大不列颠，虽然可能有 3 000 种以上的植物 12 000 种昆虫，以及其他各纲中的很多种类；然而生活在任何一个局部地点的生物往往不超过 100 种，有时可能还不到 50 种。这可能不是由于在所想象的有限面积内没有足够的空间，它可能是有足够面积可以容纳我们岛上每一个物种的个体的一座大山，或者一个辽阔的沼泽，或者一片广大的河谷平原；但是这种地点，只被少数物种占据，而不让许多其他物种立足，它们能于在长期中成功地维持它们的生存以抵抗一切侵入者，虽然各种外来物种，由于以前所说的传播能力（见第三十八、三十九、四十章），都享有侵入邻近区域的便利。

大家都知道，使某些植物群能于抵抗所有其他物种以维持生存的主要原因，决定于每一个物种的生理特性和气候、所处的位置、土壤和当地的其他自然条件之间的关系，以及在生存竞争中与其他生物斗争的能力。有些植物只能在岩石上生活，有些在草原上，而第三类则在沼泽中。在后者之中，有些喜爱淡水的泥沼，有些喜爱盐水的沼泽，它们的根可以在盐沼中尽量吸收盐质的颗粒。有些植物喜欢温暖纬度上的阿尔卑斯地区，因为在炎热夏季中，它们可以经常得到融雪冷水的灌溉。对于一般物种致命的疏松沙地，却成为某些物种最适宜的自然环境。在沙丘上生长的沙苔菅和沙灰草最为壮硕，如果移植到硬质黏土，它们可以立刻被闷死。

一个地区的土壤性质，有时非常特殊，只适宜于一定的物种而有害于其他物种，于是完全被前者所独占，群生的石楠就是一个实例。水苔的情况也是如此，它可以在沼泽里充分发展，变成植物学家所谓群生植物。然而这样的独占不是很普通的，因为它们常被各种原因所限制。不但许多物种赋有同样的力量去获得和占据相同的自然环境，而且同一块土地，由于各种原因，对一个新种的生长，可能比久在那里生长的旧种更为适宜。例如，橡树可以造成适于铁杉生长的肥沃土壤，因为橡树的根广泛地向深处散布，表面附近的土壤，保持着近于处女土的状态，所以，如果由于某些原因，如飓风或火灾，橡树被毁的时候，地面上刚好有铁杉的种子正要发芽，它的幼树，由于根部入土不深，可以在表土中找到适于营养的新鲜土壤。任何环境的变迁，例如一个地区被水淹没而变成沼泽，或者古代森林被飓风所摧毁，使某些地点或地区第一次感觉到热量、光线、气候、湿度或其他自然现象的变化，当然都会给予新植物定居的机会，而原来的占领者，可能要经过许多代之后才能在原来的土地上生长。

怎样保持物种数量的平衡　德·坎多尔用他常用的生动风格说，"某一个一定地区内的各种植物，经常在进行战争。偶尔先在一个特殊地点生长的植物，仅仅因为占领空间，总是在排挤其他物种——大的闷死小的；最长寿的替代短命的；比较多产的种类，逐渐使自己成为整块土地的主宰，不然繁殖较慢的物种，也可以在那里生长"。

他说，在这样的连续斗争中，地盘的保持或扩展，不是由于植物本身的能力。它的成功，大部分决定于住在同一地区内的动植物中敌人或盟友的多少。例如，如果附近有一些枝干繁多树叶浓密的树，喜欢树荫的草木，可以非常旺盛。另一种植物，如果不予帮助，就会被某些强壮竞争者的蔓延而压倒，但是如果它的叶子不合牲畜的胃口，反而可以安全地生长；牲畜每年吃掉它的敌对者，不让它们的种子成熟。

我们常见某些生长在多刺荆棘中的草类在开花，而生长在附近旷野的同类反被吃光，使它们的种子不能成熟。在这种情况下，荆棘用它的针刺来保护无防御能力的草类，以免被牲畜摧残；于是少数生长在最不利的自然环境中的个体，由于盟友的帮助，反而变成风运种子的主要来源，从而使这种物种能在周围地区传代[①]。例如，在罕布郡的新森林中，橡木的幼树所以没有被鹿吃光，或者根没有被野猪掘掉，往往是靠着灌木的保护。

这是一种植物保护另一种植物以免被动物侵害的实例；此外可能有更多的实例，可以说明某些动物保护一种植物以抵御植物界中某些种类的侵略。林耐说，几乎没有一种动物会去碰荨麻，但有 50 种以上不同的昆虫却依此为生[②]。一部分昆虫夺取它的根；一部分劫掠它的干；一部分吃它的叶子；还有一部分嚼它的种子和花。假使没有这许多敌人，荨麻（*Urtica dioica*）会消灭很多植物。这位自然科学家在他的"斯加尼亚旅行记"中告诉我们说，放牧在丰产糠穗草的岛上的山羊，会完全饿死；但是随着它们来的马，吃了这种草反而很肥壮。他又说，山羊吃了绣线菊和野胡萝卜可以长胖，而这种植物对牛却有害[③]。

昆虫的作用　威尔基说，每一种植物都有一定的昆虫来抑制它的繁殖，防止它生长过快而排挤掉其他植物。"例如，草原上的草，有时非常繁盛，不容许其他植物生长；但在这种地方，却为一种野蚕 *Phalaena graminis*（*Bombyx gram*）和它的许多后代找到了广阔发展的地方；它们的数目增加得非常可观，因此在有些年份里，农人因为歉收而发愁；但在草吃完之后，蚕蛾却被饿死了，或者转移到别处。此时草已经减少很多，于是以前被

---

① Amoen. Acad. vol. vi, p. 17, § 12.

② Ibid.

③ Amoen. Acad. vol. vii, p. 409.

抑制的其他植物,突然出现,在地面上布满无数五色灿烂的其他物种。如果造物没有委托这种使者执行这样的职务,这种野草可能会毁掉许多植物物种,以致失去现有的平衡"[1]。

在这一篇论文中,也得到瑞典许多省份在 1740 年和后来两年被一种破坏性最大的昆虫所蹂躏的情况。据说这种蚕蛾从来不碰狐尾草,因此是这种物种最活动的盟友和保护者,它特别帮助了狐尾草保持现在的繁茂程度[2]。威尔基专著中所引的罗兰德的发现,也说明造物为了保护物种的均势而设置的抑制和反抑制。"*Phalaena strobilella* 的卵是生在铁杉球果内的;从壳里出来的幼虫,吃掉球果和剩余的种子;但是恐怕破坏程度太普遍,因此又使姬蜂把卵生在这种虫幼体内;由于姬蜂的身体太大不能进入球果,于是使它把长尾从孔隙中伸入,一直达到包在里面的昆虫。用这种方法,它把微细的卵固定在幼虫身上,并在那里孵化,从而把它毁坏"[3]。

昆虫学家可以举出许多可以用做说明侵犯某些植物的昆虫被其他昆虫所抑制,以及后者又被特别指定来吃它们的寄生物所抑制的实例[4]。可能很少人体会到昆虫保持植物物种平衡的活动,可以在调节较高各目陆栖动物相对数量方面起间接的作用。它们的特点,在于它们有突然迅速增加数量的能力;它们的增加速度,决非任何较大动物在短期内所能达到,况且不必有剧烈的扰乱因素,它们又可以恢复到原来不显著的地位。

如果在不同时期内偶尔要使用几百匹马的力量,我们必须在不用它们的时期花费很多钱来喂养它们;在这个时候,我们就会十分赞赏机器的发明,例如蒸汽机;这种机器在任何时候都可以发挥同样的力量,而在不用的时期,不需要消耗食物。当我们想到昆虫的生活能力的时候,我们也有同样的感想,同时也不得不想到造物创造力的伟大。只有经过细致考察才能看见的极少数微细个体,可以在几天、几星期或几个月内,随时生出数量非常可观的后代,镇压住其他物种的任何独占,或移去可能污染空气的讨厌东西,如尸体之类。但是等到破坏任务完成之后,巨大的力量立刻停止活动——每一个巨大的昆虫群,不久就结束它们的暂时生存,到了这个时期,整个物种都自然而然地变成了卵,之后变成幼虫和蛹。在这样无防御能力的状态下,它可以被风雨所毁坏,或在变态的初期,被无数依它为生的敌人数量的增加所摧残,或者有时因第二年的情况不利于卵的孵化,或不利于蛹的发育而减少数量。

由于这些原因,可能曾经盖满植物的虫群,如蚜虫,或弥漫天空的集团,如蝗虫,就此消失了。几乎在每一个季节都有某些物种在发挥它们的巨大力量,然后又像密尔顿所说的,像拥挤在宽敞厅堂里的魔鬼一样"它们雄伟的身躯,化成了最小的物影"

　　——成群的虚影,拥挤着,被压着;一声信号,奇观呀! 胜过大地巨人子孙的魂灵,突然缩成了最小的侏儒。

---

① Amoen. Acad. ,vol. vi, p. 17, § 11, 12.
② Kirby and Spence, vol. i, p. 178.
③ Amoen. Acad. vol. vi, p. 26, § 14.
④ Kirby and Spence, vol. iv, p. 218.

有几个例子可以说明这种力量的活动方式。大家知道,在无数种昆虫之中,一部分是依动物为生,一部分则依植物为生;在研究 8 000 种不列颠昆虫和蜘蛛的目录的时候,柯培发现,这两类的昆虫几乎互相平衡,食肉类略占优势。还有不同的物种,一部分吃活的食物,另一部分吃死的或者腐烂的动物和植物物质。一只雌的吃肉苍蝇,可以生 20 000 小蝇;而许多吃肉苍蝇的幼虫,在 24 小时内可以吃如此之多的食物,并且长得这样快,以致它们的重量可以增加到 200 倍! 孵化后 5 天之内,它们已经成熟;所以柯培说,林耐的言论是有根据的,他说 3 只 *Musca vomitoria* 苍蝇吃 1 匹死马的速度,可以比上 1 只狮子[①];另一位瑞典自然科学家说,1 个物种的繁殖能力,可以达到这样大的程度,甚至于 1 只最小的昆虫,如果听它滋生,可以造成比象还要严重的灾害[②]。

蚜虫对于植物的损害,可能仅次于蝗虫,它们同蝗虫一样,有时可以弥漫天空。这种小动物的繁殖能力,是无与伦比的,而且几乎每一种植物,都有其特殊的蚜虫。经鲁莫证明,1 只蚜虫在 5 代之内可以生出 5 904 900 000 个子孙;有人猜测,它们每年可以传 20 代[③]。寇的斯说:在幼虫之中,一部分经常不变地依附在一种或几种特殊的植物物种,另一部分则毫无选择地依大部分草木为生,蚜虫也完全是这样:一部分吃特殊的植物,另一部分吃比较一般的植物;由于在这一方面像其他的昆虫,因此在有些年份比其他年份多[④]。1793 年酒花的歉收,主要是由于这种昆虫,1794 年的歉收却完全由于这种原因。在 1794 年的一个几乎空前的干旱季节,酒花上完全没有它们的踪迹;但是豌豆和蚕豆,尤其是豌豆,受到很大的损害。

英国某些小蛾的幼虫所造成的灾害,是说明一个物种的数量暂时增加的实例。一个相当大的森林中的橡树,树叶完全被一种小绿蛾(*Tortrix viridana*)的幼虫吃光,使它们像冬季的枯树一样,但是到了第二年,它们的数量并不多。银色 Y 蛾(*Plusia gamma*)虽然是我们的普通物种之一,然而我们并没有担心它们的灾害;但是成群的幼虫,不时在法国引起恐慌,如在 1735 年。鲁莫说,1 只这种雌蛾,大约生 400 只卵;因此如果把 20 只幼虫散布在园圃里,而且全部都能过冬,并在次年 5 月都变成蛾,它们所生的卵,如果其中的一半是雌的并且都能繁殖,在第二代中将产生 800 000 个幼虫[⑤]。一位现代作者正确地说,如果上帝没有使其他作用控制它们,仅仅这种飞蛾的幼虫,不久便可以毁坏我们植物的一半,更不必考虑到其他 2 000 种不列颠的物种了。

在上世纪的后期,格兰那达岛上出现了无数对甘蔗破坏性最大的糖蚁群(*Formica saccharivora*),以至于停止了甘蔗的种植。它们的数量多得不可思议。种植园和公路上都布满了这种蚂蚁;许多家畜,以及鼠和爬行动物,甚至于鸟类,都受到这种灾害。一直到 1780 年,它们才被一阵带有可怕飓风的倾盆大雨最后消灭掉[⑥]。

蝗虫造成的灾害　我们可以举几个蝗虫在各国造成的灾害的实例作为结束。非洲

---

①　Kirby and Spence, vol. i, p. 250.

②　Wilcke, Amoen. Acad. c ii.

③　Kirby and Spence, vol. i, p. 174.

④　Trans. Linn. Soc. vol. vi.

⑤　Reaumur, vol. ii, p. 337.

⑥　Kirby and Spence, vol. i, p. 183. Castle, Phil, Trans. XXX, 346.

的息伦内卡不时受到数以万计的蝗虫的侵扰,几乎所有绿色的草木,都被它们吃光。它们造成的灾害,可以用饥荒的情况来作估计。圣·奥格斯丁提到在非洲发生的一次灾难时说,仅仅在马新尼沙帝国就死了 800 000 人,在海洋周围的区域,也死了许多。据说,591 年有无数群蝗虫从非洲迁移到意大利;在那里造成了严重的灾害之后,一起投入海洋,它们的臭气引发了一场瘟疫,死亡的人民和牲畜将近 100 万。

据说威尼斯在 1478 年有 30 000 人死于这种灾害所造成的饥荒;法国、西班牙、意大利、德国等处,也有受了它们摧残的记载。在俄国各部分,匈牙利和波兰,以及阿拉伯和印度等国,也周期地遭到它们的灾害。它们虽然偏爱一定的植物,然而在这些植物吃完之后,它们也会侵袭其余的种类。在蝗虫侵犯的记事中,最令人惊奇的记载是关于它们被风吹入海洋而堆在海面的巨大物质堆积,和由于它们的腐烂所引起的流行病。据说,在俄国、波兰和立陶宛的某些地方,死蝗虫的堆积,深达 4 英尺;在南非洲,巴罗说,当它们被西北风赶到海洋去的时候,它们沿着海岸形成一条长 50 英里,高三四英尺的浅洲[①]。但是如果我们想到几千平方英里内的森林树叶被剥光,以及地面上绿色草木被吃尽的时候,我们可以想象得到,它们所产生的动物物质的体积,可能等于突然落到海里的几大群四足兽和几大队大飞禽。

在热带地区每隔一定时期发生一次这样的事故,就像温带地区每隔许多年有一次严寒的冬季和潮湿的夏季一样,可以影响几乎所有动物和植物各纲的比例数字,也很可能给予许多生物以致命的打击,否则它们可以在那里继续繁殖;在另一方面,同样的事故,一定有利于某些物种,如果没有它们的帮助,它们可能不能生存。

虽然可以说,某几种物种数量的大量增加,可以立刻使另一种物种繁殖,或者使又一些物种受到抑制,然而情况并不经常是如此;一方面是因为许多物种同时吃同样几种食物,另一方面因为一种物种往往毫无选择地吃许多种食物。在前一种情况下,许多种动物有完全相同的胃口,例如许多吃虫的鸟类和爬行动物,同样喜欢吃某种特殊的苍蝇或甲虫,即使这些昆虫的数量增加很多,这些鸟类和爬行动物的数目,可能增加得有限。在第二种情况下,一种动物掠食几乎所有其他各纲的种类,例如一部分的鹰或秃鹰,不但吃小四足兽,如兔和田鼠,而且也吃鸟、蛙、蜥蜴和昆虫,后者之中任何一种的繁殖,可以使所有吃多种食物的动物,几乎完全靠过多的物种为生,这样一来,又可以恢复平衡。

杂食动物的作用　近于杂食物种,数量很多;每一种动物,虽然可能对某一种食物有特殊嗜好,然而有些却不限于生物的一个界。例如,西印度群岛的浣熊,在得不到鸟、鱼、蜗牛或昆虫的时候,会侵害甘蔗,并且吃各种谷类。麝猫在动物食物稀少的时候,可以靠果实和树根为生。许多毫无选择地依昆虫和植物为生的鸟类,对保持各纲动物和植物相对数量的经常平衡所起的作用,可能胜过任何陆栖种类。如果昆虫过多,危害植物,这些鸟类立刻大部分用昆虫来做食物,就像阿拉伯人、叙利亚人和霍顿托族人一样,在蝗虫吃他们庄稼的时候,他们就吃蝗虫。

水栖物种和陆栖物种的互相影响　水栖动物和陆栖动物的密切关系,以及每一类对另一类物种相对数量的影响,在决定某一些区域动物和植物存在的复杂因素中所起的作

---

① Travels in Africa, p. 257, Kirby and Spence vol. i, p. 215.

用，也不应当被忽视。大部分两栖四足兽和爬行动物，一方面吃水栖植物和动物，一方面也吃陆栖动植物；一种食物如有不足，它们立刻依靠其他种类。某些贪吃的昆虫，例如蜻蜓，在变态的一个时期局限于水，在长成时期则飞入空中。无数河流和海洋中的水禽，同样毫无选择地从水陆两方面得到食物；一种食物的减少或加多，使它们放弃或更经常地集中于另一种。这样一来，河流湖泊的生物同附近干燥地面上的生物之间的密切关系，或大陆和它的河流湖泊海洋生物之间的关系得以维持。大家知道，在暴风雨季节，许多鸟类从海岸飞到内地去寻找食物；另一部分却相反，它们被同样的要求所逼迫，放弃它们的内地巢穴，依靠潮汐丢弃的物质为生。

鱼类产卵时期向河流移徙，也是这种关系的一种实例。假使鲑鱼受了某些海洋敌人——如海豹和逆戟鲸——的摧残而减少数量，结果一定常使在内地几百英里的水獭，在几年之内因缺鱼而减少数目。在另一方面，如果河流和港口内缺少鲑鱼鱼苗的食物，因此只有少数回到海洋，于是通常被鲑鱼所抑制的沙鳗和其他海洋物种，就会大量增加。

不必再举许多实例，便可以证明各种动植物所处的自然环境，是决定于许多很复杂的条件——决定于生物界和非生物界中千丝万缕的关系。每一种植物需要一种气候、土壤和其他条件，而且往往还需要许多动物的帮助才能维持生存。许多动物只吃一定的几种植物，往往只限于少数几种，有时只限于一种；其他动物则依吃植物的物种为生，因此它的生存，不但要决定于它们牺牲品所处的自然环境的条件，也决定于后者所消费的植物的生存条件。

自然地理的变化怎样影响物种的分布　因此，由于无数的抑制和反抑制，动物界和植物界的情况，一个世纪又一个世纪地、甚至于在几万年中继续不变，除非受到人类的干扰；但是，即使没有人类的干扰，动物区或植物区的疆界，也不会永久维持不变。

造物不断地忙于播种植物和移殖动物；假使不是这样做，海洋和陆地的某些适于居住部分的生物的减少，甚至于在几年之内，可以达到可观的数量，因为地面的情况是非常不稳定的。一条河流每次运送沉积物到湖泊或海洋的时候，一定显著地减少后者的深度，于是习惯于深水的水生动物和植物，立刻会被赶走；然而这个地区决不能留着不同；它不久便被需要较多光线和热量以及能在浅水中繁殖的物种所占领。由于河流三角洲的伸展而增加的每一块土地上，都有许多水生物种被赶出它们的家乡；但是新形成的平原，也不会听它空闲，它立刻被陆生植物所覆盖。海洋常在破坏连续的海岸，把森林和牧场推入海洋；但是生物并没有失掉这一块土地；因为介壳和海藻立刻会依附在新形式的悬崖上，而许多鱼类也会立刻占据波浪为它们掘出的海峡。火山岛一升出海面，某些苔藓植物便开始生长，有时喷口偶尔还在冒烟或在抛出火山灰的时候，已经盖满了草木。可可树、露兜树和茄藤，可以在刚伸出水面的珊瑚礁上生根。从埃特纳火山流下来的炽热熔岩流经过雄伟森林的时候，把挡在路上的草木全部烧成了灰；但是经过相当时期之后，这一条黑色荒芜的地面，又被橡树、松树和栗树盖满，其茂盛程度，不下于被凶猛洪流所冲掉的部分。

每一次洪水和山崩，每一次由飓风或地震冲到海岸的波浪，每一层掩埋广大区域深到许多英尺的熔岩流或火山尘灰，每一个沙流，每一次盐水变成淡水，以及河流干流的改道，河口湾中潮汐涨落的变化——这些和无数其他因素，可以在几个世纪之内使某些动物和植物迁出它们原来所住的地区。所以，如果造物没有尽量设计无数以前所说的方法，使一切生物都能在地球上向各方面散布——或者他没有规定生物界和非生物界的变迁必须彼此协调，现在地球上最适于居住的广大区域，不久都要像阿尔卑斯山的雪，或者撒哈拉的流沙和盐质平原一样，完全没有生物。

因此，赋予动植物的移徙和散布能力，是使它们在生存中不可少的条件，而且是使一个物种逐渐扩展它的地理领域的必要条件，尽管最初的目的并不一定是如此。但是一旦有了迁移地区的便利，一个分区的生物，便不会不偶然侵入其他分区；正像以前所说，因为划分两个分区的最坚强的障碍，在地面发生变化期间，也会逐渐被摧毁的。

我们已经在第二十章中看到，地质学所揭露的、地球上陆续发生的自然地理变迁是怎样的伟大。这些变迁虽然永无停息，但是进展非常慢，一般的人完全感觉不到它们的实况。自然科学家也同样难以估计究竟一种物种在几个世纪之内对另一物种可以占多大的优势，甚至于在两个分区的边缘生存竞争最尖锐的地点，也不容易看出。在这些地点，变迁的速度必定比一般快。如果海洋逐渐凿通像苏伊士那样的地峡，它一定会开出一条水道使以往各自分开的两个海洋（地中海和红海）的水栖种类互相混合，同时可以截断两个大陆的陆上交通，使陆生动物和植物不能自由来往。这些现象可能是海洋在这样一个地点冲破一个缺口对物种分布最重要的后果；但是此外还有性质不同的其他现象，例如原来形成地峡的一片陆地，变成了海洋，其时陆生动植物原来占据的地面，立刻被移交给水生生物；这是一种局部的变革，地球上无数其他地区可能也发生过这种现象，但是没有伴随着两个不同分区的物种互相混合的变化。

如果狭窄的巴拿马地峡逐渐下沉，最后使现在产有几乎完全不同的鱼、介壳、甲壳类和其他水生物种的两个海洋建立交通。几千种有亲缘关系的物种，便会互相斗争，经过相当时期以后，一部分会占绝对优势，而另一部分则趋于衰落或完全消灭。如果以前所说的在海面以下 1000 英尺的地脊逐渐上升，变成陆地，使西班牙与摩洛哥互相连接，地中海和大西洋的动物群便被隔绝，而北非和南欧的陆生植物就会互相混合。假使龙目海峡[①]中有一个火山喷发，使巴厘岛和龙目岛之间有陆上交通，其结果必然引起印度和大洋洲区的陆栖鸟类、昆虫和植物之间的斗争，从而造成某些物种数量的增加而压倒其他物种，甚至于使某些物种灭亡。但是这样的变迁，在人类看来还是极端缓慢的，因为一个火山岛建成的交通，不只经过几千年而且要经过几千个世纪才能完成，即使少数物种能受到老障碍移去的利益，也必须等到两岛完全连接之后。

一个物种分布范围的扩大，可以改变其他物种的领域　关于物种灭亡问题，我们必须记住，如果在任何一个区域已经充满了它的生产能力所能维持的各种动物和植物，要在原来那里生存的物种，经常增加的数量之外再增加任何新的物种，必定会造成某些其他物种的局部消灭或者数量的减少。

毫无疑问，逐年都有相当大的波动，但是平衡又可以重新恢复而不产生任何永久的变化；因为，在特殊季节，较高的温度、湿度和其他因素，可以扩大植物的总产量，在这种情况下，所有依靠植物为生的动物，和劫掠食草动物的其他动物，都可以繁殖而不必牺牲

---

①　见本书图 138。

任何一种物种;但是如果植物的总产量维持不变,一种动物或植物的递增,可以导致另一个物种的衰落。

所有农学家和园艺家都熟悉这种事实,即当野草侵入培养植物耕地的时候,后者便会饿死或被闷死。如果在短期内不加清理,许多土生植物,毒麦、毒胡萝卜和臭的西洋胡延索,便源源侵入,控制全区,消灭外来的物种,或者阻止某些土生物种的独占。

如果我们圈一个公园,在里面豢养许多鹿,其中的草木也刚好够维持它们的生存,在这种情况下,我们不能增加绵羊而不使鹿的数量减少;也不能放进其他食草兽,除非比例地减少公园中每一种物种的数量。

如果有一个海岛,岛上的唯一食肉兽是豹;后来加入的狮、虎和鬣狗,一定会使豹——假使还能生存——的数量减少。如果后来来了大批的蝗虫,吃掉很多植物,使许多食草兽得不到食物,于是不但在后者之中造成饥荒,而且食肉兽也得不到食物:岛上某些最衰弱的物种,可能就此被消灭。我们对生物历史的研究,时间虽然还很短,以致除了受人类干扰影响的事例外,还不能追溯动植物在过去的盛衰情况;但是对某些新的野兽或植物第一次进入一个区域而能在那里生存时所产生的结果,不难作一推测。

北极熊最初进入冰岛时所造成的假想结果 让我们讨论格陵兰熊在某些时期内大量地在冰上漂到冰岛海岸所造成的巨大灾害。这些周期性的侵犯,甚至于威胁到人类;因此当熊来的时候,居民都集中在一起,用枪来驱逐它们——任何人杀死一只熊,可以得到丹麦王的奖赏。现在的冰岛人畏惧这种可怕野兽的程度,远超过古代丹麦劫掠队在我们的海岸登陆时所引起的恐慌;我们的岛民并没有为了保护我们的生命财产而立刻集中起来抵抗共同敌人。汉德孙说,如果土著在海上过久,常被熊追逐;它愈饿愈凶猛;如果没有武装,常常只有靠策略才能逃走[①]。

让我想一想 874 年挪威人移到这里以前第一批北极熊到达冰岛时的情况;当时可能有一个巨大冰堤突然瓦解,随即漂入大洋,其规模可能和 1816 年和后来的一年在格陵兰东岸失迹的冰堤相同——这个冰堤包围格陵兰东岸达 4 个世纪之久。由于这种运输工具的帮助,大量的北极熊可以同时在冰岛登陆,因而对以前在岛上生活的物种,造成非常严重的损害。它们有时劫掠的鹿、狐、海豹,乃至于鸟类的数量,不久都会被减少。

但是这仅仅是一部分,而且可能是新侵略者所造成的总变化之中不显著的部分。由于鹿的数量减少,多余的植物不久便成为几种昆虫的饲料,可能也成为某些陆栖介壳的食物,于是后者的数量便相应地增加。这些生物的增加,可以供给其他昆虫和鸟类更多的食物,于是后者的数量也随之增加,海豹的减少,可以让它们所迫害的某些鱼类有补充的机会;这些鱼类的增加,又去压迫它们的特殊掠物。狐狸吃许多水禽的蛋和幼鸟,它的数量被熊减少之后,水禽的数目也会增加,而水禽所吃的鱼类便随之减少。所以一个新物种的侵入,可以永久改变无数水栖和陆栖生物数量的比例;间接的变化,可以渗透到生物的各纲,而且几乎毫无止境。

上节叙述的一切,不过是意想的情况,但是棉凫在孵卵时期选择小岛作为它们的住所,多少可能是说明这种现象的实例;棉凫很少在大陆海岸上做窠,或者甚至于在大岛上

---

① Journal of a Residence in Iceland,p. 27.

做窠。冰岛居民深知道这种事实,他们用很大的劳力把某些地角和大陆分开,造成人工岛屿,其间只留一条狭窄的地峡。为了防止狐狸、狗和其他动物破坏卵和幼鸟,这样的布置是必要的。胡柯博士说,有一年,冰岛海岸附近的维陀小岛中,从冰上来了一只狐狸,引起了恐慌,因为无数棉凫正在孵小鸭。然而经过许久才把它捉到——冰岛人最后又送一只狐狸到岛上,把它放在第一只狐狸经常出没的地方,引诱它达到猎人射击的范围之内把它打死①。

输入冰岛的驯鹿的繁殖　我们可以举 1775 年从挪威输入冰岛的驯鹿的繁殖情况,作为说明一对四足兽的后代可以迅速地占据很大一片土地的实例,当时挪威输出了 13 只驯鹿,只有 3 只到达冰岛。这 3 只鹿被放在戈尔特布林·昔塞尔的山上,它们在那里繁殖得非常之快,在 40 年之中,在不同的区域常可遇到 40～100 只组成的鹿群。

一位现代的作者说,在拉普兰,由于和人类的关系,驯鹿是一个失败者,但是冰岛将成为这种动物的天堂。冰岛的内地有一片土地,据马更西爵士计算,面积不下 40 000 平方英里,其中没有一个人,连土著都几乎完全不明了它的情况。那里没有狼;冰岛人会赶掉熊;人类也几乎不去打扰它们;因此除了它们自己带来使自己烦恼的牛虻外,没有任何敌人②。

乌乐亚在他的旅行记中和柏芳从老著作中摘录的资料,都说到一件可以用来解释以前所说的原则的事实,就是说,一种动物的增加,一定会抑制另一种动物的发展。西班牙人曾经输入山羊到朱安·斐南德岛,它们繁殖的数量达到如此之多,竟至成为侵扰那些海洋的海盗的给养。为了断绝海盗的资源,于是在岛上放了几只狗;狗的数量也增加得非常快,凡是它们能达到的地方,山羊都被消灭,山羊消灭之后,野狗的数量也随之减少③。

主要的变化,通常以陌生的动植物第一次在一个地区出现的时候为最显著;因为,经过相当时期之后,一切又可以达到平衡。但是这许多抵触作用的相对势力的新调整,要经过很长的时期才能趋于稳定。同时活动的因素既然这样多,它们可以有几乎无限制的配合;所有这些因素必须发生一次,我们才能对由任何新扰乱力量所引起的总变化进行估计。

例如,假定冰岛每两世纪有一次异常利害的冰冻,或者发生一次极猛烈的火山喷发,同时还随着因冰川解冻而产生的洪水;或者发生一次危害某些物种但不影响其他物种的传染病——所有这些,以及各式各样可能同时并发或者相隔相当时期才发生一次的其他意外事件,都应当发生一次,我们才能决定,任何新的侵入者——如以前说的熊和驯鹿——的存在,可能对岛上动物的总数起哪些最后的变化。

有机界或无机界中的每一个新情况,一种新动物或新植物的出现,增加一座新的积雪山,任何与总体相比无论怎样微细的永久变化,都会产生新的万物秩序,并且引起某一种或几种物种的重大变迁。然而一群蝗虫,或者极利害的冰冻,或者传染病等过去之后,

---

① Tour in Iceland, vol. i, p. 64, 2nd. Edit.

② Travels in Iceland in 1810, p. 342.

③ Buffon vol. v. p. 100, Ulloa's voyage, vol. ii, p. 220.

可能并不会引起显著的紊乱；可能没有一种物种失踪，而且所有的物种，可能不久便恢复它们原有的数量，这是因为在过去时期中，这个地区可能已经一再发生过同样的灾害。不能抵抗这样严寒的植物，受不了传染病和因植物被蝗虫吃光而忍不住饥饿的动物，可能都已灭亡，因此同样灾害的重复出现，仅能产生暂时的变化。

被人类消灭的物种　照地质学的意义说，我们认为人类的起源是很晚的，虽然我们近来获得满意的证据，证明猛犸以及许多其他已灭亡的哺乳动物的时代，他已经存在，而且在地球的自然地理经过相当大的变迁之后，他还继续生存。

现在地球上人类的总数，一般认为一共是 8 亿，因此我们很容易理解，这样多的人口，一定已经排挤了大量的食肉兽、鸟类和各纲的动物，何况人类造成的紊乱，对特别几种物种的相对数量所引起的后果，比这些现象还要重大。

我们可能这样说，被人类占用的许多其他动物所吃的食物，大部分已经由他用灌溉、肥料和从各处运来的矿物混合物等方法，人工地改进土壤生产能力予以补偿。但从全面来看，我们究竟使我们所占的土地比以往更为肥沃，还是更为贫瘠，还有可疑的余地。许多人听了这种意见，可能觉得诧异，因为他们习惯于用人类的需要作标准来衡量土地的肥瘠而不是就一般有机界的需要来说的。如果我们把一个沼泽地带变成了一块适于种植的耕地，使它生产谷类，反而说我们没有改进可居住地面的用途——没有给它维持更多有机生命的能力——初听起来是不可思议的。在这种情况下，一片人类以往不能利用的土地，可以被开拓而变成有重大农业价值的地区，虽然它所产的草木种类可能比较少。如果一个湖泊被排干而转变为一片草原，它可以为人类和许多为人类服务的陆栖动物供给粮食，但是不能为水生族类供给以前那样多的食物。

现在文明人类居住的地方，在有史期间还覆盖着相当面积的高大茂密的森林；这些森林的砍伐，一定普遍地减少了这一地区的植物食物的数量。我们也必须把城市所占据的范围以及公路所占的更大面积计算在内。

如果我们要勉强使土壤每年多产一些农作物，我们可能不得不让它休耕一年。但是没有一桩事能抵得过人类的技能在广泛栽培外国食用植物和灌木方面所得到的丰产结果；这些植物虽然对人类往往比较滋养，但其生长则不如当地土生植物那样繁盛。事实上，人类不断在每一个地区努力减少动植物自然环境的多样性，把它们减少到只适合于有经济价值的少数物种。他可以完全成功地达到这样的目的，虽然植物的种类比较少，而动物的总量也减少很多。

当 1506 年左右圣·海伦那被发现的时候，岛上完全盖着森林，树木倒垂在海岸悬崖上，并向海面悬伸。胡柯博士说，现在完全不同了；岛上 5/6 的地面没有植物，而且现有的植物，无论是草、灌木和树，绝大部分是由欧洲、美洲、非洲和大洋洲输入的，它们繁殖得如此之快，以致本地的植物不能和它们竞争。有人认为，这些外国植物和输入的山羊——吃掉幼树，从而毁坏森林——已经彻底消灭了大约 100 种特殊的和土生的物种；除了白奇尔博士所采集的标本外，这些物种都没有科学记录。白奇尔的标本，现在保存在奇尤植物园的植物标本室中①。

---

　　①　Hooker，Insular Floras, Brit. Assoc. Nottingham, 1866. Gardener's Chroenicle, 1867.

特拉佛斯在 1863 年写道:"在新西兰的肯特白利区,欧洲和其他外国植物都传播非常快。瓜槌草(*Polygonum aviculare*)、普通酸模和苦菜都非常茂盛;在平静的河流中生长的水田芹,几乎把它们堵塞,当地的移民,每年花费 300 英镑的经费,仅仅能使通过克里斯特丘奇地方的亚冯河通航。这种水田芹的梗,长达 12 英尺,直径约 3/4 英寸。在某些山区,白车轴草在排挤本地的草类,而外国的树,如白杨、柳树和大洋洲胶树,也生长很快。事实上,本地的幼小草木,似乎在和这些较强健的侵入者竞争中,逐渐减少。"①

史比克斯和马歇斯曾经生动地描写过无数昆虫破坏巴西农作物的情况,此外还伤害了成队的猴子、成群的鹦鹉和其他鸟类,以及臭鼬、刺鼠和野猪。他们叙述了初期移民和自然科学家遭受蚊虫危害的痛苦,以及蚂蚁和蜚蠊的灾害;他们说到他们遇着的美洲虎、毒蛇、鳄鱼、蝎子、蜈蚣和蜘蛛的危险。但是,这两位自然科学家说,随着人口的增加和土地的开拓,这些毒害会逐渐减少;当居民砍掉森林、排泄沼地、向各方向筑路和建立村镇之后,人类逐渐战胜毒草和有害的动物;他们的活动,将得到所有自然力的支援和酬报②。

消灭了的大不列颠土生四足兽 让我们对过去七八个世纪的社会进步,在不列颠土生生物的分布方面所造成的影响,作一些研究。佛雷明博士在他对本问题的著作中,列举了某些物种在我们人口增加最快的时期内减少和消灭的实例。我现在把他所得的结果作一简单的介绍③。

赤鹿以及黇鹿和獐,以前在我们的岛上是很多的,据勒斯雷说,在一次狩猎竞赛中就杀掉了 500~1 000 只;如果不是当心地把它们保存在某些森林中,这些本地种族早已消灭了。水獭、貂和鸡貂,也有足够数量可以取作皮毛之用,但是它们现在只局限于很狭窄的范围。为了家禽饲养场和羊栏的安全,大部分地区的野猫和狐狸,也牺牲了不少。獾也已经被逐出了它以前居住的区域。

除了已经被逐出它们原住的巢穴以及在各处都减少了数量的部分之外,还有一部分已经完全消灭了;例如古老的土生马种和野猪;至于野牛,只有少数保存在英国的老公园中。希望捉来作皮毛用的溪狸,在 9 世纪末叶已经很少,据巴里说,到了 12 世纪,只有在威尔士的一条河和苏格兰的另一条河中有它们的踪迹。我们祖先害怕的狼,据说爱尔兰晚到 18 世纪初期(1710)还有它们的存在,虽然在苏格兰早消灭了 30 年,在英格兰还要早得多。在威尔士,熊也同野兔和野猪一样是作为打猎对象看待的,到 1057 年才在苏格兰消灭④。

许多土生的食肉鸟,也是不断被迫害的动物。鸢、大鹰和乌鸦,在耕种较广的地区消失了。枭、鹬、赤足鹬麻鳽的巢穴,也和田凫和麻鹬的夏天住处一样,被排干了。但在不列颠各岛还残存有这些物种;以往在爱尔兰和苏格兰松林中居住的较大的雷鸟,在 18 世纪末叶几乎已经毁尽,但在 1824 年左右,又成功地再输入白斯郡。白鹭和鹤,以往似乎是苏格兰很普通的鸟类,现在仅偶尔看到⑤。

---

① Locke Travers, cited by Hooker, Nat. Hist. Rev. 1864, p. 124.
② Travels in Brazil, vol. i, p. 260.
③ Ed. Phil. Journ., No. xxii, p. 287. Oct. 1824.
④ Fleming. Ed. Phil. Journ No. xxii, p. 295.
⑤ Ibid., p. 292.

格雷夫在他著的《不列颠鸟类》中说："在英格兰各部分的草原和灌木荒地上,过去常见三五十只成群的鸨(*Otis tarda*),现在(1821)连一只也难得看见了。"贝威克也说,"它们过去比现在为普通;现在只能在南部和东部旷野地带找到——在威尔脱郡、多昔特郡和纽克郡的一部分平原上[1]"。从贝威克写这一段文字之后的几年内,这种鸟已经在不列颠诸岛完全绝迹了。我们可以说,这些变化是从很不完全的记录中得来的,而且只讨论到地球上一个小地区的较大和较显著的动物;但是它们不会不加强我们对人类在几千年中所造成的巨大变革的概念。

渡渡鸟的灭亡　袋鼠和鸸鹋迅速地随着移民在大洋洲的进展而向后退缩;无可置疑,普遍地垦殖,必定导致这两种生物的灭亡。物种灭亡中最显著的例子,是在过去两世纪中消灭的特殊物种,渡渡鸟——在荷兰人发现经过好望角到东印度群岛的航线之后不久,他们在当时没有人居住的法兰西岛上第一次看见这种鸟类。它的体格很大,形状特殊;它有像鸵鸟那样的短翼,就是在短距离飞行中也完全不能维持自己的笨重身体。它的一般的形态,与鸵鸟、食火鸡或任何已知鸟类都不相同[2]。

从 17 世纪开始以后,许多自然科学家画了渡渡鸟的图画;在不列颠博物院中有一张油画,据说是照着活鸟画的。在油画下面有一只保存完好的腿;鸟类学家都同意,这只腿不可能属于任何其他已知的鸟类。牛津博物院中有一只脚和一个头,都不很完整。

在 18 世纪中,虽然用尽一切力量搜寻渡渡鸟,但是没有任何结果。某些作者甚至于认为世界上从来没有过这种鸟类;但是白罗得里普、史特列克兰和麦尔维尔现在搜到了大量良好的证据,证明它不久以前还存在。史特列克兰[3]和哥本哈根大学的林哈特教授,同意把它列入鸽科,并称它为"兀鹰似的食果鸽"。毛里求斯以东 300 英里的罗得利格岛上,似乎也有一种同科的短翼鸟,叫作"独居鸟",它也像布尔本岛上一种或两种不同的但有亲缘关系的鸟一样,已经被人消灭了[4]。1865 年,在毛里求斯岛海岸附近的泥沼中掘到一只渡渡鸟的一部分骨骼。它们被送给奥文教授去鉴定,研究的结果已经在 1867 年的动物学会会报中发表[5]。他称这种已灭亡的鸟为毛里昔斯的大"地鸽"(ground-dove);据他推测,这种特殊的物种,起源于无人居住而树林茂密的岛上,在这个岛上,没有一种动物有足够的力量和它斗争,否则它必须飞行才能逃避。他所以想,因为当时"地面上有充分的食物,它停止运用它的翅膀来举起它的笨重身体,于是经过几代之后,体格愈变愈大。因此,按照拉马克的原理,飞行的机能由于不用而萎缩了,翅膀的大小和力量也都衰退了,但是它的后肢,由于要支持逐渐增加的重量和习惯于陆地行走,获得较大的发

---

① Land Birds vol i. , p. 316, ed. 1821.

② 有人抱怨说,墓碑上刻的文字,除了记载个人生死日期外,没有任何报道,这是人所共有的意外。但是一个物种的灭亡,是自然历史中非常重要的事,所以值得纪念。很有意义的是,我们从牛津大学的档案中获得最后一个渡渡鸟的遗体被抛弃的正确年份和日期。这个标本原来藏在阿许莫伦博物馆(Ashmolean Museum),因腐烂而被扔掉,正式日期是"1755 年 1 月 8 日",Zool. Journ. No. 12, p. 559, 1828.

③ Fenny Cyclopaedia, "Dodo", 1837.

④ Messrs. Strickland and Melville on "the Dodo and its Kindred" London, 1848.

⑤ 后来又发现了更多的遗体,不列颠博物院把所得零碎骨头,凑成了一架近于完整的骨骼;1871 年,奥文教授对它描述和插图,见 Trans of the zool. Soc. vol. vii. p. 513.

展"①。

家畜在美洲大陆上的迅速繁殖 人类在繁殖许多大型食草家畜方面的作用,可能是促进物种灭亡最重要的原因之一。由于这种理由,马、牛和其他哺乳动物的输入美洲,以及在过去 3 个世纪中它们在大陆上的迅速繁殖,是自然历史中极重要的事实。蹂躏南美洲平原的成群野牛和野马,是起源于西班牙人最初带来的很少几对马和牛;它们也证明,较大物种在大陆上的广泛分布,不一定意味着它们已经在那里生存了很久。

洪博尔特在他的旅行记中根据阿沙拉的权威说,一般都相信,在布宜诺斯艾利斯的彭帕斯区,有 1 200 万头牛和 300 万匹马,其中还没有包括无主的部分。在加拉加斯的兰诺斯地方,富裕的牧场主人,完全不知道它们所有的牛的数目。每一群小牛的身上都打着标记,最富的业主每年要打 14 000 个标记②。照狄邦斯计算,在北方平原上,从奥令诺柯到马拉开波湖,有 1 200 000 头牛,180 000 匹马和 90 000 匹骡,成群地在游荡③。在密西西比河流域的某些部分,特别在奥沙奇印第安人区域,在 19 世纪初期,野马的数量也很可观。

黑牛在美洲的定居,还是在哥伦布第二次到圣多明戈的时期。它们繁殖很快;这个海岛不久便变成了养殖场,所养的牛陆续被运到大陆海岸的各部分,然后再运向内地。奥维多告诉我们说,从发现该岛以后的 27 年中虽然有许多输出,4 000 头的牛群,还是很常见的,有时甚至于达到 8 000 头。据阿柯斯塔的报告,1587 年仅仅从圣多明戈出口的牛皮,一共有 35 444 张;同年在新西班牙各港也出口了 64 350 张。这是占据墨西哥之后的第 65 年,在此之前,到这里来的西班牙人,除了战争之外,没有能做什么事④。大家都知道,这些动物现在已经在美洲大陆上立足,从加拿大一直到麦哲伦海峡。

在新世界,驴子也很普遍,乌乐亚的旅行记中说,它们在基多地方变成了野生,并且繁殖得非常快,成为惹人厌恶的动物。它们成群地吃草,如果被攻击,就用嘴来作防御工具。如果一匹马偶尔闯入它们的牧场,它们会群起攻击,不把它弄死决不停止口咬脚踢⑤。这种事实证明,这种障碍——即以前提过的先占权——往往是限制物种分布最有效的力量之一。

第一只猪是由哥伦布带到美洲的,在 1493 年 11 月发现圣多明戈之后的一年,它已经在那里繁殖。在后来的几年中,凡有西班牙人移植的地方,都有输入,在半世纪之中,新世界从北纬 25°到南纬 40°的各部分,都有它们的分布。绵羊和山羊,在新世界也有大量的繁殖,猫和鼠也是如此,后者是由航船于无意中输入的。人类输入的狗,在不同时期在美洲变成了野生,如同狼和胡狼一样,成群地出来劫掠,不但毁坏猪,而且要伤害小野牛和小野马。

除了以上所说的四足兽外,我们的家禽在西印度群岛和美洲也很繁盛,那些地方现在有鸡、鹅、鸭、孔雀、鸽和珍珠鸡。这些家禽往往是从温带突然运到很热的区域的,最初

① Zool. Soc. Trans. 1867.
② Pers. Nar. vol. iv.
③ Quarterly. Review, vol. xxi, p. 335.
④ Ibid.
⑤ Ulloa's Voyage. Wood's Zoog. vol. i, p. 9.

的饲养不免有许多困难；但是经过几代之后，它们习惯的气候，是近于欧洲大陆，而不是它本土的温度。自从发现美洲之后的短期内，在新大陆上已经普遍繁殖了千百万我们家养物种的野生和驯服的个体——几乎全部是四足兽和鸟类——但是大陆的生产能力却没有可感觉的改进；这种事实，为人类在地球上的逐步进展和散布所引起的巨大变化，提供了许多证据。

消灭物种的能力不是人类所特有　当我们回想到，原来由无数种动物和植物占据的几百万平方英里的肥沃土地，现在已经被人类所占领，并且迫使大部分土地为他和他所需要繁殖的有限几种植物和动物生产营养物质，我们一定立刻会承认，大量的物种已经被消灭了，而且当高度文明国家的移民今后向未被占领的土地散布的时候，还要在某些区域继续进行，其速度可能还要快。

然而，如果在挥着我们扑灭禽兽的刀前进的时候，我们没有理由对我们所造成的残酷破坏觉得抱歉，也不要同苏格兰诗人那样幻想，觉得"我们违反了自然界的社会同盟"；或者和忧郁的杰克斯那样感叹地说，我们

> 仅仅是强盗，暴君，更坏的是屠杀动物，把它们赶出了久住的家乡。

我们只要回想，用这样的征服方法占领土地和用武力保卫既得的权利，并不是我们特有的能力。凡是从一个小地点散布到广阔面积的物种，必定也要减少或消灭其他种类才能保证它的发展，也必需不断地抵抗其他动植物侵入，才能维持它的生存。叫做麦子"锈菌"的微细植物，也同麦蝇、蝗虫和蚜虫一样，久已在"万物之灵"之中造成了饥荒。动物界和植物界中最不显著和微妙的物种向地球各处传播的时候，都不免要杀害成千的其他生物，狮子第一次在非洲热带区域繁殖的时候，也是如此。

物种灭亡的结论　从以上讨论的、地面上适于居住的区域经常在进行变化的结果以及某些物种经常牺牲其他物种而扩充它们范围的方式来看，我们可以断定，生存在任何特殊时代的物种，经过相当时期之后，必定逐一灭亡。借用柏芳的有力词句，"它们必定消灭，因为时间与它们作斗争"。

如果有机界的规律是这样的话，如果每一个物种不断地失去一部分它的变种，或者每一个属失去一部分它的物种，结果，按照变异说，一度必定存在的过渡环节，大部分都消失了。地质学的研究证明，在无限长的时期内，整个生物界一再被消灭一部分。以往一度处于统治地位的类型，或在化石中可以找到几百个标本的物种，有时仅仅留下一个代表。整个目都已绝灭的情况是很难得的，然而爬行纲中却有这种实例；爬行纲中已经失去了几个目，其组织比任何现在该纲中剩余的种类为高级。在第三纪期间似乎完全缺失的、或者只有极少数代表的某些动植物属，现在却有丰富的种；现在的条件，显然适合于它们的繁殖，因此产生了如此之多的变种，以致使对它们进行描述和分类的动植物学家无从措手。

只要回想一下本章所列举的各种促使生物灭亡的原因，我们就可以预料得到，将来总有一个时期，这些属一定会有许多缺失；和有许多过渡类型的消灭，以致划分残余物种的界限，就不会有困难了。所以一个属或一个物种与另一个属或种的混淆，不论在现在

或在过去的任何时期,都是一般规律的例外,因为任何一定时期的残存物种,都是在漫长的过去时期中受过强大的消灭因素考验的类型;在有机界和无机界中活动的这些作用,进行虽极缓慢,但是永久不会停息的。

胡柯博士在评论过去三个半世纪在圣·海伦那消灭的几百种植物物种时说,"在这些物种之中,每一个都是生物长链中的一个环节;这种环节,本身却包含着现在物种和已灭亡的其他物种之间的亲缘关系的证据,但是这种证据现在已经无可挽回地失掉了"。

达尔文肯定地说,在地球现状下最繁盛的属,也含着最易变异的种。就是这一类的属,对新族或"原始种"的形成,最为活跃;大部分较古的属或科中的物种,都很快地在消灭;自然法则经常是如此,可以用一种事实来证明,即每一个地质时期的某些标准种类,在较老的地层或较晚的沉积中都没有或者只有少数代表。

有人这样想,如果变异说是正确的话,我们应当可以在化石中找到一切以前连接最不相同的类型的中间环节;这种人的思想中一定存在着一种假定,认为造物的意旨是把所有它所创造的事物,不论动物或植物,都永久地记录下来。然而这些变异说的反对者,决难希望刚才提到植物物种,即最近在圣·海伦那消灭的植物,全部都在地壳中留下它们存在的遗迹。在第十四章中①,我曾经提到地质学记录的残缺现象,同时再度肯定了我在 1833 年发表的意见,即我们档案的残缺,是无可讳言的。这些记录,也同现时生存的物种一样,经常在我们面前消失,而含有现代动物群和植物群局部遗迹的新沉积物,现时正在形成。但是由于新沉积物是在我们看不见的地方堆积的,主要在海洋和湖泊盆地之中,它们的形成,不如较老遗迹的破坏那样明显。

正如以前所说,老种类的灭亡比新物种的出现易于证明。一个大森林中,每天都有一棵长成的树被风吹倒或被人砍掉,但是过了 50 年,我们在这个森林中看到的树,数量和大小还是和以前一样;因为几千棵树每天生长的木质虽然为肉眼所看不见,其总体积可能等于一棵长成的树的树叶和木质。同样,如果,像以前所暗示,每年消灭一个物种,其损失可以由几千种物种在一年中通过变异和自然选择所产生的永久变化量来补偿。

----

① 见本书第一册,第 314—320 页。

第四十三章　人类的起源和地理分布

人类各种族的地理分布——独木舟可以漂流很远——人类也同其他物种一样，是从一个起点或小区域四散分布的——人类的体格是否随着智力的进步而更为固定——人类的较著名种族，起源很古——他们的分布范围大致和大动物区相同——新寒带区和新热带区都有美洲印第安人——旧世界的人类——马来人种和巴布亚人种之间的显明界线——黑人和欧洲人的区别，与人类的多种起源的问题——六指人和他在有机体易变性方面的意义——多余手指切断后的重生——达尔文称这种现象为返祖遗传——人类究竟是从较高文明阶段退化，还是从较低的阶段进步——语言和人类种族数目的逐渐减少——高德雷论上中新世和现存哺乳动物之间的中间类型——中新世四手目和现存四手目的关系——奥文的哺乳动物分类是按照脑部的发展——脊椎动物脑量的渐进发展——人类脑部构造的进步——渐进是否有一定的规律——对达尔文自然选择说的异议——如果能够证明物种是按照生殖的普通规律发展，已经是很大的收获——不愿接受人类是由其他动物转变而来的原因

人类各种族的地理分布　在本章中，我拟提出一些有关人类各种族地理分布的观察，并且进一步考虑，如果承认变异说是在较低级哺乳动物中最可能的学说，在研究人类起源时，我们是否也不得不采取同样的学说。

在地质学家成功地把人类存在的遗迹追溯到欧洲还有象、犀、熊、狮、鬣狗和其他早已灭亡的四足兽的时代之前，自然科学家早已对人类的可能出生地点的问题感兴趣，从这一个地点，如果我们假定人类只有一个世系的话，最初的移民开始四散分布。照一般的推测，这个出生地点，是在热带或热带附近的一个岛上，那里有永恒的夏季气候，而且终年有果实、草木和树根可以供给食用。有人曾经这样说，这些地区的气候，最适合于生来就没有掩护的人类，因为当时他们还没有建筑住所或置备衣饰的技能。

有人主张，"孟德斯鸠列在第一阶段的狩猎社会，可能是人类进步的第二阶段；因为他们必须有许多技能才能捉到一只鲑鱼或者一只鹿，应用这些技能的时期，社会已经不是幼稚时代了"[①]。如果地上生产很多野生果实的地区人口过剩，人类自然会向温带附近部分流散；但是这种事件的发生，可能要经过相当长的时期；正如这位作者说，在他们人数增加和他们的需要迫使他们移徙之前的一段时期内，他们可能已经发明了某些捕捉动物的工具，但是这种工具比现在的未开化民族所用的要粗劣得多。当他们的居住范围逐渐扩张到温带的时候，他们必须解决的困难，会逐步引起他们的发明兴趣；这种发明的可

---

① 　Brand's Select Disaert, from the Amoen. Acad., vol. i, p. 118.

能性,通常总是随着多数人有同样需要时发生的[1]。

台维爵士的意见虽然大部分和以上所说的相同,然而在他的第二节对话中,却引出了一个人来反对人类逐渐从未开化社会进步到文明社会的学说。他的理由是:"第一个人类不可避免地要受到风霜雨雪的摧残,或者被体力远比他强大的野兽所毁灭。"[2]但是这种困难,已经可以用以上所说的条件来答复,就是说,人类起源的地点,是在没有大食肉兽的某些热带海岛上。在这种地方,特别在小面积内,人类可能像现在的大类人猿局限于一个热带的海岛上那样,停留相当时期。在这样的情况之下,新生人类的能力虽然不如新荷兰的未开化人,但是可以安全地生活下去,并且可能得到丰富的植物食物。后来从这个祖国送出许多移民,于是地球上的殖民,就照以上所说的臆说继续进行。

在社会的早期阶段,狩猎的需要,像斥力原理似的推动着人类以最快的速度向各方面四散分布,直到整个区域布满村落为止。根据计算,800英亩的猎场所生产的食物,只等于半英亩适于耕种的土地。在大部分野兽被打尽而畜牧社会接着成立的时候,许多已经分散的狩猎部落,人口可以在短期内增加到畜牧社会所能维持的最大限度。白朗德说,强迫这两种未开化社会四散分布的必要性,说明了何以在很早的时期,地面上最坏部分也有人居住。

这种理由可以说只适用于连续不断的大陆上的移民;但是我们还要解释,何以最小的海岛,无论离大陆有多远,以往几乎都有人住。圣·海伦那的确是一个例外;因为在1501年被发现的时候,岛上只有海禽和偶尔来这里休息的海豹和海龟[3]。马德拉、毛里求斯、布尔、比特根和胡安·斐南德斯等岛,以及加拉帕戈斯群岛中的各岛(其中之一长达70英里),在第一次发现的时候,都没有居民,福克兰诸岛也是如此;后者的情况更为特殊,因为它们的总长度有120英里,宽60英里,岛上有充分适于维持人类生存的食物。

独木舟可以漂流很远 在广大的太平洋中,很少几个能够维持几家人口的无数珊瑚小岛和火山岛没有人居住,所以我们一定要研究,如果人类大家族的成员都起于同源,岛上的那些未开化民族,究竟是从哪里来的,他们用什么方法移到那些岛上去的。柯克船长、福斯特等都曾说过,乘坐独木舟的未开化民族,一定常常迷失方向而被漂到很远的海岸,因为失去了回家的工具和缺少回家的必要知识,他们不得不在那里停留下来。例如柯克在瓦迭奥岛上找到了3个塔希提岛的居民,他们用一只独木舟漂到那里,虽然两个小岛之间的距离是550英里。1696年,两只载着30人的独木舟离开安柯索岛,它们被逆风和风暴漂到菲律宾群岛中的沙马岛上,其间的距离是800英里。1721年,两只独木舟,一只载24个人,一只载6个人,包括男女和小孩,从一个名为法罗列普的海岛漂到瓜汉岛——马利安群岛之一——两者相距200英里[4]。

柯兹步在加罗林群岛东端的拉达克珊瑚岛考察的时候,认识了一个叫作卡都的人,他是尤利亚岛的土著,他和同伴漂了1500英里才到这里。卡都有一天同他的3个同乡坐着一艘帆船离开尤利亚,猛烈的风暴把他们吹离了航线。他们在大洋中漂了8个月,

---

[1] Brand's Select Dissert. from the Amoen Acad. , vol. i, p. 118.

[2] Sir H. Davy, Consolations in Travel. p. 74.

[3] 见本书第624页。

[4] Malte-Brun's Geography, vol. iii, p. 419.

月份是照月亮计算的，每见一次新月亮，便在绳上打一个结。由于都是熟练的渔民，他们完全依靠海产为生；下雨的时候，他们把所有可以装水的器皿都装满水。柯兹步说，"卡都是一个最有经验的潜水者，他常常用一只有一个小孔的椰子壳到海底去装水，因为大家都知道，海底的水不如海面的咸"①。当这几个不幸的人到拉达克的时候，一切希望和几乎所有感觉都失掉了；他们的船篷早已毁坏了，独木舟也早已成了风和波浪的玩具；他们在昏迷的状态下被澳亚岛的居民救起；并在那些岛民的周密照料下，他们不久清醒了，并且恢复了健康②。

比曲船长在太平洋航行的时候，碰见了几个珊瑚岛上的土著，他们同样被漂到离开他们家乡很远的地方。他们原来一共有 150 人，从塔希提岛以东大约 300 英里的安那岛或链岛坐了三只独木舟出航。他们遇到了季候风，独木舟被吹散了；在海上漂了一个时期之后，风停止了，独木舟无法行驶，因此大部的人都死了。两只独木舟就此没有下落，第三只在没有人住的海岛之间漂来漂去，在每一个岛上都找到了一些食物；照这样漂了 600 英里之后，他们最后被发现了，并由布罗孙号（Blossom）航船带他们回家③。

克劳福特对我说，有几个很可靠的记载，说明独木舟曾经从苏门答腊漂到马达加斯加；由于这种原因，一部分马来语言和一些有用的植物，被移到原来主要只有黑人居住的海岛。

在这些实例之中，漂流的距离有时相当可观；同样的意外，可能足够使独木舟从非洲的各部分漂到南美洲海岸，或者从西班牙漂到亚速尔群岛，从那里再到北美洲；这样看来，就是未开化社会的人类，也不难在无意之中被风和波浪散到地球的各部分去；这种情况非常像许多动植物的散布。因此在人类的某些部落还没有达到较高的文化阶段、使它们的航海者能于安全地向各方向渡过大洋之前的很长时期内，整个地球已经变成了渔猎部落的住所，不是什么可惊奇的事。如果，除了住在新世界或者旧世界、或大洋洲、或者甚至于太平洋中某一个珊瑚小岛的一个家庭之外，整个人类现在都已死亡，我们可以意想得到，这个家族的后代，即使文明程度可能还不如大洋洲人、南海的岛民、或者爱斯基摩人，经过一个时期之后，可以散布到地球的各部分，一方面是由于人口的增加，有限的地区不能维持他们的生存，另一方面是由于独木舟可以偶尔被潮汐和海流漂到远处的海岸。

人类是从一个起点四散分布的　所有人类的种族，在体格与智力和道德特性方面都如此相近，而且最不同的种族也可以通婚而互相混合，不得不使我们相信，在开始照以上假定的方法四散分布之前，人类的一切特性，主要与现在没有什么区别。我们对人类和其余生物的关系研究得愈深，愈觉得他们也应当服从相同的一般规律。所以，如果我们认为每一种动物都曾经有一个单独的出生地点，我们自然也会想到，人类决不能是一般规律的例外，他也是从一个出发点向所有大陆和岛屿分散的。但是这并不等于说，他们都是一对夫妻的后代。的确，如果我们信仰变异说的话，新物种的产生，并不是很简单的

① 查密索说，他们取出的水比较冷，照他们的意见比较淡。海底的附近的水比较淡是很难想象的，除非那里刚好有海底泉水。

② Kotzebue's Voyage, 1815—1818. Quarterly Review, vol. xxvi, p. 361.

③ Narrative of a Voyage to the Pacific eic. in the years 1825, 1826, 1827, 1828, p. 170.

过程；我们不容易对某些变种在生存斗争中向一定方向一再胜过其他变种的发展过程形成明确的概念。在相同外界条件的经常影响下，经过许多世代之后，不同变种的差别愈变愈显著，到了最后永久固定的时候，古代的类型可能已经消灭，或者有时残留在某些地区，而中间类型则被两端变种之一所吸收。在变异和选择作用最活动的时期，很多有机体相近的个体，可以自由通婚而在小范围内繁殖，并且把体力和智力构造的特点传给后代。在通过这种过程形成了一个广大的单纯种族、而他们的特性已经通过遗传变成固定之后，必须再经过很长的时期，后来的气候、土壤、食物和其他条件的变化——在人类方面还有习惯和制度的变化——才能再使它们显著地偏离这种标准类型。

新语言的产生，不过是在我们时代以前几世纪的事，然而我们已经很难对它们的发展和建立，形成明确的概念，因此我们要想象一种物种通过变易和选择的发展方式，当然更不容易了。例如，就英国语言来说，我们已经不容易确定它的形成年份和世代，也很难追索安格鲁-撒克逊语言受法国、丹麦、拉丁名词或成语的影响而改变的各个过渡时期，或者新的发音法在什么时候开始流行，或者新的和独创的语法在什么时候开始发明。这样的复杂内容最后能混合成统一而永久的语言，是一种奇妙的现象，而同一语言移到遥远地区时的缺乏易变性，也是可以令人惊异的事。语言的变迁，是永久不会停止的，因此如果和本土没有直接和间接的交通，它随时可以形成新的方言，或者新的发音方式。从这一点来看，它的易变性很像物种，而且也同物种一样，不能各自单独在不同的地区产生——假定物种都起源于衍生。

人类的体格是否随着智力的进步更为固定　鉴于各主要种族有这样大的区别，特别是高加索人和黑人，以及这些种族的特性在过去 4 000 年中（埃及古代画像证明）始终没有什么变化，因此华莱士认为，在过去的某一个时期中，人类的体格必定比现在容易改变；因为，如果按照现代的变化速度进展，任何可以想象的时间，都不足以产生这样大的区别。所以，他断定说，人类的智慧和道德品质开始发展的时候，自然选择就停止在他的体格中继续保持和累积变异，因为他们可以发明新的武器来应付新的生存环境所产生的一切新危机，制造衣服和建筑房屋来抵御险恶的气候，用火来使动物和植物物质比较可口和有较多的营养，而最重要的是他们的社会组织能力。在他们的智力不断进步的时候，不是他们四肢在改变或者变成更为敏捷和更为有力，也不是视力或听觉变成更为敏锐，而是他们的体格变得更为固定[①]。

然而在采纳这里所讲的观点之前，我们必须肯定地说，我们并没有低估像欧洲人和黑人那样不同的种族，偏离共同类型所需要的极长时间。白罗卡在他所著的《人类学》中谈到保存在埃及寺院中近 4 000 年的图画时说，除了黑人和希腊人之外，还有犹太人、蒙古人、印度人和尼罗河流域的土著，这就证明这些种族当时就和现在一样的不同。然而他想，气候、社会条件、营养和生活情况，可能原来已经决定了种族的差别，三四千年显然仅仅是从共同原始祖先造成现有的差别所需要的时间的极微小部分。

C. K. 布雷斯在答复华莱士时曾经说过，自从安格鲁-撒克逊民族的人民在过去两世

---

①　Human Races，&c. Anthropological Review，May 1864，p. Clviii，及 Contributions to Natural Selection，pp. 311—317。

纪中向远处移民以来,例如美国,他们的形态已经和原种有可以感觉的区别,尽管他们常和祖国的新移民通婚。他说:"身体的棱角比较多,筋肉比较丰富,皮肤比较黑,脸也比较长而瘦。安格鲁-美洲人的智慧和道德并没有缺点,但是它们并没有能保护他们不发生变异。"也有人常常这样说,在大洋洲的英国移民,经过几代之后,也发生了像安格鲁-美洲人那样的变异。如果承认两世纪的时间可以产生一些微细的变化,那么流浪到情况和英国、北非和大洋洲更不相同的地区的新移民,经过几千个世纪之后,该有多大的变化呢?

但是我们可以同意华莱士意见中的一点,即人类最初从他们的原始住处出现,并开始向未经占据的大陆和海岛移植的时候,显著种族的形成,速度可能比现在快。经过像黑猩猩和猩猩那样在一个区域内长期绝对孤立之后,以及经过比大洋洲土著或安达门岛民还要愚昧和野蛮的时期之后,人类可能在狩猎部落的状态下,向新纬度上散布,并且经常在食物很多的地方遇到不舒适的气候。在这种情况下,人口的死亡率一定很高,于是自然选择就会活跃地给予某些变种以优惠的生存权利。根据统计,在英国和比国,1个月以下婴孩的死亡率,约为1/10,早期儿童的死亡率约为1/4。如果在新殖民区域内,冷热的变化过于剧烈,肺弱的人就会被牺牲,而在其他常年温度很均匀的地区,同样的一个人可能很健康,并且很可能长大成人成为移植新占领地区的始祖。其他的变异也是如此——有时黑皮肤最为有利,有时白皮肤最为有利,但是必须经过许多代,才有获得一组最适于周围环境的特性。

较显著种族的分布范围大致与大动物区相同　阿格西斯教授要我们注意一个重要事实,就是说,人类家庭中每一个显著的种族,如白人、中国人、新荷兰人、马来人和黑人,都局限于某一个大动物区。他说,这种情况表示人类和动物界之间,在适应自然环境方面,存在着最明显和最密切的关系。这位自然科学家没有充分重视这种规律的一个显著例外,即在寒带(或爱斯基摩人住的区域)以南的整个美洲大陆,无数红印第安人部落都有相同的体格,他们都属于同一个种族[1]。摩尔顿博士研究了从加拿大到巴塔哥尼亚的美洲印第安人的头骨特征之后,已经宣布过这个事实。然而这个大陆包含有两个大动物区,以前定名为新寒带区和新热带区。根据不同的理由,裴兹断定红印第安人一定是在较近的时期内才向赤道美洲较热的地区迁移的。他说,印第安人也同欧洲人相似,受不了太阳的暴晒或非常热的天气,而黑人则更适应于这种气候,因为他们可以避免热纬度上易于发生的、但对印第安人危害很大的许多传染病。据裴兹说,在亚马孙河流域的印第安人似乎是外国人。他们的体质原来不适宜于热带美洲的气候,自从移到那里之后,还没有能完全适应[2]。

到现在为止,我们还没有地质资料可以使我们确定新旧世界人类的相对古远程度。在密西西比河流域找到的一些人类化石,如果地质层位的鉴定是不错的话,暗示着在许多已消灭的四足兽的时代,这里已经有人类,而且在某些最后的地理变化发生之前,他们已经住在这个区域[3]。如果假定人类也同一切其他物种一样,过去只有一个出生地点,同

---

[1]　Agassiz, Diversity of Origin of the Human Races. Christian Examiner, July, 1850.

[2]　Bates, Naturalist on the Amazons, vol. ii, p. 200.

[3]　Lyell, "Antiquity of Man". p. 200.

时又假定他们是由某一种有密切关系的原始种类所衍生，我们一定相信，人类占据美洲的时期一定比占领旧世界的时期晚；因为有人说得很对，人类是一种"旧世界的类型"，他们的体格，如前所述（第 202 页），与非洲和亚洲的四手目有密切关系，而与西半球的物种却有很大的区别。人类最初向美洲的移民虽然比较晚，但是时期可能远在西欧的旧石器时代。密西西比河和它的支流的某些最后变化，可能在人类的遗体和某些已消灭的四足兽埋在表层沉积物之后才开始发生，然而在这些地理变化的整个时期中，安第斯山脉可能始终从加拿大延伸到巴塔哥尼亚，并且可能便利了一个种族从大陆的一端散布到另一端。

在他著的马来群岛的人类专刊中，华莱士曾经指出，划分印度区和大洋洲区动物群的 ab 线（图 138），和划分印度-马来人和巴布亚人的 cb 线（见图 138）是非常相近的。他对几乎完全住在群岛西面一半的典型马来人的描写是：皮肤呈浅红棕色，略带橄榄色泽，头发黑而直，脸上几乎无须，身材矮于平常的欧洲人；对于巴布亚人的记载是：皮肤黑得多，有时几乎同黑人相仿，头发成簇而卷曲，面部多须，身材和欧洲人相等。据他的叙述，两种人的智慧和道德也很不相同。这些巴布亚人住在新几内亚，马来西亚人住在婆罗洲；这两个大岛的气候和自然地形几乎绝对相同，距离也不到 300 英里，但有完全不同的动物和显著不同的人种。如果我们假定这两个种族原来出于同源，我们一定这样假定，它们曾经分别在不同的外界环境下过了几百代，而这种环境，按照变异说，曾经在更长的时期内在印度和大洋洲区产生完全不同的物种。

黑人和欧洲人的区别，与人类的多种起源　然而必须承认，解释黑色人种的特征何以会同人类大家庭中的其他成员有这样大的区别，也同说明巴布亚人同马来人的区别同样不容易。因为埃塞俄比亚区的天然障碍——三面是海一面是大沙漠（上新世淹在海底）——可能曾经在无限长的时期内截断了一种未开化种族和其余人类的一切往来，并且可能给予外界环境以固定某一种变种、使它形成与世界其他部分绝不相同的种族的机会。黑人和欧洲人的皮肤颜色、头发的组织和生长方式、他的相貌、四肢的比例，以及脑的平均大小，曾经导致一部分自然科学家主张，他已经超过了人类的变种，而应当列入不同的物种。

阿格西斯教授却不是这样想；他相信，这些和其他的主要变种的祖先，原来就不相同。照他的意思，在创造人类的时候，每一个主要种族的大部分人，生出来就已经赋有他们的后代后来遗传到的一切特性；也就像这位作者所想象，每一个动物物种的许多代表，特别是有群居习性的物种，是被大量地创造出来的，因此可以立刻占满所有指定给他们居住的地区。这种学说至少有与其本身相一致性，而且解除了变异说的反对者对解释以下疑问的困难：如果共同祖先可以产生差别像白人和黑人那样大的种族，何以同样的可变性，没有能再进一步产生有物种价值的差别。人类所以没有分歧到这样一种程度，以致不能通婚和生出不能生育的后代，是很容易理解的，只要我们回想到部落和部落之间的战争方式，以及温带和较冷区域的居民怎样不断地侵犯并战败比较懒惰和不进步的热带居民。这些战争在接触地点各种族之间造成了许多混血种，因此使许多自然科学家认为，世界上如果没有 100 种以上的人种，也应当有 50 个种族，各有各的亚当和夏娃，而不是白鲁门巴赫所定的 5 个主要种族。

六指人和他在有机体易变性方面的意义　　论到人类的体格从旧石器时代之后就缺少柔顺性的假定，我们要记得，按照变异说，我们只能希望那些改进之后对于个体或种族有用部分或在生存竞争中有利部分的变异，才会继续存在。我们已经看到育种家和园艺家所做的试验；这些试验证明，一个动物或植物的有机体的一部分，可以用选择方法使它起很大的变化，而不被注意的部分，则仍维持不变，或者变化很微。就人类来说，脑的变异最为重要，而天然淘汰作用最有效的部分，也就是脑的发展。在讨论这个器官在几千代之中是否发生过某些有利的变化，因而使一个种族优于其他种族之前，我们不妨先谈谈在人类和某些其他动物中发现的、超出正常标准的奇特现象，而且这种现象很值得我们注意。这种越轨现象是在猫、狗以及人类的五个指之外发现的第六个指。达尔文把各种文献记录的和个人通信获得的资料中 46 个有一只手或一只脚以及双手或双脚有六指的人列成了统计表之后，确定了在这些人之中 73 只手和 75 只脚有六个指，证明了手并不比脚受更多的影响；这和前人的想法有了出入。赫胥黎教授详细地摘录了鲁莫所记录的一对马尔太人客利亚夫妇的情况；他们的手和脚都很正常，但是生了一个儿子名格拉提奥，每只手有六只完全可以活动的手指，每一只脚有一个发育不很完全的第六个脚趾。这个儿子和一位有正常五指女子结了婚，所生的 6 个儿女之中，有一个有六个手指和六个脚趾。其余都很正常。这个儿子的 4 个子女之中，3 个有六指。但是更奇怪的是，格拉提奥的 2 个正常子女和五指的丈夫或妻子结婚所生的第二代，却是六指的变种。虽然在每一个事例之中，父母之一或父母两个都是五指，而六指的变种却继续传到格拉提奥的孙子。赫胥黎教授说，如果这些六指的人，一部分曾经和同样有不正常构造的表姊妹结婚，我们可以无疑地说，六个手脚指的种族，很可能已经延续下去。在这些事例之中，额外的指是生在掌骨上的，指中有一切正式的肌肉、神经和血管，除非实际去计数，他们都很完整而不易觉察。达尔文说，黑人也同白人一样，有时有额外的手脚指。

额外的指切去之后又可以重生，是另一种为有意研究这种现象的性质和原因的人们所不应忽视的非常事实。有一个现在还活着的人（1868）的额外手指，在生出大约 6 个星期的时候，被在关节地方切去，等到伤口恢复，手指便立刻开始生长，大约经过 3 个月左右，又施行了一次手术，手指连骨又长了出来。卡本特博士也举了一个例子，一个人在拇指的第一节上生了一个额外的拇指，指上也有指甲，多余的拇指后来被切去，但不久又长了出来，并且也有指甲[1]。达尔文认为，人类的额外手脚指，多少保留着胚胎期的情况，在这方面，它们像较低级脊椎动物各纲中很容易重生的平常趾和肢。史巴兰山尼把一只蝾螈的尾巴和脚连续切去了 6 次，而邦纳特把它们切去了 8 次，它们每次都重新生长出来。许多淡水鱼的胸鳍和尾鳍被切去之后，大约在 6 个星期之内可以重新恢复。鱼的胸鳍中有时有 5 个以上有时多到 20 个掌骨和趾骨，形成许多鳍刺，而且偶尔有骨质的细丝；这些构造显然等于我们的指趾和指甲。某些已灭亡的爬行动物，例如鱼鳍目，也是如此，"它们有七八或九个趾"；奥文教授说，"这是和鱼有亲缘关系的有意义标志"[2]。所以达尔文建议说，人的额外手脚指和它们的再生能力，可能是返祖遗传的一个实例，它们回返到

---

[1]　Darwin, "Variation", vol. ii, p. 294.

[2]　Ibid.

非常疏远的和很低级的多趾祖先的形态①。由于五数是所有较高脊椎动物所常有的数目，至少任何现时的爬行动物、鸟类和哺乳动物一般都不超过此数，因此人类的额外手脚指，一般被认为是畸形，特别是因为一只手或一只脚有时生出 7 个到 10 个以上的手指或脚趾，而且偶尔有少于 5 的变种，虽然 6 是比较普通的数目。这种对正常标准的偏离，以及割去的肢又能再生，当然不是向逐渐改进方向发展。如果把它认作与其他哺乳动物共有的畸形，它不过在低级动物和人类的无数关系之中多加一条线索，不论它们的有机体是在进步还是偶尔在退步。达尔文最近在他所著的《原人》中引证的一节关于这种亲缘关系的实例，非常值得注意。在四手目和食肉兽中，上膊骨下端附近有一个称为上骨皐孔的通道，前肢的大神经，就从这里通过，大动脉也常在这里穿过。人类偶尔也有这种有神经穿过的小孔；更可令人惊异的是，在古代的人类中，这种变态比现代的人多，其比例近于 30∶1。这种比例是在考察了许多青铜时代和驯鹿时代的臂骨之后才肯定的；达尔文说，古代种族之所以较近于较低级动物，其主要原因似乎是："在很长的世系中，古代种族所占的位置，比现代种族略近似于动物的祖先"②。

人类究竟从较高文明阶段退化，还是从较低阶段进步　近来在欧洲对旧石器时代艺术的一切研究，明显地导致我们形成一种意见，认为在有史时期以前的数千年，人类是极野蛮和极愚昧的，其程度超过现代的最不开化的民族。他们显然不知道用金属和磨光石器的技术，也不知道制造陶器。罗博克爵士在讨论我们的祖先究竟从知识和文化较为进步的原始祖先退化还是从较低阶段进步的问题时说，在大洋洲、新西兰和坡里内西亚各岛的土著中，没有发现一块陶片，也没有找到古代建筑的遗址，在所有这些方面，这些现时生存的未开化种族，像旧石器时代的人。他说，如果有陶器的话，数量一定不少，陶器虽易破碎，然而很难毁灭。如果说如此有用的工艺品，会被任何种族遗忘，那是不可能的事。因此，未开化民族是从以前文化较高的情况退化的学说，是不能成立的。"文明的种族，总保存着一些他们古代未开化祖先的习惯，而未开化种族，不保留以前较进步时代的遗物。在金属已经在民间通用之后，埃及和犹太僧侣在宗教仪节中所用的石刀，指出了以前这种石器流行的时代。他们久已认为这是一种神圣的器具，不愿意在宗教仪节中使用新的东西"③。

有些人曾经设法寻找一种论证来维护最早人类有较高资质的理论；他们指出，梵文和其他最古的亚洲语言的文法结构，都是很不自然的，其中还有很多抽象名词。但是，与旧石器时代的人类相比较，地质学家一定认为用这些语言的国家是很近代的。在追溯人类发展史的时候，我们首先应当找寻狩猎社会的流动人群向亚洲各部分散的时代，然后再向前追索他们所由分出的原始祖先住在一个小范围陆地内（可能现在大部分被印度洋和太平洋所淹没）的更早时期；我们可以肯定地说，如果变异说是正确的话，人类的这种原始祖先所用的词汇，一定比现在我们知道的文化程度最低的未开化人还要少。他们的计数不能超过一只手的手指，也决不会发明一个名词来表达抽象的观念。当第一批移民

---

① on Darwin's theory of Pangenesis.

② "Descent of Man", vol. i, p. 28.

③ On the Early Condition of Man, Sir, John Lubbock, British Assoc. 1867.

分散到广阔的大陆的时候，它们分成许多小的公社，于是每一个集团逐渐创造它们自己的言语，但是等到一个部落比它的邻居强盛的时候，它就会击败它们，把没有消灭的敌人，吸收到自己的部落里来，强迫它们使用它的语言，但是有时也从他们那里借用一部分字汇和词句。据研究，在一片连续陆地上所用的独立语言的数目，是与土著的未开化程度成比例的。当强大种族的人口在增加而文明程度和势力也在增长的时候，它们可以在一个大区域内散布一种语言。以中国人为例，在几千年以前，他们的人口已经占全地球的1/3，他们使整个国家用一种语言，其中诚然也分成许多方言。一个种族在亚洲的大部分获得这样的霸权要费多长的时间，我们不很知道，但是我们可以预测，将来总有一天，欧洲人，特别是安格鲁-撒克逊人，可以散布到更广的区域，排挤掉美洲的土著，并且像他们的前辈红印第安人那样从寒带散布到巴塔哥尼亚，于是在以前所说的新寒带区和新热带区内，最后可能只有一个占优势的种族，也可能只有一种语言。

技术的进步，已经给我们如此强大的移动能力，例如穿过大陆和环航地球的工具，更不必提到那种立刻可以与最远地区的居民交换思想的便利，然而还有一部分文化已经有了进步的民族，竟然还是如此孤立，似乎难以置信。例如，希腊人虽然有特殊的天才和从事商业的勇气，然而对几百英里以外的地中海和黑海海岸的情况，却一无所知。科学给我们的优越力量，是经常照着几何比率增加的，所以较文明的国家排挤较弱种族的速度，将来也会发展到史无前例的程度。因此种族的混合，以及在整个地球上建立一个种族和一种语言的趋势，将来还要比现在快。从共同原始祖先分异的程度，无论在体格上或在心理上，高加索种族和黑色种族的形成，似乎可能已经达到顶点。所以，如果我们认为这种的分异只能达到一个族的程度，那么地球上似乎不能同时有从共同祖先传下来的两个有理性的物种存在。然而这种结论并没有杜绝另一种意见，即同一有理性的祖先的后代，如果在两个相隔很久的时期加以比较，可以相差到被列入不同的物种的程度。

高德雷论上中新世和现存哺乳动物之间的中间类型　只要热带非洲和印度的上新世和后-上新世的沉积一天没有勘察，地质学家对人类和一种体格构造相近的假定先存物种的关系的研究，是不容易获得有效结果的。由于古生物学的帮助，我们仅仅开始通过一系列中间过渡类型，在现在到上新世和更古的中新世之间找到一些哺乳动物发展的线索。但从居维叶时代起，骨骼学的这一部门，已经为变异说提出了惊人的有力证据。但是自然科学家对这些证据的意义的说明，都不如高德雷那么清晰；受了在他以前的伟大导师们的影响，他深入研究了直接与他现在所极力拥护的结论相违背的理论偏见。在他雅典以东14英里的盆脱里克斯山附近皮克米地方发现的骨化石所作的专著中，他指出了上中新世到上新世和后-上新世物种的中间类型的过渡，并且表示，每一次的发现，都能使我们补上过去二三十年还存在的许多空白。我亲自看过这位热心地质学家所采集的标本（现在保存在巴黎博物院）；我用从世界各部分采来的物种作为连接环节之后，更能体会到这些证据在赞助变异说方面的力量。但是所有研究高德雷专著的人们，在浏览了某些科的标准类型的血统表之后，其中包括从中新世通过上新世和后-上新世一直到现时生存的属和种，可能各人有各人的见解。

例如在长鼻目的表中，我们看到30种以上不同的物种；依着年代排列，它们从法国中-中新世地层中采集的乳齿象开始，连续经过阿瓦、西瓦里克山、皮克米和爱帕尔夏姆上-中新世的乳齿象，一直到南印度、意大利和英格兰的上新世种类，其中同时包括乳齿象和象。最后我们被引到欧洲和美洲后-上新世或第四纪的物种，而以现时生存的印度象和非洲象作为结束。至于犀牛目，除了 5 个现存的物种外，列举了 15 个已消灭的种，此外还加上了一部分隶于这个大目的较老或始新世的属。马的化石血统表也同样有意义，从法国、德国、希腊和印度中-中新世和上-中新世的三趾马，通过欧洲、印度和美洲上新世和后-上新世的马种，一直追溯到现存的马和驴。但在尼奥布拉拉流域上新世和后-第三纪沉积中发现的、李台把它们归入 7 个属的 12 个马种，没有列入表内，因为对它们的描述还不够详尽；如果把它们插入高德雷的表内，一定可以帮助填补我们所见到的种类之间的许多脱节。猪目以及其他食肉兽，如鬣狗，也为构造的逐渐变迁规律提供了许多资料。

甚至于四手目，也开始提供现存的猿类怎样从已消灭的原始种类分出的证据，虽然到现在为止，我们的资料，无论得自皮克米或其他地方，几乎完全是从热带以外区域采得的，在这些地方，现在已经没有这一个目的代表。在化石中，至今只找到 14 种猿和猴，每一种只为骨学家提供少数几根骨头。然而它们已经对变异说有很多启发。法国南部中新世的森林古猿，虽然在种的方面与现时生存的任何猿类都不相同，但是和生存的长臂猿很相近，因此奥文教授认为不应当照拉提特的意见把它列入不同的属。所有欧洲和亚洲的其他化石，都和现存的狭鼻亚目中的属和种有亲缘关系，而在巴西岩洞中找到的种类，则与广鼻目相关。

至于皮克米的犬齿猿，所发现的骨骼比任何已经找到的猿化石为完整。它和任何现时生存的印度种类不隶于同一个属，这并不是由于它的构造有任何新的形态，而是由于它同时具有现在属于两种不同印度猿类的特征。高德雷说，一个人可以这样想，现在印度的细猴属，从中新世种类借到它的头骨，而现在的猕猴属，却从它那里借到了它们的四肢。这位著名的古生物学家感叹地说，"我们现在对物种性质问题的看法，和 20 年前还没有研究过希腊的化石和其他地区相关的种类的时期已经大不相同了；这些化石怎样明确地指出一个方向，使我们接受现在如此不同的种、属、科和目，都起源于共同祖先的概念！"——"我们愈向前进，空白填补得愈多，我们愈觉得自然界中原来就没有这种空白，但是由于我们知识的不足，才觉得有这种空白。在比利牛斯山、喜马拉雅山和希腊的盆特里克斯山的山脚打几锹，在爱帕尔夏姆的沙坑里或在内布拉斯加的荒地里掘几个坑，已经揭露给我们以前似乎差别很大的种类之间的连续环节！ 如果古生物学将来跳出它的摇篮，这些环节会靠得多么近啊！"[1]

许多最有修养的文学评论家和某些著名的数学家，在讨论物种起源问题时，表现出他们对赞成和反对变异说的证据完全没有衡量和体会的能力。这主要是由于两种原因：第一，从来没有人要求他们像自然科学家那样去实行决定某些现在或化石种类应当列入物种，还是只能列为变种——关于这一点，最著名的植物学家的见解，往往也有分歧；第二，他们完全不觉得地质学家所处理的资料的零星情况[2]。对于完全不知道这种记录极端不完全的人来说，一两个缺失环节的发现，是没有多大意义的；但在那些深知道档案有

---

① Gaudry Aniniaux Fossiles de Pikermi, 1866, p. 34.

② 见本书第一册，第 150 页。

残缺的人,挽救一个被湮没的种类,是几百种过去存在的物种的预兆,这些物种的大部分,已经无可挽回地散失了。

脊椎动物脑部构造的渐进发展,包括人类 我在反驳人类身体构造已经达到固定不变情况的意见时曾经说过,我们没有权利可以作出这种假定,除非我们对最显著的种族由共同类型向各方向分异的世纪数,有了准确的概念。动物界和植物界的变化速度,一般都很慢,而且不易觉察,同时自然科学家也从来没有看见过任何一个他们认为仅仅是地理变种的野生族的形成。他们不知道要经过几千代才能产生这样一个变化,但是就它们或就人类来说,我们决不能说物种已经达到了不变的时期。如果人类的有机体在比较近代的时期中曾经发生过变化的话,正如以前所说,变异作用所表现的方向,可能是脑部的发展。

林耐宣布过,就属的性质来说,他不能区分人和猿;奥文教授也说到"构造上的普遍类似——每一只牙齿,每一根骨头都绝对相同"——然而这位大解剖学家认为,人类脑部的较高发育,足以使他和一切其他哺乳动物分开而单独成立一个亚纲。他曾经建议用脑的特点,以及和人类的脑量和构造的相似程度,作为最高脊椎动物新分类的基础。有人反对说——可能不是没有理由——只用一种器官或一组特征作为动物分类基础的一切尝试,都已经失败了,我们必须认真地考虑整个有机体中一切可以利用的部分作依据。然而根据脑的构造,奥文教授已经能把哺乳动物的属和目列成一个向上的等级表,这就表示脑的重要性以及这种神秘器官和智慧的关系,占怎样的主要地位。照他的分类,一穴亚目(针鼹和鸭嘴兽)在表中占最低的位置,其次为有袋类,它们的脑量和形态与人脑最不相同;四手目,用同样标准来衡量,占最高的位置,而黑猩猩和大猩猩所属的科,列在目和属的长表的顶端。也应当注意,蝙蝠并没有像林耐分类表那样在"灵长目"中占主要地位,而列在一个不同而较低的亚纲,这种划分,与它们的相对智慧更为相称。

如果更进一步把哺乳动物和鱼或脊椎动物最低的纲作一比较,我们可以发现,随着脑量的缩小以及神经系统向动物身体的一部分集中的程度的减少,等级逐渐变低;因为离人类愈远,相应的脑量和重量与脊髓相比也愈小。详细使用这种规律时,这位解剖学家的确常常感觉困难,因为他发觉,在任何一群动物之中,较大的物种,相对地有较小的脑,换句话说,脑的体积并不随着动物一般体格的加大而比例增加。但是以前提出的建议还是有效的,就是说,较低级动物赋有的智慧和才能,是随着脑量的增加而增加,也随着它们脑部的构造与人脑构造的相似程度而增加。

我们所以把霍顿托民族作为黑色人种中进步最少的变种,是因为我们不但发现他们的脑量远小于一般欧洲人,而且发现他们的两个脑半球也比较对称;这种和所有其他与高加索标准不同的特性,使他们的脑比较接近于猿类。因此根据渐进发展和变异说推想,旧石器时代人类的头骨,像猿的程度可能比像现代人类的成分大。我们的资料现在还太少,不足以使我们根据这个时代的化石作出正确结论,因为尼安德托尔人的头骨,可能与杜邦近来在比国含有已灭亡四足兽遗迹的岩洞沉积物中发现的、性质有些像猿的化石,都是例外的变种。也可以说,旧石器时代的头盖骨即使比大洋洲人为低级,也是很有限的,因为旧石器时代的工艺发展阶段,和欧洲人最初发现大洋洲时的大洋洲人或其他未开化部落所制的相仿。

我在第九章中已经作了一次简单的摘要，说明鱼、爬行动物、鸟类和哺乳动物，以及哺乳动物中构造最像人的那些类人物种，依次按照年代次序出现的证据。如果我们认为人类的出现，已经在发展的连续系列中达到最后阶段和终点，我们很可以这样想，在从四手目有机体过渡到人类有机体的时期内，脑部是经过主要变化的部分。如果脑的发育和改进，已经使人类的地位绝对比一切兽类为优越，它会断续成为进行改进的器官，以便使一个种族在生存斗争中比其他种族更为有利。

如果，照某些生理学家的猜测，脑的质对智慧优越性的作用比脑的量大，那么古生物学家就是找到了紧接旧石器时代以前的头盖骨化石，也很难从这种资料推究出各阶段的发展情况。仅仅根据大小，可能不是衡量相对才能的稳妥标准，但是不能否认，一百个有卓越能力的人的头盖骨平均尺寸，一定比同样数目智力较差的人的头盖骨大。脑是否也和其他器官一样可以因运用而更为健全，以及因此而获得的智能是否能通过遗传而传给后代，各方的意见还有分歧。但是没有人会反对，如果所谓"自然变异"果然能使一个器官或本能发生某些变化，新产生的构造或属性，肯定有由遗传传到后代的趋势，以前所说的六指人和安康羊的短脚就是如此。

所以，如果造物能使生物在某些部分和器官的分化程度方面偶尔产生比它们的任何祖先略为完备的变种，或者在器官、本能、或智力方面产生比它们的任何祖先更为完善的变种，自然选择可以保证这些个体在生存斗争中获得最后的胜利。当达尔文说他不相信必要的发展的规律时，他的意思是说，简单和未改进的构造，有时可能最适合于简单的生活条件，而构造的退化，偶尔也是有利的。然而最后的结果，较高和较完善有机体的保存和繁殖的机会总是比较大，但是它们的发展并不影响较低级的生物，因为两者之间从来不会发生竞争，而是牺牲那些和他们最有密切亲缘关系的种类。器官和属性略比它们任何祖先更具优势的变种的反复衰退，并不暗示这种有机体最后能否占优势，这是决定于机会的。如果造物有能力产生比以前的生物更为进步的个体，那么这些进步变种的传布，仅仅是个时间的问题。它们最后一定会成功的，虽然许多不利的环境，可能阻碍它们进展的速度。

假使一个新生婴孩的资质比世界上以前所生的任何婴孩为优，他固然可能同比较不聪明的婴孩一样在童年时期夭折了，但是他也可能有长大成人的机会；如果能长大成人，他便会促进他所属的部落的进步，发明某些战争工具，或者更好的法律和制度，而且这样一个人的儿女遗传到的才能，可能也在同时代的一般儿童之上。文明愈进步；体力和感官的敏锐程度，给予社会优越性的帮助愈少。但是，达尔文说，固定的和必要的进步规律是没有的。一个国家可能制定这样一种制度，使中等甚至于能力很低的人反而有最好的生存机会。例如，西班牙的宗教审判厅，几世纪来谨慎地在思想界中选择一切敢于反驳已被接受的错误以及有勇气表示怀疑这种错误的有天才的人，并且成千地判处他们死刑；这样一来，有效地降低了智慧的一般标准。但是这样一种制度，并不能阻止人类的进步。它们只能压制一个国家，使它的知识、力量、财富、人口以及政治势力衰落，并为某些其他给予人民思想较大自由的国家准备好征服它们的条件。

对达尔文自然选择说的异议　阿吉尔公爵在他所著的《法则的威权》(*Reign of Law*)(1867)中，对达尔文的自然选择说提出了一些宝贵的评论。在说明了我们对创造新生命的自然力一无所知之后,他说,如果的确有老物种能发展成新物种的证据,他看不出我们有什么理由不承认这种事实①。但是他否认现在所提出的证据已经足够证明这种学说。他承认,产生新种"来代替已经消灭的旧种,不但是常常出现而且是连续出现的事,它的确暗示,这是通过某些自然过程的媒介而产生的"②。这种过程,或"能使动物构造中的变化,恰好达到所要求程度的自然力的适应,是属于创造性质的范围"。他说,但是达尔文并没有想说明新种类第一次怎样出现,只说明在出现之后他们怎样获得比其他种类更优惠的地位。他也要我们注意一点,即达尔文坦白地承认,我们对变异规律的知识是非常浅薄的;然而,公爵说,他有时似乎忘记了这一点,而在讨论自然选择时,似乎以为可以用它来说明物种的起源;"照他自己的定义,除了交给它的材料之外,自然选择不能做什么事。除了可以引起选择的东西之外,它都不能选择。它不能创造任何事物;它只能在由某些其他法则所创造的事物之中挑选或选择"③。所以把自然选择说成能"产生"构造或新器官的某些变化和使它们"适应",是把它不能完成的结果说成是它的功劳,而"产生这种结果的原因,我们至今连猜都猜不到"④。

照我的意思,这些评论对达尔文的《物种起源》中某些章节是适用的;在这些章节中,自然选择被说成能在一个动物的器官中引起任何程度的变化,只要我们能指出一系列微细的过渡阶段。例如,如果某一种无脊椎动物只有一种没有一根神经但有感光作用的薄膜或组织,而另一种动物,像鹰,则有非常完全的眼睛,其中有一个能聚敛光线和用光神经把外界物体的影像折射到脑中枢的设备,那么,照他的想象,我们只要能在自然界找到上述两个极端种类之间的一系列表示中间阶段构造的视觉器官,我们便可以了解,"自然选择"以往怎样"形成"这样的完整器官。但是实际上我们决不能说,熟悉了一系列彼此有密切关系的过渡种类或情况之后,我们就可以看出使较低级有机体或本能演化成较高级的自然力的性质。即使我们发现的地质学的证据,能证明居于仅仅具有像海绵那样的感觉能力和像象那样的智慧之间的本能和能力的每一种中间程度的变化,并且也能证明一系列机能愈变愈完善的生物,确定是像胚胎从一个单细胞发育成哺乳动物初生幼儿的各连续阶段那样,按照它们的相对完善程度彼此顺着年代次序依次出现,创造的神秘,离开科学的领域的距离还是和以前一样远。只有在较下等生物和较高等生物之间,和在较简陋的有机体到赋有较新和较高属性的有机体之间有变化的时候,我们才会想到,要解释这种困难,我们必须先求得关于那些变异规律的知识,而这些规律,达尔文承认,我们现在一无所知。

米伐特在新近(1871)出版的《物种的发生》中,虽则拥护进化论而不主张特殊创造说;同时他却利用他的自然科学和比较解剖学的知识,举出几个构造的实例,如鲸鱼的鲸须,哺乳动物的乳腺和头足类的眼睛和听觉器官等来批判自然选择说。在他看来,这些实例似乎指出,自然选择的力量已经达到极限,而另一种或几种未知的和更为普遍的规律,在起着作用。对于这一些批评,达尔文在《物种起源》第六版中(1872),分别作了冗长

---

① Reign of Law, p. 227.
② Ibid., p. 228.
③ Ibid., p. 230.
④ Ibid., p. 254.

的答复，我想最好请读者参看原书。但是第一次阅读《物种起源》的时候，头足类动物和脊椎动物完全眼睛的分别独立发展，是给我印象最深的困难问题，因此我想在这里特别加以说明。米伐特说："乌贼鱼的眼睛构造甚至于比耳朵还要接近于脊椎动物。巩膜、视网膜、脉络膜、玻璃液、晶状体、水样液，一概俱全，两者的构造是完全一致的，然而我们可以毫不犹豫地说，仅仅通过无限的和微细的偶尔变异，就可以在两个不同的实例中产生一系列这样准确、广泛而互相关联的相同构造，似乎是不会有而且几乎不可能的事。"这两种动物的这些器官，一定完全彼此独立发展的，因为我们必须追溯到某些甚至于还没有视觉萌芽的很简单种类，才能找到它们的共同祖先。关于这一点，达尔文的答复是[1]：乌贼鱼与脊椎动物的眼睛，没有任何真正相似的地方——头足类的视网膜是完全不同的，它的基本部分有一个真正的内翻（inversion），而眼膜之内含有一个大神经节。他虽然承认，两种眼睛都是由透明的组织所组成，并且备有一个晶状体，以便把影像投射到暗穴。然而他又反驳说，这是形成任何视觉器官的必要条件；他引证了亨生在他最近发表的《头足类专刊》中提出的意见，说是这种类型的动物中的基本构造是如此特殊，所以要决定是否应当用同样的术语来描述头足类和脊椎动物眼睛构造的相应部分，是有一些困难的。

　　我个人也认为米伐特可能夸大了这两纲动物的器官的类似性或一致性，但是我在第十版[2]中评论《法则的威权》提出的论证时所持的反对意见，因达尔文所提的见解而更为巩固了；达尔文承认，某些外界的共同条件，曾经使头足类获得与脊椎动物相似的一个透明组织，一个晶状体和一个暗穴，而不必诉之于共同祖先的遗传。某些地质学家在推究志留纪地层——可以说是我们对它的动物群有比较广泛知识的老地层——中脊椎动物、昆虫和头足类的共存现象时[3]，曾经详细讨论到有机生命的开始问题；他们认为，如果我们必须假定自然界中曾经有从较简单过渡到最高级的变异类型的正常次序的话，这些古老岩石给我们的启发似乎非常少。但是如果我们承认这三种动物中发挥同样作用的有机体的最高部分，是受了外界条件的影响而自然地单独产生，而不是由某一个共同起点遗传而来，这三种类型在这样早的时期便已共生的困难，便不存在了。

　　然而米伐特和阿吉尔公爵都不像大部分达尔文的反对者那样，把自然选择说说成一点都没有用处，他们仅仅认为，对这种原理的评价似乎远超过它所能起的作用。现在争论的实际问题——《物种起源》对它有很多启发的问题——与我们在以上十章中所讨论的相同。问题不是在于我们能否解释物种的创造，而是在于物种是否以先存有机体的新变种形式通过通常的生殖，依次进入世界，还是由某种其他作用——如上帝的直接参加——所产生。假使渐进发展说是正确的话，那么拉马克所作的假定，即有机界的变迁可能是由较老先存种类的逐渐而不能感觉的变化所引起，是否对呢？达尔文没有绝对证明这一点，他利用自然历史和地质学中许多不同而彼此独立的各种现象来使它显得非常像是事实，但是他的主要目的，是要指出无数新的和互相竞争的变种，如何在生存竞争中

---

[1]　《物种起源》第六版，第 151 页（1872）。

[2]　见本册第 298 页。

[3]　本书第九章和 Student's Elements, p. 447。

能不被消灭的方式。他的推论要旨，不能因为断定它对促使器官改进或分异，以及使有机界从较简单进步到较复杂的原因和过程还是像以前一样不能解决而予以否定。

当物种起源于变异的学说最初提出的时候，就有人反对说，这样一种学说，是用物质自动调节的方法来替代崇高的创造力。但是人们对在几百代中缓慢地和不知不觉地按照预定的计划，从较低级的有机体演变到较高级有机体的观念愈熟悉，他们愈会觉得，这样一种生命逐渐进化所需要的力量、智慧、设计或预谋，实不下于创造力所发挥的无数个别的、特殊的和奇迹般的作用。

这种学说对人类的起源和他在自然界中的地位的假定，曾经引起更严重的忧虑和恐惧。可以清楚地看出，我们和低级动物，在体质构造方面，在一切主要特点方面，以及在许多本能和感情方面，都有这样的亲缘关系和这样的一致性——人又是这样完全地受着同样的生育、繁殖、生长、疾病和死亡等规律的支配——因此如果渐进发展、自发的变异和自然选择，曾经在千百万年中指导着其余生物界的变化，我们当然不能希望人类是这种连续演化过程的例外。人类和其余动物之间有如此密切的关系，许多人认为有损我们的尊严，这的确给许多传统的信仰以沉重的打击；并且消除了某些诗人的幻想，他们以为人类的理想家系不比"已没落的大天使低"。但是我们已经不得不用低微粗野的出身来替代诗人和神学家所幻想的，我们祖先在等级中一直占最高位置的愉快观念，因为地质学家和考古学家的合作，已经无疑地证明了旧石器时代的人类①是既愚昧而又野蛮。

我们有时不禁要问，将来是否会有一个时期，科学在大众的教育中占如此的重要地位，以致使他们欢迎真理而不至于看着它害怕和忧虑，使它们欢呼每一个战胜错误的胜利而不再在有利于它的证据肯定之后还在反对新的发现。我们的行星绕着太阳运行，地球的形状，地球上相对地区的存在，地球年龄的久长，地球上动植物物种群的相继出现，以及最后原始人类的古远和野蛮等概念最初发表的时候，曾经成为忧虑和不愉快的来源。我们的前面，现在已经开始揭露可能与久被珍爱的观念联想更相矛盾的新学说。因此作为科学研究者，我们必须记住，我们所以与我们以前的愚笨而迷信的未开化人有所不同，而在人类的等级中处于较高的位置，是由于诚实地研究各种自然现象和无畏地传授它们所指向的学说逐步达到的。唯有忠实地衡量证据而不存成见，切实耐心地探求真理而不凭我们主观的愿望，才能达到我们的一种尊严，这种尊严可能不是自称出身于一个理想的门第所能达到的。

---

① 关于旧石器时代的讨论见本书第四十七章。

第四十四章　泥炭、飞沙和火山抛出物中化石的埋藏

问题的划分——有机遗体在水面以上的陆地沉积物中的埋藏——泥炭的长成——欧洲的古代森林所在地现在已被泥炭所占据——沼铁矿——泥炭中动物物质的保存——陷入泥炭沼中的四足兽——梭尔威泥炭沼的溃决——飞沙中有机物体和人类遗体的埋藏——大凄惨沼泽——非洲沙漠中的移动沙子——被埋没的埃及依普桑柏尔庙——沙漠沙中的干枯尸体——沙丘和被沙-流掩没的市镇——陆上火山建造中有机物和其他遗迹的埋藏

关于有机界变迁研究的第二部分，是讨论动植物遗体变成化石的过程，也就是它们被自然作用掩埋在地下的过程。C.普里伏斯脱把这种地质作用的结果分成两大类：一类发生于陆地还淹没在水下的期间，另一类发生于陆地露出水面之后。我拟首先讨论动植物遗体被掩盖和保存在露出陆地的沉积物中的方式，换句话说，掩埋在没有被水——无论湖和海——永久覆盖的一部分陆地的沉积物中的方式；其次再讨论有机物体埋入湖海沉积物中的方式。

在第一类中，我拟讨论以下几个问题：第一，泥炭的形成和动植物遗体在泥炭中的保存；第二，有机遗体在飞沙中的埋藏；第三，在火山抛出物和冲积物中的埋藏；第四，在一般冲积物和在山崩碎石中的埋藏；第五，在岩洞和裂隙中泥土和石笋中的埋藏。

泥炭的形成和动植物遗体在泥炭中的保存　当它不是全部在水下的时候，泥炭的产生，只局限于温度较低的潮湿地带。任何能在这种自然环境下生长的植物，都可以形成泥炭；但在北欧泥沼中找到的泥炭，大部分是由一种苔藓植物（水苔属）所组成；这种植物的下端在腐烂时，上部还可以发出新芽[1]。芦苇、灯心草和其他水生植物，通常都可以在泥炭中找到；它们的组织保存得相当完好，不难分别出它们的种类。

台维爵士说，100 份干泥炭，一般含 60～99 份可被火烧毁的物质；剩余的灰烬，是由泥土所组成，其性质与泥炭在上面沉积的黏土、泥灰岩、砾石或岩石的底层相同，此外还有氧化铁。这位作者说，"英格兰产白垩的各县的泥炭中，含很多石膏；但从爱尔兰和苏格兰采来的任何标本中，石膏含量都很少，而且一般含盐质也很少"[2]。根据麦克罗奇博士的研究，泥炭显然是纯粹植物物质和褐炭之间的中间物质[3]。

泥炭的形成地点，有时在山区很潮湿的斜坡上；但在这种地方，厚度从来不会超过 4

---

[1]　形成泥炭的植物目录，见 Rev. Dr. Rennie's Essays on Peat, p. 171；和 Dr. MacCulloch's Western Isles, vol. i. p. 129.

[2]　Irlish Bog Reports, p. 209.

[3]　System of Geology, vol. ii. p. 353.

英尺。在沼泽中和在冲积泥炭漂积的低地内,厚度可达 40 英尺以上;但在这种情况下,一半的体积是它所含的水。在热带地区难得发现泥炭,虽然华莱士告诉我说,在婆罗洲的森林沼泽地带,往往有很深的软泥炭物质;它很少产在山谷中,甚至于在法国和西班牙南部都是如此。离赤道愈远,泥炭愈多;在北纬度上,不但较为常见,而且较易燃烧[1]。

南半球的现象也相同。巴西没有发现泥炭,甚至于在南美洲东部拉普拉塔河排泄范围内的沼泽地带和西部的智鲁岛上都没有发现;然而当我们到达南纬 45° 去考察裘诺斯群岛或福克兰诸岛以及火地岛的时候,我们遇到很多这种物质的生长。这里所有的植物,甚至于草类,腐烂之后都变成泥炭,但是达尔文说,这里的情况与欧洲不同,因为南美洲的泥炭组成中,没有一种苔藓植物,而是由许多植物所组成,其中最主要的是布朗称为 *Astelia pumila* 的植物[2]。

1849 年,我从福契哈麦博士那里听到,常年平均温度在法氏 43° 或 44° 以上的地区,含植物物质的水溶液,不会沉积泥炭。严寒气候促使这种泥炭物质沉淀,但在温暖气候中,炭质对机械地混合在水中的空气氧的吸引力,随着温度的增加而增加,于是溶解的植物物质或腐殖酸(这是高度分解的有机物质),被转变为碳酸,从而散入空中,被大气吸收而消失。

泥炭覆盖的范围　欧洲有很大的地面被泥炭所覆盖,据说,在爱尔兰它约占整个岛的 1/10。善农的一个泥炭沼,据说长达 50 英里,宽从 2 英里到 3 英里;罗阿尔河口的孟特瓦泥炭沼,据白拉维尔说,周围在 50 里格以上。据伦尼说,许多北欧泥炭沼现在所占据的位置,是有史期间消失了的松树和橡树森林地带。这种变化,是由树木的倾倒与它们的树干和树叶阻碍大气水的流通所形成的死水所造成,于是产生了泥炭沼。在温暖气候下,这样的朽坏木材,立刻会被昆虫移去或被腐烂;但在我们的纬度上的冷温度下,记录中有很多这样形成的泥沼的实例。例如,在阿贝丁郡的马尔森林中,由于老朽和腐烂而倒下来的苏格兰铁杉大树干,不久便陷入一部分由于它们本身的死叶和死枝一部分由于其他植物的生长所形成的泥炭沼。也有人告诉我们说,被 17 世纪中叶一次大风暴吹倒的一个森林,在罗斯郡的乐奇布鲁姆附近产生了一个泥炭沼,而在树木倾倒之后不到半世纪,居民已经在那里挖掘泥炭[3]。但在科学工作者对泥炭做过研究的地方,它的生长速度非常之慢,因此我们对这些记载不应过分信任。

爱尔兰泥炭沼底部有被掩埋的树,是一种很普通的现象,英格兰、法国和荷兰的泥炭沼中,也是如此;一部分树干往往是直立的,树根牢固地生在基土中,它们无疑是原地生长的植物。它们大部分是铁杉、橡树和桦木;基土如果是黏土,以橡树的遗体为最多,如果底层是沙,则铁杉比较多。在曼岛的克拉沼泽中,甚至于在地面以下 18～20 英尺的深处,还可以看到大树连根牢固地直立在泥土中。一部分自然科学家希望把泥炭沼中埋藏的木材,归因于水的搬运,因为河流常把树木漂入湖泊;但就以上所说的事实来看,这样的臆说在许多实例中是不能成立的。照过去的观察,在苏格兰以及大陆的许多部分,低

---

①　Rev. Dr. Rennie on Peat. p. 260.
②　Darwin's Journal, p. 349; 2nd. ed. p. 287.
③　Rennie's Essays on Peat, p. 65.

地区的泥炭沼中的树最大，泥炭沼所处的位置愈高，树也愈小；第·乐克和华尔戈就从这种事实推想到这些树是就地生长的，因为在较低和较暖的高度上，树身当然比较大。每一个物种的树叶和果实常与母树一同埋在泥炭之中，例如橡树的树叶和橡子，铁杉的树叶和球果，以及榛树的榛子。

某些泥炭沼形成于近代的假定　约克郡的哈特非尔泥炭沼，在 1800 年以前显然还是一个森林，在其中找到的铁杉，长达 90 英尺，并且出售作桅干和船只的龙骨之用；这里也发现过 100 英尺以上的橡木。《哲学会报》第 275 期中，有从这个泥炭沼中取出的一棵橡树的记载，它的尺寸一定超过大不列颠领土内现时生存的任何树木。

在哈特非尔以及苏格兰的金卡亭和其他几个泥炭沼中，据说罗马的公路被泥炭盖在 8 英尺以下，而在不列颠和法国泥炭沼中找到的货币、斧、武器和其他器皿，据说都是属于罗马时代。但是近年来在阿白维尔的阿缅地方厚约 30 英尺的泥炭沉积中和在索美河流域内其他地点所作的更详细的考察，使我怀疑前人对欧洲大部分泥炭年代所作的推断，他们认为，这些泥炭的形成时代，是在朱理亚·恺撒以后。坡昔斯肯定地说，阿白维尔泥炭中发现的高鲁-罗马遗迹所占的层位，比所谓石器时代的塞尔特古代武器近于地面。这位考古学家又说，遇到罗马工艺作品的深度，不能经常作为断定时代的可靠依据，因为沼泽的一部分，特别是靠近河流，泥炭往往很流动，因此重的物质可以向下沉陷[1]。晚近的研究可以说已经证明，欧洲泥炭中的不少部分；是在罗马时代以前而属于铜器时代的产物，甚至于还有很大部分，是在新石器时代以前形成的，关于这一点，在第四十七章中还要深入讨论。

据第·乐克说，海西尼亚、塞曼那、阿登以及其他地方的原始森林所在地，现在都被泥炭沼和沼泽所占据。大部分这些变迁——有很大可能——曾被归因于塞佛勒斯王和其他国王所发的毁去一切被征服省份森林的严厉命令。现在已经变成泥炭沼的许多不列颠森林，也是在不同时期内遵照国会的命令砍去的，因为当时其中隐藏了狼和歹人。例如，威尔士森林是在爱德华一世统治时期被砍去而烧毁的；爱尔兰的许多森林是被亨利二世毁去的，以防止本地人躲在里面骚扰他的军队。

丹麦各岛和日德兰半岛以及赫斯顿的泥炭沼的底部曾经找到苏格兰铁杉（*Pinus sylvestris*）的树干，是一种奇特的事实，因为这种铁杉，在有史期间已经不是这些地方的土产，而且输入之后也不易生长。丹麦泥炭沼的较高部分，有横倒的普通橡树无柄变种的树干，而在更高的层位中，则遇到同一种橡树的有花梗变种（*Quercus robur* Linn.）与赤杨、桦树和榛树共生。在丹麦，橡树现在几乎都被山毛榉所替代。所以，在这一区域内，似乎有一个植物的天然轮栽现象；一组生长在泥沼边缘的物种消灭之后，另外一组继承下去。所有这些变化，都发生于史前时期，但是甚至于在苏格兰铁杉埋藏的基底泥炭中，曾经发现过人类的遗体，而史丁斯特鲁浦曾在被掩埋的松树之一的下面，亲自取出了一件石器工具。这是新石器时代的武器——在斯堪的纳维亚的任何部分，至今还没有发现旧石器时代人类的遗迹[2]。

---

① 见"Antiquity of Man," p. 110。

② Lubbock，Introduction to Nilsson on the Stone Age, 1868.

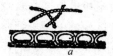

图 145 铁藻

a. 放大 2000 倍。

沼铁矿的来源 在泥炭沼的底部,有时有氧化铁的硬块或"硬土层"(Pans)。沼铁矿的经常存在,是矿物学家很熟悉的事实。泥炭中的橡树常被染成黑色,就是由于这种金属。铁的来源曾经是一个辩论的问题,爱伦堡教授的发现,似乎最后解决了困难。他曾经说过,在柏林周围的沼泽中,盖在沟渠底部、水分蒸发后呈深赭黄色过渡到红色的干燥物质,似乎完全像氧化铁。但在显微镜下观察,发现其中含着一种简单植物的细长有节的线或片,一部分是铁质,一部分是硅质。这种植物名为铁藻,属于硅藻科[①]。所以沼铁矿无疑含着无数这种肉眼看不见的有机体[②]。

动物物质在泥炭中的保存 动物物质可以在泥炭中完整地保存许久,是泥炭沼形成史中的一桩有趣现象。1747 年 6 月,在林肯郡爱克斯荷姆岛的一个泥炭沼中 6 英尺深处,发现一具女人的尸体。她穿的古老皮带鞋,证明了她已经在那里埋了几世纪之久;但是她的头发、指甲和皮肤,据说没有一点腐烂现象。在爱尔兰北部莫拉伯爵的产业上,曾经掘出一个人体,他是埋在一层 1 英尺厚的砾石中,砾石上面盖着一层 11 英尺厚的泥炭;他的衣着完整,所穿的衣服是用头发织的。这个区域没有用羊毛以前,居民的衣服是用头发制的,所以他很早就被埋在那里了,但是身体并没有腐烂也没有损伤[③]。在《哲学会报》中,也有一段关于这种事例的记载。1674 年有两个人的身体被埋在德彼郡的潮湿泥炭中,深约 1 码,并在 28 年零 9 个月之后进行了考察;"他们的皮肤颜色干净自然,他们的肉体同新死的人一样柔软"[④]。

在类似的事实之中,我们可以提出索美塞特郡德尔佛登附近开井时遇到的情况;掘的时候,在井中找到许多各种姿势的完整的猪。它们的形状保存得很好,还保留着鬃的皮肤,呈现干枯膜状的外表。它们的肉,变成了一种白色、易脆、片状、无臭和无味的物质;但是暴露于热力之下,发出同烤咸肉完全相同的气味[⑤]。

我们自然会问,泥炭的防腐性能是从哪里来的呢?一部分人把它归功于腐烂植物发出的碳酸和没食子酸,也有人认为是由于许多泥炭沼最低层中有烧焦木材的存在,因为木炭是一种强有力的防腐剂,能使污水清洁。植物胶和松脂也有同样的作用[⑥]。

据麦克罗奇博士说,泥炭中偶尔存在的鞣酸,是雄席类植物和某些其他植物所产生;但是他认为量太少,而且难得遇到,不能发生重要的影响。他暗示,保存在泥炭沼中的动物身体的柔软部分,可以仅仅由于水的作用而变成了尸蜡[⑦]。

陷入泥炭沼中的四足兽 然而泥炭无限期地帮助保存陆栖动物较硬部分的方式,是对地质学家较有直接意义的问题。有两种方法可以使动物偶尔埋入沼泽地带的泥炭中:它们有时冒失地跑到下面有半流动性泥土的草根泥之上而被陷入,或者有时因泥炭沼的

---

① 见本书第一册。
② Ehrenberg, Taylor's Scientific Mem. , vol. i, part iii, p. 402.
③ Dr. Rennie on Peat, p. 521;其中还有几个其他实例。
④ Phil. Trans. vol. xxxviii, 1734.
⑤ Dr. Rennle on Peat, &c. p. 521.
⑥ Phils Trans. vol. p. 531.
⑦ Systen of Geol. vol. ii, pp. 340—346.

"溃决"而被包围在泥炭冲积层中;关于后一点,以后还要提到。

在纽芬兰的大沼泽地带,牲畜有时被活埋,只有头和颈部露在地面以上;在这种情况下维持几天之后,它们常被用绳救了出来。在苏格兰,冒险走上"软泥沼"(Quaking Moss)的牲畜,常被陷没;金氏说,在爱尔兰,损失在泥沼中的牲畜,数量非常可观[1]。

索尔韦泥炭沼　索尔韦泥炭沼的描写,可以作为同类沼泽地带一般性质的说明。吉尔宾说,这个泥炭沼是一个平坦的地面,周围大约 7 英里,位于英格兰和苏格兰西部交界处。它的表面盖着牧草和灯心草,外表像一层干燥的外壳,情况相当正常,但在些微的压力下,它便会颤动,因为底部不稳固而且近于半流动性。在干燥季节,冒险的旅行家,有时为了节省几英里路程,穿过这个危险荒地,但他必须小心地选择在他面前露出灯芯草丛的地方走,因为这里的泥土最为坚固。如果他的脚向边上滑,或者敢于放弃这种完全的标志,他可能就此失踪。

"在亨利八世统治时期,当新克雷亚率领的苏格兰军队在梭尔威战役中被击溃的时候(1542),一队不幸的马队,被恐惧所驱,冲进了这个泥炭沼,而立刻陷入软泥中。这个故事原来是一种传说,但是现在已被证实了;掘泥炭的人,在以前发生故事的地点,发现了一个全副武装的人和一匹马。人骨和马骨都保存得很好,铠甲的各部分也很容易辨别"[2]。

1772 年 12 月 16 日,这个泥炭沼在大雨时期被水灌成一个大海绵状体之后,向上膨胀,高度远超过周围地区,最后终于溃决了。丛草的覆盖层,最初似乎像一个内部装着液体的气泡,后来内部的物质在外壳上开了一个裂口,于是一股半凝结的黑色泥土流,开始向平原蠕动,它的进展速度和熔岩流相仿。生命没有受到损失,但是摧毁了几个村舍,淹没了 400 英亩的土地。泥炭沼的最高部分,后来大约下沉了 25 英尺;在被侵入区域的最低部分,泥炭的厚度至少有 15 英尺。

泥炭沼的溃决　1831 年 1 月,斯理戈的一次灾难,是这种现象的另一实例。在雪突然融化之后,布鲁姆非尔和基伐之间的沼泽溃决了;一股带着 100 英亩沼泽所含的物质的洪流,顺着一条小河的方向流动,以急流的速度,猛烈地冲去灌木、树、泥土和石块,并且淹没了许多牧场和耕地。在穿过某些沼泽地带的时候,洪水还掘出一条宽阔的深沟,而从布鲁姆非尔通到圣·詹姆斯井的公路的一部分,连路基被冲去了 200 码。

据记载,1833 年在顿纳格尔泥炭沼的 14 英尺深处,找到了一个古代的圆木小屋。小屋中充满了泥炭,四周还有其他小屋,但是没有经过考察。这些小屋四周树木的树干和树根,都保持着天然的位置。这无疑也是一个村庄在某一个未知的时代因泥炭沼的溃决而被淹没的实例。在这种情况下,盖在房屋上的植物物质的深度,不能作为断定年代的依据,因为全部的厚度,可能是在灾难发生时一次堆积的。

从以上所提的、关于泥炭沼的溃决以及它们常以液体状态流到较低水平的方式等事实来看,读者立刻可以明了,湖泊和海湾一定可以偶尔变成流动泥炭的储藏所。这种例子是很多的;由于这种原因,海岸上常可看见沙泥与各种泥炭沉积的互层,波罗的海和德

---

[1]　Phil. Trans. vol. xv. p. 949.

[2]　Gilpin, Observ. on Picturesque Beauty, &c. , 1772.

国海的海岸都有这种实例。德久亚告诉我们说,在许多荷兰的泥炭沼中,曾经找到船、航海仪器和桨的遗迹。基拉尔特根据同样的证据指出,毕卡台、西兰德和佛里斯兰海岸的许多泥炭沼,以往是可以通航的海湾。

泥炭中食草四足兽的遗骨　　大赤鹿的叉角,是泥炭中最普通和最特殊的动物遗体。它们不是换下来的角,因为角上附有一部分头骨,这证明整个动物的死亡。泥炭中也有牛、马、猪、羊和其他食草动物的骨块。莫伦曾在佛兰德的泥炭中发现水獭骨和溪狸骨①,坡昔斯在阿白维尔泥炭中找到一种现时产在比利牛斯山的马熊的骨和齿。但是一般没有发现属于已灭亡的四足兽的遗体,如象、犀、河马、鬣狗和虎,这些都是欧洲老河砾中的普通动物。

我们曾经提到过比一般泥煤时期较早的泥炭和植物物质中发现的猛犸骨;这是非常例外的现象。常常有人说,泥炭中曾经掘出已灭亡的大角鹿,但是它们的真正位置,似乎是在泥炭沼以下的介壳泥灰岩中。这种泥灰岩中的淡水介壳和偶尔与泥炭共生的种类,以及泥炭中的陆栖介壳,都是现时生存的物种。

大凄惨沼泽　　在我的《北美旅行记》中②,我曾描写过弗基尼亚州诺福克城和北卡罗来纳州威尔登之间的一个南北长 40 英里、宽 25 英里的大沼泽或泥炭沼。它的名称叫作"大凄惨"(Great Dismal),外表像一个长满水生树和灌木的泛滥河流平原,泥土呈黑色,与泥炭相同。除了一个方向之外,它比四周的地面高,因此它向北、东、南三个方向送出水流,只有从西面得到供给。它的中央部分,高出四周平地 12 英尺。从地面到 15 英尺深处,土壤是由植物物质所组成,没有任何泥质颗粒;这个泥炭沼是以前所说的一般规律的例外,就是说,这样的泥炭堆积,在北纬 36°处或在夏天温度像弗吉尼亚那样的地区,是难得遇到的。为了采掘木材在泥炭中挖掘沟渠时,相当大量的黑土不时被抛弃在外面,使它暴露在日光和空气中,在这种情况下,它不久便完全消失而不留任何痕迹;这种现象显然指出,它的保存,有赖于繁茂树林所供给的树荫和海绵状泥土的不断蒸发;因为蒸发作用,可以使炎热夏季的空气变成清凉。沼泽的表面,铺着苔藓植物和茂密的羊齿植物和芦苇,在它们之上,长着许多繁盛的常青灌木和树,特别是白香柏(*Cupressus thyoides*),这种植物,靠着它的长而直的根,稳固地长在泥沼的最软部分。在这些植物之上,耸立着树顶展开的落叶松(*Taxodium distichum*),在太阳光线最热的时期,树叶最密,如果没有这一层树叶网作为屏障,前一个秋天的落叶和死树,不久都会被分解而不能对泥炭物质有所贡献。整个泥煤沼的表面,布满无数被风吹倒的大树干和高树,而在黑色泥沼的不同深度处,也埋有成千的其他树木。这种情况使地质学家回想到在古代炭质岩层中变成了煤的封印木和鳞木大树干的横卧姿势。

飞沙中人类和其他遗体以及工艺品的埋藏

其次我们可以讨论飞沙的作用;这也是有机遗体和工艺品能在露出的陆地上保存的

---

① Bulletin de la Soc. Géol. de France, tom. ii, p. 26.

② Travels, & c., in 1841, 1842, vol. i, p. 143.

原因之一。

非洲的沙　非洲沙漠的沙,曾被西风吹到埃及尼罗河西岸的一部分耕地上,大都在山谷开展成平原或者比利亚山脉中有深谷穿切的地方。在久必塔-阿蒙庙和纽比亚之间的古城遗址,也被这种飞沙所掩没。

我们已经看到,照魏尔金孙爵士的意见,当流沙向埃及膏腴土壤的某些地点侵入的时候,尼罗河的冲积物一般总是向沙漠进展;总的结果,对于膏腴的土壤是很有利的[①]。

我们很难想象一种埋葬方法,能比现时在紧接尼罗河平原西部地区很普通的情况,更有利于纪念物的长期保存。包围和充满着依普桑白尔大庙的沙是如此之细,以致在流动的时候很像液体——这个庙是由波克哈特首先发现的,后来由贝尔松尼和比曲作了局部的发掘。巨大雕像的容貌和一部分石像表面粉饰的泥灰,以及墙上的画像,都没有因为长期地包围在这种干燥的微细尘沙中而受到任何损伤[②]。

将来可能有一个时期,那时金字塔可能已被消灭,周围的海陆变迁,会使气候和主要风向发生变化,因此把利比亚的沙像它移到这些区域时的速度一样慢慢地吹走,使这些被掩埋的寺庙露出地面。

据说,整个骆驼队曾被利比亚沙所掩没。波克哈特告诉我们说,"经过红海起点附近的阿卡巴地方之后,死骆驼的骨,是旅客穿过沙漠的唯一向导"——李温船长谈到北非苏达山附近平原时说,"我们没有看见一点植物,只看见许多在沙漠中因劳疫而死亡的动物骨骼和一些坟墓。所有这些身体,被太阳晒得非常干,似乎在死亡之后没有发生过腐烂。在新近死亡的动物身上,我没有发觉一点臭味;而在死亡已久的动物身上,皮上的毛发,还很完整,没有折断,然而已经变脆,略用口吹,便可吹断。带沙的风,从来不会使这种尸体移动位置;因为,沙会在短期内在它们的周围形成一个小丘,使它们固定"[③]。

被流沙淹没的城镇　在英格兰、法国和日德兰半岛,几个被飞沙掩埋的城镇和乡村,都有记载。例如,在布列塔尼的圣·彼尔·德·里昂附近,一个乡村完全埋在流沙之下,除了教堂的塔尖外,一无所见[④]。在日德兰,附在海藻上的介壳,有时被强烈的风吹到100英尺的高处而被埋在同样的沙丘之中。

1688年,苏福克所属的唐汉姆的一部分,被沙层所掩没;这些沙,是大约100年前在西南5英里的一个养兔场地被破坏松散而来的。它在1个世纪之中移动了4英里,覆盖了1000英亩以上的土地[⑤]。康沃耳北岸有一大片被流沙所掩没的耕地,形成了几个高出海平面几百英尺、含有海栖介壳碎屑的小丘,其中包含着完整的陆栖介壳。由于这些沙的移动,古代房屋的遗址被发现了,其中有普兰沙布罗教区的圣·皮伦教堂(或称沙布罗的普伦);1870年我看见它已经露出一半。在某些钻探井的地方,常可看到中间夹有一层植物硬壳层的各种地层。有些地方,如纽·奎,大块的沙已经变成很坚硬,可以作为建筑

---

①　见本书第209页。

②　Stratton, Ed. Phil. Journ., No. v., p. 62.

③　Travels in North Africa in the years 1818, 1819, and 1820, p. 83.

④　Mém. de l'acad. des Sci. de Paris, 1772. 并参阅第一册,第255页关于爱克尔斯教堂被埋的情况。

⑤　Phil. Trans. vol. iii, p. 722.

材料之用。现在还在进行的石化作用，似乎是由于在沙中渗滤的氧化铁水溶液所致[①]。

陆上火山建造中有机物和其他遗体的埋藏

在讨论那波利周围和埃特纳山边被掩埋城镇的几章中[②]，我已经约略提到这个问题。从已经引证的事实来看，人体和工艺品的保存，似乎往往是由于与火山喷发同时发生的大雨所造成的洪水。这种洪水在干巴尼亚地方称为水的熔岩流，它的流动非常快；1822年，维苏威山边的圣·西巴斯欣村和马萨村受到了这样的袭击，一共闷死了 7 个人。

在这些水的熔岩流沉积的凝灰或固结的泥土中，常可看见树叶和树的印迹。1822 年维苏威喷发之后形成的一部分标本，现在保存在那波利博物院。

泛滥在降落于动植物或人体上的火山灰、浮石和喷出物上面的熔岩，可以成为保存陆上遗体的间接媒介。火山灰和火山滓是很好的非导热体，因此这样的一层物质，很难被上面的熔岩流所熔化。熔岩固结之后，给予下面较轻和较易移动的块体以坚牢的保护；这些块体之中可能藏有有机遗体。含有字迹清晰的纸卷的侯丘伦尼恩凝灰岩，如前所述，已经长期地被熔岩所覆盖。

熔岩保存遗迹的另一种方式——至少就人类的工艺品来说——是在热度不太高的时候掩盖在它们上面，在这种情形下这些工艺品受损不多，有时没有损伤。

例如，当 1669 年的埃特纳熔岩流淹没了 14 个村镇和卡太尼亚城的一部分的时候，卡太尼亚库中的货币和其他物体，都没有被熔化；而在另一个被淹没的城市盂皮勒里的遗址上，在熔岩流下 35 英尺处发现的教堂的钟和几个塑像，都没有受伤。

---

① Boase on Submersion of Part of the Mount's Bay, &c., Trans. Roy. Geol. Soc. of Cornwall. vol. ii, p. 140.
② 见本书第 317 页。

第四十五章　冲积层和岩洞中化石的埋藏

冲积层中的化石——突然泛滥的结果——地震地区的冲积物中保存的陆栖动物最为丰富——海洋冲积物——被埋城镇——山崩的结果——裂隙和岩洞中的有机遗体——岩洞的形状和大小——它们的可能成因——摩利亚的封闭盆地和地下河流——卡塔伏塞拉——红胶结物角砾岩的形成——埋在摩利亚的人体——许茂林论人类遗体和已灭亡四足兽兽骨的混杂,是以前人类和那些已绝迹的物种曾经共存的证据——敞开的裂隙和岩洞中骨角砾岩的形成

冲积层中的化石　按照以前提出的次序,我们讨论的次一个问题,是有机物质在冲积物中的埋藏。

河床中的沙泥和石砾,不常含动植物的遗体;因为他们在不断移动,况且各部分的摩擦又如此之大,甚至于所含的最硬岩石,最后也会被磨成细粉。只有洪水时期冲到河边附近陆地上的冲积物,才会掩盖树木或动物遗体,使它们得以永久保存。1829 年苏格兰洪水所堆积的泥沙中,曾经找到局部埋没的野兔、鼹鼠、小鼠、鹌鹑等的尸体及残骸,甚至于还找到了人的尸体。但在这种情况下,后一次的洪水常常毁灭前一次洪水所遗留的纪念物,只有当河谷被河流侵蚀加深,使一部分老河槽相对地升高到洪水不能到达的地位时,有机物遗体才能长期保存。在地震经常扰动的地区,河槽常从河谷的一部分移到另一部分,由无常的洪水所堆积的冲积物,也可以成为有机物质的永久贮藏所。

海洋冲积物　1787 年 5 月,从东北方向吹来的飓风,在东印度群岛科罗曼德耳海岸的柯林加、英吉利等处,造成了一次可怕的水灾。飓风激起的水,向内地奔流,达到离海岸大约 20 英里的地方,冲去了许多乡村,大约淹死了 10 000 人,水退之后,地面上盖满着海洋泥土,泥土上散布着 10 万头以上的死牛。据土人的传说,一个世纪以前也发生过同样的洪水;但在这次洪水以前,欧洲移民认为这种传说是一种神话[1]。晚在 1832 年 5 月,柯罗曼德尔的海岸又发生了一次同样的灾难;洪水平息之后,有几艘船搁浅在柯林加附近的低地上。

从伴随的大气现象,以及从地下听到的声音和泄出的臭气来看,许多所谓飓风的风暴,显然与海底地震有关。

冲积物中的房屋和工艺品　1833 年,在开掘多布运河的时候,在印度发现了一个很古的地下城市。它的位置在萨哈蓝普尔以北贝哈特镇附近的现在地面以下 17 英尺。发现的实物,有 170 枚银质和铜质的货币,以及许多金属和陶器制品。上覆的沉积物是 5 英尺左右厚的河沙和 12 英尺厚的红色冲积泥的底层。在它附近,有几条从山区流下的河流和急流,水流中挟带着大量的泥沙和扁砾;贝哈特的居民还有人记得,现代的贝哈特

---

[1]　Dodsley's Ann. Regist. , 1788.

城,也遭到一次洪水,水退之后,附近地区的地面上,布满了几英尺厚的沙。在附近地区掘井的时候,在 30 英尺红色壤土沉积物以下,有扁砾和巨砾层,其性质与现在河床中的相似。所以指导发掘的柯脱雷认为,急流卸落的物质,逐渐填高了低山周围山脚的地面;他又说,原来建筑在洼地上的古城,被洪水所淹没,并被 17 英尺厚的沉积物所覆盖[1]。

包布雷告诉我们说,在摩里亚,希腊平原的冲积物和植物土壤中,以及在山脚斜坡上形成的坚硬和结晶的角砾岩中,有一层含有陶器、砖瓦与工艺品混杂的所谓陶器层(Céramique);其中虽然没有动物,它却构成了一层标志一部分人类时期最不易磨灭的重要层位[2]。

山崩　由于突然在山谷中堆积大量的石块和泥土,山崩有时可以永久掩埋整个村庄以及其中的居民与大群的牲畜和其他动物。例如,1772 年威尼斯州特雷维佐县的皮兹山发生山崩的时候,3 个村庄和全部居民,都被掩埋了[3]。1248 年萨伏依的张伯雷以南格伦尼尔山一部分的山崩,也掩埋了 5 个教区,包括圣·安得里城和教堂,被毁面积约 9 平方英里[4]。

1806 年瑞士罗斯堡山崩时,生命的损失估计在 800 人以上,许多尸体以及几个村庄和分散的房屋,被深埋在泥土和岩石之下。从瑞士瓦列斯区狄亚普雷列山顶突然崩落的 30 码厚的岩层,毁坏了几百座村舍,18 个人和很多牛羊。1618 年瑞士查文那县康托山的山崩,埋没了普鲁亚城和 2430 个居民。

在有史期间,欧洲的多山部分,特别在有地震扰动的区域,这样的局部灾害是非常普遍的,我们没有必要再多举实例。凡在发生这种事态的地区,即使在较低平的地点,从山谷边岸崩落的大量岩石和泥土,往往突然抛入河道,淹没平原上的一切生物,甚至于在白天也同样可以发生。

裂隙和岩洞中有机遗体的保存

在地震史中已经指出,某些区域在过去 150 年中曾经开裂了几百条裂隙和大裂缝,其中一部分据说深不可测。我们也看到,在山体升出海面的时候,也受到剧烈的破裂和变位;因此此地内许多岩洞的存在,可以用简单的地震活动来说明;但是还有一类岩洞,特别在石灰岩中,虽然常和裂缝相连接——并不经常如此——但照形状和大小来说,不能假定它们完全仅仅是由于坚硬岩体的破裂和移位,因为它们交替地忽而扩大成一个大洞,忽而缩小成一个狭窄的通道。

在肯塔基州俄亥俄河支流格林河的盆地内的石灰岩中,有一连串彼此相连的地下岩洞,它向一个方向的距离,已经被追索到 10 英里,但是还没有达到尽头;这许多岩洞,规模都很大,并由狭窄的隧道相连接,其中之一,面积不下 10 英亩,最高的高度约 150 英尺。除了主要的几组"巨大洞窟"(antres vast)之外,四面的许多支洞,还没有经过勘探[5]。

---

① Journ. of Asiat. Soc. , Nos. xxv. and xxix. 1834.
② Ann. des Sci. Nat. , tom. xxii, p. 117. Feb. 1831.
③ Malte-Brun's Geog. , vol. i, p. 435.
④ Bakewell, Travels in the Tarentaise, vol. i, p. 201.
⑤ Nahum Ward, Trans. of Antiq. Soc. of Massachusetts. Holmes's United States, p. 438.

　　这一类的岩洞构造,并不完全局限于钙质岩石;因为近来在希腊的塞克拉迪群岛之一塞米亚岛(古称塞斯诺岛)的云母和泥质片岩中,也找到同样的大洞。这里有几个宽敞的大厅,四壁呈圆形和不规则形,各大厅之间有狭窄的隧道彼此连接,此外还有许多没有出口的叉道。以往显然曾经有一股水从这里流过,在洞的底部留了一层泥浆状的蓝色泥层,但是我们不能假定,这种岩洞的开始形成,是由于水流的侵蚀作用。佛勒特认为,地震首先造成了裂隙;这些裂隙又成为地下火山热发出的气体向外逸出的烟囱。他说,如果盐酸、硫酸、氟酸等气体的温度升高,可以使它们所经过的岩石变质或分解。塞米亚岛的云母片岩裂隙中,有这一类气体作用的痕迹,而该岛的洞穴中,现在还流出温泉。我可以假定,分解岩石的元素,后来被矿泉以溶液状态移去;据佛勒特说,从柯林斯地峡的裂缝中泄出的热气所产生的结果,以及坚硬的硅质和碧玉质的岩石所受的深度变质和腐蚀,都证明这种学说①。

　　如果回想到每年从矿泉中流出的碳酸钙量,我们可以承认,地下深处的钙质岩石中,一定不断在形成巨大的岩洞。这一类岩石比任何其他岩石都易于溶解、渗透和破裂,至少较致密的种类,很容易被在泥质地层中只能产生曲折的地震运动所震碎。石灰岩中的裂隙形成之后,也同在其他地层中一样,不至于被不透水的泥质物质所封闭,于是酸性的水流,可以长期地在其中自由流通②。

　　摩里亚　在石灰岩区域,河流穿入地下的现象是很普通的事;这种河流在地下河道中流了几英里之后,又从一个新的出口流出地面。在入口的地方,它们虽然往往带着细沉积物,有时还有沙砾,但在出口的地方,水质一般纯洁而清澈,它们挟带的大量物质,一定都被沉积在地下空洞之中。除了这样输入的物质之外,还有从洞顶滴下的石笋或碳酸钙,于是由河流冲入的兽骨,常被埋在这种混合物质之内。岩洞中常发现的含骨角砾岩,就可以用这种理由来解释,这种兽骨一部分很古,一部分比较新,并且现在每天还在进行。形成石笋所需要的水,必须恰好足够溶解碳酸钙成溶液。所以如果流水不断在洞中流动,它不能产生沉积物;如果当地的地下流道发生变化,或者岩洞又被多雨的冬天流水所泛滥,即使在干枯季节沉积有一层外壳,也很容易被破坏。由于这种理由,我们在大部分的岩洞的沉积物中,如肯特洞等,常见破坏的石笋。没有一个地下河流比摩里亚的地下河流更为特殊的了;包布雷和法国的希腊考察队队员,对这里的共生现象,作了研究和详细的叙述③。地质学家对他们的记载特别感兴趣,因为它对几乎所有地中海周围地区很常见的、含有已灭亡四足兽兽骨的红色骨角砾岩的形成,有所阐明。摩里亚的无数岩洞,是在致密的石灰岩中,其时代相当于英格兰的白垩,紧接的下伏岩层则与我们的绿沙期相当。在半岛的较高地区,有许多河谷或盆地,四周被多裂隙和多岩洞的石灰岩山所围绕。全年季候的划分,与两回归线之间的情况同样明显,雨季约占 4 个月以上,干燥季节约近 8 个月。雨季急流上涨的时候,所有的河水,都从周围的高地向盆地奔流;但是这许多水都被深坑所接受而不像其他地区那样形成湖泊;这种深坑希腊人称为"卡塔伏塞拉"(Katavothra),相当于英国白垩和石灰岩区域的落水洞或"吞水洞"(swallow holes)。

---

①　Bulletin de la Soc. Géol. de France, tom. ii, p. 329.
②　见 Boblaye 的评论,Ann. des Mines, 3me série. tom. iv。
③　Ann. des Mines, 3me série, tom. iv. 1833.

急流的水，挟带着石砾和赭红色的泥土，其性质与地中海的骨角砾岩的著名胶结物完全相同。这种沉积物溶解于酸，并且发出气泡；留下的残渣，则为含水氧化铁、粒状铁、粉末状石英粒和石英小晶体。希腊的分解石灰岩的表面，随地都可以看到同样性质的土壤，这种岩石含有很多硅质和铁质的物质。

许多卡塔伏塞拉没有足够的通道可以容纳雨季的水，于是在深坑的口外，形成一个临时的湖泊，而混浊河水带来的沙砾和红泥，更使坑口阻塞。这样高涨的湖水，一般在盆地底部的平原边缘较高水平上的向其他洞口中流去。

在有些地方，如在卡瓦罗斯和特里波利斯，主要的深坑是在平原的中央；在这些地方，除了夏天可以在洞口看见向四面开裂的红色泥土沉积物外，没有其他东西。但是"卡塔伏塞拉"的位置，一般是在周围的石灰岩峭壁下；在这种情况下，这里有时有足够的空隙，可以让一个人在夏天走进洞口，甚至可以到达内部。在坑里，可以看到由狭窄通道互相沟通的空洞；佛勒特说，他在一个洞口看见一具人骨埋在近代的红土内，此外还混杂着现时生存于摩里亚的动植物遗体。他说，在这样的洞穴中找到人骨，是不足为奇的事，因为晚近的希腊战争，非常残酷，地面上常常看见暴露的人骨[1]。

在夏天没有水流入卡塔伏塞拉的时候，被红土半封闭的坑口的潮湿地面，长着茂盛的植物。在这一时期，这里是狐狸和胡狼喜爱的隐藏所或巢穴；因此，同一个岩洞，在一年的一个季节中，是野兽的住所，在另一季节，则成为地下河流的流道。包布雷和他的同伴在一个坑口内看见一匹马的尸体，一部分已被吃掉，由于身体太大，胡狼似乎没有能力把它拉进洞去；骨上还有它们的齿痕。下一个冬季的洪水，将会把所有剩余的骨块冲入坑内。

据说，所有摩里亚急流的水，在流入地下的地方是混浊的；但在重新流出的时候——其间的距离常达几里格，除了偶尔含有少量钙质沙外，一般都很透明清洁。流出的地点，通常是在摩里亚海岸附近，但有时是在海底；如在海底，我们可以在相当大的范围内看见沙在沸腾，如果风平浪静，可以看见海面涨成一个大的凸形波浪。干枯季节没有水流出的时候，海水的压力，可以迫使盐水倒灌到地下岩洞，并使带进来的海沙和海栖介壳与含骨泥土和陆栖动物的遗体相混杂。

在这些较低出口流出的水，一般都很稳定而且异常均匀，这似乎证明地下的洞穴起着蓄水库的作用。由于与地面相通的裂缝和流道都比较狭窄，水只能逐渐缓慢地流出。

上述现象不仅限于摩里亚，而在希腊普遍存在，此外在意大利、西班牙、小亚细亚及叙利亚等处凡有摩里亚石灰岩建造的地方，一般都是如此。贝奥帝亚的柯贝克湖，除了地下流道以外没有出口；因此这个湖曾经泛滥周围地区和淹没许多城镇的传说和历史记载，是容易解释的，因为这样的洪水，一定是在出口被泥土、砾石或因地震而陷落的岩石所局部堵塞的时候发生的。谈到希腊的石灰岩中无数裂隙的时候，包布雷要我们回想纪元前469年的著名地震。我们从西塞罗、普鲁塔希、史脱拉波和普林内的记载中知道，这一次的地震，毁坏了斯巴达，震落了台基特斯山的一部分山顶，并在拉柯尼亚的岩石中造成了无数深坑和裂隙。

在意大利1693年的大地震期间，索丁诺·佛奇奥地方有几千居民同时埋藏在石灰岩岩洞的碎屑之中；同时，很久以来在镇的下面一个岩窟中流出的大水流，突然改变了它

---

① Bull. de la Soc. Géol. de France, tom. iii, p.223.

的地下流道,而从山谷下游以往没有水流出的一个洞口中流出。1829 年我到那里去访问的时候,知道古代的水碾也搬到了这个新地点。

一个地区的水平变迁和山体的破裂和震碎,既然如此容易使地下河流不时改道,我们必须假定,野兽的巢穴有时会被地下洪水所淹没,而它们的尸体可以被埋入冲积堆中。此外,死在岩洞深处的动物,或者由食肉兽拖进去的动物的骨,也可以向前漂流,而与泥土和沙石混合成含骨的角砾岩。

1833 年,我有机会考察了佛兰柯尼亚的各著名岩洞,特别是最近发现的拉本史台因洞。它们的一般形状与内容的性质和布置,我认为与它们曾经一度是地下河流流道的见解完全相符。M. C. 普里伏斯脱早已建议用这种理由来解释往往充满了含骨角砾岩的佛兰柯尼亚岩洞和其他洞穴中所含的被搬运物质的输入方式,这种建议,现在似乎已被普遍接受。但是我毫不怀疑,德国的某些岩洞是熊的住所,或纽约郡寇克台尔岩洞以往曾经是鬣狗的巢穴。波克兰博士曾经提出,这些岩洞中有大量含着鬣狗骨的骨堆,并且举出理由来证明这种意见。

这位作者在德国亲自考察的每一个岩洞中,泥沙沉积物上面只见到一层石笋外壳[1],不论泥沙中有无滚圆的砾石和多角的石块。他又说,在英国的岩洞中,也没有冲积物和石笋的交互层。但是许茂林博士在离列日约两里格的初奇尔地方的一个岩洞中,却发现三层不同的石笋层,在每层之间,有一层角砾岩和混有石英砾的泥土;三层之中都有已灭亡的四足兽[2]。

这种例外,并不推翻波克兰博士所指出的现象的普遍性;因为在不同时期通过地下流道的水,可能不只一次,如果最后一次的洪水有推动石块的力量,它会冲破以前可能存在的任何石笋和冲积物的互层。另一种原因可能是:就一个区域的最低水平来说,同一组中各岩洞的位置,高低不同,难得在两个不同的时期都成为地下河流的贮库。

由于同一个深坑可以在无限长的时期内始终敞开着,而在这一段时期内,住在这个区域的物种可能已经起了很大的变化,因此属于不同时期的动物遗体,可以一同葬在共同的坟墓之中。

在列日附近马斯河岸的几个岩洞中,许茂林博士在同一层泥土和角砾中发现人骨与象、犀、熊和其他已灭亡四足兽的兽骨混在一起。他没有看见这些动物之中任何一种的粪堆;根据这种情况与泥土和砾石的外观,他断定这些岩洞从来没有成为野兽的巢穴,洞中的兽骨,是由流水冲进去的。因为人的头骨和其他骨头已经破碎,并且没有找到一副完整的骨骼,因此他不信这些岩洞曾经是坟地,但是认为,人的遗体是同已灭亡四足兽的兽骨同时冲进去的;这些已灭亡哺乳动物物种,是与人类同时存在的[3]。

在敞开的裂隙和岩洞中形成的骨角砾岩　保存兽骨的各种方式之中,除了陆上洪水和地下河流之外,我还可以提出敞开裂隙的作用。这种裂隙往往成为食草动物葬身的天然陷阱。如果它们被猛兽追赶,或者不当心地在隐蔽着的裂隙边缘丛树中吃草时受了惊

---

① Reliquiae Diluvianae,p. 108.

② Journ. de Géol. , tom. i, p. 286,July, 1830.

③ 以上一节是在 1834 年写的,当时人类和已灭亡四足兽同时存在的学说,还没有被普遍接受。在我著的《往古的人类》中,我对许茂林博士的评论更为公正,读者可以在这本书中找到比利时岩洞的详细记载;我在 1360 年重新到那里去考察过。

骇,这种事故更易发生①。

近来在印度贝哈特进行的发掘,在一个已被冲积土壤填满的古井井底,找到了两只鹿的骨骼。它们的角已经破成碎块,但是颚骨和骨骼的其他部分却相当完整。柯脱雷船长说,"它们的存在是容易解释的,因为很多鹿和其他动物经常在丛莽和密草中飞跑,所以容易落入废井"。

在纽克郡英格尔波罗附近塞尔赛得村以上,在石炭系中的斑痕-石灰岩中,有一个深不可测的大裂缝。薛格惠克教授说,"坑的四周有长满野草的斜坡,许多冒险走到坑边的动物,常常落入坑内而死亡。为了预防牲畜走近坑口,现在已经在坑边筑了坚固的高墙;但在过去的两三千年中,在这个大裂隙的底部,无疑已经堆积了大量的骨角砾岩;这个裂隙可能穿过整个斑痕-石灰岩,深度可能达五六百英尺"②。

如果任何这种天然的陷阱与一连串地下岩洞相通,骨块、泥土和角砾岩,由于本身的重量,会向下坠落,或被冲入地下贮库。

在直布罗陀的北端,有许多垂直的裂隙;在它们的边缘有几个鹰巢,在孵卵时期;它们在那里抚养小鹰。它们从巢里抛下它们所吃的小鸟、小鼠和其他动物的残骨,这些骨块和分解的多角石灰岩碎块,逐渐被红泥胶结成角砾岩。

在法国奥本那附近瓜龙山北断崖上的爱斯克里纳特山口,我曾经看见正在形成的角砾岩。在大雨时期,小河把崩解的石灰岩小块,运到山坡坡脚;这里有很多陆栖介壳。介壳的石块不久被石笋胶结成坚固的块体,这样形成的崖堆,有一处深达 50 英尺,宽 500 码。最低的部分已经结成非常坚硬而可采作磨石之用。

古巴的近代石笋状石灰岩　在古巴岛东北部岩洞和裂隙中近代形成的石笋状石灰岩,是最特殊的实例之一。R. C. 台乐考察过这个地区,并且作了叙述③。这一个地区是由白色大理岩所组成,其中有无数岩洞,局部充满了红砖色的钙质沉积物。在这种红色沉积物中,有主要属于八九种陆栖蜗牛的介壳和介壳的模型,以及少数零星的四足兽骨;最特别的是,在高出海面几百英尺甚至于 1 000 英尺的地方,往往有海栖的单贝。这种沉积物的逐渐增加,是用以下的理由解释的。生活在洞内的蜗牛,*Cyclostoma*、蛹螺、烟管螺等属的介壳,在洞底上散布着无数死壳和空壳,同时在山的内部渗漏的水,滴下碳酸钙,包围了介壳和偶尔从岩顶跌落的白色石灰岩石块。无数蝙蝠住在洞中,它们的红色粪堆(可能由于它们所吃的浆果),将岩块染成红色。武提鼠或岛上的印第安大鼠,有时死在洞中,留下它们的遗骨。"在某些季节里,寄居的蟹常到海边去,当它们回来的时候,每一只蟹都疲倦地带着或拖着一个某种单贝的壳走许多英里。它们有时可以到达离海岸 8～10 英里的 1 200 英尺高的山上,就像古代的参圣者,每人都带着一个介壳,以表示他们旅行到的地点的性质和范围"。用这种方法,几种隶于斑螺、蝶螺、滨螺和渍螺等属的物种,被带到内地岩洞,成为新形成岩石的组成之一。

---

① Buckland Reliquiae Diluvianae. p. 25.

② On the Lake Mountains of North of England, Gcol. Soc., Jan. 5,1831.

③ Notes on Geol. of Cuba, 1836, Phil. Mag., July, 1837.

第四十六章　有机遗体在水下沉积物中的埋藏

问题的划分——陆生动植物的埋藏——沉入深海的树木比重的增加——被马更些河带入斯雷夫湖和北极海的漂木——密西西比河中的漂树——在墨西哥湾流中——在冰岛、史比兹堡根和拉布拉多海岸——海下森林——罕布郡海岸和芬地湾中的实例——植物的矿化——昆虫的埋藏——爬行动物的埋藏——鸟骨何以稀少——被河流洪水埋藏的陆栖四足兽——近代介壳泥灰层中的骨骼——哺乳动物遗体在海成地层中的埋藏

问题的划分　叙述了有机遗体在陆上形成的沉积物中的埋藏之后,我将继续讨论这些遗体在水下形成的沉积物中的埋藏。

为了方便起见,我们可以把这一类的问题分成三部分:第一,讨论陆生物种的遗体埋入水下地层的不同方式;第二,淡水中动植物的被掩埋方式;第三,海洋物种怎样可以被保存在新地层中。

以上列举的现象,比以前所研究的问题更为重要,应当予以充分重视,因为在干燥陆地上形成的沉积物,就厚度、表面范围和持久性来说,都远不如在水下沉积的部分。同时,研究水下沉积物所遇到的困难也比较多,因为这些现象是远超出我们通常观察范围以外的过程的结果。变迁的主要作用所产生的结果,是局限于另一种介质——占地球表面较大部分,而且是在我们不能到达的地方。忽视这种重要事实,的确是阻滞我们在科学中获得合理见解的最严重的原因①。

陆生动植物的埋藏

由于河岸被暗掘或被急流或洪水所冲刷而倒入河中的树木,最初往往浮在水面,这不是因为木质部分特别比水轻,而是因为其中充满着含空气的小孔。浸了相当时期之后,小孔逐渐被水充满,于是树木浸饱了水而下沉。这种过程所需的时间,各树不同;但有几种树可以漂流很远,有时渡过大洋才失去它们的浮力。

如果树木沉入深海,它可以突然被水浸饱。船长史柯斯培在他的北极区域报告中告诉我们说,有一次,一只被捕鲸杈击中的鲸鱼,把船上全部的绳索拖完,连船拖入几千英尺深的水中,船上的人仅仅有足够的时间逃避到一个冰块上。在鲸鱼又回到水面"喷水"的时候,它又受到第二次袭击,不久便被刺死了。死了之后,它开始下沉——这是一种非

---

① 见本书第 48 页。

常现象,后来才知道是由于当时还拖在它后面的船的重量所致。用了捕鲸权和绳索的帮助,鲸鱼才没有再向下沉,后来在连接船和鱼的绳上结了另外一根绳,解除了它所拖的重量之后,鱼才重新浮出水面。最后又用了很大的劳力,把沉没的船吊了上来;因为现在变得很重,因此必须在它的两头各结一只船来阻止它的下沉,虽然在遇险以前,这只船就是装满了水也可以浮在水面。"当它被吊上大船的时候,木料上的油漆,大片地剥落下来;隔舱厚板的每一孔隙,完全被浸透,好像自从洪荒以来它便被浸在海底! 一只主要由一块 15 英寸见方的厚板制成的仪器,当时随着船沉入深海;木板的材料原来虽然是最轻的铁杉,但是后来又从船上落到水里去的时候,它像石块似的向下沉。船是无用的了,就是把造船的木料送给厨师作燃料,也被拒绝,因为试验后不能燃烧"①。

史柯斯培发觉,把一块铁杉、榆木或槐木沉到 4 000 英尺有时 6 000 英尺的深处,它们都可以被海水浸透,浸了 1 小时之后再把它们拉出来,便不会再浮。浸透后,不但增加木材的体积,而且也增加了它们的比重,计每立方英寸增加 1/20 的体积和大约 7/8 的重量②。

马更些河的漂木   被河流漂到下游的木材,常被湖泊所拦截;由于被水浸透,它可以沉到水底,如果有湖成沉积地层在进行,便可以被埋没;有时一部分再向前漂,一直流到海洋。在北美洲西北部马更些河的河道中,现在就有在这两种情况下进行的植物物质巨大堆积的例子。

特别在 200 英里长的斯奴湖中,每年流来的漂木,数量非常可观。李觉生爵士说,"由于许多树还保持着树根,根上又带着泥土和石块,它们很容易下沉,特别在浸透了水之后。它们在有旋涡的地方堆积成一个浅洲,最后扩大成岛。新岛升出水面之后,上面立刻长满小树的丛林,它们的须根,把整个岛牢固地捆绑在一起。河流每年在这些岛内切成许多剖面,按照它们的年代研究它们所呈现的各种各样的外观,是很有意义的。树干逐渐腐烂,最后转变成泥炭状的黑褐色物质,但是还多少保存着木质的纤维构造;这种层次常与泥沙形成互层,整个层系则被柳树的长须根所贯穿,穿透深度可达四五码以上。这一类的沉积物,略有沥青物质渗漏的帮助,外观很像有柳树根印迹的煤层。最值得注意的现象,是老冲积河岸呈现着水平的板状构造,而在沉陷不平衡的地方,地层则呈有规则的弯曲。

"只有在河里才可以看到这些沉积物的剖面;但是同样的作用无疑地也在湖内进行,规模当更宏伟。在阿沙贝斯加湖南面,有一个由爱尔克河带下来的漂木和植物碎屑形成的浅洲,范围达数英里。斯雷夫湖本身,经过相当时期之后,一定也会被从斯雷夫河每天运来的物质所填满。大量的漂木被埋在河口的沙层下面,而湖岸的每一部分,都堆着巨大的木堆"③。

马更些河两岸几乎随地都有水平的木炭层,并与沥青质黏土、砾石、沙和易粉碎的砂岩形成互层。总之,这样沉积物的剖面,在河流经过的湖底,现时显然正在进行。

---

① Account of Arctic Regions, vol. ii, p. 193.

② Ibid. p. 202.

③ Sir J. Richardson's Geognost. Obs. on Capt. Franklin's Polar Extpedition.

湖泊虽然拦截如此之多的大森林木材,但在北纬 69°马更些河入海的地方,数量更多,在这种地方,除了少数矮小的柳树外,根本没有其他本地生长的树木。在这条河的各河口,冲积物质已经形成了岛堤和浅洲;在遥远的将来,这些地方可以希望形成一个大煤系。

马更些河之所以有这样多的漂木,是由于河水的流向和河道的长度。它从南向北流,因此河源所在的纬度比河口温暖得多。所以,河源所在地区的解冻季节也比较早,其时河道下游还没有解冻。向北突进的水,流到还没有开始解冻地点的时候,被冰挡住,于是溢出河岸,扫荡松林,带走成千连根拔起的树木。

冰岛、史比兹堡根等处海岸上的漂木　冰岛人虽然不能在陆地上取得木材,但他们可以从海里取得大量的供应。大量松树、铁杉和其他树木的粗大树干,被冲到岛的北岸,特别在北角和兰干尼角,然后再由波浪沿着这两个海角带到海岸的其他部分,这样为燃料和造船供给了充分的原料。木材也被带到拉布拉多和格陵兰的海岸。克兰芝向我们保证,波浪冲到约翰·德·梅燕岛的漂木,其范围常与整个岛的面积相等[1]。

史比兹堡根的各海湾,也同样被漂木所充满;西伯利亚朝东的部分,也有同样的堆积,其中有落叶松、普通松、西伯利亚香柏、铁杉等,据说它们是从遥远的南纬度上漂来的。一部分树干,由于摩擦,已经剥去了树皮,但是还保留着根和枝,一般的保存情况非常良好,可以作为建筑材料之用[2]。漂到北海的松树,几乎保留着全部树根和一部分树枝,但是树干上一般没有树皮,在这种纬度上,气候过冷,不适于它们的生长。

除了在热带岛屿之间发生飓风期间,和大气受着地震和火山喷发激动的期间,在地球的任何部分,植物的树叶和较轻部分,很少被带入海洋。

从这些观察可以看到,由水从陆地上带下来的陆生植物,虽然主要沉积在湖底或河口,然而还有很大的数量被海流向各方漂流,而被埋在任何海成地层之中,或者,如果浸饱了水,可能沉入深渊就在那里堆积起来。

我们可以问,假定现时正在堆积的地层将来有一个时期升出水面,我们是否有任何资料可以推论,其中会永久保存大部分现时生存的植物物种,以便作今后的鉴定?对于这种问题可以这样答复,我们没有理由可以希望很多现时在地球上繁殖的植物会变成化石;因为大部分植物的产区,离湖泊和海洋很远,即使它们生长在大水体附近,有利于植物遗体的埋藏和保存的环境,也是偶然的和局部的。

汉治海岸上的海下森林　在第一册中曾经提到,在不列颠海岸的几个地点,可以看见树木的遗体淹没在海洋平均水平以下的情况,它们还维持着直立的位置,往往还连着根。在许多事例中,如果不作海陆相对水平曾经经过变迁的假定,这样的沉没森林将无法加以说明。但对以下拟讨论的事例,这种臆说似乎没有必要。我的朋友哈里斯——现任直布罗陀的主教——1831 年在罕布郡的本毛斯地方平均海平以下发现铁杉的显明痕迹,因为这层地层是在低潮时期露出海面的。它的位置是在海滩和 200 码以外的一个沙洲之间,沿海岸的长度是 50 码,出露在一层沙和扁砾层下面。直对本毛斯河谷的海滩

---

[1]　Krantz, Hist. of Greenland, tom. i. pp. 53—54.
[2]　Olafsen, Voyage to Iceland, tom. i.

上,也有同样的地层,它与河谷终点之间,界有 200 码的扁砾和流沙。谷中流出一股大溪水,在河口附近穿过一片高低不平灌木丛生的潮湿荒地,地上只生长着少数桦木和大量的沼泽番石榴树(*Myrica gale*)。在低水位时露出水面的一部分泥炭层中,可以看见 20棵以上一两英尺高的铁杉大树桩,它们的根和基部还保存着树皮。它们的白木质,性质柔软,并成海绵状,但是颜色很白,表现原有的特性。赤木质却非常坚韧,在较大的树桩中,呈绿的色调,木质中充满了水,并且发出强烈的硫化氢臭气。哈里斯主教说,"这种臭气和绿色,是由于正在开始形成的黄铁矿,这种矿物,在下伏地层中进行得相当快。黄铁矿呈小的结核,包裹着树根和纤维。它有时充满草的空梗,有时穿入直径两三英寸的铁杉小块的中心,常常顺着木理发生交代,因此非把木块折断不易发觉"。

在一棵直径 14 英寸的树干的断面上,数到 76 层年轮。除了铁杉的树桩和根外,在泥炭中还找到灯心草和其他压扁的植物物质,以及赤杨和桦木的碎片。在泥炭沼中央挖的一个 2.5 英尺深的坑,没有穿透泥炭层;但在边缘部分,它沉积在一层蓝色砾石、黏土和沙的地层上;在向海方向,也有一层露头,其性质与附近荒地上的沙和砾石完全相同。整个地层在 40 年前已经存在,位置和外观与 1831 年完全相同,哈里斯主教对我说(1868年 2 月),他后来又去看了几次,树桩还保持着原地生长的产状。

由于海水正在向海岸内侵,因此我们可以假定,在过去某一时期,本毛斯河谷伸入海洋的距离比现在远,它的终点也同现在的终点一样,是由局部覆盖着铁杉的不平沼地所组成。整个地层也很可能沉积在以前说过的沙砾上面。由于海水的不断内侵,最后只有在低水位时这个沼地的基础才能露出海面;这样一来,组成基础的沙,可以被落潮时期在沙层中向下游迅速流动的淡水冲去很多,植物物质组成的上层,因被树根编织成一片,不会被冲散,但是可以被暗掘,因而沉到海平面以下,然后又被波浪冲上来的沙和扁砾所覆盖。暴风雨期间偶尔在溪口堆起的沙砾堤,也可能帮助了这种过程的进展。哈里斯主教告诉我说,1818 年实际上发生过这样的障碍,其时溪底完全被淹没。遇到这种情况的时候,必须立刻开凿人工流道,否则河谷的下游一定会造成水灾;由于这种原因,下伏的地层,含水更多,所增加的压力,也助长了水从下伏层中漏出的趋势。为了证明这种臆说,我们可以说,淡水小河常在海滩下面通过,因此我们可以在上面渡过而脚底不至于受潮,但在重新流出的地方,可以看见被迅速带出的沙砾。

W. B. 克拉克牧师 1838 年考察了本毛斯海底泥炭和在普尔湾北面几个相同的沉积之后,所得的结论与哈里斯和我所采用的相同;他说,它们的下沉和淹没,是由于下伏的沙层被暗掘,并不是由于这一部分海岸的沉陷或海平变迁[①]。

芬地湾中的淹没森林 在诺法·斯科细亚和新不伦瑞克的边界附近的芬地湾中劳伦斯堡地方,现在在高潮时期被海水盖在 30 英尺以下的海底森林,是一个已经证实的具有森林的古老高地被水淹没的最好实例之一。陶孙博士——一位有经验的地质学家和最细心的观察家——曾经指出,在含血蛤属的 *Sanguinolaria fusca*(一种可能和 *Tellina Baltica*,Linn. 相同的双贝类介壳)的海成沼泽冲积层下面,有一层坚韧的蓝色黏土,

---

① On Peat-bogs and Submarine Forests of Bournemouth. Rev. W. B. Clarke, Proc. of Geol. Soc. , p. 599, 1838.

在这一层以下，还有一层含有带根的直立树桩的老泥炭质黏土，所有看到的树桩，都是松树和山毛榉（*Pinus strobus* 和 *Fagus ferruginea*），表示这里原来是干燥的高地而不是沼泽地带。最大的松树桩，直径约 2.5 英尺，大约有 200 层年轮。陶孙博士在小范围内数了 30 个树桩，但是很多地方都有这一层地层，因此使他推想，在这个区域内，曾经有过很普遍的沉陷。芬地湾中的强大潮汐，高低相差达 40 英尺，使许多地点的这一层地层特别清楚地露出许多露头；这层沉积物是由海水的连续侵蚀所揭露的[①]。

植物的矿化　植物学家和化学家虽然还没有能完全解释植物的石化方式，然而我们深知道，在有利的环境下，石化过程现在继续在进行。史多克斯在威斯脱法里亚的古代罗马导水管中取出的一个木块，一部分已经变成由碳酸钙组成的纺锤状体，其余部分变化比较少[②]。保存的植物物质有时是最易腐坏的部分，有时是最坚固的部分，这种变化无疑决定于矿物物质供给的时间。如果在开始腐烂时有矿物物质渗入，最易腐坏的部分变成石化，而较坚固的部分是在矿化剂供给不足的时候才分解，因此没有石化。相反的情况，则产生完全相反的结果。

布雷斯罗大学的戈普特教授进行了一系列宝贵的实验，成功地模仿成化石的石化作用。他把现在生长的羊齿植物夹在柔软的黏土层之间，放在荫处干燥，然后逐渐缓慢地加热，一直加到黏土变成炽热为止。结果造成了非常完整的植物化石副本，其相似程度甚至于可以瞒过一个有经验的地质学家。按照加热程度的不同，所得的植物呈褐色或完全炭化的情况；有时，但是很少，呈黑色的光泽，紧密地贴在黏土层上。如果继续烧到炽热，等到有机物质完全烧尽，黏土上遗留的只有植物的印痕。

这位化学家又把植物泡在中等浓度的硫酸铁溶液中，让它浸泡几天，直到充分浸透液体，然后使它干燥，继续加热到它们的体积不再收缩，和全部有机物质烧完为止。冷却之后，他发觉在加热过程中形成的氧化铁，完全模仿了植物的形状。他又做了许多其他实验，把动物和植物物质浸在硅质、钙质和金属的溶液中；所有这些实验都证明，有机物质的矿化所需要的时间，比以往所想象的快得多。

昆虫、爬行动物和鸟类的埋藏　我在福法郡金诺台海湾中两层现代介壳泥灰层之间的一薄层易裂开的黏土中，看见甲虫的翅鞘和其他部分，寇的斯在其中鉴定出 *Elater lineatus* 和 *Atropa cervina*，这些都是现时生存在苏格兰的物种。这些以及和它们伴生的化石，似乎都属于陆生而不是水生的物种，它们一定在泛滥期间被泥水带了下来。在同一区域的湖成泥炭中，也常见甲虫的翅鞘；但在一般已被排干的湖泊的沉积物中和在我们的三角港的粉沙中，动物界这一纲的遗体却很稀少。在鲁易斯平原的最近代形成的蓝色黏土中，曼脱尔博士曾经发现很多 *Phryganea* 幼虫的壳，壳上粘有属于扁卷螺、椎实螺等属的微细介壳[③]。

在讨论昆虫移徙的时候，我曾经指出，大量的昆虫经常被河流漂入湖泊和海洋，或者被风吹到远离陆地的地方；但是它们很容易浮在水面，因此我们只能假定，只有在特殊情

[①]　Dawson, Submerged Forest at Fort Lawrence, Quart. Geol. Journ. , vol. xi, p. 119, 1854.

[②]　Geol. Trans. , second series, vol. v. p. 212.

[③]　Trans. Geol. Soc. , vol. iii, part i, p. 201, second series.

况下，它们才会沉到水底而不至于被食虫动物吃去或自行腐烂。

因为在 1699 年爪哇地震期间，在由洪水带入海洋的泥土中找到几条鳄鱼的尸体，由此可知，非常的泥土洪流，可以把常到热带湖泊和河流三角洲的鳄鱼群和其他爬行动物的个体闷死。1829 年莫雷郡的洪水带入海洋的残破物件之中，有成千的青蛙在跳跃[①]；因此，凡是遇到海蚀悬崖被暗掘而倒入海洋，或者陆地被其他剧烈的作用冲入海洋的时候，陆栖爬行动物，显然也可以同时被带进去。

我们可以意想得到，鸟类遗体在新沉积物中的埋藏，是很稀有的事，因为它们的飞行能力，保证它们避免四足兽在洪水期间所遇到的无数灾难；如果它们偶尔被淹死，或在游泳期间死亡，它们也很难得会下沉而被保存在水成沉积物之中。由于它们的骨骼具有空管构造和它们的羽毛量，就体积的比例来说，它们是非常轻的；所以在初死的时候，它们不像四足兽那样沉到水底，而是浮在水面一直到腐烂或被食肉动物吃完。苏格兰现代泥灰地层中没有任何鸟骨的遗迹，可以归因于这些理由；虽然在经过人工排水以前，这些湖里有很多水禽。

陆栖四足兽的埋藏

在任何气候下，每隔相当时期河流会发生一次洪水，它们狂暴地蹂躏食草四足兽聚居的富饶冲积平原。这些动物常常意外地受到袭击；由于无力遏止水流，它们拼命地跑，终于被淹死而立刻沉到水底。它们在河底随着沉积物向前漂到湖泊或海洋，然后被堆在它们身上的泥沙和砾石所覆盖。如果没有被沉积物掩埋，则因腐烂而发出的气体，通常在 9 天至多 14 天之内，会使身体重新升出水面。它们身上盖的一层薄泥，不足以使它们留在水底；因为我们所看见的腐烂猫狗尸体，身上虽然附着相当重量，还能在河中浮起，在海水中，它们应当更易漂浮。

埋在漂沙或泥土中的尸体，如果不再升起，骨骼可以被完整地保存下来；如果在腐烂过程中身体又升到水面，从浮尸中零星散落的骨块，便任意地散布在湖泊、三角港或海洋的底部；因此后来在一个地点可以找到一块颚骨，在另一个地点找到一根肋骨，在第三个地点找到一根上膊骨——全部都可能埋在致密的基质之中；基质内可能只有很微的水流搬运力的迹象，或者没有这种迹象，仅仅是某种化学沉积。

如果有大量的淹死动物漂入海洋和湖泊，特别在热带地区，它们可以立刻被鲨鱼、鳄鱼和其他食肉兽吃完，这些动物可能有消化骨头的能力；但在毁灭陆栖动物最多的非常洪水期间，河水一般很混浊，特别在河底，甚至于连水栖物种都被迫去寻找有清水的地方去避难，否则要被闷死。由于这种理由，以及在这种季节中水成沉积物的迅速堆积，尸体被永久保存的机会可能很大。

在苏格兰现代介壳—泥灰层中，有时可以找到大量的四足兽骨骼，在这种地方，我们不能假定他们是由河流或洪水作用所埋藏。它们都是现时住在或曾经住在苏格兰的物

---

① Sir T. D. Lauder's Account, 2nd ed., p. 312.

种。在过去的一世纪中,在福法郡的五六个小湖中,已经采集到几百架骨骼。赤鹿(*Cervus Elaphus*)的骨骼最多;如果照相对数量排列,其他动物的次序是——牛、猪、马、羊、狗、野兔、狐狸、狼和猫。溪狸似乎极少;但在珀思郡的玛里湖和波里克郡的爱德龙教区的介壳-泥灰层中都曾经找到。

在这些湖成沉积物中,大部分没有洪水的迹象;而水体的范围原来就不很大,因此以上几种四足兽中最小的个体,也可以从一岸游过对岸。鹿和常到水里去的物种,在设法登陆的时候,往往陷入柔软多泥的底部,并且愈挣扎陷入愈深。但是我觉得,不同物种的许多个体,是在冬季走过冰冻表面时沉落下去的,因为上面有积雪下面有温水的冰最为危险;湖里有很多泉水,并经常保持相同的温度,于是使某些地点的冰变成极薄,但在湖的其他地点,还足够坚固可以载得起最重的重量。

1794年索尔韦河口的洪水 在我们的岛上,近代最可纪念的灾难,是1794年1月24日苏格兰南界的一部分发生的洪水,在这一次的洪水中,索耳韦河口附近受害最烈。

纳披亚的报告中说,大雨使所有流入索耳韦河口的各河流上涨;它们不但冲掉了大量的牲畜和绵羊,而且也冲走许多牧人,把他们的身体漂到三角港。暴风雨停止和河水降落之后,在称为"爱斯克滩"(bed of Esk)的大沙洲上,出现了悲惨的景象。这是潮汐汇集的地点,洪水漂来的笨重物体,通常也在这里搁浅。仅仅在这一片沙洲上,一共找到9头黑牛、3匹马、1840只绵羊、45只狗、180只野兔以及无数较小的动物,此外还有两具男人和一具女人的尸首[①]。

1829年苏格兰的洪水 在1829年8月的洪水期间,苏格兰东海岸的富饶地区,变成了凄凉的荒地;陆地上冲去了大量的动植物,而在暴风雨停止之后,散布在主要河流的河口。亲自在莫雷郡史贝河口看见这种情况的人写道:"沿海岸几英里长的地区内,成群的人在挽救大潮水中滚动的木材和残破的物件;海边上还散布着许多家畜的尸体、几百万死亡的家兔和野兔。"[②]

南美洲的萨凡那 洪博尔特告诉我们说,在南美洲各大河流的周期性涨水期间,每年都淹死大量的四足兽。例如,大群在萨凡那(Savannahs)或平坦的草原上吃草的野马,在俄列诺科河支流阿普雷亚河的涨水时期,据说因为来不及逃到兰诺斯高地,成千地被淹死。在高水期间,可以看到小马跟着雌马在水里游来游去寻找只有顶部露出水面的草吃。在这种情况下,它们常被鳄鱼追赶;它们的大腿上常有这些食肉动物的齿痕。这位著名的旅行家说,"动物的有机体有这样大的适应性,以致牛马和其他来自欧洲的物种,可以暂时在鳄鱼、水毒蛇和海牛的包围中渡着两栖生活。等到河水恢复原位之后,它们又在布满有气味的细草的萨凡那上徘徊,并且像在本土一样,享受春天新生的植物"[③]。

巴拉那的洪水 以前已经提到普拉塔河的支流在干旱季节淹死了许多动物。帕理希爵士说,从巴西山区流到普拉塔三角港的巴拉那河,很容易发生洪水,1812年的一次洪水,冲走了大量的牲畜,"当水开始降落而被淹没的岛屿又露出水面的时候,整个大气之

---

① Treatise on Practical Store Farming, p. 25.
② Sir T. D. Lauder's Floods in Morayshire, 1829.
③ Humboldt's Pers. Nar., vol. iv. p. 394.

中,玷污了无数被淹死的臭鼬鼠、水豚、老虎和其他野兽尸体的臭气"[1]。

恒河的洪水　描写恒河和布拉马普特拉河的人们不断地说,在洪水季节,这些河流不但在它们的前面漂着草木,而且也有人、鹿和牛的尸体[2]。

爪哇(1699)　我已经提到过与爪哇 1699 年地震同时发生的洪水的结果,其时巴塔维亚河中混浊的水,除了鲤鱼以外,毁灭了所有的鱼;淹死的水牛、老虎、犀牛、鹿、猿和其他野兽,以及几个被泥土闷死的鳄鱼都被流水带到海岸。

岛的西部,在摄政区的加隆贡区城内,随着比较近代的一次火山喷发(就是以前说的 1822 年的喷发)之后,发生了一次大洪水,在此期间,唐多依河带下来了几百个犀牛和水牛的尸体,并且从聚集在河岸上庆祝节日的群众中,冲走了 100 个以上的男人和女人。人体是否到达海洋,或者和漂流物质一同沉在某些中间的大冲积平原中,我们没有得到消息[3]。

苏门答腊　海纳斯说,"在奥里萨海岸上,我曾经看见被所谓暴涨河水(Freshes)带下来的老虎和整群的黑牛以及非常粗的树"[4]。

弗基尼亚州(1771)　我可以举出许多扫荡大河两岸膏腴土地的局部洪水,特别在热带地区,但因为篇幅所限,只得从略。然而我可说,河中岛屿的毁灭,往往造成很大的生命损失。1771 年弗基尼亚州主要河流上涨到高出通常水平以上 25 英尺的时候,它冲毁了爱尔克岛,岛上有 700 头四足兽——马、牛、羊、猪——和将近 100 栋房屋[5]。

从以上所说的一切关于水的作用所堆积的沉积物来看,读者可以推想得到,被河流漂走的大量四足兽遗体,在到达海洋之前,一定被湖泊所截留,或者埋在河口附近淡水地层之中。如果再被带到远一些的地方,它们以腐烂状态浮到水面的可能性更大,况且在这种情况下被水栖食肉兽吃掉或沉到没有沉积物在堆积的地方的机会也比较多,于是经过相当时期之后,它们的一切痕迹都消灭了。

海成地层中的哺乳动物遗体　由于泥炭和刚才叙述的那种湖泊中常常保存着如此之多的哺乳动物的遗骨,海水对海岸的侵蚀,有时一定冲落被埋的骨骼,然后再由潮水和海流带走,埋入海底地层。某些钻洞的小四足兽,以及爬行动物和每一种植物,也很容易被这种作用抛入波浪。在陆栖有机遗体被埋在海底地层的各种作用之中,这种作用的重要性虽然可能比较小,但也不应忽视。

在 1835 年康塞普西翁大地震期间,一部分站在奎里奇那岛陡处的牲畜,被震动滚入海中,在康塞普西翁湾起点的一个低岛上,70 只动物被大浪冲走而淹死[6]。

---

[1]　Buenos Ayres and La Plata, p. 187.

[2]　Malte—Brun, Geog., vol. iii, p. 22.

[3]　这一段报告是从爪哇财政局长鲍姆毫尔 Baumhauer 那里得来的。

[4]　Tracts on India, p. 397.

[5]　Scocts Mag., vol. xxxiii.

[6]　Darwin's Journ. p. 372, 2nd. Ed. 1845. p. 304.

第四十七章 人类的遗体
和工艺品在水下地层中的埋藏

由河流洪水漂入海洋的人体——人的尸体怎样可以被保存在现代的沉积物中——人的化石骨骼——遇难船只的数目——独木舟、船只和工艺品的化石——长期浸在水中的金属物品经过的化学变化——因沉陷而被埋在水下地层中的城市和森林——1819 年克切的地震——喀什米尔被埋没的庙宇——白克雷对人类诞生于近代的意见的论证——在后-第三纪地层中发现的史前人类的纪念物

我现在拟进行研究人类的遗体和他的工艺品怎样可以永久保存在水下地层中的方式。每一个世纪在陆地上死亡的几亿人的遗体,通常在几千年中全被毁尽;但是比较少数死在水里的人,一部分一定可以被埋在一种有利的环境,使他们身体的某些部分,在整个地质世纪中继续保存。

人同较低级动物的尸体,有时被河流的洪水冲入海洋和湖泊。1818 年 9 月,贝尔松尼亲自在尼罗河见到一次洪水;河水的上涨,虽然只比通常水平高出 3.5 英尺,可是冲去了几个村庄和几百个男、女和小孩[1]。以前已经说过,1763 年恒河中上涨 6 英尺的洪水,造成了大得多的生命损失。

1771 年,英格兰北部洪水的规模,似乎和 1829 年莫雷郡的洪水相等,许多房屋和居民都被太恩河、康河、威亚河、提兹河和格雷太河冲去了;在这些河流的河道中,被毁的桥梁在 21 座以上。在贝威尔村,洪水把坟地上的死人和棺材掘出连同许多活人一起带走。在这一次大风暴期间,无数牛马和绵羊,也被搬运入海,同时整个海岸上布满了破船。4 个世纪以前(1338),这里也有过同样的连绵大雨,随着发生了水灾;这种灾难很可能周期地一再出现,虽然间隔的时期没有固定。人口和房屋桥梁增加之后,生命财产的损失当然还要大[2]。

人体在海洋地层中的保存 如果在普通葬在深水中的几百个人体之外,再加上失事的船只中死亡的数目,一年之中送到水下地区的人数是相当可观的。我以后还要提到遭难船只的数量,这些数据似乎指出,在 1793 年到 1829 年之间,失事而沉到海底的船只,仅以不列颠一国而论,每年似乎在 500 艘以上,每只船的平均载重大约 120 吨。这些船上的船员,大部分都被救出,但是偶尔也有全部遇难的。在一次大海战中,有时几千人同时葬在同一个水墓之中。

许多这种尸体,有时在沉到水底以前已经被食肉动物吃掉;更多的尸体,又升到水面,浮着腐烂。许多尸体在没有沉积物堆在它们上面的海底分解;但是如果它们沉在珊

---

[1] Narrative of Discovery in Egypt, & c. London, 1820.
[2] Scots Mag. vol. xxxiii. 1771.

瑚和介壳正在胶结成坚硬岩石的珊瑚礁上,或者沉在三角洲正在向前进展的地方,它们可以无限期地被保存下去。

离珊瑚礁几百英尺远的地方,测深往往不到几百英寻,在这些地方常有失事的船。沉在这种地位的独木舟、商船和战舰,可能被由波浪从海底山顶破碎下来的钙质沙和角砾岩所包裹。如果这样的遗迹,偶尔被火山喷出的灰沙所覆盖,后来又有熔岩流倾注在上面,船和人骨可以像干巴尼亚地下城市中的房屋和工艺品一样,毫无损伤地被保存在覆盖层下面。在这样形成的 1000 英尺以上厚的地层以下,可能已经保存有许多人类的遗体,因为在某些火山群岛中,三四十个世纪的时间,可能已经足够堆积这样厚的地层。

就是在漂积物质不能到达的一部分海底(在任何一个时期,这一部分可能在整个海底占较大的比例),也有适宜于保存随着船只下沉的骨骼的环境。因为,如果船只突然充满了水,特别在晚上,许多在甲板之间和在船舱里的人,都会被淹死,在这种情况下,他们的身体不能再升到水面。船只往往触在不平的海底而翻身,于是沙砾和石块所组成的压舱物,或者往往由笨重坚固物质组成的货物,可以堆在尸体上面。如果是战舰,大炮、炮弹和军器仓库,在造船木料腐朽的时候,用它们的重量压在船的木料上,在这些木料和金属物体之下,人的骨骼可能被保存。

人的遗体抵抗腐朽的能力　人的骨骼,无疑地也像较低级动物的较硬部分一样,能抵抗腐朽;我已经引证过居维叶的观察,他说"在战场上,葬在同一个坟墓中的人骨和马骨,分解程度都不深"。在恒河三角洲中,一个井掘到 90 英尺的时候,发现了人骨[①];但是由于这条河流常常改道,并且填满它的古河道,因此我们不应当假定它们是很古人类的遗体,也不应当假定他们是在周围三角洲最初升出水面的时候被埋进去的。

在西印度群岛的瓜达卢帕岛西北海岸上每天都在堆积的一种岩石中,曾经找到几个多少有些残破的人类骨骼,这些岩石是由微细的珊瑚和介壳碎块所组成,外面包着一层像石灰华似的胶结物,因此也把所有的颗粒胶结在一起。在放大镜下可以看出,石块中的一部分珊瑚碎屑,还保存着在围绕海岛建筑珊瑚礁的活珊瑚的红颜色。介壳动物是属于附近海中的物种,同时混有一些现时生活在岛上的陆栖种类,其中有瓜达卢帕苔守蜗牛(*Bulimus guadaloupensis*, Férussac)。人的骨骼还保存着动物质和全部磷酸钙。在不列颠博物院中,现在可以看见一具从这里采集的无头骨骼,巴黎皇家陈列馆也有一具。根据柯尼格,包裹在前一具骨骼外面的岩石,如用石工的锯凿加工,比雕像的大理石还要硬。这种岩石正在形成一个斜坡——可能是一种坚硬的海滩——从陡峭的蚀崖倾斜入海,但在高潮时全部没在水中。

遇难船只的数目　如果我们回想到从最早时期起在第一次海战中送到海底的稀奇纪念物的数量,便可以大大地提高我们对于人类遗留在他的海港中各式各样永久纪念物的概念。在上一次我们和法国的大战期间,单是我们的舰队在 22 年中就沉没了 32 只战斗舰,此外还有 7 只 50 个炮位的炮舰,86 只巡洋舰和无数小船。其他欧洲国家的海军,如法国、荷兰、西班牙和丹麦,在这个时期几乎全部消灭,所以它们的损失总数,一定超过大不列颠的几倍。在每只船内,有许多铁和黄铜制的大炮,大部分的炮上都刻着制造日

---

① Von Hoff, vol. i. p. 379.

期和制造厂。每一只船上都有铜币和银币,有时还有金币,可以作为宝贵的历史纪念物;每一只船还有形形色色的战争和和平用的物品,其中许多是用耐久的物质制成,如玻璃和陶瓷;这些制品如果不受到波浪的机械作用,或者埋在一堆能够隔绝海水腐蚀作用的物质以下,它们可以无限期地保存下去。此外,沉没的大型船只从陆地上带到海底的木材,数量也很可观;根据计算,一只 74 个炮位的炮舰,需要 2 000 吨木料;如果照每英亩能生长 100 年生的橡木 50 棵,那就需要 40 英亩的橡木森林,才能造成一只这样的船①。

如果以为战争烈火比和平时期通商事业更能助长海底上沉船的堆积,那就完全错误了。史梅斯海军上将从罗意德海报中查出,从 1793 年到 1829 年初期,仅仅不列颠的船只,每天大约损失 1.5 只;这样大的损失,实在出于意料,虽然根据莫留表的记载,当时英格兰和苏格兰的航船,总数约在 20 000 只左右,平均载重约 120 吨②。根据 1829 年,1830 年和 1831 年的罗意德海报,3 年中一共损失 150 吨的船 1953 只,总共约 300 000 吨,就是说,一个国家每年商船的损失,达 100 000 吨之巨。

在上述时期内,英国皇家海军损失的 551 只兵船之中,被敌人夺去的或毁坏的只有 160 只,其余不是搁浅就是沉没,或者因失火而烧毁;这明显地证明,海战的危险虽大,却还不如风暴、浅滩、临风岸和海洋中的其他危险③。

据 1866 年商业部发表的船舶失事记录中记载,在联合王国海岸附近海洋失事和受到其他灾难的船,不下 1 860 只,淹死了 896 人;这说明了随着商业活动的扩大,损失的数字也会大大地增加。

被掩埋的船、独木舟和工艺品　如果一只船搁浅在浅水地点,它往往成为沙洲的核心;我们的海港中有很多这样的实例,而这种情况可以帮助船只的保存。1780 年和 1790 年之间,一只从坡贝克开出装载 300 吨石料的船,在普尔湾口外触礁下沉了;船员都被救起,但是船和货物至今还留在海底。从那个时期起,湾口的浅洲朝西向坡贝克的普佛列尔角扩展,使得航道移近普佛列尔角 1 英里④。原因是显明的:潮流把所挟带的沉积物,堆积在任何阻碍它的流速的物体周围。在海底漂移的物质,也可以被任何障碍物所拦截而堆积在它的周围,其情况和以前所说的非洲沙能在暴露于沙漠表面的每一个骆驼尸体上堆成一个小丘相同。

我以前提到过在塞塞克斯地方洛特河的淤塞河道中发现的一只古代荷兰船,船上的橡木已经变黑,但是木质组织没有变化。船的内部充满了河成泥沙;麦尔西河老河床中发现的一只船,和泰晤士河冲积平原中圣·克塞林码头被挖掘的地方所掘到的另一只船,也是如此。沿着波罗的海南岸,特别在普墨拉尼亚,淤塞河口湾的新地层中也找到许多保存完整的船只。例如,在白鲁姆堡和纳克尔之间离岸很远的海中,曾经掘出一只很完整的船和两个锚⑤。

在印度河三角洲的无数离现在的河道很远的淤塞支流中,近来发现几只半埋没的

---

① Quart. Journ. of Agricult. , No. ix. , p. 433.
② Caesar Moreau's Tables of the Navigation of Groat Britain.
③ 这种结果是得到史梅斯上将的许可发表的。
④ 这个资料是从哈里斯主教那里得来的。
⑤ Von Hoff, vol. i, p. 368.

船；在新德区的维加附近找到的一只，是载重 400 吨的老式船，并且有 14 个炮孔。它所在的地点，引起了印度河的这一部分是否曾经可以航行大船的争论①。

在新·斯科夏的一条河的河口，躺着一只载着牲畜的 32 吨双桅帆船，侧面向着潮水；它是在涨潮期间，被垂直高度大约在 10 英尺左右的怒潮，冲进三角湾，推翻在河底而立刻失踪的。潮水退出之后，这只帆船几乎全部埋在泥里，只有船尾栏杆露出水面②。李依告诉我们说，兰开郡的马丁湖（周围 18 英里）排干之后，露出了一层泥灰层，其中至少埋着 8 只独木舟。它们的式样和大小和现在在美洲使用的没有什么不同。离这个湖大约 9 英里的泥炭沼中，曾经掘到一块磨刀石和一把混合金属制成的斧头③。在 19 世纪早期，在埃尔郡的董湖中也找到了 3 只独木舟；1831 年又发现了 4 只，每一只都是从一棵橡木凿成的。它们都是 23 英尺长，2.5 英尺深，船尾的宽度约 4 英尺。在一只独木舟的泥土中，找到一根战斗用的木棍和石制的战斧。1820 年，在福法郡的金诺台湖覆盖在介壳泥灰层上的泥炭中，也发现了 1 只橡木独木舟④。

船只保存在深海中的方式　沉在两三英里深的海中的船只，船上的木制部分在相同时间内所经过的化学变化，一定大于以上所举的实例；因为史柯斯培的实验指出，在一定的深度内，木质可以在 1 个小时内浸透盐水，使它的比重完全改变。在很深的海底上，偶尔流出含有钙质、硅质和其他矿物成分的泉水，如果遇到这种情况，在植物还没有开始腐朽之前，它的组织中的每一个孔隙，可以被钙质或硅质的石化液所浸透。在极大的压力下，木质变成褐炭的速度可能也比较快。但是木质变成褐炭和煤之后，不至于使船的原形不能识别；因为我们知道，在石炭纪的地层中，空心芦苇状的树，中心虽然充满了砂岩，树皮却变成了煤，所以我们也可以在煤里看出船的轮廓；而在充满船内的坚硬泥土、砂岩或石灰岩中，可以发现人类制造的工具和其他与地层组成不同的压舱石，以及船内的其他物品。

被淹没的金属物质　许多落在水里的金属物质，经久之后，可能失去人为加工的形状；但在某些环境下，这些形状可以无限期保存下去。从罗讷河三角洲取出的、外面包着钙质岩石的大炮——现时保存在蒙彼里埃博物院——可能会同钙质的基质同样持久；但是，即使金属物质已经被移去而形成新的化合物，它的原形还可以像岩石中的介壳印痕一样，留下一个外模，虽然介壳中所有的碳酸钙都被移去。金氏说，大约在 1776 年，几个渔人在戈尔海流（荡斯附近海洋的一部分）中网捞船锚的时候，拉起一个全长约 8 英尺的奇形古老旋转炮。大约 5 英尺长的炮筒是黄铜制造的；但是长约 3 英尺的旋转摇柄、轴承和旋转支轴是用铁制的。在铁质的周围，有一层变成了坚硬致密石质的沙质外壳；在炮筒周围，除了在和铁质相接触的部分附近外，没有这样的外壳，大部分很干净，情况也良好，似乎还继续在使用。外壳的表面，粘着几个介壳和珊瑚，"其情况和我们常见的化石相同"。这些物质坚固地胶结着，要把它们从基质中分出所需的力量，"不下于从岩

---

①　Lieut Carless, Geograph. Journ. vol. viii, p. 338.

②　Silliman's Geol. Lectures, p. 78. 他引证 Penn。

③　Leigh's Lancashire, p. 17, 1700.

④　Geol. Trans. , second serics, vol. ii, p. 87, 格拉斯哥附近发现的被埋没独木舟, 见"Antiquity of Man", p. 48。

石上抠下一个碎块"①。

这位作者又继续写道,1745 年,福克斯兵舰搁浅在东罗西安岸上,船身完全破碎。大约 35 年之后,一次猛烈的风暴,使一部分破船露出水面,在附近抛出的几个小块体,"内含铁、绳索、和球",外面包裹着胶结成坚固石质的赭色沙,绳索的本质变化很少。固结的沙中,保留着一个铁圈的一部分的完整印痕,"很像在各种岩石中看到的附有化石的印痕"②。

1824 年的大风暴,在苏格兰的圣·安得鲁附近移动很多沙;在风暴之后,露出了一个古代的炮筒,据推测,它是西班牙舰队中一只遇难战舰的遗物。这个炮筒现时保存在苏格兰考古学会的博物馆中。它的外面包有一薄层沙壳,沙的颗粒被褐色的铁质所胶结。在外壳上附有各种介壳的碎片,如普通的鸟蛤、海螂等。

许多记载中提到在不列颠海岸附近的海中取出铁制器具的实例;这些器具都包裹在由氧化铁胶结的沙砾所组成的砾岩外壳之中。

台维博士对 1825 年从科府城堡和卡斯特雷德村之间浅海中取出的希腊古式青铜头盔作了叙述。头盔的内外部,都局部地包着一层介壳和碳酸钙沉积的外壳。无论有无外壳,表面上一般点缀着红、绿和污白色的斑点。用放大镜细致观察,红绿斑点是铜的红色氧化物和碳酸化合物,污白色斑点主要是氧化锡。

台维博士说,产生这些新化合物的矿化过程,一般很少透入铜盔的本质。外壳和锈斑擦去之后,下面的金属依然很光亮;有些地方腐蚀相当深,有些地方很浅。分析之后,证明它是含锡 18.5％的铜合金。它的颜色和我们的普通黄铜相同,并且具有相当程度的挠曲性。

他又说,"头盔中和粘在钙质沉积物上的结晶的形成过程,是一个奇妙的问题。我们既然没有理由假定它们是溶液的沉积物,我们是否必须推想这种矿化过程决定于原有化合物质点的些微迁移和分离呢? 这种迁移可能是由于电—化力的作用,它可能曾经使合金的各种金属分离"③。

一只沉没的船,有时带有几百万银元和其他货币,如果它们偶尔被一种能保护它们不至于受化学变化的基质所包裹,刻在它们上面的有历史意义的资料,可被永久保存下来,而且可以像某些古生代岩石中植虫或石化植物的微细印痕同样持久。几乎每一艘大船中,都有一些镶在印章上和其他应用物件上的宝石,或者用自然界中最坚硬物质制成并刻有文字和各种物象的装饰品——这种雕刻,如果埋在水下地层中,可以和晶体的自然形状保存一样长的时期。

所以,英国骑士在阿金可特的功绩,使亨利的编年史中的

　　　　——颂扬辞句

　　　和海底软泥蕴藏的

　　　沉船和无限宝藏同样丰富;

---

① Phil. Trans. , 1779.

② Ibid. , vol. 1xix, 1779.

③ Ibid. , 1826, part ii, p. 55.

是极好的自夸隐喻,因为长期中在海底聚集的人类艺术品和工业纪念物的数量,可能比大陆上任何一个时期保存的还要多。

由于陆地沉陷而被淹没的城市和森林

在地下运动期间,海岸附近的房屋和一部分城镇被沉到海平面以下不同深度的现象,在第二十四章中已经举了许多实例。这些事实是在有史期间的一部分时期内发生的,而且只局限于少数活动的火山地区。这些仅仅在过去 1.5 个世纪中发生的可靠事实,虽然表示地球上的自然地理已经经过重大变化,然而我们不应当假定,在周围的整个陆地和海洋之中,只有这几个地点受到了同样的沉陷。

如果在欧洲人移殖到南美洲之后的短时期内,我们已经在西海岸的 3 个重要港口,即卡拉俄、瓦尔帕来索和康塞普西翁,发现了水平变迁的证据①,我决不能相信,地震的破坏力量,只选择相隔如此之远的几个城市,作为它使用威力的特殊地点。如果考虑到这个骚动区域内的各港口所占的面积是这样小——海陆相对水平的些微变迁只有在这几个地点可以看得出来——再回想到我们对各港口在过去 1.5 个世纪中所发生的局部变革所掌握的许多证据,我们一定可以相信,安第斯山和海洋之间的区域内,甚至于在过去的 6000 年中的变迁,规模可能更大。

克奇的地震　大面积的沉陷,可以使陆生动物和植物埋藏在水下地层之中;说明这种方式,莫过于引用以前所提的 1819 年克奇的地震。据说在地震之后几年,新得里村原址一带的沉陷所造成的潟湖中,凋枯的柽柳和其他灌木,顶部还露出水面;但在 1826 年洪水之后,它们完全失踪了。每一个地质学家都立刻可以看到,随着这样的地下运动而下沉的森林,可以被埋在水下的河成和海成沉积物之中,同时树木仍然维持着直立的姿势,或者它们上部的树干和树枝,可能已经被流水折断,或被削成和地面一样平,但是它们的根和一部分树干,有时还继续维持在原有的位置。

水下房屋是怎样保存的　某些在不同时期沉没到海平面以下的房屋,曾经立刻被降落在它们上面的火山物质组成的地层掩盖到一定的程度。松巴哇岛的桐波罗在 19 世纪发生的情况和大约在 12 世纪期间浦祖奥利附近塞拉比庙遗址的情况,都是如此。如果沉陷地区是在一条带着沉积物的河流的河口附近,沉没的房屋可以更快地被包裹在正常的成层地层之中;如果没有外来物质输入,而房屋沉没的地方,只有极微的波浪作用,或者没有大海流流过,它们可以无限期地保存下去,而且和一般由同样物质组成的海底本身一样持久。我们没有理由怀疑经典作家关于在水底可以看见沉没在海中的步拉和海里斯两个希腊城市的传说;史普拉特船长也曾提到克里特或干地亚东端海中露出的古老沉没城市的遗址。我们也已经说过,不同的目击者在 1692 年地震之后 88 年、101 年和 143 年,曾在海底看见罗叶港的房屋。

克什米尔的被掩埋寺院　位于喜马拉雅山脉南麓著名的克什米尔河谷,长约 60 英

---

① Phil. Trans., pp. 59、61、96、97.

里,宽约20英里,周围的山,由平原突起,高达5000英尺左右。在贯穿这个美丽河谷的吉伦河和其他支流的河岸悬崖中,露出由细黏土、沙、软砂岩、卵石和砾岩组成的地层。这些地层中含有隶属于 *Lymneus*、水螺和仙女蚬等属的淡水介壳,此外还有陆栖介壳,它们全部都是现代的物种;如果现在使整个流域变成一个大湖,或者让从周围山中流下的无数河流和急流有足够时间把细沉积物和砾石充满湖盆地,便可以形成与此完全相同的沉积物。在这种湖成地层的40英尺和50英尺深处,曾经找到陶片,这就表示至少它的较上部分,是在人类时期堆积的。

T.汤姆孙博士在1848年访问过克什米尔。他见到这个大河谷中现在还有几个湖,如克什米尔城附近直径5英里的湖等,它们的深度比附近的河槽大;它们可能是过去2000年中许多地震所形成的沉陷地带。广泛地覆盖在整个克什米尔地区的淡水地层,也可能不是以往曾经占据整个地区的一片湖水所形成,而是陆续形成后又被填满的许多小湖的沉积物。在以往曾有这样中等规模的湖泊存在,以及它们后来逐一在不同时期内变成陆地的证据之中,汤姆孙博士举出古阿凡梯普拉村的遗址作为说明。这个遗址离现在的阿凡梯普拉村不远,建在山麓较老的淡水沉积层上,但是它的范围突然成一条直线终止于平原;这种情况,除了假定当时市镇的发展被一个湖泊所阻止,没有其他原因可以解释;这个湖现在已经排干,或者只留下一个沼地代表它以往的存在。在阿凡梯普拉村附近,也同整个克什米尔河谷的一般情况一样,河流是在水平的湖成地层组成的悬崖所限制的河道或冲积低地中流过,而这些地层,则在各水道之间形成20~50英尺高的低台地。在阿凡梯普拉附近的台地上,可以看到两个被埋没的庙宇的一部分;克宁汉少校在这里进行过局部发掘,而且1847年在一个庙宇中发现了保存在地下的一个74根柱的壮丽柱廊。他在一个洼地中掘出了3根柱。在表土平面以下的所有建筑装饰,同最初造成时同样完整和鲜艳。宽敞的四方庭院,最初一定逐渐被泥沙所填满,因为其中的一部分显然后来经过改造,式样既难看,而且与原来的建筑计划和风格迥然不同;这样的修改,只有在沉积物已经在庙内积到相当高度时才有必要。

照一般假定,这座大厦建筑于公元850年,而且在1416年以前已经沉没,因为在这一年,伊斯兰教王西康达(Sikandar),又称偶像破坏者,毁掉了克什米尔地区印度庙宇中所有的神像。历史学家佛理许塔提到西康达毁坏每一个克什米尔的庙宇时也说,只有一个献给马哈得瓦的神庙,幸免于难,因为"它的基础是在附近的水下"。阿凡梯普拉附近被埋没的庙宇中的人头鸟身和其他偶像的完整情况,无疑证明它们在水底,也可能在他占领前已经充满了淤泥,因而没有受到这位偶像破坏主义者的摧残①。

从地质证据推断人类的近代起源

白克雷主教对人类诞生于近代的意见　在1世纪以前写的一篇纪念论文中,白克雷

---

① Thomson's Western Himalaya and Thibet, p. 292. London, 1852. cunningham, vol. xvii. Journ. Asiat. Soc. Bengal, pp. 241, 277.

主教可以说是绝对以地质学为根据，断定人类的诞生时期是很晚的。他说，"如果在挖掘土地的时候，可以发现如此之多可能已经埋藏几千年的完整而没有腐坏的介壳，在有些地方还可以找到动物的角和骨骼；那么埋在地下四五万年——假定世界有这样古老的话——的炮、纪念章、金属和石制的器具，似乎也很可能被完整地保存下来。那么，何以我们没有发现这一类的遗迹和在圣经记载以前无数世代中的古物呢？何以没有发现可以证明几千年来那些强大帝国以及历代帝王、英雄和被人崇拜的人物存在的房屋遗址、公共纪念物、凹雕、浮雕、石像、浅浮雕、纪念章、碑文、器具和任何人工制品呢？让我们向前看，再推测未来一两万年中的情况；我们可以假定，在此期间，许多瘟疫、饥馑和地震将在世界上造成很大的灾难；到了这个时期的终了，现在用花岗岩、斑岩或碧玉（我们知道这样的坚硬岩石在地面上暴露了 2 000 年也不会发生很大的变化）制成的石柱、石瓶和石像，是否很可能会带有这些和过去时期的记录呢？其时是否可能掘到我们现在通用的货币呢？房屋的老墙壁和基础，以及保存到我们时代的原始世界的介壳和石块，是否可能自行露出呢"①？

我们也同白克雷一样有信心地预测，如果地球的寿命无限期地延长下去，许多大厦和人类制成的器具，以及人的骨骼，将被埋在淡水、海洋和火山地层之中，甚至于在大部分现有的山岳、大陆和海洋消灭之后，还会继续存在。地壳必须经过多次的改造，陆续埋在现时正在形成的岩石中的人类遗迹，才会全部消灭。一次完全的变革，不足以抹杀我们存在的一切纪念物；因为即使长期埋藏它们的岩石被破坏，许多工艺品可以反复地进入在以后世代形成的地层中而保存下来，也就像一个世代的砾岩中的砾石，往往含有以前时期非常繁盛的生物遗迹。

这位著名的哲学家又正确地宣布说，"没有一种人类的作品是不灭的"。就它们的用途来说，它们首先被能使它们进入永久保存的环境的那些作用，从人类的手中抢去。它们被埋入地层之后，虽然似乎已经加入了地球本身的坚固组织，但是最后还是不能避免消灭；因为地壳的某些部分，每年都要被地震震碎，或被火山的火所熔化，或被地面上的河流磨成粉末。正如培根雄辩地说，"勒斯河不但在地面流动，也在地下流动"。②

欧洲史前人类的遗迹 从第四十三章所说的一切，读者可以明了，人类的智力只要达到现在地球上智力最低的种族的水平，我们可以希望他成为世界性的物种，但是他的智力只要略低于这些种族，他便会像现时生存的类人哺乳动物一样，无限期地继续局限于一个狭窄的地区。即使在上新世终了之前，他已经变成了有理性的动物，以现在的科学水平而论我们也没有权利可以假定，我们会找到他曾经存在的地质证据。在前半部分讨论气候变化的时候，我曾经提到地质学家和考古学家对史前人类遗迹联合考察的结果。我们可以在其中看到，所有这些遗迹，都是属于地质学中近代时期的后期，我称它为后-第三纪，其时所有的海洋和淡水介壳，已经与现时生存的种类相同。

欧洲的铁器时代以前是青铜时代，当时已经用这种合金的工具。这种青铜武器，在罗马侵入之前，久已在瑞士和高尔使用。许多瑞士湖滨村庄以及大不列颠、爱尔兰和斯

① Alciphron, or the Minute Philosopher, vol. ii, pp. 84, 85. 1732.
② Essay on the Vicissitude of Things.

堪的那维亚的泥炭沼中,都发现过这种铜和锡合成的工具。但是完全没有货币,而且至今还没有发现发明写作技能和文字的证据。据说青铜时期的一部分陶器上,有陶工镟盘的痕迹,但是大部分是手工制的。尼尔孙教授很早以前就说过,青铜时代的刀柄和手镯,表示用这种物件的人类的体格比现在的北欧人小。在这一时期,许多动物已经驯化,某些瑞士湖滨住宅中保存的残骨,表明这种事实;几种谷类和果树也已经被栽培。金、琥珀和玻璃已经用做装饰品,但是没有已经使用银和锌铅的证据。在这个时期以前的石器时代或新石器时代的瑞士湖滨村庄中——因为较新于更古的石器时代——人类显然还没有冶金技术。普通称为塞尔特斧的磨光石斧、凿和其他工具,在北欧和西欧都非常多,都柏林博物院藏有 2 000 个以上,哥本哈根博物院有 10 000 个以上,而斯德哥尔摩博物院所藏不下 15 000 个。[①]

丹麦的贝塚以及许多瑞士湖滨住宅和大部分欧洲的泥炭,都属于新石器时代,但在古河流沉积砾石层中没有这个时代的磨光工具,共生的哺乳动物也没有已灭亡的物种。手制陶器已被使用;牛、绵羊、山羊、猪和狗,已被驯化,农业已经开始,亚麻已经栽培,并已织成薄纱。

在我们回顾中,其次的阶段是拉提特所谓驯鹿时代的遗迹,当时法国南部有很多这种动物。

法国中部的多董尼各岩洞,属于这个时代;拉提特和克里斯台等,在这里获得了几千个石制、骨制和角制的工具,但是没有陶器的痕迹,金属工具或磨光工具则更少。拉提特在拉·马德林的这一时代的一个岩洞中,找到一块猛犸的大牙,上面粗糙地刻着一个这种动物的图画;这种事实似乎说明这个物种是和这些洞穴居民同时存在的。在这个岩洞中,也找到了麝牛和穴狮的踪迹,但是有人怀疑这种四足兽是否和驯鹿时代的人同时生存。这个时代可能是新石器时代和旧石器时代的过渡期,但是罗博克爵士暂时把它列入旧石器时代。当时欧洲南部的一般气候,显然比现在冷,但是自然地理情况,没有经过任何重大的变化。

最后我们到达更古的旧石器时代,这个时代的遗物,主要包括埋在古河砾与岩洞中的泥土和石笋内的未磨光石器。河砾和岩洞现在所处的位置,与这个地区现在水系和地理的关系,说明其间已经经过很长的一段时期,在此期间,河流的侵蚀力量始终活跃地在切深河谷。西欧这个时代的工具,主要是用白垩—燧石制造的——绿沙期的硅石比较少。除了没有磨光外,形状也与新石器时代的不同[②]。他们和猛犸、毛犀、河马、麝牛和许多其他已灭亡和现存的四足兽共生。没有找到绝对属于这个时代的陶器,完全没有金属武器,也同后来的青铜时代一样没有货币。

包含这个时代古物的砾石层,常称漂积层(Drift);这种沉积物可以说是由现在的河流沉积的,不过河流存在时期,是在河谷被掘到现在的深度以前,当时的流向与现在相同,而且流经同一个区域。老漂积层所在的地方,高出现在的平原一般不超过 20 英尺或 30 英尺,但是有时 100 英尺,甚至 200 英尺。具有锋利刀口的燧石片——显然是人工削

① Sir J. Lubbock, Introduction to Translation of Nilsson's "Primitive Inhabitants of Scandinavia", p. xxiv.
② See Lyell's "Antiquity of Man". pp. 114, 118, and Lubbock's "Pre-historic Times".

成的——不但在古漂积层中有,而且在新石器时代和青铜时代的地层中也有,因为这是在发明钢以前最锋利的刀口。在这个早期石器时代的岩洞中,曾经发现这种古老工具和人骨堆在一起,人骨的性质,与现存的某些种族相同。据估计,除了石片之外,在法国北部和英国南部发现的旧石器类型的燧石工具,已经不下 30 000 枚[①]。在丹麦、瑞典或挪威,尼尔孙、汤姆孙和其他考古学家,对石器时代的遗物,曾经作了详细的采集,但没有找到这样的工具。因此我们可以断定,旧石器时代的人,从来没有深入到斯堪的纳维亚,当时这些地方可能像现在的大部分格陵兰一样,盖着很厚的冰雪。

罕布郡漂积层中的旧石器时代工具　近来在罕布郡发现了正常类型的旧石器时代燧石工具,它们不是在岩洞中,也不是在现在河谷范围内的河砾里,而是在覆盖于第三纪地层上面的一层板状漂积层内;这一层地层被梭伦托湾和所有流入湾中的河流所切割。在过去 4 年中,沙斯白里的考古学家一直要我注意这些石器,因为它们的位置,对于证明欧洲史前人类的古远程度,可能比任何已经发现的旧石器时代遗迹更为有力。找到这些工具的大砾石层,覆盖在始新世地层之上;大部分砾石层中含有半滚圆的或半棱角的白垩—燧石和从第三纪地层中洗出的圆砾。这一层漂积层的连续分布的范围虽然广,但不是各处都有,况且性质往往也很不相同。第一个石器,是由沙斯白里的 J. 白朗于 1864 年 5 月在戈斯港和沙斯安普顿之间发现的,它包含在覆盖于一个悬崖上的一层 8~12 英尺的砾石内,其最高点在高水位以上 35 英尺。我曾经到过普利斯威枢和爱文思以前考察过的地方。燧石器与在法国阿布维尔和阿缅找到的完全相同,其中一部分是椭圆形的,一部分是枪尖状的。许多石器的颜色和赭色斑痕,和它们所在的砾石层中的燧石相同。一套从罕布郡悬崖上采来的精美石器,现在保存在沙耳兹布里的白勒克莫亚博物院。

在以上所提的覆盖在悬崖上的砾石中,有各种大小的砂岩块,有的非常大,周围达 20 英尺,厚从 1~2.5 英尺。因为它们是受了相当大的剥蚀作用的始新世地层的一部分,所以移动距离可能不很远。然而要说明它们和石器怎样会被埋在白垩—燧石的碎屑之中,我们必须想到冰的作用;在冬天它们可能和冰冻结在一起,这样可以使它们有一些浮力,并且可以使河流或海洋把它们从原来的地点搬运一个短距离。使严冬期间堆积大量积雪的极端气候和每年温暖季节开始时积雪突然融化所造成的大洪水,可能是说明高地区域大块白垩层的破坏,和把原来成层地分散在软质白垩中的燧石物质散布在古代地面的最好理由。砾石层中偶尔遇到的未滚圆白垩—燧石,也意味着冰的作用,这样的燧石与原始产地的距离约在 12 英里左右,因此它们一定也移动了这样远。现在在戈斯港附近找到石器的海岸附近的横断河谷,一定在上覆砾石堆积之后才开始切穿第三纪地层的,因为前者在各河谷之间形成了平坦的台地。

总之,我们可以断定,不但戈斯港附近较小河流的河谷是在旧石器时代人类住在这个区域之后才被掘蚀,而且特斯特河或沙斯安普顿河和在林敏顿入海的小河的河谷,与在克里斯特丘奇流入梭伦特湾的亚冯河和史多亚河河谷,以及本毛斯河河谷,都是如此;因为我们不但在沙斯安普顿河口以东各地点,而且在它以西的本毛斯河口两岸覆盖在悬

---

① Sir J. Lubbock, Introduction to Nilsson's "Primitive Inhabitants of Scandinavia," p. xx.

崖上面的砾石中,都找到了旧类型的燧石工具。1867 年我在本毛斯考察了之后,确定这个地方发现石器的砾石层,高出海平面约 100 英尺。①

如果我们沿着亚冯河从克里斯特丘奇向北走 30 英里到沙斯白里,我们在河道以上不同高度的砾石中和在河成冲积层中都可以找到同样旧石器类型的燧石工具。其中之一,是由白勒克莫亚从沙斯白里附近费晓顿地方猛犸遗体以下取到的。在这个地点也发现了不下 21 种的哺乳动物化石,这可能是在大不列颠任何一个地点找到的最大数目。共生的陆栖和淡水介壳,属于 31 个种,全部都是英格兰的现存种类,虽然四足兽表示较冷的气候。四足兽中有猛犸和毛犀;驯鹿和挪威旅鼠、格陵兰旅鼠与同科中的另一个物种,以及和土拨鼠有亲缘关系的 Spermophilus。最后一种有 13 个标本,其中一部分的骨骼是很完整的,白勒克莫亚说,它们蜷曲成冬眠的姿势;这些标本现时保存在白勒克莫亚博物院。除了四足兽的骨骼外,还有雁(Anser palustris)的股骨和喙骨,以及与雁和野鸭卵大小相当的蛋壳。蛋壳外面包着一层表面结壳。因为雁在繁殖时期现在已经移到寒带区域,费晓顿地方有它的蛋壳,似乎暗示一种适合于旅鼠和土拨鼠的气候②。

总的说来,罕布群的这一部分,有三类独立的证据清楚地指出旧石器时代人类是非常古的。第一,从那时候起,罕布群的白垩和第三纪地层已经经过了深度的剥蚀作用,河谷的形状和深度以及海岸的轮廓,也发生了重大的变迁;第二,掘出的这许多特殊四足兽动物,证明动物群也已经有了重要的变化;第三,以前有北方动物的存在,和砾石中有冰运漂砾,暗示气候已由较冷变成较热。

埋在沙丁尼亚上升海成地层中的陶器的年代　我在另一本书里③请人注意马摩拉伯爵所描述的在沙丁尼亚岛南岸克格里亚里地方高出地中海海平 300 英尺的海成地层。在这一层沉积物中,曾经找到一些粗陶器的碎片和压扁的烧硬陶质球,球的轴部有一小孔,可能是渔网的重锤。这些工艺品与现时生存的海栖介壳混在一起,其中的牡蛎和壳菜的贝壳是闭合的。在欧洲任何地方,我不知道有任何人类时期的海底曾经比过去的水平升高 300 英尺的实例;但是像沙丁尼亚那样的地方,这样的上升,可能不会早于新石器时代;这里的最后的火山锥,即使不属于后-上新世,也应当属于上新世。

---

①　史帝文斯首先在本毛斯口以东海蚀悬崖顶部的这一层砾石中掘到一个石斧。不久以后白勒克莫亚博士在本毛斯河谷以西的砾石中找到两个同样的石器。

②　Evans, Geol. Ouart. Journ. , p. 193. Aug. 1864.

③　见"Antiquity of Man," p. 177.

第四十八章　水生物种在水下地层中的埋藏

淡水动植物的埋藏——介壳泥灰层——石化的车轮藻果皮和梗——美洲各湖中的近代沉积物——漂入海洋和河口湾中的淡水物种——鲁易斯平原——怎样形成海成和淡水地层的互层——海生动植物的埋藏——搁浅在我们海岸上的鲸类——冲入深海的滨海和河口湾介壳——钻孔的介壳动物——在相当深的海底上找到的现存介壳——不同时期的有机遗体的混杂

说明了陆生动植物和人类遗体在现时正在水下形成的沉积物中的埋藏方式之后，其次我拟讨论水生物种怎样可以被埋于它们自己所处的介质中形成的地层的方式。

淡水动植物　多少完全局限于淡水的动植物界各属物种的遗体，大部分保存在湖泊或河口湾的地层中，但是它们有时被河流冲入海洋，而与海生种类的残壳相混杂。它们在湖成沉积物中埋藏的伴随现象，有时可以因排干小湖的湖水而露了出来；例如，为了采取介壳泥灰作为农业之用而被排干的许多苏格兰小湖，就为这些现象提供了不少资料。

在这一类的近代地层中，如在福法郡所见，有时有两三层钙质泥灰层，两层之间，夹有漂积泥炭层、沙层或剥裂的黏土。泥灰几乎完全由现时生存于苏格兰的椎实螺、扁卷螺、Valvata 和蚬等属的各种介壳集合体所组成。绝大部分的介壳，似乎没有长大就死了，很少部分达到成熟的大小。介壳有时完全分解，形成粉末状的泥灰；有时保存完好。它们常与车轮藻梗和其他水生植物相混杂，全部互相交织而被压成薄如纸张的纹层。

由于车轮藻常在各代地层形成化石，而且是地质学家往往用来表征整个地层群的一种相当重要的水生植物，因此我拟对我所找到的近代物种的石化状态，作一简述。这种化石产在福法郡的泥灰湖中，一般包在结核内，有时埋在一种连续的石灰华地层中。

这些植物的果皮是由表面盖着一层包皮的膜状坚果所组成（图 146，d），性质非常坚韧，两者都有螺旋形的条纹或脊条。包皮有五个四方的螺旋形荚片（g）。在 Chara hispida 中——福法郡的各湖中有很多活的 Chara hispida，而在贝奇湖中，则已变成化石——果皮的每一个荚片，大约绕着圆周转两个圈，五个荚片一共绕成 10～11 个圈，不同的物种，圈的数目很不相同，但是同种的圈数似乎都很稳定。

在苏格兰的泥灰层中，有很多车轮藻梗的化石。某些物种，如 Chara hispida，在生存的时候，除了钙质结壳外，组织中含有很多碳酸钙，植物干燥之后，遇酸可以发出大量气泡。Chara hispida 梗上的纵条纹，也有成螺旋形的趋势，似乎也和同属中的其他物种一样，总是照着螺丝的旋线方向旋转；外面的荚片从右向左转，果皮的条纹则向相反的方向转。梗的剖面，构造奇特，它的中央有一个大空管，周围围着许多小管（图 147，b，c），某些已灭亡的物种和现存物种都是如此。但是在几个物种的梗中，只有一个单独的管。①

———————————

① On Freshwater Marl, &c. By C. Lvell. Geol. Trans. vol. ii, second series, p. 73.

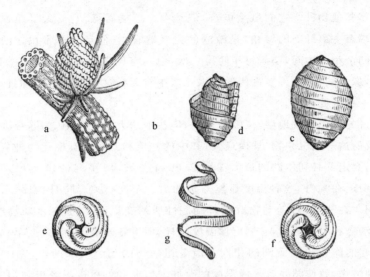

图 146　车轮藻(*Chara hispida*)的果皮

a. 附有果皮的一部分梗子,放大。b. 果皮的天然大小。c. 在苏格兰泥灰湖中找到的 *Gyrogonite* 的包皮或 *Chara hispida* 的化石果皮,放大。d. 显示外皮中坚果的剖面。e. 包皮的下端,即接在梗子上的部分。f. 包皮的上端,即柱头附着的地方。g. c 的螺旋形荚片之一。

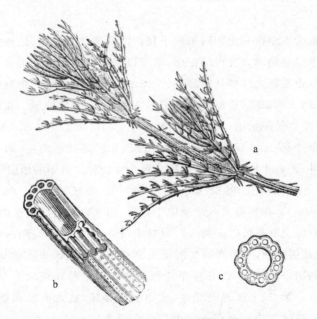

图 147　*Chara hispida* 的梗和枝

a. 梗和枝的原状。b. 梗的剖面,放大。c. 表示两圈小管围绕一个中心大管。

在上述的苏格兰石灰华中,有一种叫作金星虫(*Cypris ornata*? Lam.)的小动物的瓣壳;它也同车轮藻梗一样变成了化石。在英格兰的湖泊和池塘中,有很多这种金星虫,此外还有许多其他物种。它们虽然极小，但是肉眼还能看见；它们大量地在死水和沟渠中游泳。末端有一束纤毛的触角，是游泳的主要器官，它们运动非常快。动物像双贝介壳那样藏在两个小瓣中间，小瓣每年脱换一次，但是有贝壳的软体动物却没有这种习性。脱落的瓣壳，像薄的鱼鳞；许多古代的淡水泥灰中有无数这样的瓣壳，它们像云母片似的使泥灰形成一种可劈构造。

以上所说的近代湖成地层，范围都很小，但在加拿大各大湖中，如苏必利尔湖和休伦湖，正在形成的这一类沉积物，规模最大，其中的沙层和泥层含有现代物种的介壳。在最近疏浚期间，测定苏必利尔湖的最大深度是 1 014 英尺，40 英寻（240 英尺）以下的水温，各处几乎都稳定在 39°F，这种温度显然与水的最大密度有关。同时，表面水温，则在 50°到 50°F 之间。在浅水地区，动物群随着湖底性质的变更而不同；深水动物群非常少，大都是小软体动物和甲壳动物，它们也像温度一样，似乎各处都很一致。① 车轮藻在美洲水下植物中所起的作用也与欧洲的相同。沿着纽约州的几个淡水湖边，在中度深的清水中，盛产这种植物，致使湖底看来像翠绿的草原。因此我们可以想象得到，它们的一部分坚韧果皮，也会像我们在罕布郡的始新世地层或巴黎附近以及其他各处地层中所找到的它们的化石那样，被保存在泥土之中。

淡水物种在河口湾和海成沉积物中的埋藏

我们有时有机会考察在有史期间淤塞了我们河口湾的沉积物；挖掘水井和在为了其他目的最后把海水隔绝的地方进行的挖掘，都可以使我们看到这些地区中的有机物遗迹的情况。纽海文和鲁易斯之间的乌西河谷，是海水在过去七八世纪中退出的几个河口湾之一；根据曼脱尔博士的研究，这里已经堆积了 30 英尺以上的地层。在植物土壤以下的最上层，是 5 英尺左右的泥炭层，其中含有许多树干。其次是一层蓝色黏土，大约含有 9 种现时生存的淡水介壳，此外还有一副鹿骨。再下几层是蓝色黏土，除了含有以上所说的各种淡水介壳外，还有我们海岸上著名的几种海生物种。最下的地层深度往往达 36 英尺，其中只有海生介壳，完全没有河生物种，此外还发现一个独角鲸的头骨（*monodon monoceros*）。在所有这些地层以下，是一层来自附近白垩层的制管黏土②。

如果我们没有历史资料可以证明乌西河谷中过去有一个海湾存在，以及后来的逐渐消灭，研究上述的地层剖面，可以和成文的历史同样清楚地指出事态的顺序。第一，这里原来是一个盐水的河口湾，其中的海栖介壳物种许多年来都和现时生存的相同；大的鲸类偶尔也进入港湾。第二，港湾逐渐变浅，水也变成半咸，或者淡水和盐水交替存在，因此淡水和盐水介壳遗体混杂地埋在水底的蓝色泥质沉积物中。第三，海水继续落浅，最后河水占了优势，因此不适于海栖介壳的生存而只适于河生物种和水生昆虫居住。第

---

① Silliman's Journ., vol. Ⅱ. p.373, Nov, 1871.

② Mantell, Geol. of Sussex, p.285; Also. Catalogue of Org. Rem., Geol. Trans vol. iii, pt. i, p.201, 2nd series, I. p.469.

四,在曾经生长树木或在洪水期间有树木漂来的地方,形成了一个泥炭沼;陆栖动物有时陷入而被埋没。最后,因为经过相当时期才有一次河水泛滥,土壤变成了翠绿的草原。

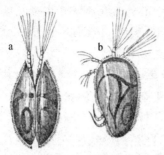

图 148 *Cypris unifasciata*,现时生存的物种,放大很多

a. 上部。b. 侧面。

图 149 *Cypris vidua*,现时生存的物种,放大很多①

以前已经说过,恒河三角洲的海岸有 8 个大河口,每一个河口在古代的某一时期,都轮流做过主要的排水河道。由于三角洲的基线长达 200 英里,因此凡在一个新河口有大量河水流入海洋的地方,水会由咸变淡,而在另一个地方,会由淡变咸;因为除了主要的排水部分外,咸水不但冲刷三角洲的基部,而且深入到每一个小河和潟湖。所以这里显然可以形成含淡水介壳的地层与充满海生生物化石的沉积物的互层。在加尔各答开凿的自流井,也表示恒河三角洲伸入海湾的距离比现在远得多,这条河流现在仅仅从海里收回在过去某一个时期因沉陷而损失的土地。在印度河三角洲中,近代发生的交替上升和沉陷,有时一定也可以造成类似的现象。但是地下运动,只影响地球上在一个时期内形成的少数三角洲,而一部分大河流河口的淤塞和另一部分河流河口的开辟,以及因此而产生的排泄主要水量入海的地点的变迁,几乎是每一个三角洲的普遍现象。

以前所说的苏格兰钙质泥灰中的介壳物种,种类很少,个体的数目却非常多;这是一般淡水和半咸水沉积物与海成地层不同的特征;因为在海成地层中,例如在海滩、珊瑚礁或经过网捞的海底所见的情况,凡是介壳个体非常多的地方,物种的数目一定也不会少。

海生动植物遗体的埋藏

海生植物　以前提到过,大西洋、太平洋和印度洋赤道南北都有大堆的漂流海藻。这些海藻下沉之后,往往产生厚层的植物物质。荷兰的海底泥炭,是由黑角菜形成的,而在我们的一部分海岸上的泥炭,则来自大叶藻(*Zostera marina*)。在海藻不生成泥炭的地方,它们常可在泥质或钙质的泥土上留下印迹,因为它们的组织一般很坚韧。

在大风期间,海藻常大量地冲上我们的海岸,因此在现时正在进行的滨海沉积物中,无疑偶尔含有大量的这种植物。我们从福契哈麦博士的研究知道,除了和陆生植物一同

---

① 见 Desmaret's Crustacea, pl. 55。

供给煤的物质外，海藻一定还在它们埋藏的地层的组成中，起着重要的化学作用。这一类植物经常含硫酸，有时高达 8.5％，与钾化合；镁和磷酸也是常有的组分。凡有大量海藻在铁质黏土接触处腐烂的时候，植物中的硫和黏土中的铁常化合而产生硫化铁或黄铁矿。古代岩石的许多矿物特征，特别是矾板岩与黏土板岩中的黄铁矿，以及海成地层中的无烟煤碎块，都可以用海藻的分解来解释[1]。

鲸类的埋藏　只能在相当深的水中浮起的较大鲸鱼，在大风暴或高潮期间被带入河口湾或冲到低平的海岸，是常见的事；它们在海水退出之后，常被搁浅在陆地上。例如，1800 年在林肯郡波士顿附近海滩上，就找到了一只独角鲸，它的整个身体都埋在泥土中。坐在船上的一个渔人，看见了它的角，并在动物开始转动的时候，设法把它拖了出来[2]。1682 年，彼特海得附近海岸上来了一只 70 英尺长的普通北极鲸。许多鲲鲸也遭到同样的命运。西波尔德和尼尔记录中记载的，在波恩特岛附近的福思湾和在阿罗亚地方抛在岸上的那些鲸鱼，都是实例。西波尔德的记录中，也提到搁浅在邦夫郡波英海岸的一只鲸鱼，这可能是一只刀背鲸。雷依也提到在 1594 年搁浅在荷兰西岸的一只抹香鲸，为了纪念这个事实，荷兰人当时刻了一个很有价值的雕刻。西波尔特也说到一百只以上的抹香鲸，成群地搁浅在奥克纳岛的开亚斯登地方。有时可以看到较大鲸鱼的尸体浮在水面上，1831 年陈列在伦敦的一个巨大鲸鱼，就是一个实例。1785 年，一只海牛（*Halicora*）的尸体被抛在利思的海岸上。

史斗林附近福斯河边爱亚西地方的黏土中发现的一只 73 英尺长的鲸鱼骨，也可以归因于这一类的意外；这一层黏土比现在福斯河的高水位高 20 英尺。照离这里不远的罗马驿站和堤道的位置来看，这只鲸鱼一定是在耶稣纪元后搁浅的[3]。

海生爬行动物　在阿森兴岛的一种岩石中，曾经发现一些奇特的化石。（见图 150）据说，这种岩石不断在有波浪冲上介壳和珊瑚小圆块的海滩上形成，并且经久之后牢固地粘结成一种适于建筑和制造石灰的岩石。在岛的西北部，离海约 100 码的一个采石场上，在这样形成的硬岩石中，曾经发现一些龟卵的化石。这些龟卵一定是在将近孵化时埋进去的，因为壳内可以看见发育完全的幼龟骨，骨间的空隙，完全被已经胶结的沙粒填满，因此把蛋壳取去之后，石头上留下它们的外模。附图所画的标本，最长的直径只有 5 英寸，其中却保存着 7 只龟卵[4]。

图 150　在阿森兴岛发现的龟卵化石[5]

---

[1]　Forchhammer, Report British Assoc. 1844.

[2]　Fleming's British Animals, p. 37，其中还举出许多其他事例。

[3]　Quart. Journ. No. xv, p. 172, Oct. 1819.

[4]　图 151 壳内最显著的似乎是锁骨和喙骨，它们是中空的，因此初看来像是鸟的骨而不像爬行动物的骨，因为后者没有脊髓孔。为了说明这一点，奥文教授为我解剖了一只幼龟，并且看到只有骨的外部已经骨化，中部还是充满软骨。

[5]　这个标本是由龙士台尔送给伦敦地质学会的。

为了说明它们形成石化的情况,我们似乎必须作以下的假定:卵在热沙中将近孵化的时候,一个大波浪把更多的沙抛在它们上面,阻止阳光的透入,因此胚胎受冷而失去生活力,蛋壳同时可能略有破损,于是在海滩中渗滤的水把细沙粒逐渐引入壳里去。

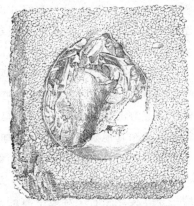

图 151　图 150 中所画的几个卵之一的原来大小,表示近于孵化的龟胎的骨骼

　　海生介壳　生活在河口湾的水生动植物,也同占据大河流冲积平原的树木和陆栖动物一样,时常很容易地被冲入远方的深海;河流固然不断地改道和暗掘长有森林的河岸的一部分,而海流也时时地改变着它的方向和移去它改向后所冲刷的泥沙海岸。这些海岸,大部分含有堆积了几个世纪的介壳,特别是浅水和半咸水种类,它们最后被带走,散布在它们不能在那里生活和繁殖的深海海底。因此滨海和河口湾的介壳,比淡水物种更容易和深海种类的遗体相混杂。

　　在 1831 年 2 月 4 日大风暴之后,其时有几只船在福思河口遇了难,波浪用极大的力量直向一层牡蛎层冲刷,把大堆的活牡蛎冲上海岸,遗留在高水位以上的地方。我采集了许多这种牡蛎和同时冲上海岸的普通峨螺;它们虽然还没有死,但是它们的壳却在它们原来生长的地点被在它们上面经过的沙的长期摩擦所磨损,这种耗损现象,显然不仅仅是风暴把它们冲上海岸时的结果。从这些事实来看,一个双贝两部分的闭合,不一定证明它们已被搬运了一个距离;如果我们发现外壳已被磨损和所有突起部分已被擦去,它们还可能是在原来生长的地点埋藏的遗体。

　　钻孔的介壳动物　在海岸上看到碎浪的凶猛情况与海流侵蚀海岸悬崖和冲出新海峡的力量的时候,我们有时觉得很奇怪,何以许多柔弱易碎的介壳,还能在这种动荡不定的地点附近生存。但是很多双贝介壳和许多陀螺形的单贝,是钻在沙土里的。例如,经常生活在海岸浅海中的竹蛏和鸟蛤,能钻入柔软的海底而不至于损坏它们的壳,海笋贝也能在相当硬的泥土中钻一个孔。这些和其他介壳遇到紧急的时候,能向下隐藏,往往避到几英尺以下;如果有一堆物质堆在它们上面,它们又可以向上钻出表面。所以,飓风虽然用力冲去沙泥海岸的上部,或者在它们上面堆积砾石,这些介壳还可以安全地留在泥土之下,不至于受到损害。

　　有机物体变成化石的深度　1834 年,维德尔船长在爱尔兰北岸托雷岛海中测深时,发现在 50～100 英寻之间的各种深度处,有甲壳动物、海盘车和介壳动物的存在;并在果耳韦湾 230 英寻和 240 英寻的深水中,网捞着角贝。这位水道测量家,又在罗克霍尔暗礁 45～190 英寻的不同深度处,发现大量的介壳。这些介壳显然是现代的,因为还保持着它们原来的颜色。在同一区域内,在 10 英寻和 90 英寻深的海底找到一层鱼骨层,沿海的长度约 2 英里。在罗克霍尔东端 235 英寻深处,遇到鱼骨和淡水介壳的碎块混杂在一处。

　　从设得兰岛到爱尔兰北部,凡是测锤可以达到的地点,都有一片海底正在形成相类似的地层。在法罗岛以东,有一片至少 20 英里长的地区,在堆积一层连续的沙泥沉积层,其中充满着破碎和完整的介壳、海胆等,它的一般深度在 40～100 英寻之间。在这个区域的一部分（北纬 60°50′，西经 6°31′），有非常多的鱼骨，因此在取出测锤的时候，不能不连带拉出一些脊骨。我们的测量员称这一层为"骨层"，它的长度为 3.5 英里，在水下 45 英寻，并且含有少量介壳。

在不列颠的各海中，介壳和其他有机遗体，是埋在软泥和疏松沙砾里的，但是亚德里亚海，多纳提发现它们往往包裹在近代形成的岩石中。不列颠现时正在进行的海成地层和亚德里亚海沉积物之间的差别，是可以意想得到的；因为在地中海中和邻近的陆地上，有很多钙质和其他矿泉，而在我国却几乎完全没有这种现象。

我已经提过，E. 福勒斯教授用深海网捞的结果，把爱琴海按照深度的不同分成 8 个区，每一个区各有特殊的介壳群。根据生物随着深度减少的速度推断，动物生命的零点大约在 300 英寻左右。对地中海的一般情况来说，这种推断是正确的，虽然在撒丁岛和阿尔及尔之间，附着在法国海底电线上的软体动物、珊瑚和苔藓虫所处的深度，比他推断的要大得多。[1] 1870 年，卡本特和吉弗里斯曾经对从非洲海岸附近塞尤塔和欧兰之间，以及从地中海西部盆地的其他地点 400 英寻以下的海底取出的泥土，作了详细的研究，他们发现，这些泥土是由很细的黄沙和蓝色黏土混合而成，其中没有有机物质，因此可以称为无生物层。据他们说，泥土中完全缺少生物，不能完全归因于深度，因为，以前已经说过，在地中海更深的地方，曾经发现过生物。所以卡本特博士认为，从罗讷河搬来并逐渐沉落到地中海海底的极细泥土，可能有害于各种无脊椎动物的呼吸，因为大家知道，凡在河流或潮流带着细泥的地点，牡蛎就不能生存。

关于生命能在海洋中生存的最深深度，我已经在上一版中提到胡柯博士和 J. C. 罗斯爵士在南极航行中，根据南纬 71°和 78°之间维多利亚地附近的测深所确定的事实，他们说，在 200～400 英寻深的海底，有甲壳类、软体动物、龙介、海绵以及其他无脊椎动物，[2] 1860 年，麦克林托克爵士和瓦里奇博士在格陵兰和冰岛之间 1 000 英寻深处找到了海盘车。

卡本特、吉弗里斯和汤姆孙教授最近用"刺猬号"船在大西洋中进行的深海网捞（1868—1871），把下限扩充到更深的深度；汤姆孙教授在比斯开湾 15 000 英尺深的地方，找到了生物的存在，这种在海平面以下的深度，等于白山在海平面以上的高度。以上的网捞，是在法国海岸西北尤香特小岛以西约 250 英里北纬 47°38′、西经 12°08′处进行的。在捞出的软泥中，有软体动物的獐螺属和角贝属，甲壳动物和棘皮动物，其中有一种海百合，可以归入鲕状岩期很兴旺的梨百合（Apiocrinite）类型[3]。

在所有这些情况下，只需要有某些沉积物在堆积，如排泄大陆的河流、侵蚀一排海岸悬崖的海流，或者带着泥沙和漂砾的冰山所能供给的物质，无论细到如何程度，经久之后都可以形成几百英尺厚的富含有机遗体的成层地层。

我们常在海滩上看到从较老地层组成的海岸悬崖冲落的岩石中脱出的完整介壳化石标本。它们可能都是已灭亡的物种，像星散在罕布郡南岸的始新世淡水和海生介壳，

---

① Ann. des Sciences Nat. , 4 Series, vol. xv, p. 3.

② "Antiquity of man," p. 268, and Appendix H. , p. 528.

③ Royal Soc. Proc. vol. xviii, p. 429, 1870.

但是当它们和现代的介壳相混而埋在同一层泥沙沉积物之中,而这种地层后来又升出水面,在未来的地质学家看来,似乎都是属于同一时期的产物。不同时期有机遗体的混杂,过去无疑曾经有过,虽然只限于局部地区,而且是例外。然而,这种意外在地质年代学中引起的错误,可能比其他意外要严重。

以前已经提过①,最近发现在北大西洋同一纬度上同时有温暖和寒冷区域存在,其间的距离只有 20 英里。许多人曾经这样想,这样的发现,可能会削弱古生物学的证据在地质分类方面的意义。这种的忧虑是没有必要的,因为,可能与墨西哥湾流有关的南方洋流中的动物群,总的来说虽然和从北极流来的动物群不同——一个洋流含着抱球虫和透明的海绵,另一个洋流则有北方类型的棘皮动物和甲壳动物——然而吉弗里斯发现,在寒冷区域捞出的 55 种软体动物之中,44 种是温暖区域的普通物种,其中没有特殊的共生物种②。所以,地质学家主要用做他们分类根据的软体动物之中,既然有许多是两个区域所共有,那么将来比较两个区域的化石时,就不会有任何年代上的严重错误。

---

① 见本书第 247 页。
② Prestwich Geol. Soc. Add., 1871. p.47.

第四十九章　珊瑚礁的形成

珊瑚的生长主要局限在热带区域——主要的建礁珊瑚虫属——它们的生长速度——很少能在 20 英寻以下繁殖——环礁或具有潟湖的圆形礁——马尔代夫群岛——环状的成因——珊瑚礁不是以沉没的火山喷口为基础——达尔文用来解释环礁、堤礁和堡礁的沉陷学说——环礁的上风方向何以最高——沉陷说可以解释何以所有环礁的高度都近于一个水平——上升和沉陷区域的交错——进入潟湖的缺口的成因——环礁和堡礁的大小——反对沉陷说的论证——现时在珊瑚礁中形成的岩石的组成、构造和层状排列——钙质的来源——反驳现代钙质比过去多的假定的论证——结论

生物改变地壳形状和构造的力量，以珊瑚虫的工作所表现的最为特殊。我们可以把珊瑚虫在海洋中的工作，比之于产生泥炭的植物在陆地上所造成的结果，不过后者的规模比较小。就水苔来说，上部还在生长的时候，下部已经变成了矿物质，而在其中留有已经完全死亡的有机体的痕迹。珊瑚的情况大致相同；死去一代的坚固物质，变成后一代活动物生长的基础，后者又在这种基础上继续建筑同样的构造。

这种瓣状珊瑚虫的石质部分，可以比之于内部骨骼；因为它的外面总是包着一层能于自行伸展的柔软动物物质；但是受到惊吓，它们有收缩和几乎全部退入坚硬珊瑚的细孔和凹穴的能力。在海水里，它们的颜色虽然很美丽，但从海水中取出的时候，它们的柔软部分，很像一种散布在石质核心外面的褐色黏液[1]。

建筑坚硬石质珊瑚礁的珊瑚虫，只能在地球上比较温暖的区域生长，难得越过南北回归线 2°～3°，除非有特殊的环境，例如在北纬 32°的百慕大群岛就是一个例外，因为这里受墨西哥湾流的影响，海水比较温暖。加勒比海是一个多珊瑚区域。太平洋赤道南北13°之间的大范围内，盛产珊瑚，阿拉伯湾和波斯湾也是如此。马拉巴海岸和马达加斯加岛之间的海中，也有很多珊瑚。据富林德的记载，新荷兰东岸有一个长达 1 000 英里的珊瑚礁，其中有一段，毫无间断地连续 350 英里。太平洋中的某些珊瑚岛群，长从 1 000～1 200 英里，宽从 300～400 英里，危险群岛和柯兹步所谓拉达克岛都是如此；但在这些区域内，海岛总是成星散的小点，分布稀疏。

杜查生和米契罗提近来写了一篇关于建礁珊瑚的分布与海洋深度关系的简明报告[2]。一部分珊瑚虫是滨海物种，落潮时露出海面——例如 *Zoanthes* 和 *Palythoa* 两属中的许多物种。在浅水区域，珊瑚上经常有相当深的海水的地方，滨珊瑚（*Porites*）、海花

---

① Ehrenberg. Nat. und Bild. der Coralleninseln，&. c，Berlin，1834.

② Supplément au Mémoire sur les Coralliaires des Antilles. Mem. della Reale Accad. delle Scienze di Torino，série Ⅱ. tom. xxiii.

珊瑚（*Astroea*）、脑石（*Madrepora*）、*Solenastroca* 和 *Phyllangia* 等属的物种非常繁盛。脑石有时露出水面；所有这些，都可以称为亚滨海物种。从 6～10 英尺深，有 *Mussa*，*Colpophyllia*，*Lithophyllia*，*Symphyllia*，千孔虫（*Millepora*）等属；从 10～12 英尺，则有 *Dichocoenia*，*Stephanocoenia* 和 *Desmophyllum* 等属的物种。

就它们生长的深度来说，各物种的分布是很一致的。下面就要看到，据达尔文的考察，建礁珊瑚虫的居住区域，深度很少超过 120 英尺，但是杜查生在加勒比海中 600～900 英尺的深处，获得一些石质珊瑚的物种。在温带地区，像 *Caryophyllia smythi*，Stokes 一类的物种，是亚-滨海的种类；但是邓肯博士提醒我说，在设得兰附近的海中，现在有一种和它有亲缘关系的物种 *C. borealis*；这种事实，在我们推究已灭亡种类时，有深远的地质学意义。我从邓肯博士那里知道，深海和 1750 英寻深渊的珊瑚动物群的物种，在一般的解剖学方面，是和建筑堡礁和环礁的种类不同。深海珊瑚不连合成块，通常很简单而且是单生的，如果形成集合体，也是分支的。这些种类之中，没有一种在珊瑚各单体之间有巩固建礁物种所具有多孔共骨骼。这里所有近代和过去的深海珊瑚与建礁珊瑚的不同特性[①]。

图 152　脑石（*Moeandrina labyrinthica*，Lam，
即 *Coeloria labyrinthica*，Haimes）

图 153　海花珊瑚
（*Astroea dipsacea*，Ehrenb. sp.，即
Acanthastroea grandis，M. E. &J. Haimes）

建礁珊瑚虫中，以拉马克定名的海花珊瑚、滨珊瑚、石蚕、千孔虫、脑石和 *Pacillopora* 各属为最常见（见图 152～157）。

珊瑚的生长速度　关于珊瑚礁的生长速度，各人的意见很有出入。比曲船长最近在太平洋的考察，没有能获得任何海港曾在一定时间内被填满的实际资料；有几个珊瑚礁，似乎已经在大致同样的深度处维持了半世纪以上。

有人认为，红海中几个海湾和海港的淤塞，是由于珊瑚石灰岩的迅速增加；爱伦堡怀疑这种事实。他认为，港口的某些部分，偶尔被船上抛出的珊瑚沙或压舱珊瑚石所填塞，因此产生了这种观念。

百慕大群岛的当地人指出，根据传说，某些现时在海中生长的珊瑚，已经在同一地点生活了几个世纪。有人认为，其中的一部分，可能和欧洲最古的树一样古老。爱伦堡也曾经看到脑石和蜂窝珊瑚属的球状单生珊瑚，直径从 6～9 英尺；（他说）"这种珊瑚一定

---

① 　P. M. Duncan, Coral Faunas of Europe, Quart, Geol, Journ. Soc. p.

图 154　石蚕（*Madrepora muricata*，Lin.）的分枝尖端

图 155　*Caryophyllia fastigiata*，Lam. 即 *Eusmilia fastigiata*，Haimes

非常古，它们可能已经生活了几千年，法罗亚在红海看见的可能就是这些个体"[1]。他又说，可见它们在上面生长的珊瑚礁的增加速度是非常慢的。采集了 100 种以上的标本之后，他发觉没有一种上面有寄生的植虫，也没有任何活珊瑚生长在其他活珊瑚上的现象。某些大的脑石和其他陈列在我们博物馆中的物种之所以有美丽的对称，是由于它们在活的时候有排斥所有其他同类的能力。但藤壶和龙介能于附着在活珊瑚外皮组织上，钻孔的软体动物，也可能在它们之中钻出小孔。

图 156　滨珊瑚（*Porites clavaria*，Lam.）

图 157　*Oculina hirtella*，Lam

　　在南太平洋塔奥坡托岛的 7 英寻深处，有一个大约在 50 年前沉没的船锚，它还保存着原来的形状，但是盖满了珊瑚结壳[2]。这个事实似乎也表示生长速度的缓慢，但是要准确估计它的平均速度，一定很困难，因为不但不同的物种有不同的生长速度，而且每一个物种所处的环境，如离水面的深度、光度、水温、沙泥量和有无碎浪等，都有关系；碎浪对某些物种的生长有利，但对另一些物种却很有害。我们也应当指出，某些珊瑚礁的显然稳定情况——据比曲船长说，它们可以在水面以下同样深度处维持几个世纪——可能是由于沉陷，珊瑚的向上生长速度，刚好等于珊瑚虫建筑的坚固基础的沉陷速度。我们以后将要看到，我们怎样还可以用环礁区域的其他证据来证实这种臆说。

　　普伦提斯少校发现，在马尔代夫群岛中有一个长满椰树的小岛，在几年之内完全盖满活珊瑚和石蚕。据本地人说，在几年以前，这里原是一个小岛，由于海流改向，小岛被冲毁了，可见这一层珊瑚是在短期内形成的[3]。奥伦博士在马达加斯加东岸所做的实验，

---

① 见以前引的爱伦堡著作。

② Stuchbury, West of England Journal, No. i. p. 49.

③ Darwin's Coral Reefs, p. 77.

也证明珊瑚有可能在半年内生长 3 英尺[①]；所以，在有利的环境下，增长的速度并不很慢。

我们切不可以为，所谓珊瑚礁的钙质块体，完全是由珊瑚虫所造成，无数的介壳，其中有我们已经知道的最大和最重的物种，对于块体的扩大都有贡献。在南太平洋，几乎所有的珊瑚礁，都盖有大量的龙介、牡蛎、壳菜、*Pinnoe Marinoe*，刺扁口蛤（*Chamoe*）或砗磲蚌（*Tridacnoe*）和其他介壳；在珊瑚岛的海滩上，可以看到棘皮动物的壳和甲壳动物的碎片。在透明的蓝色海水下面，常有大量的鱼群，它们的牙齿和硬腭骨，一定常被保存，虽然它的软骨可能腐烂。

德国自然科学家福斯特在 1780 年曾经和柯克船长作了一次环球旅行；他在旅行之后说，珊瑚动物有能力从很深的海中造出一个陡峭而近于垂直的墙壁，富林德船长等后来也采纳了这种观念；但是现在一般都相信，大部分珊瑚虫不能在很深的海水中生存。

达尔文的结论是，最有能力的建礁物种，其繁殖深度很少超过 20 英寻或 120 英尺。但据柯兹步说，在某些湖水激动极少的潟湖中，在 25 英寻或 150 英尺深处，也有活的珊瑚层；但是这些珊瑚可能开始在浅水中生活，后来随着礁的沉陷而下沉。在更深的海中，有时甚至于可以达到 180 英寻，也有许多种具有钙质和角质梗的珊瑚虫；但是它们似乎不能造成石质的珊瑚礁。

珊瑚礁的形状是多式多样的，但在太平洋中，最奇特和最多的一种，是一条围绕着一个浅湖或静水潟湖的狭窄环形或椭圆形陆地，湖中盛产珊瑚虫和介壳动物。环状礁的高度，仅仅露出海面，四周被深海和往往深不可测的大洋所包围。

图 158　惠脱生台岛的全景（比曲船长）[②]

附图（图 158）表示这种环形岛之一的形状，它仅仅升出水面，上面长着椰树和其他树木，并且包围着一个静水的潟湖；湖水的鲜艳绿色和周围海洋的深蓝色，形成明显的对照。

这里附的剖面（图 159），可以使读者了解这种岛的一般形状。

图 159　珊瑚岛的剖面

a. 岛的可住部分，由包围着潟湖的一狭条陆地所组成。b. 潟湖。

图 160 是用较大的比例尺，说明珊瑚岛剖面的一小部分。

图 160　珊瑚岛的部分剖面

a. 岛的可住部分。b. 岛边的斜坡，以 45° 的倾角斜入 1500 英尺的深海。c. 潟湖的一部分。d. 潟湖中的珊瑚墩，上有珊瑚的悬垂体，很像大柱的柱头。

---

①　Darwin's Coral Reefs, p. 78.

②　Voyage to the Pacific & c. in 1825—1828.

在太平洋航行中,比曲船长考察了 32 个珊瑚岛,其中 29 个的中央有潟湖。最大的一个直径 30 英里,最小的不到 1 英里。由于建礁珊瑚虫的积极活动,所有的礁都在扩大,它们似乎在向水面逐渐扩充,以便使他们构造的沉没部分露出水面。环礁的风景,不但奇特而且优美。一条几百码宽的狭窄陆地,长满着很高的椰树,上面笼罩着蔚蓝的天空。翠绿陆地的外缘,有一带闪烁的白砂,白砂的边缘,包围着一圈雪白的碎浪,再外面是不断荡漾着的深色海水。内部的海滩,包围着一个静水潟湖,湖底大部分盖着白沙,如果受到垂直阳光的照射,显出最鲜艳的绿色①。某些珊瑚虫物种,大部分在潟湖中繁殖,另一些则在碎浪澎湃的外缘生长。达尔文说,"冲击外岸的海洋碎浪,似乎是不可战胜的敌人,但是我们看见它抵抗,甚至于击败这种敌人,而所用的方法,初看起来非常脆弱而无力。碎浪是永无宁息的,贸易风激起的大浪,也从来不会停止。这里的碎浪,比我们温带区域的更为猛烈,凡是看见它们活动的人都会感觉到,这样的巨大力量,最后一定可以摧毁花岗岩和石英组成的岩石。但是这些低平而不显著的珊瑚小岛,却维持着阵地,而且成为胜利者,因为这里有另一种对抗力量参加了斗争。有机的力量,把泡沫状的碎浪中所含的碳酸钙原子,逐一分出,然后把它们结合成对称的构造;无数建筑师,夜以继日地,逐月地在工作着;我们眼看着它们的柔软胶质身体,通过生命规律的作用,在那里战胜了海洋波浪的强大机械力量,而这个机械力量却是人类的技能和自然界的无机力量所无法抵抗的"②。

由于珊瑚动物必须连续浸在盐水里,它们不会用自己的力量升出最低潮位以上。和柯兹步一同航行的自然科学家查米索,对珊瑚礁变成露出海面的岛屿的方式,作了如下的描写:"当珊瑚礁达到在低水位时,近于露出水面的珊瑚虫就停止继续建礁。在这条线上,可以看到连续成片的坚固岩石,它们是由经过粉碎的介壳所产生的钙质沙胶结的软体动物的介壳、棘皮动物以及它们折断的刺和珊瑚碎屑所组成。太阳的热,常常晒热干燥时的石质块体,使它破裂,因此波浪的力量可以把它分成往往长达 6 英尺、厚 3~4 英尺的珊瑚大块,推到礁上,这样一来,堤脊逐渐加高,到了最后,一年之中只有大潮的季节才会被海水淹没。在此之后,钙质沙不再受到波浪的侵犯,造成一种土壤,供给由波浪冲来的树木和植物种子的迅速生长,从而遮蔽了耀眼的白色地面。海流从其他地方或岛屿带来的完整树干,在海中漂流了许久之后,终于在这里找到了休息场所;同树木一起运来的某些小动物,如昆虫和蜥蜴等,成为岛上的第一批居民。在树木成林之前,海岛也已经到这里来安身;失群的陆栖鸟,则在草丛中避难;经过很久之后,其时上述工作早已完成,人类才始出现,并在肥沃的土地上建造他们的茅屋"③。

照以上的叙述,坚硬的石块似乎完全是由沙所胶结的介壳和珊瑚所组成;但据观察,礁的最高和最新部分,也有只可能由化学沉淀产生的致密石灰岩块。阿格西斯教授也对我说,他对佛罗里达礁(这个礁证明下面就要讨论的达尔文的环礁学说)的观察使它深信,大块的开裂,不是像查米索所推想那样由于受太阳热的影响而收缩的结果,而是由于

① Darwin's Journ. &c. p. 540, and new edit. of 1845, p. 453.
② Ibid., pp. 547, 548, and 2nd edit. of 1845, p. 460.
③ Kotzebue's Voy., 1815—1818, vol. iii., pp. 331—333.

穿石蜊和其他钻孔介壳所钻的无数小孔。碳酸钙可能主要来自珊瑚和介壳的分解；因为动物质在腐烂的时候，钙质的残余物，一定在很有利于沉淀的环境下被分离出来，特别在有其他钙质物质存在的时候，如介壳和珊瑚之类。有机体就是这样被包围在坚硬的胶结物之中，成为石质块体的一部分[1]。

在比曲船长所考察的环礁中，死珊瑚形成的环状狭窄陆地，即从海洋波浪冲刷的地方到潟湖的边缘，宽度都不超过半英里，一般大约在三四百码左右[2]。潟湖的深度也各不相同，比曲船长进去的几个，深度从 20～38 英寻。环礁还有两种最显著的特征：第一，死珊瑚带的向风方向，总是最高；第二，在礁的某一点，一般都有一个相当深的缺口，成为从海洋进入潟湖的航道。这种航道的成因，以及它和珊瑚区域沉陷的关系，以后就要讨论。

马尔代夫和拉克代夫群岛　印度洋马尔代夫群岛中的各珊瑚礁或小岛（图 161），在马拉巴的西南，形成一个正南北向长达 470 英里的长链，平均宽度约在 50 英里左右。整个长链是由一系列环形的珊瑚小岛群所组成，较大岛群的最长直径，约从 40～90 英里。附图是霍思保船长测绘的；据他说，每一个圆圈或环礁外面，都有珊瑚礁，有时远达两三英里，再向外，海水很深，测锤不能达到海底。在每一个环礁的中央，都有一个 15～49 英寻深的潟湖。各环礁之间的海峡，测锤在 150 英寻左右甚至于在 250 英寻以上还达不到海底，但在莫亚斯培船长的测量期间，测锤在 150 英寻和 200 英寻处遇到了海底。这是印度洋或太平洋中两个很显明的环礁之间测锤达到海底的仅有实例。

这个群岛中各环礁的形状是非常特殊的，它们不是由一个连续的环礁所组成，而是一圈小珊瑚岛的集合体，小岛的数目有时在 100 以上，每一个小岛都是一个围绕着盐水潟湖的环形珊瑚条带。达尔文认为，较大的环礁破碎成了许多小块，每一个小块，又在相同原因的影响下，形成与母礁构造相同的特别外形。许多小圈的直径，往往超过 3 英里，甚至于达到 5 英里，一部分位于主要的潟湖之中；但是只有在海水能通过缺口自由进入外圈时，才有这种现象。

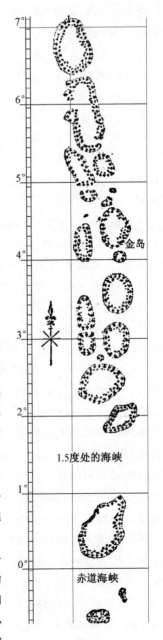

图 161

---

① Stuchbury, West of England Journ. No. i, p. 50, and P. M. Duncan, Quart. Journ. Geol. Soc., Nov. 1864. p. 360.

② Captain Beeckey, part i, p. 188.

马尔代夫群岛的岩石，是由破碎介壳和珊瑚形成的石灰岩所组成，其性质与海滩上取到的松散物质相同；这种松散物质，如果露在空气中几天，也可以变硬。石灰岩有时是破碎介壳、珊瑚、木块和椰子壳的集合体。

拉克代夫群岛在马尔代夫群岛以北，也像在南面的查戈斯群岛一样，和后者成一直线，所以它们可能属于同一个山顶上盖着珊瑚石灰岩的水下山脉。

环形的成因——不是起源于火山　如此之多的珊瑚礁有圆形或椭圆的形状，每一个礁的中央又都有一个潟湖，以及它们的四周都包围着深海，当然引起一种观念，认为它们不过是长满了珊瑚的水下火山喷口的顶部；在较早的几版中，我也主张过这种学说。我现在虽然要说明这种意见必须放弃的原因，但是指出我过去拥护这种见解的根据，还是有意义的。第一，我以前说过，在太平洋的珊瑚区域，有许多活动的火山，而在有些地方，如甘比尔群岛，在四周有环礁的潟湖中，伸出许多由多孔熔岩组成的岩石，它的形状，很像有史期间在圆形的散托临湾中出现的两个叫作凯敏尼岛的喷发锥。我也说过，如在南设得兰岛、巴伦岛和其他火山形成的岛屿，外锥的壁上，都有一个狭窄的裂口，船只可以从这里通过，进入圆形的海湾；一个珊瑚岛，往往同样也有一个进入潟湖的深水航道；潟湖本身，似乎代表海湾，环形珊瑚礁，使我们想到火山喷口的边缘。最近达尔文的确也指出，太平洋中加拉帕戈斯群岛的许多火山喷口，都是南面最低，有时破坏得很厉害，所以，如果它们被水淹没，并且包上一层珊瑚结壳，它们的形状很像环礁[①]。

我过去为这种学说作辩护时所提出的另一论证，是根据爱伦堡的资料。他说，红海中的许多珊瑚礁是方形的，另外有许多是条带状的，但是顶部平坦，没有潟湖。红海中珊瑚虫的属和许多种，既然和其他各处建筑潟湖岛的种类完全相同，因此环礁的形成，以及它们的特殊形状和在深海中的位置，并不是受建礁珊瑚虫本能的指导，而是决定于海底的轮廓；在自然界中，这种轮廓，最接近于淹没的高峻火山锥。一部分环礁的巨大规模，的确远超过一般的海底火山喷口，于是一部分人往往利用这一缺点，作为反对火山说的重要论证。至于如此之多的环礁都有相同的高度，或者刚好和海平面相平，并不难解释，只要我们一直不知道建礁的物种不能在深于 25 英寻以下的水中生存的事实。

可以用沉陷来解释　达尔文考察了地球各部分的各种珊瑚建造之后，放弃了珊瑚礁的形状是代表原来海底形状的见解。他提出了新的意见来替代过去的假定，就是说，他否定了死珊瑚的圈是生长在圆形或椭圆形山脊的岩石上，也否定了潟湖是相当于先存的洼地；按照新的意见，潟湖的位置，恰好是一个火山岛屿的最高部分，或者是浅洲的顶部；这种见解，初看起来似乎极不合理。

现在把有利于他的新见解的事实和证据摘录如下——除了那些包围着潟湖的干燥珊瑚圈之外，还有一种形状和构造和它相同，但是围绕着高山岛屿的珊瑚圈。凡尼卡罗岛就是后者的实例之一（见图 65）；这个海岛是因为拉裴罗斯船（La Peyrouse）的遇难而著名；岛屿的四周离岸两三英里处，都有珊瑚礁，礁和海岸之间的海湾深度，一般在 200～300 英尺之间。所以这个海湾等于潟湖，不过当中有一个海岛。在塔希堤岛，我们同样看到一个四周边缘围绕着湖或平静盐水带的多山陆地，湖和海洋之间隔着一条珊瑚堤礁，礁的外缘不断

---

① Darwin' Volcanic Islands, p. 113.

地受到碎浪的冲击。新荷兰东面的新喀里多尼亚岛，四周也是被一个 400 英里长的珊瑚礁所围绕；这是一个狭长的海岛，一部分由花岗岩一部分是由三叠纪的砂岩所组成。这里的珊瑚礁，不但围绕着岛的本身，而且也包围着在海底向同一方向延伸的岩石山脊。所以，在这种情况下，没有人再会主张珊瑚礁是用一个火山喷口的边缘为基础的了，因为它的中央有一个由花岗岩和砂岩组成的山或岛屿。

以前曾经提到，平行于大洋洲东北海岸，有一条延长将近 1 000 英里的大堡礁；这是另一个平行海岸延伸的珊瑚礁的最显著的例子。它和大陆之间的距离，大约从 20～70 英里，包围在里面的海港深度，一般在 10～20 英寻左右，但在一端，则从 40～60 英寻。据裴克斯说，如果不是被新几内亚南岸各河流带出的沉积物在海岸附近形成的泥质海底所拦阻，这个大礁可能还会向前扩充[1]。

所以我们已经讨论了两类珊瑚礁；第一类是环礁，第二类是堤礁和堡礁，它们的构造完全相同，唯一的区别是：环礁完全没有陆地，堤礁或堡礁则包围着陆地。但是此外还有第三类珊瑚礁，达尔文称它们为"裙礁"，它离陆地的距离比堤礁和堡礁近得多，事实上几乎和陆地相接触，中间没有留下像泻湖那样的空间。"这一类珊瑚礁之所以没有完全和陆地相接触，似乎有两种原因：第一，接近海滩的水，被海浪搅混，不利于珊瑚虫的生长；第二，较大和较有能力的种类，只在外缘的海洋碎浪中繁殖"[2]。

我们应当可以承认，在环礁与堤礁和堡礁中，珊瑚形成的狭窄陆地的构造和位置既然如此相同，如果不把它们合并讨论，很难得到满意的结果。如果我们先讨论堤礁和堡礁，没法说明珊瑚虫怎样找到它们开始建礁的海底，我们立刻就要遇到极大的困难。邓比尔早已说过，高地和深海的同时存在，是一个普遍的事实。换句

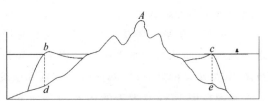

图 162　一个有珊瑚堤礁的海岛的剖面示意图

A. 海岛。*b*,*c*. 堤礁的最高点，礁和海岸之间
有一个被静水所占据的区域。

话说，向海岸作陡峭倾斜的山坡，一般以同样的坡度伸入海洋。但是如果在离陡岸几英里的珊瑚礁外缘，如图 162 的 *bc*，向下画一条垂直线到基岩 *de*，其深度一定比建礁珊瑚能于生存的限度超过几千英尺，因为我们已经知道，它们在海面以下 120 英尺就停止生长。直接在 *bc* 两点以下的岩石原来有 *de* 两点那样深，不仅可以从邓比尔的规律推得，而且也可以用测锤在礁的外面达不到海底或者只有在很大的深度才达到海底的事实来证明。总而言之，陡峭海岸附近有深海，是意想得到的；礁上以及礁和陆地之间有浅水，显然完全是由于珊瑚的存在而产生的非常现象。

详细研究了以上叙述的一切现象之后，达尔文提出了一种学说，这种学说现在已被普遍接受。他说，制造珊瑚的水螅，在海岛周围中度深的水中开始建筑；在它们还在工作的时候，海底逐渐向下沉陷，因此它们的大厦基础虽然不断地下降，它们的上层建筑还是继续在加高。所以，如果沉陷速度不是太快，始终在增长的珊瑚，会继续达到水面；整个

---

[1]　Quart. Journ. Geol. Soc. 4, xciii.

[2]　Darwin's Journ., p. 557, 2nd. edit. chap. 20, and Coral Islands, chapters 1,2,3.

块体经常在原有基础上增加高度，但不移动位置。海岛中凸出海面的陆地却不然：每损失 1 英寸，就无法挽救地消失了；在下沉的时候，海水一尺一尺地侵上海岸，往往直到原来海岛的最高峰完全失踪为止。于是以前的陆地的位置，现在被潟湖所占据，但是外围的珊瑚礁除了大小略有收缩外，位置却维持不变。

堤礁和环礁就是这样形成的。为了证明他的见解，达尔文提出了许多中间类型的实例，从高峻的海岛，如有珊瑚礁围绕的奥太海特岛，到潟湖中有几个山峰露在水面的甘比尔群岛，最后则为中央有一个几百英尺深的潟湖、外面围绕着从深不可测的海洋中升出的珊瑚礁的正式环礁。

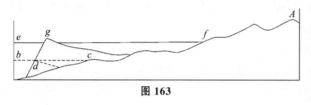

图 163

如果我们接受这种意见，在珊瑚不断增长的区域中，同样的沉陷，显然也会沿着大陆的海岸产生一个堡礁。假定 A（图 163）代表大洋洲的东北部，bc 代表珊瑚礁 d 形成时的古代水平。如果陆地向下沉，因此海岸逐渐被淹没，海水最后可以达到 ef 线，同时陆续在扩大的珊瑚礁也升到 g 点。海岸 f 和堡礁 g 之间的距离，现在比原来海岸 c 和堡礁 d 的距离大得多，沉陷的时期愈久，大陆的海岸后退愈远。

本书英文版第一版在 1831 年出版的时候，即在达尔文考察他的学说所根据的事实之前几年，我也认为太平洋中环礁很多的部分，海底是在沉陷，当时我没有想到，这样的沉陷，如果承认的话，可以同样解决环礁和堡礁形状的隐谜。

我现在把 1831 年发表的内容摘录如下——在如此辽阔的东太平洋区域内，除了点缀着无数极小的岛屿外，竟没有一个比奥太海特岛、奥怀希岛，以及其他过去有或者现在还有活动火山的海岛更大的陆地，的确可以令人惊奇。如果地震的上升力和沉降力维持平衡，太平洋不久就可以形成许多大岛，因为在这种情况下，石灰岩的生长、熔岩的流溢和火山灰的喷射，都会和上升力通力合作，形成新的陆地。

"假定有一个 600 英里长的珊瑚礁，在下沉了 15 英尺之后，停止活动 1 000 年，在此期间，逐渐增长的珊瑚，又会重新达到水面。如果整个礁后来又上升 15 英尺，使原来的珊瑚礁恢复原位，于是从第一次沉陷之后形成的新珊瑚，将组成一个 600 英里长的海岛。如果在沉没之后，老珊瑚礁上被 15 英尺厚的熔岩所掩盖，也可以产生同样的结果。所以，太平洋中没有较大的陆地，似乎表示，目前地震在地球这一部分产生的沉陷幅度，超过了同样原因造成的上升"。

在以前几版中，我曾经用以下的几段文字来指出从环礁构造得来的另一种关于沉陷的证据。比曲船长说"太平洋的低珊瑚岛，有一个一般的规律，就是说，它的向风方面总是比较高也比较完整。在甘比尔和马提尔达岛，这种差别特别显著，两处的迎风方向，都长满了树木，在甘比尔岛还有人住，但在背风方向，则被淹在水面以下 20～30 英尺；水下的部分，都同样狭窄而且界线分明。潟湖的进口，正在背风方向；它们有时虽然向着风，如在包岛，但是没有一个在向风方向"。比曲船长的这些观察，与霍思保船长以及其他水道测量家在其他海洋中看到珊瑚岛完全相同。幸而有这种情况，船只才能在那里自由进出;如果狭窄的入口在向风方向,进入潟湖的船只,要费几个月工夫才能驶出。许多这种环礁之所以成为著名的安全港湾,也全靠这种特殊构造。

用什么理由才能解释这种奇特的构造呢? 波浪作用似乎是某些环礁向风方面有较高高度的原因,因为碎浪不断把珊瑚石的沙粒和碎块冲上海岸;但在许多情况下,仅仅这种原因还不足以解决问题;因为海的运动,对浸在相当深的海水中的珊瑚礁,不能发挥多大力量,然而它们也有同样的构造,背风方向总是低于向风方向[①]。

金船长告诉我说,在考察大洋洲西北岸附近所谓罗里浅洲的珊瑚礁的时候,由于这里有东西两个方向交替的贸易风,他发现一个月牙形的礁——英浦里斯礁——缺口向东,另一个礁——莫梅得礁——缺口却向西;还有第三个椭圆形的礁,完全淹在水面以下。风向有周期性变化的地方,这种差别是意想得到的。

"我们虽然假定珊瑚礁可能以海底火山的喷口为基础,但是现在考虑的现象,似乎不可能用海底火山轮廓的一致性来说明;因为火山喷口普通虽然只有一个缺口,但是我们无法想象出一种原因来说明何以这种缺口都在一个方向。但是如果我们利用火山作用的另一部分——地震引起的沉陷——这种困难可以得到解决。假定波浪的机械作用,使向风方面的堤岸比背风方向高出两三码之后,整个海岛下沉几英寻,于是被淹没的珊瑚礁,就会呈现上述的形状。如果一个珊瑚礁反复交替升沉(这是与类似法绝对相符的一种臆说),两边的差别可以愈变愈大,特别是在迅速涌出的潮水,有阻止背风礁上的纤弱珊瑚继续堆积的趋势,而碎浪的作用,反而在帮助升高向风方向的堤岸"。

在我注意到以上列举的海底沉陷运动的迹象以前,麦克罗奇博士,比曲船长和许多其他作者都曾指出,在红海、太平洋各岛和东西印度群岛中,有许多已经露出海面的近代珊瑚层,其露出高度各处不同。描写了太平洋中 32 个珊瑚岛之后,比曲船长说,除了一个之外,全部都是由活珊瑚形成,这个例外的岛,虽然由珊瑚层所组成,已经升出海平面以上约 70 英尺或 80 英尺,四周围绕着一个活珊瑚的礁。这个岛叫作依里沙白岛或汉德孙岛,长 5 英里,宽 1 英里。它有平坦的表面,除了北面之外,四周都有 50 英尺高、完全由死珊瑚组成的海岸悬崖;死珊瑚多少呈多孔状,表面像蜂窝,逐渐固结成致密的钙质块体,其中有次生石灰岩的裂缝,并含有一种千孔虫。这些悬崖,受到波浪的深度暗掘,一部分覆盖在悬崖上的悬垂重体,似乎立刻就要倒入海中。受暗掘较少的部分,没有交替的山脊,也没有表示在不同时期曾经被海洋占据的痕迹;但是只有一个平坦的表面;整个岛似乎是被一个大的地下震动推了上来[②]。离岛几百码以外,200 英寻的测线没有能触到海底。

图 164 依里沙白或汉德孙岛

附图 164 是博罗索姆船的史密斯少校寄给我的。从这张素描可以看出,在岛的中部,树木一直延展到海滩,悬崖在这里似乎有一个裂口,初看起来很像通常进入潟湖的缺

---

① Voyage to the Pacific, &c., p. 189.

② Beechey's Voyage to the Pacific, &c., p. 46.

口;但是这些树木是长在山坡上的,看不出有古代潟湖的洼地。比曲也说过,汉德孙岛的表面是平的,同一个群岛中但在水下的查罗特皇后岛,也没有潟湖,珊瑚的生长把整个地面铺成同样的水平。中央盆地或潟湖消灭的可能原因,以后再行讨论。

达尔文说,只要回想到两种事实,就可以断定太平洋和印度洋中常有环礁的海底,一定久已在下沉;第一,有能力建礁的珊瑚虫,不能在 120 英尺以下的海洋中繁殖;第二,在几十万平方英里面积内,无数完全由珊瑚组成的岛屿的高度,都不能用风和波浪对破碎和粉碎珊瑚的作用来说明。如果无条件承认,自从珊瑚开始生长时起,海底始终没有变动,那么我们不得不假定,无数海底高山(因为在各个环礁之间海水总是很深,往往深不可测)的山顶,全部原来都在海面以下 120 英尺范围以内,而且没有一个曾经升出水面。但是我们一旦接受了沉陷说,这种大困难就不存在了。各个海岛的高度,或者个别山脉的不同山峰的高度,无论相差怎样大,它们都可以由于最高山峰的逐渐淹没和较低山顶下沉时有钙质覆盖层的堆积,而达到同样的水平。

潟湖的入口 在描写环礁和堤礁的一般形状时曾经提到,几乎所有的珊瑚礁,都有一个狭窄的深水航道通入潟湖或通入堤礁和海岸之间的静水部分,而退潮时从湖内涌出的海水,使它们不至于封闭。

根据沉陷说,这种水道的起源,必须追溯到堤礁存在的时期或湖中还有岛屿或山顶升出的时期尚在活动的各种作用,因为,就形成次序来说,堤礁先于环礁。在太平洋中,凡是有足够水量可以形成小河的岛屿,河流的淡水必定通过周围珊瑚礁的某一点入海,在这种地点,一般总有一个缺口或航道。航道的深度,难得超过 25 英尺;比曲船长说,这种现象可能是由于淡水不适于建礁珊瑚虫的生长,也可能是由于缺少它们可以用来建筑石礁的矿物物质[1]。

达尔文却指出,河底的泥土,对于阻止水螅生长的影响比淡水更为重要,因为缺口两岸的石壁是垂直的,如果介质的性质是珊瑚虫繁殖的唯一障碍,它们应当做平缓的倾斜。

礁中的缺口这样形成之后,落潮时从这里涌出的海水,阻止它封闭;因为如果一个珊瑚礁的高度只要比低水位高几英尺,便足以使高潮时的海水积在潟湖内,到了退潮的时候海水就从一个或几个最低或最弱的地点冲出。这种情况,和我们在河口湾所见的情况完全相似;涨潮期间在河口积聚的海水,可以在落潮时很快地流出,并在河口几乎常有的沙堤中冲出或掘开一个相当深的水道。一个珊瑚礁,最初可能有许多缺口,但是珊瑚的生长,趋向于堵塞所有非主要的排水通道;因此数目逐渐减少,最后只留一个。主要的缺口,一般面向着被包围的海岛中的一个大河谷,而且在岛的海岸和外礁之间,往往有深水;这种事实,无疑地说明了无数已经失去了核心陆地的环礁常有一个航道的真正原因。

环礁和堡礁的大小 环礁的大小不一,据说比曲在太平洋中看到的最小几个,直径只有 1 英里。如果它们的外坡角度平均是 45°,那么在 0.5 英里或 2 640 英尺深处的环礁,将有 2 英里的直径。所以每一环礁似乎都有缩小的趋势,除非水平的振荡,在原来的石灰岩锥周围堆积一个碎屑物质的崖堆,从而扩大了珊瑚生长的基础。

据比曲船长的描写,包岛的圆周约 70 英里,最大的直径是 30 英里,但是我们知道,

---

[1] Voyage of the Pacific, &c. , p. 194.

马尔代夫群岛中有几个环礁比它更大。

　　因为一个下沉的岛屿或大陆海岸从珊瑚礁后退的速度,随着陆地表面坡度的陡峻或平缓程度而有快慢,因此我们不能用离海岸的距离,作为测定珊瑚厚度的依据;但照一般的规律,离陆地最远的礁,表示最大的沉陷。富林德说,大洋洲东北的一部分堡礁,离陆地70英里,在这里堆积的钙质建造,南北的长度似乎有1000英里,宽从20~70英里。在这个广大的范围内,它当然不是连续的,因为大陆和珊瑚礁之间的无数岛屿,无疑是逐一被淹没的,到现在为止,还有几个露在水面以上,南纬9°54′的莫雷岛就是其中之一。据说,包围在堡礁内的一部分海湾,深达400英尺,所以建礁的珊瑚,不能在那里生长,在海湾的其他部分,岛屿似乎被礁所包围。

　　按照沉陷说,倘若海底的下沉不是太快,能让珊瑚虫用同样的速度向上建筑,珊瑚的厚度,将随沉陷的速度比例增加,所以,如果一个区域下沉2英尺,另一个区域下沉1英尺,那么在第一区域中的珊瑚厚度将双倍于第二区域。但是沉陷运动,一般一定很慢而且很均匀,或者在有间歇的地方,一定有许多次沉陷,每次下沉的幅度很小,否则海底的下沉速度将比珊瑚向上建筑的速度快,于是岛屿或大陆将永远被淹没在120英尺或150英尺的深水下,使有力的建礁珊瑚无法生存。因此,如果必须有3000英尺或4000英尺有时甚至于更大的沉陷,才能说明全部现有的环礁的情况,我们的结论必定是,这个广大的区域,一定发生过缓慢而逐渐的下沉。这种推断和地质学家对上升运动——根据各处较老岩石中看到的大规模剥蚀作用——所采取的见解完全一致。这种上升运动,也一定曾经在无限长的时期内逐渐不断地进行,使海洋的波浪和海流,有足够时间发挥它们的力量。

　　达尔文绘制的世界珊瑚礁的地理位置一览图,有极大的地质意义。如果我们赞成环礁和堡礁是表示现代的沉陷、而裙礁是证明陆地的稳定或上升的学说,我们就可以用这张图来做极好的概括。他在图上用不同的颜色表示这两类珊瑚建造,因此揭露了一种可注意的事实,即在沉陷区域内,没有活动的火山,但在上升区域,却常有它们的存在。在1842年达尔文写这本书的时候,这种意外的巧合,似乎有一个例外,据说当时在大洋洲北端托列斯海峡中,即在沉陷区域的边缘,有一个火山;但据后来的调查,这是不正确的。

　　所以我们可以看到两类现象的明显关系,第一是时常从喷口和裂隙喷出的火山物质与地壳的膨胀或上升之间的关系,第二是地下热的休止和较弱的发展与沉陷之间的关系;这种沉陷的幅度相当大,足以使高山消失于广大的海平面以下,只留下渺小星散的潟湖岛或成群的环礁,表示那些曾经在这些地点存在的大山。

　　复查上述地图上的不同颜色的珊瑚礁,我们可以看出,许多大区域以上升为主,另一部分则以沉陷为主,这两个区域是互相交错的,此外还有几个有振荡运动的小区域。如果从南美洲西岸开始,我们在安第斯山顶和太平洋之间(这是一个地震和活动火山区域),可以找到近代上升的标志,由于这里没有珊瑚建造,所以是用升出海面以上的海栖介壳层来证明的。向西前进,我们经过一个没有海岛的深海,最后才遇到一组环礁和被珊瑚包围的海岛,其中包括危险群岛和社会群岛,它们组成一个超过4000英里长和600英里宽的沉陷区域。更远一些,在同一方向,我们达到一连串的岛屿,其中有新赫布里底、所罗门和新爱尔兰诸群岛,这里的裙礁和升起的珊瑚层,表示另一个上升区域。再向西,在新赫布里底群岛以西,我们遇到新喀里多尼亚的堤礁和大洋洲的堡礁,它们表示第二个沉陷区域。

到现在为止,对环礁说唯一值得注意的反对意见,是麦克拉伦提出的①。他说,"外缘坡度很陡的珊瑚岛以外,有时用 2 000 英尺或 3 000 英尺的测线,都不能达到海底,况且这种情况并不少。因此这一类的珊瑚礁,应当也有这样的厚度;达尔文的图解,也表示他了解这种情况。如果海面以下有这样厚的珊瑚层,那么陆地上某些地方,也应当可以找到这样厚的珊瑚层;因为我们已经有证据可以证明,地质学家到现在为止已经考察过的陆地,都曾经一度被海水淹没过。但是我们知道,无论从苏门答腊到日本,或西印度群岛的大火山山脉中,以及任何已经考察过的地方,都没有超过 500 英尺厚的珊瑚层"。

考虑这种反对意见的时候,我们必须处理的第一个问题显然是:地质学家是否发现过有所要求的厚度和构造的钙质块体,或者是否发现过环礁升出海面后所应有的那种厚度和构造?简单地说,我们一方面必须决定一定是由在潟湖岛或堡礁中生长的珊瑚所形成的岩石的内部成分,另一方面必须决定珊瑚礁逐渐升到很高的高度后可能保持的外观形状——这种工作不像一般想象的那样容易。如果读者的想象中认为,纯粹由珊瑚组成的巨大块体,可以堆叠成几千英尺的地层,他无疑完全误解了现在正在进行的堆积的性质。第一,现在在大洋洲和新喀里多尼亚堡礁范围内的广大海底上形成的地层,主要是钙质沉积物的水平层,但是各处都混杂有由河流从附近陆地带来的、或者由波浪和海流从海岸悬崖冲下来的花岗岩和其他岩石的碎屑。第二,至于在环礁外缘最为繁盛的建礁珊瑚虫,也只建筑几英尺厚的礁。在边缘以外,碎浪常把珊瑚的碎块和钙质沙,散布在向海的陡坡上,况且在继续沉陷的时候,第二层的活珊瑚,并不全部垂直地生长在第一层上面,只在这上面占据一个狭窄的环形地带,正如以前所说,在海底下沉时,珊瑚礁的大小经常在收缩。第三,在潟湖中,钙质物质的堆积,主要是沉积的,这是较软珊瑚质分解后所形成的一种白垩质泥土,其中混杂有风和波浪从周围环礁上冲刷下来的钙质沙。在局部地点也可以找到丛生的活珊瑚;在珊瑚与细泥和沙中,还夹有无数各式各样的介壳以及介壳和棘皮动物的碎块。

我们应当感谢纳尔孙少校的发现,他说,在百慕大群岛中,珊瑚和珊瑚藻分解后形成的钙质泥,很像欧洲的普通白垩②,但在显微镜下,它们是有区别的,后者是由海流运到远处而散布在广阔海底上的物质。我们也已经有机会看到升起的环礁,如依里沙白岛、汤加群岛和哈北岛,它们升出海面的高度从 10 英尺到 80 英尺;它们的岩石构造以及包含的珊瑚虫和介壳的保存情况,与地质学家所知道的某些最老石灰岩,没有任何区别。比曲船长说,依里沙白岛中的死珊瑚"表面上多少呈多孔或蜂窝状,并且硬化成具有次生石灰岩裂隙的致密岩石"③。

据杰克博士的叙述,苏门答腊附近高约 3 000 英尺的普罗·尼亚斯岛,从海岸到最高山顶的各种高度上,石英质和砂质岩石的表面上,都盖着珊瑚和大刺偏口贝的大介壳。

据裴克斯说,印度洋中的摩尔岛的海岸悬崖,是上升的珊瑚礁所组成,其中富含海花

---

① Scotsman, Nov. 1842, and Jameson's Edin. Journ. of Science, 1843.

② Trans. Geol. Soc. London, 2nd series, vol. v.

③ Beechey's Voyage, Vol. 1, p. 45.

珊瑚,脑石和滨珊瑚等与凤凰螺、蜓螺、蚶、扇贝、帘蛤和满月蛤等的介壳。在海面以上约150英尺的悬崖上,岩石中有一个直径2英尺的大刺偏口贝,像在堡礁中常见的情况,双贝紧闭。在檀香岛、松巴哇岛、马都拉岛和爪哇,露在悬崖上的这一层地层,厚达200到300英尺,一般都相信,它在内地升起更高。它的外观通常"像白垩",破碎时呈白色,但是风化的表面则近于黑色①。

所以,要肯定说现在没有上升很高的现代珊瑚建造,似乎还嫌过早,因为我们刚开始了解赤道区域岩石的地质构造。太平洋中一部分上升的岛屿,如依里沙白岛和沙罗特皇后岛,虽然是在环礁区域,但照比曲船长等叙述,它们是平顶的,并且没有潟湖的踪迹。为了解释这种事实,我们可以作以下的假定:在它们下沉了很久之后,下降运动缓和了;在运动将要转变为上升的一段时期内,地面长期地维持着几乎稳定的状态,在这种情况下,潟湖中的珊瑚虫,会把礁建筑到水面,达到原来珊瑚礁边缘已经达到的水平。潟湖就是这样消失了,岛屿变成了平顶。

有些人觉得很奇怪,何以我们没有看见许多升出海面以上的裙礁的实例。达尔文却举出了一个例子:他在毛里求斯的陆地上,看见过一个保存着城堡构造的礁。他说,这一定是一个稀有的事例,因为就环礁或堡礁或裙礁而论,礁的本身开始升出水面的时候,它们的特殊轮廓往往立刻被侵蚀作用所毁坏;它既然受到碎浪的直接冲击,环礁和堡礁外缘的大型而特殊的珊瑚,首先被破坏而落到垂直和被暗掘的悬崖的海底。在缓慢连续上升之后,所剩余的只有原来珊瑚礁的残骸。所以达尔文说,如果"在遥远将来的某一时期,其间经过的时间可能等于过去的第二纪岩石到现在,具有环礁和堡礁的太平洋海底变成了陆地,现在的珊瑚礁,很少会被保存,甚至于一个都不会被保存,我们能看到的,仅仅是由于它们的磨损而在广大面积上分布的钙质地层"②。

拥护反对论调者强调地说,根据环礁沉陷说,钙质地层的堆积,应当可以达到2 000英尺或3 000英尺,我们必须承认,沉积物最小厚度的这种估计,并没有夸大。正好相反,如果我们考虑到波利尼西亚和印度洋环礁的分布面积几乎和亚洲大陆相等,根据类似的原理,我们不能不假定,沉陷以前,在这样大的一个区域内,地面的高度差,可能达到5 000英尺,甚至于更多。建筑环礁的基础山脉或山岛,其最高最低的差别原来无论是多少,它们一定代表现在已经把它们变成同样水平的珊瑚的厚度。所以富林德对于珊瑚动物造成的石灰岩量的估计,并没夸大;他的错误,仅仅在于建礁的方式,因为他认为,珊瑚虫能在深不可测的海洋中建成珊瑚礁。

但是经过侵蚀作用破坏之后,在大洋中逐渐上升的钙质块体,是不是依旧可以维持巨大的厚度呢?或者,大部分由珊瑚质和介壳物质组成的而在阿尔卑斯山和比利牛斯山达到3 000~4 000英尺厚的白垩纪和鲕状岩期的石灰岩,是否是现代赤道海的珊瑚礁的真正地质复本呢?邓肯博士也提醒我说,牙买加有非常厚的始新世珊瑚层。

在确定根据否定证据的论证和反对可以巧妙地解释很多复杂现象的学说的论证是否有重大意义之前,我们必须记住,具有4 000英尺厚的珊瑚石灰岩的环礁,如果上升4 000英尺,首先必须有4 000英尺的沉陷,其次必须有同样幅度的上升。即使上升运动

---

① Paper read to British Assoc. Southampton, 1846. 邓肯博士对我说,这些珊瑚悬崖,现在知道是属于第三纪。
② Letter to Mr. Maclaren, Scotsman, 1843.

在沉陷运动停止之后立即开始，完成整个动作所需要的时间也一定非常长。我们也要假定，在这个时期开始的时候，赤道区域的环境，已经和现在同样适宜于建礁珊瑚的繁殖。这种假定所要求的多种复杂情况的持续时间，比任何一个地点通常所习见的要长得多。

大西洋中非洲西岸附近、几内亚湾中的各岛以及圣·海伦那、阿森匈、佛兹角或圣·保罗各群岛都没有珊瑚礁的一种事实，说明对建礁珊瑚所需要的地理和气候环境持久性的推测是困难的。除了百慕大群岛之外，广阔的大西洋中没有一个珊瑚礁，虽然海洋的某些部分，如阿申兴，含有过量的钙质。珊瑚礁分布的反复无常，可能是由于缺少适合于建礁珊瑚虫的生活环境，而在生存竞争中其他生物却在这些区域占了优势。无论出于何种原因，它们的缺失，给我们一种警告，要我们不要以为所有过去地质时代升起的礁，都和现时正在进行的完全相同。

石灰质的来源　在麦克罗奇博士所著的《地质系统》(*System of Geology*)第一卷第209页中，他表示同意较早地质学家关于所有石灰岩都起源于有机物质的学说。他说，如果我们考察第一纪中的石灰岩量，我们就会发觉，它在硅质和泥质岩中所占的比例比第二纪少，这可能和古代海洋中介壳动物的数量比较稀少有一定的关系。他进一步推断，由于动物的活动，"以泥土或岩石形式沉积的钙质土量总是在增加；第二纪岩石中，在这一方面既然远超过第一纪，因此今后从海中升出的第三系岩石，钙质地层的比例，也可能超过第二纪"。

上节的推论，主要是根据苏格兰的地质观察，因为麦克罗奇博士对它特别熟悉。近年来，加拿大的地质工作者的调查证明，到现在为止，在地壳中发现的最老岩系，即劳伦系，含有大量的石灰岩层；而能使古代含化石岩石变成结晶岩石的变质作用学说警戒我们不要希望在深处生成的特种矿物量，例如石灰，完全和上覆岩层相同。

我们在火山区域可以看到巨量碳酸的发泄，一部分成游离的气态，一部分与水相化合；这些区域中的泉水，通常也含大量的碳酸钙。没有一个在托斯卡那的死火山区域和它的周围旅行过的人或者见过塔奇奥尼绘制的矿泉主要位置图(1827)的人会怀疑，如果这个地区被淹没在海里，它可以供给最大的珊瑚礁区域所需要的物质。这些矿泉的重要性，不能用它们沉积在山坡上的巨量岩石来估计，虽然仅仅在这些沉积物上面就可以建筑几个大城市，也不能用覆盖在某些区域地面上的几英里长的石灰华来估计。大部分的钙质，是以溶液状态流入海洋的，而在所有区域中，从白垩和其他泥灰质和钙质岩石流过的河流，也把大量的钙质带入海洋。钙质也是辉石以及其他火山和深成矿物的组分，这些矿物分解之后，它也被分离出来，形成溶液，流入海洋。

所以，一般海水中所含的钙质和太平洋中的介壳和珊瑚所分泌的巨量石灰，可能来自海底流出的泉水，也可能来自有钙质矿泉供给的河流，也可能得之于充满了从火山岩和深成岩分解出来的钙质的河流。如果承认这一点，较新地层中所含的石灰岩比例何以会比老岩层多，就可以得到解释，因为矿泉溶液中所含的硅质一般比较少，铝质还要少，但是它不断地从较下层的岩石中吸取钙质。所以，碳酸钙从地壳的较低和较老部分向地面的经常转移，必定在所有的时期和整个地质时代的无限连续系列中，造成新地层所含的钙质超过老地层的现象。

结　论

在第一册的最后一章中,我详细推究了许多曾经用来证明远古和近代的地壳有不同状态的论证。以上所说的古代岩石中钙质比较少的论点,原来也应当包括这种假定证明之内。但是企图答复所有否认最早时期的自然现象是和现在事物的情况基本上完全相似的反对意见,是无穷尽的工作。我们已经看到,一部分人曾经表示热烈的愿望,想在古老的岩石中找出地球上还没有生物居住以及地球表面还呈现着混乱和不适于居住时期的证据。他们并且把相反的意见——即主张现在可以看见的最古岩石,可能是前一个海陆已被生物占据的时代的最后遗迹——宣布为等于假定现在的万物秩序从来没有一个开始。

如果天文学家主张,创造的工作曾经扩展到无限的空间,他也可能受到同样的公正谴责,因为他拒绝接受现时在天空看见的最远的星,是在物质世界的边缘上。他们认为,望远镜的每一次改良,使我们多看见几千个新世界;所以如果想象我们已经看到伟大计划的全部,或者想象人类的观察范围终究可以达到这种计划的极限,未免过于轻率,而且不合于哲学原理。

但是根据这样的前提,我们不能得出任何论证来支持已经充满了许多世界的无限空间说;而且如果物质世界有限度的话,它一定在无限空间中只占极微细和无限小的一点。

追溯地球历史的时候,如果遇到可能在我们时代以前几百万世代所发生的事故的遗迹,以及如果我们找不到开始的肯定证据,情况也是如此,然而根据类似法则,支持世界可能有一个开始的主张,还是没有被动摇;如果地球的过去持续时间是有限度的话,那么地质世代的总数虽然很多,必然仅仅占过去时期的一个瞬息时间,就是说,仅仅占无穷时间中的无限小部分。

有人曾经辩论说,由于地表的不同情况,以及居住在地球上的不同物种,都曾经有它们的起源,而且许多还有它们的终止时期,所以整个宇宙也可能有一个统一的开始时期。也有人这样说,因我们承认人类的诞生是比较近代的事——因为我们承认一个有德育和智育的人首次出现的事实——所以我们也可以想象,地球本身也应当有它的开始。

根据类似法,我绝对不否认这种推理的重要性;但是这种推理,虽然可以巩固我们对现在的变迁规律不是始终不变的信念,但是不能保证我们可以看到地球起源的标志,也不能保证我们看到生物在地球上第一次出现的证据。无论研究多星的天空或者研究显微镜揭露给我们的极微细生物,我们都不能指出创造工作在空间方面的限度。所以我们也预料得到,在时间方面,万物的限度也超出人类知识的范围之外。但是无论向哪一方向进行我们的研究,不论在时间或空间方面,我们在任何地方都可以发现造物的预见、智慧和力量。

作为地质学家,我们知道,不但现在的情况是适宜于无数生物的生存,而且许多过去的情况也适合于以前生物的组织和习惯。海洋、大陆和岛屿以及气候的情况,都发生过变迁;物种也同样发生了变化;但是它们也同现时生存的动植物一样,都被形成完全与计划和统一目的相和谐的形态。如果认为这样伟大计划的开始和终点,是在我们的哲学研究甚至于推测所能达到的范围之内,似乎是与对人类的有限力量和上帝威力之间存在的关系的正确估计不相称的。

中英文对照表

人名地名中英文对照表

（按首字笔画排序）

二　画

丁达尔（人）Tyndall
丁林顿山岗 Dimlington Height
几内亚 Guinea

三　画

万·第门地（地）Van Dieman's Land 即现在的塔斯马尼亚岛，澳大利亚南
下多维科特 Lower Dovercourt
久多玛河（地）Judoma，River
乞拉朋齐 Chirapoonjee
千岛群岛 Kuril Islands
千杜巴岛 Cheduba
土伦 Toulon
土康廷斯河 Tocantins
士麦那 Smyrna
大马士革（地）Damscus
大贝尔特海峡 Great Belt Sound
大吉岭 Darjelin
大洞（地）Gava Grande
大宾顿 Great Bindon
小安西岛 Petit Anse
小凯敏尼岛（又称米克拉岛）Little Kaimeni（Micra）
小罗尼河 Le Petit Rhône
小草原 Little Prairie
小浦雷里（地）Little Prairie
小提奥昔斯王（人）Theodosius the Younger
山羊岛 Goat Island
干地亚（伊腊克利昂）（地）Candia
干达克河 Gunduk
门多沙 Mendoza
门多萨（地）Mendoza

马丁湖（地）Martin mere
马万山（地）Marvan
马什诸岛 Marsh Islands
马六甲 Malacca
马太尼（人）Mattani
马加萨（望加锡）海峡（地）Macassar straits
马卡柳巴（地）Macaluba
马尔（地）Mar
马尔马拉海 Marmara，Sea of
马尔代夫群岛 Maldive Islands
马尔可姆爵士 Malcolm，Sir Pulteney
马尔培斯平原（地）Malpais，Plain of
马尔默 Malmö
马吉伦海 Märgellen Sea
马耳他（地）Malta
马西尼 Macini
马西里（人）Marsilli
马西格诺层 Macigno
马达伦那 Madalena
马克生（人）Mackeson
马利马 Maremma
马利亚纳 Mariana
马利亚纳群岛（地）Marians
马利吉伦特岛 Mariegellante
马坚第（人）Majendie
马更些河 Mackenzie
马更些爵士 Mackenzie，Sir George
马来群岛 Malay Archipelago
马里兰（地）Maryland
马其顿 Macedonia
马拉巴尔（地）Malabar
马拉开波湖（地）Maracaybo Lake
马拉加 Malaga
马拉里文河（地）Malaleveen，River
马拉香城 Marazion

马绍尔群岛 Marshall Islands
马罗河（地）Marro R.
马迪尔（人）Martial
马哈德瓦（神）Mahadeva
马格达雷那河 Magdalena River
马都拉岛（地）Madura Island
马勒（人）Malle，Dureau de la
马勒特（人）Mallet，Capt.
马基伦海 Märjelen Sea
马萨村 Massa
马萨诸塞州 Massachusetts
马提尔达岛（地）Matilda
马提尼 Martigny
马提尼克岛 Martinique
马提奥里（人）Mattioli，Andrew
马斯河 Meuse River
马斯特朗 Marstrand
马焦里（人）Majoli，Simeone
马腊若岛 Marajo，Island of
马塞斯村 Mathers Village
马新尼沙帝国 Massinissa
马歇斯（人）Martius
马蓝汉姆 Maranham
马赛 Marseilles
马德龙 Madron
马德里 Madrid
马德拉岛 Madeira，Island of
马德拉岛 Madeira
马摩拉伯爵 Marmora，Count Albert de la

四　画

丰沙尔（地）Funchal
丹尼尔（人）Daniell
丹吉尔 Tangier
丹那岛（地）Tanna Island

丹纳(人) Dana
丹泽 Dantzic
丹威治 Dunwich
乌乐亚(人) Ulloa
乌尔那河(地) Wulna
乌西三角港 Ouse，Estuary of
乌西尼 Useigne
乌纳拉斯卡 Unalaska
乌姆纳克岛 Umnack，Isle of
乌拉长堤 Ullah Bund
乌拉长堤 Ullah Bund
乌拉圭 Uraguay
乌菊农 Ugernum
乌普萨拉 Upsala
乌德伐拉(地) Úddevalla
乌德勒支 Utrecht
乌默欧(人) Umeo
什勒斯威 Sleswick
内布拉斯加州 Nebraska
内纶河 Nairn
内格罗彭特 Negropont
内银坑 Inner Silver Pit
厄尔提马·塞尔 Ultima Thule
厄克斯三角港 Exe，Estuary of the
厄沃伦那 Evolena
太子港(地) Prince，Port au
太恩河(地) Tyne R.
太恩默思 Tynemouth Castle
夫勒格伦区 Phlegraean Field
尤西比厄斯 Eusebius
尤利亚岛(地) Ulea Is.
尤里波斯海峡 Euripus，Straits of
尤拉利湖(地) Eulalie lake
尤香特岛(地) Ushant(杜韦桑)
巴·查拉(地) Bar Charra
巴干 Bakan
巴夫拉刚尼亚 Paphlagonia
巴巴洛山 Barbaro，Monte
巴巴雷(地) Barbary
巴贝多斯岛 Barbadoes
巴卡劳角(地) Bacalao Head
巴尔达沙里(人) Baldassari
巴尔索·第·特里福格里托(地)
　　Balso di Trifoglietto
巴尔培克(地) Balbeck
巴布亚(地) Papua
巴布达岛 Barbuda

巴伦西亚(地) Valencia
巴伦岛 Barren Island
巴冰登博士(人) Babington，Dr.
巴扬(人) Payan
巴达旺(地) Bardavan
巴库 Baku
巴纳斯河 Bagnes
巴芬湾 Baffin's Bay
巴里(人) Barri，Giraldus de
巴里兹 Balize
巴图亚 Batur
巴拉那 Parana
巴拉河 Para
巴拉特 Ballater
巴拉鲁克 Balaruc
巴罗(地) Ballo
巴罗角 Barrow Point
巴罗海峡(地) Barrow strait
巴厘岛(地) Bali
巴哈门 Bachman
巴哈马海峡 Bahama，Strait of
巴朗德(人) Barrande
巴格达 Bagdad
巴特拉姆 Bartram
巴索岛 Barsoe Island
巴顿 Baden
巴勒姆博士(人) Barham，Dr.
巴勒脱(人) Bartlett
巴勒斯坦 Palestine
巴培居(人) Babbage
巴塔哥尼亚 Patagonia
巴塔维亚(地) Batavia 即现在的"雅
　　加达"
巴斯 Bath
巴斯(人) Barth
巴塞尔 Basle
巴雷石礁(地) Balley Rock
开亚斯登(地) Cairston
开罗 Cairo
开普布里敦 Capbreton
戈他德(人) Guettard
戈尔士顿 Gorleston
戈尔流(地) Gull-stream
戈尔特布林·昔塞尔(地) Gubd-
　　bringi Syssel
戈尔德船长(人) Gould，Capt.
戈本学派 Gerbanites

戈佐岛(地) Gozo
戈里(人) Gorey
戈莫拉 Gomorrah
戈得温-奥斯登(人) Godwin-
　　Au-sten
戈塔河(地) Gotha
戈斯港(地) Gosport
戈普特(人) Goppert
戈登港(地) Gordon，Port
戈德门(人) Godman，Du Cane
文涅兹(人) Venetz
文都里(人) Venturi
方汉(地) Farnham
日德兰半岛 Jutland
木尔西亚 Murcia
比戈里 Bigarre，Bagnères de
比尔 Bill
比曲舰长 Beechey，Capt
比利牛斯山 Pyrenean Hills
比玛(地) Bima
比奇角 Beachy Head
比庚崖 Beacon Cliff
比松那 Bizona
比倭比倭河(地) Biobio
比格尔船 Beagle
比特肯岛(地) Pitcaim Island
比斯·布什 Bies Bosch
比斯丁牛湖 Bistineau
比斯开湾 Biscay，Bay of
比斯柯船长(人) Biscoe，Capt.
毛里求斯(地) Mauritius
毛里河(地) Maule R.
毛雷(人) Maury
火地 Tierra del Fuego
牙买加 Jamaica
牛西拉山(地) Nucilla，Monte
牛津郡 Oxfordshire
瓦乐利斯(人) Wallerius
瓦尔·第·诺托 Val di Noto
瓦尔帕来索(地) Valparaiso
瓦尔的维亚(地) Valdivia
瓦尼卡罗岛 Vanikaro I.
瓦龙·第·卡斯脱罗 Vallone
　　di Castello
瓦龙·第·潘尼可 Vallone de Pa-
　　nico
瓦伦星(人) Valencienne

卡尔姆 Kalm

卡尔泥堆 Carr's mud lump

卡尔迪根郡 Cardiganshire

卡尔息斯 Chalcis

卡尔得克鲁(人)Caldcleugh

卡末尔派 Carmelite

卡本特(人)Carpenter, Dr.

卡瓜依拉索山(地)Garguairazo

卡伦他那山 Chiarentana

卡多湖 Cado Lake

卡西山 Khasia Mountains

卡那马里亚(地)Cannamaria

卡那尔·得尔·英弗诺 Canale del Inferno

卡沙·英格勒西(地)Casa Inglese

卡沙米西奥尔(地)Cassamicciol

卡里久拉桥(地)Caligula's Bridge

卡里亚里(地)Cagliari

卡里阿托山(地)Caliato, M.

卡里提河(地)Garidi River

卡图尔(人)Catullus

卡坡西(人)Capocci

卡坦扎罗(地)Gatanzaro

卡奇大荒地 Cutch, Runn of

卡帕西倭(人)Capaccio

卡帕克·欧克山(地)Capac Urcu

卡拉布希 Kálábshé

卡拉布里亚 Calabria

卡拉倭(地)Callao

卡林那(地)Calina

卡罗来那州 Carolina

卡迪斯(地)Cadiz

卡特加特 Cattegat

卡特加特海峡 Cattegat

卡特曼都(地)Khatmandoo

卡特魏克 Catwyck

卡留(人)Carew

卡都(人)Kadu

卡勒里(人)Carelli

卡商得(人)Cassander

卡得桑 Kadsand

卡梯拉(地)Catira

卡萨·德尔·阿克瓦 Casa dell' Acqua

卡塔伏塞拉(地)Katavothra

卡斯马(地)Casma

卡斯威尼 Kazwini

卡斯特雷德村(地)Castrades, Village of

卡斯脱尔·阿·美利 Castel-a-mare

卡普利倭罗山(地)Capreols, Monte

卡普里岛 Capri, I. di

卡普雷大洞(地)Capre, grott dell'p

卡曾溪 Katzenbach

卡鲁索 Caruso

卡雷(人)Cary

卡雷斯 Calais

卢瓦尔的法龙层 Falun of Loire

卢西列斯(人)Lucillius

卢恩 Runn

古吉拉特 Googerat

古安朝斯民族 Guanchos

古米拉(人)Gumilla

古浦弗(人)Kupffer

古得温沙洲 Goodwin Sands

古德塞(人)Goodsir

台乐(人)Taylar, R. C.

台白河 Tiber River

台依河三角港 Tay, Estuary of the

台基特斯山(地)Taygetos, Mount

台维 Davy, Sir Humphry

台维斯海峡(地)Davis Straits

史丹雷(人)Stanley, W.

史太特岛 Start Is.

史巴兰山尼(人)Spallanzani

史巴达(人)Spada

史巴达克斯(人)Spartacus

史文葆舰长 Swinburne, Capt

史斗林(地)Stering

史比克斯(人)Spix

史比兹堡根 Spitzbergen

史贝河(地)Spay

史东(人)Stone

史东非尔 Stonefield

史东海文 Stonehaven

史加齐(人)Scacchi, arcangelo

史可士培(人)Scoresby

史可巴斯(人)Scopas

史台克斯礁(地)Styx Reef

史本斯(人)Spence

史多本尼(人)Stoppani

史多亚主义(克慾主义)Stoics Sect.

史多亚河(地)Stour river

史米登(人)Smeaton

史达比镇 Stabiae

史达萨 Starza

史克勒特博士 Sclater, Dr.

史克得(人)Scudder

史克鲁普(人)Scrope, G. P.

史杜非·第·脱里托里 Stufe di Tritoli

史汪那奇湾 Swanage Bay

史汪河 Swan River

史罗安爵士 Sloane, Sir Hans

史帝文孙(人)Stevenson

史帝尔(人)Steele

史柏恩角 Spurn Point

史宾那城 Spina

史特列克兰(人)Strickland

史特拉托(人)Strato

史都德(人)Studer

史密斯,A(人)Smith, Dr. Andrew

史梅斯船长(人)Smyth, Capt.

史脱吕提(人)Stelluti

史脱拉伦堡(人)Strahlenberg

史脱拉奇上校(人)Strachey, Colonel R.

史脱拉波(人)Strabo

史脱特加特 Stuttgardt

史塔吉拉人 Stagyrite

史塔法 Staffa

史普拉特船长(人)Spratt, Capt.

史登纳斯岛 Stenness, Isle of

史登诺(人)Steno

史蒂文斯(人)Stevens, alfred

叶尼塞河 Yenesei

叶雅河 Yare River

司徒卢威(人)Struvé

圣·马丁岛 St. Martin

圣·马洛 St. Malo

圣·巴多罗美岛 St. Bartholomew

圣·戈尔 St. Gall

圣·毛拉(地)St. Maura

圣·卡太来那(地)St. Catalina

圣·卡生层 St. Cassian Beds

圣·史蒂芬山 St. Stephen

圣·尼古拉 St. Nicholas

圣·布来得湾 St. Bride's Bay

圣·布鲁诺(地)San Bruno

圣·弗兰昔斯河 St. Francis

圣·皮伦(地)St. Pifan
圣·乔治岛(地)San Jorge
圣·乔治海峡 St. George's Channel
圣·乔罗姆 St. Jorome
圣·吉戈(地)St. Jago
圣·多明谷（地）（多米尼加）St. Domingo
圣·安东尼倭角（地）St. Autonio Cape
圣·安吉罗山(地)St. Augelo Hill
圣·安得里 St. Andre
圣·安得鲁 St. Andrews
圣·米圭尔湾 San Miguel, Gulf of
圣·米奇尔山 St. Michel
圣·约翰小港 St. John, Bayou
圣·西巴斯欣村 St. Sebastian
圣·克里斯丁那(地)St. Christina
圣·克勒亚·狄弗尔（人）St. Claire Deville
圣·利温那 St. Leonard
圣·劳伦斯 St. Lawrence
圣·希雷（人）St. Hilaire, Geoffroy
圣·攸斯退斯岛 St. Eustace
圣·玛丽河 St. Mary
圣·纳克台亚 Saint Nectaire
圣·依利亚山(地)St. Ellias, Mount
圣·居塞比(地)San Giuseppe
圣·彼得山 St. Peter's Mount
圣·彼德罗河(地)St. Pedro
圣·彼德罗溪(地)San Pedro
圣·波尔·德·里昂(地)St. Pol de Leon
圣·罗伦索(地)San Lorenzo
圣·罗克角 St. Roque, Cape
圣·金戈尔夫 St. Gingoulph
圣·海伦那 St. Helena
圣·留西多(地)San Lucido
圣·莫里斯河 St. Maurice
圣·基阿柯莫(地)San Giacomo
圣·密契尔岛 St. Michael
圣·菲利普 St. Phillip
圣·傑克生 St. Jackson
圣·奥古斯丁（人）St. Augustine
圣·奥恩 St. Ouen
圣·鲁西亚 St. Lucia

圣·詹姆斯井（地）St. James's Well
圣·路加(地)St. Lucar
圣马利亚·第·尼悉米(地)Santa Maria di Niscemi
圣马利亚岛(地)Sauta Maria
圣太·安那斯太西亚 Santa Anastasia
圣文森特(人)St. Vincent, M. Bory
圣文森特岛 St. Vincent Island
圣文森特角 St. Vincent Cape
圣多明戈 San Domingo
圣彼得堡 St. Petersberg（为列宁格勒旧名）
圣塔非(地)Santa Fe
外银坑 Outer Silver Pit
奴马·彭丕里厄斯（人）Numa Pompilius
奴奥伏山 Monte Nuovo
奴湖(地)Slave lake
尼门河 Niemen River
尼乌波特 Nieuport
尼日耳河(地)Niger
尼可尔孙港(地)Nicholson, Port
尼可里尼(人)Niccolini
尼尔(地)Neill
尼尔森教授 Nilsson, Prof.
尼亚加拉瀑布 Niagara Fall
尼亚岛(地)Nia, Isle of
尼西达 Nisida
尼欧可敏层 Neocomian
尼泊尔 Nepal
尼罗狄克三角洲 Nilotic Delta
尼罗河 Nile River
尼柯罗西(地)Nicolosi
尼洛山(地)Nero, Monte
尼洛浴池 Nero, Bath of; or Stufe di Tritoli
尼格罗河(地)Negro, Rio
尼得尔海角 Needle, Promontory of
尼斯 Nice
尼斯美 Nismes(Nemausus)
尼塞第(地)Nizzeti
布什市(地)Bhooj
布仑塔河 Brenta
布尔本岛(地)Bourbon, Island
布尔纽夫 Bourgneuf

布伦 Boulogne
布利斯托尔市 Bristol
布利斯拉克(人)Brieslak
布里塔尼 Brittany
布里斯特耳湾 Bristol Channel
布其奥岛(地)Bugio
布宜诺斯·艾利斯 Buenos Ayres
布拉马普特拉河（即雅鲁藏布江）Brahmapootra
布罗奇(人)Brocchi
布朗(人)Brown, John
布莱因(人)Brine, Lindsay
布理格(人)Briggs, Col.
布累斯劳(地)Breslau 现在的弗劳兹拉夫
布鲁姆菲尔(地)Bloomfield
布鲁塞尔 Brussel
布福特上将(人)Beauford, Admiral F.
布蓝栖亚(地)Branchia
布赖顿城 Brighton
布雷门(人)Bremen
布雷斯(人)Brace, C. K.
平格尔博士 Pingle, Dr.
平桑斯 Penzance
平特兰海股 Pentland Firth
幼发拉底斯河 Euphrates
弗兰克林 Franklin, Sir John
弗达契伦 Verdachellum
弗纽尔 Vernuil
弗里门(人)Freeman, F.
弗里特 Fleet
弗里斯(人)Fries
弗拉·拉孟多(地)Fra Ramondo
弗罗 Feroe
弗特拉 Fetlar
弗莱堡 Freyberg
弗勒伏湖 Lake Flevo
弗勒许沃脱(地)Freshwater
弗勒格斯(地)Flags
弗基尼亚(地)Virginia
弗斯塔庙 Vista
弗蓝伯勒角 Flambarough Head
弗雷亚(人)Freyer
扑摩那 Pomona
本纳里 Bonelli
汉尼波尔(人)Hannibal

汉尼宾（人）Hennepin

汉米尔登（人）Hamilton，W.J.

汉米尔登 Hamilton, Admiral Charles

汉姆勒特（人）Hamlet

汉姆斯特得（地）Hamstead

汉治 Hants

汉诺佛 Hanover

汉德森（人）Henderson

瓜卡斯民族 Guacas

瓜尔帕拉 Gwalpora

瓜汉岛（地）Guaham Is.

瓜龙（地）Coiron

瓜达拉哈拉（地）Guadalaxara

瓜那卡斯（地）Guanacas

瓜那许阿托（地）Guanaxuato

瓜德罗普岛 Guadaloupe

甘比亚群（地）Gambier Group

生台·胡克 Sandy Hook

生台沙钩 Sandy Hook

田尼西州 Tennesse

白山 Monte Blanc

白仑维尔（人）Blainville

白水 White Water

白乐克（人）Bullock

白令海峡 Behring's Straits

白兰多（人）Brander, Gustavus

白兰特（人）Brandt Prof.

白兰德（人）Brand

白尔丘爵士 Belcher, Sir Edward

白石（地）White Rocks

白立汉岩洞 Brixham, Cave of

白龙特（地）Bronte

白克哈特（人）Burckhardt

白岛（地）White Island

白里居（人）Bridge,James

白里居诺斯 Bridgenorth

白里林顿 Bridlington

白里格 Brieg

白里索（地）Beresow

白奇尔（人）Burchell

白拉比火山 Berapi

白拉尼西（人）Bracini

白拉维尔（人）Blavier

白拉维斯（人）Bravais

白林吉尔（人）Bringier

白罗瓦里斯（人）Browallius

白罗卡（人）Broca

白罗尔谷 Brohl Valley

白罗得里普（人）Broderip

白罗第（人）Brodie

白朗（人）Bronn

白朗斯韦克 Brunswick

白格索特沙层 Bagshot Sand

白勒克莫亚（地）Blackmore

白崖（地）White Bluff

白隆赛姆 Brontheim

白登岬 Buttonness

白鲁克（人）Brook

白鲁姆堡（地）Bromberg

白鲁居斯 Bruges

白福特（地）Burford

白雷角 Braye, Cape La

白德福 Bedford

皮尼（人）Pini

皮亚弗河 Piava

皮达曼提那 Pedamentina

皮克米（地）Pikermi

皮沙罗王（人）Pizarro

皮阿诺·第·金尼斯脱拉 Piano di Genestra

皮阿琴察 Piacenza

皮兹山（地）Piz Mountain

皮格那塔罗（人）Pignataro

皮特拉马拉 Pietramala

皮特欧（地）Piteo

皮索（地）Pizzo

皮登主教城堡 Beaton，Castle of Cardinal

立温士敦（人）Livingstone

艾孟斯（人）Emmons，Prof.

艾斯曲（人）Escher

艾塞耳河 Yssel, River

龙士台尔（人）Lonsdale

龙目岛（地）Lombok

龙栖 Ronchi

六 画

乔其·爱里海峡 Sir George Eyre's Sound

乔其堡 Fort George

亚丁 Aden

亚力士多芬（人）Aristophanes

亚马孙河 Amazons

亚历山大里亚 Alexandria

亚比奇（人）Abich

亚冯河 Avon

亚尔生岛 Alsen Island

亚平宁山 Apennines

亚伦湾 Alum Bay

亚当（人）Adam

亚当孙（人）Adanson

亚达姆斯（人）Adams

亚佛纳斯湖 Lake Avernus

亚里士多德（人）Aristotle

亚味河 Arve

亚波（地）Abo（苏兰）疑是现在的土耳库

亚科斯特（人）Acosta

亚美尼亚 Armenia

亚速尔群岛 Azore

亚速尔群岛 Ozores

亚斯 Aix

亚斯提 Asti

亚噶巴（地）Akaba

亚德里亚 Adria

亚德里亚海 Adriatic Sea

亥司 Hythe

伊尔文（人）Irving

伊尔库茨克（地）Irkutzk

伊立特里亚人 Erythraean

伊利湖 Lake Erie

伊庇鲁斯 Epirus

伊斯特伯恩 Eastbourne

伊斯基亚岛 Ischia

伊斯基亚岛 Ischia

伊塞克湖 Issikoul Lake

伍失斯脱 Worcester

伍失斯脱郡 Worcestershire

伍尔兹 Wolds

伍尔维去层 Woolwich Beds

伍尔斯特（人）Wolfstedt

伍德（人）Wood, Searles

伍德沃德（人）Woodward

伍德豪士舰长 Wodehouse, Capt.

伏尔杜亚山 Mount Vultur

伏尔特亚（人）Voltaire

伏尔特拉 Volterra

伏尔堪神 Vulcan

伏德山 Vord Hill

伐耳河 Waal River

伐耳赫伦岛 Walcheren

百慕大群岛 Bermudas
米尔恩-爱德华(人) Milne-Ed-wards
米生嫩 Misenum
米伐特(人)Mivart
米孙诺角 Miseno，Caps di
米耳弗德·海文 Milford Haven
米那多山(地) Minardo，Monte
米亨(人) Meehan
米里特斯地方的人 Milesian（Mile-tus）
米枢(人) Meech
米契罗提(人) Michelotti，Jean
米洛(地)Milo
米勒托(地)Mileto
米登多夫(人) Middendorf
米雷居维尔 Milledgeville
红河 Red River
约但山 Jordan Hill
约但河 Jordan，River
约翰·德·梅燕(地)John. de Mayen
老妇滩 Old Lady's Sand
老凯敏尼岛（又称帕拉亚岛）Old Kaimeni(Palaia)
考尔鲁特(人)Kölreuter
考波(人) Cowper
色雷斯 Thrace
色雷斯-博斯普鲁斯 Thrace-Bos-phorus
芒特罗兹湾 Montrose，Bay of
芒特塞腊特 Montserrat
西马·得尔·阿西诺(地)Cima del asino
西马岛(地)Cima
西瓦里克山 Siwalik Hill
西瓦里克山(地)Sewalik Hills
西加洞(地)Sega，Cava
西台尔上校(人) Sidell，Col.
西尔太尔 Sihlthal
西尔塞斯(人) Celsius，Andrea
西西里 Sicily
西那·得尔·阿西诺(地)Schiena dell assino
西启诺岛(地)Sikino，Island of
西汪 Sion
西里伯岛 Celebes
西里倭·莫托河 Serio Morto
西拉(人) Scilla

西拉·基阿尼柯拉(地)Serra Gian-nicola
西拉·得尔·索尔非西倭(地)Ser-ra del solfizio
西拉·第·塞里塔(地)Serra di Cer-rita
西拉山(地)Silla Mountain
西波尔德 Sibbald
西泽脱兰岛(地)West Zetland Islands
西班牙湖 Spanish Lake
西诺坡里(地)Sinopoli
西高特 Western Ghaut
西密托河 Semeto
西康尼(地)Sicani
西得堡 Sedberg
西得穆斯 Sidmouth
西维太·弗栖亚 Civita Vecchia
西提桑诺(地)Sitizzano
西塞罗(人) Cecero
西福得 Seaford
许里格尔(人) Schelegel
许茂林(人) Schmerling
许洛浦郡 Shropshire
设得兰群岛 Shetland Island
达卡 Decca
达尔马提亚 Dalmatia
达米埃塔 Damietta
达达尼尔 Dardanelle
达步松(人) D'aubuisson
达奇亚克(人)d'Archiac
达姆斯塔特 Darmstadt
达拉姆 Durham
达倍(人) Darby
那亚斯船长(人) Nares，Capt.
那拆兹 Natchez
那波利 Naples
那波利海 Neapolitan Sea
那契托契湖 Natchitoches Lake
那洪 Nahun
那康丹岛 Narcondam
邦加蓝河(地)Banjarang
邦那久脱斯(人)Bonajutus，Vi-centino
邦克斯(人) Banks
邦勃雷(人) Bunbury，Charles
亨生(人)Hensen

亨得法斯特岬 Handfast Point
亨斯丹顿 Hunstanton

七　画

伽利略(人) Galileo
但泽市 Dantzic
佐士林(人)Josselyn
佐治亚 Georgia
佐鲁罗火山 Jorullo Volcano
体密厄斯(书) Timaeus
何雷士(人) Horace
佛兰加 Franca，Villa
佛兰柯尼亚(地)Franconia，古德国公国，现在巴伐利亚境内
佛吉尔乐园 Virgil Elysium
佛劳亚教授(人)Flower，Prof.
佛里斯兰 Friesland
佛拉卡斯多罗(人) Francastoro
佛罗里达州 Florida
佛兹角(地)Cape Verds 疑即 Verdi 佛德角
佛朗德(地)Flander
佛勒特(人) Virlet
佛塔文脱拉岛(地)Fuertaventra
佛斯特根(人) Verstegan
佛雷明博士(人) Fleming，Dr.
佛德角群岛(地)Cape Verdi Is.
克仑契黏土层 Clunch Clay
克切 Cutch
克兰芝(人)Krantz
克宁汉少校 Cunningham，Major
克尔弗崖 Culver Chiff
克尔弗霍尔角 Culverhole Point
克尔格冷岛(地)Kerguelen's land
克弗斯台因(人) Keferstein
克利夫兰 Cleveland
克利亚(人)Kelleia
克劳台湾(地)Cloudy Bay
克劳福特(人) Crawfurd
克里米亚 Cremea
克里西普斯(人) Chrysippus
克里特(地)Crete
克里曼加罗山 Kellimandjaro
克里奥帕脱拉神 Cleopatra
克里斯台(人)Christy
克里斯特丘奇 Christchurch
克里斯第(人) Christie

克里斯提那 Christiana
克姆诺山(地)Cumnor Hills
克拉仑斯(人) Clarence
克拉白拉火山(地)Krabla Volcano
克拉克牧师 Clark, Rev. W. B.
克拉克船长 Clark, Capt.
克拉克博士(人) Clarke, Dr.
克拉拉 Carrara
克拉沼泽(地)Curragh Marsh
克拉斯诺亚尔斯克 Krasnojatsk
克拨尔培根(地)Capellbacken
克明教士（人）Cumming, Rev. J. G.
克昔透来得人 Cassiterides
克枢 Kutch
克罗尔(人) Croll
克罗本斯泰因 Klobenstein
克罗的斯将军（人）Clodius, the Praetor
克罗埃登 Croydon
克罗默尔 Cromer
克洛枢(人)Crotch
克浦拉(地)Capra
克特（现名魏勒特）(人) Catt(now Willett)
克特可特(人) Catcott
克留克香克(人)Cruickshank
克勒蒙菲朗 Clermont-Ferrand
克累弗 Cleves
克斯维克 Keswick
克普哲腊多 Cape Girardeau
克鲁丘火山 Klutschew
克塞尔山 Castle Hill
克雷尔修道院 Crail, Priory of
克雷格层 Crag
克雷海港 Clay
克雷莫纳 Cremona
克雷顿主教(人) Clayton, Bishop
初奇尔(地)Chochier
利马 Lima
利马城(地)Lima
利比亚山脉(地)Libyan Mountains
利姆峡湾 Lym Fiord
利帕里岛 Lipari Islands
利物浦(地)Liverpool
利思(地)Leith
劳伦斯堡(地)Lawrence,Fort

劳里安那(地)Laureana
劳枢(人)Louch
劳德(人) Lauder, Sir, T. D.
君士坦丁堡 Constantinople
吞湖 Thun, Lake of
吠陀经 Vedas
启恩西村 Kilnsea
吴拉斯东 Wollaston, T. V.
坎贝耳角(地)Campbell, Cape
坎特伯利(地)Canterbury
坚塞里克(人)Genseric
宋河 Sone, River
宋得堡(地)Sonderburg
岐林岛 Keeling Island
希尔内斯 Sheerners
希尔加得(人) Hilgard, Prof.
希尔威克岬 Hillswick Ness
希布来德 Hebrides
希白特(人) Hibbert, Dr.
希亚(人) Heer, Prof.
希亚(人)Oswald Heer
希里倭波里斯 Heliopolis
希拉岛或神圣岛(地)Hiera or Sacred Isle
希洛(人) Hiero
希洛多德斯(人) Herodotus
希勒(人)Scheerer
庇阿诺·第·金尼斯脱拉 Piano di Ginestra
库尼亚河(地)Kunir
库克湾 Cook's Inlet
库德(人) Coode
怀特岛 Wight, Isles of
怀特河 White River
怀特侯斯特(人) Whitehurst
怀脱山 White mountain
怀脱海文 Whitehaven
攸克辛海(即黑海) Euxine Sea
李丘伯罗(人)Recupero
李兰德(人) Leland
李台(人) Leidy, Dr.
李台(人)Leidy
李台尔(人) Riddell
李毕(人) Lippi
李耳王(人) Lear, King
李西沃里(人) Riccioli
李却特(人) Richard, Admiral

李依(人)Leigh
李坡史托村(地)Reposto
李底亚 Lydia
李柯地亚·地·蒙纳西城 Licodia del Monaci
李觉生(人) Richardson, Sir John,
李透(人) Ritter, H.
李斯德(人) Lister
李普修斯(人) Lipsius
李温 Lyon, Capt
李塞留滩 Richelieu Rapid
李德(人) Reid, Col.
杜卡里温 Deucalion
杜弗兰诺 Dufrenoy
杜邦(人)Dupont
杜林山 Turin
杜查生(人)Duchassaing
杜家廷(人)Dujardin
杜恩登 Durnten
杜顿(人)Turton
条顿 Teuton
来姆里季斯 Lyme Regis
杨格博士 Young, Dr.
步兰普特河(地)Burrampooter
步亚 Bure
步拉(地)Bura
沃尔(人)Wall
沃耳顿(地)Alton
沃耳德尼岛 Alderney
沃希湾 Wash
沃特毫斯 Waterhouse
沃维德 Ovid
沈内加(人) Seneca
沈索里纳斯(人) Censorinus
沈诺芬尼(人) Xenophanes
沈豪思舰长(人)Senhouse, Capt.
沙马康得 Samarkand
沙尔托·得拉·圭孟塔(地)Salto della Ginmenta
沙尔托姆岛(地)Saltholm,Island of
沙布林那岛(地)Sabrina
沙白鲁克 Saarbruck
沙克罗山 Monte Sacro
沙法特(地)Saphat
沙罗角 Zaro, Promontory of
沙罗特皇后岛 Qeeun Charlotte Island

沙修亚(人) Saussure

沙柯河 Saco River

沙勒克山(地) Salek, Mount

沙斯白里 Salisbury

沙普(人) Sharpe, Samual

沙缅托山 Sarmiento, Mt.

灶神庙 Vesta, temple of

狄·沙赛(人) De Sacy

狄·索修亚(人) De Saussure

狄亚普雷列山(地) Diablerets

狄西拉得岛 Desirad

狄西诺 d'Esino

狄邦斯(人) Depons

狄克罗修(人) Descloiseaux

狄劳耐 Delaunay

狄息斯(人) Deshayes

狄梭(人) Desor

狄脱马 Dittmar

狄普·刚(地) Deep gong

狄温·卡昔斯(人) Dion Cassius

玛里湖(地) Marlie, Loch

社会群岛(地) Society Archipelagos

秀本纳卡第 Shubenacadie

纳夫夏脱尔 Neufchâtel

纳尔逊少校(人) Nelson, Lieut

纳伦(地) Naryn

纳克尔(地) Nakel

纳希维耳 Nashville

纳杜诺岩洞 Nettuno, Grotto di

纳里塔(地) Nerita

纳披亚船长(人) Napier, Capt.

纳柯(人) Necker, Prof. L. A.

纳格尔弗鲁层 Nagelflue

纳索 Nassau

纳塔耳(地) Natal

纽·亨普夏州 New Hampshire

纽·芬兰 New Foundland

纽·泽西 New Jersey

纽·奎(地) New Quay

纽比亚 Nubia

纽克郡 Yorkshire

纽沃克 Neuwerk

纽林 Newlyn

纽海文 Newhaven

纽博德(人) Newbold, Lieut.

罕布郡 Hampshire

芬马克(地) Finmark

芬尼河 Fenny River

芬地湾 Fundy, Bay of

芬齐 Funzie

芬奇(人) Vinci, Leonardo Da

芬斯透溪 Finsterbach

芬德洪 Findhorn

苏门达腊 Sumatra

苏扎(意)(地) Susa 如在非洲译"苏斯"

苏东尼(人) Suetonius

苏东姆 Sodom

苏兰德(人) Solander

苏必利尔湖 Lake Superior

苏打湖 Soda, lake

苏达山(地) Soudah Mountain

苏邦学派 Sorbonne

苏利文岛 Sullivan's Island

苏刹克 Sussac

苏坡加山 Superga, Hill of

苏拉特(地) Surat

苏维格尼 Sauvigny

苏福克 Suffork

苏黎世 Zürich

苏彝士 Suez

辛布来 Cimbri

辛得 Scinde

辛普孙 Simpson

里丘尔弗 Reculver

里尔富脱湖 Reelfoot, Lake

里伏·第·夸格里亚 Rivo di Quaglia

里耳·得尔·蒙特(地) Real del Monte

里奇孟 Richmond

里特(地) Ryde

里莫塔卡山(地) Rimutake mts.

里顿 Ritten

里塔温泉(地) Rita Hot Spring

里斯本 Lisbon

里温纳斯 Lionnesse

里温谷(地) Leone, Valle del

阿凡梯普拉(地) Avantipura

阿斗诺城 Aderno

阿瓦帝国 Ava

阿贝丁郡 Aberdeenshire

阿韦尔萨 Aversa

阿尔·玛农(人) Al·Manûn

阿尔·玛默特王(人) Al Mamûd

阿尔丁(人) Alting

阿尔及尔 Algiers

阿尔及利亚 Algeria

阿尔及利亚(地) Algeria

阿尔比温 Albion

阿尔贝马尔岛 Albemarle Island

阿尔卑斯山 Alps

阿尔得巴洛 Aldborough

阿尔得河 Alde River

阿尔堪特拉河(地) Alcantra

阿尔登湾(地) Alten, Gulf of

阿布罗思市 Arbroath

阿布息龙半岛(地) Abscheron Peninsula

阿白维尔 Abbeville

阿伦 Aren

阿列干尼山 Allegany

阿吉尔公爵(人) Argyll, Duke of

阿托斯 Artois

阿米西(人) Amici, Vito

阿米埃太山 Amiata, Mount

阿羽仪(人) Häuy

阿耳 Arles

阿西·卡斯特罗(地) Aci Castello

阿西·雷里镇(地) Aci Reale

阿达河 Adda

阿杜尔河 Adour

阿杜诺(人) Arduino

阿沙贝斯加湖(地) Athabasca Lake

阿沙拉(人) Azara

阿玛大主教厄瑟 Usher, Archbishop of Armagh

阿里帕倭(地) Aripao

阿里斯大克斯(人) Aristarchus

阿姆斯特丹 Amsterdam

阿孟奴塞克河 Amonoosuck

阿帕拉契亚山 Appalachian

阿拉干(地) Aracan

阿拉巴马州 Alabama

阿拉戈(人) Arago

阿拉比达山(地) Arrabida

阿拉尔湖(地) Aral, Lake

阿拉达斯博士(人) Aradas, Dr.

阿拉里克(人) Alaric

阿拉拉特山 Mount Ararat

阿波罗古庙 Apollo, Temple of

阿空加瓜山 Aconcagua

阿罗亚（地）Alloa
阿罗堪印第安人 Araucanian Indian
阿肯色河 Arkansas River
阿迪杰河 Adige
阿金可特（地）Agincourt
阿契尔斯（人）Achilles
阿契罗斯河 Achelous
阿格西斯（人）Agassiz
阿格里可拉（人）Agricola
阿桑姆（地）Assam
阿爱（地）Aa
阿特查法拉亚 Atchafalaya
阿留申群岛 Aleutian Isles
阿索 Arso
阿索·西特山（地）Arthors Seat
阿诺河 Arno
阿速夫海 Azof, Sea of
阿勒西（人）Alessi
阿勒枢冰川 Aletsch Glacier
阿勒河 Aar River
阿勒桑得里（人）Alessandri, Alessandro degli
阿勒颇（地）Aleppo
阿康（地）Accon
阿得契河（地）Ardeche, River
阿戛孟嫩（人）Agamenon
阿维森纳 Avicenna
阿脱里倭·德·卡瓦罗 Atrio del Cavallo
阿脱里倭河 Atrio
阿博特（人）Abbot
阿堪遮 Archangel
阿斯旺 Assouan
阿斯特龙尼 Astroni
阿斯特拉罕 Astrakhan
阿斯脱里亚 Astrea
阿斯脱鲁克 Astruc
阿斯普罗孟特山（地）Aspromonte
阿斯普朗尼西岛（地）Aspronnisi
阿普里亚 Apulia
阿普雷河（地）Apure, River
阿森 Assen
阿森兴岛（地）Ascension Is.
阿登（地）Ardennes
阿缅 Amiens
阿福罗沙岛（地）Aphroessa
阿德马（人）Adhémar

阿德尔斯堡 Adelsberg
阿穆尔地区 Amoorland
阿默达巴德（地）Ahmedabad
阿默德苏丹 Ahmed, Sultan
麦牙（人）Meyer
麦牙·德·格雷斯（冰湖）Mer de Glace
麦代那沙州 Medina Bank
麦加 Mecca
麦失斯河 Mysus
麦尔本山 Melbourne, Mt.
麦尔西河 Mersey
麦尔维尔（人）Melville
麦因斯盆地 Mines, Basin of
麦因斯湾 Mines, Bay of
麦米尔 Memel
麦米尔疑即今"克来彼达"Memel
麦克纳勃（人）McNab
麦克里伦（人）Macclelland
麦克拉伦（人）Maclaren, C.
麦克林托克（人）McClintock, Sir Leopold
麦克莫多将军 Macmurdo, General
麦苏亚·柯里斯 Mesua Collis
麦兹格（人）Metzger
麦哲伦海峡 Magellan, Strait of
麦赛 Mese
麦颜博士 Meyen, Dr.

八　画

些耳得河 Scheldet
京斯敦 Kingston
佩脱伦 Petlen
佩雷 Perry, Alexis
侏里倭山（地）Jolio
侏罗山 Jura Mountain
依力卜斯山 Mt. Erebus
依力卜斯神 Erebus
依夫亚的冰碛 Ivrea, Moraine of
依加里柯河（地）Igaliko
依宁根 Oeningen
依龙 Ellon
依朴米倭山 Monte Epomeo
依沙白拉（人）Isabella
依沙普山（地）Esope
依里丹纳斯河 Eridanus
依里沙白岛（地）Elithabeth Island

依坡里托伯爵 Ippolito, Count
依拉新纳斯河 Erasinus
依松索河 Isonzo
依非色斯 Ephesus
依奥林岛 Eolian
依斯顿 Easton
依斯提斯 Ictis
依普伟枢 Ipswich
依普杉柏尔庙（地）Epsambul temple
典那沙冷（地）Tenasserim
凯尔（人）Keill
凯尔豪教授 Keilhau, Prof
凯生 Kyson
凯恩（人）Kane
凯敏尼岛（地）Kaimeni
凯塞林（人）Keyserling, Count
卑尔根 Bergen
味罗那城 Verona
呼格雷河 Hoogly
图尔 Tours
图林 Touraine
坡巴扬 Popayan
坡贝克层 Purbeck beds
坡贝克岛 Purbeck Isles
坡乐克 Porlock
坡尔栖奥（人）Porzio
坡西（人）Percy
坡昔斯（人）Perthes, Boucher de
坡得龙山 Mont Perdu
坡脱拉（地）Portella
坡雷 Purley
坦涅特岛 Thanet, Isle of
奇尤（地）Kew
奇纳布河 Chenab River
奇斯（人）Keith
奈厄布雷腊（地）Niobrara Valley
奈特（人）Knight, Andrew
孟加拉 Bengal
孟奴教律 Menú, Ordinance of
孟皮勒里锥（地）Monpileri
孟买 Bombay
孟吉贝罗山（地）Mongibello
孟低普山 Mendip Hills
孟克霍姆（地）Munkholm
孟沙雷湖 Lake Menzaleh
孟法尔康 Monfalcone

孟特瓦(地)Moutoire

孟特里温(地)Monteleone

孟特罗西(人)Montlosier

孟铁塞里(人)Monticelli

孟得斯雷 Mundesley

孟菲斯 Memphis

孟塔诺拉(地)Montagnuoia

孟赛尔暗礁(地)Mansell's Rock

季德滋(人)Kidhz

尚贝里(地)Chambery(如在法国)

居多提(人)Guidotti

居维叶(人)Cuvier

居斯卡提(人)Guiscardi

巫神 Sibyl

帕太兹(地)Pataz

帕乐斯·米奥提斯 Palus Maeotic

帕尔麦(人)Palmer

帕尔涅尔 Palnel

帕耳马火山 Palma

帕杜亚 Padua

帕里索湾(地)Palliser Bay

帕帕·斯托亚 Papa Stour

帕帕拉多(人)Pappalardo

帕拉斯(人)Pallas

帕波斯 Pabos

帕罗峰 Palo Peak

帕透诺(地)Paterno

帕理希爵士 Parish, Sir W.

帕斯托 Pasto

帕蓝纳海巴河 Paranahyba

帕雷(人)Parry

帕潘达延山(地)Papandayang

底比斯 Thebes

底格里斯河 Tigris

彼罗潘尼失斯 Peloponnesus

彼特赫德(地)Peterhead

彼得门(人)Petermann, Dr.

彼得罗斯 Peteros

所罗门群岛 Solomon Isles

披亚生沙 Piacenza

披留索山(地)Peluso, Monte

拆郡 Cheshire

拆塞尔 Chesil

拆塞尔村 Chesilton

拉·马德林(地)La Madeleine

拉·史太沙(地)La Starza

拉·普拉塔 La Plata

拉·普拉斯(人)La Place

拉·裴罗斯 La Peyrouse

拉马克(人)Lamark

拉文斯帕港 Ravensper

拉古拉斯 Lagullas

拉尔泰山(或卡帕·欧克山)L'altar or Capac Urcu

拉布拉多 Laborado

拉本史台因(地)Rabanstein

拉瓜拉(地)La Guayra

拉如马哈尔 Rajmahal

拉达克岛(地)Radack Is.

拉克台夫岛(地)Laccadive Isles

拉求海 Laacher-Sea

拉沙罗(人)Lazzaro

拉沙格尼(人)Lassaigne

拉里维尔(人)Lariviere

拉柯尔西 Raccourci

拉柯尼(地)Raconi

拉柯尼亚(地)Laconia

拉哥·丹桑托 Lago d'ansanto

拉格兰居(人)Lagrange

拉第柯芳尼 Radiconfoni

拉塔基亚 Laodicea

拉提特(人)Lartet

拉普兰 Lapland

拉塞彼德(人)Lacépède

拍尼雅斯河 Peneus

昆特罗(地)Quintero

昆斯城 Queenstone

昆斯城高岗 Queenstone Height

易北河 Elbe River

易斯大得(地)Ystad 疑是"干斯塔德"(瑞典)

易塞尔河 Yessel R.

昔斯吞那(地)Cisterna

朋地曲里 Pondicherry

朋纳斯湾 Penas, Gulf of

朋坡尼斯·梅拉(人)Pomponious Mela

朋兹教授 Ponzi, Prof.

朋查特伦湖 Pontchartrain Lake

朋特·莫勒 Ponte Molle

朋特斯 Pontus

朋得·吉鲍 Pont Gibaud

朋得·路卡诺 Pont Lucano

杭西 Hornsea

杰克孙 Jackson

杰克博士 Jack, Dr.

松巴哇岛 Sumbawa

松托芬 Sonthofen

松得班 Sunderband(Sooderbuns)

林尼 Lynn

林克(人)Rink

林姆曲治 Lymchurch

林肯郡 Lincolnshire

林哈特(人)Reinhardt

林耐(人)Linnaeus

林特(人)Linth, Escher Vonder

林特斯尼角(地)Lindesnaes, Cape

林得湖(地)Liude, Lake

林敏顿 Lyminton

林梅尼·得奥汾涅 Limagne d'auvergne

林德雷(人)Lindley, Dr.

果耳韦湾(地)Galway Bay

欣格拉杰(地)Hinglaj

欧士德(人)Oersted

欧门(人)Erman

欧兰(非洲)(地)Oran 阿根廷也有 Oran,但地图中缺

欧休(人)Irscher

欧索尔诺 Osorno Volcanoes

欧索尔诺火山 Osorn Volcano

欧得曼教授 Erdmann, Prof. Okel

武耳卡诺(地)Vulcano

法龙(地)Falun

法龙层 Falunian Deposites

法求哈孙(人)Farquharson

法国学院 French Academy

法拉格里温尼(地)Faraglioni

法拉第(人)Faraday

法明港 Famine, Port of

法罗亚(地)Pharaoh

法罗列普岛(地)Farroilep Is.

法罗岛 Faroe Island

法罗披奥(人)Falloppio

法罗斯岛 Pharos

法桑诺(地)Fasano

法赛罗(人)Fazzello

波·莫托 Po morto

波·维栖倭 Po Vecchio

波义耳(人)Boyle

波士顿 Boston

勃固(地)Pegu
勃路缅巴赫(人)Blumenbach
南卡罗来那州 South Carolina
南乔治亚岛 South Georgia, Island of
南伍尔得 Southwold
南设得兰 South Shetland
南岛(地)South Island
南里倭平原(地)S. Léo
南埃斯克河 South Esk River
南湾 South Cove
南董斯 South Downs
叙利亚 Syria
咸海 Aral Lake
品仁(地)Penginsk 疑即"卡缅斯科耶"
品达(人) Pindar
哈兰(人) Hallam
哈北岛(地)Hapai Island
哈尔布什特湾 Harlbucht Bay
哈尔斯东上校 Hällstrom, Colonel
哈布克伦 Habkeren
哈伦·阿尔·拉细德(人) Harum-al-Rashid
哈利法克斯 Halifax
哈里季 Harwich
哈里斯(人)Harris, Charles
哈麦施密斯 Hammersmith
哈拉山(地)Hara Mountain
哈罗尔德(人) Harold
哈兹山 Hartz
哈特(人) Hartt
哈特门(人) Hartmann, Dr. Charles
哈特本 Hartburn
哈特耳普耳 Hartlepool
哈特非尔(地)Hatfield
哈特船长 Hart, Capt.
哈通(人)Hartung
哈勒姆湖 Haarlem Lake
哈得孙港 Hudson Port
哈得孙湾 Hudson's Bay
哈维格言 Harvey's Dictum
哈斯巴洛 Hasborough
哈默菲斯特 Hammerfest
复理石 Flysch
奎乐塔(地)Quillota
奎里尼(人)Quirini

奎里奇那(地)Quiréquina
奎罗托亚湖 Quilotoa, Lake
奏马脱 Zermatt
契尔福特 Chillesford
契延(?)(地)Chillan
契奎托(地)Chiquito
契洛埃岛 Chiloe Isle
契洛埃岛 I. of Chiloe
契斯威克 Chiswick
姜白里恪斯(人) Jamblichus
姜维尔(人)Joinville
威尔(人)Weale
威尔孙(人) Wilson, Prof.
威尔克斯地 Wilke's land
威尔居依河 Wiljui
威尔居依斯科依 Wiljuiskoi
威尔特郡(地)Wiltshire
威尔顿岩系 Wealden
威尔基(人)Wilcke
威尔得(人)Weld, Frederick A.
威尔登(地)Weldon
威尔德诺(人)Willdenow
威尼斯 Venice
威亚河(地)Wear River
威吕斯克 Wilyuisk
威劳河(地)Wairau River
威依河 Wye
威帕帕(地)Waipapa
威拉拉帕平原(地)Weirarapa, Plain of
威林根 Weiringen
威特(人)White
威悉河 Weser River
威斯得莫兰 Westmoreland
威斯脱法里亚 Westphalia
威斯奥弗 Westover
威廉·史密斯(人)William Smith
威廉炮台 Fort William
威廉斯(人)Williams
宫古列岛(地)Majicosima
封塞卡海湾 Fonseca, Gulf of
律贝克(地)Lubeck
律勒欧(地)Luleo
恒比河 Humber River
恒吉特培雷 Hengistbury
恒特(人)Hunter,John
恺撒(人) Caesar

拜占庭(现在君士坦丁所在地)By-zantium
施米特(人)Schmidt，Julins
施特腊特(地)Stralsund
施勒斯维希-霍尔施坦因 Schleswig-Holstein
枯列得(地)Kured
枯拉切克(地)Kurachec
柏芳(人)Buffon
柏里西(人)Palissy
柏拉图(人)Plato
柏特 Bight
柏特勒(人)Butler, Samual
查戈斯群岛 Chagos Archipelago
查文那(地)Chiavenna
查本提亚(人)Charpentier
查米沙(人)Chamisso
查利沃斯(人)Charlesworth
查里曼(人)Charlesmagne（742—814）
查莫尼 Chamouni
查理斯顿港 Charlestown, Harbor of
查奥岛(地)Chao
查普尔特裴克(地)Chapultepec
柯马栖倭泻湖 Comacchio, Lagoon of
柯比亚坡城 Copiapo
柯贝克湖(地)Copaic lake
柯尔布洛克(人)（1）Colebrooke, Major R. H.（2）Colebrooke, H. T.
柯尔伏山 Monte Corvo
柯尼(地)Coni
柯尼格(人)Konig
柯弗里(人)Covelli
柯伦山(地)Kolen Mountain
柯克船长(人) Cook, Capt.
柯里河(地)Koree River
柯拉倭(人)Corrao, Cap. John.
柯林加(地)Coringa
柯林尼(人)Collini
柯林那 Collina
柯林登(人)Corington, Thomas
柯兹伍特诸山(地)Cotswold Hill
柯特西(人)Cortesi
柯特隆 Cotrone
柯勒 Colle
柯培(人)Kirby

格陵兰 Greenland

格密林(人)Gmelin

格脱鲁登堡 Gertrudenberg

格斯纳(人)Gesner, John

格雷(人)Gray, Asa

格雷厄姆地 Graham's Land

格雷厄姆岛(地)Graham Island

格雷太河(地)Greta, River

格雷夫舰长(人)Grave, Capt.

格雷斯 Grays

格德山(地)Gede

桐吉拉瓜火山 Tunguragua

桐波罗省(地)Tomboro

桑·维格嫩 San Vignone

桑·菲列坡 San Filippo

桑吉尔 Sangir

桑达岛 Sanda Island

桑波伦(人)Champollion

桑得 Sound

桑德士(人)Saunders, Trelawny

桑德韦奇群岛 Sandwich Islands

泰尔 Tyre

泰伯 Tibur

泰勒斯 Thales

泰晤士河 Thames

泰穆尔河 Taimyr

浦乐契(人)Pluche

浦拉耶港(地)Praya, Porto

浦祖奥利 Puzzuoli

浮琴火山 Fuegian Volcano

浮德县(地)Vaud, Canton de

海亚(人)Hire, de la

海伦(人)Helen

海西尼亚(地)Hercynia

海纳斯(人)Heynes

海里斯 Helice

海拉斯(希腊)Hellas

海威特(人)Hewett

海格角 Hague, Cape La

海格特(地)Highgate

海得 Hyde

海斯河 Hayes' River

海德耳堡(地)Heidelberg

海德拉巴(地)Hydrabad

海德爵士 Head Sir Edmund

涅罗(人)Nero, Francesco del

涅维斯岛 Nevis

烧戈岛 Saugor Island

热那亚 Genoa

热拉尔(人)Gerard

爱丁堡 Edinburg

爱文思(人)Evans, Capt.

爱文思湾(地)Evans Bay

爱比丘乐斯(人)Epicurus

爱尔克河(地)Elk River

爱尔兹山 Erzgebirge

爱亚西(地)Airthie

爱亚雷(人)Airy

爱伦堡(人)Ehrenberg, Prof.

爱克尔斯教堂 Eccles Church

爱克斯荷姆岛(地)Axholm

爱沙克 Eisack

爱帕尔夏姆 Eppelsheim

爱昔克斯 Essex

爱迪生(人)Addison

爱契伦失斯(人)Ecchellensis, Abraham

爱得文丘沙洲 Adventure Bank

爱笛加 Attica

爱博兹波雷 Abbotsbury

爱塔塔河(地)Itata R.

爱奥尼亚岛 Ionian Island

爱斯·拉·沙伯 Aix-la-Chapelle

爱斯克里纳特(地)Escrinet

爱斯索尔治湾 Eschscholtz Bay

爱琴海 Aegean

爱塞里居(人)Etheridge

爱德龙教区(地)Edrom, Parish of

爱德华(人)Edwards, Bryon

爱德孟斯东岛 Edmonstone Island

特内里夫山 Teneriffe

特克昔脱拉火山 Tuxtla

特克萨斯州(地)Taxes

特纳底(简纳底)(地)Ternate

特里尼达德 Trinidad

特里坡陀谷(地)Tripode, Valle del

特里帕哥拉 Tripergola

特里波利斯(地)Tripolitza

特里契诺波雷 Trichinopoly

特里斯特兰 Tristram

特里森山 Traezene

特里福格里托(地)Trifoglietto

特拉·第·拉伏罗 Terra di Lavoro

特拉佛斯(人)Travers, Locke

特拉岛 Thera 提腊岛(散托临岛)

特拉法加角 Trafalgar, Capes

特罗耳黑坦瀑布(地)Trolhättan, Cataracts

特罗依尔(人)Troil

特洛伊战争 Trojan war

特茹河(地)Tagus River

特格特格山(地)Thegtheg

特萨利亚 Thessaly

特斯退西奥山 Monte Testaceo

特斯特河(地)Test, River

特斯塔(人)Testa

特普利策(地)Töplitz

特鲁西罗 Truxillo

特塞耳岛 Texel

特雷比亚河 Trebia

特雷尔堡(地)Trelleborg

特雷西亚岛 Therasia

特雷沙(地)Trezza

特雷维佐地 Treviso

特赛第得斯(人)Thucydides

班夫郡(地)Banffshire

班巴洛 Bamborough

班达 Banda

班克斯兰 Banks Land

班特里湾(地)Bantry Bay

班顿(地)Bandong

留卡地亚 Leucadia

秦基(人)Zincke, Rev. Barham

索丁诺·佛奇奥(地)Sortino Vecchio

索马山 Monte Somma

索斗特吉(地)Södertelje

索尔法塔拉 Solfatara

索伦丁山 Sorrentine Hills

索伦托 Sorrento

索耳兹布里(地)Salisbury Craigs

索里亚岛(地)Sorea, Isle

索里安诺区(地)Soriano

索柯拉罗(地)Zoccolaro

索美河 Somme

索美塞得郡 Somersetshire

翁伯里尔 Umbriel

荷马(人)Homer

莎士比亚崖 Shakespeare's Cliff

莫太·第·卡塔尼亚(地)Motta di Catania

莫乐特（人）Morlot

莫兰马尔多（人）Moramaldo

莫卡·莫卡（地）Muka Muka

莫卡第（人）Mercati

莫尔（人）Moll，Prof.

莫尔 Mole

莫尔顿博士（人）Morton，Dr.

莫尔脱-布朗（人）Malte-Brun

莫亚（人）Moore John Carrick

莫亚斯培（人）Moresbys，Capt.

莫伦（人）Morren

莫列罗山 Monte Morello

莫拉伯爵（人）Moira，Earl of

莫林那 Molina

莫林诺·得里·卡尔登 Molino della Caldane

莫罗（人）Moro

莫契孙（人）Murchison，Sir Roderick

莫恩 Möen

莫格山（地）Mug Mountain

莫桑比克海峡 Mozambique Channel

莫留表 Moreau's tables

莫梅得礁（地）Mcrmaid

莫雷（人）Murry

莫雷，A.（人）Murray，Andrew

莫雷岛（地）Murray Island

莫雷郡 Morayshire

莱尼泉 Reine，La Source de la

莱布尼兹 Leibnitz

莱因瓦尔特（人）Reinwardt

莱姆克 Reimke

莱茵河 Rhine

莱特（人）Wright

莱斯普（人）Raspe

诺生堡兰公爵（人）Northumberland，Duke of

诺亚 Noah

诺托市（地）Noto

诺托达姆·得·坡特 Notre-Dame der Port

诺里季克雷格层 Norwich Crag

诺陀谷 Noto，Val di

诺拉 Nola

诺法·斯科细亚 Nova Scotia

诺维奇 Narwich

诺斯马文 Northmavine

诺斯兰（地）Northland

诺斯里契（地）Northleach

诺斯威治 Northwich

诺登塞尔特（人）Nordenskiold

诺福克 Norfolk

诺德斯脱兰 Nordstrand

通天河 Blue River

郭特列非格（人）Quatrefages

都根堡 Toggenberg

铁波拉雷 Tipperary

陶乐美（人）Dolomieu

陶本耐（人）Daubeny

陶孙（人）Dawson

陶坡温泉（地）Taupo Hot Spring

陶英比（人）Toynbee，Capt. Heury

顿巴克图 Timbuctoo（Tombouton）

顿河 Don，River

高尔脱层系 Gault

高龙山（地）Caulone

高里亚 Gallia

高勒山 Gaurus

高普 Kaup，Dr.

高鲁 Gaul

高鲁人的 Gaulish

高鲁-罗马（时代）Gallo-Roman

高德雷（人）Gaudry

十一画

勒士理（人）Leslis，Sir J.

勒门（人）Lehman

勒夫格兰（地）Lofgrund

勒弗里埃（人）Leverrier

勒克河 Leck，River

勒克雷昔斯（人）Lucretius

勒麦斯岛（地）Lemus，Island of

勒拿河 Lena

勒曼湖 Leman Lake

勒富尔爵士（人）Raffles，Sir Stanford

勒斯（地）Luss or Lus

勒斯河（地）Lethe，River

勒斯柯倍湖 Rescobie，Loch of

勒斯雷（人）Lesley

勒普塞斯（人）Lepsius

勒德罗建造 Ludlaw Formation

培克来（人）Berkeley

培根（人）Bacon

基亚柯摩谷（地）Giacomo，V. di S

基伐（地）Geevah

基多 Quito

基阿尔 Giarre

基阿尼柯拉·皮柯拉（地）Giannicola Piccola

基阿尼柯拉·格兰得（地）Giannicola Grande

婆罗门 Bramin

婆罗吸摩神 Brahma

婆罗洲 Borneo

密门河 Miemen

密尔顿（人）Milton

密安得河 Meander

密西西比河 Mississippi

密苏里河 Missouri R.

密契尔（人）Michell

密勒（人）Miller，Hugh

寇万（人）Kirwan

寇克台尔（地）Kirkdale

寇克台尔岩洞 Kirkdale

寇赤 Kertch

寇的斯（人）Curtis

康内白亚（人）Conybear，Dean

康太尔山 Cantel

康瓦里斯（地）Cornwallis

康卡西（地）Concazze

康尼白亚教士（人）Conybeare，Rev. W. D.

康尼克尔（地）Canical

康尼提克特 Connecticut

康布拉希（层）Cornbrash

康弗兴·第·卡哈马奎拉山 Conversiones de Caxamarquilla

康托山（地）Conto，Mount

康沃耳 Cornwall

康帕尼亚 Campania

康帕纳 Campagna

康拉特（人）Conrad

康河（地）Can，River

康斯坦次湖 Constance，Lake of

康普顿湾 Compton Bay

康塞普西翁（地）Conception

得文郡 Devonshire

得拉·托里（人）Della Torre

得根（人）Deken，Baron von der

得斯开湾（地）Dusky Bay
悉德尼 Sydney
敏的那奥 Mindinao
曼加诺（地）Mangano
曼台费（地）Mandivee
曼尼托（人）Maneto
曼托阿 Mantua
曼岛（地）Man, Ilse of
曼麦尔山 Mammell Mountain
曼旺塔拉 Manwantara
曼桑纳里峡谷 Manzanelli, Passo
曼脱尔（人）Mantell, Walter
曼徹斯特（地）Manchester
梅耳维耳岛 Melville Island
梅克尔·洛 Meikle Roe
梅依角 May, Cape
梅肯 Macom
梅恩思 Mayence
梅勒湖（地）Maeler, Lake
梅斯脱里许特层 Maestricht Beds
梅登布利克 Medembrick
梭仑霍芬页岩 Solenhofen Shale
梭尔丹尼（人）Soldani
梭尔威 Solway
梭龙 Solon
梭伦特湾 Solent
梯尔 Till
梯德曼（人）Tiedemann
梵蒂冈 Vantican
梵蒂冈角（地）Vaticano
毫斯卡谷（地）Xausca, Vale of
淮夫 Fife
盖·罗塞克（人）Gay-Lussac
盖基（人）Geikie
笛卡尔（人）Descartes
第·乐克（人）De Luc
第·佐里倭（地）Di Jorio, Cauonico Andrea
第·佛纽尔（人）De Verneuil
第·佛德岛（地）De V'erde, Island
第·康多尔（人）De Candolle
第一峡 First Narrow
第马温得山（地）Demawend, Mount
第尔 Deal
第安那 Diana
第昔斯王（人）Decius
第河 Dee River

第罗斯 Delos
第诺杜火山（地）Denodur Volcano
第梅勒（人）Demaillet
第奥斯柯里第斯（人）Dioscorides
第斯（人）Dease
维仑尼斯（人）Verenius
维文西倭（人）Vivenzio
维瓦雷斯 Vivarais
维加（地）Vikkar
维尔纳（人）Werner
维生丁火山 Vicentin volcano
维亚·阿披亚 Via Appia
维亚纳 Vienna
维多利亚地 Victoria Land
维佐火山 Viejo
维佛埃 Vevey
维克斯堡 Vicksberg
维纳恩湖 Wener, Lake
维纳恩湖 L. Werner
维苏威火山 Vesuvius, Mt.
维陀小岛（地）Vidoe Island
维拉·克鲁斯（地）Vera Cruz, fort of
维拉里卡 Villarica
维枢船长 Vetch, Capt
维的奥山（地）Video, Monte
维柯 Vico
维基亚 Vigia
维斯马（地）Wismar
维斯拉河 Vistula（Wisla）
维斯康提（人）Visconti
维斯普 Visp
维斯普溪 Vispbach
维森沙山 Vicenza
维雷 Velap
维墟 Viesch
维德尔船长 Vidal, Capt.
脱兰奴伐（地）疑即现在的"杰拉"Terranouva
脱罗埃 Troy
脱鲁罗 Truro
菊明路博物馆 Jermyn Street Museum
菊根提 Girgenti
菲尼斯特雷角（地）Finisterre, Cape
菲亚岛 Fair Island
萧许佐（人）Scheuchzer

萧林汉 Sheringham
萧特伦（人）Shortland
萨马岛（地）Samar Is.
萨尔弗治岛（地）Salvages
萨伏依 Savoy
萨披尼谷（地）Zappini, Valle dei
萨拉森人 Saracens
萨法拉那（地）Zafarana
萨哈蓝普尔（地）Saharumpore
萨柯拉罗（地）Zaccolaro
萨宾（人）Sabine, General
萨格拉山（地）Sagra
萨特累季河 Sutlij
萨莫色雷斯 Samothrace
萨累诺（地）Salerno
萨摩亚岛 Samian（Samos）
萨摩亚岛 Samoan or Navigator Islands
鄂列涅克河 Olenek
鄂毕河 Obi
鄂霍次克海 Okotsk, Sea of
野林 Woods
银坑 Silver Pit
雪伦岩洞 Syren, Grotto of the
鹿特丹 Rotterdam

十二画

傅罗乐斯（人）Florus
博恩默思 Bournemouth
博斯普鲁斯峡 Bosphorus
喀什米尔 Cashmere
喀尔巴阡山脉 Carpathians
善农（地）Shannon
喜马拉雅山 Himalya
喜帕克斯 Hipparchus
堪萨斯州 Kansas
堪察加半岛 Kamtschatka
堪潘耐罗角 Campanello, Pto di
塔牙贝克 Täarbeÿk
塔尔柯特（人）Talcott
塔白利亚（地）Tabereah
塔耳卡（地）Talca
塔耳卡华诺（地）Talcahuano
塔西脱斯（人）Tacitus
塔希提岛（地）Tahiti
塔里法 Tarifa
塔奇奥尼（人）Targioni

塔拉加·波达斯 Talaga Bodas
塔拉劳山(地)Tararua mts
塔倭敏诺角(地)Taornimo, Promontory of
塔格利亚门托河 Tagliamento
塔塔 Tattah
塔奥坡托岛(地)Taaopoto
塔斯 Tas
塔斯马尼亚 Tasmania
塔斯奇姆喷口 Taschem Crater
塔斯曼湾(地)Tasman Bay
奥太加诺 Ottagano
奥太海特岛(地)Otaheite Is.
奥文(人)Owen, Prof.
奥比翁湖 Obion
奥贝多斯 Obydos
奥令诺柯河 Orinoco
奥本 Auburn
奥本纳(地)Aubena
奥伦治河(地)Orange River
奥伦博士(人)Allan
奥吉基斯 Ogyges
奥多阿提(人)Odoardi
奥西亚河 Orcia
奥佛尼 Auvergne
奥克纳岛 Orkney Isles
奥利弗里 Olivelli
奥利生岛 Orisant
奥库次克河(地)Oktsk River(疑是 Okhotsk 鄂霍次克海之误)
奥怀希岛(地)Owhyhee Island
奥沙奇印第安人(民族)Osage Indians
奥玛(人)Omar
奥里根 Oregon
奥里格兰(地)Oregrund
奥里维(人)Olivi
奥里萨(地)Orissa
奥依尼亚·阿波马萨 Ouainia Abomatha
奥披多(地)Oppido
奥拉凯柯拉柯河谷(地)Orakaikorako, Valley
奥林匹斯山 Olympus
奥非厄斯(人)Orpheus
奥威尔 Orwell
奥格斯特王(人)Augustus

奥桑 Owthorne
奥透流道 Outre, Pass a
奥维多(人)Oviedo
奥萨山 Ossa
奥斯丁(人)Austin
奥斯坦德 Ostend
奥斯登(人)Austen
奥鲁斯脱(地)Orust
奥塞斯 Oasis
富兰克(人)Frank
富兰河(地)Phurraun
富林特(人)Flint
富林德(人)Flinder
富嫩 Fünen
巽他群岛 Sunda Islands
彭太纳斯(人)Pontanus
彭卡罗角(地)Pencarrow Head
彭布鲁克 Pembroke
彭布鲁克郡 Pembrokeshire
彭生(人)Bunsen, Prof.
彭生姆(人)Bentham
彭托·第·圭孟托(地)Punts di Giumento
彭达·得尔·英加 Puenta del Inca
彭帕斯 Pampas
彭帕斯泥层 Pampean mud
彭柯(地)Penco
惠伟尔(人)Whewell, Dr.
惠灵顿(地)Wellington
惠脱生台岛(地)Whitssunday Island
惠斯顿(人)Whiston
提古里尼人 Tigurini
提亚岛或神岛(地)Theia or Divine
提伏里 Tivoli
提庇留(人)Tiberius
提阿特罗·格兰得(地)Teatro Grando
提罗尔 Tyrol
提非厄斯(人)Typhaeus
提兹河 Tees River
提倭多乐斯(人)Diodorus
提倭多乐斯-昔丘勒斯(人)Diodorus Siculus
提格诺灯塔 Tignaux, Tower of
提脱马什 Ditmarsh
提奥夫拉斯特(人)Theophrastus

提斯塔河 Teesta
提普苏丹 Tippo Sultan
提温岛(地)Tjorn
提雷雪斯(人)Tilesius
散托临(提腊)岛(地)Santarem
散托临岛 Santorin
斐里 Philae
斐迪南(人)Ferdinand
斐南多波岛(地)Fernando Po
斯大尔顿 Stalden
斯大帕福斯(地)Stapafoss
斯巴达 Sparta
斯巴特尔 Spartel
斯加尼亚(地)Scania
斯加普推河(地)Skapta
斯加普塔·佐库尔(地)Skaptar Jokul
斯加普塔台尔(地)Skaptardal
斯卡晏角 Skager Rack
斯卡诺(地)Skanör
斯托克斯(人)Stokes
斯来果(地)Sligo
斯坦斯特鲁浦(人)Steenstrup
斯帕提万托角(地)Spartiveno, Cape of
斯宾塞(人)Spencer, Herbert
斯特芬诺·得尔·波斯柯镇(地)Stefano del Bosco
斯特朗博利火山 Stromboli
斯诺登 Snowdon
斯通黑文 Stonehaven
斯脱落克间歇泉(地)Strokkur Geysers
斯堪的纳维亚 Scandinavia
斯塔伏伦 Staveren
斯魁拉切(地)Squillace
斯德哥尔摩 Stockholm
普乐脱(人)Plott, Dr.
普兰沙布罗(地)Perranzabuloe
普尔湾 Poole Harbour
普伦提斯少校 Prentice, Lent.
普佛列尔角(地)Peveril Point
普利斯威枢(人)Prestwich
普沙尔莫第 Psalmodi
普里伏斯脱 (1) Prevost, Prof. C. (2) Prevost, Pierre
普里查德博士 Prichard, Dr.

普里莫索尔(地)Primosole
普里穆斯 Plymouth
普拉纳斯(诗集)Puranas(Poem)
普拉特河 Plate River
普拉塔三角港 Plata Estuary of
普林内 Pliny
普罗·尼亚斯 Pulo Nias,Island of
普罗尼阿斯 Pulo Nias
普罗朋提斯 Propontis
普罗特(人)Plot
普罗温斯 Provence
普春岛(地)Puchum Island
普洛西达岛 Procida
普莱费尔(人)Playfair
普鲁亚(地)Pleur
普鲁托庙 Pluto,temple of
普鲁塔希(人)Plutarch
智林汉(地)Chillingham
森吞纳里倭(地)Centenario
温奇尔西城 Winchelsea
温透顿 Winterton
温普威尔 Wimpwell
游基尼亚山 Euganean Hills
湿婆 Siva
琴博腊索山 Chimborazo
琼斯海文 Johnshaven
登比郡 Denbighshire
登奇纳斯(或罗姆尼沼地)Dunge-
　　ness(or Romney Marsh)
腊万纳 Lavenna
腓尼基人 Phoenicians
腓特立二世(人)Frederick Ⅱ
腓德列斯塔(地)Frederickshald
落机山 Rocky Mountains
葛罗夫(人)Grove
董湖(地)Doon,Lake
谢肯多夫(人)Seckendorf
道芬尼 Dauphiny
雅列尔(人)Yarrell
雅库次克 Yakutzk
雅典(地)Athens
雅罗(地)Yallow
雅得湾 Jahde,Gulf of
雅默斯三角港 Yarmouth Estuary
骚桑普敦(地)Southampton
鲁克林湖 Lucrine Lake
鲁易斯 Lewes

鲁易斯·得·福克斯(人)Louis
　　de Foix
鲁易斯顿 Lewiston
鲁易斯-非利普地 Louis
　　Phillippe Land
鲁波特地 Rupert's Land
鲁莫(人)Reaumur
鲁康纳斯(地)Lucanas
鲁普坦尼亚(地)Lusitania
黑山(地)Black-Hill
黑湖 Black Lake

十三画

塞凡那 Savanum
塞士·龙·杜姆山(地)Ces-
　　lung-toom
塞内戈尔(地)Senegal R.
塞尤塔角 Ceuta Point
塞卡西亚(地)Circassia
塞尔本(地)Selborne
塞尔特民族 Celt
塞尔特斧 Celts
塞尔赛得(地)Selside
塞米那拉(地)Seminara
塞佛勒斯王·亚历山大(人)
　　Severus,Alexander
塞佛勒斯王·塞普提密斯(人)
　　Severus Septimius
塞克拉迪群岛(地)Cyclades
塞克塔·孔达山(地)Secta
　　Cunda Hills
塞利马河 Selima
塞汶三角港 Severn Estuary
塞汶河 Severn
塞纳河 Seine
塞拉比庙 Serapi,temple of
塞法龙尼亚岛 Cephalonia
塞法里(地)Cefali 疑是西西里的
　　"切法卢"Cefalu
塞浦路斯 Cyprus
塞曼那(地)Semana
塞萨尔宾诺(人)Cesalpino
塞替斯 Syrtes
塞塞克斯 Sussex
新几内亚 New Guinea
新马德里 New Madrid
新不伦瑞克(地)New Brunswick

新地岛 Nova Zembla
新克弗兰第 Cinquefrondi
新克雷亚(人)Sinclare,Oliver
新凯敏尼岛(尼亚凯敏尼岛)New-
　　Kaimeni(Nea-Kaimen)
新格伦那达 New Granada
新爱尔兰 New Irland
新得里(堡)Fort Sindree
新脱拉山(地)Cintra
新喀里多尼亚岛(地)New Caledo-
　　nia
新奥尔良 New Orleans
新赫布里底岛 New Hebrides
新德 Sind
歇文宁根 Scheveningen
歇浦岛 Ship Island
歇浦顿 Shipden
歇培岛 Sheppey,Isles of
歇维沃脱山 Cheviot Hill
瑞白里 Ripaille
瑞替克 Rhaetic
瑟普斯托 Chepstow
当勒姆 Fulham
督伊德教 Druid
福加斯(人)Faujas
福尔康尼(人)Falconi
福尔康纳(人)Falconer,Dr
福尔康礁(地)Falcon reef
福尔斯 Falls
福尔歇(人)Forshey
福尔穆斯港 Falmouth Harbor
福亚岛 Föhr
福伦特(地)Forland
福许塞尔(人)Fuchsel
福克兰岛 Falkland Island
福克斯(人)Fox
福克斯顿 Folkstone
福克斯群岛 Fox Islands
福利亚 Forea
福利倭(地)Forio
福沙·得拉·帕罗姆巴(地)Fossa
　　della Palomba
福凯(人)Fouque
福赛斯(人)Forsyth
福法市 Forfar
福法郡 Forfarshire
福勃斯(人)(1)Forbes,Edward

十六画

穆塔沙来特教派 Motazalites
穆鲁乌苏河 Mouroui Oussan
薛尔寇克(人)Selkirk, Lord
薛克斯特斯教皇 Sixtus, Pope
薛格惠克(人) Sedgwick
薛赛(人) Chezy
衡士罗教授(人)Henslow
衡夫雷(人) Humphrey
衡特(人) Hunt, T. Sterry
赞提(扎金托斯)(地)Zante
霍夫曼(人) Hoffman
霍尔(人) Hall, Sir James
霍尔巴赫(人) Holbach

霍尔施坦因 Holstein
霍尔得纳斯 Holderness
霍克兰岛 Hockland, Island of
霍利黑德 Holyhead, Harbour
霍纳(人) Horner, L.
霍姆沙 Holm Sand
霍思非尔博士 Horsfield, Dr.
霍思保(人)Horsburgh Capt.
霍格生(人) Hodgson
霍浦金(人) Hopkins
霍顿托民族 Hottentot
霍得威尔 Hordwell
霍赫斯脱透博士 Hochstetter, Dr.
霍赫新默 Hochsimmer

十七画

戴维斯(人) Davis
檀香岛(地)Sandlewood Island
藏巴火山 Zamba
魏士尔(人) Wessel
魏台尔(人) Weddell
魏尔生(人) Wilson, Capt.
魏尔金孙(人) Wilkinson Sir J. G.
魏尔柯克斯(人) Wilcox
魏本 Weybourne
魏白尔(人) Wiebel
魏格曼(人)Wiegmann
魏慈(人) Weitz

动植物名称中英文对照表

一 画

一穴亚目 Monotremes

二 画

二前齿兽 Nototherium
刀背鲸 Razor-back

三 画

三刺皂荚 honey-locust
上骨阜孔 supra-condyloid foramen
兀鹰 Vulture
千孔虫 Millepore
土拨鼠 Marmot
土荆芥 Chenopodium ambrosiodes
土狼 Proteles
大叶绣球 Hydrangea hortensis
大叶藻 Zostera Marina
大角鹿 Cervus megaceros
大刺偏口贝 Chama(Tridacna)gigas
大鸫 Misselthrush
大羚羊 Nylghau(印度产)
大戟草 Euphorbia
大猩猩 Gorilla
大暗兽 Megalonyx
大蝮蛇 Cras pedocephalus(Viper)
　(Fer de lance)

大獭兽 Megatherium
大蟒蛇 Boa constrictor
大麋 Elk
尸腊 Adipocere
山小菜 Campanula
山毛榉 Beech
山牛蒡 Centaurea
山柳 Clethra
山胡桃 hickory
山桂树 Oreodaphne
山梗菜 Lobelia
山楂 White-thorn (Crataegus Oxy-
　acanthus)
山鹬 Woodcock
弓齿兽 Toxodon
飞鼠 Pataurus arial
马尾藻 Sargassum
马来獾 Mydans Meliceps
马熊 Ursus arctos

四 画

中美鳄鱼 Cayman alligator
云雀 Sky-lark
凤凰螺 Strombus
天蛾 Sphynx convulvuli
巴巴雷小麦 Barbary Wheat
心形蛤 Cardita

无防兽 Auoplotherium
无尾野兔 Pica
月桂树 Sweet bay (laurus)
毛茛 Ranunclus
毛蕊花 Mullein (Verbascum)
水田芹 Water-Cress
水松 Yew tree
水苔 Sphagnum
水豚 Capybara
水獭 Otter
水螈 Newt
水螺 Paludina
爪哇猴 Macacus cynomolgus
牛虻 Gad-fly
犬齿猿 Mesopithecus
车前草 Plaintain
车轴藻 Chara
长耳狗 Spaniel
长颈驼 Macrauchenia
长鼻猴 Semnopithecus
长臂猿 Gibbon
凤鸟 Bird of Paradise

五 画

丛林火鸡 Brush turkey
加卜勤猴 Capuchin
北极鲸 Balaena mysticetus

穿孔介 Terebratula Caput serpentis
穿石蛃 Saxicava rugosa
美林诺羊 Merino sheep
美洲水牛 Bison (Bison americanus)
美洲虎 Jaguar
美洲狮 Pumas
美洲豹 Conquar
胡狼 Jackel
脉翅昆虫 Neuroptera
草本威灵仙 Veronica
荣兰科植物 Pandanus
荨麻 Nettle (Urtica dioica)
逆戟鲸 Grampus
韭葱 Allium cepa (A. porron)
食火鸡 Cassoway
食蚁兽 Aut-eater
香柏 Cedar
香草木樨 Melilot
骆马 lama
鸨 Bustard (Otis tarda)

十　画

原始牛 Bos primigenus
原驼 Guanaco
原齿兽 Diprotodon
圆蚶 Pectunculus
姬蜂 Ichoreumon strobilella
峨螺 Whelk (Buccinum)
扇贝(扇蛤)Pecten
扇尾蛤 Fan-tail
㹴狗 Terrier
旅鼠 Lemming (Mus Lemmus)
栲树 Mangrove
桦树 Birch
蚑 Carabi
浣熊 Procyon loter
海牛 Lamentine (Helicora), Manatec
海花珊瑚 Astraea
海扇 Cockle
海笋贝 Pholas
海盘车 Star fish
海葵 Actiniae
海螂 Mya
烟管螺 Clausilia
爱德浆果 Elderberry
绣线菊 Meadow-Sweet
胶树 Gum-tree
脑石 Maeanderinae
臭旅鼠 Shunk
荷兰芹 Parsley
莺 Bullfinch (finch)
蚜虫 Aphis
逗牛狗 Bull dog
酒花 hop
铁杉 Fir
铁藻 Gallionella ferrugina
陶更鸟 Taucans
鸭嘴兽 Duck-Mole
鸭獭 Platypus (Ornithorynchus)

十一画

梨百合 Apiocrinite
啁啾鸟 Chatterer
寄居蟹 Soldier Crabs
得克萨斯袋鼠 Didelphis Cancrivora
掩齿象 Stegodon
曼陀罗草 Thorn-apple (Datura Stromonium)
梭子鱼 Pike (Esox lucius)
淡水蜗牛 Lymnea palustris
渍螺 Monodonta
猎兔狗 Harrier
猎狐狗 Fox-hound
猎鹿狗 Stag-hound
猕猴属 Macacus
猛犸 Mammoth
球胸鸽 Pouter
绶草 Spiranthus gemmipora
羚羊 Antilope
袋狼 thylacine
袋鼠 Kangaroo
袋熊 Wombat
袋鼬 Palanger (Dysyurus)
象鼻虫 Weevil (Curculionidae)
野生酸苹果 Wild Crab
野李树 Sloes
野牡丹 Metastoma
野芥子 Charlock
野苜蓿 Medicago lupulina
野胡萝卜 Water-hemlock
野鹅类 Ansers
野蔷薇子 Hip of Rose
银猿 Hylobates leuciscus
银螺 Anomia ephippium
麻鸦 Bittern
麻鹬 Curlew
黄鸟 Oriole
黄猴花 Yellow Monkey flower (Minudus luteus)
黄睡莲 Nenuphar

十二画

鹦鹉 Macaws
凿船虫 Teredo navalis
塔斯马尼亚狼 Tasmanian Wolf (Thylacium)
斑螺 Trochus
普通椎实螺 Limneus Vulgaris
普通酸模 Common dock
棉凫 Eider-duck
森林古猿 Dryopithecus
椈子 beech mast
犀鸟 horn-bill
猩猩鹦鹉 Lories
猴狐 Lemur
番石榴 Myrtle
短脸翻空鸽 Short-faced tumbler
紫车轴草 Trifoil
紫壳菜贝 Mytilus edulis
紫菀 Aster
紫蘩蒌 Anagallis (Pimpernels)
落叶松 larch
落羽松 Taxodium distichum
蜒螺 Nerita
貂 Marten
黑丝鳘 Haddock
黑角菜 Fuci
黑背雉 Black-back (Kaligc) (Euplocamus Mela-notus)
黑莓 Bramble
黑猩猩 Chimpanzee

十三画

榆木 Elm
溪狸 Beaver
满月蛤 Lucina
滨珊瑚 Porite
滨螺 Littarina
獒狗 Mastiff
蓝面狒狒 Blue-face Baboon

科学元典丛书